2009 中国交通研究与探索

中国交通运输协会青年科技工作者委员会
上　　海　　海　　事　　大　　学　编

人民交通出版社
China Communications Press

图书在版编目（CIP）数据

中国交通研究与探索.2009/中国交通运输协会青年科技工作者委员会，上海海事大学编.北京：人民交通出版社，2009.10
ISBN 978-7-114-07999-3

Ⅰ.中... Ⅱ.①中...②上... Ⅲ.交通运输-中国-学术会议-文集 Ⅳ.F512-53 U-53

中国版本图书馆 CIP 数据核字（2009）第 187131 号

书　　名：**中国交通研究与探索（2009）**
著 作 者：中国交通运输协会青年科技工作者委员会
　　　　　　上海海事大学
责任编辑：钱悦良
出版发行：人民交通出版社
地　　址：(100011)北京市朝阳区安定门外外馆斜街 3 号
网　　址：http://www.chinasybook.com
销售电话：(010)64981400，59757915
总 经 销：北京中交盛世书刊有限公司
经　　销：人民交通出版社交实书店
印　　刷：北京鑫正大印刷有限公司
开　　本：880×1230　1/16
印　　张：48
字　　数：1410 千
版　　次：2009 年 10 月　第 1 版
印　　次：2009 年 10 月　第 1 次印刷
书　　号：ISBN 978-7-114-07999-3
定　　价：150.00 元
（如有印刷、装订质量问题的图书由本社负责调换）

第八届全国交通运输领域青年学术会议
相关委员会组成人员名单

指导委员会

主　任：沈志云

副主任：於世成　谈振辉

委　员（按姓氏笔画排名）：王　炜　王丰元　王昌贤　王殿海
孙才新　孙立军　孙昭晨　史忠科　左洪福　李士生
李　杰　刘正林　刘寒冰　刘建华　刘建军　沙爱民
许伦辉　吕　靖　陈布科　陈治亚　杨忠振　杨德森
杨国豪　杨新苗　沈　炯　佟　维　赵祥模　郑健龙
赵新泽　荣　健　费维军　施鼎豪　曹跃云　蒋立辉
蒲　云　戴明新　魏振中　John Taplon

组织委员会

主　任：黄有方

副主任：严新平　刘建新

委　员（按姓氏笔画排名）：马彩雯　尹自斌　王环宇　王帮峰
王　富　叶　龙　田洪祥　史　峰　李　力　刘云林
刘志峰　曲仕茹　李明昌　李　楠　吴义虎　吴长春
吴超仲　佟　欢　陆　建　余思勤　杨勇生　杨晓光
陈艳艳　周志祥　周晓航　范精明　赵　睿　赵巍飞
郝培文　施　欣　钟泽栋　秦红岭　徐建闽　高　松
倪　鹏　阎　洪　梁世翔　殷　明　曹洪亮　傅忠宁
傅　强　靳　平　裴玉龙　翟婉明　潘有成　潘福全
韩松臣　Qiu Min

论文编审委员会

主　任：施　欣

副主任：邓　明　袁林新

编　委（按姓氏笔画排名）：王学锋　王帮峰　严　伟　陈伟炯
杨忠振　赵志宏　施　欣　徐瑞华　曹钟勇　韩松臣
韩跃杰　韩　皓

第八届全国交通运输领域青年学术会议
协办单位名单

（排名不分先后）

北京工业大学
北京航空航天大学
北京交通大学
长安大学
长沙理工大学
重庆大学
重庆交通大学
大连交通大学
大连海事大学
大连理工大学
东南大学
哈尔滨工程大学
哈尔滨工业大学
华南理工大学
吉林大学
集美大学
交通部科学研究院
交通部水运科学研究所
交通部天津水运工程科学研究院
军事交通学院
南京航空航天大学
青岛理工大学
清华大学
山东理工大学
同济大学
武汉交通职业学院
武汉理工大学
西澳大利亚大学
西安交通大学
西北工业大学
香港理工大学
中国航空运输协会
中国民航大学
中国民航飞行学院
中国民用航空总局航空安全技术中心
中国人民公安大学
中国石油大学
中南大学

序

我非常高兴，也非常荣幸地能够受邀为第八届全国交通运输领域青年学术会议的论文集做序。

斗转星移，时光飞逝。自新中国成立以来，中华人民共和国已经走过了六十年的风雨历程。六十年间，全国人民在困境中寻找方向，在挫折中总结经验，在创造中体现价值，在奋斗中成就事业，用坚毅的脚步踏出了一条极其艰难的探索之路，用辛勤的汗水谱写了一曲极其壮丽的凯旋乐章。

六十年间，我们所熟知的交通运输业，更是走过了一段光辉历程，取得了诸多的伟大成就。由铁路、道路、水路、航空和管道组成的综合运输体系互相促进、互相补充，形成了日趋完善的交通运输网络体系，在促进国民经济和社会发展以及满足人民群众日益增长的消费需求等方面做出了新的贡献。

交通运输业能够得到如此迅速地发展，除了国家和政府的重视和正确领导之外，先进的科学技术理论和优秀的交通运输科技人才，也起到了至关重要的作用。在此，我对所有关心支持中国交通运输事业发展做出贡献的人们致以衷心的感谢和崇高的敬意！

鉴往而知来。六十年的探索，六十年的积淀，为我们留下了取之不尽的珍贵精神财富。对这笔财富，我们不仅需要着眼于过去而精心呵护和珍藏，更需要着眼于未来而积极挖掘和利用。

全国交通运输领域青年学术会议就是为了推进中国交通运输科学技术研究与学术活动，加强交通运输领域的理论研究、成果交流与推广，就是利用这笔财富的一种十分有效的形式。将广大青年学者的优秀征文汇集成册，更是一件非常有意义的事情，它必将对今后的中国交通运输业改革和发展起到重要的促进作用。

雄关漫道真如铁，而今迈步从头越。在未来的征程中，我们还将会遇到各种各样的困难和问题，其艰难险阻还可能会多于大于过去的六十年。对此，我们交通运输业的广大员工和青年科技工作者们，一定要保持清醒的头脑，既要充满必胜的信心，又要做好充分的准备。能够从这本论文集上汲取经验、凝聚力量、坚定信心，以百倍的努力做好各项工作，继续谱写绚丽多彩的新篇章，为中国交通运输业的进一步发展做出新的更大的贡献！

是为序。

中国科学院院士、中国工程院院士、西南交通大学教授

2009 年 9 月 20 日

公路运输

GONGLU YUNSHU

水路运输

SHUILU YUNSHU

铁路与轨道运输

TIELUYUGUIDAOYUNSHU

航空运输

HANGKONGYUNSHU

城市交通

CHENGSHIJIAOTONG

其他

QITA

公路运输
GONGLUYUNSHU
esch du Bois
een goed nest

吹填砂路基在高速公路中的应用

李 盛 刘朝晖 秦仁杰

(长沙理工大学,湖南长沙,410004)

摘 要:国内现有的吹填砂修筑路基大多有一定的局限性且对于高速公路吹填砂路基修筑技术的研究还不够成熟。本文对高速公路吹填砂路基修筑技术的准备工作、施工工艺、环保措施、质量监控等方面的内容进行了研究,对吹填砂技术运用的现状和在国民经济中发挥的作用进行了阐述。研究结果可为相关工程的施工实践起到一定的借鉴作用。吹填砂应用技术具有保护国土资源、节省投资,且施工不受雨季影响等方面的社会与经济效益,在高速公路路基修筑中可行且有良好的应用前景。

关键词:道路工程;路基;吹填砂;施工技术;包边

1 引言

在欧美等发达国家,用砂来填筑路基已经有许多成熟的经验,在一些欧洲国家,甚至用砂来填筑高等级公路的路面底基层,在国内,中江高速公路、乐温高速公路、武英高速公路、京珠高速公路、哈尔滨绕城高速公路、广州南沙开发区的滨水大道、S308线岳阳市临资口大桥接线工程、湖南湘阴湘江大桥西接线、南京长江第二大桥的八卦洲引线等部分路段在路基施工中均采用过吹填砂施工技术,在满足了路基施工技术要求的同时也取得了良好的社会与经济效益。我国广东省的一些公路曾经用吹吸海砂来填筑路基,并已经获得成功;江苏省的扬州、南京等地通过吹吸江砂来进行填筑码头堆场,船闸回填等,使用效果良好,并取得了良好的经济效益;在天津的曹妃甸和东疆港区利用吹填砂技术进行围海造地,技术成熟且效益显著[1]。

尽管我国在利用吹填砂技术方面取得了一定的社会与经济效益,但国内现有的吹填砂施工技术在包边和封层土施工、路堤排水、文明施工、环保、压实及质量监控等方面的研究还不够成熟。尤其是对高速公路吹填砂路基修筑技术的研究还不够系统和完善,相关的规范也比较滞后,对施工实践的指导作用不大。本文对吹填砂路基修筑技术的施工工艺、环保措施、质量监控等方面的技术进行了研究,可为相关工程的施工实践起到一定的借鉴作用。

2 吹填砂修筑路基的应用技术

2.1 准备工作

2.1.1 前期的工作调研

根据工程实体的工可报告和初步设计文件,对沿线适合吹填的路段进行详细调研。主要调研的内容为:砂的取样试验(主要进行砂的物理、力学性能试验,包括内摩擦角、粘聚力、细度、含泥量等试验);取砂位置的调查;对选择好的取砂位置,进行详细的勘察(包括砂的运输距离、砂的储存量、分布范围等)。

2.1.2 吹填设备的选取

吹填设备可采用功率为800~1200马力的设备。排砂管可采用钢管和塑料硬管,管径20~50cm,管口部分采用塑料软管。

2.1.3 吹砂船及排砂管道的布置

(1)吹砂要求有丰富的水源,用船运输砂较为经济,因此吹砂船应选择靠近路基的水道来布置。

作者简介:李盛,助教,硕士生;刘朝晖,教授,博士;秦仁杰,副教授,博士生。

(2)排砂管应根据现场情况,尽量避免穿越公路,以免遭破坏,进入路堤吹填范围后,根据路堤吹填宽度、高度、设备数量、功率等进行布管。

(3)吹填宽度可分全幅和半幅进行,分幅吹填时,时间间隔不宜过长,高差不能过大,避免路堤横向沉降不同步。当采用一套大功率的设备吹填时,排砂管沿路堤中线铺设,当采用两套或多套设备吹填时,排砂管可沿路线中线铺设,也可在两半幅中部位置先后铺设或两条排砂管在两半幅同时铺设。

2.1.4 确定施工工艺[2]

河砂的粘结性和塑性都很小,难以形成板体,干燥时松散,吹填砂路基易受雨水冲刷,导致边坡崩坍,因此吹填砂路堤一般宜采用中间吹砂外设包边土及封顶层填筑。如地基需处理,应先处理后,再吹砂填筑路堤。吹填砂填筑路堤的施工工艺流程详见图1。

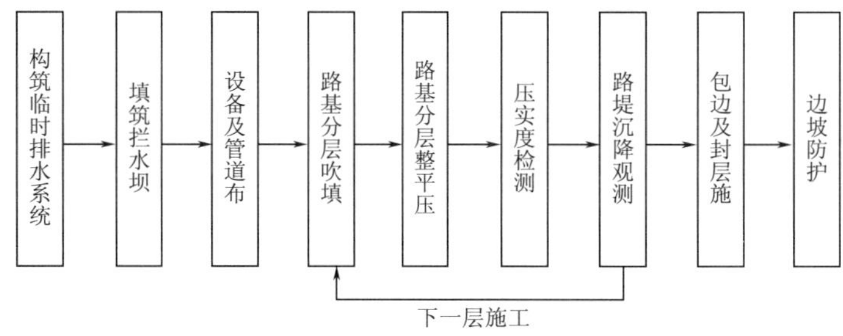

图1 吹填砂填筑路堤的施工工艺流程

2.1.5 构建临时排水系统

吹填砂过程中,水是输送砂的关键媒介,水占排砂管总体积的80%左右,因此吹砂之前,设置好临时排水系统是吹砂的关键性工作。

吹填砂之前,需在路基设计宽度以外筑好拦水坝,第一层拦水坝可用开挖排水沟或清表土填筑,在路基坡脚外侧填筑,以保证路基坡脚的密实度。其断面尺寸根据每层吹填厚度而定,厚度不大于1m时,坝的宽度一般为80cm,只要能够满足自身稳定即可。从第二层开始,拦水坝采用吹填的砂来填筑。坝的内侧铺设塑料薄膜,避免冲刷。拦水坝不宜作为路基的一部分,在填筑包边土时挖除作为堆载预压材料。在距路基坡脚2m左右处设置排水沟,在路堤两侧设置临时急流槽、跌水井与坡脚处的排水沟连接,并根据需要在排水沟附近设置沉淀池,急流槽底需铺设塑料薄膜。

2.2 吹填砂施工[3][4]

2.2.1 施工方式

吹填采用分段推进方式进行,即一段吹填完成后,再接长管线吹填下段,每吹填完一层经压实合格后再吹填上一层。分段距离约为200m左右。当吹填距离超过吹砂设备最大能力时,可采取加压或二次抽吸的方法。当排砂管口高程超过砂泵最大扬程,可采取附加加压泵。当路堤高度小于2m时,可作一次吹填;当路堤高度大于2m时,应采用分层吹填,分层厚度一般为1~2m。但如果超过极限高度,一次吹填太厚,路堤容易失稳,同时考虑压实问题,故而要求此时的吹填分层厚度不宜超过70~90cm(一般通过修筑试验路来确定具体数值)。

2.2.2 包边及压实[5][6]

吹填砂和包边土的施工有三种方法,一是同步施工,二是基本同步施工,三是后包边施工,各种施工方法差异较大,但关键是包边土和吹填结合面的压实。

当同步施工时,包边土和吹(填)砂同时进行。填筑时,采用水平分层填筑,分层碾压,包边土分层松铺厚度不超过30cm。由于是同步,机械的活动空间较大,容易控制。包边土和吹(填)砂结合面的碾压要求包边土和吹(填)砂分别碾压,在包边土和吹(填)砂结合面处重叠碾压,重叠范围不小于50cm,同时应对砂埂部分重点碾压。

当为基本同步施工时,吹(填)砂先填筑,包边土后填。填筑包边土时,应先铲除吹(填)砂两侧松散的砂方。包边土施工前先用抽水机抽走两侧排水沟的水,降低地下水位,再采用重型压实设备压实,并尽量加快施工速度，避免包边土部位产生与其他部位不同步的沉降，影响路堤质量。

当为后包边施工时，先按全断面（包括加宽部分）填筑砂，待预压完成大部分沉降后，再反开挖出包边土的设计断面。反开挖时，应准确确定包边土的内侧边坡线，再用挖掘机开挖，靠近内侧边坡线处宜用人工削坡，并夯实。之后按设计断面填筑。由于施工空间较小，难以用大型机械施工，宜采用小型夯实机夯实。此时分层填筑松铺厚度宜为20cm左右。

2.2.3 横断面设计[7]

（1）厚度设计：对于包边厚度，规范规定了1～2m的范围值。实践中有的项目包边土的最小厚度放至0.75m，甚至0.5m，但如为湖区公路，又处在降水量和强度较大的地区，为了较好地避免坡面因水流冲刷而导致边坡破坏，建议厚度不小于0.8m。

（2）边坡设计：边坡设计主要有两种形式，一种是平行四边形，包边土内外侧边坡坡度均一致。另一种是梯形，包边土内侧边坡坡度比外侧边坡坡度大。规范规定砂类土设计边坡坡度宜为1.0∶1.5，上述值是在地基良好的情况下给出的。对于高填土的软土地基，如条件允许，应尽可能将边坡坡度放至1∶2。但实际上由于土地资源缺乏，很难将边坡放至1∶2，一般建议采用1.0∶1.5的设计边坡，采用梯形的边坡形式，包边土内侧的边坡坡度采用1.0∶1.25。

（3）包边形式：在吹填砂的包边方式中，规范提出可采用粘质土进行包边，粘性土要求液限小于50%，塑性指数不超过26，实践中也可用袋装粘（砂）土包边、袋装种植土和草籽等方式。

2.2.4 封层土施工

一般采用粘土进行封层，粘性土要求液限小于50%，塑性指数不超过26，除此以外还要达到规范规定的路基填料最小强度和最大粒径要求，如压实度达不到要求，可采取掺水泥等措施。封层土厚度宜为50cm左右，该范围的值综合考虑了施工和防渗透的需要。但对软基路段来说，封层土的施工关键在于如何确定其填筑时间和位置。填筑时间和位置可由最终计算沉降和填土至封层土底标高（路基中心设计高程—路面结构层厚度—封层土厚度）时的实测沉降来确定[7]。

2.3 施工中的环保措施

吹填砂路基的施工，可以充分利用当地河道中的地材，但需重点控制吹填砂路基施工时的环境保护问题，如采用必要的排水沟、拦水坝、沉淀池等一些环保措施来防止和减少在施工工程中造成的环境危害；如沉降池设置的位置、尺寸，取砂的深度、范围等，以保证施工过程中不对沿线水域造成环境污染，不破坏现有航道；如做好边坡防护工作等。

2.4 质量控制与监控

2.4.1 边坡稳定性分析

在边坡稳定性的分析和控制上，建议根据现场实测的粘土与砂土的c值和ϕ值，采用FLAC/SLOPE 5.00进行计算和分析，对于吹填高度较大的路堤，如计算结果显示边坡不稳定，则每隔2m左右加一层土工格栅，以加强路基的稳定性。

2.4.2 压实与压实度检测[7][8]

对于一般路堤，采用重型压路机碾压即可达到预期的压实度，但对于几乎无粘性的吹（填）砂来说，由于砂是一种散粒状材料，凝聚性极差，过分碾压易使砂液化，影响压实效果，加上吹（填）厚度大，压路机作用不大，用常规压实方法难以使纯粹的吹（填）砂达到规定的压实标准。故必须先排水1～2天后再采用推土机整平（或由平地机配合完成）预压和振动压路机碾压。压实度要求标准、检测频率跟一般填土路堤相同。一般情况下，采用吹（填）的砂层可以达到90%左右的压实度，为达到93%、94%和96%的要求，应采用振动压路机振动碾压。

目前国内高速公路采用吹填修筑路基尚无成熟施工和检测经验和相关规范、规程作为依据，路基采用砂砾填料，填砂层间各相异性严重，压实度的检测是一难点。通过研究，笔者认为，现行的核子密湿度仪测定压实度的试验方法已在国内得到了广泛应用，且符合国家规定的关于安全使用的标准，精度也有很大的提高，新《公路路基路面现场测试规程》（JTG E60—2008）新增内容也明确提到：核子湿密度仪的检测结果可作为工程质量评定与验收的依据。可以考虑用来检测砂路基的压实度；此外，环刀法也可以用来测定砂路基的压实度且精度较高,但要注意在取土方式上粘性土和砂性土的区别。笔者建议在进行常规检测的同时,必要时采用"重型动力触探法"对填砂路堤路基压实状况进行检测,并结合现场检测取得的压实度结果对各层路基填筑质量进行综合评价[9]。

2.4.3 变形观测及边坡稳定性研究

依据采用的吹填砂路基的设计与施工控制,进行室内力学分析,研究吹填砂路堤的稳定性,验证所提出的处治方案的有效性,并根据需要,在施工过程中,埋设相应的测试元件,观测路基边坡的变形情况,为完善吹填砂路基的施工技术和相应的力学分析提供依据。

2.4.4 沉降及水平位移观测[10]

路堤吹填过程中,要进行沉降和稳定监测,及时进行沉降和位移的观测和记录,一般每吹填一层,进行一次稳定监测,并绘制沉降曲线图等资料。通过实验和研究分析,确定施工过程中地基变位控制标准。施工中当发现沉降或水平位移骤增或超过控制标准时,应加密测次,实行动态跟踪、分析原因。必要时采取减缓吹填率,甚至暂停吹填,待变位速率减小到控制标准以内才可继续上一层的吹填。监测应以控制水平位移为主。待路基填筑完毕后,同样要定期观察下沉值,以便分析路基稳定状态。

3 在国民经济中的作用

"十一五"期间,交通部将着手组织实施国家高速公路网规划,到2010年,新建高速公路2.4万公里,全国高速公路总里程达到6.5万公里,中西部地区规划的高速公路,还有许多需要建设,吹填砂路基修筑技术的应用和市场需求巨大。

从我国湖区、江河沿岸的地质情况来看,其地貌情况普遍为Ⅰ级堆积阶地,地形平缓,路线位置多覆盖淤泥质土层,其土质非常不利于路基的填筑材料要求。如何利用湖泊河流中的砂料,经济、环保地填筑路基,坚持资源节约、环境友好的建设原则成为公路建设者不得不面对的问题[11]。

与一般路基相比,吹填砂路基,能在很大程度上解决缺乏筑路土源、运输费用大等难题,有利于保护国土资源,节省投资,且施工不受雨季影响,此外,采用吹填砂方案有利于疏通河道,水利、航道等部门对此也积极支持。

4 结语

利用吹填砂技术填筑高等级公路路堤在珠江三角洲地区、武汉长江沿线、天津等地已得到了普遍应用,不仅满足安全与技术上的要求,而且取得了良好的社会与经济效益。但从国内现有的吹填砂技术和填筑砂路堤成功的经验来看,大多数修筑的里程较短且位于连接线部位,车辆流量有限。此外,由于目前对于高速公路吹填砂路基修筑技术的研究还不够成熟,所以确定该技术在高速公路建设中的可行性时,必须采用科学的方法进行系统的经济、技术、社会以及环境分析和评价,并对吹填路基的施工工艺及填筑机理做详细的论证和研究。

参考文献

[1] 李淞泉,徐宏,戚兆臣,吴军.吹吸江砂填筑路堤的应用研究[J].公路,1999,04

[2] 周翰斌,郑彬.高等级公路路堤吹填砂施工中若干问题的处理[J].路基工程, 2006(2):110-112

[3] 邓学钧.路基路面工程[M].北京:人民交通出版社,2007

[4] JTJF10—2006,公路路基施工技术规范[S].北京:人民交通出版社,2006

[5] 康拥政,牛红凯,赵慧丽.浅析粘性土包砂土河滩路堤施工[J].路基工程,2003(1):26-29

[6] C J Miller, N Yesiller, K Yaldo and S Merayyan. Impact of soil type and compaction conditions on soil water characteristic. Journal of Geotechnical and Geoenvironmental Engineering, 2002, 128(9):733-742

[7] 苗德山,刘事莲,张丽红.中江高速公路吹(填)砂路基的设计与施工[J].广东公路交通,2003,03

[8] 李云龙,李云波, 季晓玲.江砂在路基填筑材料中的性能试验[J].黑龙江交通科技.2003,01

[9] JTGE60—2008,公路路基路面现场测试规程[S].北京:人民交通出版社,2008

[10] JTJ017—96,公路软土地基路堤设计与施工规范[S]. 北京:人民交通出版社,1996
[11] 张在忠,廖爱民. 湖区高填方路基吹砂填筑施工技术[J]. 企业技术开发,2006,06

The application of hydraulic filling with sand in highway subgrade engineering

Li Sheng,Liu Zhaohui,Qin Renjie

(Changsha University of Science and Technology,Changsha,410004)

Abstract:Most of the application of construction technology of hydraulic filling with sand in highway in China has certain limitations and it has not developed completely. In this paper,the research of preparatory work,construction technology,environmental protection,quality control,and other aspects of this technology for freeway subgrade engineering have been introduced. What's more,this paper lay out the application of this technology in modern society and tell the importance of hydraulic filling sand technology in the national economy. The results of this study for hydraulic filling sand technology play an increasingly important role in construction practice of some related works. The technology which is described in these paper have a great many of social and economic advantages in some areas,such as land and resources protection,reduction of investment,no effects in the rainy season etc. . Further more,the technology is workable and has a good prospect of application highway subgrade construction.

Key words:Road engineering;Subgrade;Hydraulic fill sand;Construction technology;Package edge

基于路基台背回填的石灰土配合比试验研究

易 勇[1] 高燕希[2]

(1. 中交第二航务工程勘察设计院有限公司,湖北武汉,430071;
2. 长沙理工大学,湖南长沙,410076)

摘 要:本文结合长株高速公路台背回填实体工程,采用一系列试验方法,对石灰改良土配合比进行研究。针对最佳含水量的确定问题,本文在初始击实试验确定的最佳含水量的基础上,对每组石灰剂量增加2.5%的含水量,通过对比试验最终确定对石灰土强度形成最为有利的含水量;针对石灰剂量的确定问题,本文选取无侧限抗压强度、*CBR*、*CBR* 膨胀量及压缩系数4个指标进行综合确定,具有一定的工程实际意义。

关键词:台背回填;石灰土;*CBR*;压缩系数;无侧限抗压强度

石灰稳定土具有材源丰富,使用范围广和施工简便等特点,因此,在公路建设中已经得到了广泛的应用和长足的发展,在路面结构的底基层和垫层中经常被采用,也常被用作台背回填的填料,随着公路建设向西部和山区的挺进,石灰也被用作对高液限土的改良。尽管如此,对石灰土的强度、水稳性、收缩性等工程性质随内在物理化学反应的发展变化的认识还远远不够。

1 主要存在问题

1.1 石灰剂量的确定方法存在不足

规范中要求确定石灰剂量时采取无侧限抗压强度进行控制,但路堤的受力状况并不单纯是无侧限的,填料更大程度上是受剪破坏的,另外该指标也不能反映改良后土体的胀缩性。

1.2 最佳含水量的确定方法存在不足

在高速公路建设中用到石灰土时,规范中规定按照击实试验得到的击实曲线来确定最佳含水量。这种方法因为没有考虑土料、水与石灰之间的物理、化学反应的所需时间,往往得不到最有利于石灰土强度形成的最佳含水量,存在着一定的局限性。

2 本文研究方法

2.1 石灰剂量的确定

本文主要针对石灰土路基台背回填工程进行研究,路基主要的破坏形式为剪切破坏,为了工地试验的简便性,本文选择 *CBR* 指标来反映土体的抗剪性能;为了反映回填材料的稳定性,本文选择 *CBR* 膨胀量和压缩系数两个指标来反映土体的胀缩性和压缩沉降量大小;另外,为了考虑土体的抗压性能,本文选择无侧限抗压强度作为选择石灰剂量的一个标准。本文最终选择无侧限抗压强度、*CBR*、*CBR* 膨胀量及压缩系数4个指标来综合确定石灰剂量,这4个指标能较全面地反映石灰土样的强度和稳定性,并且其对应的试验也便于开展。

2.2 最佳含水量的确定

考虑到水在化学反应过程中的消耗,本文在石灰土击实试验得到的最佳含水量的基础上,分别按2.5%的增量各制备一组试件,进行平行对比试验,选择最有利于石灰土强度形成的含水量。

3 项目概况

本文依托项目为湖南省长沙至株洲高速公路(简称长株高速公路)建设项目,本项目是湖南省重点

作者简介:易勇,男,助理工程师,硕士研究生;高燕希,女,教授。

规划的公路建设项目之一，建成通车后，将成为连接长沙至株洲一条最为便捷的交通要道。

因为台背回填对填土材料的高要求，本项目在大部分台背回填部位设计采用石灰土进行回填。因此，石灰土配合比的确定成为该项目台背回填质量控制中的一个关键问题，本人作为长株高速公路开发有限公司业主中心试验室的一员参加了石灰土配合比的试验研究。

4 石灰土配合比确定

本文将结合长株高速公路 AK0 +640 涵洞实体工程，对石灰土的工程应用进行一系列研究。AK0 +640 涵洞设计为 3m ×3m，采用整体式基础，涵洞纵断面布置和洞身断面见图 1。

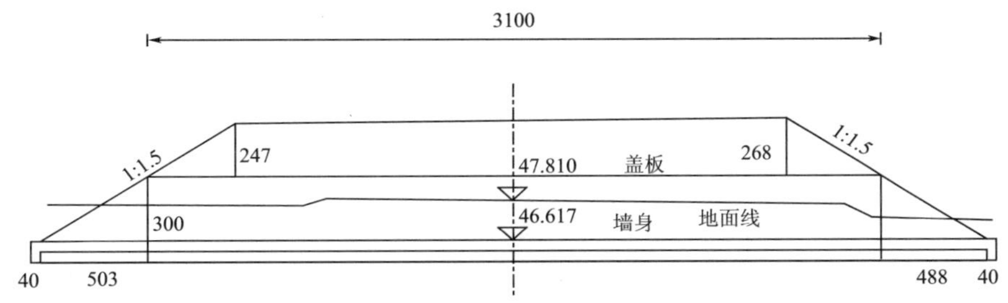

图 1 AK0 +640 涵洞纵断面布置图（图中单位：cm）

4.1 原材料确定

本项目在 AK0 +640 黄花互通附近选择合适的土样进行改良，采取塑性指数进行控制，控制标准为 12 ~18。

经过现场实地考察，选择黄花互通 A 匝道 AK0 +080 ~ AK1 +050 深 2m 处土样和黄花互通附近 K2 +000左 30m 处土样进行对比试验。对两处土样分别做液、塑限和颗分试验，试验结果见表 1 和表 2。

AK0 +080 ~ AK1 +050 深 2m 处土样液、塑限及颗分试验数据 表 1

试样来源	检测项目	计量单位	检测数据	检测方法
AK0 +080 ~ AK1 +050 深 2m 处土样	液限(w_l) 塑限(w_p) 塑性指数(*IP*)	% % —	46.6 24.8 21.7	T0118—2007

K2 +000 左 30m 处土样液、塑限及颗分试验数据 表 2

试样来源	检测项目	计量单位	检测数据	检测方法
K2 +000 左 30m 处土样	液限(w_l) 塑限(w_p) 塑性指数(*IP*)	% % —	45.3 30.5 14.8	T0118—2007

考虑到塑性指数，K2 +000 左 30m 处土样 $IP = 14.8$ 在 12 ~18 的范围之内，满足规范的要求，便于施工且易于改良，故采取该土样进行石灰改良。

4.2 含水量的确定

对 K2 +000 处土样分别添加剂量 5%、7%、9%、11%、13% 的石灰进行拌和，在标准击实条件下进行击实试验，未改良土及对应 5 种剂量下的石灰土的击实试验数据见表 3。

击实试验数据 表 3

0% 石灰剂量	W(%) ρ(g/cm^3)	12 1.728	14 1.758	15.9 1.775	17.9 1.783	19.9 1.747
5% 石灰剂量	W(%) ρ(g/cm^3)	15.1 1.625	16.9 1.654	19 1.679	20.9 1.665	23 1.636

续上表

7%石灰剂量	W(%) ρ(g/cm³)	14.9 1.573	17 1.603	18.9 1.637	21 1.647	22.9 1.613
9%石灰剂量	W(%) ρ(g/cm³)	14.9 1.543	16.9 1.577	19 1.622	21.1 1.631	22.9 1.601
11%石灰剂量	W(%) ρ(g/cm³)	15 1.502	17.1 1.539	19 1.592	20.9 1.608	22.9 1.597
13%石灰剂量	W(%) ρ(g/cm³)	16.9 1.522	19 1.563	21 1.593	22.9 1.591	24.9 1.569

对击实曲线进行拟和分析,得到各种剂量下土样对应的最佳含水量和最大干密度见表4。

最佳含水量及最大干密度 表4

石灰剂量(%)	最佳含水量(%)	最大干密度(g/cm³)
0	17.4	1.788
5	19.5	1.686
7	20.3	1.658
9	21.1	1.631
11	21.7	1.617
13	22.2	1.609

本项目在击实试验得到的最佳含水量的基础上,分别按2.5%的增量各制备一组试件,以进行对比试验。具体制备试件的含水量与石灰剂量见表5。

制备土样的含水量与石灰剂量 表5

石灰剂量(%)	5	5	7	7	9	9	11	11	13	13
含水量(%)	19.5	22.0	20.3	22.8	21.1	23.6	21.7	24.2	22.2	24.7

4.3 石灰剂量的确定

本文选择无侧限抗压强度、*CBR*、*CBR*膨胀量及压缩系数4个指标来综合确定石灰剂量。

4.3.1 无侧限抗压强度测定

按照不同石灰剂量及不同含水量在击实试验98击试验条件下各制备3组试件,在湿度98%以上、温度20±2℃的环境条件下保湿养生6天,浸水1天后,进行无侧限抗压强度。

取3组试件的平均试验数据见表6。

各试件对应无侧限抗压强度列表 表6

石灰剂量(%)	含水量(%)	无侧限抗压强度(kPa)
5	19.5	987
5	22.0	1024
7	20.3	1067
7	22.8	1083
9	21.1	1100
9	23.6	1123
11	21.7	1089
11	24.2	1132
13	22.2	1023
13	24.7	1058

根据上述试验数据,绘制成曲线图,如图2所示。

对上述曲线进行拟合,得到两种不同含水量下的最佳石灰剂量与对应的无侧限抗压强度如表7所示。

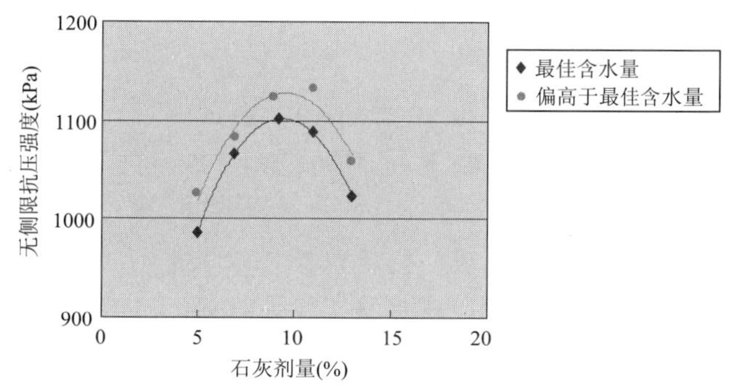

图2 石灰剂量与无侧限抗压强度关系曲线图

无侧限抗压强度指标控制下的最佳石灰剂量 表7

含水量情况	最佳石灰剂量(%)	无侧限抗压强度(kPa)
最佳含水量 偏高于最佳含水量	9.4 11.6	1123 1138

4.3.2 *CBR*、*CBR* 膨胀量及压缩系数测定

对各组试件分别测定 *CBR*、*CBR* 膨胀量及压缩系数,并进行曲线拟合,得到不同指标下的最佳石灰剂量如表8和表9所示。

CBR **及** ***CBR*** **膨胀量指标控制下的最佳石灰剂量** 表8

含水量情况	最佳石灰剂量(*CBR* 控制)	最佳石灰剂量(*CBR* 膨胀量控制)	*CBR*	*CBR* 膨胀量(%)
最佳含水量 偏高于最佳含水量	9.3 11.1	9.1 9.2	57.6 54.4	1.2 1.3

各组试件对应的压缩系数值 表9

石灰剂量(%) 含水量(%)		0 17.4	5 19.5	5 22.0	7 20.3	7 22.8	9 21.1	9 23.6	11 21.7	11 24.2	13 22.2	13 24.7
压缩系数(MPa^{-1})	50kPa	0.38	0.34	0.32	0.31	0.27	0.29	0.25	0.27	0.25	0.27	0.25
	100kPa	0.20	0.15	0.13	0.11	0.11	0.08	0.09	0.08	0.08	0.06	0.06
	200kPa	0.20	0.11	0.12	0.10	0.10	0.10	0.10	0.09	0.09	0.09	0.09
	300kPa	0.18	0.10	0.10	0.06	0.06	0.06	0.06	0.06	0.05	0.04	0.04
	400kPa	0.14	0.08	0.07	0.05	0.04	0.04	0.04	0.04	0.04	0.03	0.03

4.4 石灰剂量及含水量的选择

试验结果显示,对应各种石灰剂量均能满足各项指标技术要求,因此同时考虑到经济性能与使用性能,选用9%的石灰剂量作为实际使用值;对于含水量,通过对比试验可以发现,当含水量偏高于击实试验得到的最佳含水量时,无侧限抗压强度有比较明显的增长,*CBR* 膨胀量有一定程度的增加,*CBR* 有一定程度的减小,综合比较,选取偏高于最佳含水量的指标作为最终含水量取值,选择最终含水量为23%。

5 结语

本文在击实试验所得初始含水量的基础上增加2.5%的含水量制备一组试件,与初始含水量试件进行平行对比试验,结果发现:含水量的一定范围增长能增加石灰土的无侧限抗压强度,但对石灰土的 *CBR* 指标存在一定的不利作用。工程实际中,应根据实际情况确定最佳含水量。石灰剂量方面,本文选择无侧限抗压强度、*CBR*、*CBR* 膨胀量及压缩系数4个指标进行确定,因为此4个指标能反映路基台背回填部位对回填材料的主要要求,所以据此得到的石灰剂量能更好地保证石灰土的强度和稳定性。通过后期使用效果观察,根据这种方法确定的石灰土配合比而得到的石灰土能很好地满足台背回填部位的要求,具有一定的工程指导意义。

参考文献

[1] 中华人民共和国交通部. 公路路基设计规范(JTGD30—2004)[S]. 北京:人民交通出版社,2004

[2] 中华人民共和国建设部. 土工试验方法标准(GBT50123—1999)[S]. 北京:中国计划出版社,1999

[3] 徐培华,王安玲. 公路工程混合料配合比设计与试验技术手册[M]. 北京:人民交通出版社,2001

[4] 黄腊泉. 关于石灰土施工过程中容易出现的问题以及处理措施[J]. 公路,2005,第10期:22-124

[5] 潘国强,崔颖超,时义鹄,白继东,郭英松. 路基填土掺灰改性后干密度随龄期变化探讨[J]. 中外公路,2007,27(4):282-284

[6] 陈爱军,杨和平. 石灰改良膨胀土石灰掺量的确定方法研究[J]. 公路. 2006. 第10期:149-151

[7] 郭爱国,孔令伟,胡明鉴,郭刚,王庆. 石灰改性膨胀土施工最佳含水率确定方法探讨[J]. 岩土力学,2007,28(3):517-521

The experimental study of the mix proportion of lime soil of the back filling behind abutment

***Yi Yong*[1], *Gao Yanxi*[2]**

(1. CCCC Second Harbor Consultants Co. Ltd, Wuhan, Hubei, 430071;

2. Changsha University of Science & Technology, Changsha, Hunan, 410076)

Abstract: Combined with the entity engineering of changsha to zhuzhou expressway, this thesis to carry out experiments to study the mix proportion of lime soil. As for moisture content, on the basis of the optimum water content from initial compaction test, the water content is increased by 2.5% to each group of lime dosage, to carry out comparison tests and then to determine the optimum water content which is most favorable to form strength of limestone. As for the lime content, this subject use four indexes-unconfinedcompressive strength, CBR, expansive capacity of CBR and compression coefficient-to determine the dose of lime comprehensively, The project has a practical significance.

Key words: Back filling behind abutment; Limestone soil; CBR; Compression coefficient; Unconfined compressive strength

纳米碳酸钙和 PE 复合改性沥青的性能研究

李清泉　刘大梁　鲁高群

（长沙理工大学交通运输工程学院，湖南长沙，410114）

摘　要：采用纳米碳酸钙和 PE 复合对沥青进行改性，对纳米碳酸钙和 PE 复合改性沥青的主要技术性能进行了试验研究。结果表明，在 PE 改性沥青（PE 含量为 6%）中掺入 2% 纳米碳酸钙后，复合改性沥青的软化点、粘度、针入度指数等有明显的提高，针入度、当量脆点有明显的降低；纳米碳酸钙含量从 2% 增加到 8% 时，复合改性沥青的各项技术性能指标逐渐增加，说明在 PE 改性沥青中掺入纳米碳酸钙后，复合改性沥青的高温稳定性能得到了明显的改善，且低温性能也有所提高。

关键词：道路工程；纳米碳酸钙；PE；复合改性沥青；技术性能

1　引言

纳米碳酸钙因已实现大规模工业化生产、价格较低，目前已广泛应用于聚合物、粘合剂和涂料等产品中，可获得良好的增韧、增强及增容等技术效果[1~4]，PE 是目前产量最大、价格较低、应用广泛的聚合物，同时也是最早使用的沥青改性剂，对改善沥青的高温性能有良好的效果，但对低温的影响方面一直存在争议[5]；作者曾对纳米碳酸钙改性沥青的性能进行了研究[6~7]，获得了良好的效果；本项目将纳米碳酸钙应用于 PE 改性沥青中，对制备的纳米碳酸钙和 PE 复合改性沥青的主要技术性能进行了试验研究，以探讨纳米碳酸钙在 PE 改性沥青中的应用前景。

2　实验部分

2.1　主要原料

基质沥青采用了镇海炼油化工厂生产的 AH-70 沥青，其主要技术性能如表 1 所示，PE 改性剂采用了北京燕山石化总厂产低密度聚乙烯，型号为 1F7B，其主要技术指标要求如表 2 所示，纳米碳酸钙采用北京纳诺泰克纳米科技有限公司生产，其主要技术指标要求如表 3 所示。

基质沥青主要技术性能指标　　表 1

技术指标	基质沥青	技术指标	基质沥青
针入度（25℃，100g，5s，）（1/10mm）	72	软化点（℃）	45.5
针入度指数（PI）	-0.951	溶解度（%）	99.9
延度（15℃，5 cm/min）（cm）	75.2	运动粘度（135℃）（Pa·s）	0.388

PE 改性剂主要技术指标要求　　表 2

技术指标	PE 改性剂	技术指标	PE 改性剂
熔体流动速率（g/10min）	7.0	拉伸强度（MPa）	11.0
密度（25℃）（g/cm^3）	0.9195	断裂伸长率（%）	450

基金项目：湖南省自然科学基金资助项目（05JJ40085）。

作者简介：李清泉（1984-），男，湖北十堰人，长沙理工大学在读硕士研究生，主要从事路面材料研究，E-mail：sworder888@163.com。

纳米碳酸钙主要技术指标要求　表3

技术指标	纳米碳酸钙	技术指标	纳米碳酸钙
平均粒径(nm)	15~40	pH	8.9~9.5
比表面积(BET)(m^2/g)>	40±5	水分(%)≤	0.3
粒子形状	立方	$CaCO_3$(%)(已处理)	95
吸油值(DOP)(g/100g)	35		

2.2 复合改性沥青的制备方法

将一定量的基质沥青加热到170℃后,按6%的掺量加入PE,用高剪切分散乳化机(上海弗鲁克机电设备有限公司产,FM-300型)在170~180℃、4000~6000r/min的条件下,剪切分散1~1.5h,再分别按比例加入纳米碳酸钙,在5000~7000r/min的条件下,再剪切1h制成PE和纳米碳酸钙复合改性沥青进行技术性能试验。

3 结果与讨论

对不同纳米碳酸钙含量的纳米碳酸钙和PE复合改性沥青(PE含量为6%)的主要技术性能进行了试验,其结果如图1~5所示。

从图1~5的结果看出:在PE含量为6%的PE改性沥青中掺入2%纳米碳酸钙后,复合改性沥青在25℃时的针入度由42降低到38、针入度指数由-0.189提高到0.466、软化点由56.1℃提高到59.3℃、运动粘度由0.775Pa·s提高到0.870Pa·s,当量脆点则由-12.33℃降低到-15.14℃,说明在PE改性沥青中掺入纳米碳酸钙后,复合改性沥青的高温稳定性能得到了明显的改善,且低温性能也有所提高;当纳米碳酸钙的含量从2%增加到8%时,复合改性沥青在25℃时的针入度进一步降低到35、

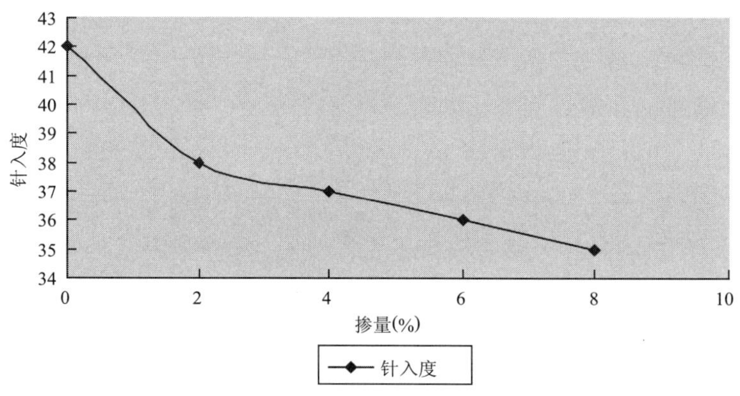

图1　纳米碳酸钙含量对复合改性沥青针入度的影响

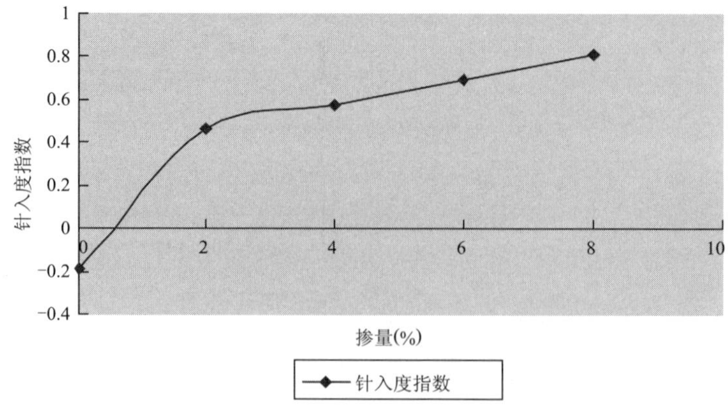

图2　纳米碳酸钙含量对复合改性沥青针入度指数的影响

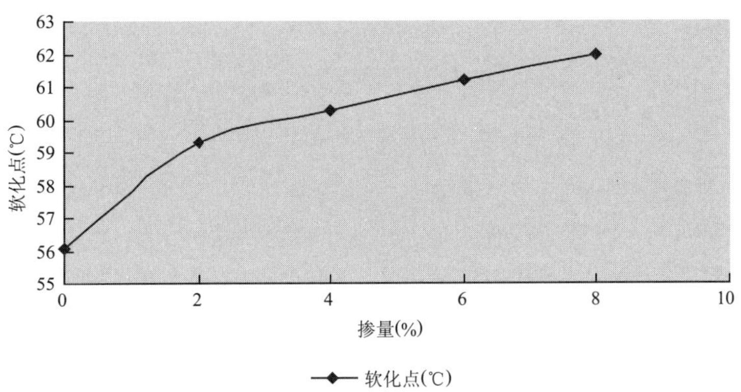

图 3 纳米碳酸钙含量对复合改性沥青软化点的影响

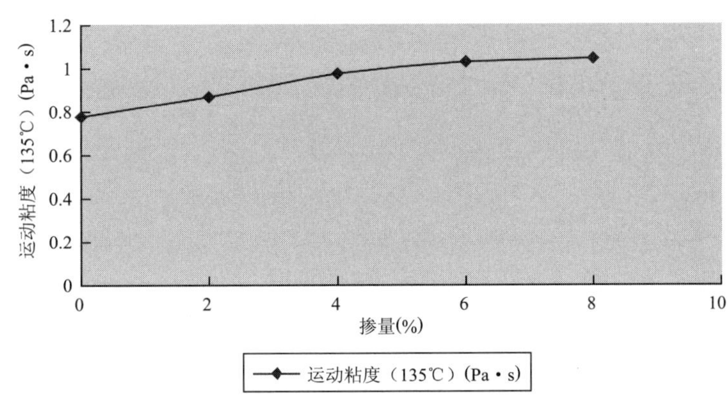

图 4 纳米碳酸钙含量对复合改性沥青运动粘度的影响

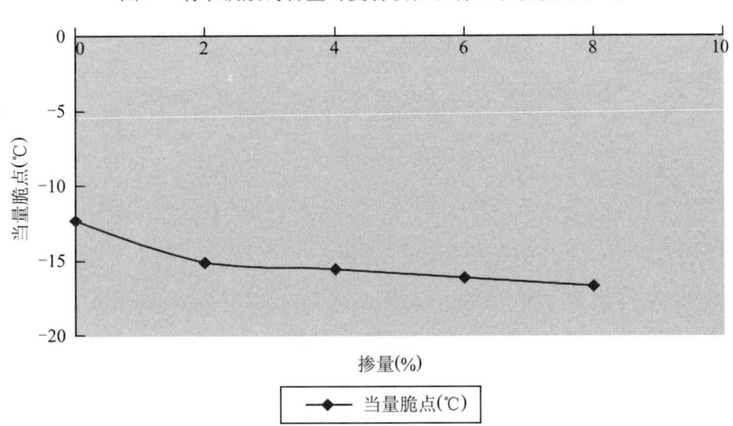

图 5 纳米碳酸钙含量对复合改性沥青当量脆点的影响

针入度指数提高到 0.811、软化点提高到 62.0℃、运动粘度提高到 1.145Pa·s，当量脆点降低到 -16.69℃，说明复合改性沥青的各项技术性能指标随纳米碳酸钙含量的提高而逐渐增加。

按照纳米粒子增强增韧高分子材料的作用原理认为[1]：纳米粒子与高分子材料之间既有物理作用也有化学作用，纳米粒子与高分子之间的物理作用指的是它们之间存在范德华力；因纳米粒子尺寸与高分子链的尺寸已属于同一数量级，甚至纳米粒子尺寸更小，纳米粒子存在于高分子链之间可以改变高分子链之间的作用力。纳米粒子与高分子链之间存在化学作用，因为当粒子尺寸在 1～100nm 时，粒子表面原子数大增，由于量子隧道效应等原因在粒子的表面形成活性很大的活性点，有孤独电子存在，从而使粒子和高分子之间形成化学键，即发生化学作用。改性后高分子材料的特殊性能是由纳米粒子的表面效应、体积效应、量子尺寸效应、宏观量子隧道效应综合作用的结果。有人对增韧机理的解释为：当材料受到冲击时，填料粒子脱落，基体产生空洞化损伤，若基体层厚度小于临界基体层厚度，则基体层塑性变形大大加强，从而使材料韧性提高。与高分子材料比较，PE 改性沥青也为高分子化合物的混合物，在常温下具有与高分子材料类似的宏观力学性能,因此,在其中掺入纳米碳酸钙粒子也应能产生的类似的增强增韧作用和效果,使 PE 改性沥青的高、低温性能得到改善。

4 结论

在 PE 改性沥青(PE 含量为6%)中掺入 2% 纳米碳酸钙后,复合改性沥青的软化点、粘度、针入度指数等有明显的提高,针入度、当量脆点有明显的降低;当纳米碳酸钙含量从 2% 增加到 8%,复合改性沥青的各项技术性能指标逐渐增加,说明在 PE 改性沥青中掺入纳米碳酸钙后,复合改性沥青的高温稳定性能得到了明显的改善,且低温性能也有所提高。

参考文献

[1] 张玉龙,李长德,张银生,等. 纳米技术与纳米塑料[M]. 北京:中国轻工业出版社,2002

[2] 吴绍吟,马文石,叶佩凡. 纳米碳酸钙在弹性体中的应用 [J]. 弹性体,2003,13(1):57-62

[3] 俞江华,王国全,王文一,等. PP/SBS/纳米碳酸钙复合材料结构与性能研究[J]. 中国塑料,2005,19(2):22-25

[4] 袁绍彦,杜玲玉,郑刚,等. PS/SBS/ $CaCO_3$ 共混物体系脆韧转变[J]. 高分子学报,2005,17(4):478-482

[5] 刘克,杨锡武. 关于聚乙烯改性沥青技术问题的探讨 [J]. 弹性体,2008,18(4):73-77

[6] 刘大梁,罗立武,岳爱军,等. 纳米碳酸钙改性沥青研究[J]. 公路,2005,(6):145-148

[7] 刘大梁,姚洪波,包双雁. 纳米碳酸钙和 SBS 复合改性沥青的性能[J]. 中南大学学报,2007,38(3):579-582

Research on the performance of nano-calcium carbonate and SBS compound modified asphalt

Li Qingquan, Liu Daliang, Lu Gaoqun

(School of Highway Engineering, Changsha University of Science & Technology, Changsha, 410114)

Abstract: PE and nano-calcium carbonate were used for modifying asphalt, and the compound modified asphalt's main technical performance was studied. The results show that 2% of the incorporation of nano-calcium carbonate were incorporated in PE modified asphalt (PE content of 6%), the softening point, viscosity, penetration index (PI) of compound modified asphalt were obvious improved, but the penetration, the equivalent breaking point was obvious lower; When the nano-calcium carbonate content from 2% to 8%, The technical performance indicators of the compound modified asphalt increased step and step, It showed when PE modified asphalt mixed of nano-calcium carbonate, the compound modified asphalt's high temperature stability had significant improvement, and it low temperature performance has improved, too.

Key words: Road engineering; Nano-calcium carbonate; PE; Compound modified asphalt; Technical performance

基于射频技术的无人值守收费平台

陈笃奖　徐铁群

(集美大学轮机工程学院,福建厦门,361021)

摘　要:通过对现在的高速公路收费系统的调查,总结出其存在的隐患,针对这些隐患,提出了基于射频技术的无人收费系统方案。介绍了该系统实现的关键技术及其总体结构的设计,并介绍了其后台数据库的设计及管理方案,整套系统无须人工干预,完全自动化,可实现真正意义上的无人值守。

关键词:射频;无人值守;数据库;收费平台

1　引言

随着我国社会经济的不断发展,家家户户买小轿车已不是什么新鲜事,而且公路也在随之不断增加,这对路网管理的要求越来越重视,其重要性也日益突出。传统的人工收费管理模式暴露出以下一些缺陷:(1)由于收费人员的粗心大意而造成收取通行费出现差错甚至危及票款的安全;(2)由于工作人员的安全意识淡薄,导致票款被盗、被抢等现象发生。由于收费站,特别是高速公路收费站大多处在偏僻、远离城镇的地区,收费站又是24小时工作,收费员如果防抢防盗意识单薄,上夜班时常常没有反锁收费亭内的防盗锁,这就给收费人员的人身和通行费的安全埋下了隐患;(3)某些收费员有意偷盗通行费,给通行费安全管理造成恶果;(4)人工收费模式效率低下;(5)传统收费模式的系统各自为政,无法统一管理;(6)人力资源消耗巨大,劳动强度大,工作环境恶劣;(7)容易造成交通拥挤,浪费资源,增加司机的疲劳程度等;(8)降低了物流速度。

基于以上存在的隐患,我们提出智能交通管理系统。所谓的智能交通系统(ITS)是将先进的信息技术、数据通讯技术、自动控制技术以及信息处理技术等有效地融合起来,并与交通规划、交通工程和管理相结合,以提高交通运输效率的综合管理系统。根据计算机仿真的结果,ITS有可能提高整个路网的通行能力20%至30%。因此,发达国家已从主要依靠修建更多的道路、扩大路网规模来解决日益增长的交通需求,逐渐转移到用高新技术(如智能交通)来改造现有的道路运输系统及其管理体系,从而大幅度提高路网的通行能力和服务质量。

2　系统结构设计

我们采用的是基于射频识别的智能交通系统,该系统要求在收费站的每个通道都安装一个射频读卡器,然后在车辆贴上射频标签,当车辆通过收费站时,天线接收到从电子标签返回的载有车辆信息的射频应答信号后,传递给射频控制器,由射频控制器控制完成信号的处理、显示和传输,并控制系统外部设备(如电动栏杆、红绿灯、报警器、摄像机、显示牌等)按要求动作。来自射频控制器的信号可以通过TCP/IP传递至管理PC,也可以通过TCP/IP端口通过交换机直接传到管理中心服务器。图1为该系统的总体结构图。

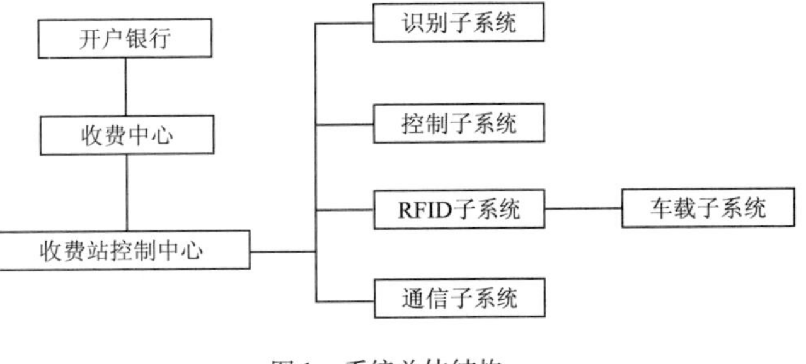

图1　系统总体结构

图2所示为以射频控制器为核心器件的智

作者简介:陈笃奖(1983-),男,福建厦门,硕士研究生,研究方向:机电设备与测控技术,E-mail:cdj081012@163.com。

能交通系统架构图。

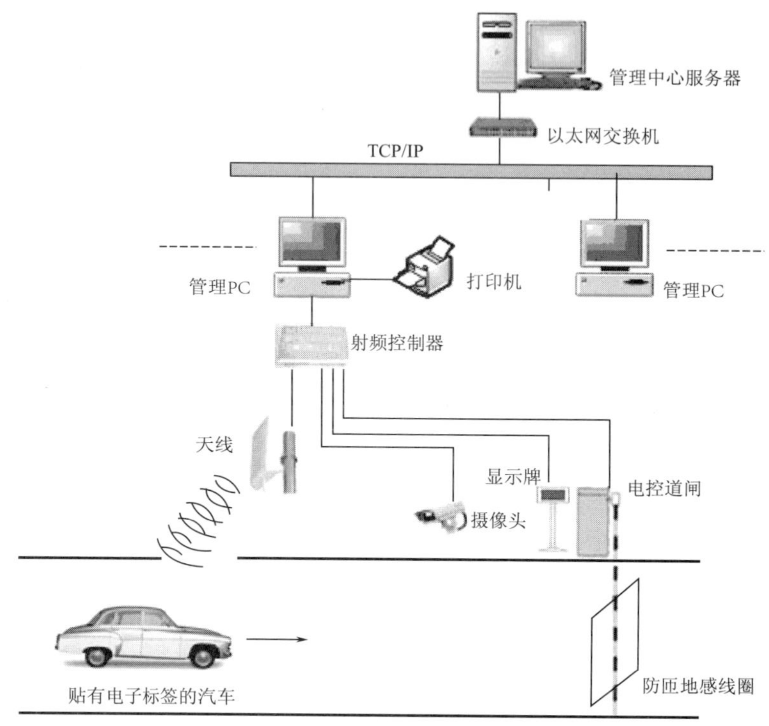

图2 射频控制器为核心器件的智能交通系统架构图

该系统能够实现真正意义上的无人收费方式。当车辆进收费站时,读卡器在距离车辆一定距离的时候就会读取车辆上的电子标签,读取数据后,射频控制器就控制闸门开启,让车辆通过,这样就可以在车辆不停车的情况下完成收费,而且整个过程无须人工操作,完全实现自动化管理,大大减少了人力物力的投入。另外,射频读卡器读取的车辆电子标签信息后,会将该信息储存到后台电脑,通过互联网将该信息传递到银行,从而通过银行对该车辆的通行费进行自动缴交,整个过程可以实现无现金支付,从而可以避免工作人员偷取票款的现象,也避免了收费站遭遇盗抢的情况发生。此外,由于无需人员在场,可以保障工作人员的人身安全,还有就是在进站缴费时,车辆不再需要停车,可以大大加快道路流畅,提高公路行驶效率,而且车辆的汽油耗费,空气污染程度可以大大降低,司机的疲劳程度得到很大缓解,最后,该系统还可以大大提高收费站的工作效率,比传统的人工收费快得多,而且准确程度也是相当高的,还有就是大大加快了物流速度,为国家为社会节省大量资源。

3 后台信息管理系统

在这里,我们的数据库平台选用 SQL Sever,用 ODBC 实现对数据库的访问。SQL Sever 是目前流行的一种数据库服务器系统。它能与 Windows 操作系统进行有机结合,提供了基于事务的企业级信息管理方案—客户端/服务器(Client/Sever)结构,具有性价比高、投资小、维护方便等特点,并以开放式的客户端/服务器结构而著称。它还具有并行对称服务器结构,自动平衡多处理器间的工作负载;分布式事务处理和数据复制;支持大型数据库;集中管理数据库;容错能力强等一些特点。

ODBC(Open Database Connectivity)是开放数据库互连标准,是 Windows 开放服务结构的成员,是 Microsoft 实现关系型和非关系型数据库异构环境的数据访问接口。ODBC 首先处理客户应用程序 SQL 命令,然后送到服务器执行;最后接收从服务器返回来的结果,并送到客户应用程序缓冲区。由于每个数据库服务器都有自己的客户端应用程序开发接口,而且 API 一般也只能应用在一种开发平台中,所以每个客户端应用程序只能连接一个数据库服务器。但是,作为一个工业标准的 ODBC,能够提供统一的数据库 API。所有的应用程序通过特定的数据库驱动程序和相同的功能调用与不同的数据库服务器(数据源)通讯。伴随 ODBC 驱动器的 ODBC 管理器位于应用程序和驱动程序之间,用于定义不同的数据源。ODBC 应用程序和数据库服务器的连接如图 3 所示。

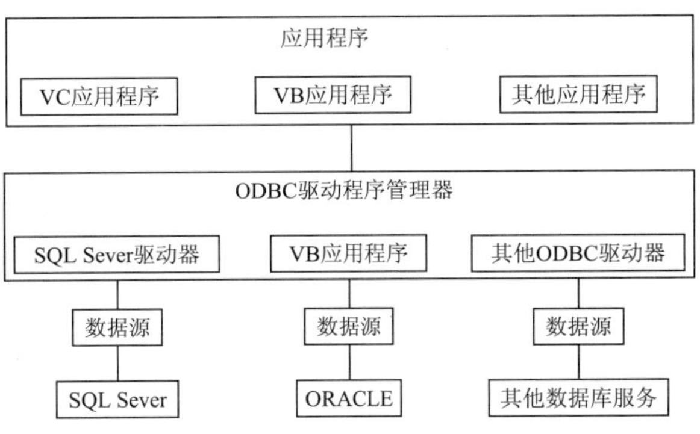

图 3　ODBC 应用程序和数据库服务器的连接

后台信息管理系统采用 C/S 结构,主要包括四个部分:售卡子系统、结算子系统、结算前端子系统及服务器。售卡子系统主要用于每辆车电子标签或 ID 卡的发放和退卡(或写入黑名单)以及查询客户的余额信息;结算前端子系统计算用户在银行中的存值金额或充值信息,并将其传给结算子系统进行结算;结算子系统接收结算前端子系统传来的金额信息,提示有无刷卡,并根据该信息在数据库中修改相应卡中的金额。最后所有的数据都要存入服务器中,由服务器对这些数据进行统一的管理。

4　结语

该系统能够实现真正意义上的无人收费方式,当车辆进站时,读卡器读取电子标签,射频控制器控制闸门开启,这种方式可实现车辆无停留收费,整个过程无须人工操作,完全实现自动化管理,大大减少人力物力的投入,而且可以大大加快道路的畅通性,提高公路行驶效率,使交通运输更加流畅。

参考文献

[1] 吴永辉.不停车收费中的电子标签.电子技术(上海),2005 年第 32 期
[2] 周寒冰,刘海涛,等.高速公路收费站汽车 RFID 系统.电子技术,2006.03
[3] 李继香.公路收费站点问题的成因及对策.中国经贸导刊,2003 年第 20 期
[4] 杨兆升,史其信.智能运输系统概论[M].北京:人民交通出版社,2003
[5] 吴中,郑晓华.数据库技术在后勤信息管理系统中的应用.科学之友,2007.03

Unattended toll system base on RF technology

Chen Dujiang,Xu Yiqun
(Marine Engineering College Of Jimei University,Xiamen,361021)

Abstract:Through investigation of the current highway toll system,there are some hidden troubles, according to these troubles,the paper propose the unattended toll system based on RF technology. The paper introduced the key technology of the system and the whole structure,and it also introduced the designing of the database and management. The whole system needs no one to operate,it is complete automatic and can implement real unattended toll system.

Key words:RF;Unattended;Database;Toll system

逐步回归分析预测高速公路清障持续时间

夏正丰　杨顺新　倪富健

(东南大学交通学院,江苏南京,210096)

摘　要:高速公路清障是高速公路管理部门对社会服务的重点之一。本文用方差分析找出对事件持续时间具有显著的影响因素,并用逐步回归法确定了高速公路清障持续时间预测的多元线性回归模型。经检验,预测值与实际值的误差80%在30min以内,预测结果基本能够反映真实的情况。

关键词:清障持续时间;方差分析;逐步回归分析

1　前言

在我国东部沿海及中部地区,高速公路已连成网络,这方便了大家的出行,方便了货物运输,但是研究发现高速公路还是越来越拥堵了[1,2],主要是由交通事件造成的,交通事件有很多,不仅仅包括交通事故,还有抛锚车辆、抛洒物、恶劣天气等[3]。而在高速公路上,车辆遇到事故或者突发事故不能行走,那么就需要清障队出动。高速公路上的清障时间长短,对出行人员,有很大的影响,所以认识和了解这些事件的影响因素有助于帮助决策者们更好地做出事件处理方案减少二次事故发生的概率及减少交通延误。

2　高速公路清障事件持续时间

高速公路清障事件是指任何有计划或偶然发生的需要清障队派出清障车清障,并对交通正常运行产生影响的事件,如故障车清障、事故车清障等。而这些事件包括于高速公路事件当中。美国的道路通行能力手册[4]对交通事件的特征描述就是:降低道路服务水平;降低道路通行能力;给驾驶员带来危险等。

清障事件的持续时间包括四个重要的、彼此独立的部分:发现时间、准备时间、清理时间、恢复时间[5](图1)。

3　数据来源及初期处理

本研究中所使用的数据来源于江苏省某条高速公路监控中心从2007年1月到2008年7月的清障记录数据。该高速为双向4车道全封闭式高速公路,全长107.63公里,设计车速120km/h。该中心清障事件记录数据,记下了每次清障事件的各种信息:事件通知时间,位置,故障类型,车辆类型,清障队出发时间、到达现场时间、处理时间、结束时间、天气状况等。

本研究通过对原始数据总结得出,初始一年半时间事件数为719件。其中特殊事件13件,不需要考虑。进一步分析发现其中116件事件持续时间为0或者特别长(超过24小时)的事件不需要考虑。还有一些事件本身记录缺少数据项较多的事件190件,不好用来建立模型,不需要考虑。最后只剩下400件有效事件。

由图2知道,该400件有效事件平均持续时间在60min左右,75%的事件持续时间在90min以下,并且有95%的置信区间事件持续时间的中位数在62~68min之间,说明绝大部分事件的持续时间比较短,通过持续时间的累积分布图发现90%的事件持续时间在130min以内。

作者简介:夏正丰,硕士研究生,从事智能交通研究,feng52103722@yahoo.com.cn;杨顺新,讲师,博士研究生,从事智能交通运输管理等研究;倪富健,教授,博士生导师,从事道路材料、交通安全、高速公路运行管理等技术研究。

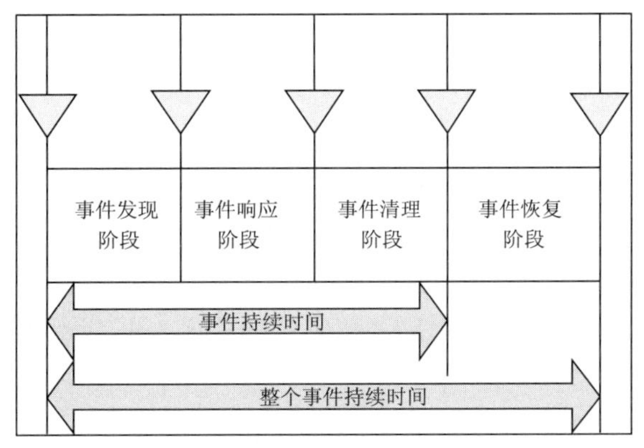

图 1　事件持续时间的过程

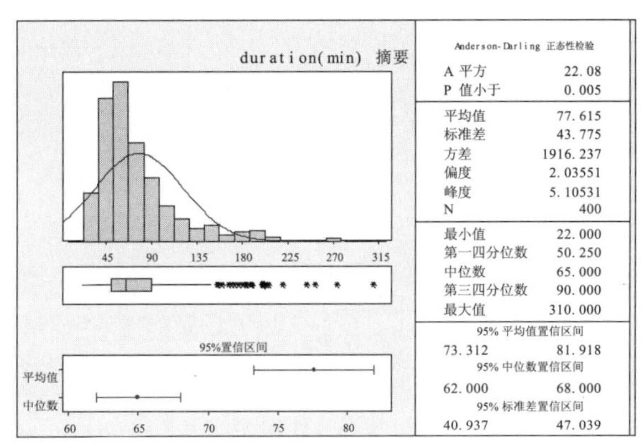

图 2　持续时间描述性统计量

4　基于逐步回归分析方法建立模型

4.1　自变量选择及数据转换

多元回归分析中事件持续时间的自变量有很多,但是基本都是描述性变量且分类变量居多。因此,将数据转化成可以应用的数据是必要的。在本研究中,记录的事件持续时间影响因素可以分为以下几类:

(1)时间因素:时间因素包括,“周末”、“夜班”、“交接班时间”,这三个因素转化成 0、1 变量,即如果事件发生在周末、夜班、交接班时间里面那么变量值即为 1,否则为 0。

(2)条件因素:条件因素实际只有收集到“天气状况”,因此,条件因素转化成 0、1 变量,即发生在雨雪天气时数据转为 1,其他为 0。

(3)事件类型:本研究的是清障事件持续时间,因此,清障事件的类型一般包括“故障类”和“事故类”,如果事件类型为故障类则转化为 1,如果是事故类则为 0。

(4)位置因素:位置因素包括“事件发生位置”(距离该路段清障队距离)和“路段清障队”。“路段清障队”因素由于该路段有两个清障队,因此不同清障队的响应能力同样对事件具有影响,因此,将其中一处令为 1,则另一处对应为 0 值。

(5)事件相关因素:本研究数据来源中,事件影响因素主要包括车型及事件类型通过统计发现其中客 1、货 1 超过 70% 的数量,因此将车型分为小车及大车,即客 1、货 1 为小车,值为 1,相反则为 0;事件类型为事故,值为 1 否则为 0。

4.2　事件持续时间的显著影响因素分析

根据以上统计分析结果发现,高速公路清障车辆的持续时间涉及的因素包括 12 组。这些因素中有些影响很大有些影响很小。为了减少预测的误差,希望通过显著性水平分析,找出其中主要影响因素。方差分析是最常用的一种显著性分析方法。它又可分为单因素、双因素和多因素方差分析[8]。本研究中进行方差分析的目的是分析各个因素对事件持续时间是否具有显著影响,而不需考虑各个因素之间的相互影响,因此,这里采用单因素方差分析方法鉴别各种因素对事件持续时间影响大小。又因为数据不服从正态分布[3],因此,选择非参数单因素方差分析方法对事件持续时间的各因素做显著性分析[8]。结果发现,事件持续时间与故障类型、车型、位置、清障队、周末、天气状况、夜班情况影响因素较大,其他影响因素相关性很小。

4.3　逐步回归分析方法建立模型

逐步回归的基本思想[9]是:按因子 $X_1, X_2, \cdots, X_n$ 对 Y 作用的大小,由大至小地逐个将因子引入回归方程,对已被引入方程中的因子,在新因子引入后有可能变成对 Y 作用不显著而随时从方程中剔除出去,已剔除的因子在新变量引入后也可重新放回,以便获得具有某种最优性质的回归方程。当所有引入方程中的变量,其作用均达到了显著水平,同时又不能再引入新变量,这时宣布逐步回归结束,此时所得最优方程在最少的自变量与最佳的拟合效果之间达到了最佳均衡。

下面对上面提出的较大影响因素进行逐步回归。并且根据研究发现事件持续时间分布不服从正态分布[3],所以首先将因变量做 Box-Cox 变换[3]。Box-Cox 变换定义如下:

$$\tau(Y,\lambda)=\begin{cases} Y^{\lambda} & if \quad \lambda \neq 0, \\ \ln(Y) & if \quad \lambda = 0, \end{cases} \tag{1}$$

其中:Y 是因变量,λ 是由数据决定的参数。

本研究数据做 Box-Cox 变化后,数据概率图形如图 3 所示,且 $AD=0.494$,$P=0.215>0.05$,此时 $\lambda=-0.5$,即 $Y'=1\ \sqrt{Y}$,这样的话应用逐步回归可以找出因变量与自变量之间更好的关系,用逐步回归的分析得出方程:

$$1/\sqrt{时间}=0.0896-0.00445\,周末+0.00866\,清障队位置-0.000550\,距离+0.0347\,故障类型+0.0104\,车型 \tag{2}$$

式中: 周末——是否事件发生在周末(0 或 1);

清障队位置——是否由清障队甲清障(0 或 1);

距离——事件发生位置距清障队所在地的距离;

故障类型——是否为故障(0 或 1);

车型——是否是小车(0 或 1)。

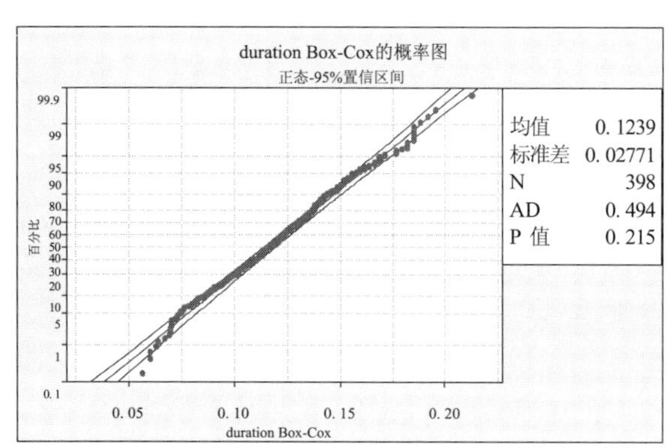

图 3 duration Box-Cox 正态分布概率图

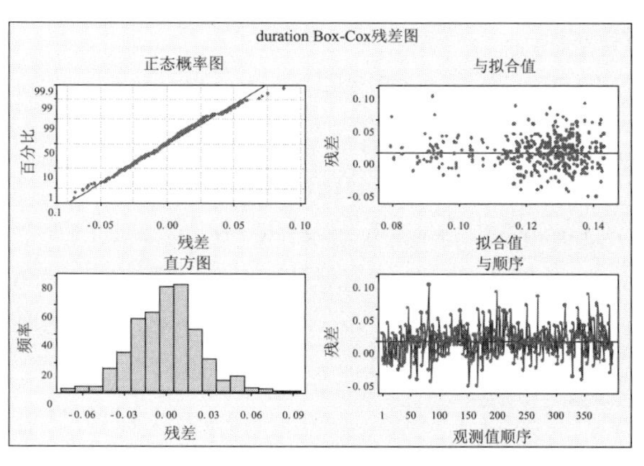

图 4 duration Box-Cox 逐步回归后残差分析图

4.4 模型检验

由上节得出的统计模型,并根据图 4 知道事件持续时间的 Box-Cox 残差值服从正态分布,说明拟合值与实际值拟合度较好。对误差统计分析,如图 5、6 发现,误差在 0 ~ 15min 以内占了 51%,0 ~ 30min 以内占了 80%,可以认为该结果是可以接受的。因此可以认为清障事件持续时间的统计模型能够比较好地预测出一件清障事件大致需要多长时间解决,并可以给出其上、下范围,从而在接到报警事件时可以告知报警人需要等待的时间范围,这样,可以提高社会公众的出行满意度。并且规范清障部门及时处理事件,可以对其考核检查。

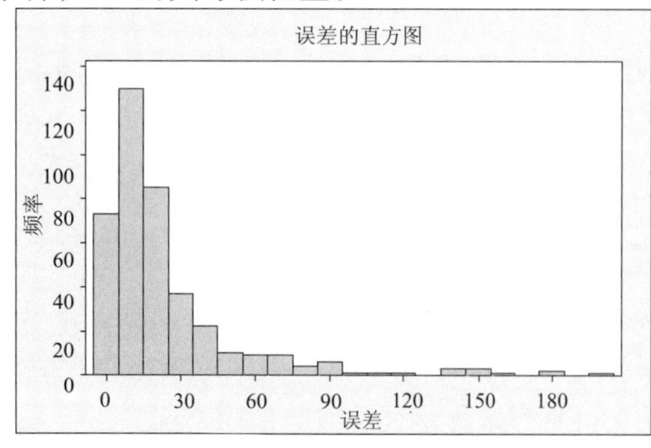

图 5 误差的直方图

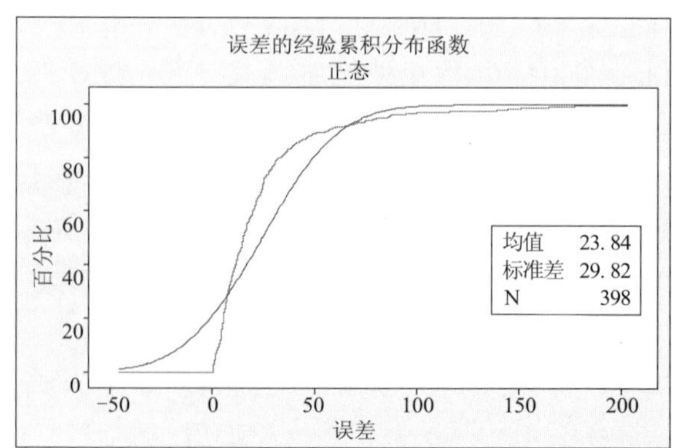

图 6 误差的经验累积分布图

5 结论

本文对江苏省某条高速公路400组实际清障数据进行了概率分布分析及逐步回归分析建立预测模型。得出结论如下：

(1)方差分析找出高速公路清障事件持续时间的显著相关因素包括：故障类型、距离、清障队、周末、车型5个变量，并用逐步回归分析法建立预测模型：

$1/\sqrt{时间}=0.0896-0.00445$ 周末 $+0.00866$ 清障队位置 -0.000550 距离 $+0.0347$ 故障类型 $+0.0104$ 车型

(2)将预测值与实测值比较分析，发现50%误差在15min以内，80%误差在30min以内。这表明提出的多元线性回归模型能够比较真实地反应清障持续时间，基本可以获得比较可靠的预测结果。如果能够获得更多、更详尽、因素更全的数据用于清障持续时间建立模型，相信预测精度将进一步提高。

参考文献

[1] 刘伟铭，管丽萍，尹湘源(2005). 基于决策树的高速公路事件持续时间预测. 中国公路学报，第18卷

[2] 姬杨蓓蓓，张小宁，孙立军(2008). 基于贝叶斯决策树的交通事件持续时间预测. 同济大学学报，第36卷

[3] Zhan, Chengjun(2006). Development of prediction models for freeway incident durations using data mining techniques. Ph. D. thesis, Florida International University

[4] Transportation research Board (TRB). Special report 209: Highway Capacity Manual[Z]. Washington, DC: National Research Council, 1994

[5] 姬杨蓓蓓，张小宁，孙立军(2008). 交通事件持续时间预测方法综述. 公路工程，第33卷

[6] Golob, Thomas F., Wilfred W. Recker and John D. Leonard. An Analysis of the Severity and Incident Duration of Truck Involved Freeway Accidents. [Z]. Accident Analysis & Prevention. Vol. 19, No. 4, August 1987. pp 375-395

[7] Giuliano, Genevieve. Incident Characteristics, Frequency, and Duration on a High Volume Urban Freeway [J]. Transportation Research 2A. Vol. 23A, No. 5, 1989. pp. 387-396

[8] 刘伟铭，管丽萍，尹湘源(2005). 基于多元回归分析的时间持续时间预测. 公路交通科技，第22卷

[9] 陈桂名，戚红雨，潘伟. MATLAB数理统计[M]. 北京：科学出版社，2002

[10] 薛毅，陈立萍. 统计建模与R软件[M]. 北京：清华大学出版社

Prediction of obstacle clearance duration of freeway by the stepwise regressive method

Xia Zhengfeng, Yang Shunxin, Ni Fujian

(School of Transportation, Southeast University, Nanjing Jiangsu, 210096)

Abstract: The obstacle clearance of freeway is one very important social service for the freeway management. In this paper, The marked influence factors of incident duration are determined by analysis of variance (ANOVA), and stepwise regression analysis is used to establish the multiple linear regression model for the prediction of freeway obstacle clearance duration. The test result indicates that 80% of the error of the prediction values and factual values is 30 min, so the test result can generally represent the real situation.

Key words: Obstacle clearance duration; Analysis of variance; Stepwise regression analysis

高速公路轴载谱参数研究

施玉芬　倪富健

(东南大学交通学院,南京,210096)

摘　要:收费站动态称重系统(WIM)记录着大量的交通量信息,本文对某高速公路上收集到的动态称重数据分析后确定了该高速公路轴载谱参数,包括车型分布、轴数系数和轴载谱等,同时还分析了该高速公路轴载分布随时间的变化规律。

关键词:WIM;车型分布;轴数系数;轴载谱

在传统的经验设计方法中,交通量是用累计当量轴次(ESALS)来表征的。而力学—经验(M-E)设计法的一个最显著的突破是用轴载谱取代累计当量轴次(ESALS)来表征交通量。路面设计方法正经历着从经验法到更为合理的力学—经验法演变的过程,而轴载谱也将会受到越来越多的重视[1]。

目前,江苏省高速公路都采用联网收费制度,收费站动态称重系统(WIM)记录着大量的交通量及轴载信息,但是高速公路管理单位主要注重其在营运和管理上的作用,而忽视了该部分数据在交通量、轴载参数研究上的巨大意义和潜力。本文将收集江苏省某高速公路主线收费站2005~2008年动态称重系统(WIM)测得的实际轴重数据,对收集到的轴载数据进行整理并分析,确定该高速公路的轴载分布特性。

1　动态称重系统(WIM)简介

目前在联网收费条件下收费站为了适应计重收费的需要都设置了大量动态称重系统(Weigh-In-Motion)。WIM技术已经成为现代高速管理系统中的一个重要组成部分。近几年随着计重收费制度的推广,WIM系统在我国的高速公路管理中得到不断的应用。

WIM系统的主要类型有三种:压电、弯曲板和用传统应变传感器构成的秤台[2],本数据来源采用的是压电式秤台。通过WIM系统可以实现称重计费的自动化,在自动化记录的过程中可以记录的轴载相关参数包括:车辆通过时间、车辆的轴数和轮胎数、车辆的总重和轴重、车辆尺寸等。

2　车辆类型的划分

2.1　车型分类

国内目前还没有开展专门的针对轴载谱参数研究需要的车型分类方法的研究,为了适应联网收费的需要,在收费站处已经根据车辆的特性及载重情况对在路网内行驶的车辆进行了明确的分类。因此本文将利用现有收费标准下的车型分类原则来研究该高速公路的不同车型的轴载谱分布特性,具体的车型分类标准见表1。

江苏省高速公路车型分类收费标准　　表1

类　别	货　车	客　车
第1类	≤2t	≤7座
第2类	2~5t	8~19座
第3类	5~10t	20~39座
第4类	10~15t	≥40座
第5类	≥15t,20英尺集装箱	/

作者简介:施玉芬(1985-),女,硕士研究生,shiyufen03@126.com;倪富健,男,博士生导师,nifujian@jsmail.com.cn。

2.2 轴型分类

车辆轴型可以分为单轴、双联轴和三联轴,轮型可分为单轮和双轮组。国内常见的轴轮组合有单轴单轮、单轴双轮、双联轴双轮组和三联轴双轮组[3],查阅国外相关文献时发现国外研究轴载谱分布时主要考虑的也是以上四种轴型,因此本文在对轴载分布特征研究过程中只考虑上述四种轴型。

3 轴载分布特征

3.1 车型分布系数

按上述的车辆划分方法对 WIM 称重数据进行分析,该高速公路 2005 ~ 2008 年进出口方向的车型分布系数分别见图 1。

由图 1 和图 2 可看出,该高速公路两不同方向上车型分布系数变化趋势基本一致,即两个方向上的车型组成差别不大。客 1、货 2、货 3、货 4 是该高速公路的主要车型,四种车型占到总流量的 80% 左右,其中客 1 所占比例最大,而客 4 和货 5 所占比例很小,总和不到 1% 。

客车流量逐渐增大,由 54% 上升到 67% ,货车流量逐渐减小,由 46% 下降到 33% ,这是因为在 2005 到 2008 年期间客 1 所占比例有明显的增长趋势,而其他车型相对比较稳定。其中在货车流量中,货 3 和货 4 所占比例较大,二者之和占货车总流量的 70% 左右,2005 年达到 74% 。而货 4 占货车总流量的 40% 左右。

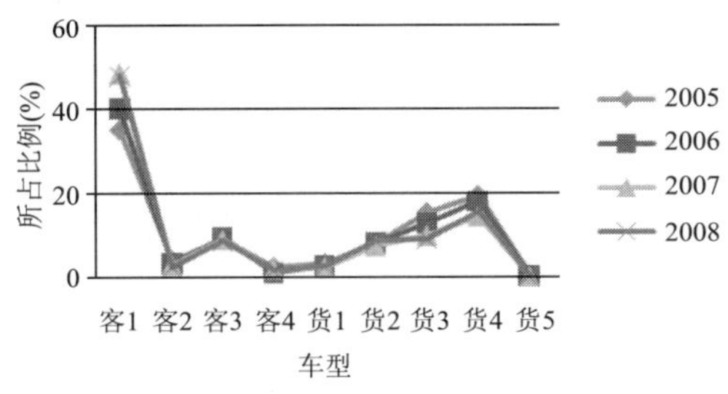

图 1 进口方向成型分布系数

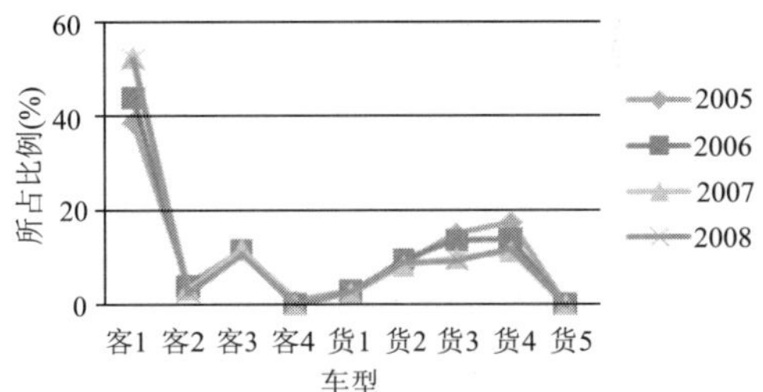

图 2 出口方向车型分布系数

3.2 货车轴数系数

有研究表明货车是造成路面损坏的主要交通因素,客车对路面的影响可以忽略不计,而收费站动态称重系统(WIM)也只对货车进行称重,因此本文将只研究货车的轴载分布特性。

轴数系数是指每一种车型各种类型轴(前轴、单轴、双联轴、三联轴)的平均轴数[4]。由于单轴单轮对路面影响较小,基本可以忽略不计。因此本研究将只考虑单轴双轮、双轴双轮与三轴双轮的货车轴数系数。对货 5 研究发现所占比例很小且其轴型与轴重分布特征与货 4 有较大的相似性,在分析过程中将货 5 与货 4 合并,货车三种轴型的轴数系数见表 2。

由表 2 可看出,单轴双轮组在五种类型的货车中频繁出现,双轴双轮主要集中在货 3、货 4、货 5 等三种货车中,三轴双轮主要出现在货 4 和货 5 中。双轴双轮和三轴双轮进口方向的轴数系数大于出口方向;货 1、货 2 的单轴双轮轴数系数进口方向明显大于出口方向,货 4、货 5 则相反。货 3 的双轴双轮轴数系数有增长趋势,而货 4、货 5 的双轴双轮轴数系数逐年减小,且其三轴双轮轴数系数逐渐增大,这说明货车中越来越多地采用轴数较多的轴轮组,这在一定程度上说明了我国货车运输业的重载发展趋势。

货 车 轴 数 系 数 表 2

方向	年份	单轴双轮轴数系数				双轴双轮轴数系数				单轴双轮轴数系数			
		货 1	货 2	货 3	货 4,货 5	货 1	货 2	货 3	货 4,货 5	货 1	货 2	货 3	货 4,货 5
进口	2005	0.59	0.84	0.79	0.88	0.00	0.01	0.22	0.83	0.00	0.00	0.00	0.17
	2006	0.55	0.85	0.75	0.89	0.00	0.00	0.27	0.72	0.00	0.00	0.01	0.30
	2007	0.57	0.79	0.73	0.88	0.00	0.01	0.33	0.53	0.00	0.00	0.03	0.52
	2008	0.53	0.84	0.72	0.87	0.00	0.01	0.31	0.42	0.00	0.00	0.04	0.64

续上表

方向	年份	单轴双轮轴数系数				双轴双轮轴数系数				单轴双轮轴数系数			
		货1	货2	货3	货4,货5	货1	货2	货3	货4,货5	货1	货2	货3	货4,货5
出口	2005	0.51	0.68	0.72	0.92	0.00	0.00	0.20	0.75	0.00	0.00	0.00	0.13
	2006	0.47	0.68	0.75	1.06	0.00	0.01	0.26	0.69	0.00	0.00	0.01	0.24
	2007	0.48	0.55	0.76	1.02	0.00	0.01	0.30	0.52	0.00	0.00	0.03	0.42
	2008	0.37	0.53	0.67	0.97	0.00	0.01	0.21	0.32	0.00	0.00	0.03	0.40

3.3 轴载谱

为了简化内容,本文将以占货车比例最高的大型货车货4为例。图3~图5分别是2007年进口方向货4的单轴双轮、双轴双轮、三轴双轮的轴载谱,研究发现其他几类货车轴载谱分布也存在类似的规律。

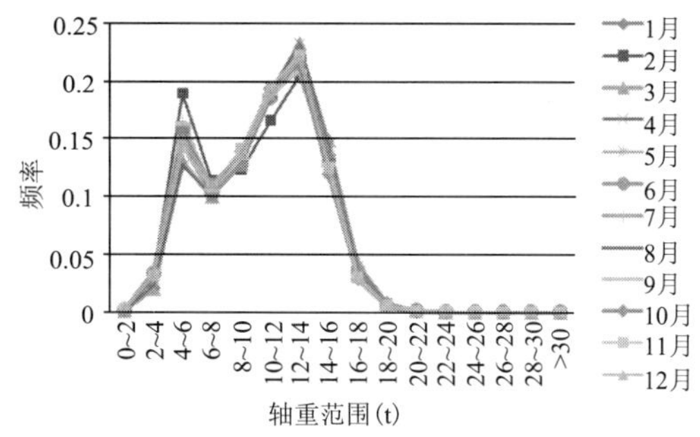

图3 2007年货4进口方向单轴双轮轴载谱

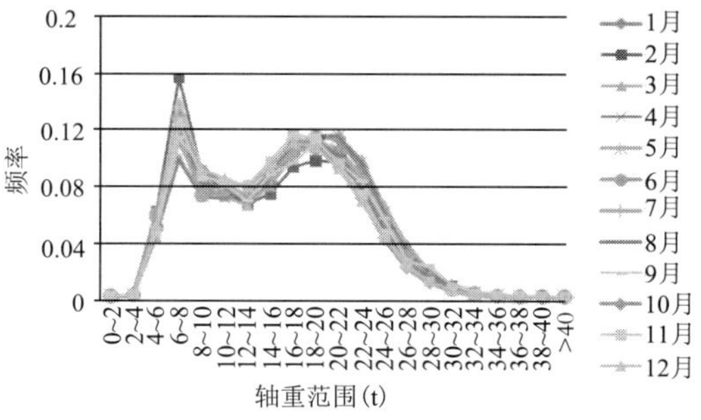

图4 2007年货4进口方向双轴双轮轴载谱

由图3~图5可得出以下结论:

三轴轴型的轴载谱均显示双峰特性,各个月的轴载分布规律基本一致,即一年内各个月的轴载分布规律与该年的轴载分布规律一致,这与美国LTPP项目对轴载谱的研究结论吻合。

我国规范规定的上述三种轴型的轴限分别是:10t、18t、22t。由各自的轴载谱可得到三种轴型的超载率分别是:58%、40%、55%,可知该条高速公路超载现象严重。

图6~图8分别列出货4三种轴型在2005到2008年4年间的轴载谱年变化图,用以分析轴载分布随时间的变化规律。

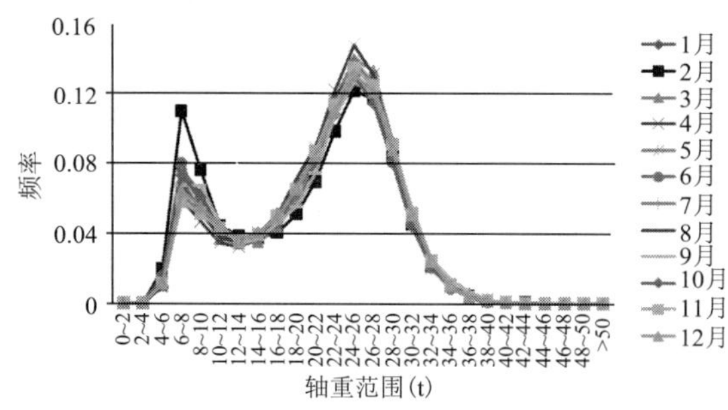

图5 2007年货4进口方向三轴双轮轴载谱

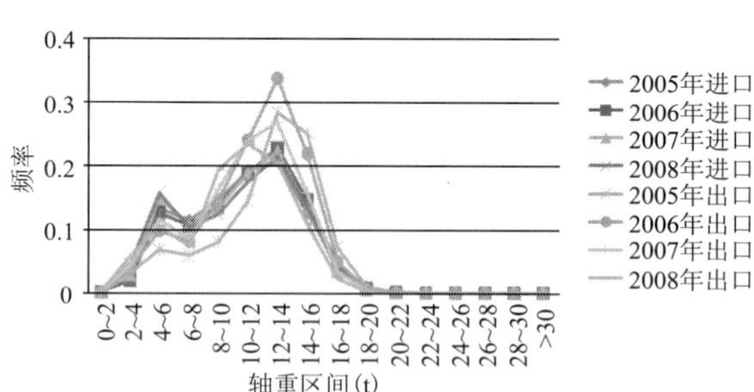

图6 货4单轴双轮轴载谱年变化图

由图6~图8可得到以下结论:

2005~2008年该主线收费站出口方向的轴载谱峰值与进口方向相比有右偏趋势,进口方向三轴双轮轴载谱的峰值右偏趋势尤为明显,且峰值更大,这说明了在2005~2008年这段期间该高速公路出口方向的重载情况比进口方向上严重。

单轴双轮和三轴双轮轴载谱曲线在进口方向上无明显变化,即进口方向上的单轴双轮和三轴双轮的轴载谱随时间变化不大,而他们在出口方向上较小峰值处较为平稳,较大峰值有减小趋势;双轴双轮在两个方向上较小峰值都有逐年增大的趋势,较大峰值逐年减小,且在较大峰值处两方向上都有左偏的趋势，这说明超载现象得到了有效的缓解，超载吨位逐年减小，超载治理措施及计重收费制度初见成效。

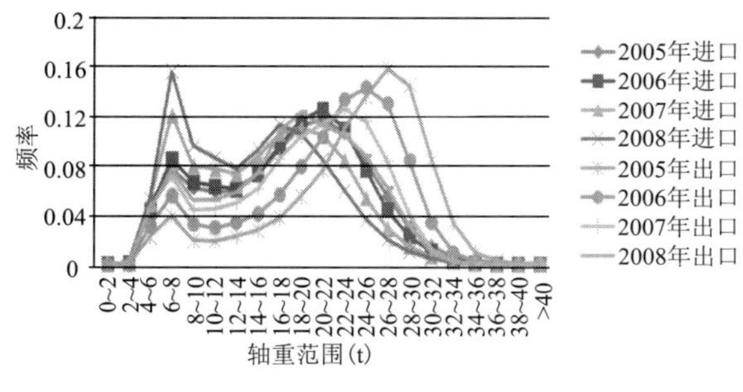

图7　货4双轴双轮轴载谱年变化图

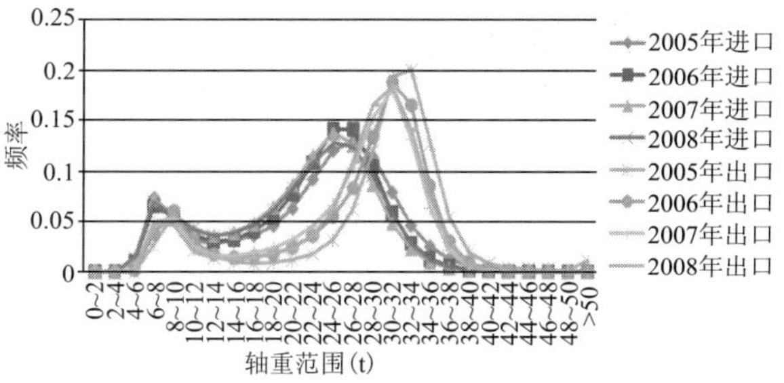

图8　货4三轴双轮轴载谱年变化图

4　结论

收费站WIM系统称重数据有很大的研究价值与潜力，本文利用江苏省某高速公路主线收费站动态称重系统(WIM)实测的称重数据，得到了2005～2008年该高速公路的轴载谱参数和轴载分布变化规律，研究发现该高速公路超载现象有逐年减轻趋势，但是超载率仍然保持着很高的比例。该高速公路主线收费站出口方向轴载谱与进口方向相比明显右偏，即出口方向上的重载现象更为严重。

参考文献

[1] David H. Timm, A. M. ASCE, S. Michelle Tisdale, Rod E. Turochy, M. ASCE. Axle Load Spectra Characterization by Mixed Distribution Modeling[J]. Journal of Transportation Engineering, 2005, 2

[2] 周祖濂. 高速公路管理与WIM技术[J]. 综述论坛. 2002.4

[3] 赵鸿铎. 轴载测定与轴载谱分析[J]. 公路, 2002, 12

[4] 赵延庆, 等. 交通荷载轴载谱参数的确定及分析[J]. 中外公路, 2007, 4

Research on highway axle load spectral parameters

Shi Yufen, Ni Fujian

(Transportation College, Southeast University, Nanjing, 210096, shiyufen03@126.com)

Abstract: Truck traffic which was recorded by weight-in-motion (WIM) system at toll station was analyzed in this paper to determine axle load spectral parameters, including the distribution of truck types, coefficient of axle count and axle load spectra. Change by time in axle load spectra was observed.

Key words: WIM; Distribution of truck types; Coefficient of axle count; Axle load spectra

驾驶员动静态测试与驾驶行为安全性的关系研究

薛　晶[1]　王丰元[1]　刘华莉[2]

(1.青岛理工大学,山东省青岛,266520;2.郑州科技学院,河南省郑州,450064)

摘　要:道路交通设施是影响道路交通安全状况的重要影响因素,驾驶员主要依靠视觉来捕捉交通信息,作者在研究影响道路交通标线视认性的驾驶员视觉行为特性的基础上,有针对性地进行了驾驶行为安全性静态测量试验和道路动态测试试验,研究交通设施设置对驾驶员视觉变化和驾驶行为安全性的影响。驾驶行为安全性静态测量试验包括驾驶员视觉标定静态测量试验和驾驶员反应时测定、闪光融合临界值测定试验。驾驶行为道路测试试验研究了交通过程中人对交通设施的识别、处理过程,综合分析驾驶员在复杂交通流状态下,道路交通设施对驾驶员视觉变化、反应时间、手脚操作行为的影响。

关键词:驾驶行为;安全性;交通设施;静态测量;动态测试

1　引言

道路交通设施是影响道路交通安全状况的重要影响因素,它对减轻事故的严重度,排除各种纵、横向干扰,提供视线诱导等起着重要的作用。交通事故中纯粹由于道路环境引起的事故相对较少,约占10%。但是资料表明,许多交通事故深究其原因,是发生事故周围的道路条件对驾驶员的心理、生理、行为等造成了影响,表现为路况不良引起驾驶行为不当而造成事故[1,2]。对道路交通设施进行合理配置,使其符合驾驶员心理,在合适的位置设置合理的交通诱导或管理设施,可以大大提高驾驶安全性。因此,从我国城市道路交通设施设置出发来研究设施对驾驶行为安全性的影响是积极改善道路交通安全状况的主要手段。

驾驶员在驾驶车辆时,主要依靠视觉来捕捉交通信息,交通标志、标线信息是通过对标志的视认而获得[3]。道路交通标志、标线的设置必须使驾驶员能够准确、高效地捕获信息,清晰地认识道路状况,及时采取应对措施。道路工程的设计人员根据人的视觉特性来设置交通标志及其他道路设施,能够确保行车安全。

为此,本文通过现场调查、试验,运用视频采集、图像处理等方法来分析驾驶员操纵的车辆单体在复杂交通环境下道路交通设施对驾驶员视觉变化、手脚操作行为的影响,分析驾驶员的动作和驾驶习惯,探讨驾驶员视觉特征与驾驶安全的关系,得出驾驶员视觉变化与主干道路段道路交通设施、车外干扰之间的基本关系。

2　驾驶行为安全性静态测量试验

2.1　驾驶员视觉标定静态测量试验

选取驾驶员四名,驾驶员分别坐在距离前方墙壁8m的椅子上,测量出驾驶员正视前方时眼睛到地面的距离1,墙壁上每相距1m从左向右设置编号为1~6的6个标定物,试验标定物的设置高度为1,放置一部照相机于驾驶员视觉正前方,调整三脚架高度,使相机镜头距离地面高度为1。指令驾驶员依次观察各试验标号,拍摄一组驾驶员头部不转动,眼珠位置变化时观察各标定物的图像,并对应计算出视觉变化角度;再拍摄一组驾驶员头部转动,眼睛与头部保持同方向观察标定物时的图像,并对应计算出头部转角。

(1)视觉标定静态试验Ⅰ

作者简介:薛晶,青岛理工大学硕士研究生,jingjingtuzi@126.com。本研究获得山东省自然科学基金(Y2008F60)支持。

图1为驾驶员头部不转动，视角变化观察各标定物的图像，测得该驾驶员正视前方时眼睛距地面距离为1.29m。

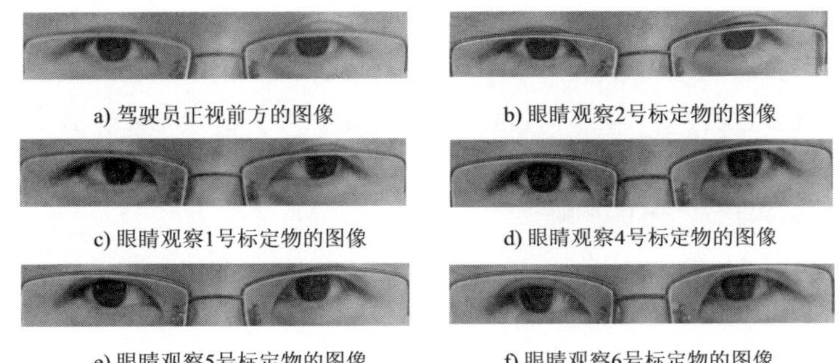

图1 驾驶员头部不转动眼睛观察各标定物图像

驾驶员头部不转动观察各标定物时视觉角度计算如下：①驾驶员向左方观察2号标定物时的视觉角度 $\alpha_1 = \arctan 1/8 = 7.125°$。②向左方观察1号标定物时的视觉角度 $\alpha_2 = \arctan 1/4 = 14.036°$。③向右方观察4号标定物时的视觉角度 $\alpha_3 = \arctan 1/8 = 7.125°$。④向右方观察5号标定物时的视觉角度 $\alpha_4 = \arctan 1/4 = 14.036°$。⑤向右方观察6号标定物时的视觉角度 $\alpha_5 = \arctan 3/8 = 20.556°$。

（2）视觉标定静态试验Ⅱ

图2为驾驶员正前方为6号标定物，驾驶员头部转动，眼睛与头部保持同方向观察标定物时的图像。

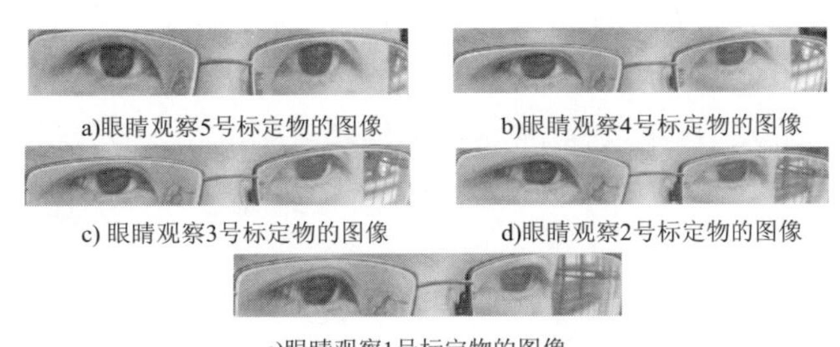

图2 驾驶员头部转动观察各标定物的图像

驾驶员观察各标定物时头部转动角度 β_n 计算如下：①驾驶员向左方观察5号标定物时，头部转角 $\beta_1 = \arctan 1/8 = 7.125°$。②向左方观察4号标定物时，头部转角 $\beta_2 = \arctan 1/4 = 14.036°$。③向左方观察3号标定物时，头部转角 $\beta_3 = \arctan 3/8 = 20.556°$。④向左方观察2号标定物时，头部转角 $\beta_4 = \arctan 1/2 = 26.565°$。⑤向左方观察1号标定物时，头部转角 $\beta_5 = \arctan 5/8 = 32.005°$。

2.2 驾驶员反应时测定、闪光融合临界值测定实验

（1）驾驶员反应时测定

①试验目的及测定方法：测量驾驶员的反应时间，作为对其生理及心理品质进行综合分析的一项指标。使用EP202|203选择、简单反应时测定仪，对20名驾驶员进行选择、简单反应时测定，每位驾驶员分别对各项目测定三次。简单反应是比较视、听两种感觉器官反应时间的差别。选择反应是比较在四种颜色的光刺激下的选择反应时间。

②统计数据处理结果分析：从简单反应测试结果看，被测者对声音的刺激反应时间比对光刺激的反应时间短；由于大脑的记忆作用，在测声刺激反应时间时，有条件反射，使反应时间比实际反应时间短；反应时间可以通过训练缩短；测量时容易受到外界环境的影响，精神不集中，而使反应时间变长；实验中绿色指示灯与黄色指示灯色差较小，导致错误判断，影响反应时间的测量。

（2）闪光融合临界值测定试验

①试验目的及测试方法：闪烁刚刚达到融合时的光刺激间歇频率值，称为闪光融合间歇频率（cff值），它是融合和闪光的平均值。cff值越高，说明眼睛对时间上的明暗变化的分析能力越强，大脑的认知水平越高，正因为如此，cff值的高低目前已成为检测驾驶员疲劳及注意程度等的主要指标，驾驶员越

疲劳,cff 值越低。采用 EP403 亮点闪烁仪测量不同背景光亮点强度或者不同的亮点颜色的闪烁频率值。用渐增法测量融合阈值,用渐减法测量闪变阈值,平均融合阈值与平均闪变阈值的平均值,即为闪光融合临界 cff。

②结果分析:红色最刺眼,人眼最易疲劳,所测 cff 值最低;绿光较柔和,人眼不易疲劳,所测 cff 值最高。多次测量导致眼睛疲劳,使测试者对各种颜色的融合阈和闪变阈的观察值不同;驾驶员手动调节旋钮的过程中把握融合的瞬间频率不够准确,使测量结果存在一定误差;由于实验是在存在外界光源情况下进行的,可能会对实验结果产生一定影响。

3 驾驶行为安全性道路测试试验

本试验在挑选了城市主干道山东路上的一段直线路段作为试验路段。数据记录的起始点和结束点为路段两信号交叉口之间的单向距离,相距 1000m,在选取的直线路段 600m 处设置有减速标志牌。试验对象为青岛理工大学随机挑选的不同年龄、驾龄的 8 名驾驶员。

驾驶员在 60km/h 的初速度下匀速行驶,通过一段设有减速交通标志的固定路段,驾驶员在视认标志牌后,给出口令提示,并进行减速制动操作。对不同驾驶员进行眼睛运动过程和减速制动操作过程的视频记录和分析,通过对室外设施的观察、交通干扰的研究,测量不同车速下驾驶员的视角变换、驾驶员反应时间、视认距离,分析驾驶员的动作或驾驶习惯。

试验使用三部摄像机置于车内跟踪记录,可同时拍摄驾驶员视觉状态、驾驶员手脚动作以及车外道路交通状况。利用两部摄像机分别接于两台笔记本电脑跟踪录像,一部拍摄驾驶员视觉变化,一部拍摄驾驶员手脚动作。另外一部摄像机基本保持与驾驶员视野一致,拍摄车外视野,交通设施及车外干扰信息,从而结合驾驶员视觉变化和手脚动作综合分析车外道路信息对驾驶员操作的影响。

对驾驶员视觉角度进行标定,行车过程中,驾驶员的眼动幅度小于 6°,眼球固定在目标物上的持续时间为 100 ~ 350ms,驾驶员 90% 的眼球定位于视中心 8°左右的视觉范围内。

图 3 所示为 1 组不同场景和道路条件下,眼睛注视点变化的典型试验图像。对驾驶员视觉角度进行标定,测得驾驶员水平方向的视野范围为 60° ~ 180°,垂直方向视野范围为 40° ~ 140°。

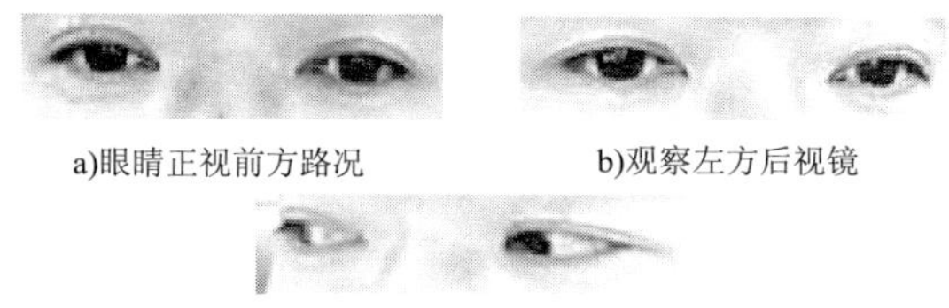

a)眼睛正视前方路况　　b)观察左方后视镜

c)通过右方后视镜观察跟车情况

图 3　不同道路条件下驾驶员视觉变化

由不同驾驶员开始观测到路段 600m 处减速标志牌的车速和注视标志牌的反应时间,可得出不同驾驶员视认距离统计,结果如表 1 所示。

视认距离数值表　　表 1

注视时间(s)	8	5	9	10	9	6	8
行车速度(km/h)	60	55	65	80	75	55	70
行驶距离(m)	133.3	76.4	162.5	222.2	187.5	91.7	155.6
视认距离(m)	225	230	216	150	165	214	188

由此可以得出行车速度、注视时间和视认距离之间的基本关系规律。随着驾驶员行车速度的逐渐提高,注视时间增加,视认距离缩短,影响驾驶员的感知和观察。

通过道路试验分析可知:交通设施中的重要信息应在设置地点以一定频率出现以便增加驾驶员行驶中识别的概率。驾驶员行驶时的反应时间随着供选择的信息量的增多而延长。车速较快路段驾驶员视认距离减小,可适当加大标志、标线的尺寸。驾驶员在有路缘标线的道路上行驶比在仅有中心线或无标线的道路上行驶安全性较好,行驶不易疲劳。道路交通设施设置得合理、简洁、清晰可减少对驾驶员的干扰,有利于驾驶员的识别,提高驾驶安全性。

4 结论

试验分析表明,研究驾驶行为安全性静态测量试验和道路测试试验对驾驶行为安全性的影响是完全可行的,对于改善道路交通安全现状、提高驾驶行为安全具有积极的现实意义。

驾驶员视觉标定静态测量试验计算得到了驾驶员视觉变化角度和头部转角。简单反应测试试验获得了声音刺激、光刺激的反应时间,闪光融合临界值测定试验得到了人眼对不同颜色的刺激cff值,有效利用可以改善人的视觉疲劳状态。驾驶行为道路测试试验中对驾驶员视觉角度进行标定,测得行车过程中,不同环境和标志等信息对驾驶安全的影响。

参考文献

[1] 陈明伟,等.从道路交通事故统计分析对比谈预防措施[J].中国安全科学学报,2004,14(8):61-62

[2] 马骏.论驾驶员的感知特性及安全管理对策[J].公路交通科技,2000,17(5):89-92

[3] 张朝刚.汽车驾驶员的视觉特性与行车安全[J].商用汽车,2001(9):48-49

The relationship between static and dynamic experiments of drivers and safety of driving behavior

***Xue Jing*[1], *Wang Fengyuan*[1], *Liu Huali*[2]**

(1. Qingdao Technological University, Shandong Province, 266520, jingjingtuzi@126.com;

2. University for Science and Technology Zhengzhou, Henan Province, 450064)

Abstract: Road traffic facilities are the important factors of traffic safety. Vision of driver is the main source obtained from road information. Bases on introducing the visual characteristics of traffic mark and sign, the static and the dynamic experiments of driving visual behavior were carried out. The influence of traffic facility installation to visual change and safety of driving behavior were studied. The static tests of driving safety behavior were carried through which included visual calibration test of drivers and tests of reaction time and flicker fusion threshold. The process of identification and processing of traffic facilities was researched by the road experiments of driving behavior. Visual image processing and survey, the influence of road traffic facilities on visual changes, reaction time, drivers operation of hand and feet were analyzed synthetically in the complex traffic flow.

Key words: Driving behavior; Safety; Traffic facilities; Static tests; Dynamic experiments

基于路面不平度的路面附加动载分析

蒋建国　彭　涛

(中南大学土木建筑学院道路工程系,长沙,410075)

摘　要:为了能够分析出与实际车辆动荷载更接近的动载,本文基于路面不平度分析了较低等级路面B、C、D路面等级的附加动载,得出:车辆行驶速度、路面等级不同,车辆对路面产生的附加动荷载的作用点的位置也不相同;路面附加动载随着路面等级降低逐渐增大;但是在相同的路面条件下,附加动荷载大小并不是随着车速的增大而增大的,而是在某一车速下达到最大值。

关键词:路面不平度;路面等级;附加动载

1　引言

行驶中的车辆作用于路面的荷载是非常复杂的,为了便于求得车辆动载,一般都将车辆动载简化为:半波正弦荷载、傅立叶级数形式等。路面所受的车辆动载主要是由路面不平度引起的随机荷载,随机动载一般包含两层意思:一是力随作用位置改变;二是力的大小随时间改变[1]。为了求得随机荷载,本文就要先分析车辆附加动载,车辆附加动载主要是路面不平度引起的,首先分析路面不平度。

2　模拟路面不平度

路面不平度直接对行驶车辆产生激励,是车辆产生附加动载的主要因素。由于路面不平度具有随机性,我们不能像以前用一个确定的表达式(例如正弦函数)来描述它,只有通过实测和计算机处理方法产生。如果没有实测的理想数据,可以通过计算机模拟出路面不平度随机函数,为了求出较大的附加动载,本文用MATLAB编程模拟出低等级路面(B、C、D)的路面不平度,并与用经典周期法、AR模型Yule-Walker、Burge三种算法计算功率谱与原始功率谱相比较[2]。如图1~图3所示。

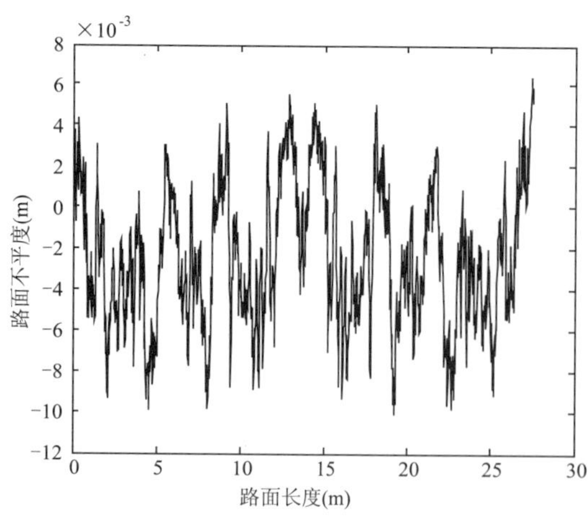

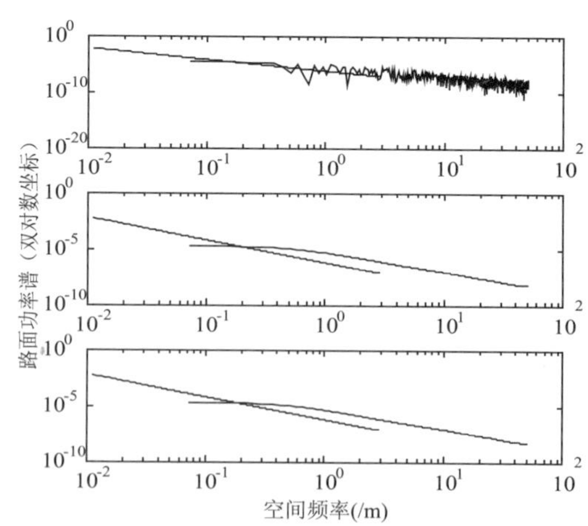

图1　B等级路面不平度及其路面理论谱与模拟谱拟合

由图1~图3可以看出:路面等级越低,路面不平度数值变化值越大。模拟出的随机路面平整度序列和理论上的拟合比较一致,说明这种方法得到的路面不平度是可行的。

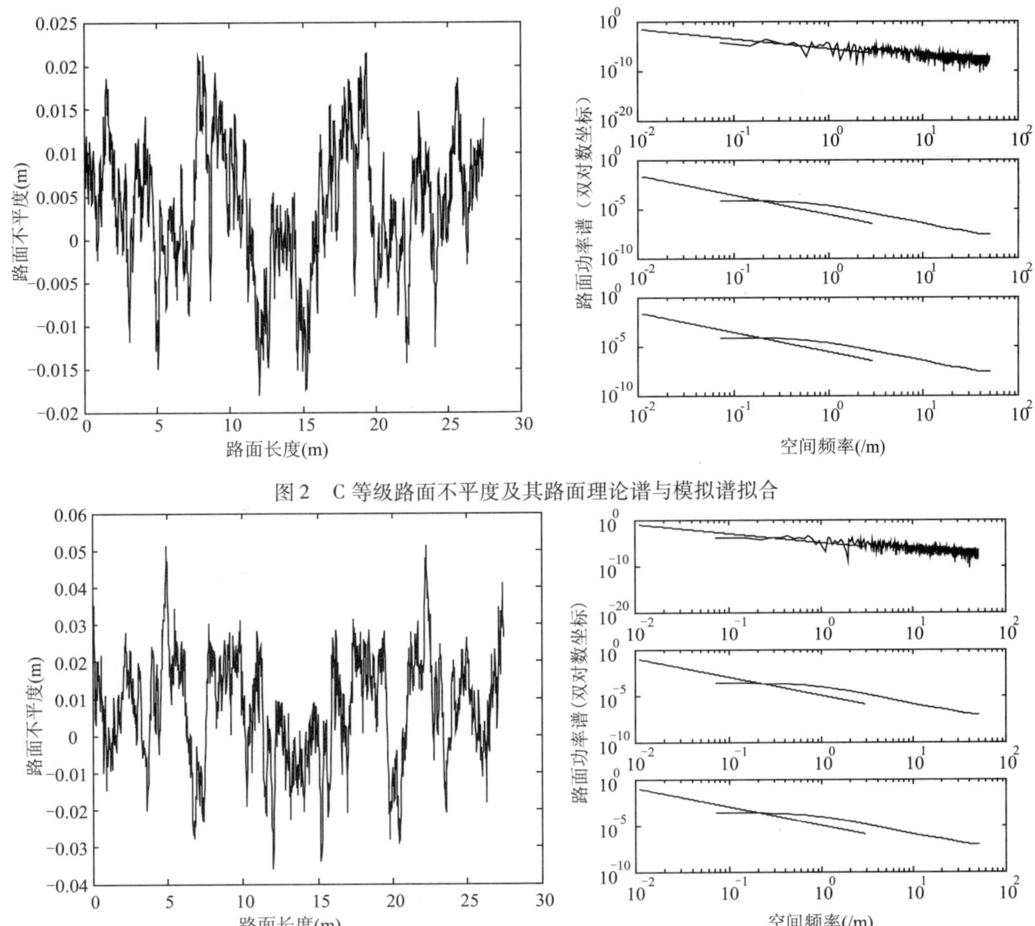

图2　C等级路面不平度及其路面理论谱与模拟谱拟合

图3　D等级路面不平度及其路面理论谱与模拟谱拟合

3　附加动载求解

3.1　车辆模型、参数和激励的确定

车辆模型选用两个自由度四分之一车辆模型，如图4所示。车辆模型中，悬挂系统 M_2 指车辆减震弹簧以上部分，包括车厢、所载货物等；非悬挂系统指车辆减震弹簧以下的部分，包括轮胎、车轴等。

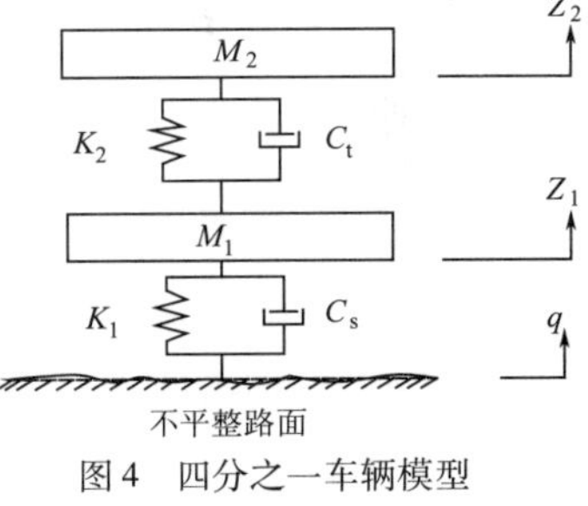

图4　四分之一车辆模型

所用的路面不平度激励为已模拟出的路面不平度序列。车辆模型参数如表1所示[3]。

车 辆 模 型 参 数　　表1

K_2	M_1	K_1	K_2	C_t	C_s
4500kg	500kg	1000000N/m	100000N/m	10000N·s/m	2000N·s/m

3.2　数值计算

根据D'A lembert原理，二自由度车辆模型的运动微分方程为：

$$M\ddot{Z}+C\dot{Z}+K=f(t)$$

其中：质量矩阵　$M=\begin{bmatrix} m_1 & 0 \\ 0 & m_2 \end{bmatrix}$　　阻尼矩阵　$C=\begin{bmatrix} c_s+c_t & -c_t \\ -c_t & c_t \end{bmatrix}$

刚度矩阵　$K=\begin{bmatrix} k_1+k_2 & -k_2 \\ -k_2 & k_2 \end{bmatrix}$　　位移列阵　$Z=\begin{bmatrix} z_1 \\ z_2 \end{bmatrix}$

激励列阵 $f(t)=\begin{bmatrix} k_1 q+c_s\dot{q} \\ 0 \end{bmatrix}$

所求得轮胎对路面的附加动载荷为:

$$F = k_1(q - z_1) + c_t(\dot{q} - \dot{z}_1)$$

本文编写了基于 MATLAB 语言的附加动载计算程序,求出附加动载,图 5 ~ 图 7 为 B、C、D 路面等级下车速为 30km/h 的附加动载值。

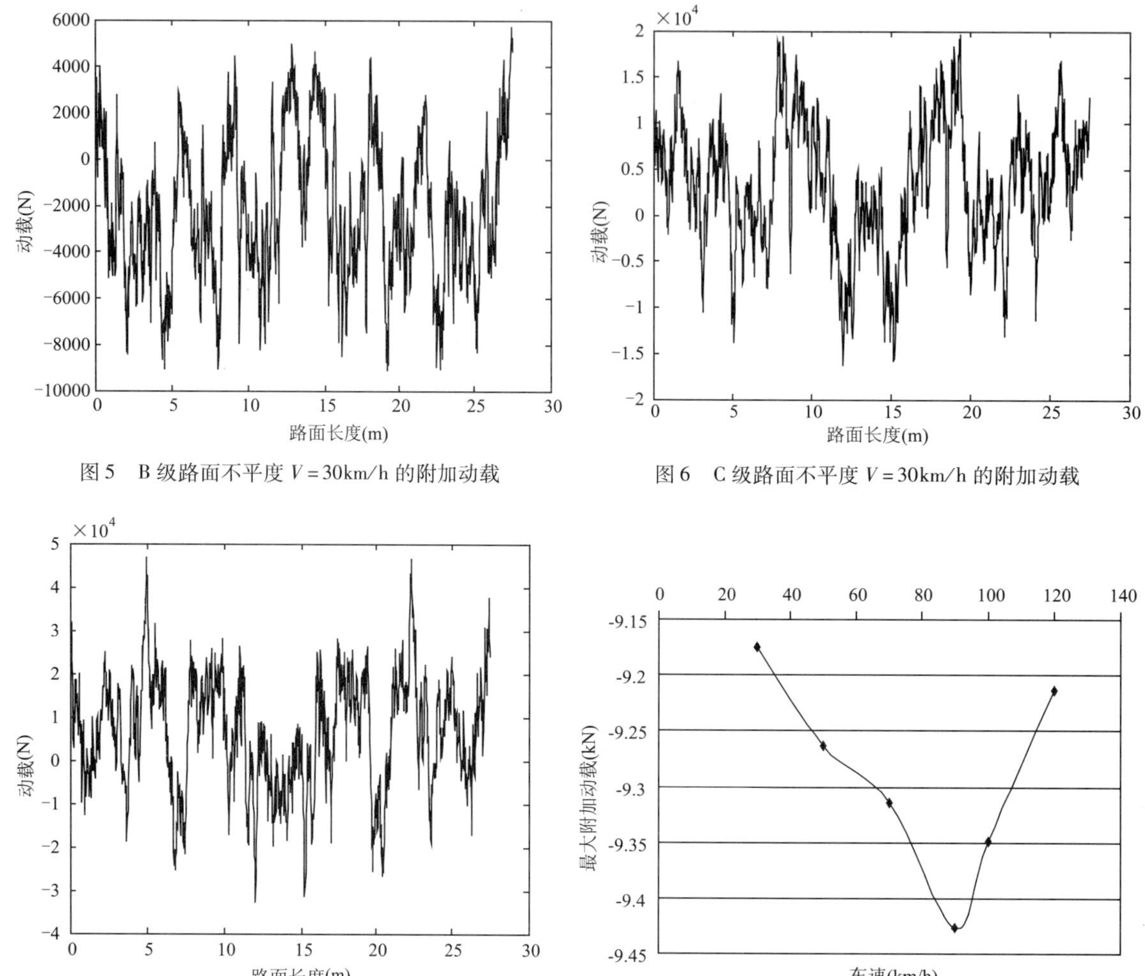

图 5　B 级路面不平度 $V = 30$km/h 的附加动载

图 6　C 级路面不平度 $V = 30$km/h 的附加动载

图 7　D 级路面不平度 $V = 30$km/h 的附加动载

图 8　B 等级路面不同车速最大动载值

4　最大附加动载与车速的关系

取速度为:30km/h、50km/h、70km/h、90km/h、100km/h、120km/h 如图 8 ~ 图 10 所示为 B、C、D 路面等级下最大附加动载与车速的关系。

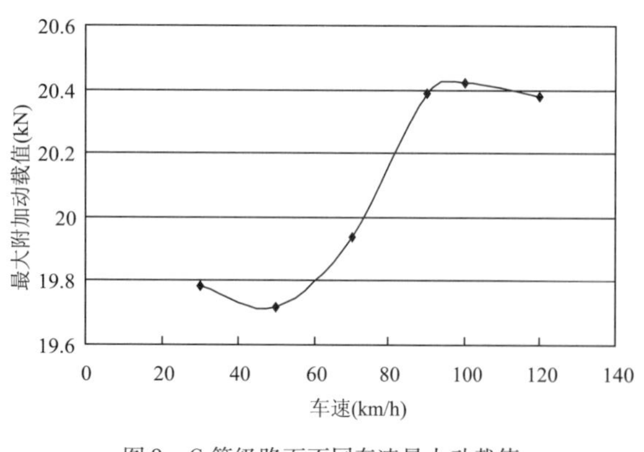

图 9　C 等级路面不同车速最大动载值

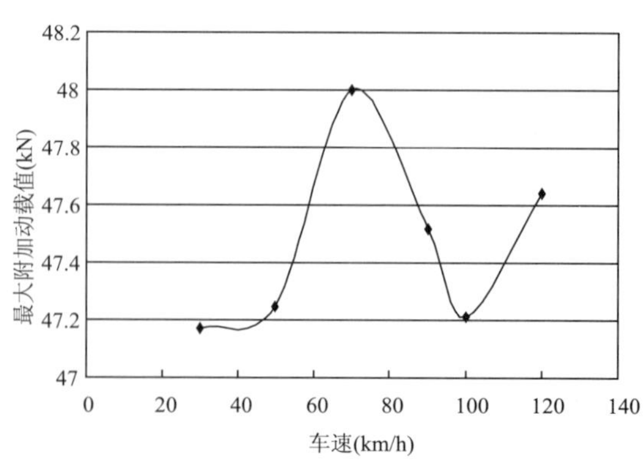

图 10　D 等级路面不同车速最大动载值

从这里可以知道附加动荷载达到最大值时车速达到60km/h以上，车辆不是处于低速状态，但是并不是车速越高，附加动荷载值就越大。

5 结论

在不平整路面上行驶的车辆将对路面产生一个除(静载)外的附加动力荷载，这种附加动荷载是一个随着道路位置不同而变化的。车辆行驶速度、路面等级不同，车辆对路面产生的动荷载作用点的位置也不相同。附加动载随时间变化和路面不平度随空间频率变化趋势一致，路面附加动载随着路面等级降低逐渐增大；在B、C、D相同的路面条件下，附加动荷载大小并不是随着车辆行驶速度的增加而增大的，但是在相同的路面条件下，附加动荷载大小并不是随着车速的增大而增大的，而是在某一车速下达到最大值。

参考文献

[1] 郝大力，王秉纲. 路面结构动力响应分析[J]. 长安大学学报，2002，3（22）：9-12

[2] 邹鲲，袁俊泉，龚享铱. MATLAB 6. X 信号处理[M]. 北京：清华大学出版社，2002. 230-240

[3] M. 米奇克. 陈荫三，译. 汽车动力学：B 卷[M]. 北京：人民交通出版社，1994

Additional dynamic load analysis based on pavement roughness

Jiang Jianguo, Peng Tao

(School of Civil Engineering and Architecture, Central South University, Changsha, Hunan, 410075)

Abstract: In order to analyze the dynamic load closer to the actual vehicle dynamic load, the article analyzed the additional dynamic load of the lower B、C、D classification of pavement On the basis of pavement roughness, the conclusions were as follows: the point location of the additional dynamic load generated by vehicles on the road is different with the different Vehicle speed and the classification of pavement, the additional dynamic load increased with the lower classification of highway pavement, but at the same classification of pavement, the additional load was not increased with the speed increasing, it reached a maximum speed under a certain speed.

Key words: Pavement roughness; The classification of pavement; Additional dynamic load

高速公路交通事件应急处理流程的研究

赵建东[1] 张 波[2] 史海涛[2] 赵 珂[2] 张 昊[3] 葛书芳[3]

(1. 北京交通大学,北京,100044;2. 山东济菏高速公路有限公司,济南,250001;
3. 交通部公路科学研究院,北京,100088)

摘 要:随着社会的发展,高速公路在人们的日常生活中占据了越来越重要的位置。由于交通事件引起的人员伤亡和经济损失非常巨大,所以高速公路交通事件更是日益受到人们的关注。本文对各类交通事件及其处理流程进行了探讨,着重研究高速公路出现气候异常、交通阻塞、车辆故障、交通事故、道路出现灾难等情况。通过对交通事件应急处理流程的研究,最大限度地发挥高速公路资源的功效,为我国的高速公路运输事业起到一定的推动作用。

关键词:高速公路;交通事件;应急处理流程

1 引言

当前,高速公路进入快速发展时期,各类交通事件时有发生,由此引发的人员伤亡和经济损失也非常巨大,交通应急的任务十分繁重。但是,我国交通应急管理工作的基础仍然比较薄弱,体制尚不完善,预防和处置交通突发事件的能力还有待于提高。

基于此,本文将交通事件具体划分为气候异常、交通阻塞、车辆事故、交通事故、道路出现灾难等情况[1],同时针对这几种交通事件提出了相应的应急处理流程,进一步充实高速公路的交通应急管理机构,同时加强与其他部门的协调联动,积极推进资源整合和信息共享,形成分级响应、属地管理的纵向网络体系和信息共享、分工协作的横向职能体系。

2 高速公路交通事件的信息处理流程

交通事件属于无法预测事件,因此高速公路沿线多处定点公布监控调度中心值班电话,并且每2km布设一台摄像机实行全程监控。具体来说,高速公路交通事件的信息处理流程分为三个阶段。

(1)上报、核查阶段

各处通过收费、养护、路政巡查等手段,保证收费、道路的安全畅通。在发现交通事件时第一时间上报监控调度中心。中心则负责信息收集和处理,并将重大应急突发事件报告给值班领导。对不确定信息的核查由中心下发指令,由指定管理处负责现场确认。

(2)反馈阶段

监控调度中心下发指令后,各相关部门处理完毕须报告中心处理结果并记录归档。

(3)信息发布阶段

监控调度中心负责道路信息的发布工作,并根据需要发布道路相关信息。各处、联动单位可根据需要提出信息发布需求,经值班领导批准后,对外发布相关信息。

3 不同类型的高速公路交通事件应急处理流程

高速公路交通事件具体可以细化成气候异常、交通阻塞、车辆事故、交通事故、道路出现灾难等几种类型,那么相对应地就有一系列的应急处理流程。

作者简介:赵建东(1975-),男,山西忻州人,副教授,博士。本论文获山东省公路局科技项目(2006Y009)资助。

3.1 气候异常的处理流程

通过布设气象、能见度检测器,检测雨、雪、冰、雾等情况。当气候异常时,有相应处理流程。

(1)遇特大暴风雪和道路结冰情况时,监控调度中心值班人员要迅速向值班领导报告,并且由值班领导向上级机构请示汇报。路政配合交警实施交通管制,外场情报板和可变标志牌滚动播出相关提示内容;应急养护处要迅速组织除雪作业和防滑料、融雪剂撒布作业;管理处禁止一切与除雪防滑作业无关的车辆驶入高速公路。解除交通管制时,根据路况限速运营。

(2)雾天。大雾弥漫使视野不清,容易造成交通阻塞甚至发生事故。路政巡逻人员、管理处的收费人员、道路养护作业人员发现雾情,要及时向监控调度中心报告并随时监测雾情。监控调度中心根据雾情,及时更新外场情报板和可变限速标志滚动播出相关提示内容。当出现雾情非常严重的特殊情况时,监控调度中心上报上级领导,经一定手续批准后实行交通管制,除执行任务的警车、路政巡逻车、消防车、救援专用车及有关领导的车辆外,其他车辆禁止驶入高速公路。

3.2 交通阻塞的处理流程

根据交通阻塞的严重程度,具体处理流程可以分为以下两种:

(1)当监控调度中心值班人员发现辖区内路面阻塞严重,造成单幅车道阻塞或路况恶劣、车流极其缓慢时,应在3min内向值班领导汇报,征求指示。

根据情况需封闭单幅车道时,管理处应向监控调度中心汇报请示,征求同意后由管理处负责实施。如果路况特别恶劣,管理处可向中心值班领导请示,将封闭点选在被封路段前的管理处出口处,并设立禁行标志,在出口前2km处设标示牌提示驾驶员前面路段异常,由前方路口出站绕行[2]。养护人员还应及时对异常路段进行维护,争取尽快抢通。交警应协同路政及时处理事故,疏通道路。

(2)某一路段严重阻塞、车辆无法通行时,监控调度中心值班人员应1分钟内向值班领导汇报。

如果辖内某一路段双向车道都发生严重阻塞时,应关闭区间双向四车道。征得监控调度中心同意后,由管理处实施车道关闭工作,关闭时间根据实际情况确定并上报备案。车道关闭时,应在阻塞路段两端的管理处出口处,设立前方车道关闭的提示牌和提示驾驶员由此出口下路的路线引导牌,并设好相应的安全标志。在出口前方2km处,也应设立前方2km处车道关闭的信息提示牌,并设限速30km行驶的限速标志[3]。在封闭路段两端的出口处,路政人员与交警共同指挥车辆绕行。

3.3 车辆故障的处理流程

当车辆本身发生故障并且不涉及路产路权的情况时,监控调度中心则用遥控摄像机进行确认并通知管理处现场处理。管理处接到指示后,人员及设施就马上赶赴现场进行清理,同时还需要进行现场管制。一旦完成后,还需要向中心发出请求,得到确认后解除现场管制。

当出现车辆发生故障并且涉及路产路权的情况时,监控调度中心不仅要通知管理处,同时还要通知路政。路政接到报警信息后,则根据路途远近应在10~60min带着巡逻清障车到达现场进行路产定损工作。待路政现场勘察完毕后则实施清障作业。车辆故障的处理流程如图1所示。

3.4 交通事故的处理流程

根据高速公路交通事故严重程度的实际情况,紧急救援工作流程可以具体地分为以下三种:

(1)一般交通事件,是指事态比较简单,只需要调度辖区内有关部门就能够处置的突发交通事件。

如图2所示,对于这种轻微程度的交通事故,处理流程如下:监控调度中心得知事件信息后,一旦经遥控摄像机确认是比较轻微的交通事故,中心则直接通知管理处进行现场处理。管理处接到指示后,人员及设施就马上赶赴现场进行清理,同时进行警戒与管制。一旦完成后,管理处还需向中心发出请求,得到确认后解除管制。

(2)较大突发交通事件,是指事态比较复杂,对一定范围内的社会财产、人身安全、社会交通秩序造成严重危害和威胁,需要相关专业应急机构处置的突发交通事件。

如图3所示,对于这种比较严重的交通事故,处理流程如下:监控调度中心得知事件信息后,一旦经遥控摄像机确认是比较严重的交通事故,中心则一方面通知管理处,另一方面通知交警、路政等部门进行协助处理。接到指示后,管理处的人员及设施马上赶赴现场,与此同时还有交警的调查车、排障部门的拖运车等。交警负责维持现场秩序,进行事故调查。而路政接到报警信息,则根据路途远近在十至六十分钟带巡逻清障车到达现场。在交警作现场勘察时,路政路产定损的工作即可同时展开。待交警、路政现场勘察完毕后,则实施清障作业。一旦完成所有工作,管理处则向中心发出解除现场管制的请求,得到确认后解除管制,交警、路政依次退出现场。

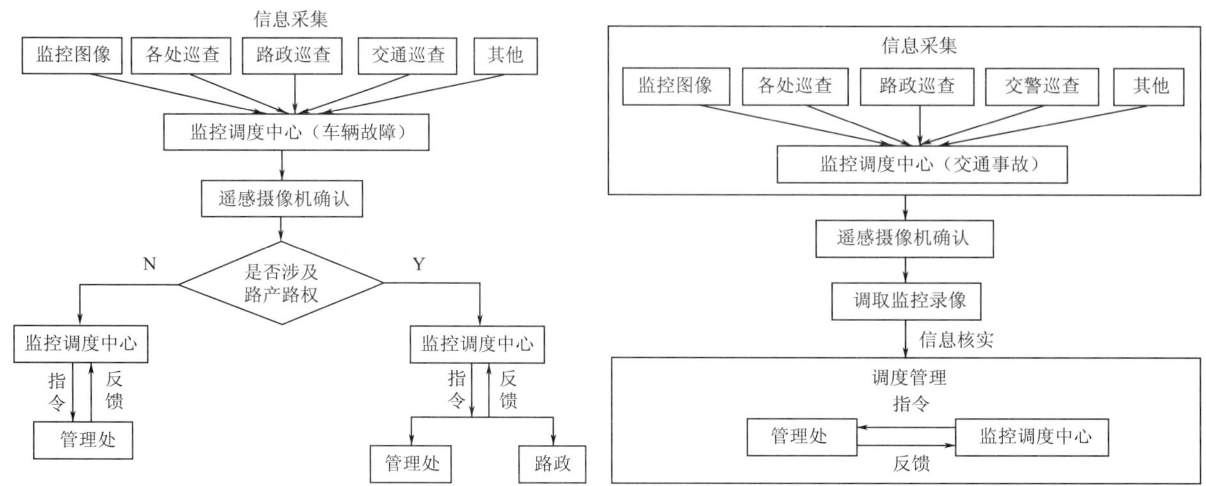

图1 车辆故障的处理流程　　图2 轻微程度的交通事故处理流程

(3)重大突发交通事件,是指事态复杂,对一定范围内的社会财产、人身安全、交通秩序造成严重危害,需要专业应急机构或事件主管单位调度有关职能部门联合处置的突发交通事件。

如图4所示,对于这种严重的交通事故,处理流程如下:监控调度中心得知事件信息后则用遥控摄像机进行确认,一旦确认是严重交通事故,中心则一方面通知管理处,一方面联络交警、路政、消防、医院、应急养护处等联动部门进行协助处理,并及时上报上级主管部门,接受指挥命令。

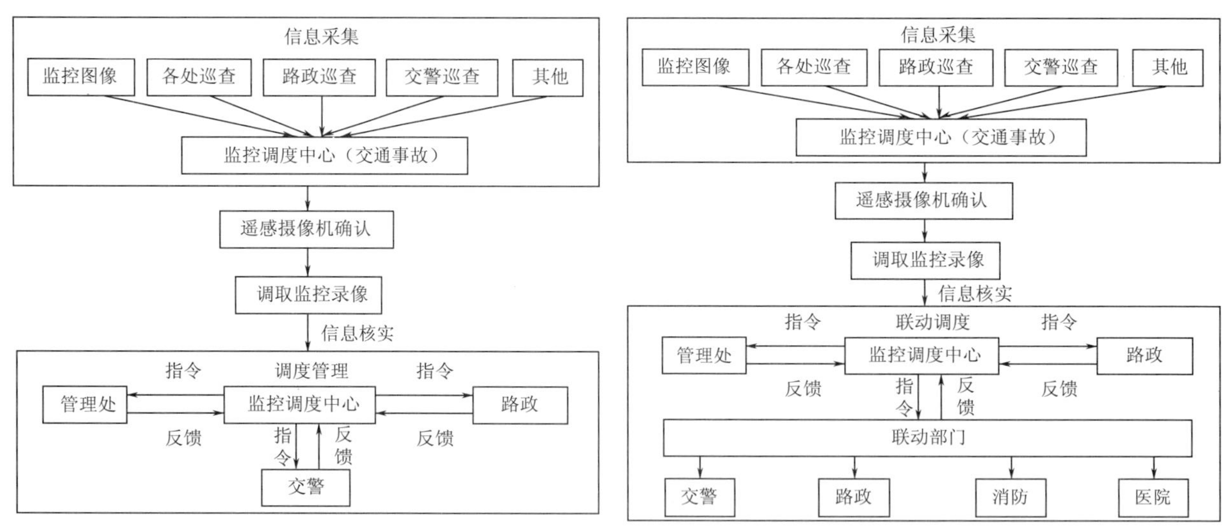

图3 比较严重的交通事故处理流程　　图4 严重的交通事故处理流程

管理处以及各联动部门接获事故通报后,在中心的统一协调下根据分工组织救援和事故处理。管理处的人员及设施马上赶赴现场,与此同时还有交警的调查车、排障部门的拖运车、设备修复部门的修复车、消防部门的消防车、救护部门的救护车和特种物品处理部门的车辆[4]。交警进行事故调查;排障部门清除妨碍救援障碍;消防部门灭火;医疗救护部门将重伤人员转移到医院,并对轻伤人员进行现场包扎;特种物品处理部门清理有害物品可能影响[5]。以上各部门作业结束后,排障部门将故障车辆拖出现场,设施修复部门也开始修复作业,一旦完成,管理处则向中心发出解请求,得到确认后解除现场管制,各部门依次退出现场,交警部门指导车辆运行恢复正常后离去。

3.5 道路出现灾难的处理流程

(1)地震灾害出现时,监控调度中心要迅速了解所辖管理处的受灾情况(人员伤亡、设施损毁);路政协助交警对辖区路段实施交通管制并全程巡逻,发现问题及时报告并做好巡逻记录;养护应急处应迅速调集工程技术人员检查道路、桥涵和构筑物的损毁情况制定抢修方案,并将情况向中心汇报,同时组织施工队伍采取抢修措施;外场情报板和可变标志牌滚动播出相关提示内容。

(2)遇洪水灾害出现时,养护应急处采取不间断、全方位的巡逻方式在管段内全程巡逻,监控调度中心则利用外场摄像机在可视范围内协助巡查灾情,发现问题做好记录并向领导报告,同时采取局部或单侧封闭,迅速组织施工队伍对水毁部分进行抢修;外场情报板和可变标志牌滚动播出相关提示内容,同时要求管段内各收费站告知进入高速公路的车辆驾驶员前方路况。

(3)监控调度中心接到由于湿地造成道路塌方从而危及道路通行信息的报警时,应该迅速向上级报告。路政协助交警对该方位路段实行交通管制,疏导车辆;外场情报板和可变标志牌滚动播出相关提示内容;相关管理处入口收费员告知进入高速公路的车辆驾驶员前方路况;养护应急处应迅速组织运输队伍,清除土石方,并对不稳定路面采取清理、加固措施,确保行车安全。

4 结语

加强高速公路的交通应急管理,是关系到交通事业以人为本、好中求快、协调发展、可持续发展的大事,是做负责任政府、负责任行业和打造平安交通的重要体现。

本文针对高速公路可能出现的各类交通事件进行了透彻的分析,同时提出了相应交通事件的应急处理流程。当高速公路交通事件发生后,可以在第一时间内做出反应,按照预案规定及时采取相应的应急响应措施,监控调度中心及时向有关部门通报相关信息,组织调动应急资源和力量,共同应对,力争在最短的时间内控制事态发展,并采取必要措施,防止次生、衍生灾害事件,从而提高交通行业应急反应和事故处置的能力,以保证高速公路的安全与快速运行。

参考文献

[1] 高速公路丛书编委会.高速公路交通工程及沿线设施[M].北京:人民交通出版社,1999

[2] 公安部交通管理局.全国道路交通事故统计资料汇编[M].北京:群众出版社,2005

[3] 李万新.高速公路交通事故紧急救援联动机制探索[J].交通管理研究,2001,6

[4] 康文.高速公路交通事故与紧急救援[M].西安:西南交通大学出版社,1998

[5] 杨晓光.先进的高速公路交通紧急救援管理系统[C].中国公路协会学术交流论文集,2000

Research on highway traffic incident emergency procedures

***Zhao Jiandong*[1], *Zhang Bo*[2], *Shi Haitao*[2], *Zhao Ke*[2], *Zhang Hao*[3], *Ge Shufang*[3]**

(1. Beijing Jiaotong University, Beijing, 100044; 2. Shandong Jihe Expressway Co., Ltd, Shandong Jinan, 250001; 3. Research Institute of Highway of the Ministry of Communications, Beijing, 100088)

Abstract: Along with the development of society, the highway occupied an important position in the daily lives of people. As casualties and economic losses caused by the traffic incident are huge, the highway traffic incidents bring the attentions of people more and more. The article has carried on the discussion to each kind of traffic incidents and the processing flow, which is focusing on the emergency processing flow of the highway abnormal weather, the traffic jam, the vehicles breakdown, the traffic accident and the path that is in the situation of disaster. By researching on the emergency processing flow of the highway traffic incidents, we are ready to maximum our resources and the effectiveness of the current highway, that will play certain promotion effect for the highway development in China.

Key words: Highway; Traffic incident; Emergency procedures

成渝高速公路白改黑工程反射裂缝防治效果的调研与分析

战琦琦[1]　唐伯明[1]　朱洪洲[1]　吴志辉[2]

(1. 重庆交通大学,重庆,400074;2. 重庆成渝高速公路有限公司,重庆,400037)

摘　要:反射裂缝是水泥混凝土路面沥青加铺层中最常见的病害,目前多采用在层间铺设防裂材料的方法进行防治。实地调研了 SBS 改性沥青防水卷材与 Trupave 聚酯玻纤布在成渝高速公路白改黑工程中的防裂效果。调研结果显示,Trupave 聚酯玻纤布的防裂效果大大优于 SBS 改性沥青防水卷材。对两种材料的防裂效果进行对比并分析了防裂性能差异的原因。

关键词:成渝高速公路;沥青加铺层;反射裂缝;Trupave 聚酯玻纤布;SBS 改性沥青防水卷材

1　引言

在旧水泥混凝土路面上加铺沥青混凝土面层是改善原路面使用性能和提高承载能力的一项行之有效的措施[1]。但是,由于旧水泥混凝土路面接缝的存在,容易在沥青加铺层中产生反射裂缝,导致加铺层使用寿命缩短。自 20 世纪 60 年代以来,国内外道路研究者对沥青加铺层结构与反射裂缝进行了大量理论及试验研究,其目的一是为了系统地解释反射裂缝产生的力学机理,二是寻求阻止反射裂缝产生和发展的方法[2]。总结来看,国内外多年来防治旧水泥混凝土路面沥青加铺层反射裂缝的方法主要有两大类:一是改善加铺层沥青混凝土的性能,提高其抗裂能力;二是在层间铺设土工防裂材料或增加应力吸收层。

单就第二类防裂措施而言,各种土工材料的实际防裂效果又具有很大的差异,这就提醒工程建设者在实体工程中应慎重选择防裂材料,以期达到最佳的防裂效果。鉴于此,笔者选取成渝高速公路重庆段的部分旧水泥混凝土路面沥青加铺路段进行实地调研,观测 SBS 改性沥青防水卷材与 Trupave 聚酯玻纤布的实际防裂效果及在其铺设基础上的加铺层使用状况。结合调研结果,分析了两种材料实际防裂效果差异的原因。对土工防裂材料的选择提出建议,供工程应用参考。

2　成渝高速公路白改黑工程概况

2.1　原路面使用状况

成渝高速公路是连接我国西南地区两大重要城市成都和重庆的交通大动脉,全长 340km,1990 年 9 月正式开工,全线于 1995 年 7 月 1 日建成通车。成渝高速的建成通车对缓解重庆主城区交通压力及国家建设“成渝经济圈”起到了十分重要的作用。

该高速路公原设计为双向四车道水泥混凝土路面,设计累计轴次为 21320356 次,水泥混凝土面板尺寸为 5m×3.5m。近年来交通量增长率较大,且重车、超载车较多,所以经过 10 余年的使用,原水泥混凝土路面已出现大面积的裂缝、破碎板、角隅断裂、错台等病害(图 1),严重影响了行车安全性及舒适性。2007 年 3 月,重庆成渝高速公路公司决定对原水泥混凝土路面进行沥青混凝土加铺改造,以改善路面行驶状况。

2.2　加铺层结构设计

成渝高速公路原路面结构形式为:25cm 多渣碎石底基层 +15cm 二灰基层 +24cm 水泥混凝土面板。加铺设计中对旧水泥混凝土面板处治后加铺 7cm AC-20 改性沥青混凝土 +4cm AC-13 改性沥青混凝土,并以热熔式 SBS 改性沥青防水卷材(图 2)及 Trupave 聚酯玻纤布作为层间防反射裂缝材料(图 3),在旧水泥混凝土面板上贴缝铺设,检验并对比两种材料的防裂效果。

a) 断板

b) 角隅断裂

c) 破碎板

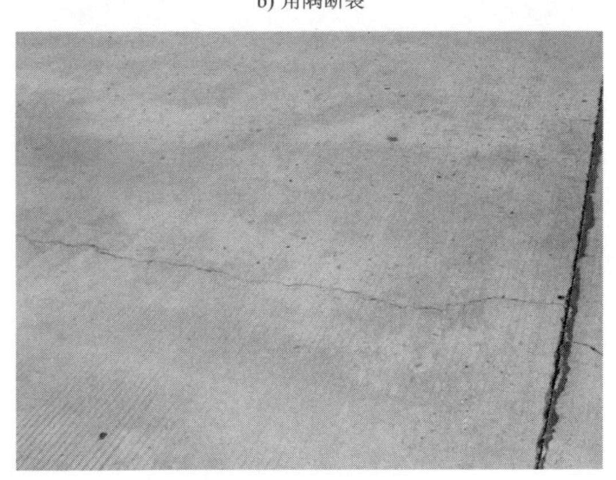

d) 裂缝

图 1　成渝高速公路旧水泥混凝土路面病害

4cm SBS 改性沥青混凝土 AC－13
7cm SBS 改性沥青沥凝土 AC－20
SBS 防水卷材(贴缝铺设)
处治合格的旧水泥混凝土路面

图 2　防水卷材铺设段路面结构形式

4cm SBS 改性沥青混凝土 AC－13
7cm SBS 改性沥青沥凝土 AC－20
Trupave 聚酯玻纤布(贴缝铺设)
处治合格的旧水泥混凝土路面

图 3　Trupave 聚酯玻纤布铺设段路面结构形式

2.3　加铺使用防裂材料介绍

热熔式 SBS 改性沥青防水卷材是以聚酯毡、玻纤毡或复合毡为胎体,使用聚合物及 SBS 改性沥青胶体浸渍涂覆表面,以聚乙烯膜、金属铝箔或板岩为隔离层,复合成型的一种高聚物弹性体改性沥青卷材[3]。它具有抗拉强度高、有很强的耐酸碱腐蚀能力、抗老化能力强等特点。施工时首先卷起一端,用喷火器对准卷材底面,当烘烤到薄膜熔化并有一层薄的熔胶层时滚动并挤压卷材使底层粘住,然后将卷材展开铺设。

Trupave 聚酯玻纤布是继土工布、土工格栅、聚合物卷材之后发展起来的一种新型复合土工合成材料。它具有如下特点:延伸率低、没有长期蠕变性;与沥青相容性和高温稳定性好;化学稳定性好;与热沥青粘层油形成防水层;可以粉碎和再生使用等。施工工艺简单,首先在旧水泥混凝土面板上喷洒 $0.7 \sim 0.9kg/m^2$ 粘层油,然后直接将 Trupave 聚酯玻纤布铺设上去即可。

3　反射裂缝防治效果实地调研

成渝高速公路沥青加铺改造工程于 2007 年 4 月初完成,在加铺改造工程完成两年以后,对两种材料的阻裂效果进行了现场调研,统计并分析了铺设 SBS 改性沥青防水卷材路段与铺设 Trupave 聚酯玻纤布路段的路面裂缝情况。

调研路段起止桩号为 K0＋000～K0＋300。其中 Trupave 聚酯玻纤布铺设段从 K0＋000～K0＋

100,SBS 改性沥青卷材铺设 A 段从 K0 + 100 ~ K0 + 200,SBS 改性沥青卷材铺设 B 段从 K0 + 200 ~ K0 + 300。两种材料均在旧水泥混凝土面板的横向及纵向接缝上贴缝铺设(图 4)。

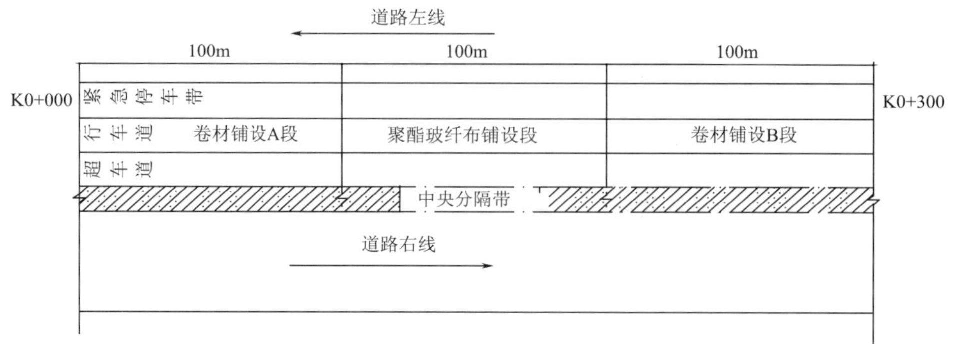

图 4　调研路段平面示意图

卷材铺设 A 段长度为 100m。在此 100m 的范围内共出现 9 条横向裂缝,其中 6 条出现在行车道内,3 条贯穿行车道及超车道道,紧急停车带内没有出现横向裂缝;另外,该路段内有较明显纵向裂缝 2 条,长度均在 5 ~ 15m 之间(图 5)。

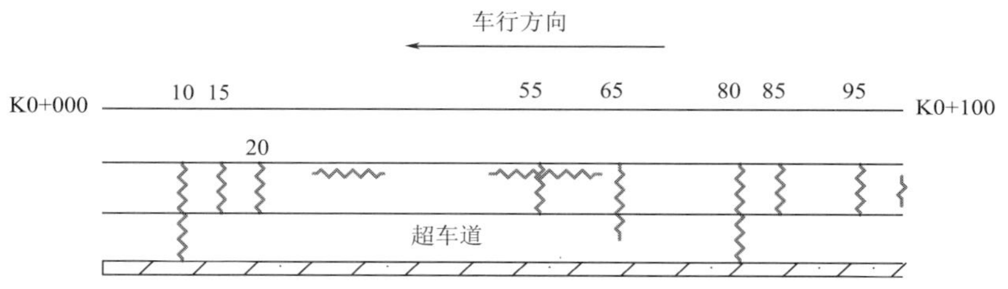

图 5　卷材铺设 A 段裂缝位置示意图

在卷材铺设 B 段的 100m 路段内共有 8 条横向裂缝,6 条在于行车道内,2 条贯穿行车道及超车道,紧急停车带内没有出现横向裂缝;在 K0 + 125 ~ K0 + 135 处有 1 条长度为 10m 的纵向裂缝(图 6 和图 7)。

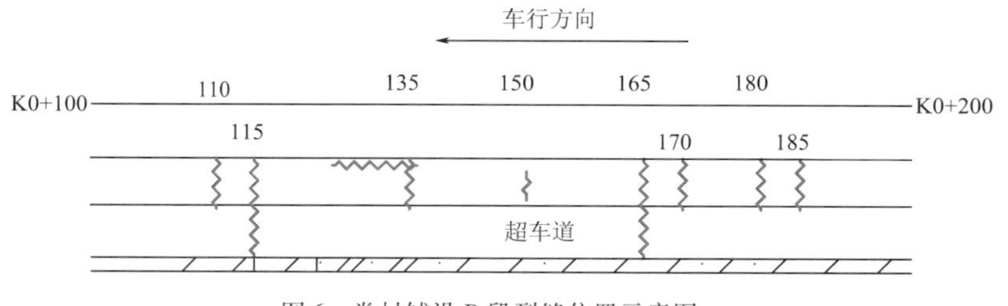

图 6　卷材铺设 B 段裂缝位置示意图

图 7　卷材铺设 A 段及 B 段路面典型裂缝

Trupave 聚酯玻纤布铺设段位于卷材铺设 A 段及 B 段之间。通过现场观测发现,在这 100m 距离内没有出现明显的横向或纵向裂缝,加铺层使用状况良好(图 8)。

图 8　Trupave 聚酯玻纤布铺设段加铺层表面状况

从实地调研结果可以看出(表 1),在 SBS 改性沥青防水卷材作为防裂材料的 200m 范围内,共出现明显的横向裂缝 17 条,裂缝间距大多在 5m 或 10m 左右;纵向裂缝共有 3 条,均出现在行车道右侧边缘线附近,长度在 5 ~ 15m 之间。而在 Trupave 聚酯玻纤布铺设段内没有出现任何明显横向或纵向裂缝,加铺层使用状况良好。

成渝高速旧水泥板的尺寸为 5m × 3.5m,在 SBS 改性沥青防水卷材铺设段内的沥青加铺层中,横纵裂缝出现的位置呈现明显的规律性,都在旧水泥板的横向及纵向接缝附近,基本可以判定是旧水泥混凝土面板的反射裂缝。另外,卷材铺设段内还存在少量细微裂缝,如继续承受车辆荷载的作用必然会发展成较严重的裂缝。

裂缝调研结果统计　　表 1

裂缝类型 / 调研路段	横缝/条	纵缝/条
SBS 改性沥青防水卷材铺设 A 段	9	2
SBS 改性沥青防水卷材铺设 B 段	8	1
Trupave 聚酯玻纤布铺设段	0	0

4　防裂材料使用效果差异原因分析

当反射裂缝扩展到加铺层时,防裂材料应当具有较好地防止裂缝迅速扩展的能力,从而延长路面使用寿命,这种能力可以称为“桥联增韧”作用[4]。所以,使用防裂材料后加铺层底部应力值大小并不能说明加铺层的阻裂效果,关键在于当裂缝扩展到加铺层以后,防裂材料是否具有较好的阻止裂缝迅速扩展的能力,也即“桥联增韧”作用！建立图 9 所示的试验模型,对 Trupave 聚酯玻纤布及 SBS 改性沥青防水卷材防治荷载型反射裂缝进行了室内试验研究,结果表明,土工材料对沥青加铺层的终裂影响较大,无论是 SBS 改性沥青防水卷材还是 Trupave 聚酯玻纤布,均可以起到延缓裂缝扩扩展的作用;但使用 Trupave 聚酯玻纤布后的加铺层终裂时承受的荷载作用次数是使用 SBS 改性沥青防水卷材时的 3 倍,也就是说 Trupave 聚酯玻纤布的“桥联增韧”作用的确要强于 SBS 改性沥青防水卷材。另外,文献[5]用研究结论还证明 Trupave 聚酯玻纤布的“桥联增韧”作用好于玻纤格栅。

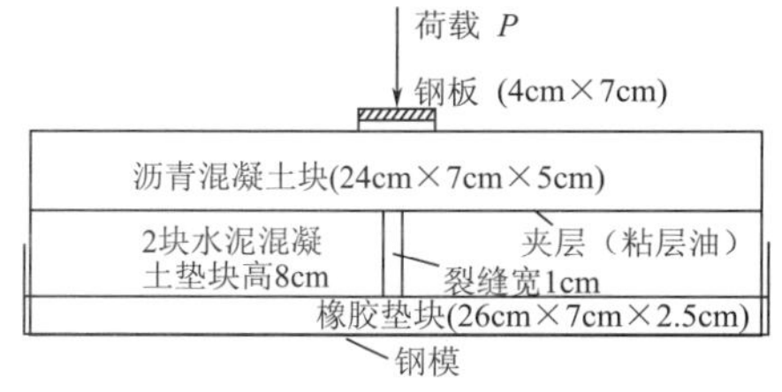

图 9　荷载型反射裂缝室内模拟试验

另外,SBS 改性沥青防水卷材的温度稳定性和水稳性较差,而重庆是一个高温多雨的地区,经过两年的使用后,它的温度稳定性及水稳定性急剧下降;热熔式 SBS 改性沥青防水卷材是靠其底面熔化的熔胶层粘附在旧水泥混凝土板上的,当水透过沥青层浸入接触面以后,熔胶的胶粘性肯定会大打折扣,这就使得卷材与上下层面的粘结性能大大降低,经过长期的荷载作用,其阻裂效果自然会下降很快。

Trupave 聚酯玻纤布由于是靠热沥青粘附在旧水泥混凝土面板上的,所以其与上下层面的粘结性能受温度及水的作用较小,阻裂能力不会下降很快。所以我们在 Trupave 聚酯玻纤布铺设段的沥青加铺层表面没有发现明显的裂缝,但不排除加铺层下部存在微裂缝,只是由于 Trupave 聚酯玻纤布具有很强的"桥联增韧"能力,延缓了微裂缝的迅速扩展。

5 结论

(1)反射裂缝是水泥混凝土路面沥青加铺层出现的非常严重的病害,若不采取有效的防裂措施将极大影响加铺层的使用性能及寿命。

(2)从调研可以看出,SBS 改性沥青防水卷材的防裂有效期在 2 年左右,并且其防裂性能下降较快,使用 1 年以后裂缝迅速扩展。Trupave 聚酯玻纤布的实际防裂效果大大优于 SBS 改性沥青防水卷材。

(3)国省道干线公路多为年久失修的水泥混凝土路面,亟须进行沥青混凝土加铺改造。建议将 Trupave 聚酯玻纤布用于这些改造工程中,从实际防裂效果来看具有较大的使用价值。

参考文献

[1] 吴国雄,曹阳,付修竹.旧水泥混凝土路面沥青加铺层设计影响因素研究[J].重庆交通大学学报(自然科学版),2008,27(5):717-721

[2] 汤文,孙立军,陈继松.应力吸收层防治沥青加铺层反射裂缝的力学分析[J].公路工程,2008,33(4):1-4

[3] 沈春林.路桥防水材料[M].北京:化学工业出版社,2006

[4] 周志刚,郑健龙.公路土工合成材料设计原理及工程应用[M].北京:人民交通出版社,2001

[5] 倪富健,尹应梅,高明生.聚酯玻纤布防荷载型反射裂缝室内模拟试验[J].东南大学学报(自然科学版),2007,37(1):128-131

Field survey and analysis on the effect of anti-reflective cracks in asphalt overlay project of Cheng yu expressway

***Zhan Qiqi*[1], *Tang Boming*[1], *Zhu Hongzhou*[1], *Wu Zhihui*[2]**

(1. School of Civil Engineering, Chongqing Jiaotong University, Chongqing, 400074;
2. Chengyu Expressway Co., Ltd, Chongqing, 400037)

Abstract: Reflective crack is the most common disease of asphalt overlay. At present, the geotextile material is often lay down between layers as the preventing method. The effect of anti-reflective cracks was investigated of sbs modified-asphalt roll-waterproof and trupave fiberglass-polyester in asphalt overlay on cement concrete pavement of chengyu expressway. The results of the investigation demonstrate that trupave fiberglass-polyester has a good performance in preventing reflective cracks. Contrasted and analyzed the differences of anti-reflective cracks between the two materials.

Key words: Chengyu expressway; Asphalt overlay; Reflective cracks; Trupave fiberglass-polyester; SBS modified-asphalt roll-waterproof

空隙率法控制路基压实的研究

钱　华[1,2]

（1. 长安大学公路学院，西安，710064；2. 北京市道路工程质量监督站，北京，100076）

摘　要：我国高等级公路路基主要用干密度比进行压实度控制，不能完全保证路基的强度和稳定性。提出路基压实用空隙率法控制，并与现有的压实度控制方法作了比较，确定了合理的压实标准。工程实践证明，路基压实用空隙率法控制是切实可行的。

关键词：路基；压实；空隙率；压实度

1　绪言

公路路基的强度和稳定性很大程度取决于路基填料的性质及其压实的程度。粉性土、粘性土为我国高等级公路路基的主要填料。对于粉性土、粘性土而言，只控制土体的压实时的干密度，即用现行干密度比的压实度控制方法，是不能完全保证路基的强度和稳定性的。为解决这个问题，课题进行了大量的较系统的室内试验，随后修筑了相应的实体工程进行验证，提出用路基压实空隙率控制法进行路基压实控制，通过较系统的试验研究和工程实践证明，用空隙率控制路基压实方法不仅简单易行，而且能够适应工程土类多变，含水量各异等自然情况，空隙率控制路基压实的方法具有较强的水稳性，因而更为符合实际，技术上完全可行。

2　空隙率与压实度、含水量的关系

从工程实践中可知，不管用什么方法在室内进行击实试验，土达到最大干密度时，土中经常保持3% ~5%的空隙率。在一定压实度下，空隙率随含水量在很大范围内变化。空隙率随干密度的增大而减小。采用不同击实功进行击实试验时，虽然得到的最佳含水量、最大干密度都不同，但在最大干密度时土中的空隙率却几乎是相同的，对于粘性土一般都在4%左右。在工地使用不同压路机碾压时，也是同样的情况，即用空隙率控制路基压实是稳定的。

3　路基压实空隙率控制法

3.1　空隙率指标控制稳定性分析

取代表性土样在室内做土粒比重试验，在施工现场用核子密度仪或环刀法、灌砂法检测路基的干密度和含水量，计算出压实后路基的空隙率。为了验证用重型、轻型击实法得到的最大干密度、最佳含水量与其空隙率的关系，试验与计算结果选用山西省范围内部分高速公路路基填土试验结果 V_a、S_r 作以比较。结果见表1。试验结果表明：虽然不同土类重型、轻型击实法得到的最大干密度、最佳含水量相差很大，但其最佳状态时相应空隙率却很相近。所以用空隙率标准控制路基压实是稳定的。

重型、轻型击实法得到的最大干密度，最佳含水量与空隙率关系　　表1

取样来源	土粒密度 G_S（g/cm³）	最佳含水量 ω_0（%）	最大干密度 ρ_0（g/cm³）	空隙率 V_a（%）	饱和度 S_r（%）	备　注
重型击实法						
长邯线黄土	2.7	14	1.870	4.0	85.2	低液限粘性土

作者简介：钱华，男，博士研究生，工程师。从事公路建设与管理工作。

续上表

取样来源	土粒密度 G_S(g/cm^3)	最佳含水量 ω_0(%)	最大干密度 ρ_0(g/cm^3)	空隙率 V_a(%)	饱和度 S_r(%)	备注
重型击实法						
运三线一标取土场	2.76	12.9	1.940	3.5	84.2	低液限粘性土
黄土类亚砂土	2.63	15	1.810	4.0	87.1	低液限粉性土
祁临六标	2.65	11.3	1.975	3.2	87.6	低液限粉性土
介休长寿取土场	2.65	14.2	1.843	4.3	85.9	低液限粉性土
平均值				3.8	86.8	
轻型击实法						
长邯线黄土	2.7	17.5	1.739	5.2	85.5	低液限粘性土
运三线一标取土场	2.76	16.2	1.806	5.3	84.7	低液限粘性土
黄土类亚砂土	2.63	18	1.665	6.7	81.7	低液限粉性土
祁临六标	2.65	14.3	1.817	5.5	82.7	低液限粉性土
介休长寿取土场	2.65	17.7	1.696	6.0	83.3	低液限粉性土
平均值				5.7	83.0	

3.2 空隙率控制法与压实度控制法的比较

3.2.1 空隙率控制法

用空隙率法控制细粒土的压实,不需要像压实度控制法要做标准击实试验,而是作土的颗粒比重试验确定土的颗粒密度,再测出现场土的干密度和含水率,就可以算出土的空隙率。随着土类的不同,各种土的最大干密度和最佳含水量差异很大,然而对应的空隙率却十分接近。

3.2.2 空隙率与压实度内在联系

当现场填土实际含水率与其最佳含水率相当时,可以由空隙率 V_a 公式推出以下关系:

$$K = \frac{\rho_d}{\rho_0} \times 100\% = \frac{1 - V_t}{1 - V_{a0}} \times 100\%$$

式中,V_{a0} 指最佳含水率状态时土的空隙率;V_t 指实测压实土的空隙率。用表 1 中重型击实标准最佳状态时相应的空隙率 V_a 平均为 3.8%,取范围值 3% ~5% 作为标准值,计算出空隙率为 8% 时,压实度范围值为 94.8% ~96.8%;若空隙率为 10% 时,压实度范围值为 92.8% ~94.7%。轻型击实标准最佳状态时相应的空隙率 V_a 平均为 5.7%,取范围值 5% ~6% 为标准值,计算空隙率为 8% 时,压实度范围值为 96.8% ~97.9%;若空隙率为 10% 时,压实度范围值为 94.7% ~95.7%。这是在施工含水率与最佳含水率相同时的比较。

3.3 压实标准研究

用重型击实标准在最佳含水率 ω_0 及含水量 ω_0 +2% 时的试验数据,计算空隙率分别在 V_a =8%、V_a =10%、V_a =13% 时,相应的压实度、饱和度,见表 2 和表 3。

含水量为 ω_0 状态下空隙率与相应的饱和度、压实度关系 表 2

取样来源	空隙率 V_a =8%			空隙率 V_a =10%			空隙率 V_a =13%		
	干密度(g/cm^3)	饱和度(%)	压实度(%)	干密度(g/cm^3)	饱和度(%)	压实度(%)	干密度(g/cm^3)	饱和度(%)	压实度(%)
长邯线黄土	1.803	75.9	96.4	1.763	71.2	94.3	1.705	64.7	91.2
运三线一标取土场	1.873	75.1	96.5	1.832	70.3	94.4	1.771	63.7	91.3
黄土类亚粘性土	1.735	76.5	95.9	1.697	71.8	93.8	1.641	65.4	90.7

续上表

取样来源	空隙率 $V_a=8\%$			空隙率 $V_a=10\%$			空隙率 $V_a=13\%$		
	干密度 (g/cm^3)	饱和度 (%)	压实度 (%)	干密度 (g/cm^3)	饱和度 (%)	压实度 (%)	干密度 (g/cm^3)	饱和度 (%)	压实度 (%)
祁临六标	1.876	72.9	95.0	1.835	67.5	92.9	1.774	60.7	89.8
介休长寿取土场	1.771	75.9	96.1	1.733	71.1	94.0	1.675	64.7	90.9
沁冀线取土	1.929	72.3	95.2	1.887	67.1	93.1	1.824	60.2	90.0
大新线盐渍土	1.895	73.2	95.0	1.854	68.1	92.9	1.792	61.3	89.8
平均值		74.5	95.6		69.9	93.6		63.0	90.4

从表2可知，压实含水率与最佳含水率相当时，压实土体空隙率 $V_a=8\%$，相当重型标准95.6%的压实度，饱和度为74.5%；空隙率 $V_a=13\%$，相当于重型标准90.4%的压实度，饱和度为63.0%。

以上是在最佳含水率下空隙率与相应的饱和度、压实度之间的关系。结合对不同土样室内试验结果与分析，提出以下压实土样空隙率标准：

当土中小于0.074mm颗粒成分>20%时，要求用空隙率控制土基压实，压实标准见表3。

高速公路路基压实标准 表3

土中小于0.074mm颗粒含量(%)	控制方法	控制与标准	备注
<20	压实度法	$K\geqslant95\%$	砂性土
20~50	空隙率法	$V_a\leqslant13\%$	粉性土
≥50	空隙率法	$V_a\leqslant8\%$	粘性土

3.4 空隙率控制法的合理性分析

以空隙率为控制标准，经过雨季或一年以上自然条件影响，浸水前后 *CBR* 值变化很小，即有较强的水稳定性。而浸水前后 *CBR* 值反映了路基在毛细饱水情况下的强度，更符合路基实际受力状态。

空隙率控制路基压实与路基受水浸蚀后变形相适应。路基的实际受水浸蚀，含水量增大而强度降低，在路面、基层及其路基自重作用下发生沉陷变形。路基变形随空隙率的增加、含水量增大而呈递增趋势，以较小的空隙率控制路基压实，不仅有利于防止路基受水浸蚀而发生的沉陷、变形，还可防止冻胀对路基的破坏。

空隙率标准只作比重(土粒密度)试验，这样既避免了选定最大干密度时的人为因素带来的误差，又省去室内的大量试验，更能适应施工现场土类多变情况。

4 总结

现行规范对路基压实标准规定存在着不合理性，不少研究人员针对不同土类做了大量系统的研究工作，提出了不同的压实标准，这些控制标准都不是很合适。本文根据土的三相体理论和施工现场检测数据分析，提出用空隙率作为路基压实控制标准较切合实际，能比较真实反映土体的压实稳定情况。不同土类试验结果表明，浸水前后 *CBR* 值与压实后土体的空隙率有密切关系，用空隙率标准控制路基压实，即保证了压实土体具有较大的干密度，又控制了土体的含水量，所以能够保证路基的强度和稳定性。

参考文献

[1] 交通部. 路路基施工技术规范. JTJ033-95. 北京：人民交通出版社，1995

[2] 交通部. 公路工程质量检验评定标准. JTJ F80/1—2004

[3] 沙庆林. 公路压实与压实标准. 北京:人民交通出版社,1999.5

The study of void ratio control method to subbase compact

Qian Hua[1,2]

(1. School of Highway, Changan University, Xi'an, 710064; 2. The Road Engineering Quality Monitoring Station of Beijing, Beijing, 100076)

Abstract: Silt and clay is the main fillings of high-quality subbase in our country. As far as silt and clay is concerned, only controlling the dry density under compaction, using actual compact-control method, can not assure the intensity or stability of subbase absolutely. So it put forward the void ratio control method, and the method has been compared with the actual compaction method, reasonable compaction standard also has been established. Research and practice testifies that void ratio control method is feasible in compaction control of subbase.

Key words: Subbase; Void ratio; Degree of compaction; Detect

基于动态模糊神经网络的高速公路入口匝道控制

孙　宝　程　琳

（东南大学交通学院，江苏省南京市，210096）

摘　要：入口匝道控制是改善高速道路交通拥挤的有效方法。模糊控制和神经网络在高速公路匝道控制中都有其独有的优点，结合两者的优点，可以通过神经网络来训练模糊控制规则，本文提出动态模糊神经网络控制器结构，并对控制器应用于入口匝道控制进行了详细设计。仿真结果表明，基于动态模糊神经网络结构的入口匝道控制器收敛速度快，运算效率高，控制品质好，能够更好地稳定主线交通流密度。

关键词：入口匝道控制；动态模糊神经网络；仿真

1　引言

高速公路系统是非线性耦合关系的复杂大系统问题，基于传统的数学模型的匝道算法应用中有诸多局限，为此国内外学者相继把模糊逻辑、人工神经网络等智能控制技术应用到高速公路匝道控制中，取得了一定的效果[1-4]。模糊逻辑和神经网络都不依赖于精确的数学模型，具有逻辑推理和数值计算的功能和较强的非线性函数近似能力，可以利用不精确或不准确的信息去实现在不同监测密度下的平滑过渡。

本文对模糊神经网络匝道控制器进行了改进，选择动态模糊神经网络进行入口匝道控制建模，同时，择优选取了较少的输入输出量，用误差反传算法训练网络参数。仿真实验表明，本文设计的动态模糊神经网络控制算法，有效地确保了网络输出的最优解，能较好地稳定主线交通流密度。以下应用动态模糊神经网络对高速公路入口匝道进行建模和仿真。

2　入口匝道动态模糊神经网络建模

2.1　模糊变量与隶属函数的选择

本文设计的控制器的输入分别为表征路段状态的变量和由实际状态与理想状态产生的误差信号。由交通流理论，交通流密度 ρ 是反映交通拥挤程度的关键参数，一旦交通流密度超过临界交通密度，交通立即变得非常拥挤，此时尽管减少入口匝道的流量，交通拥挤仍然需要较长的时间才能恢复正常状态，所以，控制的目标在于尽量使得交通流密度不超过临界密度，一般把主线交通流密度维持在临界密度的负领域，最大限度的利用高速公路。在我国，高速公路服务水平一般分为 5 个等级，由此本文将高速公路的交通状态分为 5 种形式，本文模糊神经网络模糊语言变量的选取如下：负大，负中，负小，零，正小，正中，正大。用英文表示如下：{NB，NM，NS，O，PS，PM，PB}。输入变量隶属函数一般情况下可以选取高斯型函数。为了提高系统的稳定性和鲁棒性，函数时要使模糊子集的交集的最大隶属度在 0.4 ~ 0.8 之间。

2.2　模糊控制规则

模糊控制规则是一系列的"if – then"语句，"if"部分进行模糊规则的条件匹配，"then"部分确定模糊控制规则的输出模糊变量。一般将这一系列的模糊控制规则列成表格的形式，或者语句表达式。本文设计的模糊控制规则见表 1。

作者简介：孙宝（1985-），男，硕士研究生，sunbaoo@163.com；程琳（1963-），男，教授，博士生导师，gist@seu.edu.cn。

模糊控制规则　表1

e	Δe						
	NB	NM	NS	O	PS	PM	PB
NB	NB	NB	NB	NB	NM	O	O
NM	NB	NB	NB	NB	NM	O	O
NS	NM	NM	NM	NM	O	PS	PS
O	NM	NM	NS	O	NS	PM	PM
PS	NS	NS	O	PM	PM	PM	PM
PM	O	O	PM	PB	PB	PB	PB
PB	O	O	PM	PB	PB	PB	PB

2.3　模糊神经网络的结构和功能

动态模糊神经网络的拓扑结构由5部分组成:输入层L_1;模糊化层L_2;规则层L_3;归一化层L_4和输出层L_5。在第二层L_2引入了递归神经元,由于递归神经元有内部反馈连接,可以捕获系统的动态响应,能简化网络模型。以下的描述中,u_i^s表示第s层的第i个节点的输入,Q_i^s表示第s层的第i个节点的输出,s为网络的层数。

第一层为输入层L_1:此层只有两个神经元,分别作为高速公路主线交通流密度和匝道排队长度的输入节点。节点与输入向量$X=[x_1,x_1\cdots,x_n]$各分量x_i相连,这里输入并将输入值传到下一层,T为转置,n为输入变量的个数。

$$O_i^1=u_i^1(i=1,2)$$

第二层为模糊化加递归层L_2:每个节点代表一个语言变量值,如负大、零、正小等。它计算各输入分量属于各语言变量值模糊集合的隶属度函数(采用高斯函数)。

$$O_{ij}^2=\exp\left\{-\frac{(u_{ij}^2-c_{ij})^2}{(\sigma_{ij})^2}\right\}\qquad(i=1,2\cdots,n;j=1,2,\cdots,m_i)$$

其中,m_i为x_i的模糊分割数;c_{ij}和σ_{ij}分别表示隶属函数的中心和宽度;此层第k时刻的输入为:$u_{ij}^2(k)=O_i^1(k)+O_{ij}^2(k-1)\theta_{ij}$,$\theta_{ij}$表示递归单元的连接权值。此层中$O_{ij}^2(k-1)$记录了网络$k-1$时刻的信息,因而可实现动态映射。

第三层为规则层L_3:每个节点代表一条模糊规则,用来匹配模糊规则的前件,完成模糊与操作计算出每条规则的适用度。

$$O_i^3=\prod_j u_{ij}^3\qquad(i=1,2,\cdots,m;j=1,2,\cdots,n)$$

第四层为归一化层L_4:节点与第三层相同,实现归一化运算。

$$O_j^4=\frac{u_j^4}{\sum_i^m u_i^4}$$

第五层为输出层L_5:实现清晰化计算,得到输出值y。

$$y_i=O_j^5=\sum_i^m u_i^5 w_{ij}^5$$

3　数值仿真实验

3.1　测试数据

匝道控制仿真中采用的参数是在北京高速环路上实际测到的一些基本参数,最大速度80km/h,阻塞密度为110 veh/(km·lane),通行能力是2200veh/(km·lane),临界密度为55 veh/km·lane)。为了把主线交通流密度控制在临界密度的负邻域,设定交通流密度的取值范围为0~100veh/(km·lane),密度误差e的取值范围为$-50\sim50$veh/(km·lane),隶属度函数如图1所示。密度误差变化率e_c的取

值范围为 -100 ~ 100veh/(km · lane)。输出量匝道调节变化率 r 的取值范围为 -1000 ~ 1000veh/h。仿真步长为 10s,总的仿真步数为 1000 步,所选取路段的长度为 500 m,仿真工具 Matlab 语言。

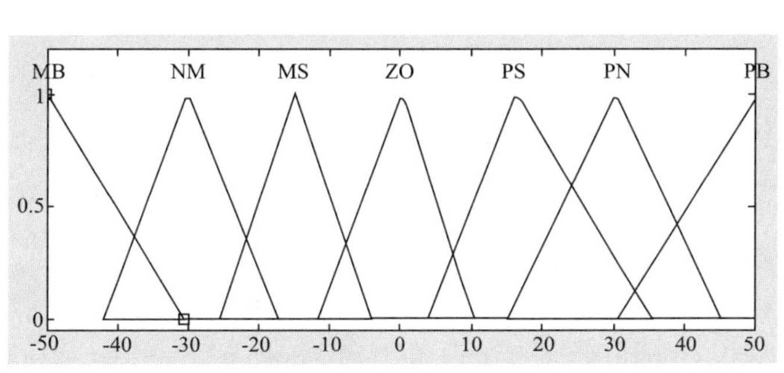

图 1 模糊神经网络的输入 e 的隶属度函数图

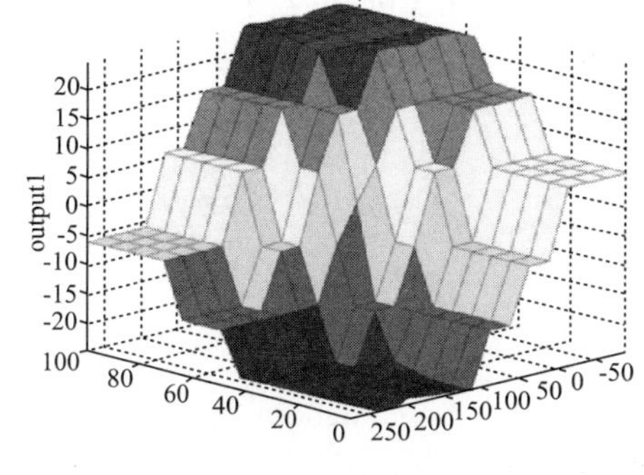

图 2 控制器的模糊控制规则图

3.2 仿真结果说明

为了评估本文设计的匝道控制器仿真效果(图 2),本文在交通需求大致等于交通容量的情况下,比较文中提出的匝道控制算法与基于经典反馈控制的 ALINEA 算法的控制效果。当在这种情况下会遇到局部需求大于高速公路主线容量的情况,控制的效果更能说明问题。上游流量需求和入口匝道需求大于主线容量时候,此时交通需求过大,容易出现主线交通拥挤和匝道入口排队过长的现象。此时综合考虑主线控制等协调控制方法才能消除拥堵。

在误差反传算法训练的基础上,假设高速公路上游交通需求变化如图 3 所示,两种控制方法的控制效果比较如图 4 所示。可以看到,基于动态模糊神经网络算法的、匝道控制比 ALIMEA 控制的响应时间快,鲁棒性更好。

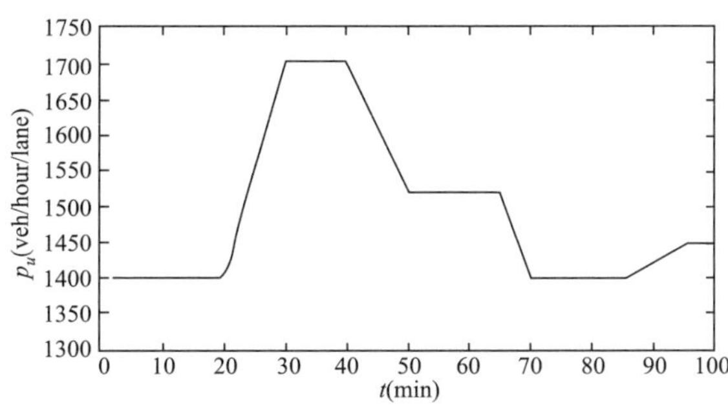

图 3 匝道入口上游交通流量图

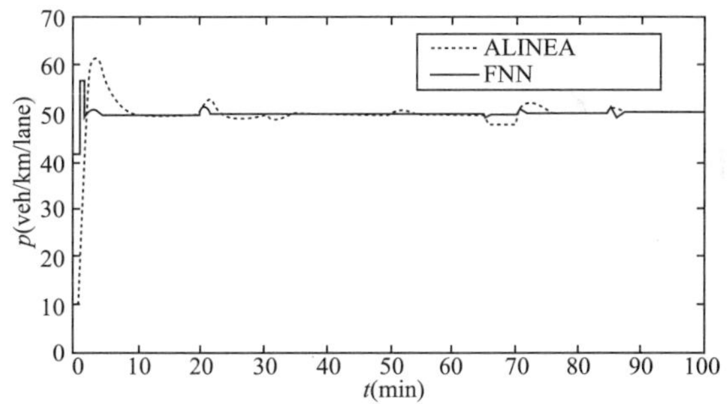

图 4 两种控制方法下主线交通流密度变化图

4 结语

本文在学习和借鉴国内外学者对高速公路入口匝道控制研究方面取得的成果的基础上,提出动态模糊神经网络应用于匝道控制算法的建模,动态模糊神经网络不仅兼具神经网络和模糊系统两者的优点,而且含有递归环节,具有动态映射,可处理暂态问题。同时,择优选取了较少的输入输出量,用误差反传算法训练网络参数,使网络性能接近全局最优解。仿真实验表明,本文设计的动态模糊神经网络控制算法,收敛速度快,控制品质好,能够更好地稳定主线交通流密度。

参考文献

[1] Nicholson A, Du Z P. Degradable transportation systems: an integrated equilibrium model [J]. Transportation Research Part B, 1997, 31 (3): 209-223

[2] Papageorgiou M, Habib H S, Blosseville J M. ALINEA: A local feedback control law for on-ramp metering

[J]. Transportation Research Record,1991(1320):58-64

[3] Papageorgiou M, Christina, Diakaki, Vaya Dinopoulou, Apostolos Kotsialos, Yibing Wang. Review of road traffic control strategies[J]. Proceedings of The IEEE,2003,91(12):2043 -2064

[4] Louis G Neudorff, et al. Freeway management and operations handbook [R]. FHWA, U. S. DOT,2003

Dynamic fuzzy neural network control algorithm in freeway entrance ramp control

Sun Bao, Cheng Lin

(School of Transportation, Southeast University, Nanjing, 210096)

Abstract: On-ramp control is an effective way to reduce the congestion of freeway. The fuzzy control and the neural network are both have its distinctive advantage in the on-ramp control of freeway. This dissertation combined the fuzzy control and neural network to realize the freeway ramp control. The simulation for this algorithm was carried out. The results show that this algorithm is effective and the on-ramp controller can maintain the mainline traffic flow density in a desired value.

Key words: On-ramp control; Fuzzy neural network; Simulation

有荷膨胀率试验研究

陶文平[1] 刘朝晖[1] 刘龙武[2]

(1. 长沙理工大学交通运输工程学院,湖南长沙,410076;
2. 长沙理工大学土木与建筑学院,湖南长沙,410076)

摘 要:通过对宛平高速公路膨胀土的有荷膨胀率试验研究,发现有荷膨胀率指标存在一些不足,并提出了解决方案。最后探讨了有荷膨胀率与干密度、含水率之间的关系,发现干密度能更好地描述在50 kPa作用下的有荷膨胀率 δ_{ep} 的变化规律。

关键词:膨胀土;有荷膨胀率;试验;干密度;含水量

1 概述

膨胀土是一种富含亲水性矿物并具有明显的吸水膨胀和失水收缩特性的高塑性黏土。其矿物成分以蒙脱石,伊利石为主。我国是世界膨胀土分布最广,面积最大的国家之一。自20世纪50年代以来,我国各地先后发现膨胀土危害的地区,已达20余个省(自治区,直辖市),遍及西南,中南,华东,以及华北,西北等一些地区。

国内外工程实践表明,膨胀土地区修筑公路时常常会出现路面开裂、隆起或沉陷,路堤滑塌、失稳等病害。因此,必须对不同膨胀土的工程特性做全面研究,采取经济、可行的工程处理措施,解决膨胀土地区公路建设问题。

膨胀土的工程性质较复杂,而且不同地区的膨胀土既有膨胀土的共性,又有它各自的特点。所以为了加强对它的了解,我们必须进行了相应的膨胀土特性试验,如《公路土工试验规程》(JTG E40—2007)中规定的有膨胀力试验、有荷(或无荷)膨胀率试验、自由膨胀率试验、收缩试验、湿化试验、土的标准吸湿含水率试验等。用以评定膨胀土的强弱,作为膨胀土地区施工和采取工程措施的依据。其中有荷膨胀率试验是一项实用性较强的试验。有荷膨胀率试验是为了模拟建筑覆压力或某一特定荷载条件下,可按实行荷载大小做有荷载有侧限的膨胀率试验,或做不同荷载下的膨胀率试验。

2 试验方法及试验结果

试验用土均取自河南省宛平高速公路路段,试验用土为原状土。1#钻孔取土的桩号为K41+040处,2#钻孔取土的桩号为K41+284处。分别对两个钻孔不同深度的土样进行有荷膨胀率试验,其中有荷膨胀率试验的加压荷载为50kPa。试验方法按照《公路土工试验规程》(JTG E40—2007)进行。试验结果见表1和表2,可以初步判断该路段土属于中弱膨胀土。

1#钻孔土样的有关试验数据 表1

试样编号	取土深度(m)	干密度(g/cm^3)	天然含水率(%)	有荷膨胀率(%)	膨胀力(kPa)
A1	1.2~1.4	1.52	27.46	-1.01	15.38
A2	2.2~2.4	1.42	32.81	-2.08	5.82
A3	3.2~3.4	1.65	22.49	1.81	58.87
A4	4.4~4.6	1.62	24.53	1.01	42.63
A5	8.6~8.8	1.51	28.05	-1.27	18.88
A6	9.4~9.6	1.55	27.04	-0.04	31.44

1#钻孔土样的有关试验数据 表2

试样编号	取土深度(m)	干密度(g/cm³)	天然含水率(%)	有荷膨胀率(%)	膨胀力(kPa)
B1	1.0~1.2	1.53	27.63	-1.09	6.54
B2	2.3~2.5	1.57	25.91	-0.39	14.63
B3	4.4~4.6	1.58	24.32	-0.05	18.62
B4	5.0~5.2	1.55	25.34	-0.61	13.65
B5	6.9~7.1	1.69	20.99	1.49	112.40
B6	9.1~9.3	1.68	21.52	1.3	76.30

3 关于有荷膨胀率δ_{ep}的探讨

3.1 有荷膨胀率δ_{ep}理论计算公式的特点

有荷膨胀率δ_{ep}理论计算公式为

$$\delta_{ep} = (R_t + R_p - R_0) \times 100 \div H_0$$

式中:δ_{ep}——荷载P(kPa)作用下的膨胀率(%),计算至0.1;

H_0——试样的初始高度(mm);

R_t——荷载P作用下膨胀稳定后的百分表读数(mm);

R_p——荷载P作用下仪器的压缩变形量(mm);

R_0——试样加载前百分表读数(mm)。

可以看出有荷膨胀率δ_{ep}与试样加载前百分表读数R_0和膨胀稳定后的百分表读数R_t密切相关。其中膨胀稳定后的百分表读数R_t是在较大的荷载压力下压缩稳定后的读数,这时读取的读数比较真实可靠。而R_0是在施加1kPa的压力下,使仪器各部分接触后读取的。由于1kPa的预压荷载较小,试样加载前百分表读数R_0的准确性与仪器设备的灵敏性、仪器设备各部分之间的接触性、滤纸的平整和大小、百分表的灵敏性等有很大的关系,还与试验者的操作水平有关,这些因素都能直接影响R_0的准确性。

3.2 从试验结果来分析有荷膨胀率δ_{ep}

由表1和表2可知,有些试样的有荷膨胀率$\delta_{ep}<0$,也就是说按现行规范《公路土工试验规程》(JTG E40—2007)说明该试样在50kPa下没有有荷膨胀性。但这种试样具有一定的膨胀力,说明此类型土具有膨胀性。如表1中:试样A6的有荷膨胀率为-0.04,而膨胀力却有31.44kPa。如果用此类土填筑路基时,路面也会受到有荷膨胀性的作用。造成此类情况是由于:膨胀土试样在有荷载条件下吸水膨胀后试件的高度超过了加荷载后沉降稳定后的高度,但是没有达到试件未加荷载时的初始高度。

3.3 从工程实践来看

如果我们用此类土填筑路堤,道路建成或运营后,路基在路面,行车荷载等其他荷载作用下压缩稳定后,当道路经历雨季或由于道路排水系统设置不当等原因,使路基吸水膨胀,可能会使路面隆起、开裂等病害,影响道路的正常运营。

3.4 解决方法

从有荷膨胀率δ_{ep}计算公式可以得知δ_{ep}是相对试件初始高度的有荷膨胀率,不是相对试件在荷载作用下压缩稳定后高度的有荷膨胀率。所以有荷膨胀率δ_{ep}不能准确的反映路基高度的变化率。我们可以在试验当中增加一个指标δ[3]:

$$\delta = (R_t + R_p - R_l) \times 100 \div H_0$$

式中:δ——荷载P(kPa)作用下的膨胀率(%),计算至0.1;

H_0——试样的初始高度(mm);

R_t——荷载 P 作用下膨胀稳定后的百分表读数(mm);

R_p——荷载 P 作用下仪器的压缩变形量(mm);

R_l——荷载 P 作用下未浸水压缩稳定时百分表读数(mm)。

可以看出指标 δ 比指标 δ_{ep} 能更准确反映路基的工程实践情况。由于 R_l 是在一定荷载作用下压缩稳定后的读数,所以指标 δ 比指标 δ_{ep} 的精确度要高,且容易获取。从 δ 的计算公式和试验的实践情况可得知:当 $\delta=0$ 时,则能说明该试件在荷载 P 作用下没有有荷膨胀性。所以指标 δ 比指标 δ_{ep} 能更好地指导公路建设。

4 有荷膨胀率与干密度、天然含水率的关系

谭罗荣等[4]研究表明:干密度、含水量等都是影响膨胀土膨胀特性的重要因素,但在一定条件下它们中的一个或两个都能更好地描述在 50kPa 作用下的有荷膨胀率 δ_{ep} 的变化规律:δ_{ep} 与含水率 ω、干密度 ρ_d 一般可用下述公式描述:$\ln y = ax^c + b$;$\ln y = a(\ln x)^c + b$;$y = ax^c + b$。上述各式中,最佳拟合时 c 一般不等于 1,但许多场合最佳 c 值与 $c=1$ 时的拟合结果相差不大,故为简化计算,c 可取为 1。

通过 Excel 分别对表 1 和表 2 的数据进行拟合,其中最佳拟合曲线如图 1 与图 2 所示。

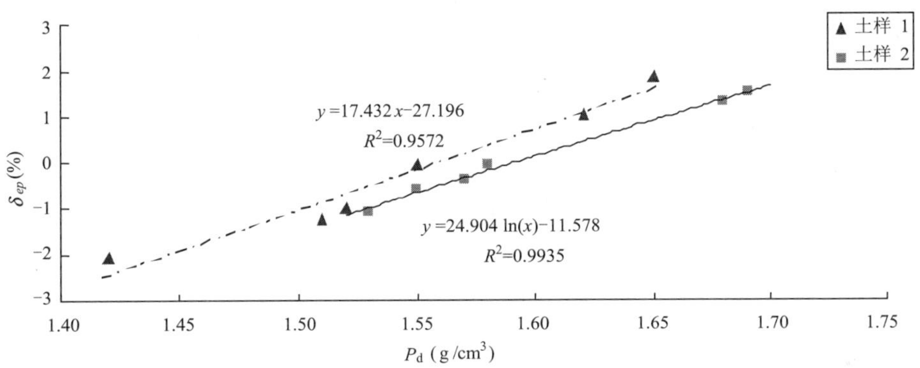

图 1 δ_{ep} 与 ρ_d 关系曲线图

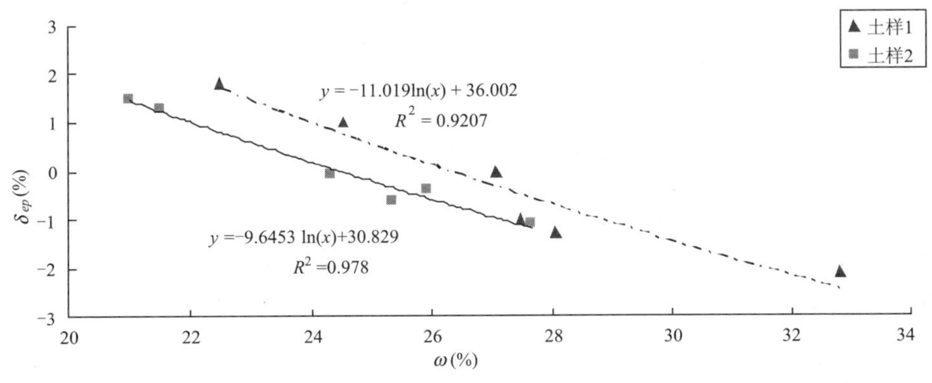

图 2 δ_{ep} 与 ω 关系曲线图

从拟合系数 R^2,可以看出干密度 ρ_d 比含水率 ω 能更好地描述 50kPa 作用下的有荷膨胀率 δ_{ep}。所以我们可以将表 1 和表 2 联合起来建立一个拟合函数,通过土的干密度来描述河南省宛平高速公路 K41+040~K41+284 以及邻近路段膨胀土 50 kPa 作用下的有荷膨胀率。从如图 3 可以看出拟合系数 $R^2=0.9212$,说明拟合情况比较好。所以我们可以通过函数:

$$\delta_{ep} = 15.269\rho_d - 24.088$$

来初步确定 50kPa 作用下的有荷膨胀率 δ_{ep}。

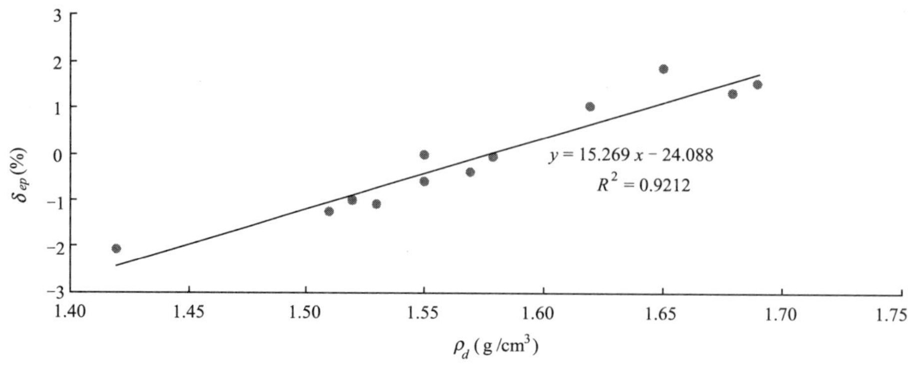

图3 δ_{ep}与ρ_d关系曲线图

5 结论

本文通对河南省宛平高速公路路段膨胀土的有荷膨胀率试验研究,发现指标有荷膨胀率δ_{ep}存在不足,并建议增加指标δ来完善有荷膨胀率试验。最后发现通过土的干密度可以比较好表征河南省宛平高速公路路段膨胀土的50kPa作用下的有荷膨胀率δ_{ep}。

虽然我们能通过函数用干密度来表征有荷膨胀率δ_{ep},但是我们发现图1、图3中有荷膨胀率与干密度最佳拟合曲线、拟合系数都有所不同。说明土是一种非线性结构、非均质的物质,它的工程特性极其复杂,不同种类的土以及不同地区的土都会有所不同。所以我们不可能通过函数、各种模型等方式完全真实的表征土的工程特性。我们只能通过我们的经验、各种计算方法、各种模型和理论等来描述土的工程特性,并在各种工程实践中不断完善和改进我们的理论和模型等,尽可能地无限接近土的真实的工程特性,帮助我们认识和了解土的工程特性,并指导工程建设。

参考文献

[1] JTG E40—2007.公路土工试验规程(S)
[2] 王年香.高液限土路基设计与施工技术(M).中国水利水电出版社.2005
[3] 张红斌.关于有荷膨胀率试验的思考(J).铁道勘察,2006(3)
[4] 谭罗荣,孔令伟.膨胀土膨胀特性的变化规律研究[J].岩土力学,2004,25(10)

Study on the test of loaded swelling rate

***Tao Wenping*[1], *Liu Zhaohui*[1], *Liu Longwu*[2]**

(1. School of Traffic and Transportation Engineering, Changsha University of Science and Technology, Changsha, 410076, Hunan ; 2. School of Civil Engineering and Architecture, Changsha University of Science and Technology, Changsha, 410076, Hunan)

Abstract: Through study on the test of loaded swelling rate of expansive soil in Wanping highway, discovered the loaded swelling rate target have some insufficiencies, and proposed the solution. Finally discussed had between the loaded swelling rate and the dry weight density or the water content relations, discovered the dry weight density could describe well change rule of the loaded swelling rate under 50 kPa.

Key words: Expansive soil; Loaded swelling rate; Test; dry density; Water content

基于因子分析的车辆驾驶员安全意识测评研究

王亚军　黎子卿　张智军　何松柏

（军事交通学院汽车指挥系，天津，300161）

摘　要：较高的安全意识对降低交通事故的发生率具有重要的意义。本文利用问卷调查方式，对车辆驾驶员进行了安全意识调查，用因子分析方法对调查数据进行统计分析，找出了影响驾驶员安全意识的主要因素，为进一步提高驾驶员的安全意识指明了方向。

关键词：车辆驾驶员；安全意识；因子分析；测量；评价

1　引言

通过对不同事故类型的特点及发生事故原因进行分析时发现，在一些大型的灾难事故中，人为因素导致的伤亡事故占伤亡事故总数的70%～80%。也就是说，人的因素占主导地位。目前，针对驾驶员通常注重生理因素研究，往往忽视心理因素和安全意识问题。安全意识是人们在进行有目的的生产活动中对危险的识别和判断能力，是人脑对客观存在的不安全因素——人的不安全行为、物的不安全状态及环境的不安全条件的反应。安全意识是一种内隐的心理活动方式，它直接影响和支配着人们的操作活动（安全行为）。因此，对人的安全意识进行分析与测评，了解人的失误及其规律，进而有针对性地提出改善措施和指导意见，对加强车辆驾驶员的安全管理，提高驾驶员作业能力和自我安全保护能力都有积极的意义。

2　安全意识调查

2.1　问卷设置

首先确立评价指标体系，评价指标应具备的性质包括可靠性、有效性、精确性、敏感性、区分行、适宜性等[1]。依据这些原则，结合前人的研究成果[2]，形成指标体系见表1。

车辆驾驶员安全意识评价指标体系　　表1

X1	对安全教育的态度	X7	操作水平
X2	对违章行为的态度	X8	遵守操作规章
X3	基本安全知识	X9	遵守交通规则
X4	与他人协调配合	X10	安全经验
X5	对安全管理的态度	X11	对交通事故的态度
X6	良好的职业习惯		

依照表1所示指标体系，编制调查问卷。编制题目时，一般考虑以下三种方式：一是直接选自国内外优秀的相关测验，二是修改前人测验中的相关测验题，三是自己编写[3]。本文根据安全意识的内涵、结构以及驾驶员生活、工作环境，经专家审议，最终形成驾驶员安全意识调查问卷。

2.2　调查对象与调查步骤

本研究选取部分单位车辆驾驶员作为主测对象，发放问卷，随机抽样进行调查。采用一对一的方式进行填写。问卷由调查员在现场宣讲调查目的、意义、填写方法及标准，然后由被调查者独立填写，填写完毕由调查员确认无误后收回。

2.3　问卷的信度和效度检验

本文采用同质性信度中的克朗巴赫 α 系数计算方法对问卷进行信度分析。克朗巴赫 α 系数是适

作者简介：王亚军（1963-），男，教授，研究方向车辆管理，E-mail：wyj.1006@163.com；黎子卿（1983-），男，在读硕士研究生；张智军（1977-），男，讲师，研究方向车辆管理。

应于非0,1记分的一种内在一致性系数。公式[3]如下：

$$\alpha = \left(\frac{n}{n-1}\right)\left(\frac{S_t^2 - \sum V_i}{S_t^2}\right)$$

式中：n——测验项目的数目；

V_t——测验每个项目的方差；

S_t^2——整个测验的总分方差。

经计算，问卷总体 α 系数达到了0.901，表明该问卷具有很好的内部一致性，调查结果可靠。

效度检验体现在三个方面：内容效度、结构效度、效标效度。经专家审定，问卷测验内容范围明确，取样具有代表性，说明具有较好的内容效度；通过对不同样本数据验证性因子分析进行交互效度验证，表明问卷具有较好的结构效度；在调查过程中设计一个观察实验，调查时记录该驾驶员是否有系安全带的习惯，根据测验结果将驾驶员分为高分组和低分组，χ^2 检验结果表明高分组习惯系安全带人数明显高于低分组，说明问卷具有良好的效标效度。

2.4 问卷评分

问卷记分方法采用0～2三级评分，按选项顺序分别记为2,1,0分。分数转换和计算方法是将各指标的条目得分相加得出因子粗分，将因子粗分转换为以0为均数以1为标准差的标准分数，公式为：

$$T_i = \frac{R_i - \overline{R}}{S}$$

式中：T_i——每个因子的标准分；

R_i——因子粗分；

$\overline{R}$——因子粗分的平均数；

S——标准差。

3 数据统计分析

3.1 因子分析方法介绍

因子分析作为一种常用的多元统计分析方法，可从众多可观测"变量"中，概括和推论出少数不可观测的"潜变量"(又称因子)，目的在于用最少的因子去概括和解释大量的观测事实，并建立起最简洁的、基本的概念系统，以揭示事物之间的本质联系[4]。

基本原理是通过一定的多元统计分析方法，测算出各个指标在样本之间的相对差距，从简化方差——协方差的结构来考虑对原始变量数据矩阵进行降维处理，即在一定的约束条件下，对原始变量做一次正交变换，得到一组具有某种良好方差性质的新变量，这组新变量彼此互不相关且在各自的特征方向上有最大方差。当几个公共因子的累计方差达到一定比例(在心理学领域，需达到70%以上[1])，说明这几个公共因子集中反映了研究问题的大部分信息，而彼此之间又不相关，信息不重叠。最后由公共因子的权重，进行综合评价结果的加权合成[5]。

3.2 分析过程

本文因子分析法采用SPSS13.0完成。首先计算出相关矩阵 R，从相关矩阵可以看出，各变量间存在相关关系，因此有必要进行因子分析。KMO检验值为0.727，Bartlett检验 F 值为0.000，表明本文数据适合进行因子分析。计算出特征根及其贡献率见表2。

全部方差解释　　表2

Component	Initial Eigenvalues			Extraction Sums of Squared Loadings			Rotation Sum of Squared Loadings		
	Total	% of Variance	Cumulative%	Total	% of Variance	Cumulative%	Total	% of Variance	Cumulative%
1	5.886	53.508	53.508	5.886	53.508	53.508	3.228	29.348	29.348
2	1.412	12.840	66.348	1.412	12.840	66.348	3.030	27.544	56.892
3	1.031	9.371	75.719	1.031	9.371	75.719	2.071	18.827	75.719
4	0.856	7.783	83.502						

续上表

Component	Initial Eigenvalues			Extraction Surns of Squared Loadings			Rotation Surn of Squared Loadings		
	Total	% of Variance	Curnulative%	Total	% of Variance	Curnulative%	Total	% of Variance	Curnulative%
5	0.605	5.504	89.007						
6	0.490	4.451	93.457						
7	0.242	2.197	95.654						
8	0.205	1.863	97.517						
9	0.141	1.278	98.795						
10	0.080	0.728	99.523						
11	0.052	0.477	100.000						

通过表2可以看出,变量相关矩阵中最大三个特征根的累积贡献率为75.719%,说明前三个因子能包含原始数据的全部信息,故取前三个特征值建立因子载荷矩阵见表3。

初始因子载荷矩阵 表3

	Component		
	1	2	3
对安全教育的态度	0.856	-0.209	-0.178
良好的职业习惯	0.817	0.279	-0.157
对违章行为的态度	0.800	-0.229	-0.001
与他人协调配合	0.788	0.229	-0.103
安全经验	0.742	-0.211	0.423
对交通事故的态度	0.734	-0.266	-0.303
遵守交通规则	0.713	0.418	-0.453
对安全管理的态度	0.677	-0.406	-0.330
操作水平	0.675	0.352	-0.321
遵守操作规章	0.604	0.581	-0.155
基本安全知识	0.589	-0.521	0.502

从表3可以看出,各主因子的意义比较模糊,需要进行旋转,旋转方法为方差最大法,得出旋转后的因子载荷矩阵见表4。相对旋转前的公共因子载荷系数,因子旋转后因子载荷系数取值更加极端,公共因子包含的意义更加明显。

分析旋转后的因子载荷矩阵可以发现,第一因子 F_1 主要反映驾驶员的安全态度,主要包括对安全管理的态度、对交通事故的态度、对安全教育的态度和对安全行为的态度;第二因子 F_2 主要反映驾驶员的安全行为,主要包括遵守操作规章、遵守交通规则、良好的职业习惯、与他人协调配合和驾驶员的操作水平;第三因子 F_3 主要反映驾驶员的安全认知,主要包括基本安全知识和安全经验。

旋转后的因子载荷矩阵 表4

	Component		
	1	2	3
对安全管理的态度	0.820	0.045	0.238
对交通事故的态度	0.785	0.193	0.218
对安全教育的态度	0.764	0.328	0.342
对违章行为的态度	0.624	0.301	0.461
遵守操作规章	0.070	0.842	0.115
遵守交通规则	0.020	0.818	0.467
良好的职业习惯	0.530	0.691	0.112
与他人协调配合	0.496	0.642	0.164
操作水平	0.510	0.641	0.111
基本安全知识	0.283	0.011	0.889
安全经验	0.310	0.337	0.751

根据因子得分系数矩阵(表5)和变量的观测值可计算因子得分:

因子得分系数矩阵 表5

	Component		
	1	2	3
对安全教育的态度	0.265	-0.051	0.002
对违章行为的态度	0.156	-0.046	0.135
基本安全知识	-0.093	-0.166	0.589
与他人协调配合	0.087	0.195	-0.093
对安全管理的态度	0.394	-0.199	-0.059
良好的职业习惯	0.109	0.219	-0.147
操作水平	0.173	0.224	-0.304
遵守操作规章	-0.192	0.405	-0.032
遵守交通规则	-0.316	0.364	0.251
安全经验	-0.115	0.013	0.439
对交通事故的态度	0.344	-0.112	-0.081

$F_1 = 0.265X_1 + 0.156X_2 - 0.093X_3 + 0.087X_4 + 0.394X_5 + 0.109X_6 + 0.173X_7 - 0.192X_8 - 0.316X_9 - 0.115X_{10} + 0.344X_{11}$

$F_2 = -0.051X_1 - 0.046X_2 - 0.166X_3 + 0.195X_4 - 0.199X_5 + 0.219X_6 + 0.224X_7 + 0.405X_8 + 0.364X_9 + 0.013X_{10} - 0.112X_{11}$

$F_3 = 0.002X_1 + 0.135X_2 + 0.589X_3 - 0.093X_4 - 0.059X_5 - 0.147X_6 - 0.304X_7 - 0.032X_8 + 0.251X_9 + 0.439X_{10} - 0.081X_{11}$

其中 $X_1 \sim X_{11}$ 为标准化后的变量。

由于每个主因子只反映了车辆驾驶员安全意识的某个方面,因此,需要对这些主因子进行加权平均来计算驾驶员安全意识的因子总得分。这里选取三个主因子的方差贡献率作为权数,公式为:

$F = 0.29348F_1 + 0.27544F_2 + 0.18827F_3$

通过计算可以得出车辆驾驶员安全意识得分。

4 结论

通过对驾驶员安全意识的测量与统计分析,可以得出以下结论:

第一,驾驶员的安全意识主要体现为驾驶员安全态度和安全行为两个方面,并且两者的重要性相当。如表2所示,两者累积贡献率达56.892%。因此,车辆驾驶员要提升自己的安全意识,应在安全态度和安全行为上做出努力。

第二,安全知识和安全经验的作用不可忽视。安全知识和安全经验得分体现了驾驶员对安全的认知水平,这对车辆驾驶员的安全意识能够产生深层次的影响。

第三,安全意识水平普遍较高。问卷调查显示车辆驾驶员的原始得分普遍较高,这主要与调查对象的选择有关,较高的原始得分也可以解释职业车辆驾驶员交通事故率明显低于其他类型车辆驾驶人员。

本文通过因子分析法从错综复杂的数据中理出一个比较清晰的结构,找到对车辆驾驶员安全意识产生影响的主要因素,得出驾驶员安全意识的综合得分,对驾驶员群体的安全意识评价具有十分重要的现实意义。

参考文献

[1] 莫雷等.心理学研究方法[M].广州:广东高等教育出版社,2007:294,133

[2] 张宇婧.出租车驾驶员安全意识的测量与评价[D]:[硕士学位论文].北京交通大学,2007:16

[3] 金瑜.心理测量[M].上海:华东师范大学出版社,2001:323,190

[4] 章文波,陈红艳.实用数据统计分析及SPSS12.0应用[M].北京:人民邮电出版社,2006:230

[5] 向君.基于因子分析的甘肃投资环境评价[J].商业时代,2007,No.11

A study on measurement and evaluation of the vehicle driver's safety consciousness based on factor analysis

Wang Yajun, Li Ziqing, Zhang Zhijun, He Songbai

(Automobile Transport Command Department, Academy of Military Transportation, Tianjin, 300161)

Abstract: Stronger safety consciousness means lower traffic accident rate. This paper investigated the vehicle driver's safety consciousness by the questionnaire, and analyzed the original data by the factor analysis method, finally found the principal factor which influenced the vehicle driver's safety consciousness. The conclusion pointed the way that improving the vehicle driver's safety consciousness.

Key words: Vehicle driver; Safety consciousness; Factor analysis; Measurement; Evaluation

不同熟练程度驾驶员操作特性的差异分析

周　颖　吴超仲

(武汉理工大学智能运输系统研究中心,水路公路交通安全控制与装备教育部工程研究中心,武汉,430063)

摘　要:驾驶员的驾驶特性是道路交通安全的一个重要影响因素,驾驶特性的差异取决于驾驶员自身因素。为了研究驾驶员的操作技能熟练程度与操作特性之间的关系,分析两种不同熟练程度的驾驶员之间操作特性的差异,本文通过基于汽车驾驶模拟器的实验,让两组不同熟练程度的驾驶员在设计的虚拟道路场景上行驶,采集获得驾驶行为操作数据。再利用 SPSS 对数据进行多元方差分析,证明驾驶员熟练程度显著影响他们的操作能力,并且这种影响不因道路条件的改变而改变。

关键词:道路交通安全;驾驶熟练程度;操作特性;多元方差分析

1　引言

在构成道路交通系统的驾驶员、汽车和道路环境三因素中,各因素对道路交通安全的影响程度不同。英国的研究得出道路交通事故肇发的唯一原因是由驾驶员因素引起的占 65%(美国 57%),而与驾驶员因素有关(驾驶员—汽车因素、驾驶员—道路环境因素、驾驶员—汽车—道路环境因素和驾驶员因素)的百分率占到近 95%(美国 94%),可以看出道路交通事故主要与驾驶员有关[1]。

驾驶员操作特性是指驾驶员在做出操作决策以后,对汽车进行的具体操作行为,包括通过加减速和制动来控制汽车的纵向运动和通过转向来控制汽车的横向运动。虽然驾驶员操作错误引起的交通事故比感知或反应判断错误引起的交通事故少,但操作错误也是引起交通事故的原因之一[2]。

导致操作不当的因素有很多,包括经验不足,受训不够引起的动作不到位或动作错误;安全意识差、违反交通规则引起的动作盲目或动作随意;疲劳引起的动作不协调等。其中驾驶员的操作技能熟练程度与驾驶员驾驶安全可靠性密切相关[3],驾驶员操作技能的生理机制是由于在大脑皮层运动中枢神经的神经细胞之间形成了牢固的联系系统,所以在交通信息的刺激下,一连串驾驶操作动作便可以自动产生。因而这种联系的牢固程度不同会导致驾驶员的操作特性不同。

本文通过基于汽车驾驶模拟器的驾驶仿真实验,选取驾驶员的熟练程度作为影响因素,对不同道路条件下的驾驶员的操作特性进行分析,判断不同熟练程度的驾驶员在某个道路条件下,每种操作特性之间是否存在显著差异性,以此来验证驾驶员熟练程度与操作特性之间的关联。

2　实验过程及数据采集

基于驾驶模拟器的实验,首先需要建立对应的道路场景,然后选取不同类型的驾驶员在模拟的道路上行驶,系统将会采集每位驾驶员驾驶过程中的操作数据,以备后期分析。

2.1　实验条件

使用自主开发的汽车驾驶模拟器,可以根据驾驶者输入的驾驶信号(如油门、刹车和转向)计算出驾驶者的驾驶行为,并通过音频设备输出反馈给驾驶者,驾驶者再根据所接受到信息进行操作[3]。

2.2　道路场景的设计

根据道路规范设计双向 2 车道的二级公路,设计速度为 60km/h,道路全长大约 13.7km。影响驾驶员选择行为的因素包括道路与交通方面的因素和驾驶员本身的因素[4],即不同的道路条件会影响驾驶员的行驶状态,使他们表现出不同的操作特性,实际上不合理的道路线形也是造成交通事故的重要因素,据统计,因道路线形中曲线设计不合理造成的交通事故占 12% 左右[5]。所以实验的过程中道路因素是不能忽略的,应该避免道路因素对实验的干扰,考察在不同的道路条件下,驾驶员的熟练程度与操作特性之间的关系。

为了使道路具有代表性,在实验道路上设计两个典型事故多发危险路段,分别是长下坡加急转弯和断臂曲线路段。选取这两个危险路段和一个一般路段上的数据作对比分析。根据路段在场景中的里程顺序,下文将长下坡加急转弯的危险路段简称为路段一,一般路段简称为路段二,断臂曲线的危险路段简称为路段三。

道路线形设计完成以后,在线形的基础上利用道路编辑器编辑道路,完成道路部分的设计,利用 3D MAX 完成道路周围的景观设计。

2.3　驾驶仿真实验

本次实验共招募 25 名驾驶员,根据驾龄将这些驾驶员分为熟练驾驶员和非熟练驾驶员两组(其中熟练驾驶员 10 名,非熟练驾驶员 15 名),分别进行实验,每位驾驶员从起点驶到终点,中间不停车,不掉头。

模拟器在驾驶员的行驶过程中实时采集下驾驶员的操作数据,包括时间、坐标、速度、刹车、油门和转向开度等,通过这些数据可以还原驾驶员的行驶过程。

3　数据处理分析

采集所得的每位驾驶员的数据是相互独立的,将每位驾驶员的数据看做一个独立样本,为了分析不同驾驶员之间操作特性的差异性,需要对熟练驾驶员和非熟练驾驶员两组数据进行方差分析。

3.1　原始数据处理

对采集的原始数据进行处理,将采集的原始坐标数据对应选定的路段的里程信息,提取驾驶员在每个路段上的操作信息。为了分析驾驶员的操作特性,分别选取变量刹车、前轮转角和速度来研究驾驶员的制动、转向和速度控制能力,选取驾驶员的熟练程度作为多元方差分析的影响因素,分为熟练和非熟练两个水平。

驾驶员的制动行为是通过踩刹车完成的,实验过程中系统记录了时间和车辆的实时刹车开度值,对其进行处理以后,得到驾驶员在每个路段的刹车开度均值。类似的,驾驶员的转向能力通过汽车的前轮转角来评价,处理原始数据得到驾驶员在每个路段上前轮转角的均值;驾驶员的速度控制能力体现在汽车行驶速度上,处理得到驾驶员在各路段上的速度均值。

3.2　方差分析

在对数据做方差分析之前,先检验数据是否满足方差检验条件,利用软件 SPSS 对数据进行频数分布分析。分别对不同路段的两组驾驶员的操作数据分析,包括刹车、转向和速度,可以看出每组数据均近似服从正态分布。

以刹车开度均值为例,在长下坡加急转弯的危险路段上,非熟练和熟练驾驶员刹车开度均值的频数分布见图 1 和图 2。其他组的数据也作同样频数分布分析,均可得到类似结果。

Frequency
4
3
2
1
0
0.05
0.10
0.15
0.20
0.25
Mean = 0.1699
Std. Dev. = 0.04587
N = 15
刹车1

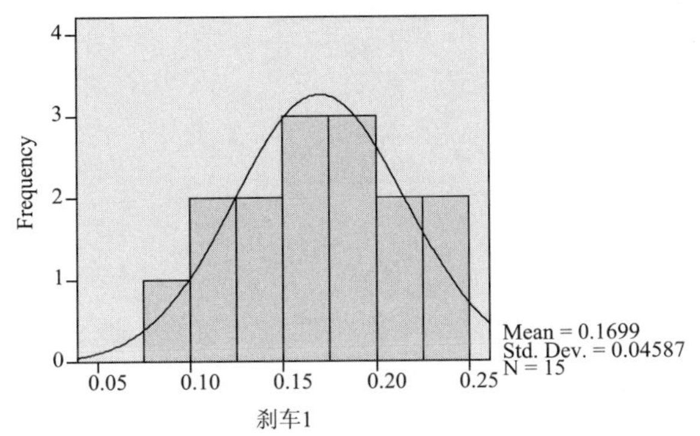

图 1　非熟练驾驶员刹车开度均值分布图

Frequency
3.0
2.5
2.0
1.5
1.0
0.5
0.0
0.05
0.075
0.10
0.125
0.15
0.175
0.20
Mean = 0.1312
Std. Dev. = 0.04226
N = 10
刹车2

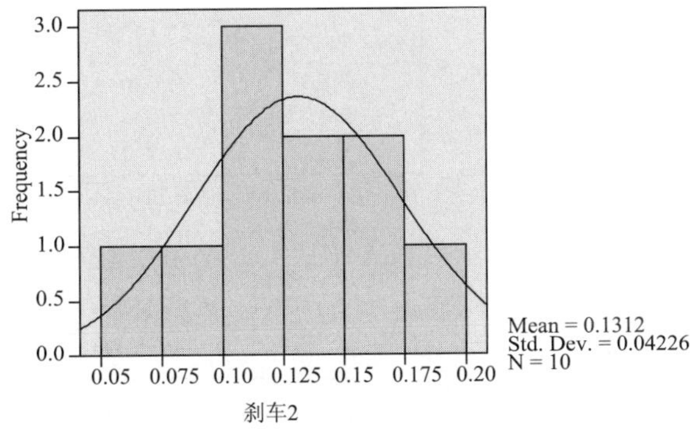

图 2　熟练驾驶员刹车开度均值分布图

本数据满足正态分布的,说明可以对本数据进行方差分析,软件 SPSS 提供多元方差分析,考察一个变量对多个因素变量的影响。利用 SPSS 考察两组不同熟练程度驾驶员的操作特性(制动、转向和速度控制)是否有显著差异,对三个不同的路段分别进行考察,比较三次结果。

以路段一为例,SPSS 的多元方差分析(Multivariate ANOVA)结果如下:

路段一上不同驾驶员的操作数据描述性统计量见图3。

Descriptive Statistics

	驾驶员类型	Mean	Std. Deviation	N
刹车	1.00	0.1699	0.04587	15
	2.00	0.1312	0.04226	10
	Total	0.1544	0.04765	25
转向	1.00	0.5558	0.12341	15
	2.00	0.3905	0.21210	10
	Total	0.4897	0.18052	25
速度	1.00	47.1118	11.79302	15
	2.00	35.0818	8.29390	15
	Total	42.2998	11.96257	25

图3 路段一上驾驶员操作数据描述性统计量

多元检验(Multivariate Test),Wilks'λ =0.418,P(Sig. =0.000)<0.01,Hotelling's Trace =1.390,P(Sig. =0.000)<0.01,就整体而言,在刹车、转向和速度之间,两组驾驶员驾驶操作特性有非常显著性差异,见图4。

Multivariate Tests

Effect		Value	F	Hypothesis df	Error df	Sig
Intercept	Pillai's Trace	0.984	421.789[a]	3.000	21.000	0.000
	Wilk'sLambda	0.016	421.789[a]	3.000	21.000	0.000
	Hotelling's Trace	60.256	421.789[a]	3.000	21.000	0.000
	Roy's Largest Root	60.256	421.789[a]	3.000	21.000	0.000
驾驶员类型	Pillai's Trace	0.582	9.732[a]	3.000	21.000	0.000
	Wilks'Lambda	0.418	9.732[a]	3.000	21.000	0.000
	Hotelling's Trace	1.390	9.732[a]	3.000	21.000	0.000
	Roy's Largest Root	1.390	9.732[a]	3.000	21.000	0.000

a. Exact statistic

b. Design:Intercept + 驾驶员类型

图4 路段一上驾驶员操作数据多元检验

误差方差齐性 Levene 检验,刹车:F =0.320,P(Sig. =0.577)>0.05;转向:F =2.416,P(Sig. =0.134)>0.05;速度:F =1.877,P(Sig. =0.184)>0.05,表明本数据符合方差齐性假设条件,见图5。

单变量刹车、转向和速度各组之间的方差分析,刹车:F =4.529,P(Sig. =0.044)<0.05;转向:F =6.102,P(Sig. =0.021)<0.05;速度:F =7.783,P(Sig. =0.010)<0.05,表明本数据刹车、转向和速度在熟练和非熟练驾驶员两组之间有显著性差异(P<0.05),见图6。

Levene's Test of Equality of Error Variances

	F	df1	df2	Sig.
刹车	0.320	1	23	0.577
转向	2.416	1	23	0.134
速度	1.877	1	23	0.184

Tests the null hypothesis that the error variance of the dependent variable is equal across groups.

a. Design:Intercept + 驾驶员类型

图5 路段一上驾驶员操作数据方差齐性检验

Univariate Test Results

Source	Dependent Varia	Sun of Squares	df	Mean Square	F	Sig.
Contrasl	刹车	0.009	1	0.009	4.529	0.044
	转向	0.164	1	0.164	6.102	0.021
	速度	868.319	1	868.319	7.783	0.010
Error	刹车	0.046	23	0.002		
	转向	0.618	23	0.027		
	速度	2566.152	23	111.572		

图6 危险路段一上驾驶员操作数据单变量检验

同样的，对路段二和路段三作多元方差分析，可以得到相似结果。即多元检验显示普通路段和另一个危险路段上刹车、转向和速度之间，两类驾驶员的驾驶操作特性均有非常显著性差异（$P<0.01$）；误差方差齐性 Levene 检验显示数据均符合方差齐性检验条件（$P>0.05$）；单变量方差分析结果说明刹车、转向和速度三个变量都在熟练和非熟练驾驶员之间有显著性差异（$P<0.05$）。

由三次分析结果可以看出熟练驾驶员和非熟练驾驶员之间的驾驶操作特性存在显著的差异，并且在不同道路条件下这种差异都是存在的，即不受道路条件的影响。

这是因为在驾驶过程中，驾驶员的操作动作必须协调和谐，操作灵活敏捷，如果驾驶员的驾驶操作技能不够熟练，遇到紧急情况，就不能正确或迅速做出反应，而熟练驾驶员有丰富驾驶经验，他们的驾驶行为准确娴熟，具有较高的可靠性。

4 结论

驾驶员的熟练程度影响其操作特性，熟练驾驶员和非熟练驾驶员的制动能力、转向能力和速度控制能力表现出显著性差异。通过对不同道路条件下驾驶员操作数据的分析，发现结果不受道路条件的影响，即这种差异性是由驾驶员操作技能的熟练程度这一自身特性造成的。证明在道路行车安全的研究中，驾驶员自身特性的差异是不能忽略的，并且实际的安全行车应该要求驾驶员的驾驶技能达到一定的熟练程度。

参考文献

[1] 王武宏，孙逢春，曹琦，刘淑艳. 道路交通系统中驾驶行为理论与方法[M]. 北京：科学出版社. 2001

[2] A. S. Hakkert, V. Gitelman, A. Cohen, E. Doveh, T. Umansky. The evaluation of effects on driver behavior and accidents of concentrated general enforcement on interurban roads in Israe[J]. Accident Analysis and Prevention 33(2001)43-63

[3] Nebi Sumer, Turker Ozkan, Timo Lajunen. Asymmetric relationship between driving and safety skills. Accident Analysis and Prevention 38(2006)703-711

[4] 高嵩，陈先桥. 基于 OGRE 和 ODE 的驾驶模拟系统的设计与实现[D]. 武汉理工大学. 2006.5

[5] 张存保，杨晓光，严新平. 交通信息对驾驶员选择行为的影响研究. 交通与计算机. 2004(5)

[6] 张殿业，方守恩. 道路交通事故与黑点分析[M]. 人民交通出版社. 2005.1

The analysis of operating characteristics between skilled and unskilled drivers

Zhou Ying, Wu Chaozhong

(Intelligent Transport System Research Center, Wuhan University of Technology,

Engineering Research Center of Transportation Safety (Ministry of Education),

Wuhan University of Technology Wuhan, 430063)

Abstract: Driving characteristic is an important factor of road safety, its differentiation vary between different drivers. In order to study the relationship between driver's operating proficiency and operational characteristics, and analyse the differentiation of operating characteristic between drivers on different levels of operating proficiency. The author did an experiment based on vehicle driving simulator, making two groups of drivers driving on the virtual road, and collecting the driver's operation data. Then the data is analysed with SPSS (Multivariate Analysis of Variance), to prove that the driver proficiency significantly affect their operational ability, and this effect is not due to road conditions.

Key words: Road safety; Operating proficiency; Operational characteristic; Multivariate analysis of variance

复合式沥青路面层间界面剪切室内试验研究

刘朝晖　刘汉中　李文科

(长沙理工大学,湖南 长沙,410076,liuhanzhong102000@ yahoo. com. cn)

摘　要:本文以湖南省常吉高速公路 CRC + AC 连续配筋混凝土复合式路面试验路工程为依托,根据连续配筋混凝土复合式路面层间粘结结构层的特点,利用自行研制的层间斜剪试验仪和层间直剪试验仪,对不同类型、不同配比沥青粘结层进行抗剪强度测试,结果显示 SBS 掺量从 4% 增加到 10% 时强度随掺量增加而增大,掺量大于 10% 时强度有下降趋势;而橡胶粉(CRM)掺量对复合改性沥青粘结层抗剪切强度影响较小。

关键词:连续配筋混凝土复合式路面;层间抗剪强度;层间斜剪试验仪;SBS + CRM 复合改性沥青

1　前言

沥青混凝土面层摊铺在连续配筋混凝土层上,主要依靠沥青结合料的粘结力、沥青的内聚力以及沥青混合料与水泥混凝土表层间的摩擦力来抵抗水平剪应力,所以抗剪能力相对较弱,再加上沥青混凝土层与连续配筋混凝土层模量相差大,体积膨胀时变形协调性比较差;且连续配筋混凝土复合式路面沥青混凝土面层一般没有普通沥青混凝土面层厚,有时甚至只有几厘米厚,容易产生丧失层间粘结破坏。在汽车启动、急刹等状态下,水平推力较大,路面容易产生壅包以及滑移等现象。

而国内外虽然对 CRC + AC 连续配筋混凝土复合式路面层间抗剪性能进行了大量的研究,但是在理论计算上,沥青材料的模量取值与沥青的感温性与粘滞性不相符,其计算结果有待进一步验证;对连续配筋混凝土层与沥青混凝土面层层间的剪应力的检测技术与评价手段更有待进一步深入研究,对不同的施工工艺和层间处置技术与层间的抗剪能力的关系也缺乏深入研究。基于这种情况,本文通过对剪切试验仪器以及试验方法的研究,为刚柔结合式路面层间剪应力分析以及如何提高其抗剪强度等方面提供依据。

2　试验仪器开发

本文采用了两种自行开发设计的试验仪器:(1)层间斜剪试验仪,(2)层间直剪试验仪。其中斜剪试验仪已经申请发明专利。层间斜剪试验仪是结合现有的沥青试验仪器设备,自行开发设计加工的一套适用于层间剪切试验的试验装置,其结构示意图见图 1。

经过试验检验与分析,层间斜剪试验仪与现有的剪切仪器相比具有以下优点:

(1)采用 45°剪切角度,较好的模拟了铺面的实际受力情况;

(2)加载速度可控制在 5cm/min,解决了现有仪器加载速度难以控制的问题;

(3)实现了试验结果的准确性,可以进行不同温度试件的面层间界面剪切试验;

(4)充分利用了现有沥青混合料马歇尔稳定度仪加载装置和控制箱等设备,可让试验试件的制作使用标准马歇尔试件试模进行,不需要另外加工试件制作模具。

(5)可以对不同类型的铺面层间材料,进行层间界面剪切试验,试件高度范围为 6 ~ 12cm。

层间直剪试验仪是参照土工剪切试验的剪切盒自行设计并制作的直剪卡具(图 2)。卡具刚性连接在图 1 所示的加载装置 1 上,然后通过控制箱 2 施加剪切时的压力并控制加载速度记录剪切试验试件破坏时的最大荷载值。

层间直剪试验仪技术特点是由刚性连接在加载装置上的上下压头和控制箱组成,上下压头上有直径 10. 2cm 的圆孔,上、下压头之间有 1. 0cm 间距,剪切试验时加载装置使下压头竖直向上运动,从而使试件发生剪切破坏。

层间直剪试验仪有以下优点：

(1)加载速度可控制在5mm/min,加载速度稳定。

(2)充分利用了现有的试验仪器和试件制作模具,试验试件制作方法与层间斜剪试验仪相同,试验数据具有可比性。

(3)可以进行不同温度、不同结构类型试件的面层间界面剪切试验,操作简单。

但是,层间直剪试验仪也存在一个缺点,就是不能在试验时在剪切面上施加正应力,不能很好的模拟路面的实际情况。

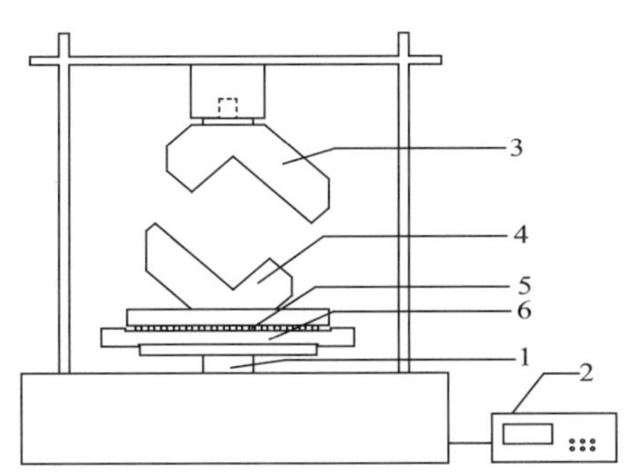

图1　层间斜剪试验仪

1-加载装置;2-控制箱;3-压头;4-下压头;5-滚珠;6-底座

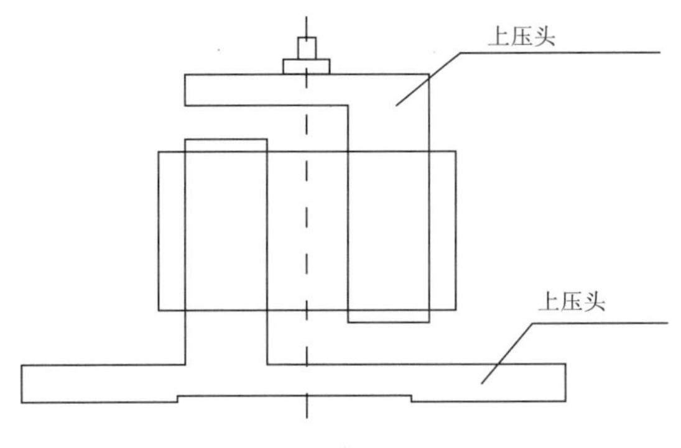

图2　层间直剪试验仪

3　室内试验

3.1　试件的制备

层间斜剪试验仪与层间直剪试验仪所使用的试验试件相同。试件的制备过程和方法分为以下几个步骤：

首先在沥青混合料马歇尔试验的试模中浇筑水泥混凝土圆柱体,模拟连续配筋混凝土面层,C35水泥混凝土试件高为4cm左右,直径为101.6mm。水泥混凝土试件表面条件分为裸化和拉毛两种情况,在浇筑试件一段时间后,脱模进行养生。一般在水泥混凝土浇注24h后,用木锤轻敲可将试件从试模中脱出。将试件养护直至有足够强度,再制作粘层,粘层采用多种不同用量的重交沥青A-70、SBS改性沥青、SBS + CRM复合改性沥青,然后撒上单粒径碎石,再将水泥混凝土试件重新装入马歇尔试模中,再按常吉高速连续配筋混凝土复合式路面AC结构层的目标配合比,采用标准马歇尔试件制作方法制作总高度为90mm的复合试件。

3.2　沥青用量、界面连接条件以及试验所用剪切仪器的确定

首先通过大量试验确定A-70沥青在水泥混凝土基底试件分别为拉毛和裸化两种情况下粘结层沥青用量为1.5kg/m^{2}时剪切强度最大,所以粘结层使用的沥青为A-70沥青时用量为1.5kg/m^2。采用SBS改性沥青时,在沥青用量为2.0kg/m^{2}时剪切强度最大,因此粘结层使用的为SBS改性沥青时粘结层沥青用量为2.0kg /m^2。采用SBS + CRM复合改性沥青时,在沥青用量为2.0kg/m^{2}时剪切强度最大,因此粘结层沥青用量也为2.0kg/m^2。

试验表明,水泥混凝土基底试件在表面为裸化时的剪切强度明显大于拉毛时的剪切强度。因此,确定下一步的试验采用的水泥混凝土试件的表面形式为裸化。

经过将层间斜剪试验仪试验结果与直接剪切仪试验结果比较,可以发现粘结层采用A-70沥青在试验温度为20℃时,层间斜剪试验仪试验结果是直接剪切仪试验结果2.2倍,而采用SBS改性沥青在试验温度为60℃时层间斜剪试验仪试验结果是直接剪切仪试验结果的6~7倍。而产生这种差异的原因是因为采用直接剪切仪进行试验时是没有施加正应力的,而采用层间斜剪试验仪进行试验时,由于粘结层剪切面与水平面成45°角,相当于在剪切的时候同时施加了一个与剪切强度大小相等的正应力。而这个正应力正好模拟了实际路面施加的荷载。故本次试验采用斜剪试验仪。

3.3 复合改性沥青粘结层试验结果对比分析

夏季高温时段,全国大部分南方省市沥青路表温度都在50℃以上,而沥青混凝土内部温度会高于路表温度10℃以上,考虑倒粘结层在夏季的最不利气温状况,所以试验温度采用60℃。

粘结层采用SBS+CRM复合改性沥青最佳用量已经确定为2.0kg/m^2,水泥混凝土基底试件表面形式采用裸化,采用层间斜剪试验仪进行相关试验,试验温度为60℃。试件放在设定温度的恒温箱中保温4h,取出后立即进行试验,将试件放入剪切仪的剪切腔中,同种条件下每组试件做四个平行试验,当一组测定值中某个测定值与平均值之差大于标准差1.15倍时则舍弃该测定值,试件破坏后控制箱记录最大荷载,从而计算出试件破坏时的最大剪切强度。

不同掺量(表1)SBS+CRM复合改性沥青粘结层在最佳沥青用量、基底试件表面裸化、温度为60℃,采用层间斜剪试验仪试验结果见表2。

改性剂的掺量(%) 表1

SBS掺量(%) / CRM橡胶粉掺量(%)		SBS掺量(%)				
		4	6	8	10	12
CRM(橡胶粉)掺量(%)	4	4+4	6+4	8+4	10+4	12+4
	6	4+6	6+6	8+6	10+6	12+6
	8	4+8	6+8	8+8	10+8	12+8
	10	4+10	6+10	8+10	10+10	12+10
	12	4+12	6+12	8+12	10+12	12+12

剪切试验结果(60℃) 表2

掺量(SBS+CRM)		4%+4%	6%+4%	8%+4%	10%+4%	12%+4%
剪切强度(MPa)	1	0.238	0.235	0.354	0.402	0.283
	2	0.258	0.247	0.284	0.383	0.305
	3	0.219	0.268	0.324	0.395	0.362
	4	0.310	0.245	0.266	0.377	0.362
	平均	0.256	0.249	0.307	0.389	0.328
掺量(SBS+CRM)		4%+6%	6%+6%	8%+6%	10%+6%	12%+6%
剪切强度(MPa)	1	0.317	0.305	0.279	0.437	0.366
	2	0.285	0.246	0.311	0.402	0.368
	3	0.324	0.282	0.290	0.412	0.354
	4	0.219	0.243	0.297	0.417	0.323
	平均	0.286	0.269	0.294	0.417	0.353
掺量(SBS+CRM)		4%+8%	6%+8%	8%+8%	10%+8%	12%+8%
剪切强度(MPa)	1	0.289	0.279	0.319	0.438	0.298
	2	0.218	0.244	0.307	0.389	0.357
	3	0.284	0.204	0.245	0.367	0.301
	4	0.354	0.304	0.281	0.402	0.303
	平均	0.286	0.258	0.288	0.399	0.315
掺量(SBS+CRM)		4%+10%	6%+10%	8%+10%	10%+10%	12%+10%

续上表

剪切强度(MPa)	1	0.184	0.268	0.313	0.377	0.236
	2	0.203	0.201	0.287	0.318	0.272
	3	0.259	0.277	0.314	0.333	0.306
	4	0.209	0.205	0.304	0.361	0.273
	平均	0.214	0.238	0.305	0.347	0.272
掺量(SBS + CRM)		4% +12%	6% +12%	8% +12%	10% +12%	12% +12%
剪切强度(MPa)	1	0.249	0.255	0.298	0.324	0.226
	2	0.337	0.322	0.278	0.327	0.284
	3	0.324	0.281	0.290	0.350	0.307
	4	0.277	0.248	0.297	0.313	0.299
	平均	0.297	0.277	0.291	0.329	0.279

剪切试验结果按照橡胶粉 CRM 掺量变化与剪切强度关系见图 3。

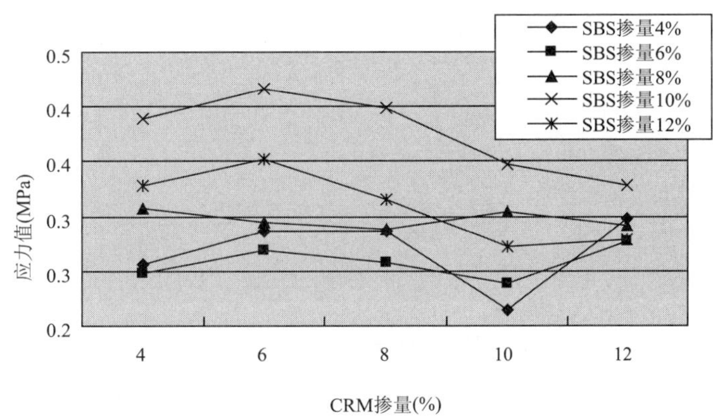

图 3　CRM 掺量与剪切强度关系图(60℃)

剪切试验结果按照 SBS 掺量变化与剪切强度关系见图 4。

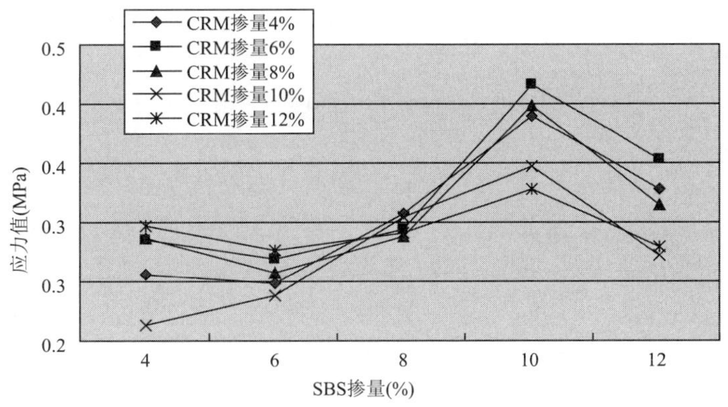

图 4　SBS 掺量与剪切强度关系图(60℃)

从不同掺量的复合改性沥青粘结层剪切强度可以得出:粘结层抗剪切强度跟 CRM 使用量没有很好的相关性,甚至由于 CRM 用量的增加,抗剪切强度有减少的趋势。而随着 SBS 用量的增加,在 SBS 用量由 4% 增加到 10% 时,不同 CRM 用量的复合改性沥青粘结层抗剪切强度逐渐增大,在 10% 处出现拐点,随着 SBS 掺量的增加其强度反而下降。抗剪切强度最大值出现在 SBS 掺量为 10%、CRM 掺量为 6% 时。

4 结语

利用自制层间斜剪试验仪和层间直剪试验仪,对不同类型不同配比沥青粘结层进行抗剪强度测试,并考虑试件基底表面状况、沥青用量和温度对抗剪强度的影响。通过试验得到如下结论:

(1)通过试验,发现了不同类型试件基底表面状况为裸化时抗剪强度较高,认为裸化连续配筋混凝土表面是一种很好的增加粘结层抗剪强度的方法。

(2)温度对粘结层抗剪强度的影响非常明显,A-70 沥青、SBS 改性沥青以及 SBS + CRM 复合改性沥青粘结层抗剪切强度都随温度升高急剧下降。

(3)通过对不同配比 SBS + CRM 复合改性沥青粘结层抗剪切强度试验,认为 SBS 掺量从 4% 增加到 10% 时强度随掺量增加,掺量大于 10% 开始下降。而 CRM 掺量对复合改性沥青粘结层抗剪切强度影响较小。

(4)从粘结层剪切试验结果得出当 SBS + CRM 复合改性沥青掺量 10% +6% 为最佳掺量。

参考文献

[1] 刘朝晖,华正良,郑健龙. 刚柔复合式沥青路面层间结合技术[J]. 公路交通技术. 2008(5):21-26

[2] 胡卫国. 沥青路面界面抗剪研究[D]. 长沙理工大学,2007

[3] JTJ052—2000. 公路工程沥青及沥青混合料试验规程[S]. 北京:人民交通出版社,2000,300-302

[4] Test Method for Determining the Rheological Properties of Asphalt Binder Using a Dynamic Shear Rheometer (DSR). AASHTO Designation TP5-93[S]:14-42

[5] 高金岐,罗晓辉,徐世法等. 沥青粘结层抗剪强度试验分析 [J]. 北京建筑工程学院学报,2003,(3):66-71

The research of the interlaminar shear laboratory test method of construction of continuously reinforeed concrete composite pavement

Liu Zhaohui, Liu Hanzhong, Li Wenke

(Changsha University of Science and Technology, Changsha Hunan 410076)

Abstract: Based on Changde-Jishou CRC + AC freeway continuously reinforced concrete compound pavement test road, according to the characteristics of the bonding layer structure of the continuously reinforced concrete composite pavement, by using the surface layer oblique shear tester and direct shear tester designed by ourselves, and done the Shear strength test under different proportions and different types, this paper have formed a standpoint that the strength would increase with the SBS content from 4% to 10%, then decline when the content is greater than 10%. And the CRM content has no direct impact on the shear strength of the composite modified asphalt bonding layer.

Key words: Construction of Continuously Reinforced Concrete Composite Pavement; Surface layer oblique shear stress tester; SBS + CRM

装配式板桥铰缝受力分析

邹兰林　丁卫东

（武汉科技大学 汽车与交通工程学院，湖北 武汉，430081）

摘　要：以实际工程为背景，分别按铰缝刚接和铰缝铰接模式建立有限元模型，计算中载和偏载作用下结构挠度和应变，对比分析理论计算结果和实桥试验实测结果，通过研究两者之间变化趋势确定铰缝刚接比例。结果显示铰缝刚接比例在30% ~45%之间比较合理，37 座样本桥梁统计分析结果进一步验证了该结论。

关键词：桥梁工程；装配式板桥；铰缝；刚接比例

1　引言

装配式空心板桥是中小跨径桥梁最常用的一种结构型式，它是由多片预制板通过现浇铰缝联结形成的空间结构[1]，其设计思想是采用横向分布系数的概念将空间结构转化为杆系结构进行设计。装配式板桥荷载横向分布系数按铰接板结构理论计算，其仅考虑铰缝传递剪力，忽略铰缝其他抗力的影响[2]。那么按设计理论计算，较小的铰缝尺寸就能满足抗剪强度要求。于是，以往修建的装配式板桥铰缝尺寸都较小，在预制板上缘预留一定的企口，待预制板安装就位后，直接采用与预制板同一标号或高一级标号的细骨料混凝土将预留的铰缝填实，甚至不设置抗剪钢筋[3,4]。随着桥梁使用时间延长，大量的这类装配式板桥铰缝出现不同程度的破损，继而引起桥梁结构相关病害发生，导致结构承载力降低[5,6]，这一现象引起了相关部门重视，后期修建的装配式板桥考虑到这一因素，特地将铰缝进行了优化，如图 1 所示的铰缝，加大了铰缝尺寸，增加了铰缝抗剪钢筋和横向联结钢筋[7]。早期修建的企口缝铰接板桥按铰接板桥理论进行设计，只考虑铰缝抗剪作用比较合理，但是对于设置有较强的横向连接钢筋的大尺寸铰缝，铰缝不仅能传递剪力而且能承受一定的弯矩作用，铰缝实际受力处于铰接和刚接之间。如果按完全铰接或完全按刚接进行设计都不能真实反映结构真实的受力状态，这样导致设计与实际受力存在较大差异，引起所设计的结构偏保守或不安全。

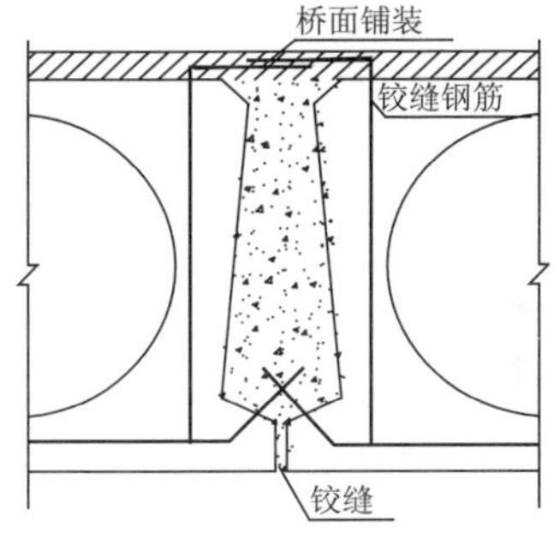

图 1　铰缝构造

真实反映结构实际受力状态的铰缝受力模式对指导设计具有重要意义，本文以实桥为例，通过分析现场试验实测数据（限于篇幅取挠度为参数），分别按铰缝刚接和铰接建立有限元模型，并以同样的加载方案加载进行理论计算，对比分析现场实测结果与理论计算结果，通过铰缝不同刚接和铰接比例结果与实测数据比较，以两者结果走势一致来判断铰缝实际受力的刚接和铰接比例。

2　工程概况

图 2 所示为湖北远（安）当（阳）公路 K42 +405.33m 处小桥横断面布置。该桥上部结构为空心板，单孔标准跨径 16m，下部结构为重力式桥台。桥面宽 1.75m（人行道栏杆）+9.0m（行车道）+1.75m（人行道栏杆），单板宽 0.99m，横向共 12 块板。

作者简介：邹兰林，男，讲师，E-mail：zll999-9@163.com。

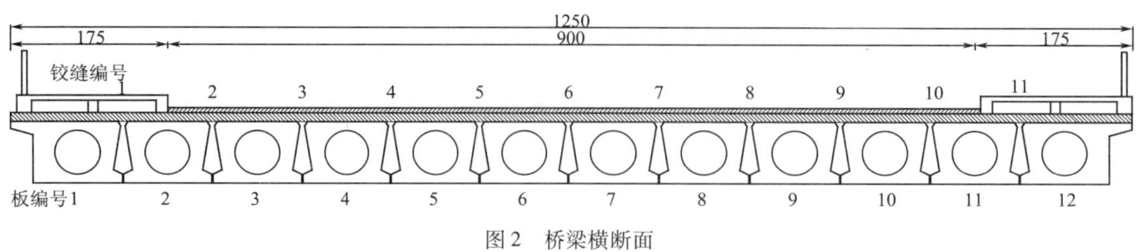

图2 桥梁横断面

3 荷载试验实测结果

为了掌握该桥实际受力状态以及结构实际承载力,以跨中截面为控制截面进行荷载试验分析。现场实测加载车采用东风-30t(车重+货重)三轴车两辆,车辆两后轴合计重24t,前轴重6t,以力矩值作为控制参数来判断荷载试验加载效率,计算得标准荷载作用下跨中截面最大弯矩为2084kN·m,试验荷载作用下跨中截面最大弯矩为1974kN·m,则加载效率系数

$$\eta_q = \frac{M_s}{M(1+\mu)} = \frac{1974}{2084} = 0.945$$

达到94.5%,满足规范要求。

分别在单号板(1~11号板)跨中截面下缘安装千分表(具体测点位置见图3),采集各板跨中截面在中载和偏载工况下的挠度。两种工况下结构挠度实测分析结果见表1。

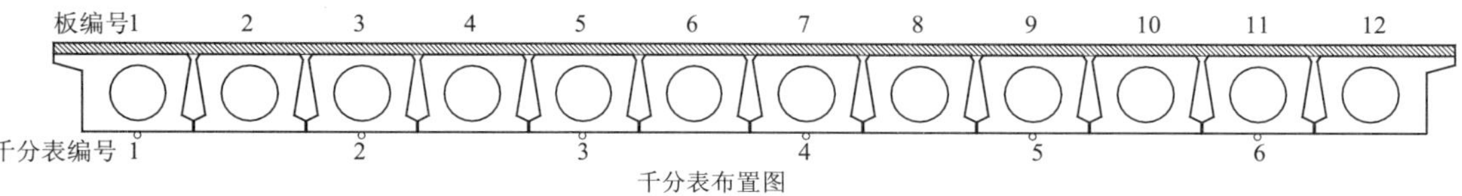

图3 测点位置布置

实测桥梁结构的挠度(单位:mm) 表1

板编号		1	3	5	7	9	11
千分表编号		1	2	3	4	5	6
挠度	偏载	-0.630	-1.073	-1.463	-1.780	-1.680	-1.365
	中载	-0.830	-1.250	-1.470	-1.540	-1.350	-0.950

4 理论计算

分别对该桥按铰缝刚接和铰接建立模型进行理论分析。以实体单元建立空间有限元模型,将边板翼板折算到与中板一致的边板截面。铰缝刚接模型通过将铰缝两侧对应的节点直接固接形成,铰缝铰接模型通过铰缝两侧对应节点在相关方向的自由度耦合形成,计算模型见图4。

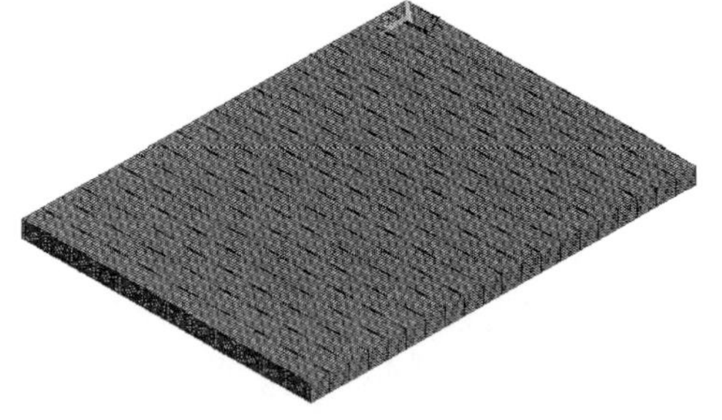

图4 有限元计算模型

为了与实测结果对应分析,本文按荷载试验两种加载工况对应在有限元模型上进行加载,分别取对应板块跨中截面中心节点的挠度理论计算结果与实测结果进行对比分析,计算结果见表2。

理论计算结构的挠度(单位:mm) 表2

项目	板编号		1	3	5	7	9	11
挠度	千分表编号		1	2	3	4	5	6
	偏载	刚接	-1.188	-1.585	-1.957	-2.242	-2.230	-1.950
		铰接	-0.758	-1.393	-1.999	-2.537	-2.311	-1.903
	中载	刚接	-1.639	-1.731	-1.807	-1.835	-1.778	-1.692
		铰接	-1.161	-1.601	-1.984	-2.126	-1.742	-1.248

5 铰缝刚结比例分析

通过对以上实测结果与理论结果对比分析,可以得到铰缝实际传力规律。根据各种结构模型各板在荷载作用下挠度的变化趋势可以定性的判断铰缝受力特性。将实测数据和理论计算结果分别按比例形式表示各板受力挠度,即取各板挠度值与相应的中板(7号板)值的比值作为数据进行分析,它反映不同型式铰缝结构的内力分配原则,可以反映出铰缝的传力特性。挠度比较结果见表3。

结构挠度比较结果 表3

项目	板编号		1	3	5	7	9	11
	千分表编号		1	2	3	4	5	6
偏载	实测	f_i/f_7	0.354	0.603	0.822	1.000	0.944	0.767
	理论刚接		0.530	0.707	0.873	1.000	0.995	0.870
	理论铰接		0.299	0.549	0.788	1.000	0.911	0.750
中载	实测	f_i/f_7	0.539	0.812	0.955	1.000	0.877	0.617
	理论刚接		0.893	0.943	0.985	1.000	0.969	0.922
	理论铰接		0.546	0.753	0.933	1.000	0.819	0.587

注:f_i/f_7 表示第 i 块板挠度与第7块板挠度比值

由两种工况下结构挠度比图5、图6可以看出,结构边板由于人行道及栏杆作用,使得理论计算与实测结果有较大差异外,中间板块基本都处于刚接和铰接之间,选取两种工况下结构挠度比和应变比作为参数,通过对比分析实测结果与理论计算结果得到此类铰缝刚接比例,结果见表4。

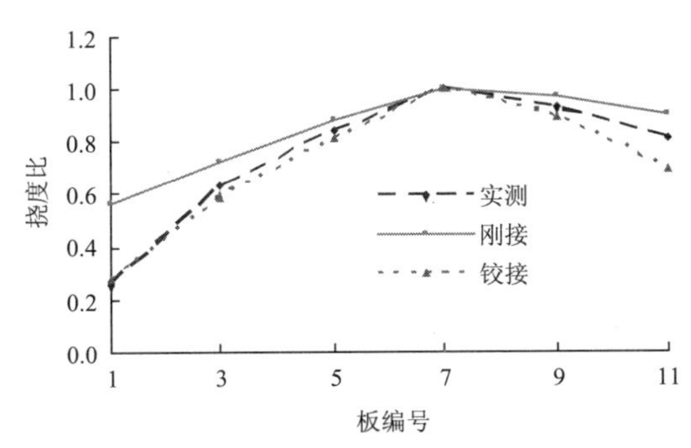

图5 偏载工况结构挠度比

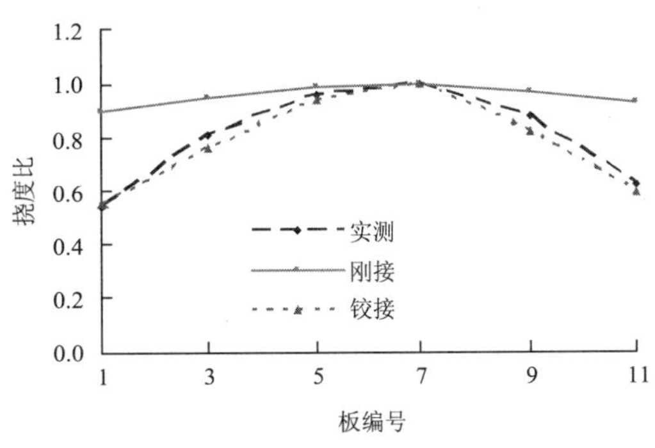

图6 中载工况结构挠度比

铰缝刚接比例 表4

铰缝编号		4	6	8	10
结构挠度	偏载工况	0.342	0.400	0.393	0.142
	中载工况	0.311	0.423	0.387	0.090

表4数据显示,10号铰缝刚接比例很小,这主要还是边板效应导致实测值与理论值差异所引起的。4、6、8号三道铰缝刚接比例比较反映实际受力状态,其刚接比例都在40%左右,以第8号铰缝为例可以看出按各种参数为前提进行分析时,其刚接比例都在40%上下波动,平均值为38.13%。通过对以上第二类铰缝桥梁结构实测数据和理论计算结果对比分析,结果表明此类铰缝刚接比例基本上在30%~45%之间。

6 统计分析

以上通过一座完好桥梁结构实测和理论对比分析初步确定了铰缝的刚接比例,为了进一步验证此类铰缝受力状态,选取湖北武(汉)黄(石)高速公路、湖北(武)汉宜(昌)高速公路和湖北远(安)当(阳)公路上同类型的空心板桥37座为样本进行统计分析,同样选择各桥中间三道铰缝按挠度进行分析其刚接比例,结果见图7。

由图7统计结果看以看出,中间三道铰缝刚接比例主要分布于30% ~45%之间,统计结果进一步验证该类铰缝刚接比例合理取值范围为30% ~45%。

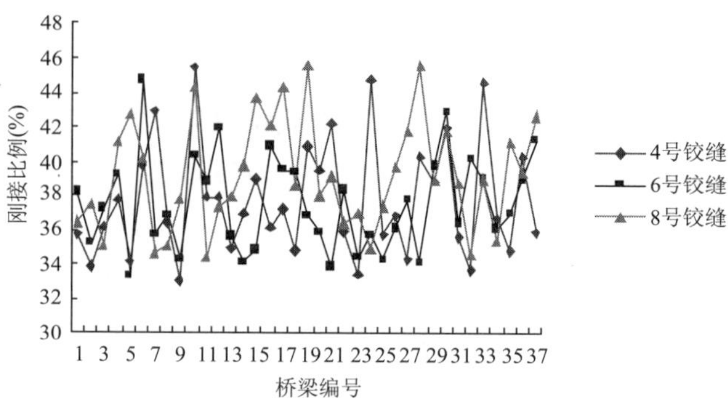

图7 铰缝刚接比

7 结语

(1)大尺寸铰缝处于半刚接状态,它除了能传递剪力外,还能传递力矩。设计该类铰缝空心板时,必须考虑铰缝的刚性作用。

(2)大尺寸铰缝刚接比例基本分布于30% ~45%之间,该结果可以为此类铰缝板桥设计提供参考依据。

参考文献

[1] 刘丹,郭磊,钟怀增.公路桥梁铰缝破坏原因浅析与预防措施[J].邢台职业技术学院学报,2005,22(3):69-70

[2] 陈建华.空心板梁桥单片梁受力分析及预防措施[J].中外公路,2007,27(3):118-121

[3] 任宝双,钱稼茹,聂建国.在用钢筋混凝土简支梁桥结构综合评估方法[J].土木工程学报,2002,35(2):97-102

[4] 秦禄生.重载条件下小跨径简支板桥的横向铰接能力分析[J].公路,2007(10):14-16

[5] 刘小燕,王良波,王会永等.斜交空心板桥裂缝原因分析及处理[J].长沙电力学院学报(自然科学版)2004,19(2):89-91

[6] 王清湘,张 涛,赵国藩.集中荷载下钢筋混凝土简支板双向受力性能分析[J].大连理工大学学报,2001,41(4):481-484

[7] 柴广,孙建民,郑杰.新型铰缝在重载交通道路桥梁设计中的应用[J].内蒙古公路与运输,2005(4):20-22

Studies on hinges forces of fabricated plate bridge

Zou Lanlin, Ding Weidong

(Automobile & Communication Engineering College, Wuhan University of Science and Technology, Wuhan, 430081)

Abstract: Based on the real bridge, finite element models of a bridge are built with rigid connection and swing joint to calculate the deflection and strain under the center load and off-center load. The theory result and actual measurement are contrasted to analysis their alteration tendency, and the ratio to rigid of hinges is defined according to the alteration tendency. The result indicated: the rational range of rigid ratio of hinges is 30%-45%, and the conclusion is verified on the base of statistic of 37 bridges.

Key words: Bridge engineering; Fabricated plate bridge; Hinges; Rigid ratio

基于单片机的汽车倒车自动防撞装置设计

潘福全　邹　凯　李纪友　张丽霞　张静辉

（青岛理工大学汽车与交通学院，山东青岛，266520）

摘　要：为了增加汽车倒车时的安全性，设计了一种基于单片机的汽车倒车自动防撞装置。给出了该装置运行的基本原理与构成。针对该装置硬件部分，给出了超声波测距原理，选择了 AT89C51 单片机，设计了硬件电路。针对该装置的功能，设计了系统控制软件。试验结果表明该汽车自动倒车防撞装置的最小测量距离为 0.2m，误差为 5cm，能够满足倒车防撞的要求。

关键词：单片机；超声波；倒车；防撞装置

随着私人汽车的大量增加，以及城市建筑密度的加大，单位汽车所拥有的交通空间在相对减少，汽车在出入停车场、建筑物，以及路边停车时，倒车、掉头的概率大大增加，由此引发的尾撞事故时常发生。为了提高汽车倒车行驶时的安全性，本文基于单片机，研发一种响应迅速的汽车倒车自动防撞装置。在汽车倒车时，测距传感器会自动测量汽车尾部与障碍物之间的距离，并在显示器上。当距离小于预先设置的阈值时，防撞装置就会发出警报，提醒驾驶员采取相应的措施，以避免发生碰撞。

1　装置构成

汽车倒车自动防撞装置的基本原理是在已编程好的单片机的控制下，装在汽车尾部的测距传感器发射无线信号，当信号遇到车后障碍物后，反射回测距传感器。单片机记录测距传感器的发射和返回的信号，并进行处理，计算汽车后部与障碍物之间的距离，在预定的距离范围之内，通过系统软件控制把距离数据送到显示器进行显示，当距离小于预先设置的阈值时，进行声音报警。该装置的构成如图 1 所示。

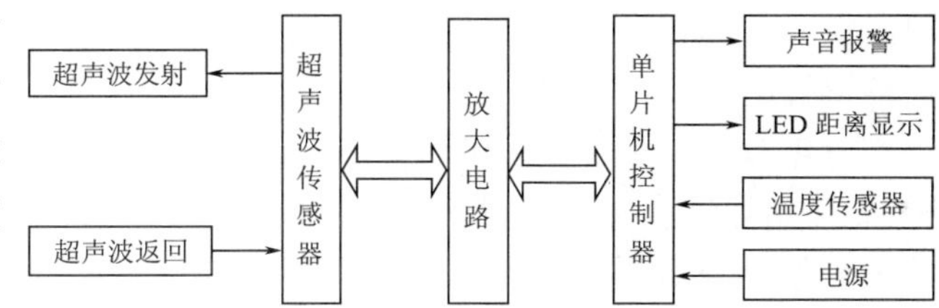

图 1　汽车倒车防撞装置构成

2　硬件设计

本倒车防撞装置的硬件由单片机、测距传感器、温度传感器、控制电路、显示器、报警器等组成。

2.1　测距传感器选择及测距原理

测距的方法有多种，例如超声波测距、雷达测距、激光测距、摄像系统测距、红外线测距等[1]。由于超声波的传播速度不是很高，相同的距离传播时间要比光速所需时间多，故容易检测，而且具有穿透性较强、衰减小、反射能力强等特点，因此，本文选择超声波传感器作为汽车倒车时测量汽车尾部与障碍物距离的测距传感器。但是需要注意的是超声波测距不合适高速行驶汽车的测距，因为对于远距离的障碍物，反射波比较微弱，使得灵敏度下降，另外超声波的速度较低，也不适合高速的远距离测距。不过对于速度较低的倒车行驶来说，超声波测距能够完全胜任。

超声波是一种具有一定频率范围的声波，在同种媒质中以恒定速率传播进行，而在不同的媒质界面处，会产生反射现象。利用超声波的特性，可以根据测量发射波与反射波之间的时间间隔，从而达到测

基金项目：青岛理工大学大学生创新基金项目资助。

作者简介：潘福全（1976-），男，山东安丘人，工学博士，研究方向为：交通安全、智能交通，（panfuquan@ gmail. com）。

量距离的目的。具体有三种测距方法[2]:(1)相位测距法,(2)声波幅值测距法,(3)渡越时间测距法。由于前两种方法测距精度相对不高,本文选择较为直观的渡越时间法。这种方法是通过不断检测超声波发射后遇到障碍物所反射的回波,由单片机实时检测出超声波传播所用的时间 ΔT。利用超声波在空气介质中传播速度不变的性质,在声速 v 已知条件下,得到传感器与障碍物间距 S[3]

$$S=\Delta Tv/2 \tag{1}$$

式中:ΔT——超声波传播所用的时间;

v——超声波波速,可按照式(2)计算。

$$v=331.5+0.607T \tag{2}$$

式中:T——环境温度(℃)。

由于超声波波速受环境的影响,在要求精确的测距中需要考虑环境温度。因此,在系统中需要安装温度传感器。由温度传感器自动检测环境温度,然后确定测距时的超声波波速,进而精确地确定汽车尾部与障碍物之间的距离。

超声测距传感器按其测量距离可以分为小、中、大三种量程。一般来说,小量程测距小于2m,工作频率在60~300kHz之间;中量程测距约为2~10m,工作频率在40~60kHz之间;大量程测距约为20~50m,工作频率处在16~30kHz之间。考虑实际要求,选择频率为40kHz的中量程传感器。为了提高检测的可靠性、尽可能地减少盲区,至少在车辆后尾架或底盘上安装左、右2套超声波传感器。

2.2 单片机选择及功能

单片机种类很多,根据本装置所要实现的功能,以及遵守性价比高原则,本文选择AT89C51单片机。AT89C51采用40引脚双列直插封装(DIP)形式,内部由CPU、4kB的只读程序存储器(ROM)、128B的随机存取数据存储器(RAM)、2个16B的定时/计数器T0和T1、4个8B的外部双向输入/输出(I/O)端口P0,P1,P2,P3,2个全双工串行通信口等组成。在编程方面,AT89C51既可以按照常规方法进行编程,也可以在线编程。其将通用的微处理器和Flash存储器结合在一起,特别是可反复擦写的Flash存储器可有效地降低开发成本。该单片机的空闲方式为CPU停止工作,而让RAM、定时/计数器、串行口和中断系统继续工作。掉电方式为保存RAM的内容,振荡器停振,禁止芯片所有的其他功能直到下一次硬件复位。AT89C51的封装形式有3种,分别为PDIP、PQFP/TQFP、PLCC。本文选择PDIP型,其引脚与封装如图2所示。

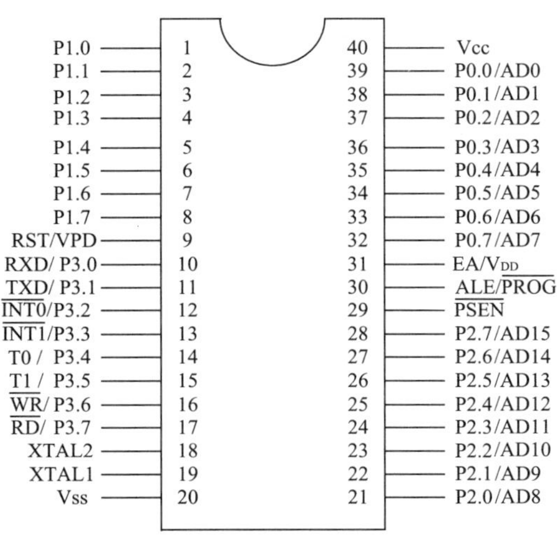

图2 AT89C51单片机PDIP型的封装图

2.3 接收部分硬件电路

已经编程好的AT89C51单片机控制超声波传感器发出40kHz的超声波,若遇到障碍物后,反射回来的超声波作为系统的输入,经放大电路后进入单片机,单片机对超声波进行处理,并启动单片机中断程序,得出超声波传播所用时间 Δt,由系统软件按照测距原理进行计算距离。在预定的范围之内,距离结果被送到LED显示器进行显示。如果测定的距离小于预先设定的阈值,将进行声音报警。该倒车自动防撞装置的接收部分电路如图3所示[4,5]。

2.4 发射与显示部分硬件电路

AT89C51通过外部引脚P2.0输出频率为40kHz的超声波脉冲串,经功率放大后,由超声波传感器发射出去。超声波传感器的接收部分把反射回来的超声波送到放大电路进行放大,并进行波形处理,之后输出低电平,送到AT89C51的引脚P3.2,并由系统软件进一步处理。经过单片机AT89C51对信息进行处理后,测得的距离由串口线RXD和TXD输出到显示器显示,若该距离小于阈值,由单片机的P2.1输出信号控制报警电路发出适当的警告提醒音。该倒车自动防撞装置的发射、控制、显示、报警部分的硬件电路如图4所示。

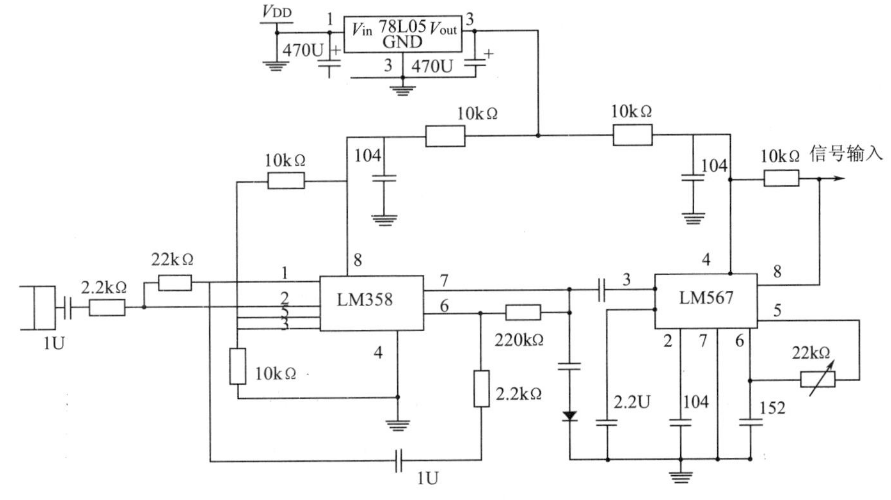

图 3　防撞装置接收部分电路图

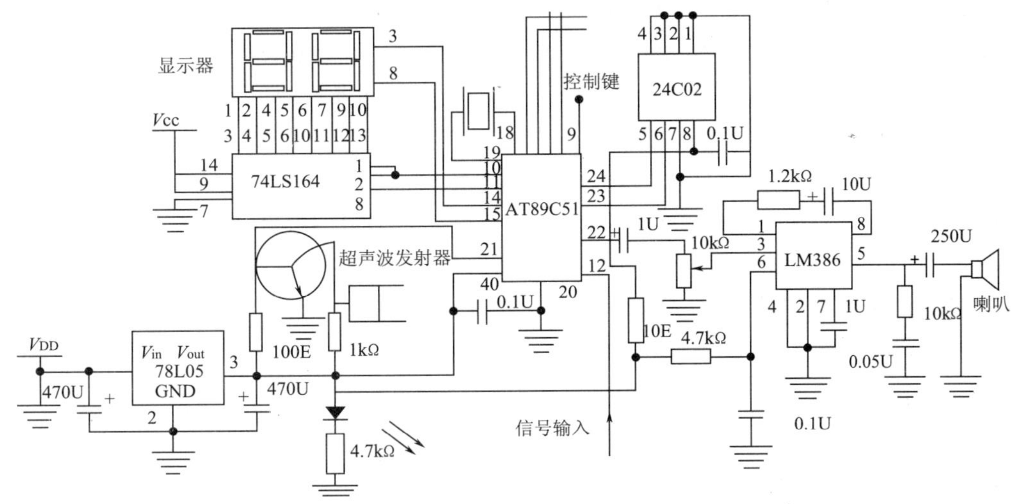

图 4　防撞装置发射与报警显示部分电路图

3　软件设计

根据汽车倒车自动防撞装置的功能，软件部分要实现控制超声波的发射与接收、计算超声波往返时间差，进而计算出汽车尾部与障碍物之间的距离、处理数据，比较测得的距离与预先设置好的报警距离阈值，进行距离提示与报警。为了易于发现程序中的错误，系统软件采用模块化编程。整个系统软件包括主程序、发射子程序、计时子程序、接收子程序、测距子程序、显示子程序、报警子程序等模块，其程序流程如图 5 所示。

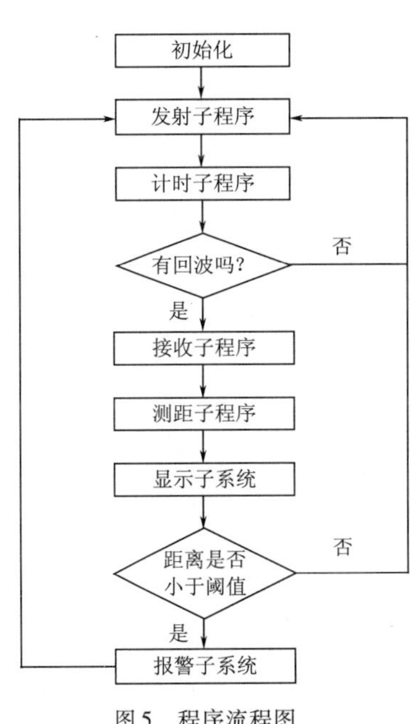

图 5　程序流程图

4　结语

本文基于 AT89C51 单片机，从测距原理、硬件设计、软件设计等方面对汽车倒车自动防撞装置进行了设计。经过试验测试表明该装置的最大测量距离为 5m，最小测量距离为 0.2m，显示精度为 0.1m。虽然存在 5cm 左右的误差，但是能够满足倒车防撞的要求。为了减少盲区，可在汽车尾部多设置几个传感器探头。

参考文献

[1] 张承畅. 高速公路汽车防撞雷达研究[D]. 重庆大学,2005:2-5
[2] 韩博奇. 车载倒车雷达系统的研究[D]. 哈尔滨工业大学,2006:13-15
[3] 苗汇静,唐诗,谭博学. 超声波汽车倒车报警器的设计[J]. 山东理工大学学报(自然科学版),2005,19(4):6-9
[4] 谭洪涛,张学平. 单片机设计测距仪原理及其简单应用[J]. 现代电子技术,2004,(18):94-96
[5] 阮成功,蓝兆辉,陈硕. 基于单片机的超声波测距系统[J]. 应用科技,2004,31(7):22-24

Design of vehicle reverse collision avoidance device based on single chip computer

Pan Fuquan, Zou Kai, Li Jiyou, Zhang Lixia, Zhang Jinghui

(School of Automobile and Traffic, Qingdao Technological University, Shandong, Qingdao, 266520)

Abstract: In order to increase the safety of vehicle reversing, a vehicle reverse collision avoidance system was designed based on single chip computer. The basic principle and the structure of the device were introduced. For the device hardware, the principle of ultrasonic distance measurement was given, the AT89C51 single chip computer was chosen, and the hardware circuit was designed. According to the functions of the device, the system software was designed. The results of experiment show the vehicle reverse collision avoidance device can satisfy the requirement of reverse collision avoidance with the least distance measurement of 0.2 m and the error of 5 cm.

Key words: Single chip computer; Ultrasonic; Reverse; Collision avoidance device

高温多雨山区沥青路面应用研究

冯五一　王　羽　刘国栋

（重庆交通大学，重庆，400074）

摘　要：我国西南山区气候高温多雨，路面容易产生车辙、裂缝以及沉陷，因此对公路沥青路面的路用性能，特别是高温稳定性和水稳定性提出了很严格的要求。本文以成渝环线重庆江津至四川泸州合江段为对象做了一些研究和尝试，并取得了一些有益的成果，可供山区新建或改建公路工程作为参考。

关键词：高温多雨；山区公路；路用性能；沥青路面

1　前言

当今我国高速公路的建设主要集中在西部地区，而西部地区又以西南山区公路的建设难度为最大。西南山区气候高温多雨，对公路沥青路面的路用性能提出了很严格的要求：高温（暑期平均气温20℃以上）对沥青路面的高温稳定性提出了较高的要求，特别是在施工期间给沥青的铺筑带来了很大的困难，容易产生车辙。另一方面，水是公路病害最大的原因，那么在多雨（年降水量超过1400ml且降水均匀）的山区，水对公路的建设有更大的危害，路面易产生反射裂缝和网裂以及沉陷。本文以成渝环线重庆江津至四川合江段为对象，针对在这种特殊的气候下的沥青路面做了一些研究。

2　研究背景

成渝环线重庆江津至四川合江段位于重庆西部，夏季高温炎热，且高温持续时间长，沥青路表温度最高可达60℃以上，无霜期长，属亚热带季风气候区。年均气温13.7℃，暑期平均气温23.3℃，年降雨量1522.3mm。另外重庆山高坡陡，弯道多，交通量大。因此为了保证沥青路面的正常使用，必须对该段公路采用特殊的路面设计施工工艺。

3　沥青混合料配合比设计

由于SBS改性沥青具有良好的高温稳定性，所以本文在该路段的沥青混凝土上、中面层均采用SBS改性沥青混凝土。SBS这种不同温度处于不同的力学状态，实际上是分子链段产生了冻结现象。当SBS处于高弹态时，由于其链段是由主链上若干个独立的运动单元组成，像小分子一样，是一个无规则热运动单元。在高弹态下，链段可以自由运动，犹如小分子一样做“微布朗运动”，因而可以呈现出非常多的分子构象。当没有外力作用时，高分子链段通常处于使分子构象趋向最大的卷曲分子构象；一旦受外力作用，高分子链的分子构象将随之发生改变，形成一种应变状态，外力可能是温度场、湿度场（考虑较少）或外力场作用[1]。

沥青混凝土基质沥青采用A级道路石油沥青70号，下面层沥青混凝土AC-25C的基质沥青采用A级道路石油沥青70号。沥青混合料的矿料级配要求如表1所示。

沥青混合料的矿料级配　　表1

规格	通过下列筛孔（mm）的质量百分率（%）												
	31.5	26.5	19	16	13.2	9.5	4.75	2.36	1.18	0.6	0.3	0.15	0.075
AC-25C	100	90~100	75~90	65~83	57~76	45~65	24~46	16~42	12~33	8~24	5~17	4~13	3~7
AC-20C		100	90~100	78~92	62~80	50~72	26~45	16~44	12~33	8~24	5~17	4~13	3~7
AC-13C				100	90~100	68~65	38~68	24~50	15~38	10~28	7~20	5~15	4~8

作者简介：冯五一（1979-），男，四川泸州人，道路与铁道工程专业博士研究生，主要研究方向路面结构理论，E-mail：chongqingfengwuyi@163.com。

沥青混合料的配合比设计应在调查以往同类材料的配合比的设计经验和使用效果的基础上,按以下步骤进行。

①目标配合比设计阶段。用工程实际使用的材料按《公路沥青路面施工技术规范》(JTJ F40—2000)中附录B、附录C、附录D的方法,优选矿料级配,确定沥青最佳用量。

②生产配合比设计阶段。取目标配合比设计的最佳沥青用量OAC、OAC ±0.3%等三个沥青用量进行马歇尔试验和试拌,通过室内试验以及从拌和机取样试验综合确定生产配合比的最佳沥青用量,由此确定的最佳沥青用量与目标配合比设计的结果的差值不宜大于±0.2%。

③生产配合比验证阶段。标准配合比的矿料合成级配中,至少应包括0.075mm、2.36mm、4.75mm及公称最大粒径筛孔的通过率接近优选的公称设计级配范围的中值,并避免在0.3~0.6mm处出现"驼峰"。对确定的标准配合比,宜再次进行车辙试验和水稳定性试验。

沥青混凝土AC-25C、AC-20C和AC-13C的性能要求如表2所示。

沥青混合料性能要求 表2

技术指标	沥青混凝土AC-25C	改性沥青AC-20C	改性沥青AC-13C	试验方法
马歇尔稳定度(kN)	≥8.0	≥8.0	≥8.0	T0709-2000
流值(mm)	1.5~4	1.5~4	1.5~4	T0709-2000
空隙率VV(%)	4.0~6.0	4.0~6.0	4.0~6.0	T0705-2000
矿料间隙率VMA(%)	≥13.0	≥13.0	≥14.0	T0705-2000
沥青饱和度VFA(%)	65~75	65~75	65~75	T0705-2000
马歇尔残留稳定度(%)	≥85	≥85	≥85	T0709-2000
冻融劈裂试验残留强度比(%)	≥75	≥80	≥85	T0729-2000
60℃动稳定度DS(次/mm)	≥1000	≥3000	≥3000	T0719-2000
渗水系数(ml/min)	≤120	≤120	≤120	T0730-2000
低温弯曲应变(-10℃,με)	——	——	≥2500	T0715-2000
击实次数(次)	两面各75	两面各75	两面各75	T0702-2000

铺筑透层时采用慢裂喷洒型道路用乳化石油沥青(PC-2),技术指标应满足表3要求。

透层沥青技术要求 表3

技术指标		单位	技术要求
电荷			阳离子(+)
1.18mm筛上剩余量		%	<0.1
标准粘度$C_{25,3}$		s	8~20
恩格粘度E_{25}			1~6
储存稳定性		CH_5	<5
低温储存稳定性(-5℃)		外观	无粗颗粒或结块
与石料的粘附性		裹覆面积	≥2/3
蒸发残留物性质	残留分含量	%	≥50
	(25℃)针入度	0.1mm	50~300
	(15℃)延度	cm	≥40
	溶解度(三氯乙烯)	%	≥97.5

稀浆封层由改性乳化沥青、集料、矿粉、水组成,各材料技术要求如下:

①改性乳化沥青

稀浆封层和粘层用改性乳化沥青应满足表4所列技术要求。

阳离子改性乳化沥青技术要求　　表4

试验项目		要求		试验方法
		粘层用(PCR)	稀浆封层用(BCR)	
1.18mm筛上剩余量(%)		≤0.1	≤0.1	T0652
贮存稳定性(5天)(%)		≤5	≤5	T0655
贮存稳定性(1天)(%)		≤1	≤1	T0655
沥青标准粘度 $C_{25}{}^{5}$(s)		8～25	12～60	T0621
恩格拉粘度 E_{25}		1～10	3～30	T0622
与矿料的粘附性，裹覆面积		≥2/3	—	T0654
蒸发残留物性质	含量(%)	≥55	≥60	T0651
	三氯乙烯溶解度	≥97.5	≥97.5	T0607
	针入度(25℃,0.1mm)	40～120	40～100	T0604
	延度(5℃,cm)	≥20	≥20	T0606
	软化点(℃)	≥50	≥53	T0606

②集料

用当地石灰岩轧制，形状接近正方体，石质洁净、坚硬、粗糙，细集料应采用洁净的机制砂，不得使用天然沙，技术要求满足表5。

集料技术指标要求　　表5

技术指标	单位	技术要求	技术指标	单位	技术要求
原石集料压碎值	%	<28	粗集料的吸水率	%	<3
原石洛杉矶磨耗率	%	<30	粗集料的针片状颗粒含量	%	<18
集料的坚固性损失	%	<12	<4.75mm集料的沙当量	%	≥50

4　基层设计

半刚性基层、底基层所采用的水泥应符合国家技术标准的要求，初凝时间应大于4h，终凝时间应在6h以上，基层、底基层的集料压碎值应不大于30%，压实度、7天无侧限抗压强度应符合表6要求。

基层、底基层压实度、7d无侧限抗压强度标准　　表6

层位	压实度(%)	抗压强度(MPa)	层位	压实度(%)	抗压强度(MPa)
基层	98	3.5	底基层	97	2.5

基层、底基层水泥剂量一般为3%～5.5%，当达不到强度要求时应调整级配，水泥的最大剂量不应超过6%。

基层选用骨架密实型混合料，其集料的最大粒径不大于31.5mm，集料级配范围应符合表7的要求。

骨架密实型水泥稳定集料级配　　表7

层位	通过下列方筛孔(mm)的质量百分率(%)						
	31.5	19.0	9.5	4.75	2.36	0.6	0.075
基层	100	68～86	38～58	22～32	16～28	8～15	0～3

底基层选用悬浮密实型混合料，集料的最大粒径不大于37.5mm，集料级配范围应符合表8的要求。

骨架密实型水泥稳定集料级配　　表8

层位	通过下列筛孔(mm)的质量百分率(%)							
	37.5	31.5	19.0	9.5	4.75	2.36	0.6	0.075
底基层	100	93～100	75～90	50～70	29～50	15～35	6～20	0～5

5 沥青混凝土的施工

沥青路面施工的最低气温不得低于10℃,不得在雨天、路面潮湿的情况下施工,热拌沥青混合料的最低摊铺温度根据铺筑层厚度、气温、风速及下卧层表面温度按《公路沥青路面施工技术规范》(JTG F40—2004)中5.2.2条执行,且不得低于5.6.6条的要求。沥青混凝土的复压应紧跟在初压后开始,切不得随意停顿,压路机碾压段的总长度应尽量缩短,通常不超过60~80m。复压宜优先采用重型的轮胎压路机进行搓揉碾压,以增加密水性,其总质量不宜小于25t,吨位不足时附加重物,使每个轮胎的压力不小于15kN。冷态时轮胎充气压力不小于0.55MPa,轮胎发热后不小于0.6MPa,且各个轮胎的气压大体相同,相邻碾压带应重叠1/3~1/2的碾压轮宽度,碾压至要求的压实度为止。

6 结语

通过对成渝环线重庆江津至四川合江段高速公路沥青路面实施上述控制,使得本项目沥青路面验收指标达到《公路工程质量检验评定标准》(JTG F80/1—2004)优良等级,为在高温多雨山区修建高速公路提供了参考资料,也为SBS改性沥青路面施工积累了宝贵的施工经验。但是高温稳定性和水稳定性之间的互相耦合作用还不是很明确,需要进一步研究。

参考文献

[1] 陈华鑫. SBS改性沥青路用性能与机理研究[D]. 长安大学 ,2006

[2] JTJ F40—2000. 公路沥青路面施工技术规范[S]. 北京:人民交通出版社. 2000

[3] JTG F80/1—2004. 公路工程质量检验评定标准[S]. 北京:人民交通出版社. 2004

[4] 沈金安. 沥青及沥青混合料路用性能[M]. 北京:人民交通出版社,2001. 4.

[5] 赵可. 沥青及沥青混合料改性研究[D]. 西安:西安公路交通大学博士学位论文,1999

[6] C. L. Chung and J. C. Gale, J. PolymvSci. Polym[J]. Phys. Ed. 14, 1149(1976)

[7] Code of Practice: Manufacture, Storage and Handling of Polymer Modified Binders [S], First Edition of, AAPA,2004.

Study on application of mountain asphalt pavement in high temperature and rainy area

Feng Wuyi, Wang Yu, Liu Guodong

(Chongqing Jiaotong University ,Chongqing,400074)

Abstract: The mountain pavement in Southwestern China is easy to produce rut, cracks and subsidence because it's high temperature and rainy. So it putts forward strict requirement concerning pavement performance especially high temperature stability and water stability. This paper researched the pavement of Chongqing Jiangjin-Sichuan Hejiang segment of Chendu-Chongqing highway. The benefits achievement can be referenced by new highway construction and reconstruction.

Key words: High temperature and rainy; Mountain pavement; Pavement performance; Asphalt pavement

水路运输
SHUILUYUNSHU

海域承载力预测方法研究初探

李明昌

（交通部天津水运工程科学研究院水路交通环境保护技术实验室，天津塘沽，300456）

摘　要：随着海洋开发建设的不断深入，从承载力角度来科学的管理与利用海洋资源，开展海域承载能力及其动态变化研究，成为全面正确地认识人海关系和实现海洋可持续发展的重要手段。本文应用数据驱动模型人工神经网络方法建立海域承载力预测模型，通过辽宁海域承载力预测验证模型有效性，结果表明该模型是可靠的。

关键词：承载力；数据驱动模型；人工神经网络；预测

1　引言

目前，海洋资源的高度开发已导致沿海环境污染日益严重，海洋资源环境负荷已经处于过载状态，而未来沿海地区的发展也必将给海洋环境资源带来更大的压力。因此，深入开展海域承载能力及其动态变化研究，对于全面正确地认识人海关系和实现海洋的可持续发展极具现实意义。

自英国学者 Malthus 在《人口原理》一书中提出人口承载力的概念基础[1]后，许多国内外学者在不同领域进行了大量的承载力评价与预测研究：Alice 和 Clarke[2]，毛汉英[3]，惠泱河[4]等研究了承载力评价与指标体系的构建方法；韩增林[5]建立了以系统动力学为基础的海域承载力预测方法体系，并对辽宁海域承载力发展状况进行了预测[6]；曾敏[7]利用元胞自动机模型对环渤海地区的承载力进行了预测研究。

目前，区域承载力预测研究中主要采用系统动力学模型方法。尽管系统动力学方法可以较好地把握系统内的各种反馈关系，适合于进行具有高阶次、非线性、多变量、反馈、机理复杂和时变特征的承载力研究[8]。但对系统规律性的充分认识、发掘系统内部诸因素的联系与相互促进的动力和系统内大量参数的不确定性等问题是该方法开展的难点。

因此，本文根据海域承载力的复杂性与模糊性，利用数据驱动模型[9]建立承载能力综合预测模型，此模型可以在有限地了解系统物理知识的基础上，仅以影响因子与承载力作为模型输入、输出，建立两者之间的非线性对应关系。人工神经网络方法具有很强的非线性映射的能力[10]，已在多个领域进行了应用研究[11]，并取得了满意的结果。本文采用人工神经网络方法拟合影响因子与承载力之间的非线性关系，以辽宁海域承载力预测予以验证，结果表明该方法是可行的。

2　数据驱动模型

传统的工程数值模型是建立在对系统物理过程具有良好的理解的基础之上的，称为知识驱动模型（或过程驱动模型等）。在模型当中，系统物理规律以方程的形式予以表达，并通过有限差分、有限元等数值方法求解，观测数据用于模型验证。

相反，所谓的数据驱动模型是在有限地了解系统物理知识的基础上，仅以系统状态变量作为模型输入、输出，分析系统数据的特点，建立系统状态变量之间的对应关系。数据驱动模型以人工神经网络、模糊逻辑、专家系统和机器学习等方法实现。数据驱动模型是单纯地建立输入、输出数据之间的映射关系，区别于知识驱动模型建立反映两者之间的物理规律的方程。同数据驱动模型相比，过程驱动模型需要详细的系统物理知识去刻画系统的物理过程。

数据驱动模型有如下的表达式：

作者简介：李明昌（1977-），男，博士，工程师，主要从事海洋环境水力学研究，E-mail：lmcsq1997@163.com。

$$(y_1,\cdots,y_i,\cdots,y_m)=F(x_1,\cdots,x_i,\cdots,x_n) \tag{1}$$

式中,$(x_1,\cdots,x_i,\cdots,x_n)$和$(y_1,\cdots,y_i,\cdots,y_m)$分别为系统的输入、输出变量;$F$是反映输入、输出变量之间非线性关系的函数。

3 人工神经网络

自心理学家 Warren Mcculloch 和数理学家 Walter Pitts(1943)提出形式神经元模型(MP 模型)以来,人工神经网络方法迅速发展,并得到了广泛的应用,特别是 Rumelhart[12](1986)提出的反向传播(BP)算法,解决了多层前向人工神经网络隐层学习困难的问题,促进了多层网络的发展。BP 网络的特点是其能在训练样本的基础之上逼近任意的非线性连续函数[13]。

本文采用 BP 人工神经网络作为实现数据驱动模型的基本方法。

其中,神经元函数选用如公式(2)所示的双曲型 Sigmoid 函数(S 型函数):

$$f(x)=\frac{1}{1+e^{-x+\theta}} \tag{2}$$

式中,θ表示阀值。

算法中采用均方根误差(RMSE)评价网络的学习和预测能力,其表达式为:

$$\mathrm{RMSE}=\sqrt{\frac{\sum_{i=1}^{n}(Y_i-\overline{Y}_i)^2}{\sum_{i=1}^{n}Y_i^2}} \tag{3}$$

式中,n表示样本数;Y_i表示潮位实测值;$\overline{Y}_i$表示潮位的神经网络预测值。

对 BP 网络中的所有数据进行统一标准的归一化处理:

$$\overline{Y}_i=\frac{Y_i-Y_{\min}}{Y_{\max}-Y_{\min}} \tag{4}$$

式中,$\overline{Y}_i$表示归一化后的值;Y_i表示归一化前的值;$Y_{\max}$表示所有数据中的最大值;$Y_{\min}$表示所有数据中的最小值。

4 承载力预测模型及结果分析

4.1 研究海域

辽宁海域包括渤海和黄海,管辖海域面积约有$6.8\times10^4\mathrm{km}^2$。海岸线东起鸭绿江口,西至山海关的老龙头,岸线长约 2100km,占全国海岸线长度的 12%,居全国沿海 10 省(市)第 5 位,海岸带面积 13494km^2。辽宁在充分发挥沿海地缘优势,大力开发海洋资源,促进经济迅速发展的同时,沿海环境污染已十分严重[14],海洋资源日渐匮乏,环境负荷已经超过承载能力,这已成为今后海洋经济和谐发展的主要限制因素。

4.2 预测模型

本文以数据驱动模型为基础,构建海域承载力预测模型如图 1 所示,其中输入层为承载力影响因子,选自 1999~2001 年度中国海洋年鉴[15]和中国统计年鉴[16];输出层为承载力选自文献[6];输入输出层节点含义如表 1 所示。具体的网络结构按文献[11]设置。

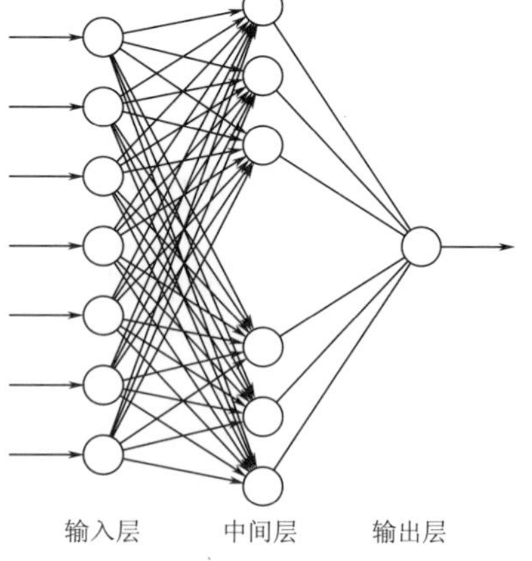

图 1 承载力预测模型示意图

预测模型输入输出变量的含义 表 1

输入层	海洋产业总值	水产资源	盐业	海洋货物运量	入海污水量	人口	科研机构人员
输出层	承载力						

本文中,选取1998年和1999年数据作为基础资料,输入预测模型,通过人工神经网路BP算法拟合海域承载力与其影响因子之间的非线性关系,并通过实测资料预测2000年辽宁海域承载力为0.7664,与文献[6]的评价结果比较,误差仅为0.0116,表明本文建立的承载力预测模型是可靠的。但是,海域承载力是高度复杂的,其影响因子众多,将更多对承载力具有主要影响的因子纳入到预测模型中,对于完善影响因子与承载力之间的非线性关系,并提高预测精度是有益的。

5 结论

本文根据海域承载力的复杂性与模糊性及其与影响因子间复杂的非线性关系,建立了以数据驱动模型为基础的海域承载力预测模型,利用人工神经网络BP算法的高非线性映射能力求解该模型,以辽宁海域承载力预测检验模型有效性,结果表明数据驱动模型对于解决上述问题是合适的。

参考文献

[1] Seidl I. ,Tisdell,C. A. Carrying capacity reconsidered:from Malthus' population theory to cultural carrying capacity[J]. Ecological Economics,1999,38,395-408

[2] Alice L. ,Clarke. Assessing the Carrying Capacity of the Florida Keys[J]. Population and Environment,1996,416

[3] 毛汉英,余丹林. 区域承载力的定量研究方法探讨[J]. 地球科学进展,2001,16 (4) :549-555

[4] 惠泱河,蒋晓辉,黄强. 水资源承载力评价指标体系研究[J]. 水土保持通报,2001(2) :30-34

[5] 韩增林,狄乾斌,刘锴. 海域承载力的理论与评价方法[J]. 地域研究与开发,2006,25(1) :1-5

[6] 狄乾斌,韩增林. 海域承载力的定量化探讨——以辽宁海域为例[J]. 海洋通报,2005,24(1):47-55

[7] 曾敏. 环渤海地区区域承载力时空评价与预测. 硕士论文,中国地质大学,2006,5

[8] 徐建华. 地理系统分析[M]. 兰州:兰州大学出版社,1991

[9] SOLOMATINE D P. Data-driven modelling:paradigm,methods,experiences [J]. Proc. 5th international conference on hydroinformatics,2002

[10] Hornik K. Approximation capabilities of multilayer feedforward networks[J]. Neural Networks,1991,2(5):359-366

[11] 李明昌,梁书秀,孙昭晨. 人工神经网络在潮汐预测中应用研究[J]. 大连理工大学学报,2007,47(1):101-105

[12] Rumelhart D. E. ,Hinton,G. E. ,and Williams,R. J. Learning representations by back-propagating errors. Nature,1986,323: 533-536

[13] Hornik K,Stinchcombe M,White H. Multilayer feedforward networks are universal approximators[J]. Neural Networks,1988,2(5):359-475

[14] 宋伦,周遵春,王年斌,等. 辽宁省近岸海洋环境质量状况与趋势评价[J]. 水产科学,2007,26(11):613-618

[15] 中国海洋年鉴[M]. 北京:海洋出版社,1999-2001

[16] 中国统计年鉴[M]. 北京:中国统计出版社,1999-2001

The pilot study on prediction method for carrying capacity of coastal zone

Li Mingchang

(Laboratory of Environmental Protection in Water Transport Engineering,Tianjin Research Institute of Water Transport Engineering,Tanggu,Tianjin,300456)

Abstract:With the development of the ocean economy exploitation,scientific management or utilization of ocean resources through carrying capacity,study on carrying capacity and its dynamic changes are the key methods for all-sided and correct understanding of the relationship between human being and ocean, for realization of ocean sustainable development. This paper presents a Data-Driven Model to establish carrying capacity prediction model solved by neural network. The calibration results work well in Liaoning marine zone.

Key words: Coastal zone; Carrying capacity; Data-Driven Model; Neural network; Prediction

中国“第二船籍”制度及其配套政策研究

陈继红　真　虹

（上海海事大学交通运输学院，上海，200135）

摘　要：当前我国船籍外移的现象十分严重，我国船舶选择悬挂“方便旗”，给我国带来了一系列负面影响。如何解决中国船籍大量外移问题已成为国内学者关注的热点，船舶登记制度也成为一个迫切需要认真对待和深入研究的问题。在分析“第二船籍制度”内涵的基础上，从税收机制、船舶融资、法律环境等方面分析了当前我国船舶登记的主要问题；进一步研究了我国设立“第二船籍”政策的相关问题，并就相关问题提出了建议。

关键词：方便旗；第二船籍制度；配套政策；建议

1　引言

当前我国船籍外移的现象十分严重，我国船舶选择悬挂“方便旗”。“方便旗”制度导致了我国船舶大量移籍，使得我国国旗船队不断萎缩；船舶技术状况不断恶化；我国航运大国的形象和地位受到了较大的影响，这对我国经济保持较快的发展产生了较大的冲击。相关专家曾多次呼吁国家有关部门认真分析研究中资船舶境外移籍的问题，尽快实行国际航行船舶特殊登记制度（即通常所说的“第二船籍”登记制度），以吸引在境外登记的中资船舶回国登记，提高我国五星红旗船队的总量和竞争力。

我国交通部（现交通运输部）已于2007年开始实行为期两年、一次性的船舶“特案免税”政策，为符合条件的中国船东实际控制的船舶加入中国国籍提供一系列便利条件，鼓励中资外籍国际航运船舶转为中华人民共和国国籍，悬挂中华人民共和国国旗航行，对符合条件的船舶回国登记免缴关税和进口环节增值税。特案免税登记制度的实施为五星旗船归国带来了曙光。然而这项制度在国内施行，很多企业仍处于观望状态。

实质上，目前制约五星旗船顺利归国的因素较多，总的来说还是政策不够具体，特案免税登记制度仅立足于“就登记论登记”，点是突破了，而面上应给予航运企业更广泛的优惠政策却无法企及。“第二船籍”政策的实施，需要大量的配套政策的完善。

2　“第二船籍”制度的内涵

所谓“第二船籍登记制度”，就是不改变原有传统的船舶登记制度（第一船籍登记制度）的基础上，主要面向本国船东新设的与方便旗制度类似的另外一种船籍登记制度，为了和传统船籍登记制区别，称为“第二船籍登记制度”。这种登记是在保证本国登记的基本条件基础上，提供了诸多的优惠政策，如允许船公司雇用外籍船员，或是在税收方面可享受类似方便旗船的优惠等等，并与传统船舶登记制度并行。

目前，第二船籍制度在运作过程中，因船舶登记注册地的不同而被分为两种形式：(1)离岸登记制度（Off Shore Registry），即在本土之外的属地开设境外登记处，实施一套新的船舶登记制度。英国最早在1978年开始以马恩岛为境外登记处，随后，法国（以克尔格伦岛为境外登记处）、荷兰（以安的列斯群岛为境外登记处）、葡萄牙（以马德拉群岛为境外登记处）等海运国家也纷纷采用这种制度。(2)国际船舶登记制度（International Ship Registry，简称ISR），即在本土开设主要针对本国国际航行船舶的国际船舶登记处，并实施一套新的船舶登记制度。挪威最早于1987年在本国采用这种制度，随后，该制度又被

作者简介：陈继红（1981-），男，湖北黄冈人，博士生，主要研究交通运输规划与管理，E-mail：cxjh2004@163.com；真虹（1958-）男，上海人，教授、博士生导师，主要研究交通运输规划与管理，E-mail：shzhenhong@gmail.com。

丹麦、德国、卢森堡、瑞典、巴西等海运国家采纳。除上述国家外,意大利、日本、韩国、俄罗斯等国也纷纷研究这种制度。

为解决我国船舶大量移籍问题,许多学者提出在中国设立"第二船籍登记制度",尤其是要求建立中国的"国际船舶登记制度"。主要观点如下:(1)选择某一沿海港口作为新的船舶登记制度的船籍港;(2)登记对象主要是中资国际运输船舶(包括国轮和方便旗);(3)在船员雇佣方面,认为船舶应雇佣中国籍船员,另一种观点认为应放宽船员配备;(4)免除(或延缓缴纳)高达27.53%的进出口船舶关税和增值税,并适度降低其他税费。(5)国际船舶登记处的船舶应悬挂中国国旗,以国轮身份接受我国交通主管部门的管理,并按照国际船舶安全管理规则(ISM)及技术标准,对船舶实施严格检验,不允许超龄老旧船入籍,以中国船级社(CCS)为指定检验机构等等。

3 "第二船籍"制度的必要性

当前中国船舶大量移籍海外,势必影响我国航运业的发展与船队的扩大,航运业对国家外贸发展的促进作用骤减。船舶大量移籍海外带来的负面影响除了国有资产大量外流以及国家外汇收入的减少外,更重要的是对整个海运业体系的冲击。理论上讲,我国实施"第二船籍"制度的必要性主要有以下几点。

(1)有效监控国有资产

利用合理的航运政策来保护、扶植本国船队的生存发展是现行世界各航运国家的通行做法。作为水上运输工具的船舶,是流动的国土,我国船舶在世界江河湖海航行,我国就可以在世界行使主权,要使我国在这一特殊国土的管理上进一步的合理、规范,符合我国的特点,在不断完善相关水运法规时,就必须要在立足我国国情的基础上,结合世界各国现行的具体做法和航运市场的要求,建立起适合中国国情的"第二船籍"制度,吸引船舶回归,巩固航运大国的地位,使中国从航运大国走向航运强国。

(2)避免税源大量流失

我国由于一直采用封闭型登记制度和高税率政策,市场准入严格,使得我国船东不愿及时更新船队,或将新购船舶大都是悬挂方便旗航行,从而使得我国船队规模不断萎缩,船队状况不断恶化,竞争力下降。根据1994年新税制,国家对进口船征收高达27.53%的关税和增值税,结果直接导致船舶移籍海外,税源大量流失。导致我国的外汇储备和国际支付能力也受到一定程度影响。因此,实施"第二船籍"制度,虽减免一定的税收,但可吸引船舶"回归",增加国家税收,为国家航运业的发展提供资金支持。

(3)有利于提高我国船级社检验水平

我国船舶凭借中国船级社而享有国际保险界的优惠费率,并使其技术状态便于与国际接轨。中国船级社正是在与入级船舶的良性互动中发展起来的,为我国航运业的壮大做出了独特的贡献。但是,我国船舶大量移籍海外并入级外国船级社,这一方面使中国船级社业务量大幅下滑,影响在国际船级社协会的地位;另一方面使船检人员难以接触先进船舶技术,从而难以与国际水平保持同步。因此,实施"第二船籍"制度,船舶回归登记,能够促进船舶检验机构的壮大,逐步和国际上先进的监管方法和手段接轨。

(4)进一步提高我国在国际海事组织的地位

我国大量新造船舶悬挂方便旗,使得我国国旗船舶不断萎缩,船舶技术状况严重恶化,造成我国国旗船队在国外港口国检查(PSC)中,受滞留比率不断提高,一度被美国、澳大利亚、巴黎备忘录地区、东京备忘录地区相继列入港口国检查的"黑名单"。实施"第二船籍"制度,吸引船舶回归,改善我国船舶的技术状况,有利于维护我国旗船队的形象,提高安全系数,有效降低事故的发生,确保国家和人民财产生命的安全,维护国旗船队的形象,提高市场竞争力,提高我国在国际海事组织的地位,发挥品牌作用,从而降低船舶PSC滞留率。

(5)船东和船员的权益获得国家保护

船舶悬挂方便旗,使我国无法对这些船舶行使有效的监督管理权,使这些船舶的适航性和安全性得不到保证,不能为船员(绝大部分都是中国船员)提供安全的工作环境,易造成人员伤害和环境污染,给国家、企业和个人带来较大的损失。实施第二船籍,在我国注册的船舶和公司增加,能极大地增加船员和航运管理及相关行业从业人员的就业,维护船东和船员的权益,促进社会的稳定。

(6)带动我国航运相关产业的发展

航运业是世界各海运国家的重要产业,是国民经济结构的重要组成部分。它的发展与国内造船业、船用机器制造业、港湾建筑业及其他相关产业息息相关。外籍船的经济活动,特别是船舶的买卖、建造一般均在国外,与本国几乎无关。所以,外籍船对本国与航运相关行业的发展有一定的消极作用。实施“第二船籍”制度,有利于壮大本国船队,从而带动航运及其相关产业的发展。

(7)国防与经济安全利益

我国船舶悬挂方便旗过多,在处于战时状况、贸易战及其他紧急状况时,不能有效地保证我国外贸运输的顺利进行,不能满足我国国家安全的需要。因此,实施第二船籍制度,吸引船舶悬挂中国国旗,也是有效控制船舶资源,维护国防安全利益的需要。扩大我国船队规模,巩固航运大国的地位,为经济发展和国家安全提供充足的保障。

4 “第二船籍”制度的配套政策探讨

实施“第二船籍”政策不是一个简单的航运政策问题,涉及到方方面面的问题。“第二船籍”政策的实施,需要相应的配套政策的不断完善。

(1)金融税收、法律等相关政策

根据对国内外船舶登记制度及其相关配套政策的比较研究(表1),我国目前的法律环境、税费体制、船舶融资环境等方面,与国际比较仍存在较大差距。另外,“第二船籍”政策的实施涉及到当前诸多政策的限制,如:船员雇佣制度严格;法定船舶检验机构选择范围比较狭窄;登记主体的设定过于严格等。我国要实施“第二船籍”制度,吸引大量中资方便旗船舶回归国内注册,无论在服务理念、服务水平、金融税收及法律政策等配套政策方面,需要逐步完善。

与境外船舶登记制度及相关配套政策的比较 表1

船籍类型	国　家	船舶登记条件	船员配备条件	税　费	造船贷款	法律、金融
方便旗开放式登记	巴拿马	对船舶所有权基本没有限制	10%必须是巴拿马公民,但也可取消	无所得税,登记费用吨税制,其他费用700美元	贷款年限10年,还可宽限4年,利率3.25%~3.75%	政治稳定
	利比里亚	船龄20年以下基本上只要在利比里亚注册公司或合作公司即可	没有规定	对不从事沿海贸易的海外公司不征所得税,登记费2500美元,年费吨税制		政治较稳定
	巴哈马	对所有权基本没有特别要求,如果在本国设立公司更方便	高级船员只要持有巴哈马证书即可;普通船员无国籍要求	首次登记费2400美元,年费吨税制		政治稳定
第二船籍国际船舶登记	挪威	基本没有限制,但外国人或公司必须任命本国居民为法定代理人	不限制国籍	外国船舶所有人免税		法律、金融体制完善
新兴的国际船舶登记	新加坡	基本上是本国公民或公司法人,但外资公司船舶可进行豁免	不限制国籍	利润不计所得税;登记费、年费吨税制,多注册有折扣		政治稳定
	香港	船舶所有权是本地人士,或在本地注册公司,但须委任一名居港人士代表船东	不限制国籍	税制简单,税率很低,只有16.5%的利得税;登记费吨税制		自由港,法律、金融体制健全
传统的封闭式登记	英国	在本国设立经营公司即可	对国籍限制逐步放松	吨税制度		法律、金融体制完善
	中国	对船舶所有权的要求比较严格,一般必须是中国公民或中资公司所有	基本上必须是中国公民	税目繁多,如进口关税、增值税、营业税、所得税、车船使用税等;且税率偏高	没有什么优惠。造船贷款年限短,利率偏高;融资渠道少	法律环境还不尽如人意;金融体制不完善。

(2)研究实施适合我国的“吨税制度”

所谓吨税指国际航行船舶进入港口时,由港口国家海关当局或者相关部门征收的一种关税。这类费用以船舶的总吨位或净吨位,即运输船舶经营吨位,而不是销售运输服务的货运量为其吨税计费的主要依据。吨税通常按船舶净吨位分为若干级别制定税率,以一个月、三个月或一年为计征期。在一个计征期内,同一船舶不论进港几次,只收一次吨税。

为了给我国航运企业创建更为公平的竞争环境,促进我国航运业快速发展,建议研究我国采用目前航运大国通行的税收制——吨位税收原则,即以船舶吨位为基准的利润税,而非根据公司的实际经营利润征税,其税率一般低于通常企业所得税。荷兰、英国、挪威、德国等在1996年就引入吨税制,印度、韩国、日本等亚洲国家也相继研究实施,吨税制已成为国际船舶运输税制的一个标准。我国采用吨位制有利于我国财政税收的稳定;有利于增加国内注册的船舶数量,实现国防安全;有利于航运公司预测税负、制定长期投资计划,增强我国航运企业的国际竞争力;有利于航运业与国际接轨,创建公平竞争环境,带动航运相关产业的发展。因此建议国家财政、税收主管部门会同交通主管部门共同研究这一税制的可实施性,并结合中国的实际情况,确定切实可行的税率,完善我国航运业的税制。

(3)其他相关优惠政策

"第二船籍"制度实施的初期,除了以上金融税收、法律政策等相关配套政策外,还可适当实施一些优惠政策吸引船舶"回归"。例如,适当放宽船舶引航以及沿海业务等限制。在我国"第二船籍"登记制度下登记注册的国际船舶,在法律上确认该船舶为中国国籍,悬挂五星红旗并享受国轮待遇,在进出我国开放港口时,享受无强制引航,以及适当允许其在我国沿海港口之间开展外贸货物中转捎带业务等。

5 相关建议

(1)政策实施形式与目的需要进一步明确

"第二船籍港"政策主要做法有离岸登记制度和国际船舶登记制度两种。结合我国实际,"离岸登记"不太适合我国。离岸登记制度通常是在本国本土以外的地域设立一个新的船舶登记处,实施不同于国家主体的新的制度,多为英、法等老牌殖民国家采用。所选择的地域多为登记国控制的、尚未形成单独政治实体的海外属地,如所谓的托管地或殖民地。其选择作为新的船舶登记处的海外属地,大都人烟稀少,交通不便,如克尔格伦岛就处在接近南极大陆的印度洋南部,限制太多。相比而言,国际船舶登记制度在一国境内将国内、国际两种航线的船舶分别设籍,避免了离岸登记制度的限制,也符合1986年通过的《联合国船舶登记条件公约》中的规定要求。

欧洲传统海运国家在实施国际船舶登记制度之前,本国船东大量移籍海外的主要由于经济上的原因,其中寻求廉价劳动力,节省船员成本是主要因素之一。我国船舶大量的移籍海外原因并不是寻求海外廉价的海运劳动力。撇开其他因素,主要经济因素就是规避国内高额的税收和滞后的造买船融资环境而造成的船舶营运成本的增加。值得指出的是,防止船舶移籍而实施新的国际船舶登记制度并非唯一途径,降低税收和实施补贴等扶持政策也不是国际船舶登记制度才有的内容。传统海运国家实施的国际船舶登记制度,主要以改革原有的船员配备制度为主,没有指向我国海运业问题的实质。我国要设立"国际船舶登记制度",其实施的目的性还必须进一步明确。

(2)提高服务意识,建立国际化服务理念的登记机构

在国际上实行开放登记的方便旗籍国家均把船舶登记当作商业模式来运作。如果我国实施"第二船籍"制度不能提供具有国际竞争力的服务,这将使已经习惯了国外登记机构便捷、优质服务的船东感到无所适从,最终导致我国国际航运船舶特殊登记制度吸引中资方便旗船回归登记的可能性大打折扣。因此,必须提高我国船舶登记机构服务意识,提供便利的登记程序和服务效率。我国在设立中央直属国际船舶登记中心的同时,应设置配套的登记服务机构。需要一个站在国家立场的、一直与船东保持良好合作交流关系的非营利性中介服务机构,为前来登记的船东提供一站式的服务,以提高工作效率和服务质量。

(3)采用相关政策逐步推行的模式

首先是吸引我国方便旗船舶回归登记试点,例如2007年交通部(现交通运输部)开始实行的"特案

免税”政策就是这方面的体现。让现有的已经在境外登记的中资方便旗船舶首先回国登记，提高国家对国有船队的控制力。其次，吸引我国新增国际船舶到国内登记，吸引我国国际航运企业新建造、新购买和光租的国际船舶到国内登记。减免进口船舶（包括设备、部件）的关税和增值税。同时建议国家有关部门应通盘考虑，避免顾此失彼，给中国船舶工业发展带来冲击，应给予船舶工业发展相应的进口设备、部件的关税和增值税减免的优惠政策。特别要革新造买船融资体制，改善国内船舶融资环境，实施间接补贴；降低登记费用，减少航运公司管理成本等等。第三，再适当考虑和研究吸引国外船东到我国登记的可能性及相关政策。

6 结语

航运业对世界各国经济的发展起着重要作用。各国能否拥有一支强大、有竞争力的船队，往往取决各国的航运政策[3,4]。因此世界航运大国在制定航运政策时特别是在制定船舶登记制度时，都把维护本国安全，保护本国产业，促进本国经济置于头等重要的地位。从世界海运船队的发展来看，基于各种原因，世界主要海运国家也都面临着船舶移籍问题的困扰。各主要航运国家针对本国资本的船舶悬挂“方便旗”经营的主要原因，实施各种措施，如实施“第二船籍”政策、放宽船员雇佣政策、给予税收优惠和营运补贴等，以吸引本国企业的国际航运船舶悬挂本国国旗经营。

我国当前的船舶登记制度存在很多问题及相关政策的限制，船舶大量移籍海外，影响我国航运业的发展与船队的扩大。船舶大量移籍海外带来的负面影响除了国有资产大外流以及国家外汇收入的减少外，更重要的是对整个海运业体系的冲击。影响我国航运大国的地位及航运发展的“话语权”；造成海运产业空洞化；国家税费流失；难以保障船舶安全和船员权益；不利于国防和经济安全等等。因此在我国实施“第二船籍”政策的呼声也越来越高，交通主管部门也已经着手试点“特案免税”政策。但从长远来看，“第二船籍”政策，其必要性和可行性需要深入研究。中国实施“第二船籍”政策，发展和扶持本国商船队伍，减少船舶大量移籍。但是“第二船籍”政策的实施还必须大量配套政策的完善，尤其是建立和完善我国的航运政策体系，革新束缚我国航运业发展的税费体制和船舶融资体制，加大航运政策的立法和实施。

参考文献

[1] 孙光圻. 国际海运政策[M]. 大连：大连海事大学出版社，1998

[2] 王彦. 中国船舶海外移籍与我国的航运政策[J]. 中国水运，1999.（7）：23-24

[3] 全贤淑，孙光忻. 开放登记制度的发展趋势[J]. 中国水运，1999.（5）：14-15

[4] 英国用吨税制吸引外国船东[J]. 海运情报. 2000（5）：11-12

[5] Francis. W. Hoole. Making ocean policy[M]. Westview Press Inc, 1981

[6] Melissa A. Hurst. The role of the flag state in ship finance distinguishing between flags[J]. Marine Money Week, June 18, 2001: 22-25

[7] Robin R Churchill. The meaning of the "genuine link" requirement in relation to the nationality of ships [J]. Virginia Journal of international law, Vol xxix 2000, 10-55

Study on "the secondary ship registry system" & corresponding policies in China

Chen Jihong, Zhen Hong

(Shanghai Maritime University, Shanghai, 200135)

Abstract: Currently the phenomenon of our Chinese ships registering abroad is extremely serious. Our Chinese ships chose to hang **"the convenient flag"**, which has brought a series of negative influences to our country. How to solve the problem has become a hot topic which the domestic scholars paid much attention to. The ships registration system is also becoming one question needing a thorough research. On the basis of the analysis for the concept of "the secondary ship registry system", the main problems of the current ships registry system in our country are analyzed from the point of view of tax revenue system, ships financing, law environment and so on. Furthermore, the feasibility for setting up "the secondary ship registry system" in China was explained. And some suggestion and solution were put forward in the end.

Key words: The convenient flag; The secondary ship registry system; Corresponding policies; Suggestion

PPP 模式在港口的应用研究

贾行浩

（上海海事大学交通运输学院，上海，200135）

摘　要：本文介绍了一种新的港口融资模式——港口 PPP 模式，并对港口 PPP 模式进行了重新定义。从对该种港口融资特点进行了分析，并且对 PPP 模式在港口融资中的若干关键问题：利用蒙特卡罗模拟法确定投资回收率、利用博弈论方法确定特许权期、风险以及国内民间资本进入障碍的分析等分别进行了详细的阐述，最后并对港口 PPP 融资模式在港口应用中的政府职能、前景进行了探讨，对 PPP 融资模式在港口的应用具有一定的参考价值。

关键词：港口 PPP 模式；投资回收率；特许权期；政府角色；投资障碍

1　港口 PPP 模式概述

所谓港口 PPP 模式（Public-Private-Partnership，即公共部门与私人企业合作）是通过政府、营利性企业和非营利性企业合作，共同参与港口建设，共同承担责任和融资风险等实现港口民营化的融资和管理的一种做法。港口 PPP 模式的组织形式非常复杂，既可能包括营利性企业、私人非营利性组织，同时还可能有公共非营利性组织（如政府）。合作各方之间不可避免地会产生不同层次和类型的利益和责任的分歧。只有政府与私人企业形成相互合作的机制，才能使合作各方的分歧模糊化，在求同存异的前提下，完成项目目标。其内涵主要包括以下四个方面：

第一，港口 PPP 模式是一种新型的港口建设项目融资模式。第二，港口 PPP 模式可以使更多的私营企业参与到港口项目中以提高效率，降低风险。这也正是现行项目融资模式所鼓励的。第三，港口 PPP 模式可以在一定程度上保证码头投资商“有利可图”。第四，港口 PPP 模式在减轻政府初期建设投资负担和风险的前提下，提高了港口基础设施服务质量。

2　港口 PPP 模式的运行程序和融资模式

港口 PPP 模式运行程序包括：通过谈判选择港口项目合作公司、在政府和投资商的合作、协调下共同对港口区域界定、共同参与码头的规划、设计确立港口项目、成立特许经营码头项目公司、然后在政府的牵头下共同对码头设施建设进行招投标和项目融资、码头建设、码头运行管理、特许权期后码头移交给政府等环节，如图 1 所示

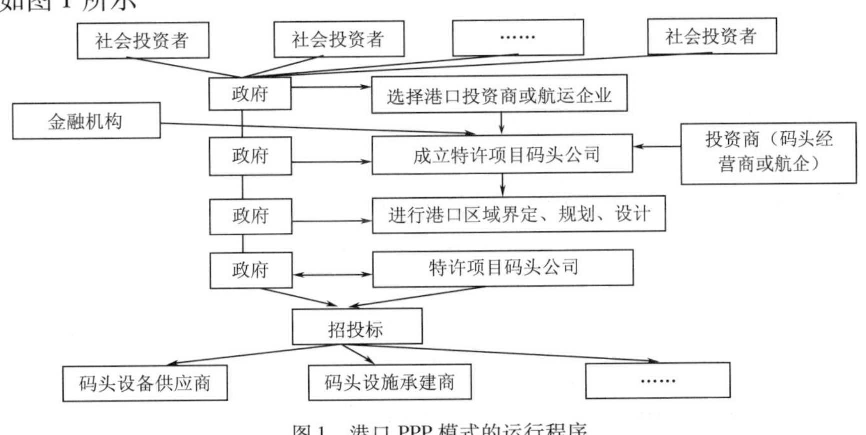

图 1　港口 PPP 模式的运行程序

作者简介：贾行浩，上海海事大学交通运输学院硕士生在读，交通运输规划与管理专业。

PPP本身其实是一个内在结构相对灵活的模式。它可以通过各种不同的结构安排来加以实施。我国现有一些城市基础设施项目已经通过特许权以及共担风险的安排引入了PPP模式(PPP的基本组织结构见图2)。

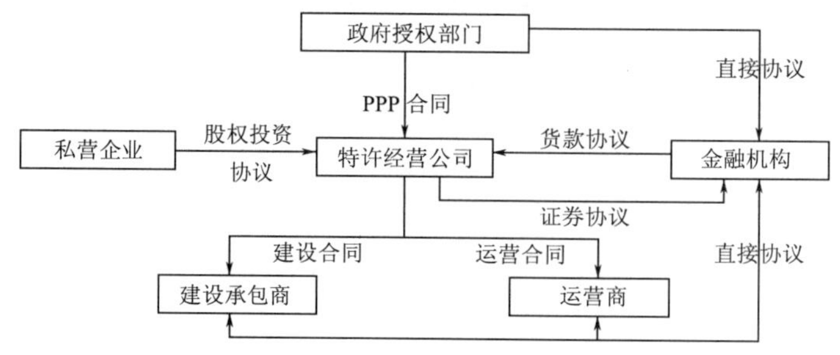

图2 PPP融资的基本组织结构

3 PPP港口投融资收益组成分析

在PPP港口投融资收益中主要考虑两个方面:投入与产出。在投资投入中主要包括港口建设费费用(包括填海、建设突堤、航道整治、港池、锚地、水上浮筒、水上导航设施等建设费用)、码头建设费用(堆场、港务办公大楼、港口照明设施、港口加油站、港口闸口、仓库、码头供电设施、码头防污染、排水设施等建设费用)、堆场机械费(装卸桥、门机、起重机、正面吊等)、装卸船机械费、码头维护费用、码头经营费用等。产出主要包括港口基本服务收费(包括船舶服务费和货物服务费),此部分收入是港口经营收入的主要部分,船舶服务费主要包括引航费、拖轮费、停泊费、系解缆费、开关舱费等,货物服务费主要是指货物装卸费、货物港务费、堆存费、理货费、代理费等。表1列出了我国港口主要费收种类和计费办法。

表1

收费种类	计费方法	收取对象	收取主体	备注
引航费	按船舶净吨计收,超过部分按净吨海里计收	船舶	港口行政管理部门	
拖轮费	按船舶净吨收取,超过部分按净吨海里计收	船舶	拖轮公司(港口企业)	
系解缆费	按系解缆次数计收	船舶	港口企业	
停泊费	停泊在锚地的船舶,净吨和停泊天数计收	船舶	港口行政管理部门	
	停泊在码头、浮筒的船舶,同上		港口企业	
开、关舱费	按舱口数计收	船舶	港口企业	
港口建设费	集装箱按箱数、其他货物按计费吨计收	货物	港口行政管理部门	
船舶港务费	按船舶吨位计收	船舶	港口行政管理部门	
货物港务费	集装箱按箱数、其他货物按计费吨计收	货物	港口企业	
装卸费	集装箱按箱数、其他货物按照计费吨计收	货物	港口企业	
堆(库)存费	在免费堆存期满后以堆存吨天和箱天计收	货物	港口企业	
理货费	可根据船舶吃水深度计收,另外还有集装箱装拆箱理货收费,计量过磅收费等。	货物	中国外轮理货总公司地方分公司	
港口附加费	超长(重)附加费,节假日加班附加费等	船/货	港口企业	
租用机械设备,委托港方其他杂项作业等按不同服务要求和服务方式计收		船/货	港口企业	

数据来源:《中华人民共和国交通部港口收费规则》内贸和外贸部分。

在以上主要港口收费中,货物装卸和堆存费用即实际业务中的装卸包干费所占比例非常大,约占总费收的70%~90%,是港口经营业务收入的主要来源。

港口收费直接影响着港口企业营运收入,因此收费标准的制定直接关系到港口投资者的投资与否,所以在我国港口服务收费标准的制定中,政府要权衡货主、船公司、私人投资方、政府当局等各个方面的利益。

4　港口投资回收率的确定

在 PPP 模式融资港口基础设施项目中,如何确定合理的投资回报率是个颇有争议的问题,也是公私合作特许项目谈判中最为核心的问题,同时也是政府和私人投资者特别关心的问题。如果在港口特许项目合约确定的投资回报率不合理,可能引发严重的社会经济问题。政府方会因为允许的回报率过高,就会带来政治损失;私人投资方可能会因为允许的回报率过低,造成企业亏损,项目经营的持续性无法保证。

(1)特许权项目投资回报率的模拟分析进行特许权项目回报率的均值和方差分析需要使用模拟分析方法,得出回报率的概率分布,根据得到的概率分布情况调整特许权合约条款,直到得出的概率分布特性满足各方的要求。这样就将特许权合约设计和谈判过程建立在一个可以量化的数学模型基础上,有利于谈判双方明确目标,节省谈判时间。

(2)数值模拟方法

数值模拟法是投资决策分析中最强有力的工具之一,尤其适用于不确定性条件下的投资决策分析。其中,蒙特卡罗(Monte-Carlo)模拟法使用较多,蒙特卡罗模拟法是利用随机数在随机变量中取值从而通过生成一系列的模拟结果来进行,每一次模拟给出了一个可能出现的模拟结果(NPV),通过对产生的多个 NPV 的统计分析,可以获得累计频数或频数直方图(频率曲线图),也可以获得 NPV 小于零的概率。分析的具体步骤如下:

第 1 步,确定基本变量的概率分布。这是分析中关键的一步,也是最困难的一步,面临的问题是为某一组子样数据选择一个合适的概率分布。尽管正确估计变量的概率分布对模拟分析非常重要,但判断一个变量服从何种类型的概率分布形式,拟合一条理想的分布曲线存在一定的困难,已有的研究文献指出,模拟的结果主要与确定概率分布的参数有关,分布曲线的影响相对于参数的正确估计是次要的,在参数不准确的情况下,复杂的分布曲线并不能改善模拟结果,并指出在复杂分布情况下三角形分布可以提供符合分析目的的近似结果。

第 2 步,产生随机数。在确定各基本变量的概率分布形式之后,需要从每一个分布中产生一个随机数,这项工作可以很容易地通过利用计算机中的随机数发生器和概率分布转换公式来实现。每一个随机数代表的就是该基本变量可能出现的现实值。

第 3 步,模拟计算预测变量。根据预测变量(如特许权项目的 NPV)与各个基本变量的内在函数关系或经济、财务评价计算方法,计算模拟的预测变量。

第 4 步,保存第 3 步预测值,再返回第 2 步。重复 N 次,N 可以为 50,100,200 次,最终得到对项目的 N 次模拟值。

第 5 步,将 N 次模拟的结果用累计频率曲线或直方图来表示,或统计 NPV 小于零的概率。

第 6 步,对不同的折现率重复以上步骤。绘出折现率与 NPV 小于零的概率之间的关系图。

折现率不同对 NPV 概率分布的影响由下式

$$NPV = NPV_1 + NPV_2 + NPV_3 + \cdots + NPV_n = \sum_{k=1}^{n} NPV_K$$

$$NPV_k = \frac{CF_k}{(1+r)^k}$$

可以看出,NPV 与选用的折现率 r 有密切关系。如果 r 采用允许的资本回报率,那么,当计算出的 NPV 值为正数或零,表示该项目的资本回报率高于或等于 r;如果计算出的值为负数,则表示该项目的资本回报率低于允许的资本回报率。

在 PPP 港口投融资特许项目条件一定的情况下,通过多次模拟计算,可以得到 NPV 的概率分布,统计出 NPV 小于零的概率,它代表了该特许权项目的资本回报率低于允许的资本回报率的概率,这个概率必须小于一定水平才能满足投资者的利益要求,当这个概率大于投资者可接受的水平时,必须对该特许项目条件进行修改,根据修改后的特许项目条件对 NPV 的概率分布重新模拟计算。

5 PPP 港口码头特许权期的确定

采用 PPP 模式建设港口,其中一个首先要考虑的问题是如何平衡参与项目建设的政府部门和民间部门的不同利益及要求,因为这两个部门分别具有不同的偏好和效用函数。从政府的角度来看,政府部门一般会要求由民间部门实施的港口工程及服务项目达到相应的质量,且公众的利益要得到相应的保障;而从社会投资人的角度来看,社会投资者则希望能通过取得政府对项目的适当支持和协助,确保从其所投资的港口项目中取得稳定和适当的投资回报,运用 PPP 模式进行建设的项目中,如何平衡上述不同利益方的利益及要求是至关重要的。因此在港口项目政府民间合伙制的进程中,公私合作项目中的特许权期就成为了政府和私人码头运营商谈判的核心问题,港口公私合营项目特许权期的确定在一定程度上也就是确定了政府和项目公司间的利润分配。可以通过建立一个政府和港口项目公司的博弈模型来确定合理的特许权期限,以保证政府和码头项目公司双方的权益。

5.1 假设条件

某码头的规划使用年限为 T_1,政府将其建设和经营的特许权批准转让给私营集团组建的项目公司运营,特许权期限为 T 年。模型只考虑码头建设给政府和项目公司带来的直接经济效益,收费标准 P 由港口当局确定。依据港口需求的引资特点,假设港口项目公司面临的运输需求是可以预测的,即该码头年货物吞吐量 $Q(t)$ 及年收益 $R(t)$ 符合复合泊松分布或复合二项分布。需要进行决策的是如何选择不同成本比例的建设方案,以满足上述运输需求。私人项目公司对建设方案的选择取决于政府对特许经营期的设定,而政府对该期限的确定也必然会考虑项目公司的可能反应,从而使双方的这种互动行为具有动态博弈特征。这里将特许经营期的安排设定为政府的决策变量,并不意味着这是政府单独决定的,而是公私双方相互影响的结果。另外,由于各自的行动和得益都可获得,所以可看作完全信息博弈。

5.2 假设条件

总成本 TC 由建造成本 C 和维护成本 $V(C)$ 两部分构成,$TC=C+V(C)$,两者存在反向变动的关系,并可以通过公式表示为 $V(C)=KC^{-a}$(K 和 a 可以通过经验确定,$K>0,a>0$)。当政府确定的特许权期 T 小于两方案总成本曲线相交所对应的 T^* 时,项目公司将选择建设成本较低的方案 2,这样的结果是码头移交给政府以后的维护费用比较高,政府的年收益会降低;当 $T>T^*$ 时,项目公司选择建设成本较高的方案 1,这样的结果是政府的经营期较短,总收益可能降低。双方的博弈顺序是,追求效益最大化的政府部门先作出特许期的决策,并通过与项目公司的契约将其固定。然后项目公司再根据特许期 T 的长短,选择建设成本的投入。

5.3 模型构建与求解

根据前述假设,政府部门的目标函数和约束条件为:

$$\max\left[\int_T^{T_1} R(t)\,\mathrm{d}t-\int_T^{T_1} V(C)\,\mathrm{d}t\right] \tag{1}$$

$$\text{s.t.}\quad \int_0^T R(t)\,\mathrm{d}t-\int_0^T V(C)\,\mathrm{d}t-C\geqslant U \tag{2}$$

式(1)表示政府选择特许权期 T 使其效益最大化,式(2)表示政府的效益函数同时满足参与约束,即保证码头项目公司从接受契约中得到的期望收益不低于其机会成本或者说最低期望收益 U。

给定政府选择了特许权期 T 之后,私人的码头项目在谋求自身利益最大化中选择初始建造成本 C 作为决策变量。项目公司的决策模型为:

$$\frac{\max}{C}\left[\int_0^T R(t)\,\mathrm{d}t-\int_0^T V(C)\,\mathrm{d}t-C\right] \tag{3}$$

下面采用逆推归纳法求解博弈的子博弈精炼纳什均衡。先考虑码头的特许权期为 T 的情况下,项目公司的最优决策。将 $V(C)=KC^{-a}$ 代入式(3),并由最优化的一阶条件得:

$$C(T)=(aKT)^{\frac{1}{1+a}} \tag{4}$$

从而 $C'(T)$ 及 $V(C)$ 可以求得,其中 $C'(T)>0$ 表示随着特许权期的增加,项目公司更有积极性增加初始建设的成本投入。政府估计到码头项目公司会根据式(4)选择建设方案,所以其决策模型相应变为:

$$\frac{\max}{T}\left[\int_{T}^{T_1}R(t)\,\mathrm{d}t-\int_{T}^{T_1}K^{\frac{1}{1+a}}a^{\frac{-a}{1+a}}T^{\frac{-a}{1+a}}\mathrm{d}t\right] \tag{5}$$

$$\text{s.t.}\quad \int_{0}^{T}R(t)\,\mathrm{d}t-\int_{0}^{T}K^{\frac{1}{1+a}}a^{\frac{-a}{1+a}}T^{\frac{-a}{1+a}}\mathrm{d}t-(aKT)^{\frac{1}{1+a}}-U\geqslant 0 \tag{6}$$

通过拉格朗日乘数法求解政府的最优决策,得:

$$T=\beta\frac{C(T)}{R(t)}+\frac{U}{R(t)} \tag{7}$$

其中 $\beta=\dfrac{1+2a}{a}$

从求得的特许权期的表达式看,T 的长短与港口项目的建造成本和私人运营商的最低期望收益成正比,与港口项目的年收益成反比。这样根据经验和实际情况确定了 a 、K、U、$R(t)$,就可以估计不同码头项目的最优特许权期 T,为政府决策提供支持,可作为实际决策的配合或检验。

5.4 算例说明

政府对某个港口项目实行 PPP 模式建设。假设政府部门期望私人港口运营商投入的建设成本为 40 亿元,$a=1.2$,$U=3$ 亿元,均年收益$\overline{R}=5$ 亿元。根据式(7)算得 $T=23$ 年。然后再根据式(4)就可以计算出私人项目公司为最大化自身收益,将实际投资该港口项目的建设成本。

6 PPP 港口投融资风险分析

风险的识别与合理分配是成功运用 PPP 模式的关键,在特许权协议及合同设计中应当权责对应,把风险分配给相对最有利承担的合作方。PPP 融资特许项目的主要风险有政策风险、汇率风险、财务风险、营运风险等。

6.1 政策风险分析

政策风险即在港口建设项目实施过程中由于政府政策的变化而影响项目的盈利能力。为使政策风险最小化,就要求法律法规环境以及特许权合同的鉴定与执行过程应该是透明、公开、公正的,不应该出现官僚主义现象,人为的干扰应是最少的,否则,合作各方均会受到损失。PPP 项目失败原因主要归结于法律法规与合同环境的不够公开透明,政府政策的不连续性,变化过于频繁,政策风险使私营合作方难以预料与防范。因此当政策缺乏一定稳定性时,私人投资方必然要求更高的投资回报率作为承担更高政策风险的一种补偿。有鉴于此,有些地方政府出台了有关法规,为港口基础设施特许权经营的规范操作提供了一定的法律法规保障。为 PPP 的进一步广泛与成功应用提供了政策支持,也在一定程度上化解了私人合作方的政策风险。

6.2 汇率风险分析

汇率风险是指在当地获取的现金收入不能按预期的汇率兑换成外汇。其原因可能是因为货币贬值,也可能是因为政府将汇率人为地定在一个很不合理的官方水平上。这毫无疑问会减少收入的价值,降低港口特许项目的投资回报。私营合作方在融资、建设经营港口基础设施时总是选择融资成本最低的融资渠道,不考虑其是何种外汇或是本币,因此为了能够抵御外汇风险,私营合作方必然要求更高的投资回报率。政府可以通过承诺固定的外汇汇率或确保一定的外汇储备以及保证坚挺货币(如美元)的可兑换性与易得性承担部分汇率风险,这样私营合作方的汇率风险将大为降低,在其他条件(盈利预期等)相同的情形下,港口项目对民营部门的吸引力增强。

6.3 财务风险分析

财务风险大小与债务偿付能力直接相关。财务风险是指港口设施经营的现金收入不足以支付债务和利息,从而可能造成债权人求诸法律的手段逼迫港口特许项目公司破产,造成 PPP 模式应用的失败。

现代公司理财能通过设计合理的资本结构等方法、手段最大限度地减少财务风险。私营合作方可能独自承担此类风险,如果债务由公共部门或融资担保机构提供了担保,则公共部门和融资担保机构也可分担部分财务风险。

6.4 营运风险分析

营运风险主要来自于港口特许项目财务效益的不确定性。在PPP运用过程中应该确保私营合作方能够获得合理的利润回报,因此要求服务的使用者(船公司、货主等)支付合理的费用。但在实际运营过程中,由于港口设施项目的经营状况或服务提供过程中受各种因素的影响,项目盈利能力往往达不到私营合作方的预期水平而造成较大的营运风险。私营合作方可以通过港口设施运营或服务提供过程中创新等手段提高效率增加营运收入或减少营运成本降低营运风险,所以理应是营运风险的主要承担者。私营合作方可以通过一些合理的方法将PPP运用过程中的营运风险控制在一定的范围内或转嫁。政府能够帮助私营合作方化解某些营运风险。在公私合营融资建设、运营港口的过程中,因为正确估计港口的吞吐量很比较困难的,特别是在国际经济形势跌宕起伏的形势下(例如金融风暴的来临,对港口吞吐量造成了很大的影响),因此,政府可以承诺最低的吞吐量,从而降低私营合作方的营运风险,提高港口项目对私营部门的吸引力。另外,在项目的运营收人大大低于合同预期水平时,政府可以给予私营合作方一定的补贴,政府也应委任独立机构例如(港务专责委员会)对私营合作方实施监督,以确保私营合作方的运营效果,避免私营合作方的道德风险。当然,在项目的运营过程中,由不可抗力因素(海啸、战争)引起的财务盈利能力降低的风险即不可抗力风险应由私营合作方和政府部门共同承担。

7 PPP港口融资模式下的政府角色分析

为解决我国政府在PPP港口融资模式中存在的问题和不足,同时借鉴国外基础设施融资经验,将政府职能和作用主要分为宏观和微观两大方面。

7.1 PPP港口融资模式下的政府宏观职能分析

宏观职能是指国家或者省级政府的"大"政府为PPP港口项目的实施所发挥的作用和扮演的角色。主要包括降低政治风险、完善法律法规、PPP港口融资模式的推广和人才的培养。

(1)降低政治风险。政治风险是港口项目融资首先要考虑和面对的风险,甚至这种风险在某种程度上对港口特许项目产生决定性影响。如何规避和降低政治风险自然成为政府首要解决的问题。政治风险可分为两类:一是国家风险,如政治体制的崩溃,对项目实行国有化等;另一类是国家政治、经济政策的稳定性风险,如税收制度的变更等。

(2)完善法律、法规。PPP作为一种合同式的投资方式,涉及担保、税收、外汇、合同、特许权等诸多方面,内容复杂,文件繁多。因此,政府制定一套完善、完备的相关法律法规建设是此模式顺利,有效运行的基础和前提。

(3)PPP融资模式的推广和人才的培养。PPP项目融资模式涉及招投标、谈判、融资、监督等诸多过程,程序复杂,专业性强。可以说此种模式的认知度和专业人才的数量和质量是项目顺利建设和实施的根本和保障。

政府的宏观职能主要是从整体和态度上对采用PPP项目融资模式进行港口基础设施建设提供前提保障,清除政策,法律等障碍,为此模式在港口基础设施的开展和推广提供坚实稳定的宏观环境和氛围。

7.2 PPP港口融资模式下的政府微观职能分析

微观职能是指省级或者地方政府的"小"政府为PPP港口项目的具体实践和操作所负担的责任和进行的支持。主要包括提供支持、进行合作与监督。

(1)提供支持。首先是经济支持,包括:①物质方面支持:保障原材料供应、提供可使用的劳动力等;②提供优惠政策:如税收政策优惠、外汇优惠政策、土地使用权优惠政策;③最低收益担保:如约束性长期协议,提供附加收益等。其次是行政支持,包括:①减少审批手续,简化审批过程,提高政府效率;②成立专项小组或者指定负责港口项目的主管部门来规范服务,统一思想,协调有关个方面的利益。还有其他方面的支持,如防止他人竞争的保护,对知识产权和其他一些秘密信息的保护,完工和运营方面的奖惩等。

(2)合作与监督。政府参与 PPP 港口设施融资,要实现由合作和信任取代命令和控制。传统政府扮演的是领导命令的角色,对企业的营运决策产生巨大影响,有时直接决定企业的决策。PPP 模式下的公私合作更注重的是合作与信任,多方共同完成港口基础设施的建设与经营,是平等互惠的关系。政府同时还要扮演监督者的角色一方面是为了保证港口基础设施特许项目按计划进行融资,如期建设,港口服务产品的顺利出售,最终完成项目目标。另一方面,可以降低港口融资项目的风险,保证资金的有效使用,如期偿还债务,避免不必要的经济损失,同时也可以防止港口服务费用过高等问题而产生的民怨,最终实现政府,公司,公众多赢的局面。

政府的微观职能主要是针对具体港口基础建设项目的具体实施过程中遇到的问题和障碍提供必要的支持和参与问题的解决,从微观和具体环节上保障港口基础设施的顺利实施。当然,政府的宏观职能和微观职能也不是泾渭分明的而是相互渗透和补充的,在这里此种分类方式是为了分工明确,责任明晰,更快更好的利用 PPP 项目融资模式加快我国港口基础设施建设。

参考文献

[1] 刘伟,白景涛,陈红彬. 水运投资与融资. 北京:人民交通出版社,2008.6

[2] 刘伟. 水运基础设施发展论. 大连:大连海事大学出版社,1999

[3] 刘伟. 航运基础设施市场化途径探索. 中国水运,1997(5)

[4] 刘伟. 长江水运基础设施建设市场化途径研究. 长江基础设施建设与发展国际研讨会(美国麻省理工学院、复旦大学等),1996.5

[5] 魏泓,刘伟. 地主港模式在我国港口的应用. 水运管理,2006(01)

[6] 交通部. 水运建设项目经济评价办法(第三版),2008

[7] 同济大学,建设部标准定额研究所. 政府投资项目经济评价方法与参数研究. 北京:中国计划出版社,2004.1

[8] 黄渝祥. 西方国家公共项目投资评价方法综述,可行性研究及经济评价. 太原:山西人民出版社,1984.6

[9] 杭素东. 项目融资新方式在我国港口的应用. 上海海事大学硕士论文,2000.12

[10] 李南. 港口民营化改革的理论与政策研究. 北京交通大学博士论文,2007.6

[11] 邵瑞庆. 水路交通设施建设项目融资方式. 交通运输工程学报,2003(1)

[12] 邵瑞庆. 水路交通投融资政策论. 上海:上海三联书店,2002.6

[13] 魏泓. 地主港模式在我国港口应用的研究. 上海海事大学硕士论文,2005

On the application of PPP model in ports

Jia Xinghao

(Shanghai Maritime University, Shanghai, 200135)

Abstract: This paper introduces a new model of port financing-public-private-partnerships, and redefines it as well. From the analyzing of this model character, the paper research deeply about some of key issues in this model: the returning on investment, to determine the concession period, risks and barriers to domestic private capital into port financing etc. , and state these in detail separately. On the end, PPP financing model applications in the port functions of the government, discussed the prospects of PPP financing model of the application in the port has a certain reference value.

Key words: Port PPP financing model; Returning on investment; Concession period; Rules of government; Investment barriers

国际集装箱运输市场现状分析及预测

张丽萍　沈振乐　林　林

(上海海事大学,上海,200135)

摘　要:到 2008 年上半年,世界各大航线贸易增长迅速,推动海运利润的高速增长。10000 + TEU 级别集装箱船,瞄准亚欧线贸易,运价最高至 1700 美元/TEU,2008 年 7 月油价高达到一桶 147 美元,创下历史新高。随着 2008 年下半年的金融危机扩散,全球集装箱贸易量日益萎缩,在 2009 年 2 月份集运运价跌至历史最低点。2008 年成为全球经济的转折年,货运需求持续下跌而全球运力供给却持续快速增长。本文主要通过对大量的数据和资料进行分析,剖析全球班轮业供求失衡的现象并通过现状大胆地对全球集装箱行业进行市场供求等方面进行预测,对金融危机下的航运业有个新的的审视。

关键词:集运市场;需求;供给;预测

世界经济正进入严重低迷时期,前景很不确定直接影响着世界航运市场的走势。作为世界经济和贸易派生市场,次贷危机对全球经济的影响已经通过贸易扩散至航运市场,引起海运需求下降,市场供求失衡,市场运量及运价明显下滑。

1　集装箱市场分析

1.1　供求关系

1.1.1　航运需求分析

由于运输需求是一种引致需求,经济学中用下列公式来表述运输的引致需求:

运输需求弹性 = 运输成本在商品最终价格(或交付价格)中所占的比例 × 商品的需求弹性则商品的运输需求取决于商品的市场需求。在金融危机的冲击下,贸易萎缩,如表 1 所示。

表 1

		Jan	Feb	Mar	Apr	May	Jun	Jul	Aug	Sep	Oct	Nov	Dec
USA	2006	3.2	3.1	2.4	3.5	3.2	3.2	3.7	3.6	4.6	3.3	1.8	1.5
	2007	1.1	1.6	2.2	1.8	1.8	1.5	1.8	1.4	1.8	-0.2	0.6	0.2
	2008	0.7	-0.3	-0.4	-1.4	-1.6	-2.1	-2.7	-3.8	-7.9	-4.3	-5.8	-7.9
China	2006	16.2	20.1	17.8	16.6	17.9	19.5	16.7	15.7	16.1	14.7	—	14.7
	2007	18.5	18.7	17.6	17.4	18.1	19.4	18.0	17.9	—	19.3	19.7	17.4
	2008	16.6	19.6	17.8	15.7	16.0	18.0	14.7	12.8	11.4	8.2	5.4	—
Japan	2006	2.2	3.9	3.1	3.6	3.9	5.0	5.1	5.9	5.2	4.9	3.4	4.8
	2007	4.0	3.1	2.0	2.2	3.8	1.1	3.2	4.4	0.6	4.7	2.9	0.8
	2008	2.2	5.1	-0.7	1.9	1.1	0.0	2.4	-6.9	0.2	-7.1	-16.6	-20.6
EU	2006	2.8	2.7	4.1	1.9	5.5	4.5	3.5	5.2	3.5	4.0	3.3	4.7
	2007	3.4	4.0	4.1	3.0	2.7	2.7	3.7	4.3	2.9	4.1	2.8	1.7
	2008	3.2	3.4	1.2	4.1	-0.2	-0.2	-0.8	-1.1	-2.2	-5.4	-8.2	—

从表中数据看来,美国从 2008 年初就贸易开始下滑,而中国、日本、欧洲总体也呈现出下降趋势,而且没有任何回暖的征兆。由于航运的需求价格弹性随运输商品的需求弹性而变,当其需求弹性 >1 时,

作者简介:沈振乐、张丽萍、林林,上海海事大学交通运输学院新国航 061。

降低运价，增加运费收入；但随着运量的增加，运输成本增加，所以利润未必会增加。此时航运企业采取薄利多运的运价策略。

1.1.2　航运供给

由于航运需求的疲软，而现存的运力并没有随着需求的骤跌而下降，导致了航运供给严重过剩 。在集装箱运量增长疲软的情况下，全球班轮业还不得不面对运力供给的高增长。2008 年运力增幅达 15%，集装箱军力规模和增幅双双达到历史最高水平。2009 年尽管航运市场更加萧条，然而却迎来一个新船交付的高峰年。接下来的几年中，运力都将保持两位数的增长。表 2 所示的数据为现行的航运供给。

表 2

Fleet as at:	1st Jan 2009		1st Jan 2010		1st Jan 2011		1st Jan 2012		1st Jan 2013		Rise p. a. (3 years)
TEU nominal	ships	teu	ships	teu	ships	teu	ships	teu	ships	teu	teu terms
10500-15500	25	302808	55	663437	104	1289847	179	2259320	207	2601086	n/a
7500-10499	214	1832199	240	2055284	295	2532359	316	2715147	316	2715147	14.0%
5100-7499	378	2284948	424	2581492	471	2896073	503	3096893	520	3212467	10.7%
4000-5099	540	2444378	641	2891606	707	3178691	760	3417211	794	3565481	11.8%
3000-3999	330	1124477	359	1227733	392	1342161	394	1349361	398	1363761	6.3%
2000-2999	731	1853514	767	1948242	797	2025423	812	2065422	815	2073580	3.7%
1500-1999	567	961434	609	1034706	638	1085612	648	1102992	652	1110192	4.7%
1000-1499	710	836624	770	909462	811	960115	824	975336	827	978444	5.2%
500-999	829	612497	882	656610	915	683338	918	686209	918	686209	3.9%
100-499	334	108063	334	108063	334	108063	334	108063	334	108063	0.0%
TOTAL	4658	12360942	5081	14076634	5464	16101682	5688	17775954	5781	18414410	12.9%
Rise 12 months	09/08	13.2%	10/09	13.9%	11/10	14.4%	12/11	10.4%	13/12	3.6%	
Summary for ships under/over 4000 teu											
>4000teu	1157	6864333	1360	8191818	1577	9896970	1758	11488571	1837	12094161	18.7%
<4000teu	3501	5496609	3721	5884816	3887	6204712	3930	6287383	3944	6320249	4.6%
TOTAL	4658	12360942	5081	14076634	5464	16101682	5688	17775954	5781	18414410	36.2%

特别值得注意的是，在未来三年中将有大批超大型船舶交付。如图 1 所示，未来三年 10000TEU 以上级别的集装箱船交付量分别达到 35 艘 、49 艘和 91 艘。而这些超大型船舶的交付，将给太平洋和亚欧这两大干线，特别是亚欧线造成巨大的压力。但由于经济危机的影响，越来越多的班轮公司和船东取消和延期执行造船合同，未来运力供给将稍低于目前统计和预期。

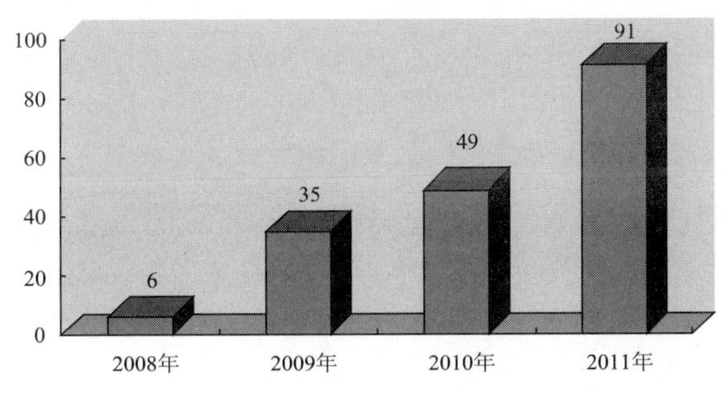

图　1

1.1.3　供大于求

通过对现今集装箱航运需求和供给的分析，供大于求早已成定局。

从表3看出,2009~2012年的供求失衡最为严重,其最根本原因是大量的新船订单所带来的压力。

表3

	Estimated Effective Capacity (1000teu)	% Change	Net Cargo Slot Moves (1000teu)	% Change	Supply/Demand Gap%	Moves per Effective Slot	Supply/Demand Index**
2006	10743	12.7%	179618	11.3%	1.4%	16.72	103.9
2007	12081	12.5%	203403	13.2%	-0.7%	16.84	104.6
2008	13537	12.0%	220037	8.2%	3.8%	16.25	101.0
2009	15137	11.8%	228680	3.9%	7.9%	15.11	93.9
2010	16801	11.0%	244598	7.0%	4.0%	14.56	90.5
2011	18182	8.2%	264451	8.1%	-0.1%	14.55	90.4
2012	19125	5.2%	287311	8.6%	-3.4%	15.02	93.4
2013	20492	7.1%	313435	9.1%	-2.0%	15.30	95.1

1.2 航运公司纷纷出手

从航运成本的几个大项目来看,船价和折旧、燃油费、船员费和保险费用,港口费用等,如图2所示,1999年时,燃油费用平均只占到营运总费用的21%,而在2008年7月,油价处于高位时,燃油成本攀高至65%。由于三条主要航线贸易量均有不同程度的萎缩,减少燃油费用会大大降低了船舶的营运成本。

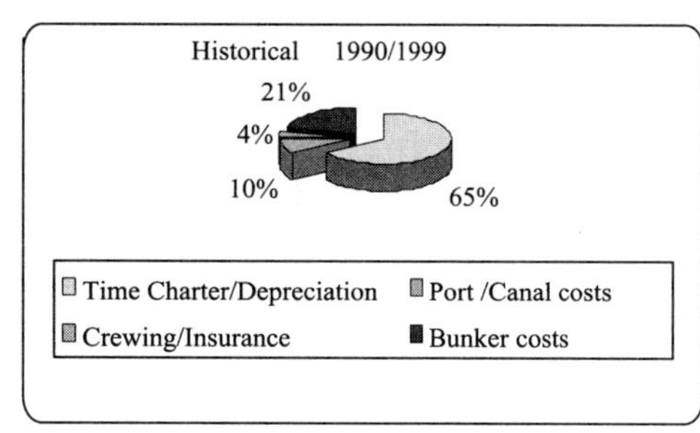

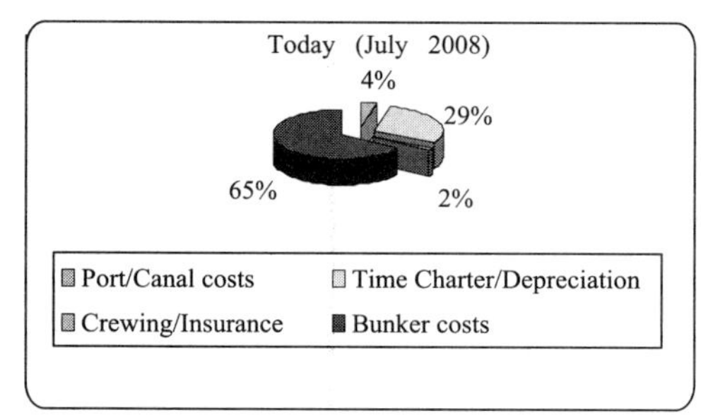

图 2

1.2.1 减速

减速可以消化多余的运力,另一方面节约成本,减少二氧化碳和氮氧化物的排放。速度直接影响船舶耗油量。速度每增加10%,油耗增加30%,而减少油耗和有害气体排放的最经济有效的方法就是减速。如图3所示,速度从25kn降到19kn能够同时把油耗和气体排放量减少到原来的一半。一条8500TEU的船以24kn的速度航行,平均每天要耗油230t,如果把速度降到20.5kn,在这样的情况下,油耗也降到每天150t,即使由于航线周期的延长需要加派一条船,每年的油耗仍然可以省下约10万吨。

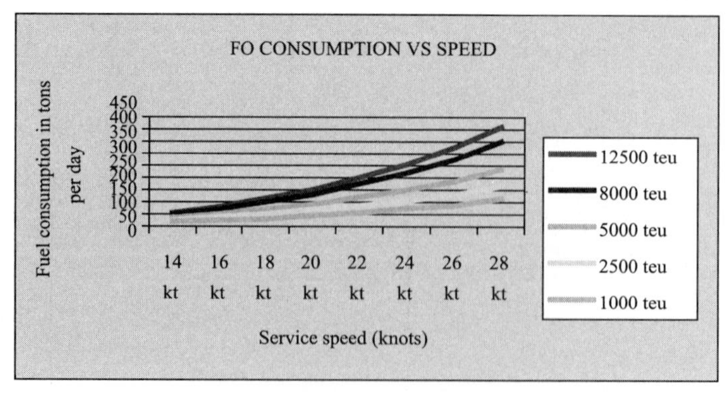

图 3

1.2.2 削减运力

为了应对当前形势，班轮公司纷纷采取手段削减运力，例如撤线、停航、合并航线等(表4)，从2008年8月至2009年1月，三大主要航线运力从每周916000TEU下降至每周812000TEU降幅达11.5%，最大的一次下降出现在12月，由于几条欧洲至远东的航线突然撤出，周运力下降30000TEU。

表4

航　　线	2008年8月	2009年1月	变　　化
远东-欧洲	418000TEU	351000TEU	-16%
远东-北美	376000TEU	3425000TEU	-9%
欧洲-北美	121500TEU	118000TEU	-2.5%
三大航线贸易量	916000TEU	812000TEU	-11.5%

1.2.3 使用大箱位船

海运生产过程有一个显著特点，在相当大的生产规模范围内，存在着递增的规模效益。一方面，就每艘船舶来说，当吨位增大时，建造成本，船员人数加，每天的燃油消耗量，每年的维修费、物料费、润料费、供应费等都不一定按同一比例增加，单位运力成本随着船舶吨位的增大而下降。针对当前形势，把大箱位集装箱船推上去用是当前集装箱班轮公司渡过寒冬的主要策略 。

1.2.4 闲置运力

使用大箱位船舶可以降低不少成本，但当运价下跌到航次利润为零时，船舶仍要继续营运不能停航，因为停航了虽然没有了营运成本，但是仍需要一定的封存成本，如留守人员工资，及其定期运转的燃油耗损，租用停泊锚地费用等。当实在无法弥补需求下降带来的损失时，承运人只能将船舶闲置。当然经济性能越低的船舶封存点运价越高；应早封存，经济性能好的船舶晚封存。尽管各大船公司纷纷撤单，但是可以预见的是2009年新增运力的规模还会非常巨大，本来就已运力供给过剩，三大干线必然会出现大量闲置运力。

截止到2009年4月13日，全球集装箱船闲置运力达到486艘或131万TEU，占现有运力110.4%，略有下降。这是自2008年9月以来第一次出现闲置运力的下降，原因是一部分闲置的船舶重新投入营运，它表明夏季高峰期的到来，以及人们对货运量上升的预期。闲置船舶数量维持稳定，闲置运力却出现下降，主要原因是租船市场的小型集装箱船租约到期交还以及大型集装箱船投入营运(图4)。

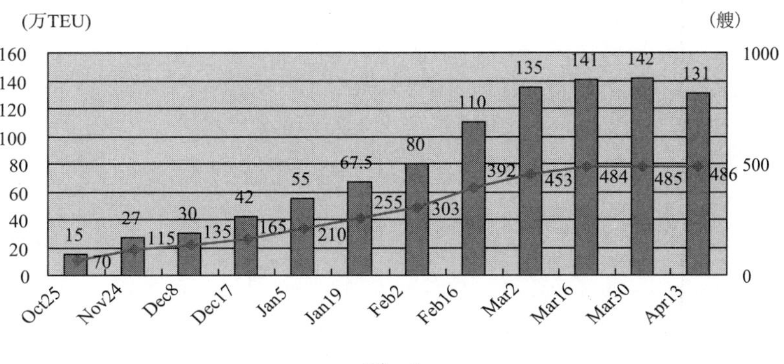

图 4

1.2.5 其他行动

除了以上的做法以外，为了减少开支，许多船公司开始减少管理费用，开始纷纷裁员或降薪，例如马士基关闭广东信息处理公司，超过700员工被裁。

另一方面，集装箱船的平均报废船龄27年，但在行业景气的时候，船公司通过大修或者更新钢部件来延长使用寿命，甚至有些超过了35船龄仍在运营。由于过去5年承运人的利润超过了前20年的总和，承运人的做法是可以理解的。如今航运市场低迷，不论是从油耗的角度，或者是环保，船员的安全角度，更多的老船被报废是必然的。

虽然2009年全球经济增长乏力，但南美洲、非洲、中东、澳洲等地区的经济发展持续看好，物资消费需求进一步增长,相关航线的货量也快速增长。2008 年 1 ~9 月 远东—波斯湾西行货量增长 10.86% 。1 ~8 月远东—澳洲南行货量增长率为 13.17% 。而在 09 年,远东—中东的西行,远东—南非南美航线南行,远东—澳洲南行货量也将保持 10% 左右的稳定增长。

2 对集装箱航运市场的预测

对于未来航运市场的预测,关系到各航运企业的经营决策,是制定发展规划的重要依据,也是政府部门制定国际收支平衡航运发展的重要依据。除了要依据国家的有关计划外,还要考虑世界经济,国际贸易和航运需求,供给变化规律和发展趋势。

对于集装箱航运市场的预测,其主要内容包括了航运需求、运力、海运运价等,其中需求和运价占了主导地位。常用的预测的方法主要包括平衡法,时间序列预测模型法、计量经济预测模型,灰色系统预测模型、投入产出预测模型和组合模型等等,依据要预测的时间长度不同,每种预测方法使用的情况不一样。

2.1 对未来供求关系的平衡的预测

如图 5 所示集装箱运输市场的供求关系平衡情况,目前的情况显然是供大于求。不同的曲线表示不同的集装箱货运量年平均增长率,若集装箱运量连续保持每年 15% 的增长,年报废量达到 16 万 TEU,可以在 2013 年 1 月时达到供求平衡,但由于经济的航运需求的增长无法达到这个速度,这是无法实现的。但如果能够在报废旧船的同时,取消 200 万 TEU 的新船订单,保持在 10% 的增长,2013 年初亦可达到平衡,但鉴于目前报废量十分有限,可以说,达到平衡的难度十分大。

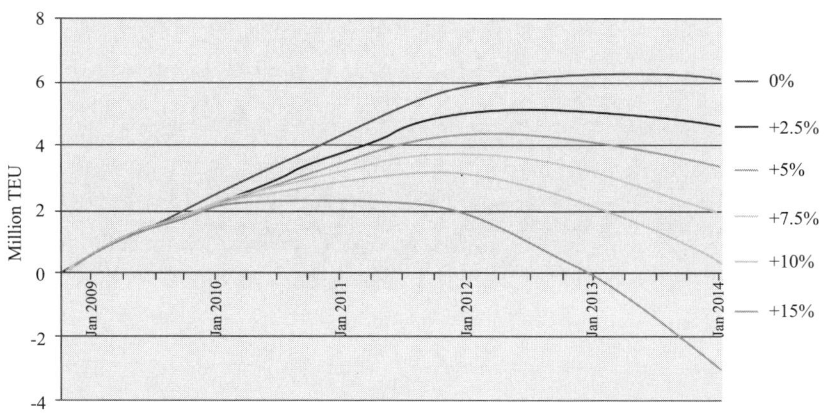

图 5

2.2 等待经济回暖

航运需求和经济增长之间具有高度正相关性的,全球经济增速减缓,航运市场供求恶化。集装箱还运量的转机只能出现在经济回暖之后,根据《美国托运人》报道,预计美国目前的经济萧条将在 2009 年下半年开始复苏,而 2008 ~2018 年美国经济年均增长率将达到 2.7% ,欧洲地区将达到 2.3% ,亚洲达到 4.4% 。而按照 40 英尺标准衡量的 2008 ~2018 年全球各条贸易航线总集装箱货运量周转年均增长率为 6.9% ,2012 ~2018 年的年均增长率为 5.8% 。IMF 组织预计欧美经济将在 2009 年底复苏,那海运业也会在 2010 年回暖,这只是乐观估计。因为目前海运业形势仍然着十分严峻。

但是,另一个难题是最近几年大肆订造巨无霸超大型集装箱船舶的恶果,即 2008 ~2010 年全球集装箱船队舱位运力增长率将明显高于集装箱货运供应量增长率,出现“粥少僧多”的现象。

2.3 暂且闲置的大量运力

由于经济回暖会姗姗来迟,毫无疑问,闲置的运力仍将继续增加。闲置船舶确实可以带来减少运力投入,削减可变成本的好处,然而,我们也不能不客观的看待停航的负面影响,闲置的运力将成为班轮迎来下一轮繁荣的最大障碍,在这部分富裕运力得到充分利用之前,全球班轮业很难恢复元气。

3 总结

受次贷危机蔓延的影响,2008 年和 2009 年全球经贸和集装箱航运企业短期面临挑战。IMF 预测欧美经济将在 2009 年底走出低谷,随着世界经济逐步摆脱阴霾,未来航运业也将走出低谷,迎来朝阳。预计 2010 年以后,经济如能回暖,消费也将相应恢复,能够为集装箱运输需求提供长远支撑集装箱海运需求仍将保持 10% 左右的稳步增加,未来航运市场需求仍处于新一轮良性发展长周期。目前就油价而言,船公司和供应商议价空间扩大,成本压力缓解。大量船舶停航或退出班轮市场,运力供过于求的形式得到缓解,有利于供求平衡。根据以往航运市场的规律,新一轮的高峰将会在六七年后。

参考文献

[1] 赵刚. 国际航运管理. 大连:大连海事大学出版社

[2] 蔡桂英. 国际航运经济. 北京:人民交通出版社

[3] 李连寿. 航运市场营销学. 上海:复旦大学出版社

[4] 黄飞舞 李大伟. 2009 年集装箱运输市场走势. 集装箱化,2008. (1)

[5] 上海国际海事信息与文献网 2006. 3

[6] 国际集装箱在线网(WWW. CI - ONLINE. CO. UK),2009. 3

[7] 德鲁里网站. container forecaster08. 4q

Analyse and forecast of international container shipping market

Zhang Liping, Shen Zhenle, Lin Lin

(Shanghai Maritime University, Shanghai, 200135)

Abstract: In the first half of 2008, with the freight rates and capacity increasing in a rapid way, the growth of world container trade reached its highest point. While the final quarter of 2008 has seen the extremely sharp and negative effects in the global trade, which therefore hit the container market to the bottom. The slippage from one month to another depressed the world liner shipping. Yet with recent data and graph in the financial crisis, the purpose of this paper is to try to analyze the demand slide and supply in the downturn. The results show the discouraged actual state with the huge order books and successive bleaker and bleaker news, and forecast the future development of the supply-demand projection.

Key words: Container industry; Demand; Supply; Forecast

新形势下上海国际航运中心建设探讨和国务院新政策解读

沈旭莉　孙　亮

(上海海事大学交通运输学院,上海,200135)

摘　要:本文回顾上海国际航运中心建设的历史,分析新政策出台的背景,探讨上海国际航运中心建设热点话题,解读国务院为支持洋山保税港区建立国际航运发展综合试验区推出的“五点政策”,最后探讨新政策出台的意义和作用。

关键词:国际航运中心;综合试验区;启运港政策;区域整合

1　引言

2009 年 3 月 25 日,国务院常务会议出台了《关于推进上海加快发展现代服务业和先进制造业、建设国际金融中心和国际航运中心的意见》(以下简称《意见》)。《意见》提出,到 2020 年,将上海基本建成具有全球航运资源配置能力的国际航运中心。上海在建设国际航运中心的道路上漫漫前行了 13 年,取得了令人瞩目的成就。然而,与伦敦、新加坡等国际航运中心相比,上海的差距是显而易见的。在当今处于经济转型和金融危机下,在新政策的推动下,上海国际航运中心建设境遇如何,上海又将如何把握这一历史性的机遇。

2　国际航运中心建设历史回顾

20 世纪 90 年代,上海抓住浦东开发开放的历史机遇,经济得到了快速发展。为了尽快落实中共十四大做出的重大战略决策“以上海浦东开发开放为龙头,进一步开放长江沿岸城市,尽快把上海建成国际经济、金融、贸易中心之一,带动长江三角洲和整个长江流域经济的新飞跃”,国务院提出了建设上海国际航运中心的构想和安排。1996 年 1 月,国务院领导在沪召开江苏、浙江、上海两省一市负责人会议,正式启动了以上海为中心,浙江、江苏为两翼的上海国际航运中心建设。

回眸国际航运中心建设十三年(1996~2008),上海实现了航运业跨越式发展。港口基础设施建设取得重大进展,居于世界领先水平。洋山深水港区、外高桥港区、长江口深水航道整治皆取得巨大成就。口岸开放取得新突破,电子平台建设取得阶段性成果。上海口岸 58 种通关物流单证中,已有 41 种实现电子化。软硬件的提升,促进了上海航运要素的集聚。目前,世界前 50 大班轮公司都在上海开展了班轮运输业务;世界上最大的 8 个国外船级社也都在上海开设了代表处;上海航交所已基本确立了中国航运政策研究中心和国际航运信息发布中心的地位,成为国家级二手船买卖平台;中国海事仲裁委员会则在上海设立了目前国内唯一的区域性海事调解中心,参与国际海事规则的执行。

作为我国大陆集装箱航线最多、航班最密、覆盖最广的港口,13 年来,上海港集装箱吞吐量从 1996 年的 197.1 万 TEU 飞跃到 2008 年的 2800.6 万 TEU,世界排名从第 17 位跃居第 2 位,货物吞吐量更是

课题基金:2008 年上海市教委“大学生创新活动计划”基金赞助(080601);2009 年上海市教委“大学生创新活动计划”基金赞助(090602)。

作者简介:孙亮(1987-),男,上海人,硕士研究生,上海海事大学交通运输学院,方向:国际航运管理,港口物流管理,地址:浦东大道 1550 号 1218 信箱;沈旭莉(1987-),女,浙江杭州人,本科生,上海海事大学交通运输学院,方向:国际航运管理,物流管理,地址:浦东大道 1550 号 1244 信箱。

自2005年超过独领风骚足足20年之久的新加坡和鹿特丹港后，连续第4年傲视群雄。

3 《意见》出台的背景分析

上海国际航运中心建设已经取得了阶段性成就，为下一段航程顺利起航奠定了坚实的基础。然而，当今世界金融危机仍未见底，对实体经济影响越来越严重，对中国经济的冲击远远超过预期的关键当口，国务院再次明确上海国际航运中心建设是国家战略，其目的是非常明确的。

(1)希望以航运中心建设为契机，推动上海先进制造业和现代服务业的联动发展，实现经济发展方式转变和产业结构调整升级。同时，趁世界金融格局调整之际，化危为机，发展高端航运金融服务业，补上这方面的短板。

最近10多年来，上海港货物吞吐量不断扩大，但航运服务业比重却在缩小，航运服务业发展明显滞后。过分强调基础设施及货物吞吐量的世界第一，而不考虑经济附加值，不考虑对环保交通带来的压力，是不符合科学发展观的。

金融危机影响下的上海处在经济发展最为困难的时期。2008年，上海工业生产和外贸进出口增幅双双回落：GDP增幅为仅9.7%，自1992年以来首次低于10%；全年外贸出口额增长17.7%，回落了9%；进口额增长9.9%，回落12.2%。全球金融危机也给港航业造成巨大冲击，今年前两月上海港集装箱吞吐量同比下降10%以上，出现了多年未遇的“负增长”。上海作为我国的经济中心城市和最大的港口城市，港、航等产业对城市GDP的贡献率已达8%。航运业的振兴无疑对上海扭转当前经济发展和航运局势能起推动作用。

金融危机，是危机，也是机遇。中国由于其自身的经济基础和市场开放程度，受到的冲击明显小于其他发达国家和经济体。此时，投资中国航运业是个很好的机会，政策推动下的上海如能从欧美吸引一些航运金融机构的业务，将成为国际竞争中的优胜者。

(2)希望长三角各港口加速形成全球航运要素的集聚，逐步实现服务长三角地区、服务长江流域、服务全国，乃至辐射全球；同时积极进行港航产业和要素的整合，有目标和有序的发展，实现优势互补和分工合作，避免因区域经济利益而相互过度竞争。

此次中央对上海航运业首次系统阐明建设目标，初步形成航运中心框架。十余年的孕育与筹划，时至今日，一张清晰勾勒的蓝图逐渐展现。目前上海航运资源集聚初露锋芒。然而，同上海港基础设施世界先进的水平相比，上海在航运要素集聚等软实力上同伦敦等世界一流航运中心仍有较大差距。

此次国务院试验区政策的要点除了众望所归的启运港制度外，还包括：对注册在洋山保税港区内的航运企业从事国际航运业务取得的收入免征营业税；对注册在洋山保税港区内的仓储、物流等服务企业从事货物运输、仓储、装卸搬运业务所取得的收入免征营业税；允许企业开设离岸账户，为其境外业务提供资金结算便利；探索创新海关特殊监管区域的管理制度。这些政策进一步突显了上海的比较优势，助推洋山港航运产业和资源的空间集聚，增强上海港持续竞争力。国务院对上海寄予厚望、委以重任，望其突破先行，探索前进。

把握机遇加速长三角港口资源整合。目前位于长三角的主要港口中，上海港以集装箱运输为主，宁波港的主要货种是大宗货物，由太仓、常熟、张家港三个港区组成的苏州港，其散杂货吞吐量占很大比例。三者有业务分工的可能性。同时，地理区位不同决定了他们有各自的优势腹地，水深条件的差异使他们由其各自的优势航线。更重要的是，大型港航企业、码头运营商的交叉投资入股，可以成为其整合资源、分工合作的内在动力。国内其他行业如卷烟企业重组和国外纽约/新泽西港，洛杉矶/长滩港，以及日本东京湾港口等的整合也为我们提供了不同的方案。

(3)希望上海国际航运中心建设突破过分依赖公路运输的单一方式，推动长江“黄金水道”新一轮开发，创造高效率的江海联运的水运方式，建立包括公路、铁路和水运在内的三位一体集疏运体系的“无缝衔接”。

(4)希望上海国际航运中心的邮轮的发展要从整体产业规划入手，按照邮轮经济发展规律和特点来积极培育市场，最终形成新的经济增长点。

近年来上海邮轮产业发展可谓迅猛。从邮轮经济的发展规律和特点来看，无论在占全球邮轮旅游业市场70%～80%的美国，还是在垄断目前全球邮轮订单的99%以上的欧洲，邮轮业发展都与经济发展同步协调。加勒比等岛国邮轮经济的发展模式在中国是否可行，桥高、吃水限制是否会成为制约因素，在欧美风靡多年的邮轮产业是否能真正成为中国旅游经济的新亮点，值得我们思考。

4　上海国际航运中心建设热点话题

4.1　集疏运系统

当前，洋山港集疏运体系与世界著名港口相比还存在差距，如鹿特丹港公路、水路、铁路三种运输方式之间的比重是45:47:8，而洋山港的比重是67.4:32.2:0.4。可见，上海港集疏运体系中，公路运输比例过大，水路运输比重偏小，铁路运输太少，航空和管道运输尚未启动。

统计分析表明，在公路、铁路、内河三种运输方式之间，内河运输的土地占用、单位公里线路投资额最少，对于空气的污染、产生的噪声和生活垃圾也最少。同时，内河和铁路运输的能耗只有公路运输的1.16%和5.14%，单位运输成本只有公路的23.32%和36.04%。内河运输和铁路运输是最符合可持续发展要求的。

从道路承载来看，A30和A20公路上几乎都是集装箱卡车，不断增长的货物进出口吞吐量势将逼近城市道路承载极限。在上海内河水运方面，由于桥梁架设时对水运考虑不足，很多桥梁不适于大型船舶通行。而铁路现有运能主要用于保证客运和重要物质的运输，铁路方面既无法为集装箱运输提供足够的运能，也不能保证货物运输的时效性。在空港联运和管道运输方面，还处于起步阶段。

可喜的是，《意见》要求上海港到2020年基本上形成以水路集疏运为主体，公路集疏运为辅助的低能耗、低污染、高效率的综合集疏运体系，水路集疏运系统所占比例达到60%。

4.2　中转箱量

相对于其他国际航运中心，上海港的国际中转能力并不突出。据统计，2008年，上海港国际中转箱量仅为5%，而新加坡则高达85%、香港达60%、韩国釜山达45%。上海港属于腹地型的港口，在目前中国大量出口的贸易环境下，其集装箱大港的地位江山稳坐，但是，随着中国产业结构的优化、低值产品制造地的转移、中国外贸出口的减少，上海港如果没有足够的国际中转量，其集装箱吞吐量将大大减少，上海港国际航运中心的发展也将受到极大制约。从这一点上说，上海港必须努力增加国际中转箱量、加强国际中转港的地位；另一方面，增加国际中转箱量也是上海港的潜力所在。

《意见》对洋山港完善长江集疏运体系和首次实行启运港政策和予以批复，意味着洋山港将能吸引更多的中转量，而该政策的更大意义在于借此提升上海港的整体航运服务能力。

4.3　全球航运资源配置能力

中央此次《意见》中提出，到2020年上海将基本建成航运资源高度集聚、航运服务功能健全、航运市场环境优良、现代物流服务高效，具有全球航运资源配置能力的国际航运中心。这是自1996年中央提出上海建设国际航运中心要求以来，首次系统阐明建设目标，初步形成航运中心框架，为整个业界描绘了未来十年的发展重点和方向。

伦敦是世界上最具有全球航运资源配置能力的航运中心，至今能保持着全球顶级国际航运中心的地位，其一是因为汇聚了全球航运服务业。2000年伦敦航运融资放贷总额约占世界市场份额的20%；航运保险费收入32亿英镑，约占世界市场份额的19%；航运仲裁年案值4亿美元，航运经济交易金额340亿美元，约占世界市场份额的50%；航运就业人数达14000人；其二是伦敦航运业的发展催生了与航运相关的金融、保险、法律、交易、中介服务、信息指数、行业组织等航运服务业。各种海事协会、保赔协会纷纷在伦敦落户，促进了伦敦海事法律体系的完善。其三，伦敦高度发达的金融服务在国际航运中心的建设中发挥了不可替代的作用。伦敦控制了全球船舶融资市场的18%，油轮租赁业务的50%，散货租赁业务的40%和船舶保险业务的23%。此外，全球67%的船东保赔协会保费基本也都集中于伦敦。

至2007年底，上海共有国际海上运输及其辅助业经营企业958家，在沪办理注册登记的经营国际海上运输及其辅助业的外商驻沪代表机构累计达到295家。上海拥有:跻身世界同行十强的中海集团、中远集运等大型航运公司总部,全球前20家班轮公司分公司或办事机构,世界上最大的8个船级社代表处,交通运输部与上海市共同组建的上海航运交易所。上海航运交易所在规范航运市场行为、调节航运市场价格、沟通航运市场信息方面发挥的作用日益显现,基本确立了中国航运政策研究中心和国际航运信息发布中心的地位,同时成为国家级的二手船买卖平台。中国海事仲裁委员会在上海设立了目前国内唯一的区域性海事调解中心,参与国际海事规则的执行。

上海集聚的航运要素也不少,可以说同样形成了航运服务体系的基本框架。但是上海航运交易所在国际上的影响力如何,上海海事调解中心每年又解决多少海上事故纠纷,又有多少全球性航运组织的会议在上海举行。

尽管很难下定义,但可以肯定的是,上海要建成全球航运资源配置能力的国际航运中心,则集聚航运要素,完善现代航运服务业体系已是刻不容缓的时事情。同时上海还有很长的路要走,其最好的榜样就是伦敦,上海作为中国最重要的城市之一,有着香港、新加坡无法得到的巨大优势,上海有能力通过提供良好、健全的环境,来吸引全球各种航运资源。

4.4 长三角港口整合难题

虽然国务院的指导性意见树立了上海在港口群建设中的主体地位,但是由于前期长三角各港口的过度扩张和同质化投资建设,导致其整合难度超乎想象,尤其是与洋山港仅“一湾之隔”、规模仅次于洋山港的宁波港。前文已表明宁波港在自然条件、价格上存在着明显的优势,加之几年前港口决策管理经营权下放地方政府,宁波港自然不希望被整合,沦为上海的中转港。

需要明确的是,要在长三角港口整合问题上有所突破,必须成立一个国家层面的机构来专门负责这项事务,并且赋予其相适应的法律地位,欧洲安特卫普港口群、北美纽约新泽西港口群成功整合的经验就很好的说明这一点,值得我们的借鉴。

5 解读“综合试验区”5点新政策

此次国务院支持洋山保税港区建立国际航运发展综合试验区所推出“五点政策”是:

(1)对注册在洋山保税港区内的航运企业从事国际航运业务取得的收入,免征营业税。

(2)对注册在洋山保税港区内的仓储、物流等服务企业从事货物运输、仓储、装卸搬运业务所取得的收入,免征营业税。

(3)允许企业开设离岸账户,为其境外业务提供资金结算便利。

(4)在完善相关监管制度和有效防止骗退税措施的前提下,研究实施启运港退税政策,以鼓励在洋山保税港区发展中转业务。

(5)探索创新海关特殊监管区域的管理制度,更好地发挥洋山保税港区的功能。

5.1 启运港政策

过去,洋山港还没有实施“启运港退税”政策,导致大量中转集装箱货物流失到韩国釜山港。

所谓启运港退税政策,以洋山港为例,是指国内货物只要确认离开启运港口发往洋山港中转至境外,即被视同出口并办理退税。上海争取到这项政策,有助于为洋山港吸引更多的中转量,尤其是争取部分直接发往釜山等境外港口的货源。

其实天津、大连、青岛、重庆等多个港口城市也都正在争取这项政策,上海率先得到试点机会,可谓意义重大。该政策推出后,最直接的受益者就是货主,他们将能更快的获得退税,有利于企业资金流动,这个优惠政策也是国际上其他港口所无法比及的。

5.2 免征营业税政策

目前包括中海集团在内的多家企业注册地都在虹口、浦东新区,而其需要缴纳大约3%的营业税。新政策对注册在洋山保税港区内的航运企业从事国际航运业务取得的收入以及仓储、物流等服务企业从事货物运输、仓储、装卸搬运业务所取得的收入,免征营业税。这一政策对于洋山保税港区的产业集聚是非常有帮助的。

洋山保税港区是我国最早封关运行的海关特殊监管区域，但是目前，随着天津东疆保税港区、大连大窑湾保税港区、洋浦保税港区的相继封关运行，洋山保税港区的优势不再。据统计，截至2008年底，洋山保税港区共注册企业28家；东疆保税港区2007年底才封关运作，目前也有注册企业25家。不过有理由相信，新优惠政策会给洋山保税港区带来机遇，吸引更多企业登记注册、开展业务。

5.3 离岸账户从事境外业务

为了在洋山建立国际航运发展实验区，国家政策再次开放。上海建设国际航运中心，将允许企业在洋山保税港区开设离岸账户，为其境外业务提供资金结算便利。

在区内设立境外账户则主要是为了方便企业的结算。所谓境外账户，是指企业在注册地以外的国家或地区的银行开立的账户，由于目前我国实行外汇管制，外币收入汇入汇出都受到一定限制。而开设境外账户有利于区内企业的结算与国际接轨，方便企业结算。

5.4 小结

可以预见的到，此次“综合试验区”方案通过后，上海保税港和综合试验区政策将叠加在一起，其航运环境和竞争将会上一个台阶，可能会暂时牵制宁波－舟山港的发展。但是笔者认为，诸如综合试验区政策核心的启运港退税政策，很快天津等地也将成功申请获批，而上海可能仅是作为首发试点。同时，上海应找准发展方向，如香港实行的是自由港政策，所以上海的保税港和启运港退税等政策加在一起，也远远不及香港好，沪上所能做的就是使用好已有政策，并进行挖掘和创新。

6 《意见》的作用探讨

与《意见》是中央首次以国家文件形式确定建设上海国际金融中心不同，上海国际航运中心的建设早在十多年前年就已经站在了国家的层面，1995年，党中央国务院做出建设上海国际航运中心的重大决策。那么此次《意见》对于上海航运业建设究竟有何意义，它的作用又将如何显现。

6.1 帮助上海港度过金融危机

全球金融危机也给港航业造成巨大冲击，2008年上海港完成集装箱吞吐量2800万标准箱，同比增长7%，增幅比上年的20.4%减少13.4个百分点。今年1至2月上海港集装箱吞吐量同比下降10%以上，更是出现了多年未遇的“负增长”。

在金融危机的背景下，上海加快推进国际金融、航运中心建设，才能更好地应对全球金融动荡和经济减速，为中国的发展提供有力支持。上海同样希望借金融危机的倒逼作用，在金融和航运这两个现代服务业的重要领域，获得更有力的政策支持。

《意见》获得原则通过，将更好地发挥和增强上海国际金融、航运中心服务功能，有效应对当前国际金融危机冲击。建设强大高效的金融、航运体系，进一步加大金融、航运支持经济发展的力度，对增强我国战胜国际金融危机严峻挑战的信心和能力具有重要的现实意义。

6.2 激发各方积极性

《意见》推出后，其作用立即在资本市场上得以显现。作为航运中心政策的直接受益者，上港集团最近一周内4天交易日股价疯狂上涨32.07%。

“启运港制度”和发展集疏运体系等政策对上港集团直接收益，而大力发展航运服务业等政策从长远看，有利于营造上海冲刺国际航运中心的软环境，进而间接为上港集团带来发展机遇。

中国海运集团表示，将抓住上海建设“两个中心”这一重大历史机遇，加大对上海集装箱枢纽港建设的资源和资金投入，完善国际航线网络覆盖面，支持上海港发展集装箱水水中转和内贸箱业务。同时，集团还将积极推进船队结构转型，同时在船舶登记注册方面更多地选择上海，借政府扶持先进制造业的政策东风，加快修造船等产业的发展。此外，集团还将与有关方面探讨设立航运产业基金、设立船舶保险公司等，以大力推动船舶融资、海上保险业务、航运资金结算、航运价格衍生品等航运金融业务发展。

6.3 将上海国际航运中心建设转型工作上升到国家层面

行业界和学术界的普遍观点认为，上海国际航运中心建设迫切需要实现转型，上海在发展航运业的硬件已基本到位,但软环境上却存在很大的差距。《意见》的推出,就是将上海国际航运中心建设转型工作上升到国家层面,积极引导上海地方政府配套政策的推出。

最近十多年来,上海航运货物吞吐量不断扩大,但航运服务业比重却在缩小,航运服务发展明显滞后;航线、航班密度和船舶数量增长很快,但国内注册登记、国际航线挂中国旗的船只增长很慢;航运港口、码头等基础设施建设速度很快,但航运服务业有关政策办法与国际通行惯例衔接的速度不快。

相应地,《意见》中的重大政策突破,主要就是要解决这些问题,要求上海努力形成符合国际惯例的制度环境和跨越式发展国际航运服务。

参考文献

[1] 毛懿,李芹. 洋山港首遭航运严冬,进出港船只锐减[EB/OL]. http://xwcb. eastday. com/c/20090115/u1a525317. html,2009-01-15/2009-03-31

[2] 徐晓巍. 一揽子政策有望近期获批 沪"国际航运中心"建设提速[EB/OL]. http://www. 022net. com/2009/3-23/425646332493577. html,2009-03-23/2009-03-31

[3] 许培星. 上海国际航运中心建设与发展前景[EB/OL]. http://www. zgsyzz. com/Article/ShowInfo. asp? ID =659,2009-01-12/2009-03-31

[4] 何连弟. 2020 年实现具有全球航运资源配置能力的目标[EB/OL]. http://sh. xinmin. cn/shizheng/2009/03/26/1735154. html,2009-03-26/2009-03-31

Approach to the construction of Shanghai international shipping center and analyze of State council's new policy

Shen Xuli, Sun Liang

(Shanghai Maritime University, shanghai, 200135)

Abstract: The history and hot topics of the construction of Shanghai International Shipping Center is reviewed. The background of the newly-introduced policies is analyzed. The paper also discussed the five policies introduced by the State Council to support the establishment of a comprehensive experimental zone in Yangshan Bonded Area. Finally, the meaning and effect of newly-introduced policies are explored.

Key words: International shipping center; Comprehensive experimental zone; Policy of departure port; regional integration

中国邮轮产业发展研究

张　璐

(上海海事大学交通运输学院,上海,200135)

摘　要:随着我国国民经济的快速发展,人均收入及人民生活水品的提高,邮轮产业在中国的发展速度高倍增长,发展邮轮产业今后将成为我国经济增长的新方式、新领域,对拉动我国经济内需有重要意义。本文通过对邮轮产业的内涵、特点及经济效益的分析,结合国内外邮轮产业发展的现状,提出了我国发展邮轮产业的建议,希望能对邮轮产业在我国的发展起到一定的作用。

关键词:邮轮产业;经济效益;产业链

1　邮轮产业概况

1.1　邮轮产业概念

邮轮产业(cruise industry)是指以邮轮为核心,以海上观光旅游为具体内容,由交通运输、船舶制造、港口服务、旅游观光、餐饮、购物、银行保险等行业组合而成的复合型产业。

邮轮的产业形态于20世纪60年代后期形成于北美,随着人们对现代邮轮认识的逐渐提升,邮轮市场不断出现新的旅游产品,市场不断得以拓展,邮轮产业的发展不断加快。到20世纪90年代中晚期,邮轮产业进入了繁荣成熟期,全球性邮轮公司不断投入新船,邮轮服务种类繁多,产业链延长,市场分割加剧,竞争趋于激烈。虽然邮轮产业只是旅游产业中的一小部分,但已经成为旅游业中增长最快的一类业务。

1.2　邮轮产业的特点

邮轮产业概括起来具有如下特点:

(1)邮轮产业是一个经济要素积聚的产业。其集聚性主要表现在两个方面:一是为邮轮及邮轮乘客服务的各类机构和相关产业(如商业、宾馆、餐饮、陆空交通、港口服务、金融、中介代理)一般积聚在港口附近及周边地区,以便能够快捷方便地为邮轮及旅客服务,较为发达的城市因此形成了繁华的商务中心区(如美国迈阿密、加拿大温哥华等);二是优良的邮轮母港可以吸引更多的邮轮集聚,而多艘邮轮的集聚可极大地拉动当地的经济,其集聚效应相当明显,如迈阿密港、大沼泽地港和卡纳维拉尔港,三港的邮轮游客总人数超过了全球的40%,使得该地区成长为全球邮轮产业中心。

(2)邮轮产业是一个交叉集合产业。它包括邮轮港口业、邮轮建造业、邮轮服务业、商业服务业、旅游交通业、物资供应业、金融保险业等行业,她是这些行业的交叉集合体。

(3)邮轮产业的服务对象具有全球性。尽管当今的经济正朝着全球一体化的方向发展,但真正具有跨国区域特点的产业并不多,而邮轮产业一开始就定格为跨区域性产业,其产生之初就是以连接七大洲的整个海洋作为经营舞台。邮轮航线的生命力在于其跨国和跨洋性,如环球邮轮可以到达世界上任何大型码头。对邮轮产业而言,国界的概念并无实质性意义,因为邮轮在停靠码头外的绝大部分时间都是在公海航行,各国的法律对邮轮只有暂时性意义,没有长效性的约束。邮轮上的船员与游客往往来自于全球几十个国家和地区,他们说不同的语言,使用不同的货币,很难说邮轮产业会为某国专有。实际上,如果企图使邮轮产业为一国所独有,也不会有任何生命力。

(4)邮轮产业的文化具有多元性。邮轮产业起源于贵族休闲文化,故其所有相关的服务都体现出奢华的特点。许多邮轮都采取了极尽可能的华丽装饰,金碧辉煌的奢华不但能够体现出邮轮消费的价

作者简介:张璐,女,上海海事大学交通运输学院,交通运输规划与管理专业在读研究生。

值，同时也能提升邮轮本身的品味，吸引更多的游客置身去体验邮轮生活。由于邮轮乘客大多来自不同的国家，因此各国文化在邮轮上竞相辉映，显示出邮轮产业文化的相对开放性。

1.3 邮轮产业的经济效益

邮轮产业实际上是典型的服务业，其业务目标是吸引乘坐邮轮的游客消费，业务核心是为邮轮游客提供全方位的、周到的服务。邮轮公司为了提高邮轮旅游地服务质量，不惜花费巨资在当地的临近地区招揽和培训员工，并投资建设餐饮、娱乐、保健、休闲等全套服务项目，以最大程度的延长邮轮产业链，增加邮轮产业所带来的经济效益。

邮轮产业经济是指依托邮轮并通过其产业的延长作用，拉动各自上下游的相关产业，形成相互依托、共同发展的经济现象，也可表述成与邮轮经营有关的经济价值链效应。广义上的邮轮产业经济，除了包括船舶建造及其维护、邮轮运营、码头服务、中介代理、餐饮住宿、景点观光、综合交通、金融保险、文化娱乐、教育培训等一系列直接相关的产业外，还包括政治文化形态、法律制度、劳动就业、环境保护等对社会和人们生活品质能够产生直接和间接影响的多种无形经济要素。邮轮产业的经济系统结构一般如图1所示。

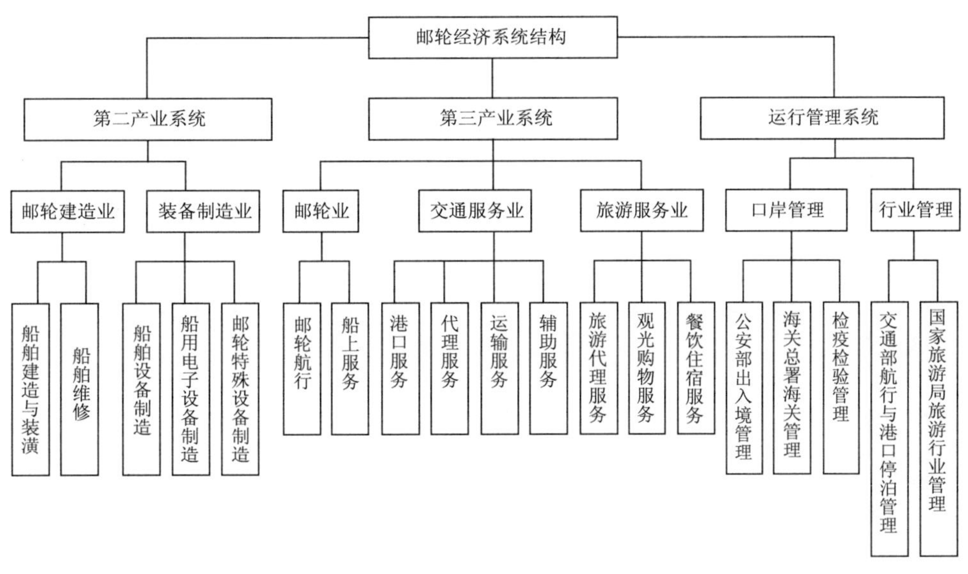

图1 邮轮经济系统结构图

从中获得的经济利益包括从乘客对邮轮设施及其服务的支出，进而为城市创造就业机会，产生新的区域经济，为城市经济注入新活力。其中，邮轮产业经济带来的最重要的几项收入有岸上观光、购物、港口收入、娱乐、交通、船舶修造以及商务地产等。

2 全球邮轮产业的概况

在过去的20多年中，全球邮轮旅游年接待人次已经从1980年的150万急剧上升到2007年的近1300万，自1980年至今全球邮轮出游的乘客总数超过9000万人次。根据国际邮轮协会(CLIA)的统计，2003年全世界乘坐邮轮出游的人次较2002年增长了10.2%。在经历了“9·11”事件对旅游业的打击后，世界邮船行业已经连续两年取得恢复，国际邮轮协会主席马克·康罗伊表示：“邮轮业在2003年冲破了包括SARS、恐怖主义威胁、不稳定的经济形势在内的重重阻碍，依旧表现不俗。”这表明世界邮轮旅游市场强劲增长的基础依然存在。

近几年新的邮轮不断投入运营，新的邮轮母港和挂靠港不断建立，新的旅游目的地和旅游航线不断开辟，邮轮产业总体上实现了持续增长。据有关预测，2007年全球范围的邮轮旅游市场规模达到1700万人次，这一数字比1995年增长了180%。从全球角度来看，世界邮轮产业经济的主要利润源泉仍然是北美地区。由于自身的经济相对发达，使得该地区的邮轮产业继续得到空前的发展。与此同时，欧洲邮轮乘客数量也比2000年翻了一番，成为新的产业增长极。随着邮轮公司在欧洲市场投放更多新船，采取新的措施专注于吸引欧洲乘客,未来几年欧洲的邮轮经济将会有更大的起色。

由表1和图2、图3可以看出,全球邮轮经济在近几年发展迅速,总收入和游客运送量都呈现稳步上升的趋势,其中2004年和2005年的增速最为明显,均保持了二位数的增长,这主要是由于在这两年间,游客人均消费大幅增加,航行时间进一步延长。

2001~2007年全球邮轮产业经济发展状况 表1

项目	绝对数							增长率					
	2001	2002	2003	2004	2005	2006	2007	2002	2003	2004	2005	2006	2007
游客运送量(万人次)	840	865	953	1046	1118	1200	1256	3.0%	10.2%	9.8%	6.9%	7.3%	4.7%
总收入(亿美元)	138.3	142.8	147.3	168.5	191.7	206.4	228.2	3.3%	3.2%	14.4%	13.8%	7.7%	10.6%
游客人均消费(美元)	1646	1651	1546	1611	1715	1720	1817	0.3%	-6.4%	4.2%	6.5%	0.3%	5.6%
邮轮人均每天消费(美元)	257	237	227	233	246	248	250	-7.8%	-4.2%	2.6%	5.6%	0.8%	0.8%
总经营费用(亿美元)	81.5	83.5	91.1	104.7	119.4	132.6	149.7	2.5%	9.1%	14.9%	14.0%	11.1%	12.9%
占总收入的比重	58.9%	58.5%	61.8%	62.1%	62.2%	64.2%	65.6%	-0.7%	5.6%	0.5%	0.2%	3.2%	2.2%
总管理费用(亿美元)	19.3	20	21.5	23.3	24.5	26.9	28.2	3.6%	7.5%	8.4%	5.2%	9.8%	4.8%
占总收入的比重	14.0%	14.0%	14.6%	13.8%	12.8%	13.0%	12.4%	0.0%	4.3%	-5.5%	-7.2%	1.6%	-4.6%
折旧/摊销(亿美元)	15.7	16.8	17.7	19.8	23.3	25.6	27.9	7.0%	5.4%	11.9%	17.7%	9.9%	9.0%
占总收入的比重	11.4%	11.8%	12.0%	11.8%	12.2%	12.4%	12.2%	3.5%	1.7%	-1.7%	3.4%	1.6%	-1.6%
运行收益(亿美元)	21.8	22.5	17	20.7	24.5	21.4	22.4	3.2%	-24%	21.8%	18.4%	-13%	4.7%
占总收入的比重	15.8%	15.8%	11.5%	12.3%	12.8%	10.4%	9.8%	0.0%	-27.2%	7.0%	4.1%	-18.8%	-5.8%

资料来源:Business Research & Economic Advisors and Cruise Lines International Association。

注:总收入是指邮轮乘客在乘坐邮轮旅游中所发生的总费用,包括交通费、保险费、岸上旅游、餐饮、娱乐、购物通信等费用。

从地区来看,世界上主要的邮轮母港大都分布在北美、欧洲和东南亚地区。北美地区的邮轮产业最为发达,包括美国的迈阿密、纽约、旧金山、波士顿、洛杉矶、西雅图、加拿大的温哥华等。据统计,在2006年全球邮轮市场高达120万人次的游客中,北美地区的客源就占到70%以上,同时,还有将近100万人次其他国家的游客乘坐邮轮到北美游玩。

尽管目前北美邮轮市场正在逐步走向她的成熟期,但是一些邮轮公司还是发现了2009年在“母港邮轮出游”(home port cruising)方面蕴藏着新的市场增长机遇。这一新市场从“9.11”后人们不愿乘坐飞机起开始流行。在CLIA注册成为会员的邮轮公司中,2009年有30多个分布在北美版图上的港口是这些邮轮公司的母港,可供本地游客选择就近出游。由于邮轮公司推行以节约家庭开支为卖点的刺激措施,家庭出游市场也成为增长最为迅速的新市场之一,这使得邮轮乘客平均年龄下降到46岁。

与此同时,在英国、爱尔兰、欧洲、亚洲以及中东地区出现的较小的这类新兴市场也为经济困难时期邮轮产业的增长带来了希望。

在CLIA对2009年邮轮经济的展望中认为,今年将会继续出现多元化趋势和全球市场的扩张;加勒比、阿拉斯加和欧洲将是增长最为强劲的市场,同时,亚洲、印度洋和中东地区也会出现增长。北美注册会员邮轮公司2009年将有14艘新船首航,总造价48亿美元,载客量从82到5400不等,这也将带来预期的产业增长。2010年至2012年将有总价值140亿美元的21艘新船投入北美市场营运。如果市场回暖,这些邮轮公司还会根据经济环境考虑增加订单扩充运力。

因此,全球邮轮产业还将有望保持长期增长势头。

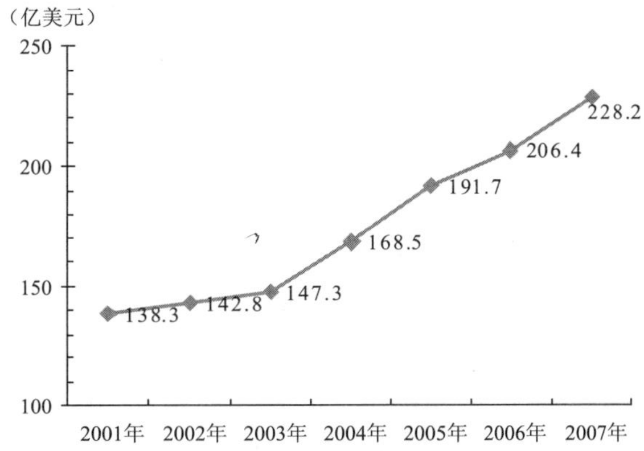

图 2　全球邮轮经济总收入

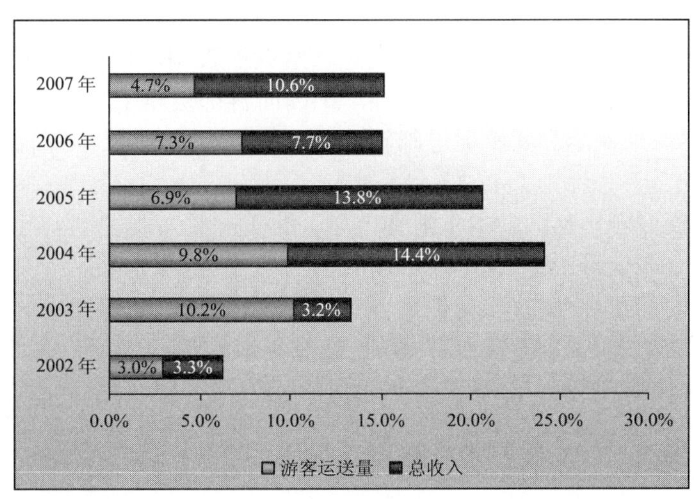

图 3　2001 年～2007 年全球游船产业经济发展状况

3　中国邮轮产业的现状

中国内地的港口接待国际邮轮始于 1976 年,日本国际邮轮珊瑚公主号首次停靠中国大连港,自此游客的数量一直保持增长的势头。从功能上看,中国内地还仅仅是国际邮轮航线的挂靠港。2008 年以中国内地港口为母港的邮轮航线开始增多,中国的邮轮产业不断升温。

《2008～2009 中国邮轮发展报告》将中国的邮轮经济发展分为了三个阶段,分别为国际邮轮到港服务阶段、邮轮到港服务和公民出境服务并举阶段和邮轮经济发展成熟阶段三个阶段,目前中国正处于邮轮经济发展的第一阶段,在此阶段,国际邮轮接待规模持续扩大,受北京奥运会和上海世博会的推动,国外大型邮轮公司将会陆续增加其在中国的挂靠。在此期间,我国沿海各大港口邮轮码头项目完成规划甚至上马,发展快的已投产使用,港口对国际游客的接待能力和服务水平将进一步提高。但是,真正意义上的跨国邮轮公司及其总部尚未在中国内地实现商业性存在,航线密集的邮轮基本港和邮轮母港尚未形成。

2008 年 6 月份,国家发改委下发了《关于促进我国邮轮业发展的指导意见》,该意见书明确了我国邮轮业发展的指导思想和基本原则,提出了总体目标和主要任务,并针对发展我国的实际情况,提出了七项针对性发展措施。这是促进中国邮轮发展第一个部委级文件。目前,中国大陆已建成了上海国际客运中心、厦门国际客运中心、三亚凤凰岛国际客运中心三个设施较为齐全的邮轮港口;天津港邮轮码头已开工建设;大连国际邮轮码头进入设计阶段;青岛、宁波、深圳、广州、珠海、汕头等城市已经在制定建设或改造邮轮客运中心的规划。应当说,我国各主要港口的基础设施已经初步具备了大力发展邮轮经济的条件。

总体来说,我国发展邮轮船业还有很长的路要走,目前我们还处于起步阶段,如果说比欧洲落后10~15年的话,至少比北美要落后20~30年。反过来看,中国邮轮经济的发展潮流不可阻挡,发展潜力无比巨大。

4 中国发展邮轮产业的建议

(1)邮轮政策体系问题

邮轮产业是国际化程度较高的产业,而我国缺乏符合国际惯例的出入关程序和口岸管理条例,国际邮轮在国内业务遇到层层困难。国家对邮轮的出入关管理和口岸管理还是采用一般的出入关程序和口岸管理条例,导致邮轮乘客出入关时间过长,出入口岸不便。如我国居民在上海上邮轮去香港,途经宁波时,境外乘客可以上岸观光游览,而我国居民则不能离开邮轮,其理由是根据目前的我国口岸管理条例,从宁波下邮轮就是入境,而回邮轮是再出境,必须重办出境手续。

纵观世界邮轮母港城市,邮轮公司及其所属的旅行社在本地注册才能更好地开展业务,但中国的开放程度还有限,如不允许国外旅游公司经营中国公民出境游等,这必将影响邮轮公司在上海拓展的积极性及效果。当然,这一问题也随着丽星旅行社的成立开始放松管制。但是否也允许其他邮轮公司在上海开设旅行社,相关的政策还相对模糊。邮轮对整个中国而言都是新生事物,邮轮产业发展遭遇政策瓶颈也不足为奇,但能否尽快地制定和实施促进邮轮产业发展的相关政策,是邮轮产业发展的重要前提。

(2)开拓本土消费市场

邮轮产业的经济发展仰赖于强大的本土消费市场。北美邮轮市场是世界上最大的市场,无论是邮轮运力还是每年的邮轮乘客数量,都占到全球市场的70%以上,这里面有一个重要的前提条件就是:只有本国居民形成了庞大的消费规模,这一市场才会快速发展。

2007年,我国人均GDP已经达到了2737美元,部分沿海城市的人均GDP均已超过3000美元,达到中等发达国家水平,中国居民开始了解、接受邮轮旅游的理念。按照国际邮轮经济的发展规律,当一个国家或地区经济发展人均GDP达到6000~8000美元时,人们的生活方式、消费理念将随之发生变化,邮轮经济将得到快速发展。目前,上海、北京、天津三个直辖市的人均GDP都超过了6000美元,浙江、江苏、广东等省的人均GDP都达到5000美元左右,部分沿海经济发达城市已接近和超过6000美元的水平。由此可见,我国沿海三大经济地区,经济发达城市的人均GDP发展水平,已具备了邮轮旅游的强有力的经济基础。

据中国交通运输协会邮轮游艇分会(CCYIA)调查,目前中国有闲有钱的中老年群体和都市白领群体已经形成,他们完全有消费能力同时也在寻找新的消费方式。因此,长远教育并积极培育中国人的邮轮消费理念和邮轮文化,将成为加快中国邮轮经济发展步伐的首要任务。

(3)延长邮轮经济产业链

美国迈阿密第25届世界邮轮大会现场展览让人理解邮轮旅游业对第一、二、三产业等相关产业部门有着非常广泛的带动作用。据有关统计,与邮轮产业相关的产业部门多达150多个,邮轮产业的产业链可以很长,关键是基于怎样的市场基础和经济与政策环境。我国邮轮产业经济的发展与成长,不能只看到建几个码头的拉动,而是应该在完善邮轮旅游活动的核心部分(包括乘客和船员的消费、港口服务和邮轮公司的消费、交通服务、航空交通)的基础上,将邮轮经济的产业链延长至为邮轮产业提供产品与服务供给等方面,如建筑业、制造业(船舶维护与修理、计算机、电子设备等)、信息服务、金融保险、房地产、租赁、政府的公共服务(指专业服务、科学服务和技术服务,行政管理服务、废物处理,艺术、表演与娱乐及其他政府服务等;但不包括住宿、旅游服务),让更多产业链环节所带来的经济活动流转在本国经济循环之中,为我国经济部门作出贡献。

(4)加快邮轮服务人才的配套

在邮轮产业的发展过程中,人才的培育是邮轮产业持续发展的重要因素,特别是在我国邮轮产业快速发展的新阶段,加强邮轮服务人才的培育有着重要的意义。可以借鉴国外的做法,通过专门的资格认证检测从业人员是否具有本行业工作的能力和实力，如注册航游顾问（ACC）和高级航游顾问（MCC），大力引进境外的高级邮轮管理人才；可在国内大学中开设相关专业或课程来培训邮轮从业人员，同时，邮轮企业也可以与高校、研究所、政府联合，以政府为主导，以高校和研究所为基地，由企业提供资金支持，共同培养、培训专业人才，以满足行业对人才的需求，保证邮轮产业各个层次的人才供给，如邮轮港管理人才、邮轮旅行社人才、外语导游人才，邮轮教育人才、邮轮服务人才、邮轮信息业人才等。

（5）加大邮轮产业的宣传力度

运用整合传播沟通（IMC）手段和建立目的地营销系统（DMS），以2008奥运会、2010世博会为契机，大力提升我国邮轮城市的国际知名度。以政府、旅游行业协会及旅游企业为主体，联合起来，通过各种媒体进行正面的广告宣传，包括广播、电视、电影、报刊杂志、网络、旅游大篷车，甚至室外张贴广告画等各种形式，也可以凭借媒体组织座谈、专访及论坛的方式来进行宣传，还可以通过旅游批发商进行中国邮轮旅游新形象的宣传。

参考文献

[1] 王诺. 邮轮经济. 北京：化学工业出版社

[2] 李传恒. 服务业价值链扩张与区域旅游产业升级：邮轮产业实证研究. 山东大学学报

[3] 刘志强. 浅谈上海邮轮经济发展. 水运管理，2004，(10)

[4] 程爵浩，高欣. 全球邮轮旅游市场发展研究. 世界海运，2004，(8)

[5] 胡建伟，陈建准. 上海邮轮产业集群动力机制研究. 旅游学刊，2004，(1)

[6] 潘勤奋. 我国邮轮经济发展对策. 综合运输，2007，(7)

[7] 2008～2009 中国邮轮发展报告

[8] http://www.breanet.com/pages/6/index.htm

[9] http://www.cruising.org/

[10] CRUISE SHIP STRATEGY Destination Victoria

On the development of China's cruise industry

Zhang Lu

(Shanghai maritime university, shanghai, 200135)

Abstract: With the rapid development of China's national economy, per capita income and people's living standard improved, China's cruise industry grows highly. The development of cruise industry will become a new way of economic growth and a new area of domestic demand, which plays a significant role for our country's economic demand. In this paper, through the analysis of connotation, characteristic and economic effect of cruise industry, together with the development status at home and abroad, it puts forward proposals to develop the cruise industry in China, hoping that it can contribute to the development of our cruise industry.

Key words: Cruise industry; Economic effect; Industry chain

多方式投资的船队规划模型研究与应用

杨秋平　谢新连

(大连海事大学交通运输管理学院,辽宁大连,116026)

摘　要:针对变动的市场经济营运环境,建立了基于多方式投资的船队规划混合整数规划模型。模型以规划期内船队现金流量的折现值最大为目标函数,不仅考虑了订造新船、买卖二手船和租赁船舶等多种实际可能存在的复杂情况,还考虑了船舶营运经济状态、运力配置、企业投资能力等影响因素。以某航运公司为例进行仿真,结果表明,该模型满足船队规划决策和船舶运行组织的实际需要,可以适用于大宗货物定线运输或班轮干线运输船队的规划问题研究。

关键词:船队规划;船舶投资;混合整数规划

1　引言

随着全球海运贸易量与世界商船队的增长,海运业的竞争日益激烈,特别是在当前全球性金融危机的环境下,航运企业均面临着巨大的考验。如何保持企业继续生存、发展,有效的规避风险成为航运业关注的焦点问题,因此,船队规划的研究也越来越受到航运理论界与实务界的高度重视。在当前市场经济条件下传统的船队规划研究方法已不能完全适用[1-8],为此本文针对市场经济营运环境下,考虑订造新船、淘汰旧船、买卖二手船和租赁船舶等多种实际可能存在的选择,建立了基于多方式投资的船队规划数学模型,旨在辅助航运企业制定船队规划决策。

2　问题描述与模型假设

本文以一个已有船队在某一时刻的状态为研究对象,根据未来一段时间内可以揽取的货载情况和企业自身实力及其发展趋势等情况,同时考虑现有船舶运输能力及其营运经济状况、船舶闲置、旧船报废、多种类型的船舶投资方式等多方面因素,预测研究这个船队逐年的最优构成和船队建设问题,制定出合理的船队规划方案。

为简化问题我们首先做以下假设:(1)研究期(规划期)为 N 年,起始于第 0 年初,终止于第 $N-1$ 年末,一年为资金结算的一个时间单位,每年营运支出与买卖、租赁船舶支出发生在年初;(2)在研究期内共有 K 种船型可供选择;(3)船舶买卖、租赁均发生在年初,船舶退租发生在年末;(4)租船业务采用期租船形式,租期最少为一年,最长为整个研究期;(5)考虑到造船周期内的预付资金利息或买船代理费等因素,令船舶买入价格比售价高一百分比 α;(6)由于船舶租出时船东需支付给经纪人佣金,令佣金等于所付租金乘以租约规定的百分比 μ;(7)研究前的投资费用是已经确定的沉没成本,故在规划时不予考虑。

3　优化模型

基于上述问题和假设,建立船队规划的数学优化模型如下:

$$\max Z = \sum_{t=0}^{N-1}(1+i_0)^{-t}\Big\{\sum_{j=1}^{K}\Big[\sum_{h\in R_t}y_{jht}\cdot R_{jht}+\sum_{b=B_0}^{t}\sum_{d=1}^{N-t}(1-\mu)\cdot V_{jbt}^{d}\cdot P_{jdt}+\sum_{b=B_0}^{t}W_{jbt}\cdot S_{jbt}$$

作者简介:杨秋平(1982-),女,博士研究生,研究方向为交通运输系统规划与设计,qpyang@126.com;谢新连(1956-),男,教授,博士生导师,研究方向为海运规划与管理、交通工程,xxlian77@yahoo.com。

$$-O_{jt}\cdot F_{jt}-\sum_{b=B_0}^{t}(1+\alpha)C_{jbt}\cdot S_{jbt}-\sum_{d=1}^{N-1}U_{jdt}\cdot P_{jdt}\Big]\Big\}$$

$$+\frac{\beta}{(1+i_0)^N}\sum_{j=1}^{K}\Big\{\sum_{b=B_0}^{0}[A_{jb}\cdot W_j(b)]+\sum_{t=0}^{N-1}\sum_{b=B_0}^{t}[(C_{jbt}-W_{jbt})\cdot W_j(b)]\Big\} \quad (1)$$

$$\text{s.t.}\ \sum_{j=1}^{K}y_{jht}\cdot\theta_{jht}\cdot D_j\leqslant WT_{ht} \qquad t=0,1,\cdots,N-1;h\in R_t \quad (2)$$

$$t_{jh}\cdot y_{jht}-T_j\cdot x_{jht}=0 \qquad j=1,2,\cdots,K;t=0,1,\cdots,N-1;h\in R_t \quad (3)$$

$$\sum_{h\in R_t}x_{jht}+O_{jt}=\sum_{b=B_0}^{0}A_{jb}+\sum_{t=0}^{N-1}q_{jt}-\sum_{B=0}^{t-1}q_{jB}+\sum_{B=0}^{t}\sum_{b=B_0}^{B}(C_{jbB}-W_{jbB})+\sum_{B=0}^{t}\sum_{d=1}^{N-B}U_{jdB}-\sum_{B=0}^{t-1}\sum_{d=1}^{t-B}U_{jdB}-\sum_{B=0}^{t}\sum_{b=B_0}^{t}\sum_{d=1}^{N-B}V_{jbB}^{d}$$

$$+\sum_{B=0}^{t-1}\sum_{b=B_0}^{t-1}\sum_{d=1}^{t-B}V_{jbB}^{d} \qquad j=1,2,\cdots,K;t=0,1,\cdots,N-1 \quad (4)$$

$$\sum_{j=1}^{K}\sum_{b=B_0}^{t}(1+\alpha)\cdot C_{jbt}\cdot S_{jbt}+\sum_{j=1}^{K}\sum_{d=1}^{N-t}U_{jdt}\cdot P_{jbt}\leqslant M_t \qquad t=0,1,\cdots,N-1 \quad (5)$$

$$\sum_{d=1}^{N-t}U_{jdt}\leqslant n_{jt} \qquad j=1,2,\cdots,K;t=0,1,\cdots,N-1 \quad (6)$$

$$W_{jbt}+\sum_{d=1}^{N-t}V_{jbt}^{d}\leqslant A_{jb}+\sum_{B=0}^{t-1}(C_{jbB}-W_{jbB})-\sum_{B=0}^{t-1}\sum_{d=1}^{N-B}V_{jbB}^{d}+\sum_{B=0}^{t-1}\sum_{d=1}^{t-B}V_{jbB}^{d}$$

$$t=0,1,\cdots,N-1;j=1,2,\cdots,K;b=B_0,\cdots,t-1 \quad (7)$$

$$W_{jtt}=0 \qquad j=1,2,\cdots,K;t=0,1,\cdots,N-1 \quad (8)$$

$$\sum_{d=1}^{N-t}V_{jtt}^{d}\leqslant C_{jtt} \qquad j=1,2,\cdots,K;t=0,1,\cdots,N-1 \quad (9)$$

$$\sum_{b=B_0}^{t-NT}\sum_{B=0}^{t}(A_{jb}+C_{jbB}-W_{jbB})=0 \qquad j=1,2,\cdots,K;t=0,1,\cdots,N-1 \quad (10)$$

$$y_{jth}=0 \qquad j\notin\phi_{ht} \quad (11)$$

$$x_{jht},O_{jt}\geqslant 0 \qquad j=1,2,\cdots,K;t=0,1,\cdots,N-1;h\in R_t \quad (12)$$

$$y_{jht},C_{jbt},W_{jbt},V_{jbt}^{d},U_{jdt}\geqslant 0\ and\ integer$$

$$j=1,2,\cdots,K;t=0,1,\cdots,N-1;h\in R_t;b=B_0,\cdots,t;d=1,2,\cdots,N-t \quad (13)$$

其中，x_{jht}为决策变量，表示第 t 年在 h 航线上配置的 j 型船数量；y_{jht}为决策变量，表示第 t 年 j 型船配置在 h 航线上的年航次数；O_{jt}为决策变量，表示第 t 年 j 型船闲置数量；C_{jbt}为决策变量，表示第 t 年购买 b 年建造的 j 型船数量；W_{jbt}为决策变量，表示第 t 年出售 b 年建造的 j 型船数量；V_{jbt}^{d}为决策变量，表示第 t 年租出 b 年建造的 j 型船数量，租期为 d 年；U_{jdt}为决策变量，表示第 t 年租入租期为 d 年的 j 型船数量。R_{jht}为第 t 年 j 型船在 h 航线上营运时的平均航次毛收益，由航次收入－航次成本确定；P_{jdt}为第 t 年租赁租期为 d 年的 j 型船的租金；S_{jbt}为第 t 年 b 年建造的 j 型船的新船造价或二手船价格；F_{jt}为第 t 年 j 型船的年闲置成本；A_{jb}为在研究期初船队中拥有的 b 年建造的 j 型船数量；$W_j(b)$为 b 年建造的 j 型船在研究期末的回收价值；θ_{jht}为第 t 年 j 型船在 h 航线上的装载率；D_j 为 j 型船的额定装载量；WT_{ht}为第 t 年 h 航线的最大货物需求量；t_{jh}为 j 型船在 h 航线上的单航次往返时间；T_j 为 j 型船的每年最大营运时间；q_{jt}为在研究期初拥有的需于第 t 年末退租的 j 型租赁船的数量；M_t 为第 t 年船舶融资数量限额；n_{jt}为第 t 年可租赁的 j 型船的数量上限；B_0 为在研究期初船队中拥有的最老船舶的建造时间（$B_0\leqslant 0$）；i_0 为考虑资金时间价值的折现率；β 为对研究期末船队实物价值的重视程度系数（$0\leqslant\beta\leqslant 1$）；$K$ 为船型总数；N 为规划期年数；G 为航线总数；NT 为船舶的寿命期；R_t 为第 t 年营运的航线集合；ϕ_{ht}为第 t 年可在航线 h 上营运的船型集合。

式(1)为目标函数，追求规划期内船队现金流量的折现值最大；式(2)为载货量上限约束；式(3)为营运时间约束；式(4)为船队发展连续性约束；式(5)为船舶投资约束；式(6)为租赁船舶上限约束；式(7)为出售、租赁船舶数量约束；式(8)～(9)为程序约束；式(10)为船龄约束；式(11)为航线、船型相容性约束;式(12)~(13)分别是变量非负性约束和取整约束。在上述式子中规定,对于形如 $\sum_{t=b}^{a} \varphi_t$ 的表达式,当 $a<b$ 时,此时该项无意义,取消不做考虑。

4 应用算例

假设某航运公司拥有两种船型的船队,各型船的年最大营运时间为 345 天,寿命期限为 20 年;规定新购置的船舶的船龄不允许超过 3 年;各年各型船的租赁上限均为 10 艘;在研究期内营运 2 条航线;各年各型船在各航线的平均装载率为 85%;规划期内各年的计划投资额为 50000 万美元。根据研究期内对各航线上每年货运量预测结果,计算未来两年该船队的最优规划方案。已知参数如表 1 ~ 表 3 所示,取 $i_0=7\%$,$\alpha=3\%$,$\mu=2.5\%$,$\beta=1$。

研究期前船队状况 表 1

项目	船型 1		船型 2	
建造时间(年份)	-2	-1	-2	-1
额定装载量(万吨)	29	29	17	17
原始船价(万美元)	12900	14400	8050	8750
自有船数量(艘)	5	3	4	2
租赁船数量(艘)	2	2	1	3
退租时间(年份)	0	1	0	1

各年各型船在各航线的往返时间、航次毛收益和各航线的货运量 表 2

项目 \ 船型	航线 1				航线 2			
	第 0 年		第 1 年		第 0 年		第 1 年	
	1	2	1	2	1	2	1	2
往返时间(天)	45	45	45	45	20	20	20	20
航次毛收益(万美元)	1200	550	1200	550	1000	450	1000	450
货运量(万吨)	1200		1300		2500		2600	

各年各型船的售价、租金、闲置费用(万美元) 表 3

项目	船型 1							船型 2						
	第 0 年			第 1 年				第 0 年			第 1 年			
建造时间	-2	-1	0	-2	-1	0	1	-2	-1	0	-2	-1	0	1
售价	10449	12960	14600	9404.1	11664	13140	15000	6520.5	7875	9000	5868.45	7087.5	8100	9100
年租金	2190			2150				1095			1050			
闲置费用	330			330				213			213			

利用数学优化软件 Lingo 进行求解,求解该模型得到的每年在航线上的最优船舶调配方案如表 4 所示,以及船队的最优投资建设计划如表 5 所示,对应于这一最优方案的目标函数值为 467827.98 万美元。

各年各航线上的最优船舶调配方案 表 4

年份	船型	航线 1		航线 2		闲置
		航次	数量	航次	数量	
0	1	33	4.30	98	5.68	0.01
	2	25	3.26	3	0.17	0.57
1	1	38	4.96	104	6.03	0.01
	2	23	3	0	0	0

船队各年最优投资建设计划　　表5

年份	船型	购买				出售				租出(租期)				租入	
		建造年份				建造年份				建造年份				租期	
		-2	-1	0	1	-2	-1	0	1	-2	-1	0	1	1	2
0	1	4								4(1)	3(1)				1
	2									4(1)	2(1)				
1	1	5								9(1)					
	2									4(1)	2(1)				

5 结语

本文建立了基于市场经济条件下多方式投资的船队规划数学模型,模型既考虑了订造新船、买卖二手船和租赁船舶等多种实际可能存在的复杂情况,又考虑了航线的货流预测、船舶营运经济状况、运力配置、企业投资能力等影响因素。通过算例仿真表明,该模型不仅能解出船队在未来若干年内的最优构成和船舶投资建设计划,而且还能够给出在这一规划下船队每年在各航线上的调配计划和运力运用情况,满足船队规划决策和航运企业的实际需要。这一模型可以适用于大宗货物定线运输或班轮干线运输船队的规划问题研究,为船队规划领域的研究提供了一种新方法。

参考文献

[1] Nicholson,T. A. J. ,Pullen R. D. Dynamic programming applied to ship fleet management[J]. Operational Research Quarterly,1971,22(3):211-220

[2] Everett,J. L. ,Hax,A. C. ,Lewinson,V. A. ,Nudds,D. Optimization of a fleet of large tankers and bulkers:A liner programming approach[J]. Marine Technology,1972,9(4):430-438

[3] Murotsu,Y. ,Taguchi,K. Optimization of ship fleet size[J]. Bulletin of the University of Osaka Prefecture,1974,23(2):177-192

[4] Wijsmuller,M. A. ,Beumee,J. G. B. Investment and replacement analysis in shipping[J]. International Shipbuilding Progress,1979,26(294):32-43

[5] Cho,S. C. ,Perakis,A. N. Optimal liner fleet routeing strategies[J]. Maritime Policy and Management,1996,23(3):249-259

[6] 谢新连,李树范,纪卓尚. 船队规划的线性模型研究与应用[J]. 中国造船,1989(3):59-66

[7] Xie,X. ,Wang,T. ,Chen,D. A dynamic model and algorithm for fleet planning[J]. Maritime Policy and Management,2000,27(1):53-63

[8] Xie,X. ,Ji,Z. ,Yang,Y. Nonlinear programming for fleet planning[J]. International Shipbuilding Progress,1993,40(421):93-103

Study and application on feet planning model based on multi-type of investment

Yang Qiuping,Xie Xinlian

(Transportation Management College,Dalian Maritime University,Dalian,116026)

Abstract:A fleet planning mixed integer programming model based on multi-type of ship investment is developed to maximize the discounted value of fleet cash flow during the planning horizon under the fluctuant market environment. This optimization model not only considers investment alternatives to fleet capacity expansion concerning building new ships,purchase or sale of second-hand ships,charter ships,but also takes into account many influencing factors such as the economic status of the ships, ship deployment, the investment capacity of enterprise, etc. Lastly, effectiveness of the proposed model was demonstrated using a shipping enterprise as an example. Results indicate that, the model well meets the practical needs of the fleet planning decision-making and ship operation organizations, thus it can be applied to the fleet planning study on industrial transport or liner trunk transport.

Key words: Fleet planning; Ship investment; Mixed integer programming

基于均衡运行的班轮航线集装箱合理配置模型

曾庆成　陈　超　杨忠振

（大连海事大学交通运输管理学院，大连，116026）

摘　要：根据集装箱航线运行的基本特点和要求，基于均衡运行原理研究集装箱合理配置问题。首先，建立了集装箱航线舱位分配模型，以获得船舶在各端港的均衡作业量；然后，基于舱位分配结果设计航线集装箱需备总量和各端港集装箱数量的合理配置模型；最后以钟摆型航线为例进行仿真实验。结果表明基于均衡运行的班轮航线集装箱合理配置模型可以实现收益最大目标下的航线集装箱合理配置；保证集装箱配置量在航线运行中的可靠性和稳定性，提高航线资产利用效率。

关键词：集装箱航线；均衡运行；集装箱配置；舱位分配

1　引言

集装箱航线不同于传统的件杂货班轮航线，不仅要考虑投入航线的船舶规模，还要考虑投入的集装箱数量在航线各挂靠港上的配置量问题。作为航线运行的资产投入，集装箱合理配置是影响航线运行稳定性的重要因素。

目前有关集装箱配置的研究主要集中在航线集装箱总量的配置、总量构成的优化、集装箱在航线挂靠港口的分布情况等内容上。如吴永富[1]给出了由两港构成的班轮航线中，根据运行船舶数量变化确定航线集装箱总需备量配置模型；杨华龙等[2]针对由多连续挂靠港构成的班轮航线，结合集装箱在港口的周转情况，开发了集装箱合理配备模型；施欣[3]在对海运集装箱流转系统分析中，通过建立优化模型，提出了航线集装箱配置的基本要求及约束限制模型 TING 等[4]在研究班轮航线管理收益舱位优化分配中，通过对多端港环绕航线的舱位优化设计，分析了航线循环运行对集装箱需备总量及在港合理配置量的限制要求。另有研究[5,6,7,8]涉及和关注了集装箱航线舱位分配、船舶配置等问题。

上述研究主要是基于航线营运收益优化目标和以两端港航线运行为假设前提进行研究。随着集装箱运输的发展，航线拓扑结构日益复杂，以两端港为假设前提的模型难以解决多端港航线的资产配置文图。本文将根据航线资产配置在运行中的稳定性和充分利用的要求，运用集装箱航线的均衡运行原理和端港分舱技术等来研究多端港航线资产配置问题。首先，基于均衡运行原理建立航线舱位分配模型，获得船舶在各挂靠港的均衡作业量；然后，设计航线集装箱需备总量和在挂靠港口中集装箱数量的合理配置模型；最后，通过钟摆航线进行仿真分析，验证模型的有效性。

2　集装箱配置问题

集装箱配置问题主要是基于航线运行的船舶规模，根据航线闭合运行的时间、集装箱在挂靠港口的平均周转情况以及船舶舱位利用率等因素确定航线运行所需集装箱总量的合理匹配问题，其公式可描述为：

$$M = K \times Q = [n + (1 + K_a) + (1 + K_b)] \times Q \tag{1}$$

其中，M 表示航线需要配备的集装箱总量；Q 为船舶的额定载箱量；K 为航线需配的集装箱套数；1 为各端港需配备集装箱的基本套数；K_a，K_b 为端港 a 与端港 b 需配备集装箱的额外套数。

公式(1)存在一个关键性的假设，即默认了船舶在航线端港满载作业量条件，所以它只适用于两端港航线，随着船舶大型化的发展，航线挂靠端港数量随之增加，由于缺少对船舶在挂靠港口作业量的考

作者简介：曾庆成(1978-)，男，副教授，研究国际航运与港口管理，E-mail：zqcheng2000@hotmail.com。

虑,公式(1)无法适用多端港航线的情况描述。在多端港航线货物在各端港的流量分布与两端港情况的不同,其拓扑结构如图1和图2所示。

在图2中,船舶在端港2、3、4的作业量通常要小于船舶的额定载箱量,其大小随舱位分配变化。如果每个端港又是由多个港口通过毂辐状或连挂靠等形式构成的话,则航线结构会更加复杂。因此,本文针对多端港航线资产合理配置进行一般性研究,基于均衡运行原理建立多端港情况下集装箱航线舱位分配与集装箱的合理配置模型。

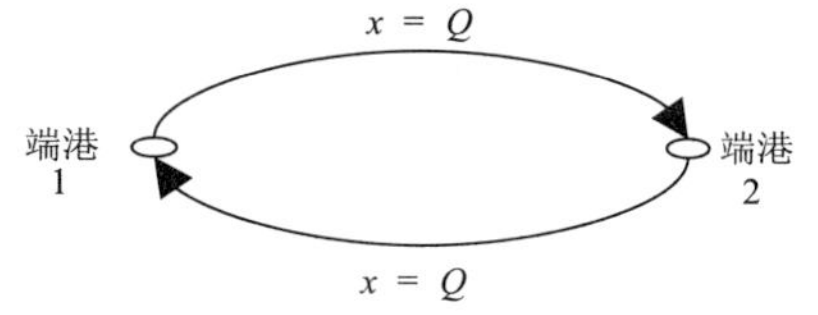

图1　两端港航线的货物流量分布

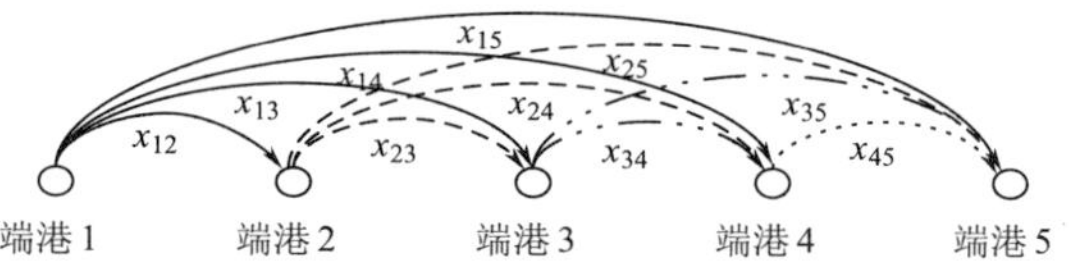

图2　多端港航线的货物流量分布

3　基于均衡运行的集装箱配置模型

3.1　集装箱航线均衡运行原理

集装箱航线的投入包括船舶和集装箱,其投资的数量与比例是由航线的需求、停靠港口数以及集装箱在内陆周转时间决定的。一旦投入比例确定,就要尽可能保证相对的稳定性,不得因个别港口需求的变化而随意调整装卸数量,否则会造成集装箱分布得不均衡,某些港口缺少空箱,而另一些空箱积压,不但增加空箱调运的成本,而且影响航线的正常运行。因此集装箱航线应满足均衡运行原理。

以钟摆型航线为例(其拓扑结构见图3),为保证航线均衡运行,应满足以下条件:

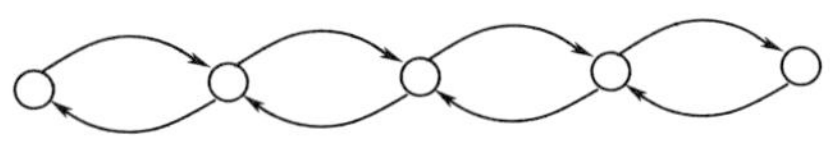

图3　钟摆型航线拓扑结构

(1)船舶在运行过程中,在各挂靠港装箱量与卸箱量相等。从航线运行系统优化的角度出发,舱位分配同时考虑空箱与重箱,因而装箱量与卸箱量既包括重箱又包括空箱。

(2)每一个闭合航次船舶只接运去往同一运行方向的集装箱,并从一个终点端港出发依次挂靠中途各端港,并在各航段始终保持满载,直至另一个终点港将货物全部卸空,然后再满载按来时要求反向运行。

(3)航线上运营的船舶应大小相近、航速相同,发班间隔时间均匀,并将船舶在任意端港的装箱量或卸箱量定义为船舶在港作业量。如果航线挂靠的端港由多个港口构成,由于它们之间没有货物流动,舱位分配应以船舶在其端港的作业量为基础按一定比例分配处理。

3.2　航线集装箱舱位分配

假设航线经停 N 个港口,共有 M 个航段,则 $M=N-1$;X_{ij}表示分配给港口 i 到港口 j 的重箱舱位;Y_{ij}表示分配给港口 i 到港口 j 的空箱舱位;R_{ij}表示港口(i,j)之间的单位收益,对于自营航线运输重箱的收益为费率,而运输空箱无收益;C_{ij}为重箱运输成本,C_{ij}为空箱运输成本,运输成本包括装卸费、运输费用等;D_{ij}表示(i,j)之间的货运需求;U_m 表示船舶在 m 航段上的运输能力,如果各航段均满足航行条件,则各航段的运输能力为船舶的载重箱量 U;如果港口对(i,j)经过航段 m,$a_{ijm}=1$,否则,$a_{ijm}=0$。

集装箱航线舱位分配模型可以表示为:

$$\mathrm{Max}\ \sum_{i}\sum_{j}(R_{ij}X_{ij}-C_{ij}X_{ij}-C_{ij}Y_{ij}) \tag{2}$$

$$\text{s.t.}\quad \sum_{i\in N}\sum_{j\in N}(a_{ijm}X_{ij}+a_{ijm}Y_{ij})\leqslant U,\ \forall m\in M \tag{3}$$

$$X_{ij}\leqslant D_{ij}\qquad \forall i,j\in N \tag{4}$$

$$\sum_{i\in N}(X_{ij}+Y_{ij})-\sum_{j\in N}(X_{ji}+Y_{ji})=0,\ \forall i\in N \tag{5}$$

$$X_{ij},Y_{ij}\in N\cup\{0\},\ \forall i,j\in N \tag{6}$$

其中,式(2)是目标函数;式(3)是每个航段的能力约束,即船舶装载集装箱量不能超过船舶总载重量;

式(4)是需求约束,保证分配的舱位数量不超过需求量;式(5)是航线均衡运行条件,即船舶在某港口卸载的箱量等于装载的箱量;式(6)是变量取值约束。模型的目的在满足航线均衡运行的条件下,进行个舱位分配,从而使总收益最大。

3.3 集装箱配置数量

求解式(2)~(6)可以获得各变量 X_{ij},Y_{ij}的值,从而获得船舶在航线各端港的均衡作业量,用 q_i 表示:

$$q_i = \sum_{j \in N} (X_{ij} + Y_{ij}) = \sum_{j \in N} (X_{ji} + Y_{ji}) \tag{7}$$

当航线运行的船舶数量 k 和船舶运行闭合往返航次的时间 T,及集装箱在各端港组合港的平均周转时间 T_{ig}确定后,用 l 表示各端港组合港的数量,用 a_{ig}(%)表示它们间的分舱率。用 Q 表示航线需要合理配置的集装箱总量,Q_i 表示航线各端港的集装箱配置量。基于上述注解,我们可以构建基于均衡运行的钟摆型航线集装箱合理配置模型。

基于钟摆型班轮航线的集装箱数量配置模型可以表示如下:

$$Q = K\left\{1 + \frac{1}{T}\sum_{i}\sum_{g}\frac{q_i}{U}\left[\sum_{g}^{l}(T_{ig} \times a_{ig})\right]\right\}, i \in N \tag{8}$$

$$Q_i = \frac{K}{T} \times \frac{q_i}{U}\left[\sum_{g}^{l}(T_{ig} \times a_{ig})\right], i \in N \tag{9}$$

其中,式(8)是航线集装箱合理需备量函数;式(9)是航线各端港集装箱合理配置量函数。

4 仿真分析

假设某航运公司一条自营钟摆航线共挂靠5个端港,9个港口,安排4艘额定载箱量为800 TEU的集装箱船舶运营,船舶往返航次时间为28天,发班间隔时间为7天;根据历史数据与航线市场预测得到各端港间的集装箱货流需求数据(表1);航线各端港间的重箱单位营运收益和空/重箱的单位运输成本分别为表2、表3。采用Lingo软件,分别对满足航线均衡运行条件,可求得实现航线运营收益最大情况下的船舶在各端港的均衡作业量。在此基础上,根据集装箱在航线各港平均周转时间的分布状况(表4)和船舶在各端港组合港间的舱位分配率,确定航线运行所需的集装箱总量和集装箱在航线所有港口的配置量(表5)。

各港口之间的需求情况(TEU) 表1

端港编号	1	2	3	4	5
挂靠港口	1.1/1.2	2.1/2.2	3.1/3.2	4.1/4.2	5
1.1/1.2	0	280	310	260	200
2.1/2.2	120	0	220	340	250
3.1/3.2	140	240	0	320	240
4.1/4.2	240	260	320	0	260
5	180	260	240	320	0

单位收益数据(USD) 表2

端港编号	1	2	3	4	5
挂靠港口	1.1/1.2	2.1/2.2	3.1/3.2	4.1/4.2	5
1.1/1.2	0	360	470	490	500
2.1/2.2	340	0	360	400	450
3.1/3.2	360	420	0	380	400
4.1/4.2	450	420	360	0	350
5	480	500	470	360	0

单位运输成本(USD) 表3

端港编号	1	2	3	4	5
挂靠港口	1.1/1.2	2.1/2.2	3.1/3.2	4.1/4.2	5
1.1/1.2	0	108/86	158/146	128/96	108/96
2.1/2.2	108/86	0	170/146	140/110	140/110
3.1/3.2	158/146	170/146	0	190/170	170/170
4.1/4.2	128/96	140/110	190/170	0	140/120
5	108/96	140/110	170/170	140/120	0

集装箱在各港口的周转情况 表4

端港编号		1		2		3		4		5
挂靠港口		1.1	1.2	2.1	2.2	3.1	3.2	4.1	4.2	5
端港分舱率 a(%)		0.4	0.6	0.3	0.7	0.5	0.5	0.4	0.6	1
集装箱平均周转时间	1~7	60%	40%	80%	70%	80%	70%	60%	40%	90%
	8~14	40%	50%	20%	20%	20%	30%	40%	60%	10%
	15~21		10%		10%			10%		
T_{ig}(天)		9.8	11.9	8.4	18.2	8.4	9.1	11.9	11.2	7.7

航线集装箱需备量及在各港的配置情况 表5

端港编号	1	2	3	4	5
航线港口	1.1 1.2	2.1 2.2	3.1 3.2	4.1 4.2	5
端港均衡作业量	800	280	240	260	800
端港需备套数	1.58	0.763	0.375	0.533	1.1
各港需备套数	0.56 1.02	0.126 0.637	0.18 0.195	0.22 0.312	1.1
各港配置数量	448 816	100 510	144 156	177 250	880
船上配置数量	3200(TEU)				
航线需备总量	6681(TEU)				

由计算结果可以看出:在均衡运行条件下,根据集装箱在挂靠港口平均周转时间和发班间隔时间确定的各港集装箱数量将始终处于均衡状态,实现了在航线资产配置充分利用和集装箱配置稳定运行条件下的航线运营收益最大化。更重要的是,由于不需要额外空箱调运,从而降低航线运行成本波动的不确定性。因此,从综合效果看,如果在各计算结果的基础上再考虑增加5%的箱量,以缓解因箱子破损、丢失或偶尔周转不畅等造成的不足,均衡条件下的班轮航线集装箱合理配置模型对于解决航线的资产配置、确定航线集装箱需备总量和各港口配置量具有较好的效果。

5 结论

本文应用了集装箱航线均衡运行原理,基于航线均衡的舱位优化分配,建立了航线集装箱合理配置模型,并以钟摆型航线进行了仿真分析。仿真结果表明,基于均衡运行的班轮航线集装箱合理配置模型可以实现在航线运行收益最大目标下的航线集装箱合理配置;控制了集装箱配置量在航线运行中的可靠性和稳定性,保证了航线资产配置的充分利用,有效地提高了集装箱航线的综合运行质量。

参考文献

[1] 吴永富,等.国际集装箱运输与多式联运[M].北京:人民交通出版社,1998.8

[2] 杨华龙,陈晓东,朱晓宁.班轮航线集装箱合理配备与使用问题的研究考虑[J].大连海事大学学报,2000,26(1)20-24

[3] 施欣. 海运集装箱流转系统优化分析[J]. 系统工程理论与方法应用[J],2003,13(2)120-124

[4] Shin-Chan Ting, et al, An optimal containership slot allocation for liner shipping revenue management [J], MARIT. POL. MGMT. ,July-Sep 2004, VOL. 31, NO3, 199-122

[5] Kjetil Fagerholt. Optimal fleet design in a ship routing problem [J]. Intl. Trans. in Op. Res. 6 (1999) 453-464

[6] Seong-cheol cho, et al. Optimal liner fleet routing strategies [J]. MARIT. POL. MGMT. ,1996 VOL. 23, NO3,249-259

[7] R Aversa, et al. A mixed integer programming model on the location of hub port in the East Coast of South America [J], Maritime Economics & Logistics,2005,7,(1-18)

[8] Akio Imai, et al. The economic viability of container mega-ships [J]. Transportation Research Part E 42 (2006) 21-41

[9] 陈超. 集装箱环绕航线均衡运行原理及作业量函数模型[J]. 大连海事大学学报,2004,30(1)61-64

[10] Cheng Chao, Zeng Qingcheng. An optimal model for Container slot allocation based on equilibrium principle of shipping line[C], The First International Conference of Transportation Engineering, 2007

A model to determine the container quantity for liner shipping based on equilibrium principle

Zeng Qingcheng, Chen Chao, Yang Zhongzhen

(Transport and Logistics College, Dalian Maritime University, Dalian, 116026)

Abstract: According to the characteristics and requirement of container shipping line, the problem of container quantity deployment is studied based on equilibrium principle. Firstly, the model for container slot allocation is developed to acquire the equilibrium operation quantity of each terminal port. Secondly, a model to determine the container quantity for whole shipping line and each terminal port is developed based on the results of slot allocation. Finally, the pendulum shipping line is given as an example to numerical experiments. The results demonstrate that the proposed model can realize proper container deployment following the objective of maximizing revenue; ensure the reliability and stability of shipping line; and improve assets utilization efficiency of shipping line.

Key words: Container shipping line; Equilibrium principle; Container deployment; Slot allocation

集装箱航线运行综合评价指标研究

李蕊江　曾庆成

(大连海事大学交通运输管理学院 辽宁省,大连市,116026,zqcheng2000@ tom. com)

摘　要:随着集装箱船舶大型化、集装箱运输多功能化的发展,集装箱运行航线亦由简单的两点式向演变成两端港式、钟摆式、环绕式等多种模式,集装箱运行的复杂性也越来越高,因而对集装箱航线运行的综合评价也愈加重要。精准的评价可以为集装箱投资者提供可靠的决策依据。然而,现阶段的评价仅限于简单的量本利分析法,不能全面反映集装箱航线运行情况。本文建立了集装箱航线评价指标体系,从航线收益、发展潜力、经营风险等角度对航线进行综合评价,并以大连至横滨,大连至洛杉矶两条航线数据验证了所设计评价指标的有效性。

关键词:集装箱航线;航线评价;评价指标

1　引言

随着集装箱船舶大型化、集装箱运输多功能化的发展,集装箱运行航线亦由简单的两点式向演变成两端港式、钟摆式、环绕式等多种模式,集装箱运行的复杂性也越来越高,集装箱航线经营决策的复杂性随之增加。另一方面,由于集装箱高额的运营成本、较长的投资回收期以及运行的复杂性,对集装箱的评价亦十分关键。航线运行评价不但可以为投资者航线投资提供决策依据,而且可为正在运行的航线改进提供依据。

目前航线运行评价主要采用量本利分析,即将收入减去各项成本作为运行的利润,而对航线运行后风险与发展潜力等因素缺少有效的评价指标,然而航运市场波动频繁,在进行航线投资决策时需要从分考虑未来航线中面临的风险。因此,本文建立集装箱航线评价指标,分别从净现值、利润成长率、风险承受能力等方面对集装箱航线进行综合评价。

2　集装箱航线运行评价目标以及内容

2.1　评价目标

集装箱航线的运行评价是船队航线经营决策的依据,也是指导航线运营管理的基础。则集装箱航线的运营评价一定要满足以下几个目标:

(1)精确评估航线运行投资收益率,确定航线是否应该运营。由于集装箱航线是资本密集型投资,故而每一个决策都应该进行精准的评估,尽最大可能避免损失。

(2)制定航线的各项财务指标,检验通过上一项目标的航线是否满足,确定其经营发展潜力,抵抗风险能力和运营的柔性要求。

(3)评估应落实到航次中去,以航次为单位对各项成本以及收益进行调查来保证总利润的精确性。

2.2　评价内容

集装箱运输的高额成本及利润,较长的投资回收期都要求一套综合评价标准。其指标应该从盈利能力方面、风险抵御能力方面以及发展潜力三个方面来评价。其中,通过盈利能力的评价有效的评估未来投资回收期内的利润来决定是否进行经营;通过风险评估以及预测来考核集装箱航线是否具有一定的抵御风险的能力来应对航运市场运价以及运量的变化;通过发展潜力的评估来评价此集装箱航线的盈利能力是否有提升空间。一套综合的评价标准应该至少包括以上三个方面才可以有效地评估某航线,此外,还可以根据投资人的要求增加评价的内容。

3 集装箱航线运行的评价指标

基于上述评价目标，建立以下集装箱航线评价指标：

(1)净现值(NPV)：指将项目计算期内各年的净现金流量按设定的折现率折现到初始年的现值之和，它是反应项目计算期内活力能力的动态指标，若项目投资期内 $NPV \geqslant 0$，方案可行；若 $NPV < 0$，方案不可行；

其表达式为：

$$NPV = \sum_{t=0}^{n} (CI - CO)_t (P/F, i_0, t) \tag{1}$$

其中，CI 为现金流入量；CO 为现金流出量；$(CI - CO)_t$ 为第 t 期的净现金流量；n 为项目计算期；i_0 为设定的折现率(同基准收益率)；P 为现值，即把将来某一时点的资金额换算成与现在某时点相等值的资金额，现在时点上的资金额就是现值；F 为终值，即把将来某一时点的资金额换算成与现在某时点相等值的资金额，将来时点上的资金额就是终值；

(2)总投资收利率(ROI)：表示总投资盈利水平的静态指标，是指项目达到设计能力后正常年份的年净利润，或运营期内年平均净利润($EBIT$)与项目总投资(TI)的比率；ROI 越大，航线的运行效益更由。

$$ROI = \frac{EBIT}{TI} \tag{2}$$

(3)保本箱量(χ_T^0)：满足收益等于成本时每一航线所运载的集装箱数量。通过计算保本箱量，可以判断船舶在一定的投资回收期内每航线最低运送的集装箱数量，从而判断船舶是否可以满足。若 χ_T^0 大于集装箱总装载能力，则说明船舶无法收回成本，此集装箱航线不可行；若 χ_T^0 小于集装箱总装载能力，说明船舶仍然可以盈利，航线可行；若 χ_T^0 等于总装载能力，则此航线刚好可以收回成本，没有亏损也没有盈利。从某种程度上也反映了利润的成长空间，如果保本箱量小于集装箱船总装载能力，说明利润可以成长的空间是将船舶从保本箱量装满所增加的集装箱带来的利润。其表达式为：

$$\sum_{i}^{n} \sum_{j}^{n} [x_{Tij}(\overline{R}_{Tij}^{x} - \overline{C}_{Tij}^{x}) + y_{Tij}(\overline{R}_{Tij}^{y} - \overline{C}_{Tij}^{y})] = C \tag{3}$$

$$\chi_T^0 = \sum_{i}^{n} \sum_{j}^{n} x_{Tij} \tag{4}$$

上式可简化为：

$$\sum_{i}^{n} \sum_{j}^{n} [x_{Tij}(\overline{R}_{Tij}^{x} - \overline{C}_{Tij}^{x})] = C + \sum_{i}^{n} \sum_{j}^{n} y_{Tij}\overline{C}_{Tij}^{y} \tag{5}$$

$$\sum_{i}^{n} \sum_{j}^{n} x_{Tij}\overline{R}_{Tij}^{x} = C \tag{6}$$

其中 x_{Tij} 为每航次运送重箱的数量；y_{Tij} 为每航次运送空箱的数量；$\overline{R}_{Tij}^{x}$ 为每航次运送重箱的收入；$\overline{R}_{Tij}^{y}$ 为每航次运送空箱的收入，由于运送空箱的服务对象人为船东自己，所以其利润为零，即 $\overline{R}_{Tij}^{y} = 0$；$\overline{C}_{Tij}^{x}$ 为每航次运送重箱的成本；$\overline{C}_{Tij}^{y}$ 为每航次运送空箱的成本；C 为营运期间总成本；

(4)最低保本运价($\overline{R}_{Tij\min}^{x}{}^{0}$)：航线满载时保证收益等于支出时航线平均单位 TEU 的临界运价值。通过对于最低保本运价与现有运价的比，可以得知运价在多大范围内变动时，集装箱航线处于盈利状态。若运价小于最低保本运价，则此航线收入小于成本，发生亏损；若运价大于最低保本运价，则航线处于盈利状态；若两价格相等，则收入等于成本，没有亏损也没有盈利。通过对于保本运价的计算，不进可以判断航线的盈利水平，同时可以有效地预测由于运价所带来的运行风险。

$$\overline{R}_{Tij\min}^{x}{}^{0} = C_0 / \sum_{i}^{n} \sum_{j}^{n} x_{ij} \tag{7}$$

其中，C_0 为等额年成本均摊到每航次的运行成本；x_{ij} 为每航次实际运送重箱数量；

(5)总利润成长率:反应往返航次盈利能力提升空间的指标。反应了一段时间内的航线盈利提升空间,可以有效地评估同样盈利水平下的两条船舶中哪一条更具有发展潜力,总利润成长率越高,则发展的潜力越大,在收回成本之后的盈利更多。一般要求:

$$1-\frac{\sum_{i}^{n}\sum_{j}^{n}\chi_{Tij}^{0}}{\sum_{i}^{n}\sum_{j}^{n}\chi_{Tij}}\geqslant(0.3\sim0.4) \tag{8}$$

(6)最大风险承受力:以单位 TEU 的保本运价与平均运价的比来表示船队在经营中对市场运价波动的承受能力,来评估航线是否具有一定的抵御风险能力,下式左边值越大越好。航线经营的最大风险承受能力一般要求:

$$1-\frac{\sum_{i}^{n}\sum_{j}^{n}\overline{R}_{Tij\min}{}^{0}}{\sum_{i}^{n}\sum_{j}^{n}\overline{R}_{Tij}^{x}}\geqslant(0.2\sim0.25) \tag{9}$$

4 算例分析

下面笔者将以大连至横滨,大连至洛杉矶两条航线为例,分析每条航线的上述六项指标,对航线进行综合评价。

假设集装箱船舶为 1000TEU 标准船舶,造价为 1500 万美元,每天耗油 25t,每吨重油 290USD。备件费和年修费以及保险费为 20,000USD/年,租箱成本为 0.65USD/天,船舶装载率为 80%。大连近洋航线的船员平均工资为 12000 ¥/月,每标准 TEU 的平均运价为 120USD/天。远洋航线船员平均工资为 18000 ¥/月,每标准 TEU 的平均运价为 1100USD/天。每条船共 24 个船员。基准收益率为 10%)

经过计算得到结果如表 1 所示。通过计算结果可以看出,两条航线均具有较高的投资收益率,而且利润成长率、风险承受能力均处于较好的水平,航线抵御风险能力较强。

两条航线各个指标的对比 表 1

评估指标 \ 航线	大连—横滨	大连—洛杉矶
净现值(NPV)	37792466USD	106766431.2USD
总投资收利率(ROI)	77%	115.7%
保本箱量(x_T^0)	904TEU	742TEU
最低保本运价($\overline{R}_{Tij\min}^{x}{}^{0}$)	55USD	408USD
总利润成长率	54.8%	62.9%
最大风险承受力	54.2%	62.7%

在实际决策中,当然如果各项指标都反应此航线具有良好的盈利能力、抵御风险能力以及发展潜力,无疑是决策者的最优选择。如果上述指标不能同时达到最优。这时的航线选择可以取决于决策者的偏好。若决策者更看重获取高额的利润,则以净现值和投资收益率为其主要选择标准;若经营者更看重航线的发展水平以及利润提升的空间,即可以将保本箱量、保本运价以及总利润成长率作为自己的选择标准;若决策者习惯于保守的做出判断,将规避各项风险的能力作为自己侧重的指标,则保本运价与最大风险承受力都可以作为其评估航线的基础。更多时候,可以赋予各项指标不同的权重,进行综合评价,集成的研究各项指标的实际值来评估集装箱航线。

5 结论

本文建立了集装箱航线评价指标体系,从航线收益、发展潜力、经营风险等角度对航线进行综合评价,并以大连至横滨,大连至洛杉矶两条航线数据验证了所设计评价指标的有效性。通过本文建立的指标可以更全面评价集装箱航线,为决策者提供决策依据。在建立评价指标的基础上,进一步研究可以考虑不同决策者偏好,建立集装箱航线综合评价方法。

参考文献

[1] 吴永富,等. 国际集装箱运输与多式联运. 北京:人民交通出版社,1998. 8

[2] 施欣,海运集装箱流转系统优化分析[J]. 系统工程理论与方法应用,2003,13(2)120-124

[3] Shin-Chan Ting, et al, An optimal containership slot allocation for liner shipping revenue management [J], MARIT. POL. MGMT. ,July-Sep 2004, VOL. 31, No3, 199-122

[4] Kjetil Fagerholt. Optimal fleet design in a ship routing problem [J]. Intl. Trans. in Op. Res. 6 (1999) 453-464

[5] R Aversa, et al, A mixed integer programming model on the location of hub port in the East Coast of South America [J], Maritime Economics & Logistics, 2005, 7, (1-18)

[6] Akio Imai, et al, The economic viability of container mega – ships [J], Transportation Research Part E 42 (2006) 21-41

[7] 陈超,集装箱环绕航线均衡运行原理及作业量函数模型[J]. 大连海事大学学报,2004,30(1)61-64

Research of a comprehensive evaluation Indicators of Container routes

Li Ruijiang*; *Zeng Qingcheng

(Logistics Management Major Dalian Maritime University, Dalian, 116026)

Abstract: With the large-scale container ships and the development of multi-purpose transportation, container routes run from a simple style into two ends of ports-style, pendulum-style, surround-style and many other models. Also the complexity of the operation of container has become more sophisticated. The comprehensive evaluation of the container route is also increasingly important. Accurate assessment of container can provide investors a reliable basis for decision making. However, at this stage of the evaluation is limited to a simple cost-benefit analysis of the volume. It is clear that its practical application is not very strong. This article provides a feasible and effective evaluation index system, taking the routes of Yokohama to Dalian, Dalian to Los Angeles as examples and gives analysis and evaluation of these two routes.

Key words: Container routes; Route evaluation; Evaluation indicators

“借港出海”前后东北地区对外运输成本—效益分析

陆 婧 杨忠振

(大连海事大学交通运输管理学院,辽宁大连,116026)

摘 要:为了节约对日韩的贸易运输成本,吉林和黑龙江两省提出了利用朝鲜的罗津港出海,以缩短陆上运输距离。本文的目的在于分析“借港出海”前后,东北地区对日韩贸易集装箱运输的成本—效益,为“借港出海”方案的实施提供建议。论文首先构建“借港出海”前后东北地区对日、韩的贸易运输网络。其次,应用重力模型和交通分配方法,计算发货城市在“借港出海”的前后的成本—效益比率,并对成本—效益比率进行比较分析。最后,根据分析结果提出“借港出海”的实施建议,以最大化东北地区外贸运输效益。

关键词:借港出海;综合运输网络;成本效益

1 引言

随着我国东北地区经济的发展和对外开放程度的提高,东北地区与日韩间的贸易增长迅速。但是,由于吉林、黑龙江两省远离辽宁的沿海港口,其对日韩的贸易运输成本居高不下,因此上述地区与日韩的贸易受到了制约。为了解决这个问题,吉林、黑龙江两省构想利用位于环日本海的朝鲜或俄罗斯的港口来缩短陆上运输的距离,节约对日韩贸易的运输成本,提出“借港出海”的概念。其设想是将贸易货物经吉林珲春口岸运至朝鲜的罗津港,借罗津港出海运输至日韩。本文站在收发货人的角度,比较分析“借港出海”地区在两种出海运输网络中,集装箱货物运输的成本和效益,在此基础上提出“借港出海”方案的实施建议,以促进东北地区的进一步开发与开放。

2 “借港出海”的概念

图1显示了“借港出海”的路径,贸易货物经公路汇集至珲春口岸后送至罗津港,然后借罗津港出

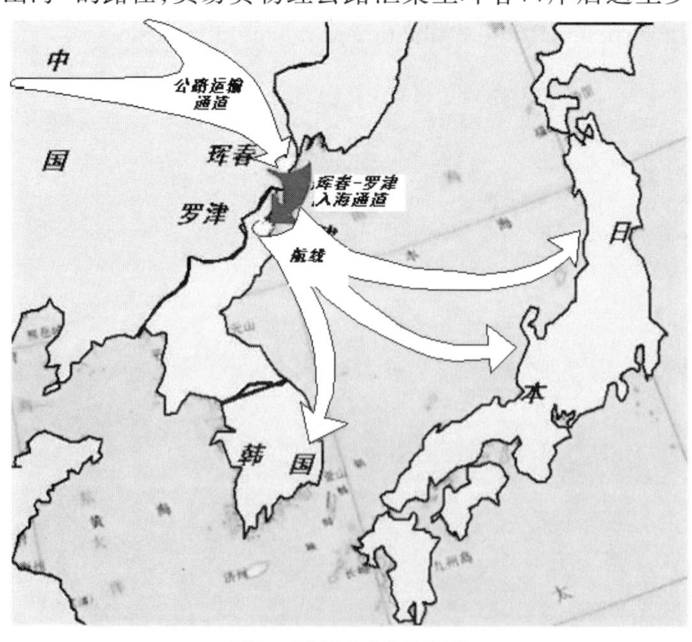

图1 “借港出海”示意图

海到日韩的港口。珲春是吉林省的陆上口岸,口岸周围43～850km内分布着波谢特、扎鲁比诺、海参崴、纳霍德卡、东方、罗津、先锋、釜山、新泻等俄罗斯、朝鲜、韩国和日本的港口,是国际客货海陆联运的最佳结合点[1]。尤其值得指出的是天然良港罗津港距珲春口岸只有40km,"借港出海"就是要利用罗津港出海,形成东北地区的第二条出海通道。

"借港出海"将极大影响东北地区的外贸物流格局,我国已投资30亿元人民币启动中—朝路港区一体化项目。该项目包括建设经珲春口岸至罗津港的入海通道,扩建罗津港至元汀口岸的48km公路,改建和新建罗津港码头和在罗津港周边设立"罗先中国投资合作区"及保税物流园区等。

3 分析流程与方法

首先搜集东北地区对日韩贸易和运输网络的相关数据;其次构建有无"借港出海"时东北地区对日韩的贸易运输网络;接着基于成本效益分析法研究两种状况下,东北地区对日韩贸易的运输行为和运输效益,进行成本—效益分析;最后基于分析结果,给出实施"借港出海"的建议。

3.1 基础数据

为了方便计算,把2007年东北三省的出口集装箱量作为基础数据,并对原始数据做如下假设:

(1)除粮食、原油和成品油等大宗散货外,其他货物均以整箱的方式进行运输;

(2)集装箱的陆路运输由公路承担。

3.2 综合运输网络

综合运输网络包括:东北地区的发货地(节点)、收货地(节点)、转运地(节点)和运输线路四个部分,他们的具体内容如下:

(1)发货节点:确定东北地区的30个城市为发货节点,他们是:沈阳、大连、鞍山、本溪、丹东、锦州、营口、阜新、辽阳、盘锦、铁岭、朝阳、长春、吉林、平、辽源、通化、白城、延吉、哈尔滨、齐齐哈尔、鸡西、鹤岗、双鸭山、大庆、伊春、佳木斯、七台河、牡丹江和黑河。

(2)收货节点:日本的收货节点有7个,他们是:东北地区、关东地区、中部地区、中国地区、京畿地区、四国地区和九州地区。韩国的收货节点有8个,他们是:京畿道、江原道、钟清南道、钟清北道、庆尚南道、庆尚北道、全罗南道和全罗北道。

(3)转运节点:在没有"借港出海"时,中日韩贸易运输网络中,大连港为中国境内的转运节点;东京港、横滨港、名古屋港为日本境内的转运节点;釜山港、仁川港为韩国境内的转运节点。实施"借港出海"后,中日韩境内各增加了一个转运节点,他们分别是朝鲜的罗津港、日本新泻港和韩国東草港。

(4)运输线路:在中日韩贸易运输网络中,运输线路分为三部分:发货节点到发货港的运输通道;发货港到收货港的海上运输通道;收货港至收货节点的运输通道。

3.3 成本—效益分析

3.3.1 成本—效益分析概述

成本-效益分析是指通过比较各种备选方案的全部预期效益和全部预计代价(成本)的现值,来评价这些备选方案[2]。成本-效益比率用式(1)计算。

$$I = B/C \tag{1}$$

其中,I为成本—效益比率;B为效益;C为成本。这里站在收发货人的立场,用运费乘以运输量表示运输成本,用出口集装箱货物的金额表示效益[3]。

3.3.2 "借港出海"前后的运输需求

运输需求为发货节点到收货节点的集装箱流量,"借港出海"前的需求可以计算如下

$$n(i-j) = n(i) \times G(j) / \sum_{j=1,\cdots,J} G(j) \tag{2}$$

其中,$n(i)$为i地对日本或韩国的出口总量,$G(j)$为收货地j的GDP值。

较低的运输费用可以促进两点间的运输需求的增加,因此"借港出海"后运输费用的降低必将导致

东北内陆到日韩的集装箱运输量的增加,其反馈关系可以用式(3)来计算[4,5]

$$n'(i,j) = (kn'(i)n'(j))/w_{ij} \tag{3}$$

其中,w_{ij}为运输阻抗,$n'(i)$和$n'(j)$分别表示"借港出海"后i地总发货量和j地的总收货量,运输费用对他们的影响效果可以用式(4)来计算

$$n'(i\ or\ j) = n(i\ or\ j) \times \frac{\sum_{j=1,\cdots,J} \overline{D}(i-j)}{\sum_{j=1,\cdots,J} \overline{D}'(i-j)} \tag{4}$$

其中$\overline{D}(i-j)$和$\overline{D}'(i-j)$分别表示"借港出海"前后收发货城市间各条运输路径的平均距离。k和r为待定常数。

基于用户均衡模型分配收发货节点间的集装箱量得到"借港出海"前后收发货节点间各路径上的运输量,分别为$n(i-b-m-j)$和$n'(i-b-m-j)$。其中,b表示发货港,m表示收货港,$i-b-m-j$表示i、j之间的通过b港和m港的运输路径。

3.3.3 成本计算

将运输量$n(i-b-m-j)$乘以相应的运输单价$c(i-b-m-j)$后求和得到收发货节点间某条路径上的运输成本

$$C(i-b-m-j) = c(i-b-m-j) \times n(i-b-m-j) \tag{5}$$

式中,$c(i-b-m-j)$作为单位集装箱运输成本,计算方法为:

$$c(i-b-m-j) = c(i-b) + c(b-m) + c(m-j) \tag{6}$$

$c(i-b)$表示发货节点到发货港的运输成本;$c(b-m)$表示发货港到收货港的海上运输距离;$c(m-j)$表示收货港至收货节点的运输成本,其计算方法如下:

$$c = D \times R + U \times 2 \tag{7}$$

其中,D为运距,R为单位运费,U为单次换装成本。对所有以i为发货节点的运输成本$C(i-b-m-j)$求和得到发货节点i的集装箱运输总成本$C(i)$。

$$C(i) = \sum_m \sum_j C(i-b-m-j) \tag{8}$$

3.3.4 "借港出海"前后效益分析

"借港出海"前,发货城市i的效益$B(i)$为已知数据,"借港出海"后的效益值$B'(i)$可以按下式推算

$$B'(i) = b \times n'(i) \tag{9}$$

其中,$n'(i)$为"借港出海"后城市i的总发货量,b为2007年平均集装箱货物整箱价格($b = \sum B(i) / \sum n(i)$)。

3.3.5 "借港出海"前后成本效益比率分析

根据成本效益分析原理,分别计算发货节点的在是否"借港出海"时的成本效益比率,并通过变化趋势和幅度来对比分析,变化幅度$E(i)$的计算方法如下

$$E(i) = (I'(i) - I(i))/I(i) \tag{10}$$

4 结果分析

4.1 "借港出海"前后东北地区对日贸易运输的成本效益分析

东北地区各发货节点的成本—效益比率如图2所示,"借港出海"前后的成本—效益比率的变化情况如图3所示。可以看出:各发货节点的成本—效益比率变化幅度差别较大。"借港出海"后,对日贸易运输的成本—效益比率增加的城市占66.7%,其中增加幅度在20%以上的有:长春、吉林。增加幅度在10%~20%的有四平、辽源、白城等11个城市。几乎没有变化的有:沈阳、本溪、辽阳3个城市。而成本—效益比率相对减少的城市占29.4%,都集中在辽宁省。

总体来说,在对日本贸易中,"借港出海"后东北地区大部分节点的成本效益比率增加。特别是吉林和黑龙江的节点分别增加8%和6.3%。这说明新的运输网络缩短了这些地区对日贸易的运输距离,

降低了运输成本,增加了出口效益。根据成本—效益比率的变化幅度,可以看出以铁岭—通化为界,其北面的城市应增加由珲春经罗津港出口日本的货物,而南面的地区应继续利用辽宁的港口进行对日贸易运输。

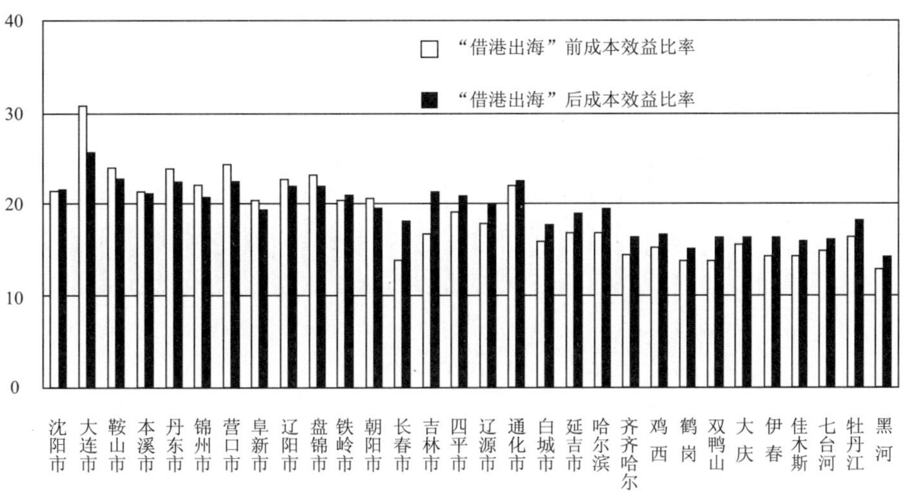

图 2 "借港出海"前后各发货节点对日贸易的集装箱运输的成本—效益比率

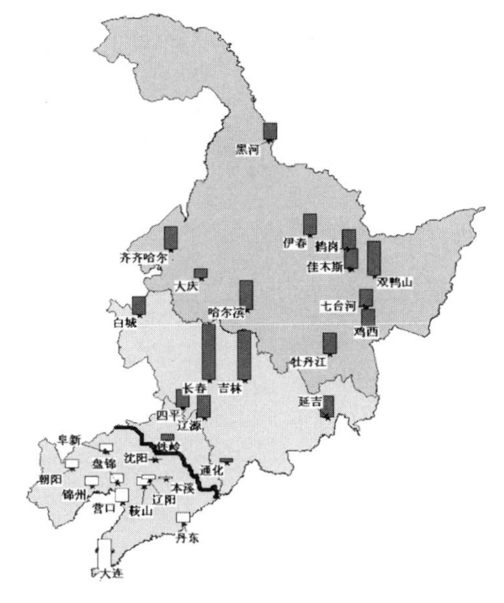

图 3 "借港出海"前后各发货节点对日贸易的集装箱运输的成本—效益比率的变化

4.2 "借港出海"前后东北地区对韩贸易运输的成本—效益分析

"借港出海"前后,东北地区各发货节点对韩贸易运输的成本—效益比率如图 4 所示,成本—效益比率的变化情况如图 5 所示。"借港出海"后发货节点的成本—效益率增加的占 33.3%,其中增加幅度较大的有:长春、吉林、双鸭山。而成本—效益率大幅度减少的占 20 %,几乎都位于辽宁省。与对日贸易运输相比,"借港出海"对韩贸易运输的促进作用不明显,主要是因为仁川港的地理优势和辽宁远离珲春口岸的缘故。但是,"借港出海"后吉林省和黑龙江省部分地区出口韩国的集装箱运输成本—效益比率有明显的提高,特别是吉林市和长春市尤为明显。这说明对于吉林和黑龙江两省来说,"借港出海"可以提高出口运输的经济效益。可以看出沈阳—本溪以北,特别是长春、吉林和佳木斯地区可以采用"借港出海"方式进行对韩贸易运输,该线以南应继续经由辽宁的港口实施对韩的贸易运输。

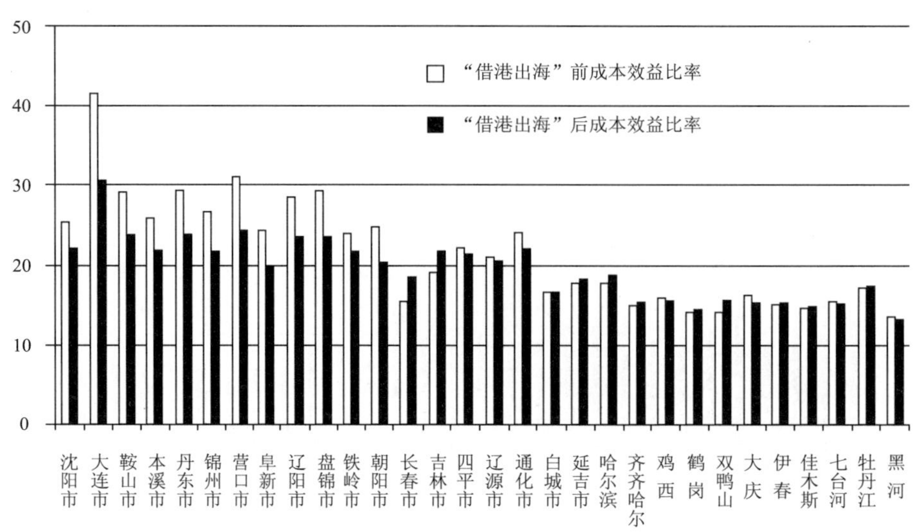

图 4 “借港出海”前后各发货节点对韩贸易的集装箱运输的成本—效益比率

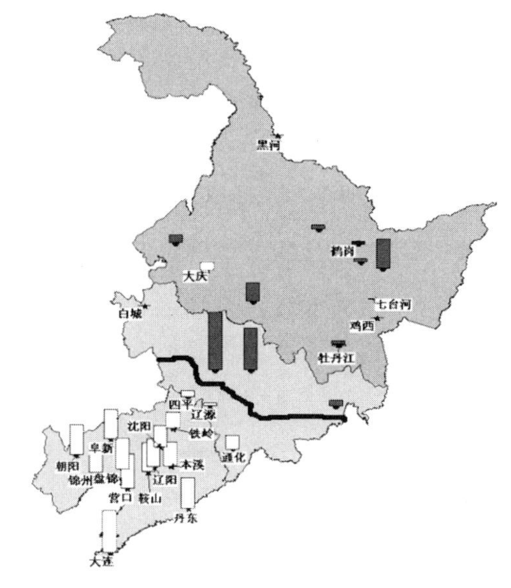

图 5 “借港出海”前后各发货节点对韩贸易的集装箱运输的成本—效益比率的变化

5 结论

“借港出海”方案充分利用珲春地区和朝鲜罗津港的地理优势，打破吉林、黑龙江两省长期没有出海口的局面。本文使用成本效益分析法比较分析了各个发货城市使用“借港出海”前后东北地区对外运输网络进行运输的经济性，充分证明“借港出海”方案能够降低吉林和黑龙江两省的对日、对韩运输成本，对东北地区的对外贸易和全面开发起到积极的促进作用。最后根据分析结果，本文给出了相应的建议，有助于东北地区不同地理位置的城市选择有利的对外运输线路以实现运输效益最大化。

参考文献

[1] 叶宝明，杨青山. 关于开辟挥春防川自由港[M]. 中国人口·资源与环境，1992(2)

[2] 樊丽明. 成本效益分析研究[M]. 山东大学经济系财税研究刊，1998

[3] 王占臣，张岩. 公路货物运输成本效益分析[M]. 吉林交通科技，2007(1)

[4] 章锡俏，王守恒，孟祥海. 基于经济增长的高速公路诱增交通量预测[M]. 哈尔滨工业大学学报，2007(10)

[5] 杨静，毛保华，丁勇，何宇强. 区域诱增交通量计算方法研究[M]. 交通运输系统工程与信息，2005(5)

The cost-benefit analysis on foreign transportation of Northeast China pre and post "borrow harbor for sail"

Lu Jing, Yang Zhongzhen

(Transportation Management College of Dalian Maritime University, Liaoning, Dalian, 116026)

Abstract: In order to cut down the transportation distance and reduce the transportation cost, the two province of Jilin and Heilongjiang propose to export the cargos to Japan and South Korea via the Rashin port which locates in North Korea. This article aims to put forward some suggestions for the plan of "borrow harbor for sail" on the basis of the cost-benefit analysis of the container transportation. Firstly, this test built the foreign transportation network of northeast China pre and post the plan; secondly, calculated and compared the cost-benefit rate of the city by using the gravity model and transportation distribution method; lastly, put forward the suggestions for the plan to maximize the foreign transportation benefit of northeast China.

Key words: Borrow harbor for sail; Integrated transportation network; Cost-benefit analysis

航运安全管理的博弈分析

冯汝云

(上海海事大学交通运输学院,上海,200135)

摘　要:安全是航运业发展的关键,而航运公司往往会为了利益而忽略安全。本文分析了我国航运安全管理的现状,然后建立局方安全监管的政府部门如中国海事局(局方)和航运公司之间的博弈模型,并给出了博弈模型的纯策略和混合策略纳什均衡的解,对局方如何更好地对航运企业进行安全的监管提出了建议,同时为我国航空运输安全监管体制建设提供了理论依据,对于保障航运安全有着十分重要的意义。

关键词:航运安全;博弈;监管

1　问题的提出及研究现状

在国际贸易中,水上运输承担者绝大部分的运输任务。海上运输在世界经济发展中的重要地位和高风险性,使海上安全上升为沿海国家政府和IMO的一项主要工作。近年来,随着国民经济的发展,航运运输业由于其快速、低价、安全等特点,也得到了快速的发展。快速发展较好地满足了经济和社会发展的需要,同时,行业规模快速发展与安全保障系统是否快速健全完善之间的矛盾日益凸显。

在新的体制下,局方(安全监管的政府部门如中国海事局)和航运公司的对位关系发生了较大的变化,局方对航运公司的管理从最初的行政化的管理变成了现在的政府监督管理。如果局方还是按照原来的管理手段来对航运公司进行安全方面的监管,显然不符合航运业运输发展的要求。近些年来,由于局方在安全监督、管理方面不到位,使航运业运输在安全方面存在较大隐患,这必须引起我们高度的重视。局方对航运运输企业在安全监督、管理方面不到位主要在于:一方面,航运业当局对航运公司进行安全监督、管理机制不合理;另一方面,在具体实施方面执行不力,如:对于航运公司的抽检比例不足,对于违规现象得处罚力度不够等。

当前,国内外就航运运输安全管理方面的研究主要是集中在微观方面。如人员选择、培训和调配,船舶的使用、维护和修理,航线的选择,航行环境的改善等。本文主要是从宏观角度来进行相关的研究。研究的主要内容是:通过博弈,对局方与航运公司之间的博弈局中人关系进行讨论,为局方如何更好地对航运公司进行安全监管提供理论依据;并依据该理论,提出局方在对航运公司进行安全监管时应采取的策略。目前,就这一角度来对航运运输安全管理进行的研究在国内、外都较为少见。

2　航运运输安全监管的博弈模型

博弈论(game theory)又译对策论,它是研究不同的主体(agent)在"策略相互依存(strategic interdependence)"情形下相互作用的科学。在博弈论的模型里,每个主体的收益不仅取决于它自身的行为,而且也取决于其他人的行为。进而言之,个人所采取的最优策略取决于他对其他人所采取的策略的预期。博弈论被公认为研究不同主体决策互相影响,行为交互的最佳数学工具。

2.1　模型假设

为建立局方与航运公司之间安全监督的博弈模型,在认为航运公司在具相当完善的安全管理水平

作者简介:冯汝云(1985-),女,山东聊城人,上海海事大学交通运输学院硕士研究生。

和丰富的安全经济知识前提下,我们提出如下假设局方和航运公司都对相互的支付(偏好)函数有完全的了解,并且它们互之间也都知道对方完全了解自己的支付函数,即支付函数是两个参与人的。设 s 为航运公司运作的安全度,当航运公司处于完全的安全状态时,安全度 $s=100\%$,当航运公司处于完全不安全状态时,则 $s=0\%$。

如果航运公司按规定的安全度 s_0 进行运作,或虽然没有按规定安全度 s_0 进行运作但查处后立即改正,则安全效益(安全功能与安全成本之差)为 $e(s_0)$,简记为 e_0,进行运作的事故损失为 $l(s_0)$,简记为了 l_0 如果航运公司有按规定的安全度 s_0 进行运行但没有被发现,或虽然被查处但是仍然不改正,则航运公司的安全度仍为 s,因此安全效益 $e(s)$ 为(令 $\Delta e=e_0-e,\Delta l=l_0-l$):

全效益函数如下:

$$e(t)=i_1\exp\left(\frac{i_2}{s}\right)-l_2\exp\left(\frac{l_2}{s}\right)-c_i\exp\left(\frac{c_2}{1-s}\right)-u$$

其中,i_1,i_2,l_1,l_2,c_1,c_2 均大于 0 的统计常量,u 为小于 0 的统计常事故失函数如下:

$$l(s)=l_1\exp\left(\frac{l_2}{\mathrm{s}}\right)+l_3,(l_1,l_2>0,l_3<0)$$

其中,l_1,l_2,l_3 均为统计常量。

假设局方对航运公司进行检查时,主动抽检成本的期望值为 q,它包含航运公司进行安全调查,评价其安全状况,并对不符合要求的运行单位进行理等所消耗的费用假设局方监督部门根据社会举报信息进行调查时成本的期值为 p,它包含了信息处理,对航运公司进行安全调查,评价其安全状况,进行相应处理等所消耗的费用。可见,$p>q$。

假设局方以概率 x 主动抽查航运公司的安全状况。令社会举报率为 m,避免举报事件和监督部门主动抽检的事件重合,可认为 m 以 $1-x$ 为基数。同假设对于所有的举报事件,监督部门都必须进行调查和处理。监督部门如果现航运公司以规定的安全度 s_0 进行运作,则不对航运公司进行经济处罚;一现航运公司运作安全度 s 不合理,即 $s<s_0$,则责令航运公司整改,并处以处罚,处罚金 $k(s)$,简记为 k。假设监督部门在工作中犯错误(将不安全运作当作安全运作)的概率为:,航运公司进行安全运作的概率为 y,不安全运作遭罚后仍旧不改正的概率为 r。根据以上假设,可建立局方和航运公司之间安全监督的博弈模型。令局中人 1 为安全监督部门(局方),局中人 2 为航运公司。假设局中人 1 的纯策略空间为:

$$S_1=\{\alpha_1,\alpha_2,\alpha_3,\alpha_4,\alpha_5\}$$

其中:α_1——主动抽检并得出正确结论;

α_2——主动抽检但误把不安全运作当作安全运作;

α_3——由社会举报信息进行调查并得出正确结论;

α_4——由社会举报信息进行调查但误把不安全运作当作安全运作;

α_5——不进行检查

局中人 2 的纯策略空间为:

$$S_2=\{\beta_1,\beta_2,\beta_3\}$$

其中:β_1——安全运作;

β_2——不安全运作但一经查处立即改正;

β_3——不安全运作且被查处后仍不改正。

所以局中人 1 的混合策略空间为

$$\sigma_1=\{x(1+r),xr,(1-x)m(1-r),(1-x)mr,(1-x)(1-m)\} \tag{1}$$

局中人 2 的混合策略空间为

$$\sigma_2=\{y,(1-y)(1-v),(1-y)v\} \tag{2}$$

2.2 模型建立与求解

由纯策略 Nash 均衡矩阵见表1,存在纯策略 Nash 均衡解(α_5,β_1)。

$$x=\frac{\Delta e+m(1-r)(\Delta e-k-v\Delta e)}{(1-m)(1-r)(\Delta e-k-v\Delta e)}=1-\frac{1}{1-m}\left[1-\frac{\Delta e}{(1-r)(\Delta e-k-v\Delta e)}\right] \tag{3}$$

$$k=-\Delta e\left\{\frac{1}{(1-r)[1-(1-x)(1-m)]}+v-1\right\} \tag{4}$$

$$y=1-\frac{q-mp}{(1-m)(1-r)[(1-v)\Delta l+k]}=1-q+\frac{m}{1-m}\frac{p-q}{(1-r)[(1-v)\Delta l+k]} \tag{5}$$

可知,式(1)~(5)即构成了该博弈的混合策略 Nash 均衡解。

安全管理博弈矩阵　　表1

盈利值 S_2 / S_1			航运公司		
			β_1	β_2	β_3
			y	$(1-y)(1-v)$	$(1-y)v$
监督部门	α_1	$x(1-r)$	$-q-l_0,e_0$	$k-q-l_0,e_0-k$	$k-q-l,e-k$
	α_2	xr	$-q-l_0,e_0$	$-q-l,e$	$-q-l,e$
	α_3	$(1-x)m(1-r)$	$-q-l_0,e_0$	$k-p-l_0,e_0-k$	$k-p-l,e-k$
	α_4	$(1-x)mr$	$-p-l_0,e_0$	$-p-l,e$	$-p-l,e$
	α_5	$(1-x)(1-m)$	$-l_0,e_0$	$-l,e$	$-l,e$

注:逗号前的数字表示监督部门的盈利,逗号后的数字表示航运公司的盈利。

3 博弈模型解的讨论

当 $e_0\geqslant e(\Delta e\geqslant 0)$时,博弈存在纯策略 Nash 均衡解($\alpha_5,\beta_1$),即如果航运公司按照规定的安全度 s_0 运作时的安全效益高于按照安全度 s 运作时的安全效益,航运公司将完全按照规定安全度 s_0 运行,局方将不用全检查。

当 e_0,$<e(\Delta e<0)$且 $k\leqslant q$ 时,博弈存在纯策略 Nash 均衡解(α_5,β_3),即如果局方不进行安全检查,且对航运公司的处罚力度不够,航运公司按规定的安全度 s_0 进行运作时的安全效益 e_0 也没有按安全度所进行运作的安全效益额高,那么航运公司将不会按照规定的安全度进行运作,即使遭受经济处罚也在所不惜。

由式(1)得:

$$\frac{\Delta e}{(1-r)[\Delta e(1-v)-k]}-1\leqslant 0$$

整理,得:

$$k\leqslant\frac{rv-r-v}{1-r}\Delta e,\text{且 }\Delta e<0 \tag{6}$$

式(6)结合式(3)可知,若 m 越小,或 r 越大,或 v 越大,则 x 越大。这和实际是相符的,当社会举报率越小,或监督部门犯错误概率越多,或航运公司不安全运作且不改正的概率越大时,需要监督部门以更大的比例进行主动抽检。

式(6)结合式(4)可知,当 v 或人越大,x 或 m 越小时,k 越大,这也和实际相符,当航运公司越是知错不改,或者监督部门失误率越高,或者监督部门抽检比例越小,或者社会举报越小时,就必须加大惩罚力度以引导航运公司的安全运作。

由式(5)可知,当然越大,或者 k 越小,或者 m 越小时,y 越小。这也和实际相符,当监督部门的失误率越高,或处罚力度越小,或者社会举报率低时,航运公司按规定安全度运作的概率也越小。

4 局方在航运安全管理的策略分析

在航运过程中,航运公司是生产部门,而局方是政府监管部门。两个部门的主要目标都是尽可能使自己的效用(企业的效用使利润,而局方的效用是安全)最大化。在相互博弈过程中,局方采取何种策略(抽检比例、处罚力度等)对于航运公司自觉遵守局方制定的法规,减少违规操作有直接的作用。通过上面关于我国航运安全管理现状以及我国航运业迅速发展的形势分析,我国民航局在对航运运输安全监管过程中,应从以下几个方面进行改进。

(1)进一步完善监管体系。可考虑通过相关法律法规和规章,赋予监管办一定范围内的行政主体资格,包括一定范围内的行政处罚、行政许可权等,监管办在该范围内独立行使职权并承担责任。

(2)建立合理的航运安全管理激励机制。如果航运公司在违规情况下操作的效用(违规操作后的利润减去局方的处)高于不违规的操作时,航运公司肯定会铤而走险,宁愿违规操作。因此,局方在监管过程中应该一方面加大对违规操作的处罚力度,使违规者无利可图,另一方面对安全纪录好者(不违规的航运公司)进行奖励,使遵章守纪者更有积极性去维护其安全纪录。

(3)完善航运安全自愿报告系统。一方面加大宣传力度,使更多的人了解、支持自愿报告系统;另一方面,进一步理顺、调整自愿报告系统的组织机构,使该系统挂靠在与民航无关的部门,实现"保密"和"非处罚"原则,让参与人员消除顾虑,真正做到让全社会来监督航运安全。

5 结论

论文在建立博弈模型过程中,假设航运公司具备相当完善的安全管理水平和丰富的安全经济知识。但现实中我国航运企业安全管理整体水平并不高,一些航运公司安全意识较为淡薄,并且由于缺乏安全经济学的知识,只看到眼前的利益,只重视节约安全成本,结果导致安全度不足。因此,航运公司必须加强有关安全管理等方面知识的学习,提高自身安全管理水平。

另外,为了简化,这里使用的是完全信息博弈,模型中假设局方和航运公司都对相互的支付(偏好)函数有完全的了解,并且它们相互之间也都知道对方完全了解自己的支付函数。但是,在现实中,局方对于有些航运公司的支付函数,如,运行成本等,并不是十分了解。因此,如果使用不完全信息博弈模型进行分析,其结果将更加精确。

参考文献

[1] 张伟等. 博弈论在建设项目安全管理中的应用[J]. 系统工程,2002(11)

[2] 董力加. 科学发展观与航运安全. [N]. 经济参考,2005

[3] 方泉根,王津. 综合安全评估(FSA)及其在船舶安全中的应用[J]. 中国航海,2004,58(1):2-5

[4] 张维迎. 博弈论与信息经济学[N]. 上海:上海人民出版社,2004

[5] 罗军. 民用航空运输安全管理的博弈[D]. 成都:西南交通大学,2008.5

[6] 程卫民,曹庆贵. 安全综合评价中的若干问题及其改进方法[J]. 中国安全科学学报,1999,9(4):75-78

The game theory about the management of maritime safety

Feng Ruyun

(School of Transport & Communications, Shanghai Maritime University, Shanghai, 200135)

Abstract: Security is the key to the development of the shipping industry. And to go for the highest benefit, shipping companies often neglect the security. . This paper analyzes the safety management of China's shipping status, and then the establishment the game model between the government safety supervision departments, such as China Maritime Safety Administration (maritime authority) and the shipping companies. The Possible solutions and analysis about the Nash Equilibriums of Pure strategy and mixed strategy was obtained. The suggestions and measure to optimize the mechanisms of maritime safety supervisions are put forward, which could be used as guidelines for it. It is significant to regard the maritime safety.

Key words: Maritime safety; The game theory supervisions

铁路与
轨道运输
TIELUYU
GUIDAOYUNSHU

城际客运专线通过能力实现概率研究

赵　钢

(淮阴工学院交通工程系,江苏淮安,223002)

摘　要:城际客运专线通过能力的计算和实现在城际客运专线运营组织和设计中起着十分重要的作用。本文对城际客运专线通过能力计算进行了分析研究,结合城际客运专线列车运行特征,设计了城际客运专线通过能力算法,并利用数理统计的方法分析了城际客运专线通过能力计算值的概率实现和置信水平。

关键词:城际客运专线;通过能力;可信度;概率分析;置信水平

根据城际客运专线客运市场需求以及客流出行特征,城际客运专线旅客列车运行要求具有很高的运输工作质量,达到很高的正点率。相应的通过能力计算要在给定的运输质量的前提下进行计算。所以城际客运专线通过能力的计算宜采用平均最小列车间隔时间法计算。即使是采用平均最小列车间隔法计算出来的区段通过能力在一定时空内、在给定的列车运行质量的要求下也将是一个确定的值。而在列车实际的运行组织过程中因为许多不确定偶然因素的存在,诸如:行车设备故障,行车组织人员的主观原因等偶然因素,都会给通过能力的实现造成实时影响。由于这些因素的存在使实际通过能力成为具有随机概率性质的值。这就产生了一个问题:在一定区段内,在要求的列车运行质量条件下的通过能力实现的可能性有多大。

1　城际客运专线区段通过能力计算

根据城际客运专线客流特征,城际客运专线一般开行两种列车,大站直达列车和站站停列车。将跨线列车视为大站直达列车。在运行图中,若将相邻列车两两作为列车运行图的基本结构单元,并定义为一运行列车组,则列车运行图系由若干运行列车组组成。列车运行图可有:两相邻列车均为大站直达列车;两相邻列车均为站站停列车;前、后行列车分别为大站直达列车、站站停列车;和前、后行列车分别为站站停列车、大站直达列车等 4 种运行列车组。以 I_{dd} 表示两相邻列车为大站直达列车的列车组的最小间隔时间,以 I_{dz} 表示两相邻列车中前为大站直达列车后为站站停列车的列车组最小间隔时间,n_{dd} 表示两相邻列车为大站直达列车的列车组的组数,以 N_d 表示大站直达列车对数,N_z 表示站站停列车对数,N 表示所有列车对数,以 W_d 表示运行列车组中出现大站直达列车的概率,W_z 表示运行列车组中出现站站停列车的概率,W_{dz} 表示两相邻列车前为大站直达后为站站停列车的列车组出现的概率。则有关系:$W_d=\frac{N_d}{N}, W_z=\frac{N_z}{N}, W_{dd}=W_dW_d=\frac{N_d^{\ 2}}{N^2}, W_{zz}=W_zW_z=\frac{N_z^{\ 2}}{N^2}W_{dz}=W_dW_z=\frac{N_dN_z}{N^2}, W_{zd}=W_zW_d=\frac{N_zN_d}{N^2}$。运行图中出现各类列车组的组数:$n_{dd}=W_{dd}N=\frac{N_d^{\ 2}}{N}, n_{zz}=W_{zz}N=\frac{N_z^{\ 2}}{N}, n_{dz}=W_{dz}N=\frac{N_dN_z}{N}, n_{zd}=W_{zd}N=\frac{N_zN_d}{N}$;则运行图平均列车最小间隔时间可表示为:

$$\bar{I}=\frac{1}{N}\cdot(I_{dd}n_{dd}+I_{zz}n_{zz}+I_{dz}n_{dz}+I_{zd}n_{zd})$$

我们知道,列车后效晚点总值为:

$$t_F=T\left(g-\frac{g^2}{2}\right)\frac{w_g(1-e^{-u})^2+u(1-w_g)(1-e^{-2u})+(1-e^u)^2/q}{u^2(1+q)[q+(1-e^{-u})/q]}$$

作者简介:赵钢(1977-),男,讲师,研究方向:交通规划、物流工程,E-mail:zgzhaogang@163.com。

这里 g 为列车进入晚点的概率,w_g 为在运行列车中出现相同种类运行列车组的概率。$q=\frac{\bar{t}_r}{\bar{I}}$,$\bar{t}_r$,为平均缓冲时间。$U=\bar{I}/t_m=m\bar{I}$,$t_m$ 是每一晚点列车平均进入 晚点时间,m 为每一晚点列车平均进入晚点时间的倒数,参数 U 称为传播系数,其值越小,列车运行过程的随机性就越大。则列车后效晚点总值与研究期间可能发生晚点时间范围的关系为:

$$H=\frac{w_g(1-e^{-u})^2+u(1-w_g)(1-e^{-2u})+(1-e^{u})^2/q}{u^2(1+q)[q+(1-e^{-u})/q]}=\frac{t_F}{T(g-g^2/2)}$$

从此式可以看出 q 可以表示为 H,w_g 和 u 的函数,即 $q=q(H,w_g,u)$。则有,$\bar{t}_r=\bar{I}\cdot q(H,w_g,u)$。当 $w_g=0$ 时,取 $q=q_0$;$w_g=1$ 时,取 $q=q_1$。对给定的 H,u 由参考文献[1]中的数值表可以查出 q_0 和 q_1 的值,则

$$t_r=\bar{I}[q_0-w_g(q_0-q_1)]$$

又因为 $w_g=W_{dd}+W_{zz}$,$W_{dd}=W_d\times W_d=\frac{N_d^{\ 2}}{N^2}$ $\quad W_{zz}=W_z\times W_z=\frac{N_z^{\ 2}}{N^2}$

所以缓冲时间为:

$$t_r=\bar{I}\left[q_0-\frac{(N_d^{\ 2}+N_z^{\ 2})(q_0-q_1)}{N_2}\right]$$

缓冲时间确定后,利用 $n=\frac{T-T_t-T_w}{\bar{I}+\bar{t}_r}$计算区段通过能力,式中,$T_t$ 是维修天窗时间,T_w 是无效时间。

2 区段通过能力计算值的实现概率

2.1 通过能力概率分析

如前面所述,在列车实际的运行组织过程中因为许多不确定偶然因素的存在,给通过能力造成一定影响。由于这些因素的存在,使区段实际通过能力计算值成为具有随机概率性质的值。设 T_ε 为偶然因素影响下造成的时间损失,我们称之为时间随机因子。称 T_ε 占总有效时间 $T-T_t-T_w$ 的比值 $\frac{T_\varepsilon}{T-T_t-T_w}$为时间损失率,称 $1-\frac{T_\varepsilon}{T-T_t-T_w}$为时间利用随机因子。设 $\varepsilon=1-\frac{T_\varepsilon}{T-T_t-T_w}$,则区段通过能力可表示为:

$$n=\frac{T-T_t-T_w}{\bar{I}+t_r}\cdot\varepsilon$$

随机因子 T_ε 的样本值可以在日常列车运行调度组织工作中予以统计。在这里,如果假设随机因子 T_ε 服从某种分布:$F_1(T_\varepsilon)=f(T_\varepsilon;\theta_1,\theta_2,\cdots,\theta_n)$;式中,$\theta_1,\theta_2,\cdots,\theta_n$ 表示参数。根据随机变量函数的分布得出

$$F_2\left(\varepsilon=1-\frac{T_\varepsilon}{T-T_t-T_w}\right)=1-F_1((1-\varepsilon)(T-T_t-T_w))$$

如果在列车的运行过程中,在所要求的列车运行质量条件下且无其他偶然因素影响的概率条件下,即 $T_\varepsilon=0,\varepsilon=1$,有概率 $F_1(0)=f(0;\theta_1,\theta_2,\cdots,\theta_n)$;$F_2(1)=1-f(0;\theta_1,\theta_2,\cdots,\theta_n)$

即在列车的运行过程中,在所要求的列车运行质量条件下,无其他偶然因素影响的概率条件下通过能力值 $n=\frac{T-T_t-T_w}{\bar{I}+t_r}$实现的概率是

$$F_2(1)=1-f(0;\theta_1,\theta_2,\cdots,\theta_n)$$

2.2 参数的估值

设$\frac{df(T_\varepsilon;\theta_1,\theta_2,\cdots,\theta_n)}{dT_\varepsilon}=g(T_\varepsilon;\theta_1,\theta_2,\cdots,\theta_n)$

$$L_n(T_{\varepsilon1},T_{\varepsilon2},\cdots,T_{\varepsilon n};\theta_1,\theta_2,\cdots,\theta_n)=\prod_{i=1}^{n}g(T_{\varepsilon i};\theta_1,\theta_2,\cdots,\theta_n)$$

在上式两边取对数得：

$$\ln L_n(T_{\varepsilon1},T_{\varepsilon2},\cdots,T_{\varepsilon n};\theta_1,\theta_2,\cdots,\theta_n)=\ln\prod_{i=1}^{n}g(T_{\varepsilon i};\theta_1,\theta_2,\cdots,\theta_n)$$

解方程组：$\begin{cases}\dfrac{\partial \ln L_n}{\partial\theta_1}=0\\ \dfrac{\partial \ln L_n}{\partial\theta_2}=0\\ \cdots\cdots\\ \dfrac{\partial \ln L_n}{\partial\theta_n}=0\end{cases}$

可求得参数 $\theta_1,\theta_2,\cdots,\theta_n$ 的数值。

2.3 通过能力均值的区间估计

由统计学中的中心极限定理可知：一个总体，不论其分布如何，具有有限方差 σ^2 和平均数 μ，则从中抽取容量为 n 的样本的平均数的分布随 n 的增大而趋向于平均数为 μ，方差为 $\dfrac{\sigma^2}{n}$ 的正态分布。由前面所述可知，通过能力是随机变量 T_ε 的函数，我们取 $X_1,X_2,\cdots,X_n$ 为来自于通过能力总体的样本。在给定的置信水平 $1-\alpha$ 的情形下，分两种情况建立通过能力均值 μ 置信区间。

（1）方差 σ^2 已知。选择统计量 $U=\dfrac{\overline{X}-\mu}{\sigma/\sqrt{n}}$ 服从 $N(0,1)$ 分布，其中 $\overline{X}=\dfrac{1}{n}\sum\limits_{i=1}^{n}X_i$，

则
$$P\left\{\overline{X}-\mu\frac{\alpha}{2}\frac{\sigma}{\sqrt{n}}\leqslant\mu\leqslant\overline{X}+\mu\frac{\alpha}{2}\frac{\sigma}{\sqrt{n}}\right\}=1-\alpha$$

即通过能力均值在置信水平 $1-\alpha$ 下的置信区间为 $\left[\overline{X}-\mu\dfrac{\alpha}{2}\dfrac{\sigma}{\sqrt{n}},\overline{X}+\mu\dfrac{\alpha}{2}\dfrac{\sigma}{\sqrt{n}}\right]$。

（2）方差 σ^2 未知。选择统计量 $T=\dfrac{\overline{X}-\mu}{\sqrt{S^2/n}}$ 服从 $t(n-1)$ 分布，其中 $S^2=\dfrac{1}{n-1}\sum\limits_{i=1}^{n}(X_i-\overline{X})^2$。则

$$P\left\{\overline{X}-t_\alpha(n-1)\frac{S}{\sqrt{n}}\leqslant\mu\leqslant\overline{X}+t_\alpha(n-1)\frac{S}{\sqrt{n}}\right\}=1-\alpha$$

即通过能力均值在置信水平 $1-\alpha$ 下的置信区间为 $\left[\overline{X}-t_\alpha(n-1)\dfrac{S}{\sqrt{n}},\overline{X}+t_\alpha(n-1)\dfrac{S}{\sqrt{n}}\right]$。

3 结语

本文探讨了以一种新的思路来对通过能力进行研究。结合城际客运专线列车运行特点，对最小间隔算法进行了改进。本文将城际客运专线区段通过能力作为一个概率性质的柔性数值加以分析研究，提出了区段通过能力计算值实现概率的概念，利用数理统计的方法对通过能力进行了概率评估，改变了目前铁路区段通过能力的刚性计算与参考，有利于给城际铁路运营组织与管理提供更加切近实际的基础数据和决策支持。提出了区段通过能力可信度。文中提到的随机因子 T_ε 的分布只是假设，实际的分布还需要进一步研究探讨。

参考文献

[1] 胡思继. 列车运行组织及通过能力理论[M]. 北京：中国铁道出版，1993

[2] 杨浩，何世伟. 铁路运输组织学[M]. 北京：中国铁道出版社，2004

[3] 盛聚，谢式千，潘承毅. 概率论与数理统计[M]. 北京：高等教育出版，2001

Research on credibility on the carrying capacity calculation in intercity railway

Zhao Gang

(Transportation Engineering Department of Huaiyin Institute of Technology, Huai'an, 223002)

Abstract: The research on the theories and algorithm of section carrying capacity of railway is important to the designers configure the line and equipment, the managers use the line and equipment, improve design of the regional synthesis transportation net. In this paper, section carrying capacity in intercity railway was investigated and researched. The method of the probability was used to analyze calculation of the carrying capacity.

Key words: Intercity railway; Carrying capacity; Probability; Credibility

我国列车晚点代金券赔偿制度探析

刘 菲

（北京交通大学人文与社会科学学院经济法学，北京，100044）

摘 要：鉴于我国当前轨道列车建设水平和建设规模飞速发展的现状，及政府支持基础设施建设等政策信号使其前景也很被看好。但与此同时，列车晚点事故频发，民众怨声诸多，甚至会出现过激行为，因此需要法律手段的介入。本文首先对此问题的研究意义进行论证，然后对外国先进制度进行介绍，并赞同瑞典的列车晚点代金券赔偿制度，从而提出一系列在我国如何具体适用的建议。接下来，笔者从经济学和法学两个层面对列车晚点应获赔偿的作用机理进行探讨，并从中论证以代金券作为列车晚点赔偿方式的合理性，以期对我国现实的列车晚点赔偿制度建设有所帮助。

关键词：列车晚点；国际铁路联盟；代金券赔偿；责任承担

1 研究意义

列车晚点，包括两层含义：一是迟延发车，二是迟延到达。但无论在理论上如何细化区分，在现实社会中关于火车晚点的事件仍屡见不鲜，偶尔还会上升为激烈冲突。如果都等到矛盾爆发再解决问题，法律就失去了其存在价值，因此我们应着手关注于如何解决现实问题。

对列车晚点问题的研究，首先能唤起人们重视自身权益的法治意识。铁路系统一直以“铁老大”自居或被通称。以对具如此社会地位的系统进行整改，更能突显我国高层的先进执政理念和政治姿态，促进民众的法制思维进步。

其次，也有助于改善铁路部门的工作作风和技术含量。如果对没有免责事由的列车晚点承担责任，就会推动相关的铁路部门为防止列车晚点而更新技术、加快工程进度和提高管理水平。

很重要的一点是还可以促使国家平衡相关法律。在 2004 年 7 月 4 日深圳航空公司出台《深航顾客服务指南》规定晚点赔偿责任后，航空业已经实行航班延误赔偿制度。因此，对于火车晚点的赔偿也应该予以制度性认可，增加对乘客权益的保护。[1]

中国经济学家周其仁近日曾说：“仔细回想，摸着石头过河，为什么我们老能摸到石头？不是因为我们运气好，而是因为底层总有变革的要求。”正是这样的话语，也为我们的研究提供了舆论支撑。

2 国外列车晚点赔偿的相关制度介绍

2.1 欧盟

2004 年国际铁路联盟（International Union of Railways，UIC）与欧洲铁路和基础设施联合会（Community of European Railway and Infrastructure Companies，CER）依据国际铁路运输委员会（International Rail Transport Committee，CIT）关于铁路旅客运输法案的相关条例，决定起草《国际铁路旅客运输晚点赔偿细则》（UIC Delay Compensation Scheme）。该细则由国际铁路联盟专家组正式提出，并于 2004 年 6 月由国际铁路联盟客运委员会通过。目前，由 CIT 负责实施的该运输细则已于 2004 年 11 月 12 日正式生效（试行）。细则规定，白班列车晚点超过 60 分钟，夜班列车晚点超过 120 分钟，且旅客持有不低于 50 欧元的国际旅客运输票据，铁路运输公司必须给予晚点旅客至少相当于票价 20% 的优惠赔偿券或其他等额价值的相关补偿单据。通常情况下，旅客索赔申请必须在旅行结束后两个月内提出，铁路承运方必须在四周内予以答复，最多不能超过 3 个月。当然，由于不可抗力（包括自然灾害、旅客自身过错、第三方过错、可预见晚点且已事先告知旅客、战争状态或其他国家安全需要）造成的旅客列车晚点，铁路运输公司不承担晚点赔偿责任。[2]

2004 年 3 月初,欧盟也出台了一项新规定,将从 2010 年开始对乘客由于欧盟成员国内的火车晚点而造成的损失给予赔偿。据奥地利《新闻报》援引欧盟交通部特派员帕拉丝奥的话说,火车晚点的具体赔偿数目是由火车的车厢等级和晚点程度而定的。假如火车车次被取消,铁路公司在退赔全部票款的基础上还有义务安排乘客的食宿和转车。对于由此造成的乘客行李丢失和损坏,视贵重程度,乘客最多可以获得 1800 欧元的补偿金。火车晚点在 1 ~2 小时的,铁路部门将分别按票价的一半或全额对乘客给予补偿;如果乘坐同一国家的高速列车,晚点超过半个小时或一小时的,旅客也有权索要相当于票价一半或全额的赔偿。欧盟出台这一规定的目的就是为了使欧盟国家的铁路公司在今后的竞争中,特别是同民航部门的竞争中,能够让乘客既感受到铁路交通的高速快捷,又能保证正点运行,从而吸引更多的乘客。

以上这些规定在我国制订赔偿的细则及其计算方法时,是非常有借鉴和指导意义的。

2.2 瑞典

瑞典国家铁路公司宣布,将从 2004 年 1 月 15 日起对乘坐晚点火车的旅客进行经济赔偿。如果火车被确定为晚点,所有旅客均可得到一张与该次旅程票价相等的代金券作为赔偿。旅客在一年内可用此券购买火车票。

根据规定,原定 1 小时以内的火车旅程实际超时 20 分钟以上、原定 1 至 2 小时的火车旅程实际超时 40 分钟以上和原定超过 2 小时的火车旅程实际超时 1 小时以上的情况,均将被视为晚点。

瑞典国家铁路公司总裁杨·福斯贝里说,虽然实行这一新的赔偿制度估计每年要使公司增加 3000 万瑞典克朗(1 美元约合 7.1 瑞典克朗)的额外支出,但这将更充分地显示公司对旅客的负责态度。数据显示,去年 11 月瑞典火车的平均准点率为 92%。

笔者认为,此种赔偿方法对现阶段我国旅客流量过多、运输压力极大的现状,以及铁路系统还未曾有过赔偿相关规定的法律现状下,不失为一个最好的选择。也许会有反对观点说,这种赔偿方法具有没有针对性、惩罚性不强等缺点,或认为其只是权宜之计。但权宜之计运用得当也不乏是一种两全其美的方法。

通过代金券的赔偿,可以避免我国一直迟迟未敢开晚点赔偿先例的关键因素,即怕此类事故太多而增加铁路系统开销,导致铁路系统经济负担加大,甚至会出现运营瘫痪的后果。代金券赔偿,既对权益受损的旅客给予了救济,又使消费控制在铁路系统内部,可以冲抵损失,得到双赢。

至于对缺少惩罚性的观点,笔者要说,对于财产损失占大部分的侵权行为,最重要的是弥补其财产损失,这样更务实,而不是只在道义上的呼吁。同时,铁路系统自然要有相应的道歉,并对受延误的旅客有很好的安置及饮食的解决,这也在一方面增加了其惩罚性的因素。

可能还会有一种担心是怕这样会徒增铁路的承运压力,怕一些本不该出行的人员借此机会浪费公共资源。但笔者认为,代金券的使用是在一年的时间里选择,其完全可以选择淡季出行,这样反而会使一些空载车提升使用价值。而且也可以在代金券上设置多种选择空间:如果旅客选择旺季出行,那么票面的代金价值会降低,如果选择淡季则不变。至于具体计算方法,完全可以根据列车的理程数、发车在夜间还是白天、列车型号等灵活规定,并参照欧盟的具体标准制订。虽然欧盟的标准在我国适用还有一个本土化和基本国情的问题,但我们已在选择了赔偿政策大方向的前提下,再对其赔偿的具体计算比例适用,如同是拿先进研究成果借重发展。因此笔者十分推崇此种赔偿制度在我国的适用。

3 列车晚点应获赔偿的经济层面作用机理

接下来笔者将从经济和法律两个维度对列车晚点应获赔偿问题进行探讨。首先在经济层面,主要依据经济分析法学派及微观经济学的理论研究成果进行论证。

列车晚点后,按传统的严格责任的归责原则下,法律将支持票不假思索地投给了乘客的“完全赔偿权”。而这种社会伦理化的权利分配方案,产生了庞杂并且高昂的交易成本的效应:一是谈判成本。“在形成谈判对策的过程中,各方要力求预测对手会有多少让步。如果各方在估计对方的妥协点或者风险点上犯了错误,那么每一方都将会惊奇地发现对方并不让步,其结果是各方以不能合作而告终。当各方对对方不甚了解的时候,当文化上的差异使得交流变得困难,或者当各方在关于公平的道德标准方面存在冲突时,错误的预测就会时常发生"。[4]二是诉讼成本。当争议的当事人经谈判却以不能合作而告终时,许多被公众称为"具有社会责任感"的乘客便会在丰富情感的主导之下诉诸法庭。三是机会成本。也就是为避免交易成本发生而做出的无效益选择,即在严格责任下铁路部门为防止列车晚点发生后一系列交易成本的产生而不恰当地、无效率地追加的预防费用。这些不当增加的预防费用最终将由每一个乘客来承担。资源是有限的,要在有限的资源的约束下获得最大程度的效用,需要寻找的是最合理的预防成本。

在相互冲突的权利之间如何取舍的问题上,科斯定理第一定律告诉我们,在交易成本为零的情况下,无论法律上权利的初始安排如何,当事人双方经过谈判均能导致资源向最大效益的方向流转。然而,零交易成本在现实中很少会发生。这时,科斯定理第二定律又告诉我们,在交易成本为正数的条件下,不同的权利界定和分配会带来不同效益的资源配置,此时有效益的权利界定和分配应当能使交易成本的效应减至最低。这些交易成本的效应包括交易成本的实际发生和为避免交易成本发生而做出的无效益选择。

同时,汉德公式也可以为解决此问题提供很好的思路。[5]实际上,汉德公式最富有启发意味的地方在于它自身隐含的一种观念、一种立场,即实现社会总成本(事故的预期损失与为预防该损失发生而支出的费用之和)最小化的立场。"对于侵权法的经济分析将侵权法的目标从实现事后的矫正正义转变成考察实现事前的分配正义,或者说分配效率。"[6]

在我国司法实践中,该公式的现实可操作性面临困难,因为这个函数关系式中的三个变量的准确认定都可能面临信息费用的责难。[7]而且,法官的素质问题也会影响变量的准确认定以及案件的处理。另外,同类案件往往会造成变量的重复认定进而造成社会成本的重复追加。而解决上述问题的简单有效的方法是由权威机构(比如铁道部或者其他立法部门)根据汉德公式的原理制定出统一、明确的技术性标准,用以确定铁路部门为了预防导致列车晚点的意外事故的发生应当在何种程度上采取预防措施,任何人都可以据此判断出铁路部门是否有过错。[8]比如,请铁路部门或相关的科研单位提供数据,为防止列车在运行过程中发生机车故障,铁路部门不得不追加对列车关键部位的检测费用。这一数据可由铁路部门和对口的科研机构、行业组织提供、论证,可以做到比较具体和准确。这些机构还应通过调查研究、听证会等形式充分听取有关各方的意见、论证,并对各方的意见、论证作出充分的比较与权衡,以期做出尽量准确、合理的并且适用面广泛的计算。而不要仅把"听证会"当成"通知会"。

接下来,我们再从微观经济学角度探讨下以代金券作为列车晚点赔偿方式的合理性。购物卡和返券都属于价格歧视。也就是按照消费者消费价格弹性的不同索取不同的价格优惠券和返券的使用者属于弹性较高的群体,即对高价格更敏感的群体。[9]实践中,我国铁路运输也存在客流量淡季和旺季之分,这也为以代金券作为列车晚点的赔偿方式提供了天然可能性。当列车在没有免责事由,且在规定的余地时间外晚点时,是要承担赔偿责任的。而其责任内容还要包括被侵权旅客的差旅、误工费,甚至因列车晚点而需临时居住的旅馆等费用。这一系列的规定无疑会加重铁路运营企业的负担,甚至因不堪重负而导致系统瘫痪。但代金券也许可以解决此问题。使用代金券赔偿,可以对其做出使用时间、期限的限制。一些乘客选择多于票面价格的旅程时还会使用个人财产补足,这样反而增加了铁路系统赚取收入的机会。

4 列车晚点应获赔偿的法律层面作用机理

对于列车晚点的赔偿责任,主要体现在承运人对旅客的违约上。所以首先我们应确定一下铁路客票的性质。铁路客票是铁路客运合同的书面形式;是客运合同与旅客运输的凭证;其内容是客运合同的组成部分。但客票本身并不是合同,而是铁路客运合同的格式条款。[10]进行定性分析后我们可知,因列车晚点主张赔偿责任是有法理支撑的。

现阶段在我国,就火车晚点索赔案件而言,法院可引以支持旅客赔偿请求的法律依据主要有以下几条:(1)民法通则第88条、第111条;(2)消费者权益保护法第47条也适用于运输合同;(3)合同法第

290条、第107条。与此同时,铁路法第12条规定:“铁路运输企业应当保证旅客按车票载明的日期、车次乘车,并到达目的站。因铁路运输企业的责任造成旅客不能按车票载明的日期、车次乘车的,铁路运输企业应当按照旅客的要求,退还全部票款或者安排改乘到达相同目的站的其他列车。”合同法在“运输合同”一章中也有明确规定:“承运人迟延运输的,应当根据旅客的要求安排改乘其他班次或者退票。”[11]

上述规定表明,旅客因火车晚点所能获得的救济方法有两种:退票或改乘其他班次。但这两种方式只适用于迟延发车行为,对于迟延到达行为,则无相应的救济性措施。

当然,在赔偿事由方面,也要考虑一些客观因素的影响。由于列车运行受多种变动因素的影响,包括自然的、人为的、直接的、间接的、铁路自身的、外界的、可预见的、不可预见的种种因素,要保证列车趟趟正点到达,几乎是不可能的。

更何况,我国人口众多,铁路营运线少,全国7万多公里铁路,每人平均只有5cm的铁路线。便出现“套跑车”这种运营方式,其是解决营运需求的有效方法之一。但也会因此增加列车晚点的概率。所以对列车晚点应该赔偿,但在归责原则上,赔偿的依据应是过错责任,而非传统的严格责任,而且过错的认定依据也应该是经济学的逻辑成果。

我们还可以在行政法的研究成果中找到完善措施。我国铁路的改革不仅包括铁路企业的改革,还包括铁路行业主管部门(现有的铁道部)的改革,而且我国铁路企业的改革还涉及铁路的发展问题(这与美国、英国、德国等西方发达国家有所不同,这些国家一般都经历了大规模的铁路建设期,路网已经饱和)。所以我国铁路改革较这些国家复杂。美国、英国、德国等西方发达国家一般通过立法建立管制机构,有关政府管制的法律法规体系健全,法律不仅规定了管制机构的权利和责任,而且严格规定行政程序,公开透明,减少了执法的随意性。随着铁路改革的推进,依法加强政府管制的重要性和迫切性愈益突出,应当加强对国外铁路管制法律法规的学习借鉴,抓紧研究制定相关法律法规。我国政府的管制改革和重建,实际上就是要将政府对国有企业特别是国有垄断性行业的微观管理向针对多元化竞争性市场的微观管制转变和过渡。[12]

5 结语

列车晚点可以说是我国社会矛盾的其中一个发源点,而如果矛盾激化是与和谐社会的建设背道而驰的。法律作为一种前置的规范手段和事后的救济途径,不得不有所作为。我们不畏惧矛盾的存在或羞于提出矛盾,而是应务实且得当地处理矛盾。笔者认为以代金券作为列车晚点的赔偿方式恰是解决此矛盾的明智选择。通过以上的论述,希望能在实践操作中有所帮助。

参考文献

[1] 肖建国.火车晚点的法律救济——全国首例火车晚点索赔案评析[J].法学,1999(7)

[2] UIC. International Union of Railways Delay Compensation Scheme [DB/OL]. http:/www. uic. asso. fr/passagers/s pip. php? article5 5. 2004

[3] 郑翔,张晓永,张长青.日本铁路建设法律制度及启示[J].中国铁路,2008年3月

[4] 罗伯特·考特,托马斯·尤伦.施少华,等译.法和经济学[M].上海:上海财经大学出版社,2002年

[5] 波斯纳.法律的经济分析(中译本)[M].北京:中国大百科全书出版社,1997年第一版

[6] 周林彬.中国法律经济学研究中的“非法学化”问题——以我国民商法和经济法的相关研究为例[J].法学评论,2007(1)

[7] 闫道锦,佟琼.引入客运专线列车晚点救济的必要性分析[J].北京交通大学学报(社会科学版),2008年第7卷(2)

[8] 李兰波.提高旅客列车正点率的理性认识[J].中国铁路,2002年第3期

[9] 平狄克,鲁宾费尔德.微观经济学[M].中国人民大学出版社,2006年版

[10] 张长青.关于铁路客票法律性质问题的探讨[J].政法论坛(中国政法大学学报),2004年7月

[11] 肖力.铁路法正点条款的立法缺憾及其应用[J].研究与争鸣,1999(3)
[12] 谭克虎,彭光良.国外铁路管制改革及其启示[J].当代财经.2006(1)

The vouchers compensation system of China for train delays

Liu Fei

(Beijing Jiaotong University, Humanities and Social Sciences College)

Abstract: In view of the current level that the train track construction of China, and the Policy signals which government's support for infrastructure construction was optimistic. But at the same time, Late train accidents frequently, A lot of people's grievances, Or even violent behavior. Therefore the necessary legal means to intervene. In this paper, the significance of this study to demonstrate, And on the introduction of foreign advanced system, And endorsed the Swedish voucher system of compensation for train delays, At our country in order to put forward a series of recommendations on how to apply specific. Next, The author of from the two levels of Economics and Law mechanism for train delays compensation should be to explore, to demonstration vouchers for train delays as the rationality of compensation, to except to help the reality of our system of compensation for train delays construction.

Key words: Late train; International Union of Railways; Compensation vouchers responsibility

上海轨道交通八号线客流特征及运输方案优化

江志彬[1]　田益峰[2]　苗秋云[2]

(1. 同济大学交通运输工程学院,上海,201804;2. 上海地铁第二运营有限公司,上海,200070)

摘　要:从城市轨道线路客流特征分析出发,研究了上海轨道交通八号线断面客流的时空特征,得出了八号线目前存在高峰(尤其是早高峰)客流满载率过高、平峰客流满载率过低、车底运用不合理等问题,最后在保证运用车底数量不变的条件下,从改变备用车底使用方式、开行多交路、优化折返方式等方面优化了八号线的运输组织方案,并证明了该方案的科学性与可行性。

关键词:轨道交通;客流特征;运输方案;运行图

上海轨道交通八号线(一期工程)正线自市光路站至耀华路站,通过市中心,连接浦东浦西,是穿越上海世博园区的线路之一。自2007年年底开通以来,客流的增长速度十分迅速,出现了高峰时段车厢拥挤、车辆超载率高、线路部分区段运能严重不足的现象。八号线客流特点具有客流量大、高低峰特征明显、上下行客流不均衡程度大、客流向心性特征突出等特点。目前,八号线的运输组织方案制定不尽合理,表现在高峰(尤其是早高峰)客流满载率过高、平峰客流满载率过低、车底运用不合理等问题。本文将从八号线实际客流的时空特征分析出发,研究目前八号线运输组织方案存在的问题以及相应的优化措施。

1　轨道交通线路断面客流分布特征分析

客流特征是城市轨道交通合理安排运输能力、编制列车运行图、优化行车组织方案的重要基础。线路客流的空间动态性是指客流随空间变化而表现出的客流量的变化趋势,其主要的体现指标是断面客流,研究线路断面客流的分布特征有利于制定合理的开行方案[1,2]。

1.1　方向动态性

根据每线路方向客流的数量可以分为单向型客流和双向型客流两种:单向型客流特征表现为上下行客流的运量差异很大,多发生在跨越市区与郊区市域快速线路上,在早晚高峰时段内尤为明显;双向型客流表现为上下行两个方向上的轨道交通客运量数值接近,多发生在市区内部区域的线路上(如城市环线)。客流方向动态性可以用方向不均衡指数来表示:

$$p_d = \frac{2 \times \max(V_{上}, V_{下})}{V_{上} + V_{下}}$$

式中:$V_{上}$,$V_{下}$ 表示上、下行高峰小时最大断面客流。方向不均衡指数反映了不同方向上客流的分布情况,也为是否开行上下行不均衡的运行方案提供参考。

1.2　区段动态性

区段动态性是指相同时间点上断面客流的动态性,客流在不同时间内断面上的分布特点和演变规律可以为交路方案的确定提供决策依据。区段断面客流的特征类型如表1所示。

线路区段断面动态性特征　　表1

类　型	特　征
均等型	各区间断面客流量接近,不存在客流明显突增区段,适合开行单一交路
凸起型	在线路各个断面上中间几个断面为最高,而越往两端越小,适合开行大小交路(小交路在中间)
逐渐递增(减)型	断面客流大小随运行方向逐渐增大(缩小),适合开行大小交路(小交路在两端)
哑铃型	断面客流两端大,中间小,适合开行多交路(两端同时开行小交路)

作者简介:江志彬(1980-),男,江西萍乡人,讲师,博士,E-mail:jzb@ tongji. edu. cn;田益峰(1974-),男,浙江绍兴人,工程师,E-mail:tianyifeng@ shmetro. com;苗秋云(1980-),女,江苏盐城人,工程师,E-mail:miaoqiuyun@ sina. com。

区段上的动态性可以用断面不均衡系数来表示：

$$p_s = \frac{V_{max}}{\frac{1}{n}\sum_{i=1}^{n} V_i}$$

式中，V_{max}表示单向最大客流量，V_i 第 i 区段的断面客流。一般来讲，当线路的断面不均衡指数达到 1.5 以上时，为保持线路各个断面运力与运量的平衡，就必须要采取一定的措施（如开行多交路），以增大能力利用率。

2 八号线断面客流时空特征分析

八号线一期工程共有 21 个车站，有 6 个车站具备折返能力，共有一个车辆段，与市光路站连接，有两条出入库线。八号线车辆目前采用六节编组的形式，列车定员 1380 人/列。采用的是基于 CBTC 的信号系统，共分三个阶段实施，第一阶段目前由 ATP、ATS 两个子系统组成，采用基于双红灯防护的自动闭塞法行车，前后相邻列车之间的安全运行间隔由计轴区段自动防护。本文选取 2009 年 3 月 6 日八号线客流（周五，计划运行图为 805#工作日运行图），对其断面客流特征进行分析。

2.1 断面时间分布特征

按时间分布，八号线断面分时客流统计如图 1 所示。

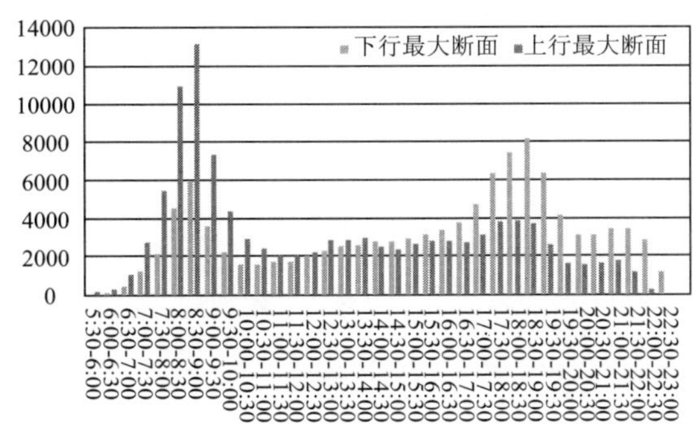

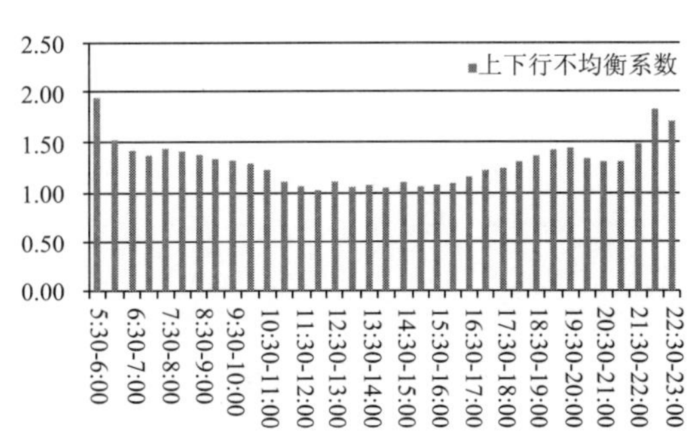

图 1 八号线全天分时分方向断面和不均衡系数统计图

由图 1 可以得到八号线工作日的客流特征表现为以下几个特点：

(1) 早晚高峰特征明显。早高峰时间段约为 7:30 ~ 10:00，早极端高峰发生在 8:30 ~ 9:00，为 13178 人/半小时，晚高峰时间段为 17:00 ~ 20:00，晚极端高峰发生 18:30 ~ 19:00，为 8112 人/半小时。

(2) 早晚高峰特征差异大。表现在晚高峰持续时间比早高峰时间长，但早极端高峰的数值远大于晚高峰极端高峰数值。

(3) 上下行极度不均衡。尤其是早晚高峰时间期间的上下行不均衡程度尤为突出。早高峰上行断面远大于下行断面，最大不均衡系统高达 1.44，而晚高峰下行断面要大于上行断面，最大不均衡系数也高达 1.44。

2.2 断面空间分布特征

按空间分布，八号线断面分区间客流统计如图 2 所示。

由图 2 可以得到八号线工作日空间客流分布具有以下几个方面的特征：

(1) 早高峰客流具有明显的向心特征。在早高峰时间段内，由北段至市中心（人民广场）的断面客流非常大，过人民广场（换乘站与一、二号线换乘）后，断面客流骤减（数量超过一半），再经过西藏南路（与四号线换乘）后，断面客流减幅也非常明显。同样，由南段至市中心过人民广场后，断面客流减幅也非常明显。

(2) 晚高峰客流具有明显的离心特征。在晚高峰时间段内，由人民广场往北段与南段的客流增幅非常明显（北段尤为明显）。

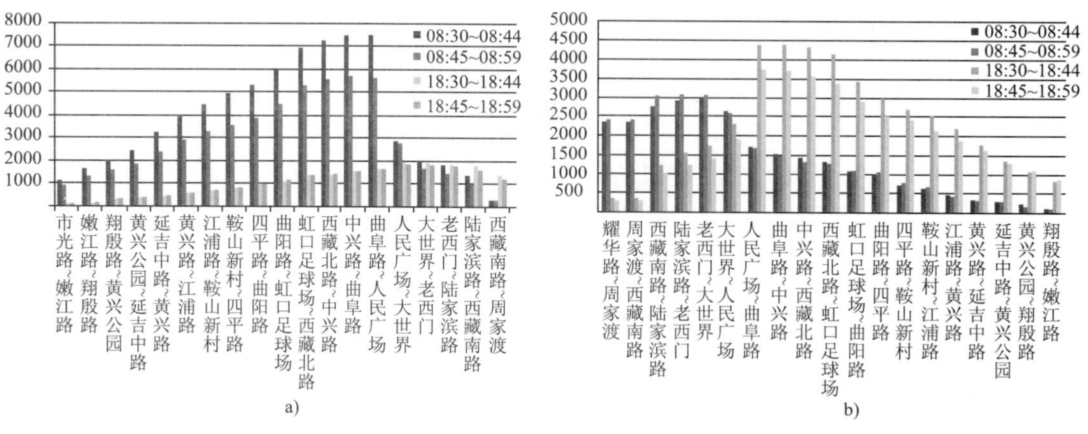

图2　八号线工作日上下行断面空间分布

a)上行,b)下行

3　八号线运输组织方案优化

3.1　目前运行图情况

八号线目前工作日计划运行图版本号为805#,该运行图的相关技术参数如下:

(1) 运输组织方案:单一交路(市光路至耀华路)

(2)运用列车数:运行图运用列车数21列,最大上线运营19列;备车2列:正线备用列车1列(停于耀华路站存1线),殷行停车场备1列。

(3)行车间隔:早高峰时段(7:30~9:00):5min;晚高峰时段(17:00~18:40):5min35s;其余时段:6~12min。

3.2　运能运量适应性分析

根据八号线805#工作日运行图分时段的运能统计,八号线的运能运量匹配图如图3所示。

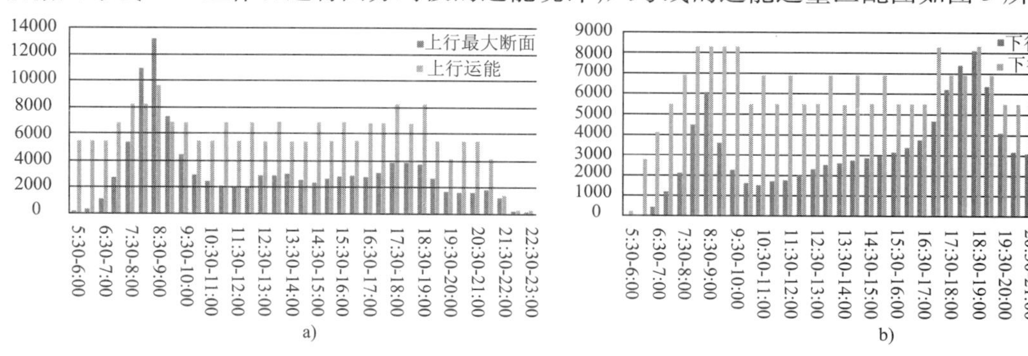

图3　805#工作日计划运行图对应的上下行运能运量匹配图

a)上行,b)下行

由图3可以得到目前八号线的运输组织方案具有以下几个方面的特点:

(1)下行运输能力的配备基本能满足客流需求,仅18:00~18:30(满载率为1.07)和22:00~22:30(满载率为1.04)的满载率超过了1,但超出程度非常小。

(2)早高峰上行的运输能力不能满足客流需求,尤其在8:00~8:30(满载率为1.32)和8:30~9:00(满载率为1.36)这两个时间段。

(3)白天平峰时间段运输能力富余量比较大。在10:00~16:00这个时间段的上下行满载率基本都小于0.5。

3.3　八号线目前运输组织方案优化

由上述的分析可以看出,目前八号线运输组织方案的最大问题是极端高峰(尤其是早极端高峰)能力最为紧张(满载率超过1.3),已经严重超过了乘客可以承受的拥挤程度,但是,受车底数量的限制(目前可以投入运营的车底数量仅为21列),目前八号线还无法通过增加车底运用数量来缩短行车间隔。通过对八号线运能运量的适应性图进行分析,可以看到八号线早高峰8:00~9:00的满载率最大,且最大的断面发生在曲阳路至人民广场这个上行区段。因此可以考虑在8:00~9:00这个时间段,在人民广场至曲阳路开行一个小交路(人民广场和曲阳路具备折返条件),小交路列车的车底利用两列备车。这样可以有效缓解早高峰上行断面的客流压力。但是,由于小交路列车到达曲阳路车站后,需要经过存车线进行折返作业,而存车线两边没有站台(图4),小交路列车到达该站后无法进行下客作业。因此,在组织小交路列车开行时,下行列车可以不载客,或者到达虹口足球场后就清客。方案优化运行图采用RailTPM软件编制[3],其高峰时间段运行图如图5所示。通过优化运行图后,早高峰上行极端断面的满载率可以下降至0.99和1.06(表2),因此该方案能更好地适应八号线的客流特征。

运行图优化后的满载率水平　　表2

时间段	下行最大断面(人)	上行最大断面(人)	下行满载率(优化前)	下行满载率(优化后)	上行满载率(优化前)	上行满载率(优化后)
8:00~8:30	4506	10937	0.54	0.41	1.32	0.99
8:30~9:00	6060	13178	0.73	0.63	1.36	1.06

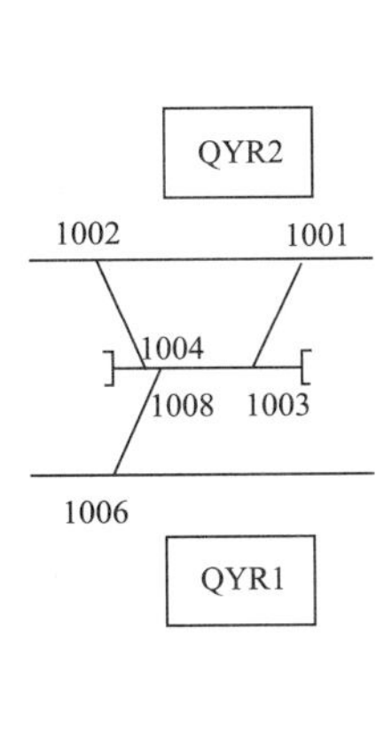

图4　曲阳路站平面图

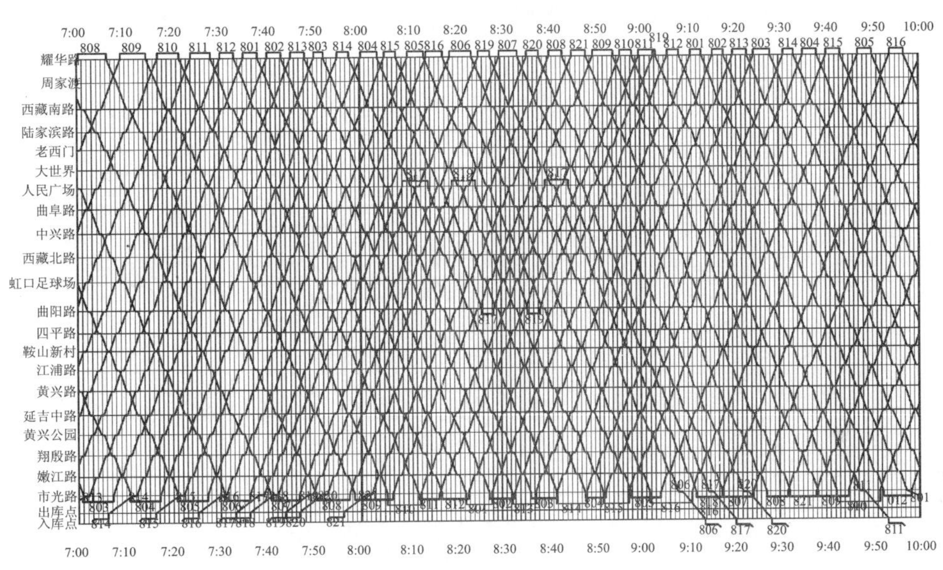

图5　8号线优化方案运行图(早高峰)

4　结语

八号线作为跨越上海城市中心的一条连接南北向的市域快速轨道交通线路,他连接浦东浦西,穿越世博会场馆,在上海城市轨道交通网络中的地位将越来越重要。八号线也作为上海目前最先采用CBTC信号制式的轨道交通线路,将在开行小编组、高密度、多交路的复杂运输组织方案起到示范作用。本文研究了八号线的断面客流的时空分布特征,对目前的运输组织方案的相关问题进行了分析并提出了一个可行的优化方案,并编制了方案运行图,证明了方案实施的可行性。本文的研究成果希望能起到一个抛砖引玉的效果,希望能为我国其他城市轨道交通线路起到一定的借鉴作用。

参考文献

[1] 吴强,邵伟中.上海城市轨道交通网络化运营特征分析[J].城市轨道交通研究,2009(2).1-5

[2] 沈丽萍,马莹,高世廉.城市轨道交通客流分析[J].城市交通,2007(03):14-19

[3] 徐瑞华,江志彬.城轨交通列车运行图计算机编制的关键问题研究[J].城市轨道交通研究,2005(5).31-35

Passenger character and organization optimization in Shanghai rail transit line 8

***Jiang Zhibin*[1], *Tian Yifeng*[2], *Miao Qiuyun*[2]**

(1. School of Transportation Engineering, Tongji University, Shanghai, 201804;

2. Shanghai Second Metro Corporation LTD., Shanghai, 200070)

Abstract: Based on the analysis of the of urban rail transit passenger flow characteristics, the time and space characteristics in section passenger flow of Shanghai rail transit line 8 was discussed in detail. It is come to the conclusion of higher load level in peak hour (especially in the early peak hour), lower load level in off-peak hour, unreasonable use of train set and so on. Finally, to ensure the condition of using the equal number of train sets, to optimize the transport organizations from the changing of spare train sets, caring out multi-path trains, optimizing the turn-back style of train sets and so on, and then the rationality and feasibility of the organization was proved.

Key words: Rail transit; Passenger character; Transportation scheme; Timetable

沪杭既有线城际列车分布特征的分析

徐行方　程　勋　徐晨蓉

（同济大学交通运输工程学院，上海，201804）

摘　要：以第六次大提速为背景，在给出城际列车、开行密度概念的基础上，对沪杭既有线城际列车开行密度进行了统计分析，探讨了沪杭城际列车在时间轴上的分布特征，得到了几点结论与建议。通过寻求现行方案的分布特征，为列车运行图的调整以及未来客运专线列车开行方案的设计与优化提供参考。

关键词：城际列车；开行密度；分布特征；沪杭既有线

第六次大提速后既有线城际列车的开行方案得到了进一步的优化，无论在运行速度、硬件设备，还是软件服务，都得到了提升。本文通过对沪杭线城际列车开行密度的分析，寻求现行方案的存在的不足，从而为下次列车运行图的调整以及未来客运专线列车开行方案的设计与优化提供参考依据。

城际列车是在客流量大、城际距离较近城市或地区间开行的管内旅客列车，具有密度大、规律性强、旅行速度高、乘车手续简便（购票方式、进出站途径等）、舒适度好（等级较高）等特点[1]。列车密度一般是指单位时间内到发或运行的列车数。从旅客角度出发，城际列车开行密度的概念应定义为[1]：在单位时间内由同一车站发出且到站相同的、符合城际列车开行条件的旅客列车数，也可用列车平均间隔时间来表示。

由于列车运行与到发的不均衡性，列车间隔时间、单位时间到达列数等都是随机变量，符合一定的概率分布规律，可利用数理统计方法分析其均值、方差及变异系数等数字特征。

1　沪杭线列车密度的统计分析

1.1　下行方向列车密度的分析

根据2007年10月的列车运行图资料，上海地区向沪杭线方向共发出旅客列车78列，其中上海站始发6列、上海南站始发55列，沪宁、沪杭两线间中转17列，如表1所示。根据不同种类旅客列车，统计出上海南站在理想时段(6:00～24:00，下同)出发列车的统计特征值如表2所示。由此可以得到以下结论：

上海地区发往杭州地区列车数量分布表　　表1

枢纽发站	始　发	中　转	合　计
上海站	6	17	23
上海南站	55	0	55
合计	61	17	78

上海南站沪杭线始发列车间隔时间的数字特征值　　表2

列车种类	均值(min)	均方差	变异系数
全部列车	18.70	18.27	0.98
城际列车	40.40	38.18	0.95
动车组列车	33.96	29.49	0.87

(1)城际列车平均间隔仍然较大。全部列车平均出发间隔为18.70min，比第5次提速运行图的平均间隔38.96min缩短了一半[2]，若旅客能随意选择所有列车，这一列车密度基本接近公交化程度，能够满足城际旅客出行的需要。但城际旅客能随意选择的城际列车平均间隔仍为40.40min，与全部列车相比平均间隔时间大了一倍以上。

(2)旅客候车时间的波动性较大。列车间隔时间的变异系数位于二阶Erlang分布的范围内，表明

作者简介：徐行方，男，工学博士，教授，xfx@tongji.edu.cn。

列车存在一定的离散性,旅客候车时间的随机性较大。

(3)合并发站列车平均间隔将减小。由于上海站分流了30%沪杭线列车,拉大了上海南站至杭州方向列车的间隔。上海站、上海南站将逐步形成“南进南出、北进北出”的分工格局,沪杭线列车都将集中于南站始发,列车密度将有明显提高。城际列车平均间隔时间将减少10min,达到平均0.5h发出1列。

1.2 上行方向列车密度的分析

由杭州站、杭州东站出发的沪杭线列车分别为34列、42列,两站出发列车数比较均匀,两站上行方向出发列车的平均间隔时间参见表3。列车开行密度分析如下:

上行方向列车间隔时间的统计　　表3

出发站	列车	均值	均方差	变异系数
杭州站	全部列车	30.90	29.36	0.95
	城际列车	34.71	26.22	0.76
	动车组列车	39.67	27.12	0.68
杭州东站	全部列车	28.94	40.65	1.40
	城际列车	56.15	75.49	1.34

(1)两站城际列车的间隔时间相差较大。杭州站发车的平均间隔为34.7min,而杭州东站发车间隔时间较大,接近1h,但全部列车的平均间隔小于杭州站,这也表明杭州站、杭州东主要分别承担城际列车和直通列车的分工实际。若将沪杭线城际列车集中到杭州站出发,发车间隔将缩短为22.8min。

(2)杭州东站列车间隔变异系数大。主要是该站在理想时段内存在发车的天窗时间,若不计13:44~17:37的天窗时间,全部列车的变异系数减小为0.71;不计2:38~9:18和12:45~17:37的天窗时间,城际列车的变异系数则减小为0.83。

2 沪杭线列车在时间轴上的分布分析

2.1 城际列车在时间轴上的分布

由图1可知,由上海南站发往沪杭线方向的城际列车密度较高,在上午、下午、夜间的各时段均有较高密度,且在早上7:00~8:00、午后13:00~14:00、傍晚17:00~18:00等高峰时段,均达到了3列/h的开行密度。

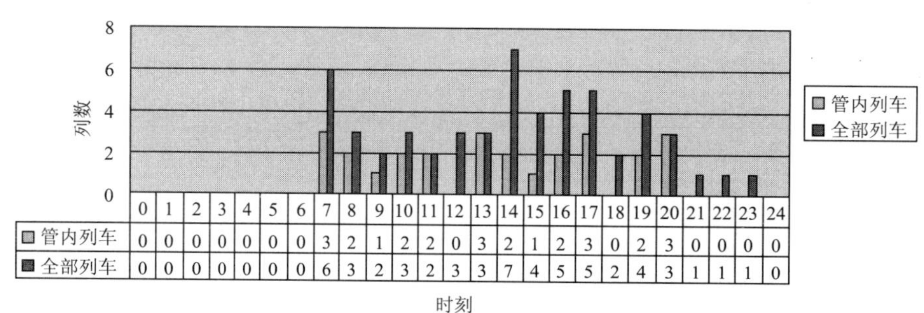

	0	1	2	3	4	5	6	7	8	9	10	11	12	13	14	15	16	17	18	19	20	21	22	23	24
管内列车	0	0	0	0	0	0	0	3	2	1	2	2	0	3	2	1	2	3	0	2	3	0	0	0	0
全部列车	0	0	0	0	0	0	0	6	3	2	3	2	3	3	7	4	5	5	2	4	3	1	1	1	0

图1　上海南站沪杭线出发列车密度分布图

由图2可知,由杭州站发往上海方向的城际列车密度较高的时段分别为:早上7:00~9:00、中午11:00~13:00、晚上16:00~20:00,早晚高峰特征明显,符合城际旅客“朝发夕归”的特点。

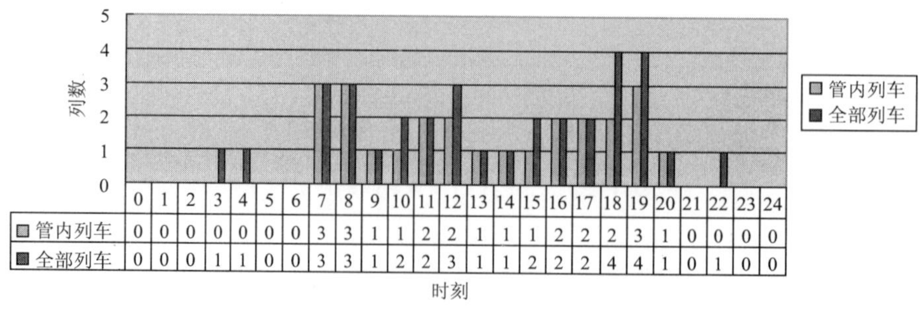

	0	1	2	3	4	5	6	7	8	9	10	11	12	13	14	15	16	17	18	19	20	21	22	23	24
管内列车	0	0	0	0	0	0	0	3	3	1	1	2	2	1	1	1	2	2	2	3	1	0	0	0	0
全部列车	0	0	0	1	1	0	0	3	3	1	2	2	3	1	1	2	2	2	4	4	1	0	1	0	0

图2　杭州站沪杭线出发列车密度分布图

2.2 城际列车的分布特征分析

(1)早高峰时段的设置比较合理

现行方案较好地与旅客出行规律以及城市公交运营时间相协调,与第5次提速运行图相比,增加了高峰时段的列车数量,且早高峰偏早的情况有了较大的改善[2]。

(2)下行方向晚高峰列车分布有待改善

上海至杭州方向晚高峰城际列车密度较小,这与该时段“夕发朝至”中长途列车数较多有关,在18:00~19:00时段出现了天窗时间,需适当增加该方向晚高峰列车数量。

(3)存在天窗时段的原因分析

由于沪杭两地都有两个客站承担沪杭线列车的到发作业,在一定程度上分散了车站列车的到发密度,甚至出现一定数量的天窗时段。如杭州东站在11:00~12:00、13:00~17:00、19:00~20:00时段为城际列车的天窗时段。

(4)动车组列车在时间轴上的分布特征

上海南站、杭州站发往沪杭线方向动车组列车在时间轴上的分布如图3所示,由图可知,各时段均有城际动车组列车始发。其中,上海南站列车密度较高时段依次为早晨7:00~8:00、上午10:00~11:00、下午13:00~16:00、傍晚16:00~18:00,基本符合旅客在不同时段的出行需要。但晚高峰列车密度较小,在18:00~19:00时段出现了“天窗”。

杭州站在7:00~20:00时间范围内每个时段都有动车组列车,且在早上7:00~9:00、中午11:00~13:00、傍晚16:00~17:00、晚上18:00~20:00时段,列车密度到达2~3列/h。

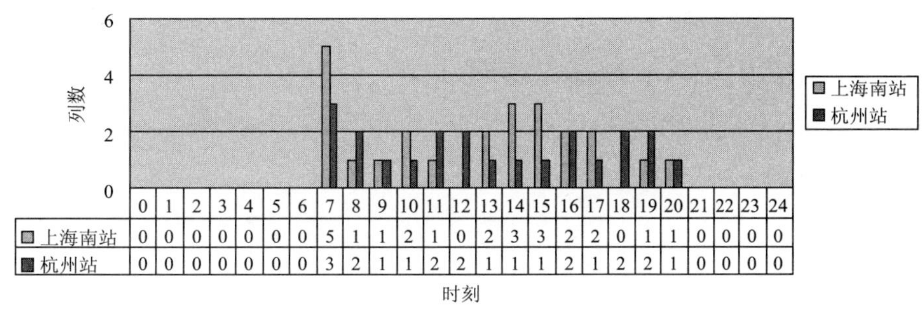

	0	1	2	3	4	5	6	7	8	9	10	11	12	13	14	15	16	17	18	19	20	21	22	23	24
上海南站	0	0	0	0	0	0	0	5	1	1	2	1	0	2	3	3	2	2	0	1	1	0	0	0	0
杭州站	0	0	0	0	0	0	0	3	2	1	1	2	2	1	1	1	2	1	2	2	1	0	0	0	0

图3 沪杭线动车组列车开行密度分布图

3 结语

(1)列车平均间隔时间比第五次提速运行图有所压缩,但受到运输能力的限制,进一步扩大城际列车开行密度存在较大的运能制约。因此,加快沪杭客运专线的建设十分必要。

(2)列车间隔时间的变异系数较大,意味着列车间隔时间的波动性较大,列车出发时刻的不均衡程度较大,表明旅客候车时间的随机性大。因此,需进一步增强城际列车运行线的铺画规律,尽可能地组织城际列车的节律性运行。

(3)加强晚高峰列车密度,以满足朝发夕归旅客高峰时段返程的需要。

(4)为增大车站城际列车的到发密度,建议将同类列车合并在枢纽内一站出发,以提高车站的发车密度,缩短旅客在站候车时间。

(5)合理制定城际列车的停站方案。停站方案可用停站比来描述,停站比低则速度高,可进一步缩短在途时间;反之则可吸引沿途客流,扩大服务范围。实践证明,由于动车组列车停站附加时间很小,可适当提高城际列车的停站比。

参考文献

[1] 徐行方,忻铁朕,项宝余.城际列车的概念及其开行条件[J].同济大学学报(自然科学版),2003,31(4):432-436

[2] 徐行方,朱学杰. 沪宁杭城际列车开行密度的统计分析[J]. 同济大学学报(自然科学版),2005,33(2):174-178

[3] 胡思继. 铁路行车组织[M]. 北京:中国铁道出版社,1998

[4] 王苏男. 旅客运输[M]. 北京:中国铁道出版社,2003

Analysis on distribution features of intercity train on Hu-Hang existed railway line

Xu Xingfang, Cheng Xun, Xu Chenrong

(School of Transportation Engineering, Tongji University, Shanghai, 201804)

Abstract: Take sixth time train speed-up as the background, based on giving concepts of intercity trains and its operating density, the intercity train density of Hu-Hang existed lines has been analyzed by statistical method, and its distributed features on the time axis are also analyzed. , and several conclusions and the suggestions are put forward finally.

Through seeking distributed characteristics of the present plan, the references will be provided for the train schedule adjustment as well as the design and optimization of the train operating plan of future passenger dedicated-line.

Key words: Intercity train; Operating density; Distributed features; Hu-Hang existed lines

国外应急管理经验对完善我国铁路应急体系的启示

李　岩　王子洋　程晓卿

（北京交通大学轨道交通控制与安全国家重点实验室，北京，100044）

摘　要：铁路一直是国家最重视的行业之一，随着高速铁路的广泛建设，铁路与人们日常生活的联系更为紧密，本着“以人为本”的理念，铁路安全受到越来越多的重视。应急预案的制定、完善以及体系的构建都是国家和铁路部门当前关注的重点。本文通过介绍几个应急管理经验较成熟国家的应急机制和管理体制，结合我国铁路行业的特点，对现有铁路应急工作的改进和完善提出针对性意见。

关键词：铁路；国外应急管理；应急预案

1　引言

美国、日本、俄罗斯都是当前世界上应急工作经验比较丰富的国家，其中，美国的应急工作开展得比较全面，法制建设也最为完善；日本处于板块交接处，各种自然灾害频发，在应对各种灾害的同时建立了科技含量很高的应急机制；俄罗斯在前苏联各种制度的基础上，逐渐完善了以紧急状态部为核心的应急管理体系。

从 SARS 以后，应急的理念在国内也迅速深化，各个行业都开始对应急预案的作用产生重视，铁路行业作为重要的国民经济支柱产业，也较早展开了应急工作，并一直持续对应急管理进行深入的研究，但是总体上，由于种种原因应急管理一直没有形成完整的体系。因此，学习和研究典型发达国家已经形成的、较为完善的体制和机制具有重要意义。

2　国外应急管理体制概述

2.1　美国应急管理体制

美国是应急工作开展比较早的国家，1916 年颁布《美国军队拨款法案》并成立“国防理事会”，标志着美国民防（Civil Defense）制度萌发。伴随着后来两次世界大战的爆发，各种突发自然灾害造成的巨大损害，以及恐怖主义的威胁，美国的应急主题不同程度地做出调整，以适应不同的时代背景。

从纵向上看，美国建立了联邦、州、县、市和社区五个层次的管理与响应机构，各层行政机构和日常管理机构要对不同突发事件进行不同程度的响应，确保在最短时间内将灾害的破坏程度降到最低。从横向上看，在联邦应急管理署的协调组织下，实现对联邦内发生的各种突发事件进行统一的应对和解决（体系结构见图 1）。

联邦应急管理署（FEMA）是美国应急管理工作中最为重要的部门，1979 年由卡特政府组织成立，旨在从一个较高的层次上对各应急要素部门进行整合和协调，在一定意义上实现了“全风险”与“全过程”的综合性应急管理。“9·11”以后，美国联邦政府将 22 个机构合并组建为国土安全部，FEMA 于 2003 年并入该部门，成为该国土安全部中最大的部门之一，但 FEMA 的局长继续由总统任命，并可直接向总统报告。

美国各州、县、市都设置应急管理机构，对相应区域内发生的突发事件进行处置；并都设有相应的突发事件指挥中心，以协调辖区内各应急参与部门进行救援活动和灾后恢复工作。

美国的社区制度是其城市化的一个基本要素，在社区中设有大量志愿者性质的应急服务机构，在一

依托项目：铁路应急预案管理研究，铁道部科技研发计划重点课题。

作者简介：李岩，硕士研究生。

定程度上,志愿者是应急救援中最重要的组成部分,在社区应急服务机构中接受应急知识和应急救援的基本培训,对突发事件进行先期处置。

2.2 日本应急管理体制

日本实行中央、都(道、府、县)、市(町、村)的三级防救灾组织的应急体制,以内阁为中枢,以中央或地方级防灾会议的形式进行日常防灾管理。灾害突发时,由内阁总理大臣授权国土厅长官为本部长,设置"非常灾害对策本部",对各参与救灾部门进行统筹调度;另外在地方灾区设立"非常灾害现场对策本部"以便就近管理指挥。

同时,在内阁设立内政审议室、外政审议室、安全保障室等应急保障机构,完善应急体制,在重大紧急事态发生时供总理大臣接受咨询和审议(体系结构见图2)。

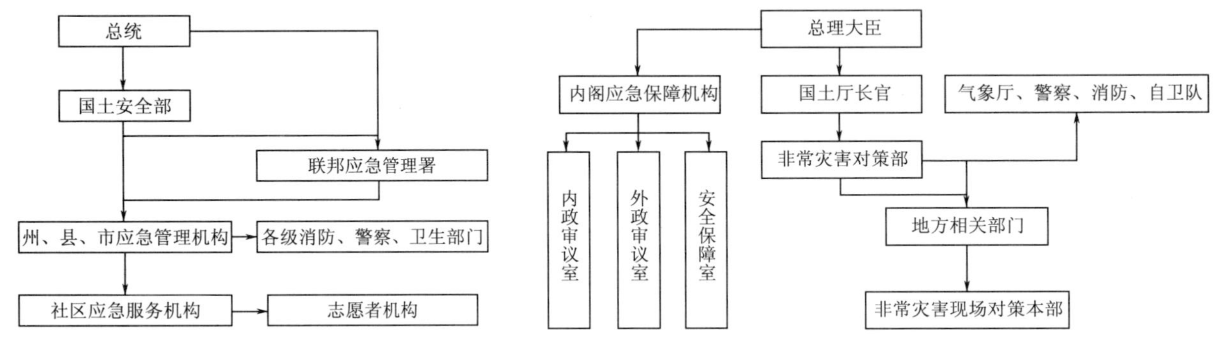

图1 美国应急组织体系　　图2 日本应急组织体系

2.3 俄罗斯应急管理体制

1994年1月10日,俄罗斯建立了直接由总统负责的"民防、紧急状态和消除自然灾害后果部"(简称为紧急状态部),主要负责自然灾害、技术性突发事件和灾难类突发公共事件的预防和救援工作。紧急状态部是俄应对突发公共事件的中枢机构,另外,内务部、国防部或者内卫部队协助紧急状态部处置突发事件。

在纵向上,俄联邦、联邦主体(州、直辖市、共和国、边疆区等)、城市和基层村镇四级政府设置了垂直领导的紧急状态机构。同时,为强化应急管理机构的权威性和中央的统一领导,在俄联邦和联邦主体之间设立六个区域中心,每个区域中心管理下属的联邦主体紧急状态局,使全俄形成了五级应急管理机构逐级负责的垂直管理模式。联邦、区域、联邦主体和城市紧急状态机构(部、中心、总局、局)下设指挥中心、救援队、信息中心、培训基地等管理和技术支撑机构,保证了紧急状态部有能力发挥中枢协调作用(体系结构见图3)。

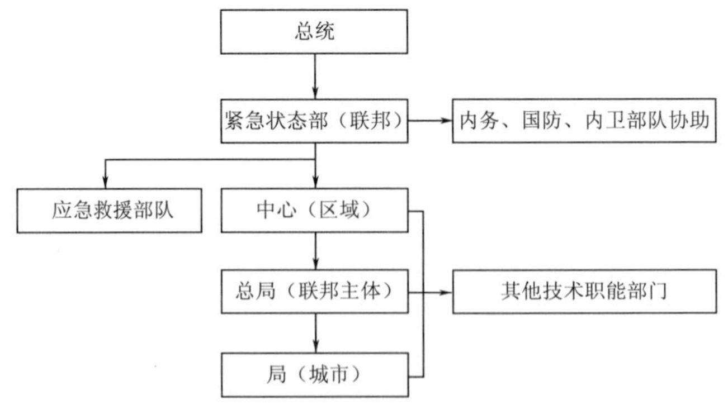

图3 俄罗斯应急组织体系

2.4 小结

综观上述美国、日本、俄罗斯应急组织体系,各具有适合其国情的特征。但均具有如下结构特点:即建立了层次分明的管理与响应机构,各层行政机构和日常管理机构要对不同突发事件进行不同程度的响应;设置了应对突发公共事件的中枢机构,以实现对发生的各种突发事件进行统一的应对和解决。

3 国外应急管理机制

3.1 美国应急管理机制

美国应急管理机构中有负责运行调度的机构,例如国土安全部、各州及大型城市的应急管理机构中都设有应急运行调度中心,其工作的核心内容是收集和处理各方面的信息,如潜在的各类灾害和恐怖袭击等信息、汇总及分析各类信息、及时反馈应对过程中的各类情况等。设置运行调度中心不仅在受灾时能使救灾信息正确应用于救援活动中去,更重要的是在非受灾时起到监控的作用,降低灾害发生的可能性和规模。

当灾害发生时,由灾害发生地的州、地方政府做出响应,启动相关应急预案并组织相关部门进行救灾抢险,若灾害的规模和破坏程度超出州、地方政府能够单独处理的能力,由州、地方政府将情况上报国土安全部,申请联邦支援,例如2005的卡特琳娜飓风灾害,再由总统授权启动联邦应急预案(FRP),组织相关地方政府或动员全国的力量应对灾害。无论是各州、地方政府的应急预案还是联邦应急预案,都对应急的过程和各应急部门在救援和灾后重建过程中起的作用进行了细致的描述和规定,在整个应对突发灾害的周期中,各应急流程和参与人员都要严格的依照相关标准执行和行动(反应机制见图4)。

其应急机制特点可以概括为:统一管理、属地为主、分级响应、标准运行。

3.2 日本应急管理机制

日本的应急过程是建立在发达的信息通讯网络之上的,主要包括中央防灾无线网、消防防灾无线网、县市防灾行政无线网、市街区防灾行政无线网、防灾相互通信专用无线网等多个系统网络,这些网络纵横交错,形成了一个整体的、覆盖到各个街道、民居的应急对策专用无线通讯网。

在灾害信息能够迅速送达的前提下,日本政府建立了跨区域协作机制,消防、警察和自卫队协作应急救援机制。跨区域协作机制是以道、府、县,市、町、村等地方行政单位之间签订的72小时相互援助协议为基础展开的;消防、警察和自卫队协作应急救援机制是以分工为前提,合作为手段,加强应急效率为目的进行的,自卫队承担警察部队和消防援助队空运任务,警察确保道路畅通,如警察不在现场时,自卫队、消防队员可替代警察行使此权。

3.3 俄罗斯应急管理机制

灾害发生时,灾区的行政长官会向该地方政府的紧急状态局或紧急状态总局要求人力物力支援,当遭遇地方政府无法独立处理的大型灾害时,由当地紧急状态局向邻近的区域紧急状态中心请求支持,中心即进行资源调配和应急指挥及其他协调工作。

在发生需动用全联邦的力量来应对突发事件时,由总统发布实行紧急状态命令,立即向联邦委员会(议会上院)和杜马(议会下院)通报,并送联邦委员会批准,经批准后,由设在莫斯科的紧急状态部在全联邦范围内进行统一协调指挥,同时,总统的紧急状态令立即通过广播、电视等媒体传播给实行紧急状态地区的居民(反应机制见图5)。

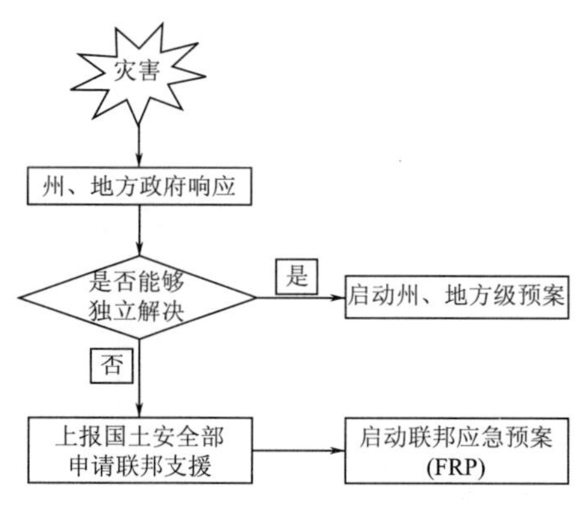

图4 美国应急反应机制

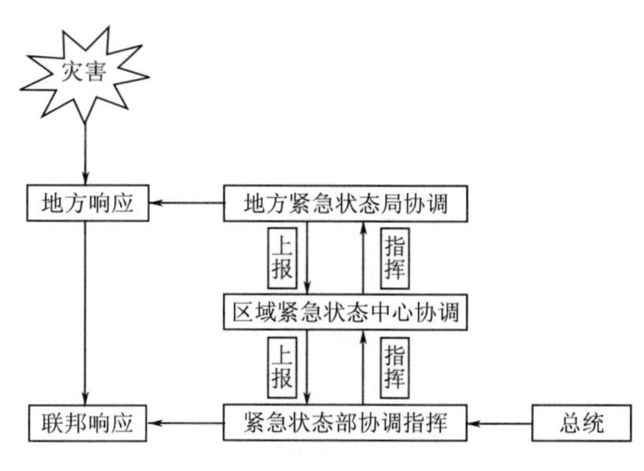

图5 俄罗斯应急反应机制

3.4 小结

综观上述美国、日本、俄罗斯应急管理机制,美国与俄罗斯较为相似,统一管理、分级响应,由地方而后中央。日本则更重视运用信息通信网络,通过跨区域协作以提高应急效率。

4 国外应急法制体系

4.1 美国法制构建

1976年美国政府颁布的《紧急状态管理法》详细规定了全国紧急状态的过程、期限以及紧急状态下总统的权力,并对政府和其他公共部门如警察、消防、气象、医疗和军方等的职责做了具体的规范,可以说是美国应急立法的基本法;1959年的《灾害救济法》几经修改后确立了联邦政府在突发自然灾害中的救援范围并阐述了减灾、预防、应急管理和恢复重建的相关问题。"9·11"事件之后,美国对应对突发事件的相关法规做了更加细致的修订,陆续出台了《使用军事力量授权法》、《航空运输安全法》、《国土安全法》等,当前针对各种突发事件,已经形成了很完善的应急法制体系。表1列举了美国针对突发事件分类制定的法律法规。

美国应急法制体系　　表1

基本法	自然灾害	事故灾难	公共卫生	社会安全
紧急状态管理法	灾害救济法 国家地震灾害减轻法 国家洪灾保险法 灾害救助和紧急援助法	航空运输安全法 海洋运输安全法 化学品安全信息、场所安全和燃料管理救济法 空中运输安全和体系动员法	美国检疫法 突发事件州卫生权利法案范本 公共卫生安全和生物恐怖威胁防止和应急法	美国防备生物恐怖及突发性公共卫生事件法案 使用军事力量授权法 反对国际恐怖主义法 国土安全法

4.2 日本法制构建

1961年日本政府整合多项法规制定《灾害对策基本法》,并以此法案为核心,制定出《灾害救助法》、《建筑基准法》、《大规模地震对策特别措施法》、《地震保险法》、《灾害救助慰抚金给付等有关法律》等针对突发事件应急及事件后处理的法律法规。1995年阪神大地震发生后,日本政府又陆续制定了《受灾者生活再建支持法》、《受灾市街地复兴特别措置法》等法令,以法律的形式对国家以及个人在突发事件应急中的责任和义务进行了规范。

4.3 俄罗斯法制构建

1994年俄罗斯颁布的宪法性法律《联邦紧急状态法》,是整个俄联邦各应急法律法规的最根本标准,另外,俄罗斯紧急状态法律体系包括150部联邦法律和规章、1500个区域性条例,以及数百个联邦紧急状态管理部门发布的内部命令。2006年,俄罗斯又通过了新的《反恐法》,进一步完善了俄罗斯的紧急状态法律体系。

4.4 小结

综观上述美国、日本、俄罗斯应急法制体系,其均含有一部应急基本法,以作为整个应急法律法规的根本标准;并包括大量更加细致、更具有针对性的法律法规,以完善应急法制体系。

5 关于完善我国铁路应急工作、构建预案体系的思考

我国铁路系统庞大,在这样的复杂大系统内完善应急机制和管理方法,需要展开深入的工作和研究。同时,在信息化进程日益加速的前提下,铁路系统在国家重大灾害处置中如何发挥更大的作用也将是完善国家应对突发事件机制的重要课题。因此,通过对国外应急管理模式的分析,结合我国铁路工作的特点,构建较为完善的应急管理体系,有以下几点值得我们借鉴:

(1)预案对应急工作的针对性

当前针对铁路,国家已经颁布的预案包括《国家处置铁路交通事故应急预案》、《铁路防洪应急预案》、《铁路地质灾害应急预案》、《铁路破坏性地震应急预案》、《铁路危险货物运输事故应急预案》、《铁路火灾事故应急预案》、《铁路网络与信息安全事故应急预案》、《铁路突发公共卫生事件应急预案》、

《铁路处置群体性突发事件应急预案》,另外,在各铁路局和站段也编制了应急预案或现场处置方案,但是,这些预案和处置方案之间的联系尚需加强,同时对各级预案响应、行动准则和救援参与者职责等有待做出更加细致的规定和表述,以加强预案在应急中的针对性。

(2)救援的协调与联动

应急管理经验比较丰富的国家都很注重做好应急各部门的协调工作,如美国的FEMA,俄罗斯的紧急状态部都是为了在整个国家范围内实现高效的应急协调和统一指挥,因此,完善应急的体制和机制,核心便是加强各个参与机构的协调和沟通,形成应急工作的"合力"。

在我国铁路的应急体系中,应急办公室的工作极为重要,在这一前提下,应急指挥中心应当从纷乱的协调工作中抽脱出来,着力于救援计划的制定和实施,提高应急的效率。同时,铁路部门与其他部门,如医院,消防,公安系统的联动也是一个重要的方面,但这个联动的实现,还需要两个层面的共同作用,一是国家层面上的协调,从宏观上实现应急多部门的合作;二是相关行业较为完善的应急预案,从微观上决定联动的具体形式。所以,在国家以及铁路部门的预案体系构建中,都应将对救援的协调与联动的重视程度提升到一个新的高度上。

(3)应急结束的下一步行动——恢复

应急学者将应急工作分为四个阶段:预防、准备、响应和恢复。预防阶段的工作取决于应急预防预警机制是否完善,更多的需要技术层次上的支持;准备阶段的工作取决于非灾难时期应急资源的配置是否合理,更多的体现国家或企业在对待不可预知事件上的态度;响应阶段的工作取决于应急参与者的"合力"是否足够大,更多的展示应急救援工作的效率;而恢复阶段的工作取决于应急计划是否完整,更多的显现应急管理的可持续性。

从美、日、俄的立法体系上看,对灾后重建的方式和规模的规范已粗具雏形,而当前国内针对应急恢复的研究还比较少,在应急预防、准备和响应阶段加入对应急管理可持续性的考虑是必要的,也是可实现的。如何通过立法等方式实现仍需要进一步深入的研究,但是这一点应该体现在更多"有智慧"的应急预案中。

6 结论与展望

本文通过对美国、日本、俄罗斯应急管理模式的分析,结合我国铁路工作的特点,从三个方面总结出构建我国较为完善的应急管理体系可借鉴的内容:即预案对应急工作的针对性;救援的协调与联动及应急结束的下一步行动——恢复。因此,基于本文的研究总结,如何结合我国实际情况,有效地借鉴别国经验,将是本课题的一个深化方向。

铁路总是关系到国家的经济命脉,当前,更有越来越多高速铁路建设通车,铁路安全的重要性必将被提升到一个前所未有的高度,以前的铁路应急工作方式是否适应今后的高铁时代?我们如何针对铁路的应急预案做出适时的反应?这都将是铁路工作者面临的新问题和新挑战。

参考文献

[1] 游志斌.俄罗斯的防救灾体系[c]

[2] 黄典剑,李传贵.国外应急管理法制若干问题初探[J].职业卫生与应急救援,2008年2月第26卷第1期

[3] 王宏伟.美国应急管理的发展历程[J].国际资料信息,2007年第1期

[4] 王宏琪.浅谈铁路应急预案的重要性

[5] 姚国章.完善基础设施建设应对公共突发事件——日本应急管理信息系统建设模式及借鉴[J].应用交流应急建设,2006年3月

[6] 张红.我国突发事件应急预案的缺陷及其改善[J].行政法学研究,2008年第3期

[7] 李吉伟,张志彪.中美灾害应急救援指挥体系探析[J].武警学院学报,2007年第26卷第6期

Inspiration of emergency management experience abroad to China's Railway Emergency System

Li Yan, Wang Ziyang, Cheng Xiaoqing

(State Key Laboratory of Rail Traffic Control and Safety, Beijing Jiaotong University, Beijing, 100044)

Abstract: With constructions of high-speed railway, the railway has been one of the most important industries. The connection of the people's daily lives and railway gets more closely. Based on the spirit of "people-oriented" concept, the railway safety attracts more and more attention. The formulation of contingency plans, as well as improvement and the construction of the system are the focus of the railway sector in current. In this paper, emergency response mechanisms and management systems of several nations which have mature experience in emergency management will be introduced. Combining the characteristics of China's railway industry to put forward the targeted views on the improvement of the existing emergency response system.

Key words: Railway; Foreign emergency management; Emergency plan

移动闭塞下城轨交通多列车追踪运行仿真分析

王志强

（苏州大学城市轨道交通学院，江苏苏州，215000）

摘　要：介绍了移动闭塞下追踪列车运行控制原理，运用多质点模型，综合考虑乘客舒适度和安全控制等因素，设计了多列车追踪运行计算模型和仿真系统的算法与流程，基于此建立了多列车追踪运行仿真系统，并通过两不同发车间隔算例的对比分析，验证了该系统的有效性。仿真城轨交通多列车追踪运行过程，可掌握列车间的相互影响情况，深入分析故障或延误影响的传播扩散过程，为分析路网运营可靠性、制定相关的应急预案提供强有力的辅助分析工具。

关键词：城市轨道交通；多列车追踪运行；计算机仿真；移动闭塞；牵引计算

1　引言

开发列车运行计算与仿真系统可以充分利用现代计算机软硬件技术，真实、快速、准确地计算列车运行过程，为线路工程咨询、工程设计、运营管理人员提供强有力的科技设计手段和辅助分析与决策工具，具有重要的现实意义。目前已有的城轨列车运行仿真系统主要是针对单列车条件下的牵引计算，而对多列车的运行模拟还较少涉及。与单列车条件下的牵引计算软件不同，多列车运行模拟系统的重点是在不同闭塞方式、不同开行方案和多列车相互作用的影响下，模拟多列车的双向行车和追踪运行，其目的主要是分析多列车运行时相互间的影响、研究线路上相关设备的配置和布局、探讨突发事件或行车延误对列车运行的影响等。

国外的列车运行仿真系统已经比较成熟，如德国的 RailPlan[1]，瑞士的 OpenTrack[2]，法国的 RailSim[3] 以及日本的 UTRAS[4] 等，这些系统已成功应用到这些国家的铁路运输部门中，取得了良好的效果。国内方面，刘剑锋、刘海东等[5,6]研究了城市轨道交通多列车运行模拟的关键问题，开发了可用于多列车运行模拟、牵引计算、方案评价的模拟系统，该系统可用于分析不同闭塞方式对列车运行的影响，计算列车安全间隔和线路通过能力等。

本文介绍了移动闭塞下追踪列车运行控制原理，通过运用多质点模型，综合考虑乘客舒适度和安全控制等因素，设计了多列车追踪运行的计算模型，以此为基础，设计了仿真系统的算法和流程，并通过算例验证了系统的有效性。仿真城轨交通多列车追踪运行过程，可掌握列车间的相互影响情况，深入分析故障或延误影响的传播扩散过程，为分析路网运营可靠性、制定相关的应急预案提供强有力的辅助分析工具。

2　移动闭塞下的追踪列车运行控制

移动闭塞中列车速度限制主要取决于前后列车间的距离及速度。当前行车速度小于后行车速度时，后行车前方存在一个常用制动曲线，闭塞要求后行车采用常用制动，以保证行车安全；当前行列车速度大于等于后行车速度时，列车间的最小间距如图 1 所示。

$$L_{Headway} = L_B^{common} + L_{action} + L_{safe} + L_1 \tag{1}$$

式中：L_B^{common}——后行车常用制动距离，m；

L_{action}——紧急情况出现时司机采取制动所需的反应时间内列车的走行距离，m；

L_{safe}——制动停车后后行车头与前行车尾部的安全距离，m；

L_1——列车长度，m。

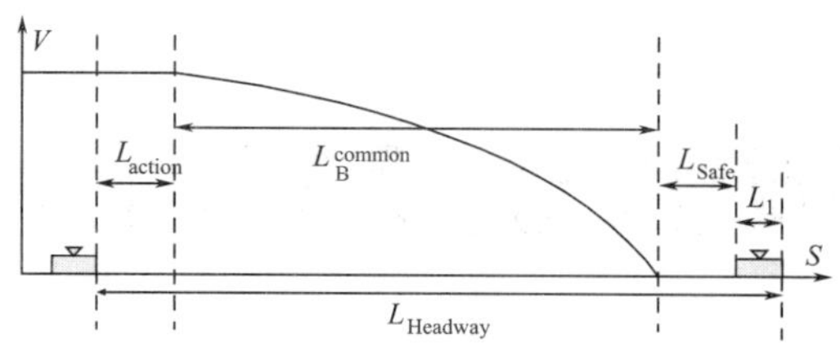

图1 移动闭塞追踪列车间隔示意图

当前行车速度不小于后行车时,为保证前行车在当前点发生意外时后行车不至于追尾,移动闭塞要控制列车间隔应保证一个常用制动间隔,当后行车满足此间隔时,前行车对后行车无影响。当前行车速度小于后行车时,为防止列车不必要的采用常用制动,移动闭塞在控制最小间隔的同时还要根据常用制动曲线控制后行列车的速度,即保证后行的速度不闯入其常用制动曲线。从而,移动闭塞方式下列车间隔的约束包括两个方面:一是前行车速度大于等于后行车时的最小间隔要求,这种情况下后行车主要受线路限速限制;二是前行车速度小于后行车时,由常用制动曲线限速决定列车限速,距离越近,限速越低。

3 多列车追踪运行过程计算模型

为提高计算精度,这里采用文献[7]中所述的多质点优化模型来计算列车运行过程中的单位合力 c_i,然后根据牛顿定律,得到如下基本迭代计算公式:

$$\begin{cases} a_i = 127 \times c_i/(1+\gamma) \\ S_{i+1} = S_i + V_i \times \Delta t + a_i \times \Delta t^2/2 \\ V_{i+1} = V_i + a_i \times \Delta t \end{cases} \tag{2}$$

考虑到乘客乘坐的舒适性,计算过程中设置了最大允许加速度、最大允许减速度和加速度最大允许变化率(即加速度限值)等三个参数来限制列车的变速过程,防止列车速度在短时间内剧烈变化。即:

$$\begin{cases} |a_i| \le \begin{cases} a_{add}(a_i \ge 0) \\ a_{minus} a_i \le 0 \end{cases} \\ |a_{i+1} - a_i| \le W_{permit} \end{cases} \tag{3}$$

其中,a_{add}为最大允许加速度,a_{minus}为最大允许减速度,W_{permit}加速度最大允许变化率。

另外,根据移动闭塞下的列车运行控制原理可知,前后列车之间的间隔必须满足安全间隔要求,即:$S_i^k - S_i^{k-1} \ge S_i^{safe}$。其中,$S_i^{safe}$ 表示在 i 步长时刻,前后两列车之间的最小安全距离,由公式(1)算得。

同时,考虑到行车安全,若前行列车因故在区间内(未到达车站处)停车,则后行列车不得再向该区间发车,直到前行列车重新启动时为止,即:若且 $V_i^{k-1} = 0$ 且 $S_m < S_i^{k-1} < S_{m+1}$,则。$S_i^k \le S_m$ 其中 S_m 为第 m 个车站中点位置的桩号。

综合以上讨论,以最快速控制策略为基础,本文建立了如下多列车追踪运行过程计算模型。其中,k 表示第 k 列车,Δt^k 表示第 k 列车的步长时间(s),V_i^k 表示第 k 列车经过 i 个步长后的速度值(m/s),$V_{限速}(S_i^k)$表示第 k 列车在位移 S_i 时的限速值(m/s),S_i^k 表示第列 k 车经过 i 个步长后的位移值(m),c_i^k 表示列车 k 在 i 个步长后的单位合力值(N/KN),γ 是转动惯量系数(一般取 0.06),n 表示列车完成全程运行所需要的步长数。

目标函数:$\min T^k = \sum_{i=1}^{n} \Delta t$

约束条件:

$$
\begin{cases}
S_i^k - S_i^{k-1} \geq S_i^{safe} \\
V_i^k \leq V_{限速}(S_i^k) \\
a_{i+1}^k = 127 \times c_i^k/(1+\gamma) \\
S_{i+1}^k = S_i^k + V_i^k \times \Delta t^k + a_{i+1}^k \times (\Delta t^k)^2/2 \\
V_{i+1}^k = V_i^k + a_{i+1}^k \times \Delta t^k \\
|a_i^k| \leq \begin{cases} a_{add}(a_i^k \geq 0) \\ a_{minus}(a_i^k \leq 0) \end{cases} \\
|a_i^k - a_{i-1}^k| \leq W_{permit} \\
S_i^k \leq S_m (V_i^{k-1} = 0 \text{ 且 } S_m < S_i^{k-1} < S_{m+1}) \\
V_1^k = V_n^k = 0 \\
\Delta t^k = t_{i+1}^k - t_i^k
\end{cases} \tag{4}
$$

4 仿真系统算法设计

移动闭塞在算法实现上，是根据前行列车的尾部和安全距离得到目标计算点，然后反推列车的制动曲线，后续列车在运行的过程中以当前工况为基础判断是否超过限速，以确定其操纵方式。因此，根据前述计算模型，本文得出移动闭塞方式下多列车追踪运行过程仿真算法如下：

(1)取得线路平纵断面、列车牵引特性、列车制动特性等基础数据。

(2)根据运营限速、列车构造限速、线路曲线限速等速度限制要求，将列车的运行过程分成若干个限速分段，判断各限速分段间能否满足列车的合理过渡，即列车从限速为 V_i 的分段向限速为 V_j 的分段运行时，列车的制动能力能否满足要求。

(3)初始化第一趟列车的速度、位移、时间、工况等相关参数，将其置于已发出队列中，仿真时间设为零。

(4)仿真时间向前推进一个步长值，判断是否满足新发一趟列车的条件，若满足则新发一趟列车，初始化其相关参数，将其置于已发出列车队列尾部。新发一趟列车必须同时满足以下三个条件：①间隔时间大于等于用户指定的发车间隔时间；②前行列车位置满足列车之间的最小安全距离；③前方区间内没有因故停车的列车。

(5)按照发车时间的先后顺序，从前到后对每一未到达终点的列车调用步骤6、7、8进行计算。

(6)判断该列车在下一个步长内，如果采取牵引(启动)工况的话，在列车加速度值满足最大允许加速度限值和最大允许加速度变化率限值的前提下，列车能否同时满足以下四个要求：①下一限速分段的限速制动要求；②下一车站位置的列车制动准确停站要求；③前方列车安全间隔距离停车制动要求；(第一列车不需要考虑列车之间的安全间隔距离)④当前限速分段的限速要求。若满足条件，则计算该列车在下一个步长内采用牵引工况并满足加速度相关限值条件下的列车速度值、时间值、位移值和工况值，将数据保存。反之，则转步骤7。

(7)判断该列车在下一个步长内，如果采取惰行工况的话，在列车加速度值满足相关限值的前提下，列车能否同时满足上述四个要求。若满足条件，则计算该列车在下一个步长内采用惰行工况并满足加速度相关限值条件下的列车速度值、时间值、位移值和工况值，将数据保存。反之，则转步骤8。

(8)计算该列车在下一个步长内采取制动工况并满足加速度相关限值条件下的列车速度值、时间值、位移值和工况值，将数据保存。

(9)判断仿真时间是否达到用户设定的总仿真时间，若是，则转步骤10；否则，转步骤4。

(10)分别将每列车在每个步长内计算得到的列车运行数据在图上表示出来，用短直线连接，形成多条牵引曲线 $V-S$ 和 $V-T$ 图。

(11)计算结束。

5 仿真系统流程设计

图2所示为多列车追踪运行仿真计算流程图。仿真过程中根据多质点模型和加速度相关限值来计算列车的限速制动曲线,利用前推算法通过判断列车是否满足限速制动要求以决定下一时间步长的列车工况,然后根据新确定的工况计算下一时间步长的列车速度、时分和运行距离等数据,如果该列车已到达终点站则运行结束,否则需要在下一时间步长中再次计算,直到到达终点站为止。

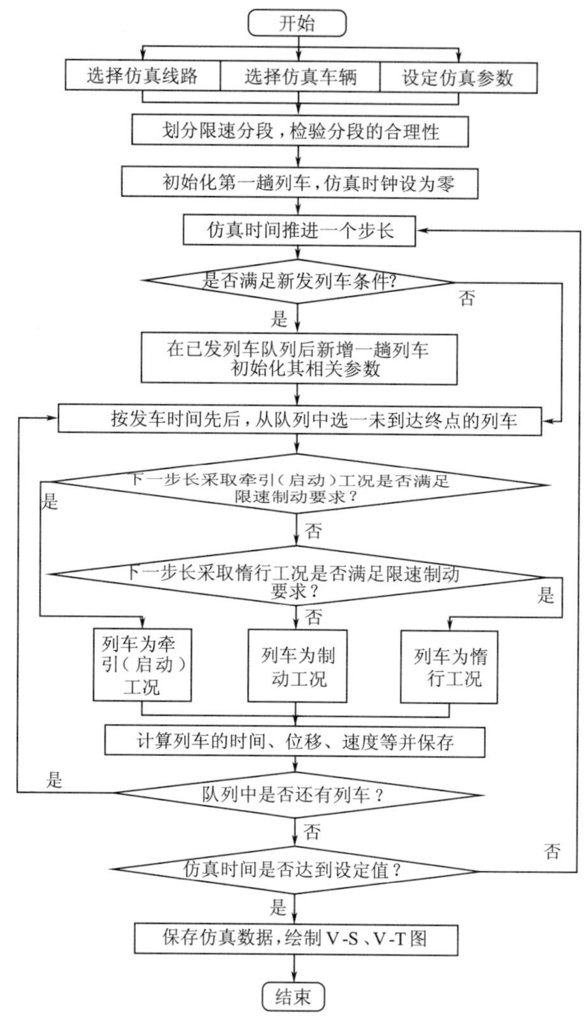

图2 多列车追踪运行仿真计算流程图

6 算例分析

设有5个车站,A站~E站,选用编组相同的列车进行追踪运行,其牵引重量160t,列车长60m。仿真参数的取值如下:列车从A站起车到E站停车,在中间各站均停车30s,安全距离为200m,最大加速度为$0.8m/s^2$,最大减速度为$0.6m/s^2$,加速度最大允许变化率为$0.6m/s^3$,速度波动值为10km/h,仿真时间15min。分别对发车间隔为2min和30s两种情况进行仿真计算,得到如图3、图4所示的$V-S$、$V-T$曲线。

如图3所示,发车间隔为2min时,列车间互不影响,各列车的$V-S$曲线完全重合,表明该情况下的最小追踪列车间隔时间小于2min。另外,从$V-S$曲线可以看到,由于限制了加速度的变化率,使得速度的变化较为平滑,无明显突变情况。

如图4所示,当发车间隔变为30s后,前后列车间的相互影响已经非常明显。在仿真开始阶段,由于第一趟车尚未制动,后续列车的发车仅受发车间隔时间的控制,而随着第一趟车开始制动并停站,迫使后续列车停于 AB 区间内,使得发车间隔时间被迫延长。同时,后续列车被迫停于 AB 区间内也延长了其运行时间,使得前后行列车的间隔进一步增加,因此在 BC 及以后的区间,后续列车受前行列车的限制已经非常小,说明运行间隔逐步调整到正常的水平。

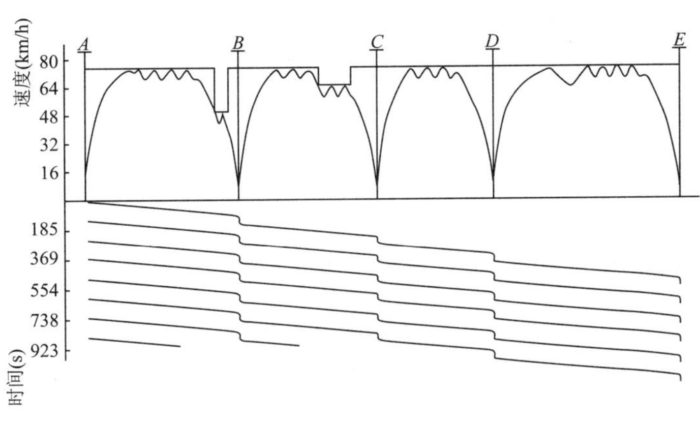

图3 发车间隔为2min时的 $V-S$、$V-T$ 图

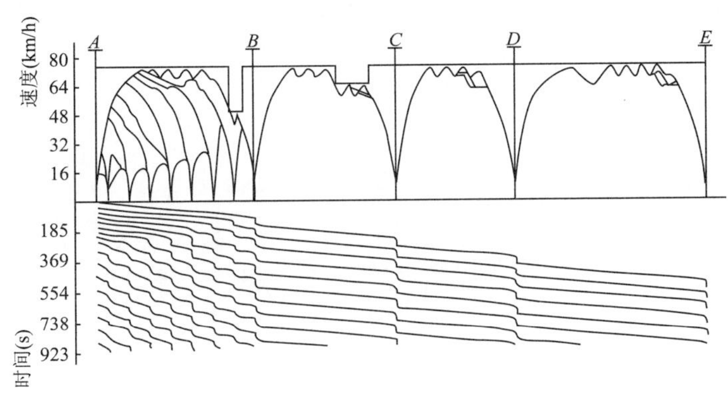

图4 发车间隔为30s时的 $V-S$、$V-T$ 图

7 结论

本文运用多质点模型,综合考虑乘客舒适度和安全控制等因素,建立了移动闭塞下的多列车追踪运行仿真系统,并通过对比分析发车间隔分别为2min和30s情况下的列车运行情况,验证了该系统的有效性。仿真结果表明:考虑乘客舒适度而对列车加速度进行限制,可以防止列车速度在短时间内剧烈变化,让 $V-S$ 曲线更为平滑;而列车安全控制措施则能够延长过短的运行间隔时间,使其逐步调整到正常水平。

通过多列车追踪运行过程的仿真,可以了解列车间的相互影响情况,深入分析故障或延误影响的传播扩散过程,为分析路网运营可靠性、制定相关的应急预案提供强有力的辅助分析工具。为实现这个目标,还需进一步研究不同交路、不同闭塞方式、不同牵引策略、不同发车间隔以及突发事件情况下的多列车追踪运行过程的仿真方法,为最终实现具有良好实用性的路网列车运行仿真分析系统奠定基础。

参考文献

[1] Barter, W. M. Application of computer simulation to rail capacity planning. Proceedings of the 1998 6th International Conference on Computer Aided Design, Manufacture and Operation in the Railway and Other Advanced Mass Transit Systems. 1998;199-214

[2] Nash, A. , Huerlimann, D. Railroad simulation using OpenTrack. Ninth International Conference on Com-

puters in Railways, COMPRAIL IX. 2004:45-54

[3] Bucklen EP. Simulation of rail haulage systems. Trans Soc Mining Eng AIME. 1971:157-162

[4] Hirao, Yuji, Hasegawa, Yutaka. Development of a universal train simulator (UTRAS) and evaluations of signaling systems. Railway Technical Research Inst, Tokyo, Japan, 1995, 36(4):180-185

[5] 刘剑锋，丁勇，刘海东，程文毅，毛保华，何天健. 城市轨道交通多列车运行模拟系统研究[J]. 交通运输系统工程与信息，2005，5(1):25-28

[6] 刘海东，毛保华，何天健，丁勇，王璇. 不同闭塞方式下城轨列车追踪运行过程及其仿真系统的研究[J]. 铁道学报，2005，27(2):120-125

[7] 石红国，彭其渊，郭寒英. 城市轨道交通牵引计算模型[J]. 交通运输工程学报，2005，5(4):20-26

Urban rail transit multi-train tracking simulate analysis under moving block mode

Wang Zhiqiang

(Urban Rail Transit Institute, Suzhow University, Suzhou, 215000)

Abstract: This paper introduce the multi-train tracking control principle under moving block mode, by use of multi-particle traction model, general consider the passenger comfort, safety control and other factors, design the multi-train tracking calculate model and the simulation system's algorithm and flow, based on this, set up a multi-train tracking simulation system, through compare two examples in different tracking intervals, verified the system's validity. Simulate urban rail transit multi-train tracking process can master the interaction of multi-train running, deeply analysis the infect's diffusion process caused by failure or delay, provide a powerful assist analyze tool to analysis the network's operation reliability, constitute correlative emergency plan.

Key words: Urban rail transit; Multi-train tracking; Computer simulation; Moving block; Traction calculation

超重货物偏载过桥性能分析及对策

陈　亮　李笑红

（北京交通大学交通运输学院，北京，100044）

摘　要：本文从超重货物车辆运行活载系数算式入手，探讨了确定偏载车辆通过简支梁跨中弯矩最大值的方法，通过对 D_2 型车作用在不同跨径简支梁跨中弯矩不利荷载位置的分析，得出了车辆偏载对活载系数影响算式。并通过算例说明了偏载对过桥性能的影响。最后，文章提出了提高超重货物车辆过桥性能的对策。

关键词：超重货物；偏载；过桥性能；对策

超重货物是指装车后，重车总重活载效应超过桥涵设计标准活载（中—活载）的货物[1]。

长期以来我国的《铁路桥涵设计规范》中没有考虑长大货物车辆荷载对桥梁的作用，直至2005年新实施的《铁路桥涵设计基本规范》才明确了长大货物车过桥限速检算的规定。随着我国交通运输业的发展，长大货物运输需求增长，长大货物车辆也取得了长足的发展，而桥梁承载能力先天不足是造成车辆超重的根本原因，制约了铁路长大货物运输发展[2]。

为确保列车安全通过桥梁并减少桥梁的损害，通常装载长大笨重货物的车辆通过桥梁时要进行过桥检算以便采取必要的措施提高超重货物车辆过桥性能。

1　超重货物车辆过桥检算

1.1　铁路简支桥梁特点

在对通过超重车辆后的桥梁检测发现，超重车对圬工桥梁的破坏性较大，在圬工桥梁中钢筋混凝土简支梁桥更具有代表性。

钢筋混凝土简支梁（板）适用于跨径16 m以下，虽然有20 m跨径的标准设计，却很少采用。跨径16 m以上的则一般采用预应力混凝土简支梁，目前的标准设计最大跨径为32 m。铁路混凝土简支梁桥横截面较多地采用板式和肋梁式，变化较少。板式适用于较小跨径，肋梁式适用于较大跨径，而且由于铁路桥桥面较窄，其装配式梁横向一般分为两片预制，也有整体预制、整体架设的设计。对于跨径在8 m以上的梁，采用T形截面，桥梁结构如图1所示[3]。

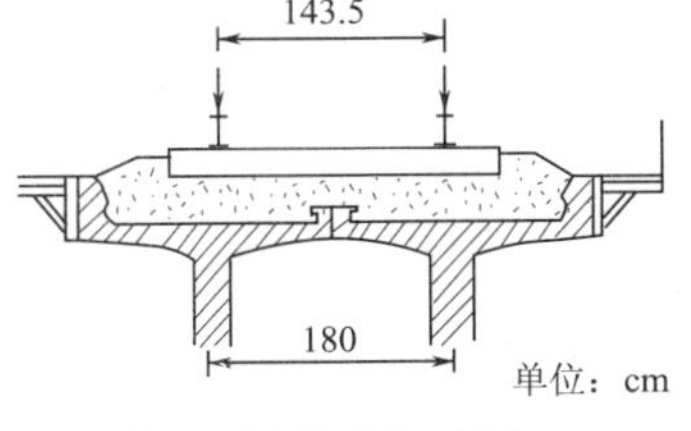

图1　钢筋混凝土T梁

1.2　长大货物车辆特点

长大货物车一般载重量大，车身长，轴数多。长大货物车一般车身都在19m以上，并且最内侧两转向架的间距较大，一般在10m左右；目前国内长大货物车轴数最少4轴，最多达32轴[4]。

1.3　简支梁活载系数模型

列车通过桥梁性能检算是根据《铁路桥梁检定规范》（下简称《桥检规》）进行的。根据《桥检规》，采取空车隔离和限速后需满足：$Q \leqslant K$。

因此在运输组织时，在线路桥梁承载能力状况已知的情况下应分析影响活载效应系数 Q 因素，采取必要的措施尽可能减少 Q 值，提高重车过桥的稳定性，减少对桥梁破坏。

根据《桥检规》运行活载系数 Q 一般计算式可以推算简支梁的运行活载系数为：

$$Q = \frac{8M_{0.5}(1+\mu')}{L^2 K_0 (1+\mu)} \tag{1}$$

式中：K_0——标准活载的换算均布荷载（kN/m），对于桥梁跨径 L 已知的情况下，标准活载换算均布荷载可以查表确定；

$M_{0.5}$——简支梁跨中最不利荷载位置处弯矩（kN·m）；

L——简支梁跨径（m）；

$1+\mu$——混凝土简支梁和预应力混凝土简支梁冲击系数

$$1+\mu=1+\frac{12}{30+L} \tag{2}$$

$1+\mu'$——折减冲击系数；

$$1+\mu'=1+0.75\mu \tag{3}$$

1.4 简支梁跨中最不利荷载位置处弯矩 $M_{0.5}$ 的确定

1.4.1 简支梁横向力分布

用偏心受压分析最不利侧梁的力学情况。偏心受压法计算荷载横向分布适用于桥上具有可靠的横向联结，且桥的宽跨比小于或接近 0.5 的情况时（一般称为窄桥）的跨中区域的荷载横向分布影响线（图 2）。而对大部分铁路混凝土简支桥梁符合这一要求。可以计算左侧梁受力：

$$R_1=P\left(\frac{1}{2}+\frac{be}{2b^2}\right)=P(1+e/b)/2$$

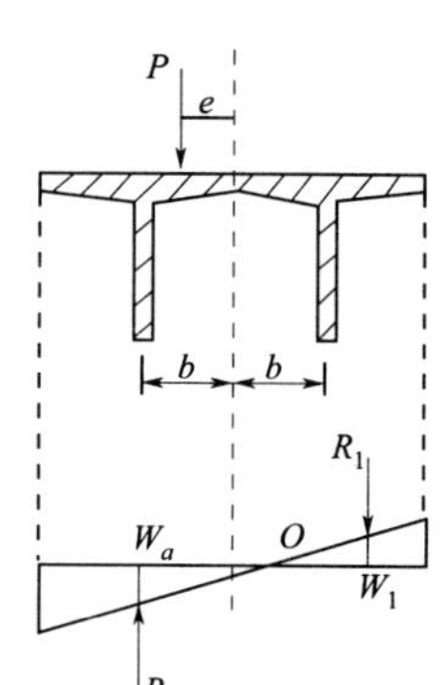

图 2 偏心受压计算桥梁受力

式中：R_1——左侧梁分布的荷载（kN）；

$2b$——梁肋中心距，按照标准 $b=900\text{mm}$[3]；

P——作用在梁上的荷载(kN)；

e——荷载 P 相对于两片肋梁中心线偏移距离（mm）。铁路简支梁两股道一般是对称于两片肋梁中心线铺设，因此 e 即是车辆重心相对于轨道纵向中心线偏移距离，即重车重心横向偏移量。

根据桥梁简支梁横向力分布特点可知，荷载对梁的破坏性较大，因此只需分析车辆对梁的活载系数。另外，在分析车辆通过不同跨径简支梁跨中弯矩的最不利荷载位置时，只需考虑重车重心纵向偏移的影响。

1.4.2 简支梁跨中弯矩最不利荷载位置确定

当重车重心偏移车辆横向中心线 e_y 时：靠近重车重心端转向架群下的轴重为 P'，距重车重心较远端转向架群下的轴重为 P'，则

$$P''=P'(1-e_y/l)$$

式中：e_y——重车重心纵向偏移量（mm）；

$2l$——车辆底架心盘中心距离（mm）。

根据简支梁跨中弯矩影响线（图 3），在车辆通过简支梁时，使得 $M_{0.5}=\sum_{i=1}^{n}P_iy_i$ 最大的荷载位置即为最不利荷载位置。

根据简支梁跨中弯矩左右影响线斜率互为相反数的特点可知，荷载 P_i 对应的竖坐标：

$$y_i=L/4-x_i/2$$

式中：x_i——作用在简支梁上的荷载 P_i 距跨中的距离（m）。

（1）当简支梁的跨径满足最多只能有一端转向架群下的车轴作用在梁上时

$$M_{0.5}=P'\sum_{i=1}^{n_1}\left(\frac{L}{4}-\frac{1}{2}x_i\right)=\frac{n_1L}{4}P'-\frac{P'}{2}\sum_{i=1}^{n_1}x_i \qquad (1<n_1\leqslant n)$$

式中：n_1——作用在简支梁上车轴数；

$2n$——车辆轴数。

（2）当简支梁的跨径满足一端全部车轴和另一端部分或全部车轴作用在梁上时：

$$M_{0.5}=P'\sum_{i=1}^{n}\left(\frac{L}{4}-\frac{1}{2}x_i\right)+P''\sum_{i=n+1}^{n_2}\left(\frac{L}{4}-\frac{1}{2}x_i\right)$$

$$=\frac{n_2L}{4}P'-\frac{Le}{4l}P'(2n-n_2)-\frac{P'}{2}\sum_{i=1}^{n_2}x_i-\frac{P'}{2}(1-e_y/l)\sum_{i=n+1}^{n_2}x_i \qquad (n<n_2\leqslant 2n)$$

式中：n_2——作用在简支梁上的车轴数。

根据《铁路货物装载加固规则》中关于货物容许纵向偏移量算式可以证明 $1-e_y/l>0$。

可以看出跨中弯矩表达中 x_i 的系数全部为负值。假设车辆自左向右通过简支梁，可以得到以下关于判断最不利荷载的方法：

（1）当简支梁跨中左侧作用在梁上的车轴数大于右侧轴数时（作用于简支梁跨中的车轴计入右侧），车辆向右行驶，$\sum x_i$ 减小，$M_{0.5}$增大。

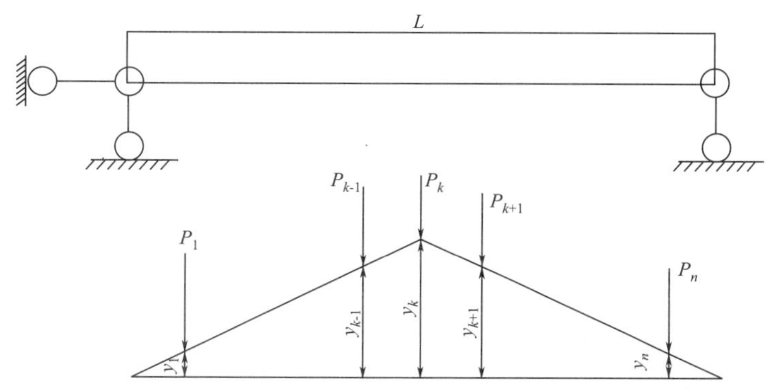

图 3 $M_{0.5}$影响线

（2）当简支梁跨中左侧作用在梁上的车轴数小于右侧轴数时，车辆向右行驶，$\sum x_i$ 增大，$M_{0.5}$减小。

（3）当简支梁跨中两侧作用的车轴数相等时，车辆向右行驶，$\sum x_i$ 不变，$M_{0.5}$也不变。

根据以上分析我们可以确定某一具体车型在不同跨径简支梁上的最不利荷载位置。下面以 D_2 型车为例分析不同跨径跨中弯矩最不利荷载位置及偏载对活载系数的影响。

1.4.3 D_2 型车通过不同跨径简支梁跨中弯矩最不利荷载位置

根据 2007 年铁道部对全路货车车辆数据统计，长大货物车辆共有 1566 辆，47 种车型。其中 D_2 型车共有 50 辆，是长大货物车辆家族中车辆总数较多的车型，因此选用 D_2 型车（图 4）具有代表意义。

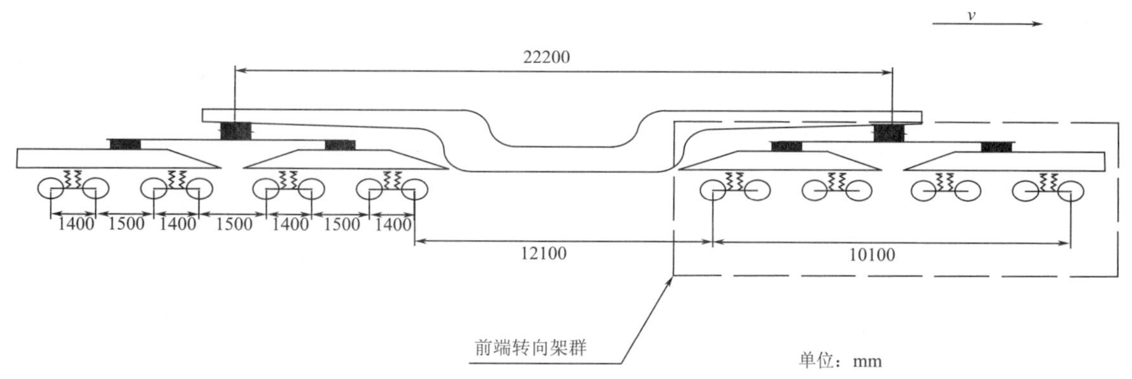

图 4 D_2 型车构造示意图

前端转向架群轴重：

$$P'=\frac{l+e_y}{2l}\times G\times\frac{1}{n}=(1+e_y/l)\times\frac{G}{2n}$$

式中：G——重车总重（kN）。

假设重车重心在纵向向前偏移，不考虑前后隔离空车的影响。前后转向架群车轴重相差量按《铁路货物装载加固规则》（下称《加规》）中："转向架承受质量之差不得大于 10t"的上限值计算，最大差值可达 5t（双轴转向架情况）。根据确定 $M_{0.5}$最大的方法，结合 D_2 型车的结构特点确定跨中弯矩最不利荷载位置。

当梁长小于32.8m时,只有前端转向架群作用在梁上时使得$M_{0.5}$最大。对于按照标准跨径设计的简支梁,D_2型车在梁上通过时只有一端转向架群作用在梁上可使梁跨中弯矩值最大。因前端转向架群的轮对垂向荷载P_i相等,这样只需分析前端转向架群作用下的简支梁跨中弯矩最不利荷载位置。

(1)简支梁的跨径$11.6\text{m}<L\leqslant 32\text{m}$时,前端转向架群可全部作用在梁上,最不利荷载位置为:当第4个车轴(从前往后依次排序)通过跨中时开始,至第5个车轴通过时止,跨中弯矩都可达到最大。

(2)当简支梁的跨径$8.8\text{m}<L\leqslant 11.6\text{m}$时,第4个车轴作用于梁跨中时,为跨中弯矩最不利荷载位置。

车辆前端转向架轴重对简支梁的作用力:

$$P_i=\left(\frac{1}{2}+e_x/2b\right)\times\left(\frac{1}{2}+e_y/2l\right)\times\frac{G}{n}=(1+e_x/b)\times(1+e_y/1)\times\frac{G}{4n} \tag{4}$$

式中:e_x——重车重心相对轨道纵向中心线横向偏移量(mm)。

最不利侧简支梁的跨中在最不利荷载位置的弯矩:

$$M_{0.5}=(1+e_x/b)\times(1+e_y/l)\times\frac{G}{4n}\sum_{i=1}^{n}y_i \tag{5}$$

由简支梁和D_2型车的特点知,车辆无论发生偏载与否,通过同一跨简支梁时最不利荷载位置不变。因此同一车辆载重相同情况下,发生偏载时通过桥梁的活载系数是不偏载时的$(1+e_x/b)(1+e_y/l)$倍。

简支梁跨径在最多只有一端转向架群下的车轴可作用的情况下,D_2型车偏载对活载系数影响的结论也适用于其他类型的车辆。

1.5　D_2型车检算算例

有一货物重190t,用D_2型车运输,根据《桥检规》长大货物车过桥对策的要求,前后挂N_{16}型空平车隔离,并采取限速措施。线路中桥梁跨径选用D_2型车控制跨径16m的预应力混凝土简支T梁。查出D_2型的自重,轴距等相关参数。

根据式(4)在车辆不发生偏载情况下对桥梁的作用力:$P_i=109.33\text{kN}$。

判断最不利荷载位置并计算跨中最不利荷载位置的弯矩:

由于$11.6<L=16<32$,可知跨中最不利荷载位置,根据式(5)可得:$M_{0.5}=109.33\times[(-0.5)\times(1.5+2.9+4.4+5.8+1.4+2.9+4.3)+8\times4]=2230.33\text{kN}\cdot\text{m}$。

根据式(2)、(3)计算冲击系数:$1+u=1.26\quad 1+u'=1.196$。

根据《桥检规》中-活载换算均布荷载表查$K_0=119.4/2=59.7\text{kN/m}$。利用式(1)可计算活载系数$Q=\dfrac{8\times2230.36\times1.196}{16^2\times59.7\times1.26}=1.108>1.09$。

因此该车属于超级超重,应采取限速措施。根据《桥检规》限速对策,降低车辆对桥梁冲击系数公式$1+u'\times v/60$,使得$Q\leqslant1$车辆不超重,可得

$$v\leqslant(1+u'-Q)\times60/Qu' \tag{6}$$

代入可知:$v\leqslant24.3\text{km/h}$,车辆过桥限速为24km/h。

1.5.1　当重车重心只有横向偏移时

若在不超重的情况下通过桥梁,根据$1+u'-Q>0$的条件和偏载对活载系数影响的结论,可以计算最大容许横向偏移量71mm。此时容许横向偏移量是车静态重心偏移量和动态横向偏移量之和。货物重心横向偏移量按照《加规》中:"横向位移量不得超过100mm"取其上限值100mm。根据重车重心位置计算公式[5]可知,此时若不计运行过程中动态重心横向偏移量,静态重心横向偏移量为53mm。则活载系数$Q=1.108\times(1+53/900)=1.174$,而$1+u'=1.196$。由式(6)可知:车辆限速$v=5.8\text{km/h}$通过桥梁。因此在货物装载时,货物重心偏移车辆中心线的距离要求更为严格。

1.5.2　当重车重心只有纵向偏移时

纵向偏移量若按照《加规》中最大容许偏移量$e_2=5l/Q'=584\text{mm}$计算(Q'为货物重量,t),可知

$Q=1.139<1.196$,限速15km/h可以以不超重的情况安全通过桥梁。

1.5.3 当重车重心既有横向偏移又有纵向偏移时

只有当横向偏移量 e_x 和纵向偏移量 e_y 满足条件 $(1+e_x/900)(1+e_y/11100)<1.196/1.108=1.079$ 并且符合《加规》重心偏移量的规定才能通过桥梁。

从以上的算例中我们可以看出车辆偏载不仅影响到车辆通过桥梁时的速度,在有些情况下可能造成车辆无法通过桥梁,严重影响了线路运能的发挥。综合考虑货物运输组织和车辆运行过程中造成重车重心偏移的因素,建议采取以下措施。

2 增强超重车辆过桥安全性应采取的对策

2.1 提高桥梁承载能力

我国《铁路桥涵设计规范》中列车竖向静活载是1975年修订的中华人民共和国列车标准活载(简称"中-活载")一直沿用至今。"中-活载"和欧洲、北美国家采用的列车标准活载相比凸显出"中-活载"的储备能力严重不足[6]。因此修订铁路桥梁设计活载标准,提高桥梁的承载能力才能从根本上解决超重问题。

2.2 减轻车辆自重,减少车辆构件之间的几何误差

超重货车多为长大货物车,这些车辆一般自重较大,车体荷载通过多级心盘传递到转向架。减轻车辆自重可以从一定程度上提高车辆的过桥性能。

另外,应加强车辆日常管理和维护工作,及时更换磨损量较大的零部件,减少车辆构件之间的间隙。从而减少车辆运行过程中产生的因车辆振动引起的重车重心偏移。

2.3 改善货物的装载状态

首先,应合理选择装载车辆。选择车辆时应注意车辆的自重、空车重心高度、轴间距等影响车辆过桥性能的重要参数。

其次,制定合理的装载方案。通过对车辆运行中动态偏移量的分析[5],降低货物重心高度对于提高超重货物列车过桥性能有着重要的作用。

第三,增强货物加固的牢固性,减少车辆运行过程中货物和车体之间的相对位移。

2.4 改善线路状况,加强对轨道、道岔检测和日常维护工作

提高轨道的平顺性,减少车辆过桥过程中的随机震动产生的动态重心横向偏移。

综上所述,提高超重货物车辆过桥性能要从线路设施、装载车辆及运输组织等多个方面着手,充分发挥铁路在超重货物运输中的作用,使超重货运安全、经济、迅速送达目的地。

参考文献

[1] 铁道部.铁路超限超重货物运输规则[M].北京:中国铁道出版社,2007

[2] 戴福忠,陈雅兰.重载铁路桥梁设计列车标准活载的研究[J].中国铁道科学,2004,(4)

[3] 强士中.桥梁工程[M].北京:高等教育出版社,2004

[4] 张进德,等.中国铁路长大货物运输[M].北京:中国铁道出版社,2001

[5] 金星.铁路行李车货物重心最大容许偏移量的研究[D].北京交通大学硕士论文,2006

[6] 辛学忠,张玉玲.铁路桥梁设计活载标准修订研究[J].铁路设计标准,2006,(4)

The analysis and counter-measures for the bridge passing performance of uneven-load over weight freights

Chen Liang, Li Xiaohong

(School of Traffic and Transportation, Bei jing Jiaotong University, Beijing, 100044)

Abstract: Based on the performance live load factor formula of over weight freight wagons, the method of the maximum central section bending moment of the simply supported girder when the uneven-load wagon passes is discussed. After analyzing the most unfavorable position if the central section bending moment of different span simply supported girders which the type depressed center flat car passes, the formula of live load factor influenced because of uneven-load is appeared. The uneven-load influence for the bridge passing performance is explained in the example. At last, some counter-measures are suggested to improve the bridge passing performance in the paper.

Key words: Over weight freight; Uneven load; Bridge passing performance; Counter-measures

轨道车站换乘服务水平评价的线性回归模型

黎冬平　晏克非　许明明　刘　辉

（同济大学交通运输工程学院，上海，201804）

摘　要：为了对轨道线路间在轨道车站换乘服务水平进行定量评价，通过对乘客的问询调查，从乘客的使用角度出发，对各单个设施和车站换乘服务水平进行评价，采用线性回归模型建立换乘服务水平与各单个设施服务水平之间的数学关系，明确主要影响设施及其影响程度，通过在莘庄轨道车站的应用，证明模型具有很好的适用性，且模型可操作性强，为轨道车站换乘服务水平的评价提供了很好的方法。

关键词：服务水平；轨道车站；换乘；评价方法；线性回归模型

近年来，各大中城市正大力规划和建设轨道交通，以缓解日益拥堵的交通问题，而随着轨道线网的完善，两线或多线换乘的轨道车站也日益增加，在轨道车站的换乘服务水平成为影响轨道交通运营效率的重要因素。轨道交通设施的服务水平一直是规划者和研究者关注的焦点，美国TRB比较系统地研究了枢纽步行设施的通行能力和服务水平，包括人行道、楼梯、匝机等[1]；其他学者通过对数据的调查或仿真的方法研究了对自行车换乘设施、人行道、楼梯设施和站台的服务水平[2]，而对于车站的总体服务水平，这些研究侧重于单个设施的服务水平，有学者采用层次分析法、模糊综合评价法、数据包络分析法等来研究轨道枢纽车站的总体服务水平[3,4]，而对于轨道线路在枢纽车站的换乘的研究主要为轨道线路和站台的协调布置[5,6]，这些研究大都是从轨道车站的设施供给和布局的角度进行度量，缺乏对轨道线路之间的换乘服务水平进行针对性的研究。本文通过对乘客满意程度的调查，采用回归分析模型研究轨道车站的换乘服务水平，及其与各设施之间的关系。

1　轨道车站客流与设施分析

从轨道车站的客流运动方向的角度，可以分为进站客流、出站客流，以及轨道线路之间的换乘客流。客流方向的不同，使用到的车站设施不同，对于换乘客流来说只需要使用车站内部设施，不使用换乘衔接设施和站厅设施。因此，对于轨道线路之间的换乘客流，对同一个轨道车站服务水平的感受与其他客流可能会有所不同。本文研究中，只从换乘客流的角度研究轨道车站的换乘服务水平，但研究方法同样能够很好地适用于进站客流和出站客流下的车站服务水平评价研究。

因此，从换乘客流的活动过程，本文对轨道车站换乘服务水平的评价研究涉及的设施包括：步行距离、步行时间、楼梯/扶梯、行人干扰、指引标识、站台布置等方面。

2　服务水平评价模型

2.1　模型的提出

本文对于轨道车站换乘服务水平的研究主要基于以下考虑：

（1）乘客对于轨道车站换乘服务水平的评价，是由各单个设施服务水平评价所组成的加权平均值，即乘客在某个服务水平差的设施的感受可以由另外一个服务水平好的设施来弥补。因此研

基金项目：国家“863”高技术研究发展计划资助项目（2008AA11Z201）。

作者简介：黎冬平，男，博士生，主要研究方向为交通运输规划与管理，E-mail：ldong_p@yahoo.com.cn。

究的重点在于如何确定主要影响设施及其权重值,这能够让车站的设计管理者明确应重点关注的设施。

(2)乘客对于轨道车站换乘服务水平的评价与各单个设施服务水平评价是正相关的,即各单个设施服务水平的相对权重均为正值。

(3)轨道车站换乘服务水平与各设施服务水平之间存在一定的关联时,研究表明可以采用各单个设施的相对权重的多元函数来描述[7]。

因此,轨道车站换乘服务水平的评价模型可以表示为:

$$LOS(Transfer) = \sum w_i LOS(X_i) \tag{1}$$

式中,$LOS(Transfer)$为轨道车站换乘服务水平;$LOS(X_i)$为车站换乘设施的服务水平;w_i为在轨道车站各换乘设施的相对权重系数,为正值。该模型为多元函数。需要注意的是,在组成设施数量较多时,评价涉及的自变量很多,需要对各指标进行相关性分析,否则可能导致真正能够影响轨道车站总体服务水平的因素的相对权重值过低。

2.2 权重系数的确定方法

确定权重系数的方法很多,包括了排序和两两比较等方法,其中排序的方法能够很好地确定最主要的影响因素,但是对于后面的其他因素往往难以进行量化确定;而采用两两比较的方法,理论上能够比较好地获得各指标的相对权重值,但当指标比较多时,两两比较的数量将非常大,在实际调查中很难实现,而指标过少又难以全面反映出轨道车站服务水平的影响因素。

因此,本文考虑既能够覆盖指标的全面性,同时又能方便操作,具有可实施性。在进行问询调查时,让换乘乘客将活动过程中的涉及到的6个设施因素的服务水平进行评价,包括步行时间、楼梯/扶梯、行人干扰、步行距离、指引标识、站台布置等,同时回答对轨道车站换乘的总体服务水平的评价。在此基础上,可以采用线性回归模型来确定各设施的相对权重系数:

$$LOS(Transfer) = w_0 + w_1 \cdot LOS(X_1) + w_2 \cdot LOS(X_2) + \cdots + w_6 \cdot LOS(X_6) \tag{2}$$

式中,$LOS(Transfer)$为轨道车站总体服务水平评价值;$LOS(X_1)$,$LOS(X_2)$,$\cdots$,$LOS(X_6)$分别为步行时间、楼梯/扶梯、行人干扰、…、站台布置等设施因素的评价值;w_0为截距,$w_1, w_2, \cdots, w_6$为权重值。

线性回归模型中的参数可以通过普通最小二乘法来获得,在本文中自变量和因变量的数据则是通过问询乘客对于各单个设施服务水平的评价值和轨道车站换乘的总体服务水平评价值。

3 数据调查与分析

3.1 数据调查

本文的问询调查采用的是RP调查,即在轨道站台上,或跟随在该车站换乘的乘客,让乘客对此次换乘的过程感受到的各单个设施和总体服务水平进行评价。问卷的主要内容包括:出行的目的、携带的行李、性别、年龄以及换乘中对各单个设施和车站总体服务水平的评价。根据换乘客流的活动过程,单个设施包括:步行时间X_1、楼梯/扶梯X_2、行人干扰X_3、指引标识X_4、步行距离X_5、站台布置X_6,对于服务水平的评价分为5个级别:很满意(1)、满意(2)、一般(3)、不满意(4)、很不满意(5)。

本文数据调查的地点为上海莘庄轨道车站,是一号线的南起讫站和五号线的北起讫站,为一号线和五号线的换乘枢纽车站。研究人员在2009年6月10日(周三)和11日(周四)对莘庄站的换乘客流进行了问询调查。

3.2 数据总体情况

调查共获得有效问卷110份,其中74.5%的乘客为通勤出行,而25.5%的乘客为弹性出行;92.7%的乘客衔接的行李不影响步行或未携带行李,而7.3%的乘客携带的行李会影响到步行;65.5%的乘客为男性,而34.5%的乘客为女性;换乘乘客对于莘庄轨道枢纽车站各设施以及车站换乘的总体服务水平评价值如图1所示。

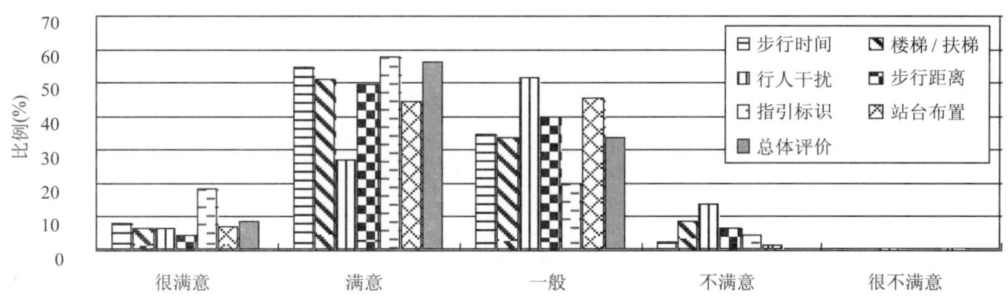

图1　莘庄轨道枢纽车站换乘服务水平评价分布图

从图1可看出,乘客对于各单个设施服务水平的评价并不一致,而车站换乘的总体服务水平大体上与各设施的服务水平是相关的,表明式(2)的可行性,下面将通过参数的标定来分析相互之间的关系。

3.3　数据分析

3.3.1　变量的相关性分析

在多元回归模型中需要首先检验多重共线性,用变量之间的相关系数来衡量变量之间的共线性程度。采用SPSS统计分析软件[8]计算各自变量的相关性,如表1所示。

换乘总体评价因变量下的自变量相关性　　表1

	站台布置	步行时间	行人干扰	指引标识	楼梯扶梯	步行距离
站台布置	1.00					
步行时间	0.04	1.00				
行人干扰	-0.11	-0.10	1.00			
指引标识	-0.18	-0.09	0.07	1.00		
楼梯扶梯	-0.25	-0.26	-0.19	-0.06	1.00	
步行距离	-0.01	-0.45	-0.24	-0.34	-0.04	1.00

注:相关性中 -1 表示两个变量之间有强负相关性;1 表示有强正相关性;0 表示两者不存在线性相关性。

从表1中可以看出,各自变量之间最大的相关性为步行距离与步行时间(为0.45),在轨道车站内,乘客流量比较大,步行速度的相差不大,步行距离和步行时间呈正比关系,表现出共线性;剔除步行时间后,再进行检验,则各自变量之间不存在共线性问题。但是对于包含在模型中变量的选择,相关性不是唯一的标准,还需要通过进一步的参数的估计。

3.3.2　参数的估计

根据式(2),将莘庄轨道车站换乘服务水平依次用1~5来表示,将问询调查数据进行多元线性回归,模型中各参数值从乘客的角度反映了各设施的相对重要程度。将优化后的5个设施因素作为自变量进行回归分析,采用强迫引入法和逐步回归法分别进行回归后得到的参数值相同[8],结果如表2所示。

回归分析的参数值　　表2

	Parameters	Standard error	t	Significance
截距	0.007	0.210	0.031	0.975
步行距离	0.166	0.077	2.141	0.035
楼梯/扶梯	0.201	0.065	3.074	0.003
指引标识	0.154	0.060	2.570	0.012
行人干扰	0.194	0.066	2.912	0.004
站台布置	0.213	0.066	3.240	0.002
$R^2=0.546$				
$F=25.006$				

而分析出行目的、性别以及行李与换乘总体评价之间的关系,结果均表明无明确的显著性。因此根据表2,可以得出莘庄轨道车站的总体服务水平评价模型式(2)优化为:

$$LOS(Transfer)=0.007+0.166LOS(WD)+0.201LOS(SE)+0.154LOS(GS)+0.194LOS(PD)+0.213LOS(PF) \tag{3}$$

式中,*LOS*(*Transfer*)为轨道车站换乘服务水平;*LOS*(*WD*)为步行距离的服务水平;*LOS*(*SE*)为楼梯/扶梯的服务水平;*LOS*(*GS*)为指引标识的服务水平;*LOS*(*PD*)为行人干扰的服务水平;*LOS*(*PF*)为站台设施的服务水平。

根据式(3),对于莘庄车站的换乘客流来说,最为关注的因素是站台布置,乘客换乘的起点和终点都是站台设施,由于莘庄高峰时客流量很大,一号线和五号线的站台宽度都显得比较紧张,乘客密度大,感觉不舒适;其次是楼梯/扶梯,由于上下楼梯数只有2个,且为起讫站,每次上下站台时有很多乘客都无法乘坐到扶梯,拥挤比较严重;而对于行人干扰也是换乘客流比较关注的,这是因为两条轨道线路站台均为侧式站台,平行布置,换乘时都需要跨越另外一条线的出站客流,行人干扰和冲突比较严重。而步行距离和指引标识的相对权重不大,是由于换乘的步行距离不长,且路径比较单一,有明确的指引,乘客的感受相差不大的原因。截距为0.007,表明了对总体服务水平评价的影响还包含一些其他的因素,但其值比较小,说明已经选取的5个设施指标已经能够比较好地评价出莘庄车站换乘服务水平的情况。

4 结语

本文通过对换乘客流的问询调查,利用多元线性回归模型,从乘客的角度反映了影响轨道枢纽车站换乘服务水平的关键设施和因素,及其影响的程度大小,让规划设计和管理人员明确应重点关注的设施,以进行优先改造和完善。本文的模型可操作性强,能够全面考虑影响的设施和因素,通过在莘庄轨道枢纽车站的应用,给出了站台设施是换乘客流最为关注的因素,与实际情况相符,表明模型具有很好的适用性,为轨道枢纽车站换乘服务水平的评价提供了一种很好的方法。

本文只是从换乘客流的角度对莘庄枢纽车站换乘服务水平进行了分析,对于其他布置形式以及多线换乘枢纽车站的换乘服务水平影响因素和参数会有所不同,但模型同样能够具有很好的适用性,而对多个枢纽车站进行调查,以分析总结出影响换乘服务水平的规律性因素是本文进一步研究的方向。

参考文献

[1] Kittelson & Asspcoates. Inc. Transit capacity and quality of service manual (2nd edition) [M]. Washington DC. :Transportation Research Board,2003

[2] J. Y. S. Lee, W. H. K. Lam. Levels of service for stairway in Hong Kong Underground Stations [J]. Journal of Transportation Engineering,2003,129(2):196-202

[3] Wen-xue Cai, Xian-tang Guo. The Research & Evaluation of Urban and Rural Public Transport Networks Based on AHP and the Fuzzy Comprehensive Evaluation [C]. Logistics:The Emerging Frontiers of Transportation and Development in China,2008:699-705

[4] 陈光,张宁,陈晖,等.城市轨道交通服务水平评价体系研究[J].都市快轨交通.2008,21(6):5-10

[5] 沙滨,袁振洲,缪江华,等.城市轨道交通换乘方式对比分析[J].城市交通,2006,4(2):11-15

[6] 张蓁.城市轨道交通转换节点的内部换乘和外部衔接[D].上海:同济大学建筑与城市规划学院,2007

[7] A. R. Correia, S. C. Wirasinghe, A. G. de Barros. A global index for level of service evaluation at airport passenger terminals [J]. Transportation Research Part E,2008,44(4):607-620

[8] 罗应婷,杨钰娟. SPSS统计分析——从基础到实践[M].北京:电子工业出版社,2007.6

Linear regression model of LOS evaluation for transfer in rail terminal

Li Dongping, Yan Kefei, Xu Mingming, Liu Hui

(School of Transportation Engineering, Tongji University, Shanghai, 201804)

Abstract: To evaluate the level of service (LOS) for transfer between the rail lines in the rail passenger terminal quantificationally, through surveying the passengers, according to the user perceptions, the LOS of individual components and the overall transfer LOS were evaluated. The linear regression model was used to obtain a mathematical relationship between the overall transfer LOS ratings and the LOS of individual operational components, which could identify the main important attributes and the degree of importance. The analysis of Xinzhuang rail passenger terminal proves that the model has a good applicability. The model is simple and easy to operation, which provide with a good method for evaluate transfer LOS of rail passenger terminal.

Key words: Level of service; Rail passenger terminal; Transfer; Evaluation method; Linear regression model

城市轨道交通与节能技术发展趋势研究

赵建有　孔玄兵

(长安大学汽车学院,陕西西安,710064)

摘　要:随着城市化、机动化进程的加快,现代城市用地紧、住宅缺、交通堵、能源短缺、水电不足、环境质量下降的状况日趋严重。该文介绍了21世纪绿色交通与节能技术发展趋势,分析了发展城市轨道交通的战略思想的必要性和重要性。文章重点对我国城市轨道交通节能技术现状及存在的问题进行了研讨,对已采用的主要节能降耗措施进行了反思,最后对城市轨道交通节能技术发展方向提出了几点建议与设想。

关键词:绿色交通;城市轨道交通;节能减排;公共交通;新能源

1　引言

城市轨道交通的节能减排工作也十分重要。虽然按同等运能比较,轨道交通能耗比其他形式交通方式小,但由于其大运量的特点,使得总耗电量相当大,是耗能大户,仍有节能潜力。国家发展和改革委员会在交通基础设施建设项目审批程序中也要求必须进行"节能专篇"的研究,要求项目应遵循的合理用能标准及节能设计规范、项目能源消耗种类和数量分析、项目所在地能源供应状况分析、能耗指标、节能措施和节能效果分析等内容。应结合具体运营规模、技术标准和工程实施条件,进行城市轨道交通节能研究,并将具体措施融合到建设中。

2　城市轨道交通与节能

2.1　绿色交通

绿色交通与解决环境污染问题的可持续发展概念一脉相承,成为交通工程中一个重要的发展领域。绿色交通是一个理念,也是一个实践目标,对其定义目前似乎没有取得共识。一般说来,绿色交通是为减低交通拥挤、降低污染、促进社会公平、节省建设维护费用,而发展低污染的有利于城市环境的多元化城市交通工具,促进社会经济活动的协和交通运动系统。这种理念是三个方面的完整统一结合,即通达、有序;安全、舒适;低能耗、低污染。绿色交通更深层次上的含义是协和的交通,即包含交通与(生态的、心理的)环境协和;交通与未来协和(适应于未来的发展);交通与社会协和(安全、以人为本);交通与资源协和(以最小的代价或最小的资源维护交通的需求)[1]。

2.2　城市轨道交通是节能的绿色交通

城市轨道交通相对于其他城市公共交通工具而言,具有安全舒适、快速环保、运能大和能源消耗少的特点。按照同等运能比较,轨道交通的能耗只相当于小汽车的1/9,公交车的1/2。因此,轨道交通本身就具有重要的节能减排意义。城市轨道交通相对于其他城市交通工具的另一个特点是以耗电能为主,而不是燃油。因此在特大城市、大城市中,以城市轨道交通为骨干、提高占公共交通的出行比例,符合国家宏观经济层面的能源政策,有利于建设资源节约型、环境友好型社会。

我国城市交通节能的措施之一,是建立绿色城市交通系统,应对城市化进程和交通机动化快速增长的挑战,构建可持续性的城市交通系统模式[2]。通过优化城市交通系统结构和完善城市间交通模式,提高城市交通系统效率并达到系统节能目的。

作者简介:赵建有(1963-),男,长安大学教授,E-mail:jyzhao@chd.edu.cn;孔玄兵(1983-),男,长安大学在读硕士研究生,E-mail:gjish@tom.com。

3 城市轨道交通节能技术现状及存在的问题

3.1 城市轨道交通主要能耗种类

在轨道交通运营过程中主要消耗电能，基本不消耗其他形式的能源。耗电可以将其归结为车辆运行的牵引耗电和其他设备耗电两大类。

以北京地铁为例，2002 年一线地铁全年耗电量 52139240kW·h，环线地铁全年耗电量为 75751220 kW·h，复八线地铁全年耗电量为 50734670kW·h，三条线全年耗电总量为 178625130kW·h。其中三条线路的牵引耗电总量占全年总耗电量的 57%。新建的城市轨道交通工程除上述耗电内容外，还需增加车站空调和车辆空调等耗电[3]。

3.2 目前城市轨道交通能耗方面的问题

能源消耗总量过大是目前城市轨道交通面临的一大问题。轨道交通运营成本高居不下的问题日显突出，其中有近 50% 来自于列车牵引能耗。按照目前我国城市轨道交通的发展速度，城市轨道交通的能耗将达到相当的规模。北京轨道交通线网规划用电总量的趋势图如图 1 所示。

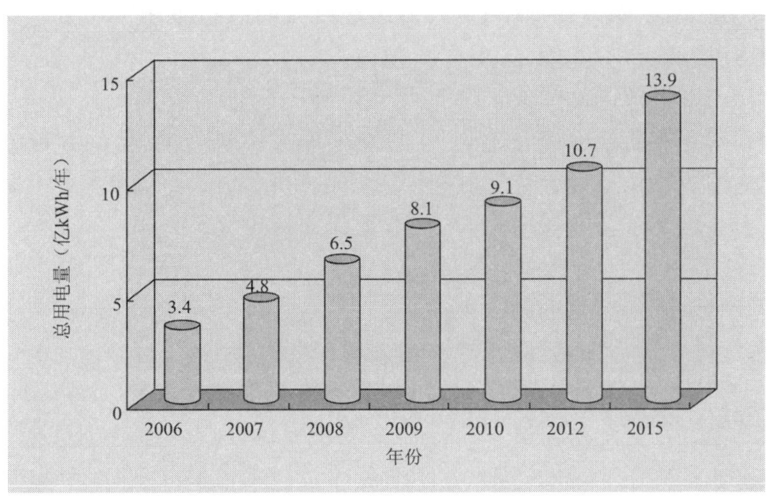

图 1 北京轨道交通线网规划用电总量趋势图

根据以往多年的建设和运营经验数据，城市轨道交通列车牵引供电系统和通风空调系统是轨道交通中最主要的用电大户，分别占到轨道交通系统总能耗的 1/2 和 1/3，节能潜力也相对最大。对于其他设备系统，虽然能耗比例不高，但能耗总量也不低，结合高效低耗设备及其他节能措施的应用，也存在一定的节能潜力。

通过对北京及全国各地既有城市轨道交通线路运营情况的调研，用目前城市轨道交通电动车组普遍采用“再生制动 + 电阻制动 + 机械制动”的制动方式，制动能量可达到牵引能量的 30% 以上，部分再生制动的能量可以被线路上相邻车辆吸收，如不能被吸收则转换为电阻或空气制动，初步估算该部分消耗的电能占制动能量的 40% 左右。

通风空调系统作为城市轨道交通中的重要设备系统之一，是城市轨道交通运行的能耗大户，其用电量排在牵引供电之后，位居第二；在运营初期的特定条件下，其用电量甚至超过牵引供电，成为第一用电大户。因此，如何降低城市轨道交通通风空调系统运行能耗，是解决城市轨道交通运营能耗过高问题的重要内容。

4 已采用的主要节能降耗措施

4.1 线路选线与运营组织重视节能

线路节能设计主要考虑尽可能优化曲线半径，以减少车辆行驶过程中因曲线阻力大而增加电耗；优化线路节能坡，设置合理的进出站坡度，使列车进站时上坡，将动能转化为势能，列车出站时下坡，再将势能转化为动能,以达到优化、合理、经济、节约能源的目的。

确定全线的总体运营规模、合理确定利车编组、合理设置运营交路、合理安排列车运营对数等技术措施,将有效降低人车公里能耗。

4.2 车辆节能

选用调频调压控制的交流牵引系统。该系统通过变频调速避免了列车调速时由附加电阻消耗掉大量的电能,也不会因附加电阻的发热提高隧道内的温度而要求增加制冷电能。

选用轻体车辆。车辆采用不锈钢车体,车辆自重比普通铸钢车体约减少3t,用等能量比较的方法推算,每辆车可节约运送50位乘客所需的能量。

采用列车自动控制节能。在信号系统设计时,根据线路的坡道、弯道及列车载重等情况,控制随行点使电动客车永远处于最佳运行状态,以便减少电耗,达到更进一步节能的目的。

4.3 供电系统节能

牵引供电系统节能设计。合理设置中压供电网络接线形式,既减少系统电缆的长度,也可以减少开关设备数量,降低设备损耗和线路损耗,达到节能的效果。合理设置各种类型变电所。牵引网采用导电率较高的钢铝复合接触轨,牵引网电能损失较少,减少变电所的空载能耗。

4.4 通风空调系统节能

系统形式节能设计。根据地区的气候环境条件及对通风空调系统方案的比选,城市轨道交通通风空调系统形式。尽量利用列车活塞效应,从而采用自然通风方式,节省风机的能耗。

表冷器开启降低能耗。该设备设计为门式,两侧设轴,可以在通风季节电控延轴开启,降低系统的通风阻力和能耗。对于通风季节长的城市来说,节能意义非常重大。

4.5 设备监控系统节能

采用综合监控系统对全线各车站内的变电所系统设备、通风空调系统设备、给排水系统设备、电梯系统设备、低压照明系统设备进行综合性的监控与调度管理。

5 城市轨道交通节能技术发展方向研究

根据我国目前城市轨道交通的现状、能源利用情况以及技术水平,以下几个方向应该作为未来我国城市轨道交通节能技术发展的重点。

5.1 加快研发环保型高架系统技术

城市轨道交通的高架线路具有建设安全风险小、建设速度快、投资见效快、运营成本低等优点。尤其是节省运营期的能耗,高架线的运营能耗仅为地下线的0.45倍,节能效果明显。但是多数已建高架线用于大运量城市轨道交通系统上,由于采用了较大轴重A、B型车辆,已运营高架线的振动、噪声对沿线居住环境、土地的经济价值确实存在一定的负面影响。所以应该加快开展“环保型高架系统”的研究。

5.2 加快开发高效、低耗的新型设备与设备系统

针对目前城市轨道交通能耗大,能源利用效率较低的现状,最首要的工作就是抓紧开发高效、低耗的设备系统与新型设备。设备系统的开发主要是设计单位在方案研究阶段,将系统节能作为重要的设计目标,并且勇于创新,开发研究并采用新型的各种节能方案。

5.3 提高城市轨道交通装备节能标准

对城市轨道交通装备的能耗标准应进行严格规定,以便在设计选型、设备采购时有据可依。在轨道交通装备的招标采购中,不应简单地采用低价中标原则。应综合考虑设备的各项性能参数,突出重点,使国内生产厂家引起足够的重视,把精力投入到提高产品性能上来,避免单纯的价格恶性竞争。这样,有利于整个行业向高端发展,提高轨道交通的服务水平。

5.4 建立城市轨道交通设计节能标准

目前国内尚没有城市轨道交通设计节能标准。城市轨道交通应根据不同地区的气候特点,逐步建立完善各种能耗标准,指导与考核工程节能设计,并作为项目审批的条件。

5.5 鼓励城市轨道交通采用新型能源

随着科学技术的发展，太阳能、地热能源、海洋能源等新型能源已开始应用于很多行业，对于城市轨道交通来说，属于城市公共交通，能耗量巨大，若能合理使用这些新型能源，会产生很好的经济和社会效益。我们应该紧密跟踪各种新型能源的发展状态，适时的将其引入城市轨道交通建设。

5.6 加强城市轨道交通运营节能管理

城市轨道交通的能耗水平除了与设施是否先进有关，还与运营节能管理是否到位密切相关。例如，运营部门应充分了解设备系统的节能设计思想，按照设计模式进行系统控制，并根据具体情况进行优化，保证各种节能设施的正常运转。

5.7 处理好节能与环保的关系

在节能的同时应处理好与环保的关系。有的系统方案能够节省能耗，但会影响环境，在这种情况下应服从环境保护的目标。

5.8 将节能作为建设决策的重要标准

节能不能仅停留在口号上，必须将是否节能作为工程建设决策的重要指标。例如：对于南方炎热地区，屏蔽门系统可以有效降低空调季节的空调能耗，应大力推广使用；但是在北方寒冷甚至严寒地区，屏蔽门系统在非空调季节的通风能耗会高于非屏蔽门系统，不宜采用。

参考文献

[1] 赵建有. 轿车发展与城市绿色交通理论研究，海峡两岸智能运输系统学术会议论文集，2004

[2] 张周堂. 基于可持续发展的综合运输体系研究博士学位论文. 长安大学，2005

[3] 全永森. 北京市绿色交通构想[J]. 道路交通与安全，2002

Urban track transportation and energy conservation technological development tendency research

Zhao Jianyou, Kong Xuanbing

(School of Automobile, Chang'an University, Xi'an, Shaanxi, 710064)

Abstract: Along with urbanized, motorization advancement's quickening, the modern city land is tight, the housing lacks, the transportation to stop up the condition which, the shortage of energy, the water and electricity insufficiency, the environment quality drop to be day by day serious. This article introduced the 21st century green transportation and the energy conservation technological development tendency, analyzed has developed the urban track transportation strategic concept necessity and the importance. The article key has carried on the deliberation to our country city track transportation energy conservation technical aspect and the existence question, to the main energy conservation which uses has fallen consumes the measure to carry on the reconsideration, finally put forward several proposals and the tentative plan to the urban track transportation energy conservation technological development direction.

Key words: Urban track transportation; The energy conservation reduces the platoon; Mass transit; Green municipal transportation system; New energy

上海市轨道交通外部成本研究

王 琳 高西连 王 正

(上海海事大学交通运输学院,上海,200135)

摘 要:本文在参考国内外城市交通外部成本研究基础上,提出轨道交通外部成本的计算公式,并以上海市为例,给出具体的计算结果。轨道交通的外部成本虽然很小,但是却不能忽略,必须引起交通、环保等有关部门的注意。

关键词:轨道交通;外部成本;和谐交通

1 前言

轨道交通速度快、运量大、安全性好、正点率高、污染少、服务优的特性符合可持续发展和和谐交通的要求,受到了越来越多的城市交通规划者的青睐。可是公众普遍抱怨的轨道交通高峰拥挤和地面承载的噪声和震动,也让我们开始重视轨道交通的外部成本。

对轨道交通外部成本的不正确认识产生的某些决策,会导致城市轨道交通内部不均衡发展。按可持续性发展的要求,对城市轨道交通外部成本进行量化研究,将有利于提出一些外部成本内部化策略,从而构建合理的城市轨道交通,避免资源浪费、减少环境污染、交通拥挤和交通事故,实现理想的经济效益、社会效益和生态效益。

2 国内外研究现状

2.1 国外研究现状

Emile Quinet 等在《交通社会成本的内部化》[1]一书中,评估交通运输产生的社会成本,包括有关环境成本的定义以及测量环境成本的方法的概述,介绍了不同国家不同研究者的研究成果,并且对社会成本内部化的各种手段进行了一个回顾。

Jean Vivier 在《大巴黎区的城市公交与小汽车交通的外部成本比较》[2]中,从能源消耗情况、二氧化碳排放与温室效应情况、空气污染、交通事故、城市空间利用等方面比较了轨道交通与其他的交通运输方式的外部成本。

2.2 国内研究现状

我国对城市交通出行成本的研究较晚。现在已经基本形成的理论体系是对出行外部成本的量化研究,但是对于公共交通出行成本的研究还很少人问津,台湾的张学孔教授进行过比较深入的探索,具有代表性。

张学孔教授研究的出行总成本[3]以旅次为基本单位,将城市旅次分为大众运输、私人运输和副大众运输旅次 3 大类,43 小类。每种旅次成本的计算都分为使用者成本、基础设施成本、旅次时间成本和外部成本四部分。出行总成本就是这四部分的和,即:出行成本 = 使用成本 + 基础设施成本 + 出行时间成本 + 外部成本。已付出的代价部分包括使用者成本和旅行时间成本;基础设施成本除使用道路设施所付出的代价外,并将各种运输工具所应负担的停车费用计入;外部成本则为空气污染、噪声、肇事与拥挤四项,如表 1 所示。

都市出行总成本 表 1

出行总成本	使用者成本 + 基础设施成本 + 出行时间成本 + 外部成本
使用者成本	使用者支付的费用
基础建设成本	道路基础设施成本和停车设施成本
出行时间成本	乘车时间内成本和乘车时间外成本
外部成本	空气污染、噪声、肇事及拥挤成本

张教授给出了具体的成本量化模型,以台北市为例,给出计算出行总成本的方法。通过成本分析,本文认为交通工具的使用会造成相当严重的社会资源分配不公平的问题,私人运输工具会带来的巨大的外部成本,因此应该研究切实可行的解决方案,如加大私人运输工具使用的税费以控制其发展,提高公共交通出行比重。

3　轨道交通外部成本的数学模型

本文的轨道交通外部成本模型是在台湾张学孔教授研究的模型[3]基础上进行了改进。上海轨道交通工具由电力引导实现,所以轨道交通引起空气污染成本可以忽略不记,同时轨道交通准时出行特点决定了在计算外部成本的时候不同于常规的方法,计算公式如下:

$$EC = CC + NC + AC \tag{1}$$

式中,EC、CC、NC 和 AC 分别表示外部成本、拥挤成本、噪声成本和交通事故成本。

3.1　拥挤成本

为了更好地计算轨道交通的拥挤成本,本文引入拥挤率[4]的概念。按照2000年日本京阪神商业圈内各轨道交通制定了交通拥挤率计算办法:拥挤率100%为按车辆标准定额乘坐的状态;拥挤率为150%为车内可以达到正常摊开报纸阅读的状态;拥挤率180%为车内不能正常摊开报纸但可以勉强阅读的状态;拥挤率为200%为车内乘客身体相互接触但勉强可以转动的状态;拥挤率250%为车内乘客身体相互紧贴,身体以及手臂不能自由转动的状态。

轨道交通拥挤概念的界定为拥挤率150%以上为拥挤。拥挤成本的计算公式如下:

$$CC = \frac{\sum \beta VHM}{LN} \tag{2}$$

式中:CC——轨道交通拥挤成本(元/人·km);

L——轨道交通每天行驶里程(km);

N——计算日轨道交通运送旅客数(人);

V——目标城市单位时间价值(元);

β——地铁出行的价值系数(需分别计算,设定拥挤率100%时值为1,拥挤率为150%时值为1.5,拥挤率为200%时值为2.0,拥挤率为250%时值为2.5);

M——拥挤率为150%及以上时轨道交通运送的旅客数(按拥挤率分别计算);

H——拥挤率为150%及以上时轨道交通运行时间(按拥挤率分别计算)。

3.2　交通事故成本

由于轨道交通自身的特点,其安全性已经越来越受到公众的密切关注。对地铁运营事故进行分析时应当注意地铁运营安全不仅涉及人、车辆及轨道等系统因素,还受到社会环境和列车运行相关设备(信号系统、供电系统)等因素的影响[5]。近年来国内外地铁事故统计的分析也表明人、车辆、轨道、供电、信号及社会灾害等是地铁事故的主要因素,与之相关的交通事故费用也越来越引起各方的关注。地铁出行交通事故成本的计算公式如下:

$$AC = \frac{C(P)}{LN} \tag{3}$$

式中:AC——轨道交通事故成本(元/人·km);

$C(P)$——计算年轨道交通事故损失成本(万元);

L——轨道交通年完成的车公里数(km);

N——计算年的年末轨道交通年运送旅客数(万人)。

3.3　噪声成本

噪声成本量化方法比较繁琐,本文采用定性与定量相结合的方法计算噪声成本。在计算时,按照城市交通和轨道交通造成的噪声成本比较(表2),然后通过比例系数,得出轨道交通的噪声成本,再采用费用分摊的方法,得出每人每公里的环境成本。

各种交通运输方式噪声污染比较　表2

项　目	城郊铁路	航　空	城市道路	轨道交通
人均噪声污染	1	1.5	0.7	0.4

注:废气排放量以公共汽车为基准。

轨道交通噪声成本计算公式如下:

$$NC = \frac{NC_{总} \cdot \alpha}{365n} \tag{4}$$

式中:NC 为轨道交通造成的噪声污染成本,元/(人·km);$NC_{总}$ 为每年因城市道路噪声造成的经济损失,元/(车·km);α 为轨道交通的污染占总的噪声污染的百分比;n 为轨道交通平均乘坐的乘客数。

4　实例分析

4.1　上海市轨道交通运营情况

上海轨道交通建设始于1990年初。截至2008年底,运营线路总长236km,车站总计162座,覆盖徐汇、长宁、静安、黄浦、闸北、普陀、卢湾、虹口、闵行、宝山、浦东新区、杨浦、松江13个行政区域,线网规模位列全国之首;2008年上海轨道交通共运送乘客11亿人次,单日最高客流量达436.2万人次,最高换乘客流达116.7万人次。日均客流306.5万人次;2008年,轨道交通全网络共投入上线列车及备用车187列,其中8节编组列车53列;列车开行总列次达94万列次,运营里程超过1.32亿车公里,相当于从地球到月球往来170多次。全年累计增能达15次,全网络平均增能达50%,是上海轨道交通历年增能幅度最大的一次。

4.2　上海市轨道交通外部成本计算

经调查,2008年轨道交通运行事故数为0,故事故成本不予考虑;噪声成本为0.00015元/人·km,这是按照费用均摊的方法计算的结果;对于拥挤成本,参照上海市公共交通成本研究,上海居民时间成本12.5元/小时,通过调查资料上海轨道交通日均客流306.5万人次,2008年运营里程超过1.32亿车公里;每天的拥挤时间(早高峰和晚高峰)6个小时,时间段为7:00~9:30,16:40~20:00,高峰小时系数取0.1。把相关数据带入拥挤成本的计算公式,得出上海市轨道交通拥挤成本0.00004元/人·km,见表3。

2008年轨道交通外部成本(单位,元/人·km)　表3

分类	拥挤成本	噪声成本	事故成本	外部成本
成本	0.00004	0.00015	0	0.00019

5　结论

通过计算,本文得出了2008年轨道交通出行的外部成本,数值虽然很小但却不能忽略。尤其是在上海轨道交通承担客运量的不断增加,高峰拥挤越来越严重的情况下,更应该关注轨道交通的外部成本。要建设以人为本的和谐交通,使人民出行更加安全、便捷、舒适、清洁、可靠,就必须不断完善轨道交通运营,走可持续发展道路。

参考文献

[1] Emile Quintet. Internalizing the Social Cost of Transport in Paris. OECD. 1994

[2] Jean Vivier. 大巴黎区的城市公交与小汽车交通的外部成本比较[J]. 城市轨道交通研究. 2000年第1期

[3] 张学孔,孔瑜坚. 城市公共与私人运输成本之政策意涵. 第十二届海峡两岸都市交通学术研讨会论文集. 哈尔滨,2004:564-572

[4] 王凯. 城市轨道交通外部成本分析. 北京交通大学硕士论文. 2007

[5] 高婷婷.城市不同交通方式的出行成本数量化研究[D].东北林业大学硕士学位论文.2006.4

The study on external cost of urban rail transit in Shanghai

Wang Lin, Gao Xilian, Wang Zheng

(College of Transportation and Communications in Shanghai Maritime University, Shanghai, 200135)

Abstract: In this paper, external costs of rail transportation formulas were given with reference to domestic and foreign studies of external costs of urban traffic, With an example of Shanghai, the calculation of specific results were given. While external costs of rail transit were very small, but they could not be ignored. Besides transportation, environmental protection and other relevant departments must pay attention to this question.

Key words: Urban traffic; External cost; Harmonious traffic

旅客列车开行方案问题及其研究进展

邓连波　史　峰　周文梁

(中南大学交通运输工程学院,湖南长沙 410075)

摘　要:在分析了旅客列车开行方案问题及其制定影响因素的基础上,结合客运专线运营特点,对客运专线开行方案问题的特殊性进行了分析,并对国内外开行方案优化问题的研究现状、进展和趋势进行了回顾。

关键词:开行方案;因素分析;研究进展

1　旅客列车开行方案问题

铁路旅客运输是以列车方式进行运输生产活动的,各种不同方向、不同等级的旅客列车是铁路旅客运输的主要服务产品。为了完成旅客运输工作计划和满足旅客的出行需求,必须将流向、流量、流程、服务要求各异的旅客组织到不同种类、不同始发终到站、不同到发时刻的旅客列车上,安全、迅捷、便利、舒适实现旅客的位移需求。

旅客列车的开行方案,是指确定旅客列车运行区段、列车种类及开行对数的计划[1]。旅客列车的始发站、终到站及经由的路线和停站构成旅客列车的运行区段,列车种类区别出列车不同的等级或性质,开行对数的多少表示行车量的大小。三者构成一个完整的旅客列车开行方案。

旅客列车开行方案是合理利用铁路现有线路设施和技术设备,决定列车的开行与否,确定列车种类、对数的组合和各方向列车之间的协调配合,是旅客运输运营组织的基础环节。旅客列车开行方案是旅客运行图铺画基础,并和旅客运行图一起作为旅客列车运营组织的重要技术文件,对整个旅客运输组织工作有很重要的指导作用。

2　开行方案优化的要素分析

就我国运输组织现状来说,旅客列车的开行方案的编制是在铁道部列车运行图编制机构的统一领导下进行。旅客列车开行方案制定需要考虑市场需求和客流结构,充分重视旅客的各种出行服务要求,合理配置运输资源。开行方案的合理与否很大程度上决定了铁路旅客运输的经营效果。因而,旅客开行方案制定成为了铁路运输组织中越来越重要的系统工程问题[2],需要考虑的因素主要有:

(1)客流需求因素。客流计划是确定旅客列车的运行区段和开行对数的基础,按流开车是旅客列车开行方案制定的最基本原则。传统做法是,通过客流计划的区段客流密度图,直观表示出各客流区段旅客的流量、流向及客流大量发生、消失和变化较大的地点,按照先高级后低级,先直通后管内的顺序确定旅客列车运行区段、对数和种类。

同时需要结合客流的经济承受能力和消费特点,确定各种等级列车的数量和承担客流的比例。与大道定理相印证,较高等级列车构成主干服务网络,低等级列车满足短途、零散客流需求,两者共同构成服务于客流出行需求的开行方案网络。

(2)经济效益因素。在市场经济条件下,旅客列车开行方案的确定应权衡投入产出,合理确定列车开行结构。随着我国国民经济的持续发展和人民生活水平的不断提高,旅客的出行服务需求发生了很大变化,同时服务要求更加细化和差异化,要求铁路部门丰富列车开行结构,以提高开行方案的竞争

基金项目:国家自然科学基金(70771116);中南大学科研基金(3810-761122230)。

作者简介:邓连波(1977-),男,辽宁昌图人,副教授,博士,硕士生导师,lbdeng@mail.csu.edu.cn。

能力。

(3)技术设备因素。确定旅客列车的开行方案，除了基本的客流条件之外，还需考虑客运设备的配置条件。为了进行旅客列车车底的整备作业，旅客列车的始发站和终到站应选择有客车整备所的车站。为了办理机车的折返作业，列车运行区段的两端站应为机务段所在站。在活动设备方面，要求配属的机务段和客车车辆段能提供足够数量的客运机车和客运车辆。只有在技术设备上具备了这些条件，开行方案才是切实可行的。

(4)政治文化等因素。同时，旅客列车的开行，要考虑到列车运行区段两端站所在城市的政治经济地位、文化背景、地理位置、旅游资源、国防意义等诸多因素来加以确定，为加强首都与边疆之间，沿海与内地之间，城市与农村之间的联系服务。

3 客运专线上旅客列车开行方案问题

以2004年《中长期铁路网规划》的批准和实施为标志，我国铁路新一轮大规模建设正在逐步展开。我国将逐步形成繁忙地区的高速客运专线运输为主，同时既有铁路也承担了相当部分的客运业务，客运专线和既有铁路分工配合的运营网络。客运专线不但要负责高速客运专线本线的客流运输，而且也要承担一定数量比例的跨线客流输送任务。因而客运专线运营应首先解决跨线旅客如何输送的问题，也就是既有线和客运专线之间合理分担和有效组织的问题。

为充分发挥客运专线的速度优势，客运专线的本线客流一般采用高速列车输送。大量或较长距离的高速列车跨越到既有铁路运营不能发挥其速度优势，同时成本高昂；而跨线客流全部由普速列车承担，也不符合客运专线建设的初衷——客货分流、减轻既有铁路的客运负荷。因而一般需开行速度介于高速列车和普速列车之间，同时便于承担跨线运输的中速列车。

客运专线相关旅客列车开行方案优化问题研究的范围并不是局限于客运专线上的旅客列车，而是指整个相关区域运输网络的旅客列车开行方案。客运专线的推出，使本来就复杂的旅客列车开行方案更加复杂化，具体表现在：

(1)客运专线的运营对旅客开行方案优化的要求大大提高。客运专线的建设费用和运营费用较既有普速铁路更高，构成也更加复杂。同时，客运专线铁路运输企业需要按照市场化运作的需要，对开行方案的优化计算提出了更高要求。

(2)旅客的服务要求变化。随着经济的发展和人们生活水平的提高，旅客出行的服务要求日益提高，并日趋个性化、多样化，也造成了旅客列车开行优化问题的要求复杂化。

(3)客运专线相关的路网构成更加复杂，研究范围大大增加。所研究的对象不仅仅局限于客运专线本身，也包括既有普速线路的整个相关路网；研究的范围既包括客运专线上的旅客列车，更包括整个相关区域运输网络的旅客列车开行方案。

(4)开行方案列车间的衔接和旅客的中转问题更加复杂化。客运专线和既有铁路混合网络上，高速列车、普速列车、中速列车间的接续问题更加复杂，也使旅客列车开行方案的确定更加困难。

客运专线的推出，能够提高旅客运输组织和服务水平，同时也使旅客列车开行方案问题更加复杂化。由于路网结构更加复杂，涉及的因素众多，旅客的服务需求日益细化，因而需要对客运专线相关的旅客列车开行方案问题的影响因素、费用构成、客流分布规律、方案评价等进行细致的分析，以形成系统的客运专线相关旅客列车开行方案优化理论。

4 旅客列车开行方案问题研究进展

国外高速铁路的运营以法国和日本为代表，其开行方案与市场需求紧密相连。法、德两国的高速铁路与既有铁路完全接轨和兼容，运营组织方式的特点是高密度、少中转、高速列车下高速线到既有线运行。日本的新干线与既有铁路的轨距不同，不可避免会造成部分旅客的换乘。为了提高效益，日本先后对东京到山形和秋田的既有铁路进行了改造(称为小型新干线)，使高速列车可以下到上述地区运行，扩大了高速列车的覆盖范围并减少了换乘。尽可能开展直达旅客运输、减少换乘是高速铁路吸引旅客的重要手段,开展直达旅客运输(输送跨线客流)的基本做法是高速线上列车下高速线运行。国外对开行方案的费用收益以及数学模型的探讨相对较为成熟。由于欧洲国家的铁路客运的密度较高,使得城市公交与铁路客运的开行方案可以相互借鉴。英国、西班牙、荷兰、德国、我国台湾等国家和地区的学者先后提出了几种典型的列车开行方案的优化模型。这些模型多从运营商或者出行者的角度来制定优化目标,而后逐步扩展到多目标规划。

在我国,随着铁路旅客运输组织的发展,特别是既有线提速和高速客运专线的建设,铁路旅客列车的开行方案的研究正在开展。现阶段我国既有铁路提速和动车组的运用使客运服务水平得到了提高,极大改善了铁路的经营状况,并且随着客运专线的建设,开行方案的制定问题得到了日益的重视。

旅客列车开行方案的研究有以下趋势:①多目标综合优化制定旅客列车开行方案[6,8,11,14-15],最大限度提高社会与经济效益;②综合考虑设备、客流等各方面因素确定旅客列车开行方案,强调服务水平和方便换乘[14,17]。③将开行方案优化和客流分配相结合[15,16],均衡配置各种运输资源。由于各个国家的运输发展战略、路网构成、运营特点和客流构成等具有很大不同,开行方案的研究还应考虑到运营环境、组织模式的差异性。由于我国客运专线建设正处在一个逐步实施的时期,客运专线开行方案的制定必须考虑网络构成特点、客运专线与既有线路的合理分工、客运专线的接续方式、政治经济文化因素,给模型的建立、求解带来了一定困难。需要结合我国客运专线运营实际要求,进行深入研究。

参考文献

[1] 王魁男.旅客运输[M].北京:中国铁道出版社,2003

[2] ANTHONY R N. Planning and Control Systems: a Framework for Analysis[M]. Boston, USA: Harvard Business School Publications,1965

[3] Bussieck M. R, Kreuzer P, Zimmermann U. T. Optimal Lines for Railway Systems[J]. European Journal of Operational Research,96(1996),54-63

[4] Carlos Martins, Margarida Pato. Search Strategies for the Feeder Bus Network Design Problem [J]. European Journal of Operational Research,1998(106):325-340

[5] Claessens M. T, Van Dijk N. M., Zwancveld P. J. Cost Optimal Allocation of Rail Passenger Lines [J]. European Journal of Operational Research,1998(101)

[6] 张拥军,任民,杜文.高速列车开行方案研究[J].西南交通大学学报,1998(4):400-404

[7] 叶怀珍,杨永兰,王彦.铁路旅客列车开行方案问题的探讨[J].西南交通大学学报,2000,35(2):230-234

[8] Yu-Hern Chang, Chung-Hsing Yeh, Ching-Cheng Shen. A multi-objective Model for Passenger Train Services Planning: Application to Taiwan's High-Speed Rail Line[J]. Transportation Research Part B,2000(34),91-106

[9] 查伟雄,符卓.直通旅客列车开行方案优化方法研究[J].铁道学报,2000,22(5):1-5

[10] 周立新.铁路旅客列车开行方案决策模型[J].上海交通大学学报,2002(s1):11-14

[11] 史峰,邓连波,黎新华,等.客运专线相关旅客列车开行方案研究[J].铁道学报,2004,26(2):16-20

[12] 孙焰,施其洲,赵源,等.城市轨道交通列车开行方案的确定[J].同济大学学报(自然科学版),2004,32(8):1005-1008.1014

[13] 查伟雄,熊桂林,万国栋.旅客列车开行方案决策支持系统研究[J].系统工程,2004,22(6):78-82

[14] 邓连波,史峰.旅客列车开行方案评价指标体系[J].中国铁道科学,2006,27(3):106-110

[15] 何宇强,张好智,毛保华,等.客运专线旅客列车开行方案的多目标双层规划模型[J].铁道学报,2006,28(5):6-10

[16] 史峰,邓连波,霍亮.旅客列车开行方案的双层规划模型和算法[J].中国铁道科学,2007,28(3):110-116

[17] HSIEH Wen-Jin. SERVICE DESIGN MODEL OF PASSENGER RAILWAY WITH ELASTIC TRAIN DEMAND. Journal of the Eastern Asia Society for Transportation Studies, 2003, 5: 307-322

[18] 徐瑞华，邹晓磊. 客运专线列车开行方案的优化方法研究[J]. 同济大学学报：自然科学版，2005，33(12)：1608-1612

Passenger train plan problem and It's Advanced Research

Deng lianbo, Shi Feng, Zhou Wenliang

(School of Traffic and Transportation Engineering, Central South University,
Changsha 410075, lbdeng@mail.csu.edu.cn)

Abstract: Basing on passenger train plan problem and its effect factors analysis, and considering the operational characteristics of the dedicated passenger traffic line, the Particularity of passenger train plan on the dedicated passenger traffic line was discussed. The Research Status, Progress and tendency of the problem was systematic reviewed.

Key words: Passenger train plan; Factor analysis; Advanced research

粘滑振动理论及其在铁路机车中的应用

姚 远 张红军 罗 赟 金鼎昌

(西南交通大学牵引动力国家重点实验室，成都,610031)

摘 要:为了研究机车处于粘着极限态时轮对的动态行为,提出平均驱动蠕滑率和动态蠕滑率的概念并对粘滑振动稳定性及其振动特点进行分析。粘滑振动是介于粘着和滑动的动态过程,其稳定性取决于轮轨粘着阻尼,减小平均驱动蠕滑率和动态蠕滑率有利于粘滑振动稳定。当轮对在粘着及滑动状态的往复交替时,传动系统扭转与轮对纵向振动通过纵向蠕滑力耦合,轮对的纵向振动频率为传动系统固有频率的整数倍。建立列车系统机电、控制一体化动力学模型,再现轨面粘着条件降低时轮对粘滑振动现象,对理论分析结果进行了验证。研究结果表明:增大机车一系纵向刚度,电机吊挂刚度有利于粘滑振动稳定性,提高机车粘着性能,需要合理匹配轮对纵向定位刚度和电机吊挂刚度,避免机车粘滑振动时引起结构纵向共振。

关键词:粘滑振动;驱动动力学;机车;粘着;参数匹配

1 前言

随着铁路重载机车的投入使用,机车牵引功率的增加受到轮轨间有效粘着利用的限制,轮轨之间的粘着利用率比较高,以至于粘着力不足时机车产生复杂的动态问题。如何充分利用轮轨间的粘着力和研究机车在粘着极限态时轮对的动态性能以及怎样合理匹配转向架参数,使得机车具有较好的粘着性能和较小的动态作用力,对铁路机车的重载和高速牵引具有十分重要的理论意义和工程应用价值。当轮轨相对滑动量较大时,轮轨粘着的负斜率特性使得轮轨粘着不能维持峰值并进入滑动状态,由于机车车辆的动态特性,介于轮轨粘着和滑动状态的中间过程为动态过程并称之为粘滑振动。很早人们就发现了机车驱动过程中的复杂动态问题,并展开了机车驱动系统动力学的研究。文献[1,2]试验验证了机车粘滑振动的自激振动行为,得出增大传动系统刚度及阻尼能够有效抑制自激振动;文献[3]提出机车粘滑振动稳定性的概念,仿真分析弹性架悬机车结构参数对驱动系统振动稳定性的影响;文献[4]分析了左右车轮粘着条件不一致时引起的滚滑振动;文献[5,6]建立了机电一体化的机车驱动动力学模型,研究了机车电传动系统特性及控制策略对机车粘滑振动的影响,提出了高粘着性能机车“牵引系统—转向架—控制系统”一体化设计原则。相关研究再现了这种复杂的振动现象并从机车车辆设计角度进行分析,但尚未对轮轨粘滑振动机理及机车粘着极限态时轮轨的动态行为进行研究。

本文建立单轮对传动系统简化动力学模型,提出驱动蠕滑率,平均驱动蠕滑率和动态驱动蠕滑率概念,并利用此概念解释轮轨粘滑振动现象,分析粘滑振动稳定性及粘滑振动过程中轮对纵向振动的特点。利用多体动力学软件建立了大功率机车机电、控制一体化动力学模型,仿真结果证实了粘滑振动理论分析结果,根据轮轨粘滑振动理论提出了高粘着性能机车、低动作用力传动系统的参数匹配原则。

2 简化的理论分析模型

2.1 单传动系统力学模型

将机车传动系统简化为图1所示的三物体四个自由度模型,三物体分别为电枢、轮对和车体,包括等效到轮对上电枢转角和轮对回转角 θ_m, θ_w,轮对和车体纵向位移 x_w, x_b 四个自由度。图中 J_m 为电枢等效到轮对上的当量转动惯量;J_w 为轮对转动惯

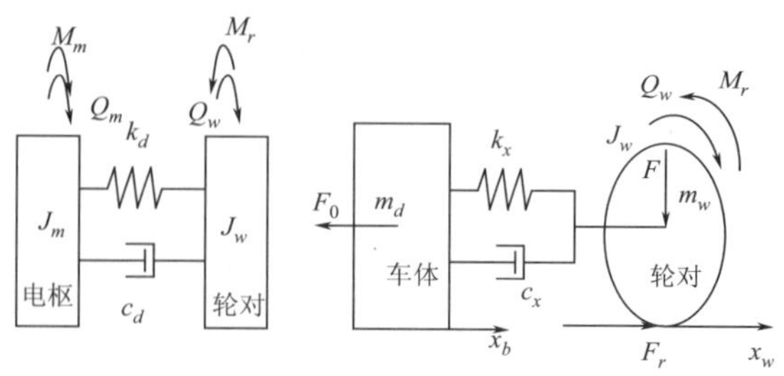

图1 简化机车单轮对传动模型

量；m_w，m_b 为轮对和车体质量。k_d，c_d 分别为电枢与轮对之间的当量扭转刚度和阻尼；k_x，c_x 分别为轮对纵向定位刚度和阻尼；M_m 为电机力矩；M_r 为钢轨对轮对的反作用力矩；F 为轮对垂向载荷；F_0 为牵引载荷。

θ，x 分别为除去平衡位置时牵引电机与轮对以及轮对与车体之间的相对位移，假设牵引电机的输出力矩以及机车牵引力为恒定值，可建立微分方程式如下[7]

$$\begin{pmatrix} J_w & 0 \\ 0 & m_w \end{pmatrix}\begin{pmatrix} \ddot{\theta} \\ \ddot{x} \end{pmatrix} + \begin{pmatrix} c'_d & 0 \\ 0 & c'_d \end{pmatrix}\begin{pmatrix} \dot{\theta} \\ \dot{x} \end{pmatrix} + \begin{pmatrix} k'_d & 0 \\ 0 & k'_d \end{pmatrix}\begin{pmatrix} \theta \\ x \end{pmatrix} = \begin{pmatrix} -M_r + M_{r0} \\ F_r - F_{r0} \end{pmatrix} \tag{1}$$

式中，$c'_d = c_d\left(1 + \dfrac{J_w}{J_m}\right)$，$k'_d = k_d\left(1 + \dfrac{J_w}{J_m}\right)$，$c'_x = c_x\left(1 + \dfrac{M_w}{M_b}\right)$，$k'_x = k_x\left(1 + \dfrac{M_w}{M_b}\right)$。$M_r$ 和 F_r 轨道对车轮瞬时力矩和作用力，M_{r0}和 F_{r0}轨道对车轮平均牵引力矩及平均牵引力。式(1)减小了动力学系统的自由度并便于定义平均驱动蠕滑率。

定义式(1)等效阻尼力为

$$F_c(\dot{\theta}, \dot{x}) = \begin{pmatrix} c'_d & 0 \\ 0 & c'_d \end{pmatrix}\begin{pmatrix} \dot{\theta} \\ \dot{x} \end{pmatrix} - \begin{pmatrix} -M_r + M_{r0} \\ F_r - F_{r0} \end{pmatrix} \tag{2}$$

假设 $F_c(\dot{\theta}, \dot{x})$ 为 0，计算式(1)的特征根，不考虑等效阻尼力时传动系统固有频率为 38.2 Hz 和 12 Hz。

2.2 驱动蠕滑率

为了在物理意义上更能准确表达轮对空转时的滑动率，针动机车驱动动力学研究，定义驱动蠕滑率表达式如下

$$s = \frac{v - \omega r}{v} = 1 - \frac{(\omega_0 + \dot{\theta})r}{v_0 + \dot{x}} \tag{3}$$

式中，v 为轮对瞬时速度，v_0 为轮对平均速度，ω 为轮对瞬时角速度，ω_0 为轮对平均角速度，r 为轮对滚动圆半径。驱动工况时，s 为一负值，为了便于表达，文中利用绝对值表示。

公式(3)相对于 Catter 和 UIC[8]定义蠕滑率表达式所计算得到的蠕滑力仅在轮轨之间存在大的滑动量时才有较小差别。

对于动态系统的物理量，将式(3)可写为

$$s = s_0 + \mathrm{d}s \tag{4}$$

其中，s_0 定义为平均驱动蠕滑率、ds 定义为动态驱动蠕滑率。s_0 与机车牵引载荷及轨面粘着条件有关，当轮轨粘着力不足时，s_0 为一较大值，即轮对产生了打滑现象。ds 取决于系统的振动能量及传动系统结构刚度和阻尼。

令，$\dot{x} = 0$，$\dot{\theta} = 0$ 得到

$$s_0 = 1 - \frac{v_0}{\omega_0 r} \tag{5}$$

2.3 简化轮轨粘着曲线

由于轮轨摩擦热及钢轨表面粗糙度原因[9]，当粘着系数达到峰值后，随着蠕滑率的增加，轮轨粘着系数降低。不同的轨面条件下，粘着曲线不同。这些不同包括最大粘着系数、最大粘着系数对应的蠕滑率(称为临界蠕滑率)、靠近原点线性段斜率和滑动时曲线负斜率，称为轮轨粘着曲线 4 要素[10,11]。定义粘着曲线正斜率段为粘着状态，曲线负斜率状态为滑动状态。

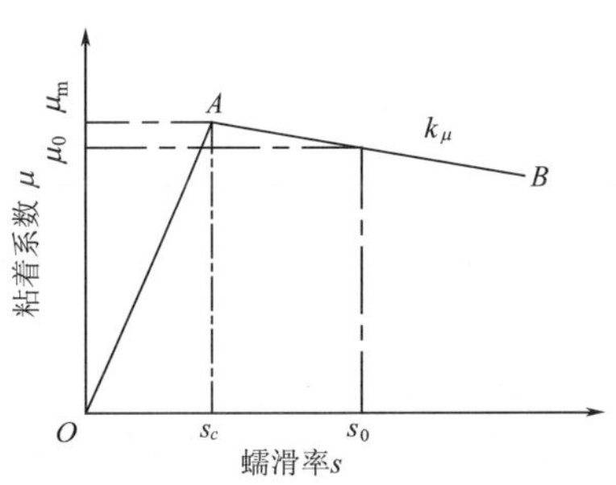

图 2 蠕滑率—粘着系数简化曲线

图 2 为简化的轮轨粘着曲线，可以用分段线性函数表示它们的关系

$$\mu = \begin{cases} \mu_m s/s_c & 0 \leqslant s < s_c \\ \mu_m + k_\mu (s - s_c) & s_c \leqslant s \end{cases} \tag{6}$$

式(6)中,μ_m 为最大粘着系数,s_c 为临界蠕滑率,μ_0 为 s_0 对应的粘着系数,k_μ 为粘着曲线负斜率。

2.4 等效阻尼作用力的非线性特征

轮对地面瞬时粘着力及力矩为:$F_r = \mu W_0$,$M_r = F_r r$。F_r 中包括了轨道对轮对动态牵引力 F_r 和静态牵引力 F_{r0} 两部分,M_r 中包括了轨道对轮对动态力矩 M_r 和静态力矩 M_{r0} 两部分,W_0 为轴重。代入式(6)可得

$$F_r = \begin{cases} W_0 \mu_m s/s_c & 0 \leqslant s < s_c \\ W_0 \mu_m + W_0 k_\mu (s - s_c) & s_c \leqslant s \end{cases} \tag{7}$$

$s = s_0$ 时,可得静态牵引力 F_{r0},同理可得到 M_r 和 M_{r0}。

当 s 和 s_0 分别位于图 2 中 OA 和 AB 段时,可组合 4 种结果,将 F_r,F_{r0},M_r 和 M_{r0} 代入式(2),可得到等效阻尼作用力 $F_c(\dot{\theta}, \dot{x})$ 的 4 种表达式。

3 粘滑振动理论

3.1 粘滑振动稳定性

由上文定义驱动蠕滑率的概念可知,对于动态系统,驱动蠕滑率为平均驱动蠕滑率加上动态驱动蠕滑率。平均驱动蠕滑率取决于牵引工况,决定了轮轨间的粘着状态,图 3 中 a,b,c 分别为三种典型的粘着状态。a 处于粘着状态,b 处于粘滑振动状态,c 处于全滑动状态。忽略系统阻尼时,处于轮轨粘着状态的动力系统,受到正阻尼作用,消耗能量,振动系统稳定,处于轮轨全滑动状态的动力系统,受到负阻尼作用,其能量增加,系统处于不稳定状态。图 4 中,固定 s_0 于三个不同的定值,分别对应图 3 中 a,b,c 三种工况,对于 b,c 工况,由于系统振动能量增加,使得 ds 增大,直到 s 有部分位于正斜率段时,即处于粘滑振动状态,系统输入能量与消耗能量达到平衡,系统存在稳定的极限环。c 工况 s_0 大于 b 工况,系统输入能量值较大,更快地由全滑动状态进入到粘滑振动状态。

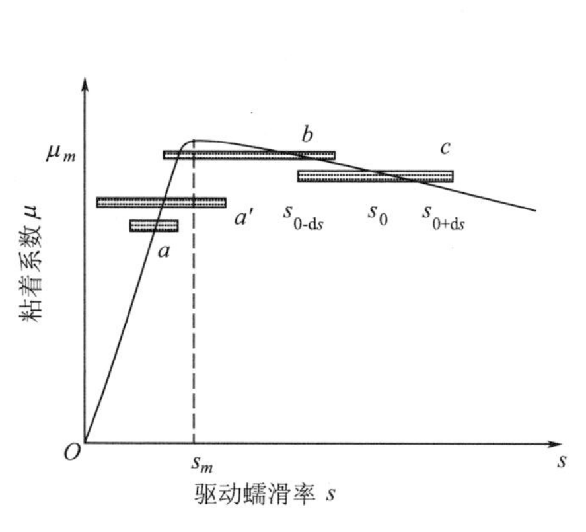

图 3 不同的粘着状态

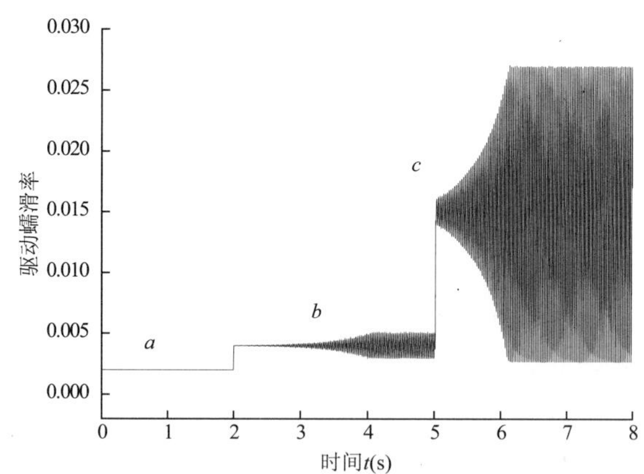

图 4 驱动蠕滑率的自激振动

对于实际运行的机车,其 s_0 不可能固定于某一定值,ds 也不能无限增大。图中 a' 相对于 a,由于其传动系统结构刚度和阻尼较小,s 振动范围较大,更容易发生粘滑振动,增加系统的振动能量,从而较快地进入全滑动状态。同样,当轮对由滑动恢复到粘着状态时,较大的 s 振动范围延长了轮对恢复粘着的时间。

影响机车恢复粘着的因素众多[3],如轨面粘着状态、机车结构参数、机车电传动系统、电机的机械特性等等,但减小平均驱动蠕滑率和动态驱动蠕滑率是增加机车恢复粘着能力最根本的途径。

3.2 轮对的纵向振动

忽略传动系统阻尼和惯性力的影响,当驱动蠕滑率位于图 5 中 OA 段时,正阻尼使得系统能量减

小，扭转振动角加速度为负值，驱动蠕滑率位于图 5 中 AB 段时，扭转振动角加速度为正。当振动过程中轮对纵向粘着系数大于 μ_0 时，对应图 4 中阴影部分所示，轮对纵向振动加速度为正值，粘着系数小于 μ_0 时，纵向振动加速度为负值。轮对粘滑过程中，最小和最大驱动蠕滑率分别位于 s_0 两侧，且最小值小于 s_c，如图 5 中 s_1 和 s_2，对应的粘着系数分别为 1，2 点。当轮对蠕滑率为“$s_1-s_2-s_1$”一个周期内，轮对角速度先减小后增大再减小；而轮对的纵向振动速度为“减小—增大—减小—增大—减小”。轮对纵向振动加速度波动频率为轮对旋转角加速度频率 2 倍。

图 6 为轮对纵向振动加速度频谱图，图中 12Hz 为轮对的纵向振动固有频率，38Hz 为传动系统扭转振动固有频率，与前文计算结果相同。轮对纵向振动频率中包含了传动系统扭转振动固有频率及其整数倍频率，且为 2 倍时，振动能量最大。

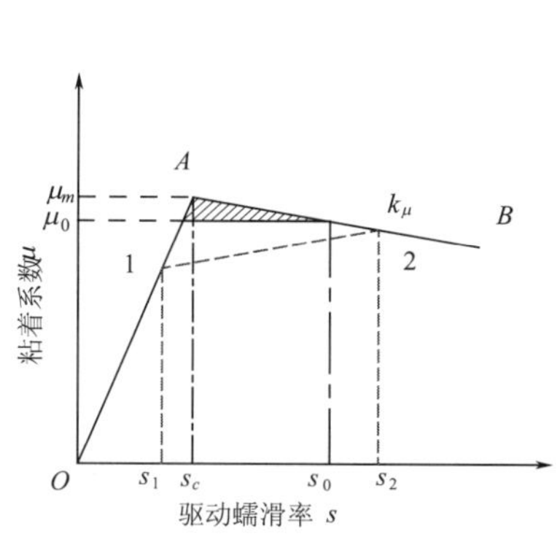

图 5　振动过程分析图

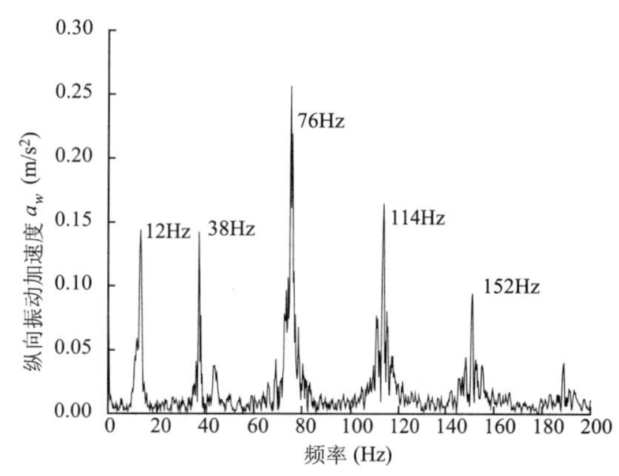

图 6　轮对纵向振动加速度频谱

若机车传动系统扭转刚度与轮对纵向定位刚度匹配不合理，当轮对的纵向振动频率为传动系统扭转振动频率的整数倍特别为 2 倍时，轮对粘滑振动引起轮对强烈的纵向共振，造成转向架较大的动态载荷、车轮踏面剥离甚至列车行车安全事故[12,13]。

4　机车粘滑振动仿真研究

4.1　列车系统动力学模型

利用 SIMPACK 多体动力学软件建立机车牵引 10 节车辆的列车系统动力学模型，如图 7 所示，考虑列车牵引重量，单节车厢利用沿轨道方向单自由度质量块模拟，通过车钩力连接，机车及车辆轴重分别为 23t 和 21t。机车为 C0－C0 轴式，单轴功率为 1600kW，传动装置为承载式齿轮箱整体式结构，采用抱轴悬挂方式，一端通过吊杆悬挂在构架横梁下面，如图 8 所示。模型中包括电机、齿轮箱、电枢、吊杆、小齿轮和大齿轮（轮对一体），其自由度见表 1。大功率机车传动系统电枢与小齿轮间采用挠性联轴器连接，其扭转刚度为 1.36×10^7N·m/rad。

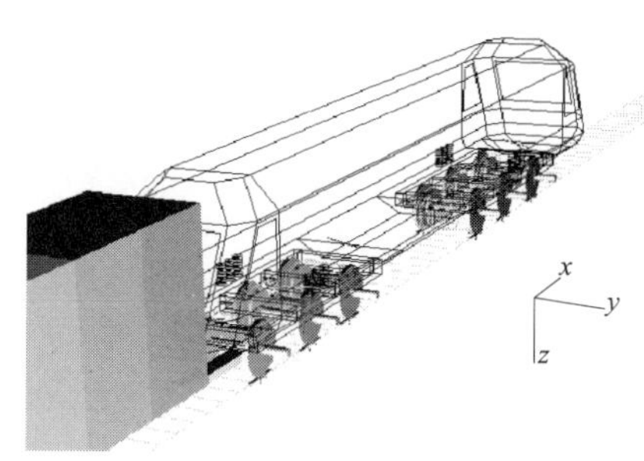

图 7　列车系统动力学模型

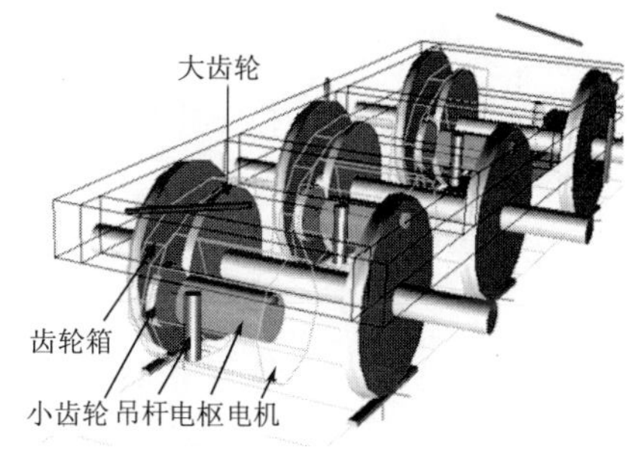

图 8　机车传动系统模型

考虑到列车运行环境，列车运行时受到基本阻力和坡道附加阻力，当机车牵引力与阻力平衡时，列车匀速运行。列车阻力单位重量阻力为

$$w=a+b\cdot v+c\cdot v^2+i \quad \text{N/kN} \tag{8}$$

其中 a,b,c 为阻力系数，v 为列车运行速度，i 为坡度的千分数。

大功率机车动力学模型的自由度 表1

部件名称	纵向	横移	垂向	侧滚	点头	摇头
车体	X_c	Y_c	Z_c	ϕ_c	θ_c	ψ_c
构架	X_{fi}	Y_{fi}	Z_{fi}	ϕ_{fi}	θ_{fi}	ψ_{fi}
电机（齿轮箱）					$\theta_{bj}{}^*$	
吊杆				ϕ_{rj}	θ_{rj}	
电枢					θ_{mj}	
小齿轮					θ_{gj}	
轮对（大齿轮）	X_{wj}	Y_{wj}	$Z_{wj}{}^*$	$\phi_{wj}{}^*$	θ_{wj}	ψ_{wj}
车厢	X_{vk}					

注：表中上角标＊表示非独立自由度，$i=1\sim2$，$j=1\sim6$，$k=1\sim10$。

采用美国五级轨道线跑不平顺，踏面JM3型磨耗型踏面，轨头为Rail 60轨。动力学模型可以模拟大功率机车实际牵引运行的动态过程，相比简单的单轮力学模型而言，更能涵盖粘着控制过程中的不确定因数。

4.2 轮轨粘着特征

把轮轨摩擦系数作为随接触斑滑动速度变化的函数[14,15]，则有

$$f=\frac{f_s}{1+Fv_c} \tag{9}$$

式中，f_s 为静摩擦系数；F 为动摩擦影响系数；v_c 为接触斑滑动速度。

根据式(9)修正沈氏理论轮轨蠕滑力计算程序，可以得到包含负斜率特性的轮轨粘着曲线，另外，文献[10,11]表明，通过改变Kalker权重系数 K 和动摩擦影响系数 F，可体现粘着曲线4要素，得到不同形状粘着曲线。

4.3 机车电传动系统模型

由于交流电机单位体积功率较大和较硬的机械特性曲线等优点，大功率机车采用"交—直—交"牵引传动方式，目前，主流大功率机车采用异步电机及矢量控制方式。转子磁链定向矢量控制通过矢量变换将定子电流在两个垂直方向解耦，分解为磁场电流分量和力矩电流分量并分别加以控制，从而具有类似直流电机较好的调速控制性能。为了简化模型和提高计算速度，本文将交流电机等效为同功率的他励直流电机，通过减小转子电阻使得直流电机具有与交流电机相同硬度的机械特性[16,17]。

电力牵引机车系统中，为了改善和提高牵引性能指标，简化司机手动操作，自动控制起着重要的作用。对于闭环反馈控制系统，有恒压控制（即恒速）和恒流（即恒力矩）控制以及电流、电压双闭环反馈控制三种方式，本文采用恒流控制调速系统，控制图框如图9所示。

图9中 ACR 为PI调节器；C_E，C_M 分别为电机电磁常数和力矩常数；ϕ 为励磁磁通，高速时需要弱磁；τ_d，τ_m 分别为电磁时间常数和机械时间常数；β 为电流反馈系数；γ 为轴重转移系数；R_d 为转子电阻；U_{gd} 为转矩指令对应的电压值。

4.4 机车参数对粘滑振动影响

在列车系统动力学模型中，给电机施加恒力矩指令并以80km/h初始速度直线运行，不同时刻轨面静摩擦系数 U_r 如图10所示，通过减小轨面 U_r 使得机车进入空转状态，并在8s后恢复粘着。当轨面粘着条件降低及恢复粘着时，轮对进入粘滑振动状态，图11～图14讨论了不同因素对粘滑振动的影响，其中轮对一系纵向定位刚度和电机吊挂刚度影响最大，轨道不平顺对粘滑振动基本没有影响，联轴器扭转刚度影响较小。

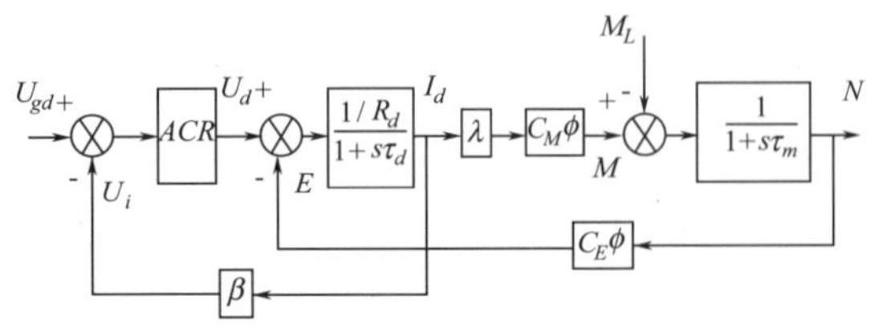

图9 恒流控制直流电机调速系统

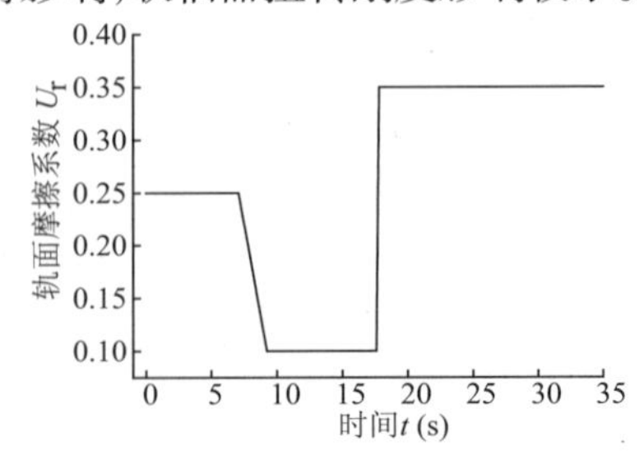

图10 轮轨静摩擦系数

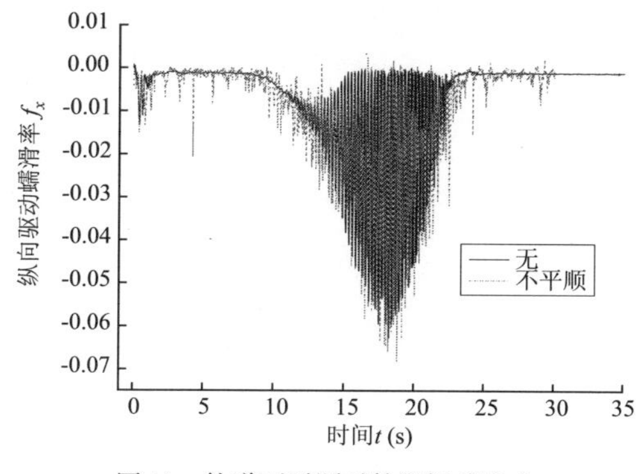

图 11　轨道不平顺对粘滑振动影响

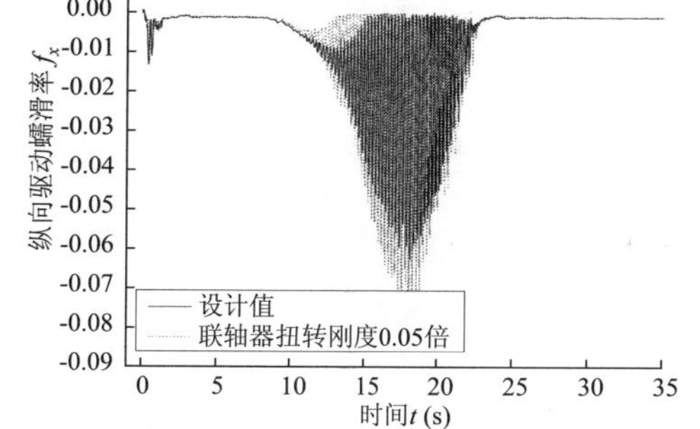

图 12　联轴器扭转刚度对粘滑振动影响

图 13 中,分别为原型车轮对一系纵向刚度 k_x 的设计值及降低一个数量级后仿真得到的轮对纵向驱动蠕滑率。U_r 减小,轮对发生大的滑动,当 k_x 较大时,轮对直接进入滑动状态,轮对粘着负阻尼使得系统振动能量增加,引起驱动蠕滑率振动范围增大并在 U_r 增大之前进入粘滑振动状态,当轨面粘着条件增加时,轮对很快进入到粘着状态;而 k_x 较小时,驱动蠕滑率振动范围较大,轮对粘滑振动并逐渐进入滑动状态,当轨面粘着条件增加时,较大的动态驱动蠕滑率使得恢复到粘着状态时间延长。仿真结果与前文粘滑振动稳定性分析结论一致。

图 14 为不同电机吊挂刚度计算第一轮对纵向驱动蠕滑率时域曲线,电机吊挂刚度增大时,轮对很快恢复到粘着状态,较小的电机吊挂刚度增大了轮对纵向驱动蠕滑率并延长轮对恢复粘着时间,减小了机车的牵引能力。另外,不同的吊挂刚度对应纵向驱动蠕滑率振动频率不同,与前文理论分析中轮对纵向振动频率取决于传动系统振动频率的结论一致。

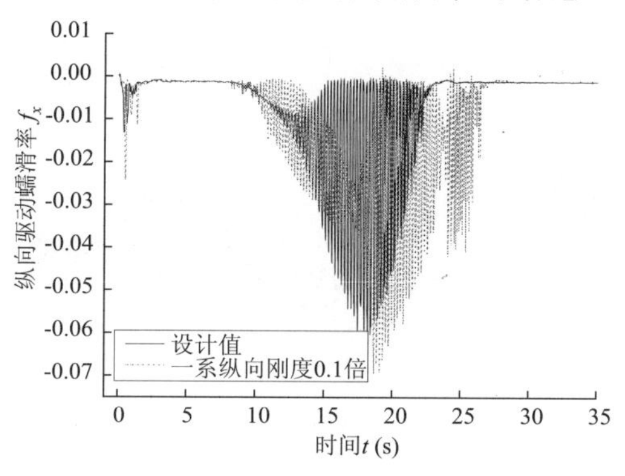

图 13　一系纵向刚度对粘滑振动影响

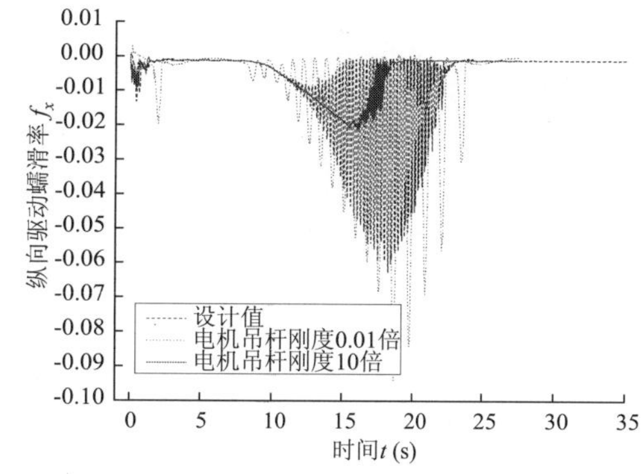

图 14　电机吊挂刚度对粘滑振动影响

4.5　粘滑振动频率分析

为了验证前文理论分析结果,对粘滑振动过程中传动系统振动加速度进行频谱分析。图 15 和图 16 分别为电机点头角加速度和轮对纵向振动加速度频谱,其电机吊挂刚度为原设计值的 0.1 倍。电机点头振动频率为 14Hz,为其固有频率,轮对纵向振动频率主频为 14Hz,且其整数倍频率成分明显,轮对纵向振动固有频率为 12Hz。与前文理论分析结果有所不同,轮对纵向振动频率中 2 倍电机点头振动频率的振动幅值较小,主要原因是因为轮对一系定位阻尼对高频振动的隔离作用。

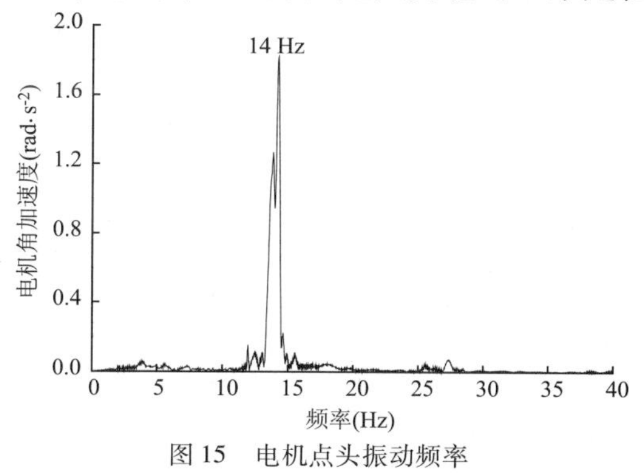

图 15　电机点头振动频率

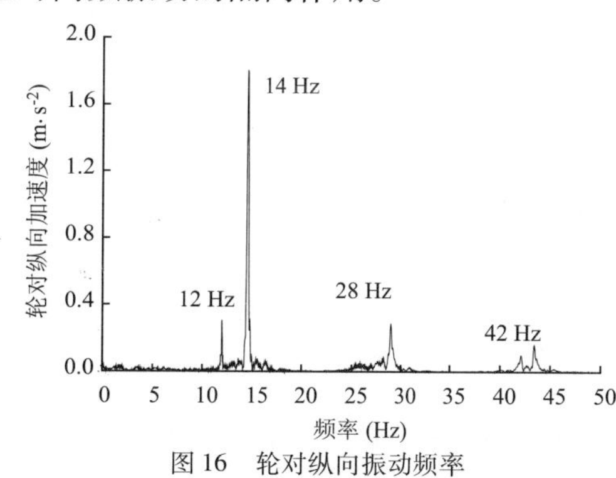

图 16　轮对纵向振动频率

与粘滑振动引起轮对纵向振动理论分析结果一致,电机的点头振动与轮对纵向振动通过纵向蠕滑力耦合作用。同样,轮对的纵向振动引起转向架纵向强迫振动,需要合理匹配电机吊挂刚度、轮对的一系纵向定位刚度和机车牵引杆刚度,避免粘滑过程中,机车结构强烈的纵向共振。

5 高粘着性能机车参数匹配研究

5.1 机车粘着控制

粘着控制采用模糊控制方法,模糊控制不需要精确的数学模型,并且具有强的自适应和鲁棒性能,使得在不同粘着状况的轨道上可以达到很好的控制效果[18]。模型中机车粘着控制为单转向架控制方式,即同一转向架内检测到空转发生时每根轴力矩降低相同,单转向架控制相对整车控制具有较高的粘着性能。在同一转向架中,通过计算同一时刻不同车轴的角速度和角加速度的最大值与最小值之差 Δv 和 Δa,经过滤波后实时地计算适合路面状态的粘着程度 Adl,将此值乘以转矩值,从而实施空转恢复粘着控制[19],控制图框如图 17 所示。

Adl 通过模糊推理表得到,如图 18 所示。当轮对未出现打滑时,各轴角速度和角加速度度基本一致,Δv 和 Δa 为一较小数值,对应的 Adl 为一较大数值,当车轮出现滑动和空转时,Δv 和 Δa 增大,对应的 Adl 较小,电机力矩降低,从而实现空转恢复。Adl 可以是一个大于 1 的数,即在轨面粘着状况良好的情况下,增大电机力矩以获得更大的轮轨粘着力。Δv 和 Δa 数值较小时,增大曲面梯度使得粘着控制更加灵敏。采用粘着控制后的机车其轮轨纵向蠕滑力维持在轮轨粘着峰值附近,机车具有较高的牵引性能。

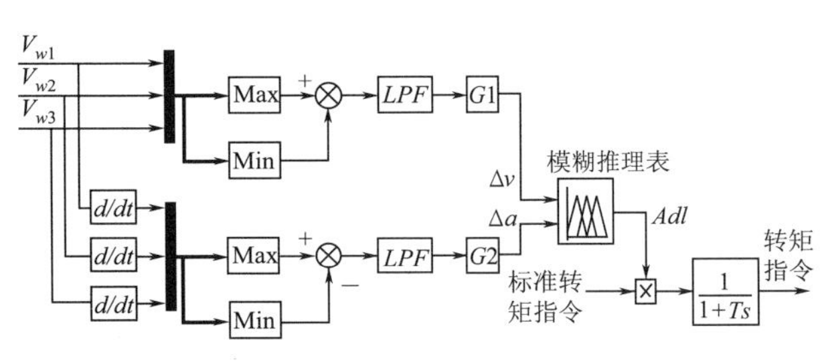

图 17 单转向架粘着控制框图

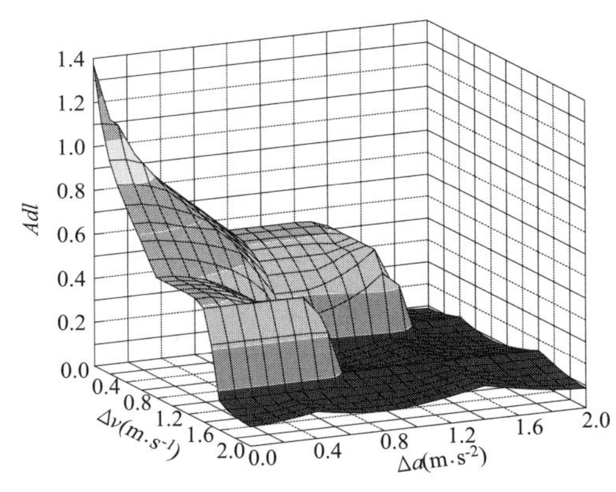

图 18 模糊推理表

5.2 高粘着性能机车参数匹配原则

由前文分析结果表明机车的机械结构参数对轮对粘滑振动稳定性影响比较大,通过改变原车设计参数,如一系纵向刚度、联轴器扭转刚度、电机吊挂刚度和牵引杆纵向刚度,计算同一直线运行工况下列车的平均加速度。针对前文列车系统模型,电机采用恒流控制,并施加粘着控制,相同运行条件下,机车的牵引性能取决于轮轨粘着性能。

计算结果如图 19 所示,可见,随着刚度的增加,机车的粘着性能增加,但是电机吊挂刚度为设计值的 0.1 倍时,由于粘滑振动引起轮对纵向振动共振,机车的粘着性能降低。

高粘着性能机车参数匹配原则为:增大机车结构参数如一系纵向刚度、联轴器扭转刚度、电机吊挂刚度和牵引杆纵向刚度有利用提高机车的粘着性能,并需要合理匹配电机吊挂刚度、轮对的一系纵向定位刚度和机车牵引杆刚度,避免粘滑过程中轮对纵向共振从而降低机车粘着性能。

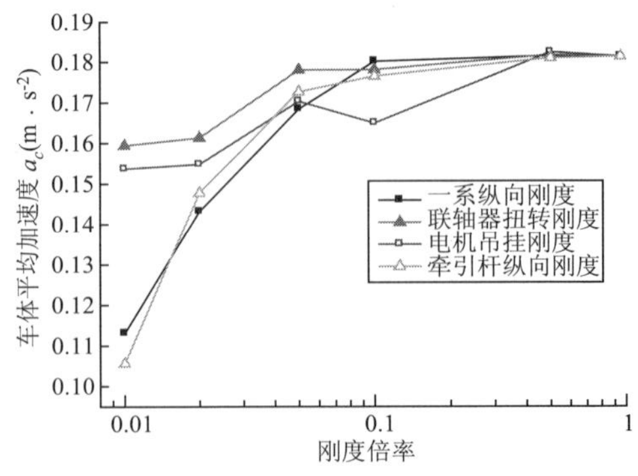

图 19 不同结构参数对应的车体平均加速度

6 结论

(1)粘滑振动是介于粘着和滑动的动态过程,其稳定性取决于轮轨粘着的正负阻尼，根据平均驱动蠕滑率和动态蠕滑率可以对粘滑振动进行分析，减小平均驱动蠕滑率和动态驱动蠕滑率可以提高粘滑振动稳定性。

(2)粘滑振动过程中，传动系统扭转振动与轮对纵向振动通过纵向蠕滑力耦合，轮对的纵向振动频率为传动系统固有频率的整数倍，且2倍频率所对应的能量最大。

(3)建立列车机电、控制一体化系统动力学模型，对机车粘滑振动进行仿真研究，增大机车一系纵向定位刚度，电机吊挂刚度，牵引杆刚度有利于粘滑振动稳定性，提高机车粘着性能。

(4)机车粘滑振动时，轮对纵向振动主频率与点机的点头振动频率一致，需要合理匹配轮对纵向定位刚度和电机吊挂刚度，避免机车处于粘着极限时引起结构纵向共振。

参考文献

[1] HIROTSU T, KASAI S, TAKAI H. Self-excited vibration during slippage of parallel cardan drives for electric railcars[J]. JSME International Journal, 1987, 30(266): 1304-1310

[2] KOANSOK B, KEIJI K, TSUNAMITSU N. An experimental investigation of transient traction characteristics in rolling-sliding wheel/rail contacts under dry-wet conditions[J]. Wear, 2007, 263(1-6): 169-179

[3] 吴永芳. 架悬式驱动系统振动稳定性分析[J]. 铁道学报, 1992, 14(6): 1-7

[4] Muller S, Kogel R. Numerical simulation of roll-slip oscillations in locomotive drives[J]. Zeitschrift fur Angewandte Mathematik und mechanic, 2001, 81, n Suppl: 61-64

[5] POLACK O. Influence of locomotive tractive effort on the forces between wheel and rail[J]. Vehicle System Dynamics, 2001, 35(sup.): 7-22

[6] 孙翔. 高粘着利用机车的系统设计[J]. 西南交通大学学报, 1994, 29(3): 235-247

[7] 任少云, 包继华, 张建武, 等. 牵引车在大负荷拖载工况下传动系自激振动建模与仿真研究[J]. 振动与冲击, 2005, 24(6): 95-101

[8] 王福天. 车辆系统动力学[M]. 上海: 上海铁道大学出版社. 2004

[9] ERTZ M, KNOTHE M. Thermal stresses and shakedown in wheel/rail contact[J]. Archive of Applied Mechanics. 2003, 72(10): 1521-1533

[10] 姚远, 张红军, 罗赟. 机车传动系统扭转与轮对纵向耦合振动稳定性分析[J]. 交通运输工程学报. 2009, 9(1): 13-17

[11] 姚远, 张红军, 陈康. 机车打滑时传动系统的自激扭转振动[J]. 西南交通大学学报(自然科学版), 2008, 43(6): 762-766

[12] 姚远, 张红军, 罗赟, 金鼎昌. 机车打滑时轮对纵向振动研究[J]. 机械工程学报, 2009. 45(4)

[13] 罗世辉, 金鼎昌, 陈清. 轮对纵向振动与机车车辆相关问题研究[J]. 铁道学报, 2005, 27(3): 26-34

[14] 金学松, 张立民. 高速机车单轮对牵引力矩数值分析[J]. 机械工程学报, 1999, 35(6): 56-60

[15] POLACK O. A fast wheel-rail force calculation computer code[J]. Vehicle System Dynamics, 1999, 33(sup.): 728-739

[16] LEVA S, Morando A P, Colombaioni P. Dynamic Analysis of a High-Speed Train[J]. Vehicular Technology, 2008, 57(1): 107-119

[17] T. X. Mei, J. h. Yu, D. a. wilson. Wheelset dynamics and wheel slip detection[A]. In: Proc. Of 2006 International Symposium on Speed-up and Service technology for Railway and Maglev System[C], Chengdu, 2006, Chengdu: Southwest Jiaotong University Press, 2006: 229-235

[18] Sun K, Uk H, Hak K, eta. Re-adhesion Control with Estimated Adhesion Force Coefficient for Wheeled Robot Using Fuzzy Logic[C]. IEEE/IECON' 2004, Pusan. 2004: 2530-2535

[19] 宋雷鸣. 动车组传动与控制[M]. 北京: 中国铁道出版社: 2007: 211-212

The theory of stick-slip vibration and its application in locomotive

Yao Yuan*;*Zhang Hongjun*;*Luo Yun*;*Jin Dingchang

(Traction Power State Key Laboratory, Southwest JiaoTong University, Chengdu, 610031)

Abstract: In order to study the dynamic performance of locomotive under saturated adhesion, the stability and characteristics of stick-slip vibration are analyzed with concept of average driving and dynamic creepage. The stick-slip vibration is a dynamic process between stick and slip state, and its stability depends on the W/R adhesive damp, the reducing of average driving and dynamic creepage is conducive to the stick-slip vibration stability. The lengthwise oscillation frequency of wheel set is several times the nature frequency of torsion vibration of transmission system, and the torsion vibration of drive system and the lengthwise vibration of wheel set are coupled through lengthwise creep force when the wheel set repeat in the state of adhesion and sliding alternately. The train dynamic model integrated with electromechanical and control system is established to simulate the phenomenon of stick-slip vibration on low adhesion and to verify the theory analysis. The results show that: the increase of primary lengthwise stiffness and motor suspension stiffness are beneficial for stability and locomotive adhesion and the optimized match of longitudinal locating stiffness of wheel set and motor suspension stiffness is helpful to avoid longitudinal resonance under stick-slip vibration.

Key words: Stick-slip vibration; Driving dynamic; Locomotive; Adhesion; Parameters matching

航空运输
HANGKONGYUNSHU
A3XX-100

航空公司飞行实力计划方法研究

张培文[1] 罗 军[2] 廖仲宇[3] 孙 宏[1]

(1. 中国民航飞行学院航空运输管理学院,四川广汉,618307;
2. 四川航空公司飞行部,四川双流国际机场,610202;
3. 中国南方航空公司机组管理部,广州白云国际机场,510406)

摘 要:当前飞行实力紧张是普遍制约国内航空公司发展的一个重要因素,飞行实力计划安排是否合理不仅关系到公司经营效益,而且直接影响到航班的正点率。本文以责任机长的飞行实力计划为例,通过对航空公司飞行实力影响因素分析,建立了一种基于历史统计数据的责任机长飞行实力计划方法,经航空公司生产实践验证了该方法具有简便可靠的特点,且其思路同样可运用到对其他类别飞行人员的飞行实力计划工作中。

关键词:航空公司;飞行实力;生产计划

1 引言

飞行实力是指一个航空公司在计划期内可用于执行航班任务的飞行员的可用飞行时间,为了确保飞行安全、防止飞行员疲劳驾驶,民航法规对飞行员的飞行时间做出了非常严格具体的规定,受这些法规条款的限制,飞行员的可用飞行时间,也即飞行实力就成为航空公司最重要的生产资源要素之一。近年来,随着我国航空运输业的高速发展,飞行员短缺问题也日益凸显,已经成为制约国内诸多航空公司发展的主要因素,飞行实力(尤其是责任机长飞行实力)的不足不仅限制了航空公司生产规模的扩大、经营效益的提高,而且还直接影响到航班的正点率[1]。考虑到飞行员(尤其是责任机长)培养周期漫长[2],如何充分提高现有的飞行人力资源的使用效率,科学、合理地制定飞行实力计划就成为航空公司发展中面临的一个重要课题。

所谓飞行实力计划是指使通过对航空公司在计划期内飞行员的可用飞行时间、利用效率、及其日常损耗情况的分析,测算出在计划期内可用于执行航班任务的有效可用飞行时间,为航空公司编制航班计划提供准确的可用飞行实力依据。飞行实力计划是一项直接关系到企业生产计划决策的重要工作,其编制得过于保守则会限制企业的发展,影响企业的经营效益,反之则可能影响到航班运行的正常,甚至会遭遇到邻近月末、或年末时由于飞行实力不足而不得不削减已经大量卖出客票航班的尴尬境地。因此如何科学、合理地制定飞行实力计划就成为航空公司飞行人力资源管理中一项非常重要的工作。

由于飞行实力计划是为航班计划的制订提供决策依据,而航班计划一般是按月、年度制定的,因此飞行实力计划相应地也分为月度计划和年度计划,其中年度飞行实力计划是决定如何将飞行实力分配到一年中的每个月,因此比较宏观,而月度飞行实力计划主要是分析每个月可用于执行航班任务的飞行实力总额,比较具体。考虑到国内大多数航空公司面临的飞行实力紧缺都集中在责任机长飞行实力方面,因此本文以责任机长的月度飞行实力计划为例,通过对航空公司飞行实力影响因素分析,建立了一种基于历史统计数据的责任机长月度飞行实力计划方法,其思路同样可运用到对其他类别飞行人员的飞行实力计划工作中。

2 机长月度飞行实力计划

传统的月度飞行实力计划方法是:首先根据计划期内所有在聘的责任机长的总数、每名责任机长的

国家自然科学基金项目,基金号:60472129,60776820。

作者简介:张培文(1985-),安徽太和人,硕士,研究方向:航空运输管理:罗军(1955-),男,四川仁寿县,工程师,研究方向:航空公司生产计划:廖仲宇(1977-)男,广东梅县人,大专,研究方向:航空公司机组管理;孙宏(1966-)男,河北深县人,教授,博士,研究方向:航空公司运行管理。

平均可用飞行时间计算最大可用飞行实力，然后扣除需安排双机长航线因素、机长病事假因素、飞行训练因素、返航备降等因素可能导致的额外飞行实力消耗。其中计划期内每名责任机长的平均飞行时间一项主要依靠计划员的经验，并根据公司领导层的意图人为确定，一般是在83～90h之间。由此得出的飞行实力数据往往不是偏大就是过分保守，偏大了就会导致每到月末出现责任机长飞行时间用完了还不能完成已经安排的航班，不得不削减航班，给航空公司造成不小的经济和信誉损失，过分保守了就会造成该用实力的时候尤其是市场旺季没有充分利用实力，当发现实力有较多富余时已经快月底了，再增加航班也已经来不及了。为解决这一问题我们总结出一种新的飞行实力计算经验公式，其基本思想是：首先根据法规对飞行员的飞行时间限制规定分析计算出计划月度的理论最大可用飞行实力，然后通过对航空公司历史月份飞行实力使用情况、航班任务完成情况的统计分析，测算出飞行实力利用效率，以及相应的损耗率，在此基础上得出在计划期内可完成航班飞行时间。

2.1 理论可用飞行实力

理论可用飞行实力是指：根据CCAR121部中关于飞行员飞行时间的限制规定[2]（如每名飞行员一个日历年最大飞行时间不超过1000小时；一个日历月最大飞行时间不超过100小时；任意连续三个日历月不超过270小时等），所有在聘期内的责任机长在计划月内能够贡献的最大可用飞行时间，记n为某公司所拥有的某种机型责任机长的总数，则该公司在计划月份i的理论可用飞行实力$flt_time|^i_{\max}$，可以表示为：

$$flt\_time|^i_{\max} = \sum_{j=1}^{n} \min\left\{100, 270 - flt\_time|_j^{-2} - flt\_time|_j^{-1}, \left(1000 - \sum_{k=1}^{11} flt\_time|_j^k\right)\max\{0, i-12+1\}\right\} \tag{1}$$

其中$flt_time|_j^{-2}$、$flt_time|_j^{-1}$分别表示责任机长j在前两个月的实际飞行时间，$\sum_{k=1}^{11} flt_time|_j^k$为机长$j$在该年前11个月的累积飞行时间。

以上得出的理论可用飞行实力并不能全部用作制定航班计划的决策依据，还需要考虑飞行实力的利用率问题，以及正常损耗问题。

2.2 飞行实力利用率

受多种客观因素的制约，在实际航空运输生产中上述理论可用飞行实力数据不可能完全有效利用，既存在飞行实力的利用率问题。影响飞行实力利用率的主要因素有：

（1）飞行员的病事假、法规要求的休假安排包括疗养；

（2）飞行员必须接受的定期培训、执行备份任务、值班、开会等；

（3）飞行干部的飞行时间限制，受限航线飞行、保护飞行机长的飞行时间限制；

（4）航线结构特点、外站过夜基地布局、飞行排班规则及效率等因素对飞行员利用率的影响；

（5）CCAR-121规定限制是最大时间，因此实际执行不可能飞到极值。

定义α^i_{ava}为航空公司在月份i飞行实力利用率，$flt_time|^i_{ava}$为该月份的可用飞行实力，则有：

$$\alpha^i_{ava} = flt\_time|^i_{ava} / flt\_time|^i_{\max_i} \tag{2}$$

影响飞行实力利用率的因素较复杂，在实际生产中可以通过对某公司在历史月份的实际使用飞行实力与理论可用飞行实力数据的统计对比分析，得出α^i_{ava}的经验值，如表1所示，从该表中可以看出该公司在实际飞行计划安排中，航班旺季（7～9月份）飞行实力的利用率最高，且从该公司生产运营的实际经验来看该利用率水平基本上达到了极限，几乎不能再接受新增航班计划。

某航空公司2007年某机型责任机长飞行实力利用率统计 表1

月　份	1月	2月	3月	4月	5月	6月	7月	8月	9月	10月	11月	12月
理论可用实力	14002	13886	12960	13636	14340	14416	14452	14093	14804	16025	15522	14030
实际使用实力	11706	11122	11030	11812	11887	12083	13018	12804	13420	14327	13111	12322
飞行实力利用率	83.60	80.09	85.11	84.86	80.38	83.82	90.08	90.85	90.65	89.41	84.47	89.00

2.3 飞行实力损耗系数

对航空公司责任机长飞行实力历史数据的进一步统计分析发现：每个月的责任机长实际使用飞行实力数据与所完成的航班飞行时间 $flt\_time|_{sch}^{i}$ 间总存在一定的差异（表2），即责任机长可用飞行实力存在一定的损耗，以飞行实力损耗率 α_{loss}^{i} 表示：

$$\alpha_{loss}^{i} = 1 - flt\_time|_{sch}^{i} / flt\_time|_{ava}^{i} \tag{3}$$

深入分析表明导致飞行实力损耗的主要原因有：

（1）必需安排双机长的航线航班损耗的飞行实力，如一个航班往返超过7.5h、高原特殊重要航线航班需要配双机长等；

（2）常规的技术检查和升级检查；

（3）非生产性飞行任务损耗的飞行实力，如训练飞行、调机、试飞、校飞等；

（4）因航班不正常而额外损耗的飞行实力，如绕飞、返航、备降等；

（5）因此飞行实力损耗在实际生产中是不可避免的，通过对历史生产数据的统计分析，可以得出飞行实力损耗率 α_{loss}^{i} 的经验值。

某航空公司2007年某机型责任机长飞行实力损耗率统计 表2

月 份	1月	2月	3月	4月	5月	6月	7月	8月	9月	10月	11月	12月
实际航班飞行时间	10570	10317	10089	10901	10837	11045	11844	11405	11924	12721	11715	10818
实际使用实力	11706	11452	11180	12012	11987	12283	13218	12804	13420	14327	13111	12122
实力损耗系数	1.107	1.110	1.108	1.102	1.106	1.112	1.116	1.123	1.125	1.126	1.119	1.121

有了历史统计分析得出的实力损耗系数，我们在进行飞行实力计划时，就可以根据计划期的具体情况（尤其是航线结构、气候季节等）来确定一个计划实力损耗系数。

进一步可以得出编制航班计划时需用飞行实力 $flt\_time|_{sch}^{i}$ 的经验公式：

$$flt\_time|_{sch}^{i} = flt\_time|_{\max}^{i} \cdot \alpha_{ava}^{i} \cdot (1 - \alpha_{loss}^{i}) \tag{4}$$

3 案例分析

利用上述经验公式在某公司结合其2008年的机长飞行实力计划工作进行了实际验证，并传统方法进行飞行实力计划的结果进行对比（表3），误差率为正表明预测实力大于实际能够提供实力，这就必然导致月底取消航班，误差率为负表明预测实力小于实际能够提供实力，负值越大对实力浪费就越多。可以看出传统方法的计划可用实力与实际使用实力误差率较大（13.06% ~ -5.65%），而利用本文介绍的新方法的误差率较小（6.13% ~ -0.94%），实践表明该方法具有简单可靠的特点。

某航空公司2007年某机型责任机长飞行实力计划及效果 表3

月 份		1月	2月	3月	4月	5月	6月	7月	8月	9月	10月	11月	12月
方法一	计划可用实力	12550	12948	11460	12312	12336	13260	13584	13644	12828	13517	14064	11897
	实际使用实力	11706	11452	11180	12012	11987	12283	13218	12804	13420	14327	13111	12122
	计划误差率（%）	7.21	13.06	2.5	2.50	2.91	7.95	2.77	6.56	-4.41	-5.65	7.27	-1.86
方法二	计划可用实力	13279	12539	13346	14036	14272	14632	14269	14990	16225	16076	14048	13648
	实际使用实力	12512	12409	13288	13373	13594	14645	14405	15097	16118	15850	13862	13632
	计划误差率（%）	6.13	1.05	0.43	4.95	4.99	-0.09	-0.94	-0.71	0.66	1.42	1.34	0.12

4 结论

本文提出了一种对航空公司机组飞行实力进行预测的经验方法，其核心是通过对航空公司历史月份飞行实力利用数据的统计分析，合理确定飞行实力的有效利用率和损耗系数，在此基础上推算出可用于航班生产的可用飞行实力，以此数据指导公司的生产计划编制，既实现了公司飞行实力的充分利用，同时也可尽量避免因飞行实力不足而取消航班所带来的被动,实际应用表明效果良好。具体应用中各公司可根据自身的历史统计数据分析来确定一个适合自己公司的实力有效利用率,当然,如何提高飞行实力的利用率也就成了今后继续研究的课题。

参考文献

[1] 孙宏,文军. 航空公司生产组织与计划[M]. 成都:西南交通大学出版社,2008

[2] 冯海全,刘星. 浅谈人机比的合理配置[J]. 中国民航飞行学院报,2006,Vol. 4(17)

[3] 中国民用航空总局. 大型飞机公共航空运输航空承运人运行合格审定规则(CCAR-121FS-R2). 中国民用航空总局. 北京,2005

Airline flight crew manpower planning

***Zhang Peiwen*[1], *Luo Jun*[2], *Liao Zhongyu*[3], *Sun Hong*[1]**

(1. Aviation Transportation Management School Civil Aviation Flight University of China, Guanghan Sichuan Province, 618307; 2. Flight Department of Sichuan Airlines, Chengdu Shuangliu Airport, 610202; 3. Crew Management Department of China Southern Airlines, Guangzhou Baiyun International Airport, 510406)

Abstract: Nowadays flight hours deficiency one of which influence the development of the domestic airlines. Whether flight hours schedule is reasonable or not, is not only related to the operational effectiveness of the airline, but also directly affect the punctuality of flights. The paper take flight hours schedule of the captain, taking the flight hours schedule of PIC for example, this paper analyzes the factors influencing flight hours of airlines, and a PIC flight hour scheduling method is approved based upon history statistics. The method was proved to be feasible and reliable by realistic airline operation. So it can be used in making flight hour schedule for other pilots.

Key words: Airline industry; Flight crew; Manpower planning

空中交通管制员操作可靠性模糊综合评价研究

唐卫贞[1]　付　令[2]

(1. 中国民航飞行学院空中交通管理学院空管教研室,四川广汉,618307;2. 民航四川监管局,四川成都,610202)

摘　要:从系统观点的角度,结合空中交通管制工作实际,分析了空中交通管制员操作可靠性的影响因素,并确定了管制员操作可靠性评价指标体系。利用模糊评判理论,分析了各影响对于飞行安全的影响程度,为提高民航空管安全提供了理论依据。

关键词:管制员;飞行流量;影响因素;模糊评判理论;权重

1　引言

随着我国民航事业的飞速发展和全国飞行流量的日渐增加,管制员的人为失误对空管系统安全的影响变得更加重要,同时这也成为危及民用航空飞行安全的最主要因素之一。在航空业日益发达的今天,如何预测、评价及控制管制员的人为失误对提高空管系统的安全性具有重要的意义。

2　人为失误预测与评价的方法体系

空管系统是一个复杂的人—机—环系统,因此人为失误是人、环境、技术、设备和管理等诸多因素相互作用的结果。由于人为失误的复杂性,目前,许多人为失误辨识预测技术仍未充分规范化和模型化。该领域的发展趋势是[1]:人的行为要更加重视管理失误的研究,安全文化的确立和推行正成为研究的热点。

由于在空管系统中,管制员是最不确定的因素,对管制员的人为失误进行科学的预测和评价,是控制空管工作中人为因素的重要方法之一。作者根据空管工作的特点,研究提出了空中交通管制员操作可靠的评价方法。评价过程是按照由个别到一般、由部分到整体的思路对空中交通管制员的人为失误进行预测评价。

空中交通管制自身具有明显的特殊性,管制员的工作所涉及的环节较多,因此要对管制员的人为失误进行评价,必须对管制员管制工作的各个环节进行操作可靠性评价,按照可操作性原则,考虑空管安全工作实际情况,采用物元模糊综合评判法进行评价。

3　物元模糊综合评判基本理论

由于影响空中交通管制员操作可靠性的因素有多种,因此对空中交通管制员操作可靠性进行综合评价就是一个多指标决策问题。由于实际多指标决策问题各项评价指标常常是不相容的,对管制员操作可靠性进行综合评价较为困难。而物元分析方法,从对事物的矛盾转化的形式人手,为人脑的“出点子,想办法”打开了一条新的研究途径,成为解决不相容问题的有利工具,已广泛应用于价值工程、经济

基金项目:民航总局软科学重点科研项目(RKXZD0710);中国民航飞行学院科研基金资助(J2007-43)

作者简介:唐卫贞(1977-)中国民航飞行学院空中交通管理学院空管教研室讲师,西南交通大学交通运输规划与管理专业硕士研究生,山东省泰安市人,2000 年本科毕业于中国民航飞行学院空中交通管制专业。任职期间,作为主要研究人员参与并完成四川省教育厅教学改革项目“民航交通运输(空管)专业核心课程及实践教学体系改革的研究”,在研民航总局重点科研项目“空中交通管制人员现状及培养对策研究”,主持飞行学院科研项目 1 项,曾参与申报国家 863 科研项目,在国内刊物上发表专业论文 10 余篇,目前从事交通运输规划与管理方向的研究,E-mail:tangweizheng@ sina. com;付令(1977-)男,重庆人,硕士。毕业于中国民航飞行学院航行系和重庆大学机械工程学院,民航四川监管局飞行标准监察员、航空安全监察员,中国物流学会会员,主要研究方向为民航运行控制。

管理、人工智能、决策分析、土壤评价、水质评价等方面[2]。

模糊综合评判的方法如下:设有2个有限集合 U、V:

$$U=\{\mu_1,\mu_2,\cdots,\mu_m\},V=\{v_1,v_2,\cdots,v_n\}$$

其中 U 和 V 分别表示因素集和评价集。则可用 $m\times n$ 阶矩阵来表示 U 到 V 的模糊关系,即模糊评价矩阵 R:

$$R=(r_{ij})_{m\times n}$$

其中,$r_{ij}(r_{ij}\in[0,1],1\leqslant i\leqslant m,1\leqslant j\leqslant n)$ 体现了 (μ_i,v_j) 具有关系 R 的程度。

根据参加综合评判的各因素的同一层权重的矩阵 R_ω',进行 R_ω' 与模糊评价矩阵 R 的合成运算 $R_\omega'\circ R$($\circ$ 表示 $M(\wedge,\vee)$)并进行归一化处理,得到模糊评判向量 $K=\{k_1,k_2,\cdots,k_n\}$,其中 $1,2,\cdots,n$ 表示评价集的各等级,$k_1,k_2,\cdots,k_n$ 表示该层各因素对评价集各元素的隶属度。

这里如何确定同一层次中各因素之间的权重,是定量分析的基础。一般方法是运用专家评估法,聘请专家对各个影响因素进行两两比较,建立相对重要度矩阵,运用层次分析法将这种定性判断的结果量化。然而,由于各专家的知识结构、个人偏好以及认识能力的差异,往往导致他们对各因素之间的重要性判断偏离客观实际,而物元分析法通过将各专家作为特征样本 c,将各评价指标作为因素 M 进行处理,这样得出的修正权重可以较大的提高各权重指标的客观性。

4 管制员操作可靠性的物元模糊综合评判

4.1 评判步骤

将物元分析的基本方法和模糊综合评判方法相结合,即物元模糊综合评判。其步骤是:

(1)确定指标体系和等级集合:$U=\{\mu_1,\mu_2,\cdots,\mu_m\}$,$V=\{v_1,v_2,\cdots,v_n\}$,其中 U 和 V 分别表示因素集和评价集。

(2)利用物元分析理论分层次确定各因素的权重。

(3)通过专家评判法建立模糊因素评价矩阵 $R=(r_{ij})_{m\times n}$。

(4)按照由低层次向高层次逐层进行的顺序进行多层次综合评判:

①根据 μ_i 的权重矩阵 $R_\omega(\mu_i)$、模糊评价矩阵 R_{μ_i} 进行模糊合成运算 $R_\omega(\mu_i)\circ R_{\mu_i}$,确定第二层中 μ_i 的模糊综合评价集 B_{μ_i}'。B_{μ_i}' 的各元素表示在第二层次中,对决定 μ_i 的各因素进行综合评判时,μ_i 对各评价元素 v_j 的隶属度。

②将第二层次进行评判得到的矩阵作为第一层次的评价矩阵 R

$$R=\begin{pmatrix}B_{\mu_1}'\\B_{\mu_2}'\\\cdots\\B_{\mu_m}'\end{pmatrix}$$

则第一层次模糊综合评价集为 $B=B'_\omega\circ R$($\circ$ 表示 $M(\wedge,\vee)$),归一化可得 B'。B' 的各元素即为各因素对管制员操作可靠性影响的各等级的隶属度。

4.2 评价项目及指标体系的确定

对管制员的操作可靠性进行科学的评价,首先要确定影响管制员操作可靠性的因素有哪些。由于空中交通管理系统是一个复杂的人—机—环系统,在这个系统中各方面的因素都不同程度地影响着管制员的管制指挥。根据管制工作的实际,确定出如图1所示的各影响因素,进而可以建立影响管制员操作可靠性因素的分类体系。

影响管制员操作可靠性因素的分类体系(U)分为三个层次。第一层次由管制员的自身因素(U_1)、环境因素(U_2)和机器设备(U_3)三个指标组成。第一层次每个指标又可分解第二层次的不同具体因素,详细如下:

第一,管制员的自身因素 U_1:包括管制技能和工龄 U_{11}、承受负荷的能力 U_{12}、安全思想 U_{13} 等三项;

第二，环境影响 U_2，主要包括飞行流量 U_{21}、空管体制 U_{22}、空域复杂度 U_{23} 等三项；

第三，机器设备的影响 U_3，包括空管设备 U_{31}、机载设备 U_{32} 等两项。

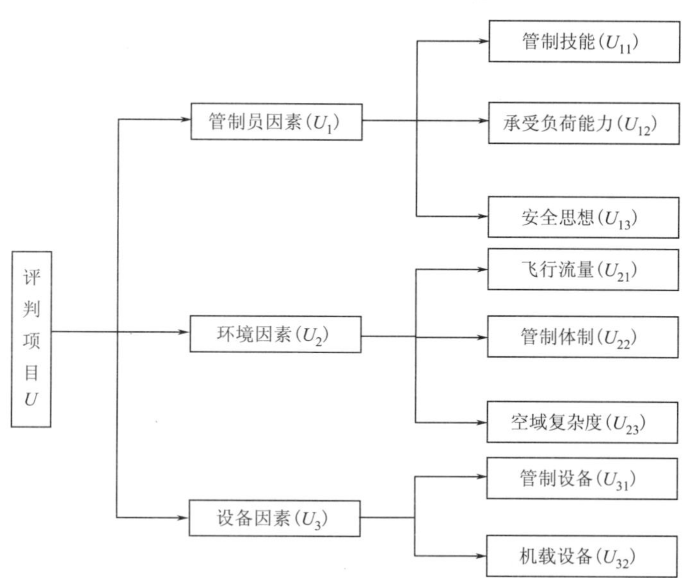

图1　管制员操作可靠性影响因素指标体系

4.3　物元模糊综合评判数学模型的建立

(1)确定指标体系和等级集合

根据以上分析，影响管制员操作可靠性的因素 U 分为四类三类因素集，即 $U=\{U_1,U_2,U_3\}$，而 $U_1=\{U_{11},U_{12},U_{13}\}$，$U_2=\{U_{21},U_{22},U_{23}\}$，$U_3=\{U_{31},U_{32}\}$。评判集 V 表示对管制员操作可靠性的影响程度集合：

$V\{V_1,V_2,V_3,V_4,V_5\}=\{$Ⅰ，Ⅱ，Ⅲ，Ⅳ，Ⅴ$\}$，具体见表1。

表1

概　　率	程　　度	概　　率	程　　度
Ⅰ	严重	Ⅳ	较轻
Ⅱ	稍重	Ⅴ	轻微
Ⅲ	重		

(2)确定各层次因素的权重

首先确定第一层次各因素的权重：请5位在职的管制员对 U_1,U_2,U_3 这三个因素进行评价，采用1～9比率标度得到：

$$A_1=\begin{pmatrix}1&1/3&1/5\\3&1&1/3\\5&3&1\end{pmatrix}\quad A_2=\begin{pmatrix}1&1/3&1/7\\3&1&1/5\\7&5&1\end{pmatrix}\quad A_3=\begin{pmatrix}1&3&1/3\\1/3&1&1/5\\3&5&1\end{pmatrix}$$

$$A_4=\begin{pmatrix}1&3&1/5\\1/3&1&1/7\\5&7&1\end{pmatrix}\quad A_5=\begin{pmatrix}1&1/3&3\\3&1&5\\1/3&1/5&1\end{pmatrix}$$

通过该公式计算可得复合物元权重矩阵：

$$\omega_i=\frac{(\prod_{j=1}^{m}a_{ij})\frac{1}{m}}{\sum_{i=1}^{m}(\prod_{j=1}^{m}a_{ij})\frac{1}{m}}$$

$$R_1=\begin{pmatrix} & M_1 & M_2 & M_3 \\ C_1 & 0.484 & 0.302 & 0.214 \\ C_2 & 0.428 & 0.357 & 0.215 \\ C_3 & 0.302 & 0.484 & 0.214 \\ C_4 & 0.357 & 0.428 & 0.215 \\ C_5 & 0.302 & 0.214 & 0.484 \end{pmatrix}$$

其中 C_1、C_2、C_3、C_4、C_5 分别是5位专家确定的 μ_1、μ_2 和 μ_3 权重值。

然后确定各专家所给出指标权重的有效程度矩阵 R_v:通过计算标准物元 R_{oj}、节域物元 R_{pj},可求得关联函数矩阵

$$R_o=\begin{pmatrix} 1 & 0.427 & 1 \\ 0.302 & 0.015 & 0.165 \\ 0.658 & 0.352 & 0.455 \\ 1 & 1 & 0.068 \\ 0.105 & 1 & 1 \end{pmatrix}$$

由 $u(x_{ji})=x_{ji}/\max(x_{ji})\quad u(x_{ji})=\min(x_{ji})/x_{ji}$ 得 $k_1=0.6$,$k_2=0.80$,$k_3=0.85$,$k_4=0.95$,$k_5=0.99$,可求得 $R_v=(0.085\ 0.528\ 0.121\ 0.152\ 0.102)$。

最后求修正后的权重矩阵:$R_\omega=R_v\circ R_1=(0.614\ 0.245\ 0.141)$。同样可求得 U_{11},U_{12},U_{13}的权重矩阵 $R_\omega(U_1)=(0.303\ 0.317\ 0.38)$,$U_{21}$,$U_{22}$,$U_{23}$的权重矩阵 $R_\omega(U_2)=(0.265\ 0.232\ 0.403)$,$U_{31}U_{32}$的权重矩阵 $R_\omega(U_3)=(0.613\ 0.387)$

4.4 专家评判表

专家组由10位在职的管制员组成,进行评判时分别在5个评判等级上对某项评判要素作属于或不属于的二值逻辑判断,即当认为该要素对管制工作的影响属于该等级时记1,否则记0。则 $r_{ij}=\dfrac{p'}{p}$其中 p 为参加评判的专家总人数,p'为选择该要素属于该等级的专家位数。r_{ij}是一种隶属度,其含义为全体评判者认为该因素属于评判等级 v_j 的程度[3]。根据该10位专家的判断,统计结果见表2。

表2

影响管制员操作可靠性的因素集				评判集(各要素对管制员操作可靠性的影响度)				
评判指标	权重	评判要素	权重	严重	稍重	重	较轻	轻微
自身因素	0.614	管制技能	0.303	0.7	0.2	0.1	0	0
		承受负荷能力	0.317	0.3	0.4	0.3	0	0
		安全思想	0.380	0.3	0.3	0.3	0.1	0
环境因素	0.245	飞行流量	0.265	0.6	0.2	0.2	0	0
		空管体制	0.232	0.2	0.2	0.1	0.4	0.1
		空域复杂度	0.403	0.6	0.3	0.1	0	0
机器设备	0.141	空管设备	0.613	0.2	0.4	0.2	0.1	0.1
		机载设备	0.387	0.1	0.3	0.3	0.2	0.1

4.5 多层次综合评判

根据以上得出的调查结果和第二层因素的权重,通过矩阵的计算可得具体公式如下:设矩阵 $m\times s$ 的矩阵 $A=\begin{pmatrix} a_{11} & a_{12} & \cdots & a_{1s} \\ a_{21} & a_{22} & \cdots & a_{2s} \\ \vdots & \vdots & \vdots & \vdots \\ a_{m1} & a_{m2} & \cdots & a_{ms} \end{pmatrix}$和 $s\times n$ 的矩阵 $B=\begin{pmatrix} b_{11} & b_{12} & \cdots & b_{1n} \\ b_{21} & b_{22} & \cdots & b_{2n} \\ \vdots & \vdots & \vdots & \vdots \\ b_{s1} & b_{s2} & \cdots & b_{sn} \end{pmatrix}$,可得到 $m\times n$ 的矩阵

$$C=\begin{pmatrix} C_{11} & C_{12} & \cdots & C_{1n} \\ C_{21} & C_{22} & \cdots & C_{2n} \\ \vdots & \vdots & \vdots & \vdots \\ C_{m1} & C_{m2} & \cdots & C_{mn} \end{pmatrix}$$

为矩阵 A 与 B 的乘积，记做 $C=AB$。

其中 $c_{ij}=a_{i1}b_{1j}+a_{i2}b_{2j}+\cdots a_{is}b_{sj}=\sum_{k=1}^{s}a_{ik}b_{kj}(i=1,2,\cdots,m;j=1,2,\cdots,n)$

$$B_{u1}=R_{\omega}(U_1)\circ R_{u1}=(0.303\ 0.317\ 0.38)\circ\begin{pmatrix}0.7 & 0.2 & 0.1 & 0 & 0\\ 0.3 & 0.4 & 0.3 & 0 & 0\\ 0.3 & 0.3 & 0.3 & 0.1 & 0\end{pmatrix}=(0.4212,0.3014,0.2394,0.038,0)$$

归一化得 $B_{u1}=(0.421,0.301,0.239,0.038,0)$

即管制员自身的影响对管制员操作可靠性的影响级别属于严重、稍重、重、较轻、轻微的隶属度为0.421,0.301,0.239,0.038,0。由此可得管制员自身对管制员操作的影响属于严重。

$$B_{u2}=R_{\omega}(U_2)\circ R_{u2}=(0.295\ 0.262\ 0.433)\circ\begin{pmatrix}0.6 & 0.2 & 0.2 & 0 & 0\\ 0.2 & 0.2 & 0.1 & 0.4 & 0.1\\ 0.6 & 0.3 & 0.1 & 0 & 0\end{pmatrix}$$
$$=(0.4892,0.2413,0.1298,0.1048,0.0262)$$

归一化得 $B_{u2}=(0.489,0.241,0.130,0.105,0.026)$

即环境因素的影响对管制员操作可靠性的影响级别分别属于严重、稍重、重、较轻、轻微的隶属度为0.489,0.241,0.130,0.105,0.026，由此可得环境因素对管制员操作的影响的级别属于严重。

$$B_{u3}=R_{\omega}(U_2)\circ R_{u3}=(0.613\ 0.387)\circ\begin{pmatrix}0.2 & 0.4 & 0.2 & 0.1 & 0.1\\ 0.1 & 0.3 & 0.3 & 0.2 & 0.1\end{pmatrix}$$
$$=(0.1613,0.3613,0.2387,0.1387,0.1)$$

归一化得 $B_{u3}=(0.161,0.361,0.239,0.139,0.1)$，即机器设备的影响对管制员操作可靠性的影响级别分别属于严重、稍重、重、较轻、轻微的隶属度为0.161,0.361,0.239,0.139,0.1，由此可得机器设备对管制员操作的影响级别属于稍重。

由以上的二级评判可以得出这三个主要因素对管制员工作的影响级别，并可以通过这些评判总结出对这些因素的解决或改良方法，进一步的保障管制员的工作。

通过二级评判也可以进一步得出一级评判的结果，具体如下：

$$B=R_{\omega}\circ R=R\omega\circ\begin{vmatrix}B_{u1}\\ B_{u2}\\ B_{u3}\end{vmatrix}=(0.614\ 0.245\ 0.141)\circ\begin{pmatrix}0.421 & 0.301 & 0.239 & 0.038 & 0\\ 0.489 & 0.241 & 0.130 & 0.105 & 0.026\\ 0.161 & 0.361 & 0.239 & 0.139 & 0.1\end{pmatrix}$$
$$=(0.416,0.291,0.206,0.067,0.018)$$

同样，由结果可得，管制员因素对飞行安全的影响级别属于严重，稍重，重，较轻，轻微的隶属度分别时0.416,0.291,0.206,0.067,0.018，由此可得管制员因素对飞行安全的影响属于严重的程度。

5 结论

本文给出了一种影响飞行安全的管制员因素的物元模糊综合评判方法。该方法对识别后的定性指标进行了定量化分析，物元分析理论通过将各专家作为特征样本 c，将各评价指标作为因素 M 进行处理，它与层次分析法的结合大大降低了权重指标确定的主观性。最后用模糊综合评判方法得出空管系统组成的各部分对飞行安全影响各级别的隶属度，即影响管制员操作可靠性的诸因素对民航飞行安全的影响程度，这也为加强民航空管安全管理，提高民航运行安全具有一定的参考价值。

参考文献

[1] 何云中,等.空中交通管制中人的可靠性模糊综合评判研究[J].中国安全科学学报,2004,14(11):57-60

[2] 王羽,肖盛燮.物元模糊综合评价项目在风险分析中的运用[J].重庆交通学院学报,2006,25(2):118-121

[3] 王飞,丁松滨.空中交通安全预警系统的综合评价方法探讨[J].计算机工程,2005年7月:247-248

[4] 霍志勤.民航管制员素质的模糊综合评估研究[J].武汉理工大学学报,2005,18 (3):374-377

[5] Mayo,P. (1995). Development of proposals for amendment of the PANS-RAC (DOC4444) concerning lateral and longitudinal separation minima in the RNP environment. ICAO the Review of the General Concept of Separation Panel (RGCSP) WG/A WP/17,Gold Coast

[6] Peter Brooker. Radar inaccuracies and mid-air collision risk: Part 1 A dynamic methodology, Part 2 En route radar separation minima. Journal of Navigation,2004,57(1):25-51

[7] 赵洪元.空中交通安全及几种新型可靠性估计理论[D].北京:北方交通大学,1997

[8] Peter STASTNY & Philip S. GRIFFITH. Safety minima study: review of existing standards and practices [EB/OL]

Study of the air traffic controller's operation reliability evaluation on the fuzzy evaluation

***Tang Weizhen*[1], *Fu Ling*[2]**

(1. College of Air Traffic Management, Civil Aviation Flight University of China, 618307, Guanghan, Sichuan; 2. Sichuan Aviation Safety Oversight Bureau, 610202, Chengdu, Sichuan)

Abstract: From the angle of systematic point of view, along with the actual air traffic control practice, analyzed the factors which infect the operating reliability of the air traffic controller, and determined evaluation index system of the reliability of controller's operation. Using fuzzy evaluation theory, analyzed the impact extent of all kinds of factors on the flight safety, provided a theoretical basis on enhancing the safety of aviation air traffic control.

Key words: Controller; Flight traffic; Factors; Fuzzy evaluation theory; Weight

机场道面与胎面摩擦机理研究

王世伟　赵方冉

（中国民航大学，天津，300300）

摘　要：通过构造轮胎与道面之间的微观摩擦力模型来了解摩擦力形成机理。摩擦力模型的构造主要包括三个方面，粘着力，犁沟力，滑动摩擦力。并且确定实际滚滑工况下的摩擦系数。

关键词：摩擦力，摩擦系数，胎面，纹理

1　引言

水泥混凝土道面的抗滑性能受到多种因素影响，包括大气条件，排水条件，纹理构造深度，刻槽形式，刻槽的深度和宽度，以及胶层的厚度。在这多种因素当中，道面的纹理是主要提供给轮胎的摩擦力。

许多学者对影响道面抗滑的表面宏观物理状态因素进行了一些较深入的研究工作，这些研究（Dahir and Lentz，1972，Dahir and Henry，1987，Meyer，1982）已经很明白的说明了轮胎与道面之间相互作用的摩擦力是有道面上的纹理所提供，依据纹理的深度可分为：宏观纹理和微观纹理。道面的微观构造是指道面集料表面水平方向 0 ~ 0.5 mm，垂直方向 0 ~ 0.2 mm 的微小构造，它既影响低速行车时路面的抗滑能力，也影响高速行车时的路面抗滑能力。道面的宏观构造是指道面集料间的空隙或排水能力，水平方向为 0.5 ~ 50 mm，垂直方向为 0.2 ~ 10 mm。宏观构造主要影响高速行车时的抗滑能力。

但是，现在所做的许多研究主要集中在纹理深度的检测和摩擦系数的检测方面，而较少研究摩擦作用机理，特别是对道面抗滑的综合影响因素进行深入分析。因此，有必要从宏观与微观等方面对其进行深入分析，以便在轮胎与道面的微观摩擦作用机理方面构建相关的数学模型，从而探索道面在轮胎复合运动过程中摩擦形成的机理，以便为研究与改善道面的抗滑性能提供理论基础。

2　道面的摩擦作用机理分析

根据机轮在道面上进行复合运动（滚动与滑动），以及轮胎与道面相互作用现象，并依据摩擦学原理可知道面所提供的摩擦与轮胎形成一对摩擦副。轮胎与道面间的摩擦力主要是四个分量之和[1]，即：

$$f = f_{adh} + f_{def} + f_{abr} + f_{mol} \tag{1}$$

其中，f_{adh}是摩擦力的粘着分量；f_{def}是轮胎随着道面凹凸的周期变形而产生的摩擦力分量；f_{abr}是轮胎与道面间的微切削作用产生的摩擦力部分；f_{mol}是轮胎与道面间的分子引力作用而产生的摩擦力。研究表明：后两部分的摩擦力相对较小，因此在分析时可以忽略不计。这样，轮胎与道面间的摩擦力主要由粘着分量f_{adh}和变形分量f_{def}两部分组成，即：$f = f_{adh} + f_{def}$。

由以上分析可知机场道面不管是采用沥青混凝土还是水泥混凝土，它对轮胎所提供的摩擦力主要是由两部分构成：微观构造和宏观构造。基于上述分析，可以对其相互作用的参数进行如下简化处理，以便利用该简化模型来说明道面摩擦力的作用机理：

假设沿接触长度的单位长度法向反作用力按二次抛物线的规律分布，如图 1 所示，在转矩 M_Z 作用下胎面发生变形。在 b 点之前胎面相当于道面固定不动主要是静摩擦力提供的粘着作用，在 b 点之后胎面相当于道面开始滑动也就产生了滑动摩擦力。因此，总的摩擦力的可以表达式为：

$$F = F_a + F_e + F_s \tag{2}$$

式中：F_a 为颗粒与橡胶粘着力；F_e 为颗粒与橡胶犁沟力；F_s 为轮胎与刻槽相对运功的滑动摩擦力。

在这里可以理解为在粘着域主要是微观结构所提供的摩擦力，在滑动域主要是宏观构造所提供。因此需要分别来建立相关的数学模型。

为讨论粘着域与滑动域的数学模型,首先定义它们的概念:在每单位面积的胎面橡胶所发生的切向力,与离接地面前端的距离成正比,并直线地增加,当其值达到道面的摩擦力时开始出现滑动,切向力在接地面后端回复至零。这样在接地面的前部出现粘着域(静止域),后半部出现滑动即为滑动域。

(1)粘着域

主要是道面由水泥石所固结的集料颗粒来提供摩擦力,如果集料颗粒被折断很少或磨损少,抵抗飞机交通磨光和磨损的能力就较强,那么,它所提供的摩擦力及道面的耐久性就好。

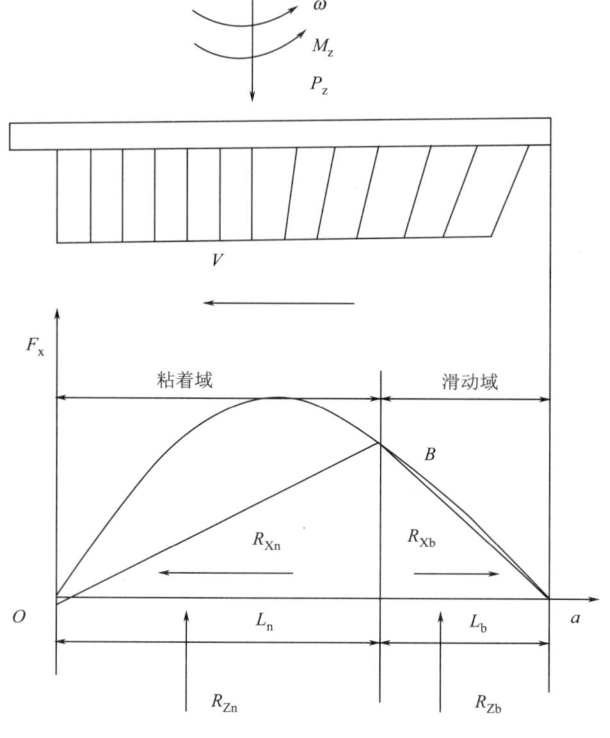

图 1

假定微凸体是个球体,如图2所示,半圆周的面积 dA 可用下式求出:

$$dA = \pi R^2 \cos\theta\ d\theta \tag{3}$$

在 dA 上的粘着力 $dF' = S \cdot dA$

S 为界面处的剪切强度(橡胶与微凸体的剪切作用),dF′的水平分力为 dF″

$$dF'' = dF'\sin\theta = \pi R^2 S\cos\theta\sin\theta d\theta \tag{4}$$

因此总的粘着力为 θ_1 到 $\pi/2$ 的积分

$$F = \int_{\theta_1}^{\pi/2} \frac{\pi}{2} dF'' = R^2 S \int_{\theta_1}^{\pi/2} \sin 2\theta d\theta = \frac{1}{2} R^2 S(1 + \cos\theta_1) \tag{5}$$

式中,$\frac{2}{\pi} - dF''$ 为与运动方向相反的 dF″的平均值

$$\mu_{adh} = \frac{F}{P} = \frac{\frac{1}{2}R^2 S(1+\sin 2\theta)}{\frac{\pi R^2 \cos^2\theta_1}{8} \cdot p} \approx \frac{2}{\pi} \cdot \frac{S}{p} \tag{6}$$

(2)犁削作用(图3)

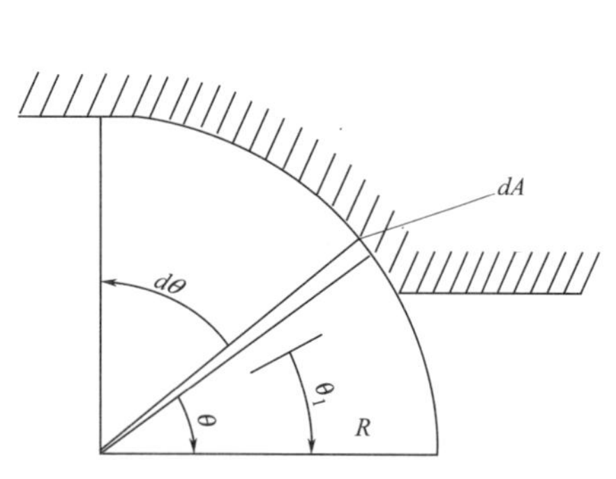

图 2

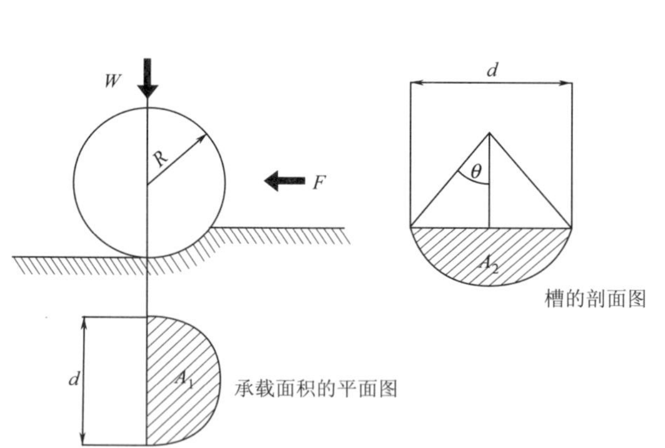

图 3

载荷支撑面积:$A_1 = \pi d^2/8$,

犁沟面积:$A_2 = \frac{1}{2}R^2(2\theta - \sin 2\theta)$

$$\mu_e = \frac{F_e}{P} = \frac{A_2}{A_1} = \frac{4R^2}{\pi d^2}(2\theta - \sin 2\theta) = \frac{c(\theta)}{\pi} \tag{7}$$

由式(1)和(2)可得单个微凸体粘着摩擦系数 $\mu = \mu_{adh} + \mu_e$

在粘着域所提供的总的摩擦系数的计算公式为:

$$\mu = \sum_i \sum_j \mu_{adh}(i,j) \cdot \alpha(i,j) + \sum_i \sum_j \mu_e(i,j) \cdot \alpha(i,j) \tag{8}$$

式中：i,j 为轮胎与道面相互作用所形成的平面坐标，$\alpha(i,j)$ 为变形系数，因为所处的位置不同摩擦系数的大小不同。

(3)滑动域

在这里我们假设轮胎与道面的接触区域为矩形，长为 L，宽为 W。刻槽与轮胎的接触如图 4 所示。在滑动域的摩擦力为 $F_s = nzw\sigma_s$，n 为刻槽数量，z 为橡胶进入槽内的深。

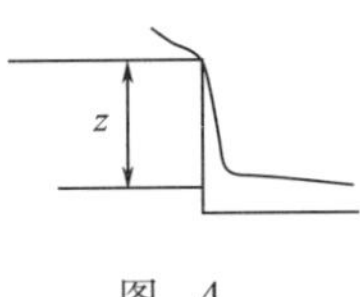

图 4

滑动摩擦系数

$$\phi = \frac{F_e}{P} \tag{9}$$

因此总的摩擦系数 $\Delta = \mu + \phi$。以上是我们对摩擦系数的微观数学分析，在实际当中计算还是很麻烦的，并且也不能真是的反应轮胎的滚动情况。

3 滚滑工况下的摩擦作用

当在驱动时，$V < r\omega$，道面相对运动的速度小于轮胎的转动速度，这时摩擦力所提供的是向前的。

如果轮胎在抱死状况下，法向荷载 P_z 与反作用力 R_z 平衡，这是在接触面积上，有 $R_x = \phi P_z$。如图 5 所示。

滚滑工况下，在接触面积上有滑动域和粘着域。在滑动域 L_B 上产生反作用力 R_{Zb} 产生滑动摩擦力 $R_{Xb} = \phi R_{Zb}$，而在粘着域 L_N 上有法向反作用力 R_{Zn} 和一定的静摩擦力 R_{Xn}，后者小于轮胎在此区域滑动是所产生的摩擦力。因此路面表面的摩擦力 R_X 是 R_{Xb} 和 R_{Xn} 之和，并小于在完全滑动时的摩擦力。

如图 5 所示，当在完全制动的情况下，假设所有的摩擦力都有 F_s 来提供。

$$F_s = nzw\sigma_s \tag{10}$$

由动能定理可得：

$$E = \frac{1}{2}mv^2 \tag{11}$$

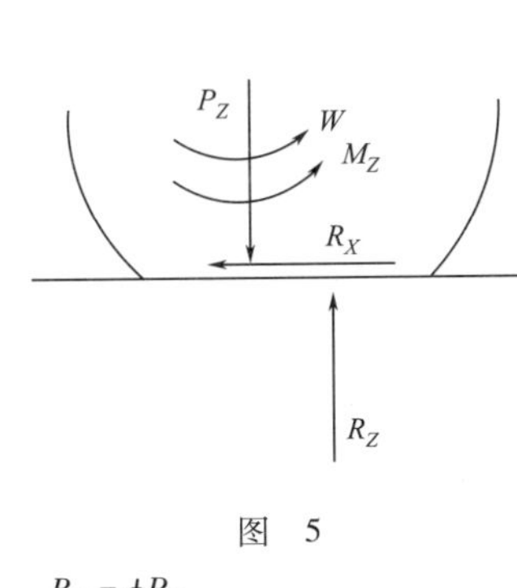

图 5

$R_X = \phi P_Z$

ϕ 为滑动摩擦系数

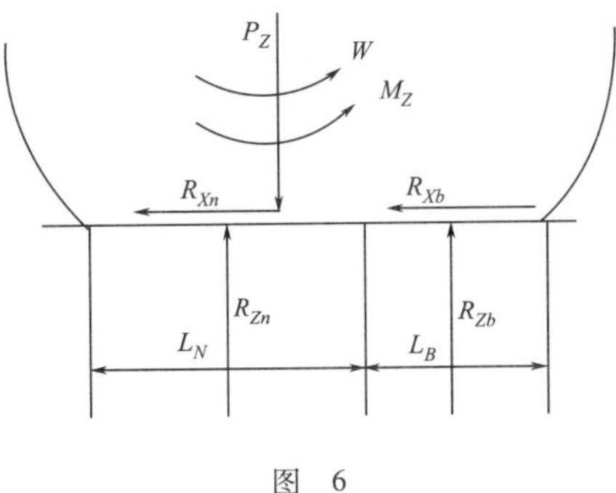

图 6

滑动与粘附同时作用

滑动域：$R_{Xb} = \phi R_{Zb}$

粘着域：$R_{Xn} < \phi R_{Zn}$

$R_X = R_{Xb} + R_{Xn} < \phi P_Z$

由做功原理可得：$E = F_S L\lambda$；L 为完全制动下的滑跑距离，λ 为折减系数。

滑动摩擦系数

$$f = \frac{F_S}{P_Z} \tag{12}$$

由图 6 可知，在滑动域有 $\phi = \frac{R_{Xb}}{R_{Zb}} = \frac{n'zw\sigma_s}{R_{Zb}}$；$n'$ 为在滑动域的刻槽数量。

在滚滑的工况下,由能量原理:$E=\frac{1}{2}mv^2=(R_{Xn}+R_{Xb})L\lambda'$;$\lambda'$为折减系数,因此

$$R_{Xn}=\frac{E-R_{Xb}L\lambda'}{L\lambda'}$$

粘着摩擦系数

$$\mu=\frac{R_{Xn}}{R_{Zn}}=\frac{R_{Xn}}{P_Z-R_{Zb}} \tag{13}$$

由式(12)、(13)可得总的摩擦系数$\Delta=a\mu+b\phi$,a,b为μ,ϕ的耦合系数。

4 结论

基于对机轮在道面表面的复合运行过程分析,建立了轮胎与道面间相互摩擦作用的数学模型;通过对粘者域的黏附分量与变形分量的分析与模型简化,建立了黏附阻力与变形阻力和摩擦系数间的数学关系,这些数学模型为分析道面宏观、微观构造对抗滑性影响提供了参考依据,也为如何提高道面抗滑性能提供了指导性建议,即:通过以上的数学理论分析,影响摩擦的主要因素是水泥灰面的粗糙度和刻槽的大小。可以采用高强混凝土进行拉毛,这样可以有效的增加抗剪强度。借鉴有限元分析的结果,刻槽的深度、宽度、间距都影响变形摩擦力的大小。依据以上的数学模型,可以增加刻槽的深度,宽度来增大摩擦力,但是具体采用多大的数值还需要进一步的实测数据。

参考文献

[1] 庄继德.现代汽车轮胎技术.北京:北京理工大学,2001

[2] 温诗铸.摩擦学原理.北京:清华大学出版社,1990

[3] Surface Friction on Longitudinally Tined Concrete Pavements:New Findings from Field Testing and Finite Element Analysis Simulation. November 4,2005

[4] 刘长生.汽车轮胎与公路路面附着系数的研究.公路2006年5月第5期

[5] 刘家浚.材料磨损原理及其耐磨性.北京:清华大学出版社,1993

[6] B.布尚著,葛世荣译.摩擦学导论.北京:机械工业出版社,2007

Research on friction mechanism of tread and airport runway

Wang Shiwei, Zhao Fangran

(civil aviation university of china, Tianjin, 300300)

Abstract:Research on friction mechanism formation through interaction of tread and runway to make friction model. The structure of friction model mainly include 3 parts :adhesion, Plough ditch, hysteretic and model coefficient of friction under physically roll slippery work condition.

Key words:Friction;Coefficient of friction;Tread;Texture

基于单亲遗传算法的机场停机位指派鲁棒优化研究

吴桐水　王秀萍

（中国民航大学经济与管理学院，天津，300300）

摘　要：为探索机场停机位指派问题有效合理的解决方法，本文提出了鲁棒优化方法。该方法尝试既满足机场稀有资源停机位的充分使用的要求，又保证航班在停机位发冲突的可能性尽可能小，从而寻找在航班计划不确定的情况下最具鲁棒性的机场停机位指派计划。我们建立了该问题的多目标优化模型，采用单亲遗传算法进行求解，结果表明该方法得出的优化结果具有更强的鲁棒性。

关键词：停机位指派问题；机场；鲁棒优化；单亲遗传算法

1　引言

在整个航空运输管理中，机场管理处于重要地位。而在机场管理中，航班的停机位分配处于重要地位，是机场生产指挥中心日常工作的一项重要内容。所谓停机位分配是指在考虑航班机型规格、停机位规格、航班时刻等因素的情况下，在一定时间范围内，由机场现场指挥中心为到港和离港航班指定适合的登机口以保证航班正常的一项管理作业。停机位分配包括时间分配和空间分配，与航班机型规格、到港和离港密集程度以及机场设施、停机位分配方案等有关，从而保证飞机最大限度地安排在有限的停机位上，保证客、货的有效衔接，是提高整个机场系统容量和服务效率的一个关键所在，同时也是在短期内缓解机场拥堵状况的有效措施[1]。

停机位分配问题（Gate Assignment Problem）可以归结为具有 NP-hard 的二次配置问题，国内外许多学者已经采用各种方法和优化技术进行研究[2]。本文采用鲁棒优化计划技术构建了针对不确定性的停机位指派的多目标优化模型，建立更加符合实际的模型，寻求一种收敛性较好，并能在合理的时间内解决枢纽机场的停机位指派问题的算法，对缓解机场拥堵和改善服务管理水平具有重要意义。

2　模型建立

2.1　符号定义

停机位集合：$G=\{g_1,\cdots,g_K,g_{K+1}\}$，其中 K 为停机位数目，g_{k+1} 为虚拟停机位，表示停机坪；T_{kb}，T_{ke} 分别表示第 k 个停机位的计划开始和结束时间；

航班集合：$F=\{f_1,f_2,\cdots,f_n\}$（按到达时间排序），其中 n 为航班数。对于每架飞机 $f_i(1\leq i\leq n)$，其中在第 k 个停机位的先后停机作业的飞机为 $\{f_{k1},f_{k2},\cdots,f_{kn}\}$：

a_i：为计划到达时间；

d_i：为计划起飞时间；

a_i：为实际到达时间；

d_i：为计划起飞时间；

b：同一个停机位中两个相邻航班之间的缓冲时间。换句话说，停机位在 $[a_i'-b,d_i'+b]$ 时间内都为航班 f_i 服务。

l_{ik}：当航班 $f_i(1\leq i\leq n)$ 的机型与停机位 $g_k(1\leq k\leq K)$ 相符合，则有 $l_{ik}=1$，反之 $l_{ik}=0$。

决策变量：

作者简介：吴桐水：男，博士生导师，研究方向：航空运输系统规划与优化，民航企业运营管理。

y_{ik}:当航班$f_i(1\leqslant i\leqslant n)$在停机位$g_k(1\leqslant k\leqslant K)$的机位航班串中时$y_{ik}=1$,反之$y_{ik}=0$。

x_{ij}:$x_{ij}=1$表示航班f_i和航班f_j分配到同一停机位上,反之$x_{ij}=0$。

z_{ijk}:$z_{ijk}=1$表示航班f_i和航班f_j在停机位g_k的航班串中先后相邻,反之$z_{ijk}=0$。

2.2 目标函数

机场运行满意度(鲁棒性):机位航班串内航班有很好的衔接,但发生冲突的可能性尽可能小。

$$\min F_1=\sum_{k=1}^{K}\sum_{i=1}^{n}\sum_{j=1}^{n}z_{ijk}(a_j-d_i-2b)^2+\sum_{i=1}^{K}[(a_{f_{k1}}-T_{kb})^2+(T_{ke}-a_{fkn_k})^2]\tag{1}$$

$$\min F_2=\sum_{k=1}^{K}\sum_{i=1}^{n}\sum_{j=1}^{n}(E(p(i,j)))z_{ijk}\tag{2}$$

$$\min F_3=\sum_{i=1}^{N}y_{iK}+1\tag{3}$$

目标函数(1)保证每个停机位的利用率尽可能高,即每个机位航班串的衔接尽可能紧凑;目标函数(2)保证每个停机位的机位航班串内发生冲突的可能性尽可能小,其中$p(i,j)$,为两航班f_i与f_j先后使用同一个停机位时发生冲突的概率分布;目标函数(3)保证分配到停机坪的航班数目尽可能少。

2.3 约束条件

$$y_{ik}\leqslant l_{ik}(1\leqslant i\leqslant n,l\leqslant k\leqslant K)\tag{4}$$

$$\sum_{k=1}^{K}y_{ik}=1(1\leqslant i\leqslant n)\tag{5}$$

$$z_{ijk}(a_j-d_i)\geqslant 0(1\leqslant i,j\leqslant n,1\leqslant k\leqslant K)\tag{6}$$

$$y_{ik}\geqslant\sum_{j=1}^{n}z_{ijk}(1\leqslant i\leqslant n,1\leqslant k\leqslant K)\tag{7}$$

$$y_{jk}\geqslant\sum_{i=1}^{n}z_{ijk}(1\leqslant j\leqslant n,1\leqslant k\leqslant K)\tag{8}$$

$$x_{ij}=1(1\leqslant i,j\leqslant n,\exists k\in K,s.t.\ y_{ik}=y_{jk}=1)\tag{9}$$

$$x_{ij}=\sum_{k=1}^{K}z_{ijk}+\sum_{k=1}^{K}z_{jik}(1\leqslant i,j\leqslant n)\tag{10}$$

$$y_{ik},z_{ijk}\in\{0,1\}(1\leqslant i\leqslant n,1\leqslant k\leqslant K+1)\tag{11}$$

约束条件(4)保证了所有航班都分配到了机型符合的停机位,约束条件(5)保证所有的航班都必须分配到并且只能分配到一个停机位或被分配到停机坪;约束条件(6)保证了分配到同一个机位上的飞机在时间上不能有重叠(停机坪时间可以重叠);约束条件(7)保证了每个航班至多有一个后续航班;约束条件(8)保证了每个航班至多有一个前序航班;约束条件(9)(10)保证了当$y_{ik}=1,y_{jk}=1$时,$z_{ijk}=1$或者$z_{jik}=1$;约束条件(11)表明决策变量y_{ik}、z_{ijk}为0,1变量。

3 模型求解

关于目标函数(2)我们采用文献[3]中给出的方法进行处理,即令:

$$E(p(i,j))=\frac{e(i,j)-\min\{e(i,j)\}}{\max\{e(i,j)\}-\min\{e(i,j)\}}\tag{12}$$

其中

$$e(i,j)=\exp(-\eta l(i,j))\tag{13}$$

$$l(i,j)=a_j-d_i-2b\tag{14}$$

对于三个目标函数,我们给以不同的权值求和从而转化为单目标函数,即

$$\min F=\alpha F_1+\beta F_2+\gamma F_3\tag{15}$$

其中令

$$\alpha=\alpha'/[\sum_{k=1}^{K}(T_{ke}-T_{kb})-\sum_{i=1}^{n}(d_i-a_i)]^2\tag{16}$$

$$\beta = \beta'/n - K - 1 \tag{17}$$

$$\gamma = \gamma'/N \tag{18}$$

其中,α',β'和γ'分别表示指定计划中三个因素的重要程度,且满足$\alpha' + \beta' + \gamma' = 1$。将三个目标转化成一个目标以后,我们采用单亲遗传算法进行求解。采用单亲遗传算法可以有效地避免遗传算法过程中由于交叉变异引起的停机位丢失或者航班的重复安排,初始种群通过贪婪算法生成,之后在迭代过程中使用交叉退火算子和倒位退火算子,最后得到最优解。

4 算例分析

以某机场一天具体航班时刻表为例(表1),在10:00~14:00这个时段内空闲的7个停机位对15个即将到来的航班进行停机位的指派,表1给出了航班的信息以及与机位的匹配性。令$b = 15$,$\eta = 0.05$,$\alpha' = \beta' = \gamma' = 1/3$,根据$z_{ijk}$的含义我们可以对模型进一步简化,同时也简化了数据处理。

航班信息以及机位与航班的匹配性 表1

航班	开始时刻	结束时刻	航班机型	航班-机位匹配特性						
				1	2	3	4	5	6	7
1	10:00	11:00	B737	1	1	1	1	1	0	0
2	10:00	10:55	B737	1	1	1	1	1	0	0
3	10:00	11:00	A320	0	1	0	1	1	1	1
4	10:10	11:05	MD11	1	1	1	1	0	1	1
5	10:25	11:35	B767	1	1	1	0	0	0	0
6	10:30	11:20	A320	0	1	0	1	1	1	1
7	11:05	11:55	B737	1	1	1	1	1	0	0
8	11:20	12:20	B747	1	1	0	0	0	0	0
9	11:25	12:05	A319	0	1	1	0	1	1	1
10	11:20	12:20	B737	1	1	1	1	1	0	0
11	11:35	12:35	B757	0	0	1	1	1	1	1
12	11:55	13:00	A320	0	1	0	1	1	1	1
13	12:00	12:50	A330	1	1	0	1	0	1	1
14	12:10	13:40	A340	1	1	1	1	1	0	0
15	12:15	13:05	B737	1	1	0	0	0	0	0
16	12:40	13:40	B747	1	1	0	0	0	0	0
17	12:45	13:35	B737	1	1	1	1	1	0	0
18	13:10	14:00	B737	1	1	1	1	1	0	0

通过求解得到两个满意解(表2和表3),目标函数分别为0.4716和0.4723。

鲁棒优化结果1 表2

停机位							
1	2	3	4	5	6	7	8
5	6	14	2	1	3	4	8
13	18		17	7	11	9	16
				12			

鲁棒优化结果2 表3

停机位							
1	2	3	4	5	6	7	8
5	8	2	1	3	4	6	12
15	16	14	7	10	9	11	
18			13	17			

5 研究结论

本文主要是针对机场停机位指派问题进行鲁棒优化研究,考虑了机型因素,以及停机位飞机的冲突情况,结果表明所使用方法停机位利用率冲突性。同时,多目标的处理直接影响最终的结果,也是研究的热点和难点。此外,未来的研究中将进一步考虑旅客和航空公司满意度等因素,进而对实际机场工作中停机位的分配有很大的帮助,具有显著的现实意义。

参考文献

[1] Jiefeng Xu, Glenn Bailey, Atlanta and Georgia. The Airport Gate Assignment Problem: Mathematical Model and a Tabu Search Algorithm. Proceedings of the 34th Hawaii International Conference on System Science, 1-10, 2001[A]

[2] 刘兆明,葛宏伟,钱锋. 基于遗传算法的机场调度优化算法,华东理工大学学报(自然科学版),34(3):392-398,2008[J]

[3] Andrew Lim, Fan Wang. Robust Airport Gate Assignment, Proceedings of the 17th IEEE International Conference on Tools with Artificial Intelligence, 2005[A]

Robust Optimization for gate assignment problem

Wu Tongshui, Wang Xiuping

(College of Economy and Management, Civil Aviation University of China Tianjin, 300300)

Abstract: To find feasible and effective solutions of gate assignment problem, we developed robust optimization, which attempted to satisfy the full use of gates—the rare resource of airport, and minimize the probability of gate conflict in order to search the most robust airport gate assignment under uncertainty on aircraft schedule. We built the optimization model with multi-objectives, and develop Partheno-Genetic Algorithm (PGA) to solve. Results show that the solution obtained is more robust.

Key words: Gate assignment problem (GAP); Robust optimization; Partheno-Genetic Algorithm (PGA)

航站楼容量评估系统的仿真及应用

石丽娜[1]　周慧艳[1]　于　飞[2]

（1. 上海工程技术大学航空运输学院，上海，201620；2. 上海浦东国际机场，上海，200336）

摘　要：用 Service Model 仿真系统对机场航站楼容量进行评估，建模过程中考虑了诸如值机柜台服务时间、旅客到达规律、安检时间等多种因素的影响。在所提到的容量评估方法的基础上，确立了 Service Model 仿真系统的模型参数，并且对虹桥机场航站楼容量进行了评估，验证了所提模型和方法的可行性。

关键词：Service Model；航站楼；容量评估；仿真

1　引言

机场系统是航空运输系统的重要组成部分，近年来，随着我国经济迅速发展，航空需求急剧增长。需求的增长促使了机场系统的规模越来越大，系统也越来越复杂。机场系统的规模性和复杂性使得机场系统的规划设计和运行管理者无法确切的把握机场系统的运行规律。利用传统的规划设计与运营管理方法，设计者无法根据预测的航空需求做出合理的规划设计，机场管理者也无法根据变化的环境，调整运营方式与运营策略，使机场系统的到达最佳状态。为了解决这样的问题，计算机仿真技术被引入到机场的设计和管理，建立机场系统模型，应用计算机仿真技术进行机场系统的计算机仿真研究来解决机场在设计和运行管理上的困难。倪桂明和杨东援在《机场航站楼客流计算机仿真研究》一文上，通过对航站楼的客流特性分析，应用面向对象方法，建立了航站楼客流仿真系统的对象模型、动态模型以及功能模型，利用 Visual C ++6.0 等开发实现了航站楼客流仿真系统。[1]

刘静莉等在《航站楼旅客流程仿真研究》一文中提出了使用仿真优化航站楼旅客流程的方案，利用 ProModel 仿真模型和 SimRunner 优化工具得出航站楼旅客流程的最佳改进方案。[2]

本文利用 Service Model 仿真系统对机场航站楼容量进行评估，建模过程中考虑了诸如值机柜台服务时间、旅客到达规律、安检时间等多种因素的影响。在所提到的容量评估方法的基础上，确立了 Service Model 仿真系统的模型参数，并且对虹桥机场航站楼容量进行了评估，验证了所提模型和方法的可行性。

2　航站楼容量资源分析

机场航站楼容量评估是机场管理部门的关键工作，机场航站楼的容量有多种定义，但共同点是容量是个极限值，当流量达到或超过这个极限值时就会影响机场的正常运行和服务质量。容量通常是用来描述机场系统或子系统吞吐能力的尺度，或者是用来确定机场系统的处理能力是否满足需求的水平。机场的容量分为 4 类：动态容量、静态容量、饱和容量、极限容量。动态容量指服务设施单位时间内的最大处理能力，它取决于服务设施数和服务速度。它主要用来描述机场系统中的处理器设施；静态容量通常指某设施或区域的容量，在任何时候某一区的可以容纳的最大旅客量。它主要用来描述机场系统中的存储器设施；饱和容量：指在特定的服务时间和空间标准下，机场系统或子系统的持续处理一段时间的最大能力；极限容量：在特定时间，机场系统可以处理的作大容量，它只考虑机场安全需要，不考虑机场的延误和服务质量。本文研究的机场航站楼容量是指航站楼的饱和容量。根据上述讨论的内容，把它定义为在航站楼的各种设施和各项服务效率一定，且满足 IATA 的 C 等级服务标准的情况下，航站楼一天的旅客吞吐量。

旅客到值机柜台办票时，递交相应证件后提取登记卡。有托运行李则放上运输带送往 X 光机扫描

作者简介：石丽娜（1977-），女（汉），辽宁朝阳，硕士研究生，讲师，主要研究方向为交通运输规划与管理；周慧艳（1981-），女（汉），浙江永康，硕士研究生，讲师，主要研究方向为机场运营管理；于飞（1982-），男（汉），江苏盐城，硕士研究生，工程师，主要研究为系统仿真等。

检查,合格后旅客离开值机柜台。若没有托运行李,便可以直接前往无行李值机柜台。旅客等待办票的排队方式一般可分为单列排队和"S"型排队两种。值机方式有两形式:非开放式值机和开放式值机。非开放式值机要求旅客在规定的时间内,在规定的柜台办理值机手续。开放式值机的开始时间无限制,每个柜台都可以办理不同的航班,做到旅客随到随办。依据航班的旅客量,决定开放值机柜台的数量。本文研究的模型假设条件就是基于后种值机形式。[3]

值机柜台按功能分为:经济舱柜台,头等舱柜台,无行李柜台,团体柜台等。对于值机环节的描述如表1所示。

值机环节的描述 表1

场 所	活动时间	需要资源	下一场所	离开条件	离开花费时间	离开需要资源
值机柜台	N(1,1)min	工作人员	安检柜台	值机结束	2min	无

根据机场航站楼服务资源情况,该模型遵循以下的规律:

(1)机场的值机柜台是不分航空公司,而是对所有航班开放的;

(2)旅客的资源按照当天该机场的航班量和该机型的座位数的总和来确定;

(3)旅客的容量受到停机坪机位的限制;

(4)值机柜台人员的服务时间。旅客办理值机的平均时间是58s,根据实地调查,91%的值机时间不大于1.5min 。各值机柜台的值机时间无较大差别。

(5)旅客到达机场的规律。旅客在航班起飞前到达航站楼的规律对机场的运行有着重要的影响。到达分布与机场的地理位置、机场的陆路系统和机场运行效率等有关系,一般情况下,90%的旅客在航班起飞前3~0.5h到达航站楼,见图1和图2。

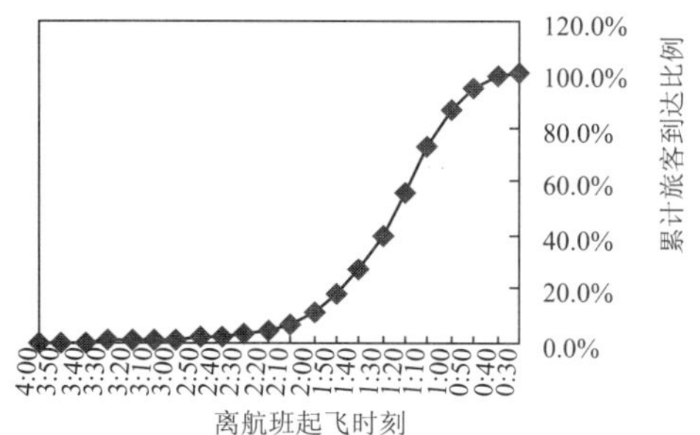

图1 某航班的旅客到达航站楼的分布图

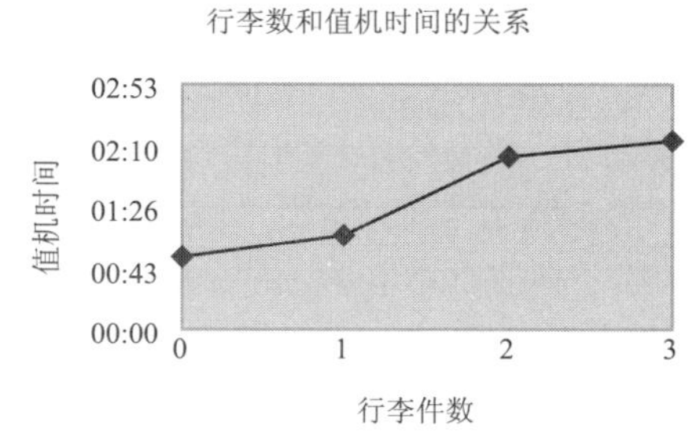

图2 值机时间与托运行李件数的关系

图2给出了航班每位旅客平均值机时间和每旅客交运行李数量之间的关系,一般地说,交运行李越多,值机时间越长,行李数超过两件时增加的趋势减缓。

(6)安检时间:每位旅客通过安检通道的平均时间为77s,各通道服务效率无差异。

(7)登机时间:每位旅客登机通过登机口需要的平均时间是2s。

3 航站楼旅客容量仿真模型建立

本文利用Service Model仿真系统来进行航站楼旅客容量评估模型。

3.1 模型建立

航站楼旅客容量评估方法的流程如图3所示,简单描述为:在机场的资源、离港流程、服务效率等条件不变的情况下,不断增加机场的航班量或旅客量直到机场的服务质量低于IATA的C等级标准,此时机场的旅客量就为该机场的饱和容量。IATA的服务等级标准中有很多项指标,包括旅客值机的队列长度和空间大小、旅

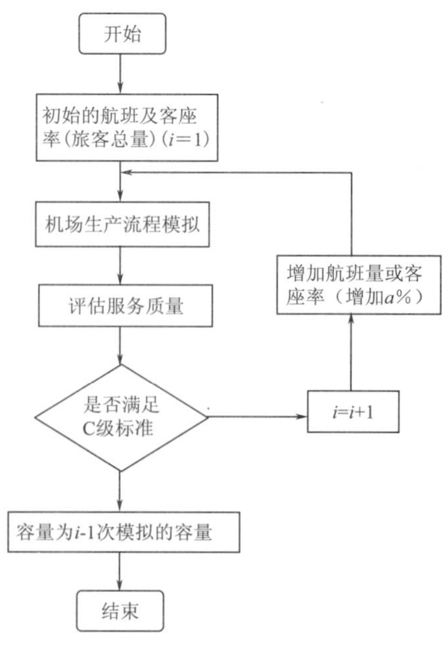

图3 容量评估方法流程

客安检的排队时间、候机厅有座位的旅客数量。本文在研究中建立的仿真模型仅依据部分的指标进行容量评估,即:经济舱值机排队时间;公务舱值机排队时间;无行李值机排队时间;安检排队时间;候机厅有座位的旅客比例。

3.2 Service Model 系统模型参数设置

在模型中,需要定义的基本元素有场所(Location)、实体(Entity)、路径网络(Path networks)、资源(Resources)、到达(Arrivals)、背景(Background Graphics)、属性(Attributes)、到达方式(Arrival Cycle)、用户自定义分布(User Defined Distributions)、外部文件(External Files)等。[4]

(1)场所(Location)

在系统模型中场所有两类,一类是旅客在此处活动且花费一定的时间或资源(如,值机队列,值机柜台,安检队列,安检通道,候机厅等);另一类是在此处设置旅客在系统中运动的判别条件(如值机大厅,旅客根据航班所属航空公司选择相应的值机柜台)。

(2)实体(Entity)

在模型中被处理的对象称为实体。在本模型中实体有 3 个:旅客、飞机、摆渡车。旅客在流程中是服务的对象,每位旅客有自己的属性,模型系统根据旅客的属性决定他们的活动趋向、行为等。飞机和摆渡车是作为装载旅客的实体,它们分别和旅客实体结合为一个实体在系统中活动。

(3)路径网络(Path networks)

在模型中,实体从一个场所到下一个场所的活动路线。本模型中主要路径网络有旅客从值机大厅到值机柜台的路径,从值机柜台到安检区的路径,从安检区到候机厅的路径,从候机厅到登机口的路径。航站楼内旅客行走的路线就是旅客通道、电梯、自动扶梯等。在这里还定义路径的各段长度和旅客行走的平均速度。

旅客在航站楼中的行走路径:

To_sojournA_1,To_sojournA_2,To_sojournB 是旅客进入出发大厅的路径。

To_checkinA_1,To_checkinA_2,To_checkin_queueB 是旅客到值机队列的路径。

To_gateA 是旅客到廊桥的路径。

To_security1_1,To_security1_2,To_security3_4 是旅客到安检柜台的路径。

To_lobbyA,To_lobbyB1 是旅客到候机厅的路径。

为了精确计算旅客在航站楼内的活动时间,使仿真更贴切,路径的长度和实际大小保持一致。旅客行走的时间依据旅客的速度和距离来确定。

(4)实体到达

模型中飞机的到达数据通过外部文件输入,旅客和摆渡车的到达数据在系统中设置。外部文件数据可以根据不同情况更改,从而模拟不同时间内,不同航班时刻,不同航班人数,不同旅客到达分布等情况下机场的运行情况。

在旅客到达的设置中,除了到达数据必须的字段外,还有控制旅客选择值机台、登机口、候机楼区域等属性。

旅客不会在同一时刻到达机场,经过现场调查统计,旅客在航班起飞前 4 小时开始陆续到达,在一定的时间段内到达人数占总人数的比例有一定规律。模型使用 Arrival Cycle 设置,在不同的时间段,不同的忙闲时间到达旅客占总人数的百分比。

4 仿真实例与分析

值机功能是旅客在值机柜台办理值机手续,并花费一定的时间。值机柜台在航班起飞前 30 分钟关闭,在此后到达的旅客将被拒绝值机,被拒绝值机的旅客立刻退出系统。

本文以虹桥机场为例,模型中的初始输入数据是 2005 年 9 月 11 日的出港航班时刻表,共有 236 个出港航班,假设平均每个航班旅客量为 115 人,每个航班的旅客到达规律符合前文图 2 所述的规律,飞机总等待时间如图 4 所示。[5]

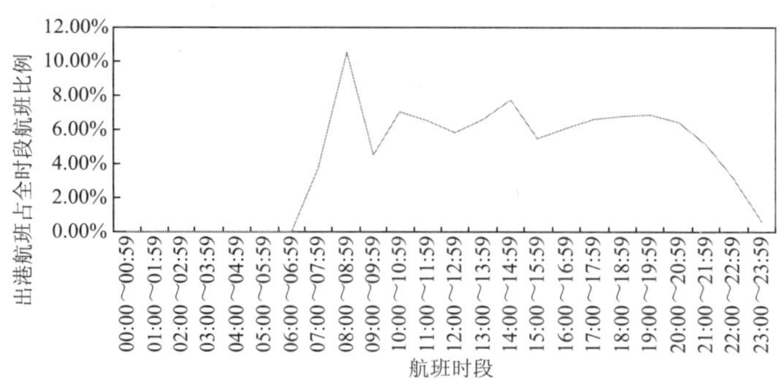

图 4　出港航班分布

根据虹桥机场资源情况模拟如下三个场景:场景 1 是 236 个出发航班,场景 2,3,4 的航班量是在场景 1 的基础上分别增加 10%,20%,25%,增加的航班量是相对均匀的分布在各个时段。仿真结果如表 2。

仿 真 结 果　　表 2

主 要 指 标	场景 1(236 个航班)	场景 2(260 个航班)	场景 3(284 个航班)	场景 4(300 个航班)	IATA 的 C 等级标准
经济舱值机排队时间	90% ≤15min	90% ≤15.5min	90% ≤17min	90% ≤20.4min	5~10min
公务舱值机排队时间	90% ≤1.5min	90% ≤1.5min	90% ≤1.6min	90% ≤1.7min	3~5min
无行李值机排队时间	90% ≤4min	90% ≤4.6min	90% ≤7min	90% ≤10min	5~8min
安检排队时间	90% ≤10min	90% ≤13min	90% ≤14.8min	90% ≤17.5min	5~10min
候机厅有座位的旅客比例	81%	79%	75%	72%	至少 70%

从图 4 和表 2 可以看出:当航班量增加到 300 个的时候(场景 4),航站楼的值机、安检、候机厅的服务质量都已经超过 IATA 的 C 等级服务标准;图 5 表明飞机进离港流程场景四的等待总时间约是场景 3 的 4 倍,飞机因跑道容量限制产生了严重的延误。所以该机场的出港航班饱和容量是 300 个航班。

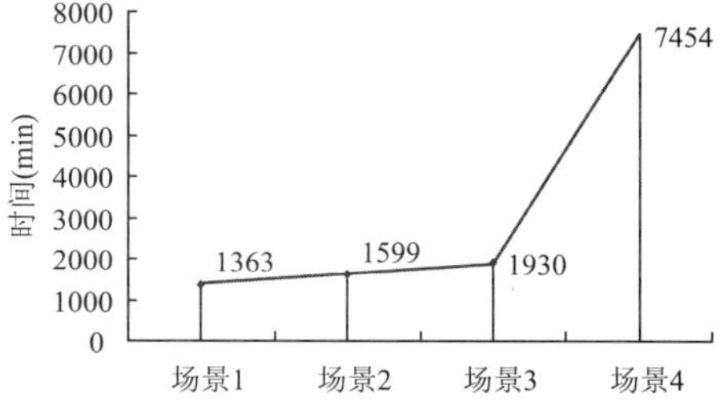

图 5　飞机等待总时间

5　结语

本文在对机场航站楼容量相关的问题作了详细的论述之后,应用 Service Model 仿真系统对虹桥机场航站楼容量做了实例评估,得到了具有应用价值的若干数据,可供相关行业的人员参考。从目前的初步应用来看,应用计算机仿真技术进行机场航站楼客流仿真研究是切实可行的,这对于提高机场整个系统的规划设计与运营管理水平有着重要意义,机场系统计算机仿真研究是今后机场系统研究的一个重要方向。

参考文献

[1] 倪桂明,杨东援. 机场航站楼客流计算机仿真研究[J]. 系统仿真学报,2002,14(2):229-233

[2] 刘静莉,王志清,宁宣熙. 航站楼旅客流程仿真研究[J]. 航空计算技术,2005,35(2):45-49

[3] Shangyao Yan, Chin-Hui Tang, Miawjane Chen. A model and a solution algorithm for airport common use check-in counter assignments[J]. Transportation Research Part A 38 (2004) 101-125

[4] (美)哈勒尔,(美)高蒂,(美)鲍登. 系统仿真及 ProModel 软件应用(第 2 版·影印版)[M],北京:清华大学出版社,2005.1

[5] Eugenio Roanes-Lozano, Luis M. Laita, Eugenio Roanes-Macias. An accelerated-time simulation of depar-

ting passengers' flow in airport terminals [J]. Mathematics and Computers in Simulation 67 (2004) 163-172

Simulation & application of airport terminal capacity evaluation system

***Shi Lina*[1], *Zhou Huiyan*[1], *Yu Fei*[2]**

(1. Air transportation College, Shanghai University of Engineering Science, Shanghai, 201620;

2. Shanghai Pudong International Airport, Shanghai, 200336)

Abstract: This paper evaluates the airport passenger terminal capacity by Service Model simulation system, considering the check-in count service time, the rules of passengers reaching and the security checking time in the process of making model. On the basis of the capacity evaluation method, this paper defines the model parameter of service model simulation system, evaluates capacity of Hongqiao airport and validates the feasibility of the model and method.

Key words: Service model; Airport passenger terminal; Capacity evaluation; Simulation

一发失效应急程序的飞行转弯分析研究

邹 珩 丁松滨 王英明

(中国民航大学国际飞行学院无人机研究所,天津,300300)

摘 要:在地形复杂的高原山区机场设计的一发失效应急程序中,飞行转弯是离场航迹设计中避开限制障碍物和获得足够航线长度的最为重要的方法和手段。飞行转弯过程的设计主要是根据障碍物的位置和高度以及飞机性能参数,选择合适的转弯策略,对温度和风的影响进行修正,最终确定飞行转弯的航迹。本文正是针对离场过程中的飞行转弯进行分析研究,对一发失效应急程序的设计具有一定的参考价值。

关键词:高原山区;一发失效;一发失效应急程序;飞行转弯

1 引言

对于同一架飞机,最大起飞重量是起飞性能经济性好坏的决定性指标。在最大起飞重量的计算中,不仅要考虑飞机全发起飞的正常情况,而且要考虑飞机一发失效起飞的紧急情况。当发生一发失效时,发动机的推力、飞机的爬升性能、起飞的飞行航机、飞机的操纵性能都将受到很大的影响。因此,很多机场的最大起飞重量主要取决于一发失效时最大起飞重量的大小,特别是高原机场更为显著。为了提高起飞性能的经济性和安全性,必须改善一发失效起飞这一瓶颈问题,一发失效应急程序(EOSID)正是针对这一问题提出的解决方案。

一发失效应急程序是通过性能计算分析,合理设计飞行航迹,以避开一些对起飞限制较大的障碍物,或提供足够的航线长度以达到需要的飞行高度,从而提高飞机的起飞重量;也可以充分利用飞机发动机停车前全发飞行时所获得的高度,以减少中远距离障碍物对起飞重量的限制。这将在很大程度上提高飞机的可用商载,从而提高航空公司的营运效益。此外,合理的应急程序可以在飞机起飞离场出现一发停车情况时,提供合适的飞行线路,为飞行员提供一发失效紧急情况下的飞行预案,以减轻飞行员在起飞工程中出现一发停车时的工作负荷,把危险系数降到最低。基于以上几点,可以看出设计一发失效应急程序是很有必要的,而本文就是针对性的对一发失效应急程序中最为复杂和关键的飞行转弯问题做出分析并提出解决方案。

2 一发失效应急程序中飞行转弯的理论基础

2.1 转弯中爬升梯度损失原理

当飞机平飞时,发动机推力的水平分量用于克服阻力,垂直分量用于平衡重力。当飞机沿直线爬升时,发动机推力的垂直分量与升力的垂直分量之和大于重力,从而保持飞机向上爬升。当飞机转弯时,由于推力的一部分用于克服离心力,所以当发动机推力一定时,转弯时的爬升梯度小于直线爬升时的爬升梯度。爬升梯度损失同飞机构形、飞行马赫数、转弯坡度等因素相关[1]。

2.2 转弯保护区

温度对障碍物水平方向限制区域的面积和转弯保护区有很大的影响,因为转弯半径和真空速(以及风速)相关,而真空速在相同的指示空速下随温度变化而产生变化。

转弯半径的计算公式:$R=\dfrac{V^2}{g\tan\phi}$

作者简介:邹珩,中国民航大学硕士研究生;丁松滨,中国民航大学国际飞行学院教授,硕士生导师。

式中：ϕ——转弯坡度(小于 15°)。

同时，一发失效情况下的指示空速受飞机重量变化影响很大，而限制重量也受温度的影响很大。因此，必须对温度对最大和最小转弯半径的影响加以考虑。对于转弯半径，可以引入以下概念：

最小转弯半径：在最低温度、最小起飞重量的情况下，可以达到最小的转弯半径。

最大转弯半径：在最高温度、最大起飞重量的情况下，应该达到最大的转弯半径。

同时，指定的水平方向限制区的半宽(水平方向限制区的最大宽度的一半)应该加在最外转弯半径和最内转弯半径的两侧[3]。而平均的转弯半径可以用来计算航路距离。具体情况见图 1。

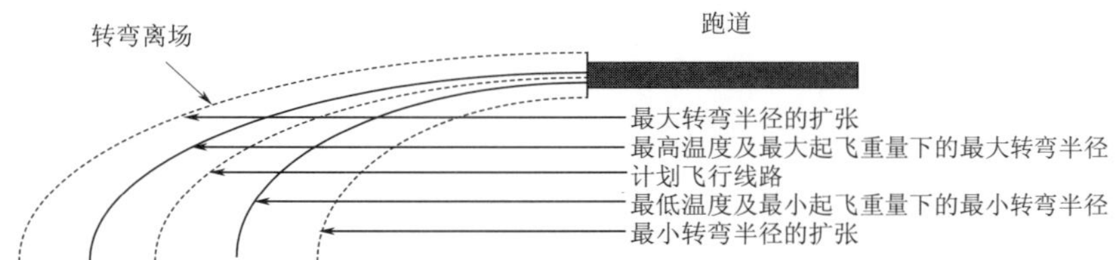

图 1　转弯保护区示意图

在国际民航组织(ICAO)20.7.1B 第 12 段中对离场规则中对于转弯保护区的规定如表 1 所示。

转弯保护区规定　　表 1

操　作	转 弯 坡 度	开始扩张段半宽	扩张结束段半宽
日航 VMC	≤15°	90m + 0.125D	300m
	>15°	90m + 0.125D	600m
夜航 VMC/IMC	≤15°	90m + 0.125D	600m
	>15°	90m + 0.125D	900m

注：D 从起飞滑跑结束开始，测量的计划飞行路线的垂直距离。

2.3　风对转弯的影响

在转弯过程中，飞机和风的相对方向会发生改变，风的有利性和不利性同样也是变化的，而且在性能计算中对有利风和不利风的大小的考虑也有所不同。因此，风对转弯过程中的爬升梯度的影响不易确定，对这种情况的分析也趋于复杂。为了克服这种不利的影响，在设计一发失效应急程序(EOSID)时，通常选择足够长的航迹，以确保飞机可以爬升到足够的安全高度。

风对飞行航迹的横向影响在一发失效应急程序(EOSID)中必须加以重点考虑，对此进行修正检查，以保证飞行的安全。除了爬升梯度发生改变，在转弯过程中，风的影响还可以使飞机的实际航迹发生改变，这将增大飞行的转弯保护区，从而可能导致新增障碍物的出现。因此，在设计中，需要结合机场当地气象条件中风的统计数据，对转弯航迹及其保护区进行修正，并指明该程序对风的适用范围[2]。

2.4　转弯离场的方式

2.4.1　指定高度转弯离场

为避开直线离场方向上的高大障碍物，或受空域等条件限制，要求飞机在规定的航向或由航迹引导，上升至一个规定的高度后再开始转弯，称之为指定高度转弯离场[4]。所规定的高度应保证飞机在避开前方高大障碍物的同时有足够的余度飞越位于转弯保护区内的所有障碍物。

计算转弯高度时首先要选择一个转弯点(TP)，该点应位于离场航线上，而且能保证将需要避开的障碍物排除在转弯保护区外。根据 ICAO 的规定，转弯高度的计算公式为：

$$TH = d_r G_r + 5\text{m}$$

式中：d_r——起飞跑道末端(DER)至转弯点(TP)的距离；

G_r——最小净爬升梯度。

如果因地形等原因，要求飞机在较高的 TH 转弯，需要使用较大的爬升梯度(G_r)时，应公布具体的爬升梯度(G_r)。TH 不得低于 120m。

2.4.2　指定点转弯离场

在条件允许的机场，为避开直线离场方向上的高大障碍物，或受空域等条件限制，设计转弯离场时，可以要求飞机在一个指定点开始转弯,称之为指定点转弯离场。

指定点转弯离场需考虑转弯点的定位容差区,这里又要分为两种情况:

(1)转弯点为一个定位点

这种情况一般用一个导航台或交叉定位点作为转弯点。转弯点容差区[7]的纵向限制取决于TP的定位容差和6s飞行技术容差(驾驶员反应误差3s+建立坡度时间3s)。如果TP为一个导航台,则定位容差决定于飞越导航台的高度,这个高度是从DER标高按10%梯度上升的计算高度。

(2)转弯点不是一个定位点

转弯点由侧方径向线确定时,转弯点纵向限制是由交叉的转弯径向线容差和6s飞行技术容差确定。转弯点由弧DME确定时,转弯点容差区的纵向限制由弧DME的准确度和6s飞行技术容差确定。但必须满足:跑道中心延长线与规定转弯点至DME台的连线的最大交角必须不大于23°。

3 飞行转弯的设计和计算要点

3.1 转弯爬升过程中梯度损失的确定

在转弯爬升过程中,需计算爬升梯度的梯度损失,然后将梯度损失量转换成障碍物的修正高度增量,进行起飞的越障计算。梯度损失量通常通过查阅相关的飞行性能手册得到。

下面将举例说明如何通过确定梯度的损失来确定障碍物的修正高度。

设有一条EOSID跑道,起飞后,过指定点右转,沿050°磁航迹飞行。在距离转弯开始点300m(984ft)距离处,有一相对跑道高度为75ft的障碍物。

从图2中可以看到,对于襟翼位置为Flap 5的起飞,爬升梯度的下降率为0.6%

修正障碍物高度的计算为:

0.006×984+75=81ft=25m

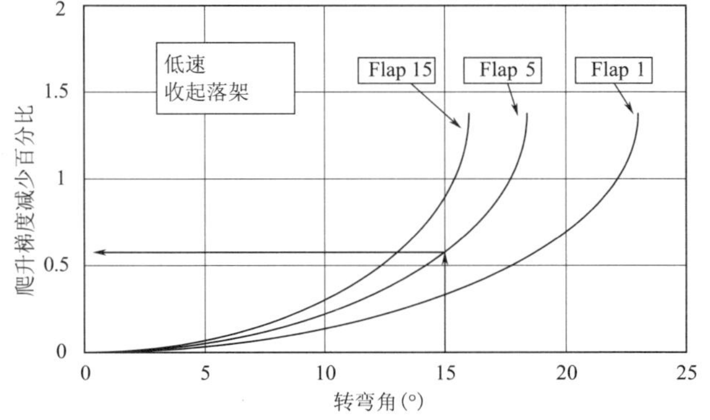

图2 转弯爬升梯度损失简图

飞行规则[6]规定在转弯过程中,转弯的最小高度应为50ft,而平常状态下障碍物裕度(净航迹高于障碍物)为35ft,因此在转弯过程中,障碍物的高度应该增加15ft。

由此可得,在离场程序设计中,障碍物的高度应看作96ft(29m)。

3.2 转弯策略的选择

3.2.1 固定转弯坡度转弯

使用这种转弯方式的程序设计中,转弯的最小半径和转弯爬升时的梯度损失很容易计算,其数据也比较精准。但是,这种转弯方式缺点也很明显,使用固定转弯坡度转弯时,飞行的航迹是不确定的。机场环境温度和飞机起飞重量的不同,会导致起飞速度的改变,从而影响飞机转弯时的转弯半径。此外,在起飞的平飞加速段转弯时,由于转弯过程中速度变化很快,对转弯半径的影响很大。所以,转弯半径的计算应该用转弯过程中的平均速度而不是转弯开始点的速度。因此,使用固定转弯坡度转弯,必须进行温度和重量修正[3]。

3.2.2 固定转弯半径转弯

使用这种转弯方式的程序设计中,可以得到精确的飞行航迹,不需要起飞重量和环境温度的修正。但是,这种转弯方式同样存在不足之处。首先,必须考虑最大转弯坡度,根据上文提到的转弯半径计算公式,可以看出转弯半径固定不变的情况下,转弯坡度随着速度的增大而增大。因此,为满足最大转弯坡度的要求,必须给出速度的限制。另外,因为固定转弯半径转弯时,随速度的变化,转弯坡度也在不断变化,而为了确保飞行航迹的精确度,此时必须绝对的依靠FMS数据库进行校准定位[6]。这可能导致飞行员在这种模式的理解上存在困难,而且没有装备FMS的飞机不能采取这种转弯方式。如果转弯处于起飞爬升过程中,爬升梯度的损失量是不能直接得出的。因此,必须先计算出转弯过程中的平均转弯坡度,然后查表得出梯度损失值。

通过以上对两种转弯策略的分析比较,可以得出如表2所示的选择。

转弯策略比较　　表2

固定转弯坡度转弯	固定转弯半径转弯
避让近距离障碍物(起飞后立即转弯)	避让远距离障碍物
针对单一机型	针对多种机型
地形简单、转弯区障碍物较少	地形复杂、转弯区障碍物较多

3.3 风的修正

风修正主要是对风速和空速进行矢量合成,由计划航迹得到一条新的飞行航迹,从而根据保护区的限制对新航迹的进行安全检查,最终进行航迹修正得到最终适合的飞行航迹。具体方法将在下面的算例分析中给出。因为风的影响,转弯的保护区也需要重新修正。在进行起飞分析时,转弯区障碍物的选取应该包含风修正区中的所有障碍物,因此因为不同的风向条件下,转弯保护区内包含的障碍物可能不同,从而也就导致离场程序中的起飞重量不同,对不同的风向条件需做出相应的分析。

4 对飞行转弯的综合算例分析

设某机场,机场标高2000m,跑道磁方位033°~196°,机场坐标为东经:102°44′32.8″北纬:24°59′32.3″。有侧风,可进行矢量分解成正顶风20kn和正侧风10kn。有障碍物位置如图3所示,障碍物相对跑道高度分别为180m和340m,起飞机型为B737-200,最大起飞重量为61234kg。

步骤1:根据障碍物位置以及飞机起飞性能[5]确定转弯方式为在制定转弯点转弯,转弯点为跑道正前方3600m处。转弯策略为固定转弯半径转弯,转弯半径 $r=2260\text{m}$;平均转弯坡度 $\phi=15°$,转弯速度 $v=150\text{kn}=77.16\text{m/s}$;再由已知条件可以计算得出:

转弯180°的飞行距离 $S=D=7101\text{m}$

180°转弯 $t=S/v=7101/77.16=92\text{s}$

角速度 $\omega=180°/92\approx1.96°/\text{s}$

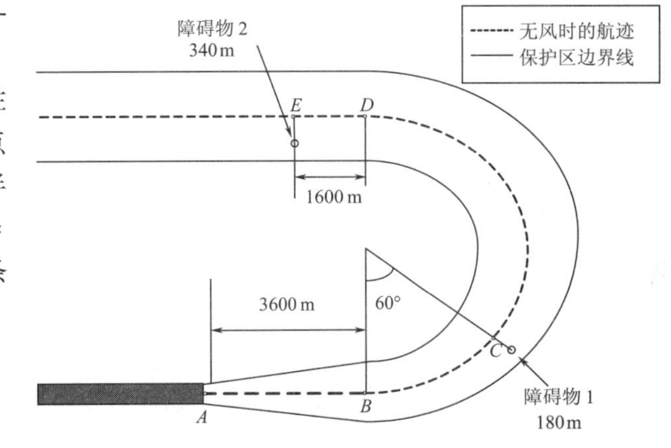

图3　飞行路径示意图

步骤2:计算障碍物修正值:

障碍物1的距离 $S_1=S_{AB}+S_{BC}=3600+7101\times(60/180)=5967\text{m}$

障碍物2的距离 $S_2=S_{AB}+S_{BC}+S_{CD}+S_{DE}=3600+S+1600=12301\text{m}$

查阅B737飞机性能手册转弯梯度损失图,可得该机型以15°坡度转弯时的梯度损失为0.6%,可以算出:

障碍物1的修正高度 $H_1=180+7101\times(60/180)\times0.6\%=194.2\text{m}$

障碍物2的修正高度 $H_2=340+7101\times0.6\%=382.6\text{m}$

步骤3:风修正:

风速换算,正顶风 $v_{正}=20\text{kn}=10.3\text{m/s}$;正侧风 $v_{侧}=10\text{kn}=5.13\text{m/s}$

如图5可分别计算转弯45°处,正顶风偏量 $D_{正}=v_{正}t=10.3\times92\times(45/180)=237\text{m}$

正侧风偏量 $D_{侧}=v_{侧}t=5.13\times92\times(45/180)=118\text{m}$

再对45°处的偏量进行矢量合成,得 $D_{合}=\sqrt{237^2+118^2}=265\text{m}$,如图4所示。

同理可得表 3 所示的结果。

表 3

转弯角(°)	时间(s)	合成偏差(m)
90	46	531
135	69	795
180	92	1061

由此可以得到风修正后的飞行轨迹,再根据 ICAO 对转弯保护区的规定,进行保护区修正(图 4),在新的保护区内没有影响正常飞行的障碍物,此转弯飞行航迹安全合理。

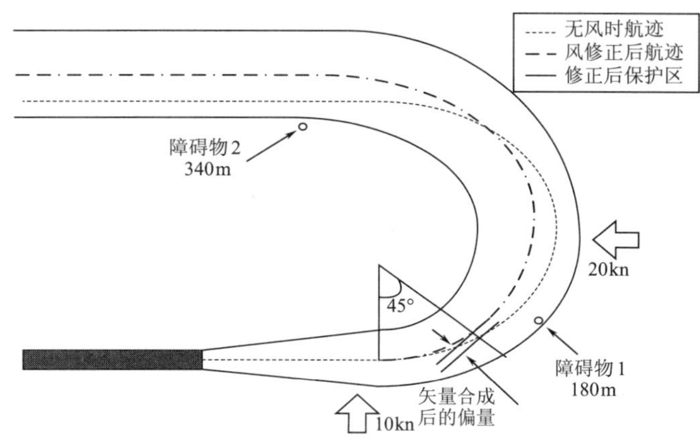

图 4　风修正后转弯路径及保护区示意图

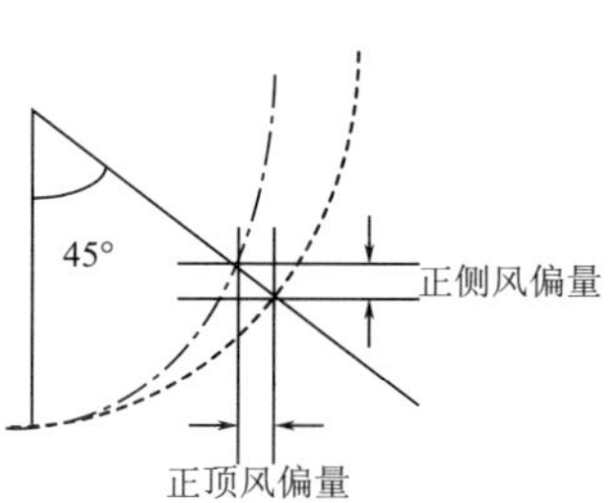

图 5　45°转弯处风力矢量详图

5　结论

本文分析讨论了一发失效应急程序中关于飞行转弯的保护区确定、爬升梯度损失确定、转弯策略选择、风的修正等问题,对于如何细化和改善一发失效应急程序中的飞行转弯这一关键环节,提高飞机避让限制障碍物以及获得足够航线长度的合理性和安全性,并最终选择出合适的飞行航迹提出了自己的意见,对一发失效应急程序的设计具有一定的参考价值。

参考文献

[1] 陈治怀. 飞机性能工程[M]. 北京:中国民航出版社,1993. 1-119

[2] 赵煜. 飞机一发失效应急程序(EOSID)的设计研究[J]. 2005 年 3 月

[3] 戴福清. 飞行程序设计[M]. 天津:天津科学技术出版社,2000. 7. 1-101

[4] Boeing Company. Statistical Summary of Commercial Jet Accidents Worldwide operations [G]. Printed in USA,2004

[5] B737-200 飞机昆明/巫家坝机场起飞一发失效应急程序[Z]. Boeing,2003

[6] 中国民用航空规章第 25 部—运输类飞机适航标准[S]. 中国民用航空总局,1985

[7] 空中交通服务程序——航空器的运行(第二卷 目视和仪表飞行程序设计)[S]. 国际民航组织,1993. 18-42

Analysis on turning in the engine out standard instrument departures (EOSIDs)

Zou Heng, Ding Songbin, Wang Yingming

(Research Institute of Unmanned Aircraft, International Flight College, CAUC, Tianjin, 300300)

Abstract: In the Engine Out Standard Instrument Departures (EOSIDs) which designed for a plateau and mountainous airport, turning is the most important solution and method in the design of the departure flight path, an important way to avoid the limit obstacles and get enough length for the flight path. The designing of the turning is mainly based on the location and height of the obstacles as well as the flight performance parameters, then, chose a right turning strategy and adjust for the impact of the temperature and wind to ensure the final turning path.

Key words: Plateau and mountainous area; Engine out; EOSIDs; Turning

性能劣化数据在民机部件寿命分布计算中的应用

谢长城　白　杰

(中国民航大学航空工程学院,天津,300300)

摘　要:确定部件寿命分布的一般方法是基于部件的失效寿命数据。然而对于民用飞机而言,大多数部件都是高可靠性长寿命产品,失效时间数据很难获取,这种情况下可运用产品的性能劣化数据来计算其寿命分布。本文使用线性随机过程模型来描述产品性能劣化参数逼近临界值的过程,然后根据性能劣化参数的演变过程推导出产品寿命分布密度。为了实际使用的方便,再运用矩估计法将得出的失效密度函数拟合成威布尔分布,最后给出一个数值实例来验证了方法的可行性。

关键词:性能劣化;寿命分布;劣化数据;威布尔分布;线性随机过程

1　引言

航空器的使用和维修部门使用最多的是可靠性技术,而寿命分布是可靠性工程应用和研究的基础。对于航空领域的众多高可靠性长寿命产品,在较短的研制或使用周期内,要想得到一定量的产品失效数据是很困难的,这就使得现有的基于失效时间数据的寿命分析方法的应用有了较大的困难。由于大部分产品的失效机理最终可以追溯到产品潜在的性能劣化过程,因此从某种意义上讲可以认为性能劣化最终导致了产品失效(或故障)的产生。因此可以使用性能劣化数据分析代替传统的失效数据分析来确定产品的寿命分布函数。

本文首先介绍了性能劣化数据的概念以及利用劣化数据确定民机部件寿命分布的优点,然后使用线性随机过程模型描述性能劣化过程并根据性能劣化参数的演变过程推导出产品寿命分布密度,接着运用矩估计法将其拟合成民航维修界广泛使用的威布尔分布,最后利用上述方法确定了某高可靠度长寿命的航空柱塞泵的寿命分布。

2　性能劣化数据的概念与分析

2.1　劣化数据的定义[1]

如果产品在运行或储存过程中,某种性能随时间的延长而逐渐缓慢的下降,直至达到无法正常工作的状态(通常由制造厂家规定的临界值,即劣化失效标准或失效阈值),则称此种现象为劣化型失效,如航空发动机轴承的磨损、飞机结构件的老化、涡轮叶片裂纹的增长等。我们把产品性能参数随检测时间劣化的数据,称为劣化数据。

2.2　使用劣化数据确定民机部件寿命分布的优点

(1)劣化数据可以应用在只有少数或零失效的情况下,而民机部件大多是高可靠性长寿命产品,失效数据很难获取,所以劣化数据能够提供比失效时间数据更多的信息(减少了部件失效时间数据丢失的信息)。

(2) 对飞机/发动机而言,为了保证运营的安全性,飞机制造商制定了严格的监控程序(如:状态监控,孔探)获取部件的劣化数据,这为获得寿命分布提供了可能性。

3　性能劣化的线性随机过程模型[2]

对于产品的平稳劣化过程,性能劣化参数的变化规律可以用线性随机过程近似描述。用 $\eta(t)$ 表示产品的主要特性参数随时间变化的规律,则:

$$\eta(t) = \eta_0 + rt \tag{1}$$

其中 η_0 为产品性能参数的初始值，由于加工工艺的影响，该初始值有一定分布。r 为产品性能参数的变化速率，与飞机载荷等使用条件和温度、压力等环境条件有关。然而针对某一机型的同一类部件或系统而言，由于其制造的材料相同，尺寸和几何形状相同，运行的环境等相关因素都一样或者相似，故而有理由认为二者均服从正态分布，显然，$\forall t, \eta(t)$ 也为正态随机变量，更一般地，可认为 $\eta(t)$ 的分布服从均值为 $\mu(t)$，方差为 $\sigma^2(t)$ 的正态分布，即：

$$f(\eta,t)=\frac{1}{\sigma(T)\sqrt{2\pi}}\exp\left\{-\frac{\eta-\mu(t)^2}{2\sigma^2(t)}\right\} \tag{2}$$

4 应用劣化数据推导部件的寿命分布密度

产品技术文件对性能参数的规定一般为：

$$\eta^{*}\leqslant\eta\leqslant\eta^{**}$$

由产品失效机理可知，当 $\eta(t)$ 随时间的演变超过界限值 η^{*} 或 η^{**} 时，则产品发生失效。因此可以通过 $\eta(T)$ 的演变过程规律推导产品寿命 T 的分布规律 $\phi(t)$，那么 $\eta(t)$ 第一次与边界 η^{**} 相交之前的时间分布密度 $\phi(t,\eta^{**})$，它就是产品的寿命分布密度[3]。

由于对 $\eta(t)$ 规定了上下界限(η^{*},η^{**})，则事件"系统寿命 X 小于或等于时间 t"等价于事件"参数 $\eta(t)$ 或小于 η^{*}，或大于 η^{**}" 即：

$$\{X\leqslant t\}\Leftrightarrow\{\eta(t)<\eta^{*}\}U\{\eta(t)>\eta^{**}\} \tag{3}$$

则系统的寿命分布 $\phi(t)=\int_0^t\phi(t)\,\mathrm{d}t$，可表示为：

$$\phi(t)=P\{X\leqslant t\}=P\{\eta(t)<\eta^{*}\}+P\{\eta(t)>\eta^{**}\}=\int_{-\infty}^{\eta^{*}}f(\eta,t)\,\mathrm{d}\eta+\int_{\eta^{**}}^{-\infty}f(\eta,t)\,\mathrm{d}\eta \tag{4}$$

由于 $\phi(t,\eta^{**})=\dfrac{\mathrm{d}\phi(t)}{\mathrm{d}t}$，将式(2)代入到式(4)中，进行数学运算可得：

$$\phi(t,\eta^{**})=\frac{1}{\sqrt{2\pi}}\left\{\exp\left[-\frac{(\eta^{*}-\mu(t))^2}{2\sigma^2(t)}\right]\frac{\mathrm{d}}{\mathrm{d}t}\left[\frac{\eta^{*}-\mu(t)}{\sigma(t)}\right]-\exp\left[-\frac{(\eta^{**}-\mu(t))^2}{2\sigma^2(t)}\right]\frac{\mathrm{d}}{\mathrm{d}t}\left[\frac{\eta^{**}-\mu(t)}{\sigma(t)}\right]\right\} \tag{5}$$

如果 η 只规定单边界限($0,\eta^{**}$)，则

$$\phi(t,\eta^{**})=\frac{1}{\sqrt{2\pi}}\left\{\exp\left[-\frac{(\eta^{**}-\mu(t))^2}{2\sigma^2(t)}\right]\frac{\mathrm{d}}{\mathrm{d}t}\left[\frac{\eta^{**}-\mu(t)}{\sigma(t)}\right]\right\} \tag{6}$$

当参数 $\eta(t)$ 服从正态分布时，其均值和方差服从线性关系：

$$\mu(t)=a+bt \tag{7}$$

$$\sigma^2(t)=c+ht \tag{8}$$

将式(7)和式(8)代入到式(6)则系统或部件的寿命分布密度：

$$\phi(t,\eta^{**})=\frac{1}{\sqrt{2\pi}}\left\{\exp\left[-\frac{(\eta^{**}-a-bt)^2}{2(c+ht)^2}\right]\frac{\mathrm{d}}{\mathrm{d}t}\left[\frac{\eta^{**}-a-bt}{c+ht}\right]\right\} \tag{9}$$

5 寿命分布的拟合

威布尔分布被广泛应用于可靠性建模，在民航维修界，用威布尔分布来表征部件寿命分布也被广泛接受[1,3,5]，为了实际使用方便，本文采用矩估计法将其拟合为威布尔分布。

根据威布尔分布的表达式，要想得到威布尔分布则必须求的参数 m 和 n 的值，为此我们令推导出的寿命分布 $\phi(t)$ 和威布尔分布 $F(t)$ 的一阶矩、二阶矩分别相等，联立两个方程就可求出参数 m 和 n，进而得到威布尔分布。

5.1 计算威布尔分布的一阶矩，二阶矩

先计算威布尔分布的 k 阶矩：

$$E(T^k) = \int_0^\infty t^k f(t)\,\mathrm{d}t = \int_0^\infty \frac{m}{n}\left(\frac{t}{n}\right)^{m-1} t^k e^{-\left(\frac{t}{n}\right)^m}\mathrm{d}t \tag{10}$$

作变量替换和相关数学运算可得威布尔分布的一阶矩和二阶矩：

$$E_1(T) = n\Gamma\left(\frac{1}{m}+1\right) \tag{11}$$

$$E_1(T^2) = n^2\Gamma\left(\frac{2}{m}+1\right) \tag{12}$$

5.2 计算 $\phi(t)$ 的一阶矩，二阶矩

先计算 $\phi(t)$ 的 k 阶矩：

$$E_2(T^k) = \int_0^\infty t^k\phi(t,\eta^{**})\,\mathrm{d}t = \int_0^\infty \frac{t^k}{\sqrt{2\pi}}\exp\left[-\frac{1}{2}\left(\frac{\eta^{**}-a-bt}{c+ht}\right)^2\right]\frac{\mathrm{d}}{\mathrm{d}t}\left[\frac{\eta^{**}-a-bt}{c+ht}\right]\mathrm{d}t \tag{13}$$

做变量替换：

令 $\xi = \dfrac{\eta^{**}-a-bt}{c+ht}$，则积分上下限分别为：$\xi_1 = \dfrac{\eta^{**}-a}{c}$，$\xi_2 = \dfrac{-b}{h}$

所以可得 $\phi(t)$ 的一阶矩和二阶矩：

$$E_2(T) = \frac{1}{\sqrt{2\pi}}\int_{\xi_1}^{\xi_2}\left(\frac{\eta^{**}-a-\xi_c}{\xi h+b}\right)\cdot e^{-\frac{1}{2}\xi^2}\mathrm{d}\xi \tag{14}$$

$$E_2(T^2) = \frac{1}{\sqrt{2\pi}}\int_{\xi_1}^{\xi_2}\left(\frac{\eta^{**}-a-\xi_c}{\xi h+b}\right)^2\cdot e^{-\frac{1}{2}\xi^2}\mathrm{d}\xi \tag{15}$$

5.3 求解威布尔分布的参数 m 和 n

联立式(11)，(12)，(14)，(15)可得：

$$E_1(T) = E_2(T) \tag{16}$$

$$E_1(T^2) = E_2(T^2) \tag{17}$$

其中 Γ 函数可用斯特林公式[4]来近似替换，斯特林公式表达式：

$$\Gamma(z) = \sqrt{2\pi}z^{z-\frac{1}{2}}e^{-z}\left[1+\frac{z^{-1}}{12}+\frac{z^{-2}}{288}-\frac{139z^{-3}}{51840}-\frac{571z^{-4}}{2488320}+\frac{163879z^{-5}}{209018880}+\cdots\right] \tag{18}$$

所以针对具体部件可将相应数值代入到式(16)，(17)中，运用 MATLAB 进行数值求解，可以求出 $m=p_1$ 和 $n=q_1$ 值，便可得出部件寿命分布为：

$$F(t) = 1-\exp\left\{-\left(\frac{t}{q_1}\right)^{p_1}\right\} \qquad t>0 \tag{19}$$

6 实例分析

根据文献[3]提供的资料：由 10 组某型航空柱塞泵性能劣化数据得出，容积效率 y_v 的均值和方差分别为

$$u(t) = 0.915 - 0.000062t \tag{20}$$

$$\delta^2(t) = 0.02 + 0.000012t \tag{21}$$

临故极限值 $\eta^{**}=0.75$，确定其寿命分布密度。

由式(20)，(21)可知：$a=0.915$，$b=-0.000062$，$c=0.02$，$h=0.000012$，将其代入到式(14)，(15)中求得 $E_2(T)$ 和 $E_2(T^2)$，再根据式(16)，(17)以及(18)可以求得 $m=1.6780$，$n=797.1808$。以上过程运用 MATLAB 进行计算。

所以柱塞泵的寿命分布为：

$$F(t) = 1-\exp\left\{-\left(\frac{t}{797.1808}\right)^{1.6780}\right\} \qquad t>0 \tag{22}$$

根据工程师们长期统计分析得出：该型号柱塞泵的寿命分布为 $m=1.556$，$n=820.46$ 的威布尔分布，与本文得出的 $m=1.6780$，$n=797.1808$ 相比，两者相差不大。可见只要柱塞泵的样本越大，劣化数

据的检测值越多，得出的寿命分布就越接近真实的寿命分布。综上所述可知，应用性能劣化参数来计算部件的寿命分布是切实可行的。

7 结语

本文首先采用线性随机过程模型来描述产品性能参数逼近临界值的过程，然后根据性能劣化参数的演变过程推导出产品寿命分布密度 $\phi(t,\eta^{**})$。再利用一阶矩、二阶矩分别相等的方法将其拟合成两参数威布尔分布，最后通过确定某型航空柱塞泵寿命分布的实例计算，验证了方法的可行性。

参考文献

[1] 魏星. 基于产品性能劣化数据的可靠性分析及其应用研究[D]. 南京理工大学,2008.6

[2] 冯静,董超. 基于系统性能退化数据的可靠性增长研究[J]. 管理工程学报,2005.1

[3] 孙春林, 白杰. 可靠性理论[M]. 天津:天津科学技术出版社, 2001

[4] 数学手册编写组. 数学手册[M]. 北京:高等教育出版社,1979

[5] 姚晨榕. 基于状态的民航发动机维修管理研究[D]. 南京航空航天大学,2006.1

[6] 李正,吕胜利,姚磊江. 基于性能劣化确定威布尔系统的最佳检测周期[R]. 中国航空学会会议,2007

[7] 孙新利. 工程可靠性教程[M]. 北京:国防工业出版社,2005

The application of performance deterioration data in calculating life distribution of civil aircraft components

Xie Changcheng, Bai Jie

(Civil Aviation University of China, Tianjin, 300300)

Abstract: The traditional methods to determine life distribution of components are based on failure lifetime data. But for the civil aircraft, most of components are high reliability and long lifetime products, it is of great difficult to obtain the failure time data. In this situation, deterioration data can be used to calculate the life distribution. In this paper, the deterioration processes are described as a simple linear stochastic model, and then life distribution can be derived from the evolvement of the performance deterioration data. In order to be convenient to use in practice, matric estimation is used to fit the derived failure distribution density to Weibull distribution. At the end, the feasibility of the approach is verified through a numerical example.

Key words: Life distribution; Deterioration data; Weibull distribution; Linear stochastic process

管制区域交通流量实时预测模型

卢　飞　张兆宁

(中国民航大学空中交通管理学院,天津,300300)

摘　要:实时的管制区域流量预测能够有效的保证空中交通有序顺畅的运行,对保证飞行安全和解决空中交通拥挤、减少航班延误有很大的帮助。本文建立了航路上的实时流量预测模型,在此基础上给出了管制区域内的实时流量预测模型,最后通过算例仿真来验证所建立模型的正确性和可行性,模型的预测结果能够给管制员提供一定的指导。

关键词:空中交通流量;流量预测;管制区域;航路

1　引言

随着我国经济的迅速发展,空中航空器的数量迅速增加,导致空中交通拥挤加剧,航班延误增加,管制员工作负荷增加。延误问题往往耽误乘客的时间,影响航空公司的信誉和运作。科学准确的空中交通流量中长期预测是航空各级决策部门制定发展战略、发展规划的重要依据[1];而实时的流量预测能够有效的保证空中交通有序顺畅的运行,可以使管制员及时了解下一时段空中交通拥挤情况和短时间内的工作负荷情况,对保证飞行安全和解决空中交通拥挤、减少航班延误有很大的帮助。

国内外空中交通流量预测的研究主要集中在以下两个方面:(1)对空中交通流量的中长期预测,使用的方法主要有回归统计分析法[2]、时间序列法[3]、神经网络和数据挖掘法[4-5]、灰色数学理论[6],以及考虑随机成分对空中交通流量的影响[7],但其所用的方法并不适合管制区域实时流量预测;(2)空中交通流量的短期预测,文献[8-9]建立了基于动态网络流的短期流量预测模型,但是模型和计算相当复杂,参数较多,计算时效性差,不能很好的对管制区域实时流量进行预测。

本文将建立一个参数个数少,计算时间短,预测结果准确的管制区域实时流量预测模型,并通过算例仿真来验证模型的正确性和可行性。

2　管制区域交通流量实时预测模型

一个管制区域是由若干条航路组成。下面将建立管制区域实时流量预测模型,首先将时间离散化,考虑风速和风向的影响建立航路实时流量预测模型,然后在此基础上给出管制区域实时流量预测模型。

为了便于模型建立,结合图1,假设:L_1,航线 OB 的长度;L_2,航线 BD 的长度;l,飞机的长度;T_k,时刻;i,航线 OB 上在 T_k 时刻未进入区域 P 内的飞机,j,航线 OB 上在 T_k 时刻区域 P_1 内的飞机;r,航线 BD 上在 T_k 时刻区域 P_2 内的飞机;S_i,飞机 i 距 O 点的距离;S_j,飞机 j 距 O 点的距离;S_r,飞机 r 距 B 点的距离;V_i,飞机 i 的静风速度;V_j,飞机 j 的静风速度;V_r,飞机 r 的静风速度;$V_{风}$,风速;θ,风向与航线 OB 的夹角;α,航路 BD 与航路 OB 延长线的夹角;$f_1(T_k)$,T_k 时刻区域 P_1 内的预测流量;$f_2(T_k)$,T_k 时刻区域 P_2 内的预测流量;n_k,T_k 时刻未进入区域 P 内的飞机数;m_1,T_0 时刻区域 P_1 内的飞机数;m_2,T_0 时刻区域 P_2 内的飞机数;$q_{1入}^{T_{k+1}}$,T_k 到 T_{k+1} 期间飞入区域 P_1 的飞机数;$q_{1出}^{T_{k+1}}$,T_k 到 T_{k+1} 期间飞出区域 P_1 的飞机数;$q_{2入}^{T_{k+1}}$,T_k 到 T_{k+1} 期间飞入区域 P_2 的飞机数;$q_{2出}^{T_{k+1}}$,T_k 到 T_{k+1} 期间飞出区域 P_2 的飞机数。

如图1所示,管制区域 P 内仅有一条单航路有,B 为转弯点。在转弯点 B 处将区域 P 分成两个小管制区域 P_1,P_2,并分别考虑 P_1,P_2 内的流量。

基金项目:国家863计划(2006AA12A113)资助项目。

作者简介:卢飞(1984-),男,山东泰安人,硕士研究生,主要研究方向:空中交通运输规划与管理。

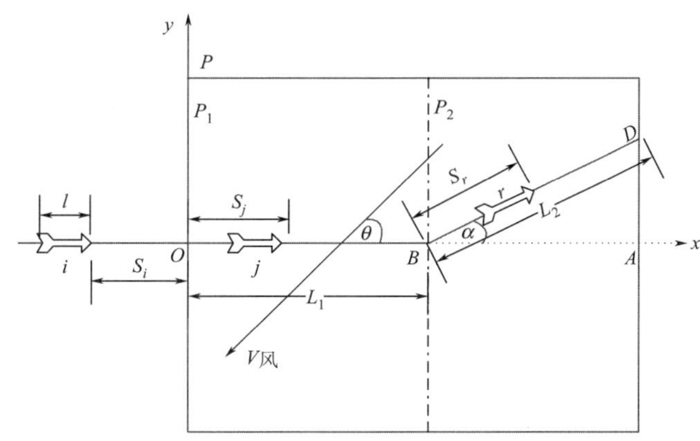

图1　有一个转弯点的单航路示意图

管制区域 P_1 内的流量：

对于 T_k 时刻区域 P 外的飞机 $i(i=1,2,\cdots,n_k)$，设辅助变量 $x_{1,i}^k(i=1,2,\cdots,n_k)$，则有：

$$x_{1,i}^k=\begin{cases}1,\dfrac{S_i+l}{V_i-V_{风}\cos\theta}\leqslant T_{k+1}-T_k\leqslant\dfrac{S_i+L_1+l}{V_i-V_{风}\cos\theta}\\0,\dfrac{S_i+l}{V_i-V_{风}\cos\theta}>T_{k+1}-T_k\quad 或\dfrac{S_i+L_1+l}{V_i-V_{风}\cos\theta}<T_{k+1}-T_k\end{cases}\quad(i=1,2,\cdots,n_k)\tag{1}$$

$x_{1,i}^k=1$ 表示 T_{k+1}时刻飞机 i 飞入区域 P_1 内，$x_{1,i}^k=0$ 表示 T_{k+1}时刻飞机 i 还未飞入区域 P_1 内，或者飞机 i 已飞越区域 P_1。那么 T_k 到 T_{k+1}期间飞入区域 P_1 的飞机数为：

$$q_{1入}^{T_{k+1}}=\sum_{i=1}^{n_k}x_{1,i}^k\tag{2}$$

对于 T_k 时刻区域 P_1 内的飞机 j，设辅助变量 $y_{1,j}^k(j=1,2,\cdots,f_1(T_k))$，则有：

$$y_{1,j}^k=\begin{cases}1,\dfrac{L_1-S_j+l}{V_j-V_{风}\cos\theta}<T_{k+1}-T_k\\0,\dfrac{L_1-S_j+l}{V_j-V_{风}\cos\theta}\geqslant T_{k+1}-T_k\end{cases}\quad(j=1,2,\cdots,f_1(T_k))\tag{3}$$

$y_{1,j}^k=1$ 表示 T_{k+1}时刻飞机 j 飞出了区域 P_1，$y_1^k,j=0$ 表示 T_{k+1}时刻飞机 j 还未飞出区域 P_1。则 T_k 到 T_{k+1}期间飞出区域 P_1 的飞机数为：

$$q_{1出}^{T_{k+1}}=\sum_{j=1}^{f_1(T_k)}y_{1,j}^k\tag{4}$$

通过以上分析，可得 T_{k+1}时刻，区域 P_1 内的流量为：

$$f_1(T_{k+1})=f_1(T_k)+q_{1入}^{T_{k+1}}-q_{1出}^{T_{k+1}}\tag{5}$$

将式(2)和式(4)代入式(5)中，可得区域 P_1 内流量预测模型为：

$$f_1(T_{k+1})=f_1(T_k)+\sum_{i=1}^{n_k}x_{1,i}^k-\sum_{j=1}^{f_1(T_k)}y_{1,j}^k\tag{6}$$

始值 $f_1(T_0)=m_1$，$x_{1,i}^k$和 $y_{1,j}^k$可分别由式(1)和式(2)计算出。

管制区域 P_2 内的流量：

进入区域 P_2 内的飞机分为两个部分，一部分属于原区域 P 外的飞机 i，另一部分属于原区域 P_1 内的飞机 j。

对于 T_k 时刻区域 P 外的飞机 $i(i=1,2,\cdots,n_k)$，设辅助变量 $x_{2,i}^k(i=1,2,\cdots,n_k)$，则有：

$$x_{2,i}^k=\begin{cases}1,\dfrac{L_1+S_i+l}{V_i-V_{风}\cos\theta}\leqslant T_{k+1}-T_k\leqslant\dfrac{L_1+S_i+l}{V_i-V_{风}\cos\theta}+\dfrac{L_2}{V_i-V_{风}\cos(\theta-\alpha)}\\0,\dfrac{L_1+S_i+l}{V_i-V_{风}\cos\theta}>T_{k+1}-T_k\quad 或\quad\dfrac{L_1+S_i+l}{V_i-V_{风}\cos\theta}+\dfrac{L_2}{V_i-V_{风}\cos(\theta-\alpha)}>T_{k+1}-T_k\end{cases}\quad(j=1,2,\cdots,T_k)\tag{7}$$

$x_{2,i}^{k}=1$ 表示 T_{k+1}时刻飞机 i 飞入区域 P_2 中,如果 $x_{2,i}^{k}=0$ 表示 T_{k+1}时刻飞机 i 还未飞入区域 P_2 中,或者飞机 i 已经飞跃区域 P_2。

对于 T_k 时刻区域 P_1 内的飞机 $j(j=1,2,\cdots,f_1(T_k))$,设置辅助变量 $y_{2,j}^{k}(j=1,2,\cdots,f_1(T_k))$,则有:

$$x_{2,i}^{k}=\begin{cases}1,\dfrac{L_1+S_i+l}{V_j-V_{风}\cos\theta}\leqslant T_{k+1}-T_k\leqslant\dfrac{L_1-S_i+l}{V_j-V_{风}\cos\theta}+\dfrac{L_2}{V_j-V_{风}\cos(\theta-\alpha)}\\0,\dfrac{L_1-S_i+l}{V_j-V_{风}\cos\theta}>T_{k+1}-T_k\quad 或\quad \dfrac{L_1-S_i+l}{V_j-V_{风}\cos\theta}+\dfrac{L_2}{V_j-V_{风}\cos(\theta-\alpha)}>T_{k+1}-T_k\end{cases}(j=1,2,\cdots,f_1(T_k)) \tag{8}$$

$y_{2,j}^{k}=1$ 表示在 T_{k+1}时刻飞机 j 飞入区域 P_2 内,$y_{2,j}^{k}=0$ 表示在 T_{k+1}时刻飞机 j 还未飞入区域 P_2 或者飞机 j 已经飞越区域 P_2。T_k 到 T_{k+1}期间飞入区域 P_2 的飞机数;

$$q_{2入}^{T_{k+1}}=\sum_{i=1}^{n_k}x_{2,i}^{k}+\sum_{j=1}^{f_1(T_k)}y_{2,j}^{k} \tag{9}$$

对于 T_k 时刻区域 P_2 内的飞机 $r(r=1,2,\cdots,f_2(T_k))$,设辅助变量 $z_r^k(r=1,2,\cdots,f_2(T_k))$,则:

$$z_r^k=\begin{cases}1,\dfrac{L_2-S_r+l}{V_r-V_{风}\cos(\theta-\alpha)}<T_{k+1}-T_k\\0,\dfrac{L_2-S_r+l}{V_r-V_{风}\cos(\theta-\alpha)}\geqslant T_{k+1}-T_k\end{cases}(r=1,2,\cdots,f_2(T_k)) \tag{10}$$

$z_r^k=1$ 表示在 T_{k+1}时刻飞机 r 飞出区域 P_2;$z_r^k=0$ 表示在 T_{k+1}时刻飞机 r 还未飞出区域 P_2。则 T_k 到 T_{k+1}期间飞出区域 P_2 的飞机数为:

$$q_{2出}^{T_{k+1}}=\sum_{r=1}^{f_2(T_k)}z_r^k \tag{11}$$

那么 T_{k+1}时刻,区域 P_2 内的流量为:

$$f_2(T_{k+1})=f_2(T_k)+q_{2入}^{T_{k+1}}-q_{2出}^{T_{k+1}} \tag{12}$$

将式(9)和式(11)代入式(12)中,可得区域 P_2 内流量预测模型为:

$$f_2(T_{k+1})=f_2(T_k)+\sum_{i=1}^{n_k}x_{2,i}^{k}+\sum_{j=1}^{f_1(T_k)}y_{2,j}^{k}-\sum_{r=1}^{f_2(T_k)}z_r^k \tag{13}$$

初始值,$f_2(T_0)=m_3$,$x_{2,i}^{k}$,$y_{2,j}^{k}$,z_r^k 的值可分别由式(7),式(8)和式(10)计算。

通过以上的计算分析,可得 T_{k+1}时刻,区域 P 内的流量预为:

$$f(T_{k+1})=f_1(T_{k+1})+f_2(T_{k+1}) \tag{14}$$

将模型公式(6)和模型公式(13)代入公式(14)可得区域 P 内的流量模型预为:

$$f(T_{k+1})=f_1(T_k)+\sum_{i=1}^{n_k}x_{1,i}^{k}-\sum_{j=1}^{f_1(T_k)}y_{1,j}^{k}+f_2(T_k)+\sum_{i=1}^{n_k}x_{2,i}^{k}+\sum_{j=1}^{f_1(T_k)}y_{2,j}^{k}-\sum_{r=1}^{f_2(T_k)}z_r^k \tag{15}$$

初始值 $f_1(T_0)=m_1$,$f_2(T_0)=m_2$。

以上我门建立了管制区域内单航路有一个转弯点情况下的实时流量预测模型。对于空中域内单航路无转弯点情况,为本文上述讨论情况的一种特殊情况,其实时流量预测模型与图 1 中管制区域 P_1 内实时流量预测模型一样。对于区域 P 内单航路有 n 个转点的情况(图 2),此时只需以转弯点为分界点,将区域分成 $n+1$ 个小管制区域,第 $i(i=1,2,\cdots,n+1)$ 个小管制区域 T_{k+1}时刻飞入的飞机可能来自于区域 P 外和此区域前面所有的区域,分别计算每一个小管制区域 $P_i(i=1,2,\cdots,n+1)$ 内 T_{k+1}时刻的飞机数量 $f_i(T_{k+1})$,计算方法与上述就算方法相同,可以得到此种情况下管制区域 P 内的实时流量预测模型公式为:$f(T_{k+1})=\sum f_i(T_{k+1})(i=1,2,\cdots,n+1)$。对于管制区域内有 n 条航路 $l_1,l_2,l_3,\cdots,l_n$ 的情况(图 3),进行实时流量预测时,可以按照航路将管制区域 P 分成 n 个小管制区域 $P^j(j=1,2,3,\cdots,n)$,分别计算 T_{k+1}时刻各小区域流量 $f^j(T_{k+1})(j=1,2,3,\cdots,n)$。则区域 P 内,实时流量预测模型公式为:

$$f(T_{k+1})\ \sum f^{j}(T_{k+1})\quad (j=1,2,3,\cdots,n)$$

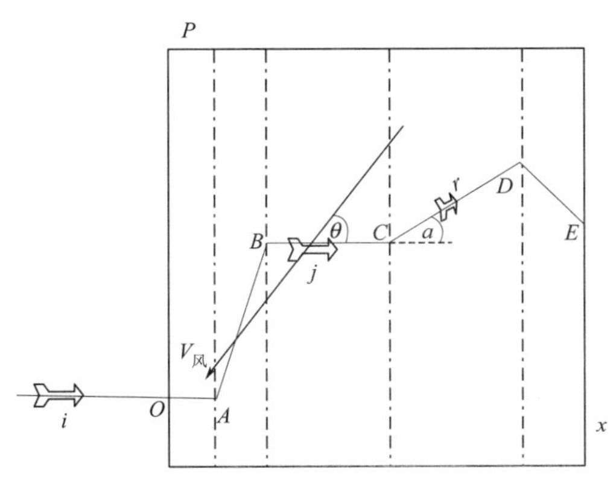

图2　多转点单航路示意图

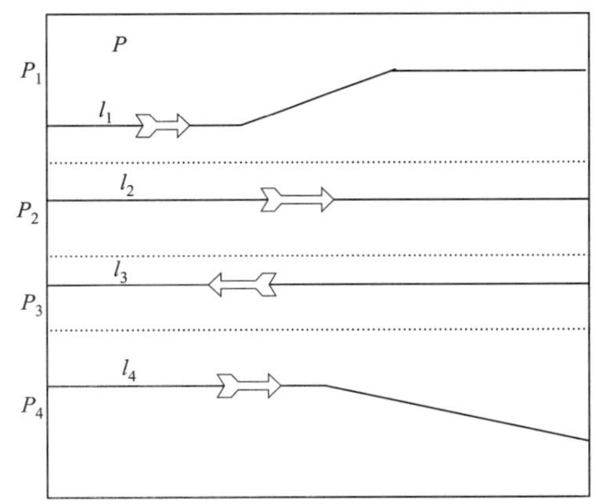

图3　多航路示意图

3　算例

我国某空域 P 内有两条航路，经简化后示意图如图4所示，风向与航路1的夹角为45°，风速大小为10m/s。在 $T=0$ 时刻，航路1上，EF 段有5架飞机，分别记作 a,b,c,d,e，速度为，FG 段上有3架飞机，分别记作 f,g,h，飞机的速度和距离 F 点的距离及飞机的长度见表1；航路2上，DA 段内有3架飞机，分别记作，i,j,k，AB 段有1架飞机，记作1，飞机的速度和距离 A 点的距离及飞机的长度见表2，BC 段上有2架飞机，记作m，n，飞机的速度和距离 B 点的距离及飞机的长度见表3。航路 FG 段长为300km，航路 AB 段长度为127km，BC 长度为200km。航路2上 AB 段与 BC 段之间的夹角为30°，飞机的长度为33m。分别预测经过5min，10min 区域 P 内的流量。

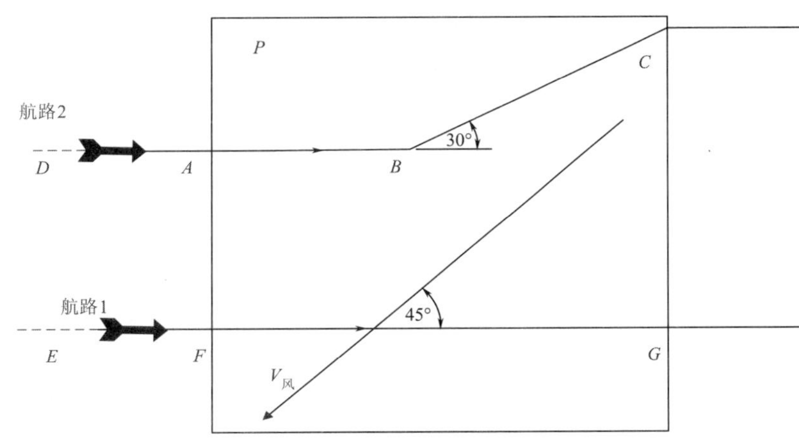

图4　区域P内航路示意图

航路1飞机速度及距离 F 点的距离　　表1

飞　机	速度(m/s)	距离 F 点的距离(km)
a	$V_a=200$	$S_a=310$
b	$V_b=250$	$S_b=230$
c	$V_c=200$	$S_c=140$
d	$V_d=250$	$S_d=97$
e	$V_e=250$	$S_e=60$
f	$V_f=200$	$S_f=47$
g	$V_g=250$	$S_g=160$
h	$V_h=250$	$S_h=200$

航路 2 中 *DB* 段飞机速度及距离 *A* 点的距离 表 2

飞 机	速度(m/s)	距离 A 点的距离(km)
i	$V_i=200$	$S_i=200$
j	$V_j=200$	$S_j=125$
k	$V_k=250$	$S_k=70$
l	$V_l=250$	$S_l=58$

航路 2 中 *BC* 段飞机速度及距离 *B* 点的距离 表 3

飞 机	速度(m/s)	距离 B 点的距离(km)
m	$V_m=250$	$S_m=50$
n	$V_n=250$	$S_n=100$

根据本文给出的管制区域实时流量预测模型进行计算,可以得到 5min 和 10min 后管制区域内的流量,计算结果填入表 4。

流量预测结果 表 4

时 间	流 量	时 间	流 量
$T=0$min	6	$T=10$min	7
$T=5$min	8		

4 结论

本文考虑了风速和风向的影响,建立了计算方便迅速的管制区域流量实时预测模型,模型中的各个参数容易获得。文中首先建立了管制区域内单航路一个转弯点情况下的流量实时预测模型,在此模型的基础给出了整个管制区域内的实时流量预测模型,然后做了算例仿真计算。本文所建立的模型能够很好对管制区域内实时流量进行预测,可以使管制员及时了解实时的空中交通拥挤情况和短时间内的工作负荷情况,对保证飞行安全和解决空中交通拥挤、减少航班延误有很大的帮助。

参考文献

[1] 张兆宁,王莉莉. 空中交通流量管理理论与方法[M]. 北京:科学技术出版社,2009

[2] 樊玮,陈增强,袁著祉. 基于 C-均值聚类的航班预测模[J]信息与控制,2003,12(6):553-560

[3] Devoto R,Farci C,Liliu F. Analysis and forecast of air transport demand in Sardinia's airports as a function of tourism variables[cg/Advances in Transport,Urban Tran sport VIII:Urban Transport and the Environment in the 21st Century. Seville:WIT press,2002:699-709

[4] 崔德光,吴淑宁,徐冰. 空中交通流量预测的人工神经网络和回归组合方法[J]. 清华大学学报(自然科学版),2005,45(1):96-99

[5] Blinova T O. Analysis of possibility of using neural network to forecast Passenger traffic flows in Russia[J]. Aviation,2007,11(1):28-35

[6] 张兆宁,郭爽. 基于灰平面的华东飞行流量长期预测[C]. 第七届亚洲交通运输学会年会. 第七届亚洲交通运输学会年会暨"交通运输与物流"学会研讨会中文论文集:114-118

[7] 赵玉环,郭爽. 考虑随机因素的空中交通流量预测模型研究[J]. 中国民航大学学报,2008,26(4):59-61

[8] 程鹏,崔德光,吴澄. 空中交通流量管理的动态网络流模型[J]. 清华大学学报(自然科学版),2000,40(11):114-118

[9] 程鹏,崔德光,吴澄. 一种基于优化的空中交通短期流量管理模型[J]. 清华大学学报(自然科学版),2001,41(4/5):163-166

A model of short-term air traffic flow forecast

Lu Fei, *Zhang Zhaoning*

(Air Traffic Management College in Civil Aviation University of China, Tianjin, 300300)

Abstract: Short-term air traffic flow forecast can effectively ensure the expeditely and orderly operation of Air traffic and flight security, and also is very helpful for solving the crowded of air traffic and decreasing the delay of flight. In order to accurately forecast short-term air traffic flow, this paper first established a model about only one rout in a region, and later this model was generalized to the situation of multi-route in one region. Finally, an example was used to validate the correctness and feasibility of the model. And the result of the model can give the air traffic controller some suggestion.

Key words: Air traffic flow; Flow forecast; Air traffic control area; Route

飞机发动机状态监控地面站标准浅析

姚冀涛　曹惠玲

(中国民航大学航空工程学院 天津,300300)

摘　要:近年来,国内相关研究机构在发动机监控系统的研究和开发上取得了长足的进展,但是由于没有相应的标准,致使系统的设计、管理和使用都缺乏明确的依据和指导。为了改变这一现状,本文将对国外发动机状态监控标准进行研究,并重点对国内比较关注的地面站相关标准进行深入分析,为国内地面站标准的制定提供建议和参考。

关键词:发动机;状态监控;民航标准;地面站

1　引言

在飞机发动机的工作过程中,对工作参数进行监控,是及时发现故问题,保证发动机正常工作的重要手段之一。同时,它也为发动机的维护提供了必要依据,使得维修人员能及时根据监控情况做出分析判断,排除故障。通常,发动机监控系统从功能上分为机载发动机监控装置和地面支持站。地面站是发动机状态监控系统的重要组成部分,数据的分析、处理和存储以及高级的故障诊断和预测功能都可以在地面站完成。如:超限诊断、趋势分析、寿命管理等。

国外在70年代就大力发展发动机状态监控技术,目前状态监控已经成为科学技术发展的热点之一,发动机监控系统所需的技术在不断的发展,变得日益复杂,以满足不断增长的机载与机外数据处理需求。同时,国外民航标准体系发展相对完善,与发动机状态监控系统相关的开发及使用标准已经形成了相对比较完备的体系。

反观国内,从1995年民航局适航部门要求各航空公司开展发动机性能监控工作以来,通过监控发动机工作状态和变化趋势,发动机状态监控工作取得了明显效果,对于提高发动机工作的安全性和可靠性起到了良好的作用。虽然目前国内航空公司使用的机载监控系统均由发动机制造商提供,但是随着对状态监控数据处理需求的提高,以及QAR数据在维修中的重要作用日益凸显,地面数据处理系统的自主研发已经受到越来越多的重视,国内相关研究机构在这方面也取得了长足的进展。但是,由于国内在这方面并没有制定任何相关标准,导致地面站的开发、研制、管理和使用都缺乏明确的依据和指导。

2　国外相关标准概况

国外与民航相关的标准主要可以分为三大类:国际标准、美国标准和欧洲标准。国际标准里面主要包括了三大国际标准组织:国际标准化组织(ISO)、国际电工委员会(IEC)、国际电信联盟(ITU)以及民航业的两大国际组织国际民航组织(ICAO)、国际航空运输协会(IATA)。美国标准可以分为国家标准和美国行业标准两类。美国国家标准主要包括了由美国国家标准学会(ANSI)发布的与航空器维修相关的标准,而美国行业标准是由美国的一些民航相关的机构协会发布的与民航维修相关的标准,如美国机动车工程师学会(SAE)、美国航空运输协会(ATA)、美国消防协会(NFPA)等组织发布的标准。欧洲是多个国家的联合体,其标准可以分为两大类:欧洲区域标准以及欧洲行业标准。欧洲区域标准主要包括欧洲三大标准组织:欧洲标准化委员会(CEN)、欧洲电工标准化委员会(CENELEC)、欧洲电信标准协会(ETSI)发布的与航空器维修相关的标准;欧洲行业标准主要包括由欧洲的民航相关组织机构发布的

作者简介:姚冀涛(1979-):男,汉族,中国民航大学航空工程学院硕士研究生.通信地址:300300,天津市中国民航大学北院北三公寓305室, E-mail:yaojitao@ hotmail. com;曹惠玲(1962-):女,中国民航大学航空工程学院教授。

与之相关的标准。

通过对以上标准的查找与筛选发现,与发动机状态监控相关的标准基本都集中在 SAE 航空理事会制定的标准中,涵盖了发动机状态监控工作的方方面面,而其他组织所制定的标准中则并未发现与飞机发动机状态监控直接相关的标准。因此下文将重点针对 SAE 的标准体系进行深入的分析和研究。

3 SAE 相关标准概况

SAE(Society of Automotive Engineers,美国汽车工程师协会)是非营利性技术组织,美国一大标准化团体,它成立于 1905 年,研究对象是轿车、载重车及工程车、飞机、发动机、材料及制造等。目前它已拥有 97 个国家的成员,每年新增或修订 600 余个汽车方面及航天航空工程方面的标准类文件。它所制订的标准具有权威性,广泛地为航空航天行业及其他行业所采用,并有相当部分被采用为美国国家标准。

目前,SAE 发布了 1 万项标准,其中 6600 项与航空航天有关。SAE 航空航天理事会技术委员会有 8 个业务部门:航空航天总体、飞行器、航空航天电子与电气系统、航空航天机械与流体、航空航天电子设备系统、航空航天推进、航空航天材料、机场地面操作与设备。各技术委员会在相关业务范围内制修订协会标准[1]。其中发动机状态监控由航空航天推进部门负责。

通过参考一些 SAE 标准中提供的相关参考文件,结合在 SAE 官方网站查阅的结果,初步整理出的 SAE 制定的与发动机状态监控相关的标准共计 22 篇,大体可分为五类,其中综合性标准 7 篇,涉及的内容包括监控系统开发指南、成本收益分析、可靠性、性能评估等;寿命管理标准 1 篇;性能与状态监控标准 7 篇,包括温度监控、滑油监控、振动监控、部件监控等;诊断与预测标准 3 篇;机载与地面数据管理标准 4 篇。

4 SAE 地面站相关标准

在上述五类标准中,寿命管理类标准和性能、状态监控类标准主要针对机载监控系统,基本没有涉及地面站的内容。诊断与预测类标准虽然与地面站相关,但是偏重于算法理论,由于篇幅所限,本文暂不讨论。其余两类标准经过进一步的分析筛选发现,直接与地面站相关的标准共计 5 篇,现概述如下:

4.1 AIR4175 发动机状态监控地面站开发指南

该标准属于 SAE 标准中的航空信息记录(AIR),并不作为强制性标准使用。最初发布于 1994 年,2005 年发布修订版。

该文件介绍了发动机状态监控地面站的主要功能,给出了地面站开发中需要考虑的各种因素,另外还包括地面站技术的一些最新进展,可以为地面站的设计和开发工作提供明确的指导[2]。标准的主要内容包括:运行考虑因素、系统功能要求、输入数据、数据库管理、输出数据、高级功能、使用者考虑因素、系统开发考虑因素等。

4.2 ARP1587 飞机燃气涡轮发动机健康管理系统指南

该标准属于 SAE 中的航空推荐操作(ARP),最早发布于 1981 年,原名称为“飞机燃气涡轮发动机监控系统指南”,最新版本为 2007 年修订版,更名为“飞机燃气涡轮发动机健康管理系统指南”。

该文件分析了发动机健康管理系统的整个结构,详细介绍了 EHM 的功能,EHM 能够满足的需求,通过 EHM 可以获得的收益等等。管理者可以通过它详细了解 EHM 系统以便做出决策[3]。设计者可以通过它获得 EHM 系统的详细设计指南。

该文件的主要内容包括:EHM 系统的组成部分、EHM 的收益、EHM 系统的各部分功能、EHM 系统的应用实例等。

4.3 AIR5120 发动机监控系统的可靠性与有效性

该标准属于航空信息记录(AIR),发布于 2006 年。

该文件为发动机监控系统的管理者、设计者和客户开发和验证一个可靠的发动机监控系统提供了参考[4]。主要内容包括:可靠性的综合需求、软硬件开发中影响可靠性的因素、人为因素对可靠性的影响、监控系统的测试与维护等。

4.4 AIR4985 发动机监控系统性能评估指南

该标准属于航空信息记录(AIR),发布于2005年。

该文件为发动机监控系统性能和能力的评估提供了一整套定量的方法[5]。主要内容包括:监控系统的性能评估参量以及各个参量的定量评估方法等等。

4.5 AS4831A 地面监控系统标准软件接口

该标准属于SAE标准中的航空标准(AS),最初发布于2001年,后在2003年进行修订。

该文件的目的是解决地面系统无法与处理环境整合的情况,改善监控系统的操作灵活性及效率[6]。主要内容包括:输入输出数据的类型、输入输出接口的规范格式以及输入输出文件示例等。

5 国内地面站标准框架

目前国内航空公司主要使用EHM、SAGE、COMPASS等地面系统进行发动机状态监控数据的分析处理。这种处理方式虽然实时性强,但是也存在数据量少、可处理参数种类有限等缺陷,而QAR数据可以很好的解决以上问题。所以很多航空公司和研究机构已经相继开始进行QAR数据地面处理系统的开发。但是由于缺乏明确的指导,开发过程仍处于艰难的探索阶段,具有一定的盲目性。考虑到以上的需求与现状,结合对以上5篇标准的研究分析,本文将搭建一个发动机状态监控地面站标准框架,为国内民航组织制定相应的标准提供参考。

地面站标准以SAE的AIR4175为基础。AIR4175属于航空信息记录,其中包含很多说明性的信息,内容过于冗长。相对而言,国内标准则要求言简意赅,所以需要在充分理解其内容及相关技术背景的前提下对AIR4175进行合理的删节简化。另外,AIR4175的结构并未按照地面站的工作流程安排,也有一些相关内容分处于不同的章节中,比如系统功能要求和输入数据中均涉及数据验证的内容,可以考虑对其进行一定的调整,使其更具条理性,以便于标准的使用者进行查阅。

ARP1587中涉及很多有关发动机监控系统功能和技术方面的说明,可以将其引入到地面站标准中,对AIR4175中不太明确的内容进行补充。比如AIR4175中并未将预测作为地面站的功能明确提出,而这又是地面站确实需要具备的一项功能,所以可以考虑把ARP1587中关于预测的内容加入进来。

考虑到地面站的管理者、设计者和用户有对地面站的性能进行验证和评估的需求,另外在开发地面站的过程中也需要考虑到保证地面站可靠性的问题,所以可以将AIR5120中适用于地面站的内容嵌入到地面站标准相应的章节,并把AIR4985中适用于地面站的部分加入到地面站标准中。

AS4831A地面站监控系统标准软件接口虽然与地面站的开发有直接而密切的关系,但是由于涵盖的内容太多,并不适合加入到地面站开发标准中来,如果确有必要,可以考虑专门制定这方面的标准。

制定地面站标准可以为发动机状态监控地面站的设计与评估提供明确的指导,规范地面站的设计开发流程。从而可以让航空公司和相关机构在设计、开发与选购地面站时有规可依、有据可查,为国内状态监控地面站的发展指明方向。

6 总结

本文通过对国外发动机状态监控标准的分析研究,对如何制定发动机状态监控地面站标准提出了建议,希望能够为标准制定部门提供一些有益的参考。

参考文献

[1] 冯铁惠,美国机动工程协会简介[J],航空标准化,2008年第3期

[2] SAE, AIR4175 A Guide to the Development of a Ground Station for Engine Condition Monitoring [S],2005

[3] SAE,ARP1587 Aircraft Gas Turbine Engine Health Management System Guide[S],2007

[4] SAE,AIR5120 Engine Monitoring Systems Reliability & Validity[S],2006

[5] SAE,AIR4985 A Methodology for Quantifying the Performance of An Engine Monitoring System[S],2005

[6] SAE, AS4831A Standard Software Interfaces for Ground Based Monitoring Systems[S], 2003

Analysis on standards of aircraft engine condition monitoring ground station

Yao Jitao, Cao Huiling

(College of Aeronautical Engineering, Civil Aviation University of China, 300300, Tianjin)

Abstract: In recent years, the domestic research institutions have made considerable progress in research and development of the engine monitoring system, but there are no corresponding standards, which results in the lack of basis and guidance for design, management and use of the system. In order to change the situation, this article will investigate the standards about engine condition monitoring, with focus on the ground station which is most concerned by domestic airlines, and consequently provide advice and reference for the development of ground station standard.

Key words: Aircraft engine; Condition monitoring; Standards; Ground station

基于配对进近的机场近距平行跑道 TA 模式容量计算

潜雪冰

(中国民航大学,天津,300300)

摘　要:长久以来,为保障飞行安全,近距平行跑道在仪表飞行规则下只能同时使用一条跑道。近年来,随着空管水平、导航设备等一系列条件的改进,越来越多的机构和专家都在探索提高近距平行跑道容量的 TA 运行模式。本文以可实现 TA 相关运行的配对进近为基础,建立了 TA 模式下的容量模型,并以德国法兰克福机场为实例进行了验证,表明该模式能够提高近距平行跑道的利用率,此容量模型也具有较好的实用性。

关键词:近距平行跑道;TA 模式;配对进近;容量

1　引言

近距平行跑道(Closely Spaced Parallel Runway,CSPA),通常是指跑道中心线间距小于或等于 762m (2500ft)的跑道系统。近距跑道在容量上比单条跑道有所增加,但在占地规模明显小于远距离平行跑道。基于上述两个原因,近距跑道目前成为机场规划研究的重点领域之一。国外如德国法兰克福、美国亚特兰大等大型机场,国内如浦东机场 1、3 号跑道,扩建中的虹桥、重庆机场均采用了近距平行跑道构型。

TA(Two Arrival)模式是指两条平行跑道均可用于到达的运行方式。然而长久以来,处于安全的考虑,近距平行跑道在仪表飞行规则(IFR)下一直被视作单跑道的形式运行[1],其到达容量也与单跑道的到达容量相差不多。近年来,随着空管水平、导航、监视设备、进近程序等一系列条件的改进,越来越多的机场机构和跑道容量领域的专家都在探索提高近距平行跑道容量的 TA 运行模式。目前比较成熟并用于实践的是一种被称为"配对进近"的跑道相关运行模型[2]。

2　基于配对进近的 TA 运行模式

配对进近是指将进近不同平行跑道的飞行两两配对,配对的飞机之间纵向间隔大大缩小,而飞机对之间保持标准间隔,这样通过减少间隔来提高机场的到达容量。如图 1 所示。

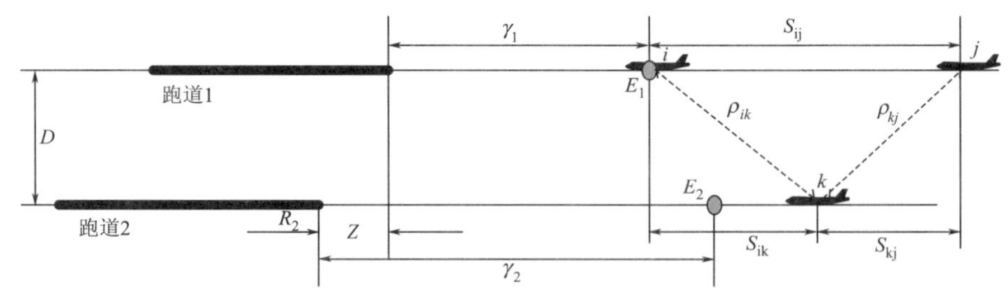

图 1　TA 运行模式下相关平行进近

配对进近程序中几乎所有的元素,从管制程序到飞行程序,都跟现在使用的不同。空管人员指示两机配对进近,它们的初始垂直间隔为 305m,水平距离大约 1.85km。在各自建立航向道后,就可以让两机配对进近。此时,尾机通过自动仪表显示系统获取飞机的速度信息,协助飞行员保持两机的横向、纵向和垂直间隔处于某一个确定区间值内,当经过最后进近定位点后,两机就可以各自向不同的跑道进近

作者简介:潜雪冰,男,硕士研究生,研究方向为机场规划与管理。

而不需要纵向间隔了。

3 构建 TA 运行模式容量模型

构建近距平行跑道 TA 容量模型，对机场的跑道构型、设备配置、空管水平、飞机类型等都有特殊的要求，为此首先做出以下几个假设：

(1)机场的跑道几何构形已知；

(2)到达飞机使用 ILS(Instrumental Landing System)执行相关进近；

(3)到达飞机仍保证空管要求的纵向、水平、垂直间隔，出发飞机执行起飞飞机的时间间隔规定。

实际运行中，如图 1 所示，飞机 i 和 j 朝向跑道 1 进近，而飞机 k 被指定着陆在跑道 2 上，到达飞机按照 i-k-j 的顺序着陆在整个跑道系统上。在由这三架飞机构成的简单的到达飞机对中，i、j 必须执行 ATC 所规定的必要纵向间隔；成对的飞机 i、k 和 k、j 同时又必须执行 ATC 所规定的水平和垂直间隔。对于近距平行跑道的机场而言，水平和垂直间隔受跑道中心线间距 D 和入口错开距离 Z 的影响很大。可以看到，进近飞机对的水平间隔近似等于跑道中心线间距 D，假如该机场的跑道中心线间距 $D=500\text{m}$，处于同一高度层的两架飞机横向间距 500m 是违反空管规定的，属于危险接近，那么其控制的措施就是在保持这两架飞机横向间距 500m 的同时，使之处于不同的高度层，即保证必要的纵向间隔。当 i、k、j 的飞机对都满足 ATC 所规定的最小纵向、水平、垂直间隔时，飞机的到达时间间隔同时最小，此时近距平行跑道的到达容量将达到最大。

令 ${}_at_{ij/k}$ 为飞机 i、j 到达跑道 1 入口的时间间隔，${}_at_{kl/j}$ 为飞机 k、l 到达跑道 2 入口的时间间隔，则

跑道 1 的连续进近飞机的时间间隔：

$$ {}_at_{ij/k} = {}_at_{ik} + {}_at_{kj} \tag{1} $$

跑道 2 的连续进近飞机的时间间隔：

$$ {}_at_{kl/j} = {}_at_{kj} + {}_at_{jt} \tag{2} $$

其中：

$$ {}_at_{ik} = \min({}_at_{ij/\min};{}_rt_{ik}) \tag{3} $$

$$ {}_at_{ij/k} = \min({}_at_{ij/k/\min};{}_at_{ik} + {}_rt_{kj}) \tag{4} $$

$$ {}_at_{kj} = min(at_{kj/min};{}_rt_{kj}) \tag{5} $$

${}_at_{ik/\min}$ 和 ${}_at_{kj/\min}$ 是成对飞机序列 ik 和 kj 经过各自对应的跑道入口点的最小时间间隔(同时满足 ATC 水平间隔的要求)；

${}_at_{ij/k/\min}$ 是成对飞机序列 ij 经过跑道 1 入口处最小时间间隔(由 ATC 规定最小纵向间隔)；

${}_rt_{ik}$、${}_rt_{jk}$、${}_rt_{ij}$ 是飞机序列 ik,kj,ij 经过跑道入口的间隔时间(由 ATC 规定的跑道最小占用时间决定)，同时需要满足以下条件：

$$ {}_rt_{ik} \geqslant {}_rt_{ai};{}_rt_{ij/k} \geqslant {}_rt_{ik} + {}_rt_{ak};{}_rt_{kj} \geqslant {}_rt_{aj} \tag{6} $$

其中，t_{ai}、t_{aj}、t_{ak} 分别是 i、j、k 飞机占用跑道的时间。

飞机序列 i-j-k 出现的概率：$p_{ij/k} = p_ip_jp_k$，p_i、p_j、p_k 分别是 i、j、k 飞机在混合机型中的比重。

当 ${}_at_{ij/k}$ 达到最小且 $p_{ij/k}$ 已知时，飞机经过跑道 1 入口的时间间隔期望值：$\overline{t_a} = \sum\limits_{ijk} {}_at_{ij/k}p_{ij/k}$，由于时间 $\overline{t_a}$ 同时可以反映到跑道 2 的入口(把跑道 1 的情形运用到跑道 2 上)，因此近距平行跑道在这种飞行程序下的到达容量：$C_{AA} = 2/\overline{t_a}$。

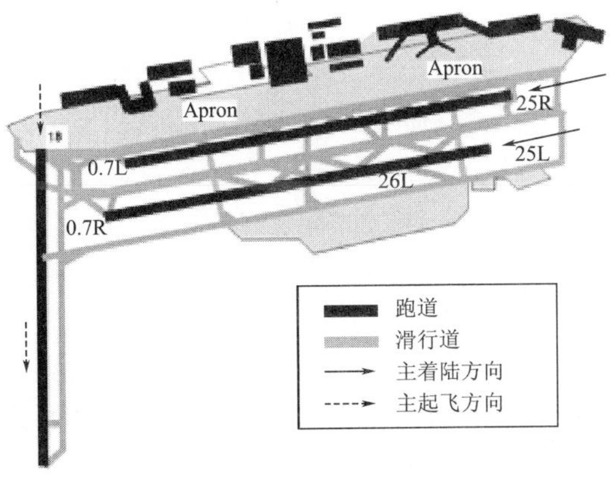

图 2 法兰克福机场平面图

4 算例分析

德国法兰克福机场(平面图如图 2 所示)，25L/07R、25R/07L 是一对近距平行跑道，两条跑道长度均为 4000m

(12000ft),多数情况下采用 TA 相关运行方式,有时也进行起飞和着陆混合运行,它的第三条跑道(18号跑道)为侧风跑道,主要用于出发,因此我们这里暂不考虑其到达容量。近距跑道中线间距 $D=518\text{m}$ (1700ft),跑道入口错开距离是 $Z=150\text{m}$(500ft)。

表1、2分别给出了法兰克福机场机型组合以及最后进近各机型配对概率。

法兰克福机场机型组合

表1

机型种类	机型	在机队中的比重(%)	平均到达速度(kn)	跑道(着陆)占用时间(s)
重型	A300-600A、A330、A340 B767、B747、B777	20	140	60
中型	B737、A319,A320,A321	60	130	55
轻型	ATR42,72、AVRO jet、Dash 8	20	110	45

法兰克福机场最后进近各机型配对概率表

表2

组合方式	概率值	组合方式	概率值	组合方式	概率值
重-重-重	0.8%	中-中-中	21.6%	轻-轻-轻	0.8%
重-重-中	2.4%	中-中-重	7.2%	轻-轻-重	0.8%
重-重-轻	0.8%	中-中-轻	7.2%	轻-轻-中	2.4%
重-中-重	2.4%	中-重-中	7.2%	轻-中-轻	2.4%
重-中-中	7.2%	中-重-重	2.4%	轻-中-中	7.2%
重-中-轻	2.4%	中-重-轻	2.4%	轻-中-重	2.4%
重-轻-重	0.8%	中-轻-中	7.2%	轻-重-轻	0.8%
重-轻-中	2.4%	中-轻-重	2.4%	轻-重-中	2.4%
重-轻-轻	0.8%	中-轻-轻	2.4%	轻-重-重	0.8%

采用上述模型代入数据计算可以得到如下结果:

两跑道都用于到达时,每条跑道的平均到达时间间隔 $\overline{t_a}=112.5(\text{s})$,单跑道的容量 $C_A=(1/\overline{t_a})3600=32$(架次/h)。

跑道系统总容量 $C_{AA}=64$(架次/h)。

从法兰克福机场目前运行的真实情况看,其两条相关运行近距平行跑道可以处理60架次/h的起落服务,高峰小时达到65架次[4],采用的模式是两条跑道同时都以用于到达为主,混合运行为辅,从而可以验证以上模型能较好地反映实际运行容量。

还需要特别说明的是,法兰克福机场侧风跑道的作用。该机场25L,25R这对近距平行跑道主要用于着陆,外侧因设有专用于起飞的18号侧风跑道(图2),可将机场的起飞流和到达流彻底分开,从而进一步增加了跑道系统的容量。

5 结论

基于配对相关进近的TA运行模式,可通过减少前、后机之间的纵向间隔提高近距平行跑道系统的容量。然而,这种进近方法要求的条件比较苛刻,对于风速、最后进近速度和加速度等十分敏感。因此,在投入实际应用前必须对它进行充分的理论研究和飞行试验,以验证其安全性和可靠性。

参考文献

[1] 平行跑道同时仪表运行管理规定[S]. 民航总局第123号令 CCAR-98TM,2007

[2] Savita Verma,Sandra Lozito,Greg Trot. Preliminary Guidelines on Flight Deck Procedures for Very Closely Spaced Parallel Approaches[R]. NASA Ames Research Center,2006

[3] 胡明华,田勇等. 机场近距平行跑道进近方法研究[J]. 交通运输工程与信息学报,2003年第1卷1期

[4] Hammer, J. A Case Study of Paired Approach Procedure to Closely Spaced Parallel Runways[D]. Air Traffic Control Quarterly, Vol. 8, No. 3, 2000, pp. 223-252.

Capacity calculation of TA model of closely spaced parallel runway based on paired approach

Qian Xuebing

(Civil Aviation University of China, Tianjin, 300300)

Abstract: Closely Spaced Parallel Runway can only use one runway at one time in instrument flight rules, in order to guarantee safety for a long time. In recent years, more and more institutions and experts are exploring to improve the capacity of Closely Spaced Parallel Runway operating mode of the TA, with the improvement of a series of conditions such as the level of air traffic control and navigation equipment. This paper established capacity model based on Paired Approach which can carry out TA matching operation, and set an example of Frankfurt airport. They verify that the model can improve the utilization rate of Closely Spaced Parallel Runway, and the capacity model also has good practicability.

Key words: Closely spaced parallel runway; TA model; Paired approach; Capacity

区域飞行航班完全动态最短路径树算法

武喜萍　李海峰　张劲松

(南京航空航天大学民航(飞行)学院,江苏南京,210016)

摘　要:随着我国空中交通流量的快速增长,由于恶劣天气、设备失效、空域容量和机场容量受限等原因导致航班延误的情况日益严重。针对航路上的这些延误,区域中飞行的航空器会采用改航的方法予以避让,为了使飞行延误减少,节约燃油,提高安全性和经济性,选择最短路径成为一个重要问题。本文首先提出了航班按航班计划飞行时计算最短路径的Floyd算法,然后提出了当航路距离变化、导航台失效情况下完全动态最短路径树算法,使用武汉区域的实际数据对该算法进行验证。对于有多个导航台、航段长度动态变化的复杂区域,该算法具有很强的实用性。

关键词:航班延误;动态最短路径树;Floyd算法;最短路径

1　引言

随着我国国民经济的增长,我国的交通运输业得到了迅速的发展。作为交通运输业的一个重要分支,航空运输业的发展对于整个国家经济建设起着举足轻重的作用。尽管现在航空器性能不断提高,但是由于天气因素、设备因素、空域因素等因素对飞行安全、正点和经济效益有着严重影响。当飞行员在飞行中遇到上述因素不得不绕航、返航或备降邻近机场时,快速、准确的确定最短路径,可以提高航班的安全性和经济性。

最短路作为图与网络技术研究中的一个经典问题在工程规划、地理信息系统、智能交通系统和路由寻址等领域有着十分广泛的应用,该问题已有一些经典的或改进的算法[1]。本文借鉴这些算法研究航班按计划飞行和航路距离变化、导航台失效情况下的最短路径算法,该算法简单可靠。

2　航班最短路径算法

2.1　航班最短路 Floyd 算法

Floyd算法是一种用于寻找给定的加权图中顶点间最短路径的算法[2]。使用该算法可以在极短的时间内计算出最佳路径并标示出来。

在一个共有 n 个导航台的航路网络中,用 C_{ij} 表示第 i 个导航台与第 j 个导航台的距离,当 $i=j$ 时,$C_{ij}=0$;当第 i 个导航台与第 j 个导航台没有航路相连时,$C_{ij}=\infty$,d_{ij} 表示导航台 i 到导航台 j 首先应到达的导航台。算法具体步骤如下:

步骤1:输入 $d_{ij}:=j, C_{ij}, (i,j=1,2,\cdots n), K:=1$;

步骤2:$i:=1$;

步骤3:若 $i\neq k$,则 $j:=i+1$ 转到步骤4;否则 $(i=k)$ 转到步骤7;

步骤4:若 $j\neq k$,则转到步骤5;否则 $(j=k)$ 转到步骤6;

步骤5:若 $C_{ik}+C_{kj}=A_{ij}\geq C_{ij}$,转到步骤6;否则 $(A_{ij}<C_{ij})$,$C_{ij}:=A_{ij}, d_{ij}:=d_{ik}, C_{ji}:=A_{ij}, d_{ji}:=d_{jk}$;

步骤6:若 $j<n$,则 $j:=j+1$ 转到步骤4;否则 $(j=n)$ 转到步骤7;

步骤7:若 $i<n$,则 $i:=i+1$ 转到步骤3;否则 $(i=n)$ 转到步骤8;

步骤8:若 $k<n$,则 $k:=k+1$ 转到步骤2;否则 $(k=n)$ 输出 $C_{ij}, d_{ij}, (i,j=1,2,\cdots,n)$ 结束。

该算法可以求得区域内任何两个导航台之间的最短距离,为在该区域内飞行的航班确定最优飞行

作者简介:武喜萍(1983-),女,南京航空航天大学硕士研究生,从事交通运输规划与管理研究。

路径。

2.2 动态最短路径树算法(DMDT)

由于机型、气象因素、航路拥挤因素影响,飞机飞越两个台之间所用的时间增加,导航台失效,导致航路网络的局部发生变化,若仍使用 Floyd 算法重新计算最短路径,增加了计算的复杂性,需要大量的计算时间。针对局部发生变化的航路网络提出了一种动态最短路径树算法 DMDT(Dynamic Minimum Distance Tree)[3]。

2.2.1 航段长度增加时动态最短路径树算法步骤

(1)设距离变化的边为 A_i,边 A_i 两个端点中离源点较远的端点记为 u,较近的端点记为 v(即 v 是 u 的父节点)。

(2)如果边 A_i 的距离 D_i 变大,把结点 u 及其所有子孙节点记为集合 T_2,图 $G=(V,A,C)$ 中其余的节点($V-T_2$)记为集合 T_1。

(3)记集合 T_1 中的各点为 $T_1[i]$到源点的最短路径为 Dis$T_1[i]$。

T_2 中的各点为 $T_2[j]$到源点的最短路径为 Dis $T_2[j]$。如果 T_2 中的 $T_2[j]$与 T_1 中所有点都不直接连接,则 Dis $T_2[j]$记为无穷。否则选择集合 T_2 中 Dis $T_2[j]$最小的节点,修改其父节点并将其加入 T_1 中,该点到源点的最短路径值即为 Dis $T_2[j]$,删除该点,当集合 T_2 为空时,程序结束[4]。

2.2.2 导航台失效时动态最短路径树算法步骤

(1)设失效的导航台是 X,Y 是 X 的一个直接孩子节点(起点不是 X),D 是 Y 的一个直接孩子节点(起点不是 Y)。

(2)找到节点 X 的直接孩子节点,计算起点到 Y 的距离,找到最短路径。假设经由 AY 边到达,记这个最短路径与原最短路径的差为 $\Delta 1$,将 Y 的最短路径改为这个路径,将 Y 的父亲节点改为 A,对 Y 的所有直接孩子节点,最短路径值全部加上 $\Delta 1$。

(3)对 X 的所有直接孩子节点计算完最短路径后,看这些直接孩子节点的子孙节点的最短路径。

(4)假设 D 是 Y 中的一个孩子节点,找到所有以 D 为终点的边(起点不是 Y),计算经由起点到 D 的距离。如果这个距离 D 的最短路径大,则不需要对 D 进行修改,只要将 D 的所有子孙节点的最短路径加上 $\Delta 1$ 即可。

(5)如果这个距离比 D 的最短路径小,假设经由 BD 边到达,记这个距离与 D 的最短路径之差为 $\Delta 2$,将 D 的最短路径改为这个值,将 D 的父亲节点改为 B,将 D 的所有子孙节点的最短路径加上 $\Delta 2$。

(6)删除与 X 有关的边的纪录[5]。

3 算例仿真

采用了武汉区域及实际航班对上述算法进行仿真。使用 VC ++6.0 作为开发工具,Access 2003 数据库管理系统最为后台数据管理平台。得到按航班计划飞行、航段长度增加、导航台失效三种情况下航班的最优路径。

3.1 武汉区域环境

图 1 中的三角形代表定位点,圆圈代表导航台,实线代表航路,虚线代表区域边界。两个点之间的数字表示两个导航台之间的距离,该距离可以根据航空器的机型、空域环境动态的改变长度。各移交点的意义见表 1[6]。

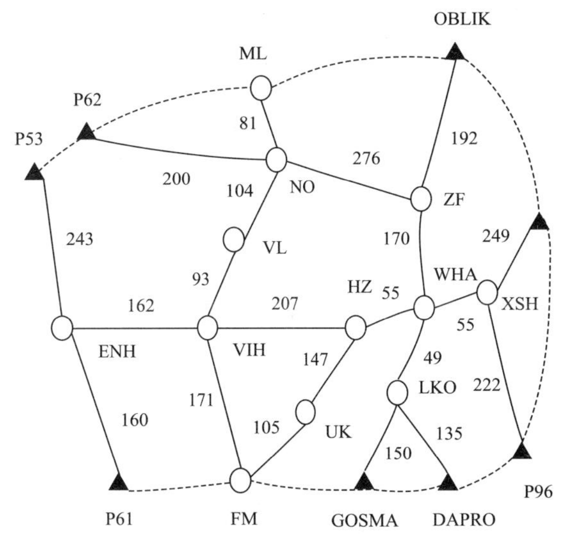

图 1 简化的武汉区域图

武汉管制区管制移交点 表1

与武汉管制区移交的管制区	移交点	与武汉管制区移交的管制区	移交点
合肥管制区	MIDOX	成都管制区	ENH
南昌管制区	P96	西安管制区	P53
长沙管制区	DAPRO	西安管制区	P62
长沙管制区	GOSMA	郑州管制区	ML
长沙管制区	FM	郑州管制区	OBLIK
长沙管制区	P61		

3.2 求解结果

根据航班的起飞机场和目的机场确定航班的进入区域的导航台和离开区域的导航台。使用 Floyd 算法的程序可以快速确定航班在区域中飞行的最短距离和飞越的导航台[7]。如图2所示,航班从导航台 FM 进入武汉区域从 OBLIK 离开武汉区域,经过 UK、HZ、WHA、ZF,最短距离是669km。

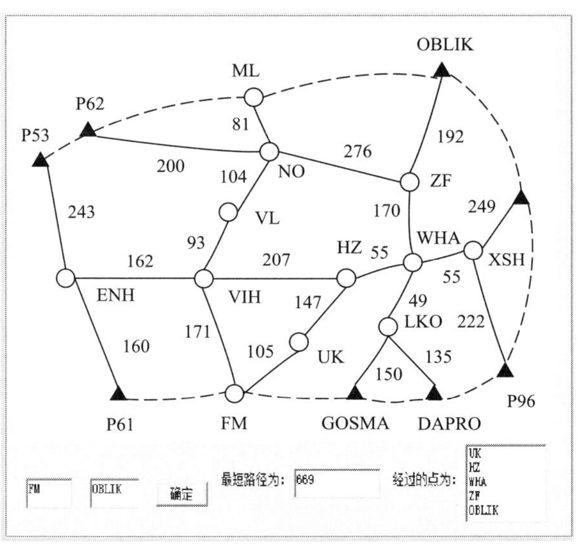

图2 正常情况下最短路径图

如图3所示,航班从 ENH 导航台至 NO 导航台飞行,由于恶劣天气影响,VIH 至 VL 的距离增为993km,使用航段长度增加时动态最短路径树算法可以快速的确定经过的导航台和最短路径。

如图4所示,航班从 ENH 导航台至 WHA 武汉天河机场落地,收到 HZ 导航台失效报文后,使用导航台失效时动态最短路径树算法可以快速的确定飞机改航经过航路点 VL、NO、ZF 最后在武汉天河机场落地,最短距离为805km。

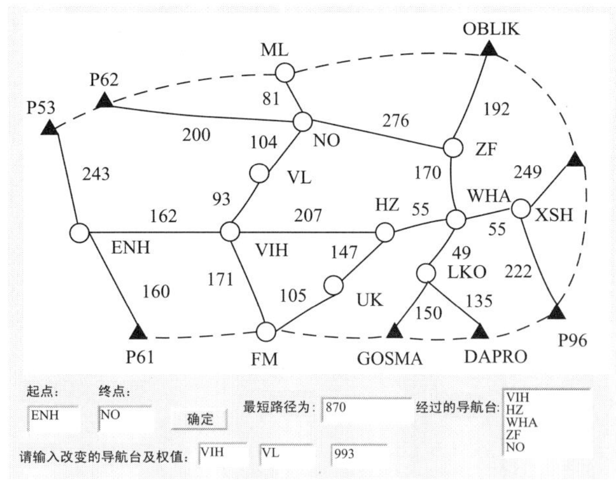

图3 航段长度增大时最短路径图

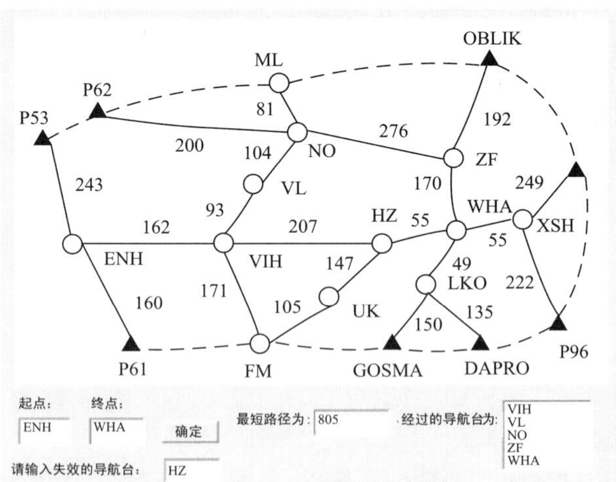

图4 导航台失效时最短路径图

4 结语

本文提出了求解区域内航空器确定最短路径的 Floyd 算法,研究了航段长度增加或导航台失效时飞机改航时的动态最短路径树算法,使用实例进行了验证。该方法也可确定航路距离和导航台失效同时发生时的动态最短路径。该方法用来确定天气变化、设备失效、空域结构复杂等情况下飞机飞行最短路径的确定，具有很强的实用性。

参考文献

[1] Bin Xiao, Jiannong Cao, Qingfeng Zhuge. Dynamic Shortest Path Tree Update for Multiple Link Decrements[C]. 2004 Global Telecommunications conferences, 2004, 1163-1167

[2] 孙知信，高艳娟，王文鼐. 更新最短路径树的完全动态算法[J]. 吉林大学学报, 2007, 37(4): 860-864

[3] 安红岩，胡光岷，何永富. 网络最短路径的动态算法[J]. 计算机工程与应用, 2003, 3(1): 173-175

[4] Paolo Narvaez, Kai-Yeung Siu, Hong-Yi Tzeng. New Dynamic Algorithms for Shortest Path Tree Computation[J]. IEEE/ACM transactions on networking, 2008, 8(9): 734-746

[5] 沙特朗，张萍. Introduction to Graph Theory[M]. 北京：人民邮电出版社, 2007

[6] 武喜萍，李海峰. 终端区空中交通管制专家系统的设计[J]. 交通信息与安全, 2009, 27(2): 131-133

[7] Chan, Edward P. E. Yaya Yang. Shortest path tree computation in dynamic graphs [J]. IEEE on Computer, 2009, 58(4): 541-557

Flight complete dynamic shortest path tree algorithm in area airspace

Wu Xiping, Li Haifeng, Zhang Jinsong

(College of Civil Aviation and Flight, Nanjing University of Aeronautics and Astronautics, Nanjing, 210016)

Abstract: With the rapid growth of air traffic flow, flight delay is getting worse because of bad weather, equipment failure, airspace capacity constraint and airport capacity constraint and so on. The flight will reroute in order to reduce flight delay, save fuel, improve safety and economy, so how to find a shortest path is a core problem. In the paper, we firstly use Floyd algorithm to compute normal flight's shortest path, and then concentrate on flight dynamic shortest path when route distance increase or equipment failure, finally use Wuhan area airspace flight data to verify the algorithm. The algorithm is very practical for complicated area airspace which have many navigation stations and whose distance dynamic change.

Key words: Flight delay, Dynamic minimum distance tree, Floyd arithmetic, Minimum distance

海峡两岸的民用航空法比较

刘绪新

(厦门空管站,厦门,361002)

摘　要:海峡两岸的航空直航是实现两岸“三通”的重要内容,也是未来两岸交流的重点和热点,但航空直航在实现和实施的过程中面临着两岸航空法及相关法规之间的较大的冲突。首先对两岸民航法的法律体系和立法背景进行了简单的介绍,然后着重于对两岸现行航空法进行分析比较。这为实现真正意义上的两岸“三通”提供了理论依据。

关键词:两岸直航;民航法;航空安全

1　引言

海峡两岸已人为分隔了半个多世纪,存在和发展着不同的政治、经济、社会和法律制度,从法律角度来讲又分属不同社会制度、不同法律体系下的不同法域,在这一背景下,两岸航空直航必然会产生许多不同层面上的法律冲突;为了进一步理解并解决这些法律冲突,有必要先对两岸的航空法规进行比较研究,而由于航空法规种类、部门繁多且专业性很强,本文主要对两岸航空方面的基本法律,即大陆和台湾地区现行的《民用航空法》加以分析比较。

2　法律体系

除了大陆和台湾各自的航空法体系之外,目前两岸现行的与直航相关的法律法规主要有:1996年8月祖国大陆交通部与对外经济贸易合作部分别公布的《台湾海峡两岸间航运管理办法》与《台湾海峡两岸间货物运输代理业管理办法》(该两“办法”适用范围主要是海运);1991年12月国务院发布的《中国公民往来台湾地区管理办法》;中国民用航空总局制订的《中国大陆与台湾间民用航空不定期飞行的申请和批准程序的暂行规定》和《单方经营中国大陆与台湾间民用航空运输补偿费的规定》等。以上法规多为部门制订的一些管理办法或规定,侧重于解决一些个别领域和部门范围内的专门性、技术性较强的事务。这也反映了涉台立法工作谨慎、稳妥和政治性较强的特点。随着两岸交流和形势的发展,航空直航的时机日益成熟,中国民用航空总局正会同交通部等相关部委,拟在充分征求两岸航空业者意见的基础上制订新的两岸航空管理办法,以规范航空市场、推动两岸空中直航。

台湾方面相应现行的与直航相关的法律法规首先是将“通航”列为中程目标的“国家统一纲领”,其由台“国统会”1991年制订并付“行政院”通过,主要以“务虚”的形式宣示国家统一的目标、原则及阶段与进程划分等。再就是1992年通过的《台湾地区与大陆地区人民关系条例》(简称“两岸关系条例”),这是台当局目前处理两岸交流事务的“指导性法律依据”,共133条,包括民事、刑事和行政等涉及两岸关系的各个方面。“两岸关系条例”作为程序法和实体法的结合,是目前台湾所制定的内容最广泛的调整两岸法律冲突的法律文件。在该条例2003年修正案中,将“直航”条款由“禁止”放宽为“许可”,规定“台湾船舶、航空器及其他运输工具,经主管机关许可,得航行至大陆地区”。这一修正从形式上为两岸直航“松绑”。此外台湾“交通部”及下属“民航局”在1994年制订了《台湾地区与大陆地区民用航空运输业间间接联运许可办法》。政策性文件中比较引人注目的是1992年“行政院陆委会”公布的《两岸直航的问题与展望说明书》。此外台湾的“香港澳门关系条例”第四章“交通运输”以及台北市航空运输商业同业公会代表与港府授权的香港、澳门相关航空公司代表分别签署的《台港航约》和《台澳通航协议》对台湾与港澳地区的通航事宜也作了相关规定。其中在《台澳通航协议》谈判过程中,两岸政府与主管部门官员以顾问身份参与整个谈判过程,并主导协议基本原则,为两岸直航商谈做了预演。

两岸虽然已有上述一些关于航空直航的法律法规，但都存在立法滞后，缺乏系统和专门性，相互协调和呼应不足等问题。大陆方面的有关立法尤显文件政策性居多，规范性不够，法定规则和程序缺位，缺乏立法的连续性和透明度等缺憾。不仅在两岸航空交往和法律实践中常居于不利和被误解的境地，也不符合"依法治国"、"依法行政"的治国方略。更不利于两岸航空直航的早日实现。规则的制订当在行动之前。从这一意义上讲，两岸实现航空直航之前，从法律角度可做的工作非常之多，需要两岸的航空法学界不懈努力，这也是两岸航路规划的依据之一。

3 立法背景及特色

大陆的《民用航空法》是中国民航体制改革的产物。改革开放以前，中国民航一直是政企合一，更几度完全交于军队管理，加之整个社会法制建设和法治观念的缺失，导致四十多年没有一部完整系统的民航法。1980 年 3 月 5 日，国务院、中央军委做出了改变民航领导关系的决定，把中国民航局从隶属于军队建制改为国务院直属机构，实行企业化管理，1994 年开始重点推进企业改革，全国 18 个驻有航空公司分(子)公司的省、区、市民航管理局与航空公司分(子)公司签订协议，完善双方的职能，落实企业经营自主权。在探索机场管理体制多种模式的过程中，形成了民航投资民航管理、地方投资地方管理、联合投资联合管理等形式。在此大背景下，为了保障和规范民用航空活动安全有序地进行，保护民用航空活动当事人各方的利益，促进民航事业的发展，1995 年通过了第一部《中华人民共和国民用航空法》。其特点是既按照国际民用航空公约及各附件的有关规定，借鉴了当时国外先进的立法经验，又体现和反映了中国国情。自颁行以来有效保障和促进了我国民航事业的发展，结束了我国民航领域长期以来"无法可依"的局面。但其在许多方面也存在着滞后性和难于操作性，如前所述，与台湾民航法近十年来已修订十余次相比较，大陆民航法颁布十年而未修订一次，不能不说其亟待根据当今民航的发展状况进行修订和完善。

台湾地区民用航空法的发展历史相对较长，由于台湾地处西太平洋的岛屿之上，对外交通特别是客运主要空运为主，因此早在 1953 年便颁布了《民用航空法》加以管制，之后十几年更是台湾民航业高速发展的时期。1966 年，随着东南亚航线的扩展，台湾民航业开始步入国际舞台。1969 年台北航空站扩建，高雄、花莲、澎湖机场改制，直到 1979 年中正国际机场建成，更加速了航空业的繁荣。同时各个大学、研究所也争相开设"航空法"专业课程，大批留学人才也赴外选修航空法专业，造成台湾航空法研究人才众多、研究水平和国际化程度较高之局面。台湾民用航空法既受同属大陆法系的日本、德国航空法影响，又在形式和规章上深为美国《联邦航空法》所影响。例如其第一章"总则"之第二条便是本法中用词定义之罗列，此种格式为大陆民用航空法所不用但却符合国际民航组织(ICAO)和美国联邦航空管理局(FAA)之规范和要求。

1987 年台湾地区解除"戒严令"，开放民众赴大陆探亲和国际观光，同时放宽航空管制政策，又掀起了一波航空热潮。1997 年台湾与美国又达成开放天空的协议。近年来随着两岸加入 WTO 和经贸、人员往来之日益频繁，海峡两岸航空交流日益增多，两岸航空直航呼之欲出，台湾民用航空法当又面临新一轮修订。

4 主要内容之比较

大陆和台湾的民航法有许多相同之处：从本质来讲，两者都既是实体法，又是程序法；既具有公法性质，又具有私法性质；既属于国内法，又具有国际法的性质和内容，在格式和内容上二者也有许多相通之处，对航空法方面的几个国际公约的原则和规定也都基本承认。如在航空公法部分，大陆民航法第十五章《法律责任》的第 191 条和台湾民航法第十章《罚则》的第 100 条都明确规定："以暴力(强暴)、胁迫或者其他方法劫持航空器者，……追究刑事责任(处死刑、无期徒刑或七年以上有期徒刑)"以上条款的法律渊源便同出自国际民航组织 1970 年订立的《关于制止非法劫持航空器的海牙公约》中的第一条和第二条："凡在飞行中的航空器内的任何人：(一)用暴力或用暴力威胁，或用任何其他恐吓方式，非法劫持或控制该航空器，或企图从事任何这种行为，或(二)是从事或企图从事任何这种行为的人的同犯，即是犯有罪行(以下称为“罪行”)各缔约国承允对上述罪行给予严厉惩罚。”基于这些相似和相通之处,两岸民航法界有了许多合作的基础,形成了如“两岸劫机犯等遣返事宜协议”等合作成果,但我们更为关注的是两岸民航法律法规的差异会给未来两岸航空直航产生何种影响,因此以下主要对两岸现行的民航法中的一些差异之处加以分析和比较。

4.1 两岸民航法所反映的社会和经济制度不同

民航业在两岸尤其在大陆还属于垄断性很高的产业,大陆民航法订立之时(1995 年),机场和航空公司都为国有(控股),民营资本被排除于外。大陆民航法第 54 条规定:“民用机场的建设和使用应当统筹安排、合理布局,提高机场的使用效率。全国民用机场的布局和建设规划,由国务院民用航空主管部门会同国务院其他有关部门制定,并按照国家规定的程序,经批准后组织实施……”而整个第八章将航空公司等定义为“公共航空运输企业”,其登记、运营以至于国内运价都要向国务院主管部门(民航总局)申请批准,而对于航空地勤业和配餐业等在本法中未做提及和规定。而在台湾,航空公司全部由民营公司经营,航空站(机场)及飞航服务则由“民用航空局”经营管理,而飞行场可由政府、国民或合格法人经核准后经营(台湾民航法第 29 条)。为明确民营公司经营民航业的资格和形式,台湾民航法第 48、49 条、第 66 条、第 74 条和第 77 条分别规定了经营民用航空运输业、航空货运承揽业、航空站地勤业和空厨业者应从“交通部民航局”获得申请许可并应为公司组织,同时规定了公司股东及资本的构成要求。对于民用航空运输业(航空公司)之国内运价,也只需报请“交通部民航局”核准其上下限范围,可以看出两岸民航法的这些差异反映了两岸不同经济和社会制度的特点。

值得一提的是,近年来大陆民航改革和发展非常迅速,许多垄断和壁垒开始被打破,民营和外来资本已获准在一定程度上进入航空运输业、机场、地勤、通用航空等领域,企业和个人也被允许拥有私人飞机(台湾民航法中归之为“自备航空器”),但现行民航法中相关内容却付之阙如,也反映了我们法律的滞后。相比较而言,台湾民航法中的有些内容及修订当可为我们修法时之借鉴。

4.2 涉及航空安全的内容之差别

保障和促进航空安全是两岸民航法制定的主要目的之一,其内容也各有特色。大陆民航法主要是第七章《空中航行》,分为“空域管理”、“飞行管理”、“飞行保障”和“飞行必备文件”共四节 21 条;而台湾民航法主要是第五章《飞航管理》共 10 条。比较二者内容,台湾民航法侧重于阐明基本原则而将具体规定引见下一级的法规或规章,因而内容扼要,行文简洁,如其第 42 条:“航空器不得飞越禁航区。航空器于飞航限航区及危险区,应遵守飞航规则之规定。”而大陆民航法则侧重于将飞行管理和飞行保障中的重要规定详细列出并不惜篇幅加以解释说明,如其关于航空器机组人员飞行和值勤时间及机组人员涉及酒精或药物的违禁行为分别在中国民航规章 CCAR-121FS“公共航空运输承运人运行资格审定规则”和 CCAR-61FS“民用航空器驾驶员、飞行教员和地面教员合格审定规则”中有详细规定,但还是在民航法第 77 条中加以规定说明。类似上述的例子很多,这一方面是因为有些相关规则规章的颁布和修订与民航法未能同步,另一方面也对某些条例规定加以强调和普及。

在航空器事故调查方面,两岸也有较明显的差异。大陆民航法第十一章《搜寻援救和事故调查》主要侧重于规定民用航空器遇险时的搜寻和援助的一些事项,关于事故调查只在第 155 和 156 条中有简略规定,而且关键的事故调查的组织和程序没有明确规定,只是“由国务院规定”(156 条)。台湾民航法在 2004 年 6 月 2 日修订之前的第八章《航空器失事调查》对于航空器事故调查的组织和程序有明确之规定:“行政院”设独立的“飞航安全委员会”行使航空器失事调查之职权,同时“交通部民航局”定有“民用航空器失事调查处理作业规定”。2004 年 5 月台湾“立法院”通过“飞航事故调查法”,现行的“行政院”飞航安全委员会更名为“飞航安全调查委员会”,“飞安会”依法成为独立调查机关,不受一般行政体系指挥与监督,可独立行使职权。进一步提升了“飞安会”的调查职权和独立性。

4.3 涉及航空赔偿责任内容的差别

两岸民航法对于航空运输其间造成的人员伤害和财产损失的赔偿都做了规定,但在责任严格性等方面有所差异。如大陆民航法第十二章《对地面第三人损害的赔偿责任》的第 157 条规定:“因飞行中的民用航空器或者从飞行中的民用航空器上落下的人或者物,造成地面(包括水面,下同)上的人身伤亡或者财产损害的,受害人有权获得赔偿;但是,所受损害并非造成损害的事故的直接后果,或者所受损害仅是民用航空器依照国家有关的空中交通规则在空中通过造成的,受害人无权要求赔偿。"第160条和164条又分别规定:"损害是武装冲突或者骚乱的直接后果,依照本章规定应当承担责任的人不承担责任。""除本章有明确规定外,经营人、所有人和本法第一百五十九条规定的应当承担责任的人,以及他们的受雇人、代理人,对于飞行中的民用航空器或者从飞行中的民用航空器上落下的人或者物造成的地面上的损害不承担责任,但是故意造成此种损害的人除外。"可见大陆民航法对于此类损害赔偿采取的是一般侵权行为的过错责任原则;而台湾民航法第九章《赔偿责任》第89条规定:"航空器失事致人死伤,或毁损他人财物时,不论故意或过失,航空器所有人应负损害赔偿责任;其因不可抗力所生之损害,亦应负责。自航空器上落下或投下物品,致生损害时,亦同。"采取的是特殊侵权行为的严格(无过错)责任原则。由于航空运输活动属于高空、高风险作业活动,由此产生的侵权行为属于典型的特殊侵权行为,显然台湾民航法的规定较为合理。又如对于航班延误的赔偿问题,大陆民航法第九章《公共航空运输》第三节"承运人的责任"第126条规定"旅客、行李或者货物在航空运输中因延误造成的损失,承运人应当承担责任;但是,承运人证明本人或者其受雇人、代理人为了避免损失的发生,已经采取一切必要措施或者不可能采取此种措施的,不承担责任。"台湾民航法第九章《赔偿责任》第91条则规定:"……乘客因航空器运送人之运送迟到而致损害者,航空器运送人应负赔偿之责。但航空器运送人能证明其迟到系因不可抗力之事由所致者,除另有交易习惯者外,以乘客因迟到而增加支出之必要费用为限。"显然大陆民航法比台湾民航法的规定对航空承运人的责任较轻,但实际情况却是航空公司迫于竞争压力,即使"已经采取一切必要措施",也会在不能避免延误时与旅客以赔偿。近年来旅客因航班延误索赔的呼声和要求不断提高也使这一条款越来越难具有可操作性。

4.4 法律责任之差别

如前所述,两岸的民航法从立法方式来看,都是实体法和程序法的结合,它们既对民航运输活动中产生的权利义务关系加以规定,也明确了法律责任及程序,二者又都是行政法律和刑事法律的有机结合,但在具体行为的法律责任上有轻重之别,总的来讲,台湾民航法对违法违规的处罚范围较广,处罚也远较大陆民航法严厉。

如对于航空器或航空人员未取得适航证书、飞行执照或体检合格证等而从事飞行的,大陆民航法的处罚对于航空器"由国务院民用航空主管部门责令停止飞行,没收违法所得,可以并处违法所得1倍以上5倍以下的罚款;没有违法所得的,处以10万元以上100万元以下的罚款"(第201条)和对于航空人员"由国务院民用航空主管部门责令停止民用航空活动,在国务院民用航空主管部门规定的限期内不得申领有关执照和证书,对其所在单位处以20万元以下的罚款"(第205条),仅应用了行政处罚;而台湾民航法对此类违法行为则是"处5年以下有期徒刑、拘役或新台币100万元以下罚金"(第104、105条),应用了刑事处罚。另外台湾民航法第十章《罚则》的第110至119条对于从事航空运输业、维修业、地勤业、货运业、空厨业和航空人员等违反法规所应处罚款和吊销证书的行为事项做了详细的罗列说明,使处罚尽量做到有法条可依。

4.5 其他相关法律关系内容之差异

民用航空法作为规范民用航空活动所引起的公法、私法之法律关系,兼具国际性质的国内专门法,与其他法律包括涉外法律都存在很强的关联性,两岸民航法于此的规定内容也各有特色。如大陆民航法于最后设有《附则》一章,列出了在惩治有关涉及民用航空的犯罪活动时参考的刑法内容和全国人大常委会的有关决定;又如在涉及民用航空器权利的私法方面,由于航空器作为动产有其特殊性且我国还未有成熟的民法典可以依赖,大陆民航法第三章《民用航空器权利》以较大篇幅对民用航空器的所有权、抵押权、优先权和租赁等作了详细规定。而台湾由于较早具有比较完备的民法典(台湾民法典条文多至1255条,为国际范围内亦属较完备者)且各法律间相关性较强,所以于这一方面只是做简单规定如"航空器,除本法有特别规定外,适用民法及其他法律有关动产之规定"(第18条),"航空器得为抵押权之标的。航空器之抵押,准用动产担保交易法有关动产抵押之规定"(第19条)等,类似的引用其他法律法规的例子不胜枚举。

关于涉外法律方面,两岸民航法的原则和规定基本相同,大陆民航法第十四章为《涉外关系的法律适用》,其中第184条规定:“中华人民共和国缔结或者参加的国际条约同本法有不同规定的,适用国际条约的规定;但是,中华人民共和国声明保留的条款除外。中华人民共和国法律和中华人民共和国缔结或者参加的国际条约没有规定的,可以适用国际惯例。”台湾民航法也在第十一章《附则》的第121条规定:“本法未规定事项,涉及国际事项者,民航局得参照有关国际公约及其附约所定标准、建议、办法或程序报请交通部核准采用,发布施行。”通过以上对海峡两岸民航法之比较,可以看出大陆和台湾的民用航空法都是各自在航空领域的基本法律,在促进保障民用航空安全有序发展方面起着重要的规范作用,同时也都深具各自鲜明的特点及足为对方所借鉴之处,研究之,比较之,既能分别促进两岸民航事业之发展,更对两岸航空界的进一步交流、加快“三通”的航空直航进程具有重要意义。

参考文献

[1] 陈世圮,冯正民,涂维穗. 台港(交换)航权协定问题之评析[R]. 台北:国家政策研究基金会,2002-1-10
[2] 董念清. 中国航空运输的创新与中国航空法[N]. 中国民航报,1999-9-11
[3] 黄为. 美国放松管制得失谈[J]. 民航经济与技术,1999,(3)
[4] 蒋朝阳. 澳门航权问题及其发展策略[J]. 澳门民航学刊,2005,(1)
[5] 刘伟民. 国际航空运输管理体制的发展趋势[J]. 民航经济与技术,1998,(6-7)
[6] 刘伟民. 海南“开放航权”推动经济再腾飞[N]. 中国民航报,2003-8-1
[7] 杨鸿基. 两岸三区空运之法律适用及冲突问题[A]. 程家瑞. 海峡两岸民航运输应用论文集[C]. 台北:东吴法学院,1995
[8] 赵弈山. 台湾海峡两岸直航问题研究[J]. 亚太经济,1997,(3)
[9] 中国民用航空法律法规汇编编委会. 中国民用航空法律法规汇编[Z]. 北京:文物出版社,1997

The compare of civil aviation laws of two sides across the Taiwan Strait

Liu Xuxin

(Xiamen Navigation Management Station,Xiamen,361002)

Abstract:Direct flight of two sides across the Taiwan Strait is the important content of “the three direct links”,also the key point and hot spot in the communication between the two sides in the future,but there are some serious conflicts between the laws of aviation and the related laws in the two sides of the strait taking bad effects on the implement of the direct flight. Firstly,the brief introduction of the civil aviation law framework and the legislative background in two sides was made,and then the analysis of the present aviation law of two sides was done emphatically. The analysis provides the theory basis to realize the “the Three direct links” in true sense.

Key words:Direct flight between the Taiwan Strait;Civil aviation law;Aviation safety

Reich 模型与改进的 Reich 模型的比较分析

印春峰

（华东空管局，上海，200335）

摘　要：采用不同的碰撞风险模型是间隔标准安全评估准确与否的决定因素之一。本文针对 Reich 模型和基于圆柱体碰撞模板的改进的 Reich 模型的进行了比较分析。通过算例说明了没有考虑机型多样性导致的计算的不准确。最后提出了按机型比例对翼展、机身长及机身高进行加权平均的方法来解决该问题。

关键词：平行航路；Reich 模型；碰撞模板；改进的 Reich 模型

1　引言

随着空中交通流量的增加，空中交通管制系统也日益繁忙。为了增加空域容量，减轻管制员的负担，缩小飞行间隔是重要手段之一。而飞行间隔的缩小是在确保飞行安全的前提下的，为此有必要对空中相撞问题进行研究。国内外很多理论研究者从碰撞风险入手，通过建立碰撞风险模型评估空中安全间隔标准来解决此问题。

最著名的就是英国的 P. G. Reich 在 19 世纪 60 年代针对北大西洋地区平行航路系统在纵向、侧向、垂直方向分别进行建模，得到碰撞风险模型，并且该模型已经得到了广泛的应用[1]。国内对安全间隔的研究起步晚。李春锦、王英勋等人对平行航路碰撞危险的 Reich 模型进行了初步研究，仔细分析了 Reich 模型的建模原理和过程[2]。应爱玲与徐肖豪对空域飞行侧向碰撞风险的 Reich 模型方法做了初步研究[3]。

碰撞风险的评估需要应用相应的碰撞风险模型，不同的碰撞风险模型适用于不同的区域，而采用的模型并最终将决定评估结果的准确性。本文针对 Reich 模型与改进的 Reich 模型进行了比较分析。通过算例说明二者在碰撞风险评估中由于未考虑机型多样性而导致的计算不准确，最后提出了用加权平均值的方法解决该问题。

2　Reich 模型

在各种碰撞风险评估模型中，最著名的就是 Reich 模型。其核心思想如下：

以飞机 A 为中心，在纵向、横向、垂直方向上分别以 $2\lambda_X, 2\lambda_Y, 2\lambda_Z(\lambda_X, \lambda_Y, \lambda_Z)$（分别表示飞机的机身长度、翼展、高度）虚拟出一个长方体区域，当另一架飞机进入该区域时就会发生碰撞，因此将该区域定义为碰撞模板，如图 1 所示。

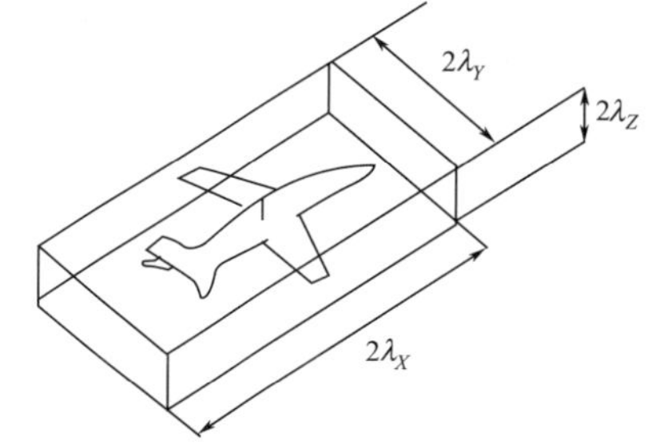

图 1　长方体碰撞模板

当飞机 B 碰撞飞机 A 时，飞机 B 的重心正好在飞机 A 碰撞模板的边缘上，所以可将飞机 B 视为一个微粒，则碰撞过程可被认为是微粒 B“轰炸”飞机 A 的模板。

在图 1 中，当微粒 B 在模板边缘时，就相当于飞机 B 与飞机 A 进行绝对碰撞。因此碰撞率 CR（collision risk）就等于所预计的微粒 B 进入飞机 A 模板的次数。

根据文献[3]可知侧向碰撞风险为：

$$N_{AY}=10^7P_Y(S_Y)\left\{\frac{E_Y(\text{同向})}{S_X}\left[\frac{\Delta V_X}{2}\times P_Z(0)+\lambda_X\cdot N_Z(0)+\lambda_X\cdot\frac{V_Y}{2\lambda_Y}\cdot P_Z(0)\right]\right.$$
$$\left.+\frac{E_Y(\text{反向})}{S_X}\left[V_X\cdot P_Z(0)+\lambda_X\cdot N_Z(0)+\lambda_X\cdot\frac{V_Y}{2\lambda_Y}\cdot P_Z(0)\right]\right\}\tag{1}$$

式中:ΔV_X——为两架同向飞行飞机速度之差;

$2V_X$——两架反向飞行飞机速度之和;

V_Y——相邻航线飞机间相对侧向速度;

S_X——纵向间隔标准;

S_Y——侧向间隔标准;

S_Z——垂直方向间隔标准;

E_Y——每飞行小时两架飞机接近到有碰撞危险的飞机数量;

N_X——飞机 B 纵向进入飞机 A 碰撞模板的频率,也就是两架飞机纵向间隔小于 λ_X 的频率,N_Y、N_Z 为飞机 B 侧向、垂直方向进入飞机 A 碰撞模板的频率;

P_X——飞机 B 纵向坐标穿越飞机 A 碰撞模板的概率,其值等于飞机 B 穿越飞机 A 碰撞模板的时间与进入临近层的时间比值,P_Y、P_Z 分别为飞机 B 侧向、垂直方向进入飞机 A 碰撞模板的概率。

因此只要知道了以上各项参数,侧向碰撞风险就能得到。

3 改进的 Reich 模型

Reich 模型采用长方体碰撞模板,在飞机航线发生偏离时,偏离航线的两机的距离和相撞判据比较难求。而文献[4]采用的改进的 Reich 模型,以圆柱体的碰撞模板代替传统的长方体碰撞模型,从而使得对两机相撞的判定更简单。如图 2 所示。

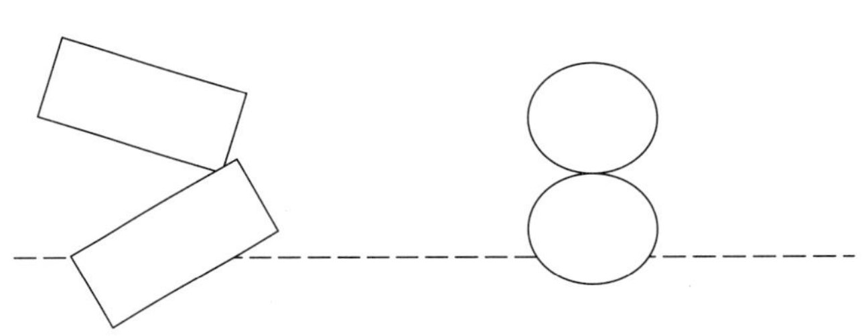

图 2 不同碰撞模板下飞机偏离航线运动示意图

在此假设翼展和机身长度相等,在本文中均用飞机机身长度 D 表示。则 Reich 模型中的碰撞模板改进如下:以飞机 A 为中心,分别以 $2D$ 为直径、$2\lambda_Z$ 为高虚拟一个圆柱体区域。当飞机 B 正好在飞机 A 圆柱体的边缘上时,该两架飞机就发生了机体接触,相当于两机进行了绝对碰撞。如图 3 所示。

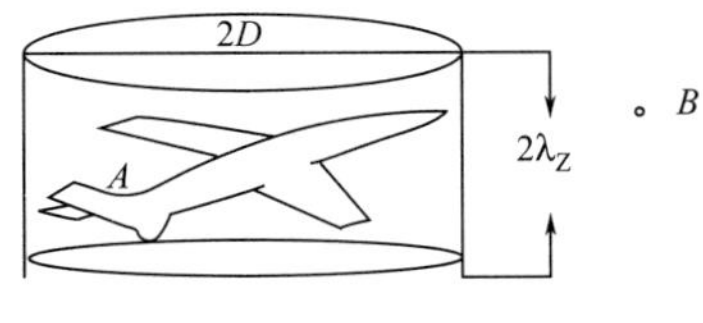

图 3 圆柱体碰撞模板

此时,平行航路侧向碰撞风险模型如下:

$$N_{AY}' = 10^7 P_Y(S_Y)\left\{\frac{E_Y(\text{同向})}{S_X}\left[\frac{\Delta V_X}{2}\cdot P_Z(0) + D\cdot N_Z(0) + \frac{V_Y}{2}\cdot P_Z(0)\right] + \frac{E_Y(\text{反向})}{S_X}\left[V_X\cdot P_Z(0) + D\cdot N_Z(0) + \frac{V_Y}{2}\cdot P_Z(0)\right]\right\} \quad (2)$$

相关参数同上。

侧向碰撞风险模型建立的目的是评估由于飞行在相同高度层、相邻平行航路上的飞行器之间丧失侧向间隔的概率。在实际的应用中,$P_Y(S_Y)$ 可以用下面的公式求得近似解[5,6]:

$$P_Y(S_Y) \approx 2\lambda_y \int_{-\infty}^{+\infty} f_y(y_1) f_y(S_y + y_1)\,\mathrm{d}y_1 \quad (3)$$

式中:S_y 为平行航路的侧向间隔;y_1 为航空器在平行航路上偏离航路中心线的侧向偏航距离;$f_y(y_1)$ 为飞机侧向偏航的概率密度函数。

由于改进型 Reich 模型对 λ_y 取值的变化,它的 $P_Y(S_Y)$ 值必将发生改变,记为 $P_Y'(S_Y)$

$$P_Y'(S_Y) \approx 2D\int_{-\infty}^{+\infty} f_y(y_1) f_y(S_y + y_1)\,\mathrm{d}y_1 \tag{4}$$

4 比较分析

改进的 Reich 模型对于判断碰撞过程有更好的精确度,但这个精确度是建立在忽略实际中飞机翼展与机身长的差异的基础之上的,所以随着模型中飞机的翼展与机身长的差异逐渐变大,改进的 Reich 模型计算得到的碰撞风险与实际存在的碰撞风险将会有比较大的差值。并且两个模型的建立是在假设机型唯一的情况下进行的,没有考虑到在某一航路上飞机机型的多样性。导致计算得到的碰撞风险偏于保守或者冒险。

通过算例对两模型比较分析如下:

由文献[3]可得北大西洋上空空域平行航路的相关数据(机型数据以波音 737-300 为例)如表 1 所示。

计 算 参 数 表 1

参 数	数 值	参 数	数 值
$P_Z(0)$	0.25	S_Y(n mile)	120
$N_Z(0)$	60	λ_X(n mile)(D)	0.024
V_X(kn)	805.25	λ_Y(n mile)	0.015
V_Y(kn)	60	E_Y(同向)	0.61
ΔV_X(kn)	13	E_Y(反向)	0.01
S_X(n mile)	60		

此时 $P_Y(S_Y) = 0.4 \times 10^{-6}$,此时将上述数据代入式(1)可得侧向碰撞风险为:

$$N_{AY} = 0.756 \tag{Ⅰ}$$

对比式(3)和(4)及表 1 中 $P_Y(S_Y)$ 的值,可以近似求得 $P_Y'(S_Y)$ 的值为 0.64×10^{-6},此时代入式(2)可得:

$$N_{AY}' = 0.912 \tag{Ⅱ}$$

对比结果(Ⅰ)和(Ⅱ),可以发现用改进的 Reich 模型计算的碰撞次数要明显高于未改进之前的。

以上是翼展远小于机身长的情况。假设在以上其他各项参数不变的情况下,机型以 A340(λ_x = 0.032n mile λ_Y = 0.033n mile)为例,此时翼展与机身长相差较小,且机身长小于翼展。

此时 $P_Y'(S_Y)$ 的值为 0.41×10^{-6}。

根据式(1)计算可得:

$$N_{AY} = 0.582 \tag{Ⅲ}$$

根据式(2)计算可得:

$$N_{AY}' = 0.586 \tag{Ⅳ}$$

对比结果(Ⅲ)和(Ⅳ),可以发现在翼展与机身长相差比较小的时候,用改进的 Reich 模型计算得到的碰撞风险与 Reich 模型计算得到的相差也较小。

改进的 Reich 模型虽然对于判断碰撞过程有更好的精确度,但是精确度是建立在忽略实际中飞机翼展与机身长的差异的基础之上的。

Reich 模型中长方体模板不利于两机相撞的判定,而改进的 Reich 模型中采用圆柱体模板计算碰撞风险受机型影响较大。为了平衡这两者的不利,在对某一航路进行评价的时候。可以先对机型进行统计,根据各种机型的权重值,将其翼展、机身长及机身高进行加权平均,从而得到一个比较适用的碰撞模板。

例如表 2 所示情况,此时取:

某一航路机型比例及机身长、翼展、机身高 表2

机 型	比 例	机身长(m)	翼展(m)	机身高(m)
A330	0.30	63.65	60.30	16.74
B777	0.10	63.73	60.93	18.5
A333	0.10	63.6	60.3	17.9
B767	0.30	54.94	47.57	16.9
A320	0.20	37.57	34.09	11.76

圆柱体半径:

$$D=\frac{1}{2}[0.3(63.65+60.30)+0.10(63.73+60.93)+0.10(63.6+60.3)+0.30(54.94+47.57)+0.20(37.57+34.09))]=53.563\text{m}$$

圆柱体高:

$$\lambda_Z=0.3\times16.74+0.10\times18.5+0.10\times17.9+0.30\times16.9+0.20\times11.76=16.084\text{m}$$

将该值分别代入式(2)、(4)可以计算出相应的侧向碰撞风险值。通过这样的方法既可以解决Reich模型中对碰撞判定不易的问题,又可以解决改进的Reich模型中忽视机身长与机身高差异的问题,求得的侧向碰撞风险值将会更合理。

5 结论

本文通过算例对Reich模型和改进的Reich模型进行了比较分析。Reich模型与改进的Reich模型在对碰撞风险进行评估的时候,往往忽略了机型的多样性,评估结果过于保守或者冒险。为此,在以后对航路上的碰撞风险进行评估的时候,为了评估的准确性,可以对在该航路飞行的飞机机型进行统计,根据机型比例及各机型的机身长、翼展、机身高来确定模型中的碰撞模板边界值,最终运用于改进的Reich模型,从而使得评估结果更准确。这为以后飞行间隔的安全评估提供了一定的参考意见。

参考文献

[1] Reich. P. G. Analysis of Long-Range Air Traffic Systems: Separation Standards I II III. [J]. Journal of the Institute of Navigation, 1966, 19 (1,2,3): 88-98, 169-186, 331-347
[2] 李春锦、王英勋,庆祝北京航空航天大学建校四十周年优秀学术论文集[C].北京航空航天大学,1992:427-433
[3] 应爱铃,徐肖豪.空域飞行侧向碰撞危险的REICH模型方法研究,中国民航学院学报,2002,20(4):6-10
[4] 张晓燕.飞行间隔标准的安全评估研究[D].天津:中国民航大学,2007
[5] 韩松臣,裴成功,等.平行区域导航航路安全性分析[J].航空学报,6(5):1023-1027
[6] Moek G, Lutz E, Mosborg W. Risk assessment of RNP10 and RVSM in the South Atlantic flight identification regions [Z]. ARINC, 2001

Comparative analysis in view of the Reich model and the improved Reich model

Yin Chunfeng
(Hua Dong Air Traffic Management Bureau, Shanghai, 200335)

Abstract: Collision risk model is one factor to determine that the evaluation of separation standard is accurate or not. This paper has carried on the comparative analysis in view of the Reich model and the improved Reich model based on circular cylinder collision template. To explain the two model's inaccurate through the example. Finally the weighted average method is proposed to solve this problem.

Key words: Parallel route; Reich model; Collision model; Improved Reich model

航空货邮运输周转量预测模型研究

韩明亮　胡长建

（中国民航大学管理学院，天津 300300）

摘　要：航空货邮运输周转量是航空运输的主要指标之一，航空货邮运输周转量的预测是民航管理机构进行行业规划的依据。本文从航空货邮运输周转量的变化规律着手，分别使用灰色理论、回归分析、ARIMA、神经网络、组合预测等几种常用预测方法对航空货邮运输周转量进行了预测。通过对预测结果进行比较分析，发现神经网络对航空货邮运输周转量进行预测有较好的效果。

关键词：航空货邮运输周转量；灰色预测；回归分析；ARIMA；人工神经网络；组合预测

随着制造业的日益成熟和消费者需求的不断增长，中国已成为世界上发展最快的航空货运市场之一。航空货邮运输周转量的准确预测对于物流中心、信息系统、航空公司机队、关键设备等方面资源的建设具有重大的指导意义。目前已有学者使用了时间序列法、趋势外推法、灰色理论、回归分析等方法对航空货邮运输周转量进行了预测：周雁于2005年使用ARMR对航空货邮运输周转量进行了预测[1]；白杨、李卫红于2006年使用灰色系统理论的GM(1,1)模型，对我国的国际航空货邮运输周转量进行了中短期的预测[2]；冯敏、朱新华于2007年剖析了国民经济与民航货运的内在关系，从而建立了货邮运输量的非线性回归模型，预测出了2005～2020年的货邮吞吐量[3]。但尚未有学者系统地对这些预测方法的预测出结果进行比较分析。

当前，BP神经网络、组合预测两种预测方法已广泛运用于社会经济指标的预测中。BP神经网络具有良好的自适应性、自组织性，它还具有很强的容错能力和抗干扰能力强等特点。它通过对大量历史数据的学习记住复杂的历史规律和趋势，结合当前状况和特征进行预测，具有比较好的效果，是经过实践证明了较好的预测方法[4]。

单个预测模型只能从某个角度提供相应的有效信息，因此利用单项预测方法进行预测的缺陷表现为信息源的不够广泛性。为此Bates和Granger于1969年提出组合预测方法的概念，由于它能有效地提高预测的精度，因此受到了国内外预测工作者的重视[5]。在本文中，笔者也将这两种方法引入航空货邮运输周转量预测。

各种预测方法各有优劣，究竟哪种预测方法更适合航空货邮运输周转量的预测呢？为此，笔者分别使用灰色预测、回归分析、ARIMA、人工神经网络、组合预测五种方法对1996～2007年航空货邮运输周转量进行了模拟，结果表明神经网络的预测效果最佳。

1　预测模型简介

1.1　灰色

灰色预测通过少量的、不完全的信息，建立灰色微分预测模型，对事物发展规律作出模糊性的长期描叙。灰色理论认为系统的行为现象尽管是朦胧的、数据是复杂的，但它毕竟是有序的、是有整体功能的。灰色的生成，就是从杂乱中寻找出规律。同时，灰色理论建立的是生成数据模型，不是原始数据模型[6]。

1.2　回归分析

回归分析是从预测变量和与它有关的解释变量之间的因果关系出发，来预测事物未来发展趋势的

作者简介：韩明亮(1963-)，男，辽宁桓仁人，教授，工学硕士，研究方向为航空运输系统工程；胡长建(1985-)，男，湖北随州人，中国民航大学硕士研究生，研究方向为航空运输系统工程。

一种定量分析方法,因此又称为因果分析预测法。回归分析预测模型按照自变量的个数,可分为一元回归分析和多元回归分析;按照因变量和自变量之间的关系,可分为线性回归分析和非线性回归分析。本文中拟采用的是多元线性回归。

1.3 ARIMA

一般地,ARIMA 模型可以表示为:

$$\phi(B)\Delta^{d}y_{t}=\delta+\theta(B)\varepsilon_{t}$$

其中,

$$\phi(B)=1-\phi_{1}B-\phi_{2}B^{2}-\phi_{3}B^{3}-\cdots-\phi_{p}B^{p}$$

为自回归算子,

$$\theta(B)=1-\theta_{1}B-\theta_{2}B^{2}-\theta_{3}B^{3}-\cdots-\theta_{q}B^{q}$$

为移动平均算子 B 为滞后算子,即 $B^{p}y_{t}=y_{t-p}$,$\Delta^{d}y_{t}$ 表示对序列 y_{t} 的 d 阶差分。

建模时首先要对系列的平稳性进行检验,一般采用 DF 或 ADF 检验,一般而言,对于存在趋势性的序列要采取差分的办法进行转换,接下来通过序列的自相关系数和偏相关系数识别模型的中参数 p 和 q,然后进行 OLS 估计。

1.4 神经网络

BP (Back Propagation)神经网络是目前发展比较成熟的一种神经网络学习算法,其由一个输入层、一个输出层及一个或多个隐层组成。各层神经元仅与相邻层神经元之间相互全连接,同层内神经元之间无连接,各层神经元之间无反馈连接。BP 算法的一次计算分为两步:(1)信息的正向传播。(2)误差的反向传播。在信息的正向传播过程中,输入信号从输入层通过激活函数向隐层、输出层传播,每层神经元状态只影响下一层的神经元状态。如果在输出层得不到期望的输出,即输出值与目标值的误差太大,则将误差信号由输出层向输入层逐层反推,通过修改各层神经元之间的连接权值,使网络朝着能正确响应期望输出的方向不断变换下去,即完成一次误差的反向传播。当输出结果达到期望的预测精度,网络计算停止。

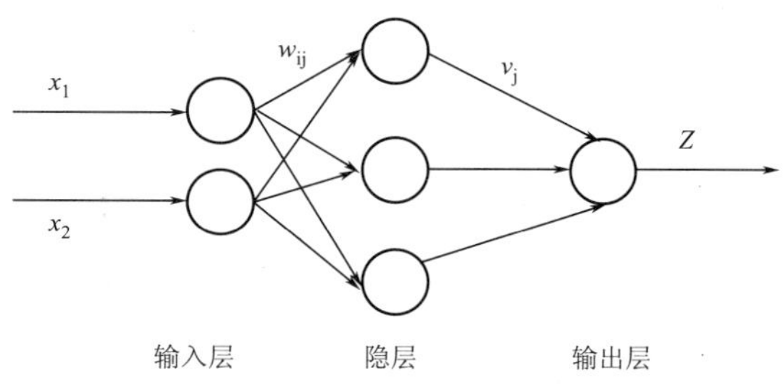

图1 三层前向 BP 神经网络拓扑结构

图1所示为一个输入层有两个、隐层有三个、输出层一个神经元的神经网络。其中输入向量为 $X=(x_{1},x_{2})^{T}$,输入层与隐层之间权为 w_{ij},$i=1,2$,$j=1,2,3$,阈值为 θ_{j};

$y_{j}=f_{1}\left(\sum_{i=1}^{2}w_{ij}x_{i}+\theta_{j}\right)$,$i=1,2$,$j=1,2,3$ 为隐层的输出值;隐层与输出层之间的权重为 v_{j},$j=1,2,3$,阈值为 θ;$z=f_{2}\left(\sum_{j=1}^{3}v_{j}y_{j}+\theta\right)$ 为网络输出值,f_{1},f_{2} 为激活函数。

1.5 组合预测模型

所谓组合预测就是设法把不同的预测模型组合起来,综合利用各种预测方法所提供的信息,以适当的加权平均形式得出组合预测模型。组合预测最关心的问题就是如何求出加权平均系数,使得组合预测模型更加有效地提高预测精度。求解最优权重的方法很多,本文应用线性规划的原理,建立模型使得预测误差最小。

设实际航空货邮运输周转量为 $\{x_{t},t=1,2,\cdots,N\}$,设有 m 种单项预测方法对其进行预测;第 i 种单项预测方法在第 t 时刻的预测值为 x_{it},$t=1,2,\cdots,N$,$i=1,2,\cdots,m$;

$w_{1},w_{2},\cdots,w_{m}$ 为 m 种单项预测方法在组合预测中的加权系数,则组合预测值为

$$\hat{x}_{t}=\sum_{i=1}^{m}w_{i}x_{it},t=1,2,\cdots,N,i=1,2,\cdots,m$$

则确定组合预测权重的模型为:

$$\min \sum_{t=1}^{N} [x_t - (w_1 x_{1t} + w_2 x_{2t} + \cdots + w_m x_{mt})]^2$$

$$\text{s. t} \quad \sum_{i=1}^{m} w_i = 1, w_i \geq 0$$

2 实例分析

为验证各种预测方法对于航空货邮运输周转量预测的适应性,使用航空货邮运输周转量预测基础数据(表1)对1996~2007年航空货邮运输周转量进行模拟。

1996~2007年航空货邮运输周转量预测基础数据 表1

年份	GDP(亿元)	年末人口(万人)	进出口贸易总额(亿元)	第二产业(亿元)	旅游人数(百万人次)	货邮运输周转量(亿吨公里)
1996	71176.6	122389	24133.8	33835.0	639.5	24.93
1997	78973.0	123626	26967.2	37543.0	644	29.1
1998	84402.3	124761	26849.7	39004.2	695	33.45
1999	89677.1	125786	29896.2	41033.6	719	42.3
2000	99214.6	126743	39273.2	45555.9	744	50.2683
2001	109655.2	127627	42183.6	49512.3	784	43.72
2002	119095.7	128453	51378.2	53896.8	878	51.5515
2003	135174.0	129227	70483.5	62436.3	870	57.8976
2004	159586.7	129988	95539.1	73904.3	1102	71.8036
2005	184088.6	130756	116921.8	87364.6	1212	78.8954
2006	213131.7	131448	140971.4	103162.0	1394	94.2753
2007	251481.2	132129	166740.2	121381.3	1610	116.3867

数据来源:中经网数据库

2.1 建立模型、计算

灰色预测:使用GM(1,1)模型,输入1996~2007年航空货邮运输周转量数据,使用Matlab软件对1996~2007年航空货邮运输周转量做模拟得出结果见(表2)。

回归分析:以GDP、年末人口、进出口贸易、第二产业产值、旅游人数为自变量,货邮运输周转量为因变量,使用Eview软件建立初步的多元回归方程。经检验发现,该模型F检验值很大,T检验值很小,这些表明该模型存在多重共线性,不稳定。逐步剔除变量、检验,得到最终模型:航空货邮运输周转量$Y = -5.345850364 + 0.0004754961417\text{GDP}$。使用该模型对1996~2007年航空货邮运输周转量做模拟得出结果(表2)。

ARIMR:使用1996~2007年航空货邮运输周转量数据建立时间序列模型。观察其自相关系数和偏自相关系数发现,该序列存在趋势,需要对该系列进行变换以剔除趋势,使其平稳化。因此先对其进行对数变换,再进行一次一阶差分。再观看其自相关系数,发现滞后期$k=1$之后自相关函数衰减,且均落入随即区间,因此认为变换后的新序列已经平稳;观看其偏自相关系数,认为在$k=1$后截尾。从而得出模型ARIMR模型参数$p=1,d=1,q=0$,即ARIMR(1,1,0)。使用SPSS软件运用该模型对1996~2007年航空货邮运输周转量做模拟得出结果(表2)。

神经网络:建立一个隐层有6个神经元的三层BP神经网络,其输入层、输出层的传递函数分别为tansig、purelin,训练函数为traingdm,设定训练误差目标值为10^{-3},最大训练次数为20000,学习速度为0.05。首先使用Matlab软件对1996~2007年航空货邮运输周转量数据使用premnmx函数做归一化处理,然后使用该网络对处理后的数据进行学习直到误差达到设置的精度,使用学习后的网络模拟1996~2007年航空货邮运输周转量结果(表2)。

组合预测:使用公式:

$$\min \sum_{t=1}^{12} [(x_t - (w_1 x_{1t} + w_2 x_{2t}))]^2$$

$$\text{s.t} \quad w_1 + w_2 = 1$$

使用 lingo 软件,输入灰色预测、神经网络模拟的结果,解出结果为 $w_1 = 0, w_2 = 1$。分析可知,由于灰色与神经的误差同向,且神经网络预测精度高,故出现此种情况。而且发现使用神经网络和其他预测方法进行组合也会得到类似的结果。

1996~2007 年航空货邮运输周转量模拟值(单位:亿吨公里) 表 2

年份	实际值	GM(1,1)拟合	回归分析拟合	ARIMR 拟合	神经网络拟合	组合预测拟合
1996	24.93	24.93	28.4984	24.93	24.3605	24.3605
1997	29.1	27.6638	32.2055	33.2443	30.6518	30.6518
1998	33.45	31.6920	34.7871	37.4143	34.1775	34.1775
1999	42.3	36.3067	37.2953	41.7643	39.6152	39.6152
2000	50.2683	41.5933	41.8303	50.6143	48.0841	48.0841
2001	43.72	47.6498	46.79478	58.5826	48.4480	48.4480
2002	51.5515	54.5881	51.2837	52.0343	51.6572	51.6572
2003	57.8976	62.5368	58.9289	59.8658	56.5847	56.5847
2004	71.8036	71.6428	70.5371	66.2119	70.3741	70.3741
2005	78.8954	82.0748	82.1876	80.1179	79.1930	79.1930
2006	94.2753	94.0258	95.9975	87.2097	96.0686	96.0686
2007	116.3867	107.717	114.2325	102.5896	115.3756	115.3756

2.2 误差分析(表 3 和表 4)

1996~2007 年航空货邮运输周转量模拟值误差分析(单位:亿吨公里) 表 3

年份	GM(1,1)误差	回归分析	ARIM 误差	神经网络	组合预测
1996	0	3.5684	0	-0.5695	-0.5695
1997	-1.4362	3.1055	4.1443	1.5518	1.5518
1998	-1.758	1.3371	3.9643	0.7275	0.7275
1999	-5.9933	-5.0047	-0.5357	-2.6848	-2.6848
2000	-8.675	-8.438	0.346	-2.1842	-2.1842
2001	3.9298	3.07478	14.8626	4.728	4.728
2002	3.0366	-0.2678	0.4828	0.1057	0.1057
2003	4.6392	1.0313	1.9682	-1.3129	-1.3129
2004	-0.1608	-1.2665	-5.5917	-1.4295	-1.4295
2005	3.1794	3.2922	1.2225	0.2976	0.2976
2006	-0.2495	1.7222	-7.0656	1.7933	1.7933
2007	-8.6697	-2.1542	-13.7971	-1.0111	-1.0111

航空货邮运输周转量模拟值误差分析 表 4

	灰色	回归分析	ARIMR	神经网络	组合预测
均方误差 MSE	20.6563	12.5876	44.2788	3.8083	3.8083
平均绝对误差 MAE	3.4773	2.8552	4.4984	1.5330	1.5330
百分绝对误差 MPAPE	0.5006%	0.4111%	0.6476%	0.2207%	0.2207%

2.3 预测结果

根据收集到的数据,使用神经网络对 2008~2010 年航空货邮运输周转量数据预测见表 5。

2008~2010 年航空货邮运输周转量预测(单位:亿吨公里) 表 5

年份	神经网络预测
2008	138.0886
2009	154.1515
2010	176.4832

3 结论

使用灰色理论、回归分析、ARIMA、神经网络、组合预测等几种常用预测方法对航空货邮运输周转量进行预测。比较各预测结果可知使用神经网络预测的误差(均方误差 MSE、平均绝对误差 MAE、百分绝对误差 MPAPE)比灰色预测、回归分析、ARIMR 都小,可见神经网络最适合用来做航空货邮运输周转量的预测。组合预测可以提高预测模型的稳健性,但由于灰色预测、回归分析、ARIMR、神经网络预测对航空货邮运输周转量预测的误差具有同向性,出现权值分别为 0、1 的现象,因此不建议使用组合预测做航空货邮运输周转量的预测。

参考文献

[1] 周雁. 中国民航货运量的时间序列模型. 成都理工大学学报,2005.08
[2] 白杨,李卫红. 中国国际航空货运量预测. 决策参考,2006.03
[3] 冯敏,朱新华. 中国民航货运市场分析和预测. 中国民航大学学报,2007.02
[4] 王斌,张金隆. 航线流量组合预测模型研究. 武汉理工大学学报,2008.06
[5] 杨晗熠,吴育华. 用水量组合预测模型的研究. 西安电子科技大学学报,2008.07
[6] 邓聚龙. 灰预测与灰决策. 武汉:华中科技大学出版社,2002

Reasearch on models for forecasting air cargo capacity

Han Mingliang*,*Hu Changjian
(Management College,CAUC,Tianjin,300300)

Abstract:Air cargo capacity is one of the civil aviation's figures,the forecast of Air cargo capcity is the base which the civil aviation administration use to make industry plan. This paper use GM (1,1) power model,regression model,ARIMA model,BP neural networks,combinatorial forecast to forecast Air cargo capacity. With the analysis of the forecast result of different methods,we find the the BP neural networks method is the best for Air cargo capacity Forecasting.

Key words:Air cargo capacity;GM (1,1) power model;Regression model;ARIMA;BP neural networks;Combinatorial forecast

CBR方法在空中交通流量管理中的应用

范小磊　徐肖豪

(中国民航大学 空中交通管理研究基地,天津,300300)

摘　要:空中交通流量的快速增长,迫切需要提高流量管理决策的水平。本文将空中交通流量管理系统中的预案设计与基于案例推理方法相结合,建立了基于案例推理的流量管理预案决策模型,给出了流量管理预案的规范化描述,并以某机场发生拥挤时所采取的流量管理预案为例,对建立的模型进行了验证,为解决流量管理问题做了新的尝试。

关键词:空中交通流量管理;基于案例的推理;预案

1　引言

基于案例的推理(Case-Based Reasoning,CBR)是一种通过当前问题的描述对案例库进行检索,获得与当前问题相似的案例集,修改或直接复用相似案例的解,从而达到解决当前问题目的的方法。目前CBR正在成为人工智能技术和知识系统中一个活跃的研究课题,在机械制造、故障诊断、企业管理等领域得到了广泛的应用[1]。在民航领域中,梁世华,韩松臣等也将CBR方法应用到机场应急救援规模决策研究中[2]。

空中交通流量管理是解决空中交通拥挤和减少航班延误的主要方法,世界主要国家和地区都通过建立流量管理系统,进行流量管理的辅助决策。本文建立了基于案例的推理空中交通流量管理预案决策模型,在实施流量管理过程中,通过在案例库中检索已有的流量管理预案案例,找到符合针对当前空中交通态势的相似预案,用来进行当前的流量管理决策。

2　基于案例的推理概述

基于案例的推理(CBR)是用以往案例的知识或信息对相似案例问题进行求解的方法。Aamodt和Plaza将一个CBR过程归纳为“4R”[3]:检索(Retrieve)、重用(Reuse)、修正(Revise)、保留(Retain),其一般工作过程如图1所示[1]。

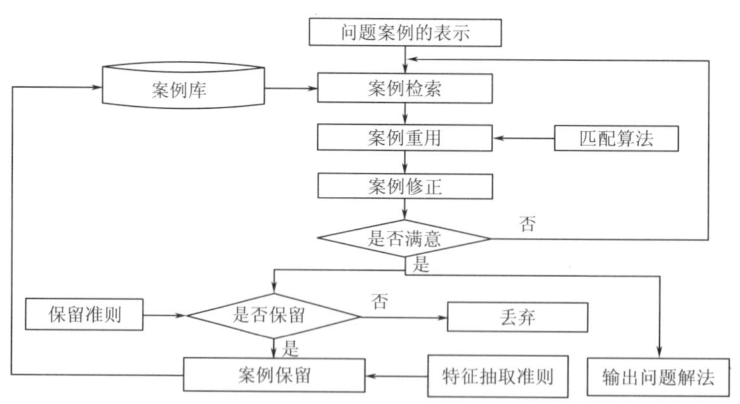

图1　CBR的一般工作过程

CBR基于以下两条原则:相似的问题有相似的解决方法;同类的问题会再发生。它主要有以下

基金项目:国家863计划资助项目(2006AA12A105)。

作者简介:范小磊(1982-),男,硕士研究生。

特点[4]：

（1）基于案例的推理不需要一个确定的领域模型，知识获取就是历史案例的收集过程；

（2）主要操作过程简化成提取案例有意义的特征的过程，这比建立确定性模型更加容易；

（3）可运用数据库技术管理大量的信息；

（4）通过获取新的知识作为案例进行学习，维护更加简便。

CBR 符合人类的实际认知心理过程，反映了人类认知过程中根据过去的经验和方法进行推理求解，从失败和成功中进行学习的特征，降低了知识获取的难度。CBR 适用于尚未完全形式化的领域和信息不完全领域的求解，而流量管理是一个结构化程度较低的复杂的决策难题，是一个尚未完全形式化的领域，所以利用 CBR 方法对问题求解的方案很适合用于流量管理决策中。

3　基于案例的推理方法在流量管理中的应用

3.1　流量管理预案概述

流量管理程序是组织、实施流量管理的核心，管制单位、流量管理单位根据当前或者未来一段时间内的空中交通态势、本部门的工作情况，根据管制经验和相关流量管理规定提出启动流量管理程序的请求，同时提出部分控制参数，如控制启动时间、控制间隔等，流量管理部门根据需求，建议采用的流量管理程序类型和相应的控制参数，即形成流量管理预案。相关部门启动预案的评估，经过协同决策，就形成了可以运行的流量管理程序[5]。生成流量管理预案是日常流量管理中的一项重要工作。

考虑到在一定周期和范围内，空中交通态势具有相似性，正常情况下，航空公司都是按照航班时刻表组织航班的飞行，而航班时刻表一般一年两次调整，具有一定的稳定性。因此可以把以往的流量管理案例保存下来，作为经验知识存储下来，成为预案案例库，当启动流量管理决策时，就可以在预案库中查找最为相似的预案，提供给决策人员，这就节省了流量管理人员进行人工决策所花费的时间，缩短了决策方案的生成周期。同时，由于预案本身建立在以前的实际案例之上，并由大量领域专家仔细研讨产生，保证了决策的科学性和有效性。流量管理预案决策流程如图 2 所示。

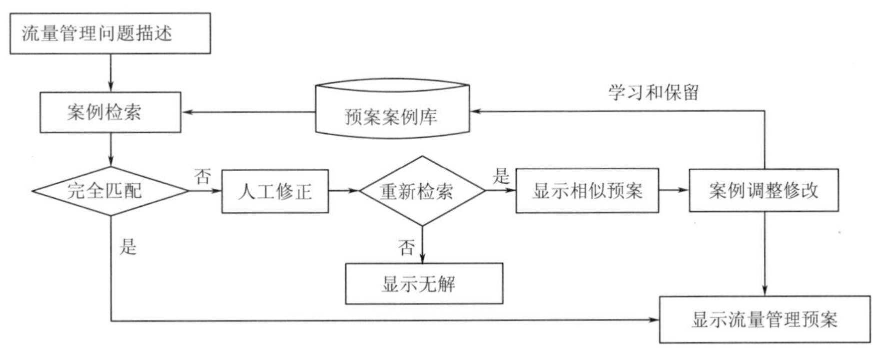

图 2　基于案例推理的流量管理预案决策过程

3.2　流量管理预案案例的表示

在案例推理中，案例的表示是一个基本的问题，因为不同的表示方式将导致案例组织、存储、检索和调整等各步骤截然不同。一个案例通常包括“问题”，“解答”和“效果”三个部分：“问题”描述了案例发生时内外部环境的状态，包含了案例的主题属性和特征属性；“解答”说明了与问题相对应的解决方案，“效果”说明了解决方案的结果评价。流量管理预案可以采用六元组表示：$P=(U,MT,F,S,A)$，其中 U 是表示流量管理实施单位；M 是有限、非空的关于空中交通态势集合 $M=(m_1,m_2,\cdots,m_k)$，表示的是预案的环境属性，包括控制时间段内的容量，航班数量等，是否有限制因素，军方活动等，可以用来描述实施流量管理的背景，实施的条件等客观因素；T 是围绕流量管理时间参数的集合，属于特征属性，$T=(t_1,t_2,\cdots,t_n)$，分别表示流量管理程序的发布时间，生效时间，结束时间，豁免时段等；F 是受控航班及其属性的集合，包括各受控航班预计起飞，着陆时间，优先级等；S 是流量管理程序的具体描述集合，$S=(s_1,s_2,\cdots,s_m)$，表示解决方案，包含采用的流量管理程序类型，以及针对的受控空域和（起飞，目的）机场,实施的平均间隔(时间或者距离),A 是效果的评价,航班延误情况等。一个流量管理预案可以简单表述为:在空中交通态势为 M 的情况下,由流量管理单位 U 提出,在 T 时间段内的实施的流量管理程序 S,要求对航班集合 F 实施流量管理,实施的效果为 A。

3.3 流量管理预案案例的组织和存储

根据流量管理预案案例的表示形式,将案例的知识组织为树形的层状结构形式,如图 3 所示,把案例知识分为几个模块,每个模块都有不同的属性。进行案例的存储时,采用分散存储的方法,将案例的内容分为若干部分,分别存于不同的结构中,各部分可以单独使用,便于检索。

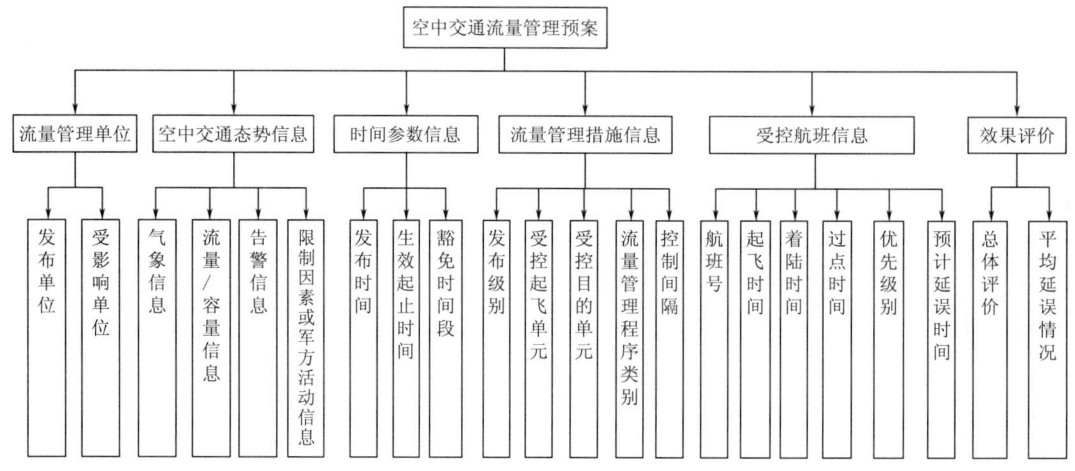

图 3　流量管理预案知识的树形组织

3.4 流量管理预案案例的检索

CBR 的强大功能来源于它能从其一记忆库中迅速、准确地检索出相关案例。当遇到新的情况需要解答时,系统要在案例库中找到一个与新情况最为相似的案例,这个过程称为检索。案例检索算法是整个案例推理过程的核心,系统效率很大程度上取决于该算法效率[6]。在本文中采用最近邻策略进行案例检索,它为案例的每个属性指定一个权值,根据案例中各组成部分的权重,确定相似性度量函数,选取相似性最高的那个作为最相似案例,以达到检索目的。由于案例的描述是由许多属性组成,要确定案例间的相似度,就必须先定义案例属性的相似度,一种最明显的定义相似度的标准就是案例之间的距离,本文采用欧氏距离作为距离数。由于各个属性值的取值范围都不全是一样的,为方便计算,因此需要进行归一化:即把属性值除以此属性值中取值最大的一个属性值 $X_i = V_i/\max_i$,X_i 为案例问题 i 个属性归一化后的值,V_i 为案例问题第 i 个属性的值,$\max_i$ 为案例问题第 i 个属性的最大值。

$$D(X,Y) = \sqrt{\sum_{i=1}^{N} w_i \cdot d(X_i,Y_i)^2} \tag{1}$$

其中 n 是属性个数,w_1 是属性 i 的权重,并且 $\sum_{i=1}^{n} w_i = 1$,$d(X_i,Y_i)$ 表示案例 X 与 Y 的第 i 个归一化后的属性的距离,它的定义如下:

$$d(X_i,Y_i) = \begin{cases} |X_i - Y_i| & \text{如果 } X_i \text{ 和 } Y_i \text{ 是连续的} \\ 0 & \text{如果 } X_i \text{ 和 } Y_i \text{ 是离散的,且 } X_i = Y_i \\ 1 & \text{如果 } X_i \text{ 和 } Y_i \text{ 是离散的,且 } X_i \neq Y_i \end{cases} \tag{2}$$

根据式(1)和式(2)我们就可以使用距离来定义如下的相似度函数:

$$SIM(X,Y) = 1 - D(X,Y) \tag{3}$$

在检索过程中,采用式(3)计算案例之间的相似度。预案案例中属性的权重值大小由专家制定,系统默认情况下,案例属性的权重相等。案例之间的距离越大,相似度越小。通过对案例库的检索和计算,按照相似度从高到低的排列顺序显示,提供给决策者选择,有时还需要在给相似度设定一个阈值,只有当相似度大于这个阈值,才认为案例检索匹配成功。

3.5 流量管理预案案例的调整

通过检索算法检索到与设计预案相似的案例后，要对最佳相似案例进行重用，修改案例中的相关内容，以解决新的问题。在流量管理活动中，常常需要改变某些参数，来实现最佳的流量管理的目的，比如需要调整间隔参数，受控时段长度，受控区域等，甚至在一些情况下，需要对某些航班进行优先放行等。

3.6 流量管理预案案例的学习和保留

CBR 作为一种人工智能方法，其智能主要来自于可以不断更新的案例库。一次案例的增加表示系统完成一次自学习过程[7]。利用 CBR 求解一个新的问题，新的问题连同它的解答组成了一个新的案例，这个案例可以存到已有的案例库中，使它能在将来用以解决类似的问题，这时我们认为 CBR 学到了新的解题经验。随着案例库的不断增长，CBR 的知识不断丰富，解题能力也不断增强。但是如果无条件的保留新案例，必将造成案例库过于庞大，以致使系统的运行效率下降，增加检索成本，因此需要有选择的对新案例及解法进行保留，并适当的删除无效旧案例。如针对恶劣天气导致的流量问题，可以针对天气种类重点进行保留，一般正常天气情况下的重复内容较多的流量管理案例可以由决策人员选取代表性的进行保留。

4 算例分析

首先针对空中交通态势情况，当预测到某机场在 09:00 ~ 11:00 两个小时内出现了流量超容量告警情况，查看当地的气象情况后，在案例库检索有关该机场拥挤的案例，如表 1 所示，查找到 5 个案例，然后根据案例的发生日期、时间、时段长度、容量属性继续进行匹配检索，查找到相似案例后，最后进行参数调整。在该预案检索中，假设时间参数的归一化过程中，选择最大值为 10 小时，容量为 15 分钟的容量值，最大也定为 10。按照公式(1) ~ (3)进行计算，在计算过程中，设各属性的权重均为 0.2，计算结果如表 1 所示，由表可知各案例与预案相似度顺序，案例 3 > 案例 5 > 案例 4 > 案例 1 = 案例 2，相似度最大的是案例 3，则把案例 3 作为检索到的结果，调用该案例，查看该案例的其他详细参数设置，特别是该案例的以往执行效果的评价，由流量管理人员根据目前的情况，进行调整或修改，设置进场间隔参数，或者限制离场航班的起飞时间等，例如要求经某航路点进入扇区的所有受控航班须保 10 分钟的间隔，从而保证在受控时段内该机场流量与容量的平衡。

案例的相似度计算 表 1

属性值	日期（权重 0.2）	开始时间（权重 0.2）	结束时间（权重 0.2）	时段长度（权重 0.2）	容量（权重 0.2）	距离	相似度
预案	周一	09:00	11:00	02:00	9		
案例 1	周二	09:00	12:00	03:00	9	0.452	0.548
案例 2	周三	09:00	11:00	02:00	8	0.452	0.548
案例 3	周一	09:00	11:00	02:00	8	0.045	0.955
案例 4	周四	09:00	10:30	01:30	9	0.448	0.552
案例 5	周一	08:00	11:00	03:00	9	0.063	0.937

5 结语

基于案例的推理的突出优点在于它将案例作为重要的决策依据，更符合人们的思维习惯，减少了重复劳动，缩短了流量管理决策的周期，从而提高了流量管理决策工作的效率。但是 CBR 方法的应用，需以内容丰富、涵盖面广的案例作为基础，需要大量长期的实践经验的积累，因此该方法的应用需要一个过程。下一步可以考虑将基于规则的推理与案例推理相结合[8]，建立流量管理预案决策支持系统，并将其作为流量管理系统的一个子系统，使系统更具智能化和实用性。

参考文献

[1] 郭艳红，邓贵仕. 基于事例的推理(CBR)研究综述[J]. 计算机工程与应用，2004. 21:1-5

[2] 梁世华,韩松臣,朱新平. 基于 CBR 的机场应急救援规模决策研究[J]. 交通与计算机,2008,26(6):31-34

[3] A. Aamodt, E. Plazas, Case-based reasoning: Foundational issues, methodological variations, and system approaches[J]. AI Communications,1994,7 (1) :39-52

[4] 杜元虎. 基于案例的推理技术在故障诊断中的应用[J]. 中南民族大学学报(自然科学版),2005,2:53-56

[5] 岳仁田. 空中交通流量管理系统危机处置的理论建模与控制优化[D]. 北京:中国地质大学(北京). 2008

[6] 刘健. 基于案例推理的知识系统的设计与实现[D]. 南京:南京航空航天大学. 2004

[7] 马旭辉. 城市交通应急指挥决策支持系统的相关研究[D]. 北京:北京交通大学. 2006

[8] 张建华,刘仲英. 案例推理和规则推理结合的紧急预案信息系统[J]. 同济大学学报,2002,30(7):890-894

Application of case-based reasoning for air traffic flow management

Fan Xiaolei*, *Xu Xiaohao

(Air Traffic Management Research Base, Civil Aviation University of China, Tianjin, 300300)

Abstract: With the rapid increase of the air traffic flow, the design making of the air traffic flow management needs to be improved. This paper combines design of preparedness of air traffic flow management system and method of Case-Based Reasoning, builds up the air traffic flow management design making model using CBR, puts forward the normal description of air traffic flow management preparedness. Then a preparedness of airport congestion is taken as an example, and the model is validated. It makes a new try to solve the air traffic flow management problem.

Key words: Air traffic flow management; Case-Based Reasoning; Preparedness

地区支线航线网络规划方法研究

戴福青　台亚明

（中国民航大学，天津，300300）

摘　要：地区支线航线网络结构不仅能够影响本地区的交通通达性，而且从整个国家的航线体系来看，对协调干支线之间的关系也有重要的作用。本文首先介绍并分析了BA网络模型、引力模型在地区支线航线网络规划中的应用，然后建立了两城市间的直达航线价值模型和中转航线价值模型，最后得出了地区支线航线网络优化的方法。

关键词：BA模型；引力模型；支线航线网络

1　引言

近年来，我国民航事业取得了举世瞩目的成就，2005年我国民航总周转量已经跃居世界第2位。支线航空运输也取得了很大的进步，但相比较干线而言还比较滞后，支线航空运输规模和质量与我国国民经济社会发展的需求还存在较大差距，其中在航线网络方面的不足主要体现为：支线航线网络仍停留在较初级的城市对层面上，重布线轻织网等。加快支线航空运输的发展建设，能促进支线航空运输与干线航空运输的协调发展，进一步提高航空运输服务的覆盖水平，满足社会对航空运输的需求。一个地区的支线航线网络相对于整个国家航线体系来看，如同大型网络中的局域网，良好的地区支线航线网络结构不仅能够提高该地区内的交通通达性、更好的满足当地人民的出行需要，而且从整个国家的航线体系来看，也能更好的协调干支线之间的关系。如以新疆地区为例，建设以乌鲁木齐为支线枢纽的良好的支线航线网络，既可以提高疆内旅客出行的便利性，同时可以解决新疆地区其他城市直飞北京等大城市造成的航路阻塞，而且随着客座率的提高，也可以降低飞行的单位成本，对出行人群、航空公司和民航管理单位各方面而言都是有利的。所以对地区支线航线网络的规划方法进行研究是极其有必要的。

针对航线网络优化的研究在国外已经开展多年，如最先对中枢辐射航线网络结构设计问题建立模型并进行系统性研究的是M. E. O'KELLY，他在1987年就发表过“枢纽选址问题的二次整数规划模型”，此外还有J. F. CAMPELL建立的“混合整数线性规划模型”，国内从20世纪90年代也开始了对中枢辐射航线网的研究，但大多是探讨我国是否已经具备了建立中枢辐射航线网络的条件，此外，柏明国（2006）对枢纽航线网络的构建方法进行了研究，国内外所有针对航线网络结构建立的模型几乎都是以航线网络总成本最小为目标函数的线性规划模型，都以谋求航空公司利益最大化为目的，而且大多都是从某个国家甚至更大的区域进行的航线网络结构规划研究，针对某个地区的某航线网络规划的研究几乎为空白。

2　BA网络模型、引力模型在区域支线航线网络优化中的应用

2.1　BA网络模型

近些年来，复杂网络的研究进展尤其是小世界效应（small-world effects）和无标度特性（scale-free property）激起了物理学、社会学、计算机通信和交通科学领域对复杂网络的研究热潮。复杂网络是大量真实复杂系统的抽象，能刻画复杂系统中的各种动力学行为的影响。复杂网络为我们提供了一种研究的新视角、新方法，其不仅是对网络拓扑结构的研究，更重要的是揭示网络的时间和空间的演化规律，最终实现对网络进行有效的设计或者控制。国内已经有一些学者从不同角度出发得出我国航线网络属于复杂网络的结论，如刘宏鲲（2007）对中国航空网络的结构极其影响因素的研究、黄彦（2007）对我国17家主要航空公司在国内的网络拓扑结构的分析研究。因此可以借鉴复杂网络中适用于地区支线航线网

络优化的模型及其特性来进行分析,如BA网络模型。

BA网络模型是1999年Barabasi A. L和Albert R提出的一种网络模型,BA网络模型建立在两个基本假设之上:增长特性和优先连接特性。下面将就BA模型的两个特性在地区支线航线网络中的体现进行分析。

(1)增长特性:网络的规模在不断扩大。从一个具有 m_0 个节点的网络开始,每次都引进一个新节点,并将其连到 $m(m<m_0)$ 个已存在的节点上。

在地区支线航线网络中,新节点的增加意味着地区内新建机场的投入使用,我国已经开始高度重视支线航线的发展,在十一五规划以及2010~2020年的规划中将建设大量支线机场,这对该区域的支线网络结构必然造成影响。

(2)优先连接特性:新增加进来的节点与已有节点建立连接的时候,具有一定的"选优"倾向,即新节点更倾向于与具有较高连接度的"大"节点相连,例如在互联网中,新建立的网站显然更倾向于与已经有相当知名度的网站相链接,如各大门户网站。一个新节点与一个已存在的节点 i 相连的概率 Π_i 与节点 i 的度 k_i 和节点 j 的度 k_j 之间满足如下关系(又称"马太效应"法则):

$$\Pi_i = \frac{k_i}{\sum_j k_j}$$

复杂网络中某节点的度的定义是和该节点相连接的边的条数,具体到在地区支线航线网络中,度用来表示该城市民航的发达程度,可以简单地认为是该城市开通航线的条数,也可以用航线的流量对其相应航线进行加权再相加得到。一般在某个地区范围内,开通航线最多的城市一般是该区域最发达的城市,显然如果新建一个机场开始投入使用,必然会优先考虑和该地区最发达的城市建立航线。

2.2 引力模型

富尔希斯(Voorhess,1995)首先应用引力模型于出行分布预测中,其理论基础为交通分布量与相对应的交通区产生量及吸引量成正比,而与两区之间的出行阻抗系数成反比。

$$T_{ij} = K \cdot \frac{P_i \cdot A_j}{d_{ij}^r} \tag{1}$$

式中,T_{ij} 为 i 区产生而被 j 区吸引的出行数;P_i 为 i 区所产生的出行数;A_j 为 j 区所吸引的出行数;d_{ij}^r 为 i 区和 j 区的出行阻抗系数,通常以距离、旅行时间或旅行费用表示,其指数项 γ 值是根据土地使用及出行目的等分析研究而得;K 为修正项常数。

借鉴出行分布的引力预测模型,在某城市之间建立直达航线的质量(优劣程度)同样的和开通航线两城市间的吞吐量成正比,而和两地区之间的出行阻抗系数成反比。由此,仿照引力模型建立区域内直达支线航线的价值模型:

$$S_{ij} = K \cdot \frac{M_i \cdot M_j}{f(t_{ij}, c_{ij}, l_{ij})} \tag{2}$$

式中,M_i、M_j 表示在城市 i、j 两城市开通航线的有利因素,可以是地区内城市 i、j 的流量,也可以是该地区的GDP、人口等,可以通过做相关性分析获得该地区决定民航流量的决定因素。$f(t_{ij}, c_{ij}, l_{ij})$ 为 i 区和 j 区的出行阻抗函数,其中 t_{ij} 是从城市 i 到 j 的飞行时间,c_{ij} 是从城市 i 到 j 的单位里程费用,l_{ij} 是城市 i 到 j 的距离。

不同地区间的出行阻抗函数可能不同,具体应用的时候应该根据实际情况进行分析,如可以通过目前地区支线航线网络现状等得到。

同样的,区域内如果从城市 i 到城市 j,中间需要经过城市 k 转机,建立转机支线航线的价值模型:

$$Z_{ikj} = \frac{K}{\alpha} \cdot \left(\frac{M_i \cdot M_k}{f(t_{ik}, c_{ik}, l_{ik})} + \frac{M_k \cdot M_j}{f(t_{kj}, c_{kj}, l_{kj})} \right) \tag{3}$$

式中,同样的,M_i、M_k、M_j 是表示在城市 i、k、j 城市开通航线的重要性系数,可以是地区内城市 i、j 的流量,也可以是该地区的GDP、人口等,具体可以通过做相关性分析获得该地区决定民航流量的决定因素。$f(t_{ik}, c_{ik}, l_{ik})$ 为 i 城市和 k 城市的出行阻抗函数,其中 t_{ik} 是从城市 i 到 k 的飞行时间,c_{ik} 是从城市 i

到 k 的总费用,l_{ik} 是从城市 i 到 k 的距离,$f(t_{kj},c_{cj},l_{kj})$ 中参数的表示意思同理可得。因为中转所花费的时间并不仅仅是两段航线的代数和,而需要一定的中转延误时间,必然使得开通该航线的价值下降,所以采用$\frac{K}{\alpha}$来表示,其中 $\alpha>1$,大小由中转时间、候机环境等决定。

3 区域支线航行网络模型

在给出区域支线航线网络优化方法之前,对其进行几点补充说明,这些在支线航线网络建设中也将起到一定的决定或限制条件。

(1)BA 网特性中的"马太效用"法则,即地区网络范围内度越大的城市,和其他城市的连接也将越多,在 BA 网中的度,在本文提出的支线航线网优化方法中可以是由引力模型提出的航线建设价值模型中的 M,即可以用该城市的开通航线来表示,也可以用该城市的总吞吐量,或者因为国内生产总值、人口等其他因素因为和民航流量有一定的正比例关系,有些区域内有较多的风景区、工业区等,应采取适当的方法来均衡比较得出各城市的"度"。另外,新建机场应该采用比较准确的预测方法来确定它的度。

(2)地区支线航线网络在本地区内起到沟通区内各城市的脉络作用,但是从地区间的层面来看,该地区要想和外界保持良好的畅通性,必须有一两个城市(视具体情况而定)和干线相连,因此,必须保证地区内其他城市都和该地区枢纽城市直接相连或者绝大多数直接相连,当然,考虑到有流量特别少、发展相对比较差又距离枢纽城市较远的小城市可以采取一次中转和枢纽城市相连。

(3)地区支线航空的运输距离较干线而言距离近的多,所以,别的交通方式的竞争会表现得更加明显,航空运输的优势在于时效性较好,但是相对费用较高,如果两城市采用航空运输,其时效性不足以弥补其多余费用,或者说和公路、铁路运输方式比较明显处于劣势,那么也没有必要建立航线。另外,我国现阶段特点,很多情况下支线航空的目的并不是为了盈利,而是作为社会基础性设施在运作,为该地区人民提供出行地便利,但是毕竟也只能是有限度的亏损,综合别的交通运输竞争方式设立一个最低支线航空成本,用 $c_{ij_{\min}}$ 来表示城市 i 到 j 的最低允许开通航线成本。

综上,得出建立地区支线航线网络的方法:假设,某地区有 n 个城市,按其度的大小排列,度依次表示为:$M_1,M_2,\cdots,M_n$

步骤 1:假设只有一个地区枢纽,按照"马太效应"法则,确定城市 1 为该地区枢纽,其他城市均和城市 1 直接相连。如果遇到实际情况中有较偏远城市,其流量也较小,离枢纽城市的距离偏长,可以考虑采用"甩辫子"航线的方式,通过临近的较大城市中转和枢纽机场相连。

步骤 2:不考虑城市 1,此时,在其余的 $n-1$ 个城市中城市 2 的流量最大,再分析从城市 3 到城市 n 考虑是否需要建立到城市 2 的直达航线,此时,从城市 i 到城市 2,可以考虑建立直达航线,也可以考虑从城市 1 中转,这个时候就要比较哪种方式更优,即比较 S_{i2} 和 Z_{i12} 的大小,如果 $S_{i2}>Z_{i12}$,说明建立直达航线的价值比通过 1 中转的价值大,应该建立直达航线,反之,如果 $S_{i2}<Z_{i12}$,则说明城市 i 和城市 2 的连通还是通过城市 1 中转更加合适。此外还需要兼顾最低开通航线成本,即必须满足 $c_{ij}>c_{ij_{\min}}$ 的时候才有开通直达航线的必要。

步骤 3:同样的,不考虑城市 1、2,同样按照上面第 2 步的方法,确定从城市 4 到 n 是否建立到城市 3 的直达航线。

步骤 4:以此类推至 M_n 结束,最终得到该地区内的支线航线网络结构。

此外,如果在该地区内的某新建机场开始投入使用,即 BA 模型中的节点增加,可预先按照较为准确的预测"度"提前对该地区内的支线航线网络结构重新进行优化。

4 算例分析

以新疆地区 2007 年流量最大的七个机场为例,M 取每个城市机场的起降架次见表 1(数据源于《从统计看民航 2008》),阻抗函数 $f(t_{ij},c_{ij},l_{ij})$ 取两城市之间的距离 l_{ij} 见表 2(数据源于低空航路图)。此外,因为所取 7 个城市之间距离最短的乌鲁木齐-库尔勒已经开通航线,证实了其开通航线的可行性,所以这 7 个城市之间进行连接的时候没有考虑公路、铁路对支线航空的价格竞争。

2007 年新疆地区 7 城市起降架次(单位:次) 表 1

乌鲁木齐市 M_1	伊宁 M_2	喀什 M_3	阿勒泰 M_4	库尔勒 M_5	阿克苏 M_6	和田 M_7
16466	4060	3610	3349	2488	1687	1272

新疆地区 7 城市间航段距离(单位:km) 表 2

	乌鲁木齐市	伊宁	喀什	阿勒泰	库尔勒	阿克苏	和田
乌鲁木齐市	0	456	1162	400	294	754	1074
伊宁	456	0	750	667	530	347	817
喀什	1162	750	0	1562	900	408	436
阿勒泰	400	667	1562	0	550	1154	1474
库尔勒	294	530	900	550	0	492	846
阿克苏	754	347	408	1154	492	0	471
和田	1074	817	436	1474	846	471	0

将两表中数据代入上面得出的地区支线航线网络规划方法,通过观察发现乌鲁木齐的起降架次相比较其他城市数值太大,为了能较好的消除这个数据的影响,尽量发掘在其他城市之间建立直达航线的可能性,将公式(2)、(3)中的 K 取值为 1,公式(3)中的工 α 从 1 到 16 进行取值,发现在 $\alpha<10$ 的时候,$S_{ij}(i,j\neq1)$ 都远远小于 Z_{i1j},即除了和乌鲁木齐建立直达航线外,其余任何两个城市之间建立直达航线的价值都远远小于通过乌鲁木齐中转的中转航线价值,此时新疆地区的支线航线网络表现为以乌鲁木齐为枢纽、没有其他城市对航线,其他城市之间都要通过乌鲁木齐进行中转,这和新疆地区现实情况相符。当 $\alpha>10$ 时,$S_{23}(19542)\approx Z_{213}(19776)$,表现为在伊宁和喀什两城市之间建立直达航线价值和通过乌鲁木齐中转航线价值已经很接近,随着流量的继续增加和乌鲁木齐机场容量的限制,伊宁到喀什成为未来最可能先开通的潜在直达航线,而其他城市对建立直达航线的价值因为较小的流量和较远的距离即使 α 从 10 继续增大到 16,也没有接近通过乌鲁木齐中转航线价值的数量级,所以其他城市对建立直达航线暂时意义不大,表现为整个支线航线网络结构没有变化。得到这 7 个机场所构成的航线网络见图 1。

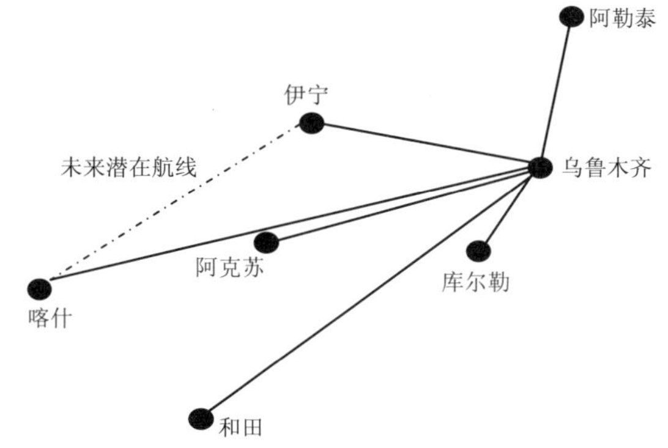

图 1 新疆地区 7 城市的支线航线网络

5 结语

一个地区内的支线航线网络的规划相比较全国航线网络而言流量小、范围小,但是需要考虑的因素相应的也会更具体,如本文建立的在两城市通过直达或通过转机相连的航线价值模型中的 M 以及阻抗函数在不同地区的意义可能相差甚远,这些都要根据实际情况确定。此外,航线网络的建设不仅仅是通过一定的数学算法就可以得到,尤其在西部、高原及山区等,还应该结合该地区的地形、通信导航监视等覆盖范围及用于运输的飞机机载设备性能等考虑,总而言之,必须对其实际情况进行尽可能详尽准确的分析,才能真正切实做好对某地区支线航线网络的规划。

参考文献

[1] Barabasi A-L. Albert R. Emergence of scaling in random networks[J]. Nature,1998,393,440-442

[2] Newman M E J. The structure and function of complex networks[J]. SLAM Review,2003,45(2),167-256

[3] 刘宏鲲. 中国航空网络的结构及其影响因素分析[D]. 西南交通大学,2007

[4] 黄彦. 航空网络分析及航空动力系统的优化设计[D]. 清华大学,2007
[5] 张嗣瀛. 自聚集、吸引核与聚集量[J]. 复杂系统与复杂性科学[J],2005,2,(4),84-92
[6] 詹燕. 重力模型在交通分布预测中的应用[J]. 湖南交通科技[J],2000,26(2),65-67
[7] 中国民用航空总局规划发展司. 从统计看民航 2008. 北京:中国民航出版社,2008
[8] Campbell J F. Hub location and the p-hub median problem[M]. Operations Research,1996,44(6):923-935

Study on planning method for lateral networks

Dai Fuqing, Tai Yaming

(Civil Aviation University of China, Tianjin, 300300)

Abstract: Besides the effect of the transportation in its own region, there is also the impact for the regional lateral networks on the correspondence between the trunk and the lateral. This paper introduces the application of the BA networks model and the gravity model to the regional lateral networks planning first, then builds the nonstop line value model and the transferred line value model, finally works out the planning method of the regional lateral networks.

Key words: BA model; Gravity model; Lateral networks

灰色马尔可夫链在事故征候预测中的应用

苏子烨　孙瑞山

(中国民航大学民航安全科学研究所,天津,300300)

摘　要:事故征候是民航安全管理的重要内容之一,对其进行科学的预测是预防事故发生以及进行安全决策的关键步骤。事故征候受到多种因素影响且随机波动较大,综合灰色GM(1,1)模型和马尔可夫模型的特点对其进行预测。首先应用灰色GM(1,1)模型对事故征候进行预测,但该方法受原始数据波动影响预测精度偏低,要通过马尔可夫模型对预测结果进行修正,根据预测值与实际值对比划分事故征候状态从而确定概率状态转移矩阵。本文并没有将转移矩阵中最大概率的状态作为预测状态,而是将数学期望的概念应用到马尔可夫预测的计算中。结果表明通过对1997-2006年事故征候数据的拟合计算灰色马尔可夫模型的应用是可行的,比单纯应用灰色GM(1,1)模型在预测精度上有显著提高。

关键词:马尔可夫;事故征候;GM(1,1)模型

1　引言

传统安全管理的重点是对事故的分析和处理,而对事故征候的关注相对较少。事故征候是指除事故以外的与航空器运行相关的,影响到或可能影响到运行安全的事件。严重事故征候是指涉及可表明几乎发生事故的情况的事故征候[1]。因此航空事故征候是民航安全管理的重要内容之一,虽然事故征候造成的损失和伤害要低于事故所带来的损失和伤害,但是它反映了事故发生和发展的趋势。现阶段航空业研究也表明:平均每起飞行事故背后潜存着360起事故征候[2]。严重事故征候接近事故,常具有非常高的危险性。因此,对事故征候的收集、分析和预测直接关系到航空安全,从而改进安全管理,提高安全水平。

目前,对民航事故征候的分析预测方法有很多,如回归分析预测、变权组合预测、时间序列分析预测等,这些方法要通过大量实际数据,寻求随机性中潜存的统计规律。其数据运算过程中的计算误差容易使结果出现极性差错,从而使正相关变为负相关,歪曲正确现象。并且事故征候受到多种因素的影响,包括机组、机械、空管、天气、民航地面保障等等,具有较大随机性和波动性。灰色理论的建模方法在使用中不需要很多的数据,但在预测随机波动性大的数据时,预测的精度通常不能满足实际的要求,必须要有相应的方法去修正其预测中的误差[3]。马尔可夫模型则能够较好的解决随机波动大的问题[4]。因此,在文中将灰色预测和马尔可夫结合使用,对事故征候进行预测。

2　建立事故征候灰色GM(1,1)预测模型

设事故征候的原始数据序列为$X^{(0)}(t)=\{X^{(0)}(1),X^{(0)}(2),X^{(0)}(3),\cdots,X(0)(n)\}$为了弱化原始数据的随机性,对其进行累加处理,累加生成记为AGO(Accumulated Generating Operation)。累加后的数列为生成数列。$X^{(0)}$经过r次累加后生成(r-AGO)数列记做$X^{(r)}$根据$X^{(1)}(\mathrm{i})=\sum_{i=1}^{n}\times^{(10)}(k)(i=1,2,\cdots,n)$,对$X^{(0)}$做一次累加(1-AGO)则可以得到$X^{(1)}=\{X^{(1)}(1),X^{(1)}(2),X^{(1)}(3),\cdots,X^{(1)}(n)\}$。构造数据矩阵$X$

则

$$X=\left\{\begin{array}{cc}-\frac{1}{2}(X^{(1)}(2)+X^{(1)}(1)) & 1\\ -\frac{1}{2}(X^{(1)}(3)+X^{(1)}(2)) & 1\\ \vdots & \\ -\frac{1}{2}(X^{(1)}(n)+X^{(1)}(n-1)) & 1\end{array}\right\}$$

相应的向量 $Y=[X^{(0)}(2),X^{(0)}(3),\cdots,X^{(0)}(n)]^T$ 由累加生成数列为基础可以建立 GM(1,1)模型的微分方程为：

$$\frac{\mathrm{d}x^{(1)}}{\mathrm{d}t}+aX^{(1)}=b$$

令方程参数向量为 $B=[a,b]^T$，则向量 $B=(X^TX)-1X^TY$，根据灰色理论以生成数列为基础所建立的方程为

$$\hat{X}^{(1)}(t+1)=\left[X^{(0)}(1)-\frac{b}{a}\right]e^{-at}+\frac{b}{a} \tag{1}$$

将式(1)进行累减还原即可得到原始数据对应时刻的预测值，即

$$\hat{X}^{(0)}(t+1)=\hat{X}^{(1)}(t+1)-\hat{X}^{(1)}(t) \tag{2}$$

3 马尔可夫预测模型

马尔可夫预测模型的理论基础是马尔可夫过程。它描述的是一个随机时间的动态变化过程，适合于随机波动较大的预测问题。根据马尔可夫理论，若系统未来的发展仅受当前状况的影响，且一种状态转变为另一种状态的规律又是可知的情况下，就可以利用马尔可夫的概念进行计算和分析，预测未来特定时刻的状态。

根据所选取得标准将数据划分为 n 种状态，其状态集合为 $E=\{E_1,E_2,\cdots,E_n\}$，则数据序列由 E_i 状态经过 k 步变为 E_j 的概率为

$$p_{ij}^{(k)}=\frac{t_{ij}^{(k)}}{F_i}$$

式中，$f_{ij}^{(k)}$ 为状态 E_i 经过 k 步转移到状态 E_j 的次数，F_i 则为状态 E_j 出现的次数。进一步即可得到状态转移概率矩阵为：

$$P(k)=\begin{bmatrix} P_{11}(k) & P_{12}(k) & \cdots & P_{1n}(k) \\ P_{21}(k) & P_{22}(k) & \cdots & P_{2n}(k) \\ \cdots & \cdots & \cdots & \cdots \\ P_{n1}(k) & P_{n2}(k) & \cdots & P_{nn}(k) \end{bmatrix}$$

状态转移概率矩阵 $P(k)$ 描述了系统各状态转移的全部统计规律。因此，可以通过状态转移概率矩阵 $P(k)$ 来预测系统未来的发展变化。在实际运用中，一般只考察一步转移概率矩阵 $P(1)$。

假设未来时刻 t 利用灰色模型预测结果为 $M(t)$，实际发生数量为 $T(t)$，马尔可夫状态转移概率矩阵为 $P(k)$，根据预测结果与实际情况的比较，可以划分当前所处状态 $E_1,E_2,\cdots,E_n$，对应于各种状态可以用 T 进行定性描述 $T=(T_1,T_2,\cdots,T_n)$。$P(0)$ 为初始状态描述矩阵，元素可以用 0 和 1 表示。

当未来时刻状态转移概率矩阵确定后，其事故征候变动的灰区间就可以确定，即

$$P(t)=P(k)\cdot P(t-1)$$

在确定了未来时刻事故征候变动的灰区间后，多数情况下会以概率值最大的状态为未来所发展的状态，这种方法在最大概率值唯一时候是可以的，但在一些长期预测或是最大概率值不唯一时未来时刻的状态就无法确定，还要计算 2 步及以上的转移概率矩阵，增加了计算量。所以在本文中采取计算数学期望的方法来确定未来 t 时刻的预测值，即[5]

$$E(P(t))=M(t)\cdot P(t)\cdot T \tag{3}$$

4 事故征候的灰色马尔可夫预测实例

本文以我国 1997～2006 年运输与通用航空事故征候为基础，说明灰色马尔可夫模型在事故征候预测中的应用[6]。

4.1 事故征候的灰色预测

由 1997～2006 年的事故征候数据通过最小二乘法计算出 GM(1,1)模型中的参数向量 $B=[a,b]^T$

后将该向量中的 a、b 代入式(1)得到相应的数据,最后将式(1)进行累减还原即可得到原始数据对应时刻的预测值。根据表1中事故症候的数据所计算出的参数向量 $B=[0.025558,130.1088]^T$ 则由式(1)得到响应函数为

$$\hat{X}^{(1)}(t+1)=\left[X^{(0)}(1)-\frac{130.1088}{0.025558}\right]e^{-0.025558t}+\frac{130.1088}{0.025558}$$

即

$$\hat{X}^{(1)}(t+1)=-4962.7270e^{-0.025558}+5090.7270$$

再根据式(2)对响应函数所求得到数列进行累减还原,得到原始数列对应时刻的预测值。预测值及相对变化率见表2。

1997～2006年事故征候统计表 表1

年　份	1997	1998	1999	2000	2001	2002	2003	2004	2005	2006
事故征候 $\hat{X}^{(0)}$	128	140	121	93	103	116	100	106	116	117

1997～2006年事故征候 GM(1,1)预测值及相对变化率 表2

年　份	1997	1998	1999	2000	2001	2002	2003	2004	2005	2006
事故征候 $\hat{X}^{(1)}$	128	126	122	116	115	113	110	107	105	103
相对变化率%	100	111.11	99.18	80.17	89.56	102.65	90.91	99.06	110.48	113.59

4.2　事故征候的马尔可夫预测

根据马尔可夫理论进行预测首先就要对GM(1,1)模型预报的相对值进行状态划分。由于对民航事故征候进行预测时,状态界限是不确定的。文中根据实际值与预测值之比,进行状态的划分。状态划分数量和所使用样本数以及拟合的误差范围有关,如果过多则需要样本较多,过小则状态差别不明显,失去了对波动调整的意义。一般划分3～5个状态即可。根据本文实际值与预测值的相对百分比值,将事故征候态划分为4个状态划分标准如表3所示[7]。

事故征候状态划分表 表3

状　态	实际值/预测值	状　态	实际值/预测值
E_1	0.8～0.9	E_3	1.0～1.1
E_2	0.9～1.0	E_4	1.1～1.2

根据状态划分得事故征候态概率状态转移矩阵及评价权值矩阵如下:

$$P(k)=\begin{pmatrix}\frac{1}{2} & 0 & \frac{1}{2} & 0\\ \frac{1}{4} & \frac{1}{4} & 0 & \frac{1}{2}\\ 0 & 1 & 0 & 0\\ 0 & \frac{1}{3} & 0 & \frac{2}{3}\end{pmatrix}\qquad T=[0.85\quad 0.95\quad 1.05\quad 1.15]^T$$

根据以上状态转移矩阵可以对事故征候进行预测。通过表2可知2005年处于 E_4 状态,即 $P(0)=[0\ 0\ 0\ 1]$,根据状态转移矩阵有,$P(1)=P(0)\times P(k)=\left(0\ \frac{1}{3}\ 0\ \frac{2}{3}\right)$,得2006年的事故征候数量为 $103\times\left(0\ \frac{1}{3}\ 0\ \frac{2}{3}\right)\times[0.85\ 0.95\ 1.05\ 1.15]^T=112$。根据GM(1,1)模型计算可得2007年的灰色预测值是101,进一步计算 $P(2)=P(1)\times P(k)=\left(\frac{1}{12}\ \frac{11}{36}\ 0\ \frac{11}{18}\right)$,得到2007年的事故征候数量为 $101\times\left(\frac{1}{12}\ \frac{11}{36}\ 0\ \frac{11}{18}\right)\times[0.85\ 0.95\ 1.05\ 1.15]^T=110$(2007年实际值116)。通过计算可得在对GM(1,1)模型进行马尔可夫修正后事故征候的预测精度明显提高,其预测精度对比见表4。

两种模型预测对比 表4

年份	实际值	灰色GM(1,1)模型		灰色马尔可夫模型	
		预测值	精度%	预测值	精度%
2006	117	103	88.03	112	95.73
2007	116	101	87.07	110	94.83

5 结论

从事故征候的基本特性出发，根据GM(1,1)模型建模所需信息少的特点，构造了事故征候的灰色预测模型。该模型基本反映了预测数据序列的总体发展趋势，在此基础上根据马尔可夫模型能够对随机性波动性较大的数据序列进行动态预测的优点，对航空事故征候进行了马尔可夫修正得到了灰色马尔可夫预测模型。应用该模型对我国2006～2007年航空事故征候进行了预测，从表4中可以看到其预测精度明显比单一应用GM(1,1)模型要高。通过与实际值比较，其预测结果能够满足实际需要。该预测模型为航空事故征候的预报提供了科学的方法。同时需要考虑的是，因为现阶段对航空事故征候状态的划分有很大的主观性并没有形成统一标准，且事故征候的发生又受到多种原因综合影响，主要包括飞行机组、机械、空管、天气、地面保障等。因此在实际预测过程中，还应更多考虑航空事故征候的实际情况。

参考文献

[1] ICAO. Safety management manual [M] New York:The UN Secretariat,2006
[2] 余江，罗晓利. 立我国航空安全事故征候报告系统的设想[J]. 中国民航飞行学院学报,2002,13(2):11-13
[3] 张景林，崔国章. 安全系统工程 [M]北京:煤炭工业出版社,2002
[4] 刘次华. 随机过程及其应用[M]. 第三版. 武汉:华中科技大学出版社,2004
[5] 钱卫东，刘志强. 基于灰色马尔可夫的道路交通事故预测[J]. 中国安全科学学报,2008(18):35-36
[6] 中国民用航空总局安全办公室. 中国民航航空安全报告[R]. 北京:中国民航出版社,2007
[7] 于洋，杨学斌，杜文. 基于灰色马尔可夫链改进方法的预测方法[J]. 统计与决策,2008(13):53-54

The application of gray Markov chain in Incident prediction

Su Ziye, Sun Ruishan

(Research Institute of Civil Aviation Safety, Civil Aviation University of China, Tianjin, 300300)

Abstract: Incident is placed as one of the priorities in Civil Aviation Safety Management, thus a scientific prediction on it is a key step in both accident prevention and safety decision-making. However, incident with strongly stochastic fluctuations can be affected by various factors and to which GM (1,1) and Markov model must be both applied in order to make a prediction. In this paper, GM (1,1) was firstly employed to predict incident whose drawback is low accuracy due to the negative influence of raw data, thus Markov model has to be utilized to modify it. In such process, ratio of prediction value and actual value were used to determine the state of incident and then determine the transferring probability matrix. This paper did not use the largest probability of state transition matrix as predictive state; however, the concept of mathematical expectation is applied to the calculation of the Markov model. Results suggest the feasibility of the application of both GM (1,1) and Markov Model through the fitting calculation of incident data from 1997 to 2006. Prediction accuracy was significantly improved compared with the single use of GM (1,1).

Key words: Markov; Incident; GM (1,1) model

基于GPS的实际导航性能计算

肖　山　倪育德

(中国民航大学电子信息工程学院,天津,300300)

摘　要:实际导航性能(ANP)表示飞机实际位置与飞行管理计算机(FMC)估算出的位置之间的误差。通过对ANP资料的分析与研究,详细推导了ANP的计算过程并得出了其与所需导航性能(RNP)及飞行技术误差(FTE)之间的关系。以装有全球定位系统(GPS)的波音777机载系统为例,在满足GPS完好性的前提下,计算出了航路上自动驾驶模式下的ANP。

关键词:实际导航性能;所需导航性能;飞行技术误差;飞行模式

1　引言

全球定位系统(GPS)具有全球性、全天候、连续精密导航的特点,是未来民航导航系统的主用系统,现有的陆基导航系统(ADF-NDB,VOR,DME,ILS)将会成为备份系统。相比于传统的地标定位[1]和推测定位,GPS的定位精度有了很大提高且不受天气的影响。

针对正在全球实行的新航行系统(FANS),波音公司定义飞机实际位置与飞行管理计算机(FMC)估算出的位置之间的误差为实际导航性能[2](ANP),空客公司将其定义为位置估算误差(EPE)。ANP是在满足相应完好性的前提下,FMC计算出的飞机当前位置的精度。高性能的FMC根据导航传感器传输回来的导航数据,选择其中精度最高的数据对飞机当前导航精度进行估算,得到ANP,该数值提供并显示给驾驶员,驾驶员获此信息,就能准确地判断出飞机的实际位置。

2　实际导航性能性质

ANP表达的是以FMC位置为圆心的一个包容距离,其飞机实际位置落在该包容距离的概率为95%,如图1所示。

图1中,希望航迹[3]是在飞行计划中由空中交通管制(ATC)部门批准的沿地面上的希望飞行路径,也称放行飞行路径或批准路径;算出航迹是飞机按希望航迹飞行中由FMS算出的航迹;路径测算误差是希望航迹和算出航迹之间的差值,由地球模型参数、磁差、数据(航路点坐标、转弯半径、方位)分辨率不同引起的;飞行技术误差是飞行控制系统或驾驶员操作飞机航迹跟踪能力的一种衡量,一般包括侧向偏离和垂直偏离;算出飞机位置是由导航系统或飞行管理系统根据导航传感器信息算出的飞机位置;实际飞机位置是实际航迹上表示飞机位置的一个点。

在一个指定的RNP航路上,如果ANP只占系统总误差的一小部分,意味着飞行员可操

作的空间很大,即可允许的飞行技术误差[4](Allowable FTE)可以变大,减轻飞行员的操作压力,如图2所示。例如,如果指定RNP是4n mile,ANP是0.05n mile,那飞行员就拥有3.95n mile的空间来操作,当ANP值很大,或接近指定的RNP时,那么飞行员就没有多大空间可以操作,只能保持原有的轨迹飞行。最好的说明是在进近环境里,此时,RNP是0.10n mile,ANP是0.08n mile,意味着飞行员只有0.02n mile(37m)的操作空间,飞行员用来调整飞行误差的空间就很小了。

计算出的ANP是以ACTUAL[5]的形式在多功能控制与显示单元(MCDU)显示给机组人员。目前所使用的导航传感器包括:GPS、惯性基准系统(IRS)、测距仪(DME)及甚高频全向信标(VOR)等,其中GPS导航精度最高。当有GPS信号覆盖时,计算ANP时就使用GPS数据。但由于受飞机位置的影响,

---

作者简介:肖山(1983-),男,湖南邵阳人,硕士研究生,研究方向为新一代航行系统。

或卫星星座布局的影响，机载设备会出现短时间接受不到 GPS 信号，或接受到 GPS 信号的卫星数量达不到指定的数量，就会导致 ANP 值急速上升，甚至会出现 ACTUAL 大于指定的 RNP，此时系统将会出现报警服务，“UNABLE RNP”就会出现在显示屏幕上，用琥珀色文字和琥珀色 FMC 灯光表示，在进近中出现时还将伴随发出音响告警。

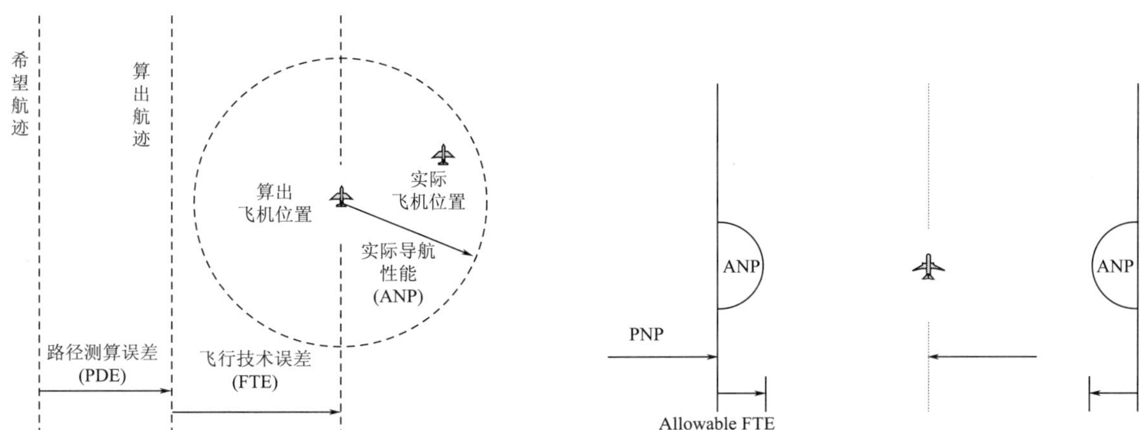

图 1　实际导航性能定义的示意图　　图 2　ANP 与 RNP、Allowable FTE 的关系图

在出现报警的情况下，飞行员可以根据实际情况来进行操作。GPS/INS 组合时，若 GPS 出现完好性错误时，可以采用惯性导航系统来进行导航。惯性导航在经过自校准后，短时间内的导航精度是可以得到保证的。如果不使用惯性导航，可以采用无线电导航来暂代 GPS 导航，包括 DME/DME 导航和 VOR/DME 导航。

3　实际导航性能计算

对于实际导航性能的计算分两种情况讨论，一种是航路上的 ANP 计算，另一种是进近时的 ANP 计算。航路上，如果有 GPS 信号覆盖，则根据导航精度优先准则，计算 ANP 时用的是 GPS 更新后的数据；如果没有 GPS 信号覆盖，则采用无线电导航更新后的数据。进近时，导航传感器的选择方法同航路上的一样。

GPS 数据更新后的 ANP 计算考虑了 3 个误差，即由卫星星座布局引起的位置误差，由飞机上的导航传感器引起的位置误差及由导航系统引起的位置误差。

GPS 系统提供水平性能指数（HFOM）和水平完好性极限（HIL）两个参数来计算 GPS 位置性能。当没有卫星故障时，水平性能指数可提供 95% 的性能保障。在一颗卫星出现故障后，采用基于 GPS 接收机自主完好性监测（RAIM）算法，水平完好性极限可提供 99.9% 的性能保障。

ANP 的计算需要用到 HFOM 和 HIL。当 HIL 的值大于或等于 0.15n mile 时，经过基于 GPS 卫星覆盖范围内一系列的仿真，结果得出

$$HFOM \leqslant 0.36HIL \tag{1}$$

对 RNP 而言，GPS 的 RAIM 所能得到的 HIL 值在 99.9% 概率下均小于等于最小 RNP；HFOM 表达的是在没有卫星故障的情况下 95% 概率落在包容距离内的性能，等同于 ANP。这三个表达式参数之间的关系为

$$HFOM \leqslant 0.36HIL \leqslant 0.36RNP \tag{2}$$

对于显示的 ANP，为了保证数据的可靠性，需要在 HFOM 的基础上乘以系数 1.25，即

$$ANP = 1.25HFOM = 0.45RNP \tag{3}$$

在计算要显示的 ANP 时，必须计算出最小 RNP。在没有导航数据误差或传感器输入误差的情况下，最小 RNP 将由式(4)来确定，假设 ANP 和最小 RNP 相等。

$$RNP\ CT = 2RNP = \sqrt{(ANP\ CT)^2 + (FIE\ CT)^2} \tag{4}$$

式(4)中，所需导航性能包容极限（RNP CT）符合正态分布，其值等于最小 RNP 的 2 倍，ANP CT 在

所要求的概率范围内符合正态分布;飞行技术误差包容极限(FTE CT)符合正态分布。

飞行模式为自动驾驶仪模式时的ANP计算:

ANP CT是ANP的包容极限,在所要求的概率范围内,水平ANP包容极限符合的是正态分布,其均值为

$$\mu = HIL - \frac{3.29HFOM}{2.45} \tag{5}$$

方差为

$$\sigma = \frac{HFOM}{2.45} \tag{6}$$

假定HFOM = 0.03n mile,HIL = 0.2n mile,可以得出其正态分布图,如图3所示。

ANP CT符合正态分布,如图4所示,99.999%的置信区间[6](I_k)所对应的置信系数k可由下式计算

$$I_k = \frac{1}{\sqrt{2\pi}\sigma}\int_{\mu-k\sigma}^{\mu+k\sigma} e^{\frac{(x-\mu)2}{2\sigma^2}}\mathrm{d}x \tag{7}$$

利用数值计算公式可得

$$k = cdf^{-1}\left(1 - \frac{1-0.99999}{2}\right) = 4.42 \tag{8}$$

由此可以得出ANP CT与ANP之间的关系为

$$ANP\ CT = k\sigma = 4.42 \times \frac{HFOM}{2.45} = 4.42 \times \frac{0.36RNP}{2.45} = 0.65RNP \tag{9}$$

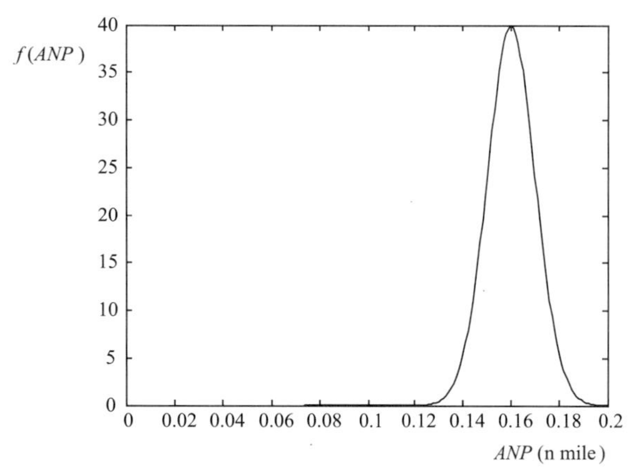

图3 ANP的正态分布图

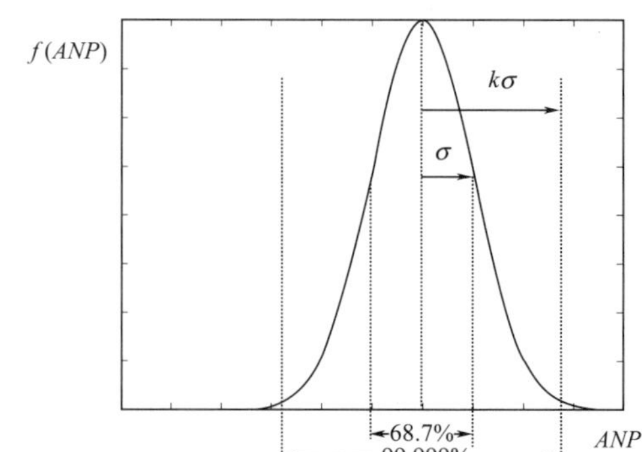

图4 ANP置信区间分布示意图

FTE符合正态分布,其方差为σ = FTE/1.96。99.999%概率对应的系数k的求法同上,其FTE CT与FTE的关系

$$FIE\ CT = k\sigma = 4.42 \times \frac{FTE}{1.96} = 2.25FTE \tag{10}$$

最小RNP如式(11)所示

$$RNP = 2.25 \times FTE / \sqrt{4 - 0.65^2} = 1.18FTE \tag{11}$$

由此得到要显示的ANP为

$$ANP = 0.45RNP = 0.45 \times 1.18FTE = 0.53FTE \tag{12}$$

要计算ANP,只要知道各个飞行模式下对应的FTE即可。FTE指的是航空器的控制精度,通过测量指示的航空器相对于所显示指令或者期望位置来确定。飞行技术误差不包括人为判断失误或驾驶员注意力不集中造成明显偏离预定航迹等大误差。导航引导信号可以以3种模式耦合到航空器中:人工模式、飞行指引仪模式和自动驾驶仪模式。这3种工作模式下,飞行技术误差是不同的,人工模式时飞行技术误差最大,飞行指引仪模式次之,自动驾驶仪模式最小。采用的数据是以Boeing-777为基准的,

如表 1 所示。

各种飞行模式下的 FTE 值　　表 1

飞行模式	95% 飞行技术误差	
	航路	进近
自动驾驶模式	0.109n mile	0.125n mile
飞行指引模式	0.232n mile	0.206n mile

根据式(12)以及表 1 中提供的 FTE 值,可以得到航路中自动驾驶模式下的 ANP 值

$$ANP = 0.53FTE = 0.0578\text{n mile} \tag{13}$$

4 结论

本文详细推导了 ANP 的计算过程并得到了其与 RNP 及 FTE 之间的关系,以波音 777 为例对其进行了验证。但仅利用 GPS 进行单一导航,其完好性得不到保证,与捷联惯导系统(SINS)进行组合是必然趋势。对于 GPS/SINS 组合后的导航系统,利用卡尔曼滤波对信号进行提取,使导航系统误差最小化,保证了导航系统的精确性及完好性,这些都是以后研究的重点。

参考文献

[1] 张焕. 空中领航学. 成都:西南交通大学出版社,2003

[2] Boeing 777 RNP Navigation Capabilities Generation 1. BCAG Engineering,2003

[3] 周其焕. 所需导航性能在机载设备上的实现. 导航,1995(12)

[4] Aero16-Lateral and Vertical Navigation. http://www.boeing.com/commercial/aeromagazine/aero_16/navigation_story.html

[5] Required Navigation Performance. Boeing Air Traffic-Emerging programs,2003

[6] 曹炳元,阎国军. 应用概率统计教程. 北京:科学出版社,2005

Actual Navigation Performance Compute Based on GPS

Xiao Shan, Ni Yude

(College of Electronic Information Engineering, Civil Aviation University of China, Tianjin, 300300)

Abstract: Actual navigation performance expresses the errors between the actual position of the plane and the estimated position by the FMC. Through the analysis and research on actual navigation performance, the relationship with RNP and FTE can be deserved. The process of computing ANP is deducted elaborately. For example of the airborne equipment of Boeing 777 equipped with GPS, the ANP values of en-route areas can be computed under the condition of autopilot mode when GPS integrity is satisfied.

Key words: ANP; RNP; FTE; Autopilot modes

救援直升机水平航路规划研究

潘卫军　陈　通

(中国民用航空飞行学院，四川广汉,618307)

摘　要:在飞行器航路规划中,一般对障碍物的处理是利用函数模拟的方式实现。对于执行救援任务的直升机来说,地形障碍是主要的威胁。使用等高线图可以较为准确地把握真实障碍物信息,利用图像处理技术对地图数据进行处理可得出考虑到安全保护区的可行航路集,在此基础上结合启发式路径搜索 A* 算法即可得到最短航路。

关键词:航路规划;图像处理;图像形态学;A* 算法

1　引言

航路规划是在满足特定约束条件的前提下,寻找运动体从出发点到目标点满足某种性能指标的最优运动轨迹[1]。在重大自然灾害发生时,特别是在多山地区,直升机是最佳的救援工具。对执行救援任务的直升机来说,航路规划主要考虑的是地形障碍和天气条件(如低云、雾等)对飞行的影响,所以要求在保证与障碍物安全间隔的基础上,找出距离最短的路径。

根据状态空间的表达和和搜索算法的不同可以将航路规划问题划分为不同种类:确定性状态空间搜索,主要是将问题转化为路径权重求极值问题,常见的有将平面区域划分为 Voronoi 图,在此基础上利用动态规划方法、Dijkstra 算法等寻找最短航路;确定性计算方法,包括神经网络和人工势场方法;随机搜索算法,包括遗传算法、模拟退火算法、粒子群算法等。

2　飞行器航路规划算法综述

Voronoi 图是计算几何中一种重要的几何结构。它是一种对平面的子区域的划分,这种划分具有一种良好的性质,图中每个点都包含在距离它最近的基点的子区域中[2]。对于给定的基点所生成的 Voronoi 图,图中的每条边上的点就是到其两侧两个基点距离最远的点。这种性质使其很容易适用于航迹规划的要求,如果将山峰顶点作为基点,即可将航路规划问题转化为 Voronoi 图的搜索问题,大大降低了寻找最优航迹问题的复杂性。

Dijkstra 算法是图论中寻求最短路的经典方法,该算法可以求出赋权有向图中自任一节点到终点的最短路径。利用 Dijkstra 算法的前提是通过规划空间建模,将地形威胁转化成有向图。通常的方法是将包括地形威胁简化为威胁椭圆,椭圆中心连线的中点和在椭圆周边安全距离之外的点作为节点,构成连通图。图中边的权重一般根据边长以及该边与威胁圆的距离来确定。

蚁群算法是模仿蚂蚁寻找蚁巢和食物之间最短路径的能力一种仿生优化算法。蚂蚁在寻找食物所经过的路径上留下一种被称为信息素的挥发性分泌物,这种物质会随着时间的推移会逐渐消失。后来的蚂蚁选择路径的概率与当时这条路径上的信息素的强度成正比。对于一条路径,选择它的蚂蚁越多,则信息素的强度越大,从而会吸引更多的蚂蚁,形成正反馈,最终使整个群体发现最短路径[3]。

民航局科技项目资助;编号:MHRD200804。

作者简介:潘卫军(1968-),男,汉,湖北人,中国民用航空飞行学院空中交通管理学院,教授,博士生,研究方向:空中交通管理方面、计算机模拟与仿真;陈通(1985-),男,中国民用航空飞行学院空中交通管理学院,硕士研究生,研究方向:空管自动化。

3 基于地图数字图像处理的航迹规划

3.1 地图图像处理

在一般求解最优航迹的算法中,大都是利用多项式函数、样条函数来建立地形障碍模型,这类模型虽能在一定程度上反映实际障碍物特点,但具有局部光滑的特性,不符合现实中障碍物表面分形的特点。在实际应用中,很难用数学函数来拟合具有分形特点和复杂的地形曲线,如等高线图。然而通过图形学方法,可以更加精确地描述真实地形障碍。

考虑以特定高度上的等高线地图作为描述地形障碍的依据,对其做黑白二值化处理,黑色部分由封闭等高线所围成,表示障碍物;其余白色部分即表示安全区域(图1)。对于人为设定的禁飞区、限制区以及人工障碍物(如铁塔、输电线路等)可以通过在地图上添加等效的等高线来实现,该高度上的云、雾等影响飞行的气象条件也可以通过同样的方式在障碍物图中反映出来。

直升机在山区飞行时,与侧向障碍物之间必须保持以碰撞概率确定的安全间隔,以及以保证随时掉转航向180°所确定的侧向距离。以因此必须对白色安全区域进行压缩,以剔除间隔不满足要求的区域。通过对黑色部分的边缘膨胀处理可以实现上述要求。在对图像做膨胀运算之前,首先应该对其进行漏洞填补,封闭的白色孔洞属于不可飞的区域,对其进行安全区的压缩计算是没有意义的。此外,填补孔洞之后可以减少膨胀运算量,提高效率。

3.1.1 图像膨胀运算

膨胀是形态学图像处理的基本运算[7]。结构元素 B 对输入图像 A 的膨胀定义为:x 为结构元素 B 的原点,B 击中 A 的所有 x 的轨迹点的集合,即:$A \oplus B = \{x \mid B_x \cap A \neq \phi\}$,运算公式为:$A \oplus B = [A^C \Theta (-B)]^C$,其中 A^C 表示集合 A 的补集,$-B$ 表示 B 关于坐标原点的对称集,$A \Theta B$ 表示 A 被 B 腐蚀。腐蚀是膨胀的对偶运算,公式表示为:$A \Theta B = \{x \mid B_x \subseteq A\}$,意义是 x 为结构元素 B 的原点,B 包含于 A 在内 x 的所有轨迹点形成的集合。以三阶矩阵 $\begin{bmatrix} 1 & 1 & 1 \\ 1 & 1 & 1 \\ 1 & 1 & 1 \end{bmatrix}$ 为结构元素对图像的膨胀表示增加一个像素表示宽度的保护区。图2所示为对图1以8阶矩阵为结构元素对的膨胀处理结果。

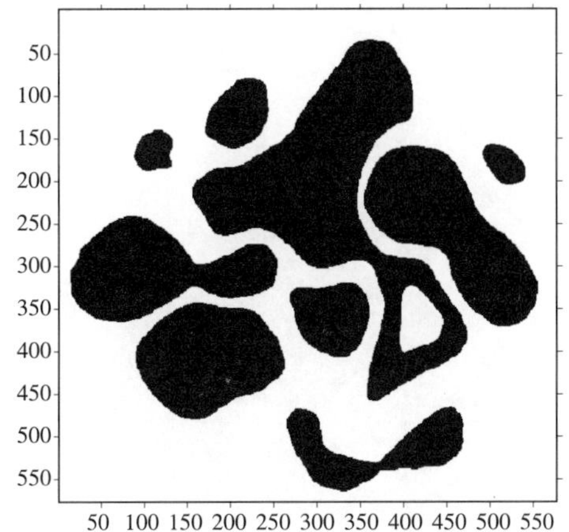

图1 等高线地图的二值化处理

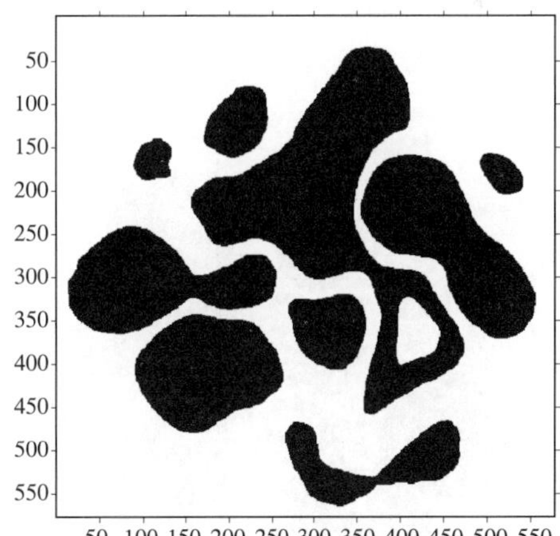

图2 图像膨胀处理

3.1.2 图像提取骨架

如果起点和终点同时处于白色连通区域内,即认为存在可行航路。出于安全考虑,航路应该尽可能远离障碍物,在选择初始航路集时,要对白色连通区域进行骨架提取处理。

骨架是图像的中轴,是描述图像的拓扑性质的重要特征。图像的骨架化处理又可称为中轴变换或焚烧草地技术。中轴可以被定义为所有与图像内部在两个或以上非邻接边界点处相切的圆心轨迹。但是在图像内部拟合圆的方法难于实现,因而常通过另一种方式来对图像进行骨架提取,即焚烧草地技术。假设图像为一片草地,沿其外围各点同时点火,火势向内蔓延,相遇形成的轨迹就是图像的中轴。对图像的骨架化处理常会产生无关的"毛刺"或寄生成分,需要进行修剪处理。如图3和图4所示。

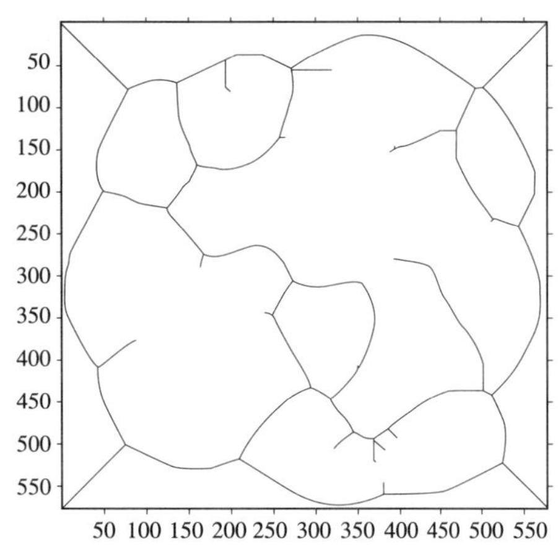

图3 安全区骨架化处理

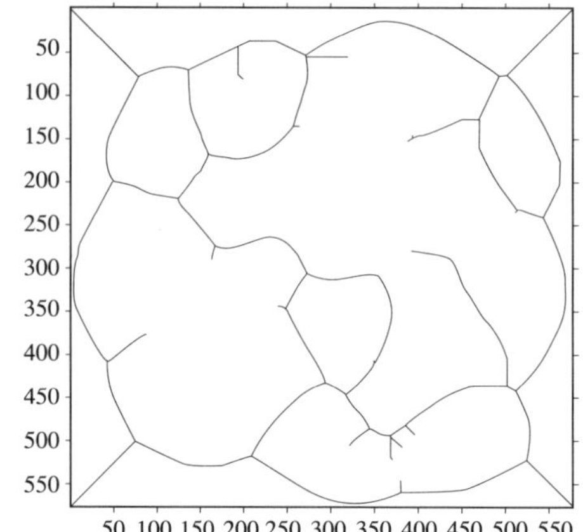

图4 修剪骨架

3.2 基于A*算法的航路寻优

处理后的中轴即是获得的初始可行航路集(如图5)。理想航路应是在从起点到终点距离最短的路径。作为一种启发式搜索算法,A*算法是静态路网中求解最短路的一种有效方法。该算法最大的特点在于从当前节点往下一步选择节点时,利用一个启发函数来选择代价最少的节点作为下一步搜索节点。启发函数为:

$$f(n) = g(n) + h(n)$$

其中,$f(n)$是节点n从初始点到目标点的估价函数;$g(n)$是在状态空间中从初始点到节点n的实际代价;$h(n)$是从n到目标节点最佳路径的估计代价。

在求最短路问题中,一般取当前节点到目标节点的距离为估计代价值,即$h(n)$。由于在图所对应的矩阵中可行航路节点以1表示,以可行航路上的节点之和做为估计代价$h(n)$值。这样在$g(n)$一定的情况下,启发函数$f(n)$会受估价值$h(n)$的制约,节点距目标点近,$h(n)$值小,$f(n)$值相对就小,能保证最短路的搜索向终点的方向进行。最后得到最优航路(图6)。

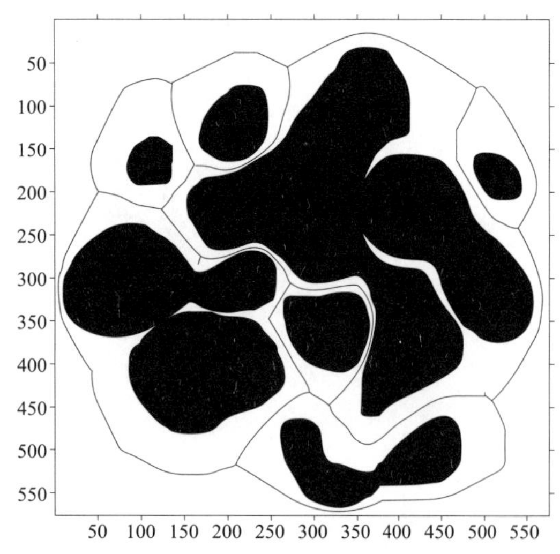

图5 可行航路集与地形叠加

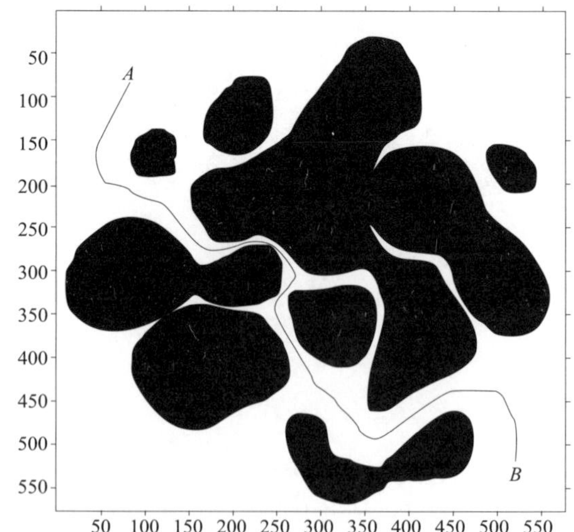

图6 最短航路

算法的主要搜索方式是:创建两个表,OPEN表保存所有已生成而未考察的节点,CLOSE表中存放已访问过的节点。

从起始点开始,对所有相邻的子节点进行估值,然后把估价后的节点放入OPEN表,从其中取代价最小的节点作为起点,对与它相邻的节点进行估价,然后把它放入 CLOSE 表。若对一个节点估价时,发现它已经在 OPEN 表中,则比较该节点原先的估价和当前的估价,保留小的估价,并更新其父节点属性。不断重复以上过程,直到在 OPEN 表中取出的节点是终点为止,若"OPEN 表为空"则表示找不到路径。到达终点后,通过其父节点属性,一直找到起点,便构成一条路径。算法伪代码如下:

```
While(OPEN! =NULL)
{从 OPEN 表中取估值 f 最小的节点 n,其子节点为 X;
if(节点 n = = 目标节点)break;
else
{
if(X in OPEN) 比较当前估价和原先估价;
if(X 的当前估价值小于 OPEN 表中的估价值 )
    更新 OPEN 表中的估价值;//取最小路径的估价值
if(X in CLOSE) 比较 X 的估价值;
if(X 的估价值小于 CLOSE 表的估价值 )
    更新 CLOSE 表中的估价值;把 X 节点放入 OPEN;//取最小路径的估价值
if(X 不在两表中)求 X 的估价值;
    并将 X 插入 OPEN 表中;
}
将 n 节点插入 CLOSE 表中;
按照估值将 OPEN 表中的节点排序;}
```

4 结论

利用 Matlab7.7 图像处理工具箱对图像的处理,和以 C + +语言实现的 A * 算法寻找最短路径,充分利用了以等高线描述的地形特征数据,较好地实现了在复杂山区地形条件下对直升机飞行初始航路的规划。对等高线地形图二值化后采用形态学图像处理得到初始可行航路集,利用 A * 算法能够较快地找到最优航路。在空间上,直升机飞出的是三维航迹,对于不同高度的障碍物,搜救路线可能不同,并且考虑到搜救任务的要求,直升机应该尽可能在较低高度上飞行,因此对于救援直升机三维航迹的规划是本研究的一个发展方向。

参考文献

[1] 范洪达,马向玲,叶文. 飞机低空突防航路规划技术[M]. 北京:国防工业出版社,2007

[2] 周培达. 计算几何:算法设计与分析[M]. 北京:清华大学出版社,2005

[3] 刘森琪,段海滨,余亚翔. 基于 Voronoi 图和蚁群优化算法的无人作战飞机航路规划[J]. 系统仿真学报,2008(11)

[4] Santiago Garrido, Luis Moreno, Dolores Blanco. Voronoi Diagram and Fast Marching applied to Path Planning[C]. IEEE International Conference on Robotics and Automation, 2006

[5] 胡晓磊,胡朝晖,江洋溢. 基于 Dijkstra 算法的水平航迹规划[J]. 火力与指挥控制,2004(8)

[6] 虞蕾,赵红,赵宗涛. 一种基于遗传算法的航迹优化方法[J]. 西北大学学报(自然科学版), 2004(6)

[7] (德)Soille, P.(王小鹏,等译). 形态学图像分析原理与应用[M]. 北京:清华大学出版社,2008

[8] 张汗灵. MATLAB 在图像处理中的应用[M]. 北京:清华大学出版社,2008

[9] 王万良. 人工智能及其应用[M]. 北京:高等教育出版社,2005

Study on horizontal track planning for rescue helicopter

Pan Weijun, Chen Tong

(Civil Aviation Flight University of China, Guanghan, Sichuan, 618307)

Abstract: In aircraft path planning, obstacles are generally simulated with mathematical function. For the rescue helicopter, main safety threat is the terrain. The contour map contains more accurate details about the terrain threats. Available tracks set with protected airspace can be obtained using digital image processing technique, then heuristic path searching algorithm A* is used to find the shortest route.

Key words: Path planning; Image processing; image morphology; A* algorithm

基于 REASON 模型的航空维修事故调查分析

张 弦[1] 陈农田[2] 李 瑞[3]

（1. 中国民航大学航空工程学院；2. 中国民航大学民航安全科学研究所，天津，300300；
3. 北京飞机维修工程有限公司维修控制中心，北京，100621）

摘 要：分析和运用 Reason 模型，从系统安全角度对一起典型航空维修事故案例，按照事件链因果逻辑展开调查分析，构建出事故致因分析模型。结论可作为航空事故调查和危险识别参考依据，为从组织层面上建立系统安全和营造安全文化氛围提供理论指导。

关键词：REASON 模型；航空维修；航空安全；事故调查

1 引言

航空安全关系国家和人民的利益。据有关资料统计，大多数航空事故或事故征候都是由于人的因素所造成[1]。传统的安全管理常常把事故调查重点放在运行人员上，一旦找到责任人所出差错的证据，则认为事故的主要原因已经查清，依此落实责任和处罚[2]。过去，对民航事故的调查分析往往仅局限于事故直接责任人，事故致因调查分析不够。本文在分析和运用 Reason 模型基础上，为了查找出可能引起事故以及事故再次发生的系统隐患，对一起典型航空维修事故案例进行深入分析，有助于建立系统安全和事故预防。

2 REASON 模型原理

Reason 模型（图 1）是英国曼彻斯特大学的 Reason 教授于 1990 年提出的，经国际民航组织的推荐该模型已成为航空事故调查与分析的重要理论模型。

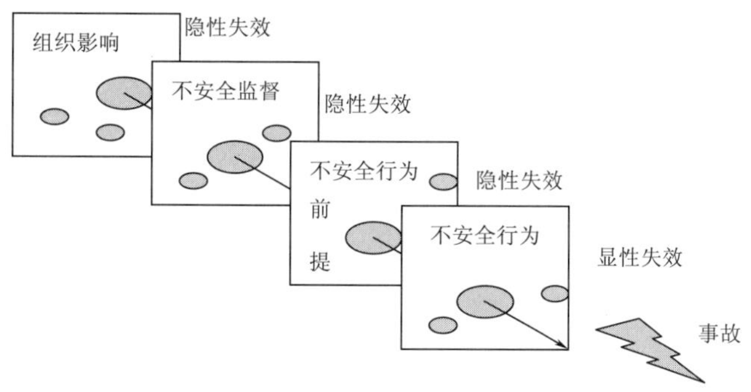

图 1 Reason 事故致因模型

Reason 模型[3]认为事故发生是由于系统失效引起，系统失效可以分为显性失效和隐性失效。显性失效会对系统造成即时负面影响，一般由不安全行为，即人为差错和违章所导致。而隐形失效不会对系统造成即时负面影响，具有延滞性。事故的发生过程是事件本身的反应链，由于其内部存在着组织缺陷集并不断演化，当多个层次的组织缺陷在一个事故促发因子上同时或次第出现缺陷时，不安全事件因失去阻断屏障而发生。

目前，航空领域越来越重视利用人的因素原理进行事故调查和故障分析，Reason 模型被广泛应

作者简介：张弦（1984-），中国民航大学在读研究生，研究方向为飞机系统状态监控与故障诊断；陈农田（1984-），男，硕士研究生，主要从事航空人为因素与航空事故调查研究，E-mail：chennongtian@ hotmail. com。

用[4]。Reason 模型是按照逆向时间顺序,从事故的发生开始向回调查,把导致事故发生的系统缺陷分成四级,每一级影响下一级,形成一个完整因果事件链。

3 航空事故案例与分析

3.1 典型航空维修事故案例

2001 年 4 月 17 日,某航空公司 B747/2450 号机执行北京至法兰克福航班任务,起飞滑跑速度达到 157kn(V1)时,3 号发动机出现火警,飞机主要仪表指示错乱且 3 号发动机油门卡阻收不回来。机组迅速对该发动机采取灭火、停车。飞机最后安全返航落地[5]。

3.2 事故原因调查

事故调查结果:维修人员执行工作指令,查找 3 发的金属碎片。工作指令其中一项"拆开到反推三通活门的气管",由于没有提供相关的参考资料和图解说明,维修人员凭自己对工作指令的理解,错误地断开了位于发动机左上方的三通活门的反推气管,且未按规定对该工作进行标识。结果导致了飞机在飞行中高温高压气体从该处喷出,引起发动机火警;热气烧坏了附近的导线,造成仪表指示错乱;同时烤熔了油门操作钢索的特氟隆衬套,使钢索粘结,造成油门不能操纵。责任主要在于维修人员。

4 基于 REASON 模型的调查分析

一般调查工作可能到上述为止,但按照 Reason 模型理论,还必须要分析导致工作者出现不安全行为的深层原因。

4.1 不安全行为分析

根据 Reason 模型,不安全行为分为差错和违规。差错包括决策差错、技能差错和认知差错,违规包括习惯性违规和偶然性违规。维修人员错误断开反推气源管以及未按规定标识行为属于不安全行为。其中拆错管路属于差错行为中的决策差错,未按规定标识属于违规。由于该公司对这类违规行为没有严格要求和采取处罚措施,维修人员的违规行为属于习惯性违规。

4.2 不安全行为前提

不安全行为的前提分为两类:一类是工作者本人低于标准条件是主观原因;一类是工作者的做法低于标准是客观原因,包括工作资源管理不善和个人准备不充分。该维修人员是高级技术员,由于过于自信没有查看相关资料,凭个人理解工作,导致拆错管路。过于自信是导致不安全行为的主观原因。此外,工作指令的编写未提供相关的参考资料和图解说明。对于该维修人员所做的工作,班组其他人都不知道,人员协调配合及沟通缺乏,这些都属于工作资源管理不善。维修人员做法低于标准,是导致不安全行为发生的客观原因。

4.3 不安全的监督

不安全的监督分为四类:监督不充分、工作计划不当、未纠正已知问题和监督违规。维修人员在完成了"拆开到反推三通活门的气管"工作后,又去做其他工作。由于未挂标识,没人注意到反推气源管被断开未复原,该维修人员后来也将此事遗忘。根据公司维修管理手册的规定,当维修人员完成工作指令,检查者通过检查确认工作完成无误后,维修人员和检查人员应分别在工作单上签字。但是该维修人员没有按规定签署工作单,失去了一次回顾工作,补救差错的机会。检查员在检查过程中也没有查出断开的反推气源管未复原,未能纠正不正确行为,这些构成了第三级缺陷——不安全的监督。

4.4 组织因素

组织因素包括:资源管理、组织氛围和运作过程。维修人员习惯性违规,断开管路后不按规定做标识,不按规定签署工作单。这说明公司对待违规行为态度宽容,没有教育员工严格遵守规定,各项规定和要求不能严格执行。公司这种容忍违规行为的态度属于组织因素层面的问题,是导致事故发生的重要原因。

4.5 完整事件链

通过基于 REASON 模型的事故调查,完整事件链因果分析,可以构建维修事故致因分析模型(图 2)。企业严谨的安全文化氛围(组织因素)的缺失使得规章制度不能严格执行是导致不安全监督的原因。不安全监督的表现是基层没有及时纠正问题,缺乏分工和监督检查,导致不安全的前提的产生。不安全前提的行为包括:维修资源管理差,维修班组成员缺乏沟通交流以及工作指令编写缺少图示和说明,导致不安全行为的发生。由于维修人员的主客观原因的存在、安全行为监督的缺乏和组织安全文化规范的缺失是导致维修人员发生维修差错和违规不安全行为的诱因。事故致因各因素之间相互影响和相互作用,在事件链每一个层面上都存在着问题才最终导致事故的发生。

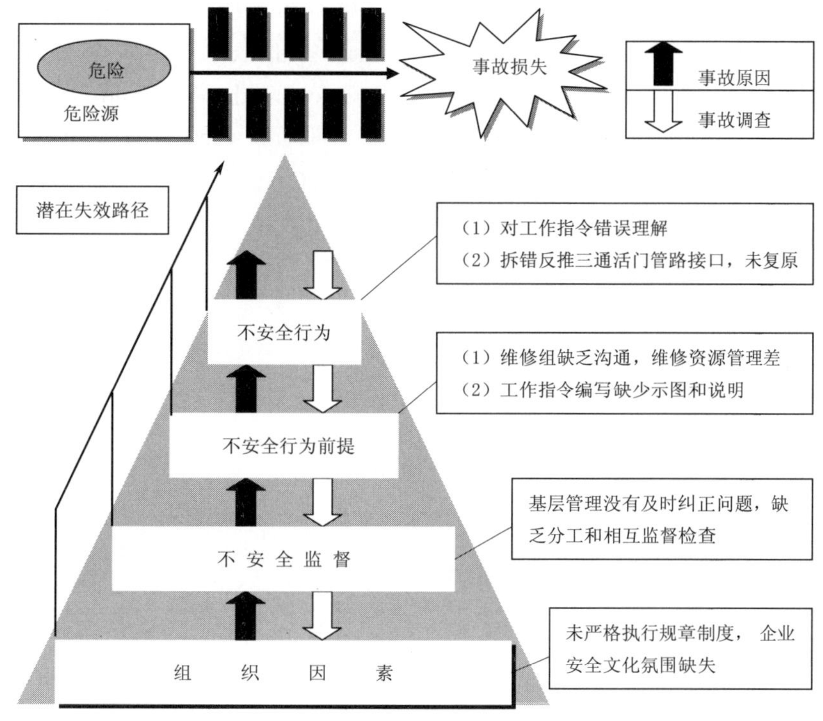

图 2 B747 维修事故致因分析模型

5 结论

通过航空事故的 REASON 模型分析,发现导致事故发生的主要原因在组织层面,是系统问题而不仅仅是在主责任人本身。仅对主责任人采取处罚措施,不能从根本上避免类似违规行为再次发生。因此,在采取纠正措施时,应当从组织层面入手,完善公司资源和管理,加强员工技能培训和严格执行规定的教育,并适当采取奖罚措施,形成良好的安全文化氛围,切实保证航空安全。

参考文献

[1] Huan-Jyh Shyur. A quantitative model for aviation safety risk assessment. Computers & Industrial Engineering,54(2008):34-64

[2] 中国民用航空总局人为因素课题组. 民用航空人的因素培训手册[M],北京:中国民航出版社,2003:54-55

[3] James Reason. Human Error [M]. New York:Cambridge University Press,1990:1-19

[4] 霍志勤,谢孜楠. REASON 模型在空中交通管制中的应用[J],中国安全科学学报,2008. 1(1):154-159

[5] 中国民用航空局航空安全办公室. 2001 年中国民航航空安全报告[R]. 2002,6

Investigation and analysis of the aviation maintenance accident based on the REASON model

***Zhang Xian*[1] *Chen Nongtian*[2] ,*Li Rui*[3]**

(1. Aeronautical Engineering College, Civil Aviation University of China; 2. Research Institute of Civil Aviation Safety, Civil Aviation University of China, Tianjin, 300300; 3. Beijing AMECO OMC, 100621)

Abstract: This paper carried out the typical aviation maintenance accident investigation complying with the causal logic of event chain from the perspective of systemic safety concept, which based on the analysis and application of Reason model, and finally established the accident cause analysis model. The conclusion can be used as the reference of the risk identification and accident investigation of aviation, providing theoretical guidance for the establishment of systemic safety and safety culture atmosphere.

Key words: REASON model; Aviation maintenance; Aviation safety; Accident investigation

基于独立分量分析的飞机舱音记录器非话语信号盲分离性能研究

杨 琳[1,2] 王从庆[3] 王芝刚[3] 刘素京[3]

(1. 南京航空航天大学民航学院,江苏南京,210016;2. 中国民用航空总局航空安全技术中心,北京,100028;
3. 南京航空航天大学自动化学院,江苏南京,210016)

摘 要:飞机驾驶舱话音记录器(CVR)记录的舱音信号,通常是语音声、警告声、开关按钮声和背景噪声等混合而成的。目前国内对该类信号的分析和辨别主要是计算机译码后进行人耳辨听,存在不易准确分辨出各种独立的声音信号的缺点。本文提出采用基于高效快速 EFICA(Efficient Variant Fast ICA)和可调整权值的二阶盲分离 WASOBI(Weight-Adjusted Variant Second-order Blind Identification)的混合算法对舱音信号进行分离实验。采用不同算法的仿真结果比较表明,混合盲处理算法具有更为优越的分离性能。

关键词:舱音记录器;非话语信号;独立分量分析;混合盲分离算法

1 引言

在现代商用航空器上,舱音记录器(Cockpit Voice Recorder,CVR)和飞行数据记录器(Flight Data recorder,FDR)一样,是必不可少的机载设备。FDR 用来记录航空器飞行状态、机组操作、系统及设备运行、外界环境等飞行数据信息;而 CVR 记录驾驶舱内最近 2 小时或 30 分钟的各种声音,同时记录着四个独立声道的声音。第一至第三声道记录的声音分别来源于正驾驶、副驾驶、第三机组成员座位上的耳机/吊杆式话筒、氧气面罩话筒、手持式话筒或扬声器,没有第三机组成员的声音输入时,第三声道记录的是旅客广播系统的声音。三个声道记录的频率范围是 150 ~ 3500Hz[1]。显然,这些声音记录为事故调查提供了又一丰富而准确的依据,它不仅能够判断机组的操纵、意识、决断、生理心理状态,还可以分析航空器状态及所处环境[2]。对事故调查员而言,驾驶舱中的非话语成分是重要的信息来源。

国外航空事故调查机构依据傅里叶理论分析方法,利用短时傅里叶变换(STFT),对特定飞机事故中的舱音信息从理论和实验两方面进行研究。国内舱音辨识是基于计算机音频技术的记录器译码系统,通过人耳边辨听完成[1,2]。本文研究针对的 CVR 非话语信号主要指在飞机运行中驾驶舱内出现的关键开关、操纵手柄和警告声等舱音背景信息。

独立分量分析(Independent Component Analysis,ICA)是在缺乏信道和输入信源先验知识的前提下,从多个相互统计独立的非高斯信号经过混合而产生的观测信号中,进行分析,提取出原始组成信号的技术,在机械、通讯、声音和医学信号处理方面具有广泛应用。ICA 方法是基于信号的高阶统计特性,使分解出的各个分量之间尽可能相互独立。本文在对 CVR 背景声信号分析的基础上,结合 ICA 的多种算法,对舱音背景声信号进行处理。研究结果表明:ICA 在用于飞行器舱音记录器背景声信号处理,以实现开关按钮声、警报声、机器语音信号的分离,以及去除噪声干扰等方面,是一种有效的方法。

2 独立分量分析

独立分量分析是盲源分离(Blind Signal Separation,BSS)的一个重要发展方向。盲源分离是指源信

基金项目:国家自然科学基金项目(60776819)。

作者简介:杨琳(1970-),女,山东省,汉,博士生,中国民用航空总局航空安全技术中心,高级工程师,研究方向为事故调查;王从庆,男,博士,教授,研究方向为模式识别与智能控制。

号、传输通道特性未知的情况下,仅由观测信号和源信号的一些先验知识(如概率密度)估计出原信号各个分量的过程。盲源分离的基本过程如图1所示。

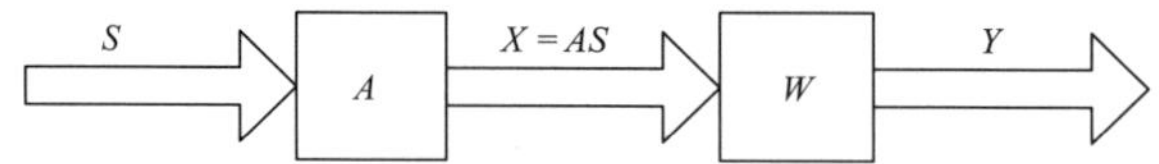

图1 盲源分离的基本过程

假定 t 时刻、N 个未知的相互独立的源信号 $s_1(t), s_2(t), \cdots, s_n(t)$ 这些源信号通过 $M \times N(M \geqslant N)$ 的矩阵 A 进行混合,生成 M 个观测信号 $x_1(t), x_2(t), \cdots, x_m(t)$ 数学表达式为:

$$x(t) = As(t) \tag{1}$$

其中,源信号为 $s(t) = [s_1(t), s_2(t), \cdots, s_n(t)]^T$;观测信号为 $x(t) = [x_1(t), x_2(t), \cdots, x_m(t)]^T$,混合矩阵 A 为:

$$A = \begin{pmatrix} a_{11} & \cdots & a_{1n} \\ \vdots & \ddots & \vdots \\ a_{m1} & \cdots & a_{mn} \end{pmatrix} \tag{2}$$

式中,每个混合信号 x_i 是随机变量,故各观测数据 x_i 由独立源信号 s_i 经不同 a_{ij} 线性加权得到。源信号和混合矩阵 A 未知。

3 基于独立分量分析的盲分离算法

目前已提出了一些非常好的基于ICA的盲处理算法,例如Hyvarinen的快速定点FastICA算法[5]、Amari的自然梯度算法[6]、Cardoso等的JADE算法[7]等等。在Fast ICA算法的基础上,Z. Koldovsky和P. Tichavsky提出了EFICA算法[8](Efficient Variant of Fast ICA, EFICA)、Amari提出了SANG算法[9](Self Adaptive Natural Gradient with nonholonomic constraints)。

3.1 基于负熵的FastICA盲分离算法

衡量独立性的判据有很多种,主要采用:(1)互信息最小化判据(Minimization of mutual information, MMI);(2)信息极大化判据(Infomax);(3)极大似然判据;(4)直接用高阶统计量作为独立性判据;(5)负熵极大化判据。根据中心极限定理,两个独立的非高斯随机变量之和比其中任何一个变量更接近于高斯分布,因此非高斯性越大,独立性越强。负熵 $J(y)$ 为随机变量非高斯性最合适的度量,当且仅当 y 为高斯随机分布时,$J(y) = 0$;$J(y)$ 之值越大表示它距离高斯分布越远,独立性越强。实际运用时,由于 $J(y)$ 的计算涉及到变量 y 的概率密度函数 $p(y)$,而 $p(y)$ 很难得到。因此,常常用变量的高阶统计量的函数或采用非多项式函数逼近概率密度函数的方法来得到负熵的逼近值:

$$J(y) \approx (1/12)(E(y^3))^2 + (1/48)(kurt(y))^2 \tag{3}$$

$$J(y) \propto [E\{G(y)\} - E\{G(v)\}]^2$$

式中:v 为零均值、方差为1的高斯变量;G 为非线性函数;$kurt(y)$ 为信号 y 的峰度。以下两个非线性函数被证明是非常有效的:

$$G_1(x) = (1/a_1) long\ \cos h(a_1 x), 1 \leqslant a_1 \leqslant 2$$

$$G_2(x) = -exp(-x^2/2)$$

基于负熵极大化判据的Fast ICA算法步骤如下:

(1)将 x 去均值,球化后得到 z;

(2)任意选择 W 的初值,要求 $\|W\| = 1$;

(3)令 $W = E[ZG(W^TZ)] - E[g(W^TZ)]W$,$g(*)$ 是 $G(*)$ 的导数;

(4)归一化:$W \leftarrow W/\|W\|$;

(5)如果 W 的值未收敛,回到步骤3。

球化常被用作ICA优化步骤的第一步。通过这一步骤消除原始各道数据间的二阶相关,使得进一步分析可以集中在高阶统计量上。

由于 Fast ICA 算法采用牛顿法，收敛有保障，而且迭代过程中无须引入调节步长等人为设置的参数，因而简单方便，得到大量的应用。

3.2 混合盲分离算法

（1）EFICA 盲分离算法

Fast ICA 算法具有运算简便、鲁棒性好而且收敛迅速等优点，然而理论最优解的获得至少要求两个很重要的前提，即：观测样本采样值的无限性和要求各个源信号概率密度函数已知。而实际中这是很难得到和满足的，因而限制着算法本身性能的进一步提高。最近 Z. Koldovsky 等人使用统计估计理论对 Fast ICA 进行分析[10]，并与估计器的理论下界（Cramer-Rao Lower Bounds）比较得出一种对 FastICA 改进的途径[11]，即 EFICA 算法。

EFICA 算法它通过自适应地选择非线性函数使得算法性能得以提高，同时调整解混合矩阵 W 各行的权值使算法性能接近 Cramer-Rao Lower Bounds（CRBL）。通过 Z. Koldovsky 等人分析，Fast ICA 算法的干涉信号比（Interference-To-Signal Radio，ISR）矩阵各元素渐进逼近下式[10]：

$$ISR_{kl}^{EF}=\frac{1}{N}\frac{\gamma_k(\gamma_l+\tau_l^2)}{\tau_l^2\gamma_k+\tau_k^2(\gamma_l+\tau_l^2)} \tag{4}$$

其中，ISR 是干涉信号比。ISR_{kl}^{EF} 为 ISR 矩阵的第 k 行，第 l 列的元素。γ_k 与 τ_k 可用下式表示：

$$\gamma_k=\beta_k-\mu_k^2,\ \tau_k=|\mu_k-\rho_k| \tag{5}$$

$\mu_k=E[\tilde{s}_k g_k(\tilde{s}_k)]$，$\rho_k=E[g'_k(\tilde{s}_k)]$，$\beta_k=E[g_k^2(\tilde{s}_k)]$。

算法中采用如下函数形式代替常用非线性函数 $\hat{g}(x)$：

$$\hat{g}(x)=[c_1\hat{g}_1(x),c_2\hat{g}_2(x),\cdots,c_d\hat{g}_d(x)]^T \tag{6}$$

其中：非线性函数 g_k 通过进行一次对称 Fast ICA 所得的源信号估计值 $\hat{u}_k$ 得到。$c_k(k=1,2,\cdots,d)$ 的引入使得式(4)变为：

$$ISR_{kl}^{*}=\frac{1}{N}\frac{c_k\gamma_k(c_l\gamma_l+c_l^2\tau_l^2)}{c_l^2\tau_l^2c_k\gamma_k+c_k^2\tau_k^2(c_l\gamma_l+c_l^2\tau_l^2)} \tag{7}$$

不妨令 $C_k=1$，使改进的算法性能最优，即使得式(7)取极小值。从而求得 c_{kl} 如下：

$$c_{kl}=\min_{k=1,k\neq 1}ISR_{kl}^{*}=\frac{\tau_L\gamma_k}{\tau_k(\tau_l^2+\gamma_l)} \tag{8}$$

如果非线性函数 $\hat{g}(x)$ 等于源信号 s_k 分布（如果存在的话）的评价函数 $\psi(x)$，综合式(8)、(7)代入式(4)等于 Cramer-Rao Lower Bounds（CRLB）[11]，形式如下：

$$CRLB_{kl}=\frac{1}{N}\frac{\kappa_l}{\kappa_k\kappa_l-1} \tag{9}$$

其中，$\kappa_k=E[\psi_k^2(s_k)]$，$\psi_k$ 为第 k 个源信号 s_k 概率密度分布的评价函数。

由于 EFICA 能够自适应选择非线性函数形式，而且调整非线性函数间权值，故实际 ISR 可以非常接近理论 ISR 值（CRLB）。不过代价是算法在时间复杂度约等于普通 Fast ICA 算法的 3 倍。

（2）可调整权值的二阶盲分离算法

二阶盲辨识[12]（Second-order Blind Identification，SOBI）算法常用来分离固定源信号，其算法结构如下：

设混合模型为 $x(t)=As(t)$，定义延时相关矩阵 $R_x(\tau)=E[x(t)x^T(t+\tau)]$，$R_s(\tau)=E[s(t)s(t+\tau)]$，实际工作时 $R_x(\tau)$ 由 $x(t)$ 的时间过程估计。取 τ 为一组不同值 $\tau_1,\tau_2,\cdots,\tau_p$，得到一组 $R_x(\tau_i)$ 估计，$i=1,\cdots,p$。由混合模型 $x(t)=As(t)$ 得：

$$R_x(\tau_i)=AR_s(\tau_i)A^T,i=1,\cdots,p \tag{10}$$

此算法首先也是对 $x(t)$ 做球化，令球化阵等于 W，即 $z(t)=Wx(t)$，可见

$$R_z(\tau_i)=WAR_s(\tau_i)A^TW^T=VR_s(\tau_i)V^T,i=1,\cdots,p \tag{11}$$

由于 s 中各元素相互独立，且设其方差为 1；z 中个元素正交归一，因此 V 必定是正交归一阵。因此

$$R_s(\tau_i)=V^TR_z(\tau_i)V,i=1,\cdots,p \tag{12}$$

因为 s 内各元素互相独立,所以 $R_s(\tau_i)$ 是对角阵。这就是启发我们得到与 JADE 算法类似的分析思路:寻求 V 阵对这些 $R_z(\tau_i)$ 进行联合对角化逼近。只要得到 V 阵则 $A=W^{-1}V$,解混阵 $B=A^{-1}=V^TW$,$s\approx Bx$ 也就得知。

可以用调整权值[13,14]的方法对 SOBI 算法进行优化,命名为 WASOBI(Weight-Adjusted variant SOBI)。

SOBI 算法估计混合矩阵 A 是通过设置理想的 $R_x(\tau_1)$ 对角化和对 $R_x(\tau_i)(i=2,\cdots,p)$ 进行联合对角化逼近,这个过程意味着相关估计中的错误的加权对结果是不理想的。在 WASOBI 算法中,对角化 $R_x(\tau_i)(i=1,2,\cdots,p)$ 转变为非线性权值的最小二乘法问题。

(3)混合盲分离算法

WASOBI 是建立在延时相关阵基础上的盲分离,它根据人们熟知的二阶统计量作分解,计算较为简单,但只对高斯信源有效。而 EFICA 算法需要满足源信号最多只能包含一个高斯信号的约束。为了取长补短,本文将 EFICA 算法和 WASOBI 算法相结合,其算法步骤如下:

第一步,令 $z=x$

第二步,同时对 z 运行 EFICA 算法和 WASOBI 算法;设被估计出的源信号分别为 s_{EF} 和 s_{WA}。类似地估计出的 ISR 矩阵是 ISR_{EF} 和 ISR_{WA},相应的向量是 isr_{EF} 和 isr_{WA}

第三步,令 $E=\min_k isr_k{}^{EF}$ 和 $W=\min_k isr_k{}^{WA}$

第四步,如果 $E<W$,

(a)接受 s^{EF} 中那些 $isr_k{}^{EF}<W$ 的信号,重新定义 z 为 s^{EF} 中被拒绝的信号,或(b)接受 s^{WA} 中那些 $isr_k{}^{EF}<E$ 的信号,重新定义 z 为 s^{WA} 中被拒绝的信号

第五步,如果还存在一个以上的被拒绝信号,转到第二步。否则接受被拒绝信号。

4 CVR 背景声音信号分离实验

在 CVR 背景声音信号的分离实验中,分离性能比较精确的统计标准通过如下定义的信号干涉比(Signal-to-Interference Ratio,SIR)指标来度量:

$$SIR\_S_{ij}=10\log 10(\|s_i\|_2^2/\|y_j-s_i\|_2^2) \tag{13}$$

其中 s_i 是源信号,y_i 是分离信号。从其定义中可以看出,SIR 越大说明分离效果越好。

这里用性能指数(Performance Index,PI)作为性能指标来评价算法的性能。PI 有如下定义:

$$PI=\frac{n}{n(n-1)}\sum_{k=1}^{n}\left\{\left(\sum_{k=1}^{n}\frac{|g_{ik}|}{\max_j|g_{ij}|}-1\right)+\left(\sum_{k=1}^{n}\frac{|g_{ik}|}{\max_j|g_{ij}|}-1\right)\right\} \tag{14}$$

式中:g_{ij} 为全局传输阵 $G=WA$ 的元素,$\max_j|g_{ij}|$ 表示 G 第 i 行元素绝对值中的最大值;$\max_j|g_{ji}|$ 表示第 i 列元素绝对值中的最大值。分离出的信号 y_j 与源信号 s_i 波形完全相同时 $PI=0$,实际当 PI 达到 10^{-2} 时,说明该算法的分离性能已相当好。

(1)多路典型信号的处理

由于真实环境存在很多不确定的因素,比如有突然加入的源信号,导致信号数目动态变化。因此源信号数目不断变化时,算法的稳健性是非常重要的。

从中国民航总局提供的样本库中,选择有代表性的 12 个分属开关、按键、警报和机器语音等各类别的样本如图 2 所示,对各个算法在样本数目变化时的分离性能做比较。

分别由 2 路一直到 12 路信号随机混合,然后进行 100 次蒙特卡洛分析。这里限于篇幅,只给出 2 路和 8 路信号混合分离仿真,2 路源信号的混合

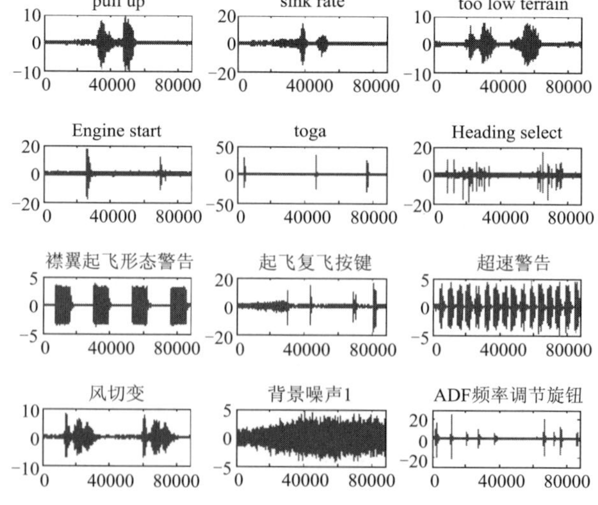

图 2　12 个分属各类样本的信号

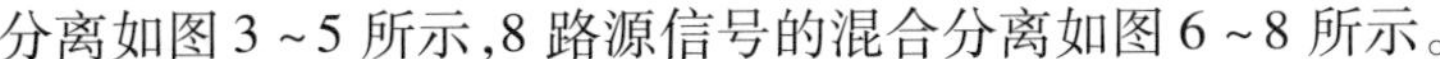

分离如图 3～5 所示，8 路源信号的混合分离如图 6～8 所示。

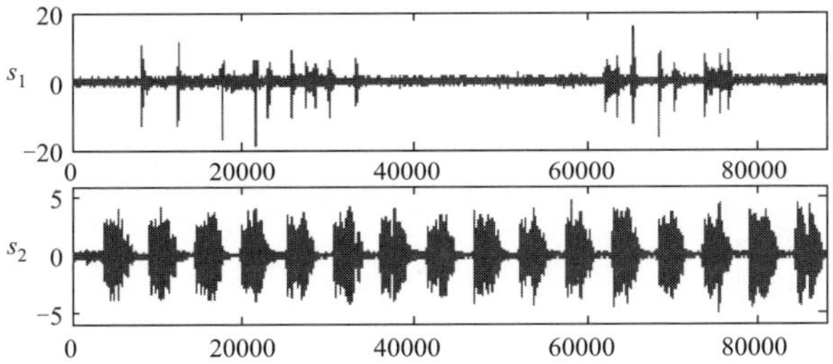

图 3　两通道源信号

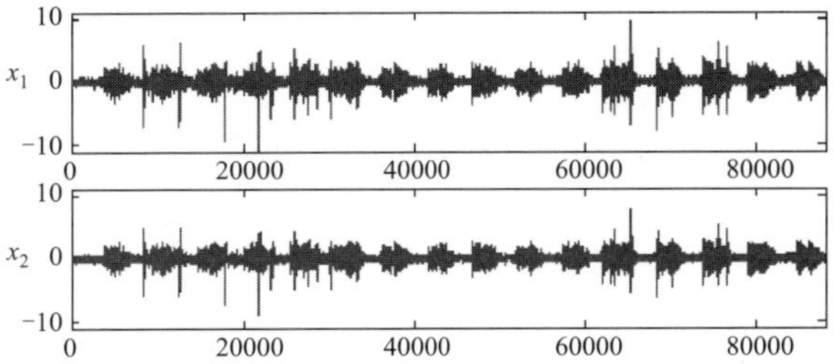

图 4　两通道观测信号

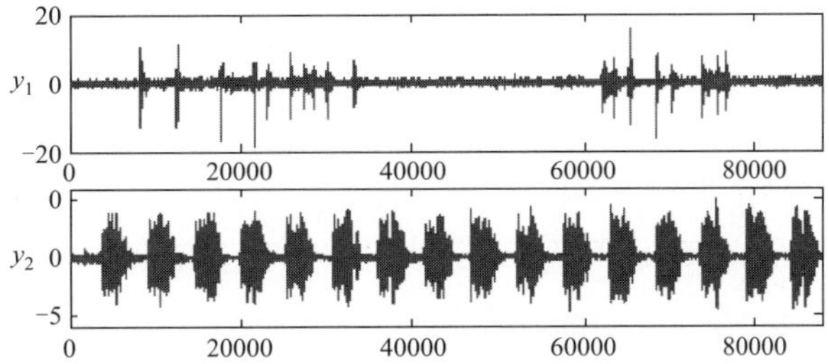

图 5　两通道分离信号

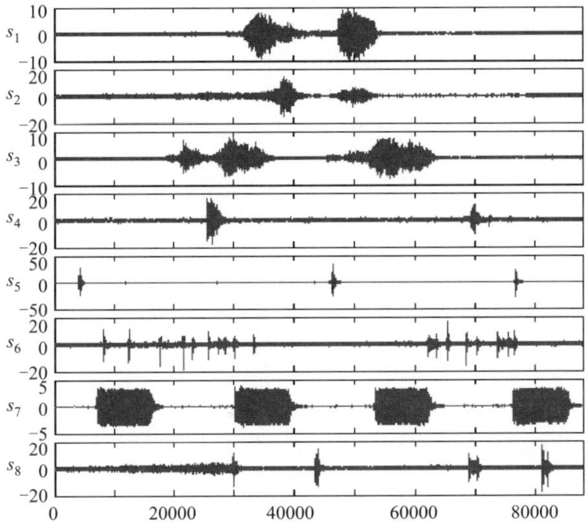

图 6　八通道源信号

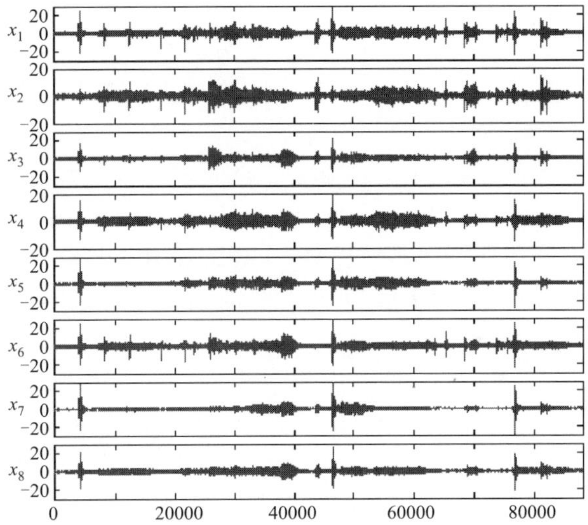

图 7　八通道观测信号

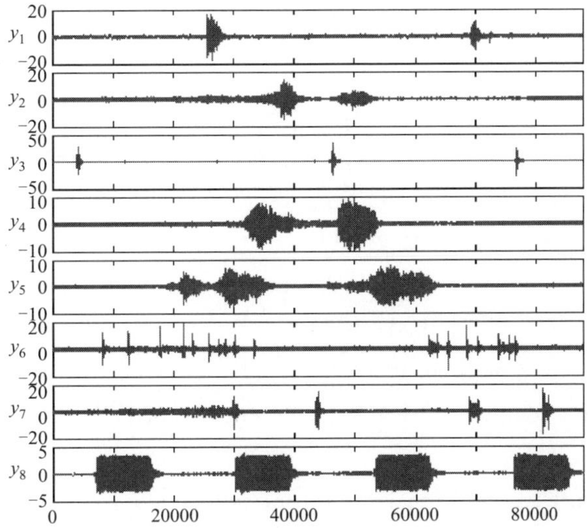

图 8　八通道分离信号

从分离信号看,估计信号能良好地还原源信号,但不可避免地存在一些交叉信息,这些微弱的干扰对整个样本的主要成分不构成很大的影响,是可以接受的。

(2)分离效果比较和分析

对信号数目变化后的分离性能、耗费时间进行比较,如图 9 ~ 图 11 所示。

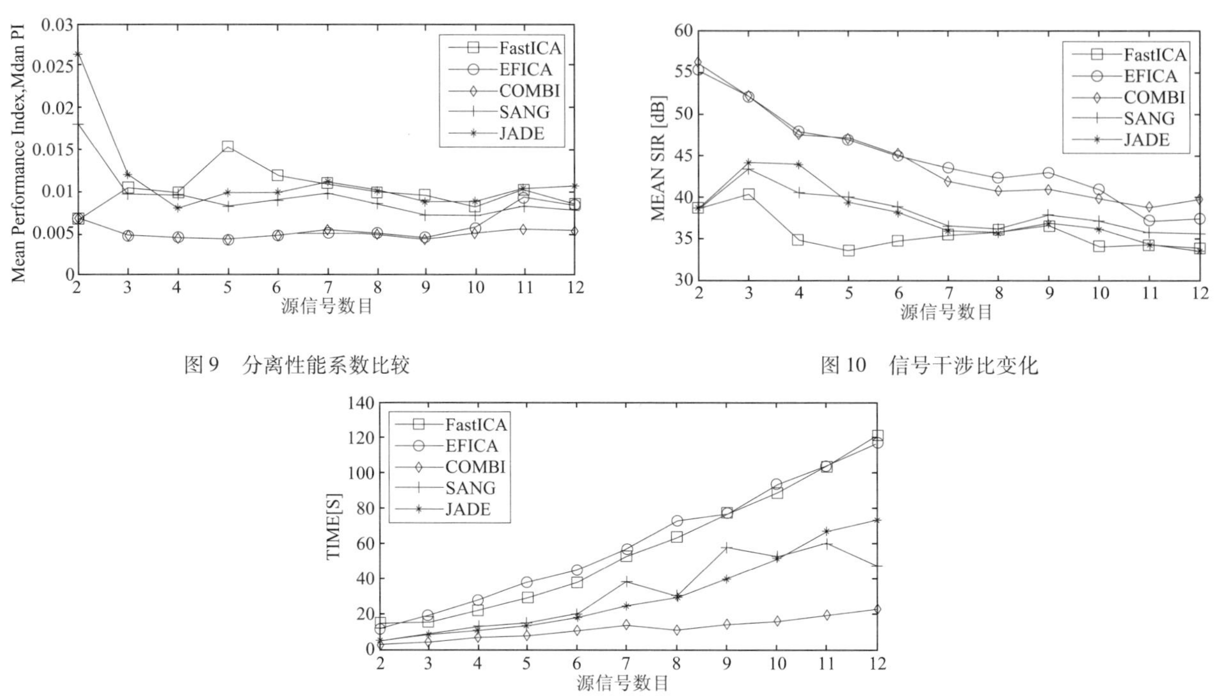

图 9　分离性能系数比较

图 10　信号干涉比变化

图 11　耗时比较

由图 9 的 PI 值和图 10 的 SIR 值的比较曲线,我们可以看出混合盲处理算法 COMBI 在多个信号的平均分离性能上是最优的,其次是 EFICA 算法。由 SIR 曲线可以看出各个算法在源信号数目变化的时候,都会有不同程度的变化,分离性能逐渐变差,消耗时间随之呈现上升趋势,如图 11 所示。

5　结论

本文采用 EFICA 和 WASOBI 相结合的盲处理算法对民航飞机 CVR 记录的背景声音信息进行盲处理分析,通过对分离信号评价函数的估计,实现了基于独立分量分析的 CVR 背景声音有效分离。研究表明,对多路的 CVR 混合背景声音信号分离效果较理想,对源信号幅度在某段时间为零或随时间快速变化的非平稳信号,有更好的分离效果。混合算法综合利用了 EFICA 和 WASOBI 两种算法的优势,具有总体最优的分离性能。

参考文献

[1] 杨琳. 舱音记录器译码系统的改进方法. 航空维修与工程,2005,227(5)

[2] D. R. Grossi. Aviation Recorder Overview. Paper presented at the International Symposium on Transportation Recorders, Arlington, Virginia, 3-5 May 1999

[3] A. J. Bell, T. J. Sejnowski. An information maximization approach to blind separation and blind deconvolution. Neural Computation, 1995, 7(6): 1004-1034

[4] J. Herault and C. Jutten. Space or time adaptive signal processing by neural network models. in Denker ed.: "Neural Network for computing". AIP Conference Proceedings, American Institute of Physics, 1986, 151

[5] A. Hyvarinen, E. Oja. A fast fixed-point algorithm for independent component analysis. Neural Computation, 1997, 9(7): 1483-1492

[6] S. Amari. Natural gradient works efficiently in learning. Neural Computation,10(2):251-276,1998
[7] J.-F. Cardoso. Blind beamforming for non-Gaussian signals[J]. IEE Proceedings-F, 1993, 140(6): 362-370
[8] Z. Koldovsky,P. Tichavsky and E. Oja. Efficient Variant of Algorithm FastI CA for Independent Component Analysis Attaining the Cramér-Rao Lower Bound. IEEE Trans. on Neural Networks, vol. 17, no. 5, pp. 1265-1277, September 2006
[9] S. Amari,T. Chen and A. Cichocki, Non-holonomic constraints in learning blind source separation, Progress in Connectionist-Based Information Systems, Eds. N. Kasabov, ICONIP-97, New Zealand, Springer, Nov. 1997, vole. I, pp. 633-636
[10] P. Tichavsk'y, Z. Koldovsk'y, and E. Oja. Performance Analysis of the Fast ICA Algorithm and Cram'er-Rao Bounds for Linear Independent Component Analysis. IEEE Trans. on Signal Processing, Vol. 54, No. 4, April 2006, see also "Corrections:" to-be published ibidem, available at http://si. utia. cas. cz/publiPT. htm
[11] Z. Koldovsk'y, P. Tichavsk'y and E. Oja. Efficient Variant of Algorithm Fast ICA for Independent Component Analysis Attaining the Cram'er-Rao Lower Bound. IEEE Trans. on Neural Networks, Vol. 17, No. 5, Sept 2006
[12] Yeredor, A., Blind Separation of Gaussian Sources via Second-Order Statistics with Asymptotically Optimal Weighting, IEEE Signal Processing Letters, vol. 7 no. 7 pp. 197-200, July 2000
[13] P. Tichavsky, E. Doron, A. Yeredor, and J. Nielsen, A Computationally Affordable Implementation an Asymptotically Optimal BSS algorithm for AR Sources, to be presented at EUSIPCO 2006, Florence, Italy, September 2006
[14] Doron, E. and Yeredor, A., Asymptotically Optimal Blind Separation Of Parametric Gaussian Sources-Lecture Notes in Computer Science (LNCS 3195): Independent Component analysis and Blind Source Separation, 5th International Conference on ICA, Granada, Spain, September 2004, Springer-Verlag 2004

Blind separation serformance of non-voice acoustic signal for the CVR based on independent component analysis

Yang Lin[1,2], ***Wang Congqing***[3], ***Wang Zhigang***[3], ***Liu Sujing***[3]

(1. Civil Aviation College, Nanjing University of Aeronautics and Astronautics, Nanjing, 210016;
2. Center of Aviation Safety Technology, CAAC, Beijing, 100028;
3. College of Automatic Control Engineering,
Nanjing University of Aeronautics and Astronautics, Nanjing, 210016)

Abstract: The acoustic signal recorded by CVR (Cockpit Voice Recorder) on airplanes is a mixed signal composed by voices, switching knob, alarm sound and noises. So far, in domestic the analysis and identification of these acoustic signals are mainly depend on human audition, which is difficult to separate independent sounds. A combined algorithm based on Efficient Variant Fast ICA (Independent Component Analysis) algorithm and WASOBI (Weight-Adjusted Variant Second-order Blind Identification) algorithm is proposed to separate specific sound from acoustic signal. Comparisons of simulation results using these different algorithms are made, which show the combined algorithm has a better performance in separating independent sounds from acoustic signal.

Key words: Cockpit voice recorder; Non-voice acoustic signal; Independent component analysis; combined blind separating algorithm

不正常航班恢复中旅客流恢复问题的研究

陆宏兰　朱金福

(南京航空航天大学民航学院民航软科学研究所,江苏南京,210016)

摘　要: 得到航班计划恢复方案之后,必然要对旅客的路径进行恢复。在建模方面,用以路径流为变量的线性整数规划模型描述旅客流恢复问题;在算法实现方面,在构造出受扰 OD 对集合的基础上,用邻接矩阵存储航班连接网络图,并用深度优先算法在邻接矩阵上构造出可行行程,最后用单纯形法求解。实例运算结果表明,建立和设计的优化模型和算法不仅能高效快速地解决受扰旅客的路径恢复问题,而且还能进一步减少航班扰动对旅客造成的影响。

关键词: 不正常航班;旅客流恢复;优化建模;深度优先搜索

1　引言

当恶劣天气、旅客迟到、机务故障等原因扰乱原航班计划时,需要对飞机路径、机组排班等进行调整。在得到航班计划恢复方案之后,应该为受扰的旅客重新安排行程[1],使旅客在较短的延误时间内到达计划目的地。

飞机和机组是航空公司比较昂贵紧缺的资源,是不正常航班恢复的重要方面[2],但真正能给航空公司带来收益的是旅客。在恢复受扰航班计划时,只考虑飞机和机组两种资源,可能导致很多旅客的行程无法衔接或者被延误很长时间。这样的恢复方案虽然最大化地利用了公司资源,但是没有给公司带来真正的效益。到目前为止,国内外关于旅客流恢复的研究还很少。Clarke[3] 用数学建模的方法从收益的角度解决旅客流恢复问题。Barnhart[4] 等人以旅客延误最少为目标把旅客流恢复问题处理成多商品网络流问题,旅客可以被安排到本航空公司和其他航空公司的航班上,还可以被安排给其他运输方式甚至还可以取消旅客的行程。Bratu[5] 等人用启发式算法来求解旅客流恢复问题,并在算法中加入了常旅客优先、先受扰先恢复等恢复规则,做成了旅客延误计算系统。

本文在得到航班计划恢复方案基础之上,对受扰旅客的行程进行恢复,以路径流量为变量建立线性整数规划模型,并在其中考虑了 NOSHOW 率、GOSHOW 率、旅客人数的动态变化和舱位等级等问题。求解时,先用深度优先算法快速有效地构造可行路径,再用单纯形法求解,并用国内一家中等规模航空公司的实际案例对模型和算法的正确性和有效性进行验证。

2　旅客流恢复模型

2.1　术语定义

为了更好地说明问题,先对文章中用到的术语进行定义。

受扰旅客:航班计划被扰动后,计划行程中的前后两个航班不满足时间衔接要求,或者最终到达时间比计划到达时间晚 15 分钟以上的旅客。

OD 对:一般是指一对起讫点,本文中所指的 OD 对是指一对有特定出发时间和到达时间的起讫点。

行程(路径):是指旅客完成从始发地到目的地的旅行而乘坐的航班序列。

可行的行程(路径):是指行程中任意前后两个航班满足空间衔接约束(前一个航班的到达机场和

基金项目:民航科技项目“不正常航班恢复技术和系统的研发”项目((MHRD20080640)。

作者简介:陆宏兰(1984-),女,江苏泰兴人,硕士生,研究方向:航空公司不正常航班恢复,E-mail:luhlan@126.com;朱金福(1955-),男,江苏金坛人,教授,博士生导师,研究方向:航空运输系统优化。

后面一个航班的出发机场相同)和时间衔接约束(后一个航班的出发时间和前一个航班的到达时间之间的最短间隔要求,用于旅客中转衔接),且行程的出发时间不得早于此 OD 对的计划出发时间。

2.2 旅客流恢复数学模型

假设航班计划被扰动后,通过航班恢复技术得到了航班计划恢复方案,并且假设当前时刻的所有旅客的行程(剩余行程)信息可从航空公司的运营系统中及时获得。

模型中用到的符号定义如下:

集合:O,OD 对集合;I_o,OD 对 o 可行行程集合;L,航班计划恢复方案中的航班集合;G,舱位集合,$G=\{$头等舱 F,公务舱 B,经济舱 $Y\}$。

标号:o,OD 对标号,$o\in O$;i,行程标号,$i\in I_0$;$o\in O$;c,舱位等级标号,$c\in G$;l_c,航段标号,$l\in L,c\in G$ 若有多个舱位等级,比如头等舱 F、公务舱 B 和经济舱 Y,则把这个航段看做三个独立的航段。

参数:c_i,把一位旅客安排到行程 i 上发生的成本,一般由延误成本(按行程最终到达时间计算延误时间,可以是因延误而付给旅客的实际赔偿,也可以是度量旅客不满意度的当量)、签转成本(把旅客签转到其他承运人航班上而发生的多于本公司运输的费用,或者在公司内部签转发生的费用)、舱位等级变更成本(由于降舱退给旅客的差额和免费升舱发生的费用)、取消成本(票价收益损失)或者食宿成本等构成;σ_{il_c},如果行程 i 中包括航段 l_c,σ_{il_c}等于 1,否则等于 0;cap_{l_c}:航段 l_c 上的剩余座位数,为 total-no_disrupted-willsell * (1 - NOSHOW + GOSHOW),其中 total 为航班的可用座位数,no_disrupted 为已售座位数中没有受扰的旅客数,willsell 为从恢复时刻开始到航班结束售票时能出售的座位数;pax_o:OD 对 o 上的旅客总数。

变量:x_i,分流到 OD 对 o 上的旅客数。

旅客流恢复数学模型:

$$\min \sum_{o\in O}\sum_{i\in I_o} c_i x_i \tag{1}$$

$$\text{s.t.} \sum_{o\in O}\sum_{i\in I_o} \sigma_{il_c} x_i \leqslant cap_{lc} \qquad \forall l\in L, c\in G \tag{2}$$

$$\sum_{i\in I_o} x_i = pax_o \qquad \forall o\in O \tag{3}$$

$$x\geqslant 0 \text{ 且 } x_i\in Z \qquad \forall_{o}\in O, \forall i\in I_o \tag{4}$$

上述模型是一个以行程流量为变量的线性整数规划优化模型,变量数与可行行程数量相等,空行程也是每个 OD 对的可行行程之一。式(1)为目标函数,要求公司为所有受扰旅客恢复路径花费的总成本最少。式(2)为座位容量限制约束,要求安排到每个航段上的受扰旅客总数不大于此航班的剩余可用座位数。这组约束的个数等于用来构造可行行程涉及到的航班的总量。式(3)是 OD 对流量约束,要求安排到每个 OD 对可行行程上的旅客总数等于此 OD 对上的受扰旅客总数。这组约束的个数与 OD 对总数相等。式(4)是变量取值约束,要求分到每个可行行程上的流量必须为自然数。

本文只对受扰旅客进行恢复,即使是整个航空公司的旅客,构造的受扰 OD 对对数不会很大;此外,根据 2.1 节中可行行程的定义,OD 对的可行行程有很多限制条件,符合每个 OD 对的可行行程也不会很多。因此,对于国内中等规模的航空公司,上述优化模型的变量规模不会很大。

3 求解算法

3.1 深度优先搜索可行行程

由于模型中的变量是可行行程上的旅客流量,所以要先构造出所有受扰 OD 对的可行行程。本文分为三个步骤实现,分别在 3.1.1、3.1.2 和 3.1.3 中详细介绍。

3.1.1 构造受扰 OD 对

根据 2.1 中受扰旅客的定义从当天的旅客订座信息中筛选出受扰的旅客。国内中等规模的航空公司一天的旅客人数达到 4~5 万人次,受扰旅客只占一部分,如果通过逐条判断旅客行程来筛选出受扰的旅客需花费很长时间,所以本文从受扰的航班入手,判断包含此航班的旅客行程是否受扰。假设某航

空公司某天有 k 个航班,其中 m 个航班受到扰动,当天有 p 位旅客乘坐该公司的航班,用上述方法构造受扰 OD 对所需的时间为 $O(mpk)$。

3.1.2　图的存储

生成 OD 对集合后,在航班恢复计划网络图中为每个 OD 构造可行行程。首先用连接网络[6]来表示航班计划,每个航班看做一个节点,航班连接弧用来连接前后满足衔接条件的航班节点。遍历图的过程实质上是对每个顶点查找其邻接点的过程,其耗费的时间则取决于所采用的存储结构[7]。在搜索可行行程时,需知道任何两个顶点之间是否有边相连,即任何两个航班是否可以衔接,因此本文用邻接矩阵存储航班连接网络,如果两个航班满足衔接条件则用 1 表示,否则用 0 表示。航班只可能与它后面的航班衔接,为减少初始化邻接矩阵和深度优先搜索遍历的时间,先按照预计出发时间对航班恢复方案中的航班进行排序,则生成的邻接矩阵是上三角矩阵,构造行程时只需考虑矩阵的上半部分。在 3.1.1 节中假设的情景下,初始化邻接矩阵的时间复杂度为 $O(k^2)$。

3.1.3　深度优先搜索路径

虽然用穷举法可以构造出所有的可行行程,但是随着航班数量的增加,花费的时间将会呈级数增长,本文用深度优先算法[8]搜索路径。对于每个 OD 对,深度优先搜索算法从始发机场与 OD 对始发地相同,且始发时间不小于 OD 对计划出发时间的航班节点开始,遍历与此航班可以衔接的某个航班节点,直到到达机场与 OD 对目的地相同的航班节点或者是航班叶节点(没有任何一个航班节点可以与它衔接),然后回溯到此航班叶节点的父节点,再向下搜索,如此这般访问直到搜索到者最后一个航班叶节点终止。在搜索的过程中,用栈记下搜索过程中经过的节点,当搜索到到达机场与 OD 对目的地相同的航班节点时,表示找到了一条可行行程,解析对栈中存储的信息便得到行程路径序列。

在 3.1.1 节中假设的情景下,用邻接矩阵作为图的存储结构,查找每个顶点的邻接点所需时间为 $O(k^2)$,如果有 q 个 OD 对,符合每个 OD 对的初始航班数量平均有 n 个,深度优先搜索可行行程路径的时间复杂度为 $O(pnk^2)$。

3.2　整数规划求解

分析 2.2 节中建立的优化模型,它具有很多特别的性质,约束条件的系数全是 0 或 1,右手项是座位数或者人数,都是整数,此外式(4) 限定变量的取值范围为整数。对于这样的线性规划,在不考虑式(4)整数约束的情况下,如果存在最优解,得到最优解就是整数解。下面将详细证明本文建立的优化模型自动满足整数解的特性。

首先本文引出下面一个引理——可逆 0-1 矩阵 $B_{m\times m}$ 的逆矩阵必定是整数矩阵。

证明:对于一个可逆矩阵 $B_{m\times m}$,一定可以经过一系列的行列初等变换 $P,Q\in\{P(i,j),P(i(k)),p(i,j(k))\}$ 化成单位矩阵,而对于可逆 0-1 矩阵 $B_{m\times m}$,一定可以经过一系列初等变换 $P,Q\in\{P(i,j)\}$ 化成单位阵,得

$$P_kP_{k-1}\cdots P_2P_1BQ_1Q_2\cdots Q_{l-1}q_l=I$$

两边取模,得

$$|P_kP_{k-1}\cdots P_2P_1BQ_1Q_2\cdots Q_{l-1}Q_l|=|I|$$

即

$$|P_k||P_{k-1}|\cdots|P_2||P_1||B||Q_1||Q_2|\cdots|Q_{l-1}||Q_l|=|I|=1$$

$$|B|=1/|P_m||P_{m-1}|\cdots|P_2||P_1||Q_1||Q_2|\cdots|Q_{n-1}||Q_n|$$

由于 $|P(i,j)|=\pm1$,所以 $|B|=\pm1$。

0-1 矩阵 $B_{m\times m}$ 的行列式中元素 b_{ij} 的代数余子式也是 0-1 矩阵,所以伴随矩阵 B^* 中的元素是整数。对于 $B^{-1}=B^*/|B|$,B^* 是整数矩阵,$|B|=\pm1$,所以 B^{-1} 中的元素是整数,即 B^{-1} 是整数矩阵。

将 2.2 节中建立的线性整数规划模型,去掉式(4)的整数约束后,可化成如下标准的线性规划:

$$\begin{aligned}\min\quad & cx\\ \text{s.t.}\quad & Ax=b\\ & x\geqslant 0\end{aligned}$$

其中 A 是秩为 m 的 $m\times n$ 维 0-1 矩阵,c 是 n 维行向量,b 是 n 维列整数向量,$B_{m\times m}$ 是一个基,矩阵 A

可以分解为两部分，即 $A=(B,N)$，那么对应的基本解为 $x=(B^{-1}b,0)$。由上面的引理可知 B^{-1} 是整数矩阵，若 b 是整数，那么 x 是整数。如果该线性规划存在最优解，那么 x^* 必定是整数解。

因此，对于 2.2 节中建立的线性整数规划模型具有自动满足整数解的特性，无需设计求解整数规划的算法，直接可以用求解线性规划的方法求解，从而大大降低了求解的难度。目前在线性规划求解方面已有很多成熟高效的算法，如单纯形法，修正单纯形法，对偶单纯形法和原对偶内点算法等。

单纯形法[9]是 Dantzing 于 1947 年首先发明的，一直是求解线性规划的最有效的方法之一，被广泛应用于各种线性规划的求解。从 2.2 节的分析可知，本文模型的变量规模不会很大，用一般的单纯形法来求解已足够。

4 算例分析

把本文建立和设计的优化模型和求解算法用于国内某航空公司某天的实际运营案例。原航班计划经航班恢复技术调整后得到的恢复方案如表 1 所示，航班计划由 436 个航班构成，总的旅客数为 40974 人，表中详细列出了航班及旅客受扰情况。

实 例 基 本 参 数 表 1

航 班 情 况		旅 客 情 况	
航班总数	436	旅客总数	40974
延误航班总数	75	行程衔接失败	2731
取消航班总数	0	延误旅客数	3430
受扰航班比例	17.2%	平均延误时间(min)	113
航班平均延误时间(min)	100	成本	4340300

应用前面所述算法在 P4 2.6G，512M 内存的台式机上对上述案例进行求解，所得 OD 对总数为 74，深度优先搜索得到的可行路径数量为 332，可行行程涉及的航班数量为 169，对于 2.2 节中建立的优化模型，有 332 个变量，约束条件数为涉及的航班数量和受扰 OD 对数总和，共 243 条约束，用单纯形法求解优化模型求得旅客流恢复方案。

旅客流恢复方案的相关性能指标如表 2 所示，为了简化计算，本文把航空公司之间的签转情况等同于取消，实际操作中，航空公司之间的签转的成本要比取消低一些。从表 2 的数据可以知道，经过重新构造行程，原来有 2731 位旅客的行程的衔接性被破坏，恢复后，一部分旅客转签到本公司的后续航班上，只有 1585 名旅客需签到其他公司的航班上或者取消行程，此外旅客的平均延误时间由原来的 113 分钟减少为 95 分钟；用同样的成本计算方法评价比较原方案和恢复后的方案，从表 1 和表 2 中的成本数据可看出，本文的模型能大大节省公司恢复旅客的成本。从前面的复杂度分析可以看出，算法运行的时间与航班总量相关，此案例的航班总量为 436，代表了国内中等规模航空公司的日航班量，此案例的运行时间为 1′52″，符合航空公司实时决策的要求。

旅客流恢复方案性能指标 表 2

旅客总数	40974	公司间签转和取消	1585
延误旅客数	4576	成本	2603800
平均延误时间(min)	95	运行时间	1′52″

5 结论与探讨

针对旅客流恢复问题，本文建立了以路径流量为变量的具有自动满足整数解特性的优化模型，用单纯形法进行求解。实例证明，本文的模型和算法能高效快速地为行程衔接失败的旅客重新安排路径，减少旅客的延误时间，使得航班计划恢复方案能更有效地被执行，节省航空公司不正常航班恢复的成本。

在得到了航班计划恢复方案的基础上恢复受扰旅客的路径，虽能得到最优的旅客流恢复方案，但它依赖于航班计划恢复方案的优劣。把航班和旅客分开考虑，可以取得很好的时间效率，但得到的方案不一定是全局最优解;如果把这两个因素综合到一个模型中,可得到全局最优解,但随着问题复杂性的增加,会增加建模和求解的难度,这有待进一步深入研究。

参考文献

[1] Michael Dudley Delano Clarke. Irregular airline operations:a review of the state-of-the-practice in airline operations control centers. Journal of Air Transport Management 4(1998) 67-76

[2] Benjamin G. ,Thengvall,Jonathan F. Bard,Gang Yu. Balancing user preferences for aircraft schedule recovery during irregular operations. Transactions(2000)32,181-193

[3] Clarke M. (2005). Passenger Reaccommodation a Higher Level of Customer Service. Presented at AGIFORS Airline Operations Study Group Meeting,Mainz,Germany

[4] Barnhart C. ,T. Kniker,and M. Lohatepanont (2002). Itinerary-based airline fleet assignment. Transportation Science 36,199-217

[5] Bratu S. and C. Barnhart (2005a). An analysis of passenger delays using flight operations and passenger booking data. Air Traffic Control Quarterly,Vol. 13,no. 1,pp. 1-28. 2005

[6] Abara J. Applying integer linear programming to the fleet assignment problem[J]. INTERFACES,1989,19(4):20-28

[7] 严蔚敏,吴伟民. 数据结构(C 语言版)[M]. 清华大学出版社,1997

[8] 朱金福. 航空运输规划学[M]. 南京航空航天大学讲义,2007

[9] 蓝伯雄,程佳慧,陈秉正. 管理数学(下)——运筹学[M]. 清华大学出版社,2002

The study of passenger recovery for irregular airline operations

Lu Honglan,Zhu Jinfu

(College of Civil Aviation,Nanjing University of Aeronautics and Astronautics,Nanjing,210016)

Abstract:After getting the rescheduled flight plan,passengers' itineraries must be adjusted. A linear integer programming model is established to describe the passenger recovery problem. The model's variables are the passengers flows on alternative itineraries. In order to solve the model,after constructing a set of disturbed OD pairs,connection network of flights is stored in an adjacent matrix and all available itineraries are generated by depth-first searching the flights network. Finally,the model is solved using simplex algorithm. Empirical results demonstrate the ability of the optimizing model and algorithm to quickly and efficiently deal with the passenger recovery problem and to further reduce inconvenience suffered by passengers after some unexpected events disturb the flight schedule.

Key words: Irregular flights;Passenger recovery;Optimum modeling approach;Depth-first searching

繁忙机场飞机推出程序研究

唐小卫　朱金福

（南京航空航天大学民航学院，江苏南京，210016）

摘　要：飞机推出是机场场面管理的重要内容，是停机坪高效运行的关键环节。研究了繁忙机场飞机推出问题，首先分析了飞机推出流程，然后设计了飞机推出程序以解决推出冲突问题，重点以总滑行时间最短为优化目标，建立了停机位组合优化设计模型，设计了求解该模型的层级迭代算法。最后通过实例分析验证了本文设计的飞机推出程序能够有效减少地面冲突，提高场面运行管理水平。

关键词：机场场面管理；飞机推出；停机位组合；层级迭代算法

1　引言

飞机推出指利用推车把飞机从停机位推至机坪滑行线这一过程，它属于机场场面管理的范畴。机场场面管理主要包括两方面内容：场面交通工具（包括飞机、推车、“FOLLOW ME”）的移动路线选择和交通工具的安全间隔保持[1,2]。其中，场面交通工具的移动主要指飞机的移动，根据飞机在机场移动的不同阶段，可分为两部分：一是降落/起飞—跑道—滑行道，二是滑行道—停机坪。在第一阶段，飞机的降落/起飞和滑行道滑行主要由塔台指挥，在滑行道和停机坪的交界处将地面管制权移交给机场；在第二阶段由机场和航空公司在塔台的协助下共同管理飞机的滑入和推出。国内外学者对跑道运行[3-5]和停机位指派操作[6-8]进行了很多研究。近年来，滑行过程中的不确定性对进离场航班延误的影响日益凸显，研究重点也逐渐转移到优化机场地面滑行[9,10]，但是国内外飞机推出的相关研究文献相当少，属于机场场面管理研究的空白。

2　飞机推出存在的问题

图1是某机场79号停机位的飞机推出示意图，图中虚线箭头代表飞机推出的路线，L08代表停机坪内的滑行线，推出路线与L08的交点A是飞机的推出停止点。飞机被推至A点后将自行滑行。

繁忙机场在航班高峰期，容易造成机坪运行拥挤，发生推出冲突，造成航班延误不断加剧。飞机推出主要涉及两类冲突：(1)相邻停机位飞机推出冲突，如图2中停靠91号停机位的飞机A正在推出，同时停靠815号机位的飞机B申请推出，飞机A和B在推出过程中不满足安全间隔规定；(2)非相邻停机位飞机推出后在滑行过程中与在其滑行前方推出飞机发生冲突，例如停机位81的飞机C先推出，停机位815的飞机B后推出，由于飞机滑行速度大于推出速度，所以飞机C可能在滑行过程中与B发生碰撞。

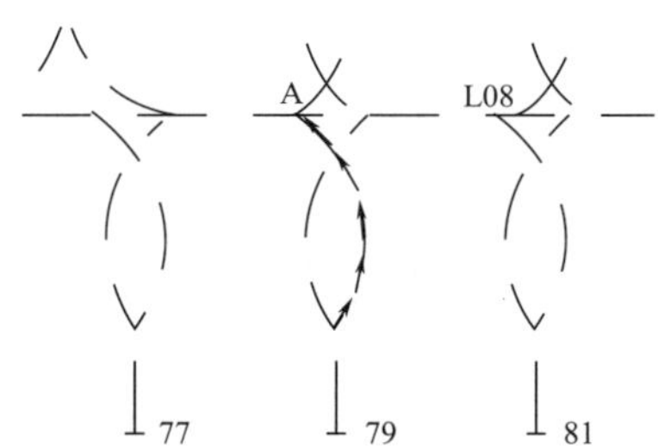

图1　飞机推出示意图

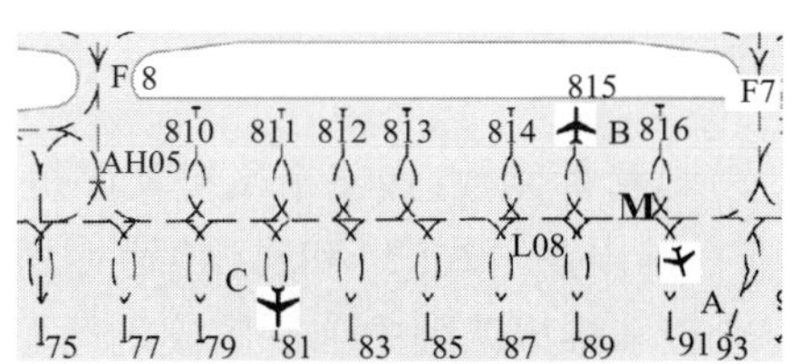

图2　飞机推出冲突示意

基金项目：中国民航总局应用技术基金资助项目（MHRD0622）。

作者简介：唐小卫（1981-），男，博士研究生，E-mail：tangxiaowei@ nuaa. edu. cn；朱金福（1955-），男，教授，博士生导师。

3 飞机推出程序设计

3.1 停机位组合

为减少推出冲突,提出“停机位组合”的概念。分析图 2 中停机坪的拓扑结构,以某一停机位为基准,它与其相邻停机位、对面停机位和相邻停机位的对面停机位相互影响,考虑将某一停机位和其周围若干机位归为一组,同组内的飞机不能同时推出;不同组的飞机在满足安全间隔的基础上可以同时推出。同一组各个机位在机坪滑行线上设置一个共同的推出停止点,推出停止点的设置也满足安全间隔。因此停机位组合包括以下要素:分组的个数、停机位组合方式和推出停止点的具体位置。

3.2 停机位组合优化设计模型

为更好说明优化设计模型,假设有如图 3 所示的停机坪坐标图。

常量:V_1,飞机推出速度;V_2,飞机滑行速度;L_1,推行弧线长度;L_2,两个飞机在滑行线上的最小间距;$span$,推出点的最小安全间距;J,停机位集合。

变量:x_i:推出点 i 的坐标,$i=1,2,3,\cdots,I$;s_j:停机位 j 的坐标,$j\in J$;l_i^j:停机位 j 使用推出点 i 推行至滑行线的落点坐标;b_i^j:停机位 j 是否使用推出点 i,$b_i^j=1,0$,1 表示使用,0 表示不使用;f_n^{t1}:飞机 n 的计划推出时刻;f_n^{t2}:飞机 n 的实际推出时刻;u_n^j:飞机 n 是否停靠停机位 j,$u_n^j=1,0$,1 表示停靠,0 表示不停靠;k:飞机 n 在推出序列中排在第 k 位,$k=1,2,\cdots,N$,N 为推出飞机总数。

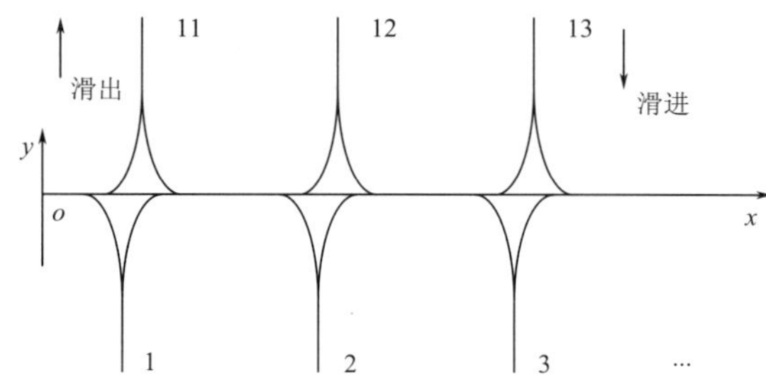

图 3 停机位、滑行线示意图

数学模型:

$$\min \sum_{k=1}^{N}\sum_{i=1}^{I}\sum_{j\in J}\{(f_k^{t2}-f_k^{t1})+b_i^j * u_k^j * [(l_i^j-x)/V_1+x_i/V_2]\} \tag{1}$$

$$\text{s.t.}\quad b_i^j=\begin{cases}0 & \text{other}\\ 1 & \arg_i\min|l_i^j-x_i|,j\in J\end{cases} \tag{2}$$

$k=1$ 时

$$f_k^{t2}=\min_{n\in N}(f_n^{t1}) \tag{3}$$

$k\geqslant 2$ 时

$$f_k^{t2}=\begin{cases}\max(f_k^{t1},f_{k-1}^{t2}+(L_1+|l_i^{jk-1}-x_i|)/V_1+(x_i-y_j)/V_2) & \\ \quad u_{k-1}^{j_{k-1}} * b_i^{j_{k-1}}=1,u_k^{j_k} * b_j^{j_k}=1,x_i-x_j>0 & \\ f_k^{t1} \quad u_{k-1}^{j_{k-1}} * b_i^{j_{k-1}}=1,u_k^{j_k} * b_j^{j_k}=1,x_i-y_j<0,f_{k-1}^{t2}\neq f_k^{t1} & \\ \max(f_k^{t1},f_{k-1}^{t2}+(L_1+|l_i^{j_{k-1}}-x_i|)/V_1) & \\ \quad u_{k-1}^{j_{k-1}} * b_i^{j_{k-1}}=1,u_k^{j_k} * b_j^{j_k}=1,x_i-x_j<0,|l_i^{j_{k-1}}-l_j^{j_{k-2}}|<L_2,f_{k-1}^{t2}=f_k^{t1} & \\ f_k^{t1} \quad u_{k-1}^{j_{k-1}} * b_i^{j_{k-1}}=1,u_k^{j_k} * b_j^{j_k}=1,x_i-x_j<0,|l_i^{j_{k-1}}-l_j^{j_{k-2}}|\geqslant L_2 & \\ \max(f_k^{t1},f_{k-1}^{t2}+(L_1+|l_i^{j_{k-1}}-x_i|)/V_1) & \\ \quad u_{k-1}^{j_{k-1}} * b_i^{j_{k-1}}=1,u_k^{j_k} * b_j^{j_k}=1,x_i-x_j=0 & \end{cases} \tag{4}$$

$$x_i-x_{i-1}>span,i\geqslant 2 \tag{5}$$

式(1)是目标函数,指每个飞机从停机位推出至滑出道口的总时间最短。式(2)确定每个停机位所使用的唯一推出点。式(3)和式(4)表明每个飞机的实际推出时刻是如何确定的,式(4)共有 5 项,其中:第一项表示推出队列中前后紧连的两个推出飞机,如果使用不同的推出停止点,前机的推出停止点在后机的推出停止点之后,那么后机必须等到前机滑过其所用的推出停止点之后才能推出;第二项表示推出队列中前后紧连的两个推出飞机,如果使用不同的推出停止点,前机的推出停止点在后机的推出点之前,并且当后机的推出计划时间与前机的实际推出时间不同时,后机可以按照计划推出时刻推出;第三项表示推出队列中前后紧连的两个推出飞机,如果两个飞机使用不同的推出点,前机的推出停止点在后机的推出停止点之前，两个飞机在滑行线上的落点小于两个飞机在滑行线上的最小间距，并且后机的推出计划时间与前机的实际推出时间相同时，后机必须等到前机推至推出停止点之后才能推出；第四项表示推出队列中前后紧连的两个推出飞机，如果两个飞机使用不同的推出点，前机的推出停止点在后机的推出停止点之前，两个飞机在滑行线上的落点大于最小安全间距，后机可以按照计划推出时刻推出；第五项表示推出队列中前后紧连的两个推出飞机，如果使用相同的推出停止点，后机必须等到前机推到推出停止点后才可推出。

式(5)表示相邻两个推出点需要满足最小安全间距要求。

飞机实际推出时间计算如图4所示。

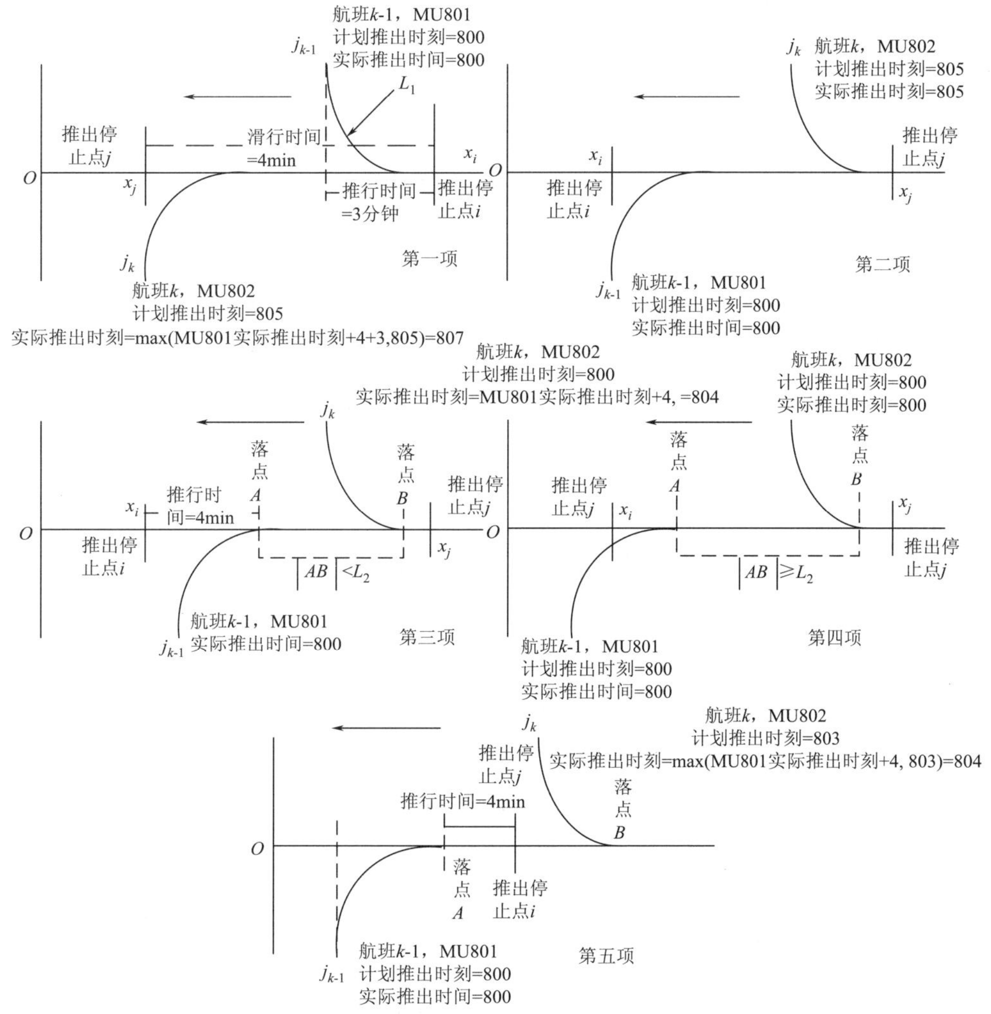

图4　飞机实际推出时间计算示意图

3.3　停机位组合优化设计求解算法

上述模型有两组决策变量，一是推出点的个数，一是共同推出停止点的坐标。本文设计了一种层级迭代搜索算法求解该模型。

算法思想算法就是先指定推出点的个数，在一个适当精度下(如10m)确定各推出点的坐标，那么推出点只能选择10,20,30…的坐标位置。通过比较各个数量推出点的目标值，确定几个比较优的推出点个数。之后，缩小搜索的空间。将搜索空间定义在前次确定的共同推出停止点的邻域内，在此邻域内提高精度，再确定推出点的坐标。然后不断地缩小搜索空间，提高坐标精度，直到达到所要求的坐标精度后将推出点的坐标输出。具体的算法过程详见图5。

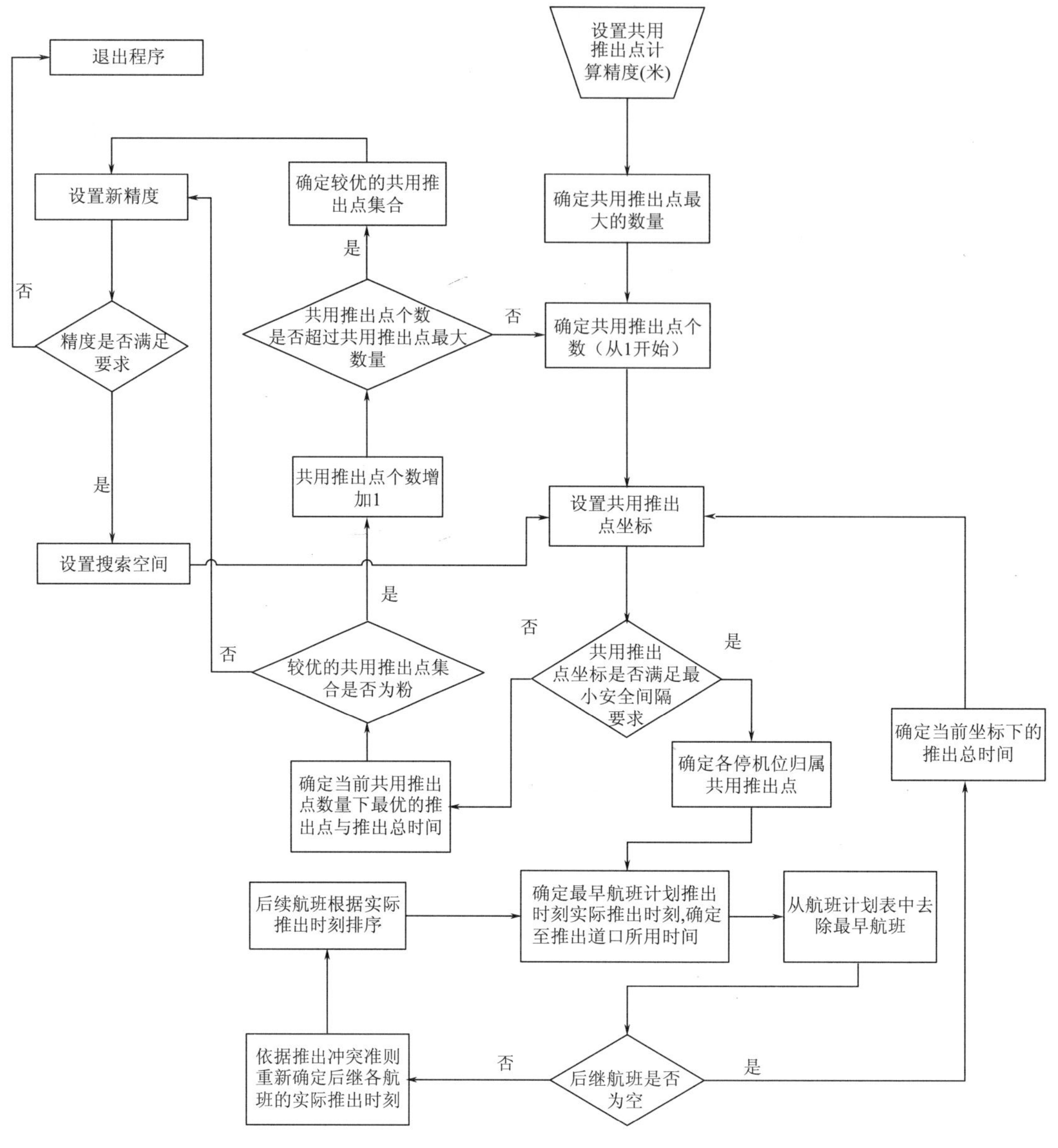

图5　层级迭代搜索算法流程图

4　算例分析

某一机场停机坪共有15个停机位,滑行道总长为570m。飞机推出速度为50m/min,飞机的滑行速度为84m/min,相邻两个推出点最小间隔70m,两个飞机在滑行线上的最小间距100m。由停机位推至滑行线上的推行距离135m,停机位的坐标及飞机从每个停机位推出在滑行线上的落点见表1,此停机坪一个典型日的航班计划见表2。

停机位及飞机推出落点表　　表1

停机位编号	停机位坐标	滑行线落点	停机位编号	停机位坐标	滑行线落点	停机位编号	停机位坐标	滑行线落点
91	85.495	98.52	81	463.5	476.52	814	235.5	246.16
89	172.64	186.16	79	536	549.02	813	337.5	348.16
87	246	259.02	77	608.5	621.52	812	397.5	408.16
85	318.5	331.52	816	94	104.66	811	457.5	468.16
83	391.05	404.12	815	175.5	186.16	810	539	549.66

停机区典型日的航班计划 表2

航班号	停机位	计划推出时间	航班号	停机位	计划推出时间	航班号	停机位	计划推出时间
XY1000	87	10	XY1017	87	1150	XY1034	89	1625
XY1001	81	30	XY1018	85	1205	XY1035	812	1650
XY1002	810	755	XY1019	812	1215	XY1036	85	1655
XY1003	811	815	XY1020	89	1230	XY1037	77	1705
XY1004	79	820	XY1021	83	1305	XY1038	814	1715
XY1005	87	830	XY1022	81	1320	XY1039	83	1720
XY1006	91	840	XY1023	79	1320	XY1040	79	1725
XY1007	813	845	XY1024	811	1330	XY1041	81	1725
XY1008	81	855	XY1025	77	1345	XY1042	91	1900
XY1009	815	910	XY1026	810	1345	XY1043	85	1905
XY1010	812	910	XY1027	815	1350	XY1044	87	1920
XY1011	85	910	XY1028	812	1415	XY1045	89	1920
XY1012	89	920	XY1029	91	1450	XY1046	81	1925
XY1013	77	930	XY1030	813	1515	XY1047	812	2000
XY1014	83	1015	XY1031	810	1525	XY1048	79	2010
XY1015	79	1115	XY1032	81	1620	XY1049	85	2030
XY1016	811	1115	XY1033	87	1620	XY1050	91	2155

将初始精度确定为10m,可以得到如下各种数量推出点的目标函数值,见表3,在P4 2.6GHz,512M内存的台式机上计算时间在2min之内。

精度10m时不同数量推出点的坐标与目标函数值 表3

推出点个数	坐　标	目标函数值
1	15	237
2	15,32	224
3	8,25,41	216
4	8,25,41,49	209
5	8,25,41,49,57	206
6	7,16,25,41,49,57	209
7	7,16,23,30,40,50,57	216
8	7.14,21,28,35,43,50,57	228

从表3可知在设置4、5、6个推出点时,目标函数值较小。因此重新设定精度为5m,缩小这些推出点的搜索空间。例如对于5个推出点的搜索空间为(70,90)、(240,260)、(400,420)、(480,500)、(560,570)。实际需要计算的坐标组合最多为4×4×4×4×2=512个。通过进一步计算可得最优的坐标组合是:16、50、81、99、113,目标函数值206。我们还可以继续缩小搜索空间提高精度,直至达到期望的精度要求。完成精度到1m的计算过程总时间消耗不超过3min,完全可以满足决策需要。

若不采用分组方法进行飞机推出,即每个停机位设置一个推出停止点,通过计算得到其总时间为231min。分组方法使得总时间缩短25min,节约10%的推出时间。由此可见采用分组的思想进行推出方案的设计能够减少地面冲突,进而减少航班延误。

5 结论

本文探讨了繁忙机场飞机推出问题。飞机推出主要受推出冲突影响,为此本文提出了飞机停机位组合的概念,设计了停机位组合优化设计模型和求解算法以减少推出冲突。实例计算结果表明停机位组合优化设计模型的正确性和有效性,为提高机场场面管理水平提供了一条有效途径。

参考文献

[1] Stephen Atkins, Yoon Jung. Surface management system field trial results [C]. AIAA 4th Aviation Technology, Integration and Operations (ATIO) Forum, Chicago, September 20-22 2004

[2] Stephen Atkins. Concept description and development plan for the surface management system [J]. Journal of Air Traffic Control, 2002, 44(1)

[3] U. S. Department of Transportation Federal Aviation Administration. Airport Capacity and Delay[R]. AC: 150/5060-5, 1983, 9-17

[4] David A. Lee, Caroline Nelson, and Gerald Shapiro. The Aviation System Analysis Capability Airport Capacity and Delay Models[R]. NASA/CR-1998-207659, 1998, 12-14

[5] 郭海琦. 机场飞行区仿真技术研究[D]. 南京:南京航空航天大学,2009

[6] Yan S Y, Huo C M. Optimization of multiple objective gate assignments [J]. Transport Research Part A, 2001, 35(5): 413-432

[7] Yan S, Chang C. A network model for gate assignment [J]. Journal of Advanced Transportation, 1998, 32(2): 176-189

[8] 文军,孙宏,徐杰等. 基于排序算法的机场停机位分配问题研究[J]. 系统工程,2004,22(7):102-106

[9] 张莹,胡明华,王艳军. 航空器机场地面滑行时刻优化模型研究[J]. 中国民航学院学报,2006 (5): 3-6

[10] 尤杰,韩松臣. 基于多 Agent 的机场场面最优滑行路径算法[J]. 交通运输工程学报,2009 (9):109-112

Research on aircraft pushback procedure in busy airport

Tang Xiaowei, Zhu Jinfu

(College of Civil Aviation, Nanjing University of Aeronautics & Astronautics, Nanjing, 210016)

Abstract: The aircraft pushback is an important aspect of airport surface management and is one of the key factors affecting operation efficiency of apron. The problem of aircraft pushback in busy airports is studied in this paper. On the basis of the analysis on the process of aircraft pushback, the aircraft pushback procedure is designed to solve the influence of the conflict of pushback. Mainly using the shortest sliding time as the optimization objectives, a model of gate position combination is set up and a hierarchy iteration algorithm is designed to solve the model. Finally, it is shown through instances that the aircraft pushback procedure can effectively reduce the conflict and increase the level of surface management and operation.

Key words: Airport surface management; Aircraft pushback; Gate position combination; Hierarchy iteration algorithm

飞行仿真中的航空发动机性能建模

华　振　顾宏斌　高振兴

（南京航空航天大学，江苏南京，210016）

摘　要：本文介绍分析了建立航空发动机性能模型的几种方法，以飞行仿真为目的，采用数据综合法和相似换算法相结合的方法，并在此基础上引入动态系数的思想，对JT9D发动机进行了稳态性能和动态性能的建模与仿真。仿真结果和实验的对比表明，该方法的精度和实时性均满足飞行仿真的要求。

关键词：航空发动机；飞行仿真；数据综合法；相似换算法；动态系数

1　引言

飞机系统的数学模型是飞行实时仿真系统的核 心和灵魂。飞机发动机性能模型作为飞机系统数学模型的一个重要组成部分，其模拟的动力系统各项性能准确与否，直接关系到整个飞行仿真结果的逼真度，其运算的效率也直接影响到整个飞行仿真过程的实时性。

本文作为南京航空航天大学“轻型飞行模拟器”项目中B747－100飞机飞行仿真研究工作的一部分，结合了数据综合法和相似换算法，将它们的优点融合，建立了JT9D发动机的稳态性能计算模型。在此基础上，引入从动态实验数据中总结的动态系数，建立了描述发动机动态过程的微分方程，并将不同实验条件得到的动态系数综合整理成数据库实时调用，实现了动态特性的仿真。

2　航空发动机的建模方法

对于航空发动机，根据不同应用场合的要求可以用不同的方法建立数学模型，常见方法有：

2.1　气动热力解析法

气动热力解析法是指在发动机各部件特性、结构、参数关系、基本规律已知或部分已知的基础上，通过详细的气动热力方程组的推导，得到数学模型并解算其结果。解析法从发动机气动热力原理入手，可以根据设计参数获得发动机工作时所有部件的详细状态和性能，因此广泛应用于发动机设计和研发单位。但解析法对部件特性的准确度要求很高、迭代求解计算量大、效率低、实时性差，限制了它的使用范围。

2.2　数据综合法

一般是事先利用解析模型解算出涵盖仿真状态的所有有关数据，或者直接利用发动机研发单位提供的设计数据、试车数据以及飞行试验数据整理成数据表，设计能够最快速、最准确的获取发动机在某一个飞行状态下的性能参数的计算逻辑和查询方式。数据综合法比起解析法，虽然要求预先整理的数据量大增，给准备工作带来很多麻烦，但对系统建模、仿真软件编写、仿真计算机硬件的要求都大大降低，运算实时性较高[1]。由于建模数据来自解析模型的计算结果、试车实验和飞行试验，因此结果的正确性也很高。数据综合法建立的模型最大的缺点是只能根据原始数据中包含的特定工况进行查询或插值，计算死板且灵活性差。

2.3　相似换算法

相似换算法就是根据发动机地面台架试车所得的数据（一般指转速特性或者工厂验收数据），应用相似原理求得发动机飞行特性的方法[2]。相似换算法基于流体力学相似原理，将台架试车实验的结果

作者简介：华振（1985-），男，南京航空航天大学民航学院研究生，硕士，主要研究飞行仿真，Herromk2@ hotmail. com；顾宏斌（1957-），男，教授，博导，主要研究领域为航空器运行品质分析与仿真；高振兴（1981-），男，主要研究领域为飞行仿真建模。

数据换算到与之相似的飞行条件下,得到相应的性能数据。即不依赖准确的部件特性,又不需要进行复杂的气动热力计算,程序编制容易、运算灵活速度快;同时它又建立在实验基础之上,因此具有一定的精度和实用性,满足一般场合要求的发动机飞行特性计算,但不能直接计算动态特性。

2.4 应用场合分析

比较了以上发动机建模方法的优缺点和应用场合,综合考虑了飞行模拟器中对飞行仿真的实时性和精度的需求(稳定参数最大容差小于5%,延时150~300ms)[3],因此本文选择数据综合法和相似换算法相结合的方法,在资料提供的数据[4,5]基础上,建立JT9D发动机的稳态特性模型和动态特性模型,使之能适用于飞行模拟器。

3 JT9D发动机在飞行仿真中的建模

3.1 稳态特性建模

稳态模型的作用是确定发动机在指定的外部条件和油门条件下的稳定工作点和性能。利用数据综合法和相似换算法结合的方法,可按以下思路和步骤建立发动机稳态模型。

第一步:根据各型发动机已知的油门特性,确定一个与发动机油门状态的关系较为紧密的参数作为表征发动机稳态工作点的主要参数(如涡轮排气压力比 *EPR* 等)[6]。并建立起在不同大气参数(环境温度 T_0、环境压力 P_0)的台架试车状态下,发动机的油门状态(油门杆位移 *THR*、反推杆位移 *RTHR*、油门动力杆角度 *PLA* 等)与这个主要参数的查询关系。

第二步:建立这个表征工作点的主要参数随外部条件(飞行高度 H;飞行马赫数 Ma;各种干扰因素如襟翼偏角 δ_f 和起落架状态 H_{gear} 等)变化的修正关系。根据不同的飞行状态下不同的外部条件对这个主要参数进行修正,得到实际的发动机稳态工作点主要参数。

根据以上两步,JT9D发动机中,从油门杆位移 *THR* 求解发动机稳态工作点 *EPR* 的全流程可用图1表示。

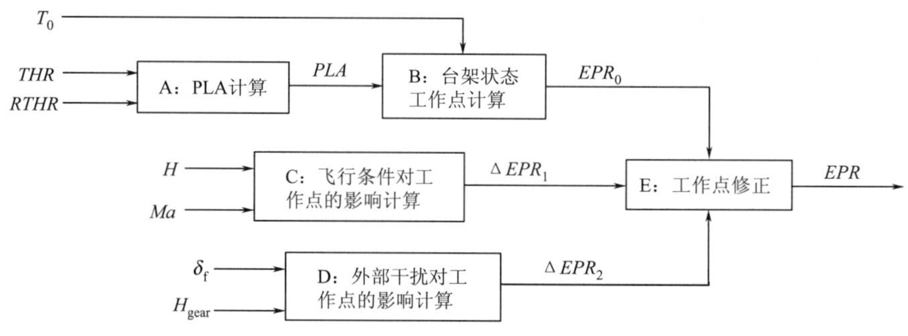

图1 JT9D发动机工作点计算框图

第三步:建立发动机稳态工作点主要参数与发动机输出特性(推力 *Thrust*、燃油流量 *Wf*、高低压转子转速 N 等)的相似参数之间的关系,然后通过相似准则,根据实际工作条件,将发动机输出相似参数换算为实际发动机输出参数。其流程可用图2来表示。

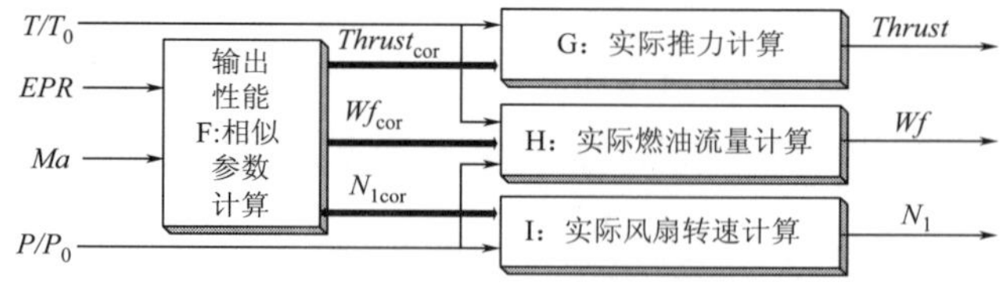

图2 JT9D发动机相似参数和实际输出性能计算框图

文献[4]和文献[5]通过对JT9D发动机的实际试车数据和飞行试验数据的特点,对流体力学的一般相似准则进行了局部的修正,提供了JT9D输出性能参数相似换算准则为:

转子转速相似准则:

$$N_{1cor} = N_1 / \sqrt{T/T_0} \tag{1}$$

燃油流量相似准则：

$$Wf_{cor}=\frac{Wf}{(T/T_0)^{0.67}\cdot(P/P_0)} \tag{2}$$

推力相似准则：

$$Thrust_{cor}=Thrust/(P/P_0) \tag{3}$$

T/T_0 为大气绝对温度比、P/P_0 为大气绝对压力比。N_{1cor}，Wf_{cor}，$Thrust_{cor}$ 分别为相似转速、相似燃油流量和相似推力。流程图中所有模块的详细计算，都可根据预先制成的图表或拟合式进行插值或代数求解来完成。

3.2 动态特性建模

在飞行实时仿真中，必须建立有效的发动机延时响应的动态特性模型[7]。本文在 JT9D 试车和飞行实验数据的基础上，引入动态系数[8]的基本思想，并根据动态实验数据的特点确立了表达式，对其动态特性进行了建模。

假设发动机在 t 时刻初处在 $EPR(t)=EPR$ 的稳定工作状态，此时燃烧室的燃油流量为 Wf，对应的初始油门角位移为 THR。在 t 时刻末，飞行员输入新的油门角位移指令 THR_c，此时燃烧室的燃油流量随之立刻变为 Wf_c。

定义燃烧室 t 时刻的剩余燃油流量为

$$\Delta Wf=Wf_c-Wf \tag{4}$$

不难得出，在 t 时刻当剩余燃油流量 $\Delta Wf>0$ 时，燃烧室供油量有剩余，涡轮发出的功率大于压气机所需功率，发动机将加速；反之，当剩余燃油流量 $\Delta Wf<0$ 时，由于供油量不足，涡轮发出的功率小于压气机所需功率，发动机将减速。当 $\Delta Wf=0$ 时，发动机处在稳定工作状态。而发动机的加减速，则带来了发动机工作点的变化。若从油门角位移在 t 时刻从 THR 变化到了 THR_c，在 $t+1$ 时刻，描述发动机工作点的参数 EPR 也将从 t 时刻的稳态工作点 $EPR(t)$ 变化到 $t+1$ 时刻的动态工作点 $THR_c(t+1)$。由此可见，发动机工作点参数的变化量与剩余燃油流量存在某种对应关系，这种对应关系，可引入动态系数 K 表示。

定义 t 时刻内发动机工作点参数的变化量为：

$$\Delta EPR=EPR(t+1)-EPR(t) \tag{5}$$

根据以上思路，用动态系数 K 来表示发动机工作点参数 EPR 在单位时间 dt 内的变化量与剩余燃油流量的对应关系为

$$\frac{\mathrm{d}EPR}{\mathrm{d}t}=K\cdot\Delta Wf \tag{6}$$

将式(4)代入式(6)，可得单位时间 EPR 的变化率：

$$\frac{\mathrm{d}EPR}{\mathrm{d}t}=K\cdot(Wf_c-Wf) \tag{7}$$

由 3.1 节的稳态模型可知，JT9D 发动机在一定的飞行条件下，Wf 与 EPR 存在一一对应的函数关系 $Wf=f(EPR)$，因此式(7)可以改写成以下形式：

$$\frac{\mathrm{d}EPR}{\mathrm{d}t}=K\cdot[f(EPR_c)-f(EPR)] \tag{8}$$

或者：

$$\frac{\mathrm{d}EPR}{\mathrm{d}t}=T_m\cdot(EPR_c-EPR) \tag{9}$$

其中动态系数 T_m 与动态系数 K 存在一一对应的函数关系 $T_mTHR_c=f'(K)$，该函数关系使式(8)、(9)两式等效。

式(9)即是描述 JT9D 发动机动态过程的微分方程，可通过欧拉法进行数值积分求解。其中 EPR 是发动机的实际工作点，EPR_c 则可理解为由某时刻的油门指令 THR_c 确定的发动机“指令工作状态”，可通过执行图 1 的流程来计算。动态系数 T_m 可以根据发动机试车数据、机型试飞数据中总结的有关油门

动态实验的时间历程资料曲线,用工程中系统参数辨识的方法对其进行识别后获得。并且根据不同的实验条件将识别得到的 T_m 的规律整理成图表,使用的时候,只要根据实际情况插值查询获取即可。

4 仿真结果和验证

表1显示了稳态特性仿真结果与文献[4]的实验数据对比。

发动机稳态特性仿真的验证

表1

测试条件	测试项目	实验值	仿真值
Ma =0.2 *H* =70(m) *THR* = max 海平面最大油门状态测试	*THR*(°)	61	61
	PLA(°)	127	127.52
	EPR	1.473	1.4808
	Thrust(kN)	166.75	170.64
Ma =0.2 *H* =70(m) *THR* = Idel 怠速油门位置测试	*THR*(°)	0	0
	PLA(°)	57.5	57.5
	EPR	0.984	0.984
	Thrust(kN)	5.5165	5.5158

图3显示了动态特性仿真结果与文献[4]的实验数据的对比。

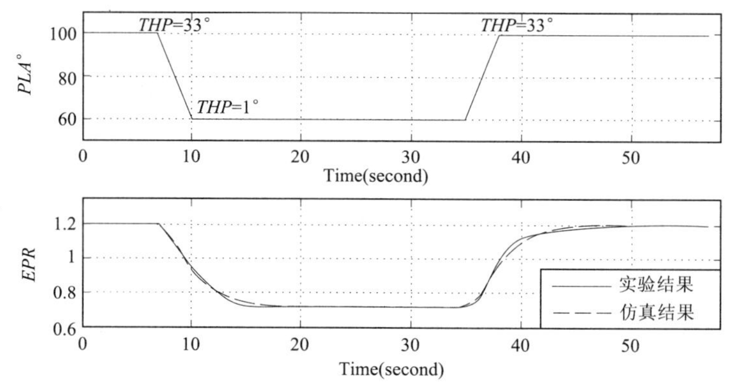

图3 JT9D发动机动态特性仿真的验证

以上动态特性仿真的示例中,仿真条件为 $H=6096\text{m}$;马赫数 $Ma=0.8$,仿真步长为20ms。

通过仿真结果与实验数据对比可见,本文建立的JT9D发动机模型,稳态特性的相对误差小于3%,动态特性的相对误差小于6%,发动机模型的精度和实时性基本满足飞行仿真的需求[9]。

5 结论

本文研究表明,在数据综合法和相似换算法相结合的基础上,引入"动态系数"的思想建立的航空发动机稳态和动态性能仿真模型,精度和实时性均满足飞行仿真的需要。

参考文献

[1] 卢惠民.飞行仿真数学建模与实践[M].北京:航空工业出版社,2007:54-56

[2] 骆广琦,桑增产等.航空燃气涡轮发动机数值仿真[M].北京:国防工业出版社,2007:27-32

[3] 飞行模拟设备的鉴定和使用规则[S].中国民用航空总局,CCAR-60,2005

[4] Hanke C R, Nordwall D R. The Simulation of a Jumbo Jet Transport Aircraft Volume II: Modeling Data [J]. NASA Contractor Report 114494, 1970

[5] 张逸民.航空涡轮风扇发动机[M].北京:国防工业出版社,1985:335-359

[6] Hogge E F. B-737 Linear Autoland Simulink Model[J]. NASA Contractor Report 213021, 2004

[7] 高振兴. 复杂大气扰动下大型飞机实时仿真建模研究[D] 南京航空航天大学,2009
[8] 周文祥. 航空发动机及控制系统建模与面向对象的仿真研究[D] 南京航空航天大学,2006
[9] Johnson S A. A simple dynamic engine model for use in a real-time aircraft simulation with thrust vectoring[J]. NASA Technical Memorandum 4240,1990

Engine model for flight simulation

Hua Zhen, Gu Hongbin, Gao Zhenxing

(Nan jing University of Aeronautics and Astronautics 210016, Herromk2@ hotmail. com)

Abstract: This paper introduces and analyses some methods to build the capability model of engine. Aiming at flight simulation, a method which combines with data synthesizing and similarity parameters conversion, together with an idea of transient coefficient is adopted to build the steady and transient model of JT9D engine. Comparing the result of the simulation with the experiment, it comes to conclusion that the precision and real-time capability both meet the request of simulation.

Key words: Engine, flight simulation; Data synthesizing; Similarity parameters conversion; Transient coefficient

航班计划编排系统设计

陶婧婧　朱金福

(南京航空航天大学民航软科学研究所,江苏南京,210016)

摘　要:本设计旨在采用软件工程的思想,利用 Microsoft Virtual C ++ 作为开发平台,设计航班计划编排系统。此系统可利用市场需求预测数据,可以进行简单的航班频率优化和航班时刻的优化,自动生成初始航班时刻表,并给每个航班初步指派机型,为航空公司进行飞行计划安排提供基础数据。

关键词:系统开发;航班计划编排系统;航班频率;航班时刻;优化

1　引言

航班计划是上承公司战略,下联公司收益的重要中间环节[1]。然而,编制航班计划是一项非常复杂且工作量庞大的任务,如果单靠手工完成航班计划,不仅工作效率低,而且很容易出错。因此,开发一个可行的航班计划编排系统,实现航空公司航班计划编排的自动化操作,对提高航空公司航班计划质量,提高航空公司竞争力有着现实的和重要的意义。

2　航班计划编排系统设计基础

结合国内航空公司的具体情况,航班计划编排系统的设计基于以下条件:

(1)本系统服务的航空公司是一个已经成立的中小型航空公司,航空公司拥有的机队规模不大,航线数量不多,并且每一条航线都证实了可飞行性,且一条航线上只使用一种至两种机型;

(2)目标航空公司的航线网络属城市对式,航线、航线距离、飞行时间已经确定;

(3)市场需求已预测。战略因素已经包含在市场预测里,航线旅客需求作为已知条件,因此航线需求是定值而不是随机数;

(4)机队规模已知。机型数目、飞机数量、可提供座位数、总飞行小时数和飞机飞行的变动成本已知;

(5)机场时限(slot)资源没有限制;

(6)目标航空公司有足够的人力和财力完成航班计划;

(7)考虑市场竞争环境,但每条航线的市场分摊率是定值,非动态变化。

3　航班计划编排系统分析

通过分析航班计划编排流程,确定本系统的设计要求是系统可根据航线 O-D 流需求和运行成本优化航班频率,根据旅客需求分布优化航班时刻,根据航空公司战略要求和飞机运力的限制调整航班时刻表。用户对于该系统基本功能需求为:

(1)数据处理需求

系统能从外部数据库读取数据,也可将计算后的航班时刻表等数据存入外部数据库。

(2)航班频率计算和机型初步指派需求

系统可以根据 O-D 流需求和运行成本优化航线的航班频率,并在优化的同时为每个航班确定初始

作者简介:陶婧婧(1986-),女,江苏扬州人,硕士生;朱金福(1955-),男,江苏金坛人,博士生导师,教授,研究方向:航空运输系统优化。

机型。

(3)航班时刻计算需求

系统可以根据航班频率、旅客需求和航班飞行时间计算每个航班的出发时刻和到达时刻。

(4)航班时刻表设计要求

系统可按照航班时刻表的具体格式,为所有的航班安排航班号,生成航班时刻表。

根据需求分析的结果,航班计划编排系统的功能结构如图 1 所示。

按照模块划分的原则,本设计将航班计划编排系统划分为 8 个小功能模块,分别对应系统的每个功能需求。此外,为满足模块的独立性需求,本设计将模块与模块之间的联系设计成数据耦合。

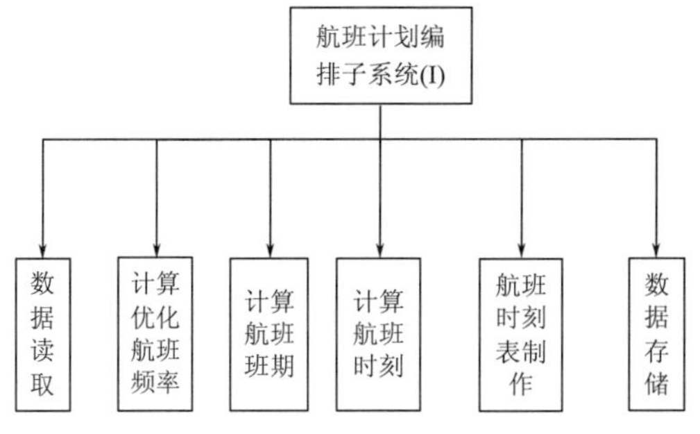

图 1　航班计划编排系统功能结构图

4　算法设计

4.1　频率优化模型

Deodorovic[2] 在 1988 年提出了多机型不考虑市场竞争的航班频率优化模型,以航线网络利润最大为目标,引入需求约束、运力约束、飞机流平衡、航线最小航班数约束和机场出发航班数约束,建立了多机型的航班频率优化。该模型假设旅客需求是外生的、不变的。

$$
\begin{aligned}
\max z = & \sum_{ij}\sum_{k}(p_{ij}D_{ij} - c_{ijk}N_{ijk}) \\
\text{s. t.} \quad & \sum_{k} l_{ijk}s_k N_{ijk} \geqslant D_{ij}, i \neq j, (i,j) \in A, k \in K \\
& \sum_{ij} t_{ijk}N_{ijk} \geqslant U_k N_k, k \in K \\
& \sum_{j} N_{ijl} - \sum_{j} N_{ijk} = 0, i \in A, k \in K \\
& \sum_{k} N_{ijk} \geqslant N_{ij\min}, (i,j) \in A \\
& \sum_{k}\sum_{ij} N_{ijk} \leqslant M_{ij\max}, i \in A \\
& N_{ijk} \geqslant 0, \text{int}; (i,j) \in A, k \in K
\end{aligned}
\tag{4}
$$

其中,A 是机场的集合,i,j 是机场元素;K 是机型的集合,k 指某机型;c_{ijk}、l_{ijk} 和 t_{ijk} 分别是机型 k 飞航线 ij 的成本、客座率和轮挡时间;s_k、N_k 和 U_k 分别是机型 k 的可用座位数、飞机架数和最小飞机利用率(轮挡时间计算);$N_{ij\min}$、$M_{i\max}$ 分别是在航线 ij 的最小航班频率和在机场 i 的最大出发航班数;p_{ij} 和 D_{ij} 分别是航线 ij 的平均价格和期望旅客需求[3]。

4.2　频率优化模型算法设计

目标函数 $\max = \sum_{ij}\sum_{k}(p_{ij}D_{ij} - c_{ijk}N_{ijk})$ 表示航线网络利润最大,然而航班频率 N_{ijk} 并不影响网络收入只影响成本,因此可将目标函数改为 $\min z = \sum_{ij}\sum_{k} c_{ijk}N_{ijk}$。该模型有 5 个约束条件:需求约束、运力约束、飞机流平衡、航线最小航班数约束和机场出发航班数约束。其中需求约束和运力约束是本模型的基本约束,算法一定要实现。而飞机流平衡、航线最小航班数约束和机场出发航班数约束为非基本约束,算法尽量实现。此外,出于旅客对机型的依赖性,模型还增加一个约束:每条航线上只使用一种至两种机型。设计者根据贪婪算法的思想设计了实现此模型的算法:

第一步:建立机型可用时间数组,该数组存放所有机型一周的可利用时间;初始化所有航线的使用机型;航线 $i=0$;

第二步:将航线 i 一周的旅客需求赋值给 ave_dem 变量,航线 i 的航班频率为 0;

第三步:从各种机型中找到飞行航线 i 成本最低且可用时间不为 0 的机型 k,并根据公式:$N_i = \frac{D_i}{l_i s_k}$ 计算相应的航班频率 Num;

第四步:如果机型 k 飞行航线 i 时间小于可用时间,航线 i 的航班频率即为 Num,并从该种机型的可用时间中减去飞行航线 i 的时间;反之,先计算机型 k 可飞行航线 i 的航班数(机型可用时间/航线平均飞行时间),再从剩余的机型中选取次优机型,求出相应的航班频率,那么航线 i 的航班频率即为两种机型飞行航班数之和;

第五步:如果每个航班都计算出频率,结束;否则返回第二步。

4.3 航班时刻优化算法

好的航班时刻安排,应尽可能满足大多数旅客的出行要求,将多数的航班安排在旅客需求量大的时间段里,这样才能降低旅客的计划延误成本,提高公司的竞争力。

图 2[4]是一天中旅客需求的分布图,从图中可以看出大多数旅客希望出行的时间是从上午 8 点至晚上 10 点。设计以两小时为一个时间段,将 8:00 ~ 22:00 划分为 7 个时间段{8:00 ~ 10:00,10:00 ~ 12:00,12:00 ~ 14:00,14:00 ~ 16:00,16:00 ~ 18:00,18:00 ~ 20:00,20:00 ~ 22:00},对每个时间段设置一定的优先级,旅客需求量大的时间段优先级别高。优先级别高的将首先被分配给一周飞行天数多的航班。如果一条航线一周的航班比较多,7 个时间段都被安排完后还有航班要飞,那么就将这些剩余航班从优先级别高的时间段重新开始安排。

单跑道机场在同一个时刻只能供一架飞机起降,因此安排航班时刻时还应该考虑机场使用冲突的问题。设计安排航班时刻的算法时,对满足出发机场相同且出发时间段相同的航班,以所处时间段的起始时间为起点,5min 为步长,逐步安排所有此类航班的起飞时刻。确定航班出发时间后,航班的到达时间也可根据到达时间 = 出发时间 + 飞行时间计算出。

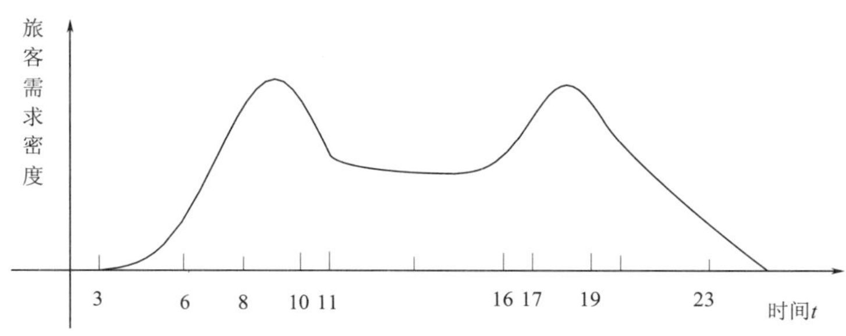

图 2 一天旅客需求密度图

5 结语

目前,国内对航班计划编排系统的开发尚处于研究阶段,还没有具体的航班计划编排系统问世。由于技术有限,本文对航班计划编排系统只进行了频率和时刻优化的简单设计,系统还存在很多可以改进的地方和发展的空间。在日后的研究工作中,需要不断完善此系统的优化效果,真正实现航班计划编排的自动化。

参考文献

[1] 李福娟,王鲁平,刘仲英.航班计划优化模型及其应用研究[J].计算机工程,2007,33(11):279-281

[2] Teodorovic,D. ,1986. Multiattribute aircraft choice for airline network. Journal of Transportation Engineering 112 (6),634-646

[3] 朱金福.航空运输规划[M].南京:南京航空航天大,2008 年

[4] 徐进.航空公司航班计划的优化方法研究[D].南京:南京航空航空大学,2006

The development of the flight-schedule programming system

Tao Jingjing, Zhu Jinfu

(College of Civil Aviation, Nanjing University of Aeronautics and Astronautics, Nanjing, 210016)

Abstract: This design seeks to develop the system of flight-schedule programming system, following the idea of software engineering and using Microsoft Virtual C ++ as a system development tool. It can make use of forecast data to determine flight frequencies, to design the departure time of the flight and to make the initial fleet assignment for each flights, which provides the basic data to design the aircraft routing.

Key words: System development; The flight-schedule programming system; Flight frequency; The time of the flight; Optimization

航迹配对在动态流量统计预测中的应用

殷允楠　胡明华　谢　华

(南京航空航天大学民航学院,江苏南京,210016)

摘　要:动态流量统计预测基于航迹推测方法[1,2],并根据实时更新的空域数据、飞行计划、雷达等数据,对指定时间和空间范围内的航空器数量进行统计预测。当航空器由于某种情况出现偏航时,统计预测的结果将发生偏差,系统甚至会丢弃这些无法正确处理的航班,给准确统计和预测飞行流量带来了困难。本文提出基准偏航航段的概念,并采用航迹配对[3]方法处理偏航问题,有效地修正了流量统计和预测的误差。利用广州机场的实际航班数据,对过点时间进行预测,并对比实际过点时间,误差在±30s之内。结果表明本文的航迹配对方法能及时合理地处理偏航问题,是一种提高动态流量统计预测正确性的有效方法。

关键词:流量统计;动态预测;航迹配对;偏航

1　引言

在动态流量统计预测系统[4]中,当航空器正常在航路上飞行时,除去航空器航迹推测模型误差外,通常都能正确统计与预测扇区、航段或航路点流量。但是当航空器由于特殊情况未能保持原航路飞行而在航路外空域中飞行时,系统将无法正确判断航空器属于在哪一条航段上飞行,无法了解航空器飞越航路点时间,甚至在有些情况下无法正确判断航空器是否还在原来扇区飞行。为此,本文在航迹推测的基础上,研究航迹配对方法,以及时有效地处理偏航问题。

2　航迹推测方法

2.1　基本思路

航迹推测主要包括航空器飞行轨迹推测和航空器过航路点时间推测。航迹推测方法有大圆航迹推测和等角航迹推测,在短距离的情况下,大圆航迹距离与等角航迹距离近似相等。另外在计算时认为航空器使用下列速度变化规则:航空器在航路上是以巡航速度做匀速飞行,在进离场阶段则依据航空器性能做加减速飞行。

在推测过程中,以一定的时间间隔扫描雷达数据和电报数据(如起飞报、落地报、飞越报等),获得当前航空器飞越各个重要点的经纬度和速度信息,将当前航空器位置作为新的起始航路点重新推算。这样,随着时间的推移,推算的结果就渐渐逼近真实结果,其中有雷达扫描数据或电报数据的位置点上的航空器过点时间是精确的,在两个雷达扫描点或报告点之间的航空器的位置和时间可由航迹推测算法推算而得。

2.2　基本过程

(1)根据飞行计划,利用航迹推测模型和经验点到点时间对航空器航迹进行推测,推测航空器经过各航路点的时间。

(2)航班收到起飞报,获得实际离场时间,对预计离场时间修正到实际离场时间,同时修正航空器预计飞越各航路点的时间。

(3)检测到航空器飞越特定航路点时,获取飞越报数据,修正航空器当前过点时间和当前飞行速度。

作者简介:殷允楠(1985-),男,山东济宁人,南京航空航天大学硕士研究生。

(4)根据当前速度和实际过点时间,利用航迹推测算法,以当前航路点作为起始点重新推算和更新未来的过点时间。

(5)重复步骤(3)和(4),直至航空器着陆(图1)。

3 航迹配对方法

3.1 计划航迹的建立[5,6]

飞行计划包括航班号、航空器类型、起飞着陆机场、预计起飞时间、进离场航线和区域飞行航路等信息。计划航迹的建立需要实现航路转换,它将飞行计划的航路信息转换成航路中各个关键航路点的信息。这些航路点包括各导航台、报告点、各地理参考点以及各飞行机场等。在实现航路转换以后,系统根据航空器的飞行性能,按照航迹推测方法,从预计起飞或预计进入管制区的时间开始,计算飞机预计到达各航路点的时间,从而建立计划航迹(图2)。

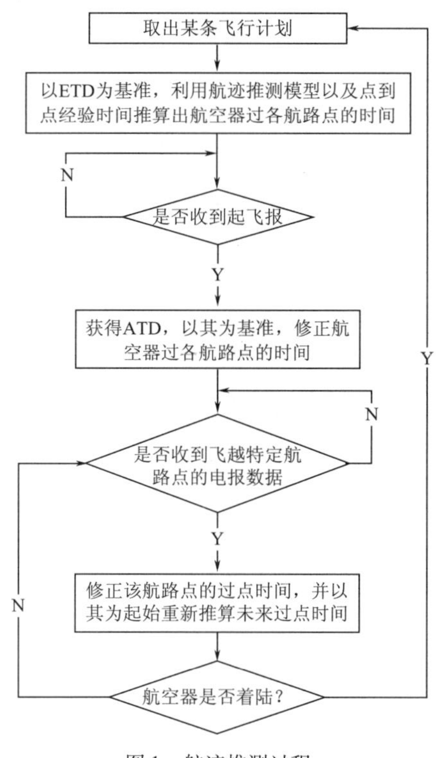

图1 航迹推测过程

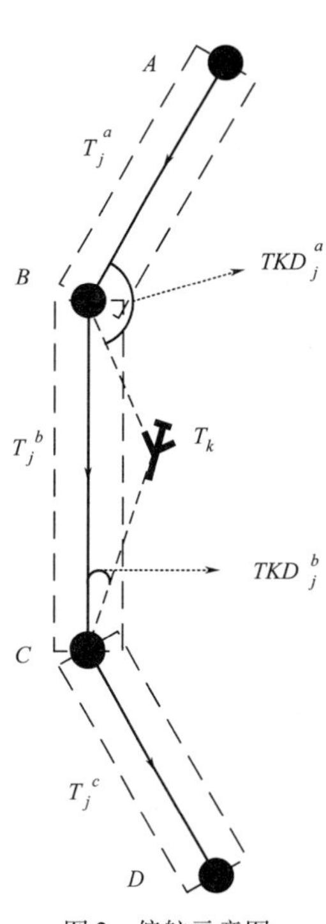

图2 偏航示意图

3.2 雷达航迹点信息

雷达航迹点是指系统以一定时间间隔获取的动态的雷达快照数据,包括航班号、航空器类型、SSR、起飞机场、当前的位置、高度、速度、角度等信息。

3.3 算法模型

定义以下符号:

T_k:系统获取的当前时刻的某雷达航迹点;

T_k':T_k 在水平面上的投影;

T_j:与 T_k 信息(航班号、起飞机场、SSR 等)所对应的应飞计划航迹;

T_j^i:表示的 T_j 第 i 条航段($i=1,2,\cdots,n$);

R_j^i:以 T_j^i 为中心线,左右各 10km 构造的水平面上的矩形区域;

R_j^i 也表示该区域内所有点的集合;

$I_{(t_s,t_e)}^i$:由 T_j^i 段预计的起点和终点的过点时间构成的前开后闭区间;

$F_{(t_s,t_e)}^i$:对应 T_j^i 在 $I_{(t_s,t_e)}^i$ 内的飞行流量;

S_j^i:判断 T_k'是否属于 R_j^i 区域,是则为1,否则为0;

TKD_j^i:T'_k 相对于 T_j^i 段的偏离角度;

于是得到航空器状态模型:

$$C = \sum_i^n S_j^i$$

其中 $S_j^i = \begin{cases} 1, T_k' \in R_j^i \\ 0, T_k' \notin R_j^i \end{cases}, (i=1,2,\cdots,n)$

Ⅰ.若 $C=1$,则 $\exists S_j^i=1,(i=1,2,\cdots,n)$,说明该航空器正沿着 T_j^i 段飞行,没有发生偏航。

Ⅱ.若 $C=0$,则 $\forall S_j^i=0,(i=1,2,\cdots,n)$,说明该航空器在 T_j 外飞行,即处于偏航状态。

对于Ⅱ中的情况,需要进一步确定偏航发生的航路段。为此,本文中提出了基准偏航航段的概念。如图2所示:雷达点 T_k,扫描到 T_k 的时间为 t_k,有部分计划航迹 A-B-C-D,对应的预计过点时间分别为 t_a、t_b、t_c、t_d,对应航段分别为 T_j^a、T_j^b、T_j^c。假设 $t_k \in I^i_{(t_b,t_c)}$,则将 T_j^b 定义为基准偏航航段,并定义以下运算规则:

Ⅰ.若 $TKD_j^a<90°$,则令 $s_j^a=1$;

Ⅱ.若 $TKD_j^a \geqslant 90°$,且 $TKD_j^b<90°$,则令 $S_j^b=1$;

Ⅲ.若 $TKD_j^b \geqslant 90°$,则令 $S_j^c=1$。

此时假定 $S_j^b=1$,即判定航空器在 T_j^b 段发生偏航。这样,就实现了雷达航迹点与计划航迹的配对。对于 $S_j^i=1$ 的航路段,以 T_k 为新起点,T_j^i 段终点为终点,利用航迹推测方法重新推算未来过点时间,进而更新 $I^i_{(t_s,t_e)}$ 及后续过点时间,同时令 $F^i_{(t_s,t_e)}=F^i_{(t_s,t_e)}+1$。

4 算例分析

本文以广州白云机场2009年4月1日的单个航班为例,运用航迹推测方法结合航迹配对方法对航空器过点时间进行预测。

该天航班CCA1330,机型B772,巡航速度902公里/小时,起飞机场为ZGGG(广州白云机场),着陆机场为ZBAA(首都国际机场),预计起飞时刻为10:00:00,预计到达时刻为12:37:00,实际起飞时刻为10:07:00(起飞报数据),在广州区域内依次经过的航路点为YIN、BUBDA、P113、LIG、LUMKO、AKUBA、DAPRO、LKO、ZF。

选取该航班的两个典型的雷达快照数据,将其分别定义为 T_p,T_q,见表1。

表1

雷达航迹点	呼　　号	雷达扫描时间	纬　　度	经　　度	速度(km/h)
T_p	CCA1330	10:21:25	25.41465	113.45382	959
T_q	CCA1330	11:02:06	30.94352	114.29227	955

如表2所示,系统在10:12:00时刻预测过BUBDA点的时间为10:25:15。雷达在10:21:25时刻获取 T_p,此时系统运用航迹配对方法得知 $T_p \in R_j^{YIN-BUBDA}$,即 $S_j^{YIN-BUBDA}=1$,航空器未偏航,此时以 T_p 为起点,根据航迹推测方法,推算过BUBDA点的时间为10:24:34,而系统收到该航班飞越BUBDA点的时间为10:24:19。

表2

	过点时间(黑体的表示雷达时间)			统计预测时刻
	YIN	T_p	BUBDA	
扫描到 YIN	10:11:55		10:25:15	10:12:00
关联 T_p	10:11:55	10:21:25	10:24:34	10:22:00
扫描到 BUBDA	10:11:55	10:21:25	10:24:19	10:25:00

如表3所示,系统在10:55:00时刻预测过ZF点的时间为11:05:54。雷达在11:02:06时刻获取 T_q,运用航迹配对方法得知 $\forall S_j^i=0$,即航空器发生偏航。根据计划航迹的预计过点时间可得知 $I^{LKO\text{-}ZF}_{(t_s,t_e)}=$

(10:53:54,11:05:54),即确定 $T_j^{LKO\text{-}ZF}$ 为基准偏航航段,随后系统计算出 $TKD_j^{DAPRO\text{-}LKO}=155.45°$,$TKD_j^{LKD-ZF}=6.55°$,则判定航空器在 $T_j^{LKO\text{-}ZF}$ 段偏航,此时 T_q 以为起点,推算过 ZF 点的时间为 11:04:52,而系统收到该航班飞越 ZF 点的时间为 11:04:34。

表 3

	过点时间(黑体的表示雷达时间)			统计预测时刻
	LKO	T_q	ZF	
扫描到 LKO	10:53:54		11:05:54	10:55:00
关联 T_q	10:53:54	11:02:06	11:04:52	11:03:00
扫描到 ZF	10:53:54	11:02:06	11:04:34	11:05:00

5 结语

本文研究的航迹配对方法能很好地解决偏航所带来的统计预测误差问题。以实际(雷达)过点时间为参考,对比单一的航迹推测方法,结果表明航迹配对方法灵活简便,反应迅速,较好地解决了空中交通流量统计实时性与预测性相统一的问题。

参考文献

[1] 彭瑛,胡明华,张颖.动态航迹推测方法[J].交通运输工程学报,2005,5(1)
[2] 吴炯,白存儒.航迹预测方法在航路飞行中的应用 [J].交通与计算机,2007,25(1)
[3] 王小维,朱敏.飞行计划的航迹预测与航迹配对在 ATC 中的应用[J].微计算机信息,2008(10-1)
[4] 瞿英俊.飞行流量动态预测与分析技术[D].南京:南京航空航天大学,2008
[5] 冯子亮,杨红雨等.飞行计划雷达航迹关联算法及实现[J].四川大学学报,2003,40(1)
[6] 李芳,陈轶.航迹关联算法在飞行计划管理中的应用[J].情报指挥控制系统与仿真技术,2005,27(1)

The application of tracks correlation in dynamic flow statistics and prediction

Yin Yunnan, Hu Minghua, Xie Hua

(College of Civil Aviation, Nanjing University of Aeronautics and Astronautics, Nanjing, 210016)

Abstract: Based on method of conjecture tracks, dynamic flow statistics and prediction system can predict and take statistics of the number of aircraft in the given interval and space with dynamic data of airspace, flight plan, radar and telegraph. The system will give up those aircraft which have yawed due to some reason. And then some error will occur in the results of statistics and prediction. This paper proposes a concept of referenced yawing segment, and solves the problem of yawing with the method of tracks correlation. There the error of flow statistics and prediction can be corrected effectively. The result was derived from comparing fix point time predicted with the actual flight data of airport ZGGG, its error is within ± 30sec. It is pointed that the method of tracks correlation in this paper can deal with yawing fleetly and befittingly, and improve the accuracy of dynamic flow statistics and prediction effectively.

Key words: Flow statistics; Dynamic prediction; Tracks correlation; Yawing

航空公司的交叉销售管理策略研究

杨玉兰[1]　罗亮生[1,2]　徐月芳[3]

(1. 南京航空航天大学,江苏南京,210016;2. 广州民航职业技术学院,广东广州,510403;
3. 南京航空航天大学,江苏南京,210016)

摘　要:交叉销售是一种新型的营销方式,交叉销售基于CRM数据库,利用数据挖掘技术来分析客户信息资源,为航空公司交叉销售的实施提供了可行性的技术支持。本文通过航空公司客户关系的角度来分析,提出了针对航空公司的交叉销售策略。

关键词:交叉销售;CRM;航空公司交叉销售

1　交叉销售

1.1　关于交叉销售

交叉销售是一种以企业与客户的现有关系为基础,让购买了企业一种产品的客户,继续购买另一种产品的营销战略。有关银行业的研究表明,如果客户在银行中只有一个支票账户,银行留住客户的概率是1%;如果客户在银行只有一个存款账户,留住该客户的概率是0.5%;如果客户同时拥有这两个账户,则银行留住客户的概率会提高到10%;如果客户享受到3种服务,概率将会增大到18%;一旦银行让客户享受4种或者4种以上的服务,银行留住客户的概率将会达到100%。其他许多行业的研究表明,将原有客户维系5年之后,客户购买量出现迅速增加的势头,由过去10%的客户购买一件产品,转变为高达80%的客户购买3件以上产品。从上面的分析可以看出,交叉销售通过留住现有客户并扩大销售增加利润[1]。许多研究表明,吸引一个新的客户所需的费用远远高于这个客户所能产生的收益[2]。

因此,现代营销工作重点开始从获得新顾客转向保留老顾客,从注重交易价值转向挖掘顾客终身价值,从顾客满意到顾客保留,最终实现顾客忠诚。

1.2　基于企业资源的交叉销售

在现代营销意义上,交叉销售是指在深入地分析目标客户的各种个性化需求的基础上,充分利用一切可能的资源来进行营销活动,这些资源既可以包括自己现有或正在开发的,也可能包括合作伙伴的。这些资源包括企业所拥有的全部营销资源:产品、服务、品牌、价格以及渠道等等[3]。

1.2.1　从企业的内部资源进行交叉销售

企业的内部资源包括:产品、品牌、价格、渠道和服务。产品组合构成了一张企业内产品的关系网,交叉销售就是要利用这种关系网,整合关系最密切的产品资源进行销售,以实现资源利用效率最大化。(产品的长度、宽度和关联度构成了产品关系网。)扩大产品组合包括拓展产品组合的宽度和加强产品组合的深度,前者指在原产品组合中增加产品线,扩大经营范围;后者指在原产品线内增加新的产品项目。同时还可以利用产品延伸,制定不同档次的价格以吸引更多的客户。同时,还可以利用不同的组合产品来定价,如相关产品、搭配产品、群体组合产品。

品牌是企业所拥有的一项非常重要的资产。这项资产所带来的价值是无形的,企业可以通过这种无形资产的延伸来提高客户的期望价值和感知价值,扩大企业所提供产品的组合并使之更加适合客户的购买需求。当企业创出了自己的名牌产品之后,将企业的其他产品的其他产品也纳入名牌之下推向

作者简介:杨玉兰(1982-),女,江苏省苏州人,南京航空航天大学民航学院在读硕士,专业方向:交通运输规划与管理,E-mail:yulan_yang08@yahoo.cn;地址:江苏省南京市白下区御道街29号南京航空航天大学208信箱,210016。

市场,从而提高企业的销售增长率和市场占有率的品牌扩展策略。基于渠道的交叉,即渠道整合就是一个互动联盟,它能通过优势互补,强化渠道的竞争力。基于服务的交叉,如客户服务,分为三个环节:售前服务、售中服务和售后服务。

1.2.2　从企业的外部资源进行交叉销售

企业可以通过市场扩张、企业重组和战略联盟来争取和共享社会资源。

2　客户关系中的交叉销售

顾客关系是关系营销的核心,关系营销是客户关系管理的理论基础。航空公司采用常旅客计划,通过电子商务和呼叫中心平台来实施客户关系管理。发现正当需求、满足需求并保证顾客满意、营造顾客忠诚构成了关系营销的三步骤。因此,交叉销售是借助客户关系管理(CRM),发现现有顾客的多种需求,并通过满足其需求而销售多种产品或服务的一种新兴营销方式。

2.1　交叉销售与数据挖掘

交叉销售的前提是企业知道顾客是谁、他购买了什么产品或服务、有哪些具体的消费属性;核心是数据库的应用;关键是与特定顾客高效率的沟通;结果则是销售和利润的增加。所以,这种营销方式在很大程度上是以数据库营销为基础,对客户关系管理的深度挖掘和应用。数据挖掘借助CRM建立起的数据仓库,通过统计或人工智能等算法分析数据,建立模型,从而发现产品与顾客之间的关系、产品与产品之间的关系。比如航空公司和银行之间建立交叉销售,航空公司可以通过分析银行的客户信息数据库,发掘出银行中的哪些客户最有可能购买机票,进一步通过客户细分,找出这些客户中哪些会购买机票,哪些又适合航空公司的其他产品或服务等。其次,航空公司可以通过关联分析找到银行不同产品或服务与航空公司的不同产品之间的相关性,比如拥有银行信用金卡的客户更需要航空公司哪种类型的服务需求。

航空公司可以借助CRM可以完整地认识整个客户生命周期,提供与客户沟通的有效统一平台,挖掘潜在客户、维护现有客户、赢得更多的客户资源,通过信息共享和优化商业流程来有效降低航空公司的经营成本,从而增加利润。

2.2　交叉销售目标客户识别

从资源利用的角度来说,客户是企业的资产,它能够为企业带来收入和利润。保持有价值的客户对企业的利润有着惊人的影响,而成功实施客户保持战略的首要任务是客户价值细分。

客户全生命周期利润可分解为客户当前价值和客户增值潜力两部分。顾客增值潜力取决于客户增量购买、交叉购买和推荐新客户。其中交叉购买指的是客户购买以前从未买过的产品类型或拓展与企业的业务范围。有研究表明,客户交叉购买的行为主要发生在客户关系比较成熟的时期,在此之前客户对企业尚未形成足够的信任,一般不会采取交叉购买的行为。客户交叉购买的可能性取决于两个因素:一是本企业能提供而客户又有需求的产品数量(当然这些产品是客户以前从未购买过的),这些产品数量越多,客户交叉购买的可能性就越大。二是客户关系的水平。客户关系水平越高,客户交叉购买的可能性越大。其中根据客户当前价值和客户增值潜力这两个指标进行的客户价值细分,发现了其中的价值客户具有很大的发展潜力,他们在总量上不断增大,因此这类客户未来在增量销售、交叉销售等方面尚有巨大潜力。企业需要将主要资源投入到保持和发展这类客户的关系上,对每个客户设计和实施一对一的客户保持策略。价值客户的数量一般都较少,企业适合与之建立战略联盟关系。

3　航空公司的交叉销售策略

在现代营销意义上,交叉销售不只是一种营销方式,还是一种营销哲学,即充分利用一切可能利用的资源展开营销、服务市场、赢得顾客、与合作伙伴共享市场。这些资源包括自己现有的,可以开发的或正在开发的,也包括合作伙伴的。

3.1　合作伙伴

近年来,航空公司也逐渐与合作伙伴之间开展交叉销售,以在销售上获得更大的利润。基于会员的生命周期和客户价值开展多主题的服务营销活动，把为乘客提供运输服务的功能与其他有价值的额外服务功能结合起来，建立以航空运输为依托，以酒店为支柱，涉足旅游、广告、宾馆、餐饮、商业、外贸和房地产等一体化经营的“大航空”、“大旅游”服务体系，通过内部资源的共享、整合，推出多层次、多品种的服务产品，既可以扩大航空公司的经营范围，增强抵御客运市场风险的能力，还可以从新的业务中获取更多的利润。例如，德国汉莎航空公司就为旅游者设计了“快乐星期”，其中，为短程游客设计“快乐一日”，为各季节设计“特别季节游”，所有这些项目都将租车、宾馆住宅、延伸服务、联运和转运合为一体，实施一条龙服务，这些举措既有效地服务于目标乘客，又给航空公司创造了一定的效益。

3.2 合作促销

航空公司在促销的时候，经常使用合作促销策略。航空公司经常与旅游公司、与酒店宾馆之间组织联合促销活动。比如：针对经常出差的商务人士，航空公司提供一种数量折扣促销，其折扣的方式不是用实际货币支付，也不是直接降低价格，而是提供同等价值的酒店服务或者汽车租赁服务。通过这样的联合促销方案，双方实现交叉销售。

3.3 航空联盟

航空公司联盟将是影响常旅客计划未来发展的另一个重要因素。航空公司联盟今后将会有一个新的调整，各个成员公司将逐渐放弃自己的常旅客计划，取而代之的将会是一个以联盟为统一品牌的全球性常旅客计划。进入航空联盟将拓展代码共享，使航空公司为乘客提供的目的地数量得到显著增加。两个或多个航空公司通过共享他们航班的代码，在全球分销系统中就可以形成联程航班，参与合作的航空公司会尽可能地协调他们的一切活动，为旅客提供无缝隙航班联程服务。航空公司之间的代码共享实际上有两个目的，一是为了获得稳定的客源，二是为了减小航线上竞争的激烈程度。因此，所有参与的航空公司都会从这一安排中受益，尤其是经营远程航线的航空公司可以得到其他公司输送的客源。

4 结语

民航常旅客计划应该建立在客户关系管理的基础上，而航空业客户关系管理的核心是建立以旅客为中心的管理和运营思想。从宏观上看，企业建立合作伙伴关系来提升品牌效应，吸引更多客户，从而提高利润。而在微观上，企业通过合作伙伴获得更多客户，更好地维持已有客户，并增强客户的活跃度，降低运营成本以增加自身的收益。

公司必须以合作营销的战略思维，创造出各种互利双赢的合作营销方案，以此加强公司与客户、供应商、分销商和零售商网络的关系，从而营造公司的核心竞争优势。通过交叉销售，企业可以长时间牢牢抓住客户，使客户在整个生命周期内，不断地从企业购买产品，使企业最大限度地从客户获取利润。

参考文献

[1] 吕巍，蔡鹭新. 交叉销售提升客户忠诚度. 企业管理，2004
[2] 罗亮生，赵晓松，申文果. 民航客户关系管理(资料)
[3] 任锡源等著. 交叉销售[M]. 中国社科，2004，5
[4] 郭国庆. CRM 在交叉销售在美国金融业的应用和启示[J]. 山东大学学报(哲社版)，2003，5
[5] 章洁红. 保险业交叉销售的现状分析和策略建议[J]. 上海保险，2008，9
[6] 傅晓霞. 交叉销售——我国银行业营销运作的新模式[J]. 中央财经大学商学院，2007
[7] 刘朝华，蔡淑琴. 分析客户交叉销售能力的方法[J]. 商业现代化，2007，8
[8] Cheng-Min Chuang. Chin-pin Lin：Social capital and cross-selling within financial holding companies in an emerging economy. Springer Science + Business Media，LLC. 2007(8)

The airlines cross selling management strategy study

Yang Yulan[1], *Luo Liangsheng*[1,2], *Xu Yuefang*[3]

(1. Nanjing University of Aeronautics and Astronautics, Nanjing, 210016;

2. Guangzhou Civil aviation Vocation & Technology College, Guangzhou, 510403;

3. Nanjing University of Aeronautics and Astronautics, Nanjing, 210016)

Abstract: Cross selling is a new kind of marketing meaning. The Cross selling based on the CRM Database analyzes the customer information employing data mining technology, which provides the feasible technology support for the application of Airlines cross selling. The paper introduces the Airlines cross selling strategy via the point of view of the Airlines customer relationship.

Key words: Cross selling; CRM; He Airlines cross selling strategy

航空公司服务质量评估研究

王华伟

(南京航空航天大学民航学院,江苏南京,210016)

摘　要:随着航空公司间的竞争日益激烈,服务质量成为获得市场竞争优势的重要手段。科学、客观地评估航空公司的服务质量,便于有针对性地查找航空公司自身缺陷,提高服务质量。但由于服务质量评估指标体系复杂,主观和客观数据同时存在,增加了评估的难度。本文根据评估数据的模糊性和不确定性,采用D-S证据融合方法确定权重,利用模糊多属性决策方法,对服务质量进行评估。实证分析表明:该方法科学、有效,可以指导航空公司的服务质量管理工作。

关键词:服务质量;模糊多属性决策;D-S证据融合;评估

1　引言

随着国内外航空公司间竞争的日益激烈,服务质量已经成为民航企业竞争的新战场,是知识经济时代条件下抢占市场"制高点"的战略前提和竞争利器[1,2]。科学评估服务质量,对于加强服务管理,创建精品服务,改进服务质量,意义非常重大。

旅客在整个服务链中,不同时期有不同的期望和要求,航空公司则要尽可能满足或超过顾客的期望服务质量。基于旅客的需求,建立服务质量评估指标体系更符合实际情况。一方面,从航空公司服务涵盖的内容来看,建立的质量评估体系应是系统和全面的,包括对每项服务内容和具体细节的评估;另一方面,由于受到旅客个人偏好的影响,加之对期望需求的满足程度本身就具有一定的不确定性和模糊性,因此整个评估过程实际上是基于不确定、模糊信息的服务质量评估。传统的民航服务质量评估一是采用定性评估或简单打分方法,结果粗糙,难以作为服务质量决策的依据;二是采用统计分析的方法,由于样本间的差异大和指标体系复杂,使这种方法的操作性受得质疑。本文建立了航空公司服务质量评估体系,研究了基于模糊的、不确定多源信息下的综合评估问题,提出采用模糊多属性决策结合D-S证据融合方法进行服务质量评估。

2　航空公司服务质量评估指标体系

结合前人进行的研究,及我国航空公司服务对象的自身特点,建立质量评估指标体系。

(1)可靠性包括的安全和准时是旅客对服务的基本要求,也是选择这种交通方式的重要原因;

(2)硬件设备是保证一切服务的基础;

(3)价格是衡量服务质量的重要标准,尤其对于价格敏感的旅客而言,是一个关键的评估标准;

(4)差错率主要用来衡量服务差错对旅客带来的影响和不必要的损失;

(5)舒适便捷是旅客在基本服务基础上提出更高层次的要求,这一标准越来越逐渐得到重视;

(6)服务人员是提供服务的具体执行者,素质高低直接关系到服务质量;

(7)保险是对提供服务的承诺,可以体现出航空公司对服务的自信,也是服务的延伸;

(8)服务补救是组织针对服务失误而采取的行动,将原先不满意的顾客转变为忠诚的顾客,解决问题会对顾客满意度、忠诚度及最低绩效产生影响。

综上,本文建立了三级指标服务质量评估体系,分别为综合指标层、指标层和因素层,如图1

基金项目:国家自然科学基金与民航总局联合资助项目(60879001)。

作者简介:王华伟(1974-),南京航空航天大学民航学院副教授,博士后,E-mail:wang_hw66@163.com。

所示。

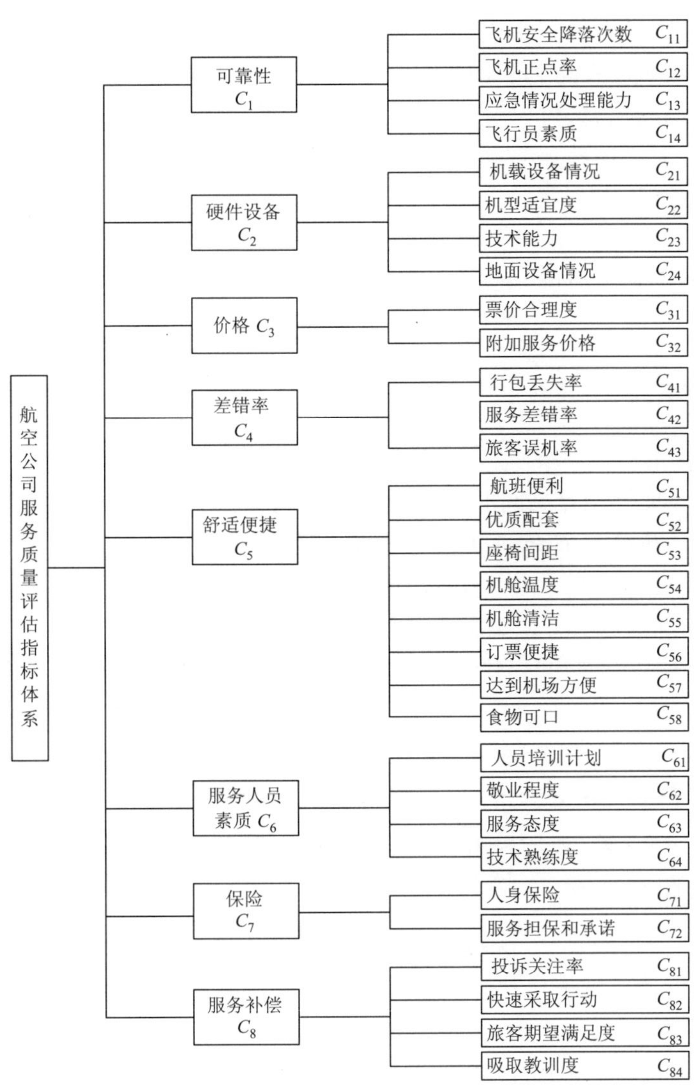

图1 航空公司服务质量评估指标体系

3 航空公司服务质量评估方法研究

3.1 航空公司服务质量评估流程

根据航空公司服务质量评估中指标体系和数据的特点，评估方法的选择应满足以下三方面要求：

第一，具有信息融合的功能，能将采集到的不确定信息融合到一个框架结构中。D-S 证据融合[3]不但能处理由于知识不准确引起的不确定性，且能满足比概率论更弱的公理系统，因此在本文中选择 D-S 证据融合方法进行信息融合。

第二，具有处理模糊信息，主观信息和客观信息的功能。模糊集理论[4]及随后在模糊决策[5]问题的推广和应用，为处理这种信息提供了可能，本文采用三角模糊数方法处理服务质量评估的数据。

第三，对航空公司服务质量的评估是依赖于复杂的指标体系，实际是针对多属性指标的决策和评估过程，而模糊多属性决策为这一评估过程提供了可能[6]。

综上，整个评估过程如图2所示。

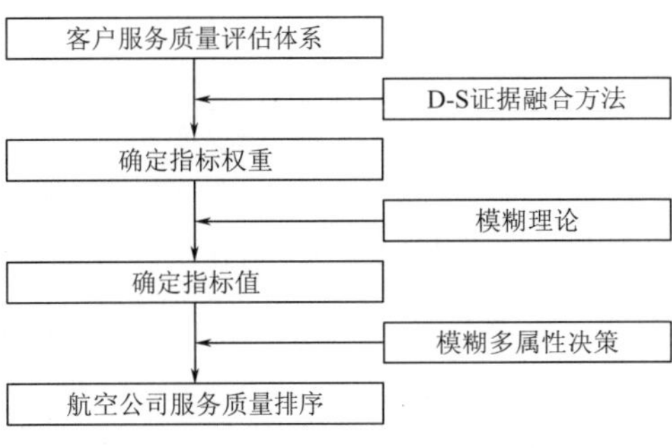

图2 航空公司服务质量评估流程图

3.2 航空公司服务质量评估算法

3.2.1 利用D-S证据融合确定权重

权重是评估结果的灵敏度变量，充分利用多源信息，避免由于单一信息的主观性导致的结果偏差，意义重大。对于多种来源的信息，可以看做证据，来源不同，具有不同的概率分配函数。利用Dempster法则来合并证据。例如，对于信任函数 $Bel1$（概率分配函数为 m_1）和信任函数 $Bel2$（概率分配函数为 m_2），那么合并后信任函数 Bel 为：

$$Bel = Bel1 \oplus Bel2 \tag{1}$$

一般地，子集 A 的基本概率分配函数为：

$$m(A) = K^{-1} \sum_{A_j \cap B_i = A} m_1(A_i) m_2(B_j) \tag{2}$$

其中，K 为正交化常数，由下式确定：

$$K = \sum_{B_j \cap A_i \neq \phi} m_1(A_i) m_2(B_j) \tag{3}$$

K 反映对同一假设各证据相互之间的矛盾程度。使用 K 是为来避免将概率值分配给空集 ϕ。对于多个证据情况下，如 $Bel1, Bel2, \cdots Beln$，A 的基本概率分配函数为：

$$(\cdots(Bel1 \oplus Bel2) \oplus \cdots) \oplus Beln \tag{4}$$

在利用Dempster进行证据合并时，构成 Θ 的元素必须相互独立，这是由于正交运算性质决定的。Dempster法则满足可交换性，证据的作用不受其合并次序的影响；K^{-1} 可作为各数据源矛盾程度的测度，K^{-1} 越大，证据间矛盾越激烈。

3.2.2 航空公司服务质量评估模糊多属性决策模型

给定一个评估对象集 $A = \{A_1, A_2, \cdots, A_m\}$，相对于评估对象属性集 $C = \{C_1, C_2, \cdots, C_n\}$，以及说明每个属性相对重要的权集 $\omega = \{\omega_1, \omega_2, \cdots, \omega_n\}$。利用广义模糊合成算子对模糊权重矢量 $\tilde{\omega}$ 和指标值矩阵 $\tilde{F}$ 实行变换，得到模糊决策矢量 $\tilde{D}$：

$$\tilde{D} = \tilde{\omega} \odot \tilde{F} = (\tilde{d}_1, \tilde{d}_2, \cdots, \tilde{d}_m) \tag{5}$$

如何选择恰当的模糊合成算子⊙和模糊排序方法是解决模糊多属性决策问题的关键。

为体现“好中求好”的思想，以右模糊集极大值为收益类指标的参照值，而以左模糊集极小值作为成本类指标的参照标准，并以海明距离为检测尺度，先确定每一方案中的相对优先指标，然后采用同样的方式，通过对相对优先指标值的进一步比较，从而确定问题的最佳方案。基本过程如下：

（1）对模糊指标值矩阵作归一化处理

如 $x_{\tilde{i}}$ 是三角模糊数，记为 $\tilde{x}_i = (a_i, b_i, c_i)$。对于收益类指标值，设有 m 个指标值 $\tilde{x}_i$，归一化的模糊指标值 $\tilde{r}$，$i = 1, \cdots, m$。令

$$\tilde{r}_i = \left(\frac{a_i}{c_i^{\max}}, \frac{b_i}{b_i^{\max}}, \frac{c_i}{a_i^{\max}} \wedge 1 \right) \tag{6}$$

（2）确定相应于评估集 A_i 的右模糊极大集：

$$\tilde{M}_{iR} = \max_R(\tilde{r}_{i1R}, \tilde{r}_{i2R}, \cdots, \tilde{r}_{inR}) \tag{7}$$

具有隶属函数

$$\mu_{\tilde{M}_{iR}}(r_i) = \sup_{\substack{r_i = r_{i1} \vee r_{i2} \vee \cdots \vee r_{in} \\ (r_{i1}, r_{i2}, \cdots, r_{in}) \in R^n}} min\{\mu_{\tilde{r}_{i1R}}(r_{i1}), \mu_{\tilde{r}_{i2R}}(r_{i2}), \cdots, \mu_{\tilde{r}_{inR}}(r_{in})\} \tag{8}$$

（3）计算右模糊集 $\tilde{r}_{ijR}$，$j = 1, 2, \cdots, n$ 与右模糊极大集 $\tilde{M}_{iR}$ 之间的海明距离：

$$d_R(\tilde{r}_{ijR}, \tilde{M}_{iR}) = \int_s (\tilde{r}_{ijR \cup \tilde{M}R}) \mid \mu_{\tilde{r}_{ijR}}(x) \mid \mathrm{d}x \tag{9}$$

令
$$\tilde{r}_i^{\max} = \min\{d_R(\tilde{r}_{ijR}, \tilde{M}_{iR})\} \tag{10}$$

（4）确定 $\tilde{r}_{iR}^{\max}$，$i = 1, 2, \cdots, m$ 右模糊极大集：

$$\tilde{M}_R = \max_R(\tilde{r}_{1R}^{\max}, \tilde{r}_{2R}^{\max}, \cdots, \tilde{r}_{mR}^{\max}) \tag{11}$$

具有隶属函数：

$$\mu_{\tilde{M}_R}(r) = \sup_{\substack{r=r_1 \vee r_2 \vee \cdots \vee r_m \\ (r_1,r_2,\cdots,r_m)\in R^m}} \min\{\mu_{\tilde{r}_{1R}^{\min}}(r_1), \mu_{\tilde{r}_{2R}^{\max}}(r_2), \cdots, \mu_{\tilde{r}_{mR}^{\max}}(r_m)\} \tag{12}$$

(5)计算 $\tilde{r}_{iR}^{\max}$ 与 $\tilde{M}_R$ 之间的海明距离：

$$d_R(\tilde{r}_{iR}^{\max}, \tilde{M}_R) = \int_{S(\tilde{r}_{iR}^{\max} \cup \tilde{M}_R)} |\mu_{\tilde{r}_{iR}^{\max}}(x) - \mu_{\tilde{M}_R}(x)| dx \tag{13}$$

(6)按照 $\tilde{r}_{iR}^{\max}$ 与 $\tilde{M}_R$ 之间海明距离从小到大顺序排列各航空公司服务质量的顺序。

4 案例分析

为评估航空公司服务质量，采用调查表的方式获取基本数据。调查表针对指标体系内容进行调查，一是对该项指标的打分(以百分制)；二是确定该项指标的重要性(以权重表示)。利用收集到的资料，对我国三家典型的航空公司服务质量进行评估，分别以 a、b、c 航空公司表示。

为说明各指标的权重，将调查对象按照职业、收入、出行目的、教育程度和年龄分为 4 组(即高端客户、中高端客户、中端客户和低端客户)。以对服务质量综合评估为例，这四组对 8 个指标权重分别确定为：

$\omega_1 = [0.30, 0.15, 0.15, 0.10, 0.10, 0.05, 0.05, 0.10]$

$\omega_2 = [0.25, 0.20, 0.10, 0.15, 0.10, 0.05, 0.10, 0.05]$

$\omega_3 = [0.20, 0.20, 0.15, 0.10, 0.15, 0.10, 0.05, 0.05]$

$\omega_4 = [0.25, 0.15, 0.20, 0.15, 0.05, 0.10, 0.05, 0.05]$

假设专家依次认为它们的可信度分别为：$\alpha_1 = 0.90, \alpha_2 = 0.85, \alpha_3 = 0.75, \alpha_4 = 0.70$。

8 个指标的属性值如表 1 所示，进一步利用公式(6)～(11)进行计算得到：

8 个指标的打分值(依据因素层打分计算得到) 表 1

指标＼航空公司	a 航空公司	b 航空公司	c 航空公司
可靠性	[82.67,85.32,87.97]	[86.54,88.21,89.88]	[82.61,86.56,90.51]
硬件设备	[67.31,72.67,78.03]	[67.02,69.15,71.28]	[71.87,75.08,78.29]
价格	[46.85,57.05,67.25]	[38.12,68.21,98.30]	[40.00,50.00,60.00]
差错度	[55.00,70.00,85.00]	[55.83,60.08,64.33]	[55.23,65.32,75.41]
舒适便捷	[79.47,85.08,90.69]	[85.00,90.21,95.42]	[82.08,88.28,94.48]
服务人员素质	[70.59,75.27,79.95]	[78.00,80.71,83.42]	[70.00,77.65,85.30]
保险	[30.08,33.08,36.08]	[77.38,80.28,83.18]	[42.15,45.30,48.45]
服务补偿	[50.00,55.00,60.00]	[65.00,75.00,85.00]	[55.21,60.42,65.63]

$$\tilde{\gamma} = \begin{bmatrix} (0.3647.0.3862.0.3993) & (0.1562,0.1759,0.1817) & (0.0597,0.1048,0.1253) & (0.0613,0.0948,0.0948) \\ (0.3817,0.3993,0.3993) & (0.1555,0.1673,0.1817) & (0.0486,0.1253,0.1253) & (0.0623,0.0814,0.0948) \\ (0.0769,0.3918,0.3993) & (0.1668,0.1817,0.1817) & (0.0510,0.0918,0.1253) & (0.0616,0.0885,0.0948) \end{bmatrix}$$

$$\begin{bmatrix} (0.0588,0.0659,0.0699) & (0.0319,0.0341,0.0366) & (0.0128,0.0145,0.0165) & (0.0228,0.0285,0.0358) \\ (0.0629,0.0699,0.0699) & (0.0335,0.0366,0.0366) & (0.0328.0.0353.0.0353) & (0.0297,0.0388,0.0388) \\ (0.0607,0.0684,0.0699) & (0.0300,0.0352,0.0366) & (0.0179,0.0199,0.0221) & (0.0252,0.0313,0.0388) \end{bmatrix}$$

$$M^+ = [(0.3817,0.3993,0.3993)\ (0.1668,0.1817,0.1817)\ (0.0486,0.1253,0.1253)\ (0.0613,0.0948,0.0948)$$
$$(0.0629,0.0699,0.0699)\ (0.0353,0.0366,0.0366)\ (0.0328,0.0353,0.0353)\ (0.0297,0.0388,0.0388)]$$

依据公式(12)、(13)进一步计算得到：

$$D_R(\tilde{r}_{1R}, \tilde{M}_R) = 0.048; D_R(\tilde{r}_{2R}, \tilde{M}_R) = 0.040; D_R(\tilde{r}_3, \tilde{M}_R) = 0.065$$

则三个航空公司的服务质量排序依次为:

$$b > a > c$$

通过案例分析可以表明:每家航空公司各有所长,当前还没有航空公司在本行业中处于绝对领先的位置。但总体来说安全、准时,减少差错和低廉的价格是当前旅客评价服务质量的主要标准,而对于舒适、服务人员素质和服务补偿等更高层次的服务要求已经逐渐受到重视,但还不能成为评估服务质量的主要标准。

5 结语

航空公司间的竞争是服务质量的竞争,当航空公司能够提供优质独特的服务时,就会获得市场竞争差别优势,这是全球航空运输业的共识,提高服务质量是一项持续的挑战性工作,科学有效的服务质量评估便于航空公司不断找出公司实际服务和旅客期望服务之间的差距,满足和超高旅客的期望服务,在竞争中立于不败之地。本文提出的航空公司服务质量评估方法对基模糊和不确定信息的服务质量评估做了一定的探讨,可以指导航空公司有针对性的提高服务质量,对这种方法的研究还有待进一步深入。

参考文献

[1] Yoshinori Suzuki, John E. Tynorth &Robert A. Novack. Airline market share and customer service quality: a reference dependent model[J]. Transportation Research, Part A. 2001, 35:773-788

[2] Parasuraman, A., Zeithaml, V. A., Berry, L. L. A conceptual model of service quality and its implications for future research[J]. Journal of Marketing. 1985, 49:41-50

[3] 张文修,梁怡. 不确定性推理原理[M]. 西安:西安交通大学出版社,1994

[4] Zadeh, L. A. Fuzzy set[J]. Information and control. 1965, 8:338-353

[5] Viswanathan M. Understanding how product attributes influence product categories: development and validation of fuzzy set - based measures of gradeness in product categories[J]. Journal of Marketing Research. 1999, 36(1):75-95

[6] 李荣钧. 模糊多准则决策理论与应用[M]. 北京:科学出版社,2002

The study on evaluation of airline service quality

Wang Huawei

(College of Civil Aviation, Nanjing University of Aeronautics and Astronautics, Nanjing, Jiangsu, 210016)

Abstract: Airlines are experiencing great competition. Under the circumstance, excellent service quality has been necessary in order to get the advantage among airlines. Airline can find the shortcomings and improve the service quality by the scientific and subjective evaluation method. But the index system of service quality evaluation is complex, also subjective and objective information exits. The characteristics introduce the difficulty for service quality evaluation. In order to overcome the obstacles, fuzzy multi-attribute decision model based on D-S data fusion has been built for dealing with fuzzy and uncertain information. Example shows that the method is scientific and effective, which can guide the airlines to improve the service quality.

Key words: Service quality; Fuzzy multi-attribute decision; D-S data fusion; Evaluation

基于 ADAMS 柔性起落架仿真分析

蔡　彬　顾宏斌

（南京航空航天大学，江苏南京，210016）

摘　要： 本文在 ADAMS 中利用有限元软件 PATRAN 建立了全柔起落架虚拟样机，用仿真的方法进行了起落架落震试验。以往类似的仿真试验都是以刚性或者刚柔混合虚拟样机为模型，但随着研究的深入，难以满足精度需求。本文仿真结果表明，相比以往以刚性或者刚柔混合模型，全柔起落架模型有更好的精度，更贴近实际试验结果。

关键词： 虚拟样机；全柔性起落架；仿真分析；ADAMS；PATRAN

1　引言

起落架是攸关飞机安全性和乘坐舒适性的重要部件，历来受到飞机设计者的重视。落震试验是设计、研究和验证起落架着陆性能的主要试验装置。随着计算机的发展，建立虚拟样机进行仿真分析已成为起落架设计的有效 手段。仿真研究须解决模型精确性问题，否则会与实际系统存在较大误差。

根据已有的文献，起落架支柱通常采用刚性模型，不考虑其受载后的弹性变形，模型简单，耗费低，在某些起落架型式和特定工况下的仿真研究可以基本满足精度要求。但随着研究的深入，对起落架的模型提出了更高的要求，其结构弹性不应简单忽略。

有鉴于此，本文研究中基于 Adams 和 Patran 等软件，建立了柔性起落架模型，进行了落震试验仿真研究，并通过实际落震试验对该模型进行了验证。

2　柔性起落架支柱的建立

本文先在 CATIA 中建立了起落架的数字样机模型，并用 PATRAN 对刚性模型进行网格化，在 ADAMS 中建立了前起落架摆全柔虚拟样机。根据起落架落震试验的相关工况对进行了模型校验，验证了虚拟样机建立的准确性。最后进行起落架地面落震的动力学仿真分析。所建立的柔性体是利用有限元技术，通过计算构建的自然频率和对应的模态，按照模态理论，将构建产生的变形看作是有构件模态通过线性计算得到的。所谓模态，就是构件自身的一个物理属性，一个构件一旦制造出来，它的模态就是自身的一种属性。在将一个构件离散成有限元模型时，要对每一个单元和节点进行标号，以便将节点的位移按照编号组成一个矢量，该矢量可以由多个最基本而相互垂直的同维矢量通过线性组合而得到，这里最基本的矢量就是构件的模态。模态对应的频率是共振频率（特征值）模态实际上是有限元模型中各个节点的位移的一种比例关系，不同模态之间相互垂直，它们构成了一个线性空间，这个线性空间的坐标轴就是由构件的模态构成的。对构件变形的计算可以在物理空间中通过直接积分计算得到，也可以在模态空间中通过模态的线性叠加而得到，这种线性叠加关系可以用下式来表示：

$$[u] = \sum a_i[\varphi]_i$$

式中，$[u]$各个节点的位移矢量；a_i 是模态参与因子；$[\varphi]_i$ 构件的模态，也就是特征位移矢量[1]。

2.1　有限元网格划分

对于有限元网格的划分，按照有限元理论，首先需要将构件离散成一定数量的单元，单元数越多，计算精度就越高，单元之间通过共用一个节点来传递力的作用，在一个单元上的两个点之间可以产生相对

作者简介：蔡彬（1983-），男，南京航空航天大学民航学院，硕士，主要研究领域为飞行器设计，eric_cb@hotmail.com。

位移,再通过单元的材料属性,进一步可以计算出构件的内应力和内应变。将一个构件划分单元时,根据需要可以划分出不同类型的单元,如三角单元、四边形单元、四面体单元、五面体单元、六面体单元以及一维单元等,图1所示是将扭力臂从刚性体转化到柔性体的过程。

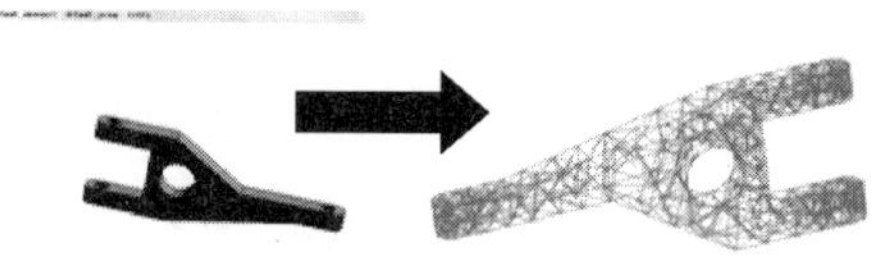

图1　从刚性体转化到柔性体

2.2　多点约束的建立

多点约束(MPC,Multi-Point Constraint)是对节点的一种约束,即将某节点的依赖自由度定义为其他若干节点独立自由度的函数。例如,将节点1的x方向位移定义为节点2、节点3和节点4的x方向位移的函数。多点约束常用于表征一些特定的物理现象,比如刚性连接、铰接、滑动等,多点约束也可以用于不相容单元间的载荷传递,是一项重要的有限元建模技术。对应于不同的分析解算器和分析类型,Patran支持的多点约束类型是不同的。对于Nastran软件的结构分析,则共有12种类型的多点约束。在铰接、滑动等大多数约束情况的表征中,最常用到的多点约束类型为RBE2。RBE2将若干个依赖节点的某些自由度与某个独立节点相固定,从而使依赖节点的这些自由度都与独立节点的相应自由度保持一致。其中自由度项"DOFs"有6个选项:UX、UY、UZ、RX、RY和RZ,分别表示节点的6个位移自由度,可任意选择其中的一项或几项。本文选用RBE2类型的MPC来创建有限元模型。图2所示为防扭臂建立MPC点。

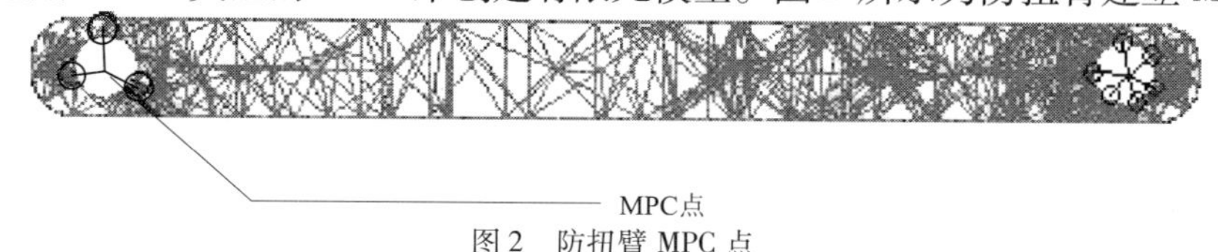

图2　防扭臂MPC点

2.3　柔性支柱装配

各部件导入后,由于ADAMS/Aircraft只是将柔性体放在整体惯性坐标系的原点上,与模型中的其他零件没有任何关系,这时需要调整它到适合的位置,并在导入的各个柔体之间施加约束。当柔体与柔体之间直接进行连接时,由于有很多限制性条件,使得很多情况下约束不能直接加在柔性体上,为解决这个问题,一个柔体在与另一柔体连接时可以各自创建一个无质量联接物体(或称哑物体)作为连接的中间媒介,然后在其上施加约束。哑物体是质量和惯性为零或非常微小的物体。哑物体不能为模型增加自由度,因此它必须与其他有质量的物体固接在一起。由于哑物体没有任何质量信息,所以不会对整个模型的计算结果带来影响。与弹性体连接的约束必须位于一个已存在的节点或标记点上。而由于弹性体约束选择的局限性,在连接时弹性体上的约束是通过固定在弹性体节点上的一个中介哑物体来实现的[1]。

3　缓冲器的建模

缓冲支柱上总的轴向力是空气弹簧力、油液阻尼力、缓冲器内部摩擦力和缓冲器结构限制力的合力。

(1)空气弹簧力

$$F_a = A\left\{(P_0 + P_s)\left(\frac{V_0}{V_0 - AS}\right)^n - P_s\right\}$$

式中,P_0为缓冲器初始气压(表测气压),P_s为外界大气压强,A为活塞有效面积,V_0为初始气室容积,S为活塞行程,n为气体多变指数[2]。

根据上式我们可以算出气体弹簧力对于活塞行程的关系曲线,如图3所示。

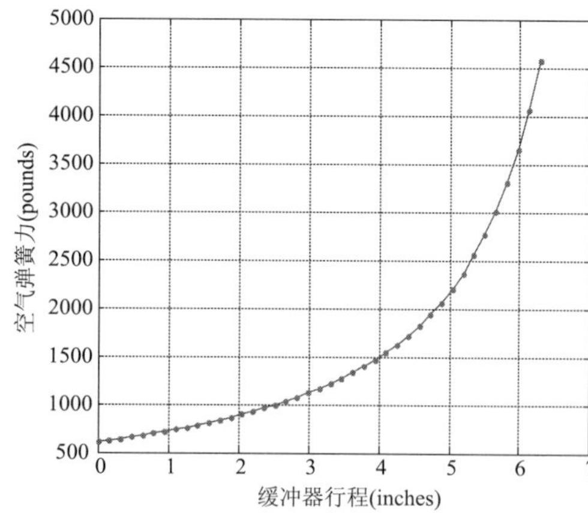

图3　气体弹簧力对于活塞行程的关系曲线

(2)油液阻尼力

对于常油孔缓冲器来说,其侧油孔的计算方法为[3,4]:

$$F_h = \frac{\rho A_{oil}{}^3}{2(A_d C_d)^2\sqrt{1-m^2}}\dot{S}^2 \tag{1}$$

式中，C_d 为油孔流量系数，ρ 为油液密度，A_{oil} 为油液有效作用面积，m 为油孔面积与油液有效作用面积之比，A_d 为油孔面积，S 为缓冲器压缩行程[2]。由式(1)可得：

$$u=\begin{cases}\dfrac{\rho_h A_h^3}{2C_{dt}^2 A_{dt}^2}\\[2ex] -\dfrac{\rho_h A_h^3}{2C_{db}^2 A_{db}^2}\end{cases} \tag{2}$$

该值将作为 ADAMS 中定义油孔阻尼的阻尼系数。将缓冲器相关参数代入可得 u 值。本试验中计算得到：u 值为正行程 0.6122，反行程 6.5528。

(3)结构限制力

起落架压缩过程中，当机轮压缩而缓冲器未压缩时，油孔阻尼 F_h 为零，活塞杆止动处轴向结构限制力 F_l 的值和空气弹簧力、轴向摩擦力、轮胎地面载荷以及当前的运动状态有关。随着地面载荷的逐渐增大，F_l 逐渐减小直至为 0。

$$F_l=\begin{cases}F_a+F_f-P_v\dfrac{M_1}{M_1+M_2},\left(F_a+F_f\geqslant P_v\dfrac{M_1}{M_1+M_2}\right)\\ 0\end{cases}$$

4 起落架落震试验

起落架落震试验是模拟飞机着陆撞击的一种动力特性试验。为了使飞机在着陆撞击过程中结构元件不过载，起落架必须有效吸收着陆撞击产生的能量，落震试验就是要验证起落架缓冲系统在满足吸收设计功量的同时，起落架过载、缓冲器行程以及轮胎压缩量是否满足设计要求，结构是否达到预期的强度和刚度[5]。

在落震试验中，通过测量起落架的各项参数，如：位移、载荷、加速度、力和应变等来确定起落架的状况，测量的参数越多，越能了解到起落架在着陆时的实际工况。图 4 所示为落震试验各类传感器的分布图。

5 试验结果分析

图 5 所示，为本文所建立的柔性起落架模型。

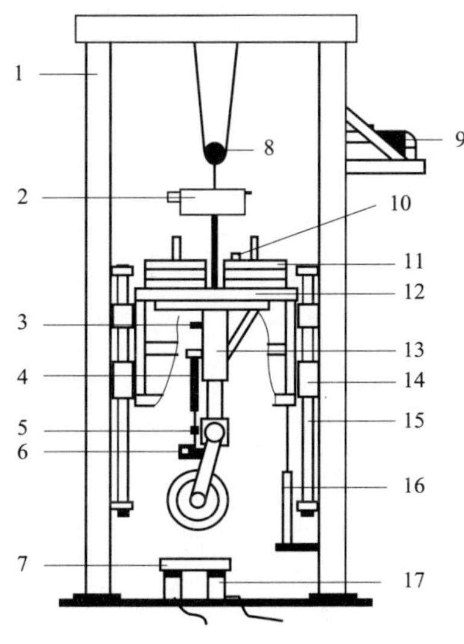

图 4　落震试验各类传感器的分布图

1-支柱；2-电控锁机构；3-压力传感器(上腔)；4-位移传感器(测量活塞行程)；5-压力传感器(下腔)；6-加速度传感器(非弹性质量)；7-冲击底板；8-滑轮；9-电机；10-加速度传感器(弹性质量)；11-砝码；12-吊蓝框架；13-起落架；14-箱式轴承；15-直线轴；16-位移传感器(测量吊蓝行程)；17-载荷传感器

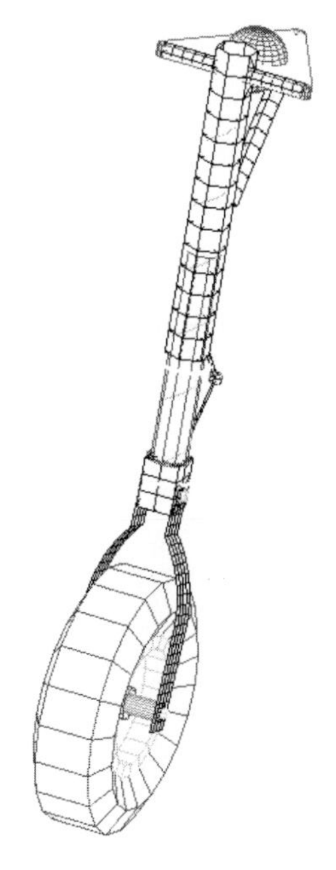

图 5　柔性起落架模型

图6、图7所示为落震高度为204.0mm,落震投放重量为355kg的起落架落震试验仿真的结果曲线,包括机轮载荷时间曲线和缓冲器功量图曲线。

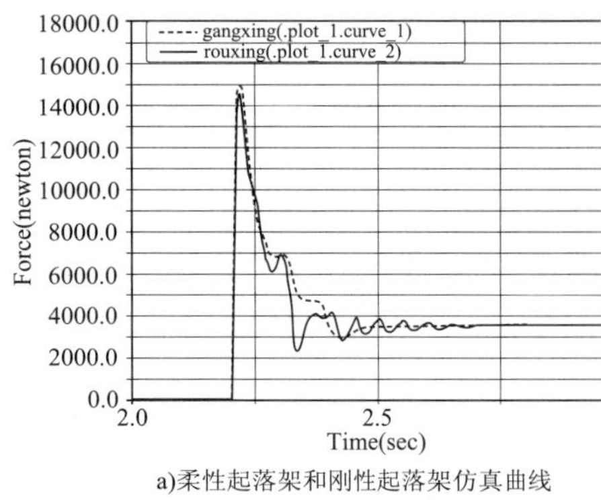

a)柔性起落架和刚性起落架仿真曲线

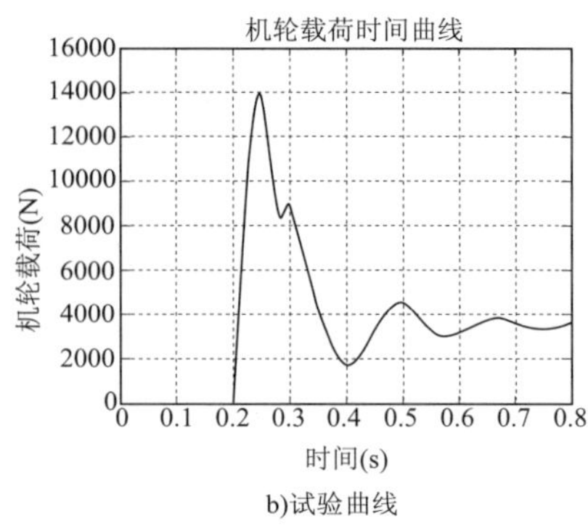

b)试验曲线

图6 机轮载荷时间曲线

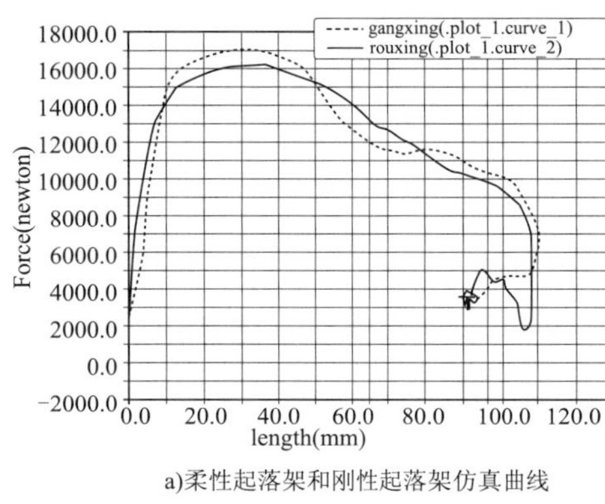

a)柔性起落架和刚性起落架仿真曲线

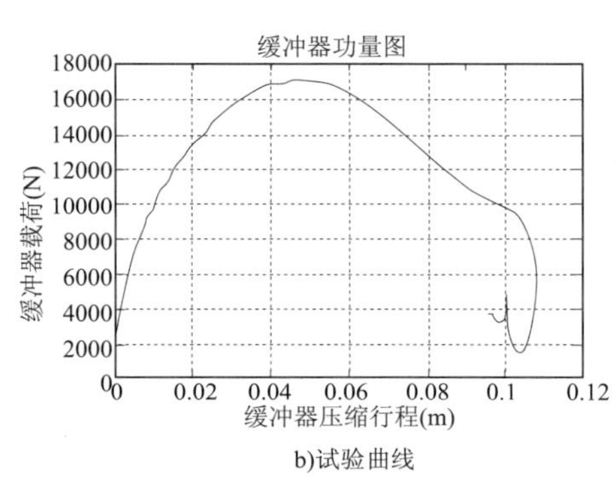

b)试验曲线

图7 缓冲器功量图曲线

6 结论

建模过程及虚拟样机仿真试验结果表明,与以往的刚性模型相比,柔性起落架模型更符合实际情况,得出的数据更准确。利用MSC Adams/Aircraft软件建立参数化起落架模型后,通过仿真测试和验证对设计参数不断调整,将获得起落架设计的最优方案。

参考文献

[1] 李增刚. ADAMS入门详解与实例[M]. 北京:国防工业出版社,2007

[2] 刘晖. 起落架缓冲系统特性及其半主动控制技术研究[D]. 江苏,南京航空航天大学,2007

[3] 顾宏斌,丁运亮,吴云生,等. 油液压缩性对减摆器工作特性的影响[J]. 南京航空航天大学学报,1999,31(6):626-633

[4] Lichtarowizc A, Duggins R K, Markland E. Discharge coefficients for incompressible Non-cavitating flow through long orifices[J], Journal of Mechanical Engineering Science, 1965, 7(2):210-219

[5] 高泽迥. 飞机设计手册,起飞着陆系统设计(14分册)[M]. 北京:航空工业出版社,2002.12

Simulation analysis technique of all-flexible landing gear based on ADAMS

Cai Bin, Gu Hongbin

(Nanjing University of Aeronautics and Astronautics, 210016)

Abstract: Firstly, an all-flexible landing gear prototyping model was established by the means of PAT-

RAN software in ADAMS. And then based on the prototype, the load cases of the Drop can be analyzed. The formerly simulations are always based on rigid or rigid-flexible models, but it cannot meet the higher requirement of precision. Comparing the results of the simulation of the formerly rigid or rigid-flexible models, the results show that the all-flexible landing gear model is more veracious in line with the actual situation.

Key words: Virtual prototype; All-flexible nose landing gear; Simulation analysis; ADAMS; PATRAN

基于D-S证据理论信息融合的油液分析方法

王景霖　李艳军　赵　晶

(南京航空航天大学民航学院,江苏南京,210016)

摘　要:文章提出了航空发动机油液分析的信息融合诊断方法。分析了航空油液的信息特点,单一的滑油光谱监控手段容易漏报航空发动机磨损故障。利用D-S证据理论实现铁谱分析与光谱分析的融合诊断,最后用算例证明了方法的正确性和有效性。

关键词:油液分析;铁谱分析;光谱分析;D-S证据理论;信息融合

作为飞行器的"心脏",航空发动机的"健康状况"直接影响飞机的正点飞行和安全[1]。因此,航空发动机状态监测与故障诊断一直是国内外专家研究的热点之一。当前常用的航空发动机状态监测的技术主要有:振动诊断技术、声学诊断技术、温度监控技术、油液分析诊断技术、无损检测诊断技术和综合诊断技术[2]等。和另外几种分析技术相比,油液分析技术方法可靠,环境干扰少,不需对飞机和发动机进行拆装,只需提取油路中部分油样进行分析即可,也不受机载设备所提供有限监测参数的限制,因而受到世界各国的普遍重视,发展十分迅速。

1　油液分析信息特点

当前油液监测技术的特点是交叉性、综合性、系统性的开发应用。其主要特点[3]有:(1)信息种类多。磨损物、污染物、油品理化性能是油液分析的三大内容,分别需要用多种不同仪器去分析。(2)信息的表征各异。不同仪器分析的信息特征不同。(3)信息的离散性和随机性。(4)定量和定性信息交叉。两类信息交叉就难以用一种处理方法或模式去判断。(5)在线与离线监测信息的交叉。(6)信息量大。(7)信息的冗余性、不确定性、不一致性和不完整性。大量信息需识别和剔除,用不同方法变为可确定和接近一致性,从不完整信息中提取可用的信息。

根据工作原理和检测手段的不同,目前油样分析方法可分为铁谱分析法、光谱分析法、颗粒计数分析法及理化分析法等。单一油样分析技术的诊断准确率均有限,铁谱为55%,光谱为36%,油品理化分析为21%,基于颗粒计数的污染分析为33%,但如果综合各种油样分析技术,则可以使它们相互补充、相互验证,从而大大提高故障诊断准确率。综合诊断方法可以使诊断准确率达到70%以上。由此可见,融合诊断有利于提高诊断精度。

2　铁谱分析

美国MIT的Seifert于1971年首先提出铁谱分析技术,从一开始就应用于航空发动机的工况监测中,发展迅速。目前铁谱仪有直读式、分析式、旋转式、气动式、在线式等,其中前三种应用较广[5]。铁谱技术的作用主要表现在三个方面:首先,能够将润滑油中的大部分铁磁性微粒按一定的沉积规律收集下来,收集微粒的范围为1~200μm。一般来说,正常磨损产生的微粒,其尺寸小于10~15μm,而各种失效磨损开始时产生的微粒为15~200μm,因此,铁谱分析覆盖了大多数磨损形式产生的微粒尺寸范围。其次,铁谱通过对微粒沉积区粒度分布的分析,可以确定磨损状态。再次,应用铁谱分析技术可以获得磨损颗粒的数量、尺寸、形态、形貌和成分等信息,根据这些信息,能够全面地评价被监测发动机的磨损形式、程度和部位。铁谱分析的缺陷是对非铁系颗粒的检测能力较低,在对含有多种材质的摩擦副发动机进行故障诊断时,往往感到欠缺,另外,具体操作的规范化不够,分析结果对操作人员的经验有较多的依赖性,主观性大等等。

3 光谱分析

光谱分析是通过测量油样中各种金属元素的原子在跃迁过程中吸收、发射或散射的电磁辐射的波长及强度来了解油样中含有的金属元素的种类及含量的一种技术。原子发射光谱法自动化程度高、分析速度快、检测可靠;能检测的微粒尺寸小于 5 ~ 10μm,特别对 0.01 ~ 1μm 级的磨粒分析效率高。它能直接测油样中金属和非金属元素的含量,可以根据油样中元素含量的变化直接评价设备的磨损状况和工作状况,有利于设备的早期故障预测,但在探测较大颗粒时灵敏度不高;获得的信息主要是磨损元素种类和元素含量,不能获得磨粒的形态和大小。

通过比较光谱和铁谱这两项技术的各自优缺点,发现它们之间的关联反映在互补性上,光谱技术可以测定润滑油中多种微量元素的含量,但不能检测出它们的存在形式;而铁谱技术可以从磨粒分析中获得大量磨损信息,但却缺乏对铁磁性颗粒以外的元素的敏感性。两者联合应用,对所获得的信息加以融合,便可以得到更为全面的有关润滑油中磨粒存在的认识。

4 信息融合

信息融合过程分为数据层、特征层和决策层融合,每个层次代表了对数据不同程度的融合过程。决策层融合输出是一个联合决策结果,在理论上这个融合过程比任何单一信息决策更加精确。通过建立从征兆到故障的映射关系,可以对每个传感器各自完成变换和处理,包括预处理、特征提取、识别判断,建立对所监测目标的初步结论。最后通过关联处理、决策层融合判断,最终获得联合推断结果。图 1 给出了 D-S 证据理论融合与决策过程[6]。

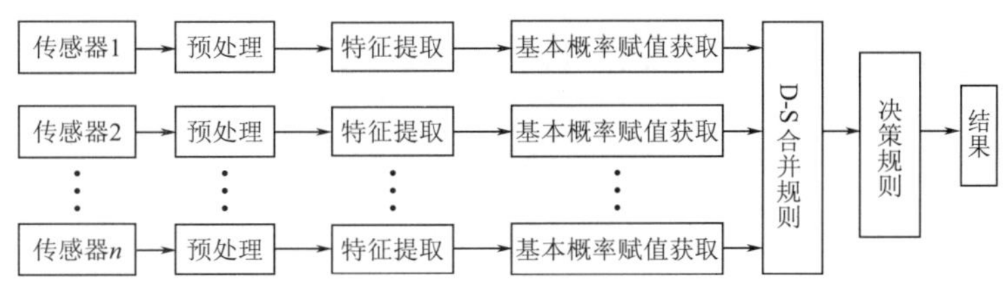

图 1 D-S 证据理论融合与决策过程

5 Dempster-Shafer 证据理论

D-S 证据推理理论是 Dempster 在 1967 年提出的,Shafer 于 1976 年在出版的《证据的数学理论》[7]中将其进一步发展完善。D-S 证据理论允许以灵活的方式构造和分析分辨框,并且认为全体分布能适应知识的增长而改变,可以合并来自不同证据体的证据,综合形成新的证据体和基本概率分布。该理论一经提出,就得到了广大学者的普遍关注,在故障诊断领域已经获得了成功的应用。证据理论具有较强的理论基础[8],既能处理随机性所导致的不确定性,又能处理模糊性所导致的不确定性,可以依靠证据的积累,不断地缩小假设集,并且能将“不知道”和“不确定”区分开来,另外证据理论还可以不需要先验概率和条件概率密度。本文将 D-S 证据理论引入航空发动机滑油检测技术中,实现磨损故障的融合诊断。最后,应用实际案例对本文方法的有效性进行分析。所以,本文应用此理论来融合多个信息源的发动机故障特征,从而得到更精确的诊断结果。其基本概念包括如下部分:

(1)识别框架 Θ

Θ 表示基本事件的集合,在实际问题中就是全部目标或故障的集合;Θ 的所有可能子集的集合称为 Θ 的幂集,用 $\Omega(\Theta)$ 表示。

(2)mass 函数

Θ 上的 mass 函数定义为 $m, \Omega(\Theta) \to [0,1]$,且 $m(\Phi)=0$, $\sum_{A=\Omega(\Theta)} m(A)=1$

mass 函数也称为基本概率分配函数,$m(A)$ 表示对 A 的精确信任程度,在诊断中可理解为对某种故障的确认程度;不同信息(证据)可能得出不同的故障确认程度。

(3)信任测度 Bel 对应于 mass 函数 m 的信任测度定义为 $Bel:\Omega(\Theta)\to[0,1]$,$Bel(A)=\sum_{B\in A}m(B)$

信任测度反映必然性。$Bel(A)$ 描述了对 A 的总信任程度(它包括 A 的所有子集的信任程度),是概率 $P(A)$ 的下限函数。

(4)似然测度 Pls 对应于 mass 函数 m 的似然测度定义为

$$Pls:\Omega(\Theta)\to[0,1],\text{且 } Pls(A)=1-\sum_{B\cap A\neq\emptyset}m(B)$$

似然测度反映可能性。Pls 描述了与 A 有关集合(交集非空)的总信任程度,是概率 $P(A)$ 的上限函数。

(5)信任区间 $[Bel(A),Pls(A)]$ 信任区间反映不确定性。$Pls(A)-Bel(A)$ 表示对 A 的不知道程度。不同的信任区间表示不同的意义。

(6)Dempster-Shafer 证据合成规则

设 m_1 和 m_2 是同 1 个识别框架 Θ 上的 2 个 mass 函数,则对于 $m(\Phi)=0$,$m(A)=\frac{1}{N}\sum_{B\cap C=A}m_1(B)m_2(C)$ 仍是 Θ 上的 mass 函数,其中 $N=\sum_{B\cap C\neq A}m_1(B)m_2(C)>0$

6 基于信息融合的算例验证

D-S 证据理论在信息融合中已有多方面的应用[9],现以某航空发动机油液为诊断对象,采用 D-S 证据理论信息融合故障诊断方法进行诊断分析。该型发动机的油路简图见图 2,其过油部件的摩擦副组成如下:(1)前轴承腔为高低压轴前支点轴承,电机轴承,低压中支点轴承,附件传动轴承,中心传动轴承;高压轴齿轮螺母,电机齿轮螺母,附件传动齿轮,中心传动齿轮。(2)后轴承箱为高低压轴后支点轴承。(3)润滑油泵齿轮为回油泵齿轮,增压泵齿轮。

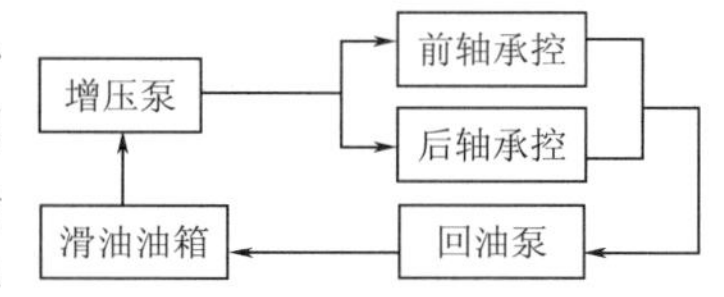

图 2 某型发动机油路系统结构图

拟定故障诊断部位如下:回油泵齿轮 S_1;增压泵齿轮 S_2;前腔齿轮 S_3;前腔高低压轴前中支点轴承 S_4;前腔电机轴承 S_5;附件传动轴承 S_6;中心传动轴承 S_7;后腔高低压轴后支点轴承 S_8。

铁谱定位诊断主要通过对各类磨粒的含量分析,根据文献[4]知识规则可以得到铁谱故障定位诊断的结果。光谱诊断通常根据检测出的金属类型及其浓度,并依据其是否超过磨损界限值来判别含该类金属的摩擦副是否磨损过量。但是合适的磨损界限值应该根据实际的机器摩擦副结构及类型,并且需要通过大量的实验来确定,通常比较困难。根据该型发动机的具体结构和摩擦副的材质,选择 Fe、Cr、Ni、Mo、V、Cu、Zn、Al 及 Ti 九种元素作为诊断依据(表 1)。

某型发动机摩擦副材料的元素质量分数(%) 表 1

元 素	Fe	Cu	Al	Cr	Ni	Mo	V	Zn	Ti
齿轮	93.20	0.00	0.00	4.00	0.29	0.45	0.76	0.00	0.00
附件及中心轴承保持架	67.40	0.00	0.00	19.20	9.80	0.00	0.00	0.00	0.65
附件及传动轴承保持架	0.13	60.00	0.00	0.00	0.00	0.00	0.00	39.22	0.00
高低压支点、及中心传动轴承保持架	2.85	85.80	9.50	0.00	0.00	0.00	0.00	0.70	0.00
轴承滚道滚珠	87.80	0.20	0.00	5.00	0.25	4.20	1.00	0.00	0.00

我们以回油泵齿轮 S_1 为例说明融合诊断过程,表 2 是通过两种方法分别对油液进行分析诊断的结果。

油液分析诊断结果(%) 表 2

方 法	S_1	S_2	S_3	S_4	S_5	S_6	S_7	S_8
光谱分析	0.33	0.33	0.33	0.186	0.186	0.186	0.186	0.186
铁谱分析	0.27	0.27	0.27	0.00	0.00	0.00	0.00	0.00

将各种诊断方法定位诊断结果作为各种方法对假设的支持程度,从而实现融合诊断。设假设 A 为故障部位“回油泵齿轮 S_1”,显然光谱诊断为对假设 A 的支持程度 $m_1(A)=0.33$,铁谱诊断 $m_2(A)=0.27$,所以融合诊断结果为 $m^2(A)=1-[1-m_1(A)][1-m_2(A)]=0.51$

其他的定性实验结果限于篇幅,略去。从上述的诊断过程可以看出,融合诊断方法提高了发动机故障诊断的精度和可靠性。

7 结论

结果表明,融合后大大增加了实际目标的信度函数分配值,同时使系统的不确定性大幅度降低,也就是说 DS 证据理论数据融合提高了系统的可分析性,有效地提高故障模式的识别能力。

参考文献

[1] 吴振锋,左洪福,张天宏.基于 WEB 的民航发动机远程诊断系统初探[A].第十届航空发动机结构强度与振动会议论文集,2000.10:378-381

[2] 李艳军.基于油液污染分析与磨粒识别的机器在线综合监测系统研究[D].博士学位论文,南京航空航天大学民航学院,2004.4

[3] 万耀青,郑长松,马彪.油液分析故障诊断中的信息融合问题[J].机械设计,2004(9),1-3

[4] Anderson D P.磨粒图谱.金元生,杨其明译.北京:机械工业出版社,1987

[5] 汪小红,倪侃,张圣坤.基于应变的疲劳寿命曲线[J].中国海洋平台,2003,18(5):10-14

[6] 陈果.航空发动机磨损故障的智能融合诊断[J].中国机械工程,2005(2),299-302

[7] 虞和济,韩庆大,李沈,等.设备故障诊断工程[J].北京:冶金工业出版社,2001

[8] 宋兰琪,汤道宇,陈立波,等.发动机滑油光谱专家系统知识库建立[J].航空学报,2000,21(5):453-2457

[9] 陈立波,宋兰琪,陈果.航空发动机滑油综合监控中的磨损故障融合诊断研究[J].航空动力学报,2009(1).169-175

Oil analysis method based on D-S evidence theory information fusion

Wang Jinglin*,*Li Yanjun*,*Zhao Jing

(College of Civil Aviation,Nanjing University of Aeronautics and Astronautics,Nanjing,Jiangsu,210016)

Abstract:Aiming at aero-engine oil analysis,a new method,intelligent fusion diagnosis of aero-engine wear faults was put forward. The characteristics of aviation oil information were analyzed. Although spectrometric oil analysis (SOA) is a widely applied technique for wear condition monitoring of lubricating system,this single monitoring technique is difficult to accurately predict some damages or failures in oil wetted system including bearing fatigues of aero-engine. Firstly,information about iron spectral analysis and spectrum analysis was fused to diagnosis by using d-s evidence theory. Finally,the correctness and effectiveness of the method was demonstrated by using numerical examples.

Key words:Oil analysis,Iron spectral analysis,Spectral analysis;Data fusion;D-S evidence theory

基于MAS的多航段的航空货运路径选择

刘 明 李 云

(南京航空航天大学民航学院,江苏南京,210016)

摘 要:本文主要针对航空货物顾客只关心运输时间和运输结果,而不关心起运输路径的特点,提出了基于 Multi-Agent 系统的航空路径选择算法,并用伪代码描述。解决了相关问题的算法由于复杂度原因而无法投入实际应用的问题,并表现出良好的性能。

关键词:Multi-Agent;航空货运;航线;航节;路径选择

1 引言

在航空客运中,顾客一般愿意选择直达航班而不愿意在中转站中转。而在航空货运中,由于服务的直接对象是货物,通常情况下顾客只关心能否准确、及时和安全的将货物送达目的地,至于中间情况,顾客几乎不予关心,如货物运输的航线、路径以及中转的情况等等。因此这样给了航空公司更大的灵活性,航空公司可以通过对航期和各条航线运力情况的分析,选择最合适的路线,从而取得最大化的运输收益。航空公司为了充分利用运力,货物运输路线的选择一般遵守时间分割、地点分离和货物组拆的原则,从而提高每个航班的舱位利用率和货运收益[1]。

P. Bartodziej, U. Derigs 等人建立了改进的 O-D 多商品流的非线性模型[2],并采用仿真方法的解法。Paul 和 Ulrich 采用基于 O-D 对的多商品流航空货物运输路线模型[3],并利用列生成法求解。但由于该模型规模较大,难以求解。以上的人提出的数学模型由于规模较大都难以求解。因此本文为了便于实际应用,建立了基于 Agent 的航空货物运输路线选择模型。

2 路径选择模型

2.1 Multi-Agent 技术简介

Multi-Agent 系统(MAS)是指多个 Agent 成员之间相互协调,相互服务,共同完成一个任务。各 Agent 成员之间的活动是自治独立的,其自身的目标和行为不受其他 Agent 成员的限制,它们通过竞争和磋商等手段协商和解决相互之间的矛盾和冲突。Multi-Agent 系统主要研究目的是通过多个 Agent 所组成的交互式团体来求解超出 Agent 个体能力的大规模复杂问题,它适用于物理分布或逻辑结构上具有分布性特点的应用领域。[4]

2.2 模型的符号和假设

航空公司的航线一般是由一个或多个航节组成,本文中将每个航节定义为一个 Agent,其始发地、容量、离岗时间、到达时间等定义为 Agent 的属性,这样航空公司的航线网络就构成了一个 MAS,记作 $N=\{A_1,A_2,\cdots,A_n\}$,而每个 Agent 有相应的属性,记第 i 个 Agent 的属性表示为 $A:=(O_i,D_i,TD_i,TA_i,Q_i,P_i,C_i)$,同时我们把计划运输的货物集合表示为 $G=\{G_1,G_2,\cdots,G_m\}$,其中每件货物 G_i 的相应的属性,记作 $G_i=(O_i,D_i,TB_i,T_i,W_i,V_i,F_i)$,其中:

O_i 代表航节 i 个或货物 i 的起点;D_i 代表航节 i 或货物 i 的终点;TD_i 代表航节 i 的出发时刻;TA_i 代表航节 i 的到达时刻;TB_i 代表货物 i 是最早出发时刻;T_i 代表货物 i 最迟到达时间;Q_i 代表航节 i 的最大装载量;P_i 代表航节 i 的最大装载空间;W_i 代表货物 i 的重量;V_i 代表货物 i 的体积;C_i 代表航节 i 的

作者简介:刘明,男,汉族,安徽人,南京航空航天大学民航学院交通运输管理与规划专业硕士研究生,研究方向:航空货运优化管理,航线网络规划与仿真;李云,女,汉族,山西人,南京航空航天大学民航学院交通运输规划与管理专业硕士研究生,研究方向:交通运输经济分析。

运输成本；F_i 代表运输货物 i 的所得收入。

在货物的运输过程中我们做出如下假设：

(1)一件货物可由一个 Agent 完成；(2)一件货物可由一组 Agent 共同完成时，并把这组 Agent 称为 Agent 联合体；(3)一件货物可分为几个子运单元，每个子单元可由一个 Agent 或 Agent 联合体完成。

货物的拆分过程可以看成 Agent 联合体的形成过程，比如，5t 货物需从 A 地运到 D 地，按照某航空公司的航线网络(图1)，可能形成3个 Agent 联合体，分别为 A-B，B-C，C-E 运送 1t；A-D，D-E 运送 2t；A-E 运送 2t。

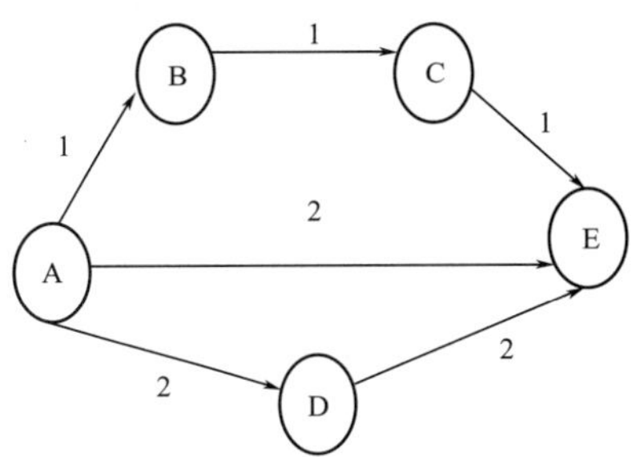

图1 某航空公司航线网络图与 Agent 联合体

当一个 Agent 联合体中的多个 Agent 的到达/出发时间形成一个时间序列，既构成一条运输线路来完成相应的任务时，称这种特殊的 Agent 联合体为 Agent 协作组[5]。即 Agent 联合体 $\{A_1, A_2, \cdots, A_q\}$ 能完成从 i 地到 j 地的运输任务，其必须满足下列条件

$$O_1 = i$$

$$D_t = O$$

$$TA_t + TS_t \leqslant TD_{t+1}$$

$$D_t = O_{t+1}$$

其中 TS_t 为第 t 个航节与第 $t+1$ 个航节中转的时间，$t = 1, 2, \cdots, q-1$。则称这样的 Agent 联合体 $\{A_1, A_2, \cdots, A_q\}$ 为一个 Agent 协作组，记作：Agents。

2.3 路径选择算法和步骤

算法有三个阶段，分别为：(1) Agents 的生成；(2)单个 Agents 分配运输任务；(3)多个 Agents 分配运输任务，通过三个阶段的运行我们可以完成货物运输路线的选择。

(1) Agents 的生成

该阶段的主要任务是从航空公司的航线网络中找到 Agents(单个 Agent 也可看成一个 Agents)，并记录协作组每个 Agent 的属性值。最后形成整个航线网络的多个协作组。该阶段只要执行一次，只有在航空公司的航线网络和航班时刻有变化时，才需要重新计算。

其算法过程描绘如下：

```
for (i=1 ;i< =n;n+ + )
{
    for each(Aj in N)
    {
        If(isCoGroup(Ai,Aj))
        {
            If(isFirstCo(Ai,Aj))
            {
                Get(Aj) ;
                AddToLTC(Ai,Aj);
            }
        }
    }
}
```

其中：函数 isCoGroup(Ai,Aj)是判断 Ai 和 Aj 是不是满足协作组条件；函数 isFirstCo(Ai,Aj)是判断 Ai 和 Aj 是不是第一次协作；函数 Get(Aj)的功能是取得 Aj 所有属性值；函数 AddToLTC(Ai,Aj)的功能是将 {Ai,Aj} 列入 Agent 协作组集合 LTC[6]。

(2)单个 Agent 协作组分配运输任务

该阶段主要任务主要分两步,第一步是计算所有 Agents 的价值,并从中选出最有价值的 Agents 完成相应的运输任务,其算法过程描绘如下:

```
foreach(Agents in LTC)
{
        Count(Agents);
        GetsMin(Agents);
        CountTime(Agents);
}
```

其中:函数 Count(Agents)的功能是计算 Agents 中所有成员的装载量和装载空间;函数 GetsMin(Agents)的功能取 Count(Agents)的最小者做为 Agents 的装载量和装载空间;函数 GetsMin(Agents)是计算该 Agents 的最早出发和最后到达的时间。

第二步是匹配 Agents 和货物 Gi 的属性,并分配运输任务,其算法详细过程如下:

```
Foreach(Gi in G)
{
    If(Compare(Agents,Gi))
    {
        selectMaxExpe(Agents)
    }
    Update(Agents)
}
```

其中:函数 Compare(Agents,Gi)的功能是看协作组的属性是否满足 Gi;函数 selectMaxExpe(Agents)的功能是计算 Agents 的期望收入,并从中选出期望值最大的执行运输任务函数 Update(Agents)是更新运输完后的 Agents 的装载量和装载空间。

(3)多个 Agent 协作组分配运输任务阶段

该阶段的主要任务是对于一个 Agents 未能完成的运输任务,分配多个 Agents 来共同完成,其算法描述如下:

```
For(i=1;i<=m;i++)
{
    Search(G_l^i, Agents_l^j);
    If(canLoadPart(G_l^i, Agents_l^j))
    {
        B_jl^i = countContribu(Agents_l^j);
    }
    SelectMax(V_jl^i);
    Update(G_l^i);
}
```

其中:函数 Search(G_l^i,$Agents_l^j$)的功能是搜索能运送剩余货物 G_l^i 的 Agents $Agents_l^j$;函数 canLoadPart(G_l^i,$Agents_l^j$)是判断 $Agents_l^j$ 能否能完成 G_l^i 的部分运输任务;函数 countContribu($Agents_l^j$)是计算 $Agents_l^j$ 的贡献值 B_{jl}^i,其中 $B_{jl}^i=\{W_{jl}^i,V_{jl}^i,E_{jl}^i\}$,$W_{jl}^i$,$V_{jl}^i$分别为 G_l^i 中那部分被 $Agents_{jl}^i$运输的货物的装载量和装载空间,E_{jl}^i为 $Agents_l^j$ 运输 G_l^i 的部分货物的期望收入;函数 SelectMax(V_{jl}^i)是表示选择期望收入最大的 $Agents_l^j$ 来运输 G_l^i 的部分货物;函数 Update(G_l^i)用来更新 G_l^i 中还未运输的货物存量。

2.4 算法复杂度分析与算例分析

易证,在有 n 个航节 Agent,m 见运送货物的时候,算法复杂度为 $O(n^2m)$

假设某航空公司的航线网络如图 2 所示，现假设中转费用为 0，六个航节 Agent 的属性值分别为：

$A_1:=(A,B,1:00,6:00,1.2,2000,1.0)$　　$A_2:=(A,C,1:00,8:00,2,2000,1.0)$

$A_3:=(B,C,7:30,10:30,5,3000,1.5)$　　$A_4:=(B,D,8:00,12:00,10,4000,1.0)$

$A_5:=(C,D,11:00,13:00,10,4000,0.5)$　　$A_6:=(D,E,15:00,18:00,5,3000,0.5)$

从上述数据可知所有 Agent 联合体都能满足协作条件，成为 Agents。

用生产阶段的算法对该公司航线网络进行运算，得到 Agent 协作组 Agents，见表 1。

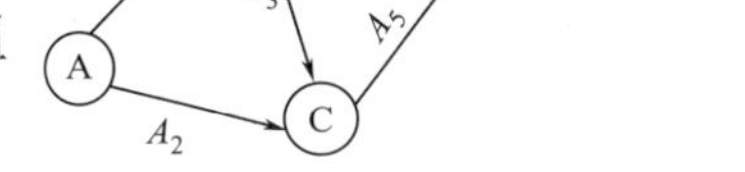

图 2　某航空公司的航线网络图

现在有三件需要运送的货物为：

$G_1:=(A,B,1:00,7:00,0.5,300,6)$

$G_2:=(A,D,1:00,14:00,1.5,500,18)$

$G_3:=(A,E,1:00,20:00,1,500,14)$

从货物的属性值可见所有 Agents 都能满足三件运输货物的要求。分别计算各个 Agents 的期望净收入值，其结果如表 1 所示。

由表 1 知道，先选择 $\{A_2,A_5\}$ 运送 G_2，然后由 $\{A_1\}$ 运送 G_1，剩下的协作组已经无法运送 G_3，执行第三阶段算法，A_1、A_2 容量分别更新为 0.7、0.5，在能将货物从 A 运到 E 的航线中取期望收入最大的 $\{A_2,A_5,A_6\}$ 来运送 0.5 个单位的 G_3，取次优者 $\{A_1,A_4,A_6\}$ 完成剩下的 0.5 的 G_3.

如果还有货物要运送，只需从剩下的 Agents 中选择期望净收入优的为其分配运送任务即可，因为所有的运送路线都是期望最优的，所以使得货运收益达到最大。

Agents 与期望净收入值　　表 1

Agents	期望净收入值	最优期望净收入值
$\{A_1\}$	5.5	15
$\{A_1,A_3\}$	—	
$\{A_1,A_4\}$	15	
$\{A_1,A_3,A_5\}$	13.5	
$\{A_1,A_4,A_6\}$	11.5	
$\{A_1,A_3,A_5,A_6\}$	10.5	
$\{A_2\}$	—	15.75
$\{A_2,A_5\}$	15.75	
$\{A_2,A_5,A_6\}$	12	
$\{A_3\}$	—	
$\{A_3,A_5\}$	—	
$\{A_3,A_5,A_6\}$	—	
$\{A_4\}$	—	
$\{A_4,A_6\}$	—	
$\{A_5\}$	—	
$\{A_5,A_6\}$	—	
$\{A_6\}$	—	

3　结论

本文提出的路径选择算法能够为航空货运公司选择最优的运输航线，而且算法简单易行。实际运用中，Agents 生成阶段只需要执行一次，除非航线网络结构发生改变，若需增加运输货物任务，在分配阶段即可选择增加的运输任务的航线，即 Agents，大大地减少增加运输任务的计算复杂度。

参考文献

[1] 桂云苗. 航空货运收益管理与流程优化问题研究[C] 南京航空航天大学 2007 博士学位论文

[2] P. Bartodziej, U. Derigs, M. Zils. O & D Revenue Management in cargo airlines—a mathematical program-

ming approach. OR Spectrum,2006,February online

[3] Paul Bartodziej,Ulrich Derigs. On an experimental algorithm for revenue management for cargo airlines. Lecture Notes in Computer Science,2004(3059):57-71

[4] 王万森.人工智能原理及其应用.北京:电子工业出版社,2008.11

[5] 孔月萍.人工智能及其应用.北京:机械工业出版社,2008.1

[6] Bart Slager,Luuk Kapteijns. Implementation of Cargo revenue management at KLM. Journal of Revenue and Pricing Management,2004(3):80-90

Aircargo route choice of multi-leg base on MAS approach

Liu Ming,Li Yun

(College of Civil Aviation,NUAA,Jiangsu Nanjing,210016)

Abstract:For customers of air cargo are concerned only about the result of transit time and transportation,rather than interested in the transport path,We have proposed air-cargo routing algorithm based on Multi-Agent System and used pseudo-code to describe it. The related algorithm,due to complexity reasons, can not been put into practice. The algorithm shows good performance in practice.

Key words:Multi-Agent;Air cargo;Routes;Leg;Routing

基于边界避免跟踪(BAT)理论的PIO研究

管 萱 刘 星 徐 颖

(南京航空航天大学民航学院,江苏南京,210016)

摘 要:驾驶员诱发振荡(PIO)是影响飞行安全的重要因素。本文介绍一种防止驾驶员诱发振荡(PIO)的方法。简述了 William Gray 的边界避免追踪(BAT)理论,并在其基础上建立了一个仿真模型,选取飞机俯仰跟踪时的模型组成飞机系统。通过仿真结果对比,为分析和预测 PIO 现象提供了更好的了解。

关键词:驾驶员诱发振荡;边界避免追踪;飞行安全

1 引言

飞行安全一直是航空业关心的首要问题,影响飞行安全的因素有很多,驾驶员诱发振荡(Pilot Induced Oscillation,简称 PIO)就是因素之一。自从动力飞机发明以后,不良的飞机振荡就一直存在,特别是在飞机结构越来越复杂的今天,PIO 也变得多样化。对 PIO 的研究已经成为飞行器设计、测试和操作的一个重要议题。在过去的几十年里,已经形成了一系列传统的 PIO 预测、描述和分析方法,并将 PIO 发生的几率尽可能地减小,然而,这个现象仍然会在各类飞机和飞行员身上发生。据有关资料统计表明,美空军自 1947 年至 1978 年期间公开报道过的有关 PIO 飞行事故就多达 30 余起,其中纵向发生 PIO 的概率较大,约占事故总数的 2/3[1]。因此找到一种更好的预测和避免 PIO 现象的方法是本文研究的目的所在。

ML-STD-1797A 规范中定义 PIO 为:"由驾驶员致力操纵飞机而引起持久的或不可操纵的振荡。"[2] 通常,这种震荡只是正常情况下驾驶员过度操纵的结果。2004 年,William Gray 提出了一个边界避免跟踪(Boundary Avoidance Tracking,简称 BAT)理论[3]。和传统的跟踪理论相比,这一理论表述了一种新观点,即 PIO 现象可以由非指定条件下逐渐增加的飞行员增益引起,但也可以通过强加限制和指定边界而避免。本文将着重介绍这一理论,并通过建模仿真,分析结果,为研究 PIO 现象提供更好的了解。

2 BAT 理论的背景介绍

在文献[3]中,William Gray 提出飞行员可以通过连续操纵飞机去避免对立边界来避免 PIO 现象,而不是在点跟踪的时候过度操纵。

2.1 点跟踪和边界避免跟踪的比较

在传统的人机系统分析中,指定一个点跟踪任务后,飞行员的主要任务是维持稳定的飞行状态,当察觉到飞行误差时,飞行员会提供一个输入操作,设法让飞机回到指定状态。这种跟踪会因为飞行员的经验水平,任务的难易程度和飞机的性能等诸多因素而影响飞行员的操作性能。当飞机的跟踪误差逐渐逼近上限时,飞行员必须设法维持指定跟踪任务的零误差状态,此时,飞行员输入频率增加,有时操作幅度也会增加。当飞行员给人机系统的输入达到并超过上限的时候,就会激发多余的飞机振荡,也就是 PIO。

对于边界避免追踪,飞行员需要做的不再是为了维持系统在一个指定状态而提供输入,而是为了让飞机尽量避免接近边界状态而提供输入。在到达飞行中的某些点时,飞行员感知到接近边界就开始提供系统输入,设法停止接近边界的趋势,此时飞行员放弃跟踪指定状态,而是尝试避免接近边界。当飞行员认为已经成功避开边界后,就继续跟踪指定状态,如果飞行员感觉飞机继续接近边界,就增大输入值。因为

作者简介:管萱,女,南京航空航天大学民航学院,硕士研究生,E-mail:han1910@ qq. com。

BAT 伴随着驾驶员对边界的感知而发生,所以在本质上说是短暂的。如果边界足够宽,飞行员很可能在特定任务中不再注于 BAT 时间,但是如果边界很狭小,人机系统就会变得不稳定,PIO 随之发生。

虽然点跟踪和边界避免跟踪似乎略微相似,但是它们上是相反的。点跟踪中,飞行员在接近指定情况时减少输入水平,在离开指定情况增加输入水平。而边界避免跟踪中,飞行员在接近边界时增加输入水平以避免边界,在离开边界时减少输入水平。

2.2　边界避免跟踪(BAT)模型

为了更好地理解和说明边界避免追踪,建立一个最初 BAT 模型,如图 1 所示,该模型由一个飞机模型和一个以速度和位移为主要反馈的二阶系统组成。反馈回路由点跟踪和边界避免跟踪算法逻辑开关组成,让系统在点追踪反馈增益和边界追踪反馈增益请求之间进行选择。

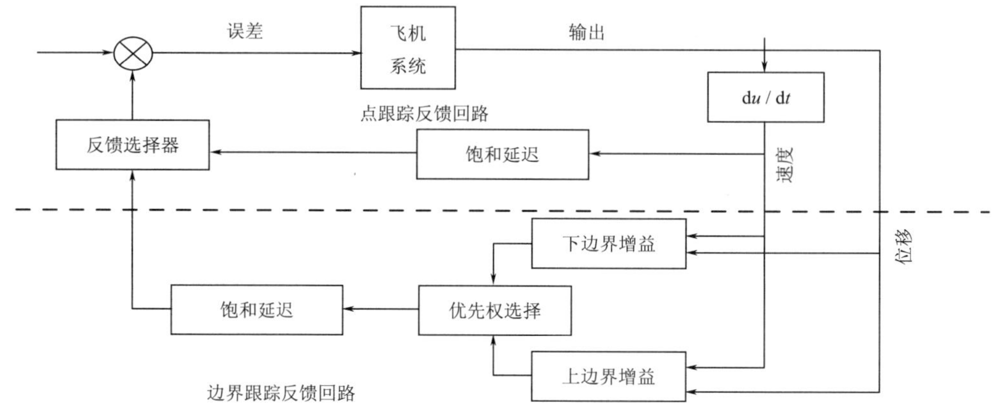

图 1　最初的边界避免跟踪模型

这个模型是根据五个假设构建的。

第一,边界时间是边界避免跟踪的临界参数。这个参数是通过飞机到边界的距离和这个距离的时间导数计算的得出的。

$$t_{bounday} = \frac{x_{bounday}}{\dot{x}_{bounday}} \tag{1}$$

其中 $t_{bounday}$ 表示边界时间;$x_{bounday}$ 表示飞机到边界的距离;$\dot{x}_{bounday}$ 表示飞机到边界距离的时间导数。边界跟踪增益随着边界时间在零和设定的最大值之间线性变化。边界时间越大,增益越小,反之亦然。如果边界时间大于为了实现最小边界跟踪增益而指定的边界时间,则边界跟踪增益为零,系统保持点跟踪状态。反之,如果边界时间比实现最大的边界跟踪增益而制定的边界时间小,边界时间保持最大值。

$$K_{bounday} = \frac{t_{K\min} - t_{bounday}}{t_{K\min} - t_{K\max}} \tag{2}$$

其中 $t_{bounday}$ 表示瞬间边界跟踪反馈增益;$K_{\max}$ 表示最大边界跟踪反馈增益;$t_{K\min}$ 表示最小边界跟踪反馈增益的边界时间;$t_{K\max}$ 表示最大边界跟踪反馈增益的边界时间,$t_{K\min} > t_{K\max}$。

第二,若飞机超过边界,则边界跟踪反馈增益将保持最大值,直至飞机回到边界之内。这一假设考虑到边界会发生偏移,进一步假定飞行员会自觉维持最大控制输入,尽快让系统回到边界之内。

第三,假定驾驶员要把注意力完全集中在点跟踪或者边界避免跟踪之一上,而不是两者兼备。如图 1 所示,点跟踪反馈回路由带有简单增益和延迟的速度追踪构成。模型同时计算了点跟踪反馈和边界跟踪反馈的值,并选择较好的那个。

第四,假定在点跟踪和边界跟踪之间切换的时候没有时间延迟。这一假设是合理模拟边界避免跟踪的前提,任何额外的时间延迟只会增加系统的不稳定性。

第五,假定点跟踪和边界跟踪反馈回路都已经结合了增益和最大反馈值。也就是每个反馈回路都不依赖于另一个。这一假设更精确地考虑到仿真输入的不同类型。

2.3　点跟踪反馈和 BAT 反馈的选择原则

第 2 节中介绍的 BAT 模型中,在反馈回路里有一个反馈选择器,此选择器的功能是在点跟踪环路和 BAT 环路的反馈中进行选择,并选择出的反馈,以此调整驾驶员的操纵误差。

点跟踪反馈因为只涉及到增益和时间延迟,所以其值近似于保持不变。BAT 反馈由式(1)、(2)计算得出。综合两种跟踪反馈取值结果,可以得到如图 2 的关系图。

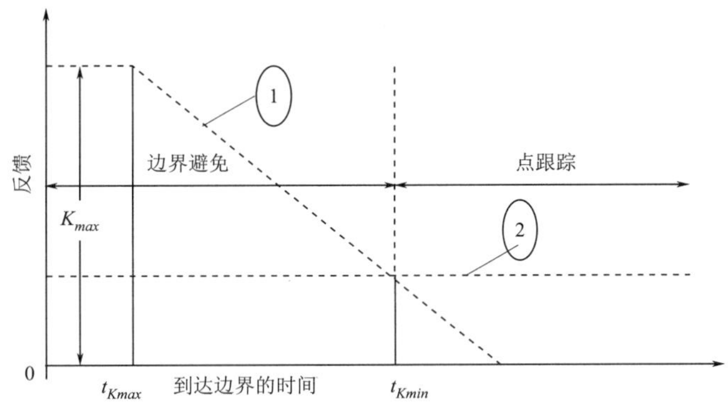

图 2　边界避免跟踪模型的反馈关系

如图 2 所示,虚线 1 和虚线 2 分别表示边界跟踪反馈和点跟踪反馈。当飞机到达边界的时间大于 t_{Kmin}时,点跟踪的反馈值较大,飞机处于点跟踪状态;当飞机到达边界的时间处于 t_{Kmax} 和 t_{Kmin}之间时,边界避免跟踪的反馈值较大,飞机由点跟踪状态转变为边界避免跟踪状态。

3　边界避免跟踪模型仿真及结果

3.1　飞机系统传递函数及参数确定

结合具体的飞机操纵特性,飞机的传递函数 $W_c(s)$ 由下式确定:

$$W_c(s) = K_c e^{-\tau_{cs}} \frac{\left(s + \frac{1}{T_s}\right)}{(s^2 + 2\xi_1 \omega_{\mathrm{nl}} s + \bar{\omega}_{\mathrm{nl}}^2)s} \tag{3}$$

其中,K_c 为飞机模型增益;τ_c 为飞机反应延迟;T_s 为等效传递函数分子项的时间常数;ξ_1 为飞机等效短周期模态阻尼比;$\bar{\omega}_{\mathrm{nl}}$为飞机无阻尼自振频率。

根据飞机的飞行性能特性,为式(3)中各参数赋值[4]到式(4):

$$W_c(s) = 5.6224e^{-0.1537s} \frac{(s + 1.0893)}{(s^2 + 2 \times 0.8214 \times 4.6018s + 4.6018^2)s} \tag{4}$$

3.2　模块中其他参数的确定

本文从概念着手,选取了不同等级的边界避免跟踪情况进行模拟,不能代表任何实际飞机的情况,模拟结果只是表现一个系统因边界距离改变而产生的摆动行为。具体参数选取,如表 1 所示。

边界追踪模型参数值　　表 1

参　　数	变　　量	数　　值
点跟踪增益	K_{PT}	0.58
点跟踪延迟	τ_{PT}	0.25s
最大边界跟踪反馈增益	$K_{\max}$	0.7
边界跟踪延迟	τ_b	0.25s
最小边界跟踪反馈增益的边界时间	t_{Kmin}	0.7s
最大边界跟踪反馈增益的边界时间	t_{Kmax}	0.3s
例 1 的边界距离(纯点跟踪状态)	h_{b-1}	0.066
例 2 的边界距离(边界避免的情况)	h_{b-2}	0.0582

3.3 模拟结果分析

图3表现了2种不同跟踪情形的结果第一行的两个小图表示点跟踪回路和边界跟踪回路的反馈大小,第二行的小图表示通过反馈选择器选择后的总反馈大小,第三行的小图表示输出大小。

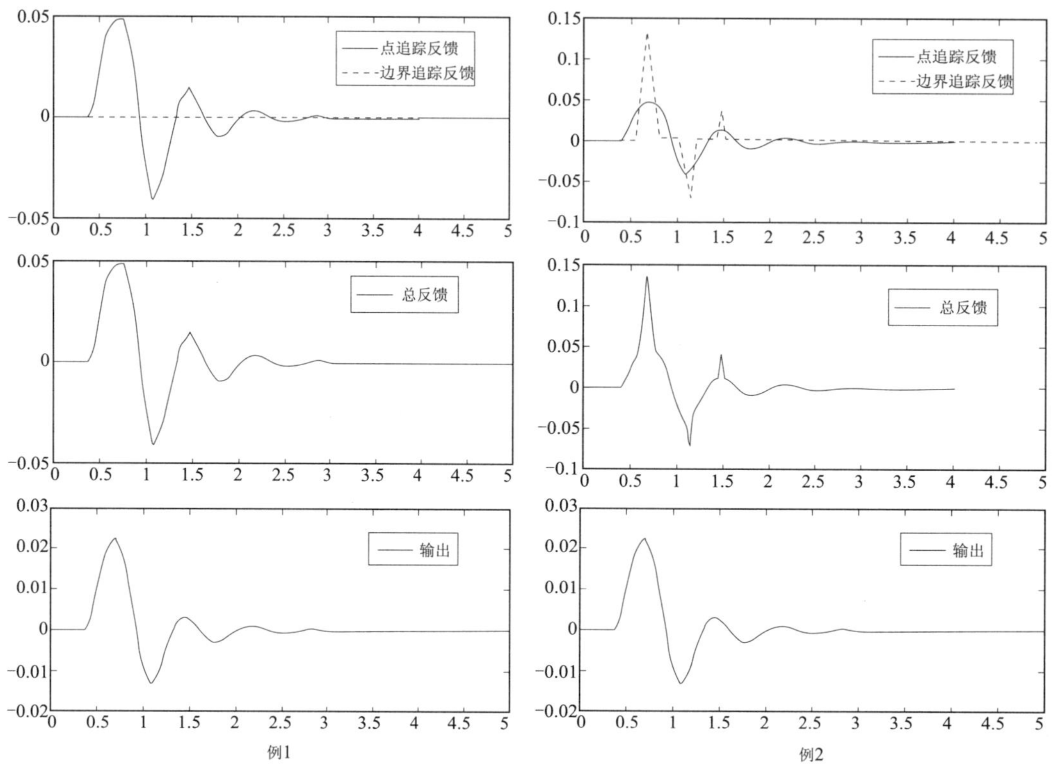

图3 边界避免模型仿真结果

例1是一个纯点跟踪情形,因为边界 h_{b-1} 足够大,飞行员不会感觉到有强加的边界,所以如图3所示,边界反馈一直为零。系统在点跟踪的情况下继续振动,并显示出典型的指数衰减二阶系统特征。

例2是一个边界避免跟踪事件,这个例子和例1唯一的区别就是边界距离由 h_{b-1} 变成了 h_{b-2}。这里,系统振荡不仅由二阶响应的小振荡引起,还由边界避免引起的重复输入引起。在第一行第二个小图中,大振幅的震荡因为结合边界避免而提高增益,并且这个增益在系统响应最初保持不变,知道飞行员认为远离边界后,才会回到点跟踪状态。

4 总结

本文建立了边界避免跟踪模型,通过仿真,探讨了边界避免理论的原理和先进性。与点跟踪相比,边界避免跟踪不依赖飞行员自身的飞行经验,任务难易程度和飞机本身性能,这让PIO现象得以有效地预防和避免。该理论模型还可以进一步完善,为PIO的研究提供更好的参考依据。

参考文献

[1] 王晓东,吕良飞.某型飞机驾驶员诱发振荡的研究[J].海军航空工程学院学报,第17卷 第2期,2002.3

[2] Moorhouse David J etc. 军用规范—有人驾驶飞机的飞行品质[S]. MIL-F-8785C的背景材料和使用指南,1982

[3] Gray, William. Boundary-Escape Tracking: A New Conception of Hazardous PIO[J]. Society of Experimental Test Pilots,2004

[4] 方振平,屈香菊,崔振新.驾驶员—飞机系统热性的匹配分析[J].飞行力学,第12卷,第4期,1994.12

The boundary avoidance tracking(BAT) for suppression of the pilot-Induced oscillations(PIO)

Guan Xuan, Liu Xing, Xu Ying

(College of Civil Aviation, Nanjing University of Aeronautics and Astronautics, Nanjing, 210016)

Abstract: Pilot Induced Oscillations (PIO) is one of the important factors impact to flight safety. A useful method to prevent PIO was introduced in this paper. On The Boundary Avoidance Tracking (BAT) theory of William Gray, a simulation model was established, by choosing a models of pitchtracking aircraft to make up an aircraft system. According to the Comparison of the simulation results, some effective basis was provided for analysis and forecasting.

Key words: Pilot induced oscillations; PIO; Boundary avoidance tracking; BAT; Flight safety

基于定位误差的INS/GPS组合导航系统适航性分析

冯远远　曹　力

(南京航空航天大学,江苏南京,210016)

摘　要:INS/GPS组合导航系统适航性的研究对于区域导航乃至PBN技术的实施都具有重要的理论和现实意义。本文通过组合导航系统的定位误差来分析其适航性。该文首先分析了实施区域导航时机载导航设备的适航性能审定标准,接着分析了惯性导航系统(INS)及全球定位系统(GPS)定位误差,根据区域导航适航及运行标准,通过一种比较简单又易于工程实现的方法分析了组合导航系统定位误差,并对系统定位误差进行了仿真,最后对系统的适航性进行了分析。

关键词:惯性导航系统;全球定位系统;定位误差分析;适航性

1　引言

随着区域导航在全球的实施,国际民航组织(ICAO)于2007年正式发布了基于性能的导航(PBN)手册,这种基于性能的导航整合了区域导航(RNAV)和所需导航性能(RNP)两方面,更加注重导航设备的实际导航性能[1]。相应的适航管理条例和运行标准也随后颁布,适航管理条例为保障民用航空安全,维护公众利益,促进民用航空事业发展而制定[2];适航及运行标准为营运人提供了指导性规范以及获得适航批准和运行批准的一种可接受的方法。其中,对机载导航系统的性能审定标准包括三个方面的要求,即准确度、完整性、功能连续性[3]。

惯性导航系统(INS)是一种自主式导航设备,它通过测量运载体运动加速度,经计算机积分运算,能够持续得到运载体的速度、航程、航向和位置等导航信息;然而,由于受各种导航误差源的影响,惯性导航系统具有定位误差随时间累积的缺点[4]。若把INS作为单独导航系统,需要考虑其能否在95%的飞行时间内保持所要求精度的风险,这难以符合适航标准中准确性的要求。

卫星全球定位系统(GPS)可实时全天候地在全球范围内为地面附近的任一载体,提供高精度的三维位置定位信息。然而,GPS接收机的工作受载体机动的影响较大;GPS定位导航数据不具备完备性;再者,由于GPS地面控制站只能保证故障响应时间为5~15min,当故障的GPS信号引入误差超过预定阈值时,不能及时向用户报警,这就难以满足适航标准中完整性的要求,这也远不能满足一些特定环境的要求:如民航导航系统(美国联邦航空局要求故障反应时间不超过10s)[5],若将GPS作为单独导航系统,飞机可能会失去RNAV能力。

本文在分析了区域导航适航标准和INS/GPS的优缺点的基础上,讨论了INS、GPS及组合系统的定位误差,并对系统定位误差进行了仿真,最后对INS/GPS组合导航系统的适航性能进行了分析和探讨。

2　INS/GPS/组合系统定位误差分析

2.1　INS定位误差分析

INS误差源有元部件、初始条件、运动、安装、编排等误差,有些误差(例如,初始条件、安装和大部分编排误差)等可以在飞行中消除或得到抑制,在这里我们只考虑元部件误差。本文应用平台坐标系来模拟地理坐标系,在指北方位系统中分析定位误差。鉴于飞机运动速度较快,由其引起的空间角速度较大,故讨论动基座下的系统动态特性,这与实际使用情况并无很大差别。惯性导航系统误差方程是在其

作者简介:冯远远,南京航空航天大学硕士研究生,88register@163.com;曹力,副教授,博士,南京航空航天大学交通信息工程及控制系主任,caoli@nuaa.edu.cn。

控制方程和基本方程的基础上推导出的,推导过程比较繁琐,下面直接给出动基座下指北惯导定位经度及纬度位置误差方程[6]。

$$\left.\begin{aligned}\dot{\delta L} &= -\frac{1}{R}(V_y^c - V_y^t) = \frac{\delta V_y}{R}\\ \dot{\delta \lambda} &= \frac{\delta V_x}{R}\sec L + \frac{\delta V_x^t}{R}\delta L \cdot \tan L \cdot \sec L\end{aligned}\right\} \tag{1}$$

其中,V_x^t、V_y^t 为在地理坐标系中速度在东、北三个轴上的投影;ΔV_x、δV_y 为速度误差;λ,L 为地理坐标系下的经度、纬度;$\delta\lambda$、δL 为经度、纬度位置误差;R 为地球曲率半径;ω_s 为休拉频率;ω_{ie}为地球自转角速率。通过拉普拉斯变换可求取误差方程的近似解析解[6]。

2.2　垂直导航误差分析

飞机上用来测量高度的是气压高度表。一般在实际应用中,须将垂直加速度计和高度表结合使用,即用高度表提供高度信息,用加速度计测量加速度信息并通过积分提供垂直速度。通过一个闭环控制系统来求取高度误差。下面直接给出动基座下指北惯导速度、定位经度及纬度位置误差方程:

$$\dot{h}_c = \frac{1}{s}\left\{A_z + \Delta A_z - g_0\left[1 - \frac{2}{a}(h + \Delta h)\right] + (2\Omega\cos\phi_c + \omega_{ce})V_{cx} + \omega_{cn}V_{cy} - F(s)(h_c - h - \Delta h)\right\} \tag{2}$$

其中,S 为积分修正系数;A_Z 为天向加速度;ΔA_Z 为加速度计零偏;g_0 为重力加速度;a 为地球旋转椭球体长轴半径;$h+\Delta h$ 为高度计来的高度信号;Ω 为地理坐标系相对于惯性坐标系的转动角速度;V_{cx}、V_{cy} 为东向、北向速度;h_c 为通过积分求得的高度值。

则垂直导航误差 Ph 为:

$$Ph = h_c - (h + \Delta h) \tag{3}$$

2.3　GPS 定位误差分析

GPS 卫星围绕地球轨道运行,它的瞬时位置可以通过卫星的轨道参数确定,然后将轨道参数通过导航电文的形式向外发送,用户接收机接收到这些轨道参数后,就可以自行解算出卫星的瞬时位置。GPS 接收机的测距误差乘以相应的几何误差系数,即可得相应的误差值。

则 GPS 卫星导航系统水平位置纬度、经度及垂直高度误差 ϕL、$\phi\lambda$、ϕh 为:

$$\begin{bmatrix}\phi L\\ \phi\lambda\\ \phi h\end{bmatrix} = \begin{bmatrix}HDOP \cdot \sigma_x\\ HDOP \cdot \sigma_y\\ VDOP \cdot \sigma_z\end{bmatrix} \tag{4}$$

其中,$HDOP$ 为水平位置几何误差系数;$VDOP$ 为垂直位置几何误差系数;σ_x、σ_y、σ_z 为水平纬度、经度及垂直位置测距误差。

2.4　INS 与 GPS 组合导航系统误差分析

根据惯性导航系统和 GPS 卫星导航系统的工作特性,用 GPS 误差去修正惯性导航系统误差,以上述两种设备的实际最小输出误差作为基准误差,惯性导航系统提供完备的误差数据,通过数据融合技术,上述两种导航设备输出的误差数据具有完备性的特点。因此根据上述误差分析,INS/GPS 组合导航系统误差可简单由下式表示。

组合导航系统水平纬度、经度位置误差及垂直高度误差 ϕL、$\phi\lambda$、ϕh 分别为:

$$\phi L = \begin{cases}\eta L & (T = t_i)\\ \eta L + \delta L & (t_i < T < t_{i+1}, T \neq t_i)\end{cases},\text{其中},\eta L = \min(\phi L, \delta L), i = (1,2,3\cdots) \tag{5}$$

$$\phi\lambda = \begin{cases}\eta\lambda & (T = t_i)\\ \eta\lambda + \delta\lambda & (t_i < T < t_{i+1}, T \neq t_i)\end{cases},\text{其中},\eta\lambda = \min(\phi\lambda, \delta\lambda), i = (1,2,3\cdots) \tag{6}$$

$$\phi h = \begin{cases}\eta\lambda & (T = t_i)\\ \eta h + \delta h & (t_i < T < t_{i+1}, T \neq t_i)\end{cases},\text{其中},\eta h = \min(\phi h, \delta h), i = (1,2,3\cdots) \tag{7}$$

其中,T 为组合导航系统运行时间,t_i 为 GPS 接收机接收卫星信号时间。

3 INS/GPS 系统仿真及分析

仿真条件为:陀螺漂移 $\varepsilon_x = \varepsilon_y = \varepsilon_z = s^{-1}0.001°/s$;飞机的初始位置为北纬 60°,东经 118°;重力加速度 $g = 9.8m/s^2$;加速度计零偏 $\nabla_x = \nabla_y = 1mg$(g 为重力加速度);休拉频率 $\omega_s = 1.24 \times 10^{-3} s^{-1}$;地球自转角频率 $\omega_{ie} \approx 0.729 \times 10^{-4} s^{-1}$;$h_o = 300m$;升降周期 $T = 600s$;水平位置几何误差系数 $HDOP = 1.5$;垂直位置几何误差系数 $VDOP = 1.2$;水平纬度、经度及垂直位置测距误差 σ_x、σ_y、σ_z 分别为 20m、24m、50m。应用上面的误差方程进行仿真,惯性导航水平位置误差 δL、$\delta\lambda$ 仿真结果见图 1 ~ 图 2;垂直导航误差 Ph 仿真结果见图 3;组合导航系统误差 ϕL、$\phi\lambda$、ϕh 的仿真结果分别见图 4 ~ 图 6。

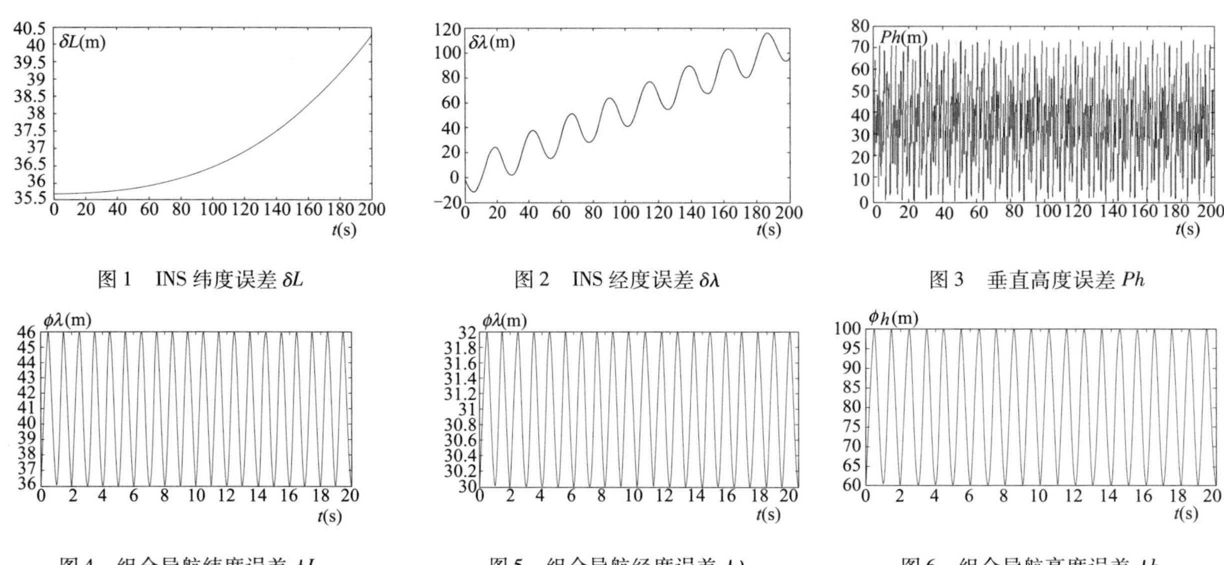

图 1 INS 纬度误差 δL

图 2 INS 经度误差 $\delta\lambda$

图 3 垂直高度误差 Ph

图 4 组合导航纬度误差 ϕL

图 5 组合导航经度误差 $\phi\lambda$

图 6 组合导航高度误差 ϕh

为了清晰地观察出仿真效果,将 INS 定位误差仿真时间设定为 200s,组合导航定位系统误差仿真时间设定为 20s。由仿真曲线可知:INS 随时间增加定位误差会不断积累变大;INS/GPS 组合导航系统误差曲线以 GPS 定位误差值为中心上下震荡,震荡周期为 1s,即为 GPS 接收机数据更新频率;由于 GPS 对 INS 可以实现 INS 传感器的校准、INS 的空中对准及其高度通道的稳定性等,在飞机长时间飞行过程中,组合导航系统小于 INS 定位误差,且误差不会随着时间不断累积,性能和准确度都较 INS 有效地提高,在实施 RNAV 飞行过程中,组合导航系统的水平轨迹保持的准确度小于 1n mile,满足了在终端区实施区域导航适航与运行标准中的准确度的要求;由于 INS 为主要导航方式,组合系统导航定位误差数据具有数据完备性,可以实现 GPS 接收机作为辅助导航方式的完整性监测(RAIM),系统可靠性也大大增强;如果飞机上具有两套惯导系统,并且使用带有卫星故障探测和排除能力(FDE)能力的 GPS,那么失去所有导航信息的可能性就很小,即使失去所有导航和通信功能后不能恢复的可能性也极小,这就满足了功能连续性的要求。通过本文分析,INS/GPS 的准确度高,可以具备完整性,但要经过完整性监测,如果 INS 有备用系统,使用高性能的 GPS,亦能满足功能连续性,组合导航系统能够满足适航标准中对于设备性能的要求,从而具备 RNA 能力。

4 结语

在现代民用航空领域,如何利用现有导航设备来提高综合导航性能以满足适航与运行标准要求已经成为重要的研究方向之一。本文根据 PBN 手册、实施区域导航的适航和运行标准要求,结合 INS 和 GPS 导航的优缺点,分析了 INS、GPS 及组合导航系统定位误差,最后对系统定位误差进行了仿真并进行了分析,分析结果表明,INS/GPS 组合导航系统可以满足适航标准要求,但要经过性能监测。INS/GPS 组合系统的应用范围也将由单一军用导航扩大到公路检测、地下油气管道检测、激光断面测量、民航等领域,它将发挥越来越大的作用。

参考文献

[1] International Civil Aviation Organization. Performance Based Navigation Manual[S]. 2007

[2] 中华人民共和国民用航空器适航管理条例[Z]. 1985

[3] 中国民航总局. 在终端区实施区域导航的适航和运行标准[S]. 中国民用航空总局公报,2004

[4] 刘建业,赵伟,熊智. 导航系统及应用[M]. 南京:南京航空航天大学,2005

[5] 吴澄,彭允祥. 用神经网络实现GPS完整性监测[J]. 中国惯性技术学报,1992

[6] 以光衢. 惯性导航原理[M]. 北京:航空工业出版社,1987

Airworthiness requirements for INS / GPS integrated navigation system on the location errors

Feng Yuanyuan, Cao Li

(Nanjing University of Aeronautics and Astronautics, Nanjing, Jiangsu, 210016)

Abstract: It is theoretically and practically significant to (RNAV) as well as the implementation of PBN that we study the airworthiness requirements for INS / GPS integrated navigation system. In this paper, we analyze the airworthiness requirements by the location errors. Firstly, we analyze the airworthiness standards when implementing of RNAV. Then, we analyze the positioning errors of INS and GPS. According to the RNAV airworthiness and operation standards, we analyze the location errors of INS / GPS integrated navigation through a simple method. Finally, we simulate the location errors of the system and analyze the airworthiness requirements of the system.

Key words: INS; GPS; The analysis of the location errors; The airworthiness requirements

基于动态规划的团体舱位控制模型

高荣环　许　俐

(南京航空航天大学民航学院,江苏南京,210016)

摘　要:舱位控制是航空公司收益管理的核心问题。在引入折扣因子的情况下,建立了单航段条件下的航空团体旅客舱位动态优化控制模型,并由该模型可得出优化控制策略。最后通过算例说明该模型的实用性。

关键词:收益管理;航空客运;团体旅客;舱位控制

1　引言

航空客运业的主要产品是飞机座位,面对多变的航空市场需求和竞争环境,有必要对影响航空客运业发展的飞机舱位控制问题进行研究[1,2]。舱位控制问题是在不同运价的订座请求情况下,如何控制各个运价订座的短期舱位销售量。航空公司为了提高收益,应尽量销售高等级的舱位,但各个等级舱位请求到达时间不一致,从而如何控制各个等级舱位的销售数量成为影响航空公司收益的关键因素。Belobaba[3]根据边际收益原理建立起一种舱位控制方法(Expected Marginal Seat Revenue,EMSR),该方法已成为航空公司舱位控制的经典方法。

团体座位控制问题目前国外研究的较少。主要是团体乘客在国外航空市场的比例很低,一般不到10%。但是国内市场或东南亚市场由于民族特性,团体乘客占有很大的比例,有些航线的团体订座数量占全年订座的30%~40%[4]。因此团体座位控制是一个非常值得研究的问题。

团体与散客不同,常常以较大的座位需求量要求享受更加优惠的折扣待遇。接受团体旅客意味着挤掉部分高票价旅客,但同时由于航空运输产品的不可存性,即如果某个航班的座位在飞机起飞前没有完全售出去,剩下的座位是不可能保存起来留待以后再售的,这些座位将会白白地浪费掉[5,6]。本文在引进折扣因子模型的基础上,计算出给予团体旅客合理票价折扣系数,进而建立团体旅客舱位控制模型,为航空公司提供舱位优化策略,使得接受团体旅客既不会挤掉高票价旅客,又能有效的增加航班收益。

2　折扣因子模型

2.1　模型介绍

因为飞机机票由开始出售时的价值到飞机起飞时价值为零的过程可以假设为价值—时间的指数变化函数。机票的价格是随着机票的价值上下波动的,由于机票的价值变化是连续的,而价格是不可能连续变化的,所以为了得到离散的价格计划表,将机票的销售周期均匀地划分为几段,然后按照每段时间销售的机票的总价值不变的原则,求解出每段时间内机票的平均价值。最后利用这些平均价值除以机票票价,就可以得出一个折扣系数,当机票打的折扣大于或等于折扣系数时,航班才不亏损。

2.2　符号说明与假设

$D(t)$表示顾客的需求,表示距离航班起飞的天数。航班的订座过程每天为一个阶段,按照起飞前的天数可划分成若干阶段$t=0,1,\cdots,T$。$t=0$表示航班起飞当日,$t=1$表示航班起飞前1天,以此类推,一般T的取值根据实际情况确定。$P_V(t)$表示时刻单张机票的价值、P_{Vi}表示时期内各等级机票的平均价值,$i=1,2,\cdots,T$,P_M表示最高的机票票价、α表示机票价值的变质率。

2.3　模型假定

(1)只考虑单个航班,不考虑多航班订座;

(2)旅客的需求为正态分布函数,D 为旅客预测数量,$D=(d_1,d_2,\cdots,d_n)$,$d_j(t)$是旅客 t 时刻在票价 j 的需求;为一个随机变量为独立正态分布,假定服从正态分布 $d_j \sim N(\mu_j,\sigma_j^2)$;

(3)客票的价值变化为时间变化的指数减函数,$P_v(t)=P_m \cdot \exp(-\alpha \cdot t)$;

(4)开始售票的时间为 T;

(5)旅客的需求不随价格变化。

2.4 建立模型

i 时期内机票的平均价值可根据下式求解:

$$\int_{t_i-1}^{t_i} P_{vi} \cdot D(t)\mathrm{d}t = \int_{t_{i-1}}^{t_i} P_V(t) \cdot D(t)\mathrm{d}t \tag{1}$$

其中折扣因子

$$\alpha = \frac{\int_{t_{i-1}}^{t_i} P_V(t) \cdot D(t)\mathrm{d}t}{P_V(t)} \tag{2}$$

3 团体订座请求模型

由于任何时候团队的价格都低于散客销售价格,航空公司的座位控制人员就要根据收益最大化的原则来接受团体旅客,为此建立了团体订座请求模型。通过比较不同等级舱位的期望边际收入,可以确定订座请求的接受/拒绝的决策,以此优化控制舱位。

3.1 符合说明与假设

$j=1,2,3,\cdots,k$ 为票价等级,其中 $j=1$ 为最高价格等级,$j=k$ 为最低价格等级;$n=0,1,\cdots,N$ 为决策阶段,$n=0$ 表示飞机起飞时刻;$m=1,2,\cdots,M$ 为团体的人数;s 为可售座位的个数,其中 $M \leqslant s$;F_j 表示第 j 等级舱位的价格;P_j^n 表示在第 n 决策阶段时对第等级舱位请求的概率;g_{jm}^n 表示在第 n 个决策阶段时订 m 个第 j 个等级舱位的概率;R_j^n 表示在舱位容量为 s 的条件下第 n 个阶段的期望总收入。

短期舱位控制的研究建立在以下假设的基础上:

(1)在某个航段上舱位的大小是一定的,即飞机的客舱容量不变。

(2)不超售,且订座不取消。

(3)订座请求到达遵循泊松分布。

(4)忽略旅客的拒载成本。因为拒载的旅客一般由下一个航班或者其他航空公司运载,其成本比较小,可忽略不计。

(5)在每个阶段最多有一个订座请求到达。从而根据航空公司的历史数据和假设(3),可以将某个航段的客舱销售开始时间到飞机起飞时间划分多个阶段。

3.2 团体舱位控制模型

$$R_s^n = \begin{cases} R_0^{\,n-1} & n>0,s=1 \\ P_0^n R_s^{\,n-1} + \sum\limits_{j=1}^{k} P_j^n \sum\limits_{m=1}^{M} g_{jm}^n \max(mF_j + R_{s-m}^{n-1}, R_s^{n-1}) & n>0,s>0,1 \leqslant m \leqslant 9 \\ P_0^n R_s^{\,n-1} + \sum\limits_{j=1}^{k} P_j^n \sum\limits_{m=1}^{M} g_{jm}^n \max(m a_j F_j + R_{s-m}^{n-1}, R_s^{n-1}) & n>0,s>0,m \geqslant 10 \end{cases} \tag{3}$$

其中 $P_0^n = 1 - \sum_{j=1}^{k} P_j^n$ 表示第 n 个阶段没有订座请求的概率。当飞机没有可销售的座($s=0$)时,不必做出对订座请求的接受或拒绝的决策,所以总的期望收入应等于上个决策阶段的收入。当 $n>0$ 和 $s>0$ 时,$m\alpha_j$ 可以看成是一个数,m 本身代表数量,所以只要考虑其中一个公式即可。若有

$$mF_j + R_{s-m}^{n-1} \geqslant R_s^{\,n-1}$$

则第 n 个阶段接受第 j 等级舱位的订座请求,否则,拒绝这个订座请求。这种接受/拒绝的决策同 Belobaba 的 EMSR 方法类似,通过比较不同等级舱位的期望边际收入,可以确定订座请求的接受/拒绝的决策,以此优化控制舱位。可得出一个舱位优化控制的管理策略。

(1)在某一个决策阶段,每个舱位等级都存在一个"临界舱位量",如果该等级舱位的订座量高于临界舱位量,那么接受该等级舱位的请求,反之则拒绝。

(2)在可售确定的条件下,每个舱位等级都存在一个"临界决策阶段",如果订座请求的到达阶段早于临界决策阶段,那么接受该等级舱位的请求,反之则拒绝。

(3)在可售舱位数和决策阶段确定的条件下,每个舱位等级都存在一个"临界舱位等级",若订座请求的舱位等级低于临界舱位等级,那么接受该等级舱位的请求,反之则拒绝。

4 算例分析

假设某航空公司在广州到上海的航段上运营,机型为B737—500,飞机容量是110座。客票销售价格有三个等级,分别为$F_1=1280$,$F_2=960$和$F_3=510$。各等级票价的机票价值的变质率均为0.2.假设订座请求的到达遵循泊松分布,旅客需求服从正态分布,如表1所示。根据假设(5)和航空公司的历史数据可以将客票销售时间划分30个阶段,从而得出各个阶段的订座请求到达的概率如表2所示。

通过动态规划的逆序求解方法,可以得出整个舱位动态优化控制过程如图1所示。

旅客需求表 表1

客票等级编号	价格(折扣)	需求量期望值	需求量方差
1	1	7	3
2	0.75	18	5
3	0.4	36	6

订座请求各个阶段到达的概率表 表2

到达概率	决策阶段				
	1:5	5:12	13:19	20:24	25:30
P_1^n	0.12	0.15	0.11	0.05	0.09
g_{120}^n	0.00	0.00	0.00	0.00	0.01
P_2^n	0.14	0.15	0.12	0.07	0.08
g_{220}^n	0.01	0.03	0.03	0.04	0.04
P_3^n	0.00	0.18	0.15	0.14	0.13
g_{320}^n	0.00	0.06	0.04	0.03	0.05

可以用图1中A、B、C三点来说明舱位优化控制图的使用方法,A点表示可售货舱量有50个($s=50$),处于第6个决策阶段,此时可接受1,2,3三个舱位等级的请求;由于团体旅客一般对价格比较敏感,所以此时只要团体旅客出价意愿高于折扣因子与3舱位票价之积,团体就可以被接受;B点表示可售货舱量有30个($s=30$),处于第10个决策阶段,此时可接受1和2两个舱位等级的请求,这时要求的最低接受团体旅客的票价为舱位2票价与折扣因子之积,低于此价格,航空公司将拒绝接受团体旅客;C点表示可售货舱量有20个($s=20$),处于第22个决策阶段,此时只接受第1等级舱位的请求,此时票价最高,愿意支付此票价的团体旅客一般是对票价不敏感,对时间敏感的特殊团体。例如参加团体比赛,出国访问的团体,否则一般团体是不愿意出高价购票的。

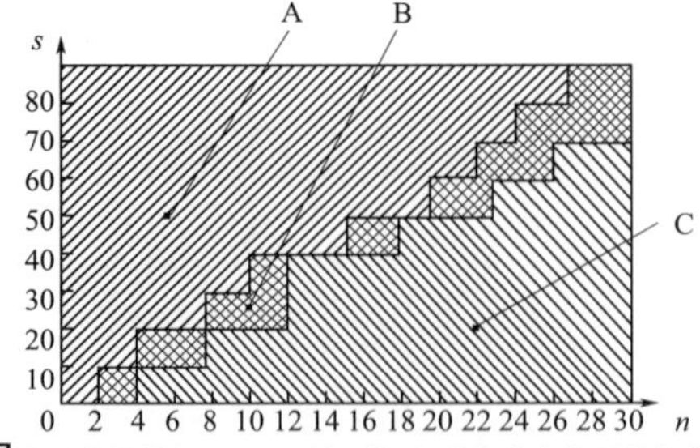

图1 舱位优化控制图

5 结论

文章在引入团体旅客购票折扣因子模型的前提下,建立动态团体旅客舱位控制模型,得出3点舱位优化管理策略,算例研究表明,该方法有较高的实用价值,为团体旅客动态舱位分配策略的确定提供了科学的算法模型。

参考文献

[1] 杨思梁.最盈利的管理方法——收益管理[M].北京:航空工业出版社,2000

[2] 杨思梁.收益管理[M].北京:航空工业出版社,1998

[3] Peter P, Belobaba. Air travel demand and airline seat inventory management[D]. Massachusetts Institute of Technology May. 1987

[4] 吴桐,李东,那娜.航空公司如何对团体实施收益管理[J].民航经济与技术,2000,(2):57-58

[5] 徐公达,石丽娜.航空旅客运输管理[M].北京:航空工业出版社,2003

[6] 高强.航空收益管理中舱位控制问题的研究[D].南京:南京航空航天大学,2006

Seat inventory control model for group passenger based on dynamic programming

Gao Ronghuan, Xu Li

(College of Civil Aviation, Nanjing University of Aeronautics & Astronautics, Nanjing, 210016)

Abstract: Seat inventory control is a key issues in airlincs revenue management. By introducing discount factor, a discrete-time dynamic programming model for group passenger optimal control is developed with a single-leg. The optimal control policy of group passenger is achieved by proposed model. Finally, practicability of the proposed model is illustrated by using a numerical example.

Key words: Revenue management; Airlines transportation; Group passenger; Seat inventory control

基于动态灰色理论的民机预防维修间隔优化研究

赵　飞　周唯杰

(南京航空航天大学民航学院,南京,210016)

摘　要:维修间隔的确定直接影响维修成本,对维修间隔优化是降低飞机直接运营成本的手段。为合理的预测故障维修间隔,在灰色理论的基础上采用改进的动态 GM(1,1)模型预测方法,该方法把原始维修间隔序列累加处理生成新序列后,通过构造参数矩阵,建立灰色模型的微分方程,求解灰色模型的时间响应函数,生成累减矩阵,进行累减运算即得维修间隔的预测值。通过实例验证了本文提出方法的有效性。

关键词:民航;灰色模型;维修间隔;预测

在保证安全的前提下,追求利益和降低成本是航空公司的永恒主题,预防性维修是提高飞机可靠性、安全性和经济性的有效措施。预防性维修是在飞机未发生故障前,预先按照计划要求对飞机实施的维修工作,以保持飞机具有良好的状态,防止飞机在飞行过程中发生故障[1]。确定民机维修间隔的方法主要包括:矩阵法、根据使用可靠性数据确定系统维修间隔的方法(参数法和维修建模方法)以及基于案例推理(Case - based reasoning,CBR)方法。

近几年,国内外对预防性维修进行了广泛的研究,提出了许多方法,并建立了大量的模型。在文献[2,3]中,建立了系统平均运行周期模型和一个周期的平均期望损失模型,并以单位时间的期望损失为目标进行研究,取得了一系列的研究成果,但所得到的结果是系统长期运行的期望维修周期,不能反映系统在特定时间段内预防性维修活动的控制方法;而文献[4]构建了有限时间区间的预防性维修策略的优化模型,克服了无限时间区间优化模型不可操作的缺点,但该模型认为系统每次预防维修周期是固定不变的,这不仅与工程实际不相符合,也不可能提高系统的使用率,降低系统的维修费用[5]。

基于以上问题,本文采用灰色理论来确定最优预防维修间隔,该理论根据系统的行为特征数据,找出因素之间和因素自身的数学关系或变化规律,建立一种描述被研究系统的动态变化特征的模型[6]。改进后的 GM(1,1)模型不仅能正确反映飞机各系统在特定时间段内的可靠性情况,同时根据维修情况的不断变化动态预测下次维修间隔,对实现飞机可靠性与经济性相结合具有很大的指导意义。

1　改进的 GM(1.1)修正模型

1.1　灰色 GM(1.1)模型[7]

给定一个原始非负数列,$X^{(0)}$,$X^{(0)}=[X^{(0)}(1),X^{(0)}(2),X^{(0)},\cdots,X^{(0)}(n)]$,对 $X^{(0)}$ 进行一次累加生成(1 - AGO),得生成数列 $X^{(1)}$,其中

$$X^{(1)}(k)=\sum_{m=1}^{k}X^{(0)}(m) \tag{1}$$

对 $X^{(1)}$ 建立白化微分方程

$$\frac{dx^{(1)}}{dt}+ax^{(1)}=b \tag{2}$$

对应的灰微分方程

基金来源:国家自然科学基金与民航总局联合资助项目(60879001)。

作者简介:赵飞(1986-),男,江苏盐城人,硕士研究生,研究方向为民航可靠性工程,E-mail:i040410103@126.com;周唯杰(1984-),男,江苏盐城人,硕士研究生,研究方向为民航安全工程。

$$X^{(0)}(k)+aZ^{(1)}(k)=b \tag{3}$$

设参数列矢量 $\hat{a}[a \quad b]^T$,a 用来控制系统发展态势的大小,称为发展系数,b 用来反映资料变化的关系,称为灰色作用量。

由最小二乘法原理得参数关系式

$$\hat{a}=(B^TB)^{-1}B^TY \tag{4}$$

式中,$B=\begin{bmatrix} -\frac{1}{2}[X^{(1)}(1)+X^{(1)}(2)] & 1 \\ -\frac{1}{2}[X^{(1)}(2)+X^{(1)}(3)] & 1 \\ \vdots & \vdots \\ -\frac{1}{2}[X^{(1)}(n-1)+X^{(1)}](n) & 1 \end{bmatrix}$, $Y=\begin{bmatrix} X^{(0)}(2) \\ X^{(0)}(3) \\ \vdots \\ X^{(0)}(n) \end{bmatrix}$

解白化微分方程得

$$\hat{X}^{(1)}(k+1)=(X^{(0)}(1)-\frac{b}{a})e^{-ak}+\frac{b}{a} \tag{5}$$

做一次累减生成(1-IAGO),还原可得预测估计值

$$\hat{X}^{(0)}(k+1)=\hat{X}^{(1)}(k+1)-\hat{X}^{(1)}(k)=(1-e^a)[X^{(0)}(1)-\frac{b}{a}]e^{-ak} \tag{6}$$

对预测值进行精确度检验,一般有三种方法:残差大小检验是算数检验,后验差检验是统计检验,关联度检验是根据模型曲线行为数据曲线的几何检验。根据不同检验得到的结果判断模型是否合适,然后对模型进行调整、修正。这里着重介绍一下关联度检验的方法。关联度检验的基本思想是根据曲线间关联度来判断预测结果与实际值之间的接近程度。考虑数列 $\hat{X}^{(0)}(k)$ 和 $\hat{X}^{(0)}(k)$,给定最大差百分比 e_{max},则最大误差为

$$\Delta_{max}=\max_k|\hat{X}^{(0)}(k)-X^{(0)}(k)|=\max_k X^{(0)}(k)e_{max} \tag{7}$$

关联系数

$$\xi(k)=\frac{\{\min_i\min_k|x_0(k)-x_i(k)|+\rho\max_i\max_k|x_0(k)-x_i(k)|\}}{\{|x_0(k)-x_i(k)|+\rho\max_i\max_k|x_0(k)-x_i(k)|\}} \tag{8}$$

综合各点关联系数,取出两曲线关联度:

$$\gamma=\frac{1}{n}\sum_{k=1}^{n}\xi(k) \tag{9}$$

1.2 改进的 GM(1,1)模型

由公式(6)可知,GM(1,1)模型拟合和预测的精度除了取决于常数 a 和 b 之外,初值 $x^{(0)}(1)$的选择对该模型的预测精度也有一定的影响。因此,合理的选择初值可以提高模型的拟合和预测精度。传统的初值选用原始数据序列的第一数据值,这是没有理论依据的,在运用中会降低模型的建模精度和预测精度,因此,我们认为初值 $\hat{X}^{(0)}(1)$最好取原始数据的最小二乘进行估计[8],即使得

$$\min\sum_{k=1}^{n-1}\left\{(1-e^a)[\hat{x}^{(0)}(1)-\frac{b}{a}]e^{-k}-x^{(0)}(k+1)\right\}^2+[\hat{x}^{(0)}(1)-x^{(0)}(1)]^2 \tag{10}$$

成立,求得其最小二乘解为

$$\hat{x}^{(0)}(1)=\frac{\hat{x}^{(0)}(1)+\sum_{k=1}^{n-1}(1-e^a)e^{-ak}[\frac{b}{a}(1-e^a)e^{-ak}+x^{(0)}(k+1)]}{1+(1-e^a)^2\sum_{k=1}^{n-1}e^{-2ak}} \tag{11}$$

代入式(6)中,得

$$x^{(\hat{0})}(k+1)=(1-e^a)[\hat{x}^{(0)}(1)-\frac{b}{a}]e^{-ak}$$

再将动态预测方法引入到GM(1,1)修正模型中,即用已知序列建立GM(1,1)修正模型时,不用这个模型一直预测下去,而是只预测一个值,并将这个灰数补充在已知数列之后,为不增加序列长度,去掉一个最老的数据,构成新数列,再建立新的GM(1,1)修正模型,这样新陈代谢,逐个预测依次递补,不断补充新的信息,使灰度逐步减低,直到完成预测目的,我们称这种方法为动态GM(1,1)修正模型[9]。在动态GM(1,1)修正模型建立过程中,由式(11)和式(12)可知,参数 a、b 及初始值 $\hat{x}^{(0)}$ 发生一次变化,即每预测一步模型参数做一次修正,使得模型得到了改进,精度也进一步得到提高。

2 基于动态GM(1,1)模型的最优预防维修间隔的确定

波音767-300型飞机是由美国波音公司研制生产的半宽体中远程客机,该飞机系统可划分为客舱系统、导航系统、通讯系统等部分,表1为客舱系统的部分连续故障间隔数据[10]。

客舱系统故障间隔数据(单位:飞行小时)　　表1

序号	故障时间	序号	故障时间	序号	故障时间
1	35.17	9	46.34	17	63.23
2	35.17	10	48.4	18	64.74
3	35.66	11	48.49	19	68.83
4	36.07	12	52.23	20	71.19
5	37.16	13	54.7	21	75.95
6	37.16	14	58.49	22	78.52
7	41.64	15	61.8	23	79.98
8	43.24	16	61.8	24	82.44

根据表1中的数据,采用8维序列,建立动态GM(1,1)修正模型,对故障间隔时间进行预测,从而确定最优维修间隔,通过MATLAB对模型进行求解,得到预测序列后,进行误差分析,分析结果见表2。

客舱系统故障间隔预测结果(前8个数据为初始样本,表中省略)　　表2

序号	实际值	预测值	相对误差	序号	实际值	预测值	相对误差
9	46.34	44.99	0.029	17	63.23	66.06	0.044
10	48.4	47.35	0.022	18	64.74	67.58	0.043
11	48.49	50.69	0.045	19	68.83	68.05	0.011
12	52.23	52.27	0.001	20	71.19	70.29	0.013
13	54.7	54.81	0.002	21	75.95	72.55	0.045
14	58.49	56.72	0.030	22	78.52	76.86	0.021
15	61.8	60.26	0.025	23	79.98	81.51	0.019
16	61.8	63.95	0.035	24	82.44	84.38	0.023

由表2可看出,在动态GM(1,1)模型上得到的故障维修间隔预测值与实际值之间的误差较小,平均误差只有2.5%,图1为根据表1中的数据得到的故障间隔的变化曲线,图中的实际值与预测值非常贴近,进一步说明了动态GM(1,1)模型的可行性与有效性。

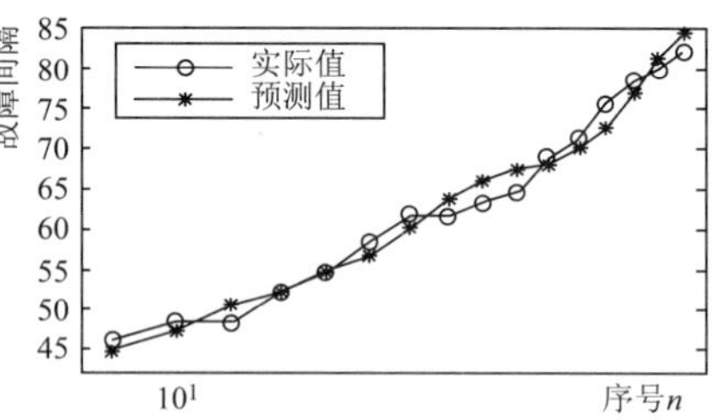

图1 故障间隔的变化曲线

3 结语

在众多确定飞机维修间隔的方法模型中,灰色GM(1,1)模型是一种有效的方法,在对其作进一步改进后,可明显提高其预测的精度,采用动态GM(1,1)模型预测出的维修间隔与实际值误差很小,该方法可进一步应用到民航可靠性维修、成本估算等各个领域中。

参考文献

[1] 李交通.基于最小代价的预防性维修数学分析方法[J].可靠性与环境适应性理论研究,2007,8:22-25

[2] 邹小理.结构的最优预防性维修周期[J].航空学报,1997,18(3):363-666

[3] 赵建民. 一种系统预防性维修的综合优化决策[J]. 机械科学与技术,2000,19(4):559- 565
[4] 范秀敏,马登哲. 有限时间区间预防性维修策略的优化[J]. 上海交通大学学报,2003,37(5):679-682
[5] 潘光,毛昭勇,宋保维. 预防性维修周期优化决策研究[J]. 机械科学与技术,2007,26(4):518-520
[6] 董振兴,史定国,张东山. 基于灰色理论的机械设备智能状态预测[J]. 华东理工大学学报,2001,27(4):392-394
[7] Tang Yiqun, Cui Zhendong, Wang Jianxiu. Application of grey theory-based model to prediction of land subsidence due to engineering environment in Shanghai [J]. Environmental Geology, 2008, 55 (3): 583-593
[8] 牛东晓,贾建荣. 改进 GM(1,1)模型在电力负荷预测中的应用[J]. 电力科学与工程 2008(24)4:28-30
[9] 左洪福,蔡景,王华伟. 维修决策理论与方法[M]. 北京:航空工业出版社,2008
[10] 孙小宇. 可靠性在民用飞机维修工程中的应用研究[D]. 昆明理工大学,2006

Optimization of civil aircraft preventive maintenance interval based on dynamic gray theory

Zhao Fei, Zhou Weijie

(College of Civil Aviation, Nanjing University of Aeronautics and Astronautics, Nanjing, 210016)

Abstract: The determining of maintenance interval impact the maintenance cost directly, optimization of maintenance interval is a method of reducing the direct operating cost of the aircraft. To forecast the fault maintenance interval scientifically, the improved dynamic GM (1,1) forecasting method was used based on gray theory. After creating new series by accumulated generating the original maintenance interval series, this forecasting method built a differential equation of gray model by fitting, constructing parameter matrix. The forecasting interval demand series was obtained by solving the time response function of gray model and creating inverse accumulated generating matrix for inverse accumulated generating operation. The method is proved effective through the example.

Key words: Civil aviation; Gray model; Maintenance interval; Forecast

基于MAS的机场飞行区建模与仿真分析

段绪林　朱新平　汤新民　韩松臣

(南京航空航天大学民航学院,江苏南京,210016)

摘　要:应用Multi-agent系统(MAS)理论和技术,对机场飞行区运行过程进行了仿真建模分析,并开发了基于MAS的机场飞行区运行仿真评估系统。将进/离港飞机、管制员、运控指挥员及飞行区各子系统资源,如停机位、滑行道、跑道和航站空域定义为不同的Agent,利用Agent所具有的智能性,通过各Agent之间的交互进行问题的求解。开发的系统应用到成都双流国际机场飞行区运行仿真研究中,实现了飞行区交通状况的整体仿真,并结合试验数据给出了相关指标的统计分析结论,为机场改善服务保障能力提供了参考依据。

关键词:Multi－Agent;机场运行;飞行区建模;仿真

1　引言

近年来,随着航空运输业的飞速发展,机场运行条件日趋复杂,对其服务保障能力提出了严峻挑战。因此,亟须采取科学手段对机场运行展开评估,尤其是对飞行区的运行状况进行评估。采用计算机仿真手段来再现飞行区运行过程,成为目前机场评估中广泛应用的重要手段。当前对飞行区运行仿真研究多采用简化或分解处理的方法,侧重于其中某一子系统的评估,如跑道[1,2]、停机位[3,4]、滑行道[5]、航站空域[6,7]。这种方法忽略了飞行区各子系统的相互关联,不能保留飞行区原有复杂性的产生机制,导致分析结果不能反映飞行区的真实运行状况。因此,需要将机场飞行区作为一个整体来展开仿真分析。

本文应用MAS理论和技术,根据我国机场飞行区运行特点,建立了基于MAS的机场飞行区运行仿真模型,将进/离港飞机、管制员、机场运控指挥人员及飞行区各子系统定义为不同的Agent,利用Agent所具有的智能性,通过Agent之间的交互进行问题的求解,提出了面向Agent的仿真算法,并设计了相应的飞行区仿真软件并用其对成都双流国际机场进行仿真与分析。

2　面向Agent的飞行区建模与仿真

2.1　飞行区运行建模

机场飞行区可分为地面和航站空域两部分。在对机场飞行区进行面向Agent的仿真研究时,需要分析飞行区涉及的实体和实体间的相互关联。本文在建模中考虑的实体包括飞行区内相关资源(如跑道、滑行道等)、飞机、管制员以及机场运控中心指挥员,而对飞行区场面上的运动车辆和地勤人员等在建模过程中不予考虑。具体而言,在飞行区运行建模过程中,对不同的实体采取不同层次的建模策略。为了清楚地反映飞行区各子系统资源的动态占用情况,本文将飞行区各子系统如跑道、滑行道等分别建立相应的Agent来对飞行区运行状况展开评估。与此同时,将管制员、机场运控指挥人员和飞机(其中包括飞行员、乘客等)分别建立为管制员Agent、运控Agent、飞机Agent。飞机Agent的行为不仅体现了飞行员同管制员及运控指挥人员的交互,也体现了飞行员对场面运动状况的反应。面向Agent的飞行区运行建模如图1所示。

在飞行区运行过程中,飞机Agent拥有两种不同的角色:使用者和申请者。使用者角色是指飞机

作者简介:段绪林(1982-),男,四川平昌人,南京航空航天大学民航学院硕士研究生,从事终端区交通仿真技术研究;韩松臣(1964-),男,黑龙江哈尔滨人,南京航空航天大学教授。

Agent 在进/离港的不同阶段可以使用飞行区各子系统 Agent 所拥有的相关资源，与此同时，飞机 Agent 之间还应进行相互运动状态感知，保证安全运行间隔和冲突避让。申请者角色则明确了飞机 Agent 在飞行区的航站空域、跑道运行阶段必须向管制员 Agent 提出资源占用申请，并根据管制员 Agent 的相关批复来展开运动，而对进港飞机而言，在滑行道和停机位占用阶段必须向运控 Agent 提出资源占用申请，并根据相关批复组织运行。飞机 Agent 在飞行区的行为可以用有限状态机表示如图 2a）所示。

管制员 Agent 拥有两种不同的角色：管理者和批复者。管理者是指管制员 Agent 对飞行区的航站空域、跑道实行不间断监视与管理，保证其安全和高效利用。此外，管制员 Agent 还对离港飞机 Agent 的滑行道路径进行管理。批复者是指管制员 Agent 对飞机 Agent 的相关资源占用请求进行分析处理，提出实时的运动对策建议。管制员 Agent 的行为如图 2b）所示。

与管制员 Agent 类似，运控 Agent 也拥有两个不同的角色：管理者和批复者。不同的是，运控 Agent 的管理对象为停机位 Agent、进港飞机 Agent 的滑行路径。相应地，运控 Agent 主要对进港飞机 Agent 的停机位和滑行道占用申请提供相关运行指令。运控 Agent 的行为如图 2c）所示。

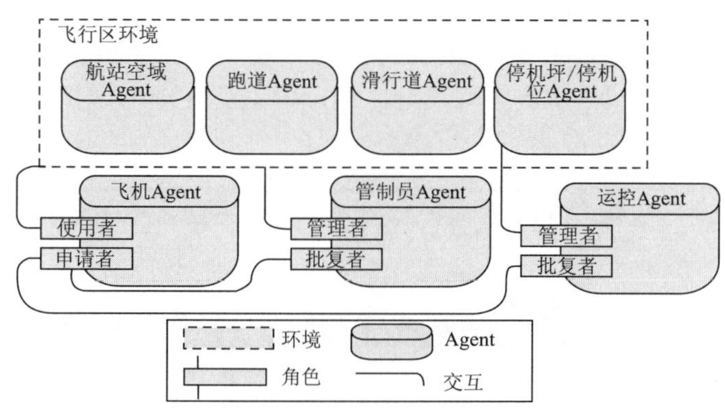

图 1　面向 Agent 的飞行区运行建模

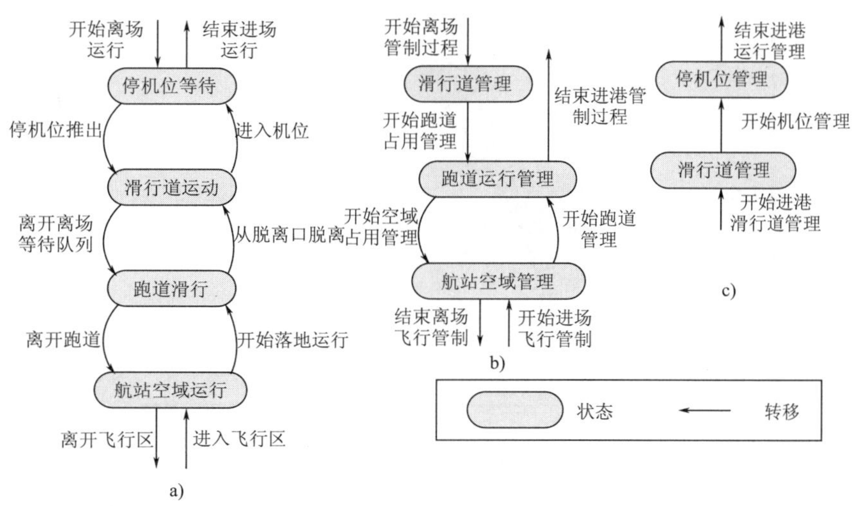

图 2　基于有限状态机的 Agent 行为描述

a）飞机 Agent 行为；b）管制员 Agent 行为；c）运控 Agent 行为

2.2　飞行区仿真算法

飞机的进/离港过程是机场飞行区运行最为复杂的环节，目前没有十分可行、合适的飞行区仿真算法可以采用。飞行区仿真分析主要从航班延误等指标来对其运行状况展开评估，因此航班在飞行区各子系统的运行时间和排队状况是仿真研究的重点。

航站空域不同高度的进/离港航线组成了复杂的立体网络，该网络由若干线段组成，线段之间由转向点连接,进/离港飞机 Agent 必须按照进港航线飞行,实现飞行流量在网络中的有序流动。

按照飞机进/离港过程,提出面向 Agent 的飞行区仿真算法。

(1)飞机 Agent 进/离港中,向管制员 Agent 提出飞行区某子系统资源占用申请,并提供自身状态信息(如速度、航向或占用机位等);

(2)管制员 Agent 与相应的资源 Agent 进行交互,根据飞行区运行规则,如资源可供使用,则向飞机 Agent 发布允许占用指令。否则,飞机 Agent 执行等待操作,直到管制员 Agent 发布新的允许资源占用指令。在进离场仿真过程中,飞机 Agent 须与同时刻正在仿真运行的其他飞机 Agent 保持信息交互,确保安全间隔和冲突避免;

(3)飞机 Agent 运行到飞行区下一个资源 Agent 时,重复执行(1)、(2)步骤;

(4)当飞机 Agent 运行到停机位或航站空域出口时,向运控 Agent 或管制员 Agent 提交仿真运行注销通知,完成进/离港仿真过程。

3　面向 Agent 的飞行区仿真软件

机场飞行区仿真是构造飞行区运行模型并基于该模型进行计算机试验的过程。基于前面小节面向 Agent 的飞行区运行建模,本文对面向 Agent 的飞行区仿真模型进行了软件实现,其运行界面如图 3 所示。该系统利用 VB 实现,采用 GIS 模块实现飞行区地理信息的管理与维护,并通过数据库 SQL SERVER 来管理相关仿真运行数据。

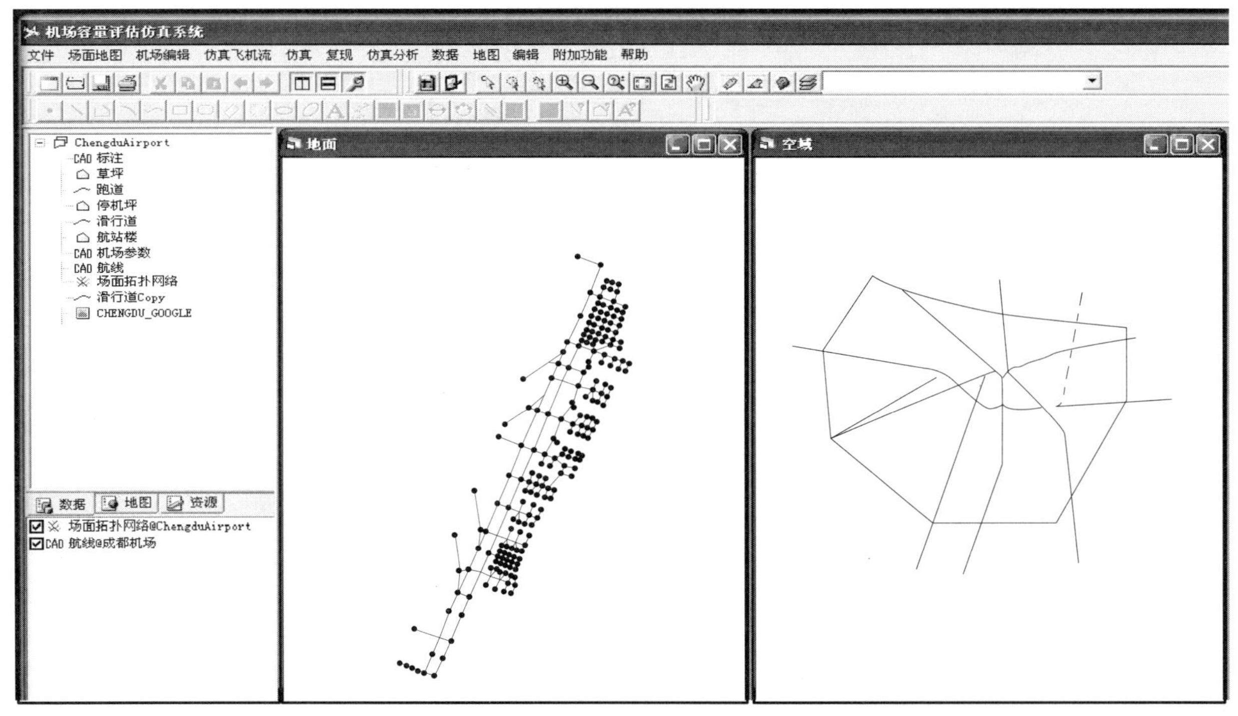

图 3　面向 Agent 的飞行区仿真软件界面

该仿真软件实现了飞行区各子系统(跑道、航线等)网络结构及其相关属性的可视化编辑与管理,运行结果包括各个子系统的延误、管制员工作负荷等指标。

4　试验

4.1　试验设计

以成都双流国际机场飞行区运行为例,对其展开面向 Agent 的整体仿真与评估。该机场飞行区等级为 4E,拥有一条 3600m 跑道,可起降波音 747-400 及以下的各型飞机,拥有 90 个停机位,其中 26 个靠桥机位,远机位 64 个。成都机场航站空域设有五条进场航线,四条离场航线。

在仿真试验过程中，通过增加飞机的架次，即在高峰时段进/离港航班的基础上不断增加航班架次，研究飞行区在不同航班需求下的使用情况，确定其运行瓶颈所在。此外，对每个架次的飞行区运行仿真而言，其仿真试验次数对仿真统计结果有一定影响，如何确定合理的仿真次数没有现成的经验可以借鉴，需要根据仿真问题的特点来决定。本文对每一种架次的仿真飞机流进行 30 次仿真试验，并记录相关运行数据。

4.2 仿真运行结果统计与分析

以高峰时段的航班量为基础，不断增加航班架次，然后对飞行区延误进行统计。从图 4 分析发现，随着仿真飞机流架次的增加，航班延误不断上升，且航班延误主要产生于离场延误，这是因为在系统仿真中采用地面等待策略，优先服务保障请求降落的飞机，这与机场实际运行情况相符合。

对离场延误实验数据作进一步细化统计可以得到图 5，由图分析发现随着航班量的增长，目前成都机场的停机位和滑行道可以满足航班运行的要求，而跑道则成为机场飞行区运行的瓶颈。

5 结语

本文将 MAS 技术用于机场飞行区的整体运行仿真与评估，提出了面向 Agent 的飞行区运行仿真模型，将飞机、管制员、运控指挥人员和飞行区运行环境综合考虑，对相关实体进行了行为建模，并提出了飞行区仿真算法。此外，本文还将开发的基于 MAS 的飞行区仿真软件应用于实际机场飞行区运行仿真评估，其仿真运行结果得到了相关单位的认可。通过系统的实际应用也发现，未来的飞行区仿真工作必须综合考虑飞行区场面上其他车辆和人员对飞机运行的影响，提高仿真的精细度。

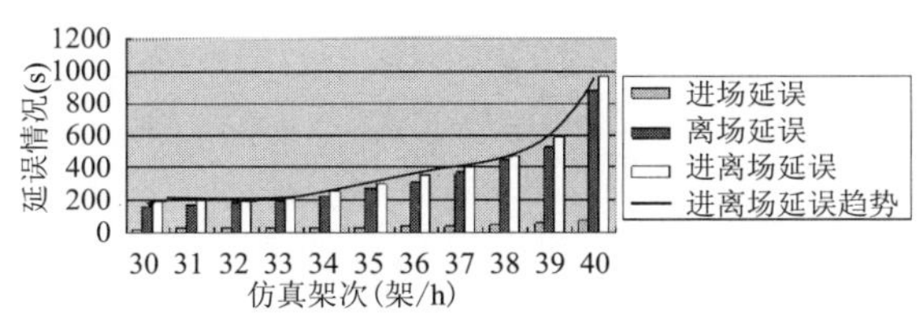

图 4 仿真架次与飞行区平均延误的关系图

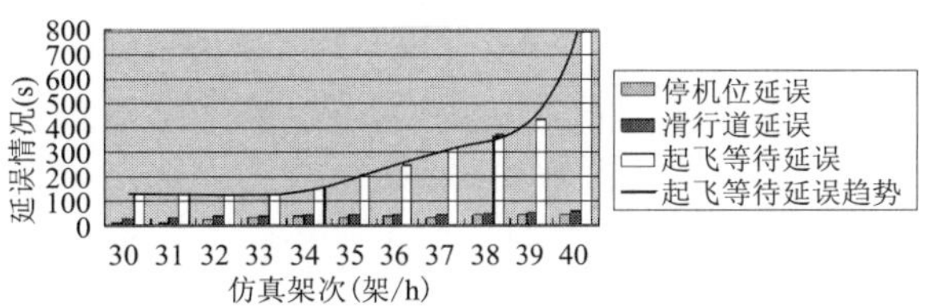

图 5 飞行区各环节延误统计分析

参考文献

[1] 吕宗平. 机场跑道运行仿真[J]. 中国民航学院学报,2006,(3):11-15

[2] Ju Y,et al. Simulation Research on the Runway of an Airport[C]. 2006,August 20-23:446-450

[3] 王力. 民用机场停机位优化配置计算机仿真[J]. 自动化与仪表,2007(04):1-4

[4] 王力,刘长有,涂奉生. 民用机场停机位优化配置[J]. 南京航空航天大学学报,2006,38(04).:432-437

[5] Ottman,W.,A. Ford,and G. Reinhardt. An aircraft taxi simulation model for the United Parcel Service Louisville Air Park[C]. 1999:1221-1225

[6] 蒋兵. 终端区空中交通容量评估的仿真方法[J]. 交通运输工程学报[J],2003,3(1):98-100

[7] 余江. 机场扩展终端区的运行优化策略研究[D]. 西南交通大学,2005. 博士研究生学位论文

Simulation and evaluation of airport airside using a MAS approach

Duan Xulin, Zhu Xinping, Tang Xinmin, Han Songchen

(College of Civil Aviation, NUAA, Jiangsu Nanjing, 210016)

Abstract: A simulation and evaluation system based on MAS was developed, using the theory and technology of Multi-Agent System (MAS). The operational process was modeled and algorithm for the simulation of airside in airport was proposed. The arrival and departure aircrafts, controllers, and resource in airside, such as parking bays, taxiway, runway and terminal airspace, are defined as various agents. Solutions were achieved with the intelligent character of agents and through the interaction among them. The system was applied to the evaluation of airside operation in Chengdu Shuangliu International Airport. It simulated the overall operation in airside. Some measures were calculated through the experimental data and provided references for the improvement of airport service.

Key words: Airport operation; Multi-agent; Airside modeling; Simulation

基于模糊层次分析法的民用航空维修人为因素分析

王岩峰　周唯杰

（南京航空航天大学民航学院，江苏南京，210016）

摘　要：维修人为因素是导致航空事故的重要原因。分析航空维修人为因素，结合其特点，采取针对性措施，对于预防事故发生至关重要。传统的航空维修人为因素分析，多采用定性分析方法，具有一定的主观性和随意性，实践中缺乏可操作性；科学的、客观的定量分析以及辨识出主要的人为因素是一个亟待解决的问题。本文结合民用航空维修人为因素的特点，考虑到数据的模糊性，建立了基于三角模糊数的民用航空人为因素分析模型。通过实例验证了本文提出方法的有效性。

关键词：航空维修；人为因素；层次分析；三角模糊数

1　引言

安全是民航的头等大事，也是永恒的主题。自20世纪20年代以来世界航空业已经取得了不可同日而语的发展，据国际民航组织（International Civil Aviation Organization，ICAO）的统计[1]，从1993年到2002年商用民航客机的数目从15554架增加到20877架，增长率高达34%。但是根据美国波音公司的统计[2]，2002年全球飞机离场的总次数为1650万次，而全球失事率平均每百万次离场3次，以失事率估算失事次数每年高达48次，也就是说平均每一星期会发生一次失事。但近年来通过许多失事案例及研究发现，检查及维修飞机的机务人员成为影响人为因素重要的一环。而且维修过失在1959~1987年间比例为2.1%，而1988~1997年间上升至6%，提高了3.9%。这些资料都表明维修的差错已经变成导致事故出现的主要的因素。美国波音公司也统计了1994~2003年间全球民航喷气式飞机有70%的飞机失事是由人为因素引起。传统上，航空安全人为因素大部分指向飞行机组人员的表现，或者少量的空中管制员，对维修人员的研究是有限的。

国内外的一些文献主要侧重于事故的定性分析与追溯分析（如REASON模型，SHEEL模型）都归纳了人为因素的影响因素，但是没有定量化的表示。本文尝试利用层次分析法的理论，建立三角模糊数互补判断矩阵，把民用航空维修中人为影响因素进行量化排序并分类找出人为因素的主要影响因素，使对人为因素影响因素分析由主观判断变为客观描述，从而可以根据因素的主次有针对的采取措施，提高了采取措施的科学性和实践中的可操作性，减少和控制人为因素的发生。

2　基于三角模糊数互补判断矩阵的民航维修人为因素

2.1　建立人为差错影响因素层次结构

通过对国内外民用航空的历史、现状以及统计资料的分析研究，同时借鉴了基于"人—机—环境—管理"系统工程理论，总结出航空维修中维修人员受到各种因素的影响和制约，根据以往得出的事故经验与专家分析做出了各种影响航空维修人为因素分类，笔者运用层次分析的思想，归纳细化这些分类，建立人为差错影响因素层次结构模型，如图1所示。

2.2　构造三角模糊数互补判断矩阵[3]

定义2.1：设判断矩阵 $A=(a_{ij})_{m\times n}$，若 $a_{ij}+a_{ji}=1$ 且 $0<a_{ij}<1$，$i,j\epsilon n$ 则称 A 是模糊互补判断矩阵。

定义2.2：设判断矩阵 $A=(a_{ij})_{m\times n}$，其中，$a_{ij}=(a_{lij},a_{mij},a_{uij})$，$a_{ji}=(a_{lji},a_{mji},a_{uji})$若，$a_{lij}+a_{uji}=a_{mij}+a_{mji}=a_{uij}+a_{lij}=1$，$a_{uij}\geqslant a_{mij}\geqslant a_{uij}>0$，$i,j\epsilon n$ 则称矩阵 A 是三角模糊数互补判断矩阵。

基金项目：国家自然科学基金资助项目（60879001）。

作者简介：王岩峰，男，南京航空航天大学民航学院硕士研究生，E-mail：cliffking2006@yahoo.com.cn。

2.3 三角模糊数互补判断矩阵排序方法

在利用三角模糊数互补判断矩阵时，确立了层次关系之后，就可以根据层次分析结构模型和专家判断信息，构造各层次的模糊判断矩阵。在判断过程中，考虑到专家判断信息的模糊性，笔者用三角模糊数来表征专家判断信息。同时为了使其判断定量化，引入了标度方法[4]，详见参考文献[4]。

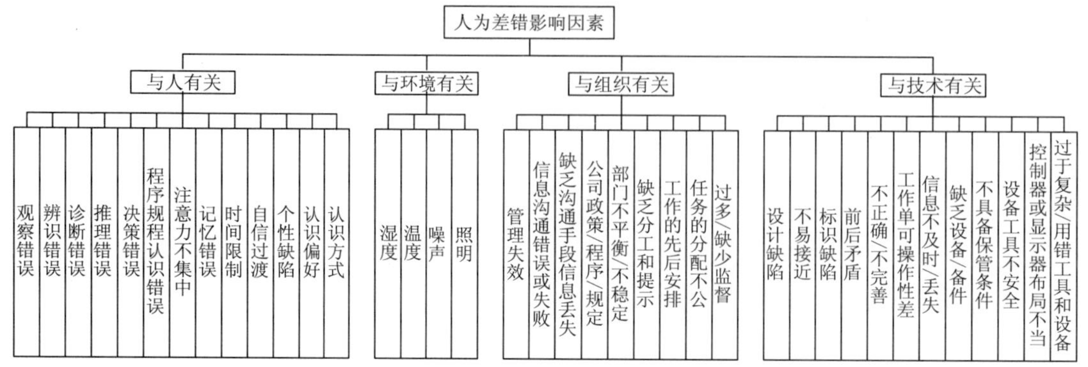

图1 人为因素的影响因素层次结构模型

三角模糊数互补判断矩阵排序计算，首先给出三角模糊数互补判断矩阵 $A=(a_{ij})_{n\times n}$其中 $a_{ij}=(a_{lij},a_{mij},a_{uij})$，$i,j\epsilon n$。其次，计算三角模糊数互补判断矩阵 A 的行和并归一化，求出其三角模糊数权重向量：$w=(w_1,w_2,\cdots,w_n)$。最后，把三角模糊数 w_i，$i\epsilon n$ 进行两两比较，并利用可能度公式，求得相应的可能度 $p(w_i\geqslant w_j)$，记为 p_{ij}，$i,j\epsilon n$。并建立可能度矩阵 $p=(p_{ij})_{n\times n}$该矩阵包含了所有方案相互比较的可能度信息。在利用公式进行求解，得到可能度矩阵 p 的排序向量 $w=(w_1,w_2,\cdots,w_n)$。

2.4 专家权重的确定[5]

在有多名专家进行评判过程中，由于受到知识结构、评判水平和自身偏好等众多因素的影响，各个专家所做出的模糊判断矩阵的肯定存在质量上的差异与不同，根据这个差异对专家进行赋权必然优于对专家的主观赋权。因为专家之间的差异最终会表现在各个专家的层次总排序中。所以，可以由层次总排序即权重向量之间的差异来确定专家的权重。设有 n 位专家参与人为差错影响因素的评判，第 $k(k=1,2,\cdots,n)$ 位专家的模糊互补判断矩阵为 $A^{(k)}=(a_{ij}^{k})_{m\times n}$，计算得第 $k(k=1,2,\cdots,n)$ 位专家所确定的各因素的权重向量即层次总排序为：$w^{(k)}=(w_1{}^{(k)},w_2{}^{(k)},\cdots,w_n{}^{(k)})$。$\theta_{kl}$表示权重向量 $w^{(k)}$ 与 $w^{(l)}$ 的夹角。

计算每个权重向量与其他权重向量的夹角余弦，可得 C 为对称矩阵，令 $c_k=\sum\limits_{i=1}^{n}c_{ki}$，$c_k$ 反映了 $w^{(k)}$ 与其他权重向量总的相似度，且 c_k 越大 $w^{(k)}$ 与其他权重向量越接近。

计算出了专家权重之后，再结合每个专家所做出的各影响因素的权值，计算出集结各专家意见的航空维修人为差错影响因素的排序权重。

3 事例分析

某航空公司的涡轮螺旋桨飞机 EMB-120，在一次飞行途中发生了空中解体，并坠落到地面的玉米地里，导致机上的所有旅客与机组人员全部遇难。飞机发生空中解体的直接原因是因为左侧水平安定面在飞行过程中脱落，而左侧水平安定面的脱落是由于维修人员在安装左侧水平安定面的除冰袋的时，紧固螺钉漏装[6]。

按照以上叙述，结合人为因素的影响因素层次结构模型可以得到本次事故的原因，再由 3 名专家根据以上因素层次结构（图 2）分别给出三角模糊数互补判断矩阵。其中专家 1 给出的矩阵见表 1 ~ 表 3。

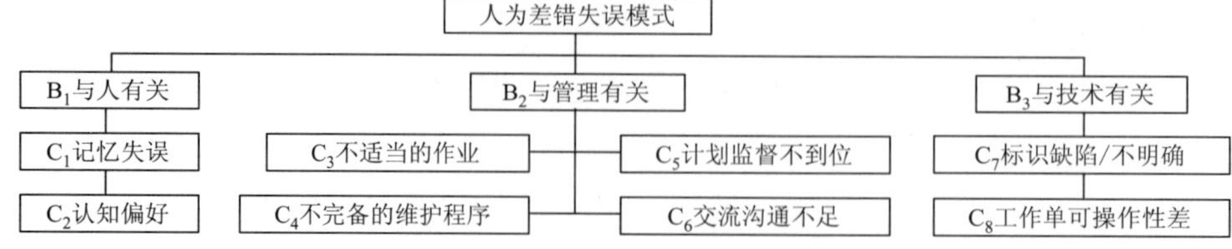

图2 人为差错影响因素分析结构图

三角模糊数互补判断矩阵($B_1 \sim B_3$)　　表 1

	B_1	B_2	B_3
B_1	(0.5,0.5,0.5)	(0.3,0.4,0.5)	(0.4,0.5,0.5)
B_2	(0.5,0.6,0.7)	(0.5,0.5,0.5)	(0.5,0.6,0.6)
B_3	(0.5,0.5,0.6)	(0.4,0.4,0.5)	(0.5,0.5,0.5)

三角模糊数互补判断矩阵(C_1、C_2,C_7、C_8)　　表 2

	C_1	C_1		C_7	C_8
C_1	(0.5,0.5,0.5)	(0.5,0.6,0.7)	C_7	(0.5,0.5,0.5)	(0.5,0.6,0.6)
C_2	(0.3,0.4,0.5)	(0.5,0.5,0.5)	C_8	(0.4,0.4,0.5)	(0.5,0.5,0.5)

三角模糊数互补判断矩阵($C_3 \sim C_6$)　　表 3

	C_3	C_4	C_5	C_6
C_3	(0.5,0.5,0.5)	(0.3,0.5,0.6)	(0.6,0.7,0.9)	(0.5,0.6,0.8)
C_4	(0.4,0.5,0.7)	(0.5,0.5,0.5)	(0.4,0.6,0.8)	(0.5,0.7,0.9)
C_5	(0.1,0.3,0.4)	(0.2,0.4,0.6)	(0.5,0.5,0.5)	(0.2,0.4,0.7)
C_6	(0.2,0.4,0.5)	(0.1,0.6,0.8)	(0.3,0.6,0.8)	(0.5,0.5,0.5)

由三角模糊数互补判断矩阵排序法可以得到专家 1 对事故的向量排序为:

$$w_1 = (0.055, 0.127, 0.210, 0.206, 0.125, 0.026, 0.063, 0.189)$$

同理可得出专家 2、3 的向量排序分别为:

$$w_2 = (0.088, 0.105, 0.222, 0.217, 0.145, 0.046, 0.071, 0.106)$$

$$w_3 = (0.063, 0.114, 0.218, 0.216, 0.114, 0.068, 0.083, 0.124)$$

从三位专家的对事故的向量排序来看,总体都偏重管理上面的问题,具有一定的相似度。在利用专家权重的确定法可以得出三位专家的权重为:$a = (0.332, 0.333, 0.335)$

结合各个专家的权重得到总的向量排序为:

$$w = (0.069, 0.115, 0.217, 0.213, 0.128, 0.047, 0.072, 0.140)$$

从排序结果表明,管理上的不足成为事故发生的主要因素,同时技术的缺陷和维修人员自身的素质也存在改进的地方。要提高航空维修的安全性,降低此类事故的继续发生。通过分析,预防该类事故的方案是规范维护程序,建立良好的企业安全文化,严格地按照规范和规则进行操作;合理分工,实行充分的监督检查,杜绝管理松懈、监控人员职责不明、履行职责不到位的现象;改进维护文档,在容易出现歧义的方要有注释;同时加强维修班组成员之间的交流沟通,培养团队精神,克服个人的认知偏好。

4 结语

本文建立了人为因素的影响因素层次结构模型,探讨了一种模糊的航空维修人为差错的定量分析,采用定量的分析方法比传统的定性分析方法具有更高的精度,也更加具有说服力。该方法还可以进一步扩展应用到核电站、电力系统的人为因素分析中。

参考文献

[1] International Civil Aviation Organization (ICAO) [R],Annual Report of the Council,2002

[2] Boeing Commercial Airplane Group,Statistical Summary of Commercial Jet Aircraft Accident Worldwide Operations 1991-2001[R],2002

[3] 徐泽水. 三角模糊数互补判断矩阵的一种排序方法[J]. 模糊系统与数学,2002,16 (1):47-50

[4] 周平,朱松岭,姜寿山. 基于模糊层次分析法的航空项目风险管理研究[J]. 计算机集成制造系统—CIMS,2003,9 (2):1062-1066

[5] 刘凤强,孙志强,谢红卫,史秀建.航空维修人为差错影响因素分析中的模糊层次分析法[J].中国安全科学学报,2008,18(7):43-48

[6] 道格拉斯 A.维格曼,斯科特 A.夏佩尔.飞行事故人的失误分析——人的因素分析与分类系统[M].北京:中国民航出版社,2006

Human factors analysis in civil aviation maintenance based on fuzzy analytical hierarchy process

Wang Yanfeng, Zhou Weijie

(College of Civil Aviation, Nanjing University of Aeronautics and Astronautics, Nanjing, 210016)

Abstract: Human factors in maintenance are major causes of air accidents. Analyzing human factors in Aviation and adopting target measures combined with their characteristics are essential for the prevention of the air accidents. The conventional way for measuring human factors in aviation maintenance is using qualitative analysis. It is hard to operate due to its subjectivity and arbitrariness. How to conduct quantitative analysis scientifically and objectively is a top issue as well as figure out the major human factors. Considering its characteristics and fuzzy data this paper establishes a civil aviation human factors analysis model based on Triangular Fuzzy Number. The feasibility is validated using real cases.

Key words: Aviation maintenance; Human factors; Analytical hierarchy process; Triangular fuzzy number

基于模糊多属性决策的区域安全性评价研究

颜春艳　孙有朝　陆　中

（南京航空航天大学民航学院，南京，210016）

摘　要：区域安全性分析可用来确定系统各区域及整个系统存在的危险。根据适航要求、使用经验等，确定了以“系统/设备的安装、部件安装、材料相容性、系统与系统之间的干扰性”准则为基础，给出了区域安全性分析准则值的确定方法。利用模糊多属性决策理论，构建了基于多属性决策方法与模糊理论的飞机区域安全性的评价模型。最后，给出了电子电气设备舱（E/E 舱）区域分析实例，从而证明了本文方法的有效性。

关键词：模糊多属性决策；区域安全性；隶属度函数；权重

1　引言

产品的安全性，对于民用飞机至关重要。所谓安全性分析，是一种系统性的检查、研究和分析技术，它用于检查产品在每种使用模式中的工作状态、确定潜在的危险、预计这些危险对人员伤害或对飞机损坏的可能性，并确定消除或减少危险的方法，以便能够在事故发生之前消除或尽量减少事故发生的可能性或降低事故有害影响的程度。区域安全性分析（Zonal Safety Analysis，ZSA）是系统安全性分析的一个重要内容，在 SAE ARP4761[1] 等中也有明确的要求，已被美国联邦航空局（FAA）明确列为民航安全分析工作要求。区域安全性分析在飞机的每一区域进行，同时在新机型研制和现有机型有较大改型时均应进行 ZSA。其目的是通过对飞机各区域进行的相容性检查，判定各系统或设备的安装是否符合安全性设计要求，判定位于同一区域内各系统之间相互影响的程度，分析产生维修失误的可能性，尽早发现不安全因素，提出改进意见，使新设计能防止或限制事故的发生，保证飞机各系统之间的相容性和完整性。ZSA 对于提高中国在研制大型飞机的安全性、保证达到国际民航适航要求都具有重要的意义。目前，民机区域安全评价体系和方法尚无统一的规范，基本上还处于探讨、摸索阶段。

2　基于模糊多属性决策的区域安全性综合评价

区域安全性评价所涉及的因素杂，指标多，各个因素间相互影响、相互制约，在评价指标中既有定性的指标，也有定量的指标，要对区域安全性分析进行准确评价有一定难度。模糊多属性决策（Fuzzy Multiple Attribute Decision Making，FMADM）是多准则决策中的一种决策类型，适用于对系统多个要素指标进行综合评价。多属性决策理论是处理综合评价问题的有效方法，本文拟引入多属性决策方法来解决区域安全性评价问题。区域安全性某个准则的评价值高并不能表明飞机整体上具有好的区域安全性，只有区域安全性所有准则都获得较高的综合评价才能保证飞机从总体上具备良好的区域安全性。

2.1　分析准则评分方法

按照飞机设计要求、使用经验及适航要求等制定具体的分析准则，来作为进行飞机区域安全性分析的依据。分析准则[7]包括了系统/设备的安装、管路、导管、软管、导线、线束等的安装、部件安装、排空、材料相容性、电搭接、系统与系统之间的干扰等内容。

基于核对表的区域安全性分析准则评价方法

设计核对表[7]是在总结飞机设计要求、使用经验及适航要求的基础之上制定的，用于分析、检查和

作者简介：颜春艳（1982-），女，硕士，主要从事航空器安全性分析与评估、可靠性等领域研究，yanchunyan666@ yahoo. com. cn；孙有朝（1965-），男，教授、博士生导师，主要从事可靠性维修性安全性工程、航空安全适航技术以及虚拟维修性设计验证等领域研究。

评价民机区域安全性。本文将基于区域安全性分析准则核对表给出评价方法。评价步骤如下:

步骤1:从准则核对表中选取适用的准则

区域安全性准则核对表是根据HB7583－98分析准则而制定的,并非所有的准则对某型号飞机都适用。对某型号飞机进行区域安全性评价,必须首先从核对表中相应选取适用于该型号的准则。

步骤2:判断设计方案是否满足适用准则的要求

分析飞机区域安全性设计方案能否满足适用准则的要求,如设计能够满足要求,则准则中相应问题的答案为"是",否则为"否"。

步骤3:对准则进行评分

评分公式如下:

$$T = f(n_s/n_a) \tag{1}$$

式中,T表示区域安全性准则的评分值,n_s为设计方案满足要求的准则数,n_a为某型号飞机适用的准则数,$f(x)$为n_s/n_a与准则值的关系函数。

$f(x)$建立了n_s/n_a与准则值之间的映射关系,用于保证准则的边界值是线性的,即准则的优劣与准则评分的大小成比例,因而可取$f(x) = x$,当某一项不满足准则时,且其优劣会发生较大变化,则可取$f(x) = x^{\alpha}(\alpha > 1)$。

2.2 区域安全性评价方法步骤

2.2.1 区域安全性准则权重的确定

指标权重的常用方法有相对比较法、连环比率法、熵值法、专家咨询法、层次分析法等。层次分析法[8]是定量和定性分析结合的多属性决策方法,能够有效地分析目标准则体系层次间的非序列关系。本文采用层次分析法。

2.2.2 区域安全性综合评价值的确定

加权和法是多属性决策的基本思想,运用加权和法必须满足两个条件:第一,属性的边界值是线性的,即属性的优劣与属性值成比例;第二,两个属性是完全可补偿的,即一个属性无论多差都可以由另一属性进行补偿[6]。

对于通过区域安全性核对表确定的准则值,通过选取适当的关系函数,见式(1),也能够保证这种线性关系的存在,因此第一个条件完全能够满足。在区域安全性分析准则中,某些准则不满足时会对整个飞机的区域安全性产生重大影响。比如系统与系统之间的干扰准则中,蓄能部件故障会带来灾难性后果,故本文综合运用加权和法与加权积法,将不存在线性关系的准则值作为其他属性加权和的因子。给出区域安全性综合评分公式

$$M_V = \left[\sum_{i=1}^{p} w_i T_i\right] \cdot C_q \tag{2}$$

$$C_q = \sqrt[n]{\prod_{j=1}^{n} \omega_j t_{ij}} \tag{3}$$

式中,ω_j为准则的权重,t_{ij}为公式(1)求得的准则值,即$t_{ij} = x^{\alpha}(\alpha > 1)$。

2.2.3 区域安全性综合评价值的模糊化

运用综合评价公式(2)求得飞机区域安全性的综合评价值,然后将评价值转化为自然语言变量方能准确的描述飞机区域安全性的优劣。本文将选取三角函数作为隶属度函数来对评价值进行模糊化,将其转化为自然语言变量。建立三角函数如下:

$$y_1(x) = \begin{cases} -10x + 1 & 0 \leqslant x < 0.1 \\ 0 & \text{其他} \end{cases}$$

$$y_2(x) = \begin{cases} 10x & 0 \leqslant x < 0.1 \\ -5x + 1.5 & 0.1 \leqslant x < 0.3 \\ 0 & \text{其他} \end{cases}$$

$$y_3(x)=\begin{cases}5x-0.5 & 0.1\leqslant x<0.3\\ -5x+2.5 & 0.3\leqslant x<0.5\\ 0 & 其他\end{cases}$$

$$y_4(x)=\begin{cases}5x-1.5 & 0.3\leqslant x\leqslant 0.5\\ -5x+3.5 & 0.5\leqslant x<0.7\\ 0 & 其他\end{cases}$$

$$y_5(x)=\begin{cases}5x-2.5 & 0.5\leqslant x<0.7\\ -5x+4.5 & 0.7\leqslant x<0.9\\ 0 & 其他\end{cases}$$

$$y_6(x)=\begin{cases}5x-3.5 & 0.7\leqslant x<0.9\\ -10x+10 & 0.9\leqslant x<1\\ 0 & 其他\end{cases}$$

$$y_7(x)=\begin{cases}10x-9 & 0.9\leqslant x\leqslant 1\\ 0 & 其他\end{cases}\tag{4}$$

以 $Y=\{y_1,y_2,y_3,y_4,y_5,y_6,y_7\}$ 表示评价集，评价集元素 $y_1\sim y_7$ 依次为"非常差"、"差"、"比较差"、"一般"、"比较好"、"好"、"非常好"等七个自然语言变量，根据飞机区域安全性的综合评价值，区域安全性相对于评价集中各元素的隶属度可通过上述所示的三角隶属度函数计算得到。

3 基于模糊多属性决策的区域安全性实证分析

选取某型号飞机电子电气设备舱（E/E 舱）区域作为分析对象。

通过咨询有关专家得到系统/设备的安装、管路、导管、软管、导线、线束等的安装、部件安装、排空、材料相容性、电搭接、系统与系统之间的干扰等准则之间的相对重要度，通过层次分析法可求得其权重分别为 0.1271，0.2804，0.1002，0.0024，0.0662，0.4237，限于篇幅，步骤就不详细阐述。由式（1）~（3）可求得某型飞机电子电气设备舱（E/E 舱）区域综合评价值为 0.8527，由（4）所确定的隶属度函数可求得相对于自然语言变量组成的评价集的隶属度向量分别为［0，0，0，0，0.2365，0.7635，0］。

结论为电气电子设备舱区域安全性好，但偏向于比较好。原因在于飞行控制计算机及襟缝翼控制组件短路或过热后产生烟雾或起火，可能对通信系统、自动飞行系统及指示记录系统的设备有影响；应急放起落架钢索和副翼钢索断裂甩出，对自动飞行系统的影响较大。除此之外，本区域危险源发生故障对其他系统设备无影响。

4 结语

本文提出了基于系统/设备的安装、电搭接、材料相容性等准则值的确定方法；构建了基于模糊多属性决策与模糊理论的飞机区域安全性综合评价模型，可以有效地发现危险来源，确定危险控制的关键项目，提高新老型号飞机的区域安全性分析应用效果。同时，可以辅助设计人员及时对设计采取必要的措施以支持区域安全性设计。

参考文献

［1］SAE ARP4761，Guidelines and methods for conducting the safety assessment process on airborne system and equipments［S］. America：The Engineering Society For Advancing Mobility Land Sea Air and Space，1996

［2］王小艺，刘载文，侯朝桢等. 基于模糊多属性决策的目标危险估计方法［J］. 控制与决策，2007，8

［3］樊治平. 多属性决策的一种新方法［J］，系统工程，1994，12（1）：25-28

［4］冯福来. 飞机区域安全性分析［J］. 航空标准化与质量，1994，3（3）：39-42

［5］Kacprzyk J. Group. decision making with a fuzzy linguisticmajority［J］. Fuzzy sets and Systems，1986，18：

105-118

[6] 岳超源.决策理论与方法[M].北京:科学出版社,2003:204-212

[7] 中国航空工业总公司第301研究所.HB7583-98 飞机区域安全性分析[S].北京:中国航空工业总公司第301研究所,1998

[8] 王国华,梁樑.决策理论与方法[M].合肥:中国科学技术大学出版社,2006:42-45,53-57

[9] Bae. 146,Zonal safety analysis guideline[S]. British:Aerospace Aircraft Group,1980

Zonal safety analysis evaluation based on fuzzy multiple attribute decision making theory

Yan Chunyan, *Sun Youchao*, *Lu Zhong*

(Civil Aviation Collage, Nanjing University of Aeronautics and Astronautics, 210016)

Abstract: Zonal safety analysis is used to determine the risk of each zone and the whole system. According to airworthiness' requirements and the experience of operation, the calculation method of each criterion is proposed by the means of the installation between system and equipment, material compatibility and interference of systems checklist. In terms of fuzzy multiple attribute decision-making theory, the comprehensive zonal safety analysis evaluation model of aircraft is established based on fuzzy theory and multiple attribute decision making method. In the end, with a ZSA example in the zone of electrical and electronic devices cabin, we illustrated the effectiveness of the model.

Key words: Fuzzy multiple attribute decision making; Zonal safety analysis; Membership function; Weight

基于神经网络的飞机耗油估计

刘 婧 曹 力

（南京航空航天大学民航学院，南京，210016）

摘 要：为了精确的估计飞机在飞行过程中的实时油耗，在考虑影响飞行耗油关键因素的基础上利用神经网络对飞机燃油消耗模型进行辨识。用QAR飞行数据训练神经网络来得到油耗估计模型可以避免对性能数据库的依赖，同时可以反映发动机性能衰减对油耗的影响。本文利用某航空公司737-200北京至哈尔滨航线的QAR历史飞行数据实现了精确的耗油估计模型精确辨识，确立了神经网络的结构，实验验证模型考虑的耗油关键因素对油耗起决定性影响，应用QAR数据进行飞机耗油估计建模能很好地逼近航线燃油消耗过程，计算结果精确。

关键词：QAR；神经网络；燃油

1 引言

航空公司属于“能源依赖型企业”，航空燃油占据着航空公司主营运成本30%左右的比例。根据IATA资料显示，航空业边际利润低，每1元钱的燃油浪费必须要有15到20元的其他收入弥补才能取得相同的利润[1]。在安全运行范围内，提高燃油使用效率意义重大。

影响燃油使用效率主要有飞行操作、空中交通管理两个方面。飞行操作主要是指合理的制定飞行计划让飞机按照优化的飞行剖面、飞行高度进行飞行[2]来提高燃油使用效率。而管制员在指挥飞机时也可以大大提高燃油使用效率，通过减少飞机开车后在地面滑行前的等待和空中等待时间可以节油；条件允许的情况下，批准飞机在巡航时使用偏离最佳巡航高度较小的高度层巡航从而减少额外燃油消耗量；在进近着陆时优先使用可以节省飞行时间、降低油耗的调配方法，合理排序，使用调速等方法[3]，合理的优化航线航路也能省油。

上述改善燃油消耗效率的方法都是以精确估计飞行过程中实时油耗情况为基础的。而航空公司现有耗油估计依赖国外飞行计划制定软件和航空器制造商提供的数据库，费用高昂，只能制定飞行计划不能灵活的估计飞行过程中飞机实时油耗。

在飞行耗油估计的研究中，Collins等研究工作者应用能量平衡关系来建立燃油消耗估计模型[3]，这种模型基于空气动力学以及航空器发动机参数，需要复杂计算，且参数需进行飞行试验或从航空器制造商处获得，难以应用在实际工程中。我国徐肖豪等研究工作者应用性能参数和单位推力燃油消耗量等参数简单计算燃油消耗的模型[4]，但是精度存在局限。Schilling等研究工作者提出应用神经网络来计算航空器燃油消耗率具有可行性[5]，这表示用神经网络建模可以获得航线耗油值。

本文利用某航空公司737-200北京至哈尔滨航线的QAR历史飞行数据实现了精确的耗油估计模型精确辨识，确立了神经网络的结构，实验验证模型考虑的耗油关键因素对油耗起决定性影响，应用QAR数据进行飞机耗油估计建模能很好地逼近航线燃油消耗过程，计算结果精确。

2 飞机油耗估计方法

2.1 影响飞行耗油的因素

影响飞行燃油消耗的因素有很多，主要有飞机性能、气象、飞行轨迹[6]。

作者简介：刘婧（1984-），女，湖北人，南京航空航天大学民航学院，硕士研究生，研究方向：飞行数据分析及飞机性能研究；E-mail：liujing@ nuaa. edu. cn。

(1)飞机性能因素:飞机的气动参数有升阻比,极曲线等。发动机主要性能参数是它的推力和耗油率,而且耗油率会随着发动机性能衰减而提高。使用这些参数作为输入参数计算耗油时,过程复杂,精度有限。由于不同的机型、不同型号发动机、不同的飞机具有不同的性能特性,本文利用神经网络分别针对不同机型,不同发动机,不同飞机用 QAR 数据进行网络训练,实质是应用神经网络来计算不同航空器的耗油率,应用神经网络的学习能力解决问题内部复杂的运算。

(2)气象因素:大气温度,风速,风向。

(3)飞行轨迹因素:气压高度,无线电高度,空速,地速,飞机起飞重量等。

航班飞行整个过程可分为跑道滑行、起飞、上升、巡航、下降、着陆和跑道滑行几个过程。由于不同阶段的飞行耗油特性不同,本文提出的耗油估计模型将飞行轨迹划分为滑行起飞、上升、巡航、下降、着陆滑行几个阶段,每个阶段都有独立的训练网络,将各个网络输出结果分别相加,最后得到总的燃油消耗。

2.2 QAR 飞行数据

QAR 是快速存取记录器(Quick Access Recorder),是飞行状态监控系统的存储设备之一,记录了来自飞机各系统、各部件成百上千种大量的实际工作参数,例如气压高度,空速,地速等。

QAR 数据可以反映飞机各系统实际工作状况、性能变化。应用 QAR 数据作为模型的训练输入可以反映发动机的实际耗油性能。此外,QAR 记录数据来自飞机状态监控系统采集数据,这些数据既可以经机载的飞机通讯寻址与报告系统(ACARS)通过甚高频地空数据链发送到地面接收站,最后传送到航空公司或空管终端供实时应用,也可以通过数字式飞行数据记录器(DFDR)和快速存取记录器(QAR)将数据记录保存下来,供飞机落地后应用。本文采用 QAR 中影响燃油消耗的相关参数作为模型的训练样本,成本低,实用性强。

2.3 神经网络结构设计

BP 网络是一种具有三层或三层以上的神经网络,包括输入层、中间层(隐层)和输出层。上下层之间全连接,而同层神经元之间无连接。如图 1 所示,输入层输入参数有大气总温、风速、空速、地速等,输出层输出燃油流量。经过实验,神经网络隐层选择双曲正切 S 形函数$\left(a=\frac{e^{n}-e^{-n}}{e^{n}+e^{-n}}\right)$输出层选择对数—S 形函数$\left(a=\frac{1}{1+e^{-n}}\right)$,训练采用 Levenberg-Marquardt 算法,神经元数目选择 19,网络结构收敛速度最好,如图 2 所示。

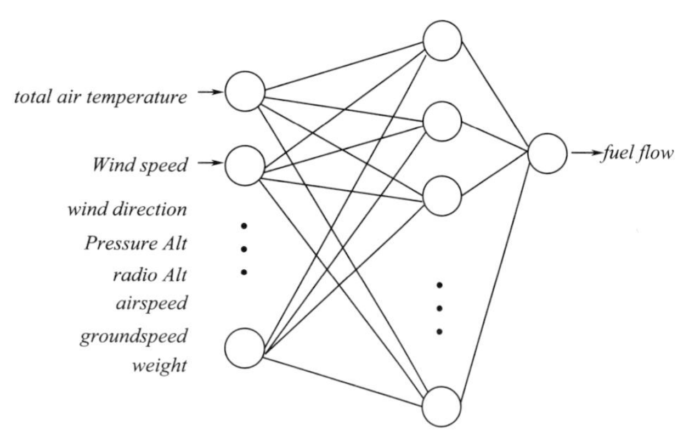

图 1 BP 网络的结构设计

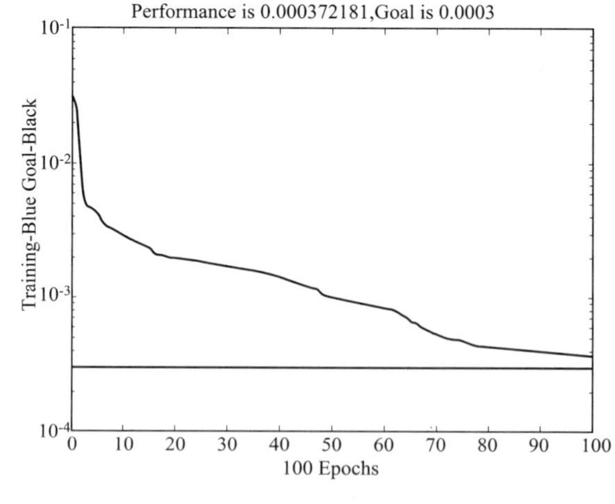

图 2 误差训练曲线

3 网络仿真结果及分析

3.1 训练样本和测试样本的选择

快速存储记录器 QAR(quick access recorder)数据原始忠实地记录了飞机各系统的运行参数,有的参数每秒记录一次,有的参数间隔一段时间记录一次。训练神经网络影响飞行耗油的各种因素可以直接从 QAR 中提取,而估计飞行耗油时输入模型的各种参数可以由飞行计划、标准大气、气象报等提供。本论文采用带 2 个 JT8D－15A 发动机的 737－200 作为实验机型。选取此机型 QAR 数据中相关参数数据作为训练样本和测试样本。飞行中每秒记录 1 个样本,表 1 为北京至哈尔滨航线上 A 至 G7 次飞行在跑道滑行、起飞、上升、巡航、下降、着陆和跑道滑行 5 个阶段的采样时间,样本每 1s 采样一次。

7 次飞行数据各阶段运行时间 表 1

PHASE / FLIGHT	跑道滑行、起飞(min)	上升(min)	巡航(min)	下降(min)	着陆、跑道滑行(min)
A	5.25	13.18	50	21.03	5.25
B	6.48	12.13	63.72	21.33	6.48
C	19.27	21.7	45.28	20.47	19.27
D	7.07	11.68	63.12	20.53	7.07
E	9.73	14.92	49.65	18.02	9.73
F	5.92	13.25	58.07	26.18	5.92
G	6.52	11.83	47.55	18.58	6.52

选择的训练样本应基本能覆盖可能的高度和速度。在 7 次飞行中考虑极限情况,选择飞行数据各参数基本落在极限情况内的为测试样本,在其余 6 次飞行的数据中间隔 10s 取次数据作为训练样本。经选择 F 航班适合作为测试样本。

3.2 训练网络及仿真结果

应用训练样本对网络进行训练,网络可以很快地达到要求的精度。用网络对测试样本仿真,模型预测总耗油量为 8551kg,而真实耗油量为 8659kg,结果获得令人满意的精度。表 2 为各阶段真实耗油与预测耗油值。

表 2 中,预测误差 = |真实耗油量 － 预测耗油量|/真实耗油量。模型在巡航阶段耗油预测较精确,而在起飞滑行阶段、下降阶段,预测误差较大。这是由于在起飞滑行阶段,飞机受机场环境和地面操作影响较大,耗油因素复杂,建立精确的模型较难,但此阶段耗油占总航线耗油量的 3%,对总航线耗油精确度影响小。如表 1 所示 F 航班下降阶段使用 1571s,飞机盘旋等待时间较长,下降耗油的特性相对训练样本的要更为复杂,因而此阶段模型预测精度有限,在以后的研究中可以通过细分本阶段建模或提高训练样本覆盖情况来改善预测精度。由于巡航阶段耗油占耗油总量最重,因而模型整体预测精度较高。

各阶段真实耗油与预测耗油 表 2

阶　　段	真实耗油量(kg)	预测耗油量(kg)	预 测 误 差
跑道滑行、起飞	241	395	0.64
上升	2199	2516	0.14
巡航	4571	4292	0.05
下降	1502	1220	0.19
着陆、跑道滑行	146	129	0.12

4 结 论

本文应用 BP 网络实现对飞机耗油模型的辨识,采用 QAR 数据作为训练样本训练网络,避免对飞机性能数据的依赖,模型很好的逼近燃油消耗过程,计算结果精确,验证了模型选择的输入参数对耗油起决定性影响。

参考文献

[1] 王小宛.民航节油实践与探索[M].北京:中国民航出版社,2005

[2] 熊国斌,刁合永.航空公司节油运行浅析[J].中国民用航空,2006,69(9):52-53

[3] BelaP. Collins. Estimation of aircraft fuel consumption [J]. Journal of Aircraft,1982,19(11):969 -975
[4] 付令. 四川航空节油系统策略研究及应用 [D]. 重庆:重庆大学,2007
[5] Schilling,Glenn. Modeling fuel consumption with a neural network [D] Virginia Polytechnic Institute and State University,1997
[6] 王小宛。张永顺。邢万红。航线飞行工程学[M]. 北京:北京航空航天大学出版社
[7] 高雪鹏,丛爽. BP 网络改进算法的性能对比研究[J]. 控制与决策,2001,16(2):167-171
[8] Trani, Wing-Ho, Schilling, etc. A neural network model to estimate aircraft fuel consumption [R]. AIAA 2004

Estimating aircraft fuel consumption with a neural network

Liu Jing,Cao Li

(Civil Aviation College,Nanjing University of Aeronautics and Astronautics,Nanjing,210016)

Abstract:To accurately estimate real-time aircraft fuel consumption. Several key elements which contribute to the impact on fuel consumption are chosen as inputs to train neural network and discern fuel consumption estimating models. Dispensing from the performance database,the methodology presented using flight data from QAR to train neural network,and could present the actual engine performance impact on fuel consumption. This paper using QAR historical flight data of 737-200 in certain airline flight from Beijing to Harbin,accurately discern fuel consumption estimating models,and establish the neural network structure. The experiment proves that the key elements chosen have crucial influence on fuel consumption. Using QAR data to establish aircraft fuel consumption models could accurately and efficiently simulate fuel consumption course,the result calculated have a good precision.

Key words: QAR;Neural network;Fuel

多机型不正常航班一体化恢复

陆宏兰　朱金福

（南京航空航天大学民航学院民航软科学研究所，江苏南京，210016）

摘　要：受扰航班计划恢复问题是航空公司重要的生产调度问题，关系到航空公司的运营成本和服务质量。由于传统时空离散网络时间误差太大、没有考虑容量资源短缺和多机型恢复问题，为了解决多机型飞机、航班和旅客中转衔接的一体化恢复问题，先改进传统时空离散网络的建立算法，再在其中加入旅客虚拟始发节点、到达节点和虚拟边，使其扩充为可以描述旅客中转衔接情形；最后再把各种机型的飞机和各个 O－D 对上的旅客分别看作一种商品，建立了以边流量为变量的多商品网络流数学优化模型。实例运算结果表明，本文设计和建立的时空离散网络和多商品网络流模型能有效地解决多机型不正常航班一体化恢复问题。

关键词：不正常航班；一体化恢复；时空离散网络；多商品网络流模型

1　引言

由于恶劣天气、旅客迟到及机务故障等突发事件的发生，扰乱了航空公司的航班计划，称为航班不正常。为恢复正常运作，航空公司需要对航班串\飞机路径、机组排班、维修计划、旅客中转衔接及地面保障资源等进行调整，这些统称为航空公司不正常航班恢复问题[1]。

航班计划受扰是世界各航空公司都普遍面临的难题，国外对不正常航班恢复问题的研究比较多，Teodorovic[2]把不正常航班恢复问题描述成网络流问题，提出了以最小化旅客总延误为目标函数的模型，通过在航线网络中解 TSP 问题来获得模型的解；Teodorovic and Stojkovic[3]尝试将机组、飞机和维修计划综合考虑，采用字典序优化技术\分层优化技术，先生成新的机组排班，然后再飞机排班；Argüello[4]用资源指派模型来描述由于机务故障造成飞机临时短缺情况下的航空公司航班计划恢复问题，并提出了一种贪婪随机自适应搜索算法对模型进行求解；Lettovsky[5]综合了机组指派、飞机路径和旅客流恢复问题，构建了一个混合整数线性规划问题，然后将它分解为三个子问题进行迭代求解。上面介绍的模型与算法都是处理单机型的不正常航班恢复问题。Yan and Young[6]利用时空网络技术对多机队、多经停的航班计划恢复问题建立模型，但仍然不能实现不同机型间的替换。

不正常航班恢复通常分阶段进行：首先是飞机计划恢复，第二阶段是机组恢复；第三阶段是旅客中转衔接。把飞机、机组和旅客综合起来考虑，固然会得到全局最优解，但是问题的求解很复杂。Argüello 等[7]利用时空离散网络和时空离散模型解决飞机资源临时短缺情况下的单机型恢复问题，本文借鉴他们的思路，对其进行扩充和改进，解决由于飞机短缺和机场容量不足造成航班计划扰动时的飞机、航班和旅客多机型一体化恢复问题，并利用案例对改进网络和模型的准确性和有效性进行验证。

2　离散时空网络

当天有维修计划的飞机不改变飞行路径，按照原计划执行任务，一体化恢复的对象是当天没有维修计划的飞机及对应的航班和旅客行程。表 1 给出了一个简单的含旅客订票情况的航班信息，有三架飞机执行 12 个航班，通航四个机场；表 2 给出了三架飞机的信息，其中飞机 1 本应于 13:30 前就绪，由于

基金项目：民航科技项目“不正常航班恢复技术和系统的研发”项目（MHRD20080640）。

作者简介：陆宏兰（1984-），女，江苏泰兴人，硕士生，研究方向：航空公司不正常航班恢复，E-mail：luhlan@126.com；朱金福（1955-），男，江苏金坛人，教授，博士生导师，研究方向：航空运输系统优化。

机务故障,预计就绪时间为17:00;表3给出了通航机场的信息,其中CCC机场由于恶劣天气或其他不可控原因发生流控,流控开始与结束时间已经给出。

航 班 信 息　　表1

A_NO	F_NO	A_D	A_A	STD	STA	PRICE	P-NO
1	11	AAA	BBB	1410	1520	650	1、2、3
	12	BBB	CCC	1605	1700	550	1、3、4、5、6
	13	CCC	BBB	1740	1840	600	7、8
	14	BBB	AAA	1920	2035	700	7、8、10、11
2	21	BBB	AAA	1545	1700	700	12、13、14、15、16
	22	AAA	BBB	1740	1850	650	17、18、19
	23	BBB	CCC	1930	2030	550	2、18、19、22、23、24
	24	CCC	BBB	2115	2215	600	6、25、26
3	31	CCC	DDD	1515	1620	650	27、28
	32	DDD	CCC	1730	1830	600	29、30、31
	33	CCC	DDD	1910	2020	650	3、4、5、32
	34	DDD	CCC	2100	2205	600	27、33

注:A_NO:飞机尾号;F_NO:航班号;A_D:出发机场;A_A:到达机场;STD:计划出发时间;STA:计划到达时间;PRICE:平均票价;P-NO:旅客号。

飞 机 信 息　　表2

A_NO	A_T	Seats	Loca	Re_t	cost	MCT
1	A	5	AAA	1700	1800	45
2	B	6	BBB	1500	2400	40
3	A	4	CCC	1420	1500	45

机 场 信 息　　表3

station	curfew	Close_st	Close_end
AAA	2400	无	无
BBB	2400	无	无
CCC	无	1900	2000
DDD	2400	无	无

注:A_T:机型;Seats:飞机提供的有效座位数;Loca:飞机目前所在地;Re_t:就绪时间;cost:小时成本(元);MCT:最小过站时间;

注:station:机场号;curfew:宵禁时间;Close_st:流控开始时间;Close_end:流控结束时间。

在确定了恢复期内时间区间的长度和将各机场的时间线按照时间区间的长度进行离散之后,构建时空离散网络的算法有三个步骤:①建立初始可利用飞机列表 L;②对每一架可利用的飞机,产生航班边和汇聚边;③删除孤立节点。具体的算法参考 Argüello 等[7],但传统时空离散网络有以下四点不足:

(1)传统时空离散网络,对飞机的就绪时间或每个航班的出发时刻和到达时刻进行近似处理时,将得到的时刻归并到它最靠近的前一个时间节点。向前离散会可能导致恢复方案不可行,例如飞机3,它的就绪时间是14:20,用 Argüello 等[7]的方法,应离散到14:00~CCC时间节点上,若有一个从CCC出发的航班××的预计出发时间是14:00,根据航班边的建立方法,航班××的预计出发时间应定为14:00,而实际上,在14:00时,飞机是无法就绪的,可能导致航班××后面的航班都无法按恢复方案中的预计出发时间出发,还可能导致航班串的最后一个航班由于违反宵禁约束而无法被执行;向前离散的另一个弊端就是模型中目标函数计算误差太大,低估实际成本。

(2)传统时空离散网络没有考虑资源容量短缺情况。

(3)传统时空离散网络没有涉及到旅客,不能处理旅客中转衔接问题。

(4)Argüello 等[7]建立的时空离散网络和时空离散模型只是针对单机型,实际中航空公司一般都有多种机型,进行不正常航班恢复时,允许机型间飞机的交换可以得到更优的恢复方案。

针对上面的不足,本文对应提出以下四种方法改进和扩充:

(1)在对飞机的就绪时间或每个航班的出发时刻和到达时刻进行近似处理时,将得到的时刻归并到它最靠近的后一个时间节点,保证在某个时间节点资源的可获得性。

(2)在建立航班边时在其中加入机场关闭的情况,处理方法如下(加下划线的部分为添加部分),产生的效果是在机场关闭时间内既没有航班起飞也没有航班到达,如图 1 所示,机场 CCC 在 19:00 和 20:00 之间没有任何活动。

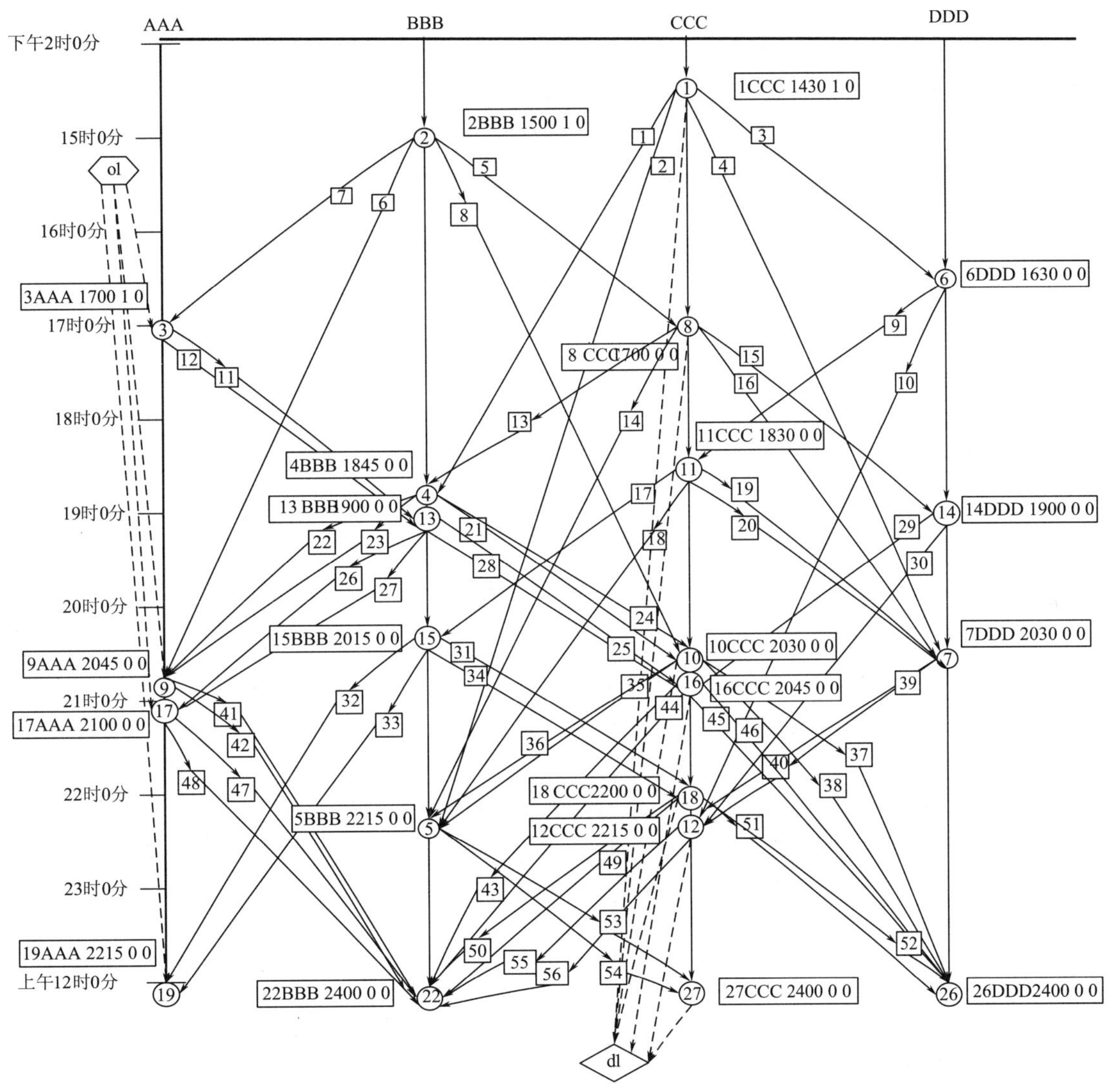

图 1 表 1 ~ 表 4 对应的时间离散近似网络图

while(L 不空) do

从 L 中移出第一个节点 l;

let t 是节点 l 的飞机可获得时间;

let s 是节点 l 的机场;

for(从机场 s 出发的每个航班) do //从航班时刻表查询

let f 是该航班的航班号;

let s’是航班 f 的到达机场;
let f 的出发时间 tf = max{计划出发时刻,t + MCT,s. Close_end};//确定航班出发时间
if(tf < s 的宵禁时间或恢复期的结束时间) then
let f 的到达时间 tfa = max{tf + f 的轮挡时间,s’. Close_end};//确定航班到达时间
if(s’. Close_end > tf + f 的轮挡时间) then
tf = s. Close_end - f 的轮挡时间;//修正航班出发时间
if(tfa < s’的宵禁时间或恢复期的结束时间) then
……

(3)本文是在综合考虑飞机资源、执行航班成本和旅客中转衔接情况之下,决定哪些航班被取消、哪些航班被延误,因此要对时空离散网络进行扩充。根据旅客订票信息构造 O - D 对集合,表 1 对应的 O - D 对集合如表 4 所示,并根据 O - D 对原路径和平均票价计算出旅客行程取消成本,即收益损失。借鉴 Clarke[8] 和 Barnhart 等[9] 处理旅客流恢复问题时把每个 O - D 对的旅客都看作一种商品的思路,在时空离散近似网络图中,为每个 O - D 对在对应的始发机场和到达机场分别建立虚拟始发节点和虚拟到达节点,如图 1 中的 o1 和 d1,用虚拟边连接虚拟始发节点或虚拟到达节点和该机场所有机场时间节点(如图 1 中的 o1 ~ 3 边),表示旅客流的出发或到达,虚拟边没有容量限制。

表 1 对应的 O - D 对集合 表 4

OD	A_D	STD	A_A	STA	NUM	C_C	OD	A_D	STD	A_A	STA	NUM	C_C
o1	AAA	1410	CCC	1700	1	1200	o9	BBB	1920	AAA	2035	2	700
o2	AAA	1410	BBB	1520	1	650	o10	BBB	1545	AAA	1700	5	700
o3	BBB	1930	CCC	2030	4	550	o11	AAA	1740	BBB	1850	1	650
o4	AAA	1410	DDD	2020	1	1850	o12	AAA	1740	CCC	2030	2	1200
o5	BBB	1605	DDD	2020	2	1200	o13	CCC	1515	DDD	1620	2	650
o6	BBB	1605	CCC	1700	1	550	o14	DDD	2100	CCC	2205	2	600
o7	CCC	2115	BBB	2215	3	600	o15	DDD	1730	CCC	1830	3	600
o8	CCC	1740	AAA	2035	2	1300	o16	CCC	1910	DDD	2020	1	650

注:OD:O - D 对编号;NUM:O - D 对上的旅客总数;C_C:消 O - D 对上的一位旅客的行程发生的成本。

(4)为处理多机型问题,在建立时空离散网络时,MCT 取所有机型的 MCT 最大值,MCT = 45min。

通过多次的实践证明,取较短的离散时间区间长度,网络图中的机场时间节点数并不会增加很多。改进方法的第 1、4 点会导致时间资源浪费,为了充分利用时间,建立时空离散网络可采用适当短的离散时间区间长度,但是时间离散区间长度也不能太短,否则飞机交换策略就不能很好地被运用。本文把离散时间区间长度确定为 15min,表 1 ~ 表 3 对应的时间离散近似网络图如图 1 所示,为避免图的混乱,飞机汇聚边没有列出,O - D 对的虚拟始发、到达节点以及虚拟边仅列出 o1。

3 一体化恢复模型

根据上述的时间离散技术,并引用如下符号:

集合:F,原航班计划中未被执行的航班集合;A,机型集合;$P(k)$,航班号 k 的航班的出发机场 - 时间节点的集合;$FL(i)$,始发节点为 i 的航班边的集合;$FM(i)$,到达节点为 i 的航班边的集合;V,机场 - 时间节点的集合;S,飞机供给节点集合,$S \epsilon V$;R,飞机汇聚节点集合,$R \epsilon V$;$Q(i)$,含有飞机汇聚节点 i 的航站上所有航站时间节点的集合;ODP,旅客 O - D 对集合;$L(i)$,始发节点为 i 的边的集合,包括航班边,虚拟边;$M(i)$,到达节点为 i 的边的集合,包括航班边,虚拟边;OV,O - D 对的虚拟始发节点集合;DV,O - D 对的虚拟到达节点集合;TL,航班边集合;SD_p,与 O - D 对 p 的目的地机场相同的机场时间节点集合。

指标符号:i,j,表示节点的下标;a,表示机型的上标;k,表示航班号的上标,$k \epsilon F$;l,表示边的下标;

p，表示旅客 O－D 对的下标，$p\in ODP$。

参数：n_p，O－D 对 p 的人数；n_i^a，机场时间节点 i 提供的机型为 a 的飞机架数；m_i^a，恢复期结束时，飞机汇聚节点 i 需要停靠的机型为 a 的飞机架数；cap^a，飞机 a 的可利用座位数；c_l^a，机型为 a 的飞机执行航班边 l 代表的航班花费的固定成本，主要包含起降费用，耗油成本，沿路的空管费用等；ac_{lp}，指派旅客成本，当 O－D 对 p 上的旅客被安排到比 p 的计划出发时间早航班边上时，ac_{lp} 为无穷大，否则 ac_l^p 为 0；pc_{lp}^a，机型为 a 的飞机执行航班边 l 上的航班时，载运一位旅客发生的变动成本；pf_p，取消 O－D 对 p 上的一名旅客行程的成本；dc_{lp}，安排 O－D 对 p 上的一名旅客从航班边 l 到达目的地的延误费用，与 p 的计划到达时间和 l 的终止节点的时间之差成正比。

变量：x_l^a，当机型为 a 的飞机执行 l 任务时，$x_l^a=1$，否则 $x_l^a=0$；y_i^a，从机场时间节点 i 流向对应停驻节点的机型为 a 的飞机数量；z_{lp}^a，O－D 对 p 上的旅客被分流到由机型为 a 的飞机执行的航班边 l 上的人数；w_p，O－D 对 p 上的旅客被本公司当天航班运送的人数。

根据上述定义的参数和变量，把各种机型的飞机和各个 O－D 对上的旅客分别看作一种商品，建立航班、飞机和旅客一体化恢复的多商品网络流数学优化模型如下：

$$\min \sum_{a\in A}\sum_{l\in TL} c_l^a x_l^a + \sum_{p\in ODP}\sum_{a\in A}\sum_{i\in OV}\sum_{l\in L(i)} ac_{lp} z_{lp}^a + \sum_{p\in ODP}\sum_{a\in A}\sum_{l\in TL} pc_{lp}^a z_{lp}^a + \sum_{p\in ODP} pf_p{}^{*}(n_p - w_p) + \sum_{p\in ODP}\sum_{a\in A}\sum_{i\in SD_p}\sum_{l\in FM(i)} dc_{lp} z_{lp}^a \tag{1}$$

$$\text{s.t.} \sum_{a\in A}\sum_{i\in P(k)}\sum_{i\in FL(i)} x_l^a \leqslant 1, k\in F \tag{2}$$

$$\sum_{l\in FM(i)} x_l^a - \sum_{l\in FL(i)} x_l^a - y_i^a = \begin{cases} -n_i^a & i\in S \\ 0 & i\in C_V(S\cup R)^{a\in A} \end{cases} \tag{3}$$

$$\sum_{l\in FM(i)} x_l^a - \sum_{j\in Q(i)} y_i^a = m_i^a \quad i\in R \quad a\in A \tag{4}$$

$$\sum_{a\in A}\sum_{l\in M(i)} z_{lp}^a - \sum_{a\in A}\sum_{l\in L(i)} z_{lp}^a = \begin{cases} -w_p & i\in OV \\ 0 & i\in V \quad p\in ODP \\ w_p & i\in DV \end{cases} \tag{5}$$

$$\sum_{a\in A}\sum_{p\in ODP} z_{lp}^a \leqslant \sum_{a\in A} cap^a x_l^a \quad l\in TL \tag{6}$$

$$x_l^a \in \{0,1\} \quad a\in A, l\in TL \tag{7}$$

$$y_i^a \in N \quad i\in V, a\in A, k\in F \tag{8}$$

$$w_p \leqslant n_p \text{ 且 } w_p \in N \quad p\in ODP \tag{9}$$

$$z_{lp}^a \in N \quad p\in ODP, a\in A, l\in TL \tag{10}$$

上述模型中，目标函数(1)要求恢复方案的总成本最小，包括飞机执行航班任务的固定成本、飞机载运旅客的总变动成本和旅客行程延误和取消成本。式(2)是航班覆盖约束，即航班 k 要么取消，要么按方案 l 执行。式(3)和(4) 分别是飞机使用约束、飞机流平衡约束和飞机平衡约束，如果机场—时间 i 是飞机可利用节点($i\in S$)，则是飞机利用约束，n_i^a 为 a 型飞机的供给架数；如果 i 是其他时间节点($i\in C_V(S\cup R)$)，则是飞机流平衡约束，此时 $n_i^a=0$；如果 i 是机场－汇聚节点($i\in R$)，则是飞机平衡约束，保证在恢复期结束时，任意机场－汇聚节点都停有规定的飞机机型和架数，以保证第二天的航班计划的正常执行。式(5)分别是旅客始发约束、旅客流平衡约束和旅客平衡约束，如果节点 i 是虚拟始发节点，则是旅客始发约束，w_p 是 O－D 对 p 被运送的旅客人数；如果节点 i 是机场时间节点，则是旅客流平衡约束，此时 $w_p=0$；如果节点 i 是虚拟到达节点，则是旅客平衡约束，保证 O－D 对 p 上被运送的旅客必须到达计划目的地。式(6)是座位容量约束，保证乘坐某航班的各个 O－D 对旅客人数之和不大于执行该航班任务的飞机提供的有效座位数。式(7)、(8)、(9)和(10)是各个变量的取值约束。

4 算例分析

根据图 1 写出表 1～表 4 所示案例的一体化恢复模型，本文没有专门设计求解算法，直接使用

lingo[10]优化软件求解,结果如表5所示。分析恢复方案可发现,同架飞机执行的航班串严格满足时间、空间衔接约束和MCT约束;恢复期结束时,飞机在各个机场的机型和数量分布满足飞机平衡约束;重新为旅客安排的行程也满足时间和空间衔接约束。由此可见本文建立的时空离散网络解决了传统时空离散网络时间不精确的缺陷;基于时空离散网络建立的多商品网络流优化模型,可以解决由于飞机短缺和机场容量不足造成航班计划扰动时的飞机、航班和旅客多机型一体化恢复问题。

表1~表4对应的解 表5

A_NO	F_NO	A_D	A_A	STD	STA	PRICE	ETD	P-NO
1	11	AAA	BBB	1410	1520	650	1745	1、17
2	12	BBB	CCC	1605	1700	550	1605	6、4、5
2	13	CCC	BBB	1740	1840	600	2300	6、25、26
1	14	BBB	AAA	1920	2035	700	1945	10、11、12、13、14
取消	21	BBB	AAA	1545	1700	700	-	-
取消	22	AAA	BBB	1740	1850	650	-	-
3	23	BBB	CCC	1930	2030	550	2300	2,22,23,24
3	24	CCC	BBB	2115	2215	600	2115	
取消	31	CCC	DDD	1515	1620	650	-	-
取消	32	DDD	CCC	1730	1830	600	-	-
2	33	CCC	DDD	1910	2020	650	1910	32、4、5、27、28
2	34	DDD	CCC	2100	2205	600	2115	27、33、29、30、31

上述解给出的恢复方案取消4个航班,延误5个航班,执行航班的固定成本、飞机载运旅客的总边际成本、旅客行程延误和取消成本分别为15725、1725、2550和9450,总成本为29450。如果按照一般做法则取消掉航班12和13的话,延误航班33和34,执行航班的固定成本、飞机载运旅客的总边际成本、旅客行程延误和取消成本分别为21200、1645、160和10400,总成本为33405。恢复方案节省的成本实际将达到3955,减少了11.8%,可见进行不正常航班恢复的优化决策有着巨大的经济效益。

5 结论与探讨

本文扩充和改进了建立时空离散网络的传统方法,把各种机型的飞机和各个O-D对上的旅客分别看作一种商品,建立了以航班边为变量的多商品网络流模型,解决多机型飞机、航班和旅客中转衔接的一体化恢复问题。

本文借助于优化软件对算例进行求解,没有设计高效的求解算法,这将有待进一步深入研究。

参考文献

[1] 朱金福.航空运输规划学[M].南京航空航天大学讲义,2007

[2] Teodorovic D. Airline operations research [M]. New York:Gordon and Breach Science Publishers,1988:256-300

[3] Teodorovic D. Stojkovic G. Model for operational daily airline scheduling. Transportation Planning and Technology,1990(14):273-285

[4] Michael F. A,Jonathan F. B. A grasp for aircraft routing in response to grounding and delays[J]. Journal of Combinatorial Optimization,1997(5):211-228

[5] Lettovsky L. Airline operations recovery:An optimization approach. PhD Dissertation,Georgia Institute of Technology,1997

[6] Yan S. ,Young H. A decision support framework for multi-fleet routing and multi-stop flight scheduling. Transportation Research,Part A:Policy and Planning,1996(30):379-398

[7] M. F. Arguello,J. F. Bard,and Gang Yu,models and methods for managing airline irregular Operations,

Operations Research in the Airline Industry, Kluwer Academic Publishers, 1-43(1998)

[8] Clarke M. (2005). Passenger reaccommodation a higher level of customer service. Presented at AGIFORS Airline Operations Study Group Meeting, Mainz, Germany

[9] Barnhart C. , T. Kniker, and M. Lohatepanont (2002). Itinerary-based airline fleet assignment. Transportation Science 36, 199-217

[10] 谢金星,薛毅. 优化建模与 LINDO/LINGO 软件. 北京:清华大学出版社,2005

Multi-fleet disrupted flights integrated recovery

Lu Honglan, Zhu Jinfu

(College of Civil Aviation, Nanjing University of Aeronautics and Astronautics, Nanjing, 210016)

Abstract: Recovering disrupted flight schedule is an important production scheduling problem in airlines which has the close relation with its cost and service quality. To simultaneously develop recovery plans for multiple types of aircraft, flights and passengers, this paper firstly improve and expand the traditional algorithm to construct time-band network which has bad time accuracy and cann't deal with disrupted flight schedule recovery concerning capacity shortage and multi-fleet. By adding passengers' virtual origin nodes, destination nodes and virtual arcs to the time-band network, passengers recovery can be considered as well. Each type of aircraft and the passenger flow on each O-D pair being considered as a commodity, this paper established the multi-commodity network flow mathematical optimization model, whose variables are arcs' flow. Empirical results demonstrate the ability of the time-band network and the multi-commodity network flow mathematical optimization model to efficiently deal with the integrated recovery for disrupted flight schedule among multi-fleet.

Key words: Disrupted flights; Integrated recovery; The time-band network; The multi-commodity network flow mathematical optimization model

基于双目立体视觉的手指跟踪定位技术

张　玲　顾宏斌　孙　瑾　柴功博

(南京航空航天大学民航学院,南京,210016)

摘　要:手指跟踪定位技术是基于视觉的人机交互研究中的一项重要内容。为了解决复杂背景下手指检测、跟踪常常失效的问题,提出了采用 CamShift 与 Kalman 滤波器相结合的算法对运动目标进行跟踪和预测;并对手指跟踪定位技术中的摄像机标定、立体匹配等关键技术从原理和应用的角度分别进行了分析和讨论;最后指出了存在的问题和今后研究的方向。实验表明,改进后的算法具有较强的鲁棒性和实用性,算法适用于飞行训练模拟器中非接触式手指视频定位,用以跟踪手指的运动轨迹,方便人机交互。

关键词:双目视觉;手指定位;立体匹配;CamShift 算法

1　引言

基于虚拟现实技术的飞行训练模拟器可实现在一个训练平台上进行多任务模拟训练,一机多能;通过软件的升级和更新,它可以方便地从在轨机动任务模拟训练转换为交互对接模拟训练,从而节省资源,提高利用效率。这种模拟器一般采用头盔式视景设备;使用带指力反馈或触觉发生器的数据手套实现握力反馈和触觉模拟;具有体积小巧,通用性强,三维视景,成本低廉等突出优点[1,2]。然而,该类模拟器也存在着自身的不足:首先,戴上头盔后看不见实际的开关,也看不见手部运动位置,给舱内开关、按钮、手柄类操作的逼真模拟造成了困难。其次,普通数据手套无法提供足够充分而逼真的手指力、手掌力、臂力的反馈和触觉。最后,由于手套材料的隔离,影响触觉的逼真,在狭小空间内也可能造成碰撞。

针对头盔式视景设备以上的诸多缺点,在新技术飞行模拟器的基础上,本文采用基于视觉原理的非接触式视频定位技术,用于确定、跟踪用户手指的空间位置,以此作为输入设备,控制虚拟手与实际手部动作一致。

2　双目立体视觉定位原理

双目立体视觉定位同人类双眼视觉的立体感知过程相类似。假设空间任意点 P,在左右摄像机上的投影点分别为 p_l、p_r。如果摄像机已经标记,它们的投影矩阵分别为 M_1、M_2,则有:

$$z_l\begin{bmatrix}u_l\\v_l\\1\end{bmatrix}=\begin{bmatrix}m_{11}^l & m_{12}^l & m_{13}^l & m_{14}^l\\m_{21}^l & m_{22}^l & m_{23}^l & m_{24}^l\\m_{31}^l & m_{32}^l & m_{33}^l & m_{34}^l\end{bmatrix}\begin{bmatrix}X\\Y\\Z\\1\end{bmatrix} \tag{1}$$

$$z_r\begin{bmatrix}u_r\\v_r\\1\end{bmatrix}=\begin{bmatrix}m_{11}^r & m_{12}^r & m_{13}^r & m_{14}^r\\m_{21}^r & m_{22}^r & m_{23}^r & m_{24}^r\\m_{31}^r & m_{32}^r & m_{33}^r & m_{34}^r\end{bmatrix}\begin{bmatrix}X\\Y\\Z\\1\end{bmatrix} \tag{2}$$

基金项目:国家 863 计划,项目编号:2007AA01Z306。

作者简介:张玲(1984-),女,硕士,主要研究方向为计算机视觉、图像处理与分析;顾宏斌(1957-),男博士生导师,主要研究领域为航空器仿真、虚拟现实技术等;孙瑾(1978-),女,博士,主要研究方向为计算机视觉、图像处理与分析;柴功博(1981-),男,博士,主要研究方向为计算机视觉、图像处理与分析。

其中，$(u_1,v_1,1)$ 和 $(u_2,v_2,1)$ 分别为 p_l、p_r 在各自图像中的齐次坐标；$(X,Y,Z,1)$ 为 P 在世界坐标系中的齐次坐标；削去非零比例项 z_l、z_r，可以得到，X,Y,Z，四个线性方程：

$$\begin{cases}(u_l m_{31}^l - m_{11}^l)X + (u_l m_{32}^l - m_{12}^l)Y + (u_l m_{33}^l - m_{13}^l)Z = m_{14}^l - u_l m_{34}^l \\ (v_l m_{31}^l - m_{21}^l)X + (v_l m_{32}^l - m_{22}^l)Y + (v_l m_{33}^l - m_{23}^l)Z = m_{24}^l - v_l m_{34}^l\end{cases} \tag{3}$$

$$\begin{cases}(u_r m_{31}^r - m_{11}^r)X + (u_r m_{32}^r - m_{12}^r)Y + (u_r m_{33}^r - m_{13}^r)Z = m_{14}^r - u_r m_{34}^r \\ (v_r m_{31}^r - m_{21}^r)X + (v_r m_{32}^r - m_{22}^r)Y + (v_r m_{33}^r - m_{23}^r)Z = m_{24}^r - v_r m_{34}^r\end{cases} \tag{4}$$

上面两式中共四个方程，要求解的未知数只有三个，可以求出空间点 P 的三维坐标。

3　基于双目立体视觉的手指跟踪定位系统

3.1　系统组成

系统硬件包括：一台计算机主机、一块图像采集卡、两架摄像机、一个刚性摄像机支架。由于要实时得到人手指尖的三维坐标，因而对系统硬件配置要求较高。为了加快图像处理和显示速度，计算机图像处理系统的硬件配置为：奔腾Ⅳ 2.0G 以上的 CPU，VGA 显示卡，内存容量 1G，硬盘不少于 20G，图像采集频率不少于每秒 30 帧。

系统软件包括：采用微软公司制定的具有“硬件设备无关性”的 Direct X 标准进行系统开发，选择 DirectShow 开发包作为系统开发框架。系统基于 PC 平台，采用模块化的设计思想，在 DirectShow 框架下实现视频采集、手部跟踪、手部指端定位等模块。系统软件流程图如图 1 所示。

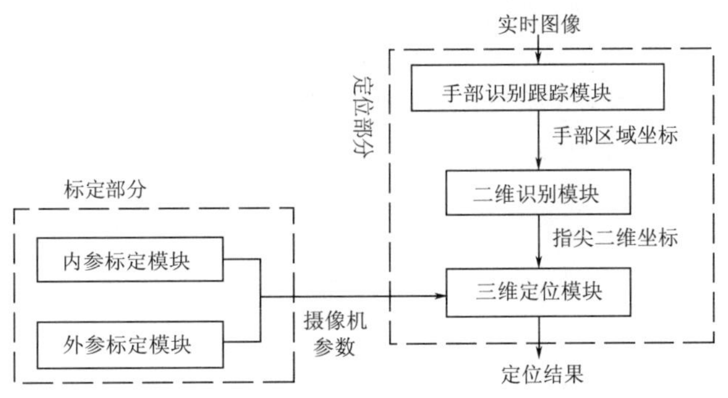

图 1　系统软件流程图

(1)标定部分

摄像机标定是系统工作的前提和基础，只有通过标定得到两台摄像机的内参数和外参数，才能得到跟踪点与计算机图像中的对应点之间的变换关系。标定部分的优劣将直接影响定位系统的定位精度。

内参标定模块：该模块只要是完成摄像机内部参数(摄像机焦距 f、摄像机光轴与成像平面的交点坐标 (x_0,y_0)、每个像素在 x 轴、y 轴方向的物理尺寸 dx、dy，以及摄像机的畸变系数等)的测定。

全局标定模块：该模块主要是完成各个摄像机坐标系的统一，必须把各个摄像机的测量数据统一到一个总体世界坐标系中，也就是确定各个摄像机坐标系相对于一个总体世界坐标系的位置与方向，即旋转矩阵 R 和平移矢量 t。

经过标定之后，可得到两架摄像机的内参数以及它们相对于世界坐标系的外参数，从而为立体匹配和三维定位提供必要的参数。

(2)定位部分

本部分首先对视频进行采集与处理，然后结合标定部分提供的摄像机模型，根据视觉成像原理，进行二维识别及三维计算，最终实现定位。

手部识别跟踪模块：该模块首先根据肤色信息，把手部从图像序列中识别出来，并跟踪，将手部区域所在的最小矩形框坐标作为指尖二维坐标定位的输入。

指尖二维定位模块：该模块完成二维图像中指端标记的定位工作。根据不同的标记颜色区分不同的手指,确定指端标记在图像中的具体坐标,作为后续模块的输入。

指尖三维定位模块:该模块完成三维空间中指端标记的定位跟踪工作。其输入为摄像机模型(标定部分提供)、标记二维坐标(二维定位模块提供),输出为标记点三维定位结果,即手指定位结果。

3.2 基于改进 CamShift 算法的手部跟踪定位算法

3.2.1 基于肤色的手部跟踪方法

在手部定位系统中,首先要对图像序列中的运动手部进行检测和跟踪,进一步从手部区域求取指尖中心坐标,这样既能减少图像遍历时的象素数,提高系统的速度,更能有效地减小背景中与指尖所标记颜色相近的物体的干扰,提高指尖的定位精度。

人的肤色作为一种很特殊的颜色,逐渐引起了研究者的关注。研究表明[4]人的皮肤颜色在颜色空间聚类在一个相对较小的范围内,除了白化病人外,所有的人都有同样的色度(Hue)(黑皮肤的人只是肤色饱和度比浅色皮肤的人大)。所以对于肤色跟踪,即使在不更新的情况下,使用简单的通过各种人群统计出来的肤色直方图也能实现很好的跟踪效果。由于这一点,在使用颜色直方图对手部进行跟踪,Bradski 提出了基于人脸在 HSV 模型中的色度 HUE 分量作为跟踪的特征,利用均值偏移算法(Mean-Shift Algorithm)实现了对人脸的实时跟踪[5]。在计算量上要比使用完整的 RGB 或者 HSI 模型小很多。在实现实时跟踪上,这种算法极具优势性。

3.2.2 改进的手指跟踪算法

经典的 CamShift[6]是通过人机交互的方式对被跟踪目标进行初始化的,本文提出一种改进的 CamShift 全自动跟踪算法对运动的人手进行检测跟踪。首先,在系统启动时,手部贴近摄像头,观察预览窗口,当肤色充满整帧图片时,抓取一帧,并把图片保存在设定的路径下;然后,在启动跟踪时加载图片,生成跟踪需要的 Hist 直方图,这样就实现了全自动跟踪。跟踪实验效果如图 2 所示。

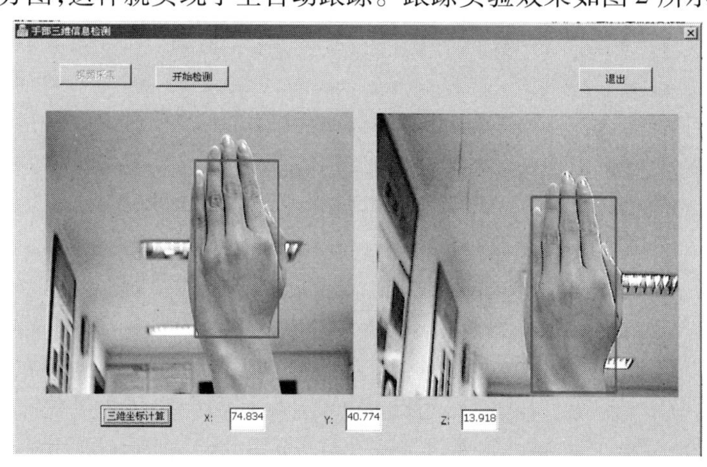

图 2 改进的手部跟踪算法跟踪结果

此改进方法有以下几个优点:

(1)解决了鼠标选定时,跟踪物体区域选取不准确,从而导致跟踪特征不准确的问题,增强了系统的鲁棒性。

(2)经典的 CamShift 需要在系统界面中进行鼠标选定,需要利用 OpenCV[7]中某些函数进行处理,两者具有不同的坐标系(MFC 以左上点为坐标原点,OpenCV 以左下点为坐标原点),需要进行坐标转换。改进后的算法省去了坐标转换工作,也消除了由于坐标变换所带来的误差。

为了更好地对人手进行定位跟踪,我们将 CamShift 算法与 Kalman 滤波结合起来,采用 Kalman 滤波的方法对手的位置进行预测和估计。被估计的状态是每一个二维标记点的位置,Kalman 滤波在每一帧对每个点的新的测量位置与它的前一个估计位置相结合,迭代地更新和改进估计。应用 Kalman 滤波进行跟踪包括两个阶段:状态预测和修正。第一步是预测每一个标记在下一帧的可能位置;第二步是找到是否在下一帧的预测位置附近有一个实际的提取的特征,并进行修正。预测和修正在连续的帧和跟踪的标记点之间不断地重复进行。随着帧数的增加,标记点的估计位置越来越准确,而不确定性逐渐减小。在手的运动速度不是很快,视频采集频率足够大的情况下,完全可以实现对手的实时跟踪。

本文选取基于肤色特征的跟踪算法,对运动手进行检测跟踪;为了尽可能提高指端标记颜色的识别率,通过实验选取深蓝、黄、紫、淡蓝、绿这五种颜色来标记五指。通过实验验证了 RGB 颜色空间受光照影响较大,在较常用的 HSV 颜色空间,对指尖五种颜色进行识别跟踪,效果较好,跟踪结果如图 3 所示。

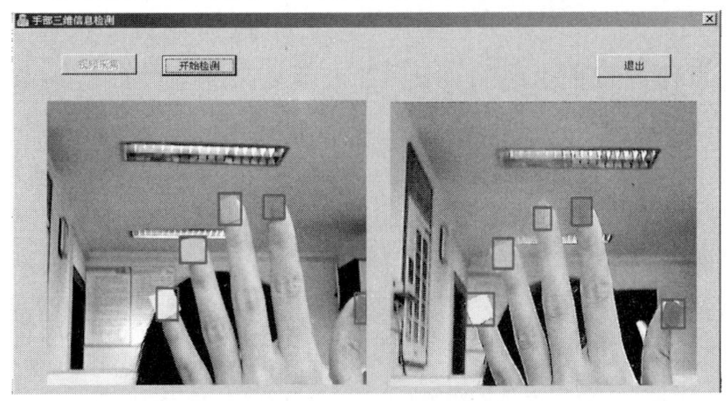

图 3　手指跟踪结果

3.2.3　算法描述

CamShift 算法是一种运动跟踪算法。它主要通过视频图像中运动物体的颜色信息来达到跟踪的目的。该算法可分为三个部分:计算 Back Projection、MeanShift 算法、CamShift 算法。

(1)计算 Back Projection

计算被跟踪目标的色彩直方图。在各种色彩空间中,只有 HSV 空间中的 H 分量可以表示颜色信息,所以在具体的计算过程中,首先将其他色彩空间的值转化到 HSV 空间,然后将其中的 H 分量做 1D 直方图计算。根据获得的色彩直方图将原始图像转化成色彩概率分布图像,这个过程就被称作"Back Projection"。

(2)Mean Shift 算法

在 2D 概率分布图像中,一个区域的重心可以通过一下公式求得:先找得区域内的零阶矩:

$$M_{00} = \sum_x \sum_y I(x,y) \tag{5}$$

对 x、y 求 1 阶矩为:

$$M_{10} = \sum_x \sum_y xI(x,y) \tag{6}$$

这样区域质心为:

$$x_c = \frac{M_{10}}{M_{00}}, y_c = \frac{M_{01}}{M_{00}} \tag{7}$$

Mean Shift 算法大致分为以下四步:①选择窗的大小和初始位置;②计算此时窗口内的 Mass Center;③调整窗口的中心到 Mass Center;④重复②和③,直到窗口中心"会聚"。

(3)CamShift 算法

整个算法的具体步骤分 5 步:S1,将整个图像设为搜寻区域;S2,加载一幅图初始化搜索框的大小和位置;S3,计算搜索框内的彩色概率分布,此区域的大小比搜索框要稍微大一些;S4,运行 MeanShift,获得搜索框新的位置和大小;S5,在下一帧视频图像中,用 S4 获得的值初始化搜索框的位置和大小。跳转到 S3 继续运行。

本文具体跟踪算法实现如下:

S1:标定左、右摄像机,获得左、右摄像机的内外参数;

S2:左、右摄像机同时采集将要跟踪的运动人手(当手填充满整个视频窗口时两个摄像机同时采集),左、右摄像机采集的图分别记为 l_0、r_0,用同样的方法采集各种颜色;

S3:分别加载 l_0、r_0 来初始化 CamShift 算法中的搜索框,采用该算法跟踪定位运动的人手;分别加载不同的颜色初始化搜索框,在检测出的运动人手区域内进行搜索各种目标颜色,采用 CamShift 算法检测

跟踪指端;

S4:以各个搜索框的中心为特征点对进行匹配,采用 Kalman 滤波在图像坐标系中预测第 $i+1$ 帧中对应的二维特征点的位置和速度矢量;

S5:以预测点作为 CamShift 算法中搜索框的中心位置,CamShift 会在这个位置的邻域中找到目标的最优位置,继续跟踪。

本文将搜索框的中心点作为特征点进行匹配,省去了复杂的立体匹配过程,为实时计算手指的三维坐标做好准备工作。

4 结论

基于双目视觉的手指跟踪定位技术有望能够取代数据手套定位跟踪部分的功能,它还能够反馈令人满意的触觉逼真,充分发挥了视觉方法成本低廉、方便灵活、自然逼真的优势。该跟踪定位系统是计算机视觉、图像处理、DirectShow、精密仪器等多学科高技术的结晶。由于光线、背景等外界因素的影响,加上摄像机标定的精确性、视频图像的分辨率等因素,这些都直接影响手指跟踪定位的精确性。今后对基于双目视觉的手指跟踪定位技术研究的重点放在进一步提高跟踪速度和精度,考虑其他因素对系统的影响,以及发生遮挡时的处理对策等。

参考文献

[1] 董士海.人机交互的进展及面临的挑战[J].计算机辅助设计与图形学学报,2004,16(1):1-13

[2] 雷超,戴国忠.三维交互体系结构的研究与实现[J].计算机研究与发展,2001,38(5):557-56

[3] 张广军.机器视觉.北京:科学出版社,2005

[4] Rein-Lien Hsu,Mohamed Abdel-Mottaleb,Anil K. Jain. Face detection in color image. IEEE Transactions on Pattern Analysis and Machine Intelligence,2002,24(5):696-706

[5] Cary. Bradski. Computer vision face tracking as a component of a perceptual user interface[J]. Proc. IEEE Workshop Applications of Computer Vision,1998,(10):214-219

[6] Cheng Yizong. Mean shift mode seeking and clustering [J]. IEEE Transactions on Pattern Analysis and Machine Intelligence,1995,17(8):790-799

[7] 刘瑞祯,于仕琪. OpenCV 教程基础篇[M].北京:北京航空航天大学出版社,2007

Tracking and locating of finger based on binocular stereo vision

Zhang Ling,Gu Hongbin,Sun Jin,Chai Gongbo

(Civil Aviation Collage,Nanjing University of Aeronautics and Astronautics,210016)

Abstract:Finger tracking technology is an important part of the study on vision-based interaction between human and computer. To address tracking problems under complex background,this paper presents a new tracking method which integrates Camshift to Kalman Filter to track and predict the motion of human finger. Some key research problem such as Camera Calibration,and stereo matching were also analyzed. Experiments show that this method has achieved robust and natural human-computer interaction, and can be widely used in many applications,such as flight simulator,intelligent interaction,and digital entertainment.

Key words:Binocular stereo;Vision finger location;Stereo matching;CamShift

基于隐变量的旅客机空调系统故障重现研究

马麟龙　李艳军　王景霖

（南京航空航天大学 民航学院，江苏南京，210016）

摘　要：旅客机空调系统故障与实际飞行状况有关，在故障诊断中要实现性能检测，必须进行工况模拟和故障重现。已有的飞机空调系统故障重现技术是基于对系统进行部件级建模而实现的。实际应用中发现，原有的建模方法对故障的重现结果会与实际故障案例出现比较大的偏差。原因是对飞行状态特征参数的引用的不恰当。为此本文提出了隐变量机制，将实际飞行状况参数作为隐变量引入空调系统的部件级建模，通过BP神经网络方法证明了隐变量干扰模式的存在，并提出了找到这种干扰模式并利用其进行建模的方法。最后，通过实际应用，利用Fisher判决率的评价函数对所得干扰模式进行检验，证明了该方法的有效性。

关键词：空调系统；故障重现；隐变量；BP神经网络

1　引言

民航是现代交通运输的重要部门，又是高技术、高投入、高风险的行业。航空维修业作为航空运输的重要组成部分，得到了高度的重视。

在飞机的各系统中，空调、引气及其增压系统互相协调工作，担负着在高空中保证机组和旅客人员生命安全、飞机结构安全、飞机重要电子设备正常工作以及在各种不同的飞行状态下，为机组和旅客提供舒适的空中旅行环境的重要作用。

作为非线性的多变量控制复杂系统，飞机空调及引气系统的故障具有多发性、重复性以及复杂性等特点，具体表现为首先是飞机空调系统部件多、种类全、涉及范围广，每一部件的特性、工作状况及其故障模式对整个系统造成复杂的影响；其次是飞机空调系统的故障多与其工况相关，而飞机空调系统故障一般多发生在高空飞行阶段，具有难排查、难重现、难验证等特点，在诊断中要实现故障的重现及其性能检测，必须进行工况模拟和故障重现。

2　已有的故障重现建模方法及其不足之处剖析

一个故障信息的传递过程如图1所示。

图1　故障信息的传递过程示意图

典型的飞机空调系统故障重现过程就是上述过程的逆过程，即利用已经获得的故障特征（即可测参数），回溯到系统在实际飞行状况下的部件性能，最终定位并重现出系统部件的实际故障。

已有的飞机空调系统故障重现技术是基于对系统进行部件级建模而实现的。实际的飞机空调系统包括了热交换器、涡轮冷却器、引气机构（压气机）、活门、控制机构以及管路等部件，通过模块化的方法分别建立各个部件的数学模型，再根据实际的气流流动关系和电气控制关系将其连接起来构成系统，从而就可以通过对系统部件的工况模拟而实现对整个系统的工况模拟和故障重现[1]。

已有的空调系统部件级建模主要是基于以下几种方法：

作者简介：马麟龙（1986-），男，甘肃张掖人，硕士研究生，研究方向为民用航空器虚拟维修技术；李艳军（1969-），男，安徽界首人，博士，教授，主要从事民航安全、民用航空器健康监测与故障诊断、适航技术与管理方面的研究。

(1)直接引用普遍的物理定律建立部件动态方程。例如对于热交换器的建模,就是直接根据传热学和能量守恒方程来建立起动态方程。

(2)利用系统部件设计性能计算方程作为其动态方程。例如对于系统中的电气控制部件,就是直接认为其工作在设计所要求的线性区域而采用线性化模型。

(3)采用"黑箱"的方法,通过对实验资料(性能曲线)的曲线拟合方法来建立动态方程。例如对涡轮冷却器,就是指只考虑涡轮的功率、流量、温度和压力等工作参数,而不考虑其设计细节,直接利用其实验资料获得性能曲线,取系统运行区间足够多的状态点,用最小二乘法拟合成数学表达式。

(4)将上述三种方法结合起来的建模方法。例如压气机,就是采用曲线拟合的方法建立起增压比和效率特性函数,通过热力学定律和设计参数来建立出压气机出口温度、压力和功率的动态方程。

然而在实际应用中发现,这种直接引入或不引入飞行状态参数建模的方法会出现对实际工况的模拟的不准确,尤其是对故障的重现结果会与实际故障案例出现比较大的偏差。

由表1可以看出,在爬升阶段和下降阶段,模型故障重现结果和实际故障案例的偏差最大,而在起飞阶段和巡航阶段也存在一定的偏差。究其原因,是建模的过程中,需要充分考虑飞机飞行状态及其变化的影响。这些参数主要包括:飞行高度、外界环境温度、压力、外界空气密度、飞行速度、发动机功率、爬升/下降率、飞机商载、配平状况、飞行距离、飞机新旧状况、驾驶员技术操作等。而以上的四种建模方法中,除方法(3)建立的方程可以做到与系统工作状况紧密相关以外,方法(1)、(2)都无法将系统的工作状况反映在模型方程中,补救的办法就是在已经建立好的方程中直接增加工作状况参数变量和对应的变量控制项,这种做法显然不够科学。同样,方法(4)也部分地存在这样的问题。

不同飞行状态下故障重现结果与实际案例的符合百分率(%) 表1

飞行状态	起飞阶段	爬升阶段	巡航阶段	下降阶段
符合百分率	72.81%	60.57%	89.94%	62.70%

因此,从上面的分析可以看出,建立的模型方程没有引入系统工作状况参量,或者即使引入了系统工作状况参量也是直接增加变量和变量控制项,造成系统方程对工作状况参量变化的敏感性过大或者过小,是造成工况模拟和故障重现的结果与实际系统运行存在较大差异的主要原因。

3 隐变量与隐变量方法

如何科学地将系统工作状况参量引入系统模型方程,使之尽可能真实地模拟系统的实际工况和故障,成为空调系统工况模拟和故障重现的关键。隐变量机制成为可以考虑的一种方法。

工程科学中的隐变量(Latent Variables)是指理论上存在,但不能直接测量的变量或概念;或者在某一标准状况下是常量,而(或许)在非标准状况下是变量,而且其对系统的影响机理不明显的参量;或者是不能明确认定其是否对系统产生影响,即该变量本身对系统的影响未知的变量[2]。

隐变量方法就是探索如何科学地研究和表征隐变量对系统影响机理的研究方法。隐变量分析(Latent Variable Analysis)是近几十年来应用统计领域中发展最为迅速的一个分支,它已被广泛地应用于心理、教育、社会等学科领域。隐变量分析能够过滤误差及个体差异,同时考察变量间的直接作用与间接作用,并找出变量间存在的内在的结构关系,或验证某种结构关系是否合理[3]。

显然,在旅客机空调系统部件级建模的过程中,飞行状况的影响对于某些系统部件就可以认为是隐变量:首先是有的部件的工况和故障对飞行状况不敏感,表现为不能明确是否受飞行状况参数的影响;其次是有的部件的工况和故障已经可以判定受到了飞行状况的影响,但是这种影响的机理尚不明确。

因此,在旅客机空调系统的部件级建模、工况模拟与故障重现中,要科学地考虑一系列飞行状况参数对系统的影响,有必要通过隐变量分析方法,将这些参数作为影响系统的隐变量进行分析和建模。

4 隐变量机制在空调系统建模中的应用

本文推测,隐变量对故障重现准确率的干扰存在一定的模式,因此只要能够证明并找到这种干扰模

式的存在,则即可建立起基于这种干扰模式的系统模型(图2)。为此,对空调系统的工作状况做如下的定义:

定义1 标准状态:指飞机在标准海平面高度地面准备起飞时的状态,此时空调系统正常启动,发动机工作正常且处于怠速慢车状态,飞机空速为零,环境大气压为1标准大气压,飞机商载为标准商载,配平情况为最佳,机上乘员满员,飞机为全新状态,驾驶员技术熟练;

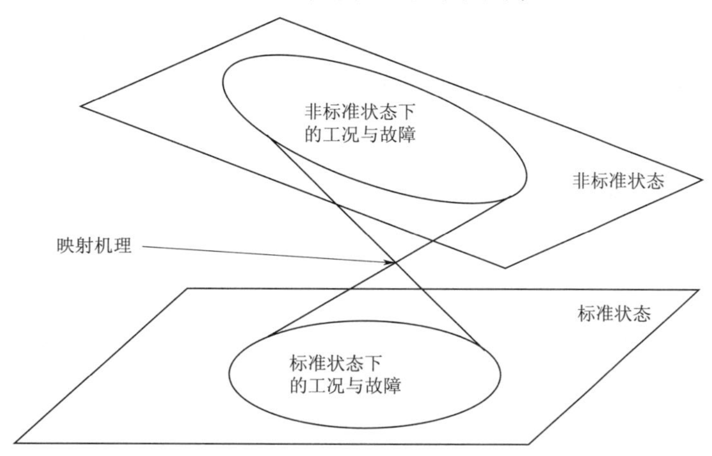

图2　基于隐变量干扰模式发现的故障投影模型

定义2 非标准状态:指飞机在滑行、起飞、爬升、巡航、下降、着陆等阶段的飞行状态。

首先,利用前文所述传统的建模方法建立空调系统在标准状况下的系统部件级模型。由于在标准状况下故障重现的准确率较高,所以就可以考虑采用一种可逆的方法:将实际飞行中获得的空调系统故障案例样本进行预处理,消除隐变量(实际飞行状况)对样本质量的干扰,将非标准状态下的样本转换成标准状况下的样本,以此来获得标准状况与非标准状况的映射机理(即实际飞行状况对工况的干扰模式);在实际故障重现的过程中,则先将工况放在标准状况下进行模拟,然后再将其透过该映射机理进行一种映射,还原为非标准状况下的工况,最终实现对非标准状况下故障的重现。

4.1　干扰模式的获得

计算智能方法具有强大的寻优能力,能够快速在高维空间中找到局部的最优值,因此,应用计算智能方法,可以发现并学习这种干扰模式。人工神经网络和遗传算法是计算智能方法的典型,本文考虑到人工神经网络和遗传算法被不断改进且与其他各类进化算法结合较多,造成各类改进算法的性能各异。为不失一般性,本文选择BP神经网络作为学习和获得这种干扰模式的方法。

若某一具体部件的故障有 n 个故障特征,首先对飞行高度、外界环境温度、压力、外界空气密度、飞行速度、发动机功率、爬升/下降率、飞机商载、配平状况、飞行距离、飞机新旧状况、驾驶员技术操作这12个系统隐变量适当的简化:飞行高度与外界大气压力、环境温度、空气密度有关,则简化后只保留飞行高度而剔除大气压力、环境温度和空气密度。这样系统中总共有9个隐变量对 n 个故障特征进行干扰。BP神经网络的输入层节点数为 $n+9$,对应于实际飞行状况下的 n 个故障特征和9个隐变量;输出层节点数为 n 个,对应标准状况下的n个故障特征。训练样本来源于同一架飞机相同性能时空调系统的一系列故障案例。BP神经网络训练并收敛后,使用该网络对飞行状况下的样本进行处理,转换成标准状况下的故障样本。

这样就获得了一个由非标准状况向标准状况的映射关系。这一映射关系具有可逆性。因此,可以利用这一映射关系(干扰模型),从标准状况下的系统部件级模型所重现出的工况和故障得到对应非标准状况下的工况和故障。

4.2　隐变量干扰模式的检验与评价

本文选择基于Fisher判决率的评价函数对所得干扰模式进行检验。该函数的评价机制是:各个样本之间可以分开是因为它们位于特征空间中的不同区域,显然这些区域之间的距离越大则类别可分性就越大,则样本在类间就越容易被区分,因此测试参数的质量越高[3]。根据这一机制,对于本方法来讲,故障重现结果与实际案例的符合百分率越高,则干扰模式(映射机制)的质量越高。

用上面所述的方法,重新获得增加隐变量干扰模式后不同飞行状态下故障重现结果与实际案例的符合百分率如表2所示。

增加干扰模式后不同飞行状态下故障重现结果与实际案例的符合百分率(%) 表2

飞行状态	起飞阶段	爬升阶段	巡航阶段	下降阶段
符合百分率	85.32%	87.59%	88.01%	82.47%

显然可以看出,在四种飞行状况下所得到的故障重现结果和实际故障案例的偏差已经得到有效的降低,这说明利用BP神经网络建立的扰动模型能够显著消除隐变量对故障重现准确度的干扰。但是表中数据也同时反映出这一符合度还是在不同的飞行状态下存在一定的浮动,这表明尚有没有被发现的隐变量对故障重现存在一定的干扰。

参考文献

[1] 赵俊茹,史忠科.飞机环境控制系统的仿真研究[J].计算机测量与控制,2005,13(6),542-544

[2] Machiel Westerdijk, Wim Wiegerinck. Improving classification with latent variable models by sequential constraint optimization[J]. Neurocomputing, Volume 56, January 2004, Pages 167-185

[3] 王喆宇,贾振华,吴以岭,等.无指导的中医证候诊断数据的隐变量分析[J].数据统计与管理,2008,27(9):938-943

[4] 杜兰,刘宏伟,保铮,等.一种用于雷达HRRP功率谱的加权特征压缩方法[J].西安电子科技大学学报(自然科学版),2006,33(6):173-177

Research of fault reproduction of civil-aircraft air-conditioning system based on latent variables

Ma Linlong, Li Yanjun, Wang Jinglin

(College of Civil Aviation, Nanjing University of Aeronautics and Astronautics, Nanjing, 210016)

Abstract: The faults of civil-aircraft air-conditioning system are associated with its actual flight conditions. In order to test its performance in Fault diagnosis, the working condition and the faults must be simulated and reproduced. The Fault Reproduction technologies recently used were based on the component level modeling of system. There were some deviation between the reproduced results of this method and actual faults. The reason is the inappropriate quotation of flight condition parameters. Latent variables mechanism was proposed to model air-conditioning system using flight condition parameters as latent variables. The existence of latent variables' interference pattern was proved with BP neural network, and the methods to find this interference pattern and how to build a model with it were researched. Finally, with actual using, the interference pattern was tested and the effectiveness of the method was proved.

Key words: Air-conditioning system; Fault-reproduction; Latent variables; BP neural network

基于专家系统的终端区实时容量分析方法研究

卢朝阳

(南京航空航天大学民航学院,江苏南京,210016)

摘　要:本文分析了终端区容量的影响因素,主要讨论了利用终端区实时容量分析专家系统进行实时容量分析的方法,建立了终端区实时容量分析专家系统的框架,分别叙述了终端区实时容量分析专家系统的功能。最后,以某终端区为例详述了终端区实时容量分析专家系统的工作过程。

关键词:终端区实时容量;容量影响因素;专家系统

1　引言

随着我国民航事业快速发展,航空器的数量不断增加和空中飞行流量的加大,造成空中交通的拥挤。航空器的起飞、降落是在终端区空域内进行的,而终端区容量受多方面因素的影响,终端区容量限制是引发空中交通拥挤的“瓶颈”。降低终端区的空中交通拥挤、减少延误、提高安全性的一种有效方法是空中交通流量管理。流量管理有三种类型:先期流量管理、起飞前流量管理和实时流量管理,而对终端区容量进行实时分析是实施后两种流量管理的基础。

1998 年,欧洲航行安全组织的“终端空域设计操作方法指导材料”[1]进行了终端区空域容量的影响因素和问题识别的分析。1991 年,Milan Janic 和 Vojin Tosic[2]对终端区容量评估问题作了初步的研究。他们对空域结构作了很大程度简化,建立了估计终端区容量的模型。1984 年,国际民航组织文件 Doc9426 - AN/924[3]在附录中关于 ATC 扇区容量评估方法,介绍了 DORATASK 模型,给出扇区容量的量化方法,成为国际空中交通管理人员进行空域规划设计的理论依据。1998 年,David A. Lee,Coroline Nelson 和 Gerald Shapiro[4]在总结前人经验的基础上,提出了机场容量和延迟模型,并将该模型应用于美国 10 多个机场的实际容量评估,取得了预期的效果。1999 ~ 2000 年,南京航空航天大学胡明华、杜竣[5,6]等从理论上讨论了终端区空中交通的容量模型,提出了终端区容量评估方法。2003 年,韩松臣[7-10]等研究了扇区设计工作的一般理论和容量评估的方法。2005 年,北京航空航天大学的陈勇和曹义华[12]对终端区容量评估的基本概念和方法进行了总结性研究。专家系统的研究工作已开展了很多年,基本的理论和技术也基本成熟,但目前未见有应用专家系统技术进行终端区实时容量评估研究的文章。

目前对终端区容量分析所做的工作,大多只能反映某一特定条件下终端区的容量。在终端区容量评估时常常不能全面考虑气象、人、军航限制等因素的影响,一旦某一影响因素发生改变,重新评估的过程比较繁琐,难以在短时间内得出新的容量分析结论。利用专家系统进行终端区实时容量分析,可以发挥专家系统的推理能力,实现两方面的目的:(1)根据原来确定的容量及变化情况快速确定终端区的实时容量,把分析结果作为流量管理的主要依据,并为管制员提供管制、指挥实时建议;(2)针对给定的终端区,研究并定量分析终端区容量影响因素,使终端区的运行更加安全、有序和快速,同时作为优化配置管制席位和空域规划的重要依据。

本文主要分析了影响终端区容量的多种因素,构建了终端区容量实时分析专家系统的框架,设计了系统的基本功能,给出了某终端区容量实时分析专家系统的实例。

2　终端区容量及容量影响因素分析

终端区一般包括等待区、进出走廊口(终端区入口和出口)、标准进离场航线、起始进近航线、中间

作者简介:卢朝阳(1967-)男,工程师,硕士,主要研究方向是空中交通管理,E-mail:chaoyang_lu@ 163. com。

进近航线、最后进近航线、复飞航线、塔台管制区和跑道部分。终端区容量是指在一定的系统结构(空域结构、飞行程序等)、管制规则等条件下,考虑可变因素(飞机流配置、人为因素等等)的影响,该终端区单位时间内所能提供安全服务的航空器架次。

终端区的实时容量受很多因素的影响并随之变化。在不同的时段,这些因素各不相同,终端区的实时容量也会随之变化,因此在分析终端区实时容量时必须综合考虑终端区容量影响因素。终端区实时容量的影响因素主要有以下几类:

(1)军航活动。如果军用飞行区域有活动,会减少可用的雷达引导区域和临时航路,导致管制员工作负荷增加和空域拥挤,降低空域的实时容量。

(2)气象条件。天气现象的种类繁多,程度各异,变化较快,气象因素对终端区实时容量的影响很大。能见度,风向风速会影响航班的正常起降,从而影响机场跑道系统的容量。重度的颠簸与积冰会使高度层不可用,积雨云和浓积云迫使航空器绕飞,这都导致终端区空域容量的下降。雷暴等恶劣天气条件下,航空器无法实施进近常常导致等待延误和空域拥挤。

(3)空管保障系统(如通信、导航、监视设备)的可用性和可靠性。当这些设备的可用性和可靠性发生变化时,终端区内的管制服务方式、提供的服务等级、飞行规则以及对安全性的要求随之发生改变,终端区的实时容量也随之增大或减少。

(4)终端区的空域和过渡航路结构。终端区扇区的划分与管制席位的设置;终端区走廊口位置、各走廊口的流量比例、进离场航路及其相对位置关系;航空器的平飞、上升、下降段的分布;军用空域、危险区、限制区的分布情况、地形以及障碍物分布情况,这些因素的改变会影响终端区的实时容量。

(5)机场的容量。由于机场的实时情况的变化,机场容量也会改变,进而影响空域实时容量。机场容量一般受停机位/桥、滑行道、联络道、跑道、脱离道、候机楼等因素影响。

(6)管制员的数量、能力。不同的管制员的管制习惯、对余度的掌握、对空中交通的监视时间、管制决策时间、与飞行员的通信时间等都不相同,是了终端区实时容量的重要影响因素。

(7)飞行流量的特性。终端区空域的飞行流量特性包括:机型比、进出比、走廊口流量比、航空公司等等,这些因素会影响终端区空域的实时容量。

3 终端区容量分析专家系统

终端区的空中交通系统是一个复杂的系统,从上面对终端区空域容量影响因素的分析可知,影响终端区空域实时容量的因素是多方面的,目前还没有一个完整的科学的模型和方法可以对终端区空域实时容量进行准确计算,充分利用空中交通管制员的实际管制经验建立终端区空域实时容量评估专家系统是一种可行的方法。

专家系统的一个重要特点是具有启发性和知识性。专家系统的知识库能存储大量空域结构、空中交通管理和容量分析的专家级知识,可以根据当时终端区空域的实际情况,利用人类专家的知识和解决问题的方法应用人工智能技术和计算机技术快速进行推理,得出较为准确和符合实际情况的终端区空域实时容量结论。终端区容量分析专家系统应具备以下几个功能:

(1)存储对特定终端区容量分析所需的知识;

(2)存储特定终端区容量分析的初始数据和推理过程中涉及到的各种信息;

(3)根据当前输入的终端区运行数据,利用已有的知识库,按照一定的推理策略进行推理,得出容量估计值,并提出管制中应该注意的问题和建议;

(4)终端区容量分析结论和管制建议可以以形象、直观和图形化的形式表示,提供统一用户接口;

(5)提供空域结构和空中交通管理知识获取、修改、扩充和完善等维护手段。

终端区容量分析专家系统的体系结构如图1所示,其中箭头方向为信息流动的方向。终端区容量分析专家系统通常由人机接口、知识库、推理机、解释器、综合数据库等5个部分构成。

终端区容量分析专家系统将人机界面输入的有关机场终端区的运行信息存储在事实库中,然后把事实与知识库中的实例或规则进行匹配和推理,得出终端区实时容量的评估和分析数据并反应到人机界面上。

终端区容量分析专家系统的知识库是容量分析所需要的空中交通管理领域知识的集合,包括实例和规则。知识库中的知识源于空中交通管理领域专家和相关规章,包括对一线空中交通管制员的管制经验的总结、空中交通管制的规则和规章、空域容量评估专家的建议、终端区实际运行的数据。知识库规则和实例应可通过面向领域专家人机接口进行增加、插入、删除、修改操作。终端区容量分析专家系统的综合数据库用于存储当前问题的有关数据和求解过程中的中间结果和最后结果。

4 专家系统对某终端区容量的实时分析实例

本节以某终端区为例具体说明终端区实时容量分析专家系统分析过程。空域范围如图2所示。

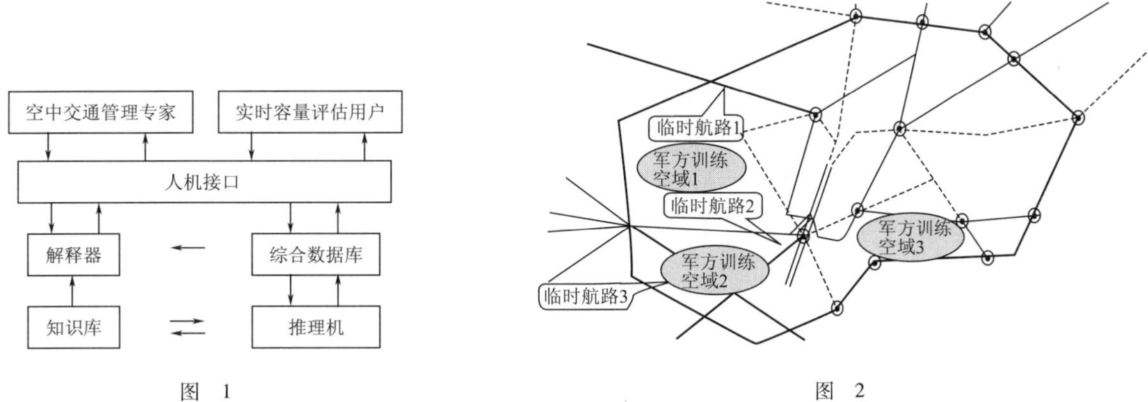

图 1　　图 2

该终端区有三条临时航路,分别为临时航路1,临时航路2,临时航路3。另有三个军方训练空域,分别为军方训练空域1,军方训练空域2,军方训练空域3,机场采用平行双跑道。下面给出一些规则的示例:

Rule 1:if 军方训练空域1开飞,then 临时航路1关闭 and GY 进港飞机不能偏航

Rule 2:if 军方训练空域2开飞,then 临时航路2、3关闭 and GY 进港飞机不能偏航

Rule 3:if 军方训练空域3开飞,then 五边延长

Rule 4:if 临时航路1关闭,then 本场 YI 出港容量下降10%

Rule 5:if 临时航路2关闭,then 本场 VI 出港容量下降10%

Rule 6:if 临时航路3关闭,then GY——SA 航段容量下降10%

Rule 7:if 单跑道运行,then 跑道系统容量下降50%

Rule 8:if 双跑道半混合运行,then 跑道系统容量下降75%

Rule 9:if 五边切入点靠后,then 本场进港容量下降10%

Rule 10:if GY 进港飞机不能偏航,and 军方训练空域3未开飞 and 南扇不是新管制员,then GY 本场进港容量下降5% and GY——SA 航段容量下降5%

Rule11:if 南扇是新管制员 and 军方训练空域3未开飞,then 本场进港容量下降15%

系统开始运行,首先提取终端区运行信息,本例中为跑道运行方向,然后载入相应的各航段和跑道的标准容量和知识库。由用户输入:军方训练空域1开飞,军方训练空域2不开飞,军方训练空域3不开飞,南扇不是新管制员。应用 Rule1 后,增加临时航路1关闭,GY 进港飞机不能偏航。应用 Rule4 后,得出本场 YI 出港容量下降10%。应用 Rule10 后,得出 GY 本场进港容量下降5%,GY—SA 航段容量下降5%。

5 结语

随着我国航空运输业的持续发展,日益增长的空中交通流量和日趋饱和的空域系统之间的矛盾逐渐突出。为了解决空中交通拥挤问题,空中交通流量和容量管理应运而生,要进行流量管理就必须对空中交通实时容量进行准确估计。终端区实时容量分析比较困难,专家系统是一种可供选择的方法。终端区容量分析专家系统具有下列4个特点:启发性、实时性、灵活性、交互性。

本文在分析终端区实时容量影响因素的基础上提出用专家系统的方法评估终端区实时容量,建立了终端区实时容量分析专家系统的框架,并以某终端区为例讨论了终端区容量分析专家系统的工作过程。本文的研究成果对终端区实时容量分析具有一定的理论意义和实际应用价值。

参考文献

[1] European organization for the safety of air navigation. Terminal airspace design-Guidelines for an operational methodology [S],1998

[2] Milan Janic, Vojin Tosic, Enroute sector Capacity Model[J]. Transportation Science, November 1991, Vol. 25, No. 4:215-22

[3] Doc 9426-AN/924, Manual for Air Traffic Service Plan [M], International Civil Aviation Organization, 1992

[4] David A. Lee, Caroline Nelson, Gerald Shapiro. The Aviation System Analysis Capability. Airport Capacity and Delay Models, NASA/CR-1998-207659, B-1-B-14

[5] 蒋兵,胡明华,田勇,等.终端区空中交通容量评估的仿真方法[J].交通运输工程学报 2003,3(1):97-100

[6] 杜俊.终端区空中交通容量估计系统研究[D].南京:南京航空航天大学,2001

[7] 韩松臣,等.管制扇区优化划分的方法及计算机实现技术[J],交通运输工程学报,2003, Vol. 3, No. 1

[8] 韩松臣.基于蜕变 Voronoi 多边形的扇区优化方法[J],航空学报(英文版),2004(01)

[9] 韩松臣,张明.依据管制员工作负荷的扇区优化新方法[J],南京航空航天大学学报,2004(01)

[10] 张明,韩松臣.依据管制员工作负荷的扇区优化方法[J],交通运输工程学报,2005(04)

[11] 韩松臣,胡明华,蒋兵,等.扇区容量与管制员工作负荷的关系研究[J],空中交通管理,2000,(6):42-45

[12] 陈勇,曹义华.终端区容量评估的基本概念和方法[J].中国民航飞行学院学报,2005,(1):8-11

[13] 尹朝庆,尹皓.人工智能与专家系统[M].北京:中国水利水电出版社,2001

The study of the analyzing methods for the terminal area real-time capacity based on Expert system

Lu Chaoyang

(Civil Aviation College, Nanjing University of Aeronautics and Astronautics, Nanjing, 210016,
E-mail: chaoyang_lu@163.com)

Abstract: This paper analyzed the affecting factors on the terminal area capacity, and discussed the method of analyzing the terminal area real-time capacity using expert system. The framework of terminal area real-time capacity analysis expert system is established. The function of this expert system are introduced. Finally an example of analyzing an terminal area is given to expound the working processes of terminal area real-time capacity analysis expert system.

Key words: Terminal area real-time capacity; The affecting factors on the terminal area capacity; Expert system

进场飞机动态排序模型与算法研究

杨晶妹　胡明华

(南京航空航天大学民航学院,江苏南京,210016)

摘　要:本文通过分析终端区空域结构及进场飞机的运行特征,建立了进场飞机排序模型,并将滚动时域控制策略引入到遗传算法中,用来解决进场飞机的动态排序问题。使用滚动时域控制策略的遗传算法可以应用于实时空中交通管制的动态环境中。仿真结果表明该方法能够有效减少延误,是一种高效、可行的飞机动态排序方法。

关键词:空中交通管制;飞机排序与调度;滚动时域控制;遗传算法

1　引言

随着航空运输的发展,现有空中交通管理系统已经难以满足日益增长的空中交通流量需求。我国空中流量分布不均,以北京、上海、广州为代表的大型机场,集中了民航的大部分流量。终端区拥挤已成为空中交通流量管理中的一个"瓶颈"问题。因此在保证飞机安全间隔的前提下,高效的为进场飞机安排着陆次序和着陆时间,显得尤为重要。

一般情况下,常用的飞机排序方法为先到先服务(FCFS)法,根据飞机预计到达时间(ETA)对将到达的飞机进行排序,但此方法造成的延误相对较大。因此,国内外对于飞机队列优化提出了其他一些有效的方法,例如时间提前量算法(Time Advanced,TA)、约束位置交换法(Constrained Position Shift,CPS)、模糊模式识别算法以及模仿自然界现象的蚁群,人工鱼群算法[1,2]等。其中TA算法是通过给每组飞机的首架飞机一个时间提前量来减少延误,再根据不同类型的飞机间尾流间隔的不同对飞机序列进行适当调整,从而缩短队长,减少平均延误。CPS算法在动态规划基础上,对所有可能的飞机排序树进行寻优,找到一条成本最小的路径,即得到了该组飞机的最佳次序,但飞机队列可能有较大变动,实现难度较大。模糊模式识别以模糊数学理论为基础,综合考虑了飞机排序的各个因素,模拟管制员的决策过程进行科学排序,但该算法的隶属度函数的选择较为困难,且科学计算较为复杂。

在实际的空中交通管制中,进场飞机排序和调度往往在一个动态的环境中执行。本文提出基于滚动时域控制(Receding Horizon Control,RHC)的遗传算法,以实现排序的动态性。

2　终端区进场交通描述

典型的终端区结构[3]包括等待区、进出走廊口、进场航线、起始进近航线、中间进近航线、最后进近航线、复飞航线、标准离场航线、塔台管制区以及机场跑道等几部分。

终端区一般管制过程:飞机脱离航路后按规定高度进入空中走廊飞行,然后按规定的航段(标准仪表进场路线)飞向起始进近定位点。从起始进近定位点开始,飞机按照一定的梯度降低高度和减小速度,直到以规定的速度和高度到达最后进近点,然后开始最后进近。

假设机场只有一条跑道,且只考虑进场队列,规定飞机只可能从几条不同的航路进入机场终端区,概率大致相等。这样所有进入机场终端区的飞机都可以按照时间排成一个队列,图1给出了一个机场终端区的水平航路结构

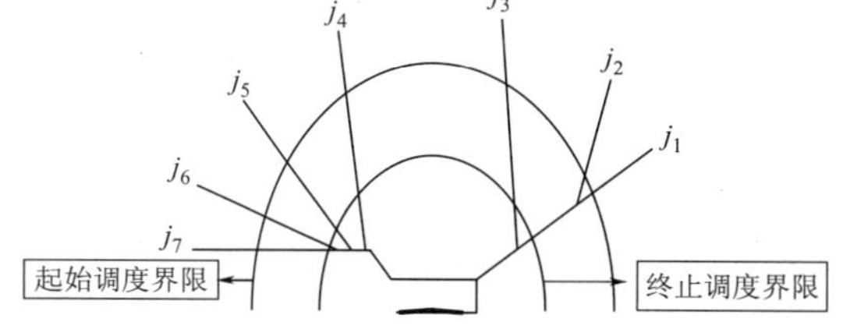

图1　机场终端区航路示意图

作者简介:杨晶妹,(1986-),女,南京航空航天大学硕士研究生,E-mail:qingyanting2003@yahoo.com.cn。

示意图[4]。

由图1可知,机场终端区的空域被划分为3部分,由2个调度界限来定义。起始调度界限是一个空间界限,它是每架飞机进入管制区的边界,当飞机穿越它时,排序算法就接受它的一组参数进行排序;终止调度界限也叫做冻结界限,一旦一架飞机穿越了冻结界限,它到达机场跑道的计划到达时间就保持不变,直到着陆。两个界限之间称为冻结区。

目前终端区流量管理主要是基于距离间隔来保证飞行安全,管制员可以通过雷达屏幕看到飞机间的相对位置,但是要实现系统的自动化就必须引入时基的概念。把距离间隔转化为时间间隔。各机型间的最小着陆时间间隔标准如表1[5]所示。

最小着陆时间间隔(s) 表1

飞机类型	$j=1$	$j=2$	$j=3$	$j=4$
$i=1$	96	200	181	228
$i=2$	72	80	70	110
$i=3$	72	100	70	130
$i=4$	72	80	70	90

3 排序模型

由表1可知,连续两架不同类型的飞机,调换位置后的最小着陆时间间隔要求是不同的。正是由于这种不对称性,在先到先服务基础上进行飞机位置的调换,为减少延迟和充分利用机场容量提供了可能性。

设时间段内有 N_a 架飞机在终端区等待降落,各参量定义如下:排序队列中飞机 i 的预计到达时间为 $t_{ETA}(i)$,实际分配到达时间为 $t_{STA}(i)$,飞机类别为 $c(i)$。前机机型为 i 后机为 j 时它们之间的最小着陆时间间隔为 $s(i,j)$,飞机 i 的实际分配到达时间为:

$$t_{STA}(i)=\max(t_{ETA}(i),t_{STA}(i-1)+s(c(i),c(i-1))) \tag{1}$$

等式右面第一项为该飞机的预计到达时间,第二项为前架飞机的实际分配到达时间与两架飞机间的最小着陆间隔要求之和,飞机延误时间为:

$$t_{delay}(i)=t_{STA}(i)-t_{ETA}(i) \tag{2}$$

问题求解目标是使进场队列中飞机总延误最小,模型目标函数为:

$$T_{delay}=\min\sum_{i=1}^{N_a}(t_{STA}(i)-t_{ETA}(i)) \tag{3}$$

4 算法设计

遗传算法是大范围并行的随机搜索和优化算法,对求解NP问题十分有效。在解决动态飞机排序和调度问题时,传统遗传算法需要对运行时段内所有到达的飞机进行反复优化,然而繁忙机场每天都有大量的飞机进场,传统遗传算法无法满足实时的要求。而且在动态的空中交通管制环境中,不可避免的会出现不可靠信息的影响优化效果。

4.1 RHC 策略的引入

RHC策略是一种动态的优化策略[6,7],如图2所示,在当前第 k 个滚动时域,测量当前系统的状态,搜集第 k 个时间间隔到第 $k+N-1$ 个时间间隔之间即滚动时域内的信息,基于所得信息,对当前滚动时域作出相应的策略,仅实施第 k 个时间间隔的策略,放弃余下的 $k+1$ 到 $k+N-1$ 时段的策略,然后让 $k=k+1$,重复上述优化过程。

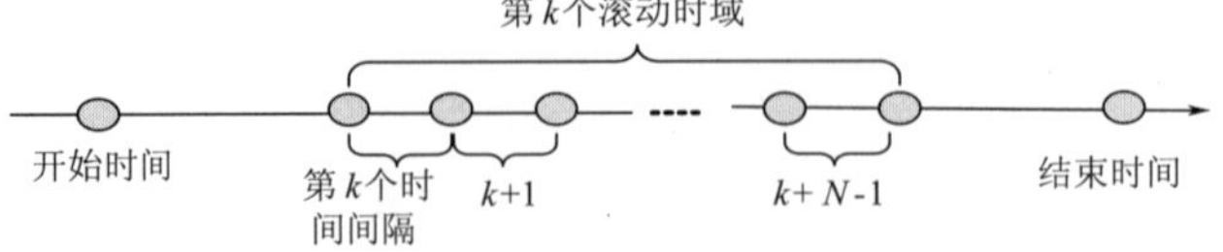

图2 滚动时域优化策略

4.2 基于 RHC 的遗传算法

4.2.1 染色体

在 RHC 策略下,在第 k 个滚动时域,优化预计到达时间在滚动时域内的飞机队列,设在第 k 个时间间隔预计到达时间在滚动时域的航空器有 $n(k)$ 个,因而在第 k 个时间间隔的染色体有 $n(k)$ 个基因。

针对飞机排序问题,很多遗传算法采用数字序号编码方法[8],这种编码简单直观,但是在进行传统的交叉,变异运算时,容易产生不可行解。本文采用随机数编码,如在第 k 个时间间隔有飞机编号为 1,2,…,$n(k)$,在(0,1)内产生 $n(k)$ 个不同的随机数进行编码,如当 $n(k)=6$ 时。随机产生的染色体为 $X=(0.12,0.33,0.24,0.43,0.59,0.61)=(x_1,x_2,x_3,x_4,x_5,x_6)$,$x$ 的下标为飞机序号,按照随机数的大小升序排列,就得到一个飞机排序方案。若两个父代染色体中没有相同的小数,就可以利用传统的遗传算子,且不会产生不可行解。

4.2.2 适应度函数

滚动时域上的每条染色体表示着一种可能的着陆序列,用(. |k)表示 k 滚动时域内的变量。用 a_i 表示染色体确定排序队列中的第 i 架飞机。如果 $k=1$,$t_{STA}(a_1|k)=t_{ETA}(a_1|k)$;否则,$t_{STA}(a_1|k)$必须能够满足和在 $k-1$ 时间间隔里队列里着陆的最后一架飞机之间的间隔。根据这些 t_{STA},着陆队列的延迟可以按以下方法所计算:

$$T_{delay}(k)=\sum_{i=1}^{n(k)}(t_{STA}(i|k)-t_{ETA}(i|k)) \tag{4}$$

适应度函数定义为:

$$f=\frac{1}{\sum_{i=1}^{n(k)}(t_{STA}(i|k)-t_{ETA}(i|k))+\varepsilon} \tag{5}$$

4.2.3 遗传算子

交叉,变异算子:因本文采用了随机数的编码方法,可以使用传统的交叉,变异算子。本文采用的交叉算子为 2 点交叉,变异算子为均匀变异。

选择算子:本文采用轮盘赌选择算子,每个个体进入下一代的概率等于其适应度值与整个种群中个体适应度值和的比例。若某个个体 i,其适应度为 f_i,则其被选取的概率表示为:

$$P_i=\frac{f_i}{\sum_{i=1}^{n}f_i} \tag{6}$$

最优保存策略:把适应度最好的个体尽可能保存到下一代群体中,当前群体中适应度最高的个体不参与交叉运算和变异运算,而是用它来替换掉本代群体中经过交叉、变异等遗传运算后所产生的适应度最低的个体[9]。本文用上代适应度最好的个体来替换本代中适应度最差的 10% 的个体。

5 仿真结果

对基于 RHC 的 GA 算法采用 Matlab 7 编程实现。此后用 RHC_GA 表示,下面对某繁忙机场拥挤时段的 20 架飞机进行测试,分别用 FCFS 算法和本文提出的遗传算法进行计算。实际仿真时遗传算法采用的参数如下:RHC 的时间间隔 $T_{OI}=5$min,步长 $N=4$,即一个滚动时域为 20min,种群大小为 20,交叉概率为 60%,变异概率为 0.25%,排序中飞机的最大位置移动量(Maximum Position Shift,MPS)为 3。排序结果如下表所示,算例中给出了飞机总延误,飞机平均延误以及飞机的计划到达时间(STA)。应用先到先服务排序算法所得总延误为 6097s,最大延误为 598s,平均延误为 304.85s;而 RHC_GA 算法所得排序方案的总延误为 3361s,最大延误为 542s,平均延误为 168.05s,平均延误比 FCFS 算法结果减少了 136.8s,最大延误减少了 56s。由此可看出本文提出的算法优化效率高,比

FCFS 算法更令人满意(表2)。

进场航班排序仿真结果　　表2

飞机编号	机型	ETA (s)	FCFS: STA(s)	FCFS: 延迟(s)	RHC_GA 方案	RHC_GA: STA(s)	RHC_GA:延迟 (s)
1	1	0	0	0	1	0	0
2	1	79	96	17	2	96	17
3	1	144	192	48	3	192	48
4	2	204	392	188	5	288	24
5	1	264	464	200	6	384	64
6	1	320	560	240	4	584	380
7	2	528	760	232	7	664	136
8	1	635	832	197	9	744	14
9	2	730	1032	302	10	824	58
10	2	766	1112	346	8	896	261
11	1	790	1184	394	11	992	202
12	1	920	1280	360	12	1088	168
13	3	1046	1461	415	15	1288	152
14	4	1106	1591	485	16	1368	202
15	2	1136	1671	535	17	1448	215
16	2	1166	1751	585	13	1518	472
17	2	1233	1831	598	14	1648	542
18	1	1642	1903	261	18	1720	78
19	1	1715	1999	284	19	1816	101
20	3	1770	2180	410	20	1997	227
总延迟				6097			3361
平均延迟				304.85			168.05

6 结语

本文通过构建航班排序模型,采用基于 RHC 策略的遗传算法解决了航班动态排序问题,合理的分配了进场飞机的着陆时间。结果表明,相对于 FCFS 算法,总延误、平均延误和最大延误均明显减少。并且由于滚动时域控制策略的引入,排序时间相对传统遗传算法大大减少,满足实时的动态交通管制环境需求。

参考文献

[1] 李志荣,张兆宁. 基于蚁群算法的航班着陆排序[J]. 交通运输工程与信息学报. 2006,4(2)
[2] 王飞,徐肖豪,张静. 终端区飞机排序的混合人工鱼群算法[J]. 交通运输工程学报. 2008,8(3)
[3] 陈勇,曹义华. 终端区容量评估的基本概念[J]. 中国民航飞行学院学报. 2005,16(1)
[4] 荀海波,徐肖豪,陈绪华. 机场终端区着陆次序的排序规划算法[J]. 南京航空航天大学学报. 1994,31(2)
[5] 杨军利,方群,向小军. 终端区飞机排序的规划模型和算法研究[J]. 飞行力学. 2005,23(2):77-80
[6] Xiao-Bing Hu, Wen-Hua Chen. Receding Horizon Control for Aircraft Arrival Sequencing and Scheduling [J]. IEEE Trans. Intell. Transp. Syst. 2005,6(2)

[7] Xiao-Bing Hu, Ezequiel Di Paolo. Binary-Representation-Based Genetic Algorithm for Aircraft Arrival Sequencing and Scheduling[J]. IEEE Trans. Intell. Transp. Syst. 2008, 9(2)

[8] 陶冶,白存儒,由嘉.基于遗传算法的起降航班动态排序模型的研究[J].中国民航飞行学报.2005,23(4)

[9] 周明,孙树栋.遗传算法原理及应用[M].北京;国防工业出版社.2002:46-58

Study on model and algorithm for dynamic arrival aircraft sequencing and scheduling

Yang Jingmei, Hu Minghua

(College of Civil Aviation, Nanjing University of Aeronautics and Astronautics, Nanjing, 210016)

Abstract: By analyzing the situation of arrival traffic in terminal areas, this paper proposes a receding horizon control-based genetic algorithm (RHC_GA) to solve the arrival sequencing and scheduling problems in busy periods. Due to the introduction of RHC strategy, this algorithm can optimize the arrival flight queue dynamically with updated information of flights and the environment. Furthermore, it can be used in a real dynamic air traffic control environment. The simulation results demonstrate that the present algorithm is an effective and feasible method.

Key words: Air traffic control; Arrival sequencing and scheduling; RHC; Genetic algorithm

六自由度运动平台逆动力学控制

马永晓　顾宏斌　刘　晖　吴东苏

(南京航空航天大学民航学院,江苏南京,210016)

摘　要:通过对模型进行逆动力学分析,得到一个比较精确的驱动力矩作为前馈,并施以PD控制算法作为反馈,以实现平台的高速、高精度跟踪控制。将设计的控制器在建立的ADAMS与Matlab/Simulink联合的虚拟样机平台上仿真,结果显示逆动力学控制比传统的PID控制有更好的跟踪性能。

关键词:逆动力学;跟踪控制;ADAMS;Matlab/Simulink

1　引言

六自由度运动平台作为一个结构复杂、多变量、多自由度、多参数耦合的非线性系统,其动力学十分复杂,控制策略、控制方法的研究极其复杂。六自由度运动系统的逆动力学问题是指在已知期望末端操作器运动轨迹的情况下结合逆运动学与动力学方程对各支链力矩进行求解。逆向动力学主要应用于机器人的控制或为机器人的动力学的最优控制设计提供理论依据。

本文在对六自由度运动平台运动学分析的基础上,采用拉格朗日法建立了平台的动力学模型。将运动控制系统划分为内部非线性前馈环节和外部反馈环节,外部反馈环节设计为比例—微分(PD)控制方式,通过建立的联合仿真平台验证控制效果。

2　六自由度运动平台模型

2.1　逆运动学分析

六自由度运动平台是由动平台、静平台和6根连杆组成。连杆与静平台采用虎克铰链连接,该铰链具有2个自由度;连杆和动平台用3个转动副组成的等效球铰连接,具有三个自由度。每个支链具有6个自由度,其中连杆的伸缩运动为机构的输入运动,是主动运动,另外5个自由度均为被动运动,动平台的移动和转动为机构的输出运动。

在静平台和动平台的质心处分别建立两个坐标系$\{B\}$和$\{P\}$。假定矢量$p_i=[p_{ix},p_{iy},p_{iz}]$描述了在上部活动平台坐标系$\{P\}$中第$i$条分支杆和上平台的连接点的位置;矢量$b_i=[b_{ix},b_{iy},b_{iz}]$描述了在下部固定平台坐标系$\{B\}$中第$i$条分支杆和上平台的连接点的位置;运动平台中心点的位置坐标为$t=[x,y,z]^T$,运动平台的姿态常采用α,β,γ三个欧拉角(滚转角、俯仰角、偏航角)表示,对应的旋转顺序为绕x,y,z轴旋转,定义姿态矢量为$\theta=[\alpha,\beta,\gamma]^T$;旋转矩阵$R_t$描述了上部运动平台坐标系$\{P\}$相对于下部固定平台坐标系$\{B\}$的转动[1]:

$$R_t=\begin{bmatrix} c\alpha\cdot c\beta & c\alpha\cdot s\beta\cdot s\gamma-s\alpha\cdot c\gamma & c\alpha\cdot s\beta\cdot c\gamma+s\alpha\cdot s\gamma \\ s\alpha\cdot c\beta & s\alpha\cdot s\beta\cdot s\gamma+c\alpha\cdot c\gamma & s\alpha\cdot s\beta\cdot c\gamma-c\alpha\cdot s\gamma \\ -s\beta & c\beta\cdot s\gamma & c\beta\cdot c\gamma \end{bmatrix} \tag{1}$$

其中$c\alpha=\cos\alpha,s\alpha=\sin\alpha$。

这样可用描述平台位姿的6个广义坐标构成的矢量q来描述机构的位形,$q=[x,y,z,\alpha,\beta,\gamma]^T$。经

作者简介:马永晓(1984-),男,南京航空航天大学民航学院研究生,硕士,主要研究航空器运行品质分析与仿真,mayongxiao2008@163.com;顾宏斌(1957-),男,南京航空航天大学民航学院教授,博士生导师。主要研究方向为机电控制、飞行模拟仿真等。刘晖(1970-),男,南京航空航天大学民航学院讲师。吴东苏(1980-),男,南京航空航天大学民航学院讲师。

过坐标转换，执行器分支上的矢量 l_i 可以由下面的公式得到：

$$l_i = R_t \cdot p_i + P - b_i \quad (i=1,2,\cdots,6) \tag{2}$$

其中，$P=[x,y,z]^T$ 表示上平台原点指向惯性坐标系原点的矢量。

对运动平台的逆速度运动学分析，也就是将任务空间中运动平台相对于固定平台的平动和转动速度转化为关节空间每根驱动分支的运动速度：

$$\dot{l} = J\dot{q} \tag{3}$$

其中，$\dot{l}$ 为关节空间中六根驱动分支的运动速度，$q=[\dot{t},\omega]^T$，式中 $\dot{t},\omega$ 分别为运动平台平动速度和转动角速度，J 为雅可比矩阵，形式可表示为：

$$J=\begin{bmatrix} s_1 & s_2 & s_3 & s_4 & s_5 & s_6 \\ q_1\times s_1 & q_2\times s_2 & q_3\times s_3 & q_4\times s_4 & q_5\times s_5 & q_6\times s_6 \end{bmatrix}^T \tag{4}$$

其中 s_i 为沿每根杆的单位向量

$$s_i = \frac{l_i}{\| l_i \|} \tag{5}$$

2.2 运动平台逆动力学分析

拉格朗日法是一种最流行的建模方法，它只需要求得系统的总动能和总势能，不需要进行大量的力学计算，而且可以得到模块化的方程形式，便于基于模型的控制器的稳定性分析，所以应用广泛[2]。

六自由度运动平台在任务空间中的动力学方程为：

$$F_p = J^T F = M'(\ddot{q}) + V'_m(q,\dot{q})\dot{q} + G'(q) \tag{6}$$

其中，$M'(q)$ 是惯性矩阵，$V'(q,\dot{q})$ 包括哥氏力和离心力，$G'(q)$ 为重力。J 为雅可比矩阵，F 为每个驱动分支上的驱动力。

根据公式(3)得：

$$\dot{q} = J^{-1}\dot{l} \tag{7}$$

将公式(7)代入公式(6)可得在关节空间中的动力学方程

$$F = M(l)\ddot{l} + V(l,\dot{l})\dot{l} + G(l) \tag{8}$$

其中，$M(l)=J^{-T}M'(q)J^{-1}$，$V_m(l,\dot{l})=J^{-T}M'(q)J^{-1}\dot{J}J^{-1}+J^{-T}V'_m(q,\dot{q})J^{-1}$，$G(l)=J^{-T}G'(q)$。

3 逆动力学控制

运动平台在关节空间中的动力学方程可以写成如下形式

$$F = M(l)\ddot{l} + H(l,\dot{l}) \tag{9}$$

其中，$H(l,\dot{l}) = V(l,\dot{l})\dot{l} + G(l)$。

在不考虑外部干扰力的情况下，在关节空间中驱动平台运动的分支力可表示为：

$$F = M(l)u + H(l,\dot{l}) \tag{10}$$

其中，u 为控制输入函数。

根据公式(9)和公式(10)可得到一个二阶线性系统

$$\ddot{l} = u \tag{11}$$

由于 PD 控制器出众的控制能力，而且相关的控制理论发展比较成熟，因此选择辅助控制信号 $u(t)$ 为 PD 反馈，则反馈律为：

$$u = \ddot{l}_d + K_D\dot{e} + K_p e \tag{12}$$

$$e = l_d - l \tag{13}$$

其中，K_P 为微分系数，K_D 为比例系数，l_d 表示各杆的期望运动轨迹。

将公式(13)代入公式(12)得

$$\ddot{e} + K_D\dot{e} + K_p e = 0 \tag{14}$$

由此可知,此位置误差跟踪系统在取得合适的 K_D 和 K_p 的情况下,是渐近稳定的[3]。根据逆动力学控制所涉及的控制器如图 1 所示。

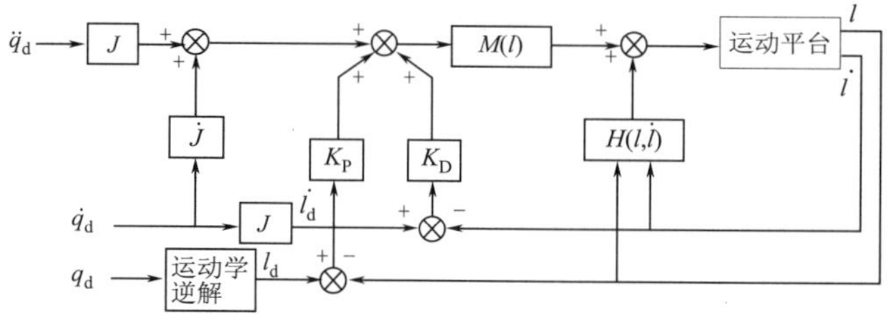

图 1

4 仿真

利用 ADAMS 与 MATLAB/Simulink 之间可实时进行数据通信的接口,我们建立了六自由度运动系统的联合仿真平台。在 MATLAB 中运行控制算法,输出控制力给 ADAMS,并施加到驱动器上。在 ADAMS 环境中通过添加的虚拟传感器测量运动平台的位置和速度结果,并将结果反馈给 MATLAB 中,用以计算下一个控制力[4]。联合仿真平台的输入输出变量如图 2 所示。

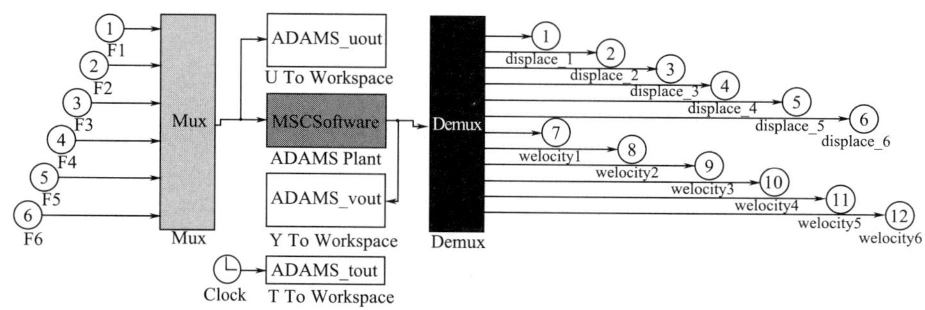

图 2

根据轨迹跟踪这一典型控制任务,我们假设动平台中心点的运动规律为 $x = 100\cos(3t)$, $y = 100\sin(3t)$, $z = 100\sin(3t) + 2000$, $\alpha = 0$, $\beta = 0$, $\gamma = 0$。

$K_D = 1.3K_6$, $K_p = 2.5E_6$ 仿真结果如图 3 所示。

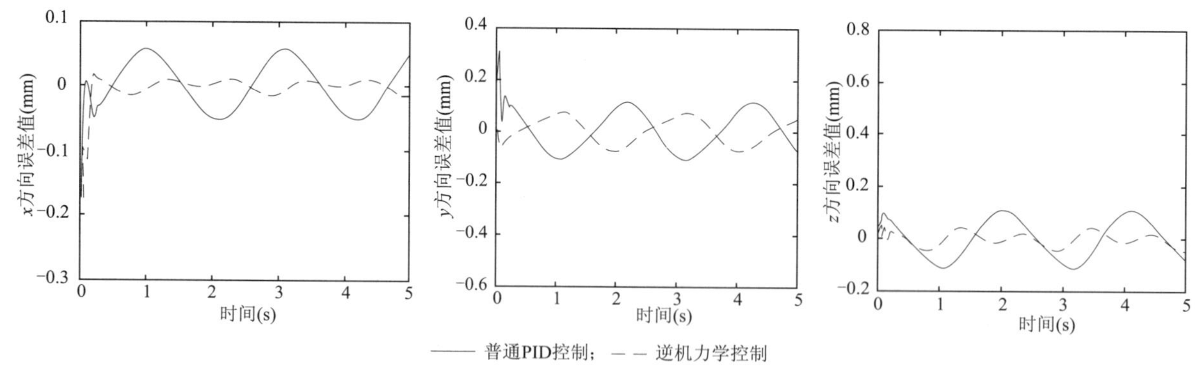

图 3 跟踪误差比较

从图 3 可以看到,逆动力学控制的跟踪误差明显比普通 PID 控制的跟踪误差值小,并且收敛速度较快,波动不大。由此可以看出,通过在控制算法中添加逆动力学模型有助于改善六自由度运动平台的跟踪效果。

5 结语

本文在对六自由度运动平台运动学分析的基础上,采用拉普拉斯算法建立了动力学模型,研究了运动平台的逆动力学控制方法。为了检查设计的控制器能否满足轨迹跟踪的要求,我们设计了 ADAMS 与 Matlab/simulink 联合虚拟样机仿真平台。通过对比仿真表明,逆动力学控制可以使运动平台的跟踪误差在较短时间内收敛,误差逐渐趋于稳定。

参考文献

[1] 吴东苏.轻型飞行模拟器运动平台先进控制技术研究[D].南京航空航天大学,2007:21-31

[2] Ghobakhloo A. Position control of a Stewart-Gough platform using inverse dynamics method with full dynamics[J]. In:9th IEEE International Workshop on Advanced Motion Control,2006:27-29

[3] Yangmin Li. Qingsong Xu, Dynamic modeling and robust control of a 3-PRC translational parallel kinematic machine[J]. Robotics and Computer-Integrated Manufacturing,2008:630-640

[4] Zouhaier Affi. Lotfi Romdhane, ADAMS/Simulink interface for Dynamic Modeling and Control of Closed Loop Mechanisms[J], Proceedings of the 7th WSEAS International Conference on Automatic Control, Modeling and Simulation,2005:353-356

[5] 李增刚. ADAMS 入门详解与实例[M].北京:国防工业出版社,2007:223-242

Inverse dynamics control for a 6-DOF motion platform

Ma Yongxiao, Gu Hongbin, Liu Hui, Wu Dongsu

(College of Civil Aviation, Nanjing University of Aeronautics and Astronautics,
Nanjing, 210016, mayongxiao2008@163.com)

Abstract: Through analysis of inverse dynamics scheme, we can get a more precise driving torque as a feedforward, and impose the traditional PD control algorithm as a feedback, for high-speed and high-precision tracking control. The virtual prototype with the combination of MATLAB/Simulink and ADAMS which adding the designed controller, shows that on the control performance, the inverse dynamics control is better than the traditional PID control.

Key words: Inverse dynamics; Tracking control; ADAMS; Matlab/Simulink

民航领域术语定义的自动提取

孙蝉娟　顾宏斌　潘　滑

(南京航空航天大学民航学院 江苏南京,210016)

摘　要:为了提取民航教材中的术语定义,对进行实验的纯文本语料进行预处理,在分析民航领域术语定义的语言学特征的基础上,对术语定义的模式进行总结。根据所总结的模式编写正则表达式,对经过预处理的语料进行模式匹配。同时,假设如果一个术语第一次出现在一个句子中,则认为该句就是该术语的候选术语定义。通过将以上两种方法的实验结果结合起来,与人工提取的术语定义进行比较,得出两种方法相结合使用时的召回率与准确率,从而达到获取民航教材中的术语定义的目的。

关键词:术语;术语定义;定义提取;模式匹配;术语首次出现

1　前言

随着计算机软硬件的飞速发展,计算机的应用已经扩展到了社会生活的各个方面,民航 CBT 就是计算机的一个应用领域。民航中的 CBT 是空管计算机训练(CBT:Computer Based Tranining)的缩写。本文进行的术语定义提取的目的就是通过对民航领域的纯文本语料进行操作,提取其中的术语定义,并计算该方法的召回率与准确率,为建立一个民航领域的知识库做准备,同样也为 CBT 的实现提供素材。

定义就是用一个已知概念来对一个新概念作综合性的语言描述[1]。从结构上来说,一个定义可以分为被定义项(definiendum)和定义项(definiens)两部分。定义项就是对被定义项的概念性描述。它一般又可以分为属概念(genus)和种差(distinctive characteristics)两个部分[2]。

定义的表示形式为:被定义项　　+　　定义项

(被定义的概念)　　属概念 + 种差

术语定义是对术语所指称概念的语言描述。术语下定义一般具有模式化的特点,有其独特的规则和方法,通常有内涵定义、外延定义、上下文定义三种基本类型。

目前国内外的一些学者开始使用机器学习和统计学的方法对术语定义的获取进行进一步的研究[3]。这些研究大多使用模板对来自互联网的语料进行初步筛选,之后利用基于统计数据的隶属度计算和向量空间模型进行定义的优选[4]。之后还有研究者利用聚类的方法对定义所属专业领域进行划分。有的研究人员曾经有过结合被定义项语义相关词和句法结构的尝试[5],但在中文处理领域尚未见到类似方法的尝试,这和中文句法分析工具准确性较差、中文语义资源较难建立有一定关系。

本文所研究的民航领域术语定义的提取与国内其他研究均不同。首先,本文进行实验的语料全部来自于民航领域的教材,而其他研究人员的语料则来自于网上的搜索引擎。其次,本文研究的目的是提取民航领域教材中的术语定义,为建立民航领域知识库提供基础,而其他研究人员的目的则是通过网上搜索引擎找出给定术语的定义。进行研究的语料与目的均不相同就决定了进行研究的方法也不尽相同。本文通过将模式匹配法与术语首次出现法相结合,进一步提高了术语定义提取的召回率。

2　模式匹配法

2.1　语料预处理

由于本文针对的是民航领域的术语定义提取,所以进行实验的语料全部来自于民航领域的教材,共

作者简介:孙蝉娟(1985-),女,陕西咸阳人,硕士研究生,主要研究领域为:自然语言处理,chanjuan0220@163.com;顾宏斌(1957-),男,教授,博导,主要研究领域为:计算机应用;潘滑(1979-),男,博士研究生,主要研究领域为:自然语言处理。

包括《航空概论》、《飞机原理与结构》、《航空燃气涡轮发动机》、《民用航空器维修人员执照教材——航空仪表》四本书，这四本书共600971字，一共包括1503条定义。首先人工将这四本书转换成.txt格式，删除图片、图表及部分无法识别的特殊字符；然后使用哈尔滨工业大学信息检索研究室的语言技术平台LTP对其进行分句，以方便人工进行查找定义；最后人工提取这四本书中的术语定义，人工提取的标准是冯志伟教授所著《现代术语学引论》中确定的6个类型的定义[6]。

2.2 模式总结

通过分析民航领域术语定义的语言学特征，我们归纳总结出七个匹配模式和五个排除模式。七个匹配模式可表示如下：

(1)所谓Term[*](就是|即是|是|即) [*][，。;.]

(2)[*](称|称作|称做|称为|称之为|叫|叫作|叫做|定义为|被定义为|即|是|即是|就是)Term[，,]它? [是即][*][。.;；]

(3)Term的? (概念|意思|意义|定义)[是即] [*][。.;；]

(4)[*](称|称作|称做|称为|称之为|叫|叫作|叫做|定义为|被定义为|即|是|即是|就是)[*][。.;；]

(5)[*]它? (主要)? (包括|包含) [*][。.;；]

(6)Term(：|:|：:) [*][。.;；]

(7)[*](由)? [*](组成)[*][。.;；]

Term表示术语，[*]表示任意的字母、数字、下划线、空格、制表符等，符号? 表示匹配前边的表达式或字符零次或者一次。

五个排除模式可表示如下：

(1)[*][!?]

(2)Length(sentence) <15，或者Length(sentence) >250

(3)[*]? 什么(是|叫|称作)[*]? [。.;；]

(4)[*]不是[*][。.;；]

(5)[*]是[*]的[。.;；]

这些排除规则分别用来排除感叹句与疑问句，长度小于15或者大于250的句子，包含“什么(是|叫|称作)”的句子，包含“不是”的句子以及包含“……是……的”的句子。

2.3 模式匹配

根据所总结模式编写正则表达式。使用正则表达式进行模式匹配的过程如下：

(1)首先使用七个匹配模式对预处理好的语料进行实验，并将实验结果保存起来。

(2)对上一步的处理结果分别使用5个排除模式，排除长度小于15或者大于250的句子、疑问句、感叹句、包含“什么(是|叫|称作)”的句子、包含“不是”的句子以及包含“……是……的”的句子等。

(3)编写程序将模式匹配结果与人工提取的术语定义进行对比，得出该方法的召回率与准确率。

3 术语首次出现法

总结教材编写的特点，当一个术语首次出现在一个句子中时，我们假设该句就是该术语的候选术语定义。同时我们认为一个术语定义必定是一个完整的以“。”或者“;”结束的句子。经正则表达式匹配后，有70%左右的术语定义已经可以被提取出来了，但是为了进一步提高实验的召回率和准确率，我们使用名词首次出现法再次进行实验。

3.1 语料预处理

首先将《航空概论》、《飞机原理与结构》、《航空燃气涡轮发动机》、《民用航空器维修人员执照教材——航空仪表》这四本书转换成.txt格式，然后使用哈尔滨工业大学信息检索研究室的语言技术平台LTP对所有语料进行分句，最后对已经分句的语料进行词性标注。

3.2 实验过程

(1)对实验需要的语料进行预处理,获得已经分句并且进行词性标注的语料。

(2)编程读取已进行词性标注的语料中的每一个句子,判断该句中的名词术语是否已经包含在已出现术语集中,如果包含则读取下一个句子,重新执行步骤2,否则执行步骤3。

(3)认为该名词术语第一次出现在本教材中,且认为该句就是该名词术语的候选术语定义,将该名词加入到已出现词集中,并将该句保存到候选术语定义中。

(4) 将实验得到的候选术语定义与人工提取的术语定义进行对比,得出该方法的召回率和准确率。

4 实验结果分析

正则表达式的编写复杂,不易理解,因此本文使用 Code Architects Srl 公司开发的正则表达式测试工具 regextester. exe 进行实验。对 regextester. exe 属性的设置不同,实验的结果会有很大差别。该实验中属性设置为忽略大小写、忽略空白、多行显示、编译、显式获取,并将结果的最大数目改为8000,以避免正则表达式提取的结果不能全部显示出来。

本文采用召回率和准确率对实验结果进行评价。准确率是指抽取出来的正确的术语定义在抽取出的定义中的比例。召回率是指抽取出来的正确的术语定义在术语定义总数中占的比例。民航领域术语定义提取系统实验结果如表1所示。

民航领域术语定义自动提取系统实验结果总结 表1

方法	实际总定义数	实验提取定义总数	实验提取正确定义总数	召回率	准确率
模式匹配法	1503	4271	1012	67.33%	23.69%
术语首次出现法	1503	2137	528	35.13%	24.71%
两种方法结合	1503	5762	1382	91.95%	23.98%

从表1可以看出两种方法结合对这四本书进行实验,召回率已经达到90%以上了,基本已经符合实用的要求了,但是准确率还比较低,造成这样的结果大概有以下两个原因:

(1)教材中定义分布的稀疏性,是造成准确率较低的一个重要原因。据统计,《航空概论》、《飞机原理与结构》、《航空燃气涡轮发动机》、《民用航空器维修人员执照教材——航空仪表》这四本教材共19210句,但是定义只有1503句,只占7.82%。由于教材中定义分布的很稀疏,有92.2%都是非定义,所以实验的准确率比较低。

(2)汉字语言的复杂多样性,是导致准确率较低的另一个原因。语料中对定义的描述多种多样,所以有一部分定义使用两种方法都无法提取出来。

(3)标点符号使用不规范,也是导致准确率低的一个原因。比如一个完整的定义中间却用句号作为分隔符,一句话中包含多个定义,定义之间却使用逗号作为分隔符等。

5 总结

本文通过对民航领域术语定义的模式进行总结,找出其特有的构成规则,使用模式匹配的方法进行实验。并且首次提出使用术语首次出现法。通过将模式匹配法和术语首次出现法两种方法结合起来,进一步提高民航领域术语定义自动提取的准确率与召回率。

民航领域术语定义的自动提取意义深远,对民航领域的培训、知识发现以及自动提取都有重要作用。但由于民航教材定义稀疏以及汉字语言复杂多样性等各种原因,造成实验的准确率并不是很高。下一步工作打算在此基础上采用其他方法来提高实验的准确率。

参考文献

[1] 冯志伟. 术语定义的原则和方法[A]. 中国术语网通讯[M]. 1994,第一期

[2] 张艳,宗成庆,徐波. 汉语术语定义的结构分析和提取. 中文信息学报[J]. 2003

[3] Hang Li, Jun Xu, Yunbo Cao, Min Zhao. Ranking definitions with supervised learning methods, Interna-

tional World Wide Web Conference Committee(IW3C2)[C].2005

[4] 张榕.术语定义抽取、聚类与术语识别研究.北京语言大学博士论文[D].2006

[5] Saggion,H. Identifying definitions in text collections for question answering. LREC[C].2004.9

[6] 冯志伟.现代术语学引论[M].北京:语文出版社,1997

Automatic extraction of definitions of terms on civil area

Sun Chanjuan, Gu Hongbin, Pan Xu

(Civil Aviation College, Nanjing University of Aeronautics and Astronautics, Nanjing, 210016)

Abstract: To extract the definitions of terms from civil materials, pretreated the corpora which used to experiment. Based on analysis of linguistic feature of candidate term definition on civil aviation, summed up the patterns of the definitions of the terms. Compiled the regular expressions according to the patterns, then pattern matched the pretreated corpora. At the same time, on the assumption that if a term first appears in a sentence, the sentence is considered as candidate definition of the term. Combined the results of the two experiments, compared the results with the definitions of terms extracted artificial, get the recall and precision when combined the two methods, so as to achieve the purpose of getting the definitions of terms from the civil materials.

Key words: Term; Definition; Extract definition; Pattern matching; Term first appears

民航运输与地方经济发展关联性的实证分析

王 颖 夏洪山

(京航空航天大学,民航学院,江苏南京,210016)

摘 要:本文利用协整理论、格兰杰因果检验对广州地区民航运输发展与经济增长之间的关系进行相关性分析,并通过弹性系数分析了广州民航运输与经济发展的适应程度。结果表明广州地区民航运输与经济发展存在长期协整关系和格兰杰因果关系,民航货运的增长速度和对经济发展的适应度都低于民航客运。

关键词:协整;格兰杰因果检验;弹性系数;民航运输

1 引言

改革开放以来,我国的民航运输业取得了快速的发展。民航运输作为交通运输体系的重要组成部分,其发展与地区经济增长间的相互影响关系,值得引起我们的关注。刘秉镰[1]等讨论了交通运输与区域经济发展的因果关系,并将全国30个省市区分为东部、中部、西部三个区域进行详细分析;叶舟[2]等则以全国民航总周转量和GDP值作为民航发展和经济增长的衡量指标进行因果检验,结果显示我国经济增长带动了民航发展,而民航发展对经济增长的影响并不显著。刘雪妮[3]等研究了京津冀、长三角和珠三角三大区域民航运输和经济发展的协调程度,并探讨其差异。本文利用计量经济学的协整理论检验了民航发展与GDP增长之间的长期关系,通过格兰杰因果检验进一步考察二者之间的因果关系,运用弹性系数法进行验证分析,最终给出结论。

2 理论基础

2.1 协整关系和误差修正模型

协整性是对非平稳经济变量长期均衡关系的统计描述。对于非平稳变量,只有当它们的单整阶数相同时才可能协整。变量之间的协整指:对于随即向量 $x_t=(x_{1t},x_{2t},\cdots,x_{nt})$,如果已知:(1)$x_t\sim I(d)$,(即 x_t 中每一个分量都是d阶单整);(2)存在一个 $N\times1$ 阶列向量 β($\beta\neq0$,使得 $\beta' x_t\sim I(d-b)$,$0<b\leqslant d$,则成变量 $x_{1t},x_{2t},\cdots,x_{nt}$,存在阶数为$(d,b)$的协整关系,用 $x_t\sim CI(d,b)$ 表示。β 称为协整向量。协整检验从检验的对象上可以分为两种:一种是基于回归系数的协整检验,另一种是基于回归残差的协整检验。本文采用的Engle和Granger检验方法属于第二种。

协整关系是变量之间一种长期均衡关系,但其在短期内也可能出现失衡,因此需要建立动态非均衡模型来逼近长期均衡过程,即采用误差修正模型(ECM)对协整模型进行修正。误差修正模型的表达式为:

$$\Delta y_t=\beta_0\Delta x_t+\beta_1 ECM_{t-1}+\nu_t \qquad (1)$$

其中,ECM_t 是非均衡误差,ν_t 为参差项。β_1 是误差修正系数,表明如果变量偏离均衡,会在多大程度上得到修正。

2.2 格兰杰因果检验

Granger因果检验的基本理论是:X 是否引起 Y,主要看 Y 能在多少程度上被过去的 X 所解释,加入 X 的滞后值是否显著并提高对 Y 的解释程度。在时间序列的协整分析中,如果协整关系存在,就可以建

作者简介:王颖,硕士研究生,研究方向:交通运输系统仿真与优化,E-mail:wy.009@163.com;夏洪山,教授,博士生导师,研究方向:智能运输系统规划、管理与仿真。

立误差修正模型，估计变量间的 Granger 因果关系[4]。因果检验的模型为：

$$y_t = \alpha_0 + \sum_{i=1}^{n} \alpha_i y_{t-1} + \sum_{i=1}^{n} \beta_i X_{i-1} + \varepsilon_t \tag{2}$$

模型中的下标 t 代表年度，n 为最大滞后阶数，ε_t 为残差项。若检验 β 不为零，则表明存在从 Y 到 X 的因果关系。

2.3 弹性系数法

运输弹性系数的含义是：运输量的变化率对有关经济量变化率的比值，它反映了交通运输发展同经济发展间的相互依存关系，用以分析交通运输同国民经济的适应程度。常用的计算弹性系数的方法有几何平均法和算术平均法，但根据这两个公式计算出的弹性系数受各年的运输量和经济量具体取值的影响，有时同一时期的弹性系数由于基年或报告年的取值不同而差异很大。本文采用了一种动态的弹性系数确定方法[5,6]，公式如下：

$$E_t = \frac{T'(t)}{G'(t)} \cdot \frac{G(t)}{T(t)} \tag{3}$$

E_t 为第 t 年的运输弹性系数，$T(t)$、$G(t)$ 分别为运输量和经济量与时间 t 的回归方程。

$|E_t| < 1$ 称为低弹性，交通运输业增长速度慢于国民经济增长速度，表示国民经济发展对航空运输业影响较小。$|E_t| > 1$ 称为高弹性，表示经济发展航空运输发展影响较大，航空业增长速度快于国民经济增长速度。

3 实例分析

3.1 数据准备

地区经济发展指标——GDP（单位：亿元）。

地区民航运输发展指标——民航运输总周转量（亿吨公里）。

本文采用广州 1991 ~ 2007 年相关数据进行实证分析。为消除序列中存在的异方差，对 GDP 和民航运输总周转量序列分别取对数，记为 LNG 和 LNV。考虑到 2003 年非典对民航运输业带来的影响，将 2003 年民航运输数据进行平滑处理。

3.2 平稳性检验

首先用 ADF 单位根检验法对变量序列进行平稳性检验，只有序列在同阶平稳的条件下，才可以进行协整性分析。由检验可知，LNG 和 LNV 都为非平稳序列，但经过一阶差分后，在 5% 的显著性水平下接受假设，即 LNG ~ I(1)，LNV ~ I(1)。

3.3 协整关系和误差修正模型

LNG 与 LNV 都是一阶单整序列，可以用 EG 两步法进行协整回归，回归方程如下：

$$LNG_t = \underset{(64.93)}{14.2410} + \underset{(10.03)}{0.8019} LNV_t + u_t \tag{4}$$

$$R^2 = 0.8703 \quad DW = 0.5056$$

得到回归模型的估计结果后，对模型估计残差序列 u_t 进行 ADF 单位根检验，ADF 值等于 -3.384，小于 5% 显著性水平下的临界值 -3.1119，序列 LNG 和 LNW 存在协整关系。

为了进一步检验地区生产总值与民航运输总量间长期均衡关系是否存在短期波动，建立误差修正模型：

$$LNG_t = \underset{(-0.29)}{-0.0752} + \underset{(56.55)}{1.0157} \mathrm{LNG}_{t-1} - \underset{(-1.03)}{0.0214} LNV_t + \underset{(0.44)}{0.0092} LNV_{t-1} + \nu_t \tag{5}$$

$$R^2 = 0.99 \qquad DW = 2.00$$

即：

$$\Delta LNG_t = \underset{(29.82)}{0.1459} - \underset{(-1.08)}{0.021} \Delta LNV_t + \underset{(0.91)}{0.0157} ecm_{t-1} \tag{6}$$

式(4)说明，广州地区民航运输总周转量增加 1%，会引起广州地区 GDP 增加约 0.8%；反之 GDP 每增加 1% 会使民航运输总周转量增加约 1.25%。式(6)说明，广州地区民航运输总周转量与 GDP 之间的长期均衡关系在 GDP 偏离长期均衡关系 1% 时,误差修正项减少约 0.02%,从而降低 GDP 的波动,使其逐步恢复至均衡状态。

3.4 因果关系检验

协整性检验的结果表明地区生产总值与航空运输吞吐总量具有长期的均衡关系,但这种均衡关系是否构成因果关系,还需要格兰杰因果检验来验证。根据定义,构造 LNG 与 LNV 之间的格兰杰因果关系检验模型:

$$LNG_t = c_1 + \sum_{i=1}^{4} \alpha_i LNG_{t-i} + \sum_{i=1}^{4} \beta_i LNV_{t-i} + \varepsilon_{1t} \tag{7}$$

$$LNV_t = c_2 + \sum_{i=1}^{4} \gamma_i LNV_{t-i} + \sum_{i=1}^{4} \delta_i LNG_{t-i} + \varepsilon_{2t} \tag{8}$$

使用 EVIEWS 6.0 对数据进行格兰杰因果检验,结果如表 1 所示。

地区生产总值与民航运输总周转量因果关系检验　　表 1

零假设	F 统计量	P 值	因果关系结论
LNV≠>LNG	5.26434	0.0323	LNV=>LNG
LNG≠>LNV	5.26434	0.0683	LNG=>LNV

3.5 弹性系数分析

分别对地区生产总值序列和航空总吞吐量序列进行时间序列回归,得到时间序列函数:

$$LNG_t = 15.009 + 0.1475t \tag{9}$$

$$LNV_t = 1.8881 - 0.0653t + 0.0125t^2 \tag{10}$$

将式(9)、式(10)分别代入式(3),得出广州地区历年民航运输发展弹性系数(表 2)。

广州历年民航运输弹性系数　　表 2

年份	系数	年份	系数	年份	系数
1991	-0.27	1997	0.74	2003	1.76
1992	-0.10	1998	0.91	2004	1.93
1993	0.07	1999	1.08	2005	2.01
1994	0.24	2000	1.25	2006	2.27
1995	0.40	2001	1.42	2007	2.44
1996	0.57	2002	1.59		

从表 2 中可以看出,广州地区民航业发展与经济增长的关系密切。2000 年以后,广州地区民航业发展弹性系数全部大于 1,这表明民航业发展速度高于同期的经济增长速度,且此趋势越来越显著。地区经济的增加对航空运输业的发展起了积极的推动作用。

为进一步理解民航客运和货运分别与地区经济发展的相互关联,分别计算广州地区 2000 年以后客运发展弹性系数和货运发展弹性系数(表 3),结果显示,广州地区民航客运对经济增长的敏感度高于货运。

广州民航客、货运运输弹性系数　　表 3

年份	客运系数	货运系数	年份	客运系数	货运系数
2000	1.77	1.59	2004	2.43	1.44
2001	2.47	1.58	2005	2.24	1.37
2002	2.68	1.55	2006	2.05	1.31
2003	2.61	1.50	2007	1.88	1.25

4 总结

本文通过协整性检验和格兰杰因果检验发现广州地区民航运输发展与地方经济的增长有着长期的

均衡关系。且该地区民航运输发展与其地区经济增长呈现互为格兰杰因果关系的良性发展状态。

通过比较,笔者发现2000年以后,广州地区民航旅客周转量的年平均增长率为41%,而货运周转量年平均增长率为28%;非典以后,广州民航业发展速度加快,旅客周转量年平均增长率达到85%,但货邮周转量年平均增长率仅为26%。广州民航货运的发展速度远远落后于客运,其与地区经济发展的相互影响也小于客运。

广州民航发展促进地区经济发展的概率虽然超过了90%,但民航发展对经济增长起拉动作用的巨大能量还没有得到充分释放,特别是民航货物运输仍有较大的潜在发展空间。广州作为全国性交通枢纽,经济实力雄厚,产业结构合理,周边地区经济发展良好,外向型经济规模不断扩大,这些都为广州民航的发展奠定了坚实的基础。民航产业政策的制定者应该制定出更加正确合理的产业政策增大民航对经济的影响力,使其发挥自身快捷高效的运输优势,更好地为地区国民经济的增长服务。

参考文献

[1] 刘秉镰.中国交通运输与区域经济发展因果关系的实证研究[J].中国软科学,2005(6)

[2] 叶舟.中国民航发展与国民经济增长关系的实证分析[J].天津理工大学学报,2005(5)

[3] 刘雪妮.区域间民航发展与经济增长关系的比较分析[J].管理评论,2007(7)

[4] 严太华.中国金融发展与经济增长的因果关系分析[J].统计与决策,2009(6)

[5] 杨兆升.运输弹性系数的确定方法及其应用[J].吉林工业大学学报,1994(3)

[6] 单静涛.交通运输弹性系数计算指标确定方法研究[A].中国土木工程学会市政工程分会2000年学术年会论文集,2000

Empirical research on relationship between the development of civil aviation Transportation and economic growth in different regions

Wang Ying,Xia Hongshan

(College of Civil Aviation,Nanjing University of Aeronautics and Astronautics,Nanjing,210016)

Abstract:This paper analyzes the correlation between civil aviation transportation and economic growth in Guangzhou by means of co-integration test and granger causality test,and studies the adaptability of civil aviation transportation to economy. The result shows that there are a long-term equilibrium relationship and granger-causality between civil aviation transportation and economic growth in Guangzhou, and both the growth rate and adaptability to economy of civil aviation freight transport are lower than passenger transport's.

Key words:Co-integration;Granger causality test;Elasticity;Civil aviation transportation

民机部件Bayes可靠性评估研究

周唯杰

(南京航空航天大学民航学院,南京,210016)

摘　要:针对民机部件故障率低和定时维修策略的特点,建立了基于截尾寿命数据的双参数Weibull分布Bayes可靠性评估模型,对威布尔分布的形状参数β及特征寿命参数η参数进行估计。通过实例验证了本文提出方法的有效性。相关研究结果对于合理控制部件风险,为进一步制定维修决策提供依据。

关键词:贝叶斯;威布尔分布;参数估计;可靠性

1　引言

在民机系统及其部件中,有许多通用的基础零部件都是损耗型机械单元,比如轴承等,对这类民机部件的可靠性进行定量评估,必须建立该部件故障时间的分布模型。对于部件可靠性进行评估,对于控制部件发生故障的危险,避免非计划维修具有重要意义。相关研究成果还可以与维修大纲有机组合,实现对部件的寿命管理,为部件的延寿和维修任务组合优化奠定基础。

在可靠性工程中常用的分布主要包括二项分布、指数分布、正态分布、对数正态分布和威布尔分布,其中威布尔分布的拟合能力最强。另外,对于一般民机部件而言,是个典型的可修系统,可靠性随着时间具有一定的衰退,采用双参数Weibull分布更加符合实际情况。

对民航部件进行可靠性评估,其难点还体现在故障数据的匮乏,其样本的不一致性强,难以满足统计上的大样本需求,Bayes方法充分利用先验信息,具有融合多种来源信息的功能,在试验数据少甚至没有的情况下能够得到可接受的评估结果,满足可靠性评估中小样本、变母体的评估问题,与经典方法相比有更广泛的适用空间。

综上,本文侧重讨论了在贝叶斯理论基础上二参数威布尔分布在定数或定时截尾寿命试验下,形状参数m及特征寿命参数η的点估计[1]。

设产品寿命T服从双参数威布尔分布,其分布函数为二参数Weibull分布的分布函数为:

$$F(t)=1-\exp\left\{-\left(\frac{t}{\eta}\right)^{m}\right\},t\geqslant 0 \tag{1}$$

概率密度函数为:

$$f(t)=\frac{m}{\eta}\left(\frac{t}{\eta}\right)^{m-1}\exp\left\{-\left(\frac{t}{\eta}\right)^{m}\right\} \tag{2}$$

其中,η为特征寿命参数,m为形状参数。

2　部件可靠性的Bayes评估流程

对符合双参数威布尔分布的民机部件进行Bayes可靠性评估,首先求出参数m,η的联合验前分布,然后结合截尾实验的似然函数,得到参数m,η的联合验后分布,进而确定m,η的边缘分布,通过积分得到m,η的点估计和区间估计。由于可靠度R可看作是m,η的二元函数,因此利用m,η的边缘分布通过二重积分即可得到R的分布函数,求导得到R的概率密度函数,通过积分得到可靠度R的点估计,区间估计,步骤过程如图1所示[2]。

Bayes方法在可靠性评估中的应用,关键之处在于验前信息的获取和验前信息的表示,对于Weibull

作者简介:周唯杰,江苏盐城人,硕士研究生,研究方向:安全技术及工程,E-mail:zhouweijie_1984@sohu.com。

分布，其参数的共轭分布难以找到，通常使用无信息验前分布[3]，故其无信息先验概率密度函数为：

$$\pi(\mu,\sigma)=\sigma^{-1} \tag{3}$$

则 Weibull 分布参数的联合无信息验前密度函数为：

$$\pi(m,\eta)=(m\eta)^{-1} \tag{4}$$

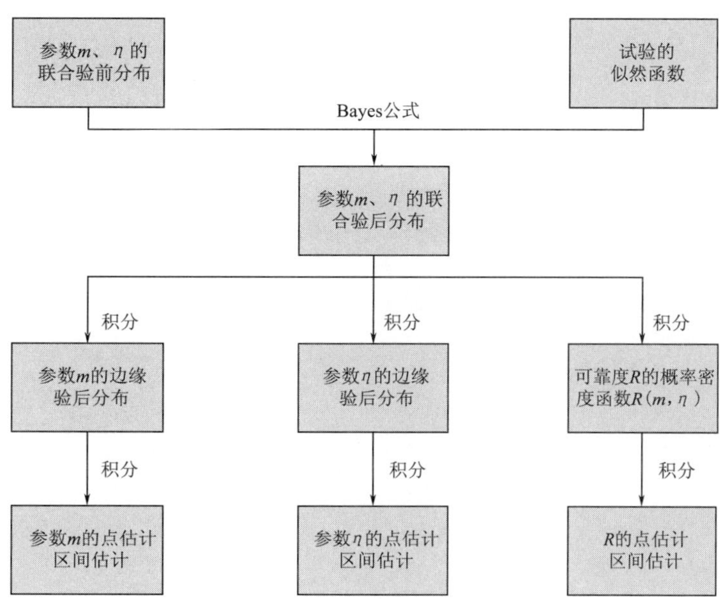

图 1　Bayes 可靠性评估步骤

3　部件可靠性的 Bayes 评估算法

设可靠性试验中有 n 个单元进行定数截尾试验（定时截尾试验，完全样本试验做相应变换即可），共有 r 个单元失效（$0\leqslant r\leqslant n$），故障时间为（$t_1\leqslant t_2\leqslant\cdots\leqslant t_r$）。

似然函数为：

$$L(m,\eta)=\prod_{i=1}^{r}f(x_i)\prod_{i=r+1}^{n}(1-F(t_i))=m^r\eta^{-mr}u^{m-1}\exp(-\eta^{-m}t^m) \tag{5}$$

其中 $t^m=\sum_{i=1}^{r}t_i^m+(n-r)t_r^m, u=\prod_{i=1}^{r}t_i$，则验后密度函数为：

$$h(m,\eta|x)=\frac{\pi(m,\eta)L(m,\eta)}{\iint\limits_{m>0,\eta>0}\pi(m,\eta)L(m,\eta)\mathrm{d}m\mathrm{d}\eta}=\frac{m^{r-1}\eta^{-mr-1}u^{m-1}\exp(-\eta^{-m}t^m)}{\Gamma(r)\int_0^\infty m^{r-2}u^{m-1}t^{-mr}\mathrm{d}m} \tag{6}$$

令 $c_1=\dfrac{1}{\Gamma(r)\int_0^\infty m^{r-2}u^{m-1}t^{-mr}\mathrm{d}m}$，则验后概率密度函数为：

$$h(m,\eta|x)=c_1m^{r-1}\eta^{-mr-1}u^{m-1}\exp(-\eta^{-m}t^m) \tag{7}$$

式(7)得到 m,η 的联合概率密度函数，分别对 η,m 的积分就可得到 m,η 的概率密度函数

$$h(\eta|x)=\int_1^\infty h(m,\eta|x)\mathrm{d}m=\int_0^\infty c_1m^{r-1}\eta^{-mr-1}u^{m-1}\exp(-\eta^{-m}t^m)\mathrm{d}m \tag{8}$$

$$h(m|x)=\int_0^\infty h(m,\eta|x)\mathrm{d}\eta=c_1\int_0^\infty m^{r-1}\eta^{-mr-1}u^{m-1}\exp(-\eta^{-m}t^m)\mathrm{d}\eta=\frac{m^{r-2}u^{m-1}\mathrm{t}^{-mr}}{\int_0^\infty m^{r-2}u^{m-1}t^{-mr}\mathrm{d}m} \tag{9}$$

式(8)、(9)得到参数 m,η 的验后概率密度函数，通过积分就可得到 m,η 的点估计。m,η 的点估计为：

$$\hat{m} = \int_0^{\infty} mh(m \mid x)\mathrm{d}m, \hat{\eta} = \int_0^{\infty} \eta h(\eta \mid x)\mathrm{d}\eta \tag{10}$$

可靠度 R 也可以看作是参数 m,η 的函数 $R=f(m,\eta)$，根据分布函数的定义，可靠度 R 的验后概率密度函数为：

$$F_R(r) = P(R<r) = P(f(m,\eta)<r) = \iint_{f(m,\eta)<r} h(m,\eta)\mathrm{d}m\mathrm{d}\eta, 0<r<1 \tag{11}$$

对公式(11)求导得 R 的验后概率密度函数为：

$$f_R(R) = F'_R(R)\frac{\dfrac{(-\ln R)^{r-1}}{R}\displaystyle\int_0^{+\infty} m^{r-2}T^{-rm}u^{m-1}R^{\frac{t^m}{T^m}}\mathrm{d}m}{\displaystyle\int_0^{+\infty}\Gamma(r)\left(\frac{T^m}{t^m}\right)^r m^{r-2}T^{-rm}u^{m-1}\mathrm{d}m}, 0<r<1 \tag{12}$$

对式(12)通过积分就可以得到可靠度的点估计和区间估计。

可靠度点估计为，$\hat{R} = \int_0^1 Rf_R(R)\mathrm{d}r$, (13)

可靠度区间估计为 $\int_0^{R_f} f_R(R \mid x)\mathrm{d}r = \frac{1-\gamma}{2}, \int_{R_u}^1 f_R(R \mid x)\mathrm{d}r = \frac{1-\gamma}{2}$ (14)

4 实例分析

在波音737－300型飞机上使用的电子姿态指引仪(EADI)是典型的电子件，是用于指示飞机的俯仰、倾斜姿态的电子部件，每架飞机装有三部EADI。表1是某航空公司所使用的12部件号为P/N:772－5005－005的电子姿态指引仪其中10部首次故障送修时的使用时间按从小到大的顺序排列而得[4]。

电子姿态指引仪首修时间表(单位：飞行小时) 表1

序号 i	首修时间 t	序号 i	首修时间 t
1	2381	6	3942
2	3645	7	7680
3	3768	8	7953
4	3797	9	8137
5	3849	10	8467

现已知该部件寿命服从Weibull分布，置信度 $\gamma=0.8$，可靠寿命的可靠度 $R_0=0.8$，任务时间 $T=100$，对该部件进行贝叶斯分析，步骤如下：

(1)由表中数据可得知 $r=10, n=12 u=\prod_{i=1}^{r} t_i, t^m=\sum_{i=1}^{r} t_i^m+(n-r)t_r^m$，将各数据代入公式(9)，进行积分，再将得到的 $h(m|x)$ 代入到公式(10)，得到 m 的点估计值为：$\hat{m}=2.2018$。再按照同样的方法得到 η 的点估计值为：$\hat{\eta}=696.87$

(2)由公式(11)，(12)得 R 的验后概率密度函数，代入到公式(13)中可得在任务时间 $T=100$ 下该部件的可靠度点估计为：$\hat{R}=0.9862$。再将各值带入公式(14)，得到可靠度的置信区间为(0.9451，0.9952)。

由于Bayes方法中的积分没有显示表达式，故其计算比较复杂，需要采用迭代方法或随机方法求解，而迭代方法和随机方法的计算速度都比较慢，计算量又比较大，为减少计算时间而又不降低计算精度，Bayes方法中的积分采用Gauss-Legendre方法，Gauss-Legendre方法是一种直接法，不需要迭代，计算速度快而且精度高，其计算公式[5]为：

$$\int_a^b f(x)\mathrm{d}x \approx \sum_{k=0}^{n} A_k f(x_k) \tag{15}$$

5 结论

随着高新技术的广泛使用,民机部件的复杂度增高,造价昂贵,试验成本增大。运用以大样本试验为基础的经典统计方法已难以适应试验评定的要求。Bayes 方法充分利用先验信息,在试验数据少甚至没有的情况下能够得到可接受的评估结果,另外 Bayes 方法不受样本量、截尾数的限制,与经典方法相比有更广泛的适用空间。

参考文献

[1] 顾嘉麟,郭建英. 截尾数据下威布尔分布的参数估计问题[J]. 哈尔滨理工大学学报,2005,4:61-64

[2] 周献振. 基于贝叶斯方法的可靠性评估研究[D]. 华中科技大学,2007

[3] 蔡洪,张世峰,张金槐. Bayes 试验分析与评估[M]. 长沙:国防科技大学出版社,2004

[4] 孙小宇. 可靠性在民用飞机维修工程中的应用研究[D]. 昆明理工大学,2006

[5] 周品,何正风. MATLAB 数值分析[D]. 北京:机械工业出版社,2009

Research on bayes reliability evaluate of components for civil aircraft

Zhou Weijie

(College of Civil Aviation, Nanjing University of Aeronautics and Astronautics, Nanjing 210016)

Abstract: For estimating the parameters of the various life distribution by censored test data in the reliability engineering, on the basis of the life testing data of censored test, the paper gives the parameter estimation methods of the characteristics shape parameter β and life parameter η in Weibull distribution, which is based on the reliability statistics theory. By means of the example, the estimation methods are proved to be feasible. The methods can be app lied in Reliability evaluate of civil aircraft and its components.

Key words: Bayes method; Weibull distribution; Parameter estimation; Reliability

区域导航中陆基导航系统导航性能研究

施 健[1,2] 曹 力[1] 舒 平[2]

(1. 南京航空航天大学民航学院,江苏南京,210016;
2. 中国民用航空总局航空安全技术中心,北京,100028)

摘 要:应用区域导航技术到终端区或航路,需对相应导航系统的导航性能进行评估。本文利用国际民航组织的导航精度计算方法,对DME/DME和VOR/DME两类陆基导航系统的性能进行了分析和比较。在此基础上,结合我国京沪航路陆基导航设备分布情况,分析了航路区域导航实施的关键要素和具体方案。得到以下结果:DME/DME系统相较于VOR/DME系统,精度更高,覆盖的范围更广;京沪航路周围VOR/DME同址台位置分布不理想,不适合建设基于VOR/DME的京沪区域导航航路,而建立基于DME/DME的京沪区域导航航路,可以满足RNP 4的标准。

关键词:区域导航;陆基导航系统;导航性能

1 引言

近年来,随着飞行流量的持续增长,空中拥挤和飞行延误的情况日趋严重,部分航路的飞行流量已接近饱和,致使部分航班无法按照经济的巡航高度层飞行,影响航空运输企业的经济效益。利用区域导航(RNAV)技术充分的利用有限的空域是增加航路的飞行流量、提高航空运输企业的经济效益的有效方法。

RNAV可以使航空器在导航信号覆盖范围之内,或在机载导航设备的能力限制之内,或二者相组合,沿任意期望的航径飞行[1]。它区别于传统导航方式,可建立直飞航线缩短飞行路程,节约飞行成本;可建立平行航路,提高空域的容量和利用率;可充分利用现有的陆基导航设备,节约导航设备建设成本[2]。

目前,RNAV技术已经在全世界范围内广泛应用于终端区和航路,我国也已确定了10大机场作为区域导航的试点(广州白云机场已经正式实施),并计划建设京沪、京广区域导航航路[3]。而建设区域导航航路需要对一些问题进行充分的验证,其中一项重要内容就是导航性能分析。本文在借鉴国际民航组织(ICAO)相关的导航精度计算方法的基础上,结合我国导航台分布状况,对两类陆基导航系统执行区域导航时的性能进行了分析和比较,以验证当前陆基导航设备的分布状况能否满足建设区域导航航路的要求。

2 两类陆基导航系统介绍

从民航目前使用的导航系统来看,可以用于区域导航的导航系统有:VOR/DME(甚高频全向信标/测距仪),DME/DME,惯性导航系统(INS/IRS),全球卫星导航系统(GNSS)[4]。其中GNSS是目前导航精度最高的导航源,但其是否满足适航性还需要一段时间的验证;惯性导航系统因为其自身良好的自主性被广泛使用,但由于误差的累积,难以独立完成区域导航任务。因此,在基于性能导航(PBN)的前提下,本文主要考虑VOR/DME、DME/DME两类陆基导航系统作为导航源的区域导航。

DME/DME:目前在陆地上飞行的飞机一般认为采用多台DME作为位置更新的飞行管理系统最为精确。位置信息的质量取决于DME/DME双台对飞机的几何位置关系和接受距离,所以在有较多DME台覆盖并可以选取较好组合时,此系统极为可靠。

VOR/DME:这种导航系统是最简单的设备。由飞行员选定一个VOR/DME台,算出方位和距离作为下一个航路点的位置,使飞机根据VOR方位变化飞向该航路点。但此种设备受限于所选台的覆盖范围和接受距离。要批准将此设备用作RNAV,必须在航路有足够的VOR/DME台覆盖,能收到50n mile(海里)以内的电台。

作者简介:施健(1984-),男,南京航空航天大学硕士研究生,E-mail:shijian.84@163.com。

3 导航性能分析方法

在航路上实施区域导航,首先应对 RNAV 系统中相应导航设备的导航性能进行分析。导航性能主要包括导航精度和导航有效区域。其中导航精度主要是由水平方向精度所决定,而水平方向精度包括偏航容差(*XTT*) 和沿航容差 (*ATT*) [5]。

3.1 基于 DME/DME 的 RNAV

3.1.1 导航有效区域

在建设 RNAV 航路时,必须考虑沿航路周围 DME 台的分布情况以确定 DME/DME 导航的有效区域。有效区域的确定方法如下:

(1) 如图 1 所示,航空器必须在两个 DME 台(A、B)的公共覆盖范围之内。

(2) 如图 2 所示,航空器 C 分别与两个 DME 台(A、B)连线的夹角∠ACB 在 30° ~150°之间。

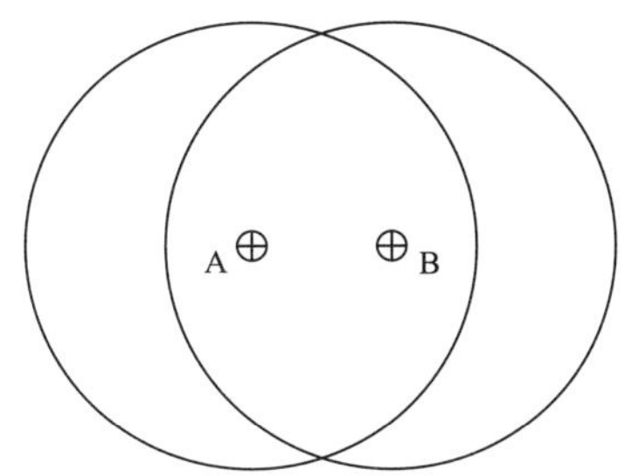

图 1 双 DME 台覆盖示意图

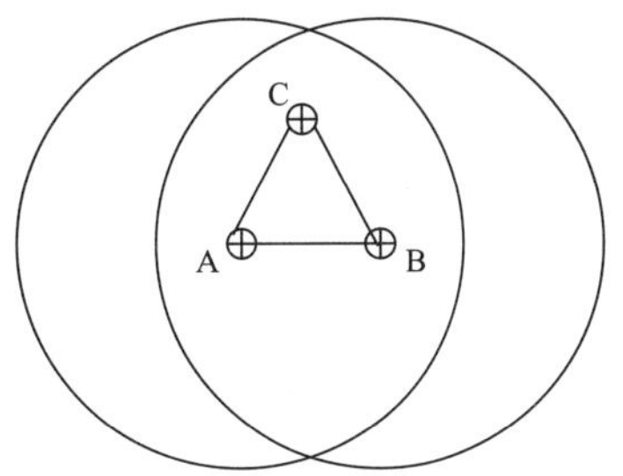

图 2 角度限制示意图

3.1.2 导航精度

基于 DME/DME 的 RNAV,使用的 DME 台的数量、DME 台的位置以及飞机的航迹方向都会影响导航精度。当存在两个以上的 DME 台的输入时,其中的一个 DME 台可用于校正另外两个台的误差,因此整个系统的精度会较两个 DME 台的时候有所提高。

由于缺乏数据,几乎全球导航设备行业都采用平方和根公式来进行导航误差计算,偏航容差和沿航容差的计算方法如下[5]:

$$XTT = \pm \sqrt{DTT^2 + FTT^2 + ST^2} \tag{1}$$

$$ATT = \pm \sqrt{DTT^2 + ST^2} \tag{2}$$

其中,*DTT* 为 DME 系统使用精度,*ST* 为系统计算容差,*FTT* 为飞行技术容差。*DTT* 的值与飞机飞行的高度(h)以及可用 DME 台的数量密切相关,具体计算方法:

$$DTT = 1.23 \times \sqrt{h} \times 0.0125 + 0.25 \tag{3}$$

公式(3)为存在 2 个以上 DME 覆盖的情况,当仅有 2 个 DME 进行定位时,*DTT* 应乘以一个系数 1.29[6]。

3.2 基于 VOR/DME 的 RNAV

3.2.1 导航有效区域

VOR/DME 系统区别于 DME/DME 系统,该系统包括两大工作单元:VOR 和 DME。VOR 与 DME 同址安装,在给航空器提供方向信息的同时,还能提供航空器到导航台的距离信息。在建设 RNAV 航路时,需考虑每个 VOR/DME 台的导航有效区域,其确定方法就是:以 VOR/DME 台为中心,台最大覆盖距离为半径的圆形区域。

3.2.2 导航精度

基于 VOR/DME 的 RNAV 的导航误差的计算,参考图 3,其偏航容差和沿航容差的具体计算方法如下[5]:

$$XTT = \pm \sqrt{VT^2 + DT^2 + FTT^2 + ST^2} \tag{4}$$

$$ATT = \pm \sqrt{AVT^2 + ADT^2 + ST^2} \tag{5}$$

其中,*VT*,*DT* 为 2 个横向偏差中的物理量;*AVT*,*ADT* 为 2 个纵向偏差中的物理量(图 3)。

$$\begin{cases}\alpha = VOR \text{ 系统使用精度} \\ DTT = DWE \text{ 系统使用精度} \\ \theta = \arctan(D_2/D_1) \text{ 当 } D_1 = 0, \theta = 90 \\ VT = D_1 - D\cos(\theta - \alpha)\end{cases} \tag{6}$$

$$\begin{cases}DT = DTT\cos\theta \\ AVT = D_2 - D\sin(\theta - \alpha) \\ ADT = DTT\sin\theta \\ D = \sqrt{D_1^{\ 2} + D_2^{\ 2}}\end{cases} \tag{7}$$

如图 3 中所示,D 是导航台到航路点的距离;D_1 是切点距离;切点是导航台在标称航迹上的垂直投影点,D_1 就是导航台到切点的距离;D_2 是航路点到切点的距离。

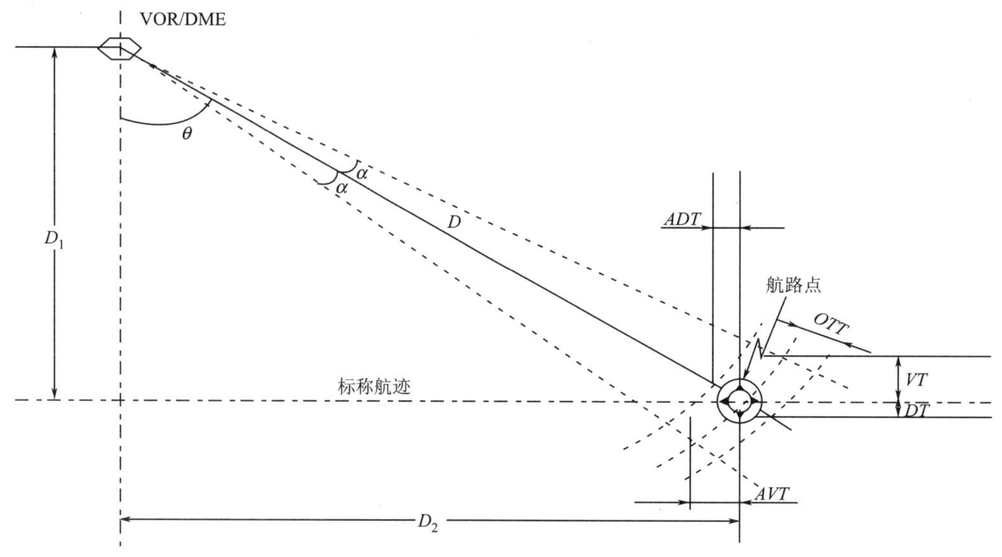

图 3　VOR/DME 同址台定位原理图

4　实例分析

由上文给出的导航精度计算方法可知,基于 DME/DME 的 RNAV,导航精度取决于 3 种误差 *FTT*、*ST*、*DTT*。其中实施基于 DME/DME 的 RNAV 航路飞行时,一般 FTT 为 2 n mile,*ST* 为 0.25n mile,而 *DTT* 是随着飞行高度的不同而不断变化的。自从我国 2007 年 11 月 22 号全面运行 RVSM(Reduced Vertical Separation Minimum,缩小垂直间隔)后,飞机巡航高度层由过去的 7 个增加到 13 个。表 1 给出根据公式(1) ~ (3)计算得到的,8400m 以上、12500m 以下的 13 个高度层上飞行时理论上的导航精度。应注意这里计算得到的导航精度,是在满足两个以上 DME 台覆盖的条件下得到的。当仅存在两个 DME 台覆盖的情况,应在 DTT 前增加系数 1.29。表 1 中计算结果显示,*XTT* 和 *ATT* 均小于 4 n mile。

基于 DME/DME 的 RNAV 航路导航精度计算结果　　表 1

H(m)	*H*(ft)	*XTT*(n mile)	*ATT*(n mile)	*H*(m)	*H*(ft)	*XTT*(n mile)	*ATT*(n mile)
8400	27600	3.4535	2.8154	10700	35100	3.7232	3.1405
8900	29100	3.5093	2.8836	11000	36100	3.7576	3.1811
9200	30100	3.5460	2.9282	11300	37100	3.7915	3.2212
9500	31100	3.5822	2.9719	11600	38100	3.8252	3.2607
9800	32100	3.6181	3.0150	11900	39100	3.8585	3.2997
10100	33100	3.6535	3.0575	12200	40100	3.8915	3.3382
10400	34100	3.6886	3.0993	12500	41100	3.9242	3.3763

而基于 VOR/DME 的 RNAV，由于 VOR 的加入，较之基于 DME/DME 的 RNAV 系统影响导航精度的误差也有所变化。在此系统中，导航精度主要取决于 α、DTT、ST、FTT。实施基于 VOR/DME 的 RNAV 航路飞行时，一般 FTT 为 1n mile，ST 为 0.5n mile，α 为 4.5°。表 2 是根据公式(4)~(7)的计算方法，考虑 D_1、D_2 分别由 0~50n mile，计算得到基于该系统理论上的导航精度。表 2 的计算结果显示，当航空器相对于导航台的 D_1、D_2 距离分别小于 50n mile 时，XTT 和 ATT 小于 4n mile；而当 D_1 或 D_2 等于 50n mile 时，XTT 或 ATT 会出现大于 4n mile 的情况。

基于 VOR/DME 的 RNAV 航路导航精度计算结果 表 2

D_1(n mile)	D_2(n mile)	0	10	20	30	40	50
0	XTT(n mile)	1.1	1.4	1.9	2.6	3.3	4.1
	ATT(n mile)	0.6	0.6	0.7	0.8	0.9	1.0
10	XTT(n mile)	1.2	1.4	2.0	2.6	3.4	4.1
	ATT(n mile)	0.9	1.0	1.1	1.2	1.3	1.4
20	XTT(n mile)	1.2	1.5	2.0	2.7	3.4	4.2
	ATT(n mile)	1.6	1.7	1.8	1.8	1.9	2.0
30	XTT(n mile)	1.3	1.5	2.1	2.7	3.5	4.2
	ATT(n mile)	2.4	2.4	2.5	2.6	2.6	2.7
40	XTT(n mile)	1.4	1.6	2.2	2.8	3.5	4.2
	ATT(n mile)	3.2	3.2	3.3	3.3	3.4	3.4
50	XTT(n mile)	1.4	1.7	2.2	2.9	3.6	4.3
	ATT(n mile)	4.0	4.0	4.0	4.1	4.1	4.2

对于导航设备的导航有效区域的分析，以北京至上海区域的导航台覆盖为例。通过查询《中国民航国内航空资料汇编(NAIP)》以及利用 JEPPESEN 公司推出的全球机场和航路数据软件，可得京沪航路周围分布了以下 21 个 DME 台：怀柔，大王庄，正定，泊头，魏县，济南，潍坊，天津，连云港，薛家岛，临沂，盐城，铜山，邳县，阜阳，禄口，无锡，庵东，南通，南汇，横沙。以 DME 的最大覆盖距离 200n mile 为半径确定以上台的覆盖范围，观察满足 3 重覆盖的公共区域可知：京沪航路周围分布的 DME 台，在一个连续的足够宽的区域上完全可以达到信号的 3 重覆盖。

上述的 21 个 DME 台中，VOR/DME 同址台包括：怀柔，大王庄，正定，泊头，魏县，济南，邳县，无锡，南通，横沙。由于 VOR/DME 台的覆盖范围受到 D_1、D_2 的限制，以 D_1、D_2 的上限 50n mile 为半径确定以上台的覆盖范围，观察覆盖的区域可知：部分台之间的覆盖区域无法交叠(如无锡和邳县等)，导航信号覆盖不完整。

通过上述导航精度计算结果以及导航有效区域的实例分析，对于两类陆基导航系统执行 RNAV 的性能进行了分析和比较，参见表 3。

DME/DME 系统与 VOR/DME 系统性能比较 表 3

DME/DME 系统	VOR/DME 系统
需要 2 台或 2 台以上的 DME 台进行定位。	需要一个 VOR/DME 同址台进行定位。
单 DME 台的最大覆盖范围为 200n mile，对于各高度层航路的导航精度较高。	覆盖范围受限于切点距离 D_1 和航路点到切点距离 D_2，相对于 DME/DME，导航精度低。
DME 安装在各机场和航路中的 GP/DME 和 VOR/DME，分布广且数量充足，较密集。	支持航路飞行的 VOR/DME 同址台，相对于 DME 台，分布广但数量有限，较稀疏。
基于 DME/DME 的区域导航京沪航路，无需建设新的 DME 台，便可在航路飞行时满足 RNP4 标准。	基于 VOR/DME 的区域导航京沪航路，在现有地面台分布状况下，无法满足 RNP4 航路飞行。

5 结语

建设区域导航航路是提高空域容量和利用率，提高航空运输企业经济效益的有效方法。本文分析和比较了基于两类陆基导航系统的区域导航航路的导航性能,并以京沪航路作为实例进行了相应的分析。分析结果表明:相对于 VOR/DME 系统,DME/DME 系统导航精度更高,信号覆盖范围更广,台的位置分布更佳;在不增加地面导航设施的情况下,建设基于 DME/DME 的区域导航航路的可行性更大。

参考文献

[1] ICAO. Doc 9613. Performance-based navigation (PBN) manual(Third Edition)[S],2008

[2] Sharon M. Robinson, James S. DeArmon, Thomas A. Becher. Benefits of RNAV terminal procedures: Air/ground communication reduction and airport capacity improvements[J]. The 21st Digital Avionics Systems Conference, 2002

[3] 陈海青. 区域导航技术在广州白云机场的应用[J]. 广东科技,2007,137:330-331

[4] 张焕. 空中领航学[M]. 成都:西南交通大学出版社,2003:279-289

[5] ICAO. Doc 8168. Procedures for Aircraft Operations. Volume 2[S]. 2002

[6] 隋东,王炜,左凌. 基于 DME/DME 的区域导航航路导航性能评估方法[J]. 交通运输系统工程与信息,2006,6(4)

[7] Federal Aviation Administration, US. Terminal and En Route Area Navigation (RNAV) Operations, Advisory Circular 90-100A[S]. 2007

A study of the performance of the RNAV ground – based navigation system

***Shi Jian*[1,2], *Cao Li*[1], *Shu Ping*[2]**

(1. Civil Aviation College, Nanjing University of Aeronautics and Astronautics, Nanjing, 210016; 2. Center of Aviation Safety Technology, Civil Aviation Administration of China, Beijing, 100028)

Abstract: When applying the area navigation (RNAV) technology to the terminal area or route, assessing the performance of the corresponding navigation system is required. In this paper, based on the calculation method of navigation accuracy of international civil aviation organization (ICAO), the author analyses and compares the performance of two types of ground-based navigation system: DME/DME and VOR/DME. Furthermore, the key elements and the specific program of implementation of the RNAV route were analyzed when the distribution of the navigation facility between Beijing and Shanghai was taken as an example. The results show that: Comparing with the VOR/DME, the DME/DME can achieve higher accuracy and wider coverage. The distribution of the VOR/DME around the route Beijing-Shanghai is not ideal for building the VOR/DME-based RNAV route. However, the DME/DME-based RNAV route Beijing-Shanghai can meet the accuracy standard of RNP4.

Key words: Area navigation (RNAV); Ground-based navigation system; Navigation performance

我国支线航空运输的发展现状与对策研究

祝伟伟[1,2]　许　俐[1]　胡华清[2]

(1.南京航空航天大学民航学院,江苏南京,210016;2.中国民用航空安全技术中心,北京,100028)

摘　要:近年来,国家新建多个支线机场,加大对支线航空的政策支持,支线航空运输取得了快速发展。本文通过对民用航空局公布的2008年报数据,对支线航空的发展现状进行研究,找出存在问题,提出支线航空发展的关键策略。

关键词:支线航空;发展现状;对策

1　前言

关于支线航空运输市场的定义很多方法,中国民航总局航空安全技术中心(以下简称安技中心)按照航线运量进行了界定,即:航线距离小于800km、年旅客运输量小于20万人次的航线市场为支线市场。[1]本文就采用这种定义方法对我国支线航空运输发展现状和趋势进行研究。

2　我国支线航空运输发展现状

2.1　支线市场

2008年,国内民航市场的旅客流量为17732万人次,货邮运输量为288.2万吨,分别比上年增长了5.3%和1.3%。按照前言对支线航空运输市场的定义,2008年国内支线市场的旅客人数为1210万,货邮运输量为59882吨,占国内民航的市场份额分别只有6.9%和2.1%,其中旅客人数比上年增长3%,货邮运输量则下降4.2%,支线市场份额偏低,且呈现逐年下降的趋势(图1)。增速明显放缓。货邮运输量更是出现了较大降幅(图2)。[2]

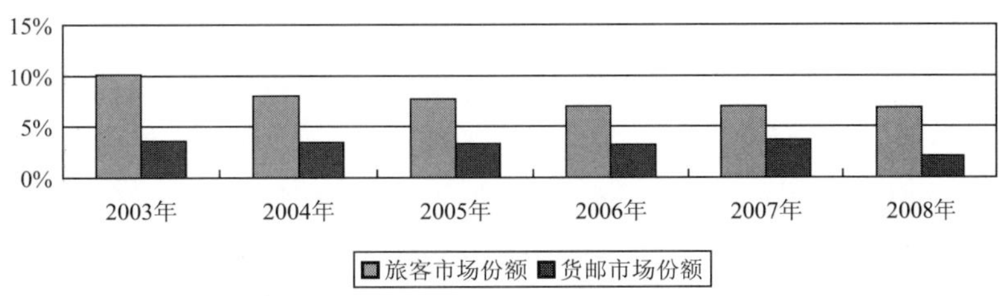

图1　2003~2008年支线市场份额(旅客、货邮)(资料来源:中国民用航空局)

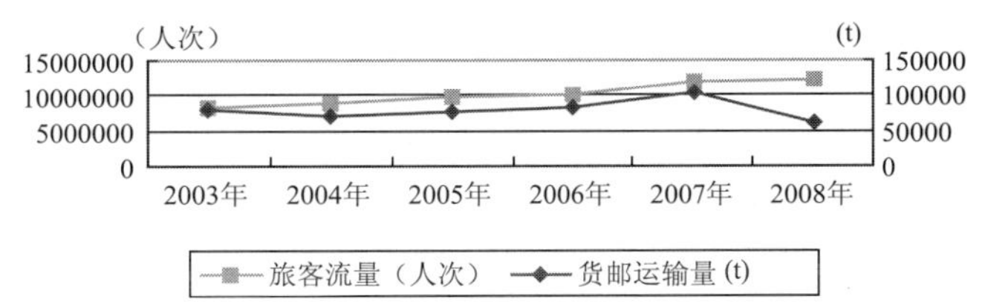

图2　2003~2008年支线市场发展趋势(资料来源:中国民用航空局)

2.2　支线机场

2008年,我国民航国内定期航班通航机场共有152个,其中支线机场(年旅客吞吐量小于50万人次的非省会城市机场)共102个,占机场总数的67.1%,数量比2007年增长2%。这102个机场共完成

作者简介:祝伟伟:硕士研究生;许俐:副教授;胡华清:研究员。

旅客吞吐量1167万人次、货邮吞吐量59382吨,分别占总量的2.9%和0.7%,年起降架次不足1000的有43个。[2]

2.3 支线飞机

截至2008年底,民航全行业运输飞机期末架数为1259架,民航在册100座以下的支线飞机共有104架。占运输飞机机队总数的8.3%。目前,在支线航线运营的机型主要有:我国生产的新舟60和运8飞机,巴西生产的EMB-145、EMB-190型飞机、及Dornier328小型飞机、加拿大生产的CRJ-200等100座以下的飞机。[2](注:各种支线飞机数量见图3)

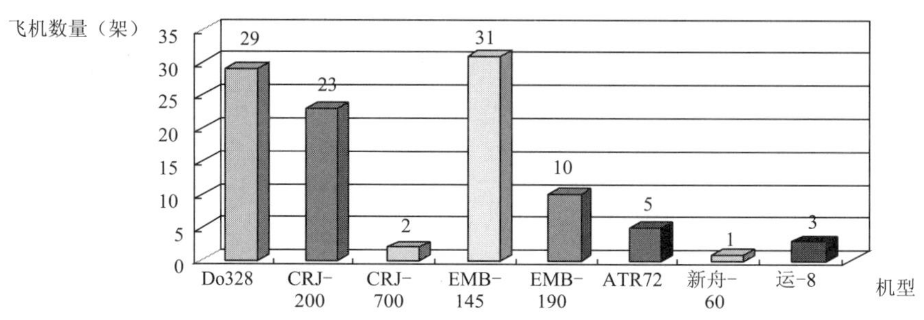

图3 2008年中国支线飞机拥有量(资料来源:中国民用航空局)

2.4 支线航线

按照安技中心对支线航线的定义,2008年国内通航的定期支线航线(全年运行班次在40次以上)共有301条,支线航线的平均航程为529公里,平均客座率为48.2%,低于行业整体水平28个百分点。其中,日平均航班数小于1班的航线有115条。[2]

3 主要问题

从以上的数据可以看到,我国的支线航空运输仍处于起步阶段,在整个民航运输中的比例依然很低。虽然支线市场规模有所增加,但是增速缓慢,且低于行业平均水平,市场份额逐年递减,主要原因是地面交通方式的竞争,高速铁路逐步进入800km距离以内中短程市场,挤占了支线航空的市场空间。除了外部竞争,困扰支线航空发展还有以下几个主要问题。

首先,补贴政策效果不明显。近年来,国家逐步重视支线航空的发展,出台了多项补贴政策,2007年开始,民航局连续每年拿出近10个亿补贴航空支线的发展,国家和地方政府补贴了近600条支线航线。但是从发展现状来看,支线客座率低,航班频率少,政策效果不够明显。首要原因是支线市场还处于发展初期,还需要长期培育。在补贴的使用上,许多地方贪大求全,在支线机场开航多条航线,由于需求量低,航班频率很低,航空出行不便。根据统计,2008年日平均航班数小于1班的支线有115条,占所有支线的38%,有的支线上一周只有2班甚至更低的航班量通航,这无疑阻碍了支线航空的发展。

其次,缺乏干支互补的合作关系。机场之间,航空公司之间普遍是相互独立的竞争关系,很多省或区域内的干线机场和支线机场由于各自独立经营,在航线、航班以及旅客运输等方面相互竞争,由于航空公司更倾向于在干线机场通航,因而就造成是干线机场空域紧张,而支线机场航班稀少,经营困难的局面。而航空公司在航线也是一种相互竞争的关系,缺乏支线公司为骨干公司输送旅客,骨干公司补贴支线公司的干支合作关系。[4]

最后,机队规划不合理。2008年底,我国100座以下支线飞机共有104架,比2007年增加了28.3%,但是在整个机队的比例只有8.3%,与之相比,2007年末,欧洲和北美地区的支线客机比例已经达到了36%和43%。在2007年的301条的支线航线中,共有177条使用的是100座以上的飞机,由100座以下的支线飞机飞行的只占了41.2%,这就说明大量的支线航班是由B737、A320之类运力更大的干线飞机执行,详见图4。在支线航线使用干线飞机必然会导致客座率低,相对成本高,经营效益差。

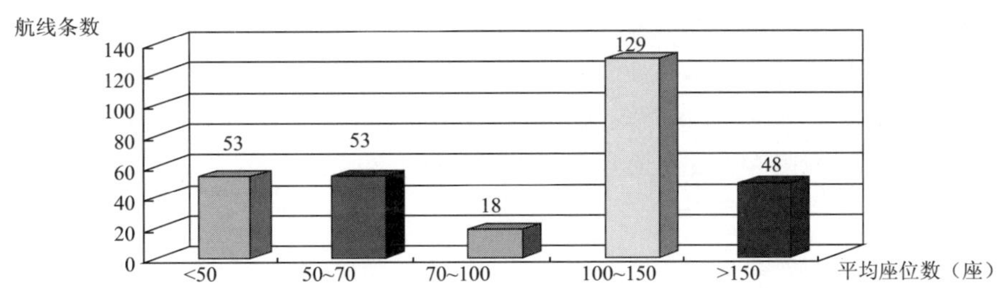

图4　不同座级飞机通航的支线航线的数量分布（资料来源：中国民用航空局）

4　策略分析

4.1　政府

4.1.1　补贴政策

上文提到，目前支线的补贴政策效果不明显，我认为应该在现有航线补贴办法的基础上，应重点扶持一到两条支线航线，保证支线机场每天有1~2个航班通往区域内的拥有更多航班和目的地的干线机场，这样可以使旅客通过干线机场转机到达其他目的机场。这种有针对性的补贴政策可以提高航班频率，方便旅客出行，逐步培养当地人的乘坐飞机出行的习惯，增加支线机场的业务量，使补贴政策起到更大的作用。

4.1.2　科学的评价体系

在我国，支线机场的发展正处于起步阶段，无论是业务量，经营利润都不高，很多都还处于亏损中，如果单从这些直接的经济效益来看，必然导致对支线机场认识的片面性，制约支线机场的发展。对于支线机场产生的间接、诱发经济效益，我们可以采用投入产出分析方法建立一套科学的机场效益评价体系，政府在决策时可以明确机场定位，进行长期投入。

4.2　机场

4.2.1　区域机场定位分工

针对目前我国许多机场缺乏合作关系的情况，我认为可以通过组股权合作、兼并的方式，将一个省或区域内的机场联合起来，以省会城市或重点城市作为枢纽机场，中小小城市机场则将功能定位为向该枢纽机场输送旅客，枢纽机场向其他区域的枢纽机场中转旅客，同时给予中小机场一定补贴。通过联合逐步形成干支互补的中枢辐射网络。

4.2.2　快速便捷的服务

尽管面临来自高速铁路等地面运输的竞争，航空运输依然具有地面运输无法比拟的快速优势。由于支线航空的飞行距离在800km左右，飞行时间不到1小时。然而，目前我国的很多支线机场现状是从市区到机场需要1小时左右，候机和办理登机手续又需1个多小时，而目前的动车组800km距离也只需要4小时左右，如果机场不提高服务的速度，就会丧失航空运输快速灵活的优势。国外很多机场为支线航班设立了专门通道，旅客只要在航班起飞前10分钟到达，就可顺利登机，大大缩短地面等待时间。在国内也有成渝空中快线等案例借鉴。

4.3　航空公司

4.3.1　合理的机型配置

通过对2008年的航线的数据分析，在所有301条支线航线中，有213条航线上客流量不足3万人，假设客流量都达到了3万人次（日旅客流量83人），那么在这些航线上使用50座的飞机，则可保证每天2个航班和83%的客座率，这既保证了航班频率，又提高了效益。可见50座级的支线飞机将是未来中国支线市场的主力机型。目前这一座级的机型主要有CRJ200、EMB145喷气飞机，Dornier328和国产新舟60涡桨飞机，前两者有较好的舒适性，而后两者则有更好的经济性，航空公司应该结合市场实际并在考虑经济性的基础上合理采购支线飞机。

4.3.2　降低运营成本

目前国内一架支线飞机不含关税增值税的单座采购成本约30~40万美元，较波音737客机、空客

A320 客机的购进成本高一倍,随着国产支线飞机 ARJ、新舟 60 的下线,国内航空公司应该通过购进国产支线飞机,降低支线飞机的单座成本。同时借鉴美国经验,只提供最基本的机上服务,例如只供应纯净水,安排 1 ~2 名空乘服务等等;采购支线飞机遵循系列化原则;选择起降费较低的二线城市机场作为通航机场等等。通过以上措施降低航空公司在支线市场的营运成本。

5 结论

对于处于起步阶段的我国支线航空运输而言,还有很多工作需要做,应该意识到,我国存在着对支线航空运输巨大的潜在需求,通过政府、机场和航空公司三方共同努力,采取得当的措施解决问题,我国的支线航空必然有着美好的明天。

参考文献

[1] 张再斌. 关于中国支线航空环境分析和发展策略的研究[D]. 西南交通大学. 2004. 10

[2] 中国民用航空局. 2008 年民航运输生产统计年报[Z]. 2009. 4

[3] 许红军等. 中美支线航空发展模式比较研究[J]. 工业技术经济. 2007(4)

[4] 种曼婷. 我国支线航空运输的现状及发展趋势[J]. 宏观经济管理. 2008(5)

[5] 巴西航空工业公司. 中国支线航空市场预测[M]. 2008. 9

The research of current development and countermeasures for Chinese regional air transport

***Zhu Weiwei*[1,2], *Xu Li*[1], *Hu Huaqing*[2]**

(1. Civil Aviation College of Nanjing University of Aeronautics and Astronautics, Nanjing, 210016;
2. Center of aviation safety technology of CAAC, Beijing, 100028)

Abstract: With the rapid growth of China's national economy, the state is beginning to pay attention to the development of regional aviation. In recent years, a number of regional airports were built and supporting policies for regional aviation were promulgated, regional air transport has been developed rapidly. Based on the published data of Civil Aviation Authority Annual Report 2008, I carry out analysis for the development of regional aviation, identify the existing problems, give the key strategy for the development of regional aviation.

Key words: Regional air transport; Development; Policies

停机坪滑行道运行优化模型研究

薛　磊　胡明华　王艳军

（南京航空航天大学 民航学院，江苏 南京 210016）

摘　要：机场交通流量的快速增长使停机坪滑行道区域冲突加剧、滑行效率减低，并造成严重的航班延误。本文分析了航空器在停机坪滑行道区域可能会出现的冲突情况，通过引入析取网络，结合部分实际运行的约束条件，对该区域滑行的飞机流进行建模。建模将优化航空器运行时间及顺序，使停机坪滑行道区域滑行的航空器产生的航班延误降到最小，并分析这种建模方法对机场地面容量的影响。利用国内某机场的实际航班数据进行仿真计算，得到的延误结果以及容量评估结果验证了析取网络模型的可行性和优越性。

关键词：停机坪滑行道；冲突解脱；网络模型；容量评估；地面交通优化

1　引言

随着空中交通流量的增长，机场承载的交通压力不断增加，地面滑行的延误必然会造成航空运输的巨大经济损失和安全隐患。中国民用航空局在全国民航空管会议上提出，要努力使每个航班地面滑行平均减少3分钟，全年可为航空公司节约运行成本至少20亿元。优化航空器滑行时间，合理分配滑行道等资源是缓解地面滑行延误，减小滑行成本的方法之一。

在20世纪40年代，国外就开始了机场容量评估模型的理论研究，70年代末开始用于实际系统开发。此后就有专家开始研究地面滑行和延误、停机位分配优化等相关内容。1998年Yu Cheng提出了关于停机坪区域航空器滑行和延误分析的方法[1]，David A. Lee，Coroline Nelson和Gerald Shapiro则在总结前人经验的基础上，提出了机场容量和延迟模型，并将该模型应用于美国10多个机场的实际容量评估，取得了较好的效果。近年来随着相关研究的深入和项目的开发也出现了很多场面运行及监控系统，如场面交通自动化研究（SOAR）系统，支持协同决策（CDM）的Leonardo系统，以及高级场面运行引导和控制系统（A-SMGCS）等。

为了更好地建模，先了解下停机坪滑行道的概念：停机坪滑行道是滑行道系统的一部分，它是穿越停机坪的滑行路线。该区域会出现两类冲突：推出冲突和交叉冲突。图1a）为推出冲突，图b）为交叉冲突。停机坪滑行道的冲突不仅会使管制员负荷增加，而且会使滑行效率大大降低。因此为航空器选择适当的滑行时间、减少冲突带来的滑行延误是十分必要的。

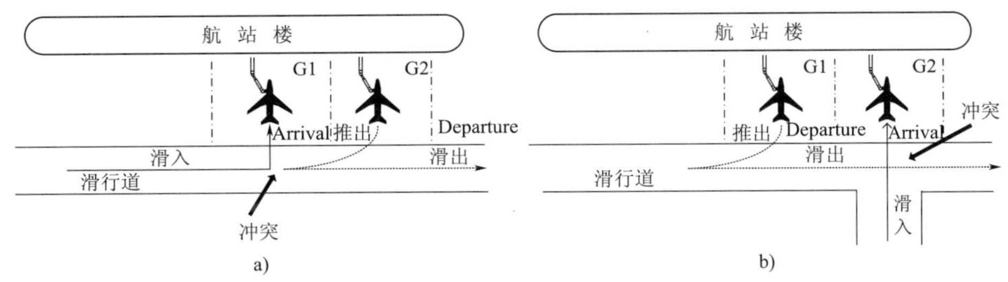

图1　停机坪滑行道区域冲突示意图

本文以减小滑行延误为出发点，研究航空器在停机坪滑行道区域的滑行冲突而产生的延误，通过建立析取网络模型研究航空器滑行时间分配，并利用该模型优化机场容量评估系统。最后将通过算例

作者简介：薛磊（1985-），男，江苏常州人，南京航空航天大学硕士研究生，安全技术及工程专业，E-mail：xuelei0803@126.com。

分析将系统优化前后的容量及延误变化进行比较,验证了新模型的优越性。

2 基于析取网络的建模

2.1 析取网络

基于网络的仿真建模能够明确系统中事件之间的逻辑关系和约束条件[2-4],容易搜寻相关的冲突实体(航空器),以及伴随实体发生的相关联事件。在一个有向网络图 $G(N,A)$ 中,结点 $N=\{n_p;p=1,2,\cdots,k\}$ 表示一系列实体状态的集合,每个结点都有一个权值和资源信息,表示该状态的起始时间和占用的资源标识。有向链接集合 $A=\{(n_p,n_q);p,q=1,2,\cdots,k\}$ 包含了状态转变的过程及顺序。结点 n_p 和 n_q 之间的链接 (n_p,n_q) 的权值用 l_{pq} 表示。对于链接 (n_p,n_q),n_p 是 n_q 的前序,n_q 是 n_p 的后续。显然,这样的有向网可以表示连贯的状态流。

析取网络 $G_d(N,A,W)$ 比简单网络多了一种析取弧集合 W,析取弧表示具备约束条件的关联事件之间的析取关系,其权值 T 一般表示关联事件之间的约束条件,连接相同两个结点的反向的两个析取弧形成一对析取弧。一对析取弧表示对应的两种状态存在冲突,需要根据析取策略决定冲突解脱的顺序,析取弧的引入基本涵盖了析取网络中的大多数约束条件。

在具体建模前,先给出一个关于航空器滑行时运行优化的简图加以说明阐述。

图 2 表示某一时刻在停机坪滑行道区域的两架进场航空器和两架离场航空器之间的部分析取网络简图。$S_i^j(t_i^j,R_m)\in N$ 表示航空器 i 的第 j 个运行状态,其中 t_i^j 表示航空器在 j 状态的起始时间,R_m 表示该航空器占用的资源标识。链接的权值 l 是同一架航空器持续某状态所需要的时间,有向箭头表示该航空器运行状态次序。T 为析取弧的权值,它表示具备滑行冲突的航空器在该析取弧对应的冲突解脱策略下的需要耗费的时间。例如对于航空器 A 与航空器 D 在产生冲突状态后,分别产生了权值分别为 T_1 和 T_2 的 2 个析取弧,T_1 表示状态 $S_D^d(t_D^d,R_2)$ 执行后,需要经过 T_1 时间才能执行航空器 A 的状态 $S_A^a(t_A^a,R_2)$。同理,如果先执行状态 $S_A^a(t_A^a,R_2)$,则需要经过时间 T_2 后才能执行航空器 D 的 $S_D^d(t_D^d,R_2)$ 状态。

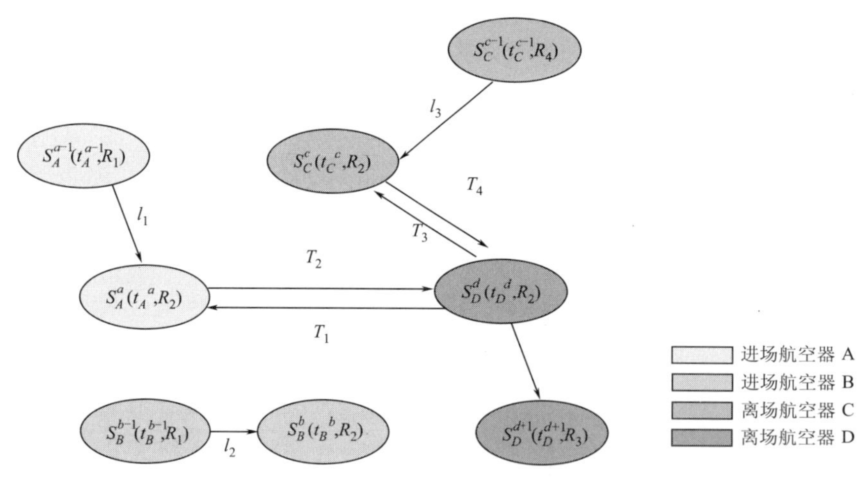

图 2 析取网络简图

由图 2 很容易得出产生析取弧的前提:

(1)占用资源相同。试图占用同一资源是产生析取弧的必要条件。

(2)占用同一资源的时间间隔不满足航空器滑行要求的安全时间间隔。假设安全时间间隔为 ε,如图 2 所示,在未采取冲突解脱策略前有:$|t_D^d-t_A^a|<\varepsilon$,$|t_D^d-t_C^c|<\varepsilon$。

2.2 析取网络建模

这一节将利用析取网络 $G(N,A,W)$ 对停机坪滑行道区域的航空器运行进行具体建模。

(1)航空器状态集合 N 的元素 $n(s_k^i,z,t_s^i,t_e^i,r^i)$:定义航空器标识 z、第 i 个状态 s_k^i、预计抵达时间 t_s^i、实际抵达时间 t_e^i 和占用资源 r^i。状态包括正常滑行状态 s_1,停机位推出状态 s_2,滑入停机位状态 s_3,停

机位等待状态 s_4，滑行道等待状态 s_5。产生滑行冲突时，受阻航空器的滑行状态 s_1、s_2、s_3 可能会衍生出等待状态 s_4 或 s_5，而衍生的状态会在持续时间 l' 后消失转而继续执行原状态，l' 的大小将在(3)中描述。

航空器预计抵达时间 t_s 是无冲突情况下的航空器抵达资源的时间，即 $t_s = t_{s-1} + l_{s-1}$，实际抵达时间 t_e 初始设定为 $t_e^i = t_s^i$。航空器占用资源 r^i 划分为停机位资源和滑行道资源，为了建模仿真简单起见，资源的划分按照航空器安全距离标准设定，滑行道资源上的滑行初始持续时间 $l^i = L_{ri}/v_{ri}^z$，其中 L_{ri} 是规定的航空器安全距离，v_{ri}^z 为航空器 z 在资源 r^i 上滑行的速度，停机位推出后的滑行道等待持续时间（即等待放行许可时间）根据实际调研设定。

(2)析取弧集合 W 中的元素 $w((z_1, s_k^i), (z_2, s_{k'}^j), r, T_i)$ 表示航空器 z_1 在状态 s_k^i 时与航空器 z_2 在状态 $s_{k'}^j$ 时出现资源占用冲突，冲突优化选择先执行 z_1 航空器的 s_k^i 状态时，将会经过时间 T_i 后 z_2 航空器的 $s_{k'}^j$ 状态才能执行。显然，在析取弧集合中，$w(z_1, s_k^i), (z_2, s_{k'}^j), r, T_i)$ 和 $w((z_2, s_{k'}^j), (z_1, s_k^i), r, T_j)$ 互为一对析取弧。对于优先航空器而言，T_j 取值为：

$$T_j = \begin{cases} l_1 & s_k^i s_k^{i+1} \in s_1 & \text{优先航空器在当前滑行状态后继续滑行} \\ l_1 + l_3 & s_k^i \in s_1, s_k^{i+1} \in s_3 & \text{优先航空器在当前滑行状态后滑入停机位} \\ l_2 + l_5 + l_1 & s_k^i \in s_2, s_k^{i+1} \in s_5, s_k^{i+2} \in s_1 & \text{优先航空器正处于推出状态} \\ l' & s_k^i \in s_5, s_k^{i-1} \notin s_2 & \text{优先航空器正处于受阻滑行等待状态} \end{cases}$$

(3)状态持续时间集合 A 的元素 $a(z, s_k^i, l^i)$ 除航空器标识、状态外，还包括状态 s 的持续时间 l^i，l^i 初值已经在(1)中描述。出现 $w((z_1, s_k^i), (z_2, s_{k'}^j), r, T_i)$，$w((z_2, s_{k'}^j), (z_1, s_k^i), r, T_j)$ 时产生滑行冲突，在使用组合优化算法或分支定界法析取优化后，假定航空器 z_1 衍生等待状态 s_4 或 s_5，与之对应的状态持续时间 $l' = t_e^j + T_j - t_e^i$，其中 t_e^j 是航空器 z_2 执行状态 s_j 的时间，T_j 是优先航空器针对受阻航空器 z_1 的析取弧权值，t_e^i 是航空器 z_1 开始状态 i 的时间。

在具体定义了析取网络 $G(N,A,W)$ 后，将研究航空器滑行时间的分配，以期获得停机坪滑行道区域的航空器延误达到最小，因此将目标函数定为析取网络中航空器延误最小：

$$\min \sum_{i \in U} (t_e^i - t_s^i)$$

由于建模将最终嵌入机场地面容量评估系统，因此不考虑滑行道系统的特性，只考虑航空器类型及优先级、地面滑行安全以及停机位滑入推出操作等约束条件：

(1)离场航空器必须在撤轮档后才能开始滑行，即对于离场航空器 i 有 $t_s^i > OBT_i$。

(2)在运行优化后，析取网络中将不存在析取弧，即航空器之间满足安全时间间隔：$\forall i, j \in U, i \neq j$，$|t^i - t^j| \geq \varepsilon$ 其中 i、j 为任意两架航空器，ε 表示安全时间间隔。

(3)实际运行中都将停机坪滑行道规划成回路，因此不考虑航空器对头冲突的情况。同时针对 C、D 类航空器与 E 类航空器，设定航空器有不同的推出速度和滑入速度 v_s^z。

针对上述目标函数和约束条件，交通流量较小的停机坪滑行道区域可以直接使用组合优化算法或者分支定界法来进行运行优化。如果交通流量较大，则可以使用滚动时间窗方法[5]：先对析取网络中已经开始执行的 k 架航空器按照上述方法进行求解，即考虑航空器 $1,2,\cdots,k$，而当航空器 1 退出析取网络模型时，则考虑航空器 $2,3,\cdots,k+1$，等等。虽然这种方法计算时间较长，但是优化效果较好。这样就得到了一个基于析取网络的运行优化模型。

3 算例分析

由于实际中很多大型机场的停机坪滑行道区域都是类似停机坪滑行道区域的组合，所以析取网络模型是有广泛的应用前景的。

算例将把析取模型嵌入原有的容量评估系统[6,7]，以国内某机场的地面运行为建模对象，分别使用优化前和优化后的系统对该机场地面运行建模。在计算出容量和延误后将优化前后的结果进行比较分析。系统所调用的机场停机坪滑行道区域的平面 CAD 图如图 3 所示，黑色线为滑行道道肩，蓝色线为航空器滑行路线,红色线表示停机位。

系统数据库中的数据来源于2008年1月31日该机场10点到20点的繁忙时段数据,运行方式为13号跑道进离场,并在此基础上多次加入不同百分比的随机交通流量用以分析机场地面容量以及延误。国际民航组织规定,航班可接受的平均延误水平为15min,图4为容量评估系统在平均延误时间达到15min左右时的记录的多次容量分布结果。由图4可知,13号跑道运行的实际容量在15架次/h左右,与优化前的实际容量14.8架次/h相比略有增加。这是因为对于机场容量评估系统,跑道系统是限制容量的主要瓶颈,对于滑行道系统和停机位系统的优化一般难以通过进离场容量清晰的表示出来[8]。

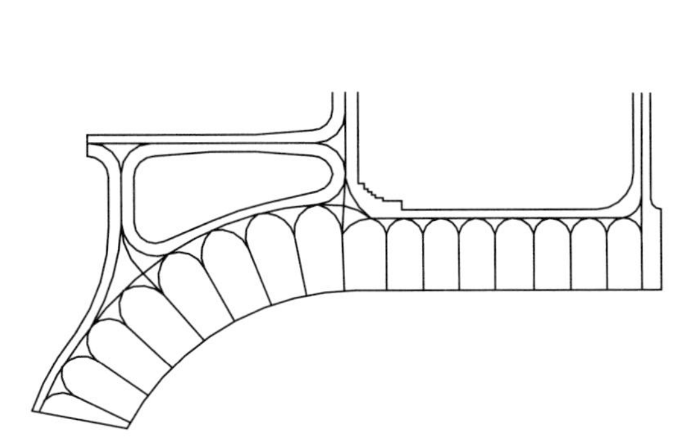

图3 国内某机场停机坪滑行道区域

图4 可接受延误水平下的13号跑道的进离场容量

图5中,横轴表示在添加了不同百分比随机交通流量时机场的运行的容量值。纵轴表示停机坪滑行道区域的平均延误,它不考虑停机坪滑行道区域外的延误(如跑道等待延误等)。从图中可以看到,在容量较小,机场运行顺畅时,航空器延误较少且优化前后延误无明显变化。当机场交通流量增大,运行繁忙时,虽然优化前后航空器的延误都有所增大,但是采取析取策略后的航空器延误有了明显的减少,并随着容量的增加而趋于明显。

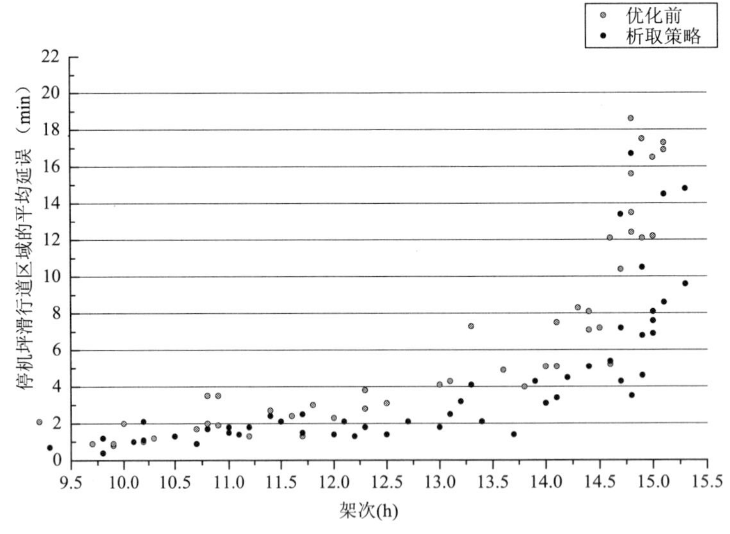

图5 系统优化前后的容量—延误对比

4 结语

本文对航空器在停机坪滑行道处的滑行冲突进行了分析,提出了基于析取网络的运行优化模型,并将优化后的模型嵌入容量评估系统。利用优化后的容量评估系统对国内某国际机场进行了地面实际容量评估,结果表明优化后的系统运行能很较好的减少地面运行的延误,在提高地面运行效率的同时能为航空公司节约大量经济成本。

参考文献

[1] Yu Cheng. Solving Push-out conflicts in apron taxiways of airports by a network-based simulation[J]. Computers ind. Engng,1998,34(2):351-369

[2] 严勇杰,郭宝华,张燕. 面向对象的空中交通流量管理系统建模与仿真[J]. 自动化技术与应用,2008,27(6):9-14

[3] Kari Andersson,Francis Carr,Eric Feron,etal. Analysis and modeling of ground operations at hub airports[R]. 3rd USA/Europe Air Traffic Management R&D Seminar,2000

[4] George J. Couluris,Robert K. Fong,Nathan Mittler. A new modeling capability for airport surface traffic analysis[R]. 27th Digital Avionics Systems Conference,2008

[5] 张莹,胡明华,田勇. 一种新的机场地面容量评估模型[J]. 交通运输工程与信息学报,2006,4(2):61-65

[6] 张莹. 机场地面空中交通容量评估系统的进一步研究[D]. 南京:南京航空航天大学,2006

[7] 张莹,胡明华,王艳军. 航空器机场地面滑行时刻优化模型研究[J]. 中国民航飞行学院学报,2006,17(5):3-6

[8] Victor H. L. Cheng,Andrew Yeh,Gerald M. Diaz. Surface-Operation Benefits of a Collaborative Automation Concept[R]. AIAA Guidance,Navigation and Control Conference Exhibit,2004

Research on optimal model of conflict resolution in apron taxiways

Xue Lei,Hu Minghua,Wang Yanjun

(College of Civil Aviation,Nanjing University of Aeronautics and Astronautics,Nanjing,210016)

Abstract:A buffer time is introduced to analyze push-out conflicts of aircrafts in apron taxiways,the paper sets up a network-based model to optimize and simulate the traffic flow of taxiing aircrafts. On the basis of embedding the module in the airport ground capacity evaluation system,this paper researches an optimization strategy of conflict resolution to reduce the delays caused by conflicts in apron taxiways,analyzes the effect of the optimization strategy to the airport ground capacity. Taking the practical flight schedule of a domestic international airport as a calculation example,the obtained numerical results about delays and capacity verified the feasibility and superiority of the network-based model.

Key words:Apron taxiway;Conflict resolution;Network-based model;Capacity evaluation;Surface traffic optimization

约束编程与线性规划混合技术在机组排班中的应用

李 云 刘 明 朱金福

(南京航空航天大学民航学院,江苏南京,210016,E-mail:liyun_nuaa@ yahoo. com. cn)

摘 要:航空公司机组排班问题是大规模优化问题,通常利用列生成求解。子问题是典型的约束最短路问题。但是随着航空公司规模增大,使得问题结构很难完全的表达,限制了列生成的应用。本文利用约束编程作为子问题算法,将子问题建模为约束满足问题,表达性更强。最后利用航空公司实际数据,解决日机组排班问题,论证混合技术的优越性。

关键词:机组排班;约束编程;线性规划

1 引言

机组排班是航空公司生产计划重要环节,具体指为航空公司的空勤人员排班。机组是航空公司人力资源的核心,其人力成本占了航空公司人力成本的大部分。机组排班问题并不是孤立存在于航空公司运行过程中的,它依赖于航班网络设计,建立在航班时刻表制定、机型指派和维护路线选择基础之上,考虑的因素非常复杂。

最近的研究集中在如何综合航空公司其他运行过程以及机组排班大规模整数规划求解的算法上。文献1采用启发式算法来求解可行机组任务,采用了类似于深度优先算法[1]。文献2将机组排班问题归结为复杂的组合最优化问题,通过转化为集合覆盖问题加以解决[2]。文献3中,Barnhart提出了分支定价法求解大规模整数规划[3]。

机组排班是按照一定规则,为某一机组指派一连串活动或者任务,生成满足条件的任务串,并从中择优,通常采用列生成法求解。但是随着航空公司规模扩大,规则种类增加使问题结构很难完全的表达,限制了列生成的表达。因此,本文针对航线网络以及航班计划的实际情况,建立日为周期的机组排班0-1整数规划模型,提出约束编程与线性规划混合技术,使用约束编程作为子问题的算法求解问题。

2 机组排班问题描述

2.1 机组排班规则

大型航空公司中,机组排班问题分解为机组配对和机组指派两个问题。机组配对问题中基本活动是航班,一个合法的配对由一些航班组成,通常从基地出发,最后回到基地,同时满足时间衔接,飞行时间,执勤时间,机组休息时间等约束的航班串。对于给定类型的机组,机组指派将具体编号的机组指派给某一配对。本文研究单一类型的机组配对,机组排班规则分为两类:(1)针对单个机组配对:R_1-R_7;(2)针对所有机组配对:R_8-R_9。

R_1:枢纽机场最小衔接时间 hubStop。即在枢纽机场两个航班之间衔接的最小时间。

R_2:一般机场(除枢纽机场外)最小衔接时间 minStop。

R_3:最大停留时间。即连续两个航班之间的停留时间小于 maxStop。

R_4:机场衔接。即前航班到达机场为后续航班出发机场。

R_5:最大执勤期。即机组执行配对持续的时间 duty = start - end 且 duty < = maxDuty。

R_6:过夜要求。即每一配对周期内出发机场和到达机场一致。

R_7:成本规则。有三种支付方式分别根据最小支付额,执行期和飞行时间来计算,并从中选择成本最大的方式进行支付。

R_8:每个航班必须至少由一个机组执行,如果允许加机组,可由多个执行。

R_9:成本容差。指所有配对总成本与总飞机时间之比小于一定值。

2.2 机组排班配对模型

根据机组排班规则,我们建立以成本最小化为目标,基于配对的机组排班模型为[3]:

$$\min \sum_{p \in P^k} c_p x_p \tag{1}$$

$$\sum_{p \in P^k} \delta_{fp} x_p \geqslant 1 \tag{2}$$

P 表示所有合法配对的集合,$\forall p \in P$,p 满足规则 $R_1 - R_7$。F 是日周期内所有航班的集合。$\forall f \in F$。δ_{fp} 是示性算子。配对 p 覆盖航班 f,为1;否则为0。c_p 表示配对 p 的成本。x_p 为0-1型决策变量,如果选择 x_p 为1;否则为0。式(1)为成本最小化目标函数,式(2)为航班覆盖约束,允许加机组,满足规则R8。规则R9只作为最终方案的评价指标,没有在模型中体现。因此基于配对的机组排班求解分为两个阶段:一是生成合法的配对 p,二是求解线性规划,具备列生成算法特点。

3 约束编程与线性规划混合技术

约束编程(*CP*)是一种结合逻辑推理的通用搜索技术,它起源于约束满足问题(*CSP*),由三元组 $<V,D,C>$ 组成:V 为变量集合,D 为变量域,约束 C 描述了变量之间满足的关系,有较强表达力。约束传播和搜索策略可以有效实现域缩减。混合技术主要有两种方式:一是将 *OR* 算法嵌入 *CP* 结构。二是将 *CP* 算法嵌入 *OR* 结构。本文采用后者,使用 *CP* 作为子问题算法。主问题为线性整数规划,使用 *OR* 技术,在列生成子问题中,*CP* 求解隐含其中困难约束,对实际操作中的规则进行建模和求解。本文着重介绍最短路径约束和负简约成本约束,利用主问题对偶值动态域缩减。

3.1 列生成算法

列生成算法(也称Dantzig-Wolfe分解),是一种常见求解变量众多的线性规划(LP)的技术:

$$\min cx, \text{s.t.} Ax = b \tag{3}$$

列生成算法将原线性规划问题分解为主问题(MP)和子问题(SP)。由于主问题的变量数目巨大,选择其中部分变量(至少包含一个可行解)构建限制主问题(RMP)。求解限制主问题至最优,并将此时RMP的对偶变量值(Dual Solution)传递给子问题[4]。求解子问题生成具有负简约成本(Reduced cost)的列:

$$C_\alpha - \sum_{i=1}^{z} \lambda_i \cdot \alpha_i < 0 \tag{4}$$

这里 C_α 为列 α 的成本系数,$\alpha:(\alpha_1,\cdots,\alpha_z)^T$。

将负简约成本最大的列加入到限制主问题中进行求解。重复上述过程,直至子问题无法生成具有负简约成本的列为止。算法概要如下:

```
A: = getInitialColumns()
repeat  {λ: = solveLP(A)
         {α^1,…,α^k}:solveSubproblem(λ)
         addColumnsToMatrix(A,α^1,…,α^k)}
until({α^1,…,α^k} = ø)
```

3.2 CP求解动态列生成

根据列生成算法特点,最短路即具有最大负简约成本的列。采用列生成器命令generate生成新的列 p,约束最短路目标函数为:

$$\max mize\ C_p - \sum_{f \in F} \lambda_{Ip} \cdot X_p \tag{5}$$

约束满足使用ILOGsolver求解,将规则 $R_1 \sim R_7$ 转换为约束表达式,使用多元变量指针,加强约束传播。主要的约束表达式为:

R_1， R_2：Arr[i] + minStop + (hubStop - minStop) * (citySeq[i]in Hub)⇐Dep[next[i]]；

R_3， R_4：(Dep[i] < Arr[pre[i]] + maxStop) ∨ (citySeq[i] = citySeq[per[i]])；

R_5： duty⇐maxDuty；

R_6： citySeq[0] = citySeq[nSeq]；

R_7： pqy = max(i in 1..nPay) payForm[i]

ILOG 默认深度优先搜索算法，我们在外部自定义搜索策略控制加快收敛速度，搜索策略为根据主问题对偶变量，对航班进行排序。一旦该问题得到最优解，p 为约束最短路，将其加入到列集 P 中。如果问题无解，无法继续生成具有负简约成本的列，此时，停止列生成，主问题得到最优解。

3.3 整体算法实现

整个算法使用脚本语言控制，首先生成初始配对集合。然后主问题为集分割的松弛线性规划，子问题为求解配对生成问题，为主问题产生新列，反复迭代，一旦列满足条件，停止生成，求解最优整数规划。

我们使用约束编程枚举可能的机组配对。初始阶段生成配对集合保证覆盖每个航班。例如，规定为每个航班至少生成 10 条配对。列生成阶段，再次使用约束编程，首先根据当前集对偶值计算最优机组配对，搜索所有简约成本满足条件的配对，更新列集。

4 实例分析

某国内航空公司日执行 5 个城市之间 168 个航班，其中一个枢纽机场。机组参数见表 1，运行数据见表 2。

机 组 参 数 表 1

nSeq	*minStop*(m)	*hubStop*(m)	*maxStop*(m)	*minPay*(m)	*maxDuty*(m)
8	10	20	60	120	480

运 行 数 据 表 2

	MP		SP		成 本 容 差	time
	列集 *P*	目标值	最短路 *rc*	更新列集		
迭代 0				1680		2.952
迭代 1	1680	6758	276	98	1.0964	4.889
迭代 2	1778	6421	125	228	1.0418	5.044
迭代 3	2006	6169				6.359

运行结果表明实例共生成 2006 个配对，经过测试静态列生成共生成 6840 个配对。约束编程与线性规划混合技术大大加快了迭代速度。最优目标值为 6169，最优机组个数为 33 个。运行时间 6.359s (CPU:P4.2.66G，内存 1G)。

5 结论

本文根据国内航班计划和机组排班规则，为对满足规则的航班进行配对，建立日机组排班模型，为大规模 0－1 整数规划，采用列生成算法。本文利用线性规划求解集分割问题，利用 *CP* 作为子问题算法进行列生成，将子问题作为约束满足问题，表达性增强。结果表明，约束编程与线性规划混合技术可以有效地求解机组排班问题，对航空公司航班计划具有非常大的实践意义和理论创新。

参考文献

[1] Harry Kornilakis and Panagiotis Stamstopoulos, Crew pairing optimization with genetic algorithms[D]

[2] H. T. Ozdemir and K. M. Mohan, Flight graph based genetic algorithm for crew scheduling in airline, Information Sciences, Vol, 133, 2001: 165-173

[3] C. Barnhart, et al. Airline crew scheduling[A]. 2001

[4] 肖东喜,朱金福.飞机排班中航班环的动态构建方法.系统工程,2007,25(11):20-21

Combining constraint programming and linear programming on crew scheduling problem

Li Yun*, *Liu Ming*, *Zhu Jinfu

(college of Civil Aviation, Nanjing University of Aeronautics and Astronautics, Nanjing 210016
E-mail: liyun_nuaa@ yahoo. com. cn)

Abstract: In airlines, crew scheduling problem is a large-scale optimization. It is can be solved by column generation. The subproblem is typically a constrained shortest path problem. With the development of airlines, it is more and more difficult to describe the structures of this problem completely which restricts the application of column generation. In this paper, we use constraint programming as the sub problem algorithm and model the sub problem as a constraint satisfaction problem. At last, we use actual data from airlines to solve daily crew scheduling problem and test the method is more efficient.

Key words: Crew scheduling; Constraint programming; Linear programming

终端空域功能性扇区划分模型的初步研究

周 蕊 韩松臣 张 明

(南京航空航天大学民航学院,江苏省南京市御道街29号,210016,zhouruipersonal@hotmail.com)

摘 要:为了降低空域的工作负荷,提高空域扇区运行的安全性以及简便性,在利用空域管制员工作负荷统计模型的基础上,将飞行航段作为扇区优化的基本单元,按照空域功能的同一性为原则对航段进行优化搜索,同时最大限度降低密集终端空域扇区间产生的协调负荷,进而降低终端空域整体负荷。对上海终端管制区进行扇区优化划分的实例分析表明,相对于传统地理性扇区划分,功能性扇区优化划分方案具有安全性好,扇区的管制工作负荷低,掌握新扇区简单,管制工作的灵活性高,工作难度小等优点。

关键词:扇区划分;功能性;空域规划;管制负荷

1 引言

终端管制区域交通流密集,存在较为复杂的飞机流交叉运行和高度占用情况,特别是军航在终端空域的存在,功能性扇区规划方法在终端管制区规划中尤其重要。

目前,世界范围的空域扇区规划和管理工作都是参照国际民航组织的相关文件8168-OPS/6111和9689-AN/9532[1,2]等进行的。这些文件多是各个成员国空域扇区规划经验的总结,虽然取得一定的成果,但其原则和方法多采用定性分析,缺乏建立在严格数学模型基础上的定量分析。在空域扇区规划方法研究方面,研究重点一般为选择不同的数学模型与几何算法来进行扇区优化划分的研究。法国学者D. Delahaye等[3]提出了根据空域随机产生的点形成VORONOI多边形,采用遗传算法随机优化获取扇区规划结构;美国学者Yousefi. A等人[4]将美国国家空域按不同高度区间,分别分为2556个蜂窝状单元,每个单元赋予管制负荷权值,由此进行扇区优化划分。国内韩松臣、张明等[5,6]在对管制员负荷模型的基础上,利用导航台、边界航路点以及交叉点为节点,进行VORONOI剖分,形成空域扇区规划基本单元,并进一步合并部分有限单元形成蜕变的VORONOI多边形,由此进行扇区优化搜索。

以上扇区规划方法都是通过对管制单元进行地理范围内的优化搜索,但是对于某些飞行流量大,管制负荷密集的终端区,传统的地理性划扇具有一定局限性,因此,按空域功能而进行的终端空域扇区划分,即进离场分离的扇区规划方法,逐渐成为国外众多交通密集的终端区广泛应用的一种扇区定性规划方法。

终端管制区域交通流密集,存在较为复杂的飞机流交叉运行和高度占用情况,特别是军航在终端空域的存在,功能性扇区规划方法在终端管制区规划中尤其重要。本文的研究内容就是在进离场航路分离的管制条件下,依据扇区规划的基本原则,建立终端空域功能性扇区规划的初步模型。

2 理论及模型

树是图论中一种重要的图类,它是基尔霍夫在解决电路理论中求解联立方程问题时首先提出来的。树与图论中其他一些基本概念,如图、剖集等有着密切的联系,是图论中比较活跃的领域,本文利用树的概念来表达航段形成的初始扇区。树的定义为不含圈的连通图称为树(tree),每个分支都是树的分离图称为森林(forest),树中的边称为树枝(branch)。

在对于空域交通流预测状况和目标终端空域的工作负荷历史数据的采集的基础上,推算预测终端空域的管制工作负荷的分布状况,映射到终端三维空域航路网络上,确定工作负荷在航路网络的分布。通过采集影响管制员工作负荷的航班计划时刻表、机型种类、流量分布与管制通话录音等原始数据,确定管制工作负荷形心在空域的位置分布并统计管制工作负荷形心点信息。

管制负荷形心：指管制工作负荷密度分布的重心位置，即管制工作负荷的中心。在描述管制工作在空域内分布情况时，将发生管制工作负荷的区域浓缩为形心点位置。设管制负荷单元 i 调查得到 N 个管制负荷点，第 j 个管制负荷点的坐标为 (x_j,y_j,z_j)，则管制负荷单元 i 的形心为：

$$\begin{cases} X_i = \sum_{j=0}^{N} x_j/N \\ Y_i = \sum_{j=0}^{N} y_j/N \\ Z_i = \sum_{j=0}^{N} z_j/N \end{cases} \tag{1}$$

功能性扇区规划方法可以由定量初步规划和定性的专家修正规划相结合完成。

(1) 定量初步规划方法步骤如下：

① 采集终端空域的工作负荷历史数据，映射于终端三维空域航路网络上，从而得到管制负荷形心位置信息，确定工作负荷在航路网络上的分布；

②按照管制规定和管制实际必须设立的五边低空扇，按照仪表进近的空域占用情况进行单独规划；对于目前不具备条件进行进离场航路分离的区域，设置一个混合功能扇区进行规划；

③除②外的空域，将航路分割成有限的航段，形成优化基本单元，各个单元航段上包含不同的管制工作负荷权值，形成具有工作负荷的航段单元体；

④根据各个单元体的拓扑关联性，以管制工作负荷确定的扇区容量作为首要搜索约束条件，采用随机优化搜索算法沿航段进行搜索合并，形成树形航段扇区。

(2) 定性的扇区规划，是以管制的便利性和扇区规划原则为依据，通过管制专家决策，进行扇区边界的定性调整，最终确定扇区的功能性规划方案。

根据欧洲航行安全组织给出的终端空域设计指导材料，结合算例中终端区实际情况，确定扇区划设方法如图 1 所示。

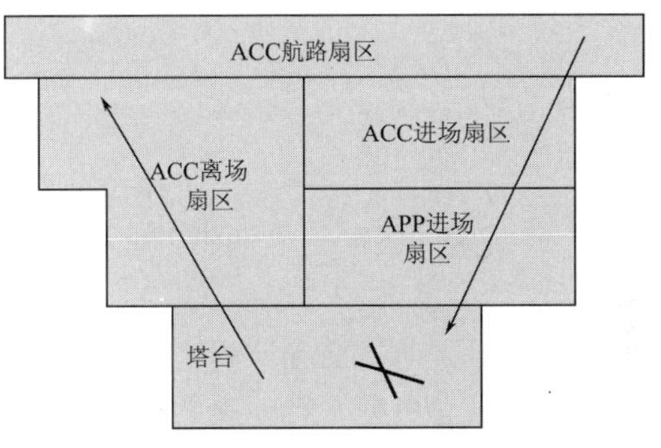

图1　扇区划分方法示意图

为了达到扇区优化的目的，需要对以航段为优化单元的空域，依据各单元内的管制工作负荷权值进行组合优化。在估算扇区最小数量的前提下进行扇区的优化划分，优化的目标是最大限度减少可变负荷的发生，使终端空域总负荷最小，建立如下扇区优化扇区优化目标函数。

$$L = \min\left(\sum_{i=1}^{s} \omega_{ci} + \sum_{j=1}^{m} \omega_{vj} \right) \tag{2}$$

式中：ω_{ci}——持续负荷，是航段 i 上固定发生的，不可变更的负荷；

ω_{vj}——可变负荷，是航段 j 额外发生的负荷；

s——空域内分割的航段单元数；

m——空域内属性相同的相邻航段，扇区属性不同的单元数；

功能性扇区优化划分的约束条件为

(1)扇区容量约束：$W_i \leqslant s \times 80\%$。根据英国运筹与分析理事会所提出的评估 ATC 扇区容量的 DORATASK 方法，在给定的时间段 s 内，各扇区的管制员工作负荷 W_i 必须满足 $W_i \leqslant 2880s$，从而确定扇区容量约束；

(2)扇区功能性约束：为了使扇区获得的单元在功能性上具有接近性或者同一性，必须加上扇区的功能性约束，这些约束通过单元内冲突的性质和管制动作的性质来描述，通常使同一扇区执行相同的进场管制或者离场管制，最大限度降低可变负荷的产生。若 s 表示航路属性，则 $s=1$ 表示进场航路属性，

$s=0$表示离场航路属性。若终端空域为 n 个机场,序号为 $a=1,2,\cdots,n$。则到达第 a 个机场的进场航路其属性为:$s_a=1$;第 a 个机场的离场航路其属性为 $s_a=0$。

3 算例

利用以上数学模型,以上海终端管制空域为例进行试算,利用导航台,机场,位置报告点等将航路分为航段并编号,整个终端区的航路被分为26条航段。

通过对一小时采集数据的分析,利用雷达语音记录仪进行回放,统计计算出空域航路上负荷形心点的位置以及负荷数据,建立空域负荷数据库,从而可以得出航段上的负荷分布权值。

对带有权值的航段按空域功能进行优化组合,形成树状航路的扇区方案,再由航段扩展到空域,得到最终扇区优化划分方案,图2为对终端空域进行功能性划分的结果示意图。

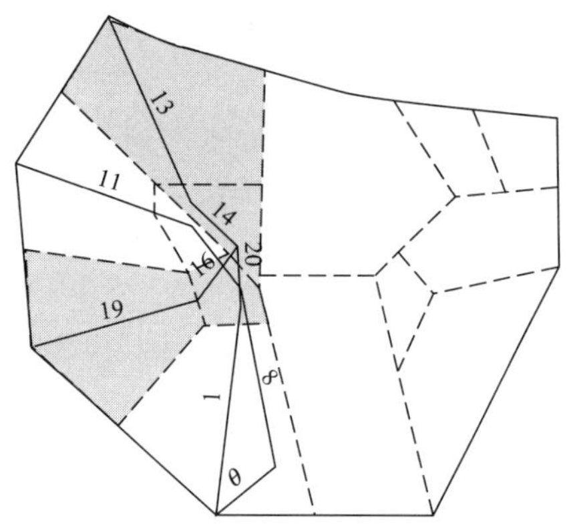

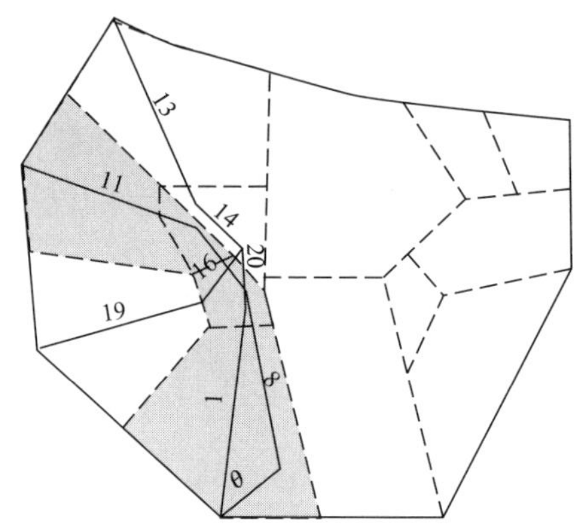

图2 虹桥进离场航段树及扇区

4 结语

本文在统计空域管制员工作负荷的基础上,基于管制员工作负荷,将飞行航段作为扇区优化的基本单元,通过对航段的优化搜索形成树状扇区基本结构,并通过计算机程序辅助实现。再由航段扩展到空域,形成管制任务较为单一、更有利于管制员工作的扇区划分方案。

通过算例的试算和分析工作,并利用仿真对扇区划分的结果进行评估,可以验证功能性扇区划分对于降低空域总负荷具有显著的影响,同时,根据对资深管制员的座谈调查也可得知,功能性扇区划分更贴近管制员的管制习惯,是一种较为理想的扇区划分方法。

通过民航华东空管局培训中心模拟机室进行模拟机验证,结果表明功能性划扇能够极大地减少扇区内的管制移交工作负荷,使得扇区的职能和任务明确,工作任务明确单一,功能性扇区管制负荷低,易于学习掌握。

参考文献

[1] Doc 8168-OPS/611, Aircraft operations[S], International civil aviation organization, 2001

[2] Doc 9689-An/953, Manual on airspace planning methodology for the determination of separation minima [S], International civil aviation organization, 1998

[3] Delahaye D., Alliot J. M., Schoenauer, M., and Farges, J. L. Genetic algorithms for partitioning airspace [A]. Paper Presented at Tenth IEEE Conference on Artificial Intelligence for Applications [C]. CAIA, 1994

[4] Yousefi. Arash, Optimum airspace design with air traffic controller workload-based partitioning [D], George Mason. University, 2005

[5] Han Song-chen, Zhang Ming. The Optimization method of The sector partition based on metamorphic Voronoi Polygon[J], Chinese Journal of Aeronautics, 2004, Vol. 17(1): 7-12

[6] 张明. 管制扇区的最优划分方法研究[J]. 南京航空航天大学学报. 2004, Vol. 36(3)

The functional sectorization method in the terminal area

Zhou Rui, Han Songchen, Zhang Ming

(College of Civil Aviation, Nanjing University of Aeronautics and Astronautics, Nanjing, 210016)

Abstract: In order to decrease the workload of airspace, as well as improve safety and convenience of sector, the route segments were used as basic cells of sector optimum partition, then were searched according to the function of airspace, which was based on the statistic methods of ATC workload. The cooperative workload were to decreased at minimum amount between sectors of terminal area, so do the overall workload. The optimum result of Shanghai terminal area showed that the functional sectorization case is flexible and easier to control with lower ATC workload and more safety compared to traditional geographical sectorizaion.

Key words: Sectorization; Functional; Airspace design; ATC workload

终端区空域扇区工作负荷的评估研究

王玉婷　韩松臣　汤新民　姜静逸

(南京航空航天大学 民航学院,江苏南京,210016)

摘　要:为了保证飞行安全,合理安排管制人员的数量,需要对终端区空域扇区的工作负荷进行准确的评估。本文充分考虑终端区空域的实际运行情况,提出了扇区工作负荷评估的具体思想,将其实现过程分为产生随机飞机流、飞行的过程、管制员操作等几部分,并根据统计出的扇区工作负荷结果,利用DORATASK方法验证空域扇区划分的合理性。最后针对上海终端区空域高峰小时运行情况的扇区工作负荷进行仿真评估,评估结果符合实际,验证了当前空域结构的合理性;并对2012年高峰小时运行情况的扇区工作负荷进行了预测,便于后续的扇区优化工作。

关键词:终端区;扇区工作负荷;随机飞机流;评估

1　引言

进入21世纪以来,民航运输业的不断发展导致了空中交通流量的迅速增长,空中交通系统面临着越来越严峻的考验。统计显示70%的飞行事故发生在终端区,并且终端区原有的空域结构存在一定缺陷,如在某些时段,各个扇区管制工作负荷严重失衡的现象。因此,评估终端区空域各扇区的工作负荷是非常必要的。

各国学者对扇区工作负荷评估均进行了深入的研究,但更多的集中在定性方面的研究,主要是从空域情形、设备状态和管制员状态方面进行的[1,2]。关于定量方面的研究比较少,然而准确的分析出扇区工作负荷对终端区空域的扇区划分是至关重要的。韩松臣等人针对广州管制区,采用国际上较为成熟的DORATASK方法,进行扇区容量评估实验,增加了空域结构的安全性[3]。在此基础上,本文针对终端区空域结构复杂、运行繁忙等特点,考虑实际约束和可能的影响因素,研究了扇区工作负荷评估工作的具体实现过程,评估出上海终端区高峰小时各个扇区的工作负荷,并利用DORATASK方法验证了终端区空域扇区划分的合理性。

2　扇区负荷评估思想

在扇区负荷评估中,工作负荷在扇区内的分布状况是通过管制负荷点和负荷值来描述的。管制负荷点是指管制员发送管制指令时飞机在扇区中的位置点,而管制负荷点上的负荷值是通过在该位置点上的各种管制指令的执行时间之和衡量的。根据张明等提出的管制员工作负荷量化方法[4],通过统计雷达、语音记录仪记录的历史数据,计算得到各种管制指令执行的时间,如表1所示。

评估时首先确定终端区空域的实际流量和流量分布,根据管制员操作习惯和管制规则在航路上合适的区域范围设置负荷点;飞机按照规定的航路飞行,通过负荷点时,该负荷点上相应的管制指令时间值累加;通常复杂的终端区空域由多个扇区同时管制,通过统计分布在每一扇区的所有负荷点的负荷值,从而得到各个扇区的负荷。最后,根据DORATASK方法的结论[5],评估扇区内管制员工作负荷是否超过极限(总工作时间的80%)。

基金项目:国家空管委课题(GKG200802015)。

作者简介:王玉婷(1984-),女,江苏徐州人,硕士研究生,wyt_84112@foxmail.com。

各类管制指令执行的时间(单位:s)　　表1

管制指令	时间值	管制指令	时间值
上升或下降高度指令	5.5	位置、高度报告指令	5.1
进管制区报告指令	2.8	飞行冲突调配指令	10.8
扇区移交指令	8.2	塔台移交指令	15.6
等待指令	8.1	目视穿越指令	14.5
平飞指令	3.7	建立盲降指令	13.2

3　评估实现过程

基于上述扇区工作负荷评估思想,结合终端区空域的实际运行情况,下文对整个评估的实现过程进行研究,主要包括产生随机飞机流、飞机的飞行过程和管制员的操作等。

3.1　产生随机飞机流

随机飞机流的属性包括:出现时刻、进离场(进场或离场)、机型和走廊口等。这些属性都是通过产生随机数的方法设置的。

在设置随机飞机流的出现时刻属性时,首先随机产生第一架飞机的出现时刻,然后根据飞机流起飞和到达时间间隔,利用递推关系产生后续的飞机出现时刻。而飞机流起飞和到达时间间隔(即机头时距)服从一定的概率分布类型。根据实际航班时刻表,本文绘制出飞机流起飞和到达时间间隔累计概率分布曲线,考虑到实际飞机流尾流影响和安全距离的要求,引入移位负指数分布拟合概率分布曲线:

$$\begin{cases} F(x \geqslant t) = e^{-\lambda(t-\tau)}, t \geqslant \tau \\ F(x < t) = 1 - e^{-\lambda(t-\tau)}, t \geqslant \tau \end{cases} \tag{1}$$

其中,$\lambda = \frac{1}{\bar{t} - \tau}$,$\bar{t}$ 为平均机头时距,τ 为最小机头时距。

在确定具体的分布参数后,利用“反变换法”得到服从移位负指数分布的随机变量:

$$x = F^{-1}(U) = -(1/\lambda)\ln(1-U) + \tau \tag{2}$$

根据式(2),产生[0,1]区间内均匀分布的随机变量 U,计算出飞机流起飞和到达时间间隔。

本文针对实际航班时刻表中的数据进行了统计分析,发现飞机机型、进离场、走廊口等其他属性可以利用服从均匀分布的随机数来产生。例如,确定机型属性时将飞机分为重型、中型、轻型三种类型,在航班时刻表中分别对应的比例为:30%、40%、30%。因此对于1个特定航班,可以产生1个在[0,1]内均匀分布的随机变量 Var,根据该变量值大小设置飞机机型属性,如图1所示。

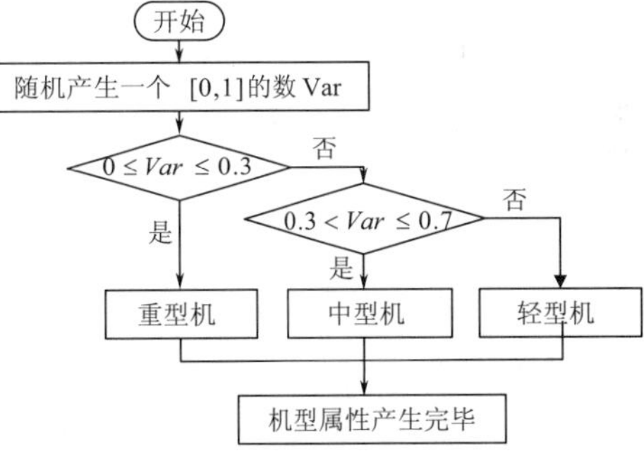

图1　产生机型属性的流程图

3.2　飞机的飞行过程

在终端区空域运行过程中,飞机是按照规定的进离场航路和安全间隔飞行的,并随着时间不断更新飞机的位置和飞行状态。

飞机的位置坐标的更新符合特定的运动方程,如下列公式所示:

$$\begin{cases} x_{i+1} = x_t + \frac{v_s t}{3600} \cdot \cos\left(\frac{360+90-\theta}{180\pi}\right) \\ y_{i+1} = y_t + \frac{v_s t}{3600} \cdot \sin\left(\frac{360+90-\theta}{180\pi}\right) \\ h_{i+1} = h_t + v_c t \end{cases} \tag{3}$$

其中,(x_t, y_t, h_t) 是飞机当前时刻坐标,$(x_{i+1}, y_{i+1}, h_{i+1})$ 为下一时刻的飞机坐标,θ 为飞机的当前航向,v_s 为飞机的水平速度,v_c 为飞机的垂直速度。

而飞机的飞行状态主要有平飞、等待、爬升、下降和转弯等五种。当飞机到达相应的状态变换位置时,按照速度变化性能(加速度或减速度),高度变化性能(爬升率或下降率)和转弯率等实施相应的状态变化。

3.3 管制员的操作

在终端区空域运行过程中,为了分析和判断空中交通情况,设置一个“虚拟管制员”。“虚拟管制员”依据飞机的坐标判断飞机位置和相互关系,评估未来的飞行是否会有冲突发生,并模拟管制员的真实思维方式“选择”正确的处置方案,下达管制指令调整飞行轨迹,使得飞机按照规定的航路飞行,并保证飞机之间、飞机和地面障碍物之间保持足够的安全间隔。同时,“虚拟管制员”根据飞机的位置判断飞机是否到达定位点、转弯位置或调高调速负荷点,若已到达则对飞机发布位置报告、转弯、调高调速等管制指令,并把指令发布时飞机的位置坐标(负荷点)和指令类型存入数据库,便于后续对扇区负荷进行计算和评估。

3.4 评估分析

在对终端区空域扇区工作负荷进行统计时,本文提取存储在数据库中负荷点位置和管制工作指令类型,根据负荷点位置坐标判断指令所属的扇区,并利用数据处理软件统计出各扇区内各种管制指令发布的次数。若被评估的终端区空域被划分为 n 个扇区,各扇区的负荷点集合分别为 $P_i(i=1,2,\cdots,n)$,管制工作指令集合为 K。可以根据公式(4)计算得到各个扇区的负荷。

$$S_i = \sum_{p_j \in P_i} \sum_{k \in K} t_k x_{jk} \tag{4}$$

其中,x_{jk} 表示在负荷点 p_j 发布 k 类管制指令的次数;t_k 表示 k 类管制指令的执行时间。

4 仿真实例分析

根据上文所述的扇区负荷评估思想和过程,本文利用 Visual C + + 6.0 设计仿真评估软件,对目前上海终端区空域高峰小时运行情况下的各个扇区工作负荷进行评估,并与上海进近管制室提供的雷达语音数据统计的各个扇区工作负荷相比较,误差范围不超过 1%,如表 2 所示。可以看出,目前上海终端区空域的各个扇区的负荷分布均匀,且均小于 2880s,即满足 DORATASK 方法中对管制员工作负荷的限制,所以上海终端区空域扇区划分能够满足现状的需求。本文提出的扇区评估方法能够真实的分析出上海终端区的扇区工作负荷,可以作为扇区工作负荷评估的一个有效途径。

各个扇区工作负荷(单位:s) 表 2

	一扇负荷	二扇负荷	三扇负荷	四扇负荷	五扇负荷	六扇负荷
实际统计数据	2089	2112	2041	1996	2095	2101
仿真分析数据	2071	2117	2060	1993	2083	2097

在此基础上,根据 1999 年到 2008 年的历史航空业务数据,综合考虑经济、军事活动、人口等影响因素,预测出上海终端区 2012 年的高峰小时流量。对上海终端区 2012 年高峰小时流量仿真 30 组数据,得到各个扇区的工作负荷(单位:s)分别为:2864、2937、2861、2755、2872、2762,可以看出二号扇区的工作负荷已超过 2880s,二号扇区管制员已经进入超负荷工作状态,需要对扇区结构进行调整。

5 结语

本文根据终端区空域的实际运行情况,研究了扇区工作负荷评估工作的具体实现过程,并结合 DORATASK 方法评估扇区内管制员工作负荷的合理性;本文所做的工作为扇区工作负荷评估提供了一个有效的途径,并对扇区优化工作有一定的指导意义。

参考文献

[1] Tofukuji. An airspace design and evaluation of en-route sector by air traffic control simulation experiments [J]. Electronics and Communications in Japan, 1996, 79(8): Part 1 (Communications)

[2] Delahaye D, Schoenauer M, Alliot JM. Airspace sectoring by evolutionary computation[A]. Proceeding of 10th IEEE Conference on Artificial Intelligence for Applications[C]. New York, IEEE, 1998

[3] Han Song-chen, Zhang Ming, Huang Wei-fang. Method and computer technique for control sector optimum partition[J]. Journal of Traffic and Transportation Engineering, 2003, 3(1): 101-104

[4] 张明，韩松臣. 依据管制员工作负荷的扇区优化方[J]. 交通运输工程学报, 2005, 5(4): 86-89

[5] Richmond G C. An interim description of the DORATASK methodology the assessment of sector capacity [M]. London: Civil Aviation Authority, 1998

Research on the evaluation of terminal area sector workload

Wang Yuting, Han Songchen, Tang Xinmin, Jiang Jingyi

(Civil Aviation College, Nanjing University of Aeronautics and Astronautics, Nanjing, 210016)

Abstract: In order to ensure flight security and arrange the number of controller reasonably, it is necessary to evaluate workload of terminal area sector accurately. This paper presents concrete ideas for workload evaluation, by considering the actual operation situation of terminal area sufficiently. The process is divided into the generation of stochastic aircraft flowing, flight process and operation of controllers, etc. According to the statistical results of sector workload, the rationality of airspace sector partition is verified by using DORATASK method. Finally, the sector workload of the peak hour in Shanghai terminal area is simulated and evaluated. The evaluation result conforms to reality, which validates the rationality of current airspace structure in Shanghai. The sector workload of the peak hour in 2012 is forecasted, which is convenient to the sector optimum partition.

Key words: Terminal area; Sector workload; Stochastic aircraft flowing; Evaluation

基于人工势场算法的改航路径规划

徐肖豪　李成功　赵嶷飞

(中国民航大学空中交通管理研究基地,天津,300300)

摘　要:为解决空中交通流量管理中恶劣天气或流量受限下的航班改航问题,将人工势场算法应用于航班改航路径的规划,并考虑空中交通管制程序和飞行性能等约束条件,采用线性拟合的方法对生成初始改航路径进行分段拟合,消除振荡点和误差较大的离散点;对拟合后的航段通过截弯取直的方法,去除多余的转弯点,生成最终的改航路径。运用本文提出的方法对我国西南雷暴多发地区的改航路径进行了仿真,仿真结果表明本文提出的改航路径规划方法可安全有效地避开飞行受限区域,算法简单可行。

关键词:空中交通流量管理;路径规划;改航;人工势场算法;分段线性拟合

1　引言

为了有效地利用空域资源,减少当恶劣天气导致机场、空域容量急剧降低时,航班的地面等待时间,促进航空运输网络的流畅,通过动态变更航班的飞行航线,实时规避不利于飞行的航路或空域的改航路径规划问题,已成为当前空中交通流量管理的研究热点。

对于航班改航路径的研究开始于20世纪90年代初,具有代表性的算法主要有以下几种:基于几何算法的改航路径规划方法[1];基于凸多边形的改航路径规划方法[2];基于网格图的改航路径规划方法[3];基于已有网络流的航路点 A^* 搜索算法[4,5];基于自由飞行的改航路径规划方法[6]。但以上方法不足之处在于:未充分考虑航线结构、飞行器性能,以及飞行员工作负荷等相关限制因素;目标函数多为只考虑飞行路径最短的单目标;针对巡航阶段改航问题的研究较少而是以终端区为主;此外计算量较大,无法满足实时性要求等。

本文在借鉴在机器人路径规划中普遍采用的人工势场算法,考虑了航线结构和空中交通管制程序以及航空器飞行性能对改航路径的约束,提出了基于人工势场算法的动态改航路径规划方法,通过构建目标引力场、受限区斥力场,实现改航路径的快速实时动态规划,最后通过仿真算例验证其可行性。

2　航空器的人工势场模型

2.1　人工势场法简介

人工势场算法由Khatib[7]于1986年提出,这种方法基本思想是把移动物体在环境中的运动视为一种在抽象人造受力场中的运动,即在环境中建立目标位置引力场和受限区周围斥力场共同作用的人工势场,搜索势函数的下降方向来寻找无碰路径。引力和斥力的合力作为移动物体加速力来控制移动物体的运动方向和计算移动物体的位置。

人工势场算法结构简单,使用方便,便于底层的实时控制,在进行运动规划时不仅考虑移动物体的避障和轨迹规划,而且也考虑移动物体的动态运动性能,使运动更加自然和具有柔顺性,规划出来的路径一般比较平滑并且安全。

基金项目:国家863高技术计划资助项目(2006AA12A105)。

作者简介:徐肖豪(1949-),男,浙江金华人,教授,博士,研究方向为空中交通规划、管理与仿真;李成功(1984-),男,山东泰安人,硕士研究生,研究方向为空中交通流量管理,通信地址:天津市东丽区中国民航大学北院空管基地33号信箱(研究生),E-mail:shuicheng168@163.com。

2.2 传统人工势场模型

根据文献[8]、[9]建立航空器的传统人工势场模型,航空器的运动空间为二维的,即只能进行侧向绕飞。航空器在运动空间中任意位置 $X=[x,y]^T$ 处的目标引力势函数定义为

$$U_{att}(X)=-\frac{1}{2}k\|X-X_A\|^2 \tag{1}$$

则吸引力为目标引力势函数的负梯度

$$F_{att}(X)=-\text{grad}[U_A(X)]=k(X_A-X) \tag{2}$$

式中:k 为引力位置增益系数,X 为航空器当前位置,X_A 为目标位置矢量,$\|X-X_A\|$ 为航空器与目标点间的欧氏距离。

受限区斥力势函数定义为

$$U_{rep}(X)=\begin{cases}\frac{1}{2}\eta\left(\frac{1}{\rho(X,X_R)}-\frac{1}{\rho_0}\right)^2 & \rho\leqslant\rho_0\\ 0 & \rho\geqslant\rho_0\end{cases} \tag{3}$$

相应的斥力为

$$F_{rep}(X)=-\text{grad}[U_{rep}]=\begin{cases}\eta\left(\frac{1}{\rho(X,X_R)}-\frac{1}{\rho_0}\right)\frac{1}{\rho(X,X_R)^2}\frac{\partial\rho}{\partial X} & \rho\leqslant\rho_0\\ 0 & \rho\geqslant\rho_0\end{cases} \tag{4}$$

式中:$\frac{\partial\rho}{\partial X}=\left[\frac{\partial\rho}{\partial x}\ \frac{\partial\rho}{\partial y}\right]^T$,$\eta$ 为斥力位置增益系数,ρ_0 为受限区影响的最大距离范围,X_R 为受限区的位置矢量,$\rho(X,X_R)$ 为航空器在空域中位置与受限区的最短欧氏距离。

则航空器在空域中的所受合力为:

$$F_{total}(X)=F_{att}(X)+F_{rep}(X) \tag{5}$$

航空器从航线起始点开始在合力作用下,沿合力方向以固定步长自动避开受限区一步步趋向目标点,其引力和斥力的示意图如图1所示。

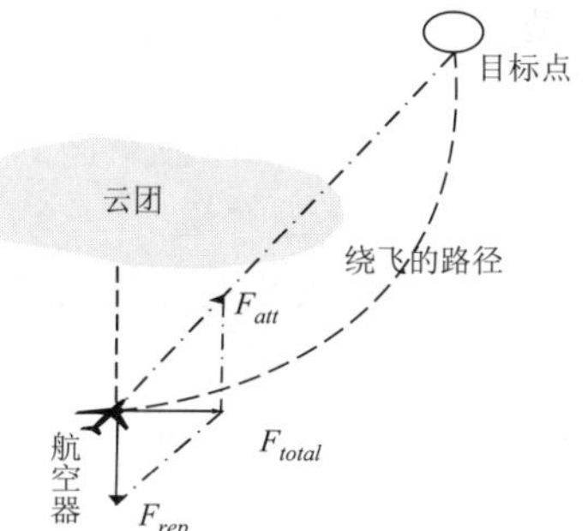

图1 引力和斥力的示意图

2.3 改进人工势场模型

在采用传统人工势场法进行航空器改航路径规划时,在狭窄区域,容易发生震荡现象,导致航空器左右来回运动,不能继续前进,造成了规划的不稳定;而且在航空器向目标逼近时,目标对航空器的引力减少,目标点附近的斥力场函数不变的话,规划不宜到达目标的。

为解决传统的人工势场法存在固有的缺陷,本文采用复合指数函数构造斥力势场函数,使得航空器在障碍物附近生成的改航路径较为平缓;并把航空器与目标之间的相对欧氏距离 $\|X-X_A\|$ 也考虑进去,从而使得飞机向目标逼近时,$\|X-X_A\|$ 减小,使得斥力场也减少,那么目标点将是整个势场的全局最小值点。改进的斥力场函数为:

$$U_{repi}(X)=\begin{cases}\frac{1}{2}\eta(e^{\rho(X,X_R)-\rho_0}-1)^2\|X-X_A\|^2 & \rho(X,X_R)\leqslant\rho_0\\ 0 & \rho(X,X_R)\geqslant\rho_0\end{cases} \tag{6}$$

障碍物对航空器的斥力函数为:

$$F_{repi}(X)=-\text{grad}[U_{repi}]=\begin{cases}F_{RO1}+F_{RO2} & \rho(X,X_R)\leqslant\rho_0\\ 0 & \rho(X,X_R)\geqslant\rho_0\end{cases} \tag{7}$$

其中:$F_{RO1i}=\eta(1-e^{\rho(X,X_R)-\rho_0})e^{\rho(X,X_R)-\rho_0}\|X-X_A\|^2\frac{\partial\rho}{\partial X}$

$F_{RO2i}=\eta(e^{\rho(X,X_R)-\rho_0}-1)^2\|X-X_A\|$

式中:$\eta,\rho(X,X_0),\rho(X,X_R),\rho_0,\|X-X_A\|,\frac{\partial\rho}{\partial X}$同传统人工势场模型。

3 改航路径点的修正

3.1 改航路径评估因素

对于具体航班,改航路径规划生成的航线既要满足航空器本身的物理机动性能,又要满足特定的飞行导航性能要求,这要求生成的航线满足一系列约束条件[3,11]。因此,需要对生成的改航路径进行安全评估,本文主要从以下几个方面考虑,对生成的航线进行评估:

(1)与雷暴云的最小距离 $L_{\min}$:绕雷暴云飞行时,应根据雷暴强度在雷暴回波边缘 25km 以外通过[12];如果在两块雷暴云之间穿过时,应从空隙中最大处(两雷暴云直接空隙应不小于 50 ~ 70km)穿过。

(2)航线总的距离 L:即生成的临时航线总的长度必须小于或等于一个预先设置的最大距离。它保证航空器在某一固定时间内必须到达目标,但受航空器的燃料供应量限制。

(3)最小航线段长度 l_{SD}:它限制航空器在开始改变飞行姿态之前必须直飞的最短距离,其长度应满足在该距离内航空器可顺利完成 2 次转弯($\theta_{HC} \leqslant 90°$)。通常最小航段距离达到 $l_{SD} \geqslant 7.4$km 即可满足最短航线距离约束。

(4)改航点数量 N:为减少导航误差,过度增加飞行员和空管员在实施改航过程中的工作负荷,航空器在远距离飞行时一般不希望迂回行进和频繁的转弯,改航点数量不应多于 1 个/100km。可以通过截弯取直的方法,通过除去初始航迹中一些转弯点,来使生成的航迹较为平滑。

(5)最大转弯角度 θ:它限制生成的航迹只能在小于或等于预先确定的最大角度范围内转弯。该约束条件取决于具体航空器的性能,通常最大角度限制在 ±90°范围内。

3.2 修正方法

本文拟采用分段线性拟合的方式,通过对转弯角度较大的改航路径点的判断,来确定分段点,然后对各段进行最小二乘法的线性拟合,并求出相邻拟合线段所在直线的交点,最后依次连接起点拟合线段所在直线的角度以及终点,并分析拟合后的折线段航路是否符合航线约束条件,满足则生成优化后的改航路径;对于不满足的情况,重新确定分段点,进行拟合,对拟合后的改航路径,通过增加或减少转弯点的方式,对拟合后的改航路径进行修正,直到满足航线约束条件要求。具体的算法流程如图 2 所示。

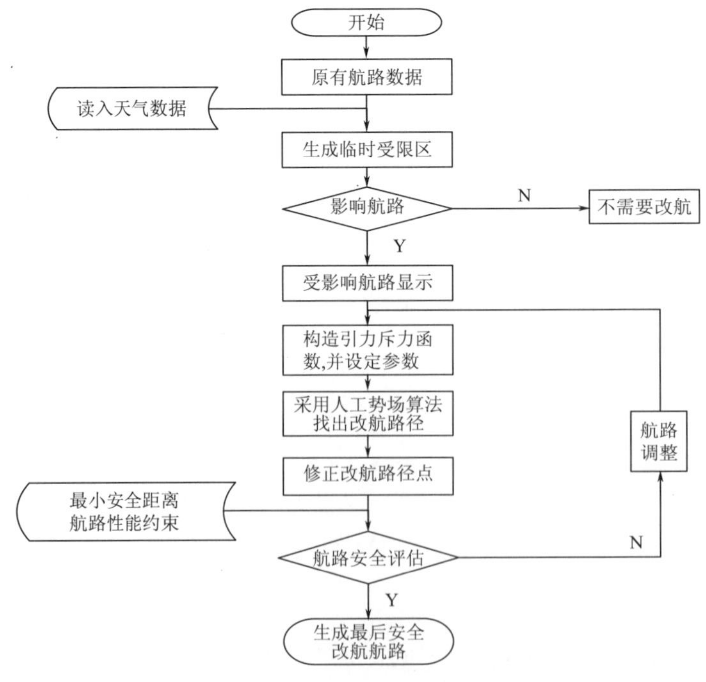

图 2 基于人工势场算法的改航路径规划流程图

4 算例分析

我国西南部为雷暴的多发地区，以昆明—桂林航线为例，当该航线受雷暴天气影响而无法正常使用时，运用本文所提方法实施改航，并验证该方法的有效性，并与现行的沿扩展飞行受限区边界绕飞的改航方法[12]作了对比分析。具体步骤如下：

4.1 航线受限态势

昆明—桂林航线所经航路点为：昆明(KMG)—过马河(SL)—P72—贵阳(KWE)；通过 Mercator 投影建立经纬度与 X－Y 轴的投影关系，则 KMG、SL、P72 和 KWE 在该平面直角坐标系中坐标分别为(6.42764，－12.48220)、(6.83736，－11.86788)、(7.16366，－10.39652)和(7.68524，－8.22684)，如图3实线所示。根据天气预报生成航线受限态势图，图3中阴影部分为雷暴云团 A、B、C，其具体坐标位置图所示；假设三个雷暴云团沿箭头所示，向东北方向匀速漂移，漂移速度为 40km/h，云团的形状、面积和强度保持不变。

4.2 采用改进的人工势场算法进行改航路径规划

参数设定：假设航空器的巡航速度为 800km/h，$k=7$，$\eta=1$，$\rho_0=25$km，航空器移动步长为 $l=2$km，最大行进步数为 $J=400$ 步，当航空器与目标点距离小于 l，或运行步数大于 J 时，退出规划。采用人工势场模型中的引力公式(2)和斥力公式(7)进行路径规划，生成的初始改航路径如图3所示，点线‘.’表示航空器在合力作用下所走的路径，‘＊’表示航空器与障碍物的距离小于安全距离 ρ_0 的路径点。

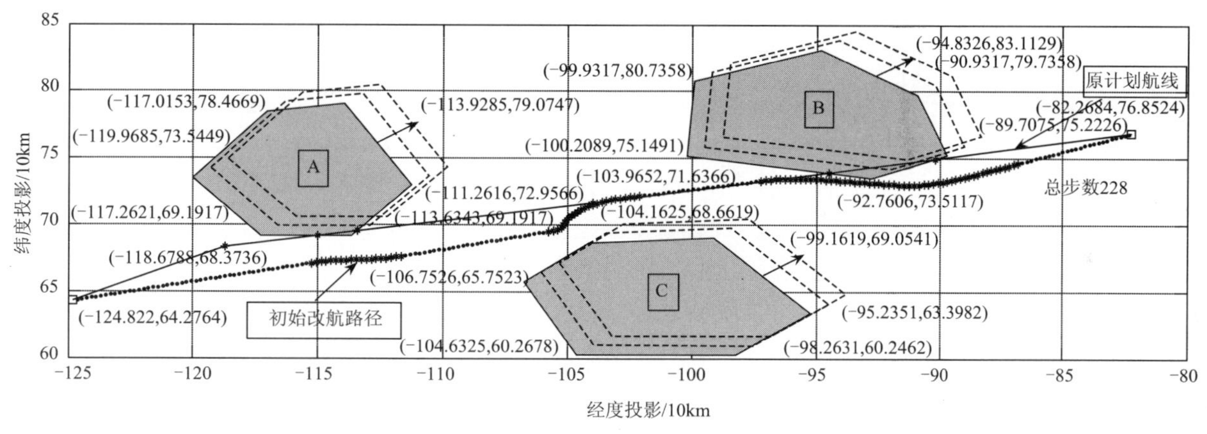

图3 人工势场法生成的初始改航路径

4.3 改航路径点修正

分析图3中生成的初始改航路径，确定线性拟合的分段点，从而将初始的改航路径分成七段进行线性拟合，并计算出拟合后七段航线的交点，将交点顺次连接，生成拟合的改航路径，如图4a)中实线所示；让航空器在拟合的改航路径中以步长 l 飞行，共运行232步，在第六航段中不满足最小距离约束的点，并用‘＊’表示出来；对该拟合改航路径的评估在图4的后两幅图中给出，图4b)中折线表示拟合后各航段的航线角度，并标注了各航路点的转弯角度；图4c)显示了航空器在拟合后各航段飞行时与障碍物的最小距离。

通过调整或整合部分航段，以减少总航线长度，并使所有航段都满足与障碍物的最小距离限制。具体调整如下：将图4a)中的航段1、2，截弯取直，合并为如图5a)中的第1航段，同理将4a)中的航段3、4合并为如图5a)中第2航段，将航段5、6合并为第3航段，将调整后的第3、4航路交点向下平移，使第3航段与障碍物距离大于或等于 ρ_0，如图5a)所示；最后生成只有四段的改航路径。经验证进一步调整后的改航路径，满足约束条件，航空器运行步数变为233步，其相应的参数评估如图5b)、图5c)中所示。

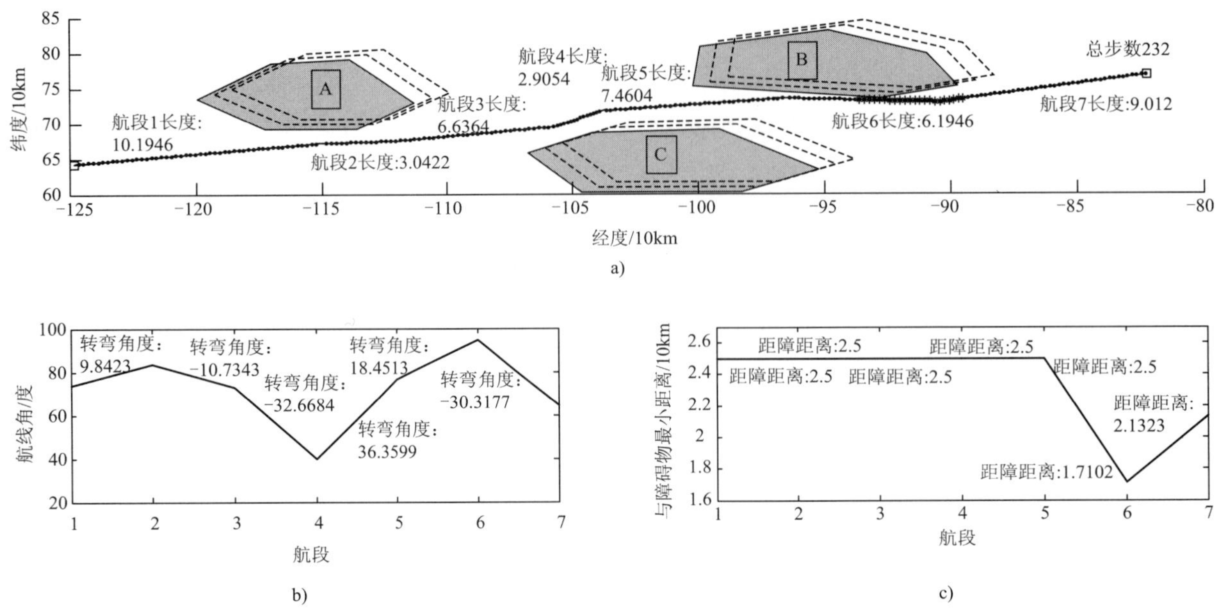

图4　改航路径分段拟合及参数评估

a)分段拟合初始改航路径;b)拟合后改航路径的航线角度变化;c)拟合后航段与障碍物的最小距离

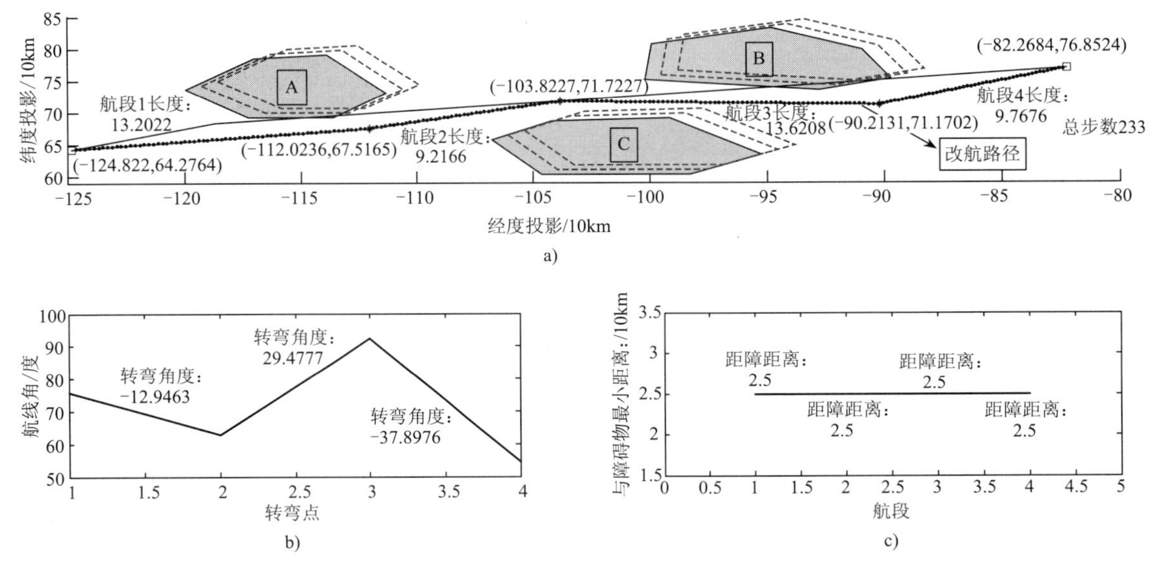

图5　最终生成的改航路径及参数评估

a)最终生成的改航路径;b)最终生成的改航路径航线角度变化;c)最终生成的航段与障碍物的最小距离

4.4　与现行的改航方法对比

现行的沿扩展飞行受限区边界绕飞的改航方法,需要先计算出未来45min内雷暴云的影响区域,如图6的深色区域和短直线表示的区域所示,以这些区域作为受限区,再以这些受限区为基础向外扩展25km生成扩展的受限区,如图6中浅色区域所示,最后沿扩展的受限区边界进行绕飞来生成改航路径,如图6所示。

原计划航线总长度为444.059km,采用人工势场算法改航的航段总长度为458.072km,采用沿扩展受限区边界绕飞的改航航段总长度为540.453km。分析可知,采用人工势场算法生成的改航路径要比原计划航线长了14.013km,增加了3.16%,转弯点都为3个,没有增加,在合理的范围内;但比采用沿扩展受限区边界绕飞的改航路径要短82.381km,且可以通过实时动态测量与雷雨区域的距离实现动态绕飞,规划的航线更加灵活、有效。

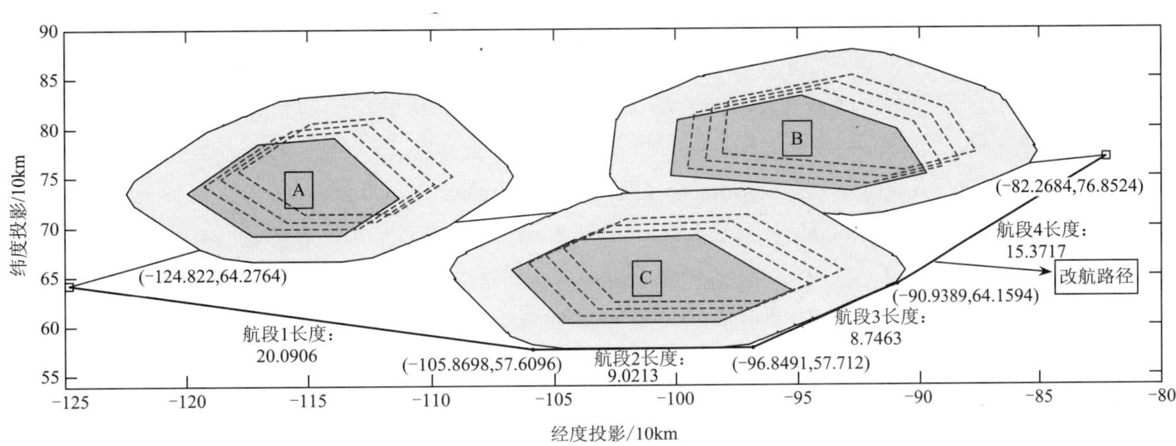

图6　沿扩展飞行受限区边界绕飞的改航路径

5　结论

本文将人工势场模型应用于航班改航路径的规划，结合航空器运动特点对传统势场模型进行了改进；从实际可操作性出发，针对转弯角度、航段距离和改航点数量等约束条件，提出改航路径的分段线性 + 拟合与调整的修正方法。通过算例仿真，表明采用本算法通过实时分析航空器与动态云团以及目标点的相对位置，计算航空器所受合力，从而自动生成改航路径，方法简便，计算实时迅速；且生成的改航路径比采用沿扩展受限区边界绕飞的改航路径要短。

但是由于人工势场算法为局部最优规划方法，生成的路径不一定为全局最优值，且当引力与斥力大小相等方向相反时，存在局部极小值点。采用何种方法有效地消除局部极小值点，并使规划的路径为全局最优解，是将来研究的主要内容。

参考文献

[1] 李雄，徐肖豪. 基于几何算法的空中交通改航路径规划[J]. 系统工程，2008，26(8)：37-40

[2] 李雄，徐肖豪. 基于凸多边形的飞行改航区划设及路径规划研究[C]. Chinese Control and Decision Conference，2008：3093-3088

[3] Dixon M，Weiner G. Automated aircraft routing through weather-impacted airspace[C]. Fifth International Conference on Aviation Weather Systems，Vienna，VA，1993：295-298

[4] 宋柯. 空中交通流量管理改航策略初步研究[D]. 南京：南京航空航天大学，2002

[5] 田勇，宋柯，顾英豪. 空中交通流量管理中的改航策略研究[J]. 数学的实践与认识，2008，38(10)：70-76

[6] Krozel J，Penny S，Prete J，et al. Comparison of algorithms for synthesizing weather avoidance routes in transition airspace[C]. AIAA Guidance，Navigation，and Control Conference，Providence，RI，2004，1-16

[7] Khatib O. Real time obstacle avoidance for manipulators and mobile robots [J]. The International of Robotics Research，1986，5(1)：90～98

[8] 刘义，张宇. 基于改进人工势场法的移动机器人局部路径规划的研究[J]. 现代机械，2006(6)：48-50

[9] 况菲，王耀南，张辉. 动态环境下基于改进人工势场的机器人实时路径规划仿真研究[J]. 计算机应用，2005，25(10)：2415-2417

[10] 唐强，张翔伦，左玲. 无人机航迹规划算法的初步研究[J]. 航空计算技术，2003，30(1)：125-128

[11] 李士波，孙秀霞. 多约束条件下的飞行器航迹规划算法[J]. 电光与控制，2007，14(2)：34-37

[12] 李春生. 雷暴——航空飞行的天敌[J]. 空中交通管理，2006，(1)：28-29

Air traffic reroute planning based on artificial potential field algorithm

Xu Xiaohao, Li Chenggong, Zhao Yifei

(Air Traffic Management Research Base, Civil Aviation University of China, Tianjin, 300300)

Abstract: In order to solve the reroute problem of air traffic flow management in severe weather or flow constrained areas, the artificial potential field algorithm is applied to the reroute problem of air traf-fic flow management. The ATC program and flight performance are considered. The linear fitting methodis used to sub-fitting the initial reroute path, so the vibration and discrete points would be eliminated. The curve cut-off method is used to eliminate the extra turning points. The final flight path is generated. The reroute problem caused by thunderstorms in South west of China is simulated. The results show that the constrained areas can be avoided safely and effectively by using the proposed method, and the algo-rithm is feasible.

Key words: Air traffic management; Path planning; Artificial potential field algorithm; Reroute; Linear sub-fitting

城市交通
CHENGSHIJIAOTONG

城市建设项目交通影响分析理论关键技术群体系研究

潘有成[1]　王　莹[2]

（1. 宁波市规划设计研究院，宁波，315041；2. 西南交通大学，成都，610031）

摘　要：交通影响分析理论关键技术的研究对于完善其理论体系有着重要的学术与实践价值。本文通过多年项目经验的总结，首次提出了交通影响分析理论关键技术群体系的概念，其中包括传统的交通需求预测技术、交通影响程度评估技术以及新兴使用的项目出入口通行能力反推技术、交通改善前后模型论证技术等。论文对上述关键技术进行了详细阐述，完善理论本身的同时以期提高建设项目交通影响分析编制报告的客观性、科学性。

关键词：交通影响分析；关键技术群体系；交通需求；交通影响程度；出入口通行能力反推

交通影响分析是衡量城市用地开发与交通协调发展的重要手段和建设项目决策的重要依据[1]，因此对其关键技术的研究不仅对城市发展有着极其重要的作用，而且对其理论本身的完善也起到了促进作用。本文在多年实践经验的基础上，首次提出了交通影响分析理论技术群体系的概念，包括交通需求预测技术、交通影响程度评估技术以及项目出入口通行能力反推技术、交通改善前后模型论证技术等，并将这些技术广泛应用于交通影响分析的实际项目中。论文在深入研究单项技术的同时，力求通过各项技术之间的横向联系进行技术群体系的整合研究，以期完善交通影响分析理论体系。

1　交通影响分析理论关键技术群体系

交通影响分析理论技术群体系涵盖了交通影响分析领域的最核心技术，其中包括提供定量依据的交通需求预测技术，判断项目周边路网能否承受的交通影响程度评估技术，检验项目出入口能否满足进出交通要求的项目出入口通行能力反推技术以及评判对项目提出的交通改善措施是否合理有效的交通措施前后模型论证技术等（图1）。

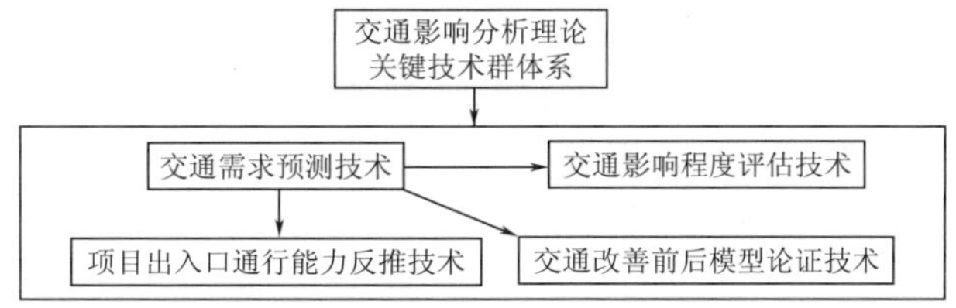

图1　交通影响分析理论关键技术群体系图

（1）交通需求预测技术：交通需求预测通常是在现状交通调查的基础上建立交通模型，并对未来交通需求作出科学定量预测，以为后续技术应用提供定量依据。

（2）交通影响程度评估技术：通过项目交通占背景交通的比例、项目交通占设施通行能力的比例等系列指标对项目开发的交通影响作出定量评估，以判断项目性质是否合理、项目规模是否合适等，从而为项目是否转变土地性质、是否削减规模乃至是否开发等提供决策依据。

（3）项目出入口通行能力反推技术：通过排队理论计算项目出入口最大通行能力，以检验项目出入

作者简介：潘有成（1980-），男，浙江义乌人，硕士，宁波市规划设计研究院工程师、交通规划师，主要研究方向：城市交通规划与管理，E-mail：pan. you@ 163. com。通信地址：宁波市江东区大步街9号，邮编：315041；王莹（1984-），女，黑龙江省鸡西市人，西南交通大学硕士生，主要研究方向：交通运输规划与管理，通信地址：西南交通大学九里校区中心楼交通运输学院，邮编：610031。

口是否满足进出项目交通的要求。

(4)交通改善前后模型论证技术:通过将各层次的交通改善措施加载到交通模型中进行重新测试,并将测试结果与加载前进行对比,以评判交通改善措施对区域交通环境的改进是否有效。

2 交通影响分析理论关键技术

2.1 交通需求预测技术

交通影响分析中机动车产生吸引预测一般采用出行生成率模型。交通分布预测采用双约束重力模型,该模型通常是通过利用 OD 反推得到现状 OD 矩阵进行模型参数的标定。交通分配阶段则采用随机用户平衡分配模型进行。

(1)机动车产生吸引预测

机动车产生吸引预测采用相似项目的出行率调查成果,利用出行生成率模型进行机动车交通量的产生吸引预测。预测模型如下所示:

$$G = A \cdot P \tag{1}$$

式中:G——产生量/吸引量(pcu/h);

A——建筑面积(100m^2);

P——单位面积生成率($\text{pcu}/100\text{m}^2$)。

项目外围虚拟小区机动车产生吸引预测在城市综合交通规划模型数据的基础上采用趋势外推的方法进行。

(2)机动车交通分布预测

交通分布采用双约束重力模型进行,模型表述如下:

$$T_{ij} = \frac{K_i \times K_j \times P_i \times A_j}{f(t_{ij})} \tag{2}$$

其中,$K_i = \dfrac{1}{[\sum K_j A_j / f(t_{ij})]}$, $K_j = \dfrac{1}{[\sum K_i P_j / f(t_{ij})]}$

式中,T_{ij}为交通小区 i 到 j 的交通量;P_i 为交通小区 i 的交通产生总量;A_j 为交通小区 j 的交通吸引总量;K_i、K_j 为模型平衡系数;$f(t_{ij})$为阻抗函数。

阻抗函数通常采用 GAMMA 函数,即$f(t_{ij}) = ae^{-cd_{ij}}d_{ij}^{-b}$,其中 $a>0$,$c>0$ 。

利用现状路段交通量与考虑非负约束基础上的初始 OD 矩阵,结合交通规划软件的 OD 反推功能,得到研究范围内分区系统的现状 OD。利用反推得到的现状 OD 分布矩阵,进行双约束重力模型的参数标定。其中阻抗函数采用 GAMMA 函数,得到阻抗函数的参数 a、b、c 的值。利用上述标定的双约束重力模型,运行交通模型的重力模型模块,得到未来年机动车 OD。

(3)机动车交通分配预测

交通分配模型众多,从模型原理本身以及模型描述对用户径路选择行为的适应性来看,随机用户平衡分配模型更能符合用户出行路径的选择决策行为以及更为不失其一般性。因此建议建设项目交通影响分析的交通分配可采用随机用户平衡分配模型,路阻函数采用美国公路局的 BPR 函数,其中参数 $\alpha = 0.15$,$\beta = 4.0$。

2.2 交通影响程度评估技术

交通影响程度评估技术在整个交通影响分析技术群体系中发挥着承上启下的作用。它以交通需求预测技术成果为定量分析依据,同时对交通组织及交通改善应对措施等下游环节起着指导作用。

对于道路系统的交通影响评估,其特点是评估方法多且相对复杂。国内城市在开展建设项目交通影响分析时,对道路系统评估时主要使用的临界条件有下列三个[2]:

(1)项目占背景交通量比例,主干路不超过 30%,次干路不超过 40%,支路不超过 70%。

(2)项目分配交通量占该路段或交叉口的通行能力不超过 5%。

(3)路段或交叉口服务水平在建设项目开发前后不下降。

根据前面学者的研究成果,对于不同区位的同类开发项目,应采用上述不同的临界条件。如新开发区域建设项目的道路系统交通影响评估,采用临界条件(2)使评估结果更为客观可信。

2.3 项目出入口通行能力反推技术

项目生成交通量通过其出入口与周边路网进行有效衔接,出入口通行能力是否能满足项目交通量的需求关系到该节点以及周边局部路网的交通运行效率,因此有必要对项目出入口通行能力进行研究,为验证项目出入口开口位置以及机动车交通组织方案的合理性提供定量依据。

假设与出入口衔接道路交通流服从泊松分布,则出入口通行能力公式可用下式[3]表示:

$$Q_{\max} = Q_{主路} e^{-qt_0} / (1 - e^{-qt}) \tag{3}$$

式中:$Q_{\max}$——出入口最大通行能力,pcu/h;

$Q_{主路}$——主路与出入口连接方向高峰小时交通量,pcu/h;

$q = Q_{主路}/3600$,pcu/s;

t_0——临界间隔,s;

t——次要道路上车辆跟驶行驶的车头时距,s。

利用上述计算公式可得到出入口最大通行能力,并与交通需求预测得到的出入口交通量进行比较,以论证项目出入口最大通行能力能否满足项目进出交通的要求。

2.4 交通改善前后模型论证技术

将项目交通改善措施以及交通组织方案,嵌入交通需求预测阶段研制的交通模型,运行模型的分配程序得到相应的分配结果。模型的惩罚函数应该包含了支路与干路交叉时支路实施右进右出的交通组织策略、项目出入口实施右进右出的交通管制等。

通过加载交通改善措施前后路段、交叉口交通量以及交通负荷的比较,以测试及论证交通改善措施对建设项目交通环境的改善效果。

3 结论

本文首次提出了交通影响分析理论技术群体系的概念,有一定的原创性。同时该技术群体系已在宁波市相关项目交通影响分析的实践中进行了广泛的应用,其评估成果得到了相关部门的认可,这说明笔者提出的这套技术群体系是可行有效的,有着广泛的适应性与应用前景。由于传统四阶段交通模型在小范围路网的交通建模中的适应性尚存争议,显然有赖于此的后续技术对开发项目作出的判断存在一定的偏差,因此对交通影响分析中小范围路网的交通建模将是众多学者今后努力的一个方向。

参考文献

[1] 北京市交通委员会. 北京市建设项目交通影响评价准则和要求. 2001

[2] 潘有成,莫海波. 新开发区域建设项目交通影响评价及其应用研究[J]. 重庆交通学院学报. 2007, 26(2):140-144

[3] 李作敏. 交通工程学(第二版)[M]. 北京:人民交通出版社,2003

Study on key technology group system of traffic impact analysis in urban construction project

Pan Youcheng[1], ***Wang Ying***[2]

(1. Ningbo Institute of Planning and Design, Ningbo, 315041; 2. Southwest Jiaotong University, Chengdu, 610031)

Abstract: The key technology research of traffic impact analysis is very important for learning and practice to consummate its theory system. The author brings forward to the concept of technology group system in traffic impact analysis for the first time through projects experience summarize, it concludes traffic demand technology, traffic impact degree evaluation technology, project passageway capacity deduction technology and traffic improvement model demonstration technology. The key technology is expounded in detail in this paper in order to consummate traffic impact analysis theory, meanwhile the objectivity and scientificity of traffic impact analysis report is improved completely.

Key words: Traffic impact analysis; Key technology group system; Traffic demand; Traffic impact degree; Passageway capacity deduction

TDM 理论在上海城市交通管理实践中的思考

赵晓丽　徐行方

（同济大学交通运输工程学院，上海，201804）

摘　要：分析交通需求管理基本概念和上海市交通需求现状的基础上，结合上海城市交通管理的实践，就公共交通导向式的土地开发、车辆拥有限制、道路拥挤收费，以及其他管理组织等措施，从交通需求管理理论的角度加以分析，为未来合理分配交通资源、采取适应城市发展的 TDM 模式提供依据。

关键词：交通需求管理；拥挤收费；实践应用

1　交通需求管理的概述

1.1　交通需求管理基本概念

交通需求管理（TDM）是指通过调整用地布局、控制土地开发强度、改变客货运输时空布局方式，以及改变人们的交通出行观念与行为来减轻城市交通拥挤，使交通供给与交通需求达到相对平衡，以保证城市交通系统的有效运行。

TDM 涵盖内容广泛。从宏观层面看，包括城市总体规划和区域功能定位、城市的综合交通规划、交通监控管理和组织三个层次；从管理层面看，包括政策手段、经济手段，以及具体的交通拥挤收费、停车管理、小汽车拥有控制等措施。由于 TDM 理论丰富的内涵，不同城市在实践中将依据实际情况，有选择、有侧重的进行交通引导和管理。

1.2　上海交通需求现状

上海经济发展和人口增加导致交通出行增长，给城市的交通系统带来巨大压力。2008 年常住人口达到 1858 万人，注册机动车总量 227 万辆，其中私人机动车注册量 160.9 万辆。庞大的人口数量、快速增长的机动车数量、市民活动范围的不断扩大，共同导致了城市交通需求的快速增长。全市机动车方式出行比例逐年上升，2008 年全市道路交通量为 10753 万 PCU 公里/日，同比增长了 12%；出行总量 4593 万人次/日，同比增长 2.9%。2008 年中心城区道路交通量为 5648 万 PCU 公里/日，占全市的 53%，同比增长 7%；中心城区出行总量 2885 万人次/日[1]。

为适应城市交通需求量增长的需要，上海市道路交通设施建设不断加大。2006 年投资 310.26 亿元，同比增长 18%。在道路里程增多的同时，城市人口数、机动车辆数也在增长（参见表 1），城市交通的压力越来越大。

2003～2007 年上海市相关交通数据[2]　　表 1

比　项	年　份	2003	2004	2005	2006	2007
公路长度（km）	通车里程	6484	7805	8110	10392	15458
	高速公路	240	485	560	581	635
人口数量（万人）	常住人口	1724.84	1756.39	1778.42	1815.08	1858.08
	其中外来人口	383.07	404	438.40	467.26	499.22
车辆拥有量（万辆）	机动车	71.90	83.51	95.15	107.04	119.70
	小汽车	36.16	44.60	53.59	62.81	72.81
	个人小汽车	16.66	24.28	32.21	40.95	50.15

目前，上海中心城内城市用地呈现向外蔓延的发展趋势，中心区范围已覆盖浦西内外环的大部分地区。据 2007 年的统计数据，上海市每万人拥有道路长度为 11.21km，人均拥有道路面积 16.38m^2。城

作者简介：赵晓丽，女，同济大学交通运输工程学院硕士研究生，zhaoxiaoli_001@126.com。

市用地十分有限,道路供给不可能无限度增加。在交通需求与供给关系上当斯定律给出了很好的概括:交通需求总是倾向于超过交通供给能力。缓解交通拥挤不能仅仅依靠扩建道路设施,还要对无休止的交通需求进行控制与管理,把交通增长限制在城市用地、社会经济发展能承受的范围之内。

2 TDM 在上海城市交通中的应用分析

2.1 公共交通导向式的土地开发

交通需求管理的第一个层次——城市性质、规模、结构和功能定位,对一个发展基本成型、功能相对完备的上海而言,作用已不明显,可首先分析城市的用地规划。由 TDM 理论可知,城市用地规划应体现引导出行生成与合理分布、减少出行消耗、有利于组织高效交通的原则。公共交通导向式的土地开发(TOD),是一种需求抑制型或需求诱导型的交通供给和土地开发策略,提倡公共交通、强调土地综合利用和集约化发展。上海城市轨道交通网络的规划布局对此有了充分的体现。

上海轨道交通网络的形态布局和线路功能体现了交通服务于城市发展的模式(SOD)和交通引导城市发展的模式(TOD)相结合的特点。SOD 模式突出交通线路服务于居民出行需求的功能定位,市区线路用来缓解市中心城区内日益紧张的交通矛盾;TOD 模式突出"人随线走"的功能定位,根据"城乡一体、协调发展"的方针,围绕中心城形成"多轴、多层、多核"的市域空间布局结构,轨道交通网络规划出一批长大线路,将中心城与临港新城、嘉定新城、松江新城等卫星城连接起来,支持新区建设,支撑和引导上海城市布局发展[3]。截至 2008 年,轨道交通线网已开通运营 8 条线、162 座车站、运营里程达 235km,列车开行 94 万列次,客运总量为 11 亿人次,日均客流 306.5 万人次[1]。在城市交通规划实践中,上海已经注重土地使用与 TDM 的结合,促进城市朝多中心、多组团结构布局方向发展。

2.2 车辆拥有限制

上海是我国最早采取控制私家车发展的大城市。从 1994 年起,随着私人小客车需求的增加,上海市在总量控制的原则上,开始通过"有底价、不公开拍卖"的方式对私车牌照进行市场化配置;2000 年,逐步采取无底价竞购政策;2004 年,将新增公务车辆纳入额度管理及牌照拍卖范围。对车牌的限额发放在一定程度上缓解了上海的城市交通压力,自车牌拍卖政策实施以来,上海的机动车拥有量一直远小于北京(图 1 和图 2)。据 2007 年的统计数据,北京民用汽车数量高出上海 1 倍多,其中的私人轿车数量更是高出上海近 2 倍。

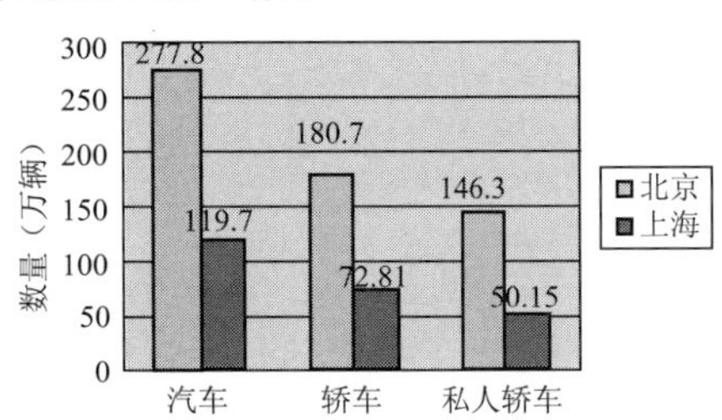

图 1 2007 年京沪机动车保有量比较

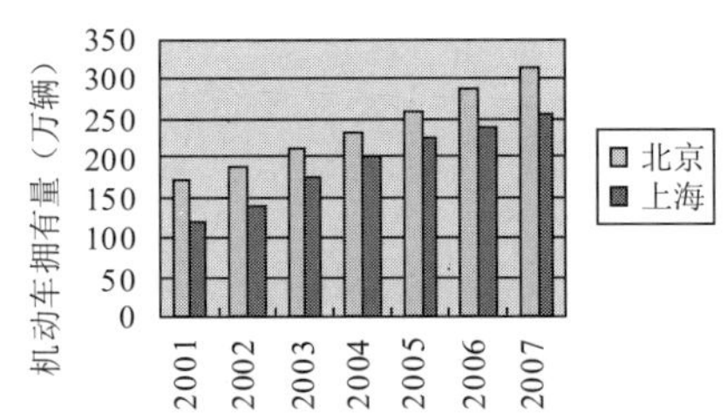

图 2 2001-2007 京沪机动车保有量比较

车牌拍卖对上海汽车总数的限制发挥了不容忽视的作用,城市所承受的交通压力得到了很大的缓解。同时,牌照价格的不断上涨使这一政策给地方财政带来了巨大的收入(表 2),增加了基础设施建设资金的来源,为改善城市交通硬件环境提供条件。

上海 2008 年部分月份私车牌照拍卖价格 表 2

月　份	1 月	3 月	5 月	7 月	9 月	11 月
投放数量(张)	16000	9300	8200	6800	6500	5500
最低中标价(元)	8100	31300	34400	33800	29300	21800
平均成交价(元)	23370	32169	36047	34491	31788	24351

车牌拍卖政策对缓解城市交通压力起到积极的作用,但也存在一定的弊端,因为在限制交通需求的同时,也限制了小汽车的消费。上海汽车使用成本远远高于其他地区,客观上限制了汽车消费群体的扩大。汽车制造业是上海六大重点发展行业之一,牌照限额发放抑制了本地小汽车的销售,这与上海支持

汽车制造业的发展的政策相违背。尽管牌照拍卖制度存在一定的负面影响，但对缓解道路交通压力的作用不可忽视，应在上海继续实施，理由如下：

• 成功实例。新加坡和香港的牌照拍卖对缓解城市的交通压力起到了巨大的作用。

• 上海交通拥堵还比较严重。在城市整体交通设施建设尚未得到大幅度改进之前，牌照拍卖是有效控制汽车总量的公正方法。

• 公众对牌照拍卖已经有一定程度的接受和认可，在正式出台车辆使用控制政策之前，该举措可有效缓解交通增长。

• 牌照拍卖为城市交通建设带来了巨大的收入，增加了基础设施建设资金的来源。2008 年上海牌照拍卖收入达 26.8 亿元。

2.3 道路拥挤收费

拥挤收费就是对驶入拥挤道路或高峰路段的车辆，征收一定的额外费用，来减少汽车的使用，其目的是通过价格机制来缓解交通拥挤。目前，拥挤收费在许多国家得到了重视和实践。伦敦和新加坡的拥挤收费就为其交通状况的缓解起到很大作用。但各城市实施拥挤收费的背景和方案均有所不同。

上海市的交通拥堵主要发生在中心城内，尤其是中心城内环线以内的高架道路，整个高架道路系统承担了上海中心城区 60% 以上的标准车公里，交通量则主要集中在浦西地区，约占中心城机动车交通总量的 77%。内环线内（含内环）的高架段和外环线西南段存在不同程度的拥挤或拥堵，在一些立交和越江桥隧断面附近更是拥堵严重，浦西地区的“三横三纵”主干道平均服务水平均处于拥挤状态[1]。

从城市交通现状分析，上海需要道路拥挤收费这一措施来缓解中心城区的交通紧张状况，通过收费，将部分私人机动出行转移到公共交通工具上；将拥堵严重路段的交通量分流到其他路段上。但拥挤收费涉及到社会诸多人群的利益，操作管理也牵涉到政府交通管理、建设的多个部门，其实施与否要充分结合城市交通现状、政策、民意，从多个角度来权衡，进行可行性分析。综合以下几项因素，目前上海实行拥挤收费的条件尚不成熟：

• 公共交通建设不到位。拥挤收费目的之一是将部分个体机动出行转移为公共交通出行，而目前上海轨道建设、常规公交系统均未完善，不足以吸引机动出行的个体改变出行方式。

• 收费技术和政策有待深入研究。电子收费是这一措施实施的必然选择，建立一套适合上海交通特点的道路电子收费系统，在技术上、政策上都需要充分深入的研究。

• 上海交通状况尚有改进的余地。目前上海个体机动出行比例（2008 年为 19.3%）与国际同类大城市相比还存在一定的增长空间。

• 公众对收费政策的接受度有待提高。收费政策将影响到各类人群的利益，公众的反应和接受程度将决定政策能否顺利实施。在收费政策实施之前应对其进行广泛宣传，打好群众基础。

短期内上海对交通需求控制的重点仍落在车辆拥有的控制上，通过牌照拍卖抑制小汽车数量的增长，进而减轻城市交通压力。但随着车辆燃油税的征收，今后的交通需求管理必将逐步转移到对车辆使用的控制上，拥挤收费将在恰当的时机付诸实施。政府相关部门对拥挤收费的研究应继续深入，在理论上、技术上、舆论上为将来的收费管理奠定基础。

2.4 其他管理组织措施

影响交通需求的因素众多，可以从很多方面对城市的交通需求进行控制引导，以下是部分可行性高、实施相对简单的 TDM 策略：

（1）建立 TIA 交通影响评估制度，确保各类土地开发和建设项目达到交通供需适度平衡，减少产生不必要和不合理的交通出行；

（2）实行停车管理，对城市中心区的停车进行控制，采取按时段收费，提高停车收费标准，以减少中心区交通量；

（3）提高公共交通的服务水平，增强可达性，提高舒适性，吸引小汽车使用者使用公交；合理规划组织停车换乘，将出行者转移到大容量高效率的公共交通系统上；

（4）鼓励采取错时上下班，推行货车夜间运行等措施，实现交通流时间上的优化。

3 结语

2010年上海将迎来期待已久的世博会,这将给城市的交通系统带来巨大的压力。根据预测,在世博会期间,上海将迎来7000万人次的参观客流,高峰日参观人数可达80万,一般日参观人数60万[4]。由于世博客流的高峰时间和流向相对集中,将给城区交通带来特殊的增量需求,不仅要提供比较完善的交通设施,而且需要高效有序的需求管理措施来合理分配交通资源,提供全面、高效的交通服务。

实施交通需求管理对城市交通的发展具有重大意义,新加坡、香港的TDM实践都使交通拥堵得到有效的控制,取得了很大的成功。上海在探讨交通需求管理的过程中应当学习借鉴其成功经验,结合自身城市特点,采取适应城市发展的TDM模式,提高交通服务水平。

参考文献

[1] 上海市城市综合交通规划研究所. 上海市综合交通年度报告[EB/OL]. http://www.scctpi.gov.cn/reports.asp

[2] 上海市统计局. 上海统计年鉴2008[M]. 北京:中国统计出版社,2008

[3] 应名洪. 上海城市轨道交通网络建设发展战略[C]. 2007中国轨道交通论坛(上海)

[4] 徐永时,徐瑞华. 2010上海世博会期间轨道交通运营组织研究[C]. 中法可持续发展城市交通系统论坛

[5] 刘清泉,顾怀中. 新加坡城市交通需求管理对中国城市交通管理的启示[J]. 城市研究,2000(1):40-42

[6] 周鹤龙,徐吉谦. 大城市交通需求管理研究[J]. 城市规划,2003(1):57-60

On the application of TDM in Shanghai traffic management

Zhao Xiaoli, Xu Xingfang

(School of Transportation Engineering, Tongji University, Shanghai, 201804)

Abstract: Based on the theory of Transportation Demand Management (TDM) and the present traffic situation, the paper analyzes the practice of TDM in Shanghai. Focusing on Transit-Oriented Development (TOD), Vehicle Quota System, congestion pricing and other measures, the analysis of TDM in Shanghai gives support to improve the traffic situation in future.

Key words: Transportation Demand Management (TDM); Congestion pricing; Practicing and application

阻燃沥青在海河东路隧道及地下广场中的应用

魏连雨　李海峰

（河北工业大学土木工程学院，天津，300130）

摘　要：采用阻燃剂与SBS改性沥青复合制备阻燃SBS改性沥青，检验不同阻燃剂掺量下改性沥青的物理性能和阻燃性能。通过基础试验确定沥青混合料配合比，研究阻燃剂对沥青混合料路用性能的影响并用于天津市海河东路隧道与地下广场工程。

关键词：改性沥青；阻燃；氧指数；路用性能

由于沥青路面具有行车舒适性、低噪声、扬尘少、易维修等现代交通的一些优点，因此在隧道和地下通道的路面上经常使用。但是这些地方又往往是消防安全的隐患，沥青是易燃材料，再加上隧道或者通道内部通风条件很差，倘若发生交通事故而引发火灾，将使沥青燃烧后释放的有害气体严重影响人的身体健康，甚至危及人的生命[1]。因此，对沥青路面材料做耐火处理很有必要。其中，使用阻燃沥青能提高隧道内车辆和人员的安全，其应用必将越来越广泛。本文依托重点工程天津站（火车东站）枢纽改造工程海河东路隧道及主广场地下工程来研究阻燃沥青在隧道及地下通道内的应用。

1　阻燃沥青试验

1.1　阻燃沥青的制备[1]

沥青为壳牌SBS改性I-c级沥青，阻燃剂分别为海川FRMAX™阻燃改性剂、重庆APFR隧道路面专用复合阻燃改性剂、镇江FR-PP磷系阻燃剂。用高速剪切混合乳化机制备阻燃沥青，剪切速率为3000~7000 r/min。首先将SBS改性沥青升温到170~175℃，加入阻燃剂和稳定剂剪切60~90min，制备成SBS阻燃改性沥青。

1.2　阻燃沥青性能评价

利用软化点评价阻燃沥青的高温稳定性，针入度指数PI评价阻燃沥青的感温性，5℃延度评价阻燃沥青的抗老化能力，极限氧指数评价阻燃沥青的阻燃性能[2]（所谓极限氧指数，是指在规定的试验条件下，材料在氧气和氮气混合气体中刚好能保持燃烧状态所需要的最低氧气浓度。氧指数越高，表明材料越不易燃烧[3]），试验结果见表1。

SBS改性沥青与SBS阻燃改性沥青性能比较　　表1

技术指标	SBS改性沥青	SBS阻燃改性沥青		
		海川	重庆	镇江
阻燃剂含量(%)	0	10	5	15
25℃针入度(0.1mm)	75	67	70	53
针入度指数PI	0.24	0.22	0.23	0.17
软化点(℃)	83	88	81	87
氧指数	19	26	22	24
5℃延度(mm)	430	374	246	179

作者简介：魏连雨(1957-)，男，汉族，天津市人，河北工业大学土木工程学院副院长，交通工程教授/博士生导师，通信地址：河北工业大学南院，邮编：300130，E-mail：lihfjiaotong@163.com。

制备阻燃 SBS 改性沥青的关键是在不降低原有改性沥青的路用性能的前提下,尽量提高阻燃沥青的极限氧指数,综合比较以上三种有机阻燃剂制备的阻燃沥青的性能,决定采用海川 FRMAX™阻燃剂。

2 沥青混合料配合比设计

AC—13C 型沥青混合料目标配合比设计采用马歇尔试验配合比设计方法进行,并采用河北工业大学方法进行级配优化。

2.1 矿料级配的确定

矿料为张家口产玄武岩粗集料、细集料及石灰岩矿粉筛分级配曲线如图 1 所示。

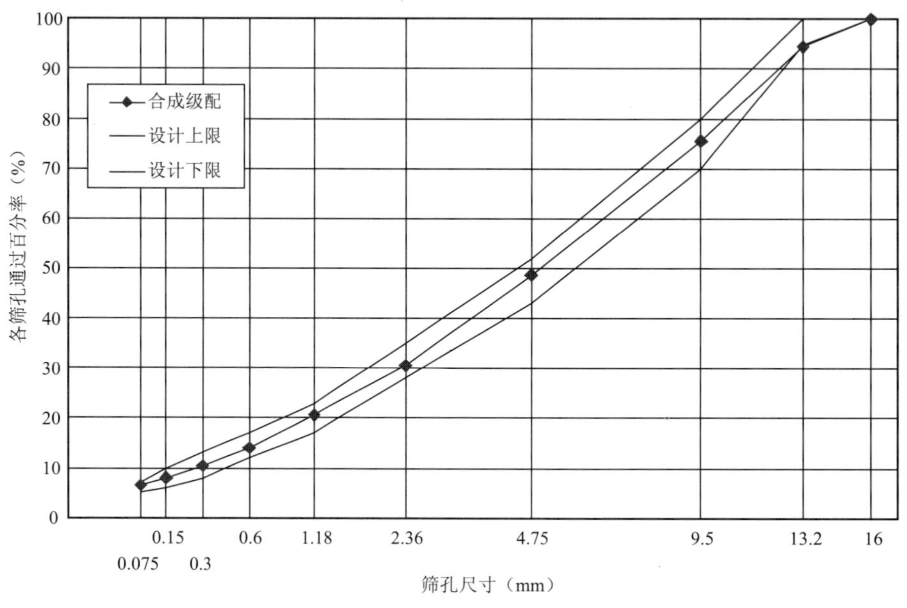

图 1 矿料级配曲线

2.2 油石比的确定

为确定 AC—13C 型沥青混合料的最佳油石比,选择 5 组不同油石比分别进行拌和,并在 135 ~ 145℃成型温度下,成型试件时双面各击实 75 次。用表干法测定试件毛体积相对密度,用真空法实测沥青混合料理论最大相对密度。试验结果及计算结果见表 2。

AC—13C 型马歇尔试件体积参数及马歇尔稳定度试验结果 表 2

序号	油石比(%)	理论最大相对密度	表干法毛体积相对密度	VV(%)	VMA(%)	VFA(%)	稳定度(kN)	流值(0.1mm)
1	3.7	2.627	2.445	6.9	15.6	53.9	7.71	27.8
2	4.2	2.607	2.462	5.5	15.4	62.0	7.91	33.0
3	4.7	2.587	2.476	4.3	15.3	69.8	8.41	37.0
4	5.2	2.568	2.487	3.2	15.4	77.0	8.91	38.5
5	5.7	2.549	2.483	2.6	15.9	81.2	8.22	40.0
马歇尔技术标准	-	-	-	4 ~ 6	≮14	65 ~ 75	≮8	15 ~ 40

求出 OAC1 = 5.70%,OAC2 = 5.90%,则 OAC = (OAC1 + OAC2)/2 = 5.8%,考虑到该工程所处的地区气候特点、渠化交通的特点以及便于施工控制,建议该沥青混合料的油石比范围为 5.6% ~ 5.9%。所以目标配合比设计结果为:10 ~ 15:5 ~ 10:3 ~ 5:机制砂:天然砂:矿粉 = 26.1:24.3:23.8:14.9:5.0:5.8,最佳油石比为 5.8%。

3 沥青混合料性能试验

3.1 水稳定性检验

水稳定性试验结果见表3。试验结果表明,用马歇尔方法及优化方法得出的AC－13C型沥青混合料具有优良的抗水损坏性能。

AC－13C型沥青混合料水稳定性检验结果 表3

项　　目	油石比(%)	规 范 要 求	混合料检验结果
残留稳定度(%)	5.8	>75	77.8
残留强度比(%)	5.8	>70	74.9

3.2 车辙试验

车辙试验结果见表4。试验温度分别为60℃,轮压0.7MPa。结果表明,本研究所用方法设计的AC－13C型沥青混合料具有优良的抗车辙能力。

AC－13C型沥青混合料车辙试验结果 表4

试验温度(℃)	油石比(%)	试 验 项 目	规 范 要 求	试 验 结 果
60	5.8	平均动稳定度(次/mm)	不小于800	890
		变异系数(%)	不大于20	6.3

3.3 渗水试验

渗水试验结果见表5。结果表明用轮碾法成型的试件满足规范规定的技术要求。

AC－13C型沥青混合料试件渗水试验结果 表5

项　　目	油石比(%)	实　测　值
渗水系数(mL/min)	5.8	60

4 阻燃沥青路面现场施工

海河东路隧道为城市主干道,其地下隧道为双向六车道标准,与地下公交停靠岛、地下交通集散广场和地下机动车停车场连为一体,同时具有过境、城市交通和人流转换的等多重功能,是国内最大的综合交通集散枢纽。

路面施工中严格按照规范有关规定,保证平整度、充分压实。在工程进行期间,通过实地取样,测试了混合料的性能;工程完工后,进行工后观测,并通过钻心取样,测试了沥青混合料的压实情况。测试结果见表6。

隧道及地下广场铺装检测 表6

检测项目	稳定度(kN)	流值(0.1mm)	空隙率(%)	动稳定度(次/mm)	压实度(%)
检测结果	8.2	41	3.8	850	98

5 结论

(1)SBS改性沥青在掺加阻燃剂的过程中不会降低改性沥青的性能,能够继续应用于实际工程。

(2)阻燃改性沥青混合料具有良好的路用性能,并能够有效地防止燃烧,具有良好的抑烟效果,适合于隧道及地下广场工程。

(3)阻燃改性沥青在海河东路隧道及其地下广场工程中应用,得到了有关部门及领导的好评,表明其有广阔的应用前景。

参考文献

[1] 陈辉强.陈仕周.沥青阻燃改性技术研究[J].公路交通科技.2003(2):19-20

[2] 孔宪明,余剑英. 阻燃剂对SBS改性沥青混合料路用性能影响[J]武汉理工大学学报. 2007,29(8):19-22

[3] 李祖伟,陈辉强,牟建波,等. 沥青阻燃改性技术研究及其阻燃机理[J]. 长沙交通学院学报. 2008,18(4):44-47

Application of flame retardant asphalt in the Haihe river east plaza tunnel and underground works

Wei Lianyu, Li Haifeng

(Department of Civil Engineering, Hebei University of Technology, Tianjin, 300401, lihfjiaotong@163.com)

Abstract: Flame-retarded modified asphalt was prepared by blending of flame retardants and SBS modified asphalt. Physical and flame properties of modified bitumen with different flame retardant and incorporations were tested. Through the basic tests, the asphalt mixture ratio was determined, researching the effect to asphalt mixture pavement performance and being used for tunnel and underground plaza works.

Key words: Modified asphalt; Flame retardant; Oxygen index; Pavement performance

上海 2010 世博会越江轮渡停泊特征分析

陈义红　吴娇蓉　冯建栋

摘　要:越江轮渡是上海 2010 世界博览会园区内越江游览的重要交通方式。本文通过对上海市运营轮渡的运输及停泊过程的调查分析,发现轮渡泊位的最小发船间隔主要受渡船在泊位的停靠时间影响。论文深入分析了渡船停靠时间的组成和各关键时间指标的累积频率曲线,在此基础上建立最小发船时间间隔的数学模型。综合考虑上海 2010 世博轮渡运营组织规划要求,基于运输效率提出了个关键参数的建议取值,为上海 2010 世博越江轮渡的规划与设计提供依据。

关键词:上海 2010 世博会;轮渡;泊位停靠时间;发船间隔

1　问题的提出

2010 年,世界博览会将在上海举办,水上交通作为世博期间出入园区及越江的主要交通工具,承担着重要的运输任务。世博期间预计平峰日人流达到 40 万人次,高峰日人流达到 60 人次,世博会期间大量人流集聚在园区内,给世博园区内的交通设施带来巨大压力[1]。高峰小时有 20 万人的入园需求,同时还有高峰小时近 10 万的越江需求,面对如此巨大的城市交通压力,仅仅依靠地面交通及轨道交通是不够的,还必须充分利用水上交通才能适应世博会客运交通的要求。世博会规划区域内黄浦江水域面积约为 1.6km^2,浦西岸线自南浦大桥至卢浦大桥,长约 2.9km,浦东岸线自南浦大桥至后滩倪家浜,长约 5.7km[2]。通过在园区围栏内设置水门和轮渡等基础设施,确保达到展会期间通过水路能够输送一定比例的进园参观客流和园内越江客流的要求。

越江轮渡是黄浦江越江立体交通体系中的重要组成部分,而且历史悠久,有着不可替代的作用。自行车、助动车、摩托车、人力货车、危险品车辆及超高超长超重的特殊车辆越江方式主要依托轮渡。轮渡作为岸到岸最为便捷的交通方式受到广大市民的青睐。上海市越江轮渡以其点多、面广、价廉等特点,与大桥、隧道、轨道交通形成越江交通的立体构架。来往于浦江两岸的轮渡已成为生活在两岸人民重要的通勤工具。目前,黄浦江两岸仍在运营的渡江线路有 18 条,日客运量达 30 万人次。

由此可见,无论居民日程生活还是为了适应上海 2010 世博会入园及越江参观的要求,水上交通都将承担大量的人流集散任务。深入分析轮渡运输特性,尤其是船舶靠岸的过程与时间特征,对于确定发船最小间隔时间,分析航线最大运输能力有着重要的意义。因而通过研究上海市内现有轮渡的使用及运输组织情况,对于规划好、设计好和制定好浦江两岸轮渡站运输组织以及世博会的水门和轮渡航线、场站及运营管理计划提供有力的支撑。

2　相关研究综述

目前专门针对城市越江轮渡的研究很少,有关城市轮渡的研究大多集中在轮渡的前景预测、轮渡公司运营管理及经济分析方面,文献[3]~[5]指出通过使用新型轮渡船、加强管理、提高服务质量、开拓新业务及第三产业等,进一步巩固轮渡的地位,提高轮渡效益。关于水上运输的研究或船舶运输的研究主要针对内河及海港的运输研究,比如航线配船的研究和泊位利用率的研究,应用线性或非线性规划、神经网络、蚁

作者简介:陈义红,上海世博会工程建设指挥部办公室,技术处主管,地址:上海市浦东南路 3588 号,E-mail:chenyihong@ expo2010. gov. cn;吴娇蓉,同济大学 教育部道路与交通工程重点实验室,副教授,上海,201804,地址:上海市嘉定区曹安公路 4800 号,E-mail:wujiaorongtj@ hotmail. com;冯建栋,同济大学 交通运输工程学院 硕士研究生,上海,201804,地址:上海市嘉定区曹安公路 4800 号,E-mail:fengdaode1030@ hotmail. com。

群算法以及借助其他软件和数学工具来对航线的配船数量加以确定和优化,通过遗传算法、排队论计算泊位的利用率以及对泊位的配置加以优化[6~12]。这些研究,为世博越江轮渡的研究在某些领域起到了一定的基础和理论支撑作用,但并不能完全适用于城市轮渡,尤其是具有公交性质的城市越江客运轮渡。上海2010世博会园区内轮渡在规划阶段被赋予展现城市形象的作用,因此,世博越江轮渡在游览参观过程中具有特殊地位,而且自身具备社会服务性、公益性的特点。为了在上海2010世博会会展期间能够更好地发挥其最大效率和效益,对越江轮渡的停泊特征和客流运营组织需要进行深入细致的研究。

3 世博园内越江轮渡的特殊性和布局

世博园区跨越浦江两岸,"水上交通"可以成为最具特色的交通方式之一。黄浦江途经陆家嘴、外滩、十六铺、世博会园区,将代表了上海的昨天、今天及明天的景观串联,同时也将历史贯穿在一起。利用黄金水道的价值,开通水上巴士,将交通功能与观光游览相结合,填补黄浦江沿线快速公共交通的缺失,满足一部分游客经由黄浦江进入世博园区的需要;结合世博园区规划,扩大联系世博浦西园区和浦东园区的越江轮渡规模,提高越江轮渡客运能力,作为园区内部的水上通道。

为了满足游客出入世博园区以及参观黄浦江两岸的各展区和展馆的需求,在世博园区外规划4处水门(世博游客经由水门可直接入园),分别为其昌栈站、东昌路站、十六铺站和秦皇岛路站,对应于园区外向园区内输送的客运量,园区内规划3个水门(浦东地区2个、浦西地区1个),共6个泊位;对应于极端高峰小时园区内越江客流量,园区内共规划8个渡口,其中通用航线渡口6个,贵宾专用航线渡口2个[1,2]。见图1。

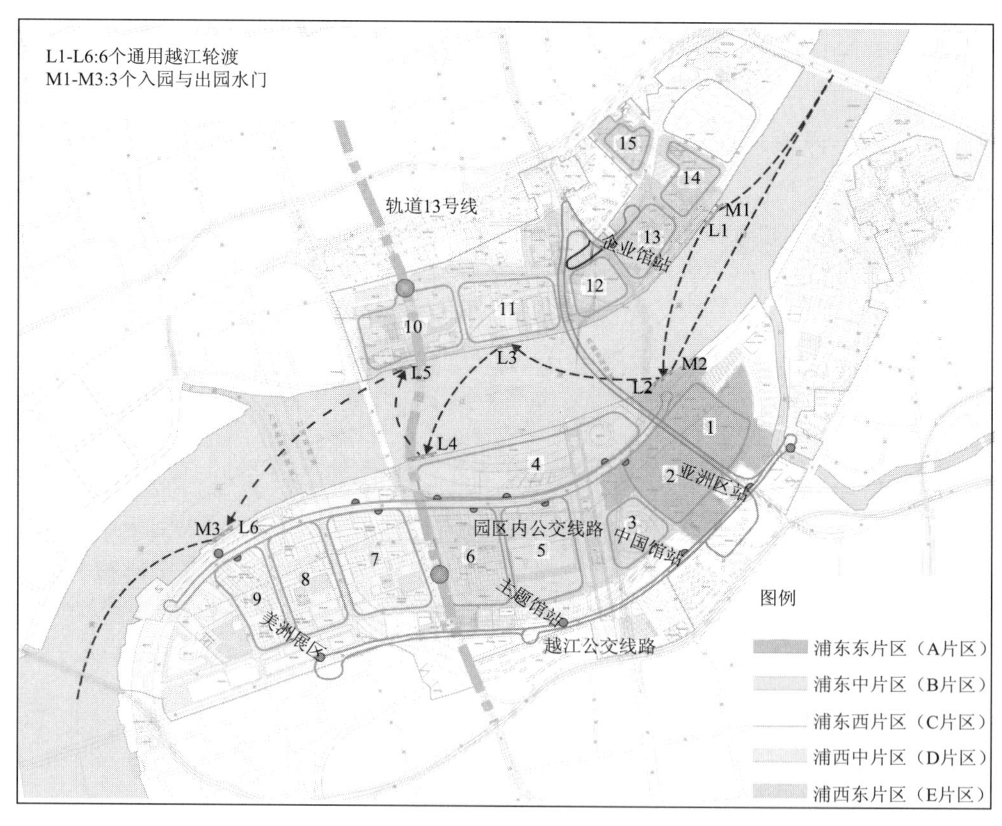

图1 世博园区展区划分及越江设施布置图

由于,越江轮渡的自身特点,除了可以满足园内游客越江参观需求外,与其他越江方式(常规公交和轨道交通)相比还有自身的优势:

(1)2010年上海世界博览会展区和展馆分布于黄浦江两岸,这是上海2010世博会的一大亮点,乘坐轮渡可以很好的领略这道特别的风景线。

(2)6个轮渡站较为均匀的分布于浦江两岸,与周边场馆及园内公交站相距较近,服务方便,并与周边公园和绿地很好的结合,游客乘坐轮渡既可以休憩,也可以沿途观赏浦江两岸现代化城市的风景,尤其“浦江夜游”是极具上海特色的旅游产品。

(3)与越江地铁及公交车相比,轮渡在地上,越江地铁及公交车均在隧道内,因此轮渡视野开阔;轮渡船舱是一个相对较宽敞的、四周又有良好视野的大空间,较地铁与公交车厢,游客乘坐过程将更加自由,更加舒适。

由于越江轮渡的上述特点,以及各种越江方式的运力分配,越江轮渡承担上海2010世博会高峰小时越江客流需求总量由最初规划的20%调整为现在的30%,即高峰小时需承担约3万人次的越江需求。越江轮渡在整个世博园区越江游览中的重要性日趋上升。

4 渡船停泊过程分析

为了分析世博会园区越江轮渡的停泊过程,选取了上海市最繁忙的轮渡客运站——南码头轮渡站为调查对象,进行了工作日高峰2.5h的连续观测。轮渡停泊过程示意见图2。

轮渡船从靠岸到离岸整个过程可以分为如下4加1个阶段:

(1)渡船A进入待泊泊位区域F,经过一定时间停靠稳定;

(2)渡船停靠稳定后,打开舱门,船上乘客下船并通过下船通道撤离码头;

(3)乘客下船完毕时,上船通道门打开,准备越江的乘客开始上船,当乘客较多时,进入渡船的乘客达到或接近满员时,上船通道开始关闭,(当乘客较少时,渡船A停靠时间达到船只最长等待时间时,上船通道开始关闭);

(4)渡船舱门关闭,起动发动机逐渐离开泊位区F。

当进入泊位船只比较频繁时,在渡船A离开泊位区F前,渡船B已在泊位区附近怠速等待,故此时渡船A的停泊和驶离过程还应包括下述阶段:

(5)当渡船A离开泊位区后,在不远处等待靠岸的渡船B逐渐进入泊位区F。

因而,当泊位繁忙时或利用率达到最大时,上一艘渡船与下一艘渡船之间的时间间隔最小应为上述5个阶段所耗时间总和。即:

最小时间间隔=船靠岸所需时间① +(乘客下船所需时间+乘客上船所需时间)② + 船离岸所需时间③ + 相邻两船出进泊位时间间隔④

其中,①、③、④ 主要受外部条件的影响,如:船的动力特性、航道水文及航线其他船只等;② 主要受乘客人数(上船和下船)和上下船通道的影响。

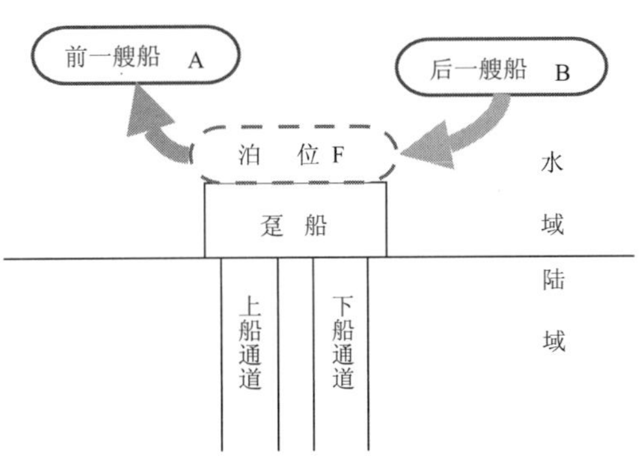

图2 渡船进出泊位示意图

5 渡船运输过程关键时间参数分析

由上述渡船运输过程分析可知,渡船运营中关键时间参数为:①船靠岸所需时间(渡船开始进入泊位至舱门完全打开时间长度),②船离岸所需时间(渡船舱门开始关闭至船舶完全离开泊位时间长度),③相邻两船出进泊位时间间隔(上一艘船刚完全离开泊位区至下一艘船刚开始进入泊位区时间长度),④乘客下船与上船所需时间。①、②、③时间参数取值变化主要受船舶航行动力特性、航线、航道、泊岸情况、驾驶员熟练程度、船舶荷载的影响。下文将根据2009年3月23日上海南码头轮渡站的实测数据,分析4个关键时间参数。

5.1 船靠岸所需时间分析

调查实测的渡船靠岸时间分布见图3和图4。由图3和图4可知,渡船靠岸所耗时间集中在1min30s到1min50s之间,接近总数的50%;超过50%的渡船停船耗时小于1min30s,超过80%的渡船停靠耗时小于1min40s。世博轮渡运营组织规划时,为了保证渡船停靠成功率,建议取累计频率曲线80%

或85%分位值对应的停靠耗时。

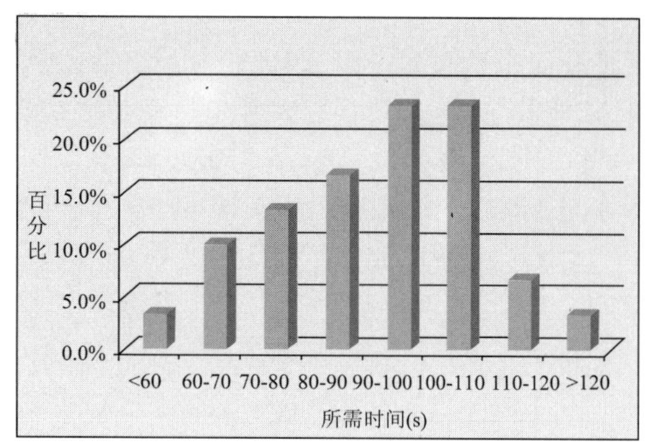

图3　渡船靠岸耗时分布

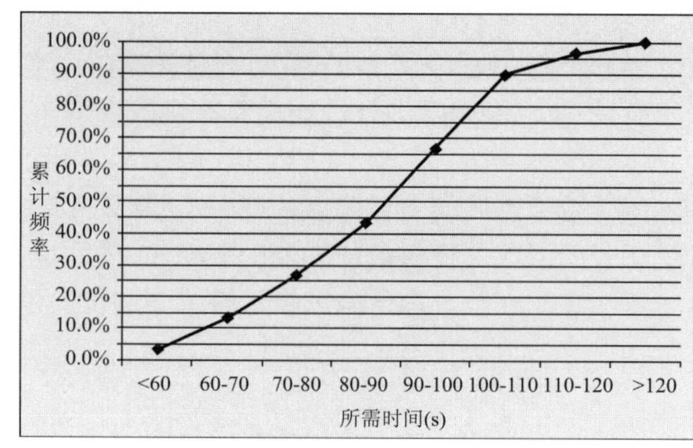

图4　渡船靠岸耗时累积频率曲线

5.2　船离岸所需时间分析

调查实测的渡船靠岸时间分布见图5和图6。图5中最右侧直方柱表示渡船由于上船乘客过多,甚至有溢出现象,导致舱门无法关闭或很难关闭的情况,故该种情况渡船离岸时间明显增加。

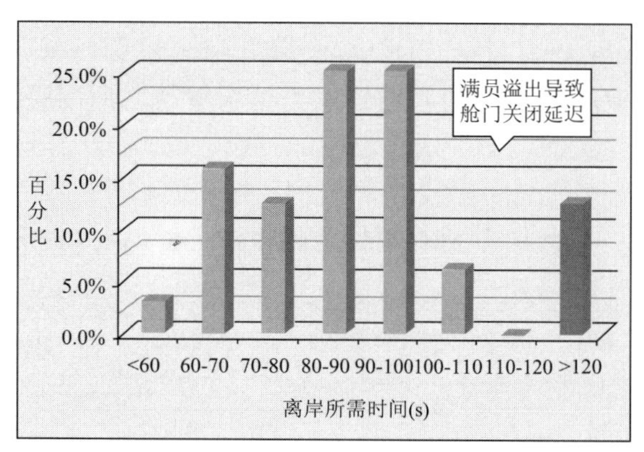

图5　渡船离岸耗时分布

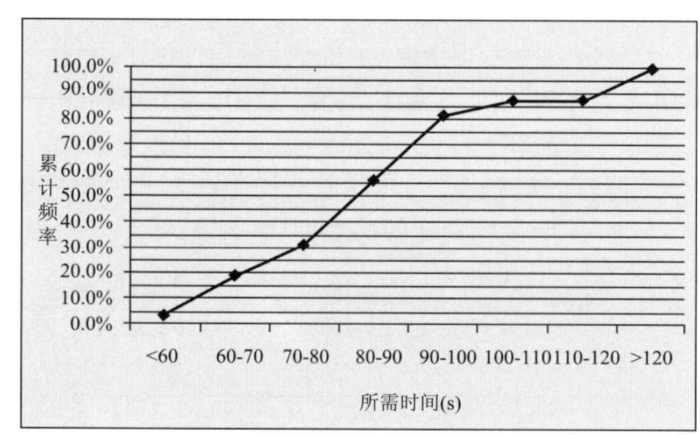

图6　渡船离岸耗时累积频率曲线

由图5和图6可知,渡船离岸所耗时间大多集中在1min20s到1min40s之间,接近总数的50%;超过50%的渡船离岸耗时不到1min25s,超过80%的渡船离岸耗时小于1min35s。世博轮渡运营组织规划时,为了实现快速、顺利驶离泊位,建议取累计频率曲线80%分位值对应的停靠耗时。

5.3　相邻两船出进泊位时间间隔分析

调查实测的相邻两船进出泊位时间间隔分布见图7和图8。由图可知,相邻两船进出泊位所耗时间大都集中在20s~30s之间;超过50%的相邻两船进出泊位耗时不到25s,超过80%的相邻两船进出泊位耗时小于35s。世博轮渡运营组织规划时,为了保证相邻两船在泊位使用过程中快速、顺利交替占用泊位,建议取累计频率曲线80%分位值对应的停靠耗时。

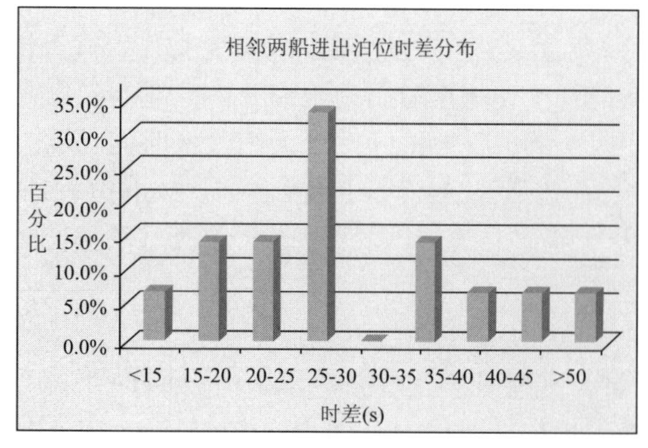

图7　相邻两船进出泊位耗时分布

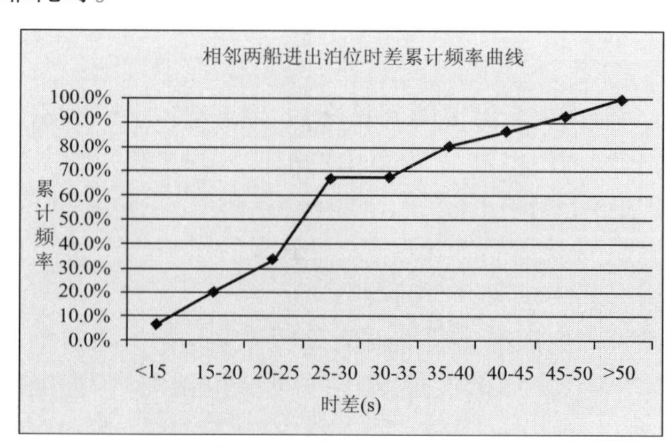

图8　相邻两船进出泊位耗时累积频率曲线

5.4 乘客下船与上船所需时间

(1)乘客下船所需时间

指舱门打开至上船通道门完全打开的时间长度。主要由下船人数,乘客类型(是否骑车以及骑何种车辆),下船通道数及宽度,舱门宽度决定。可以由下式计算得到:

乘客下船所需时间 = 下船人数/min(门单宽通行能力 × 舱门总宽度,通道单宽通行能力 × 下船通道总宽度)

其中,门或通道的通行能力结合实测结果取值,受乘客类型影响较大。如乘客均为个人出行,不骑自行车、助动车等交通工具时,门可按 90 人/m/s 取值,通道可按 70 人/m/min 取值[13,14]。

(2)乘客上船所需时间

指上船通道门完全打开至上船通道门关闭的时间长度。主要由上船人数,乘客类型(是否骑车以及骑何种车辆),上船通道数及宽度,舱门宽度决定。可以由下式计算得到:

乘客上船所需时间 = 上船人数/min(门单宽通行能力 × 舱门总宽度,通道单宽通行能力 × 下船通道总宽度)

各参数取值与乘客下船所需时间计算公式中相同。

6 渡船到岸最小时间间隔确定方法

上海 2010 世博会规划越江渡船整个航行过程以及在整个航线航路中,两个轮渡泊位间的航线可以有多艘渡船同时存在,或者说在从一个泊位到另一个泊位运行时间中可以有多艘渡船使用同一航线。同航向航线相邻两船间的最小间距,无论是相隔距离还是船头时距,主要受安全距离或安全船头时距影响,在船的动力特性(加速与减速),驾驶员熟练程度以及航道水文与使用情况理想的条件下,相邻两船的船头时距可以达到很小。而渡船在泊位停靠的过程中,无论何时,一个泊位只能有一艘船占用,因而相邻两船使用同一泊位的时间差相对比较稳定。通常情况下,渡船在码头的停靠时间要较相邻两船的船头时距大得多,故一条航线(航线两端各一个泊位)最高发船频次,也即最小发船间隔主要受渡船在泊位的停靠时间制约。

由以上分析,渡船到岸最小时间间隔应有以下几部分构成:

最小时间间隔 = 船靠岸所需时间① + (乘客下船所需时间 + 乘客上船所需时间)② + 船离岸所需时间③ + 相邻两船出进泊位时间间隔④ (1)

基于高效运转要求,各主要时间参数建议取值如下:

①船靠岸所需时间:取 1min35s(95s);

②乘客下船、上船所需时间,由下船、上船人数和舱门及通道通行能力决定,最大上下客人数和船舶额定载客有关,乘客单一时(不骑车),门的通行能力取 1.5P/(s · m),水平通道通行能力取70P/(m · min);

③船离岸所需时间:取 1min30s(90s);

④相邻两船出进泊位时间间隔:取 30s。

由以上可知,对于越江客运轮渡,最小到发船间隔也不可能小于 3min(实际为 185s),即无乘客上下船的渡船停开耗时。

7 上海 2010 世博会园区轮渡客运能力估算

根据上海 2010 世博园区公共交通系统运营组织规划,越江轮渡的渡船额定满员 500 人(乘客不骑自行车或助动车),渡船有两个舱门(上下船时同时开启),各宽 5m,泊位趸船配有一条上船通道和一条下船通道,单条通道净宽 4.5m(图 2)。

为了估算上海 2010 世博园区轮渡的运力是否能满足高峰小时 3 万人次的越江需求,首先计算一条航线的最大单向运力(各航向均达到最大)。

计算假设:世博园区某一轮渡站渡船,对岸航线中有一个泊位可供使用,泊岸、航线及渡船航行特性等与上述调查实况相同,忽略其他影响。

欲求航线最大单向运力,采用公式(1)须先求得该航线最小理想发船间隔。由于渡船舱门宽度大于上下船通道宽度,故乘客下船、上船所需时间主要由下船、上船人数和通道通行能力决定:

下船时间:500/(4.5×70)×60=95.2 s

上船时间:500/(4.5×70)×60=95.2 s

上下船时间合计:190.4 sec 取190s。

故,最小理想发船间隔=95+190+90+30=405s(约7min)

则最小发船频率为,每隔7min一班船。故该轮渡站最大单向运力为:500×60/7=4285人次/h。

2010上海世博会园区规划10条轮渡航线,不考虑航线间客流不均衡,则园区内轮渡的最大双向运力可达到4万人次/小时,可以承担高峰小时3万人次的越江需求。

8 结语

通过对越江客运轮渡停泊过程的调查与分析,得出了航线最小发船间隔的制约在于轮渡在泊位的停靠时间,并通过对轮渡站的实测调查,得到了轮渡站在停靠过程中的停靠时间,驶离时间,两船交替出进泊位的时间间隔。并建立了渡船最小发船时间间隔计算模型,通过该模型可以估算出航线的最大运输能力,为世博园区越江轮渡的规划与设计提供了较好的理论支持和实用工具。

另外在模型建立中,个别参数还未给出建议取值,如不同类型乘客组成下的乘客上下船时间。在后续研究中需要通过进一步调查研究,确定不同乘客组成下门和通道的通行能力,并对模型进一步完善,以提高其适用性。

参考文献

[1] 上海市交通运输和港口管理局.2010年上海世博会园内公共交通规划和运营组织方案,2007年

[2] 上海市城市规划管理局,同济大学 上海世博会交通概念规划,2004年11月

[3] 于金铭,陶琪.从武汉轮渡看城市轮渡的发展趋势,船海工程,1992年第6期

[4] 南京市轮渡公司.城市轮渡的出路,城市公共交通,1996年第4期

[5] 刘德昌.新世纪中国城市轮渡的定位和发展,新世纪中国城市公共交通现代化论坛论文集,2001年

[6] 魏祥云,王礼春.内河货运航线配船模型与算法,系统工程理论与实践,1997年1月

[7] 李智,陈明昭,董治德.基于神经网络的班轮航线配船优化方法,交通与计算机,2000年第1期

[8] 金雁,赵耀.基于蚁群算法的航线配船,计算机工程与应用,2007,43(25)

[9] 钟铭,谢新连,田强.实用航线配船和船队规划软件包,大连海事大学学报,1997年第4期

[10] 鲁子爱.排队论在港口规划中的应用,水运工程,1997年第8期

[11] 刘义发,郭创豪.最佳泊位利用率的计算方法,珠江水运,2006年第9期

[12] 李德源,黄聪敏.港口专用泊位通过能力的统计分析与评价,大连海运学院学院报,1989年8月

[13] 吴娇蓉,冯建栋,陈小鸿.中国与美国地铁车站火灾疏散设计规范对比与分析,同济大学学报,已录用

[14] Transit capacity and quality of service manual-2nd Edition, Transportation Research Board, Washington DC, 2003

Passenger ferry docking characteristic analysis in Expo 2010 Shanghai

Chen Yihong, Wu Jiaorong, Feng Jiandong

Abstract: Passenger ferry is one of the important crossing-river traffic models in Expo 2010 Shanghai. By the investigation and analysis of the course of the ferry's operation and docking in Shanghai, this article finds that the minimum departure time interval of the passenger ferry is mainly influenced by the docking time in the berth. The article deeply analyses the composition of the ferry docking time and the accumulation frequency contours of the key index, on this basis set up the mathematical model of minimum departure time interval of passenger ferry. Synthetically considering the requirement of the operation organization and planning of passenger ferry in Expo 2010 Shanghai, this article proposes the value of the key parameters based on the transportation efficiency, which offer the basis for the design and planning of the passenger ferry in Expo 2010 Shanghai.

Key words: Expo 2010 Shanghai; Passenger ferry; Docking time in the berth; Departure time interval of the passenger ferry

城市交通需求动态变化管理模型研究

陈　莹　王丰元

(青岛理工大学汽车与交通学院,山东青岛,266033)

摘　要:解决城市交通供不应求的矛盾,一是要增加交通供应,二是要调控交通需求。以往在解决城市交通需求问题上,是对交通需求与供给分开预测,对两者之间的相互作用和平衡关系无法得到整体的比较与分析。本文在分别对城市交通供给与需求模型研究总结的基础上,考虑到城市交通的多元化以及动态性,将城市交通需求与供给模型融合在其中,建立了一个交通需求的动态变化管理模型,用部分交通数据进行了模型验证。提出了一些目前可用的管理策略。

关键词:交通需求管理;动态交通;交通需求;交通供给

近年来,随着国民经济高速发展,我国城市化进程加快,城市人口骤增。1978 年,我国 100 万人口以上的城市只有 10 个,2000 年增加到 46 个,其中,200 万人口以上的城市 17 个。当前,我国 300 万人口(城区)以上的城市已有上海、北京、武汉、天津、广州、沈阳等。尽管我国各主要城市城区面积在不断扩大,城市交通基础设施发展很快,但仍赶不上人口与车辆增长速度,其人口密度仍在逐年增加,人均、车均道路面积仍在逐步减少,交通形势十分严峻。

20 世纪 60 年代以后,交通工程专家逐渐意识到,仅仅依靠增加交通供给的对策,很难从根本上解决城市交通供求不平衡的矛盾,因此提出交通需求管理(Traffic Demand Management,TDM)的概念,它的核心就是要通过各种政策、法规和现代化信息设备等诱导人们的出行来缓解城市交通拥挤问题[1]。

欧美、日本等国自 20 世纪 80 年代以后提出了许多 TDM 策略,而实行 TDM 策略的前提是掌握居民出行规律,提出适合本地区的管理策略,避免对居民出行产生误导。因此开发有效的出行需求预测模型以及分析和评价 TDM 策略的可行性,对于提出和推行高效的 TDM 策略是必不可少的。近些年,随着非集计模型在出行需求预测领域的广泛应用,许多学者开始将其应用于 TDM 策略评价。Wallace 等应用非集计模型对远程办公、价格政策等 5 项 TDM 策略实施效果进行了评价,对预测方法和评价指标做出改进[2],应用负二项回归模型进行了出行需求预测。

1　交通需求动态变化管理模型

随着经济和社会的发展以及其他因素,交通需求关系是不断变化的,在不同的时期表现为不同的平衡状态,这就是所谓的动态交通需求。如何根据这个动态变化的交通需求来进行有效的交通需求管理是非常重要的。模型建立在承认交通需求和交通供给之间不平衡必然存在的实际基础之上。交通需求与交通供给的不平衡对交通发展、经济增长、社会进步等方面产生了一定的影响。交通需求动态变化管理模型旨在通过分析二者之间的变化平衡关系减少和控制不良后果的产生。因此,建立一个交通需求动态变化管理模型是十分必要的。

1.1　模型建立的目标

交通需求管理是侧重于通过对交通需求的引导、调节与管理,来降低道路交通负荷,以缓解城市交通拥挤。所以模型的目标是要提供相关信息和数据,帮助管理者诱导人们的出行方式,缓解城市交通拥挤的矛盾。

本研究得到山东省软科学研究计划项目(2007RKB191)资助。

作者简介:陈莹,硕士研究生,chenying13180889421@126.com;王丰元,博士,青岛理工大学汽车与交通学院院长。

1.2 模型实现的主要功能

收集有关出行因素信息,辅助提供需求管理策略,管理需求数据存储,以上功能的实现为出行模式的合理分布提供了可能,有利于管理部门对交通的合理调控,同时需求管理可以依据国家政策制定价格策略。

实现可达性控制管理、拥挤价格管理、停车管理、公交需求管理和环境质量管理等策略。主要是从多方面入手来有效地进行交通需求管理,最终解决交通供给和交通需求不平衡带来的矛盾。

1.3 模型的信息和数据流程

动态交通需求管理模型中信息的流经和处理过程,模型主要是通过对采集来的原始数据进行分析处理后进行传递输出,最终的输出数据为管理者进行有效的交通需求管理的依据。图1为模型的数据流程。

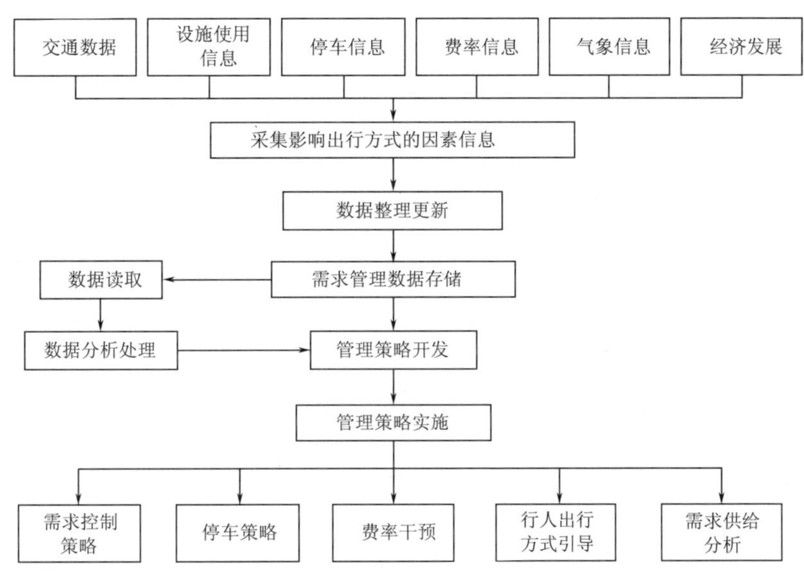

图1 动态交通需求管理模型数据流程图

1.4 动态交通需求管理模型

动态系统平衡是静态网络中需求与供给最优准则往动态网络上的扩展和延伸。其定义为在$[0,T]$时段中,系统中的所有用户通过选择出行路径,相互合作,使得整个系统的消耗成本最小。

设交通供给量的测度指标为Q_s。Q_s由以下因素决定[3]:路网面积$M(\mathrm{m}^2)$;标准车行驶中所占用的面积m(平方米);周转系数$n=T/t$,T是由路网提供的使用时间(按高峰小时计),T是标准车使用道路的时间(可按车的平均出行时间来计算);路网的通达系数C;路网综合利用系数K。

交通需求量的测度指标为Q_d,α表示标准车车公里的高峰小时比例系数;B_I为标准车日车公里数;L_I为标准车日平均出行距离;ϕ为非机动车换算标准车系数;ζ为标准车高峰小时非机动车交通量占非机动车高峰小时交通量的比重;β为非机动车日车公里数的高峰小时比例系数;L_J为非机动车日平均出行距离。B_J为非机动车日车公里数;$B_J=B_z/\sigma$,B_z为自行车日车公里数,σ为自行车拥有量占非机动车拥有量的比重。

根据上述影响因素描述,当有向路段的成本函数仅为出行时间时,可建立如下的动态交通需求管理关系模型:

$$Q_s=M/m\cdot n\cdot C\cdot K \tag{1}$$

$$Q_d=\alpha\cdot B_I/L_I+\Phi\cdot\zeta\cdot\beta\cdot B_J/L_J \tag{2}$$

2 动态交通需求管理模型分析及实例

将采集数据输入模型分析处理,若$Q_s\geqslant Q_d$,交通供给量满足交通需求量的要求,这说明从整体上不存在交通拥挤问题,即使局部地区存在交通拥挤,只要组织管理有序或通过排除道路设施本身的障碍

点,市区的交通供给资源仍是较为充足的。若 $Q_s < Q_d$,交通供给量不满足交通需求量的要求。这时存在两种情况:

(1)短期来看,只有个别时期 $Q_s < Q_d$,则可能是由于组织管理无序,或道路设施结构存在一定的障碍点及其他因素所致,只要排除这些因素即可使 $Q_s \geq Q_d$。

(2)从长期看,在不同时期均有 $Q_s < Q_d$,则说明,单靠交通供给的增加是不能适应交通需求的,而必须着重于交通需求的管理。

按照以上分析,据有关资料,对青岛市城区混合交通需求量和供给量作一实际估算。采用几次出行调查的平均结果计算,有关参数如下:$m = 87, n = 1.907, C = 0.5, K = 0.7, \alpha = 0.13, \varphi = 0.2, \zeta = 0.65, \beta = 0.2$。可以得到,城区高峰小时混合交通需求量:$Q_d > 5$ 万辆,城区交通供给:$Q_s = 41653$ 辆。结果表明,城区交通供给量即路网合理流量远远小于城区高峰小时混合交通需求量。从实际发展趋势来看,高峰小时混合交通需求量占全日交通需求量比重在下降,但是高峰小时混合交通需求量绝对数量却在增加,在长期内仍有 $Q_s < Q_d$。

通过讨论分析城市交通供给和交通需求模型我们可以清楚了解到二者的平衡关系,可以通过调整供给量来满足需求量,也可以通过控制调节需求量来适应目前的供给量,两者是相互影响,相互制约,最终的理想状态是通过采取适当的交通需求管理措施来寻求城市交通的动态平衡。

3 基于经济现状的交通需求管理策略

鉴于当前我国及区域城市的经济形势,本文提出以下需求管理措施。

3.1 采取基于 GPS 技术的实时拥挤收费制度

对行驶于拥挤道路或高峰时段的车辆征收一项额外费用,使出行者更全面地意识到自己的出行成本,从而利用价格机制影响出行的产生与分布、出行时间与交通方式以及出行路线的选择,使有限的道路资源在时空上得到合理的配置。采取路径诱导与数据采集功能相结合的方法,实现拥挤费按路段实时征收,以促进交通流在路网中的均衡分布。

交通设施这类准公共物品由于具有非竞争性、非排他性的特点,宜运用价格规律市场杠杆,结合城市道路交通系统拥挤性的统计调查,对城市道路交通系统车辆易拥堵路段、区域实行收费通行的准入制度,强化车辆通行的约束条件,调节车辆通行的私人成本,鼓励换乘公交车,达到优化配置交通流量分布,有效降低对城市道路交通系统这种准公共物品的社会总体消费需求。

3.2 经济型停车位转移密集交通流

通过设置相对优惠且方便的停车设施达到转移交通流的目的。在交通需求量相对较小的区域设置方便停车的停车场或路段停车泊位等,诱导驾驶者在该区域或路段停车,再步行进入拥挤路段,从而达到分散交通拥挤区域的交通需求量的目的。在旅游城市,可在旅游淡季将某些停车场因地制宜免费向市民提供。例如,巴黎地下停车场全天 24h 营业,而路边的停车位,从周一到周六早上 9 时到晚上 7 时之间收费,夜间和周日免费。收费分三个区,也就是从巴黎中心向外扩张的三个大圆,每小时费用从 3 欧元依次递减到 1 欧元。而到了 8 月份,在巴黎旅游客人最少,巴黎本地居民也出外避暑的时候,市区的一部分街道上可以全天免费停车,地下停车场也会降低收费。

3.3 柔性服务整合现有交通资源,降低社会成本

公交智能化中的柔性服务是基于价格导向的主动调控,最大限度地利用资源,其实质是给予公众多种选择的机会和可能,使系统达到自适应的境界。

在国外的一些城市,市民乘坐地铁到达市中心后,可以在 2h 内免费换乘地面公交。此举旨在鼓励市民不开车进城,可以减少城市中心的拥堵。大中城市可以考虑实行"磁性票价",即对连续换乘的乘客给予优惠,甚至不再累计车费,乘客可以自由选择快捷或负载较轻的公交车,这种运行模式不仅给予乘客较好的出行服务,而且也间接整合公交车队资源。相反,如果大部分乘客都要算计换乘的次数,眼巴巴地看着同一方向的空车驶过而不能乘坐,既浪费了资源,也不符合人性化的服务要求。单纯计次必将造成乘客集中搭乘少数线路,打乱高峰时的运行时间。在北京的两种体制的公交车队服务中,已经出

现忙闲不匀的局面,通过资费调控和智能化服务的双向支持,可以避免或弱化空驶率,节约社会成本。

4 结语

建立城市交通需求动态变化管理模型,分析居民出行的需求与供给平衡关系是制定和推行交通需求管理策略的前提和依据。应指出的是,已建模型还存在几个缺点,首先模型的标定和分析过程较为繁琐。而且一些影响交通需求与供给的因素尚未能有明确的量化标准。因此今后应通过调查研究,得到影响因素的数据信息,把广义交通需求和供给的影响因素作为方式选择的变量,同时进一步提出新的适应于新形势的交通需求管理策略。

参考文献

[1] 冯立光,易宏江,等.新加坡交通需求管理经验及对我国的启示.中国中心城市可持续交通发展年度报告[C].北京:人民交通出版社,2008.118-189

[2] Wallace B, Barned J, Rutherford G S. Evaluating the effects of traveler and trip characteristics on trip chaining, with implications for transportation demand management strategies [J]. Transportation Research Record, 2000, 1718:97-106

[3] 李康.初探中国大城市交通总需求与总供给的基本理论.交通运输系统工程与信息[J],1995 (2):43-47

Research on dynamic urban traffic demand management model

Chen Ying, Wang Fengyuan

(Qingdao Technological University, Qingdao, 266033)

Abstract: To solve the contradiction between urban traffic demand and traffic supply, the solution is to increase traffic supply or control traffic demand. In the past, the traffic demand and traffic supply were predicted separately to solve the problem on the urban traffic demand. The whole comparison and analysis of influence and balance could not be carried out. Based on the discussion about traffic supply and demand model separately, a dynamic urban traffic demand management model was constructed. The model included the manifold and the development of the urban traffic, utility of the model output, combination of traffic supply and demand model. The model was tested with some traffic data from Qingdao. Some urban traffic demand management methods were presented for practical application.

Key words: Traffic demand management; Dynamic traffic; Traffic demand; Traffic supply

基于突变论的城市道路交通安全评价方法研究

王 洋 路 峰 王周玉

(中国人民公安大学交通管理工程系,北京,102623)

摘 要:目前我国城市交通安全问题还比较严峻,对城市交通安全状况进行合理的评价是促进城市交通安全水平提高的有效手段。本文在阐述突变理论在城市交通安全评价中应用的基本思想上,给出了突变模型在综合评价中的基本方法,并建立了城市交通安全评价体系,最后以我国四个直辖市为评价对象得出评价结果。

关键词:城市交通安全; 突变理论; 评价体系

1 引言

随着汽车保有量的迅猛增加,我国道路运输业取得了极大的发展,但交通事故也愈来愈多。国内外的道路交通管理实践表明,建立科学的交通安全评价方法,定期评价,有助于道路交通安全的改善。道路交通安全评价是政府相关职能部门用以比较、分析和评价道路交通安全水平的度量标准,也是研究机构衡量道路安全水平,寻求消除安全隐患措施的度量标准。这些评价指标对于全面衡量和评价道路交通安全水平起着重要的作用。本文根据道路交通事故的突发特性,由突变论的相关理论,提出应当建立一种新的安全评价体系,为道路修建前、中、后提供可参考的依据,减少交通事故的发生。

2 基于突变论的评价方法的思路

目前,综合评价的方法很多,如模糊评价法、功效系数法、因子分析法、势分析法、层次分析法等。每种方法各有自己的特点,有些方法对确定权重问题难以正确解决,如模糊评价法,有些方法计算较繁,如因子分析法,要求样本数大于变量个数。突变模型评价法可以避免这些问题。基于突变理论的评价方法首先对系统的评价目标进行多层次矛盾分解,利用突变理论同模糊数学相结合产生的突变模糊隶属函数,由归一公式进行综合量化运算,最后归一为一个参数,即求出总的隶属函数,从而进行决策评价。此法没有对指标采用权重,但它考虑了各评价指标的相对重要性,从而减少主观性又不失科学性、合理性,所以评价的结果客观、准确、计算简便,它不要求样本数大于变量数,其应用范围广泛,值得研究。

3 突变理论的基本思想

突变理论(Catastrophe Theory)是由法国数学家雷勒·托姆(Rene Thom)于1972年创立的。它是研究动态系统在连续发展变化过程中出现的不连续突然变化的现象、突然变化与连续变化因素之间关系的数学理论。

一般地说,突变现象具有以下基本特征:系统演化的状态空间中必然具有多个稳定定态,因而在改变参数时,系统才可能出现从一个稳态向另一个稳态的跃迁,即发生突变;在不同稳定定态中存在着不稳定的定态,系统从一个稳态向另一个稳态跃迁的过程中直接跨过了这个态,不稳定的定态在实际中不可能达到。

托姆已经证明,如果控制参数的元素不超过4个,则函数最多只有7种突变形式,即折转突变、尖点突变、燕尾突变、蝴蝶突变等。如表1所示。

作者简介:王洋(1983-),男,山东济南人,中国人民公安大学硕士研究生,主要从事道路交通安全方面研究;路峰(1962-),男,河北人,中国人民公安大学教授、教务处副处长,硕士研究生导师;王周玉(1985-),男,江苏淮安人,中国人民公安大学硕士研究生。

类初等突变函数　表 1

状态变量数目	控制变量数目	势函数形式	突变名称
1	1	$V(x)=x^2+ux$	折转
1	2	$V(x)=x^4+ux^2+vx$	尖点
1	3	$V(x)=x^5+ux^3+vx^2+wx$	燕尾
1	4	$V(x)=x^6+tx^4+ux^3+vx^2+wx$	蝴蝶
2	3	$V(x,y)=\frac{1}{3}x^3-xy^2+w(x^2+y^2)-ux+vy$	椭圆脐
2	3	$V(x,y)=x^3+y^3+uxy-ux+vy$	双曲脐
2	4	$V(x,y)=y^4+x^2y+wx^2+ty^2-ux-vy$	抛物脐

在城市道路交通中,影响交通安全的变量很多,各个因素或多或少发挥着各自的作用,各因素所用的综合结果就是道路交通的运行情况。对城市道路交通,从微观角度来讲,道路上的车辆是处于相对安全的运行状态,但是当其中某个影响车辆安全行驶的因素恶化,系统就倾向于不稳定状态,一旦达到某个临界值,便产生突变,发生交通事故;对于城市交通宏观角度,影响其交通安全安全的因素也有很多,其中某个或者某些因素的恶化或者改善到一定得临界值,同样会是城市道路交通安全状况总体情况产生很大影响。本文重点讨论宏观状况下的城市道路交通安全评价。

4　突变论在综合评价中方法介绍

根据道路交通安全评价的目的,对评价总指标进行多层次分解,排列成倒树状目标层次结构,由评价总指标到下层指标,逐渐分解到下层子指标。原始数据只需要知道最下层子指标的数据就可以了。一个指标进行分解,是为了得到更具体的指标,以便进行量化,分解到一般可以计量的子指标时,分解就可以停止。因为一般突变模型中某状态变量的控制变量不超过 4 个。

4.1　确定评价指标体系各层次的突变模型

在表 1 中状态变量 x,状态变量的系数 t、u、v、w 表示该状态变量的控制变量。x 为总指标,u、v、w 为评价总指标的下层指标(图 1)。

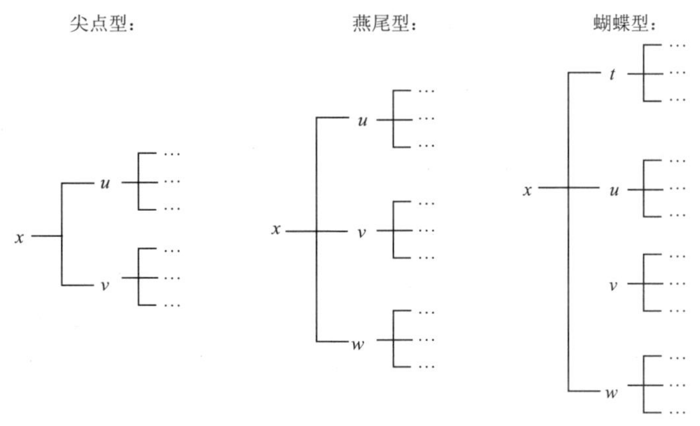

图 1　突变模型

4.2　导出归一方程

设突变系统的势函数为 $f(x)$,根据突变理论,它的所有临界点集合成平衡曲面,其方程通过对 $f(x)$ 求一阶导数而得,即 $f'(x)=0$。它的奇点集通过对 $f(x)$ 求二阶导数而得,即 $f''(x)=0$。由 $f'(x)=0$ 和 $f''(x)=0$ 消去 x,则得到突变系统的分歧点集方程,分歧点集方程表明诸控制变量满足此方程时,系统就会发生突变。

通过分解形式的分歧点集方程导出归一公式,由归一公式将系统内诸控制变量不同的质态化为同一质态,即化为状态变量表示的质态。

尖点突变模型分解形式的分歧点集方程为:

$$\begin{cases} a = -6x^2 \\ b = 8x^3 \end{cases}$$

化为突变模糊隶属函数,即如下归一公式:

$$\begin{cases} x_a = \sqrt{a} \\ x_b = \sqrt[3]{b} \end{cases}$$

其中 x_a 表示 a 的 x 值,x_b 表示 b 的 x 值

燕尾突变模型分解形式的分歧点集方程为:

$$\begin{cases} a = -6x^2 \\ b = 8x^3 \\ c = -3x^4 \end{cases}$$

化为突变模糊隶属函数,即如下归一公式:

$$\begin{cases} x_a = \sqrt{a} \\ x_b = \sqrt[3]{b} \\ x_c = \sqrt[4]{c} \end{cases}$$

蝴蝶突变模型分解形式的分歧点集方程为:

$$\begin{cases} a = -10x^2 \\ b = 20x^3 \\ c = -15x^4 \\ d = 4x^5 \end{cases}$$

化为突变模糊隶属函数,即如下归一公式:

$$\begin{cases} x_a = \sqrt{a} \\ x_b = \sqrt[3]{b} \\ x_c = \sqrt[4]{c} \\ x_d = \sqrt[5]{d} \end{cases}$$

归一公式实质上是一种多维模糊隶属函数。

5 城市道路交通安全评价体系

近年来,我国城市的城市化和机动化速度加快,道路交通需求迅猛增长,交通问题也日益严重,尤其是城市交通安全问题尤为突出,为解决城市交通供需不平衡的矛盾,减少交通事故对人民的生命财产造成的损失,除了动用社会力量采取各种措施改善交通安全状况外,采取必要的措施对交通安全状况进行综合评价也是非常必要的。因为交通安全管理的重点是要对我国的交通安全状况、发展过程和趋势记性分析,研究交通安全管理体系和交通安全技术措施,提高我国交通安全对策、规划和管理水平,有效地控制交通事故的增长趋势,减少交通事故损失。

城市道路交通安全评价体系是一个多层次的结构体系,应能客观地反映道路城市交通安全状况。为方便道路交通安全评价工作,本文提出了城市道路交通安全评价指标体系。

5.1 评价指标的选取原则

5.1.1 可比性

交通安全评价的指标应具适合不同城市间的比较,因此,必须在平等的,可比的标准体系下进行。

5.1.2 综合性

单一的指标只能从每一侧面反映道路交通安全水平,评价指标应力求全面反映评价对象的安全状况。本文通过分阶段法,选取的指标尽量能够概括交通安全的全过程。

5.1.3　独立性

包含一个方面因素的指标可能有若干个,但只能从中选取最有代表性的指标,摒弃与之在定义上和意义上相似的指标,以免造成概念伤得重负荷计算结果的重叠。

5.1.4　实用性

选用的指标应符合我国城市道路交通安全特点,符合我国现行统计实情,那些无从收集、无法使用的指标应剔除。

5.1.5　客观性

为了避免评价过程中掺入主观因素,对评价结果产生影响,本文所采用的指标均为客观指标。

5.2　评价指标构成

在城市道路交通安全管理过程中,根据对事故的预防和整治可以分为四个阶段:(1)事故发生前的预防阶段,在这个阶段主要针对社会交通参与者进行宣传教育工作,同时加强公安交通强执法力度,避免不必要的事故发生;(2)事故发生阶段,这个阶段主要工作是评定交通安全状况并做好数据统计;(3)事故发生后救援阶段,这个阶段包括交通警察对事故现场控制和医疗救助;(4)最后是交通环境改善阶段,主要工作是加强城市交通基础设施建设和事故多发点的整治。需要指出的是,这四个阶段没有严格的先后顺序,在每个阶段中可能也包含着其他一个或者多个阶段的工作,比如预防阶段的宣传教育工作可以贯穿在整个交通安全管理始终。

本文根据这种思想,制定了交通安全评价体系。与前面四个阶段相对应,在城市总体评价指标下设置了四个二级指标:宣传教育与公安交通执法、交通事故现状分析、交通事故应急救援系统、基础设计建设和事故多发点整治。又考虑到数据的实用性以及客观性,设置了三级指标和底层指标,整个评价系统如图2所示。

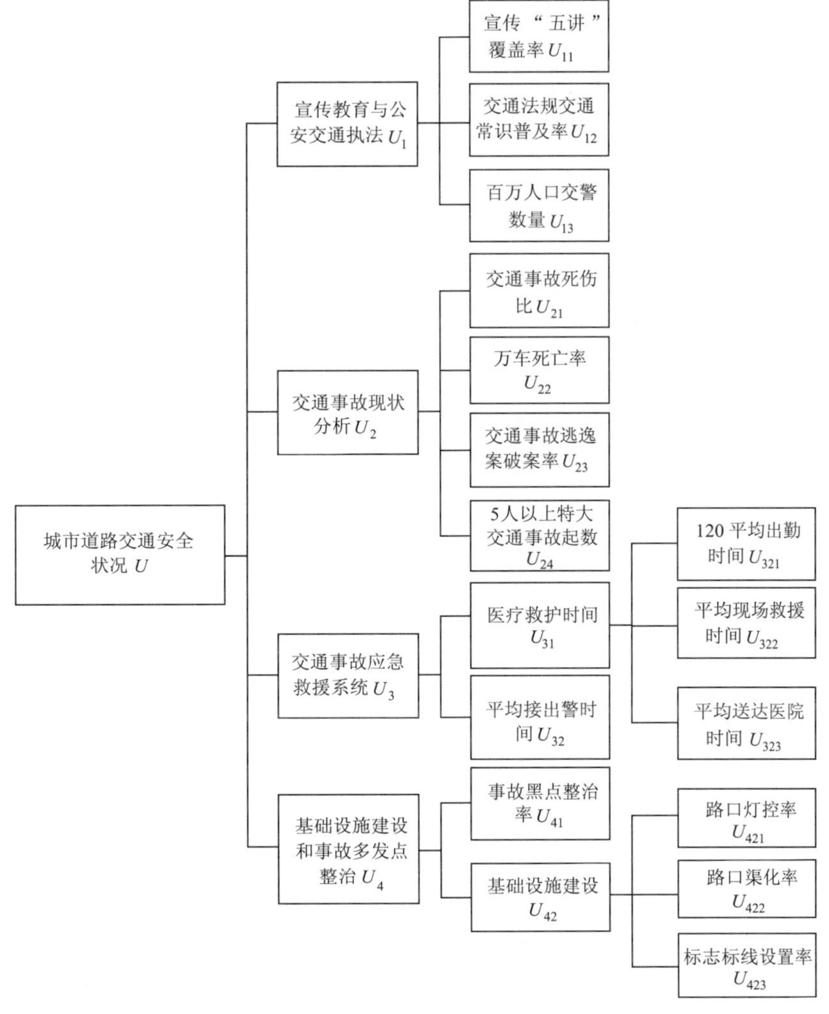

图2　道路交通安全评价指标

6 评价实例分析

根据我国2006年数据确定以上评价指标中的评价指标,如表2所示。

道路交通安全评价指标原始数值 表2

城 市		北京	天津	上海	重庆
宣传"五讲"覆盖率(U_{11})		0.9	0.77	0.87	0.81
交通法规交通常识普及率(U_{12})		0.72	0.66	0.77	0.57
百万人口交警数量(U_{13})		2.06	0.89	1.86	0.98
交通事故死伤比(U_{21})		0.19	0.15	0.18	0.21
万车死亡率(U_{22})		0.548	0.626	0.462	0.747
交通事故逃逸案破案率(U_{23})		0.40	0.29	0.26	0.38
五人以上特大交通事故数(U_{24})		2	2	2	8
医疗救护时间(U_{31})	120平均出勤时间(s)(U_{311})	180	150	200	160
	平均现场救援时间(s)(U_{312})	120	160	140	180
	平均送达医院时间(s)(U_{313})	240	200	230	300
平均接出警时间(s)(U_{32})		150	180	220	200
事故黑点整治率(U_{42})		0.30	0.29	0.33	0.24
基础设施建设(U_{42})	路口灯控率(U_{421})	0.85	0.79	0.88	0.69
	标志标线设置率(U_{422})	0.79	0.72	0.68	0.72
	路口渠化率(U_{423})	0.84	0.70	0.76	0.52

首先将获得的各时期的底层指标进行规格化,即按 $y_{ij}=\dfrac{x_{ij}-\min\limits_{1\leqslant j\leqslant 11}x_{ij}}{\min\limits_{1\leqslant j\leqslant 11}x_{ij}-\min\limits_{1\leqslant j\leqslant 11}x_{ij}}$ 进行标准化处理为[0,1]之间的无量纲数值。其中,$i=1,2,3,\cdots,11$ 为指标数,j=1,2,3,…,11 为评价对象数。得出新的评价指标数值,见表3。

道路交通安全评价指标数值 表3

城 市		北京	天津	上海	重庆
宣传"五讲"覆盖率(U_{11})		1	0	0.77	0.31
交通法规交通常识普及率(U_{12})		0.75	0.45	1	0
百万人口交警数量(U_{13})		1	0	0.83	0.08
交通事故死伤比(U_{21})		0.67	0	0.5	1
万车死亡率(U_{22})		0.3	0.58	0	1
交通事故逃逸案破案率(U_{23})		1	0.21	0	0.86
五人以上特大交通事故数(U_{24})		0	0	0	1
医疗救护时间(U_{31})	120平均出勤时间(s)(U_{311})	0.67	0	1	0.2
	平均现场救援时间(s)(U_{312})	0	0.67	0.33	1
	平均送达医院时间(s)(U_{313})	0.4	0	0.3	1
平均接出警时间(s)(U_{32})		0	0.43	1	0.71
事故黑点整治率(U_{42})		0.67	0.56	1	0
基础设施建设(U_{42})	路口灯控率(U_{421})	0.84	0.53	1	0
	标志标线设置率(U_{422})	1	0.44	0	0.44
	路口渠化率(U_{423})	1	0.56	0.75	0

在评价指标体系中，U_{21}、U_{22}、U_{23}、U_{24}、U_{31}（U_{311}、U_{312}、U_{313}）、U_{32}为反向指标，即数值越小表示评价对象的在此指标的效果越好，现将其变为正向指标，见表4。

统一后的道路交通安全评价指标数值　　表4

城　市		北京	天津	上海	重庆
宣传“五讲”覆盖率(U_{11})		1	0	0.77	0.31
交通法规交通常识普及率(U_{12})		0.75	0.45	1	0
百万人口交警数量(U_{13})		1	0	0.83	0.08
交通事故死伤比(U_{21})		0.33	1	0.5	0
万车死亡率(U_{22})		0.7	0.42	1	0
交通事故逃逸案破案率(U_{23})		0	0.79	1	0.14
五人以上特大交通事故数(U_{24})		1	1	1	0
医疗救护时间(U_{31})	120平均出勤时间(s)(U_{311})	0.33	1	0	0.8
	平均现场救援时间(s)(U_{312})	1	0.33	0.67	0
	平均送达医院时间(s)(U_{313})	0.6	1	0.7	0
平均接出警时间(s)(U_{32})		1	0.57	0	0.29
事故黑点整治率(U_{41})		0.67	0.56	1	0
基础设施建设(U_{42})	路口灯控率(U_{421})	0.84	0.53	1	0
	标志标线设置率(U_{422})	1	0.44	0	0.44
	路口渠化率(U_{423})	1	0.56	0.75	0

然后利用各突变系统模型的归一公式逐步向上层综合，直至得到最高层“城市道路交通安全状况”总评价。

具体步骤如下，以北京市为例：

(1)对指标U_{11}、U_{12}、U_{13}构成的燕尾突变系统有：

根据尖点突变模型的归一公式：

$$y_{11}=\sqrt{1}=1 \qquad y_{12}=\sqrt[3]{0.75}=0.908$$

这三个指标不互补，按照“大中取小”的原则，$y_1=0.908$

(2)对指标U_{21}、U_{22}、U_{23}、U_{24}构成的蝴蝶突变系统有：

根据蝴蝶突变模型的归一公式：

$$y_{21}=0.574 \qquad y_{22}=0.888$$

$$y_{23}=0 \qquad y_{24}=1$$

这四个指标互补，则：

$$y_2=\frac{y_{21}+y_{22}+y_{23}+y_{24}}{4}=\frac{0.574+0.888+0+1}{4}=0.615$$

(3)对指标U_{31}和U_{32}构成的尖点突变系统：

由于U_{31}是由U_{311}、U_{312}、U_{313}构成的燕尾突变，这三个指标互补，则：

$$y'_{31}=\frac{y_{311}+y_{312}+y_{313}}{3}=\frac{0.574+1+0.880}{3}=0.818$$

$$y_{32}=1.000$$

由于U_{31}和U_{32}这两个指标互补，则有：

$$y_3=\frac{y_{31}+y_{32}}{2}=\frac{0.904+1.000}{2}=0.952$$

(4)对指标U_{41}和U_{42}构成的尖点突变系统：

同理可得:

$y_4=0.948$

(5)最后,对指标 U_1、U_2、U_3、U_4 构成的蝴蝶突变系统有:

由于四指标互补,则有:

$y=0.945$

其他城市的计算类似,得出评价结果,如表5所示。

评价结果　　表5

城　市	总评价结果	排　名
北京	0.945	1
上海	0.922	2
天津	0.726	3
重庆	0.553	4

从评价结果看来,同样为直辖市的四座城市,道路交通安全状况差异较大,北京和上海的安全状况比较接近,天津处于中等水平,重庆的交通安全状况则比较差。

7 结论

突变理论在交通中的应用以往局限于交通流量预测,本文将突变论初步应用于城市道路交通安全评价中,结果表明,此方法在安全评价中的应用是合理可行的,能较为准确的量化交通安全状况,并能给出相应的安全状况排名。

(1)这种方法所采取的评价指标均以客观数据为基础,而且评价过程中没有给各个指标以相应的权重,避免了主观因素对评价结果的影响。

(2)通过评价过程的计算,可以分析那些指标对于本城市的交通安全状况影响最大。无论指标互补还是不互补,在统一为正向指标后,得分为0的指标对结果在很大程度上制约着总分的提升,也就是说,得分为0的指标是急需改善的项目。

(3)通过评价结果排名我们可以看出,四个直辖市中,重庆市的安全状况最差,在表4中,可以清楚看出重庆市在每个二级指标的下级指标中都有为0的项目,其中四个二级指标中有三个的指标排名最后,分别为:交通事故现状分析(U_2)、交通事故应急救援系统(U_3)、基础设计建设和事故多发点整治(U_4)。相应的下级指标中得分为0的指标有:交通事故死伤比(U_{21})、万车死亡率(U_{22})、5人以上特大交通事故数(U_{24})、医疗救护时间(U_{31})、事故黑点整治率(U_{41})、基础设施建设(U_{42}),这些指标状况的改善是今后的主要工作内容。

但是评价中要对评价体系分解,就难免带有一定的主观性,并且由于方法本身的对控制变量的数量限制,使每一层的评价指标不能多于4个,也为其指标体系的建立带来一定的局限性。

参考文献

[1] 凌复华. 突变理论及其应用[M]. 上海:上海交通大学出版社

[2] 张殿业. 道路交通安全管理评价体系[M]. 北京:人民交通出版社,2005.1

[3] 刘东,路峰,马社强,姜文龙. 道路交通安全综合评价体系评价指标的筛选与确定[J]. 中国人民公安大学学报(自然科学版),2005.1

[4] 黄军成. 突变理论及其在安全工程中的应用[J]. 南京工业大学学报,1999.1

[5] 袁大祥,严四海. 事故的突变论[J]. 中国安全科学学报,2003.3

[6] 杨亚莉,刘清平. 城市道路交通安全评价体系架构研究[J]. 公路工程,2008.2

[7] 陆化普,王建伟,李江平,兰荣,王京. 城市交通管理评价体系[M]. 北京:人民交通出版社. 2003.6

Study on the evaluation method of urban traffic safety based on catastrophe theory

Wang Yang, Lu Feng, Wang Zhouyu

(Chinese People's Public Security University, Traffic Management Engineering Department, Beijing, 102623)

Abstract: At present, Chinese cities are still in trouble with serious traffic safety problem. It is an effective way to promote the safety level of the city to value a city's traffic safety conditions reasonably. In this paper, on the basic of expatiating the application of catastrophe theory in urban traffic safety evaluation, it gives the catastrophe theory model in Comprehensive Evaluation, and establishes the urban traffic safety evaluation system. Finally it obtains the evaluation results of China's four municipalities as the appraisal object.

Key words: Urban traffic safety; Catastrophe theory; Evaluation system

平面交叉口方案辅助决策系统研究

马 郡[1] 马 骏[1] 王 洋[1] 陈 帅[2]

(1.中国人民公安大学交通管理工程系,北京,102623;2.北京交科公路勘察设计研究院,北京,100088)

摘 要:城市道路平交路口的交通管理历来是困扰交通管理者的主要问题之一。为了解决交通管理者决策难的现实问题,本文尝试建立一个辅助决策系统,提供一个比较完备的交叉口改善方案的数据库。通过对交叉口问题的分析,给出相应的更科学的改善措施供交通管理人员作出合理的决策。这对交通管理者进行最优方案选择,规范现代交通管理工作程序具有良好的现实意义。

关键词:平面交叉口;辅助决策系统;改善措施;专家系统

1 引言

随着我国经济建设的不断发展,城市机动车保有量和交通总量快速增长,交通出现了非常紧张的局面,交通延误增加、行车时间加长、事故频发、环境污染严重,整个城市的经济发展受到制约。而在一个城市道路网中,平面交叉口成为路网容量和通行能力的瓶颈。交叉口交通最理想的方法是各自建立道路专用系统,用互通式立交桥解决一般性平面路口的混行交通等带来的交叉冲突。但是,由于城市总体规划、城市景观、用地、资金限制、路口间距等诸多条件的制约,平面交叉仍是我国城市交叉口的主要形式,日常的交通拥挤大部分是由于交叉口的渠化不合理不足造成的。

城市道路平面交叉口是城市道路系统的重要组成部分,是管理、组织道路各类交通的控制点。据有关资料统计,一般干道的通行能力在交叉口降低40% ~50%,而交通事故有30% ~50%发生在交叉口,究其原因是交叉口布置不合理,同时缺乏恰当的、符合驾驶特性的交通渠化设施。由此可见,正确设计和渠化交叉口,合理地组织交通,加强交叉口的管制,以保证安全行车和提高交叉口的通行能力,具有重要的现实意义。由于平面交叉口交通流量大、冲突点多、交织点多、交通异常复杂,公安交通管理者不能够准确的把握交通现状,也就无法及时对交叉口存在的问题提出有效的对策。

交叉口作为路网的节点,汇集了各种交通方式,普遍存在几何设计、交通管理与控制和交通环境几方面的综合问题,解决交叉口问题要采取综合治理,综合治理的成败取决于决策质量,而决策质量取决于科学、有效的决策手段。由于交叉口有十字形、T形、X形、Y形、环岛和多路交叉等多种形状,针对不类型交叉口所采取的信号控制和渠化程度也不尽相同,同时对交叉口同一问题又有多种解决方案去采纳,需要通过效益评价和工程造价综合考虑。因此,快速有效地寻求交叉口最佳改进方案是交通决策者的一大难题多数决策者是根据以往的工作经验对现状交叉口进行改善,虽有一定的成效,但是由于缺乏科学的分析,总是无法达到理想的效果,专家系统则是解决交叉口改善措施决策问题的有力武器。

2 平面交叉口改进方案辅助决策系统框架

平面交叉口改进方案决策系统是专家系统在交叉口管理中的应用,该系统收集了交叉口常见的问题及其改善措施,形成一个比较完备的知识库,并运用一定的推理方法,对实际交叉口出现的问题进行分析,并得到合理的改善措施。

作者简介:马郡(1984-),男,中国人民公安大学交通管理工程系,硕士研究生,地址:北京218信箱中国人民公安大学团河校区研究生中队,E-mail:majun-mj@163.com;马骏(1963-),男,中国人民公安大学交通管理工程系副主任,地址:北京218信箱中国人民公安大学团河校区交通管理工程系。

本决策系统是一个集交叉口信息采集与修正、交叉口问题分析与交叉口改善方案生成于一体的系统。基于交叉口改善的基本知识和经验，交叉口设计的基本方法以及交叉口通行安全的原则，构成系统的知识库；将交叉口改善思路与人工智能技术相结合，构成推理机；根据具体交叉口的现状，通过调用有关推理规则，最终给出改善方案。该决策系统主要由交叉口信息数据库、推理机、方案库、规则库和人机接口等部分组成，如图 1 所示。

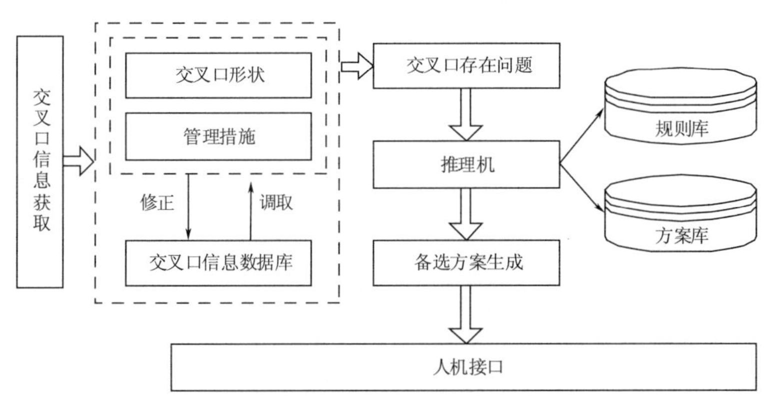

图 1　辅助决策系统结构

(1)交叉口信息数据库

交叉口信息数据库为当地公安交通管理部门的数据库，它的主要功能是为本系统提供问题交叉口的几何形状和现行管理措施，以方便交叉口的数据采集。

(2)推理机

推理机针对用户或外部系统提出的实际问题根据知识库中存储的知识按一定的推理方法和控制策略进行推理而得出结论。本系统采取正向推理的方法，并采用产生式规则。结合交叉口已知的几何形状和存在问题，设定解决方案生成规则。

(3)方案库

针对交叉口存在的各种问题(如交叉口几何设计、管理控制、交通环境等)，确定较为综合全面的解决方案。

(4)规则库

规则库是系统知识库的主要组成部分。本系统采用产生式方法，该规则的一般形式为：

(规则名

(IF (条件 1) (条件 2) …… (条件 n)

(THEN (条件 1) (条件 2) …… (条件 m)))

一条规则的表有 3 个顶层元素，第一个元素是规则名，第二个元素是包括 IF 在内的规则前件，第三个元素是包括 THEN 在内的规则后件。

(5)人机接口

人机接口是系统与用户进行对话的界面，则把用户输入的交叉口信息和存在的问题转换成规范化的表示形式，然后把这些内部表示交给相应的模块去处理，做出合理的决策方案。

3　决策系统工作流程

本系统以专家系统为基础，通过对交叉口问题的分析和推理，为交通管理者对平面交叉口进行快速、合理地设计和渠化交叉口，合理的组织交通，加强交叉口的管制等提供直观的决策依据和对策支持。决策系统主要包括交叉口信息获取子系统和方案生成子系统两部分。

3.1　交叉口信息获取子系统

本子系统所要实现的功能是完成交叉口现状基本信息的获取，主要包括交叉口几何形状、管理措施，如图 2 所示。

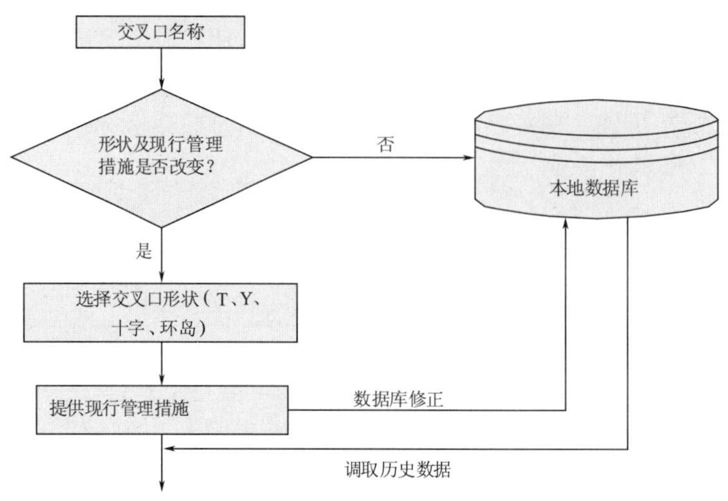

图2　问题诊断子系统

(1)确定问题交叉口几何形状

选择某城市亟须改善的交叉口名称,了解交叉口形状,一般分为T形交叉口、Y形交叉口、十字交叉口和环岛交叉口等。

(2)获取交叉口现行管理措施

如果该交叉口现行管理措施与当地交通管理部门的数据一致,则从交管部门的数据库(即本地数据库)调取信息,否则人工输入该交叉口管理措施,并对本地数据库的数据进行修正。

交叉口管理措施主要包括信号设计和渠化两方面。信号设计方面指交叉口是否是信号控制,若是,则选择信号相位数(两相位或多相位),并选择是否有专用相位(左转专用相位或右转专用相位);渠化主要包括车道设置,标志和标线等几项内容。

3.2　备选方案生成子系统

本子系统所要实现的功能是针对交叉口存在问题,调取规则库中的相应规则,由方案推理机在方案库中寻找对应的解决方案。最后,由用户根据交叉口的具体情况确定最优方案,如图3所示。

(1)交叉口的问题描述

用户对交叉口存在的问题现象加以描述,而后系统通过对问题进行分析,得出系统可以认知的交叉口症状。

(2)知识库设计

本文以交叉口渠化措施为例,对知识库的设计进行说明。本系统的知识库由规则库、方案库组成,分别作如下描述:

①规则库是系统知识库的主要组成部分,本文采用产生式规则,一般产生式规则的前件或后件可能是有限个事实或结论的合取式的析取。

例如:规则R为:$(F1 \vee F2) \wedge M1 \rightarrow H1$,表明条件F1和条件M1都满足,或条件F2和条件M1都满足,均可得出结论H1。如:F1:十字交叉口,F2:T形交叉口,M1:进口车道数过少,H1:减小中央分隔带宽度,增加进口道车道数,说明的是:无论在F1:十字交叉口还是F2:T形交叉口,只要存在M1:进口车道数过少的问题,都可通过H1:减小中央分隔带宽度,增加进口道车道数来解决。

②方案库存放的是交叉口大量渠化方案的专家知识,以备推理机对交叉口问题做出分析,并筛选出合理的解决措施。

(3)实例分析

本文选择十字、T形和环岛三种典型交叉口作为研究对象(F1 ~ F3),列举出交叉口常见6种交通症状(F4 ~ F9):

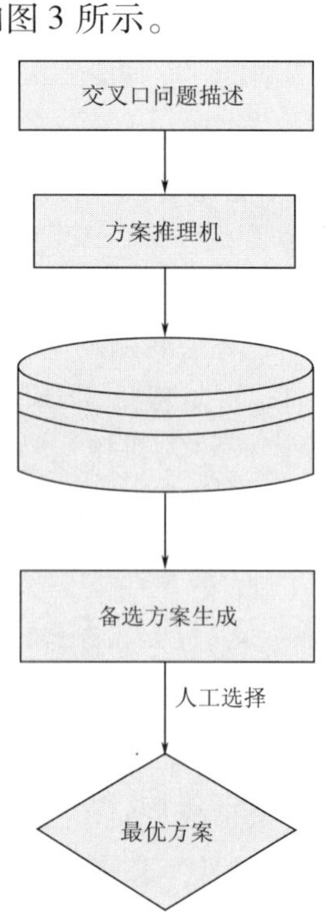

图3　备选方案生成子系统

F1:十字交叉口　　F2:T 形交叉口　　F3:环岛交叉口

F4 机动车无法一次通过交叉口　　F5 机动车左转弯多

F6 非机动车左转弯多　　F7 行人无法在一个绿灯时间内通过交叉口

F8 公交车阻碍社会车辆通行　　F9 转弯车辆影响直行车流

根据交叉口存在的问题,规则设计如下(图 4):

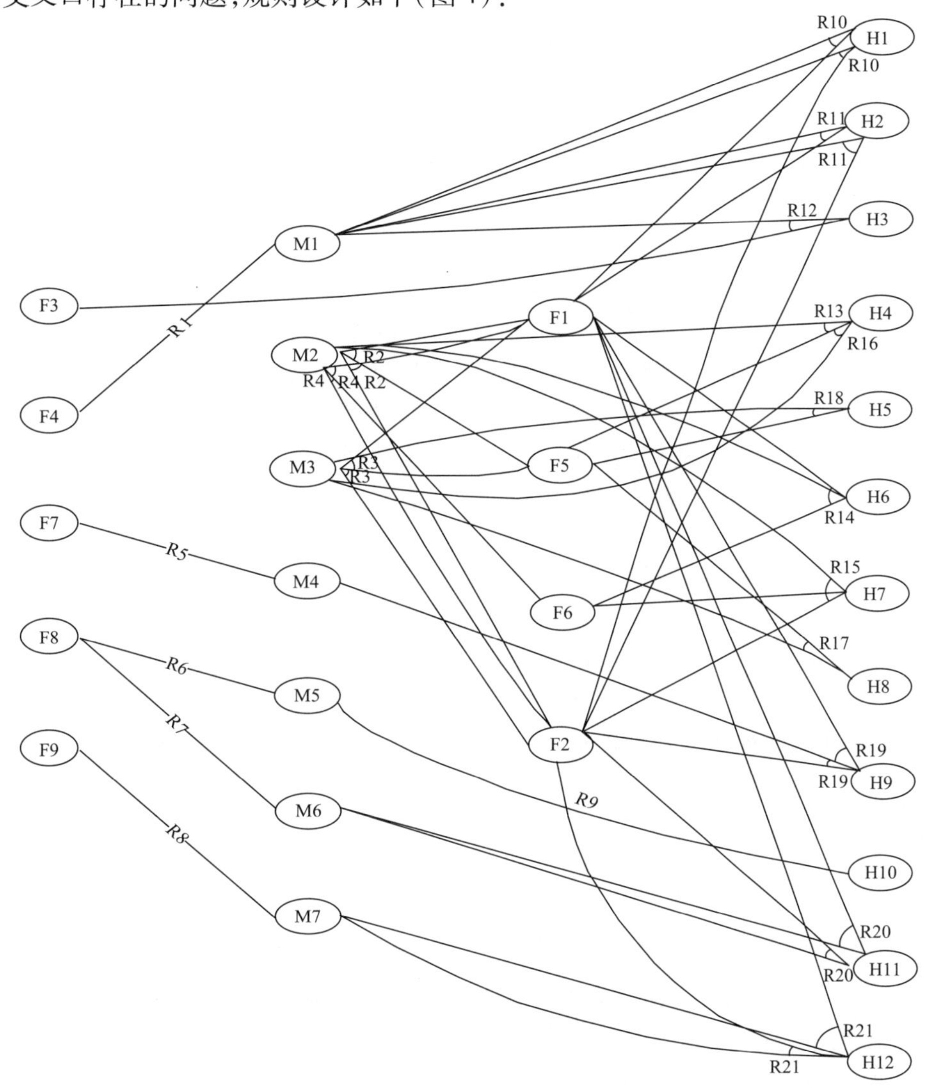

图 4　平面交叉口渠化措施规则库与/或图

R1:F4→M1 进口道车道数不足

R2:F5∧(F1∨F2)→ M2 机非冲突

R3:F5∧(F1∨F2)→M3 影响直行车辆通行

R4:F6∧(F1∨F2)→M2 机非冲突

R5:F7→M4 交叉口大

R6:F8→M5 公交站点在交叉口附近

R7:F8→M6 公交车辆多

R8:F9→M7 支路转弯车速过快

R9:M5→H10 将公交站点撤离交叉口 50m 外

R10:(F1∨F2)∧M1→H1 减小中央分隔带宽度,增加进口道车道数

R11:(F1∨F2)∧M1→H2 适当偏移中线,增加进口车道数

R12:F3∧M1→H3 减小环岛半径,增加交叉口车道数

R13:F5 ∧ M2→H4 禁止左转

R14:F1 ∧ F6 ∧ M2→H6 设置非机动车左转等待区

R15:F2 ∧ F6 ∧ M2→H7 设置机非分离护栏,使非机动车在人行道处转弯,减小冲突区域

R16:F5 ∧ M3→H4 禁止左转

R17:F5 ∧ M3→H8 施画导流线,规范左转车辆行驶路线

R18:F5 ∧ M3→H5 增加左转专用车道

R19:(F1 ∨ F2) ∧ M4→H9 施画二次过街安全岛

R20:(F1 ∨ F2) ∧ M6→H11 设置公交专用道

R21:(F1 ∨ F2) ∧ M7→H12 缩小进口宽度或使道路弯曲,使驶入车辆降低速度并尽可能使干道车流避免碰撞

4 结语

城市平面交叉口是城市交通的节点,也是削弱道路网络通行能力的“滞点”。对于交通管理部门的决策者来说,针对交叉口实际问题及时、高效地提出合理的改善措施尤为重要。本文运用专家系统相关知识,尝试建立一个直观、易于应用的辅助交通管理者决策的系统框架体系,收集交叉口改善措施的专家意见,为交通管理者提供科学、有效的措施,排除了交通管理者以往仅凭经验作出的决策的片面性因素,对于城市交叉口改善措施的决策效率和科学性有一定的意义。

参考文献

[1] 尹朝庆,尹皓.人工智能与专家系统[M].中国水利水电出版社,2002

[2] 黎国强,梁华煜.浅议平面交叉路口的交通渠化法[J].广东公安科技,2001(03)

[3] 韩昌德.浅谈T形平面交叉口的渠化设计[J].黑龙江交通科技,2008(07)

[4] 谈晓洁,周晶,盛昭瀚.基于知识的城市交通拥挤疏导决策支持系统的构造[J].信息与控制,2002(01)

[5] NCHRP. Report457. Engineering Study Guide for Evaluating Intersection Improvements. Trb-2001

An assistant decision making system for improvements at at-grade intersections

Ma Jun, Ma Jun, Wang Yang, Chen Shuai

Abstract: Traffic managing at intersection is the main problem of traffic manager. In order to solve the issue of hard decision-making for traffic manager, the paper attempt to set up a assistant decision system and provide for a whole database about improving measure of intersection. The system builds much more scientific improvement measure for traffic manager by Analyzing the problem at intersection. It is significative for selecting optimum measure and standardizing modern traffic management.

Key words: At-grade intersection; Assistant decision system; Improvement measure; Expert system

利用多方式客运量估算城市交通出行结构

刘智丽[1,2]　陈金川[3]　王　方[3]

（1. 北京交通大学交通运输学院;2. 北京交通大学城市交通复杂系统理论与技术教育部重点实验室，北京,100044;3. 北京交通发展研究中心,北京,100055）

摘　要:应用最小二乘原理及优化理论,建立了城市交通出行结构的统计学估算模型。应用拉格郎日乘子法推导出了模型的解析解表达式。最后给出了模型在北京市的实际应用举例。该模型基于城市客运系统中较容易获得的各方式客运量数据,辅助以少量的参数调查,所需数据量小且容易获得,适于城市交通结构的宏观快速推算。

关键词:客运量;交通结构;最小二乘

1　问题提出

城市交通出行结构是指城市居民借助各种交通方式出行的比例构成,它由各主要交通方式出行量的比例关系确定,是城市交通系统的重要指标之一。其中的公共交通出行比例更是作为城市交通系统可持续发展规划的核心内容成为各地城市交通发展纲要中的战略目标之一。为了能制定更好的交通发展政策,了解城市交通结构的发展动态,城市管理者需要估算城市交通出行结构。要计算特定时期的交通出行结构指标值,传统上通常先进行大范围的综合交通调查,在此基础上综合分析和校核才能获得。完成这一工作流程的任务周期一般为2~5年。而我国目前正步入城市化发展的快速时期,交通形势日新月异,城市决策者通常需要每一年甚至半年了解城市交通出行结构的发展动态,传统估算方法的时间周期无法满足实际工作的需要。加之我国城市开展居民出行相关调查工作较晚,目前仅有北京、上海、深圳、广州、武汉等一些大城市完成了相关工作,积累了基础数据,全国各地城市还多未开展此项工作[1],不具备用传统方法确定城市交通出行结构的基本条件。因此有必要研究城市交通出行结构估算的快速方法。

城市客运系统分为营运性客运和非营运性客运两个子系统。客运量是客运系统一定时间内运输的旅客人数统计量。其中,营运性客运子系统由政府相关部门监管,其日常营运统计数据已经形成规范的上报制度,可以方便地获取,如公共汽车客运数据,出租汽车客运数据等。而非营运性子系统的客运数据,没有归口管理,需要根据实际情况进行调查获得,如小客车系统,需要调查小客车日均出行次数、次均载客人数等指标。基于各子系统出行量与客运量之间的换乘系数关系,本文提出利用客运统计数据,应用最小二乘估计原理估算城市交通出行结构的计算模型。该模型利用统计学方法,使用易获取的客运量数据来标定一个时期的城市交通结构,具有应用简便,时效性强的特点。

2　基于客运统计数据的城市交通出行结构估算模型

假设城市中共有 N 种客运子系统,其中第 i 个子系统的客运量为 Q_i,第 i 个子系统换乘系数为 λ_i,承担的出行量为 T_i,则理论上 $Q_i=\lambda_i T_i$。由于通过抽样调查获得换乘系数存在误差,且各子系统统计数据过程中存在口径、精度等多方面的不一致,因此,推算出的出行量存在一定偏差 D_i:

$$D_i=\lambda_i\cdot T_i-Q_i \tag{1}$$

本文获得以下项目资助:北京交通大学科技基金资助项目(2007RC103);北京市优秀人才培养资助(20071A1100700389);交通工程北京市重点实验室(北京工业大学)开放课题基金资助。

作者简介:刘智丽(1977-),女,河北吴桥人,工学博士,讲师。研究方向:城市轨道交通、铁路运输、城市客运等 E-mail:liuzhili@jts.bjtu.edu.cn。

为使估算结果与实际统计数据最接近,应用最小二乘思想,目标函数定义为 $\min D^2$。

另一方面,通过相关调查,可以获得市民日均出行次数 r。理论上,全市日出行总次数则是全市人口 P 与 r 的乘积,并等于各子系统出行量之和,即:

$$P \cdot r = \sum_{i=1}^{N} T_i \tag{2}$$

但实际工作中,由于平均出行次数一般也通过抽样调查来估计,故也存在一定误差。假设偏差的允许范围为 k,则式(2)可以改写为:

$$|P \cdot r - \sum_{i=1}^{N} T_i| \leqslant k \cdot P \cdot r \tag{3}$$

综上,构造交通出行结构估算模型如下:

$$\begin{aligned} &\min D^2 \\ &\text{s.t.}\ |P \cdot r - \sum_{i=1}^{N} T_i| \leqslant k \cdot P \cdot r \end{aligned} \tag{4}$$

式(4)为一优化模型,其模型结果为各子系统出行量 T_i^* $(i=,1,\cdots,N)$,在其基础上,可以计算各子系统承担的出行比例:

$$p_i = T_i^* / \sum_{i=1}^{N} T_i^* \times 100\% \tag{5}$$

3 模型求解

式(4)可以分解为如下的式(6)和式(7):

$$\begin{aligned} &\min D^2 \\ &\text{s.t.}\ P \cdot r - \sum_{i=1}^{N} T_i \leqslant k \cdot P \cdot r (\text{当}\quad P \cdot r \geqslant \sum_{i=1}^{N} T_i\ \text{时}) \end{aligned} \tag{6}$$

或

$$\begin{aligned} &\min D^2 \\ &\text{s.t.}\ \sum_{i=1}^{N} T_i - P \cdot r \leqslant k \cdot P \cdot r (\text{当}\quad P \cdot r \leqslant \sum_{i=1}^{N} T_i\ \text{时}) \end{aligned} \tag{7}$$

当未知变量数目 $i=2$ 时,式(6)可以非常容易通过求解约束条件方程组得到解决。但城市客运系统中通常存在多种交通方式,此时无法通过简单解方程组而获得模型的解。

以式(6)为例,求解模型算法。采用通常的拉格郎日乘子法求解上述模型。引入乘子 $\alpha>0$,构造拉格朗日函数 L,从而式(5)等价于式(8)。

$$\text{MIN}\quad L = D^2 - \alpha(k \cdot P \cdot r - P \cdot r + \sum_{i=1}^{N} T_i) \tag{8}$$

式(8)中的目标函数求极值,令 $\frac{\partial L}{\partial T_i}=0$,即可获得 $T_i = \frac{\alpha}{2\lambda_i^2} + \frac{Q_i}{\lambda_i}$,由式(3)可得:

$$\alpha \geqslant \frac{(1-k) \cdot P \cdot r}{\sum_{i=1}^{N} \frac{1}{2\lambda_i^2}} - \frac{\sum_{i=1}^{N} \frac{Q_i}{\lambda_i}}{\sum_{i=1}^{N} \frac{1}{2\lambda_i^2}} \tag{9}$$

取等号获得 α 值,然后带入 $T_i = \frac{\alpha}{2\lambda_i^2} + \frac{Q_i}{\lambda_i}$ 和式6,即可求得城市交通出行结构构成。

4 模型应用案例

截至2008年7月,北京市的主要客运交通方式包括公共汽车、地铁、出租车、小客车、班车、自行车等(本研究中不包含步行)。通过有关交通调查,获得北京市公共汽车和地铁系统的换乘系数,从运输管理部门获得公共汽车、地铁和出租车的客运量统计数据。另根据相关调查结果，获得班车和自行车的客运量，并利用小客车保有量推算小客车的客运总量。得到同期客运量为 3072.09 万人，理论出行量 2542.882 万人。所有数据汇总见表 1。

北京市客运量基础数据表 表 1

客运子系统	换乘系数 λ	客运量 Q（万人次/日）	客运子系统	换乘系数 λ	客运量 Q（万人次/日）
公共汽车	1.56	1084.74	小客车	1.00	853.05
地铁	1.72	334.00	班车	1.00	50.40
出租	1.00	187.00	自行车	1.00	562.90

据估计，相应统计时期北京市中心城出行总量（不含步行）约为 2580 万人次/日，大于按式（1）计算的理论出行总量之和，建立形如式 6 的估计模型。取 $k = 0.01$，应用式（10），可计算得到 $\alpha = 4.685041068$，进一步计算得到各方式的构成比例，见表 2。

北京市交通结构 表 2

交通方式	出行量（万人次/天）	构成比例（%）	交通方式	出行量（万人次/天）	构成比例（%）
公共汽车	696	27.3%	小客车	855	33.5%
地铁	195	7.6%	班车	53	2.1%
出租	189	7.4%	自行车	565	22.1%

从模型结果看，公共交通出行比例已经达到 34.9%，小客车出行比例达到 33.5%。说明虽然北京市小客车畅销，日增 1000 辆左右，但在大力建设轨道交通，广泛推进公共汽车快速发展等工作努力下，维持了公共交通在城市交通系统中的主导地位。但同时也显示，这种维持这种局势的任务是非常艰巨的。而自行车出行比例降低到 22.1% 也显示了自行车交通在这个特大城市中的萎缩，从节能环保和减排的角度考虑，值得研究相关对策。

5 结语

本文建立的城市交通出行结构估算模型，所需的城市客运子系统统计数据容易获得，所需的几项重要特征参数通过一些典型调查即可获得，因此，应用条件宽松，易于推广，且比较适合短期快速估算的工作需要。

模型中没有处理步行交通方式的构成份额问题。这是因为对于步行而言，其出行特征参数，尤其是出行总量的准确估算非常困难。而城市交通问题中，步行方式在城市交通资源分配矛盾冲突中也不突出，因此本文模型将不含步行的交通方式构成作为建模对象是合适的。

模型算例中的公共汽车客运量是折减过的。这是因为，一次出行过程中包含多方式的换乘衔接时，需要将出行按交通方式的优先顺序进行折算。而一次出行中乘坐公共汽车换乘轨道交通目前在北京市非常普遍，约占轨道交通客运量的 30% 以上[3]，因此这部分公共汽车客运量就应从公共汽车客运总量中进行扣减，然后计算出行量。这也是直接用客运量进行方式构成计算与按出行量进行方式构成计算的最大区别所在。

模型中的城市人口 P 通常指的是城市中心城区的人口，对于单组团的城市而言即城市建成区的人口。由于公共汽车、轨道、出租车、班车等交通方式通常不覆盖郊区及农村地区，因此其客运量统计数据也有地域范围，其对应的人员出行量也应为对应的范围。

本文建立的模型目前已在北京市交通运行分析报告中多次应用[3,4]，能够较好反映交通系统的总体变化特征。北京市实施公交低票价政策和新轨道交通线路开通带来的城市客运市场分配变化和城市交通出行结构的调整，都能用本文建立的模型灵敏反映出来。

参考文献

[1] 刘智丽，陈金川．城市交通宏观仿真建模及开发实例研究[J]．交通运输系统工程与信息，2006 年第 4 期

[2] 缐凯，王方，等．基于漏报处理的居民出行调查数据综合校核方法研究[A]，城市交通模型技术与应

用——城市交通模型研讨会,上海,2007
[3] 北京交通运行分析 2008[R]
[4] 北京交通运行分析 2009[R]

An estimation model for transport modal split based on travel multimodal passenger transport volumes

***Liu Zhili*[1,2], *Chen Jinchuan*[3], *Wang Fang*[3]**

(1. School of Traffic and Transportation, Beijing Jiaotong University, Beijing, 100044; 2. MOE Key Laboratory for Urban Transportation Complex Systems Theory and Technology, Beijing Jiaotong University, Beijing, 100044; 3. Beijing Transport Research Center, No. 9-412 Beibinhe Road, Xuanwu District, Beijing, 100055)

Abstract: This paper presents an estimation model for transport modal split based on Least Square theory and optimization methodology. Analytical expression of the model result is given and followed by an application example in Beijing. The recommended model needs little data on statistics of varied mode ridership or passengers that easy to get and little accessorial survey. This makes the model convenient to apply to rapid estimation of urban model split on macro level.

Key words: Ridership; Modal split; Least square

基于路网结构的交通拥挤机理分析及对策研究

李振龙　范立权

（北京工业大学电子信息与控制工程学院，北京，100022）

摘　要：交通拥挤的原因是多方面的，本文主要从路网结构方面分析交通拥挤的机理。通过对北京市典型拥挤路段的调查，分析路网结构对交通流的影响，归纳总结了四类由于路网结构引起的交通拥挤类型。并从交通管理和控制方面提出了缓解这四类交通拥挤的一些对策，期望在一定程度上缓解由于路网结构引起的交通拥挤。

关键词：路网结构；交通拥挤；对策

1　引言

随着社会经济的快速发展和城市化进程的加快，大城市的交通拥挤问题日益严重。2005 年北京市中心区高峰期间道路网的平均负荷高达 0.9，有五分之一的路口和路段严重拥塞，早晚高峰期间道路平均车速不足 20km/h，全天高峰时间长达 10h[1]。交通拥挤是指某一时空由于交通需求和供给产生矛盾引起的交通滞留现象，主要是道路交通设施所能提供的交通容量不能满足当前交通需求量而又得不到及时疏通的结果[2]。交通拥挤使城市车辆运行速度降低，出行时间延长，从而降低社会经济运行效率。同时，交通拥挤加重了环境污染和交通事故，危及居民健康和生命，影响城市人居环境水平[3]。

城市交通拥挤的产生机理及其对策一直是交通学者关注的热点。M. A. P. Taylor 研究了城市道路网络中拥挤的实质及描述拥挤服务水平的参数[4]。黄欣对城市交通拥挤的成因进行了系统分析，将其分为四类：车辆影响、交通需求、交通设施和非机动车流，并重点对行人流和非机动车流对于交通的影响进行了分析[5]。张毅媚等运用经济学的理论和方法对大城市交通拥挤的机理进行剖析[6]。蒋亚磊依据博弈论中的“公共地悲剧”模型，分析了城市交通拥挤产生的经济根源，并利用获得的博弈结论从供给和需求两个角度给出了缓解城市交通拥挤问题的对策，如增加交通设施容量、合理调整城市土地使用功能策略等[3]。陆化普等从土地利用和交通结构等方面提出了解决城市交通拥挤问题的若干建议，如加快轨道交通建设、分散城市人口的同时分散城市功能等[7]。李兰冰以历史统计数据为依据，从城市化加快，私家车拥有量急剧增加，道路建设相对落后的角度，指出交通拥挤现象源于交通供给与交通需求之间的缺口[8]。管满泉根据管理中的“木桶理论”，从道路因素分析交通拥挤的成因，并得出道路规划建设、路网容量、道路技术等级及道路交通环境 4 个方面是造成交通拥挤的重要原因[9]。全永燊，金东星等通过对北京市中心区道路网络进行调查，对二环路和三环路的症结进行了分析，提出了一些交通改善实施建议与措施[1]。

城市道路网络由众多道路纵横交织而成，对于北京、上海等大城市，城市道路网络由普通道路和城市快速路组成，它是一个包含上千条路段的大规模网络，很容易发生交通拥挤。交通拥挤的原因是多方面的，路网结构的不合理是其中之一。本文主要分析道路网络结构对交通流的影响，分析由于道路网络结构引起交通拥挤的机理。在此基础上，从交通管理和技术层面提出一些相应的对策期望一定程度上缓解由于路网结构引起的交通拥挤。

2　路网结构对交通流的影响分析

（1）同一道路车道数量变化对交通流的影响

由于地理环境等因素的限制，同一条道路的车道数量会发生变化，这样必然会对交通流产生影响。如北京市朝阳区西大望路在东郊路口到百子湾路口之间车道数是 2，而其他路段车道数是 4，因此东郊

基金项目：国家自然科学基金（60604008），北京市科技新星计划（2007A016）。

路口到百子湾路口之间形成一个瓶颈,上游4个车道的交通流通过路口后必须汇入到2个车道中,从而使得这一路段在高峰期经常发生拥堵(图1)。

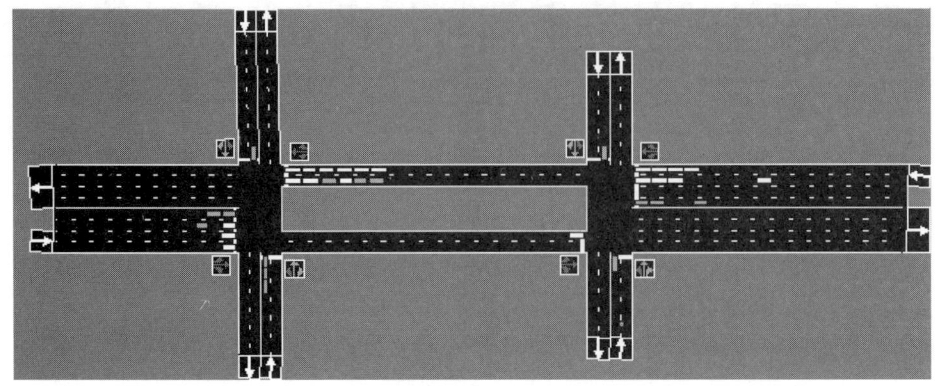

图1 车道数变化的道路

(2)快速路出入口间距太小对交通流的影响

快速路是城市交通的主干道,能给用户提供较高的服务水平。快速路全程无交叉口,通过入口匝道和出口匝道与辅路相连。有些快速路的入口匝道和出口匝道之间的距离太近,如图2所示。从入口匝道驶入的车辆在区域L中要换道加速;出口匝道驶出的车辆在区域L中要减速换道。因此在区域L中车辆频繁换道、相互影响,导致在高峰期经常发生交通拥挤。如北京市三环劲松桥、十里河桥、四环望京桥等附近的出入口匝道处经常发生交通拥挤。

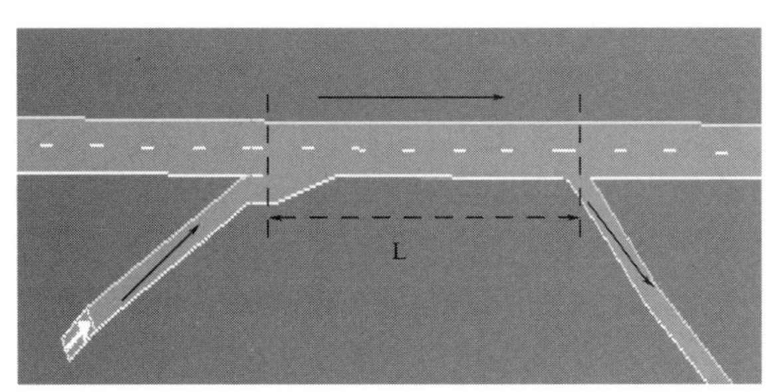

图2 快速路(十里河桥)

(3)快速路出口匝道与辅路交叉口对交通流的影响

交通流从快速路出口匝道驶出与辅路车流汇合,两股车流在汇合处相互影响并受到辅路交叉口信号灯控制的影响,如果流量过大就会导致出口匝道上的车辆回溢使快速路发生拥挤。这种出口匝道处的交通拥挤是北京市快速路经常发生拥挤的地方之一,如北京市京通快速路高碑店出口、八王坟出口、北四环四通桥出口等地方(图3)。

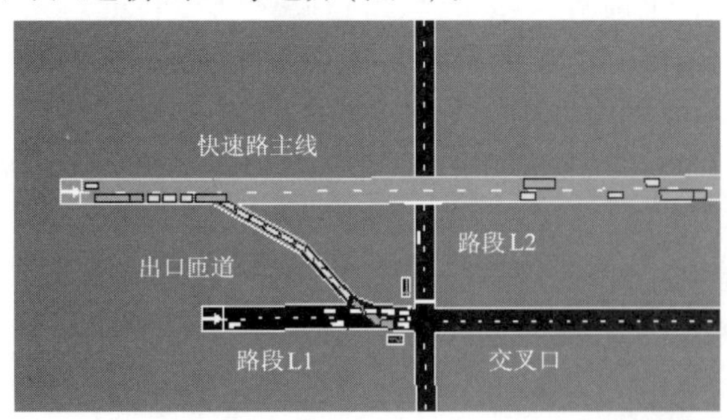

图3 快速路出口匝道处的交通拥挤

(4)快速路多个入口集中汇聚对交通流的影响

由于有些快速路的路段位于交通枢纽等核心位置,因此在该路段会有多个入口匝道集中汇聚,必然造成各个车流互相交织、互相影响而发生交通拥堵。如北京市京通快速路四惠桥入口,东四环外环的车流与东四环内环的车流先汇聚、然后与通惠河北路车流汇聚，最后经入口匝道进入主路。三股车流在较短的区间内减速并道，汇聚成一股车流，车辆互相影响，必然会造成交通拥堵(图4)。

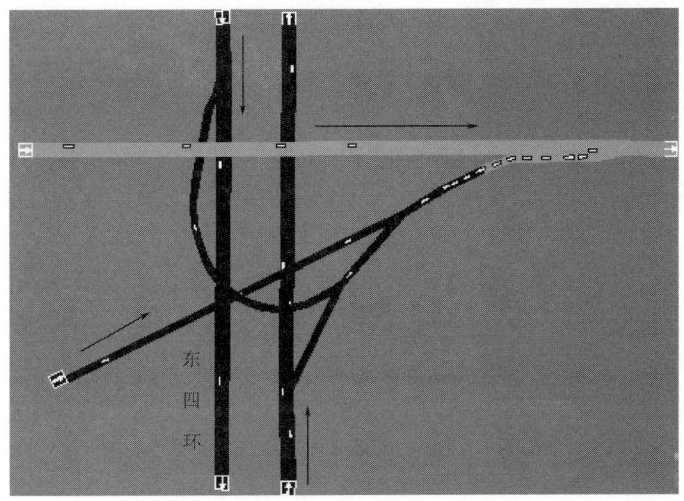

图4　快速路

3　对策

对于路网结构引起的交通拥挤最好的办法是调整路网结构，然而由于地域环境等的限制很大程度上只能从交通管理和控制角度来寻求解决，本文主要从交通信号控制这一层面来探讨缓解路网结构不合理引起的交通拥挤。

(1)对于车道数量变化引起的交通拥挤，通过相邻路口信号的协调控制来缓解。以瓶颈路段的长度、交通流量和上下班高峰时段为基础，对两相邻路口的信号配时进行协调优化控制，使得瓶颈路段的车流在一个信号周期内尽可能地疏散，从而消除瓶颈路段的交通拥挤。

(2)对于快速路出入口间距太小引起的交通拥挤，通过速度控制和入口匝道协调控制来缓解。入口匝道控制是一种应用最广泛的控制措施，其基本目标是控制快速路的交通需求，在交通高峰期控制进入快速路的车辆数、使快速路交通流运行在最佳状态。速度控制是通过采用警告和限速的手段，对快速路主线的交通流进行调节、诱导，以保证交通流的均匀、稳定，改善快速路运行的安全和效率，同时还能提高道路的通行能力。不同交通流运行状态，速度控制的作用与影响是不同的。对于不稳定流运行状态，交通流量大、车速高，存在着很大的不稳定性，如果某路段上出现一个较小的扰动，完全有可能扩大并最终导致阻塞，使通行能力和车速大大降低。此时，通过速度控制能使交通流均匀，并且能够提高道路的通行能力，增加交通流的稳定区域[10]。因此，对于快速路出入口间距太小引起的交通拥挤可采取速度控制和入口匝道协调控制来缓解交通拥挤。一方面，通过入口匝道控制控制进入快速路的车辆数；另一方面使用可变信息板进行速度控制，使主线交通流均匀，提高道路的通行能力并提示即将驶出的车辆提前换道避免在交织区进行换道。入口匝道和速度控制两者相互配合来缓解交织区的交通拥挤。

(3)对于快速路出口匝道与辅路交叉口引起的交通拥挤，以优化辅路交叉口信号控制来缓解。以快速路出口流量为基础优化辅路交叉口的信号控制，以减小快速路出口匝道和路段L1的排队长度为主，兼顾路段L2的排队长度。使得快速路出口匝道的车流在一个信号周期内尽可能地疏散，从而消除出口匝道的交通拥挤。

(4)对于快速路多个入口集中汇聚引起的交通拥挤，通过速度控制和多个入口匝道协调控制来缓解。首先在主线上通过可变信息板等设施进行速度控制使主线交通流均匀、提高主线的通行能力。然后在各个入口匝道处进行入口流量控制，根据每个入口匝道的交通需求和主线流量，以优化主线通畅为主要目标，兼顾入口匝道进行多个入口匝道协调优化控制来缓解交通拥挤。

4 结语

交通拥挤日益严重,不仅使车辆运行速度降低,出行时间延长,而且加重了环境污染和交通事故。交通拥挤的原因是多方面的,如交通需求太大、交通设施不完善和混合车流等等。本文主要分析了由于道路网络结构引起的交通拥挤,从交通管理和技术层面提出一些相应的对策期望一定程度上缓解由于路网结构引起的交通拥挤。需要指出的是这些对策仅仅是一个框架性的建议,还需要进一步调查、细化、建模和仿真分析以便能真正通过交通管理和控制技术来缓解由于道路网络结构引起的交通拥挤。

参考文献

[1] 全永燊,金东星. 北京市中心区交通改善实施方案[EB/OL]. http://www.tranbbs.cn/Html/ TechArticleTP/,2005-12-23
[2] 陈涛,陈森发. 基于突变理论的拥挤控制模型研究[J]. 系统工程学报,2006,21(6):598-604
[3] 蒋亚磊. 基于博弈论的城市交通拥挤成因及对策研究[J],兰州交通大学学报(自然科学版)2007,26(1):112-114
[4] Taylor M. A. P. Exploring the nature of urban traffic congestion:Concepts,parameters,theories and models[C]. Proceedings of Conference of the Australian Road Research Board,1992,16(5):83-105
[5] 黄欣,等. 城市交通拥挤的成因探析[J],交通运输工程与信息学报,2007,5(2):108-113
[6] 张毅媚,等. 城市交通拥挤机理的经济解析[J],同济大学学报(自然科学版),2006,34(3):359-362
[7] 陆化普,等. 北京交通拥挤对策研究[J],清华大学学报(哲学社会科学版),2000,15(6):87-92
[8] 李兰冰. 我国城市交通拥挤的成因及其对策研究[J]. 理论学刊,2005,(6):33-35
[9] 管满泉. 从道路因素分析交通拥堵的成因和对策[J]. 道路交通与安全,2005,(3):4-6
[10] S. Smulders. Control of freeway traffic flow by variable speed signs[J]. Transportation Res,1990,24B(2):111-132

Countermeasure research and analysis on traffic congestion mechanism based on road network structure

Li Zhenlong,Fan Liquan
(School of Electronic Information & Control Engineering,Beijing
University Of Technology,Beijing,100022)

Abstract:The reason of traffic congestion is various. Traffic congestion mechanism is analyzed from aspect of road network structure in the paper. The influence of road network structure on traffic is analyzed and four kinds of traffic congestion caused by road network structure are summarized through investigation of congested road section in Beijing. And some countermeasures are proposed from aspect of traffic management and control,expecting to alleviate traffic congestion caused by road network structure to a certain extent.

Key words:Road network structure;Traffic congestion;Ccountermeasures

基于旅行时间数据的城市交通流研究

胡玉农　王俊峰

（四川大学计算机学院，四川成都，610064）

摘　要：本文在大量实测数据的基础上，研究了城市交通流的基本图表、特征参数和宏观特性。通过对北京旅行时间系统在三个主要路口采集到的旅行时间数据的时空特性分析，描绘出了流量密度关系和速度密度关系两个表征城市交通流特性的基本图。在这些基本关系图的基础上，求解了三相交通流模型的特征参数。然后综合这些特征参数，分析得到城市交通流的整体宏观特性。

关键词：旅行时间系统；基本图；特征参数；三相交通流

1　引言

在交通流研究中，通常把模型分为三大类：宏观模型[1,2]（如 L. W. R. 模型）、微观模型[3,4]（如车辆跟驰模型和元胞自动机模型）以及中观模型[5]（如气体动力学模型），每一种模型都有其各自的特点以及适用范围[6,7]。但 L. W. R. 模型、车辆跟驰模型和气体动力学模型却难于通过计算机进行模拟进行验证，而元胞自动机模型虽然容易模拟，但是其模拟环境与具体的交通环境又有一定的差距。因此，德国著名交通科学家 Kerner 等人通过在德国高速公路 A43 上多年的实测研究，绘制出了流量－密度的基本关系图，并提出了三相交通流模型[8,9]，模型指出交通流中存在的三种不同的交通相：畅行相（自由流）、宽运动阻塞相（宽运动阻塞流）和同步相（同步流）。Kerner's 的模型提供了新的实测观察和理论解释方法。但是该模型的运用和验证主要集中的高速公路区域，本文首次将三相交通流模型引入到了城市交通区域，并且通过大量的城市交通实测数据，描绘了城市交通流的基本图，然后基于这些基本图的理论上分析，计算出了城市交通中三相交通流模型的特征参数，以反映整个城市的宏观交通特性。

2　旅行时间数据采集

从 2005 年开始，北京旅行时间系统已经开始采集北京六环内 140 多个主要路口的车辆旅行时间数据[10]，各个路口的视频探测器持续记录了经过该路口车辆在每 5s 间隔内的平均流量和平均速度两个基本物理量。图 1 表示了文中选取的三个检测点的分布图。

对于这些实测数据，为了改善以往流量分析过程中检测时间较短的缺陷，本文选取了三个路口 2007 年 5 月 21 日至 2007 年 6 月 17 日共 28 天的全部流量数据，在坚实的数据基础支持下达到充分反映交通特性的目的。

3　交通流基本图

根据流量、速度两个基础的交通量，利用交通流模型中的车辆守恒规则：

$$Q = \rho v \tag{1}$$

其中，Q：为流量（veh/h），ρ 为密度（veh/km），v 为速度（区间平均速度）（km/h），然后可以得到流量—密度关系如图 2 所示。

国家高技术研究发展计划（批准号：2008AA01Z208）资助的课题、国家自然科学基金（批准号：60703018）和四川省青年基金项目（批准号：No. 2009-28-419）资助课题。

作者简介：胡玉农（1985-），男，四川西昌人，硕士研究生，主要研究方向为智能交通系统，网络与信息系统；王俊峰（1976-），男，安徽芜湖人，教授，博士，主要研究方向为智能交通系统，空间信息网络，网络测量与监控，E-mail：wangjf@ scu. edu. cn。

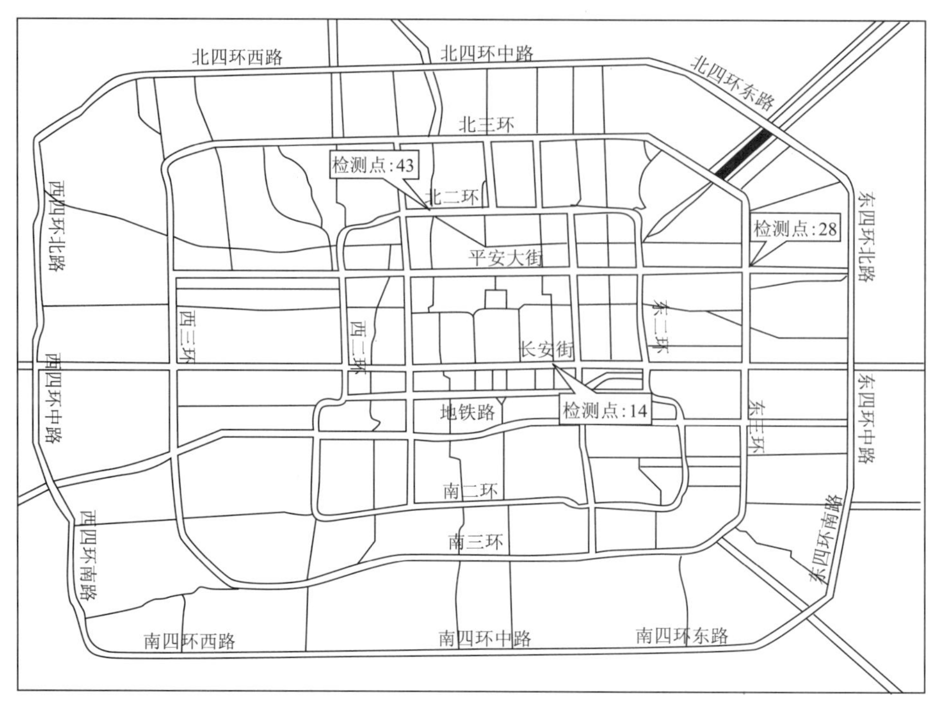

图1 旅行时间检测点分布图

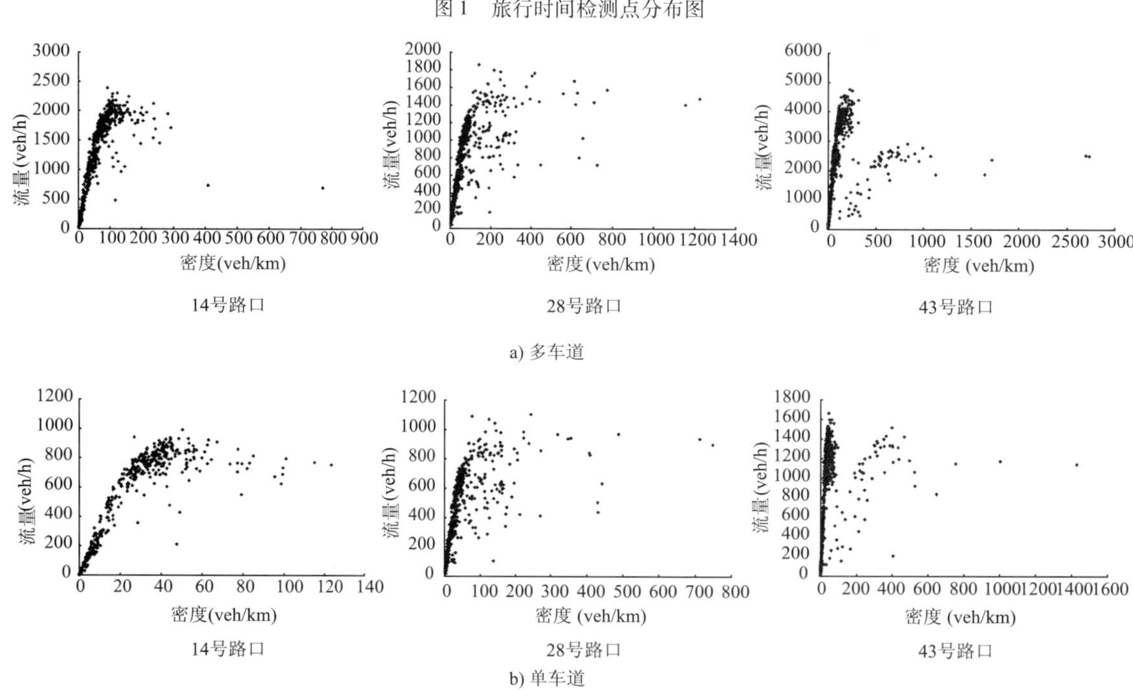

图2 流量-密度关系图

4 基于三相交通流模型特征参数

通过对旅行时间检测系统采集到的交通流实测数据以及由数据得出的交通流基本特征图的分析，可以观察到该实测数据符合 Kerner 提出的三相交通流模型，因此可以利用数学方法来求取模型之中定义的一些特征参数。通过这些特征参数来对城市交通流的特性进行更深一步的认识。

4.1 临界密度

临界密度是指交通流状态既可取自由流又可取同步流时所对应的最小密度。最小密度对应的流量也标志了流量脱离与密度的线性增长。这种情况下，可以根据取得的“速度-密度”数据，求对应的车辆平均速度的方差，当发现从某个ρ_0开始，当$\rho \geqslant \rho_0$的时候，该密度ρ对应的平均速度使得平均速度的方差发生明显的变化,则可以确定 ρ_0 就是临界密度[11]。

$$E_n = \frac{1}{n}\sum_{i=1}^{n}\frac{\sum_{i=1}^{n}(u_i - \bar{u})^2}{n} \tag{2}$$

其中 n 指选取时间段内按小时划分的 672 对速度—密度数据,即 $1 \leqslant n \leqslant 672$, $1 \leqslant i \leqslant n$, u_i 代表第 i 个时间段内车辆行驶的平均速度,$\bar{u}$ 代表各时间段车辆平均速度的数学期望值,$D(u)$ 表示 u_i 的方差。当 $i \geqslant i_0$ 时,E_n 发生了显著的变化,则 i_0 对应的 ρ_0 就是临界密度。根据以上的计算方法,可以求得临界密度,如表 1 所示。

临界密度(单位:veh/km) 表 1

车道 / 临界密度 / 检测点号	单车道	多车道
14	45	107
43	67	213
28	82	150

4.2 宽运动堵塞的传播速度

通过在已求得的临界密度,将该密度下的最大流量所对应的数据点与流量为 0 的堵塞密度数据点连一直线,即为宽运动堵塞线[18],对应的宽运动阻塞传播速度:

$$C = -\frac{Q_j}{\rho_0 - \rho_m} \tag{3}$$

其中,C 表示宽运动阻塞传播速度,Q_j 是宽运动阻塞线与 Y 轴的交点的流量,ρ_m 宽运动阻塞线与 X 轴的交点对应的最大密度,ρ_0 是临界密度。

根据实测的数据以及之前计算的临界密度,利用公式可以计算出宽运动阻塞传播速度,如表 2 所示。

宽运动传播速度(单位:km/h) 表 2

车道 / 传播速度 / 检测点号	单车道	多车道
14	7.2	2.7
43	0.9	1.5
28	1.2	1.1

4.3 畅行速度

畅行速度,也就是在道路工程学的意义下车流能达到的最大速度,通常根据道路等级、几何线形、管制措施等条件确定。根据 Greenshields 模型有:

$$u = u_f\left(1 - \frac{\rho}{\rho_j}\right) \tag{4}$$

其中,ρ_j 为阻塞密度,u_f 为畅行速度。可以使用线性回归的方法来计算出所需要的畅行速度 u_f,如表 3 所示。

畅行速度(单位:km/h) 表 3

车道 / 畅行速度 / 检测点号	单车道	多车道
14	24.5	25.7
43	34.8	35.4
28	30.2	33.6

4.4 三相交通流特征参数分析

对以上求得的三个交通流特征参数进行综合,并求其数学期望值,可得表 4。

北京市三相交通流模型特征参数表 表4

	单 车 道	多 车 道
临界密度(veh/km)	65	157
传播速度(km/h)	1.8	1.8
畅行速度(km/h)	29.8	31.6

通过这些特征参数可以看出,北京市的市内的交通属于低速高密度型的交通,而且对于这样一个从中心向四周呈环形扩大的城市,其总体畅行速度比较小,但离市中心越远畅行速度越大,同时随着密度的增加交通出现阻塞时,宽运动阻塞的传播很缓慢,而该传播速度是离市中心越远传播得越慢。整个交通流的动力学特征根据这个城市发散型的基础结构,呈现出的发散型变化。且北京三相交通流的特征参数与 Kerner 的实测数据有着巨大的差异。比如北京的宽运动阻塞传播速度与 Kerner 的 15km/h[12] 差别就很大,这种差距来自两国之间交通情况的较大差异,同时由于 Kerner 是在德国高速公路上进行的实测,与本文在城市内主要交通干道上进行实测应该会有较大差异。

5 结语

在国内外的交通流模型研究领域,多数在于针对各种交通流模型的研究,提出并深入研究了包括气体动力学模型、元胞自动机机模型、全速度差跟驰模型等多种多样的宏观、微观或中观的模型,但是对于模型的验证大多数都是停留在模拟和初步验证的阶段,由于各个国家各个城市有着错综复杂的交通特性,这种模拟验证及初步验证对实际的运用产生借鉴价值有限。本文利用现有的有利条件,通过对旅行时间系统在北京采集到的大量数据进行分析,深入研究了北京市的交通特性,得出了一些反映北京市交通的特征参数,并初步分析了这些特征参数与城市结构之间的关系,对实际交通指挥控制产生有效的促进作用。

参考文献

[1] R. Jiang, Q. S. Wu, Z. J. Zhu, A new continuum model for traffic flow and numerical tests[J], Transport Res. B. 2002 (36)

[2] H. M. Zhang, A nonequilibrium traffic model devoid of gas-like behavior[J], Transport Res. B., 2002 (36)

[3] K. Nagel, P. Wagner, R. Woesler, Still flowing: approaches to traffic flow and traffic jam modeling[J], Oper. Res., 2003 (51)

[4] W. Knospe, L. Santen, A. Schadschneider, Human behavior as origin of traffic phases[J], Phys. Rev. E. 2002 (65)

[5] D. Helbing, M. Treiber, Gas-kinetic-based traffic model explaining observed hysteretic phase transition [J], Phys. Rev. Lett., 1998(81)

[6] 洪昊,关伟,交通流理论的新进展[J],交通运输系统工程与信息,2006(1)

[7] 姜锐,交通流复杂动态特性的微观和宏观模式研究[D],中国科学技术大学,2002

[8] B. S. Kerner, Three-phase traffic theory and highway capacity[J], Physica A, 2004 (333)

[9] B. S. Kerner, Synchronized flow as a new traffic phase and related problems for traffic flow modelling[J], Mathematical and Computer Modelling, 2002 (35)

[10] Beijing Travel-time System [http://www.wisesoft.com.cn]

[11] B. S. Kerner, The Physics of Traffic[M], Berlin, Springer, 2004

[12] B. S. Kerner, H. Rehborn, Experimental properties of complexity in traffic flow[J], Phys. Rev. E. 1996 (53)

Research on the urban traffic flow based on travel – time data

Hu Yunong, Wang Junfeng

(College of Computer Science, Sichuan University, Chengdu, 610064)

Abstract: The fundamental diagrams, characteristic parameters and macroscopic features of the urban traffic flow are studied in this paper. Based on the spatiotemporal analysis of the empirical data collected at three representative intersections by deployed Beijing Travel-time System (BTS), the fundamental feature diagrams, i. e., flow-density relation and speed-density relation, are obtained to show the peculiarities of urban traffic flow. Through these diagrams, the characteristic parameters on the concept of three-phase traffic flow model are solved. Upon these characteristic parameters at each intersection, the integrated parameters are synthesized and concluded, which represent the macroscopic features of the urban traffic flow.

Key words: Travel-time system; Fundamental diagrams; Characteristic parameters; Three-phase traffic flow

BRT与常规公交线网规划协调方法研究

马万达[1]　冷兆华[1]　刘文婷[2]

(1.宁波市规划设计研究院,宁波,315040;2.厦门市海西交通科技咨询中心,厦门,361005)

摘　要:快速公交(BRT)与常规公交属于城市公共交通中不同层次的两种方式,BRT与常规公交的线网协调就是研究如何通过一系列的管理、规划手段使两种交通线网达到有机结合以期提高城市公共交通系统的整体运行效率。本文运用系统协调理论分析了BRT和常规公交线网协调的内涵、特征及其工作目标,在此基础上提出了以基于社会总出行时间最小的协调优化模型,并对此进行了论证分析,提出相应的线网协调方法。最后以厦门市BRT与常规公交线网规划协调进行了实例分析。

关键词:BRT;常规公交;线网;协调

1　引言

为了缓解城市交通压力,各大城市正着手规划和建设大中运量的公共交通系统,快速公交系统由于具备造价低、建设快的优点,并且从已经实施快速公交的城市情况来看,快速公交对缓解交通拥挤、优化交通结构、有效引导城市土地开发和促进城市可持续发展等方面有很大的作用。然而,每种公共交通方式都有其特定的适用范围和约束条件,正确的公共交通发展战略是建立一种平衡的公共交通系统,发挥各种公共交通工具的比较优势,使其相互之间取长补短,连接匹配。因此处理好快速公交系统的功能定位、快速公交系统和常规公交系统、与城市土地利用系统、与道路系统、与建设发展等众多关系显得尤为重要。

2　BRT与常规公交线网协调的内涵

系统协调的基本思想是,通过某种方法来组织和调控所研究的系统,寻求解决矛盾或冲突的方案,使系统从无序转换到有序,达到协同或和谐的状态。系统协调的目的就是减少系统的负效应,提高系统的整体输出功能和整体效应。

BRT与常规公交线网协调系统是由BRT线网子系统和常规公交线网子系统,以及城市社会经济状况、城市空间布局及发展战略、城市土地利用、城市交通布局等外部影响因素所构成[1]。BRT与常规公交线网协调的任务就是通过各种方法、手段,合理规划和调整BRT与常规公交线网,使两种公交线网在保证自身合理性、与外部环境相适应的基础上,彼此之间最大程度的消除矛盾,达到协同工作,最终目的是提高城市公交系统的整体功效水平。BRT与常规公交线网协调系统构成如图1所示。

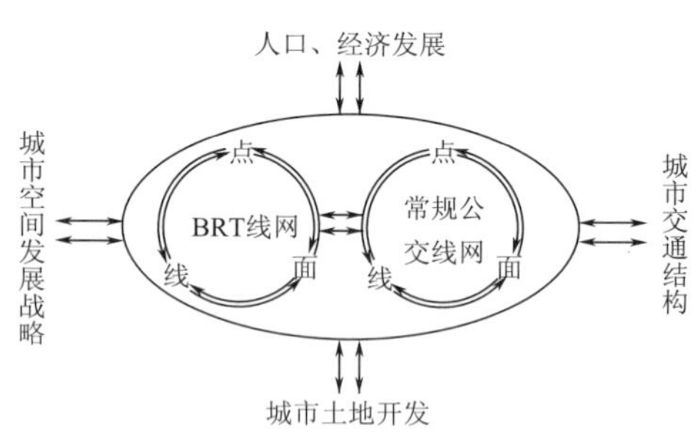

图1　BRT与常规公交线网协调系统构成

BRT与常规公交的线网协调最终要体现在“点、线、面”三个层次上。在“点”上,要求换乘方便、衔接紧密;在“线”上,要求分工明确、相辅相成;在“面”上,要求层次清晰,与城市发展协调一致。“点、线、面”三个层次的协调才是全部工作的理想结果。

作者简介:马万达(1982-)男,内蒙古赤峰人,工学硕士,研究方向:城市交通规划,E-mail:mwd003@126.com。

3　BRT与常规公交线网协调优化模型

公交系统的优化一般考虑的目标有:社会总出行时间最小、服务乘客数最大、线网的效率最大、换乘率最小、乘客出行费用最小以及公交部门经济效益最大或路线每公里载客数最大等,这些目标是相关的。处理这个目标规划问题有多种方法,如先以一个核心目标求最优解,对其他目标以约束条件形式获得可行解,或保留多个较优解,再对每个解进行多目标评价和决策;或将多个目标简化,合并为一个目标函数;还有就是对所有目标采用多目标综合决策方法等。在BRT吸引范围内进行公交线网优化中,BRT吸引客流的优势主要体现在其他交通流对其的干扰小,运行速度快,服务质量高等。因此,在进行局部线网优化时,本文以出行时间最小为目标函数,同时考虑到BRT系统费用主要与路线效率有关,故以BRT路线效率最大为约束条件。

$$\min T = \sum_{x=1}^{N} \sum_{y=1}^{N} q_{xy} T_{xy}$$

$$T_{xy} = \lambda_1 T_1 + \lambda_2 T_2 + \lambda_3 T_3 + \lambda_4 T_4$$

$$\text{s.t}: \max E_R = \frac{B_R}{C_R} = \frac{\sum\limits_{\substack{l \in R \\ \forall i,j \in l}} q_{ij}^{l} L_{ij}^{l}}{\sum\limits_{l \in R} L_L}$$

式中:T——研究范围内常规公交乘客出行总时间(min);

q_{xy}——从第x个小区到第y个小区的剩余客流量;

T_{xy}——乘客从第x小区到第y个小区的总出行时间(min);

λ_i——修正系数,$i=1\sim4$;

T_1——每位乘客从出行起点到相应车站的步行时间(min);

T_2——在车站的候车时间(min);

T_3——中转换乘时间(min);

T_4——在车时间(min);

N——研究区域内站点总数(个);

E_R——BRT线网R的线路效率;

B_R——线网R的系统费用;

C_R——线网R的系统效益;

q_{ij}^{l}——BRT线路l上从i站点到j站点的O-D客流量;

L_{ij}^{l}——BRT线路l上从i站点到j站点的距离(km);

L_L——BRT路线l的总长度(km)。

在优化的过程中要考虑的其他约束条件主要有:各路线、站点的客流能力约束;长度限制;公交运营投入最小等。

4　BRT与常规公交线网协调方法

协调城市BRT交通的常规公交线网调整,其宗旨是使常规公交与BRT交通之间能够互相协调,互相补充,不因重复建设而引起资源浪费,注重运力配备的相对均衡。从理论上讲,应当对影响区域内的所有公交线路布局进行系统性研究,但现状公交线网是经过多年建设和调整形成的,改动范围过大将对市民出行习惯造成很大的负面影响,同时也需要较多的人力、财力和时间。因此,有必要寻求一种既合理又简捷的调整方法,常规公交网络从特征上可分为与BRT交通走向重复、相交、平行、相切四种情况。

(1)重复:当BRT线路与常规公交重复时(布设在同一干道上),在公交系统内部形成了竞争,致使两者均得不到充分利用,运营效益下降,也给道路资源造成浪费,增大道路交通压力。对于此种情况的处理,应当取消重合的常规公交,但必须保证BRT线路的运输能力满足沿线的公交出行需求,若BRT线路票价制定过高,对常规公交的取消不但不能取得好的效果,反而会抑制原有的公交需求。同时,当客流超饱和的局部路段上,可以保留部分公共汽车线路,起一定的分流作用,但重叠长度不宜超过4km[4],否则常规公交将失去分流的优势。

(2)平行:BRT线路将会沿线路形成一条宽度为R(R为BRT吸引半径)的带域,当常规公交在该范围内,将会产生类似上述"重复情况"的影响,因此,对这些常规公交应当进行适当地削减;当常规公交在该范围之外,彼此的影响很小,常规公交可不作调整。

(3)相交:常规公交与BRT线路相交,不会造成客流冲突,并有利于发挥的优势互补。因此,该种线路可不必做改动,并应结合BRT站点设置适当增加相交线路的开设。

(4)相切:两者相切的情况比较复杂,既有重复部分,又有相交部分。

图2中,A、B是两条线路相交的端点,当AB的距离较短时,人们通常不会乘坐公交,而采用步行或自行车;而当AB距离逐渐增大时,采用公交的概率将增大,就有可能在两条线路之间形成客流竞争,造成不必要的资源浪费。因此,应当根据客流分布情况采取相应调整方法。

图2 BRT线路与常规公交相切情况

协调城市BRT交通的常规公交线网调整,主要是从协调的角度出发,把BRT交通线路作为已知条件,以BRT交通的影响区域为研究范围,在城市公交客流O-D矩阵的基础上,对研究范围内的常规公交线网进行优化调整。

对于常规公交线网的优化,目前方法很多,但大多数仅限于理论研究,很难在实际中操作,相比之下东南大学王炜教授提出的"逐条布设,优化成网"[5]方法,则具有简便实用的优点。该方法的工作原则是:以直达乘客量最大为主要目标(换乘次数最少,运送量最大),通过分析备选线路的起终点位置及客流分布,确定线路的最佳配对及各线路的最佳走向,实现其他目标,并满足约束条件。BRT与常规公交线网协调流程如图3所示。

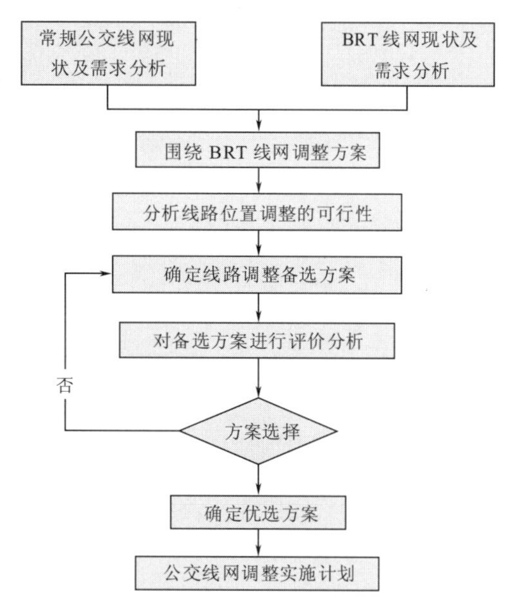

图3 BRT与常规公交线网协调流程图

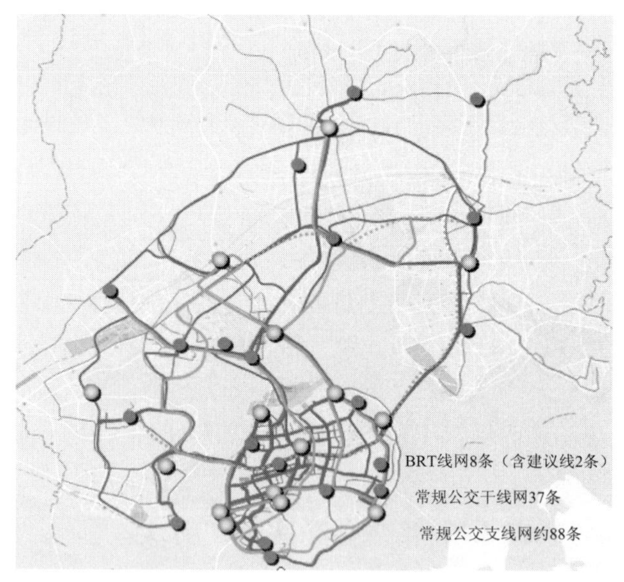

图4 厦门市公交线网调整方案

5 案例分析

根据厦门市公交专项规划,远期厦门市将形成由6条BRT线路组成的快速公交线网,形成环形+放射状的BRT线网格局。为了体现BRT快速运输的功能并与常规公交达到很好的协调,发挥整个公交系统的运输效率,笔者利用本文的方法对常规公交线网进行了调整。

在"避免公交盲区,杜绝完全竞争,接驳合理"的原则下,以乘客的总出行时间最小为目标,最终调整的结果为:围绕6条BRT线路,保留常规公交干线8条,调整14条,新增15条,形成常规公交干线37

条、支线 88 条的常规公交线网。调整后的常规公交线网如图 4 所示;通过协调优化,整个公交运输网络达到有机结合,效率大大提高。

6 结语

本文通过对 BRT 线网和常规公交线网的协调理论分析,提出了基于社会总出行时间最小的协调优化模型,但是模型仅对线网本身的属性进行约束,并没有考虑城市交通政策和路网容量限制,此研究将在后续工作中进行;此外,根据 BRT 与常规公交的 4 种网络组成形式提出了相应的协调方法,在实际应用中具有很强的可操作性,在以此方法进行的厦门 BRT 与常规公交线网协调取得了良好的效果。

参考文献

[1] 姚新虎. 城市快速轨道交通与常规公交的线网协调研究 [D] 长安大学,2005

[2] 赵鑫. 城市轨道交通与常规公交的协调研究 [D] 西南交通大学,2006

[3] Dure, Davis. Maximizing operating reliability in design of long single-track Light rail transit lines. Transportation Research Record, 1999

[4] 刘嫚. 快速公交与常规公交规划管理协调方法研究 [D] 合肥工业大学,2007

[5] 王炜,杨新苗,陈学武. 城市公共交通系统规划方法与管理技术 [M] 科学出版社,2002

The research of coordinated approach in road network between BRT and conventional bus transit

Ma Wanda*[1], *Leng Zhaohua*[1], *Liu Wenting

(1. Ningbo Urban Planning and Design Institute, Ningbo, 315040)

Abstract: Bus Rapid Transit (BRT) and conventional public transport are two different modes on different levels in urban public transport. The coordination between BRT and conventional public transport network is to study how to coordinate network in the two level through a series of coordination and planning artifice, with the view to improving operating efficiency of the urban public transport system. This paper analyzed the connotation, character and targets of coordination between BRT and conventional public transport using Systems Coordination Theory, proposed an optimal Coordination Model based on minimal total travel time, then gave the coordination method of networks. At last, carried out the results of coordination between BRT and conventional public transport in Xiamen in taking the example.

Key words: BRT; Conventional bus transit; Transport network; Coordination

城市道路拥挤收费公平性分析及对策初探

邱　杨　丁卫东

(武汉科技大学,湖北武汉,430081)

摘　要:本文从城市道路拥挤收费的经济原理和不同群体的利益等方面分析了该政策的公平性,提出实施过程中为提高其公平性应有的配套政策,最后运用测定收入分配差异程度建立基尼系数的方法来计算出行满意度差距进行该政策的公平性评价。

关键词:城市道路;拥挤收费;公平性

1　引言

城市交通拥挤收费是一项交通需求管理措施,通过在适当的地点对交通出行者收取一定的费用,使得不同的出行阶段得以通过空间和时间的相互转换获得出行的一种均衡,从而满足交通出行的需求[1]。目前世界上已经有一些地区实施了该政策,从已实施拥挤收费的国家和地区的经验表明该政策实践中遇到较大的一个难题是如何提高公众的支持力度[2],拥挤收费政策作为一项公共政策,在实施过程中,人们会自觉或不自觉地用公平理念来衡量,并根据这种公平要求的满足程度决定对公共政策行为的服从,因此要想获得公众对该政策的支持力度就必须从研究如何提高该政策的公平性着手。本文拟从城市道路拥挤收费经济原理和不同出行群体的利益两个方面对其公平性进行分析并提出有效的对策和评价方法。

2　城市道路拥挤收费公平性分析

2.1　基于经济原理的公平性分析

长期以来人们认为城市道路属于公共产品,城市道路的使用应该是免费的,如果对道路收费会引起社会的不公平感,甚至某些道路使用者会认为城市交通拥挤是政府的责任,不应该通过收费的方式推卸到使用者身上。这样的一些质疑是由于对城市道路的属性没有正确的认识,并且忽视了自己不但是道路的使用者而且更是道路拥挤的贡献者。下面可以从拥挤收费的经济原理上来分析。经济学中城市道路是属于准公共产品的范畴,所谓准公共产品通常只具有有限的非竞争性或有限的非排他性。如果对某段城市道路进行收费,该道路就具有了排他性。由于城市道路的公共性质,使用中又存在着“拥挤效应”,在道路容量以内,出行者之间具有非竞争性,不存在利益冲突,然而当交通量增大到一定值以后,增加一辆车不仅自身的效用下降,系统中其他使用者的效用也会因此受到影响,这时若道路使用者都不改变出行路径和出行时间,整个系统就会拥挤不堪直至瘫痪。现实中通常会发生这样的拥挤,从经济学的角度来说是由于出行者忽视了边际社会成本(边际总成本)的变化,没有为其出行支付全部社会费用造成的。在经济学里,出行边际成本是总成本的导数,即

$$MC = \mathrm{d}(AVC \cdot Q)/\mathrm{d}Q = AVC + Q \cdot \mathrm{d}(AVC)/\mathrm{d}Q$$

式中,MC 是边际总成本,AVC 是平均可变成本,Q 是交通流量。AVC 包括出行者的使用成本和时间成本,是出行者能意识到的成本。而 $Q \cdot \mathrm{d}(AVC)/\mathrm{d}Q$ 表示新增的一个道路使用者给道路上现有交通流量 Q 所带来的额外费用,是出行者易忽视的成本,也就是理论上的拥挤费。

因此城市道路并非是人们想象中的纯公共产品,从经济学的角度分析,收取拥挤费用的目的正是为了体现交通的公平性:城市拥堵收费是对行驶于拥挤路段上高峰时段的车辆征收额外的费用,让其支付因其出行给社会环境和其他出行者带来的全部成本,同时通过价格机制调节车辆在城市路网空间和时间上的分布,即将有限的道路资源进行合理分配。

2.2 基于不同出行群体利益的公平性分析

由于出行个体之间本身存在着收入、身体状况和年龄等差别以及城市交通资源的稀缺性，拥挤收费在实施过程中给不同出行个体带来的利益和损失的情况是不一致的。

若假设对城市道路 A 实施拥挤收费，将所有的出行者分为收费对象 $Q=\{q_i,i=1,2,\cdots,n\}$ 和非收费对象 $R=\{r_i,i=1,2,\cdots,n\}$，又 $Q_1+Q_2=Q$，其中 Q_1 是付费继续使用道路的出行者，Q_2 是不付费而转移到其他交通方式，路径或者时间段的出行者。理论上而言：

(1)对于任意的 $q_i\epsilon Q_1$，其节省的时间价值应该高于付出的费用，同时，根据公平理论：

$$\frac{\text{个人现在的结果}}{\text{个人现在的投入}}\geqslant\frac{\text{个人过去的结果}}{\text{个人过去的投入}}$$

(2)Q_2 往往是时间价值较低的社会群体，但是低的时间价值并不意味着低的社会出行价值，对于任意的 $qi\epsilon Q_2$，无论是改变出行方式，路径或者时间，其出行收益应该不小于收费前出行产生的收益，否则由于拥挤收费引起不同群体的出行机会不等从而造成社会不公平。

(3)对于任意 $r_i\epsilon R$，其出行的收益也不应小于实施拥挤收费前出行产生的收益。

由此可见，城市道路拥挤收费对不同出行群体的利益均有影响，要做到以上所说的公平，一定要配以相应的政策，修补收费政策下不同群体的利益损失。

3 公平性对策探讨

3.1 提高公平性的配套政策

提高公平性的配套政策主要包括优惠减免政策、合理的收费方式及费率、交通资源的优化整合、提高公众参与程度等几个方面的内容。

(1) 优惠减免政策

拥挤收费政策会使得时间价值较低的出行者的社会出行价值降低，引起不同群体出行机会的不平等，要提高公平性可以通过一定的优惠减免政策对社会弱势群体进行补贴。例如2003年英国伦敦正式开始实施拥堵收费政策，其收费对象更是体现了以人为本的公平性原则，某些驾驶员、车辆及个人可以享受减免优惠或全免，一些专用车辆无须交费即可通过[3]。

(2) 合理的收费方式及费率

目前交通拥挤的基本收费方式有：境界线收费方案、区域通行证收费方案、基于出行距离的收费方案、基于出行时间的收费方案和基于路段的收费方案。无论采用哪种收费方式，必须保证选择收费道路的出行者 Q_1 从拥挤的缓解中受益，而对于时间价值较低的出行者 Q_2 应该对其利益损失进行补偿，例如可以对在低峰时间、其他路段的出行者通过电子收费站进行费用的重新分配，给予其一定补偿，出行者 Q_2 可利用该补偿在需要的时候使用收费道路，这样的收费方式从收费和补贴两个方面平衡了不同出行者的社会出行价值，而且还符合出行的机动性，更加公平合理。

从公平性的角度而言，收费费率应该从对交通拥挤的“贡献”程度和从收费政策的受益程度两个方面来考虑。同一辆小汽车，通过收费区时费率可根据其乘坐人数的不同而不同，显然在额定载客人数以内，载客越多，平均每个出行者的外部成本就越低，因此满载通行可以收取很低的费用，甚至免费通行。收费道路的费率还应根据不同时段的拥挤程度发生变化，高峰期费率高，低峰期费率低，这是由于收费道路使用者在高峰期的收益比低峰期要高。

(3) 交通资源的优化整合

拥堵收费政策会带来一定的边界效应：一部分出行者会避开收费区域，选择绕行，因此收费区域边缘的替代性道路上将会有一定的新增交通量，给外围道路带来压力；也有一部分出行者会选择公共交通，使得公共交通承担更多的交通运量。为了保证使用替代道路和公共交通出行者的利益，需要对交通资源进行优化整合。通过对道路设施的改造，提高外围道路的通行能力，减少拥堵点，提高路网的连通性。公共交通作为首选的替代交通方式，其系统性能对于出行者利益的影响很大，故需完善公交网络，提高公交可达性，提高公交服务水平，增强公交舒适性，早晚高峰期调整发车频率，提高公交的便捷性。

(4) 提高公众参与程度

道路拥挤收费作为维护公众利益的一项政策,其制定的过程中公众的参与程度也反映出公平性原则。着力构建广泛的公众参与、表达和宣传机制,可以通过网站、报刊、散发小册子等形式详细公布(补充),充分吸收来自非官方的意见。

3.2 公平性评价方法

拥堵收费的公平性存在多种评价角度及评价方法。拥堵收费政策应以维护公共利益为主要目的,从而,公众的满意度是这一政策公平性的直接体现。因此,本文主要从公众满意度的角度来建立拥堵收费公平性的评价方法。根据萨缪尔森的幸福公式:幸福 = 效用/ 欲望,本文建立了拥挤收费政策下的公众出行满意度测算公式:

$$出行满意度 = 实际出行时间/希望出行时间$$

一般来说,出行满意度差距小,说明各利益团体对自身生活状态的评价比较一致,表明该政策比较公平,社会成员之间没有重大的矛盾与冲突。反之,出行满意度差距大,说明社会成员个体对出行状态的评价相差很大,完全偏离了出行满意度的均值,说明各利益团体之间有较大的分歧,表明该政策的实施有失公平性,各利益团体之间的关系比较紧张,社会不和谐。

下面运用测定收入分配差异程度建立基尼系数的方法来计算出行满意度差距。将洛伦茨曲线(图1)坐标系中的横轴 OH 设定为按出行满意度从低到高分组的人口累计百分比,纵轴 OM 表示出行满意度的累计百分比,ObL 曲线即为出行满意度差距曲线。

出行满意度差距曲线 ObL 将 OHL 所包围的面积分成 A 与 B 两块,出行满意度差距曲线与45°线之间的部分 A 表示不平等面积,OHL 与45°线之间的面积 $A+B$ 表示完全不平等面积。与基尼系数的计算方法一样,出行满意度差距的计算公式为:出行满意度差距 $=A/(A+B)$。出行满意度差距应该是介于 $0\sim1$ 之间的数值,其数值的大小反映了拥挤收费政策实施的公平性,数值越小越显公平。

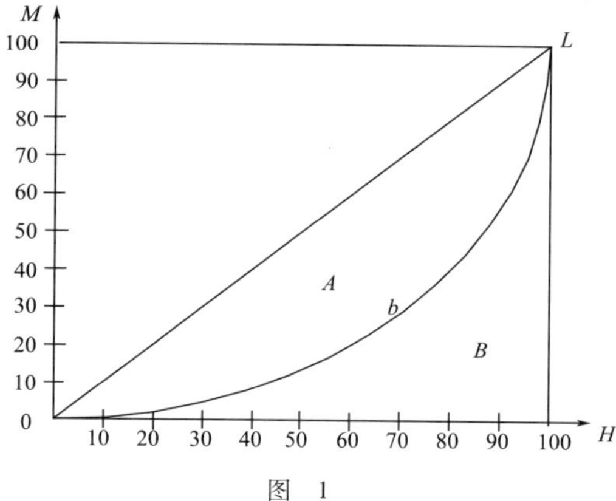

图 1

4 结论

目前我国关于城市道路拥挤收费的政策还处于理论研究阶段,尚未得以实施。国外的经验表明,公众媒体对该政策公平性的质疑是政策实施的一大阻力。针对这一问题,本文分析了城市道路拥挤收费的经济学原理,在此基础之上,解释了拥挤收费政策的公平性。同时,本文从公平的角度出发,分析了收费政策实施前后各方利益的变化关系,提出了一系列在实施收费政策过程中应做到的配套措施。最后,基于建立收入分配差异程度基尼系数的原理,本文提出了一种出行满意度差距量化测算方法,以便于准确测定道路收费政策实施的公平性,为该政策的评价和推广提供了理论依据。

参考文献

[1] 李林波,万燕花,汪运兴.交通拥挤收费应用实施的研究[J].城市交通,2006(4)

[2] 黄海军.拥挤道路使用收费的研究进展和实践难题[J].中国科学基金,2003(4)

[3] 徐芳.大城市交通拥挤收费理论与实践浅析[J].价格理论与实践,2007(7)

Analysis and measures discussing of the equity on congested urban road-use pricing

Qiu Yang, Ding Weidong

(Wuhan University of Science and Technology, Wuhan, 430081)

Abstract: The paper analyzed the equity on congested urban road-use pricing from economic principle and implementation of the policy, and proposed some supporting policies for improving the equity in implementation. At last, applying the method of establishing Gini Coefficient to calculate trip satisfaction for evaluating the equity.

Key words: Urban road; Congestion pricing; Equity

乌鲁木齐城市公交运输系统发展对策探讨

张欣环　晏克非

(同济大学 交通运输工程学院,上海,201804)

摘　要:优先发展城市公交运输系统是乌鲁木齐城市交通发展战略的核心。通过对现状相关因素进行细致分析有助于建立一个有吸引力、高效率的公交运输系统。本文通过对乌鲁木齐市城市公交运输的相关背景资料以及2006年居民出行的有关调查数据的统计分析,给出了乌鲁木齐市城市公交运输系统存在的问题及相关影响因素。最后基于SWOT分析提出了乌鲁木齐市近期城市公交运输系统发展对策和建议。对进一步制订具体的城市公交运输系统改善措施和方法具有重要的指导意义。

关键词:城市公交运输系统;居民出行;SWOT分析;发展策略

1　引言

目前,乌鲁木齐城市交通发展正处在机动车快速增长和公交运输占有率较高这一基础之上。为应对出行需求的增长,并避免增加的交通需求转向小汽车或其他车辆的出行方式,必须使公交运输具备足够的吸引力,这需要对现有的城市公交运输系统要进行大规模地改善。同时,近年来由于经济上、管理上和体制上等诸多因素的影响,乌鲁木齐市的城市公交运输系统发展尚未形成一个有机的整体,还存在一些滞后发展的方面,不能高效优质地承担公共客运交通。因此,如何针对城市公交运输系统存在的问题制定相应的对策是本论文的核心。

2　城市交通背景分析与发展趋势

2.1　城市概况

乌鲁木齐是新疆维吾尔自治区首府,拥有超过200万的人口。它位于中国的西北部,毗邻哈萨克。虽然乌鲁木齐是中亚的最大城市之一,但与国内其他大型城市相距较远。与中国东部与南部的城市相比,乌鲁木齐的城市化相对较晚,经济水平也相对较低。但在未来其经济必然会迅速发展。根据2006年政府工作报告,2006年GDP为650亿元,年增长率14%,到2010年GDP将会达到1200亿元。

2.2　机动车发展趋势

2005年,9%为大型客车,50%为小型客车,16%为大型货车,14%为小型货车,4%为摩托车,7%为其他车辆。如图1所示,2000~2005年,小型客车的增长速度较快。在2000~2004年期间,私家车呈

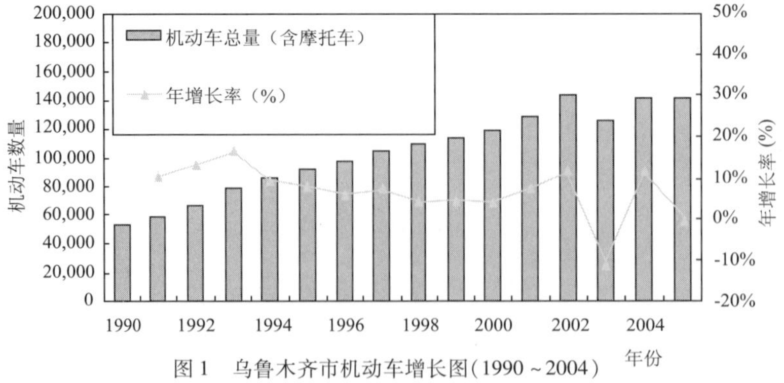

图1　乌鲁木齐市机动车增长图(1990~2004)

作者简介:张欣环,女,陕西礼泉人,同济大学博士研究生,从事交通管理与规划研究,联系地址:中国上海市嘉定区曹安公路4800号同济大学交通运输工程学院423研究室,E-mail:zhang_xinhuan@yahoo.com.cn,zxh2005044@yahoo.com.cn。

现较快的增长速度,基本上都处于15%左右的增长率。如图2所示,2004年全部机动车千人拥有率为67辆,客车千人拥有率为39辆,除摩托车外的机动车千人拥有率为64辆[1]。

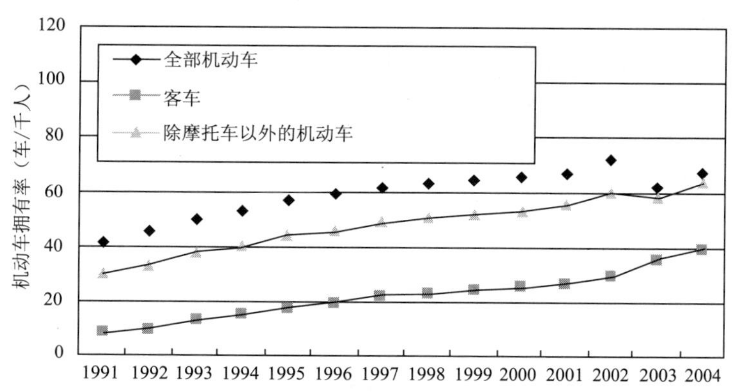

图2 乌鲁木齐市车辆拥有率(1991~2004)

2.3 现状与规划道路网络

乌鲁木齐市总体为三面环山的河谷,现状中心城区用地呈南北向狭长、东西狭窄的"T"型分布的城市形态。最北端为工业、仓储和交通用地;中部到东南部为市中心区和老城区,集居住、行政、文化和商业等综合功能为一体,南北之间有明显的"蜂腰"。

从网络结构看,乌鲁木齐市老城区的路网布局呈不规则方格网,随着近几年外环路和未来其他环路的建设,在城市外围区逐步形成"环+放射状"的布局和外围区内部的方格网布局。

2005年底,全市行政区域内各类道路总长为1,040.5km,道路面积1,320万m^2,行政区域内人均道路面积为6.8m^2。外环路以内的中心区主干道密度达1.24km/km^2。

乌鲁木齐的道路网反映了城市是线型的。城市的南北向之间的市内道路较少,且由于道路结构的影响,均在友好南路(西虹路—新华路)段上集中。城市快速路由北至南平行于市内道路,但城市公交运输使用快速路较少(图3)。

2.4 居民出行特征分析

2006年居民出行调查显示,乌鲁木齐市居民在研究范围内工作日的一天出行总量为519万,平均出行次数为2.80次。其中,步行和自行车的出行数为226万,所占比例为43.5%;巴士的出行数为173.2万,所占比例为33.4%;小汽车和出租车的出行数为79.3万,所占比例为15.3%。统计结果表明,乌鲁木齐市的公交运输和非机动化方式的使用水平较高,两者的出行数达到总出行量的76.8%。图4显示乌鲁木齐市居民出行方式主要集中在步行和公交。

图3 乌鲁木齐市线网覆盖范围(2006)

3 城市公交运输系统现状

3.1 公交运输系统概况

在乌鲁木齐,公交运输企业始建于1953年,目前已经有54年的历史。公交运输是乌鲁木齐市民除步行以外的最主要的出行方式,公交运输出行所占比例达33.4%,比较国内外城市这个比例是比较高的。作为一个交通基础设施发展尚未完善的城市,乌鲁木齐尽管在未来规划有轨道交通系统,但过去并没有大运量交通的服务历史。

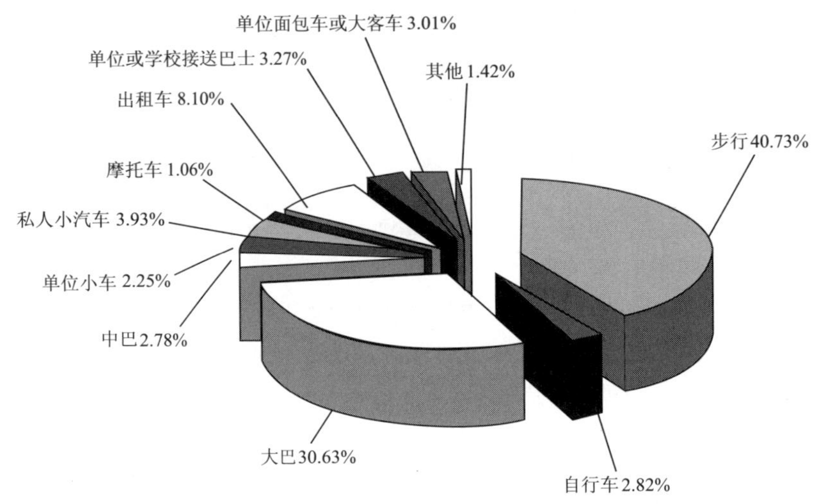

图4 乌鲁木齐市居民不同出行方式的比例(2006)

2006年,全市拥有公共汽车3885辆,其中大巴2465辆,社会民营巴士506辆,中巴914辆,平均每万人拥有公交运输车辆19.7标台。近10年来,乌鲁木齐的公交运输客运量平均每年以4.5%的速度增长。

2006年,乌鲁木齐的公交运输业务主要由三家大型公交公司(公交集团,珍宝公司和兴盛公司)和7家民营公司以及依附于大巴线路运营的中巴负责运营。公交运输系统共拥有线路137条,其中包括28条中巴线路,日客运量为201.1万人次(表1)。

乌鲁木齐市公交系统总指标(2006) 表1

指 标	数 量
研究范围内的居住人口	185.3万
日出行次数	2.8次/日
日出行量(全方式)	518.6万人次
日机动车出行量	288.1万人次
日公交出行量	173.2万人次
公交出行量占日出行量(全方式)的比例	33.4%
公交日客运量	201.1万人次
平均换乘系数	1.16
线路数量	137条
线路长度	1973km
网络长度	461km

3.2 公交客流特征

乌鲁木齐公交出行期望线如图5所示,表示以各大区为起终点的出行期望分布。期望线表明,乌鲁木齐的市民出行呈现如下特点：

(1)公交需求主要集中在核心区Ⅰ、核心区Ⅰ和核心区Ⅱ之间的通道上，即南部老城区内部和新、老城区之间；

(2)显著的南北向公交出行通道需求，而东西向公交出行期望较小；

(3)区内出行量占其总出行量的30%左右，市民的出行距离较短。

3.3 公交线网特征

如前所述，乌鲁木齐公交运输线网包括137条，包括中巴28条，线路长度为1973km，网络长度461km。图6显示了2006年公交线网的覆盖范围和早高峰公交客流分布，可见，乌鲁木齐的公交线网已基本上覆盖研究范围内的主干路和次干路以及部分支路。而公交线路主要集中在西北—东南方向的交通走廊上，并在友好南路(西虹路—新华南路)段出现最大断面客流，为全网的瓶颈。

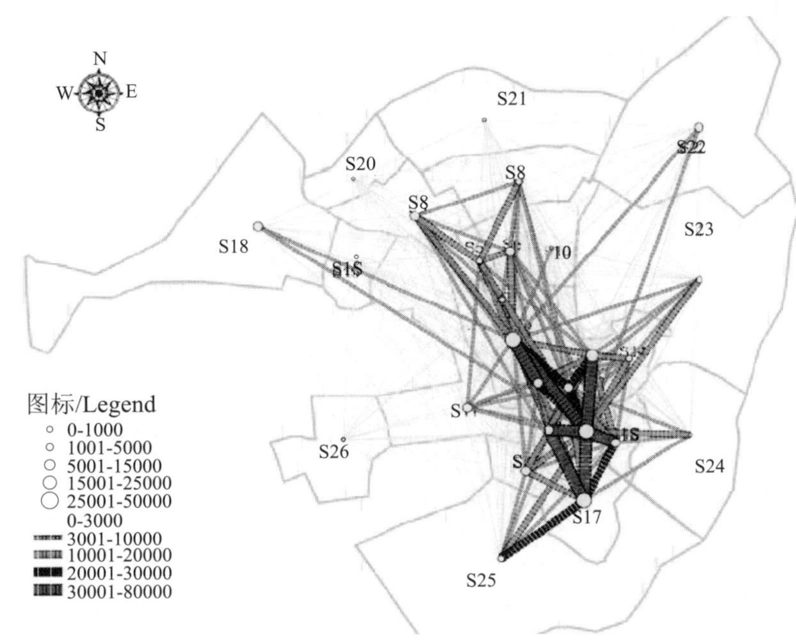

图5 乌鲁木齐市公交出行期望线(2006)

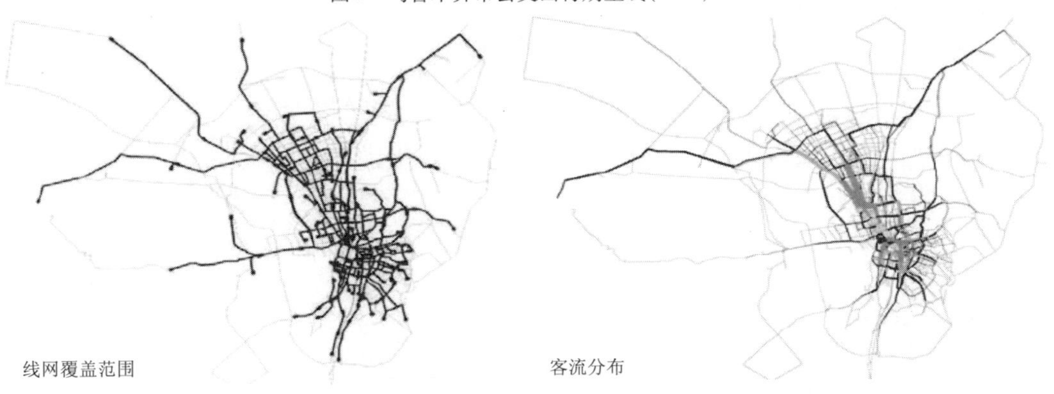

图6 乌鲁木齐市公交运输线网覆盖范围及客流分布(早高峰，2006)

3.4 公交优先措施

乌鲁木齐现有的公交优先措施主要为公交专用道，位于友好南路，扬子江路和新华北路。专用道分为黄色实线和黄色虚线两种，虚线表示常规车辆可以越过专用道进入路侧的建筑和支路，而实线则是不允许常规交通驶向路侧的。

总体来讲，现状公交专用道没有得到很好的利用，其使用基本处于无效状态，主要由于：

(1)公交专用道并没有在交通法规得到强制执行，只是一般的服务车道，所有的车辆均可使用；

(2)在公交车站公交车的堵塞使得公交专用道被堵住,因此许多公交车大部分并非行驶在公交专用道上,而是占有其他车道;

(3)有些线路的路侧建筑进出点很多,尤其是新华南路,公交专用道很难实现连续。

4 乌鲁木齐市城市公交运输系统 SWOT 分析及策略选择

4.1 SWOT 分析

SWOT 分析是用来分析特定情况下的关键议题,分析内容包括:

- 优势:系统内部的优势;
- 劣势:系统内部的劣势;
- 机会:能够改善系统的方法;
- 威胁:可以预期的挑战。

乌鲁木齐公共交通系统的 SWOT 分析总结如表 2 所示。

公交运输系统的 SWOT 分析 表 2

优势(S)	
简单的居民出行结构	自行车和摩托车由于部分地势不平和冬季寒冷的原因致使出行比例非常低,居民出行结构基本上由步行(41%),公交(33%)组成,交通结构形式较国内其他城市简单。
占国内前列的公交市场份额	居民出行方式以步行和公交为主。其中,公交占全方式出行的比例为 33%,占机动化出行的比例为 60%。公交在乌鲁木齐的市民机动化出行中占据绝对优势,成为国内除香港外公交出行比例最高的城市。
良好的公交系统服务	公交日客运量达 201 万人次,线路长度 2,200km,网络长度达 480km,道路平均每一分钟即有一班公交车,以及每条公交线路的平均行车间隔为 5 分钟。公交覆盖范围广,服务频率较高,为市民最主要的机动出行方式。
公交管理体制结构——混合性供给结构形成	乌鲁木齐已初步形成政府、主管部门和运营公司三个层次的管理体系,公共交通系统由国有控股巴士、民营巴士和中巴组成。2006 年 10 月起,对所有的线路实施 5 到 8 年的特许经营。
劣势(W)	
道路网络结构——造成服务瓶颈	道路网络呈线型,南北核心区之间可供公共交通运行的通道仅为三条,并在友好南路(西虹路 - 新华北路)段汇聚,使得此路段成为整个公共交通系统的瓶颈。由于缺乏有效的公交优先措施导致公交拥堵。
公交线网布局——结构模糊	一般来说,国内外的公交网络显示复杂的公交线路会迷惑乘客。目前乌鲁木齐没有清晰的公交网络层次,存在部分线路的满载率非常高,而部分区域的服务水平又偏低的不均衡状况。
公交首末站不足	首末站秩序混乱,租用场地居多,民营巴士没有自己的首末站;公交车进场率非常低,民营巴士没有自己的停车场,停车场(保养场)的用地严重欠账。
公交站间距较大	国际经验表明,平均大约 600m 的公交站点是偏大的
步行设施——没有相应的规划	步行为乌鲁木齐市民最主要的出行方式,它与位居第二的公交之间的衔接极为重要,它们两者之间的有效衔接可以大幅度提高公共交通系统的服务水平。目前,由于缺乏相应的理念和规划,使得公交车站(尤其是核心区)周边管理混乱,乱穿马路严重,影响交通。一般来说是由于缺乏行人规划和交通管理措施导致的。
缺乏公交优先	随着交通水平的提高,对公共交通的需求将逐渐增大以减少拥堵。现状的公交优先措施没有在必需之处设置,缺乏适合的法律框架以及缺乏管理控制。
财政政策支持——需要大力加强	目前,政府对公共交通系统的财政支持薄弱,没有建立相应的支持策略和补贴机制,需要大力加强。
机会(O)	
公交优先政策	2004 年,中国颁布《关于优先发展城市公共交通的意见》,明确城市公共交通的"社会公益性",第一次明确提出公共交通优先思想,指出"优先发展公共交通是符合中国实际的城市发展和交通发展的正确战略思想"。2006 年,国家颁布《关于优先发展城市公共交通若干经济政策的意见》,专文制定保障公交优先的经济政策。乌鲁木齐也相应出台了一系列的发展公交优先的意见,并开始逐渐转变观念。国家、当地政府及相关部门的支持,以及市民公交优先意识的建立为公共交通优先发展创造了良好的机会。

续上表

机会(O)	
新一轮的城市建设	乌鲁木齐正在进行着新一轮的城市建设,包括道路网络的新建与改建、城市的向北拓展、北部核心区的建设等,这一系列的措施都将为建立一个高标准的公交优先系统提供良好的契机。
城市交通模式的转型	目前,乌鲁木齐处在小汽车迅速发展的初期,随着人们的生活水平的提高和出行距离的延伸,政府必须思考是建立以小汽车主导的交通发展策略还是公共交通主导的发展发展策略,这将为公共交通的快速发展提供机会。
威胁(T)	
小汽车的快速增长	乌鲁木齐已经进入小汽车的快速期(包括公务车),而依赖小汽车的出行增长(包括私人和公务)将直接带来拥堵、停车以及环境等问题。城市交通的机动化是现代城市交通发展的必然趋势,“机动化”的实质是对“快速”和“高效率”的追求。在乌鲁木齐,在小汽车快速发展的初期,公共交通需要提供更“快速”、更“高效率”的服务才能跑赢小汽车。
城市拓展	城市的拓展将使增加居民的出行距离,同时由于行程时间的提高使得市民对出行的要求越来越高,如何在出行需求增加的情况下提高服务水平,为公共交通带来了更大的挑战。

4.2 策略选择

针对每一类问题,制定了相应的策略措施(表3)。

公交运输系统的策略选择　　表3

类　别	问　　题	近期公交运输改善策略选择
城市发展和交通特征	城市双中心的格局还未真正形成,城市发展仍偏重于南部老核心区; 道路系统存在明显的瓶颈,南北之间仅3条主要通道	1. 疏通南北部核心区之间的交通通道; 2. 在主要交通走廊上建立大容量公交通道。
公交运输体制	公共交通体制结构责权不清,没有对公交运营明确的监督体系; 中巴车依附于大巴线路运行,造成运营上的混乱; 民营公交车所承担的角色没有明确的概念;没有建立公共交通补贴机制; 没有对公交线路运营时间的监控	3. 审视公交运营的体制结构,引入监督评价体系; 4. 加强交通局人力与技术力量使其在乌鲁木齐日益发展的公共交通中发挥作用,包括建立“自上而下”的线路审核制度 5. 需要重新考虑中巴车的角色,而不是简单的逐步取消; 6. 需要考虑民营公交在整体公交服务的作用,将其置于与其他运营者的同等地位。 7. 提出公共交通补贴机制建议; 8. 引入“惩罚奖励”制度以监控公交服务,激励公交运营方
公交线网	缺乏清晰的线网层次换乘设施的缺乏导致需要一种‘起点到终点’直接联系网络形式	9. 需要使线路结构更加合理化; 10. 引入跳站服务或快线服务; 11. 需要建立换乘枢纽,使网络为大多数人的直达服务,而不是全部;
公交车辆	车辆尺寸较小,结构较轻; 运营车辆的车况和保养不良,缺乏必要的服务设施,如暖气,语音设备等; 司机的驾驶习惯不良	12. 在重要交通走廊上引进大型公交车辆; 13. 通过改进现有的车辆设备,提升服务; 14. 尝试新的措施提高司机的工作质量; 15. 建立独立的公交维修保养监控制度。
公交车站	很多线路停靠在同一个公交站点,秩序混乱; 驾驶员在站点行为的不规范,造成站点压车、拥堵; 候车棚设计不合理	16. 重新设计公交站点以适应多条线路运营; 17. 在不同车站之间分离线路; 18. 若可能,增加更多的站点; 19. 拆除公交站点与道路之间的隔离; 20. 引入跳站服务或快线服务; 21. 引入繁忙公交车站的监督机制,以确定其在站点内的规范运行; 22. 候车棚进一步设计,为乘客提供更好地等车空间
公交首末站	民营巴士和中巴首末站使用不规范; 首末站没有相应的用地控制计划	23. 将民营巴士和中巴纳入管理体系,加强管理; 24. 加强城市新发展区的首末站规划和用地控制;
公交停车场和保养场	公交的进场率偏低,停车场供给不足;	25. 加强停车场和保养场的规划和用地控制;
公交票制系统	票价优惠没有得到政府有力的资金支持; 电子钱包的使用率较低; 缺乏换乘设施,以提供“起点到终点”服务	26. 利用组合票价的优势去促进换乘和资源的重新分配; 27. 提高车载设备的安装率和电子钱包的拥有率; 28. 引入换乘优惠;
公交优先措施	现状公交优先措施仅为公交专用道设施,且由于没有经过系统规划和管理控制,运营效果不佳,	29. 考虑引入更多的有效的公交优先措施。

5 结论

通过发展城市公交运输系统来解决大、中城市目前普遍存在的交通拥挤、交通事故频繁和环境污染等问题已成为一种共识,它是实现城市可持续发展的一条必由之路。本文通过对乌鲁木齐市城市公交运输系统的相关背景资料以及2006年居民出行的有关调查数据的统计分析,给出了乌鲁木齐市城市公交运输系统存在的问题及相关影响因素。最后基于SWOT分析提出了乌鲁木齐市近期城市公交运输系统发展对策和建议。对进一步制订具体的城市公交运输系统改善措施和方法具有重要的指导意义。

参考文献

[1] 2005乌鲁木齐统计年鉴[M].新疆:新疆人民出版社.2006

Study on countermeasures of urban transportation development in Urumqi city

Zhang Xinhuan, Yan Kefei

(School of Transportation Engineering, Tongji University, Shanghai, 201804,
E-mail: zhang_xinhuan@yahoo.com.cn)

Abstract: Give priority to the development of urban public transport system is the Urumqi urban transport development strategy core. Through a detailed analysis of related factors of the status quo contribute to the establishment of an attractive, efficient public transport system. In this paper, based on the statistical analysis of relevant background information and person trip survey in 2006, urban transit transport system's problems and related factors are given in Urumqi city. Finally, based on the SWOT analysis, the recent development countermeasures and the suggestion of urban transit transport system are proposed. It has the important guiding sense to further draws up the concrete improvement measure and method of urban transit transport system.

Key words: Urban transit transport system; Inhabitant trip; SWOT analysis; Development countermeasures

我国城市交通节能减排政策研究

岳　睿

（同济大学交通运输工程学院，上海，200092）

摘　要：本文通过对我国当前城市交通领域能源消耗和污染排放的研究，从经济学的角度对节能减排政策进行理论分析，结合我国现行的城市节能减排体系与具体实践进行探讨，指出目前城市交通节能减排所出现的问题，在借鉴国外经验的基础上，针对我国城市交通节能减排政策提出建议。

关键词：城市交通；节能减排；交通体系；外部性理论

随着我国城市化进程加快、社会经济稳步高速发展，交通运输需求不断上升，从而加剧交通能源需求量和环境排放。在交通运输活动中，城市是运输网络的重要节点与中心，城市交通是能源消耗和温室气体排放的大户。因此加强城市节能减排政策研究，是实现城市可持续发展、构建资源节约型和环境友好型社会的重要举措，是城市交通应对全球性能源危机必要的发展策略。

1　城市节能减排研究背景

城市交通以客运为主，公共交通、私人汽车、出租车是能耗主体，动力以汽油和柴油等一次性能源为主。进入新世纪以来，城市交通耗能比例呈现不断上升的趋势。根据车辆总数、年行驶里程及单位油耗对城市交通能耗进行估算得到表1结果。城市交通的燃油消耗占到了全国燃油消费总量的17.2%，其中私人机动车的能耗占据城市交通总能耗的64.9%[1]。

城市交通能源消耗主要构成表[2]　　表1

	公交车	出租车	私人汽车
数量（万辆，2006年）	33.0178	92.8185	3239.4
燃料总耗（万吨）	605	674	2362
比重16.6%	16.6%	18.5%	64.9%
总计燃油消耗（万吨）	3641		

根据交通行业能源消耗量和消耗结构测算，2004年全国主要运输部门CO_2排放量约32000万吨，其中道路机动车占68%，且所占比例呈增长态势。目前在许多大城市，汽车尾气排放已经超过工业排放，成为城市大气质量的最重要影响因素。例如北京城市交通的CO_2和HC分担率分别为63.36%和73.54%，氮氧化物的排放分担率大约为22%，采暖期则达到50%[3]。

据世界银行预测，2050年世界总人口将达到90亿，其中三分之一在中国和加拿大，届时中国城市居民将超过60%，这将极大增加中国城市交通的潜在需求。当前我国私人小汽车的数量增长快速，截止到2007年底，私人汽车拥有量达到2876.2万辆，而1995年仅为250万。在这12年中，私人小汽车数量增加了10.5倍，平均每年的增长率为21.7%（图1）。

另一方面，随着生活水平的提高，我国城市居民的出行需求日益增长，城市居民的日均出行次数、出行距离和对汽车的依赖性显著增加。据预测，到2020年城市居民出行将达到9517亿人次，包括2557亿人次的公共交通和小汽车出行。由此可见，在将来较长的一段时期，伴随我国经济的稳定发展、机动车总量快速增长，城市交通能源消费将持续快速增长。交通行业在我国是耗能大户，每年消耗汽油、柴油占全国能源消耗总量的35%左右。我国石油对外依存度逐年提高，对外依存度已近40%，交通能耗以石油为主，预计到2020年交通耗油将达到1.76亿吨，折合原油3.2亿吨[4]，总需求量十分庞大。

作者简介：岳睿（1985-），男，安徽人，硕士研究生。E-mail：yuerui3421@sina.com。

与国外相比我国交通能源利用效率有较大的差距,其中机动车燃油经济性水平比欧洲低 25%,比日本低 20%,比美国整体水平低 10%,载货汽车百吨公里油耗比国外先进水平高 1 倍以上。可见我国机动车节能降耗的潜力很大,若以美国的耗油水平为目标,从整体上实现节油 10%,即节油 500 万吨,就等于一个中型油田的产量。中型油田只有几十年的开发寿命,而节约燃油是不冒烟的能源,每年节约 500 万吨长期持续下去,积累起来就是相当于一个特大油田而且"开发"成本很低。

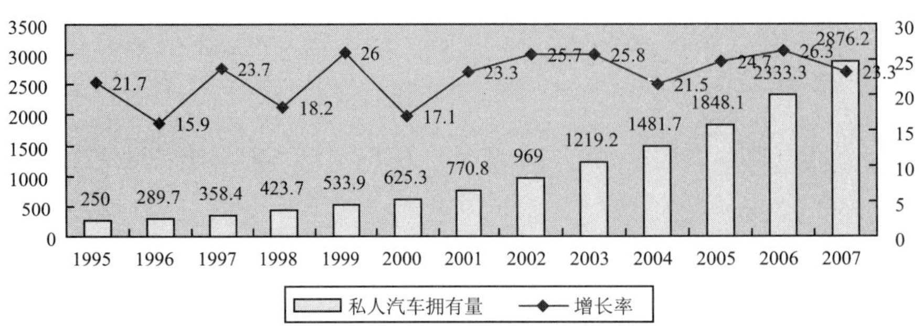

图 1　1995 ~ 2007 中国私人小汽车数量和增长率(数据来源:中国 2008 年统计年鉴)

另一方面我国大气污染物排放量,已经超过了环境容量。严峻的能源形势要求交通行业必须节能减排,以保障国家能源安全,为建设节约型社会效力。目前节能减排已成为我国一项基本国策,国家"十一五"规划中明确提出降耗目标:资源利用效率显著提高,单位国内生产总值能源消耗比"十五"期末降低 20% 左右。

2　节能减排的经济学分析

2.1　外部性理论分析

在城市交通里,交通工具具有很强的外部性。外部性指一个经济主体的行为对其他经济主体的福利所产生的效果,而这种效果并没有从货币上或通过市场交易反映出来。城市交通所产生的一些影响,如环境污染、噪声、安全、拥挤等问题,并没有由运输主体承担,而是由整个社会共同承担,因此使得运输业有着显著的外部性。

一方面,交通工具对能源的消耗具有显著的外部性。随着世界汽车工业的发展,汽车数量急剧增加,加大了能源消耗和开采的速度,而能源是有限的、稀缺的。能源消耗的外部性体现在对国家宏观经济的影响和增加国家安全的风险,导致更高的世界石油价格以及不可再生资源的枯竭和对后代的不公平影响。另一方面,能源消耗必然会产生污染物的排放,这是交通领域的又一个显著外部性。

图 2 是交通外部性的示意图,从图中可以看出,消除或缓解运输业的外部性有两种方法,一种是将总成本降低,减少某些外部成本如空气污染、拥挤成本等,另一种方法就是提高内部成本,将外部成本内部化,这两种方法正是节能减排要实现的目标。中国作为一个人口大国,虽然人均汽车拥有量水平较低,但其汽车总量和相应的污染物排放却不容小觑。节能减排从源头上限制了能源的消耗,从而减少污染气体和其他污染物的排放,对降低运输业的外部性起着重要的作用。

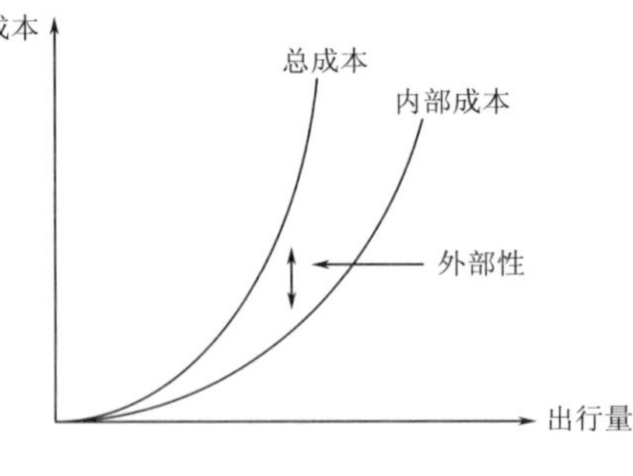

图 2　运输业的外部性

2.2　节能减排的经济学分析

从经济学角度分析,节能减排的本质是使社会资源配置最优化,以最少的社会资源来满足最大的社会需求。交通节能减排即如何以最少的能源耗费和最低的污染物排放来满足最大的出行需求,其核心就是通过降低能源消耗和污染物的排放需求来达到运输市场供需平衡。

从图 3 可以看出,当资源的供给保持不变时,社会需求的增加(需求曲线 D_0 由移动到 D_1)必然导致资源的价格上升(由 P_0 变到 P_1),从而带来资源交易成本的增加,进而增加了人们使用资源的难度。当对资源的需求达到一定程度,超出市场供给能力时,就会出现资源紧缺状况。因此,当无法提高资源的供给时,只能通过减少需求来保持资源的供需平衡。

从图4可以看出,当资源的供给和需求同时变动时,若供给与需求反方向变动(需求曲线由 D_0 减少到 D_1,供给曲线由 S_0 增加到 S_1),则社会资源的均衡量随之由 E_0 降低到 E_1。通过需求的降低和供给的增加可以降低资源消耗的速度,保持供需均衡的降低,有利于社会总资源的供需平衡。

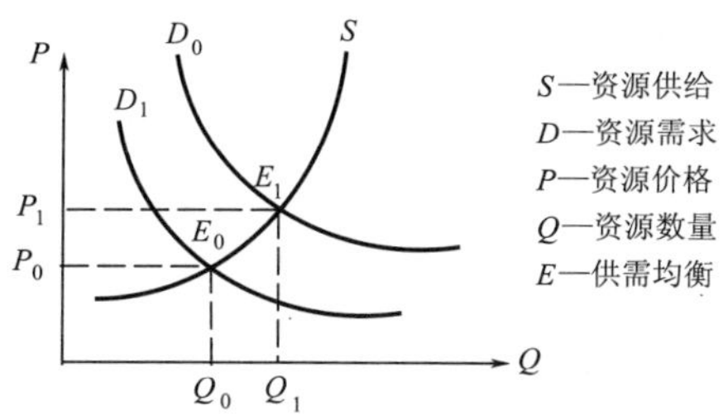

图3 需求变动对供需均衡的影响

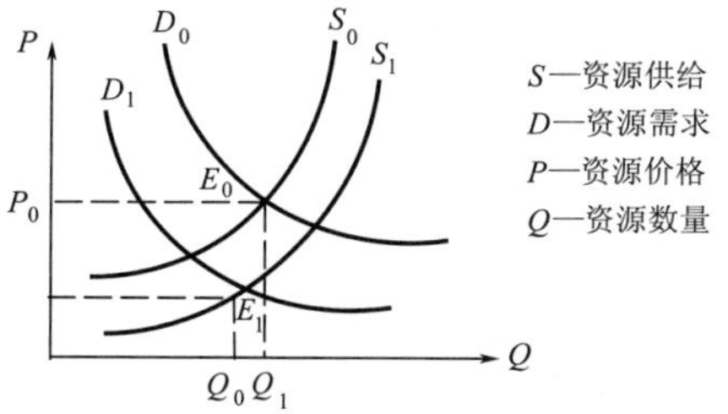

图4 需求和供给同时变动对供需均衡的影响

从以上的分析可以看出,节能减排可以通过降低对能源消耗和污染物排放的需求,同时可以兼顾能源供给的开发,如研发采用新能源的车辆等。因此,实施节能减排从经济学上完全符合市场均衡和供需理论,其经济学内涵丰富。

3 城市交通节能减排政策存在问题

自我国“十一五”规划提出节能减排的目标后,为实现城市交通的可持续发展,中央和地方出台了一系列政策。纵观这些政策,可以发现我国城市交通节能减排的策略主要是以结构调整为基本方向,大力提高公共交通出行比例;以优先发展公共交通为基本战略;以发展大容量公交方式为发展重点;以新能源应用为技术支撑,开发推广代用燃料和清洁燃料汽车;以提高公交服务水平和降低公交油耗为主要途径[5]。经过政府的多年努力和社会的积极配合,我国城市交通节能减排取得了很大的成就,但是通过对现阶段城市交通节能减排的研究,发现还存在着一些问题,主要体现在以下几点:

(1)城市交通结构不够完善,公交导向的节能方针体现不足。与国外城市相比,我国城市公交出行比例存在较大差距,上海居民公共交通(地铁+公共汽车)比例为27%,而巴黎为61.5%,东京则达到79.6%。据测算,公交出行比例每提高一个百分点,城市交通用能下降1%。公交系统虽然在快速发展,但仍赶不上城市交通的需求发展速度。

(2)新能源汽车进展不利,政策、技术与市场脱节。新能源车的经济性、安全性、动力性等没有得到市场的接受和认可,难以实现规模化生产;上下游产业发展不同步,无法形成完善的生产、消费、反馈的循环机制;节能环保技术配套设施建设滞后,不能为新能源汽车提供有力保障。另外,混合动力汽车高昂的购车成本阻碍了消费者对混合动力汽车的选择。

(3)节能技术研发缓慢,推广措施有待加强。

当前交通节能技术应用多集中在生产环节。在小汽车方面,节油技术如整车匹配及优化技术、轻量化技术、节能发动机技术等主要应用在生产环节;在公交及出租车方面,主要有天然气汽车、混合动力汽车、电动汽车和新型柴油车等技术。我国部分城市整车改造更新中虽采用了这些技术,但推广力度不够;国外在智能交通系统、节油添加剂等方面取得了较好的节能效果,值得借鉴。

(4)经济杠杆未能发挥作用,调控效果有限。

国内对经济手段的适应环境、具体实施方案的研究不够深入。国外主要通过财税等经济杠杆营造交通节能环境,而在我国,汽车税费及其征收的金额集中在汽车生产、进口领域,但在汽车消费方面征收的税费种类不多、金额少,且较少从节能减排方面考虑,如车辆购置税、车辆使用税等分别按汽车价格、车辆类型等来收取,而非发动机排量等与能耗有关的指标征税。近几年,非节能减排导向的税费制度导致私人购车的冲动仍然很大,也难以限制大排量汽车的盛行,同时对节能环保型汽车消费的激励不足。

从上可以看出,现有的需求管理措施灵活性不强、力度不够大,经济杠杆的调控在汽车市场的调控力度不够,远远滞后于我国在汽车产业中推行节能减排的战略取向。

4 国外运输节能减排经验

西方发达国家已经建立起较为完善合理的城市交通结构,因此关注的重点在于提倡环保型消费、限制私车使用、缓解交通拥堵等几个方面,主要是通过经济政策来调节交通消费行为或出行模式实现节能减排目标的。

4.1 控制车辆数量,引导环保型消费

国外城市在进行交通规划时,会根据自身的道路容量制定车辆总量控制或地区控制措施,例如在日本,规定大城市小汽车交通控制在总交通量的25%以内,西欧等国家均控制在40%左右。

为控制车辆总量,发达国家往往在购车时征收高额车辆税费。不仅如此,日本、丹麦、德国等国采取措施,对消费者购置新型、清洁和高能效汽车给予税收减免,引导环保型消费。在丹麦,居民购买百公里油耗在2.5~4L之间的车辆可以少缴16.7%的税,如果购买高排量的汽车,要缴纳“绿色拥有税”;在日本,购买清洁并且使用替代燃料的车辆可少缴购置税,符合若干排放要求的车辆可少缴25%~75%不等的费用。此外日本还推出了对购买替代燃料汽车和纯电动汽车给予补贴的政策。

长期以来,新加坡政府坚持实施税收优惠政策,以价格杠杆鼓励人们购买环保车。私人购买车辆除了支付车款外,还要缴纳相当于公开市场均价20%的海关关税、5%的一般销售税、110%的附加注册费,以及140新元的登记费。此外,新加坡拥有独特的车辆配额体系,车辆上路行驶需有拥车证(COE,Certificate of Entitlement)。新加坡通过对COE进行拍卖,控制私人汽车的增长量,购买一辆新车的各种税费是车价的2~3倍。

4.2 采取经济手段,限制车辆使用

发达国家在限制车辆使用方面主要采取收费方式,以城市区域内实施道路收费和通行费比较普遍,主要目的是控制高峰时段和车流量大的区域的交通流、缓解堵塞,并采用电子监测手段来实施收费。其中比较典型的是在英国伦敦市,借助牌照号码识别系统在市中心收取拥堵费。

在新加坡,从1975年就开始实施了分地区的道路收费系统,该系统通过预付费智能卡全面实现了自动化,其目的是控制交通流。在美国的一些城市或州,实行免费通道及多人乘坐车辆使用的特殊通道(HOT)灵活收费制度,公交车和合乘车辆免费,单个人员车辆需要付费。多伦多、斯德哥尔摩、墨尔本等城市对高污染车辆进入中心城区采取收费等外部成本内部化方式进行限制。例如清洁排放的环保车辆免费,非环保车辆(高污染车辆)将通过电子收费系统支付一定费用。在英国,对每行驶1km释放225gCO_2的G类车,包括四轮驱动在内的高耗能、高污染车辆进入伦敦市征收25英镑的费用[6]。

此外,国外还采用按区域或分时段实行差别性的停车收费政策,目的是控制车辆过度使用,降低能耗和减少排放。

4.3 政府立法示范,倡导节能减排

西方政府往往带头采用低排放和高能效的车辆,为社会做出表率作用。美国已经广泛实施政府清洁用车方案。在加拿大,由财政部、自然资源部和环境部协调确立了政府用车所要实现的环保目标,并通过“绿色采购”政策和其他配套措施来削减车队和其他领域的能源消耗,从而大幅度降低温室气体排放量。

此外,欧盟采用通过立法手段控制乘用车CO_2排放量,以迫使各国汽车制造商在欧洲销售的新车型减少CO_2排放量,例如大排放量汽车必须达到欧盟严格的强制性CO_2排放标准。如果要使汽油车的CO_2排放量降至达到每公里120g这一规定,就必须使其以欧洲行驶模式测定的综合油耗控制在每百公里4.5L以内。

4.4 加大新能源、节能减排新技术的研制开发

西方国家一向重视新能源、节能减排新技术的研制开发。目前已经开发了天然气、液化气等多种可供汽车使用的清洁燃料,广泛应用在城市公交系统里。除此之外,研制具有先进发动机的汽车也是城市

交通节能减排的一个重要手段。瑞典沃尔沃公司通过提高传统卡车发动机的效率,使卡车二氧化碳排放量在过去10年中下降了20%,2008年已达25%。

日本丰田汽车公司前几年在市场上推出了靠电池和汽油共同提供动力的PRIU环保汽车,将尾气中排放的颗粒物与有毒气体的数量几乎降为零。沃尔沃正在生产一种生物燃料卡车,主要燃料源自植物油,因此二氧化碳排放量更低,这种汽车目前占沃尔沃卡车总销售量的5%。除了生物燃料和混合动力,欧洲其他汽车公司还在研制一种"生物垃圾"的燃料,主要成分来自造纸厂或其他制造商的垃圾废料。据称安装这种发动机的大型客车将会2010年正式投入商业运营。

4.5 进一步完善公交系统

尽管发达国家在城市交通节能减排方面采取的政策有所差异,并且已拥有较为完善的公交系统,但都将公共交通列为城市交通的首选模式,并不遗余力地完善公交系统。这是因为在所有的城市交通出行方式中,公共交通最具节能、节地和环保优势,进一步完善公交系统还可为被各种政策不断压缩出来的私人机动化交通需求提供出路。

5 城市交通节能减排政策建议

由于城市交通本身的问题以及相关联的节能、环保等外部性问题比较复杂,各国国情也不相同,解决这些问题不可能依靠单一手段,需要多种手段相配套或组合。因此借鉴国外先进经验,我国城市交通节能减排的政策可以从以下方面加以推进。

(1)城市交通体系。构建公平、健康、低价的城市交通系统,完善城市交通结构,贯彻公交优先的发展理念,满足不同层次的人群的需求,具体措施包括:提高公共交通的服务水平和质量,兴建大容量、低耗能的轨道交通;构建完善的行人步行系统和自行车道系统等。值得注意的是,在对城市交通体系进行调整和合理分配时,应该以大多数人的利益为重。

(2)行政制度。加强交通运输节能管理,完善相关交通能耗规范、制度和标准。建立健全有关交通能效、节能方面的统计和指标体系。利用牌照拍卖制度控制机动车的数量;增加诱因,鼓励出行者放弃低效率的私人小汽车出行,转而使用高效率的公共交通;对公共交通进行补贴,增加公交的吸引力;出台并完善车辆能耗和排放标准,制定和实施强制性的运输工具燃油效率标准。

(3)经济手段。充分发挥经济杠杆作用,加强小汽车调控政策。具体措施包括:适当降低节能环保型车辆的购置税,引导节能环保型车辆消费;限制私人小汽车的使用,在市中心可以考虑停车费、拥挤收费;对替代燃料车辆的购买者进行适当补贴。完善车辆购置税税制,依团体购车、私人购车、排量大小和动力种类实行差别税率。

(4)车辆节能减排技术。通过改善车辆设计,可以节约能源消耗、减少排放,包括:改善车辆发动机设计,降低车辆能耗和减少排放;推广使用替代燃料车辆,如氢能源汽车和甲醇汽车。对购买此类车辆进行补贴,以保证公平性,或者对购买其他车辆征收资源税;出台并完善车辆设计和生产标准,对不符合油耗和排放标准的生产和销售商制定处罚措施。

(5)新能源、新技术应用。汽车行业应进一步加大对新能源、新技术的研发力度,积极推进低地板、高性能、低污染、新能源公共汽车的研制开发。逐步引导信息技术、能源技术、生态燃料等新技术、新材料领域的研究成果向交通系统移植;加快已成熟技术的产业化进程。政府应给予新能源配套设施建设以财政支持,实现新能源规模化的使用,降低使用成本。

6 结语

城市交通节能减排是一项长期、艰巨的工作,虽然已经得到社会的广泛关注、政府的高度重视,并已投入大量人力和资金研发新的替代能源和车辆设计技术,但伴随着我国城市私人小汽车的飞速增长,城市交通节能减排依然面临着严峻的挑战。我国城市应抓住建设"资源节约、环境友好"型社会的契机,遵循市场规律、利用经济杠杆,采取多种政策手段相配套,实现城市交通的可持续发展,为应对能源危机,降低碳排放量做出积极的努力。

参考文献

[1] 蔡凤田.公路交通运输领域节能减排对策[J].交通节能与环保,2008,(2)
[2] 陈莎,马林,杨少辉.城市交通系统的节能降耗研究[C].生态文明视角下的城乡规划—2008 中国城市规划年会论文集,2009
[3] 朱跃中.“十一五”期间我国交通部门能源需求展望及节能潜力分析[J].中国能源,2007,29(12)
[4] 吴文化,樊桦,李连成,杨洪年.交通运输领域能源利用效率、节能潜力与对策分析[J].宏观经济研究,2008,(6)
[5] 胡金东.中国能源安全与交通节能战略[J].技术经济与管理研究,2007,(6)
[6] 凌春雨.节约型交通运输体系相关问题的研究[D].长沙:中南大学,2007
[7] IEA. Energy statistics and Balances [M]. International energy Agency. 2004

Research on energy-saving and reduction policies of urban transportation in China

Yue Rui
(School of Transportation Engineering, Tongji University, Shanghai, 200092)

Abstract: Based on the current field of urban transportation energy consumption and pollution emissions research, this paper analyzed energy-saving and emission reduction policies on the point of an economic view. This studying explored current energy-saving and reduction system combined with the concrete practice, pointed out the current problems by learning from foreign cities, and made recommendations on urban transportation in China energy-saving and emission reduction policies.

Key words: Urban transportation; Energy-saving and reduction; Transport system; Externality theory

基于熵权城市交通运行状况评价研究

唐　夏　韩　皓

（上海海事大学，上海市浦东大道 1550 号，200135，txia3912@ yahoo. com. cn）

摘　要：城市交通运行状况的评价对保持城市交通畅通、确保交通安全、减少交通事故具有十分重要的现实意义。在城市交通运行状况的评价指标上建立评价体系，然后通过熵权确定各项指标的权重，并在评价指标的分级标准对比上建立评价模型，提高了评价模型的可靠度。

关键词：交通运行状况；评价指标；熵权；评价

1　引言

近几年来，随着国民经济的高速发展和城市化进程的加快，城市中原有的道路交通条件越来越不能满足人们的使用要求，所导致的交通拥挤堵塞、交通事故的增加、环境污染的加剧等问题严重影响城市的健康发展。其中交通拥挤的危害是重中之重。它的直接危害是使行车速度降低，交通延误增大，道路通行能力降低，所导致的时间和费用浪费已经造成了巨大的经济问题。再加上交通拥挤、交通事故，交通污染形成的恶性循环，也使整个城市的运行效率降低，影响了人的身心健康。所以对城市交通运行状况的评价研究显的极为重要。

2　交通运行状况评价指标体系的构建

2.1　交通运行状况的评价指标

(1)路段平均停车次数。路段上平均每辆机动车在运行过程中单位长度内发生的停车次数。

(2)路段平均行程延误。是指单位长度路段车辆延误值的总和。

(3)路段饱和度。是指该路段的实际交通量与路段通行能力的比值。

(4)交叉口排队长度。是指在通过交叉口前，车辆在各个进口道等候长度的平均值。

(5)交叉口饱和度。是指该交叉口的实际交通量与其通行能力的比值。

2.2　交通运行状况的评价原则

为了满足交通管理者进行交通运行管理和规划决策，交通参与者出行决策的需要，在交通运行状况的评价体系建立时要遵循[1]：科学性原则、系统整体性原则、实用性原则、可比性原则、动态导向性原则。

2.3　交通运行状况评价指标体系的建立

结合交通运行状况的评价指标和评价原则，建立城市交通运行状评价指标体系，如图 1 所示。

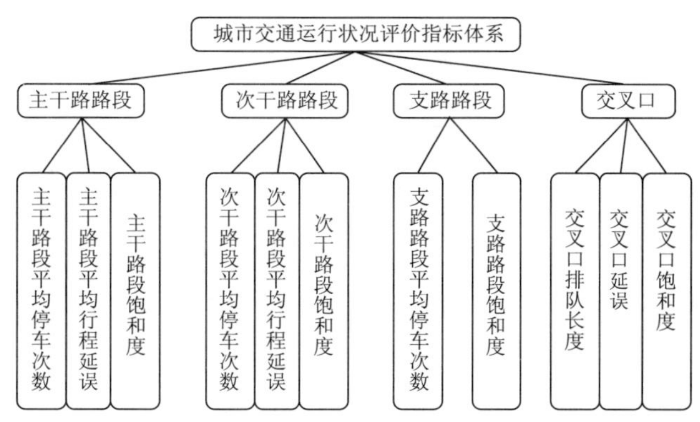

图 1　城市交通运行状况评价指标体系

3 熵权法综合评价模型

3.1 熵权[2]

设 m 个评价指标,n 个评价对象,按照定性与定量相结合的原则取得多对象关于多指标的评价矩阵:

$$R' = \begin{bmatrix} r'_{11} & r'_{12} & \cdots & r'_{1n} \\ r'_{21} & r'_{22} & \cdots & r'_{2n} \\ \cdots & \cdots & \cdots & \cdots \\ r'_{m1} & r'_{m2} & \cdots & r'_{mn} \end{bmatrix}$$

对 R' 做标准化处理可得 $R=(r_{ij})_{m\times n}$。式中,r_{ij} 称为第 j 个评价对象在第 i 个指标之上的值,且 $r_{ij}\epsilon[0,1]$

$$r_{ij}=\frac{r'_{ij}-\min\{r'_{ij}\}}{\max\limits_{j}\{r'_{ij}\}-\min\limits_{j}\{r'_{ij}\}}。$$

在有 m 个评价指标、n 个评价对象的评估问题中,第 i 个评价指标的熵定义为

$$H_i=-K\sum_{j=1}^{n}f_{ij}\ln f_{ij}\quad(i=1,2,\cdots,m)$$

其中,$f_{ij}=\frac{r_{ij}}{\sum\limits_{i=1}^{n}r_{ij}}$,$k=\frac{1}{\ln n}$。第 i 个指标的熵权 W_i 定义为,

$$W_i=\frac{1-H_i}{m-\sum\limits_{i=1}^{m}H_i},0\leqslant W_i\leqslant 1 \text{ 且 } \sum_{i=1}^{m}W_i=1。$$

3.2 交通运行状况评价模型

设 $C=(C_1,C_2,\cdots,C_K)$ 为评价指标的集合,且满足 $C_1>C_2>\cdots>C_K$。因为各评价指标的分级标准是已知的,则可以得到分类标准的矩阵

$$A=\begin{bmatrix} a_{11} & a_{12} & \cdots & a_{1k} \\ a_{21} & a_{22} & \cdots & a_{2k} \\ \cdots & \cdots & \cdots & \cdots \\ a_{m1} & a_{m2} & \cdots & a_{mk} \end{bmatrix}$$

第 i 个对象的第 j 个指标的评价项 r_{ij} 具有评价指标 C_k 的评价为 M_{ijk},因为假定 $C_1>C_2>\cdots>C_k$,则当 $r_{ij}\geqslant a_{j1}$ 时,$M_{ij1}=1,M_{ij2}=M_{ij3}=\cdots=M_{ijk}=0$;当 $r_{ij}\leqslant a_{jk}$ 时,$M_{ij1}=M_{ij2}=\cdots=M_{ij(k-1)}=0$;$a_{jt}<r_{ij}<a_{j(i+1)}(1\leqslant t\leqslant k-1)$ 时,$M_{ijt}=\frac{|r_{ij}-a_{j(t+1)}|}{|a_{jt}-a_{j(t+1)}|}$,$M_{ij(t+1)}\frac{|r_{ij}-a_{jt}|}{|a_{jt}-a_{j(t+1)}|}$,$M_{ijk}=0,k<t$ 或 $k>t+1$。结合熵权则第 i 个对象的评价值为

$$M_{ik}=\sum_{j=1}^{m}W_jM_{ijk},1\leqslant i\leqslant n,1\leqslant k\leqslant K。$$

根据置信度准则,对置信度 λ(一般取 0.6 ~ 0.75)[3]

$$k_i=\min\left\{k:\sum_{i=1}^{k}M_{ik}\geqslant\lambda,1\leqslant k\leqslant K\right\}$$

使 k 知道满足上式,则认为 r_i 属于 C_{ki} 类。最后由 k 的值来确定评价对象的状况。

4 交通运行状况评价实例

漯河市嵩山路、人民路、交通路和黄河路位处漯河市中心区,而且嵩山路、人民路、交通路上各有一座桥(图 2),上下班高峰时段的交通运行情况甚为拥挤,对整个城市的交通运行情况影响也非常严重,

下面引用上述模型对其评价，分析出各个路段的交通运行情况，见表1和表2。计算结果见表3。

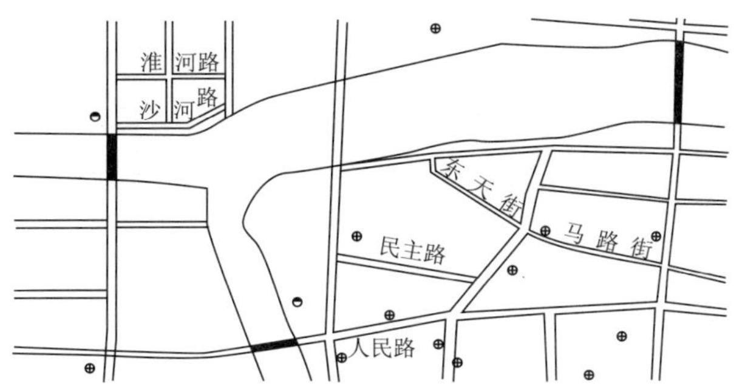

图2　各交通路段的地理位置

各路段交通运行评价指标实测值　　表1

评价指标	人民路里河桥	嵩山路大桥	交通路桥
平均停车次数（次/km·辆）	0.73	1.64	1.35
平均行程延误（秒/km）	20.59	42.52	25.47
饱和度	0.56	0.74	0.49

路段交通运行评价指标分级标准[4]　　表2

评价指标	非常畅通	畅通	轻度拥堵	中度拥堵	严重拥堵
平均停车次数（次/km·辆）	≤0.2	(0.2,0.8]	(0.8,1.6]	(1.6,2.9]	>2.9
平均行程延误（秒/km）	0	(0,23]	(23,64]	(64,160]	>160
饱和度	≤0.4	(0.4,0.6]	(0.6,0.7]	(0.7,0.8]	>0.8

评价指标熵权计算结果　　表3

评价指标	C_1	C_2	C_3
权重	0.3182	0.2370	0.4448

$$M_{ik}=\begin{bmatrix}0 & 0.6507 & 0.3493 & 0 & 0\\ 0 & 0.0071 & 0.4589 & 0.5339 & 0\\ 0.0444 & 0.5330 & 0.3779 & 0.0445 & 0\end{bmatrix}$$

取 $\lambda=0.65$，人民路里河桥 $k=2$ 时，$M_1=0.6507>0.65$；嵩山路大桥 $k=3$ 时，$M_2=0.9999>0.65$；交通路桥 $k=4$ 时，$M_3=0.9553>0.65$。由 $M_1<M_2<M_3$ 得最终结果见表4。

各路段交通运行评价结果　　表4

路段名称	M 值	评价等级	排序
人民路里河桥	0.6507	畅通	人民路里河桥<交通路桥<嵩山路大桥
嵩山路大桥	0.9999	中度拥堵	
交通路桥	0.9553	轻度拥堵	

本例中主要是针对评价体系中主干路路段进行了举例说明，运用熵权并结合评价指标的分级标准得出了各个路段的评价等级，得出嵩山路大桥是三个路段中最为拥堵的。

当综合评价交通运行状况时，可以依据本例的计算步骤，根据论文中提出的评价指标体系，考虑主干路、次干路、支路和交叉口，全面准确地进行评价。这样所得的评价结果也会更加反应实际的交通状况，也会更加使人信服。

5 结语

综上所述,基于熵权评价城市交通运行状况是可行的,而且避免了传统的综合评价法如层次分析法在权重确定方面的缺陷,克服了主观的随意性。模型的建立符合实际情形,求解过程比较简便,得到的评价结果与现状相符。准确的交通运行状况的评价为今后的交通改善规划也做好了铺垫,应用前景比较广泛。

参考文献

[1] 王亚晴. 城市交通运行状况综合评价研究[D]. 2006,5
[2] 刘勇. 道路交通系统的熵理论应用研究[D]. 2003,5
[3] 杨尚阳,张龙云,刘婷婷. 基于熵权的路面状况评价属性识别模型[J]. 交通运输系统工程与信息. 2008(2)
[4] 刘娟,孙建平,刘梦涵等. 微观层次道路交通拥堵评价指标的研究[J]. 第三届中国智能交通年会论文集. 2007(8)
[5] 李金辉,李旭宏,何杰. 熵权模糊综合评判法在出租车车型优选中的应用[J]. 交通与计算机. 2008(3)
[6] 聂伟,邵春福,杨励雅. 耗散结构及熵理论在区域交通系统中的应用探讨[J]. 公路交通科技. 2006(10)
[7] 彭金栓,邵毅明,彭丽芳. 基于熵权的公交满意度模糊综合评价[J]. 山西建筑. 2007(12)
[8] 王江晴,江迎春. 基于熵权的软件质量模糊评价模型设计与实现[J]. 计算机与数字工程. 2008(2)

Research on evaluation of urban transportation performance based on entropy weight

Tang Xia, Han Hao

(Shanghai Maritime University, 200315)

Abstract: The evaluation of urban transportation performance is very significant to maintain traffic quickly, ensure road safely and reduce traffic accidents. The article builds the evaluation system based on the evaluation index, and then right through the entropy of the indicators to determine the weight. Besides the evaluation model is based on the classification criteria so as to improve the reliability.

Key words: Transportation performance; Index of evaluation; Entropy weight; Evaluation

基于人、车、路、环境一体化的道路交叉口设计研究

陈 洁 韩 皓

(上海海事大学交通运输学院,上海市,200135,candy_biscuit@126.com)

摘 要:本文从人,车,路,环境这四个方面分别阐述了在道路交叉口规划设计中的考虑因素,并对各个因素进行了具体的分析,最后对具体交叉口进行优化设计。

关键词:交叉口;环境;信号配时

在道路交通高度发达的现代城市中,交通和环境问题越来越重要。在城市道路的规划、设计、管理中,应把城市交通(非机动车和机动车)、人(行人和司机)、周围的环境三者有机结合起来。人——指的是行人与司机,设计中应考虑他们的安全保障、交通需求、行人的出行需求、司机的驾驶特性等;车——指的是车辆的组成、车流量、各车辆的特性、车对道路的要求、车辆的通行能力等;路——指的是路网布置、道路等级、路用性能、主要技术指标和经济指标;环境——指的是道路周围的地形、地质、水文等自然生态环境以及周围建筑的空间环境、绿地要求等。“人—车—路—环境”这个系统中,道路设计者必须在设计中解决好四者的矛盾,并各有侧重。

1 路的因素

交叉口的设计最主要是消除或减少干扰以达到交通安全和交通顺畅的目的。平面交叉解决冲突的有效办法一般是渠化交通及环岛交通流等。交叉口的坡度要满足排水及行车安全。特别要解决好交叉口的排水,应在进入交叉口前在人行斑马线附近排除水流,一般不允许水流冲刷过交叉口。另外,在城市道路交叉口,由于交通流量增大,汽车加、减速和制动、启动频繁,交通渠化比一般路段更大,可采用加大绿化比重,建筑后退红线等方法来改善生态环境状况。

1.1 交通岛的设置

交通岛作为行人和非机动车过街的安全岛,可以减少机动车的干扰,提高行人与非机动车通行能力;为设置交通控制设备提供场地;在交叉口内的中间分隔带和外分隔带都可以视为交通岛,交通岛不但是物理类型,也可以是路缘构成的区域或特殊油漆标志路面区域。

1.2 交叉口拓宽渠化

交叉口拓宽渠化是最常用的渠化方之一。在交叉口的驶入段,由于车速降低,容易按车道行驶,因此每条车道的宽度可以适当缩减 。在交叉口入口渠化的过程中,设置左转车道和右转车道往往受车道宽度的限制,可以通过缩减车道宽度实现增加车道数量。在拓宽渠化设计时,除了对进口进行拓宽外,当用地条件限制时可以对交叉口出口进行拓宽。

1.3 信号配时计算

(1)计算组成周期的全部信号相的最大 y 值之和 $Y=\sum\max[\cdots,y_i,\cdots]$;

(2)计算每个周期的总损失时间 $L=\sum l+\sum(I-A)$,I 为绿灯间隔时间;

(3)使延误最小,得出定时信号最佳(近似)周期时间 $c_0=\dfrac{1.5L+5}{1-Y}$;

(4)根据上式确定的周期时间,可得到每周期的有效绿灯时间 $G=c_0-L$;

(5)把 G 在所有信号相之间,按各相位的 y_{max} 值之比进行分配,得到各个相位的 g_e;

(6)得到各个相位实际显示的绿灯时间 $g=g_e-A+l$。

2 人的因素

所谓人性化设计,就是城市道路交叉口设计对人的交通活动需求在最大程度上的满足。内容主要包括生理需求和心理需求等。在设计中,应特别关注交通行为中弱势群体的需求同时也要满足司机的驾驶特性要求。

2.1 人行道设计

在城市道路设计中建立完善的步行系统,是人性化思想的充分体现。在道路设计中,首先要保证人行道平整度及密实度,同时尽可能采用防滑砖铺砌。为了不妨碍交通,以及施工安全,一般是在人行道下设置管线。人行道设置主要以人为主,考虑行人的舒适性、安全性,繁华地段还要考虑行人的通行能力,同时也要满足绿化要求。一般认为道路总宽度与单侧人行道之比在5:1~7:1的范围内是比较合适的。

2.2 驾驶员特性分析

驾驶员根据道路条件及汽车的瞬时运动状态,依据反馈原理不断调整汽车的运动轨迹,以使汽车安全、正常行驶。驾驶人处理道路交通环境信息负荷量的量化指标之一是驾驶行为的工作负荷,它体现出的强度和频度,对于行车安全具有显著影响。驾驶人工作负荷的强度可以通过其必需的视线使用频度来描述。视线需求 VD_i 的定义为:

$$VD_i = \frac{t_{gl}}{t_r - t_{lr}}$$

式中,t_{gl}为视线请求时间;t_r 为获得视线请求的时刻;t_{lr}为上次视线请求的时刻。

这个指标提供的是驾驶人观察道路环境的时间在驾驶时间中占的比例,这一指标越大,说明驾驶人对道路环境信息的观察频率越高,这意味着驾驶人的工作负荷越高,因此,VD_i 是驾驶人工作负荷的描述。在驾驶员-车辆-环境这一闭环系统中,驾驶任务对驾驶员施加心理压力,压力的大小取决于驾驶的难度和驾驶员的期望度。线形设计与驾驶员的期望不一致将导致驾驶员采取不合理的速度、不适当的操作行车,正是由于这一原因,道路两侧或路面出现了限速、警示等标志和其他安全保障系统。

3 环境景观因素

考虑到城市绿化问题,为了吸尘、防噪音等,在有条件的城市,道路绿化绿地比例也应达到一定的要求。人行道绿化、中央分隔带绿化(大部分城市道路没有)等道路绿化建设应该执行严格的标准,以提高道路的绿化和生态指标。据国外不同的建设实践,道路绿地率(绿化密度占道路红线宽度的比例)在30%~35%之间可以充分展现城市道路线状绿化的特点。道路环境中的绿地设计应考虑现代交通条件下的视觉特点,综合多方面因素进行协调,力求建设更加优美的绿地景观。

4 具体实例分析

4.1 交叉口现状背景分析

本次调查的交叉口是即位于苏州高新区主要运输线路淮庆路与339国道的相交路段,而由于高新园区物流运输,货车流量较大,对周边道路交通造成一定程度的压力,解决好该路口的交通问题,将有效的缓解现状路网的压力。同时应当充分考虑发展与环境的关系,力求使路口的渠化与环境的绿化协调。

4.2 现状供需平衡分析

交叉口饱和度的计算为交叉口现状流量和交叉口设计通行能力之比。计算结果见表1。

交叉口饱和度计算　　表1

进口道	东进口			西进口		南进口	北进口	
	左转	直行	右转	左转	直右	直行	左转	直行
饱和度	0.87	0.86	0.86	0.96	0.9	1.0985	1.132	1.133

从交叉口饱和度来看已呈现拥堵拥堵现象,交叉口处于中等偏下服务水平,而该交叉口的拥挤主要是由该地区北部为一高新技术园区,货车流量比较大,随着高新园区的发展,物流运输的迅速增长,交通量将越来越大。

4.3 优化设计方案

本次设计改造设置了必要的交通标志,重画了交通标线。交通标志标线的设置充分结合了本工程自身的特点,在满足适时、适量提供交通信息,确保行车安全的同时,与道路的整体环境景观效果相配合,并尽量减少交通标志数量,简化交通标线。

渠化的主要思路是在北进口及东进口方向设置交通导流岛,可以使得右转方向的车提前右转,减少在交叉口的冲突点及对其他的车流的影响。东进口增加一条直行车道,北进口道增至两条专用左转车道,西进口道由原来的两车道增至5车道,南北方向车道展宽段为80m,渐变段均为40m。信号配时计算首先确定信号配时参数,包括流量比,起动损失时间等。起动损失时间无实测可取3s,绿灯间隔时间为7s。其中黄灯时间为3s,流量比计算见表2。

流量比示意表 表2

进口道	东	西	南	北
交通量(pcu/h)	1054	907	502	699
饱和流量	2400	2400	1800	1800
流量比	0.439	0.378	0.279	0.388
关键流量比	0.439		0.388	

(1)确定最佳周期时长

$$C_0=\frac{1.5L+5}{1-Y}=\frac{1.5\times[2\times(3+7-3)]+5}{1-(0.439+0.388)}\approx 150\text{s}$$

(2)信号总损失时间

$$L=\sum(L_s+I-A)=14\text{s}$$

(3)周期有效绿灯时间

$$G_e=C_0-L=136\text{s}$$

(4)各相位实际绿灯显示时间

$$g_1=G_e\times\frac{y_1}{Y}=74\text{s};g_2=G_e\times\frac{y_2}{Y}=62\text{s}$$

最后得配时方案见表3。

配 时 方 案 表3

	第一相位(东西向)	第二相位(南北向)
显示绿灯时间(s)	74	62
黄灯时间(s)	3	3
全红时间(s)	4	4
合计时间(s)	81	69
周期时长(s)	150	

对该交叉口进行优化设计后,车辆运行速度提高,运行时间缩短,行车延误减少,因此无论是从经济效益还是社会效益来看,对交叉路口优化设计都是投资少、见效快的好办法。

5 结语

“人—车—路—环境”系统是一个综合的、全方位的系统。在人、车、路构成一个特定的闭环系统后,各要素之间就产生了相互依赖、相互作用和不可分割的联系。每一个要素都对道路交通系统产生着影响,同时这种影响又与其他要素紧密相关。

参考文献

[1] 王伟,张勇强.城市道路人性化设计.上海建设科技,2008(5)
[2] 苏少辉,朱强.城市道路设计中关于人车路环境信息交互的思考,2008(4)
[3] 吴晓峰,李晓伟,李会双.基于驾驶员信息处理的道路安全性评价模型.长安大学公路学院,710064
[4] 周小群,朱德宏.以人为本的城市道路设计探讨.科技信息,2007(7)
[5] 陈涛.人车路(环境)联合运行虚拟仿真网络与实现技术研究[D].长安大学,2005
[6] 李定.城市道路交叉口交通设计研究[D].重庆交通大学,2007

The design study of intersection based on people, vehicles, roads and environment

Chen Jie, Han hao

(Shanghai Maritime University, Shanghai, 200135, ivywang1120@163.com)

Abstract: This article considers the factors of road planning and design, which takes account of people, vehicles, roads and environment respectively, and optimize a special intersection.

Key words: Intersection; Environment; Signal configuration

信号交叉口左弯待转区合理设置长度与效益评估方法

任彦铭　董瑞娟　张卫华

（合肥工业大学 交通研究所，安徽合肥，230009）

摘　要：对信号交叉口左弯待转区的设置方法和设置转弯待转区后交叉口的效益评估方法进行研究。通过比较分析交叉口内左转车辆与对向直行车辆行驶至二者冲突点的时间，对左弯待转区停车线设置的位置进行优化研究，并结合常规的转弯待转区停车线设置方法，分析求解左弯待转区停车线设置的最佳位置。并提出了采用绿灯间隔时间变化量对设置左弯待转区后的交叉口进行效益评估的方法。最后通过具体实例分析，证明了设置左弯待转区有利于提高交叉口空间资源的利用率。

关键词：信号交叉口；左弯待转区；渠化设计；设置长度；效益评估

1　引言

平面交叉口是整个城市道路网中通行能力与交通安全的瓶颈，交叉口的通行能力不足，延误过大，往往是造成交通拥堵的主要原因。左转车流对其他各向车流的冲突最多，其对交叉口的通行能力影响最大[1]。因此，合理组织左转车辆是交叉口交通流组织的一个关键问题。

近年来，我国很多城市出现了一种新的左转渠化方法，就是在平面交叉口内部设置机动车左弯待转区，即在左转进口道或者直左进口道前施划一块区域作为等待区。当先放行直行车辆时，左转车辆可以利用这段相位时间提前进入交叉口，从而充分利用左转相位的绿灯时间，迅速通过交叉口，以期在一定的绿灯时间内增加通过交叉口的左转车辆数，达到交叉口时间与空间相互转换的目的，从而提高道路资源的利用率[2,3]。本文在假设进口道流量和相位不变的情况下，通过比较分析交叉口内左转车辆与对向直行车辆行驶至二者冲突点的时间，对左弯待转区的位置进行优化研究，分析求解左弯待转区停车线设置的最佳位置。并提出了设置左弯待转区后交叉口效益评估的方法。

2　常规的左弯待转区设置方法

左弯待转区设置在左转进口道的前端，沿左转车辆行驶轨迹伸入交叉口内部，其宽度应不大于左转进口道宽度，为保证提前进入左弯待转区的车辆不影响对向的直行车辆及左转车辆行驶，停车线位置应不超过两向车道边界线的延长线的交点，并设按此常规方法确定的左弯待转区的长度为 l_1。左弯待转区的标线为两条平行并略带弧形白色虚线，线宽 15cm，线段及间隔长均为 50cm，其前端标划停止线。在待转区内标划白色“左弯待转区”文字，用以指示左弯待转区的实际范围[4,5]。当直行信号绿灯亮时，左转车辆可利用这段时间进入左弯待转区，待左转信号绿灯亮时，驶出交叉口。

2.1　直左进口道左弯待转区的设置

多相位信号控制的交叉口一般需要设置专用的左转车道，但交叉口进口的直行车辆数相对较大时，就会经常出现左转车辆排队很短，而直行车辆排队很长的情况。这种情况不仅会使交叉口车道利用率降低，还会使路段交通组织出现混乱，造成一定的交通安全隐患。因此，可以将左转专用车道改为直左车道，并在直左车道前设置左弯待转区。如图 1 所示，待转区的位置应与进口道有一定偏置距离（1m 左右），以免妨碍直行车辆通过交叉口。

资助项目：国家自然科学基金资助项目（70771036）、安徽省自然科学基金资助项目（70416244）。

作者简介：任彦铭（1985-），男，硕士研究生，esren007@163.com。

2.2 左转专用进口道左弯待转区的设置

左转专用进口道左弯待转区的设置需考虑两种情况，一种是进口道与出口道之间有中央分隔带，则可将左转待行区适当向中央分隔带拓宽(0.5～1m)。当中央分隔带的宽的大于3m时，可设置两块左弯待转区，以充分利用交叉口空间资源(图2)。另一种是进口道与出口到之间无中央分隔带，则可按照左弯待转区的一般设置方法进行设计。

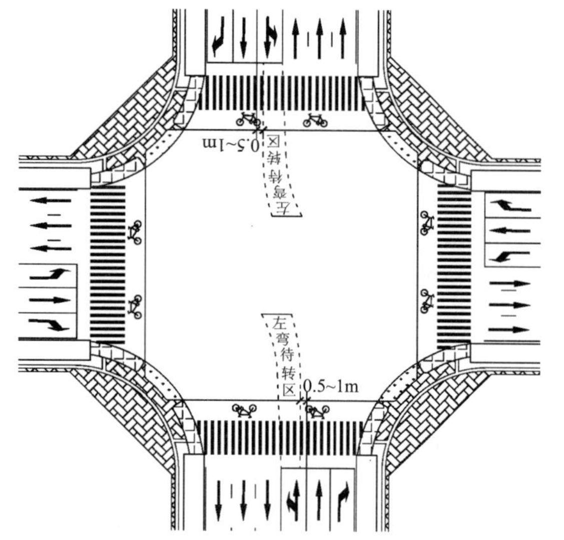

图1 直左进口道左弯待转区设置示意图

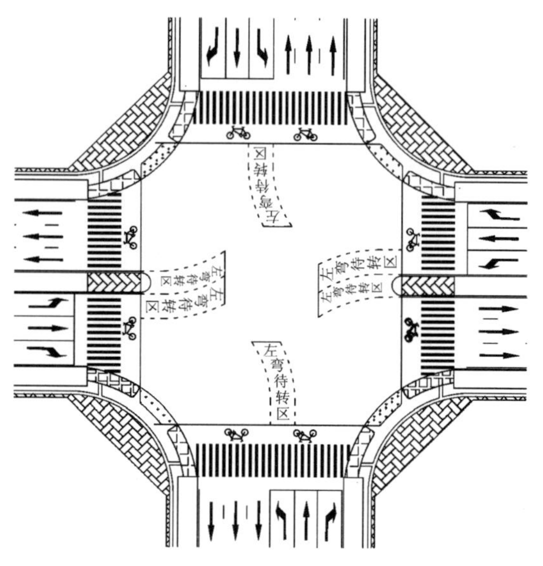

图2 左弯待转区设置示意图(有分隔带)

3 改进的左弯待转区的长度设置方法

与路段上顺流交通截然不同，在交叉口内部行驶的车辆由于分流、合流和交叉，可能发生相互干扰或碰撞，碰撞点处为冲突点，冲突点越多，对交通安全及交叉口通行能力的影响就越大。从左弯待转区的设置方法来分析，在设置待转区后，由于左转车辆提前进入交叉口，当左转信号绿灯亮时，先驶入交叉口的左转车辆则可能会与即将驶出交叉口的直行车辆发生冲突。图3为左弯待转区的设计示意图。本文主要讨论左转交通与对向直行交通的冲突点(图中 B 点)。

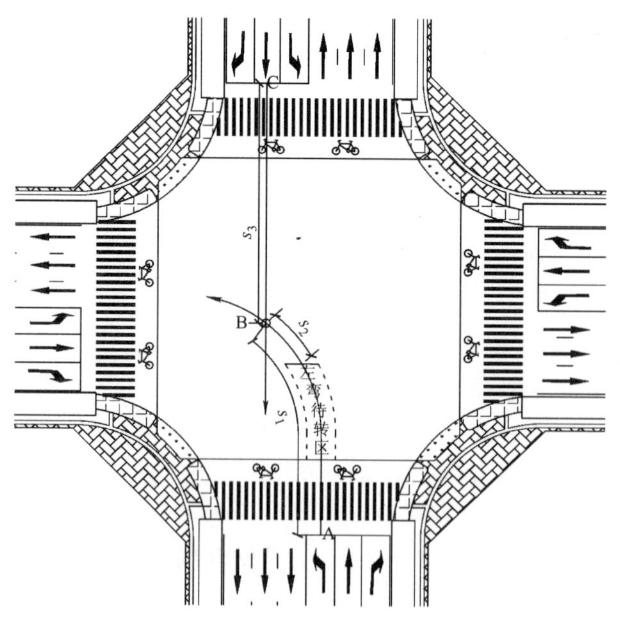

图3 左弯待转区设置示意图

设 s_1 为左转车辆从左转进口道的停车线行驶至 B 点距离，s_2 为左转车辆从左弯待转区的停车线行驶至 B 点的距离，t_1 为左转车辆从左弯待转区的停车线行驶至 B 点的时间，即进入时间。令 u_1 为左

转头车通过交叉口的平均车速，则

$$t_1 = \frac{s_2}{u_1} \tag{1}$$

设 s_2 为对向直行车辆从停车线行驶至 B 点的距离，t_2 为对向直行车辆从停车线行驶至 B 点的时间，即清空时间。令 u_2 为直行尾车通过交叉口的平均车速，则

$$t_2 = \frac{s_2}{u_2} \tag{2}$$

对于进入时间 t_1 与清空时间 t_2 有如下三种关系：

(1) $t_1 > t_2$，即左转车辆从左弯待转区停车线行驶至冲突点所需的时间，大于对向直行车辆从停车线行驶至冲突点所需的时间，说明直行车辆在绿灯结束后，能够在左转车辆行驶至冲突点前通过冲突点，则两个方向行驶的车辆不会发生冲突。

(2) $t_1 = t_2$，即左转车辆与对向直行车辆行驶至冲突点的时间相等，说明这两个方向的车辆可能会因为在行驶至冲突点的时候发生碰撞。这是一种理论的极限状态，则

$$s_2 = \frac{s_3 \cdot u_1}{u_2} \tag{3}$$

(3) $t_1 < t_2$，即左转车辆从左弯待转区停车线行驶至冲突点所需的时间，小于对向直行车辆从停车线行驶至冲突点所需的时间，说明直行车辆在绿灯结束后，还未来得及通过冲突点，而与对向的左转车辆发生冲突。

由此，得到改进方法下左弯待转区的设置长度

$$l_2 = s_1 - s_2 = s_1 - \frac{s_3 \cdot u_1}{u_2} \tag{4}$$

按改进的方法设置的左弯待转区停车线的位置，同时也应保证提前进入左弯待转区的车辆不影响对向的直行车辆及左转车辆行驶，即左弯待转区的长度不应小于按常规方法确定的设置长度 l_1，由此得出左弯待转区的设置长度 $l = \min(l_1, l_2)$。

4 设置左弯待转区后的交叉口效益评估

设置左弯待转区引起的最为直接的变化就是可以减小直行和左转的绿灯间隔时间。而通行能力和延误时交叉口效益评估最为重要的两个因素，因此需要将绿灯间隔时间的减小值转化为通行能力和延误的变化值。下面对绿灯间隔时间的变化值，以及绿灯间隔时间的变化所引起的交叉口的通行能力和延误的变化规律进行讨论。

4.1 设置左弯待转区后绿灯间隔时间的变化值

在实际中，车辆行驶有可能会出现异常情况，即直行车辆还未驶出交叉口，对向的左转车辆已经启动，且左转车辆以极小的转弯半径向左侧行驶，穿过直行车流而驶出交叉口，此时左转与对向直行车辆的冲突点前移（图 4 中 B' 的位置）。这种情况不仅会对交叉口的秩序造成混乱，造成极大的交通安全隐患，还会在一定程度上使交叉口的通行能力降低。所以，交警部门在确定信号相位方案时，会考虑这一情况，通常设左转车辆与对向直行车辆的冲突点距离交叉口出口 10m 左右，以此来计算直行相位与左转相位的绿灯间隔时间。交叉口交通组织与设计如图 4 所示。

在异常行驶情况下，设 s'_1 为左转车辆从停车线行驶至冲突点 B' 距离，t'_1 为左转车辆从左转进口道的停车线行驶至 B' 点的时间，s'_3 为对向直行车辆从停车线行驶至 B' 点的距离，t'_2 为对向直行车辆从停车线行驶至 B' 点的时间，则

$$t'_1 = \frac{s'_1}{u_1} \tag{5}$$

$$t'_2 = \frac{s'_3}{u_2} \tag{6}$$

设置左弯待转区后，规范了左转车辆的行驶路线，缩短了直行清空距离，从而在一定程度上节省了

冲突时间,即直行和左转的绿灯间隔时间减小,设为 Δt,直行车辆缩短的至冲突点的行驶距离为 Δs,则:

$$\Delta t = t'_2 - t'_1 - (t_2 - t_1) = \frac{s'_3}{u_2} - \frac{s'_1}{u_1} - \left(\frac{s_3}{u_2} - \frac{s_2}{u_1}\right) = \frac{\Delta s}{u_2} + \frac{s_2 - s'_1}{u_1} \tag{7}$$

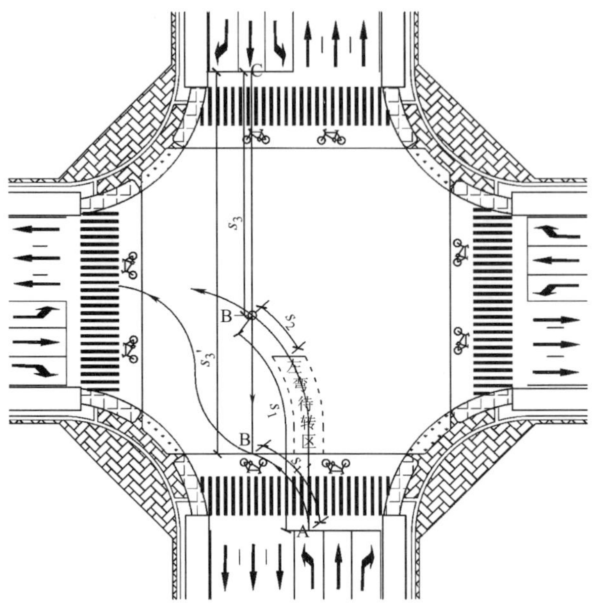

图4 交叉口交通组织与设计图

4.2 绿灯间隔时间减小所引起的通行能力的变化规律

假设交叉口的信号周期不变,则缩短的这部分时间既可用来增加直行的绿灯时间,也可用来增加左转的绿灯时间。因此,在一周期内交叉口单方向的通行能力可以得到一定程度的提高。设通行能力增加值为 Δc,h 为饱和车头时距,则

$$\Delta c = \frac{\Delta t}{h} \tag{8}$$

若按照改进方法设置左弯待转区,在 $l_1 > l_2$ 的情况下,$t_1 = t_2$,绿灯间隔时间的减小值达到最大,即:

$$\Delta t = \frac{s'_3}{u_2} - \frac{s'_1}{u_1}, \Delta c = \frac{1}{h}\left(\frac{s'_3}{u_2} - \frac{s'_1}{u_1}\right)。$$

4.3 绿灯间隔时间减小所引起的延误的变化规律

在周期时长不变的情况下,绿灯间隔时间减小,可以提高直行或左转相位的绿信比,从而引起交叉口延误的变化,采用1985年版通行能力手册交叉口进口车道延误的计算公式[6]进行讨论。延误计算公式如下:

$$d = 0.38C_0 \frac{(1-\lambda)^2}{1-\lambda X} + 173X^2\left[(X-1) + \sqrt{(X-1)^2 + 16X/\lambda s}\right] \tag{9}$$

为简化讨论过程,设交叉口左转进口车道的饱和流率 $s = 1600\text{pcu/h}$,饱和度 $X = 0.8$,计算得到在 $\Delta t = 1 \sim 2.5\text{s}$ 时,不同绿信比,不同信号周期下,单个左转进口车道的延误值,见图5。由图,延误值随 Δt 的值变大而变小,而在左转相位绿信比较大时,延误降低得越明显。

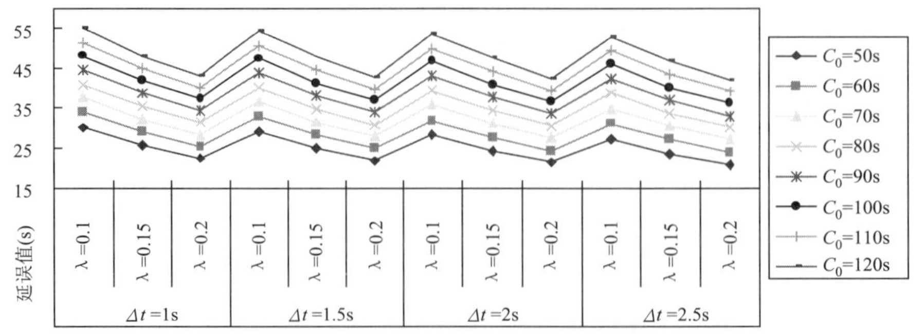

图5 不同条件下左转进口车道延误值变化规律

5 实例分析

5.1 实例交叉口的基本情况及信号配时

以合肥市某典型的四相位交叉口为例,其几何参数、相位构成与各进口方向交通流量如表1所示。为简化问题,不考虑右转交通量、非机动车及行人流量。

某交叉口现状各相位交通量 表1

相 位	交通流向	车辆到达率 q(pcu/s)	饱和流量 S(pcu/s)	车流量比	几何参数
一	南→北 北→南	297 347	1650 1650	0.18 0.21	$s_1=30.5\text{m}$
二	南→西 北→东	237 266	1480 1480	0.16 0.18	$s'=11\text{m}$
三	东→西 西→东	340 374	1700 1700	0.20 0.22	$s_3=31\text{m}$
四	东→南 西→北	274 289	1520 1520	0.18 0.19	$s'_3=50\text{m}$

根据韦伯斯特法[7](F. Webster – B. Cobber),求出周期时长 $C=115\text{s}$,再计算出四个相位的绿信比分别为:$\lambda_1=0.24$,$\lambda_2=0.20$,$\lambda_3=0.25$,$\lambda_4=0.21$,得到各个相位的绿灯时长分别为:$g_1=27\text{s}$,$g_2=23\text{s}$,$g_3=28\text{s}$,$g_4=25\text{s}$。

5.2 左弯待转区不同设置方法下的效益分析对比

(1)常规方法

在信号配时上采用保持信号周期不变,在不设置左弯待转区的信号配时基础上,迟启左转相位,从而延长绿灯间隔时间,保证左转车辆与对向直行车辆不发生冲突。则该交叉口在常规方法设置左弯待转区的情况下,信号周期为115s,待转区的设置长度为25m,直行相位与左转相位的绿灯间隔时间4s,左转相位的绿灯时间调整为 $g'_2=22\text{s}$,$g'_4=24\text{s}$。根据式(9),计算得出按照常规方法设置左弯待转区的高峰小时内的车辆平均延误为1189s,通行能力为9108pcu。

(2)改进方法

该交叉口为新建规则交叉口,因此各方向左转车辆从停车线行驶至冲突点距离与对向直行车辆从停车线行驶至冲突点的距离分别为30.5m和31m。左转头车的平均车速根据日常观察,得 $u_1=35\text{km/h}$;直行尾车的平均车速可按交叉口的设计车速,得 $u_2=60\text{km/h}$,则根据式(4)计算得出该交叉口左弯待转区的长度为12.5m。

设置左弯待转区后,使得左转车辆提前进入交叉口,左转车辆穿过交叉口所需的时间大大缩短,而左转车辆的实际绿灯时间 $g''_2=24.5\text{s}$,$g''_4=26.5\text{s}$。在假设交叉口各相位不变的情况下,根据式(9),计算得出按照改进方法设置左弯待转区后的高峰小时内的车辆平均延误为970s,通行能力为9171pcu。该交叉口设置左弯待转区前后的效益统计见表2。

某交叉口设置左弯待转区不同设置方法下的效益分析对比 表2

方 案	周期(s)	车均延误(s)	通行能力(pcu)
不设置左弯待转区	115	1315	9046
常规方法	115	1189	9108
改进方法	115	970	9171

由表2可得,交叉口在应用改进方法设置左弯待转区后,车均延误相对设置前与常规设置方法分别减少了26%和18%,而通行能力增加了1.4%和1%。可见,在该方法设置左弯待转区后,交叉口的利用率得到提高。

6 结语

交叉口是道路交通的重要节点,它的通畅性是决定城市路网运行状况的重要依据。而左转车辆是交叉口的主要交通隐患,尽管目前多数信号交叉口都设置了左转专用道和专用相位,使得交叉口秩序得以一定改善,但也存在着交叉口空间利用率低等一些问题。

本文通过利用交叉口内左转车辆与对向直行车辆行驶路线上的冲突点,将两方向车辆行驶至冲突点的时间进行对比,从而对左弯待转区的位置进行优化研究,分析求解左弯待转区的最佳位置。并通过实例对设置左弯待转区前后交叉口的交通效益进行了分析,证明了在该左弯待转区设置方法下,交叉口的通行能力和延误都在一定程度上有了改善,对城市道路交叉口的优化设计具有一定的理论意义和实用价值。

参考文献

[1] 王炜,过秀成.交通工程学[M].南京:东南大学出版社,2000:157-169

[2] 季彦婕,邓卫,王炜.信号交叉口左转机动车等待区设置方法研究[J].公路交通科技,2006,23(3):135-138

[3] 倪颖,李克平,徐洪峰.信号交叉口机动车左转待行区的设置研究[J].交通与运输,2006,32(12):32-36

[4] 国家质量技术监督局,GB 5768-1999,道路交通标志和标线[S].北京:中国标准出版社,1999:69-70

[5] 杨晓光.城市道路设计指南[M].北京:人民交通出版社,2003:44-50

[6] Highway Capacity Manual 1985.(10~11)-(10~13)

[7] 杨佩昆,吴兵.交通管理与控制[M].北京:人民交通出版社,2003:90-105

Reasonable settling length and benefit evaluation method of signal intersection left-turn vehicles waiting area

Ren Yanming, Dong Ruijuan, Zhang Weihua

(Institute of Transportation Engineering. Hefei University of Technology, Hefei, 230009)

Abstract: This paper studied on the settling method of signalized intersection left-turn vehicles waiting are, and benefit evaluation method of this kind intersection. Analyzed with the time of left-turn vehicles and the opposite direction straight vehicles from stopping line to conflict point, the stop line position of left-turn vehicles waiting area was optimized considered with the conventional method and then the best position was identified. Moreover, this paper established the benefit evaluation method of the signal intersection which settles the left-turn vehicles waiting area by the use of green light interval time variable quantity. At last, this paper testified that left-turn waiting area settling benefits to enhance the utilization ratio of intersection space resource through the analysis of the specific case.

Key words: Signalized intersection; Left-turn waiting area; Channelization design; Settling length, benefit evaluation

基于 VISSIM 的路段二次过街人行横道设置研究

马万达　吴祖峰　李　涛

（宁波市规划设计研究院，宁波，315040）

摘　要：除了交叉口人流比较集中，需要设置人行横道外，在过街需求较大的路段，也需要增设路段过街人行横道。路段人行横道的设置理论包括横道的设置条件、横道的形式、横道的合理间距等几方面。本文对路段行人过街横道的设计问题进行了探索，利用 Vissm 仿真软件研究了路段二次过街横道的设计方法和适用性，并研究了人行横道与公交停靠站的协调设计参数。

关键词：二次过街；适用性；机动车延误；公交停靠站

1　引言

人行横道的设计是交通设计的重要内容之一。长期以来，交通设施的建设更多关注的是土木工程层面的问题，而对设施的交通功能定位及其最佳使用等交通设计上的问题认识相对不足，导致设施建成后引发不少交通问题，单靠交通管理无法取得交通设施的最大利用效率。同时，无论是在规划、建设层面还是在管理层面，对行人过街交通设计的研究都缺乏应有的关注。当道路端面较宽，车道数较多时，路段人行横道须设计为二次过街的形式，来增加行人过街的安全性和提高机动车的通行效率。本文结合我国城市道路的特点，研究平面行人过街设施——路段二次过街人行横道的交通设计方法。

2　路段二次过街人行横道设计方法

有中央分隔带时可利用中央分隔带设置驻足区，在没有中央分隔带的情况下，可通过栅栏来设置中央驻足区，如图 1 所示。

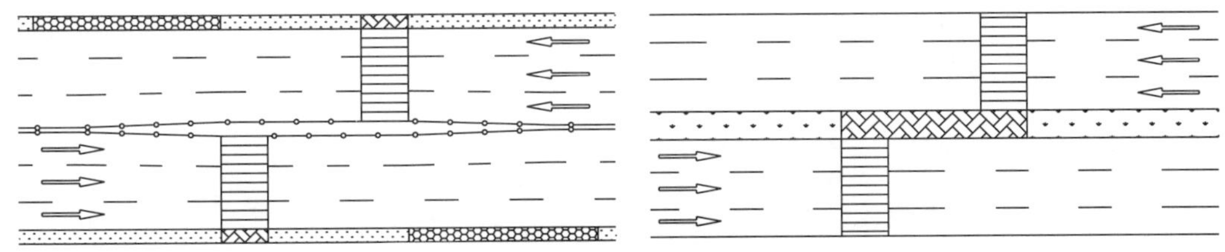

图 1　路段二次过街人行横道的两种形式

3　路段二次过街人行横道适用性分析

设计二次过街人行横道，不但可以提高行人过街安全性，而且可以降低过街行人对机动车通行的干扰。本文利用 Vissim 仿真软件，对双向六车道断面上不同机动车流量和行人流量条件下的二次过街人行横道进行了仿真。并与同等条件下的一次过街人行横道对比分析，其结果显示，二次过街人行横道在降低机动车延误、提高机动车通行效率方面有明显的作用。

3.1　仿真建模基本假定

（1）在行人与机动车的冲突点，如图 2 所示点 a、b、c、d 处，行人优先通行，当机动车头车距离人行横道较近时，行人让行跟随紧密的机动车队。

（2）在道路中央，行人绝对优先，机动车必须停让行人。

3.2　仿真结果分析

单向过街行人流量从 100 人/h 变化到 1100 人/h，三车道机动车总流量选择了 900 辆/h、1500 辆/h

和2100辆/h三个流量。一次过街人行横道与二次过街人行横道的仿真结果分别如图3和图4所示。

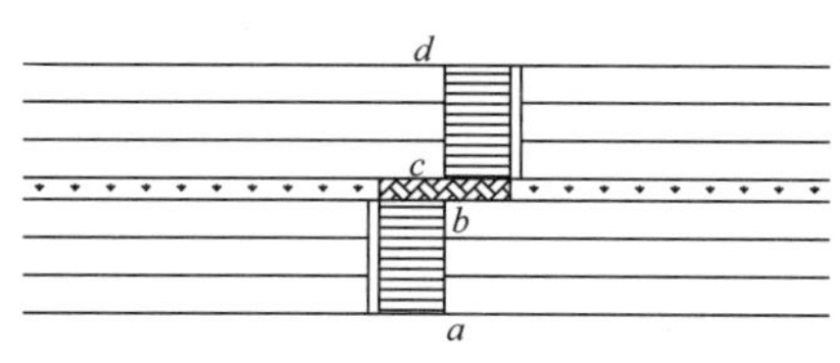

图2 二次过街人行横道仿真示意图

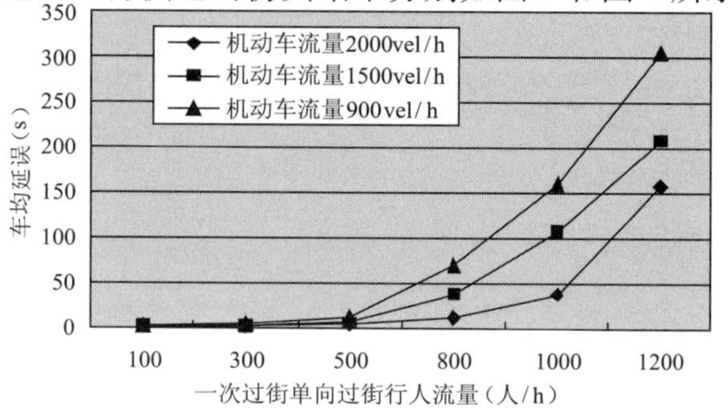

图3 一次过街机动车延误随单向人流变化图

比较两张图可以看出,相同的机动车流量下,随着单向人流的增加,两种横道情况下的机动车延误都增加,当人流量超过一定数量之后,机动车延误增加速度加快。相同的单向人流下,机动车流量越大,机动车的延误越大。

在相同单向过街行人流量情况下,一次过街横道产生的机动车延误与二次过街横道产生的机动车延误差值如5所示。

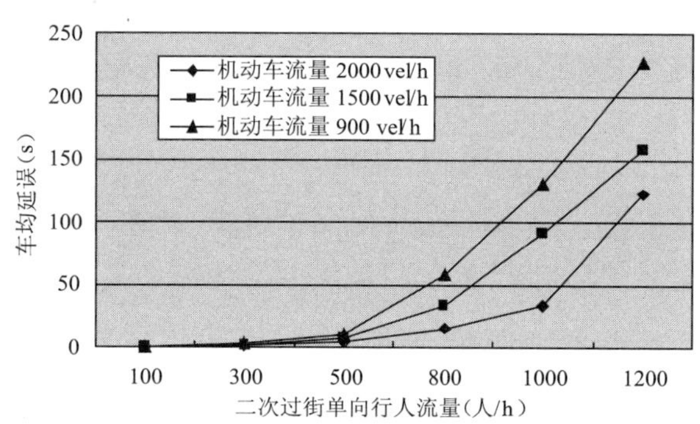

图4 二次过街机动车延误随单向人流变化图

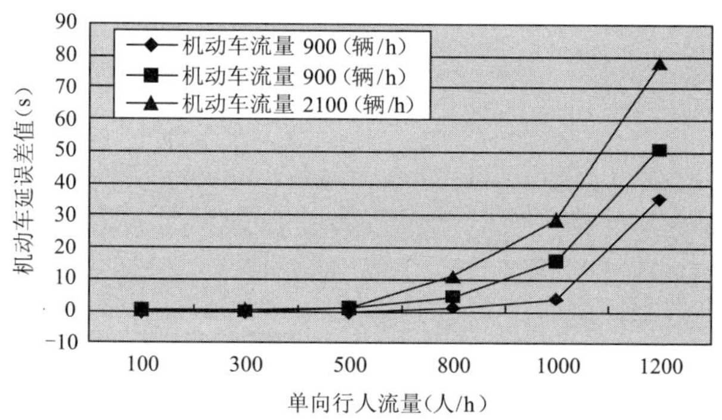

图5 一次过街横道与二次过街横道车均延误差值变化图

从图5可以看出,二次过街人行横道可以降低机动车的延误,与一次过街人行横道的情形相比,机动车流量越大,延误降低越明显。

4 路段人行横道与公交停靠站一体化设计

公交停靠站附近是过街人流比较密集的区域。提供良好的换乘步行环境,也是公交优先系统的要求,对于提高公共交通的吸引力有重要的作用。此外,公交站点附近,也是过街行人与公交车事故集中的地区。本节分公交车站对向布置和背向布置两种情况讨论了公交站点与人行横道的合理距离。

4.1 公交停靠站对向布置条件下人行横道与公交站的合理距离

如图6所示,一对公交停靠站对向布置,为使换乘距离最小化,人行横道布置在两个公交停靠站中。

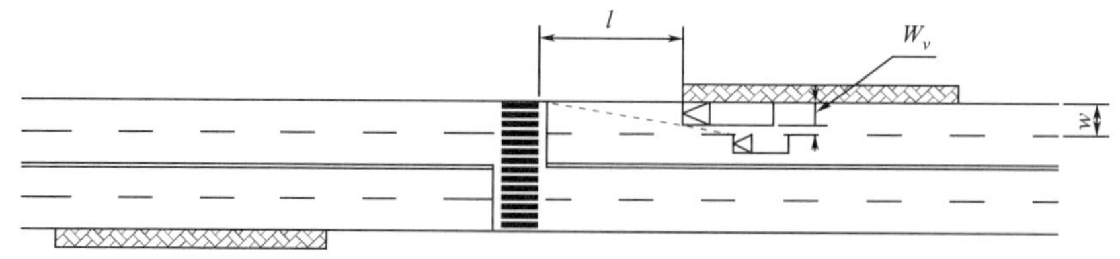

图6 对向布置的公交停靠站人行横道设置

当人行横道与公交停靠站的距离较远时,乘客在一对停靠站之间换乘距离增大,影响公共交通系统的服务水平;而当人行横道与公交停靠站的距离较近时,从公交车后面开过来的车辆视线受阻,看不到公交车前面的过街行人，容易导致交通事故的发生。考虑行人过街的安全，人行横道与公交车站的最短距离应该满足视距的要求，即，满足公交车停靠车道外侧第一条车道行驶过来的车辆在看见有行人过街时，能在人行横道前停车让行。即人行横道与公交停靠站的最小距离 $l_{\min}$ 的长度必须满足下式：

$$l_{\min} = W_b\left(\frac{\nu_v t/3.6 + \nu_v^2}{2\alpha W_v(f+i)12.69} - \frac{\nu_v}{\nu_p}\right) + 1$$

式中：ν_v——车辆的行驶速度；

ν_p——行人步行过街速度；

g——重力加速度；

f——汽车轮胎和路面的纵向摩阻系数；

i——道路纵坡（上坡 $i>0$，下坡 $i<0$）；

l——人行横道与公交站点的距离 ；

W_b——公交车的宽度；

t——驾驶员的反应时间；

W——车道宽度。

当道路设计车速为 40km/h 时，考虑最不利情况，湿润路面的行驶车速按设计车速的 85% ~100% 计算，现取 90%，即 36km/h，车道宽度取 3.5m、公交车宽度取 2.5m、重力加速度取 9.8m/s^2，汽车轮胎和路面的纵向摩阻系数取 0.38，道路纵坡取 0，驾驶员的反应时间取 2.5s，行人过街的速度取 1.2m 时，由上式可求得人行横道与公交站的最小距离为 28.36m。

因此建议 $l_{\min}$ 取 30m。

4.2 公交停靠站背向布置人行横道与公交站的合理距离

背向布置的公交停靠站与人行横道设计如图 7 所示。

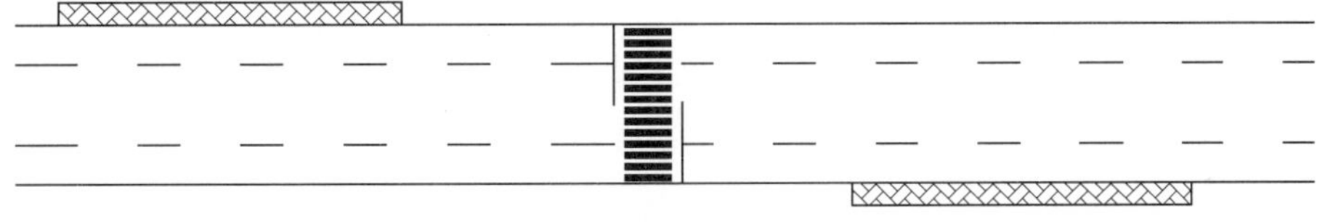

图 7 背向布置的公交停靠站人行横道设置

这种形式的公交停靠站，如果两个停靠站相距太近，公交车辆排队溢出时会造成人行横道被排队的公交车隔断，影响交通的正常运行。因此采用这种形式的停靠站时，站台的长度必须足够。考虑系统运行的可靠性，人行横道与每一个公交停靠站应保持一辆公交车的距离，一般可取 15m。

5 结语

本文通过对传统人行横道设计问题剖析的基础上，对路段进行了人行横道设计方法与理论的研究。对路段行人过街横道的设计问题进行了探索，研究了路段二次过街横道的设计方法和适用性，利用仿真软件验证了二次过街人行横道在降低机动车延误，提高机动车通行效率方面的作用，并研究了人行横道与公交停靠站的协调设计参数，提出了公交停靠站对向布置和背向布置条件下人行横道与公交站的合理距离。

参考文献

[1] 杨晓光，等．城市道路交通设计指南［M］人民交通出版社，2003

[2] 杨佩昆，滕生强，杨晓光，等，上海市城市道路平面交叉口规划与设计规程．2001

[3] Yangxiaoguang, Wuzhizhou. Research and application of some ameliorated traffic design methods in improving traffic safety

[4] 中国公路学会．交通工程手册［M］．北京：人民交通出版社，1998

[5] 周商吾,等. 交通工程[M]. 上海:同济大学出版社. 1987

The design of crosswalk for pedestrians twice crossing at road section with Vissim simulation.

Ma Wanda, Wu Zufeng, Li Tao

(Ningbo Urban Planning and Design Institute, Ningbo, 315040)

Abstract: In addition to higher pedestrian flow in intersection, pedestrian crossing in the street section also need for setting crosswalk in the great pedestrians' demand. The crosswalk setting theory at road section include: the setting conditions, the forms of crosswalk, the reasonable distance between two crosswalk lines in the adjacent and so on. This paper analysis the design problem of crosswalk for Pedestrians Twice Crossing at road section, then discuss the method and applicability of this under the using of Vissim Simulation, including the design parameters of crosswalk coordinated with the design of bus stations.

Key words: Twice crossing; Adaptability; Vehicle delay; Bus transit stop

道路交通标志优化设计初探

张　晔[1]　过秀成[1]　王佳美[2]

（1. 东南大学交通学院，江苏南京，210096；2. 同济大学交通运输工程学院，上海，201804）

摘　要：论文以上海为实例，通过对城市道路交通标志的实地考察，总结分析在大城市复杂路网下道路交通标志存在的典型问题，结合视觉、心理学、生理学综合考虑，对存在的典型问题提出改善建议，并给出实例示范。

关键词：道路交通标志；优化设计

1　引言

道路交通标志是指用特定颜色的图形、符号、线条、文字等制作的对交通流进行导向、警告、规划或指示的道路交通信号，是交通管理者无声的信息语言。目前一些城市道路交通标志存在指示不清、信息量不足或过载、指示中断等问题，给驾驶员的正常驾驶带来不必要的麻烦，导致车辆绕行或急停、猛拐、倒车情况的发生，存在潜在的交通事故。因此交通标志信息的系统性、连贯性和一致性是确保交通畅通、安全的必要条件。

2　道路交通标志存在的问题

2.1　标志指示不清

标志指示不清主要分方向指示不清和地点名称不清两种。方向指示不清是由于路口形式不规则、岔路较多时，标志指示方向（或者路口数量）与实际不一样，如在某些非常规的丁字、十字路口的指路标志，仍使用标准的丁字、十字路口图案。

（1）路名与地名混用。上海很多指路牌上采用著名的景点名，这会给对上海不熟悉的驾驶员带来很大的不便。如图1用上海马戏城作为最远节点并不恰当，上海马戏城位于广中路与共和新路的交叉口，如果把远节点写成共和新路会更恰当。

（2）指引有歧义。在许多复杂路段的路牌上会发生一个路标上出现路名相同、方向不同的情况，这种模棱两可的指示会让驾驶员无从选择，可能会出现绕路现象，如果遇到单行道会更加麻烦。如图2出现了两个四平路，会让不熟悉该区域内路网的驾驶员难以选择。

图1　示例1

图2　示例2

2.2　标志信息不连贯

标志信息连贯性主要表现为对信息的重复，通过重复能加快驾驶员对后面标志信息的辨别速度，信

作者简介：张晔（1986-），女，东南大学，硕士研究生，交通运输规划与管理方向。

息突然中断会导致对新信息的辨别时间增加导致反映时间增加。信息不连贯易使驾驶员急迫纠正错误而采取急停、猛拐甚至倒车现象发生,从而引发交通事故。

(1)预报节点过远,造成信息缺失。这种情况具体表现在顺着线路走向按顺序分别是A路和B路,在指路标志的预告中显示的是B路,这会让驾驶员误认为接下来的A路是B路。

(2)远节点预告缺乏统一性。如图3和图4所示,图中两块标志对于同一位置的远节点分别选择了“黄兴路”和“杨浦大桥”。事实上黄兴路和杨浦大桥其实在同一条路上,但是节点的不统一会给驾驶者带来困惑。

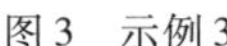
图3 示例3

图4 示例4

(3)标志信息不连续。具体表现在:一条线路的最远节点为A路,在预告中前几指路标志预告的是A节点,中间几个指路标志预告的是A节点前面的更近些的B、C等节点,缺少了远节点的预告,最后的几个指路标志预告的又是A节点,这会让目的地是A节点的驾驶员在行驶的过程中产生犹豫心理或者产生误解,会影响道路通行的效率。

2.3 标志信息不足或过载

信息不足或过载是指路标志中最常见的问题,标志不能提供道路使用者所需的必要信息或者提供信息过多,造成驾驶员在正常的行驶状态无法完全接受信息。信息不足的现象比较少见,信息过载是目前普遍存在的问题。

很多支路上存在标有门牌号的路牌,驾驶员在驾驶过程中由于速度原因视野较小,为了看清路牌上的数字放慢速度,这不仅降低行车效率也造成了安全隐患。图5中密云路是一条朝北的单行道,而路标上指着双向箭头,很容易让人产生可以右转的错觉。图6所示的是限制车辆通行的标志,下面关键的限制字语很难被认清。

图5 示例5

图6 示例6

2.4 版面设计或位置设置不合理

(1)森林标志,即很多标志同时密集的出现。上海很多交叉口或是高架路口通常会有许多禁令标志来约束车辆的通行,存在标志森林现象,各种不同类型的标志信息量过大,驾驶员不可能在行车过程有效的了解路段行车要求。

(2)版面格式不统一。在许多复杂交叉口,一些畸形的路口,往往会出现图7、图8的情况,它们的版面格式都不一样(图7),会让人产生路牌上的“复兴东路”指的是路径还是方向的困惑。

(3)不规范的版面组合。很多指路标志除了路名外还有广告,使原本信息量较大的路口更难辨认,这些都属于不规范的版面组合。

(4)设置位置不合理。交通标志设置的位置间距不合理,数块标志间距离过小,导致彼此之间相互遮挡；广告牌与树木遮住了指路标志，致使驾驶员既是在车速较慢的情况下仍然很难辨认出路标。

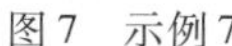
图7　示例7

图8　示例8

3　交通标志优化设计

3.1　改善指示不清

（1）路名为主。路牌上的信息以路名为主，在主路牌外设置相应的辅助车牌来预报远节点的重要建筑设施。

（2）改正指路歧义。对于单纯文字不能解决的情况，可以辅助用图形来解决。在修改后的路牌上，我们用相对形象地简化了的道路地形图为依托，真实再现复杂路况条件下的道路交叉与分布情况，使信息更加具体，形象，易懂。现以四平路与大连西路、赤峰路、中山北二路交叉口的路牌为例来说明（图9）。四平路不是正南北走向的道路，曲阳路与四平路有一个交叉口，从俯视的角度是“Y”字型，通常我们所见的歧义路口都是这种路型。

图10、图11中我们结合了图形的指示，并保留了原有的指示方向箭头。设计中贯彻了预示的一致性与连贯性，把最具有歧义的四平路用图形的方式表示出来，同样用箭头指向了下一条路。

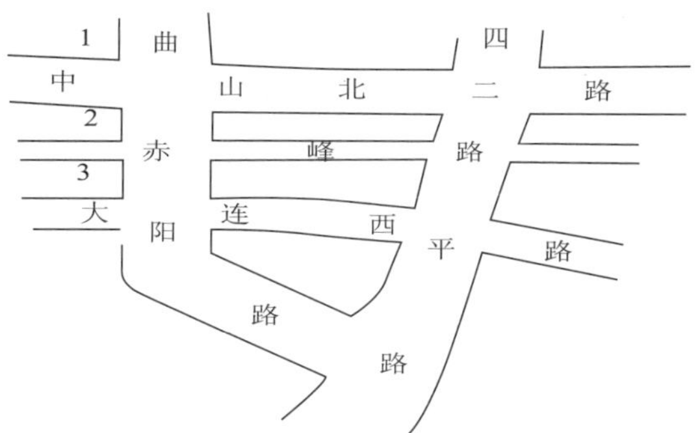

图9　区域道路网示意图

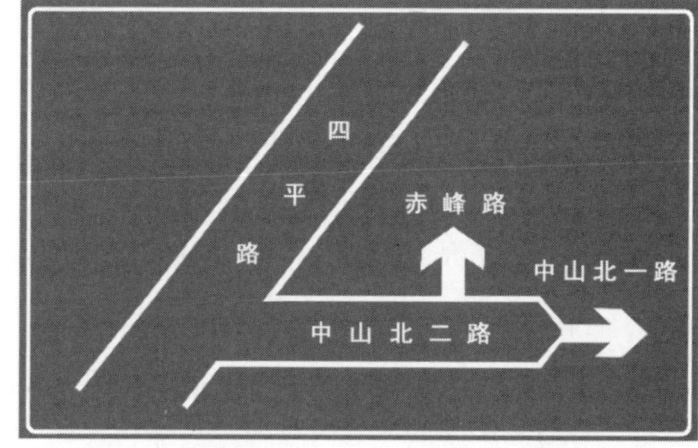

图10　曲杨路与中山北二路交叉口指路标志

图12表示的下一个入口就是曲杨路与四平路的交叉口，所以在指路标志上指出了路进“曲杨路”，黑箭头指的是车辆现在行驶的方向。通过此图我们能很清楚地了解到下个路口的信息。

上述的设计在其他的复杂路况下也可以使用，但用在这种两个不同方向均可到达同一道路的情形下更为有效。它不仅形象地说明了该地的路况，而且可以让驾驶人员根据个人不同的目的地真确选择合适的路径，避免了选择错误而带来的不必要的麻烦。

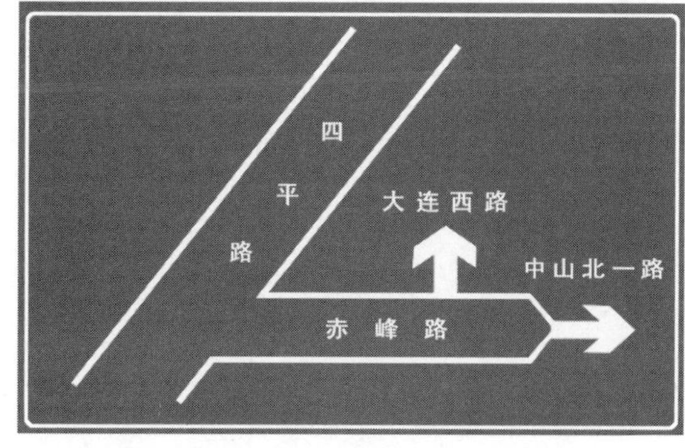

图11　曲杨路与赤峰路交叉口指路标志

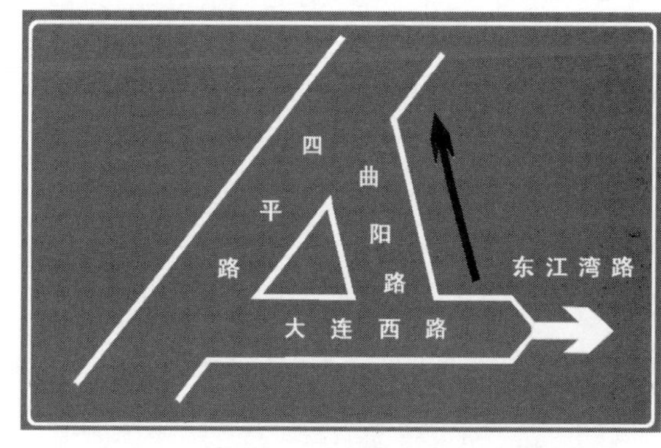

图12　曲阳路与大连西路交叉口指路标志

3.2 信息连贯性改善

交通指路标志提供给驾驶员的是下个节点或附近节点的预示，如果信息不连续将会使人产生突兀的感觉，因此远节点的预告要连贯。

3.3 改善信息不足或过载。

消除冗余的信息，保证交通标志上的信息量简洁、明确。

3.4 改善版面设计及位置设置问题

（1）减少标志森林，标志间的间距严格控制。为了便于驾驶员看到两块距离较近的交通标志，我们应该设置交通标志时应该使第一个交通标志高与第二个标志标高间不存在遮挡。建立模型，车与第一个交通标志相距 $s_1=30\text{m}$，第一个交通标志高 $h_1=4.8\text{m}$，第二个高 $h_2=4\text{m}$，标志高 $h_3=1.8\text{m}$，驾驶员眼睛离地 $h_4=1.5\text{m}$。$s_1(h_2+h_3-h_1)\div(h_1-h_4)=30\times1\div3.3=9\text{m}$，因此两个交通标志间的距离 9m 较合适。

（2）消除树木或广告牌对交通标志的遮挡。对于遮挡交通标志的广告牌要坚决的撤除，树木要定期修剪。

（3）统一版面格式、规范版面组合。

4 结语

道路交通标志在人们日常出行中发挥着重要的作用，保障交通标志的系统性、连贯性和一致性，使其更好地为整个交通系统服务具有重要的意义。随着路网加密，信息量日益庞大，静态道路交通标志将无法传递全部必要信息给驾驶员，需要辅以动态交通指引标志。这也是道路交通标志以后需要进一步研究的方向。

参考文献

[1] 杨久龄，等.道路交通标志和标线(GB 5768－1999 代替 GB 5768－86)，1999.6

[2] 李峻利.交通工程设施设计[M]，北京：人民交通出版社，2001.10

[3] 邵毅明.高等级公路交通安全管理》[M]，北京：人民交通出版社，1999.6

[4] 王跃辉，彭国雄.指路标志设置位置的研究，道路交通与安全，2004.1

Analysis of optimal design of road traffic signs

Zhang Ye[1]，***Guo Xiucheng***[1]，***Wang Jiamei***[2]

(1. Southeast University Transportation College，Nanjing，210096；

2. School of Transportation Engineering，Tongji University，Shanghai，201804)

Abstract：This paper takes Shanghai as an example，by doing research on the urban road traffic signs，it analyses the existed typical problems of road traffic signs under the complicated urban road network. Considered of vision，psychology and physiology，this paper gives the optimal designs. It has a certain degree if reference.

Key words：Road traffic signs；Optimal Design

港湾式公交站点车辆出站对道路交通流影响分析

马晓焱　张卫华　黄志鹏

（合肥工业大学 交通研究所，安徽合肥 230009）

摘　要：在道路交通流的实际运行过程中，公交车流对道路交通流的运行影响显著。本文对港湾式车站公交车辆出站时在公交站点处的排队现象用 M/M/C 系统进行近似分析，并基于信号交叉口的交通特性对道路的通行能力进行研究，建立港湾式公交出站时路段的通行能力模型。并利用算例计算分析，验证该模型的可行性和准确性，为合理布置公交站点及有效管理公交站点提供了重要依据。

关键词：港湾式公交站点；交通流；排队；通行能力

1　引言

公交停靠站作为一种最基础的公交设施，其在承担交通负荷方面起着重要作用[1]。公交停靠站一般分为直线式（非港湾式）和港湾式公交停靠站，在道路条件许可的情况下，一般优先选用港湾式公交停靠站。在早或晚高峰期间，在多线路停靠点上，这些港湾式公交站点往往聚集了大量的公交车，其在出站的过程中，将与道路交通流发生冲突。本文通过分析公交车辆从港湾式停靠站出来的过程，运用排队论对公交车辆在公交站点处排队出站的过程进行了分析，并通过分析公交站点附近交通流运行的特性，定量地分析了港湾式公交车出站对道路交通流的影响。

2　道路通行能力的计算

道路通行能力是道路本身的一项重要指标，对于道路规划、设计和科学交通管理具有实际应用价值，道路设计通行能力是指道路根据实际要求的不同，在不同的服务水平下所具有的通行能力，也就是道路所承担的服务交通量。根据道路性质不同，道路设计通行能力的计算方法也有所不同。

（1）高速公路通行能力

早期，美国 HCM 是按照速度的大小来划分服务水平，后又选择交通密度作为高速公路基本路段通行能力的效率指标。目前，我国高速公路单向车行道的可能通行能力[2]计算公式为：

$$C_p = C \cdot N \cdot f_w \cdot f_{HV} \cdot f_p \tag{1}$$

式中，C_p 为单向车行道可能通行能力，辆/（h · 车道）；C 为基本通行能力，辆/（h · 车道）；N 为单向车行道的车道数；f_w 为车道宽度和侧向净宽对通行能力的修正系数；f_{HV} 为大型车对通行能力的修正系数；f_p 为驾驶员条件对通行能力的修正系数。

（2）双车道公路路段通行能力

双车道公路的分析是以理想条件下的双车道公路特性为基准，根据对双车道公路路段的理论通行能力[2]修正，可得计算公式如下：

$$C_D = C \cdot \left(\frac{v}{c}\right)_i \cdot f_s \cdot f_d \cdot f_w \cdot f_{HV} \cdot f_L \tag{2}$$

式中，C_D 为行车道设计通行能力，辆/h；C 为基本通行能力（辆/h）；$\left(\frac{v}{c}\right)_i$ 为第 i 级服务交通量与基

资助项目：国家自然科学基金资助项目（70771036）、安徽省自然科学基金资助项目（70416244）。

作者简介：马晓焱（1988-），女，硕士研究生，wufei20030117@126.com。

本通行能力之比;f_s 为设计速度小于 80km/h 时对通行能力的修正系数;f_d 为交通量方向分布对通行能力的修正系数;f_w 为交通流中有非小客车时,交通组成对通行能力的修正系数;f_L 为横向干扰及交通秩序处于非理想条件时对通行能力的修正系数。

(3)多车道公路路段通行能力

城市道路某路段的通行能力,可根据一个车道的理论通行能力修正而得。对理论通行能力的修正包括车道数、车道宽度、自行车影响及交叉口影响四个方面。计算公式[2]为:

$$C_D = C \cdot \gamma \cdot \eta \cdot \beta \cdot n' \tag{3}$$

式中,C_D 为设计通行能力(pcu/h);C 为理论通行能力(pcu/h);γ 为自行车影响修正系数;η 为车道宽影响修正系数;β 为交叉口影响修正系数;n'为车道数修正系数。

3 公交站点对道路通行能力的影响分析

3.1 公交车辆进出停靠站的运行特征分析

经研究发现,在高峰期间,到达公交车站的公交车辆需排队等待出站,如图 1 所示。

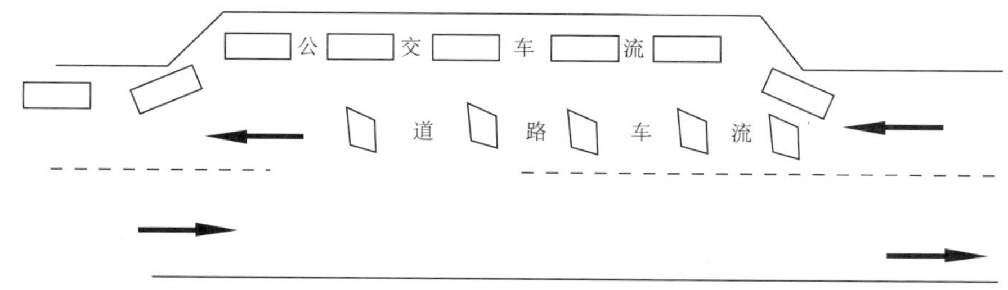

图 1 港湾式公交车辆排队出站图

港湾式公交车辆出站时,公交车辆的到达时间间隔分布可以用 M_3 分布进行拟合,到达率为 λ;公交车辆在公交车站停靠的时间服从 M_3 分布,服务率为 μ,服务强度 $\rho = \lambda/\mu$。同时,公交车站的 C 个停靠泊位数可以看作 C 个服务台,类似于 M/M/C 系统,利用该系统对其进行近似分析[3],其中

$$\lambda = \frac{\sum_{i}^{m} P_i}{3600} \tag{4}$$

$$\mu = \frac{1}{t_d} \tag{5}$$

式中,λ 为研究站点的公交车辆到达率(veh/s);μ 为公交站点对公交车辆的服务率(veh/s);p_i 为经过研究站点的第 i 条公交线路的发车频率(veh/s);m 为经过研究站点的公交线路总数;t_d 为公交车辆的驻车时间(s),为乘客上下车时间与公交车开关门时间总和。

3.2 港湾式公交站点对道路通行能力的影响分析

在停靠站相邻路段为单向车流时,在高峰小时期间,当道路交通流通行时,公交车流到达车辆需要排队等候。当正在通行的道路交通流中出现可接受的临界间隙 t 时,公交车流便通过冲突点,并通过一队车辆,直到公交车队中出现可穿越间隙,道路交通流再通过冲突点。这样循环往复,公交车流和道路交通流两车流以车队形式交替通行[4]。公交车流和道路车流交替通过冲突点,其通行方式类似于有信号控制交叉口的通行方式,(两列车流相位信号及配时图如图 2 所示)因此可以用类似于求信号交叉口通行能力的方法来计算港湾式公交车出站过程中路段的通行能力[5],以对港湾式公交车出站对道路车流的影响进行分析。

则港湾式公交出站过程中路段上一条车道的通行能力为:

$$C_T = \alpha \frac{3600}{T}\left(\frac{t_g - t_0}{h_i} + 1\right) \tag{6}$$

式中:T——信号周期(s),为公交车流和道路交通流各通过冲突点一次的时间和;

t_g——在一个信号周期内,道路交通流通过冲突点的运行时间;

t_0——公交车流运行结束，道路交通流运行开始时，通过冲突点的第一辆车启动、通过冲突点的时间，平均取 $t_0=2s$；

α——折减系数，取 $\alpha=1$；

h_i——道路交通流通过冲突点的车头时距(s)，取 $h_i=3.5s$。

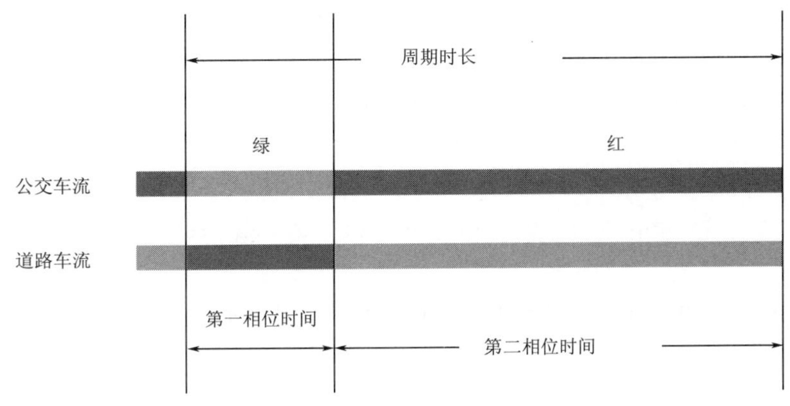

图2　两列车流信号配时图

4　实例验证

对合肥市某一具体路段进行调查，港湾式公交车站相邻路段一条车道宽度为3.5m，交叉口间距为350m，路段机动车道和非机动车道之间设有隔离带，据调查，两列车流各通过冲突点一次的信号周期为 $T=64s$，在一个信号周期内，道路交通流通过时间为48s，一条车道上机动车流量为450pcu/h。

不考虑港湾式公交车站的影响时，由公式(3)计算一条车道的通行能力为984pcu/h，考虑到港湾式公交车站的影响时，由公式(6)计算得出车道通行能力为796pcu/h。

由上述数据可以看出，未考虑公交车站对道路交通流影响时，利用传统方法计算出的道路通行能力偏大，即与实际通行能力有一定的偏差，考虑公交车流的影响时，建立的道路通行能力模型与实际相符合，具有一定的现实意义。

5　结语

在早晚高峰期间，港湾式公交车站车辆出站时，将与道路交通流产生冲突，本文基于信号交叉口的运行特征对港湾式公交车站车辆出站过程进行了研究，分析了港湾式公交出站对道路交通流的影响，得出港湾式公交出站对道路通行能力模型，并通过实例验证，验证该模型具有一定的实际意义。本文仍存在一些不足，如在考虑公交车的实际运行中，认为公交车是有序排队通过冲突点的，实际上，当公交车司机排队等待时间过长时，公交车的超车现象是不能忽略的。此外，公交车站对道路交通流的影响会有一定的影响范围，这些问题有待于进一步的研究。

参考文献

[1] 杨孝宽，曹静，宫建. 公交停靠站对基本路段通行能力影响[J]. 北京工业大学学报，2008(1)：65-71

[2] 任福田，刘小明，荣建. 交通工程学[M]. 北京：人民交通出版社，2003

[3] 刘锐. 城市公共交通网络容量研究[D]. 西安：长安大学，2004

[4] 黄敏，刘帅，周涛. 港湾式公交车出站对道路交通流影响分析[J]. 西华大学学报，2007(9)：33-34

[5] 赵月，杜文. 公交站点设置对道路通行能力的影响分析[J]. 公路交通科技，2007(8)：136-139

Analysis of road traffic flow affected by bus leaving with harbor-shaped bus stop

Ma Xiaoyan, Zhang Weihua, Huang Zhipeng
(Institute of Transportation Engineering, Hefei University of Technology, Hefei, 230009)

Abstract: In the actual operation process, bus flow affects the road traffic flow significantly. This paper analyzes the queue phenomenon of the harbor-shaped bus stop appreciatively by the use of M/M/C system when bus leaving with harbor-shaped bus stop and studies capacity based on the traffic characteristic of signal intersection and then establishes road section capacity model when bus leaving with harbor-shaped bus stop. At last, this paper testifies the feasibility and accuracy of the model by analysis of the use of examples. Therefore, it provides an important basis for reasonable arrangement and the effective management of bus stop.

Key words: Harbor-shaped bus stop; Traffic flow; Queue; Capacity

出租车市场需求特征分析

江　玉　晏克非

（同济大学，上海，201804）

摘　要：作为城市交通的重要组成部分，出租车交通可以提供快捷方便的门到门的服务，具有其他交通方式不可替代的作用。本文分析了目前我国出租车的运营特点，指出影响出租车市场需求的主要因素，并通过需求层次和需求群体两个方面分析了当前出租车的市场需求。利用需求群体的价格弹性分析和交通供需均衡理论，提出了出租车理论最优定价方法的新思路，从而通过价格杠杆这个有力的工具，从而优化城市居民出行结构。

关键词：需求分析；需求层次；需求群体；出租车定价

1　前言

出租车是城市公共客运交通的一个重要组成部分，作为一种准公共交通工具，是城市常规公共交通的重要补充。[1]出租车是城市交通中最为活跃的客运方式，它以其方便、快捷、舒适和服务面广的特点区别于其他公交方式，其在居民出行中所起的作用将日益显著。特别是随着我国近年来经济的迅猛发展，出租车的使用者已经从高收入群体向普通大众转移。

目前国内许多城市的出租车行业在经历了一段时间的发展之后，都不同程度地出现了总量过剩的现象。其突出的表现就是出租车的空驶率过高，以北京、上海、广州等国内特大型城市为例，其出租车的空驶率普遍高于45%。[2]这就使得本已紧张的城市交通供给更加捉襟见肘。如何使出租车的发展配合以公共交通为主导的城市发展方向，是值得我们深入研究的。本文便是根据出租车的运营特点，分析其市场需求特征，目的是优化居民出行结构，同时减少环境污染和资源消耗。

2　出租车的运营特点

2.1　出租车计费方式介绍

目前国内城市出租车价格主要有两种：一是车次运价，即一票制，不论远近，只要搭乘都收一样的费用，该形式多在半径较小的城市采用；二是行程运价，即“起步价 + 行程运价”，运费高低注意取决于乘客搭乘距离的远近。[3]长期以来我国出租车收费实行集中统一的租价形成机制，租价“多年一贯制”，甚至“一价定终生”，既不能反映运输价值又不能反映运输市场供求。租价只是经济核算的工具，而不是调节出租汽车行业和企业经济运行的杠杆，在一定程度上阻碍了出租车行业的发展。

2.2　出租汽车的主要特点

出租汽车有各种不同的车型和类别，可以根据客流在时间和空间上的不同分布，提供灵活、及时的客运服务。它主要有以下几个特点：

（1）流动性。出租汽车的运营线路、起讫点运距都由乘客确定，出租汽车乘客时空分布的随机性，使得出租车经营处于流动状态。

（2）经营方式的灵活多样性。出租汽车可以在指定的站点或路边招手停车，也可以电话预约；可以提供一次性服务，也可以包车服务。

（3）独立性。出租汽车的驾驶、核收票款和提供其他有关服务均由一人承担，而且根据乘客的需要

作者简介：江玉（1985- ），女，同济大学硕士研究生，地址：上海市曹安公路4800号同济大学嘉定校区17号楼2单元2044室，E-mail：jiangyuer412@126.com。

非定点定线运行,具有“独立服务、独立运行”的特点。

(4)分散性。主要指旅客出行时间、方向、距离的多样性,决定了出租汽车经营在时间和空间上的分散性。

2.3 出租车对城市交通的影响

(1)正面影响。出租车使用方便、舒适、快速。出租车和私人小汽车的使用性能极为接近,在速度和舒适度方面均优于其他任何交通方式,同私人小汽车相比,出租车却没有维修、停车、防盗等各种烦恼,并且出租车在一定程度上克服了公共交通步行到站、步行离站的弱点。

(2)负面影响。出租车占用道路资源多。同为小汽车,但出租车占用的道路资源要比私人小汽车多。城市中的出租车多为不间断行驶,甚至为昼夜行驶,出租车交通的膨胀无疑会加重城市交通拥挤,使城市交通的形势更加严峻。其次是日行驶里程长,加重城市交通污染[4]。最后是管理难度大。受经济利益驱使,出租车违章拉客、违章停车等现象时有发生。[5]

2.4 出租车与常规公交的区别与联系

近几年,我国部分城市的公交车票大幅涨价,而出租车起步价却大幅下调,这对出租车的发展起到一定的促进作用。但同时出租车长期低价运营,并不利于促进公共交通的发展。出租车与常规公交具有两个方面的区别和联系。

(1)出租汽车和常规公交的服务对象不同。常规公交和出租汽车在城市客运交通系统中的功能定位不同决定了二者的服务对象有所不同。从满足城市居民出行需求的角度来看,常规公交系统主要满足城市居民的通勤、通学、回程等非弹性出行,而出租交通系统主要满足的是旅游、应急、公务、娱乐等弹性出行;从二者的服务对象来看,常规公交系统主要为城市中收入相对来说处于中下水平、对出行质量要求不高的乘客服务,而出租交通系统的服务群体主要锁定在那些收入颇丰、对出行质量要求较高的人群。

(2)常规公交和出租汽车的功能定位确定之后,二者之间必然存在着一个合理发展的比例关系。客运交通系统的管理者应当结合城市的具体情况,确定二者合理的客运分担率以及各自的发展规模。一般认为,近期在城市的公交、地铁、轻轨等整个公共交通体系不完善的情况下,出租车所承担的客运总量占公共交通客运总量的比例控制在30%左右;随着城市公共交通体系的逐步完善,出租车交通所承担的客运比例应控制在15%以内。[6]此时出租车的发展主要是在服务质量上下功夫,而不应该对其进行数量上的盲目扩大。

3 出租车市场需求分析

3.1 影响出租车需求的主要因素

影响出租车需求的因素包括了:城市性质及其特点,城市土地利用布局,城市人口分布,就业岗位分布状况,地理环境位置、地形和气候等特点,城市交通基础设施和城市交通状况,个人收入和出租车价格等。[2]同样,出租车运输供给受到政府行业管理政策、社会经济发展水平、交通环境和自然环境等因素制约。

需求层次和需求群体是影响出租车需求的主要内在因素。需求层次是指出租车需求者的收入阶层,需求群体是以出租车需求者的不同出行目的划分的。在以下的论述中,着重突出了出租车的需求层次和需求群体的分析,进而初步提出了出租车最优理论定价方法。

3.2 出租车需求层次分析

为了分析出租车需求层次特性,这里把6个城市,分两组进行说明(表1)。

部分城市出租车运价　　表1

城　市	组　别	起步价(元)	起步价公里范围(km)	公里价(元)
广州	1	7	2	2.6
深圳	1	12.5	3	2.4
北京	1	10	3	1.6
太原	2	7	4	1
成都	2	5	1	1.8
重庆	2	5	3	1.2

通过对2组6个城市的分析比较，出租车的需求层次特性可以归纳为：(1)出租车需求者一般不属于高收入阶层，有钱的高收入者大多拥有了自己的私人轿车；(2)短程坐出租车的往往是中等收入阶层，而远程坐出租车的往往是中高收入阶层和外来公务或商务人员；(3)起步价取决于城市整体需求特性，公里价更多影响的是远程出租车用户的需求量；(4)充分发挥需求管理中的价格机制作用，对城市中不同等级收入的阶层进行需求控制 。通过价格杠杆等政策来调整人们的出行方式，引导不同需求层次的乘客选择适合自己的交通工具。

3.3 出租车需求群体分析

从出租车的需求群体来看，出租交通系统主要满足的是以旅游、应急、公务、娱乐等为出行目的的弹性出行。[7]不同的需求群体有不同的需求特征，不同类型的城市有不同的需求群体比例。如以公务、旅游、应急等为目的的需求群体对价格的弹性较小，而以探亲访友、文娱购物等为出行目的的需求群体对价格的弹性较大，从而有了不同的需求特征；在旅游型城市中以旅游、娱乐为目的的需求群体所占的比例较大，在经济、政治型城市中，以公务、出差为目的的需求群体所占的比例较大。把需求群体按照乘车目的分为若干类型，其对出行价格的弹性由强到弱依次为：游玩、文娱娱乐、回程、探亲访友、旅游、上班上学、公务。

3.3.1 需求群体的供需平衡分析

由于对出行价格的弹性不同，每一种需求群体的需求曲线是不同的。如在相同的出租车费率水平下，公务、旅游等需求类型的支付意愿要大于文娱、购物等需求类型，从而产生了不同的需求曲线。在同一出租车服务水平的情况下，每一种需求曲线对应了一对供需均衡的价格和出行量。

需求曲线的计算方法很多，可以运用需求预测方法以确定需求函数，目前，成熟的需求预测方法很多，这里不再详述；也可以利用调查得到的统计数据，利用最小二乘法就可得到需求函数的回归模型。

进行出租车运营成本计算时，驾驶员的工资可参照同类行业的收入标准确定，燃油费、修理费可根据每辆车每天的载客公里数相对确定。将运营成本分为维持出租车运营的最低成本和政策有效调节范围内可以上下浮动的调节成本。图1定性地表达了需求函数曲线与出租车供给曲线。

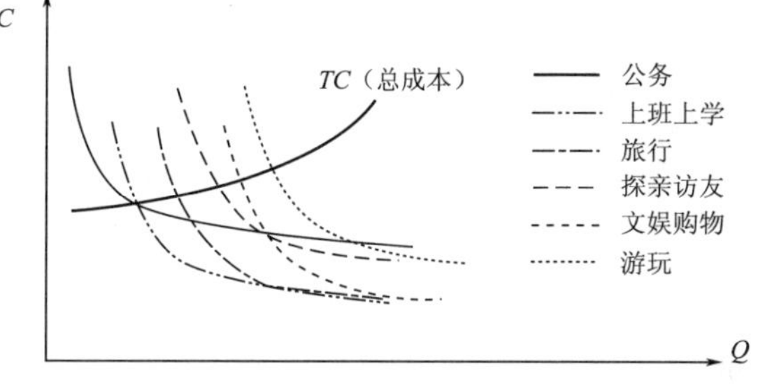

图1 不同需求群体的交通需求曲线

根据交通供需平衡理论，供给和需求曲线在相交点处达到平衡。由此可以得到每种需求群体的供需均衡点 G_i，即是供需均衡的价格和数量，按照供需均衡理论，第 i 种需求类型的供需系统在 G_i 处达到了平衡状态，所对应的出行价格为 P_i。

3.3.2 出租车理论最优定价的提出

根据上文得出的第 i 种需求群体的平衡状态下的出行价格 P_i，为了使最终的出租车费率达到全部需求群体的最大平衡，这里把各种需求群体的最优出行价格与其在出租车总需求中所占比例相结合，并考虑到对需要抑制乘坐出租车的群体，如娱乐购物、上班上学等，采用调整系数对其比例进行控制。得出了如下的出租车理论最优定价 P^*：

$$P^* = \sum (P_i \cdot \gamma_i \cdot m)$$

式中：γ_i——第 i 种需求类型在出租车总需求中所占比例；

P_i——第 i 种需求类型所产生的供需均衡对中的均衡价格；

m——调整系数，对需要控制或鼓励的需求类型进行折减或放大。

4 结论

本文通过对出租车运营特点的分析，指出了其对城市交通的影响和与常规公交之间的联系；通过出租车市场需求影响因素中的需求层次、需求群体的分析，明确了影响出租车市场需求的内在原因。利用需求类别的价格弹性分析和交通供需均衡理论,并提出了理论出租车最优定价,从而通过价格杠杆这个有力的工具,实现交通需求的有效控制与管理。

参考文献

[1] 晏克非.交通需求管理(TDM)理论与方法.2001
[2] 宴远春.我国城市出租汽车发展规划研究[D].西安:长安大学,2001
[3] 张学孔,涂保民.计程车计时收费之研究[J].运输计划季刊,1994,23(3)
[4] 潘自熹.出租车交通对城市交通的影响与策略[J].科技创新导报,2008
[5] 王皓,光洁,孙云峰.城市交通管理中的出租车[J].规划数学的实践与认识,2006.7
[6] 祈海燕,朱道立.不同交通方式市场份额划分问题及市场策略[J].物流技术,2001.2
[7] 陈盛,陆建.出租车交通调查分析及对策[J].交通标准化,2003.5

Analysis on the features of the market demand for taxi

Jiang Yu, *Yan Kefei*

(Tongji University, Shanghai, 201804)

Abstract: As an important part of urban public transport, the taxi are able to provide convenient door-to-door services, which can not be replaced by any other public transport mode. This paper analyzes the characteristics of taxi operators at present, pointed out the main factors which impact the market demand of taxi, and analysis the current market demand through the impacts of demand levels and demand groups; takes the relationship of taxi supply and demand into account and makes balance between them by economic levers, and then establishes the mathematics model of taxi pricing, in order to optimize urban residents travel structure.

Key words: Demand analyzes; Demand levels; Demand groups; Taxi pricing

外部成本内部化对出行方式选择影响——以泰州市为例

罗丽梅　过秀成　孔　哲　叶　茂

（东南大学交通学院，江苏南京，2110096；东南大学四牌楼校区交通学院
综合楼327室，Llm_life234@sina.com.cn）

摘　要：分析外部成本内部化对出行方式选择的影响，对引导交通结构优化及相关政策制定有重要意义。本文阐述了交通外部成本及内部化的内涵，比较了私家车和常规公交外部成本，以泰州市为例估算内部化前后的私家车出行费用；建立以出行费用、出行时间和日收入为影响因素的出行方式决策随机效用模型，得出在不同程度内部化下公交及私家车分担率的变化，定量分析外部成本内部化对出行方式选择的影响。

关键词：外部成本；内部化；出行费用；出行方式选择

1　引言

在快速城市化背景下，机动车迅速增长，带来交通事故、环境污染、能源消耗和交通拥挤等外部成本。私家车外部成本较常规公交高，而现状出行费用未能反映外部成本，往往使私家车需求过度增长，常规公交优越性得不到应有的发展，在交通结构不稳定时期，研究交通外部成本内部化对出行方式选择的影响对指导交通政策制定有重要意义。

欧洲部长联合会总结了欧洲国家交通各项外部成本的定量测算方法和结论[1]，国内齐彤岩等基于可获得数据条件下，匡算了北京市2000年、2005年小汽车社会成本和个人支付成本[5]。毛敏等人定性指出外部成本内部化有利于优化交通结构[6]；张香平从经济学角度解释了外部成本内部化后小汽车和公共交通的替代效应[7]。本文以泰州市为例，通过定量分析内部化后出行费用改变，以及由费用变化引起的出行方式决策变化，来研究外部成本对交通方式选择的影响。

2　交通外部成本内部化内涵

2.1　交通外部成本与内部化

当生产和消费对其他人产生附带的成本时，就产生了外部性。交通带来了交通事故、噪音、空气污染等问题，产生了外部成本，外部成本不能通过市场机制反映，交通工具使用者未承担未形成市场化机制那部分成本。如图1所示，道路使用者支付的运输成本是边际成本曲线 MC，实际总成本则是一条更高的曲线 MC^*，其中 P_1eba 表示外部成本。

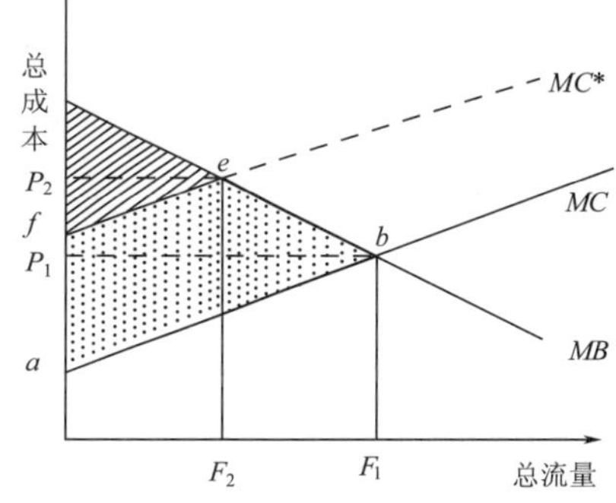

图1　外部成本与总成本关系图[1]

每种运输方式的总成本（SC）均由个人成本（PC）和外部成本（EC）构成：

$$SC_i = \sum_{j=1}^{n} PC_{ij} + \sum_{k=1}^{n} EC_{ik}$$

其中，SC_i 为第 i 种交通方式的总成本也即社会成本；PC_{ij} 为构成第 i 种交通方式个人成本的第 j 个分量；EC_{ik} 为构成第 i 种交通方式外部成本的第 k 个分量。

一旦经济活动产生外部性，将不可能满足帕累托效率条件，即外部性使价格机制不能有效配置资源。交通外部成本内部化是让运输设施的使用者承担自己造成的全部社会成本，通过外部成本内部化重新认定各种交通方式的价值，纠正外部性引起的市场失灵，引导出行者选择外部成本小的交通方式，优化交通结构，从而使经济与环境资源总利用效率更高。

2.2 私家车与公共汽车外部成本比较

各种交通方式外部性各异,城市客运交通系统中私人交通与公共交通外部成本见表1,可知私家车人均公里的外部成本约为公共汽车外部成本的10倍。外部成本内部化后,私家车的出行费用将远高于公共汽车,二者相对价格改变将使出行者在出行费用、舒适性和出行时间间重新作出权衡,相应调整出行方式选择,以期满足新的效用最大化。

小汽车与公共汽车的外部成本对比[2](单位:欧元/(千人·km)) 表1

	小汽车	公共汽车
噪声	10~25	2~3
空气污染	6~12	<1
交通事故	5	<1
交通拥挤	50	<10
占用城市空间	50~250	3~20
总计	121~342	5~35

3 外部成本内部化对私家车出行费用的影响

3.1 私家车出行个人成本

私家车出行个人成本是小汽车拥有者个人所支付的实际成本,主要包括车辆购置费、燃料费用、停车费用等(表2)。

私家车出行个人成本 表2

项目	费用(元)	对应里程(km)	单位费用(元/km)
购置费	165000	600000	0.275
年税费	1225	21900	0.056
燃料使用费	49.10	100	0.49
合计(λ)			0.82

注:泰州市私家车平均出行距离约为10km,平均出行次数为3.0,则每车每年行驶里程约为21900km;年税费主要包括三项:年检费、车船税和第三者强制保险费;泰州市停车收费平均为3元/次。

$$M_{car}=l\cdot\lambda+P$$

式中,M_{car}为私家车出行个人成本;λ为私家车出行每公里个人成本;l为出行距离;P为停车费。

$$M_{car}=0.82l+3$$

3.2 交通外部成本内部化后私家车出行费用

欧盟国家城市交通外部成本约占GNP的6%,约为3600亿欧元[1],各项外部成本占GNP的比例如表3所示。

欧盟国家外部成本货币化估计[1] 表3

外部成本因素	占GNP比例
事故	1.5%~2%(取1.5%)
污染	0.4%
噪声	0.3%
拥挤	2%~3%(取2%)
合计(β)	4.2%

$$\delta=\frac{N_{car}\cdot l_{car}}{N_{car}\cdot l_{car}+(N_{vehicle}-N_{car})\cdot l_{cv}}$$

式中,δ为私家车年行驶里程占总车辆年行驶里程的比值;N_{car}为私家车保有量;$N_{vehicle}$为民用车辆保有量;l_{car}为私家车年行驶里程,约为21900km;l_{cv}为营运车辆年行驶里程,约为60000km。

$$\lambda_{外} = \frac{\delta \cdot \beta \cdot GNP}{N_{car} \cdot l_{car}}$$

式中，$\lambda_{外}$ 为私家车出行每公里外部成本；β 为外部成本占 GNP 的总比值。

$$M'_{car} = (\lambda + \lambda_{外}) \cdot l + 3$$

式中，M'_{car}为外部成本内部化后私家车出行费用；λ 为私家车出行每公里个人成本。

2007 年泰州市私家车保有量 7.18 万辆，民用汽车保有量 11.80 万辆，国民生产总值为 1201.82 亿元。

$$\delta = \frac{7.18 \times 2.19 \times 10^4}{7.18 \times 2.19 \times 10^4 + (11.80 - 7.18) \times 6 \times 10^4} = 0.36$$

$$\lambda_{外} = \frac{0.042 \times 0.36 \times 1201.82 \times 10^8}{7.18 \times 10^4 \times 2.19 \times 10^4} = 1.16 \text{ 元/km}$$

外部成本内部化后私家车出行费用：$M'_{car} = (0.82 + 1.16)l + 3$

4 出行方式决策随机效用模型

出行费用是影响出行方式决策的重要因素，费用变化对不同收入水平的出行者影响程度不同，鉴于费用项同收入项具有相关性，将出行费用除日收入作为效用函数的特性向量。

私家车和常规公交出行在出行时间、舒适性和自由度方面具有显著差异性，其中出行时间是私家车和常规公交竞争的关键因素，因此出行时间应是效用函数的又一个特征向量。

选取出行时间、收入及出行费用三项，定义线性效用函数为：

$$V_{ni} = \lambda_1 T_{ni} + \lambda_2 M_{ni}/C_n$$

式中，T_{ni}为第 i 种交通方式的出行时耗，M_{ni}为第 i 种交通方式的出行费用，C_n 为个体 n 的日收入。

依据居民出行决策心理调查问卷可得出行距离、收入和选择的交通方式三项，为标定效用模型，需根据出行距离，结合公交调查数据，推算私家车、常规公交出行时间和费用。

(1)常规公交出行时间

公交车出行时间由三部分组成：步行到站时间、等车时间和车上时间。

$$t_3 = (l \sqrt{\nu_{bus}}) \times 60$$

式中，t_3 为公交出行车上时间；$\bar{\nu}_{bus}$为公交车辆行驶平均车速。

泰州市现状公交换乘系数约为 1.86，因此需要考虑换乘，假设出行距离大于 5km 的出行需要换乘一次，且换乘需要步行时间为 5min，鉴于大于两次换乘的比例很低，假设公交换乘最大次数为两次。

$$t_{bus} = \bar{t}_1 + \bar{t}_2 + t_3, l < 5; t'_{bus} = \bar{t}_1 + 2\bar{t}_2 + t_3 + 5, l \geqslant 5$$

式中，t_{bus}为不需要换乘的公交出行时间；t'_{bus}为需要换乘的公交出行时间；$\bar{t}_1$ 为公交出行平均到站时间；$\bar{t}_2$ 为公交出行平均等车时间；t_3 为公交出行车上时间。

泰州市公交乘客平均到站时间 $\bar{t}_1$ 为 11.80min，公交出行平均等车时间 $\bar{t}_2$ 为 11.02min，公交行驶平均车速为 12km/h。

$$t_{bus} = 11.80 + 11.02 + (l/12) \times 60, l < 5$$

$$t'_{bus} = 11.80 + 2 \times 11.02 + (l/12) \times 60 + 5, l \geqslant 5$$

(2)私家车出行时间

小汽车平均行驶速度 $\bar{v}_{car}$约为 21km/h，小汽车出行时间为：$t_{car} = (l/\sqrt{\nu_{car}}) \times 60$。

(3)公交出行费用

不换乘的时公交出行费用为 1.0 元/次；换乘时出行费用为 2.0 元/次。

依据表 1 可知，公共汽车与私家车外部成本悬殊，相较下公共交通的外部成本可忽略不计，即认为公交外部成本内部化后的出行成本等同于现状。

根据泰州市居民出行决策心理调查及公交调查数据，标定效用函数得：

$$\lambda_1 = -0.00548, \lambda_2 = -5.86088$$

$$V_{ni} = -0.00548 T_{ni} + -5.86088 M_{ni}/C_n$$

由随机效用理论可知个体 n 选择枝 i 的概率 P_{ni} 为:

$$P_{ni}=\frac{e^{V_{ni}}}{e^{V_{n1}+V_{n2}}}=\frac{e^{-0.00548_{1}x_{i1n}-5.86088x_{i2n}}}{e^{-0.00548x_{11n}-5.86088_{2}x_{12n}}+e^{-0.00548x_{21n}-5.86088x_{22n}}}$$

5 不同程度内部化的私家车和公共汽车分担率

考虑到公众的接受能力,外部成本内部化应当是一个循序渐进的过程,假设将外部成本按 10% 递增计入出行费用:

$$M'_{car1}=(\lambda+\lambda_{外}\times 10\%)\cdot l+3;$$
$$M'_{car2}=(\lambda+\lambda_{外}\times 20\%)\cdot l+3;$$
$$\cdots$$
$$M'_{car10}=(\lambda+\lambda_{外}\times 100\%)\cdot l+3$$

通过已标定的模型预测同一群体(所有个体的收入、出行距离及其他出行特性均不变)内部化后的出行方式选择,得不同程度内部化的私家车、常规公交分担率变化如图 2 所示。

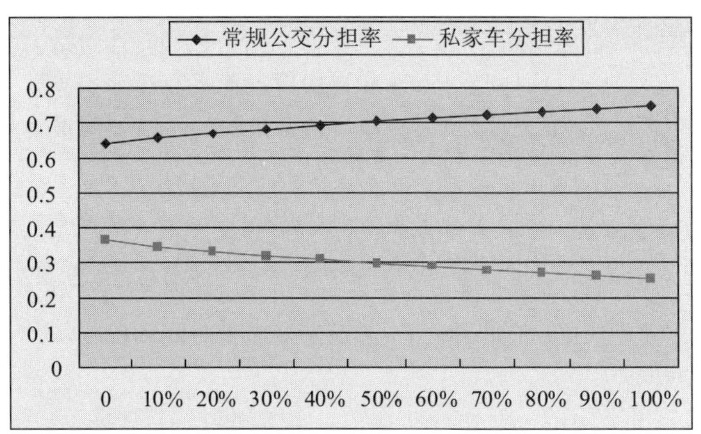

图 2 外部成本内部化程度与私家车、常规公交分担率变化

由图 2 可知,随着外部成本内部化的提高,常规公交分担率逐渐上升,私家车分担率逐渐下降。外部成本完全内部化后,常规公交分担率由现状的 63.9% 上升到 74.8%;而私家车的分担率由现状 36.1% 下降到 25.2%。外部成本内部化对交通结构改变影响显著。

由此可见,交通外部成本内部化将有力地引导居民选择外部成本小的常规公交出行,所以内部化措施对实现公交优先、建立合理交通结构有重要影响;内部化后,降低了同等出行量的环境资源消耗,优化了资源配置,有利于实现交通可持续发展。

6 结论

本文比较了私家车及常规公交外部成本,以泰州市为例,估算得个人出行成本约为 0.82 元/km,内部化后出行费用约为 1.98 元/km;建立出行决策效用模型分析内部化后费用变化对出行方式选择产生的影响;分析结果表明,内部化程度越高,常规公交的分担率越高,私家车分担率相应降低,完全内部化后约有 10% 的出行者放弃了私家车出行而转向公共交通。该结论可为交通定价及内部化政策、公交优先政策制定提供参考依据。

参考文献

[1] 欧洲运输部长联合会经济合作与发展组织. 交通社会成本的内部化[M]. 北京:中国环境出版社,1994

[2] 蔡君时. 世界公共交通[M]. 上海:同济大学出版社,1996

[3] 曼昆. 经济学原理[M]. 北京:机械工业出版社,2003

[4] Anthony Perl, James A. Dunn. Reframing automobile fuel economy policy in North America: The Politics of Punctuating a Policy Equilibrium. Transport Reviews. 2007, 27(1): 1-35

[5] 齐丹岩，刘冬梅，陈金川，刘莹. 北京市小汽车社会与个人支付成本比较分析. 公路交通科技，2008，25(5): 154-458

[6] 毛敏，蒲云，喻翔. 外部成本对城市客运交通结构的影响分析. 公路交通科技，2004，21(11): 122～125

[7] 张香平. 小汽车使用外部性内部化效果分析. 中国软科学，2007，8: 156-160

[8] 邵昀泓，王炜，程琳. 出行方式决策的随机效用模型研究. 公路交通科技，2006，23(8): 111-115

Analysis of the impact of internalization of external cost on travel modal choice, taking Taizhou as an example

Luo Limei, Guo Xiucheng, Kong Zhe, Ye Mao

(Transportation of Southeast university, Nanjing, 210096)

Abstract: It has significant meaning to optimize the traffic structure and make interrelated policy to analysis of the impact of internalization of external cost on travel modal choice. External cost and internalization were introduced in this article. The contrast between the external cost of private car and bus was remarkable. Take Taizhou as an example, travel cost before and after internalization of external cost were estimated. Based on psychological investigations on travel modal choice for Taizhou, the individual travel modal choice based on the discrete choice theory which took travel cost, travel time and daily receipts as influencing factors was built to forecast the alternation of the proportion of bus travel and private car travel. The quantitative effect of internalization of external cost on travel modal choice was the results of the article.

Key words: External cost; Internalization; Travel cost; Traffic modal choice

上海市中心城区越江交通诱导研究

袁 静[1] 朱 健[2] 周剑峰[1]

(1. 上海畅道智能交通技术咨询有限公司,上海,200331;2. 同济大学交通运输工程学院,上海,201804)

摘 要:根据越江桥隧功能定位及其接线道路的等级将越江桥隧划分成与快速路连接的越江桥隧以及与地面道路连接的越江桥隧两个层次,分别探讨了两个不同层次的越江交通流特征,在此基础上,提出与快速路连接的越江桥隧广域诱导与区域诱导相结合,地面道路连接的越江桥隧一级诱导与二级诱导相结合的诱导策略。最后,选择翔殷路隧道、军工路隧道、杨浦大桥、大连路隧道、新建路隧道进行实例应用,给出具体的交通诱导方案,为上海市中心城区的越江交通诱导提供了范例。

关键词:交通诱导;可变信息标志;越江交通

1 背景

随着上海市社会经济的快速发展,黄浦江两岸的交往越来越密切,越江交通需求持续增长。据统计,2005 年越江交通日均流量为 47.9 万辆,2006 年上半年达到 54.5 万辆。根据有关部门的预测[1],2010 年将达到 150 万 PCU/日,2020 年约为 200 万 PCU/日。为了满足越江交通需求的快速增长,至 2010 年,黄浦江上将新增 6 座隧道,届时,上海市中心城内越江桥隧将达到 17 座。其中,内环线以内的各越江桥隧的平均间距约为 2.5km,内外环线之间约为 3.2km。另外,到 2010 年,中环线浦东段也将建成,上海市中心城的内、中、外"三环"快速路网基本形成。

随着越江交通流的增加和越江设施的不断增多,交通流的越江通道选择呈现多样性,越江交通流在更加密集的越江设施中将重新分布,从而呈现新的越江交通流特征,如何在新的越江桥隧布局和路网结构条件下有效地诱导越江交通流成为上海市中心城交通流诱导面临的主要问题之一。戴友锋等对上海浦东越江通道交通诱导的系统结构进行过研究[2,3],而本文是从越江交通的特征出发,提出越江交通诱导的策略与诱导方案。

2 越江交通流特征分析

根据越江桥隧功能定位及其接线道路等级不同,可以将越江桥隧分成两个层次,不同层次越江桥隧服务交通流也因此呈现不同的特征。

2.1 与快速路连接的越江桥隧

至 2010 年,与快速路连接的越江桥隧包括外环隧道、翔殷路隧道、军工路隧道、杨浦大桥、延安东路隧道、南浦大桥、卢浦大桥、上中路隧道、徐浦大桥。这些越江桥隧作为快速路网的组成部分,其功能定位与快速路一致,主要服务于中、长远距离的越江交通流,表现为通过沿线出入口匝道呈"带状"集散交通流,越江交通流在整个快速路网中呈现均匀、有序的集散特征。

2.2 与地面道路连接的越江桥隧

至 2010 年,与地面道路连接的越江桥隧包括长江路隧道、大连路隧道、新建路隧道、人民路隧道、复兴东路隧道、西藏南路隧道、打浦路隧道、龙耀路隧道。这些越江桥隧作为地面道路网的组成部分,主要服务于区域性越江交通流,表现为通过主线出入口周边的地面道路网呈"面状"集散交通流,越江交通流整体呈现分散、多方向的集散特征。

3 越江交通信息需求分析

无论是中、长远距离的快速路越江交通流还是区域性的地面越江交通流,从出行者角度以及交通管理者角度考虑,两者都具有共同的越江交通信息需求。

3.1 路经选择的交通信息需求

三环快速路网的形成以及军工路隧道、上中路隧道的建成,为中、长远距离的越江交通流快速通道的选择提供了可能。因此,出行者有对多条快速路径(包括越江桥隧)的交通状态、事件信息掌握的需求,以便对越江快速路径进行选择。尤其在事件情况下,对快速路及与其连接的越江桥隧交通状态信息的掌握是有效避开拥堵的前提与基础。

对于区域性越江交通流,随着长江路隧道、新建路隧道、人民路隧道、龙耀路隧道的建成,加密了现有越江桥隧,如:人民路与复兴东路隧道间距仅为0.91km,新建路与大连路隧道为1.57km,且相邻越江桥隧服务区域相近,使得选择多条越江通道实现越江成为可能。因此,出行者有掌握多座越江桥隧交通状态、事件信息的需求。尤其在事件情况下,及时获取前方越江桥隧事件信息、交通状态信息是保证行车安全、提高出行效率的基本保障。

3.2 事件下交通管理的交通信息需求

快速路具有全线封闭、交通流量大且车速快等特点,当与快速路连接的越江桥隧发生交通事件,但出行者未能及时获取事件信息时,越江交通流将迅速向越江桥隧聚集,最终导致交通流因无出口匝道进行转移或高密度汇集交通流集中通过有限的出口匝道疏散,都将造成越江桥隧及其接线道路的严重拥堵。因此,必须通过在较广的范围内发布越江桥隧事件信息、交通状态信息以及接线道路交通状态信息,使得越江交通流在有充分选择出口匝道前提下进行分散转移,只有这样才能保证快速通道的快捷、畅通,提高快速路网整体服务水平。

区域性越江交通流通过地面道路网向越江桥隧汇集,汇集通道多而分散。当越江桥隧发生交通事件,但出行者未能及时获取事件信息时,越江交通流将从各个方向向越江桥隧聚集,导致越江桥隧周边地面道路网交通流量猛增,无法快速疏散汇集交通流。随着越江交通流越聚越多,最终可能造成周边地面道路网严重拥堵甚至瘫痪。因此,为了避免拥堵区域的扩散,必须通过在较远的前往越江桥隧的各主要方向道路上,发布越江桥隧的事件信息、拥堵信息以及接线道路的交通状态信息,才能使得越江交通流充分利用地面道路网进行分散转移,以此保障越江桥隧周边地面道路网的通行能力及服务水平。

4 交通信息发布策略

4.1 与快速路连接的越江桥隧

与快速路连接的越江桥隧是快速路的组成部分,依据对越江交通信息需求分析,将遵从快速路交通信息发布策略:采用广域诱导和区域诱导相结合。

4.1.1 广域诱导

广域诱导在较广的区域内发布可选择的多条越江快速通道的交通状态信息(包括越江桥隧),为出行者多路径选择提供依据。其目标是为越江交通提供多种越江快速通道选择,在事件情况下,提前疏散越江交通流。

广域诱导可变信息标志的布设原则是在离越江桥隧较近的、可进行多条快速通道选择的立交上游800~1200m的范围内,布设图形可变信息标志。其发布内容为多条快速通道的交通状态信息(包括越江桥隧)。

4.1.2 区域诱导

区域诱导在距离越江桥隧较近的范围内发布前方快速路交通状态信息、越江桥隧交通状态信息、事件信息以及各出口匝道交通状态信息,充分与广域诱导相结合。其目标是通过对前方快速路、越江桥隧交通状态、事件信息的告知,使得驾驶员及时获取信息进行转移。

区域诱导可变信息标志的布设原则是在距离越江桥隧最近的出口匝道上游500~800m范围内,设置“图形+文字”形可变信息标志。发布内容为前方快速路、出口匝道、越江桥隧的交通状态信息,覆盖范围应包括越江后的第一个出口匝道。

4.2 与地面道路连接的越江桥隧

根据对越江交通信息需求分析,与地面道路连接的越江桥隧交通信息发布策略:采用一级诱导与二级诱导相结合。

4.2.1 一级诱导

一级诱导在汇集越江交通流的主干道路上,发布可选择的越江桥隧的交通状态信息、事件信息,以及前往各越江桥隧的主要道路的交通状态信息。其目标是为越江交通提供多种越江路径,在事件情况下,提前疏散越江交通流。

一级诱导可变信息标志的布设原则是在主要汇集道路上、可选择替代路径的交叉口前 100 ~ 300m 范围内,布设"图形 + 文字"形可变信息标志。其发布内容为可选择越江桥隧的交通状态信息、事件信息,前往各越江桥隧的主要道路的交通状态信息,发布范围应能覆盖越江后第一个主要交叉口。

4.2.2 二级诱导

二级诱导主要面向即将进入越江桥隧的交通流,在越江桥隧入口前且有可选择路径上游,针对越江隧道事件发布相关信息。其目标是在越江隧道事件情况下,使未得到一级诱导的越江交通有可选择的路径,避开危险或拥堵。

二级诱导可变信息标志布设原则是在越江隧道入口前,有可替换路径的交叉口上游 100 ~ 300m 范围内设置"图形 + 文字"或文字形可变信息标志。其发布内容为越江隧道的事件信息、开关闭信息、可替换越江桥隧的交通状态信息。

5 实例应用

本文选择与快速连接的翔殷路隧道、军工路隧道、杨浦大桥,以及与地面道路连接的大连路隧道、新建路隧道,针对浦西越江交通流诱导分别进行实例分析。

5.1 交通流特征及交通信息需求分析

翔殷路隧道、军工路隧道、杨浦大桥均与快速路连接,是快速路的组成部分,与中环线、内环线共同形成三条越江快速通道,主要服务于中、长远距离的越江交通流。越江交通流通过匝道不断汇入各条快速路,到达大柏树立交,选择内环线或者中环线分别进入翔殷路隧道、军工路隧道、杨浦大桥,实现越江,如图 1 所示。因此,越江交通流需要掌握中环线、内环线以及翔殷路隧道、军工路隧道、杨浦大桥的交通状态信息,以便选择合适的路径实现越江。

大连路隧道、新建路隧道与地面道路连接,是地面道路网的组成部分,主要服务于区域性越江交通流。越江交通流通过隧道周边的地面道路网从不同方向、经不同路径向隧道入口汇集,最终经大连路隧道主线入口、新建路隧道主线或东余杭路匝道入口进入隧道,实现越江。其中,大连路 - 大连西路、四平路、海伦路、周家嘴路 - 海宁路等地面主干路是汇集越江交通流的主要道路,另外,外滩通道的建成也将一定程度地转移大连路隧道、新建路隧道的越江交通流。如图 2 所示。因此,越江交通流需要掌握这些道路的交通状态信息以及大连路隧道、新建路隧道的交通状态信息、事件信息,以便选择合适的越江通道实现越江。

5.2 交通诱导方案

通过以上对翔殷路隧道、军工路隧道、杨浦大桥、大连路隧道、新建路隧道交通流特征及交通信息需求分析,根据交通信息发布策略,考虑大柏树立交作为越江快速通道选择的关键节点,进行广域诱导;中环军工路立交、中环线周家嘴路出口匝道、内环线周家嘴路出口匝道前进行区域诱导。大连西路与四平路交叉口、四平路与海伦路交叉口、大连路与周家嘴路交叉口、海宁路与吴淞路交叉口是进行越江路径选择的关键节点,且距离隧道较远,考虑进行一级诱导;在隧道入口前的长阳路与大连路交叉口、周家嘴路与新建路交叉口、商丘路与东余杭路交叉口、新建路隧道海伦路主线入口、外滩通道东长治路入口前进行二级诱导。

可变信息标志布设如图 1 所示,设置于快速路上的可变信息标志式样分别如图 2、图 3 所示。设置于地面道路上的可变信息标志式样如图 4 所示。

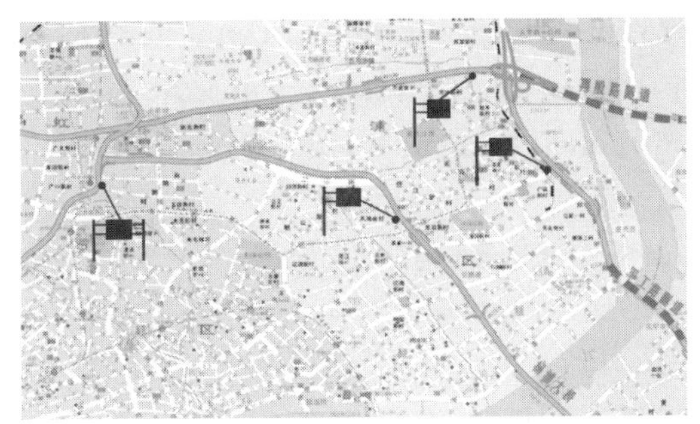

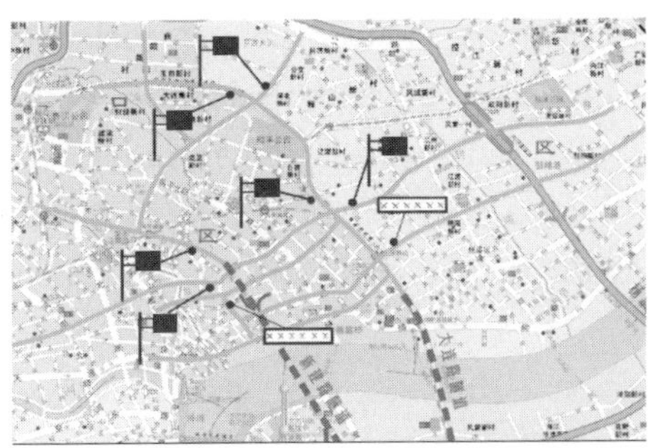

图1　可变信息标志布设

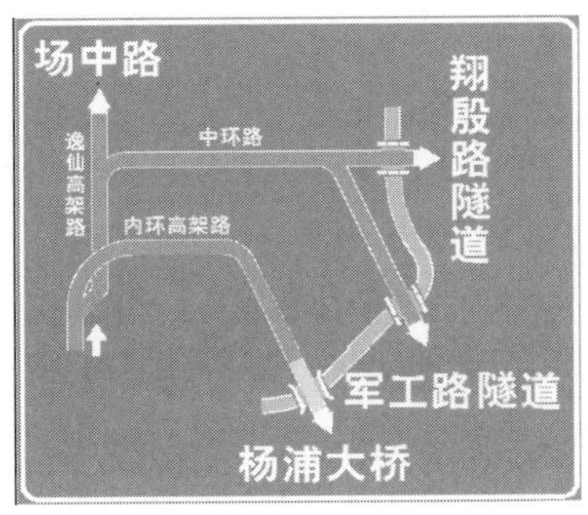

图2　广域诱导可变信息标志示意图

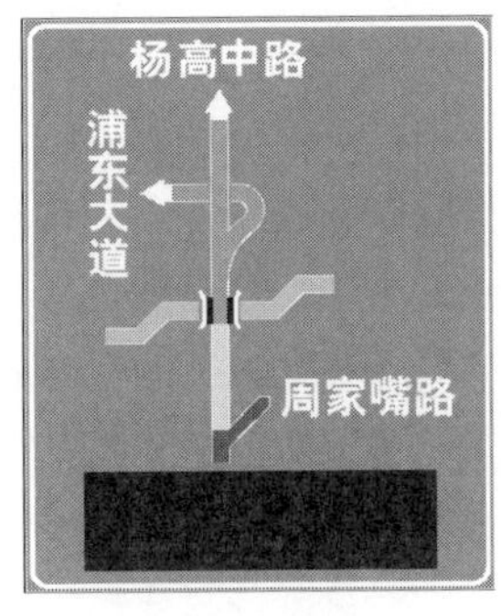

图3　区域诱导可变信息标志示意图

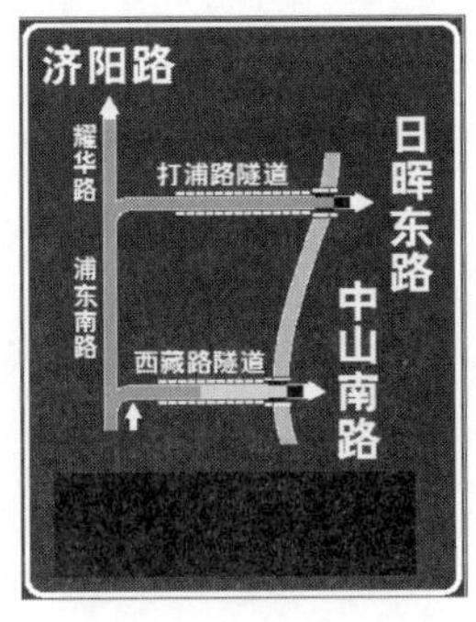

图4　地面道路上可变信息标志示意图

6　结语

本论文结合上海越江桥隧及快速路的建设,在新的越江环境下,对中心城越江交通诱导进行了研究。将越江桥隧划分成与快速路连接的越江桥隧以及与地面道路连接的越江桥隧两个层次,分别探讨了两个不同层次的越江交通流特征,得出与快速路连接的越江交通带状汇集的特征,与地面道路连接的越江桥隧交通流汇集呈面状集聚的特点,且汇集通道多而分散。尽管两个不同层次的越江桥隧服务交通流特征不同,但从出行者角度以及交通管理者角度考虑,都具有对路经选择的交通信息需求以及事件下交通管理的交通信息需求。在对越江交通流特征以及交通信息需求研究的基础上,提出与快速路连接的越江桥隧广域诱导与区域诱导相结合,地面道路连接的越江桥隧一级诱导与二级诱导相结合的诱导策略。最后,选择翔殷路隧道、军工路隧道、杨浦大桥、大连路隧道、新建路隧道进行实例应用,给出了具体的交通诱导方案,为上海市越江交通诱导的实施提供了参考思路。

参考文献

[1] 上海市市政工程管理处.上海市中心城道路网专项规划深化研究[R],2005

[2] 戴友锋,于勇,吕晓明.浦东新区越江交通排堵保畅信息诱导系统[J].测绘科学技术学报,2007,24(5):336-339

[3] 戴友锋,于勇,吕晓明.越江交通信息诱导系统的设计与实现[J].计算机工程,2007,33(9):279-282

Research on traffic guiding for crossing river in Shanghai center city

***Yuan Jing*[1], *Zhu Jian*[2], *Zhou Jianfeng*[1]**

(1. Shanghai Changdao ITS Consultants Co. Ltd, 200331, Shanghai; 2. School of Transportation Engineering, Tongji University, 201804, Shanghai)

Abstract: According to the function positioning of bridge and tunnel, and the level of the connection road, the bridge and tunnel had been divided into two hierarchy, been connected respectively by expressway and road. This paper discussed the characters of the two different traffic flow. On that basis, this paper provided the wide-area induced and regional induced to the bridge and tunnel connected by expressway, and two-level induced strategies to the bridge and tunnel connected by road. Finally, the paper gave an example of induced traffic with Xiangyin tunnel, Jungong tunnel, Yangpu bridge, Dalian tunnel and Xinjian tunnel.

Key words: Traffic-guidance; Variable information sign; Crossing-river traffic

基于效益的城市公交线网优化双层规划模型研究

陈　勇　韩　皓

（上海海事大学交通运输学院，上海，200135）

摘　要：提出城市公交线网优化中研究乘客利益和公交企业经济效益的组合模型．模型被表示为两层规划，低层表示为满足 Wardrop 均衡模型下使得乘客出行费用最小，上层表示为满足乘客出行费用最小时公交企业经济效益最大。

关键词：公交线网；优化；出行费用；经济效益

1　引言

随着城市化进程的加快，大中小城市的规模、人口和机动车保有量增长迅速，交通系统压力不断加大。由于公共交通对交通资源的高效利用，使得通过大力发展公共交通、实行公交线网的优化成为解决城市交通拥堵问题、保护城市环境、促进城市交通的可持续发展的必然之路。在交通研究领域，公交线网优化一直是研究的热门课题。Dubois 等[1]把公交线网的优化问题分解成三个子问题，即首先确定需要布设的路段，然后再布设线路，最后在每条布设的线路上优化发车频率；Ceder 和 Wilson[2]将三阶段法（出行分配、路径规划和发车频率）引入到公交线网设计中；王炜[3]提出了“逐条布设，优化成网”的方法等。

一般地说，线网设计问题与网络规划者和用户相关。一方面，用户的行为遵循 Wardrop 均衡原理，另一方面网络规划者试图使得系统的能力或效益最大。下面讨论城市公交线网优化设计中公交企业和乘客同时获得最大效益的优化模型，它们被表示为两层规划问题。

2　城市公交线网优化的目标及原则

城市公交线网与城市居民的生活、学习与工作密切相关，其布设的优劣直接影响着城市居民的生活质量。城市公交线网都是建立在道路网基础上的，每条公交线路都是道路网中一些相邻的路段构成的连续的路径，这些路径的集合就构成了公交线网。城市公交线网的优化必须以公交乘客分量（矩阵）为依据，以方便城市居民出行为原则；同时还要考虑公交企业的利益以及公交线网布局对整个城市交通的影响。

2.1　城市公交线网的优化目标

一个完善并高效的线网必须满足以下几条：(1)可达性好：尽量使整个交通网络中的乘客需求都能够得到满足；(2)换乘次数少：尽可能使乘客直达目的地，以减少不方便和换乘时间；(3)出行时间短：尽可能按最短距离布线，使服务区乘客总出行时间或出行距离最短；(4)线路效率高：优先布设客流密集的线路，以充分发挥线路及运载工具的运能。

2.2　城市公交线网的优化原则

公交线网设计的目的和功能决定了在进行设计时的主要准则，即在一定的舒适度下，尽可能多而快速地将乘客运送到目的地。公交线网优化设计应遵循的准则如下：(1)优先开设客流最密集的线路；(2)非直线系数约束尽可能低；(3)线网应具有良好的可达性；(4)线路的长度适中；(5)线路客流量不低于最低开线标准；(6)线路的客流量应该尽可能的均衡。

作者简介：陈勇，男(1984-)，湖北襄樊人，上海海事大学交通运输学院硕士研究生；韩皓(1966-)，男，内蒙古呼和浩特人，上海海事大学交通运输学院教授，博士后，主要研究方向为交通运输规划与管理。

3 公交线网优化的双层规划模型

3.1 公交网络描述

公交网络由公交车站、公交路段组成,每条公交路段都有一组公交线路经过。乘客在车站上、下车或转乘其他公交线路。公交线路用线型网络表示,公交车站用节点表示,运行部分用线段表示。

对于公交网络的构造给出以下定义:公交线路表示在公交网络中2个节点间运行的一组车辆的线路,具有一定特性,诸如发车频率、服务类型、运行车辆的大小、运载能力及运营特征等。线段表示线路上任何2个站点之间的一段,不同的线路之间会有部分平行线段。公交路段是将一个OD对间某条公交运行所经过的一个或几个连续的实际路段,合并成的一条路段。公交线网优化问题可被表示成为两层规划问题,低层表示乘客利益最大(即出行费用最小),上层表示在考虑乘客利益的前提下使公交企业经济效益最大化。

3.2 下层问题:线网均衡下乘客利益最大模型

假设乘客通过经验和已有信息对起点到讫点的出行费用有完备信息,下面的均衡关系被满足

$$\sum_{a\in A} t_a\delta_{ar}^{w} = c_w,\text{当} f_r^w > 0 \text{时}$$

$$\sum_{a\in A} t_a\delta_{ar}^{w} \geqslant c_w,\text{当} f_r^w = 0 \text{时}$$

式中,t_a 是公交线路经过路段 a 花费的时间,f_r^w 是乘客选择的公交线路 $r\in R^w$ 的流量,R^w 是OD对 $w\in W$ 的线路集合;c_w 是OD对 $w\in W$ 的最小出行时间;

$$\delta_{ar}^{w} = \begin{cases} 1,\text{公交线路经过路段 } a; \\ 0,\text{否则} \end{cases}$$

UE均衡配流下,应使公交线网中乘客的出行费用最小,即:

$$\min C_{OD}(\lambda) = \sum_{i,j\in\Omega_{sta}} \left[\frac{\sum_{k\in\Omega_{ij}^{h}} f_{i,j}(m) \cdot t_{i,j}(m)}{f_{i,j}} \right]$$

其中,$\Omega_i^\lambda j$ 为基于UE配流的 ij 间出行策略集合;$f_{i,j}(m)$ 为 ij 间采用第 m 种出行策略的人数,$t_{i,j}(m)$ 为 ij 间采用第 m 种出行策略的出行费用。

这是一个非线性的整形规划问题,模型是以线网的直达客流与基于此优化线网公交UE配流乘客的出行费用最小为目标。受约束于:

线路长度约束

$$L_{\min} \leqslant L \leqslant L_{\max}$$

开线的最低客流约束

$$Q^{smu} \geqslant Q_{\min}$$

非直线约束

$$j^x \leqslant j_{\max}^x$$

线路断面流量约束

$$Q^a \leqslant Q_{\max}^a$$

站点间距约束(《城市道路交通规划设计规范》的建议值:平均站间距 $l^a = 0.5 \sim 0.6\text{km}$)

$$l^a > 0.5$$

整个网络乘客直达率约束

$$NTR < 0.5$$

其中,$NTR = \dfrac{\text{各线路直达乘客量总和}}{\text{全规划区乘客 OD 量总和}}$。

线网效率约束,应满足达到最大,即

$$\max\gamma = \frac{\sum\limits_{i,j\in R^w} q_{ij} \cdot \delta_{ij}}{\sum\limits_{l\in R^w} L}$$

上述各式中：O、D 表示起、终点站；L 公交线路长度，$L_{\max}$，$L_{\min}$ 为线路的长度的上下限；Q^{smu}，$Q_{\min}$ 线路的总客流量与最低开线客流量；j^x，$j^x_{\max}$ 非直线系数和最大非直线系数；Q^a，$Q^a_{\max}$ 断面 a 的客流量和允许通过的最大客流量；l^a 为 a 路段的长度；γ 为线网效率；q_{ij} 从站点 i 至站点 j 的客流量；δ_{ij} 经过节点 i 至节点 j 的客运需求量在路线上的分配比例。

3.3 上层问题

上层模型采用公交线网优化常用的非线性优化模型，假设居民公交出行需求和出行费用是已知的，以公交企业经济效益最大为目标函数，可建立公交系统网络优化设计的上层模型为：

$$\max\ y = \frac{\sum\limits_{L_{ij}\in R} L_{ij} \cdot q_{ij}}{\sum\limits_{L_{ij}\in R} L_{ij} \cdot K_{ij}}$$

$$\text{s.t.}\quad \sum q_{ij} = \sum_{w\in W} O_w$$

$$\sum_{a\in R^w} q_{ij} \leqslant k_a$$

$$\sum_{a\in R^w} K_{ij} \leqslant h_a$$

$$q_{ij} \geqslant 0$$

式中，y 为公交企业经济效益（每日产出的总人公里和每日投入的总车公里的比值），L_{ij} 公交节点 i 至 j 的距离，q_{ij} 公交节点 i 至 j 间的客流量；K_{ij} 公交节点 i 至 j 间的车流量；O_w 为出行发生量。k_a 为路段 a 上的客流容量，为所含线路的容量之和；h_a 为路段 a 上的车流容量，为所含线路的容量之和。

3.4 组合模型

综上所述，城市公交线网优化模型可被表示成为两层规划模型，在低层，基于线网的直达客流与优化线网公交 UE 配流乘客得到乘客最小的出行费用，上层在下一层基础上得到优化后的公交线网使公交企业经济效益最大。基于双层规划的组合模型如下：

$$\max[y(\theta) - \tau C_{OD}(\lambda)]$$

$$\text{s.t.}\quad c[h(\theta)]s^T[h(\theta) - h^*(\theta)] \geqslant 0$$

$$\Omega = \{\Lambda h = d, h \geqslant 0\}$$

式中，θ 为公交线网布局方案；$y(\theta)$ 为公交企业经济效益；$C_{OD}(\lambda)$ 为规划线网人均出行费用；Ω 是公交 UE 分配的最优解；τ 为公交企业经济效益与公交客流 UE 分配后线网出行费用的转换系数；Λ 是 OD 需求/公交路径关联系数矩阵。

4 模型求解

公交线网优化调整的目标之一是考虑乘客的利益，从这个角度来说，乘客出行费用 $C_{OD}(\lambda)$ 越小就越能满足乘客利益的要求；公交线网优化调整的另一目标就是考虑公交企业利益，使企业取得最佳的经济效益。从这个角度来说，函数 $y = \frac{\sum\limits_{L_{ij}\in R} L_{ij} \cdot q_{ij}}{\sum\limits_{L_{ij}\in R} L_{ij} \cdot K_{ij}}$ 的值越大，企业的经济效益就越好，在考虑乘客和公交企业双重利益的双层模型中，两者相互影响、相互制约，精确求解多目标规划问题极为困难，只能得到满意解[4]。

模型求解的基本思想是：满足基本约束条件的线路组成优化线网，先求出满足基本约束条件的所有线路，优先满足下层模型，使得乘客出行费用最小，从中找出候选线路；然后逐步筛选，得到满足上层模型的筛选线路，形成满足全部约束条件的初始线网；再根据组合模型，在初始线网中选出最优的线路来形成优化线网。

5 结语

本文提出了公交线网优化中综合考虑乘客利益和公交企业经济效益的组合模型,模型被表示为两层规划。在低层,满足均衡模型下使得乘客出行费用最小;上层表示为满足乘客出行费用最小时公交企业经济效益最大。该模型不但兼顾了乘客和公交企业的利益,而且也考虑了整个城市的交通系统,具有一定的代表性和使用价值。

参考文献

[1] Chriqni C, Robillard P. Common bus lines[J]. Transportation Science, 1975, 9(2): 115-121

[2] Ceder, A, Wilson, N. H. M.. Bus network design [J]. Transportation Research Part B, 1986, 20: 311-344

[3] 牛学琴,王炜. 基于最短路搜索的多路径公交客流分配模型研究[J]. 东南大学学报, 2002, 32(6): 1-3

[4] 常玉林,胡启洲. 城市公交线网优化的线性模型[J]. 中国公路学报. 2005, 18(1): 95-98

[5] 冯树民,陈洪仁. 公共交通线网优化研究[J]. 哈尔滨工业大学学报. 2005, 37(5): 36-37

[6] 张敖木翰. 基于蚁群算法的城市公交线网优化设计研究[D]. 北京:北京交通大学, 2008

[7] 王志栋. 公交线网优化模型的建立[J]. 大连铁道学院学报, 1997, 12(4): 31-34

Bi-Level programming model of optimization of public transit network based on the benefit

Chen Yong, Han Hao

(School of Transport & Communications, Shanghai Maritime University, Shanghai, 200135)

Abstract: The study presents a combined model for urban public transportation networks which considers both the passenger benefit and the public transportation business economic benefit. The model is formulated as bi-level programming problem. The lower-level problem make the passenger journey expense smallest under Wardrop's user equilibrium model. The upper-level problem is to make the public transportation company business benefit biggest which meets the smallest passenger journey expense.

Key words: Public transportation networks; Optimization; Journey expense; Economic benefit

路段行人过街控制优化软件设计与实现

钟章建[1]　马万达[1]　姚　佼[2]

(1. 宁波市规划设计研究院,宁波,315040;2. 同济大学交通运输工程学院,上海,201804)

摘　要:城市道路路段上行人过街交通与机动车交通的矛盾是造成路段上机动车延误和行人过街不安全性的主要原因。本文在针对不同需求分感应和与关联交叉口之间协调两个方面展开控制方法研究,最后实现了基于对上述控制方法的原型系统,并给出软件实现的数据结构与方法。

关键词:行人过街;感应控制;协调控制;系统设计

1　引言

人行横道源于古罗马时代的跳石[1],20 世纪 50 年代初期,英国人在街道上设计出人行横道线,规定行人横过街道时,只能走人行横道,由此人行横道诞生。随着城市的发展,路段上行人过街交通与机动车交通的矛盾尤为凸显,使得路段上机动车与行人通行效率下降。因此,如何科学合理地进行行人过街交通信号控制,协调好路段行人过街交通与机动车交通之间的关系,对解决行人通行问题有着重要意义。

国内外学者对行人过街交通进行了一系列的研究。Dave N. Lockwood and Hubrecht Ribbens(1990)研究了信号控制人行横道(Pelican pedestrian crossings)在发展中国家的适用性[2],通过定时信号与按钮信号控制人行横道条件下机动车停车次数和车均延误的比较分析,得出了按钮信号控制方式优于定时信号控制。Barbara Preston[3]等人研究了按钮信号控制人行横道处行人的行为和安全性问题,其研究结果显示女性比男性更愿意遵守交通信号灯,而行人是否遵守信号指示,与等待时间内车流的空档分布有密切关系。相比国外,国内学者在行人过街信号控制方面研究的比较多,杨晓光教授[4]建立简练且有广泛应用性的无信号控制路段行人过街延误模型,定量的比较和分析了不同道路宽度和不同流量条件下一次过街方式和两次过街方式的行人延误。马万经[1]对路段行人过街控制方法作了探索性研究,运用模糊控制器判断行人与机动车的通行权,充分显示了模糊控制器的智能性这一特点。李娜和郑长江[5],[6]对路段行人过街信号与交叉口信号的协调控制进行了研究,建立了基于延误的路段行人过街信号与交叉口信号协调控制的线性规划模型。城市道路交通控制系统作为解决城市交通拥挤、提高区域交通效益的重要手段,一直是国内外交通界关注的焦点。本文基于对路段行人过街信号控制方法研究,确定控制器结构,通过算法优化和软件设计,实现原型系统。

2　信号控制方法描述

常用的路段平面行人过街信号控制方法有三种,即行人过街定时控制、感应信号控制和行人过街协调控制。其中定时控制根据调查的历史数据,采用固定配时的信号控制方案(或多时段定时信号控制方案),赋予行人过街通行权。但对机动车流的干扰大,在行人过街需求很低的时段,会造成行人绿灯时间的浪费。本文简要阐述感应控制方法和考虑相关联上下游交叉口信号协调控制方法。

本文在研究过程中,假定所有的交通设计(横道位置、过街设计形式)方案均是科学合理的,不对其进行研究;假定感应控制中所需要的信息都是可以获得的,不对信息的采集方式进行深入研究;假定控制系统的通信完好,并且所有数据都准确无误。

作者简介:钟章建(1983-),男,江苏盐城人,助理工程师。

2.1 感应控制方法

当路段人行横道处交通量变化大且不规则等特点的轻交通情形,宜采用感应控制方法。模糊控制在交通方面进行了很多研究[7-9],研究证明,模糊相对与传统的控制方法,有相当的先进性。

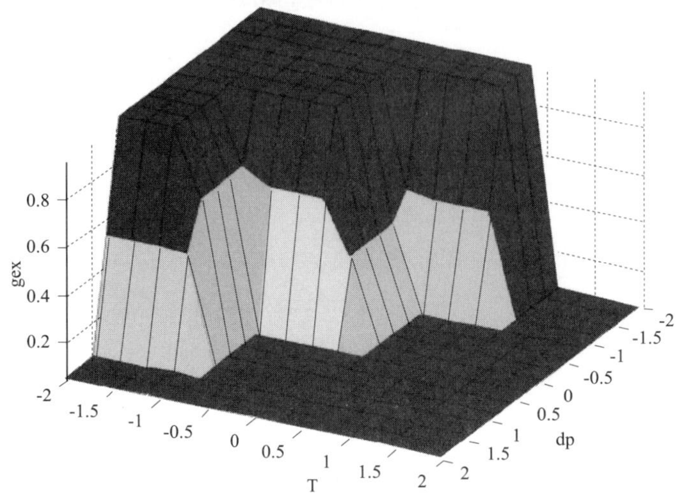

图1 模糊控制器曲面

本文提出基于模糊理论的感应控制方法。对于指挥行人过街信号的警察来说,是否放行过街行人的判断指标主要有以下两项:过街行人等待时间的长短和机动车的空档大小。以这两项作为模糊控制器的输入量,通过输入变量的模糊化、模糊控制规则的设定、模糊推理与解模糊,得到模糊控制器的曲面(图1)和输出查询表(表1)[9],以进行信号参数优化与设置。

输出查询表 表1

通行权输出		行人等待时间				
		-2	-1	0	1	2
机动车空挡	-2	1	1	1	1	0
	-1	1	1	1	0	0
	0	1	0	0	0	0
	1	1	0	0	0	0
	2	0	0	0	0	0

注:0 表示切换为行人相位,1 表示执行机动车相位。

2.2 协调控制方法

当行人过街需求和路段机动车流都比较大时,应考虑将路段行人信号配时与相关联上下游交叉口的信号配时进行协调控制。本文主要对以绿波带为优化目标进行研究[9]。

目标函数

如图2所示,定义相邻的交叉口(路段人行横道)与交叉口(路段人行横道)为一个区段。定义区段内绿波带下迹线(如图中下迹线①)为绿波带底线,上迹线(如图中上迹线②)为绿波带顶线,连线各路段人行横道和交叉口底线坐标,即绘出绿波带底线,同理,连线各路段人行横道和交叉口顶线坐标,可绘出绿波带顶线。同一区段的顶线与底线对应平行,在等周期单向协调系统中,各路段人行横道和交叉口每周期有且只有一个底线和顶线,同一路段人行横道或者交叉口顶线和底线坐标之差定义为一个带宽。

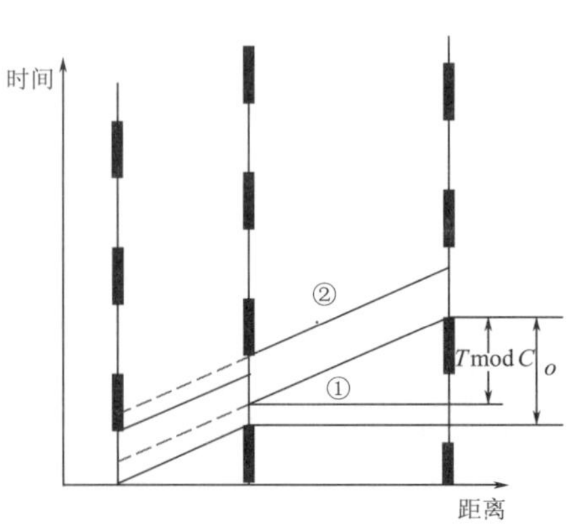

图2 绿波带时间—距离图

在绿波带时间—距离图上绘制各个区段的绿波带底线和顶线。在第 j 路段人行横道或交叉口绿波带底线坐标可以表示为

(l_j, t_j^d),其中 l_j 为控制系统第 j 区段的长度,即第 j 路段人行横道或交叉口停车线至第 $j+1$ 路段人行横道或交叉口的距离,同理,在第 j 路段人行横道或交叉口绿波带底线坐标可以表示为 (l_j, t_j^u) $(l_1=0)$,o_j 表示在第 j 路段人行横道或交叉口相对于第 $j-1$ 路段人行横道或交叉口的相位差 $(o_1=0)$。

第 i 个路段人行横道或交叉口绿波带底线纵坐标在第一个路段人行横道或交叉口的一个映射点,可以表示为:

$$\sum_{j=1}^{i}[o_j-(T_j \bmod C)] \tag{1}$$

式中:T_j——车辆在区段 j 单向行驶时间(s);

C——系统共同周期(s)。

同理,第 i 个路段人行横道或交叉口绿波带顶线纵坐标在第一个路段人行横道或交叉口的一个映射点,可以表示为:

$$g_i+\sum_{j=1}^{i}[o_j-(T_j \bmod C)] \tag{2}$$

式中:g_i——第 i 个路段人行横道或交叉口协调相位绿灯时间(s)。

协调系统内路段人行横道和交叉口总数目为 n,那么,该 n 个协调对象绿波带底线纵坐标在第一个协调对象的映射集合为:

$$\left\{\sum_{j=1}^{n}[o_j-(T_j \bmod C)]\right\} \tag{3}$$

该 n 个协调对象绿波带顶线纵坐标在第一个协调对象的映射集合为:

$$\left\{\sum_{j=1}^{n}[o_j-(T_j \bmod C)]+g_n\right\} \tag{4}$$

因此,以绿波带宽度最大为控制目标的单向协调目标函数可表示为:

$$\max B=\min\left\{\sum_{j=1}^{n}[o_j-(T_j \bmod C)]+g_n\right\}-\max\left\{\sum_{j=1}^{n}[o_j-(T_j \bmod C)]\right\} \tag{5}$$

约束条件

$$0 \leqslant o_j < C \tag{6}$$

3 软件设计

3.1 软件研究定位与开发平台

3.1.1 软件的功能定位

路段行人过街控制必须作为城市交通控制系统的一部分才能高效发挥其作用,路段行人过街控制软件也必须能够与交通控制软件结合在一起才具有实际意义。行人控制软件与城市交通控制软件的逻辑关系如图 3 所示。本文的研究,仅集中于路段行人过街控制方案的优化。

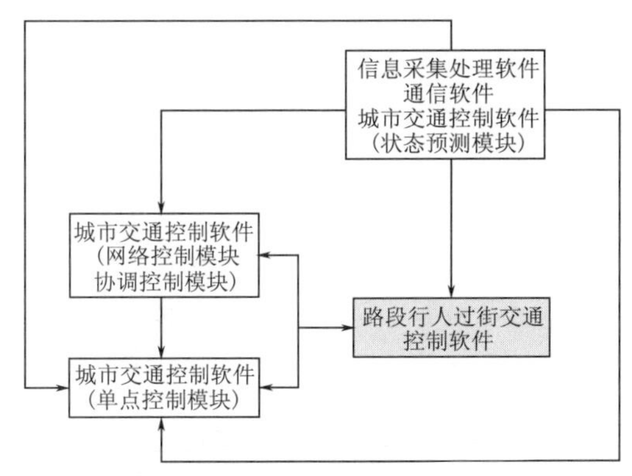

图 3 行人控制在控制系统中的定位

3.1.2 开发环境与平台

软件的开发语言选用 C# 语言。虽然该语言开发的相同复杂度的程序在运行效率上不如 C 语言,但由于 C#具有其语言优点,大多数独立的评论员对其说法是“派生于 C、C ++ 和 Java”,其设计与现在开发工具的适应性要比其他语言高,它同时具有 Visual Basic 的易用性、高性能以及 C ++ 的低级内存访问等特性[9]。

3.2 软件数据结构设计

数据结构是算法设计的核心,将前述的数据结构应用相应的软件工具按照软件面向对象的思想建立了软件数据模型。单点数据结构包括单个交叉口和单个路段行人横道,结构图见图 4。

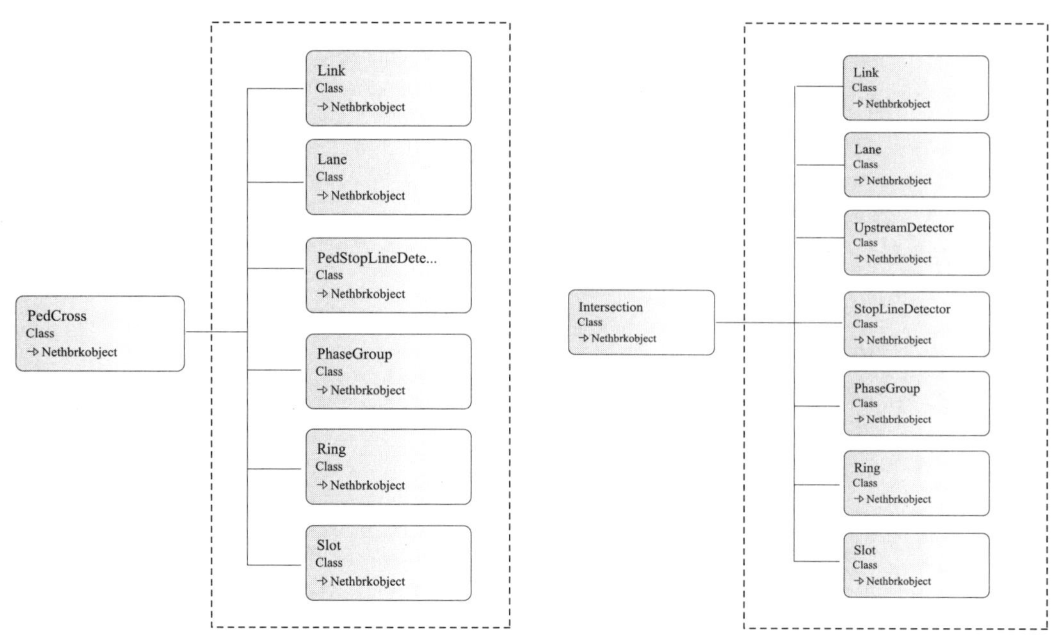

图4　单点数据结构设计图

3.3　软件优化模块设计

路段行人过街控制优化软件主要分为三个基本功能模块,分别是单点定时信号控制、实时感应优化控制和考虑相关联上下游多个交叉口(和多个路段人行横道)的协调控制优化模块。

3.3.1　行人过街单点定时控制优化模块

单点定时信号控制根据人行横道的物理条件和人、车流量大小,根据上述优化算法,实现该优化功能,输出界面如图5所示,右图为行人独立二次过街方式优化方案。

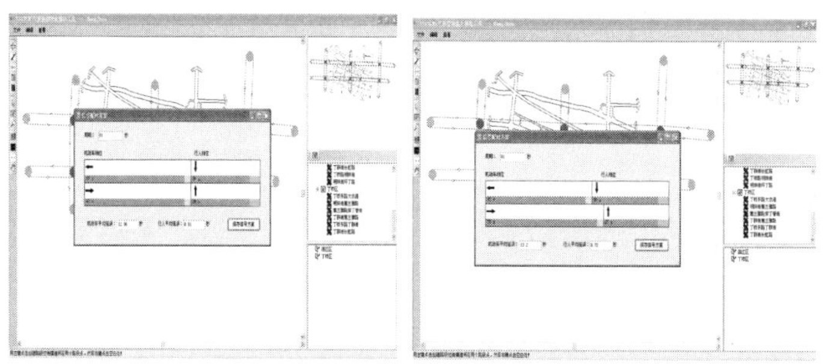

图5　定时信号控制输出界面

3.3.2　行人过街感应控制优化模块

依据单点固定周期信号配时方案和实时的行人过街、机动车量,运用上述基于模糊理论的感应控制算法,分别列举了一次过街和二次过街两种控制方式,输出界面如图6所示。

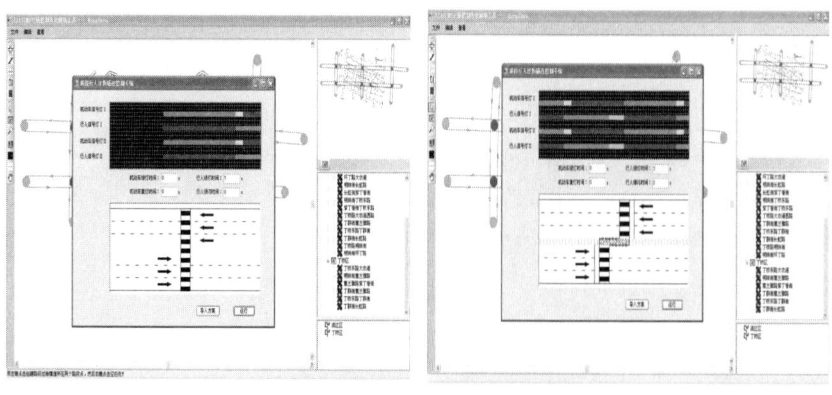

图6　实时感应控制输出界面

3.3.3 行人过街协调控制优化模块

结合要协调的交叉口和路段人行横道的离线配时方案，依据上述协调优化方法，周期和相位差优化及最后输出界面如图7所示。

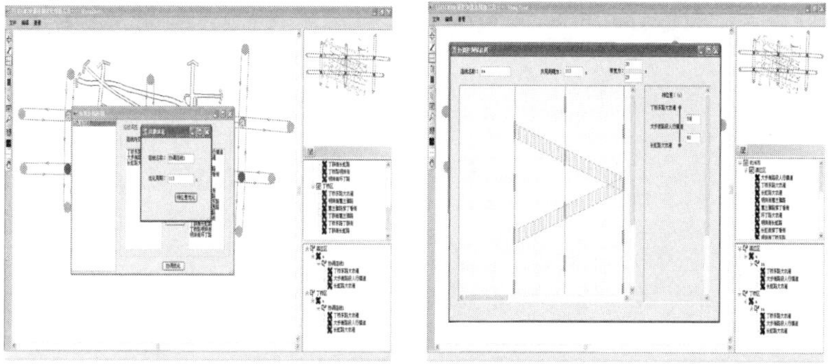

图7 协调信号控制方案输出界面

4 结语

研究了路段行人过街信号控制方法，在软件功能定位的基础上，设计了软件的数据结构，提出了软件的三个基本功能模块，最后应该用C#实现的软件的主要功能，为下一代交通控制系统中行人过街信号控制开发提供一些理论和实践基础。

参考文献

[1] 马万经.城市道路平面行人过街交通设计与控制理论[D].上海：同济大学交通运输工程学院，2004

[2] Dave N. Lockwood and Hubrecht Ribbens. The use of Peclian pedestrian crossings in developing countries：A case-study in Roodepoot，South Africa Traffic Engineering & control，1990，17-19

[3] Barbara Preston. The behaviour and safety of pedestrians at Pelican crossings in Greater Manchester. Traffic Engineering & control，1989，43-44

[4] 杨晓光，劳云腾，云美萍.无信号控制路段行人过街方式适用性研究[J].同济大学学报，2007，35(11)：1466-1469

[5] 李娜.路段行人过街信号与交叉口信号协调控制研究[D].南京：东南大学交通学院，2004

[6] 郑长江.路段行人过街信号与交叉口信号联动控制方法研究[D].南京：东南大学交通学院，2006

[7] 李士勇.模糊控制、神经控制和智能控制论[M].哈尔滨：哈尔滨工业大学出版社，1996，54-58

[8] 高海军等.交通路口混合交通流的分布式模糊控制[J].中国公路学报，2003，16(4)：34-36

[9] 张秀媛，达庆东.模糊控制理论在城市公共交通中的应用[J].北方交通大学学报，1999，23(5)：31-34

[10] 钟章建.路段行人过街信号控制方法及实现[D].长沙：长沙理工大学交通运输工程学院，2009

[11] 齐立波，译.C#入门经典(第三版)[M].北京：清华大学出版社，2006

Design and implementation of pedestrian crossing signal control in the road sections

***Zhong Zhangjian*[1]，*Ma Wanda*[1]，*Yao Jiao*[2]**

(1. Ningbo Urban Planning & Design Institute，Ningbo，315040；2. School of Transportation Engineering，Tongji University，Shanghai 201804)

Abstract：The conflicts between pedestrian's crossing on urban road section and vehicle traffic is the main cause of vehicle delay and pedestrian unsafe at road sections. Furthermore，crossing pedestrian actuated control method and coordinated signal control are discussed deeply in the dissertataion. In the end，the prototype system based on control methods mentioned above is realized and the data construction and the implementation method of this software are also given.

Key words：Pedestrian crossing；Actuated control；Coordinated control；System design

智能城市交通信号控制系统设计及关键问题研究

马莹莹　杨晓光　曾　滢

(同济大学交通运输工程学院,上海,201804)

摘　要:从优化整个交通网络的角度出发,建立城市交通信号控制的三层控制结构,分析各层次的功能及相互关系。并根据城市交通的需求提出该系统应具备的功能。最后对目前研究较少的网络层交通控制问题:交通控制小区自动划分与网络层优化问题进行讨论,建立模型并提供求解方法。

关键词:交通信号控制系统;系统结构;系统功能;小区自动划分;网络优化

1　引言

城市交通信号控制是城市交通的有效管理手段之一,其目的是将不同的交通流在时间上进行分离,以提高交通运行的安全性和效率[1]。早期的信号控制以单个交叉口为控制对象,后来发展为干道协调控制及区域交通控制。SCATS,SCOOT,UTOPIA,RHODES 等都是正在应用于城市交通控制中的交通信号控制系统。为降低交通控制的复杂性,很多交通控制系统将整个交通网络划分成若干交通控制子区,在每一个小区内进行交通协调控制。然而,随着城市机动化水平的提高,城市交通拥堵情况逐渐加剧,而且由于城市各部分用地性质的不同,出现了交通需求分布地区性不平衡,及时间性不平衡。特别是在早晚高峰时期,局部地方甚至发生过饱和现象。因此交通信号系统只考虑包含若干交叉口的交通控制子区并不够,而应该考虑整个网络的运行状态,将各小区的交通控制协调起来,避免局部过饱和现象的发生,提高网络整体效益。本文从网络效益最优的角度出发,构建网络交通信号控制系统的系统结构,并对该系统中的两个关键问题:交通控制网络小区划分问题及网络层的协调控制问题进行分析。

2　系统结构

根据控制对象的不同,该系统可能分为三个层次,分别为网络层、小区层及交叉口层。系统结构如图1所示。

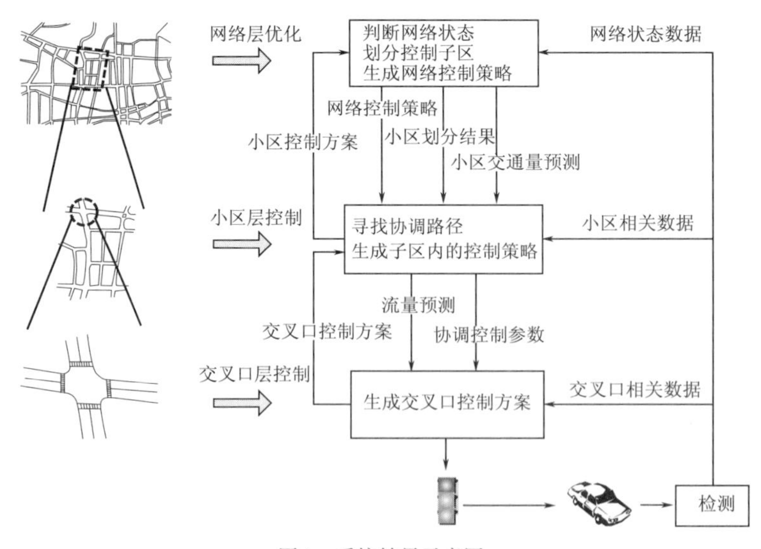

图1　系统结果示意图

基金项目:国家自然科学基金资助项目(70631002)。

作者简介:马莹莹(1983-),女,吉林省吉林人,博士研究生,E-mail:2_mayingying@ tongji. edu. cn;杨晓光(1959-),男,江苏省宿迁人,教授,博士生导师,工学博士,主要研究方向为智能交通系统、交通系统工程,E-mail:yangxg@ tongji. edu. cn。

网络层为整个系统的最上层，其主要任务为协调各小区，避免出现过饱和状态。该层次需完成的主要工作如下：

● 实时监测整个网络的交通状态；

● 根据道路网络及交通情况，将整个网络进行划分，每一个分区即为下一层小区交通控制的控制对象；

● 根据各小区内交通状态制定使得整个网络交通效益最优的网络层控制策略，为下层小区内的协调控制提供依据。

小区层控制通过接收网络层控制策略和检测到的小区内交通需求情况，制定小区内的协调控制策略。该层次有三个主要模块组成，分别为流量预测模块，协调控制模块及评价模块。三个模块的主要功能如下：

● 流量预测模块：根据检测交通数据及网络层优化结果进行小区内流量及协调路径的预测。

● 协调控制模块：根据网络层控制策略及预测交通量制定小区的优化控制目标，并根据预测协调路径生成小区内的协调控制方案。

● 评价模块：该部分利用检测及预测数据，对控制模块生成的控制方案进行评价，并及时将评价结果反馈到控制模块，有利于控制模块改进控制方案。

三个模块的基本关系如图 2 所示。

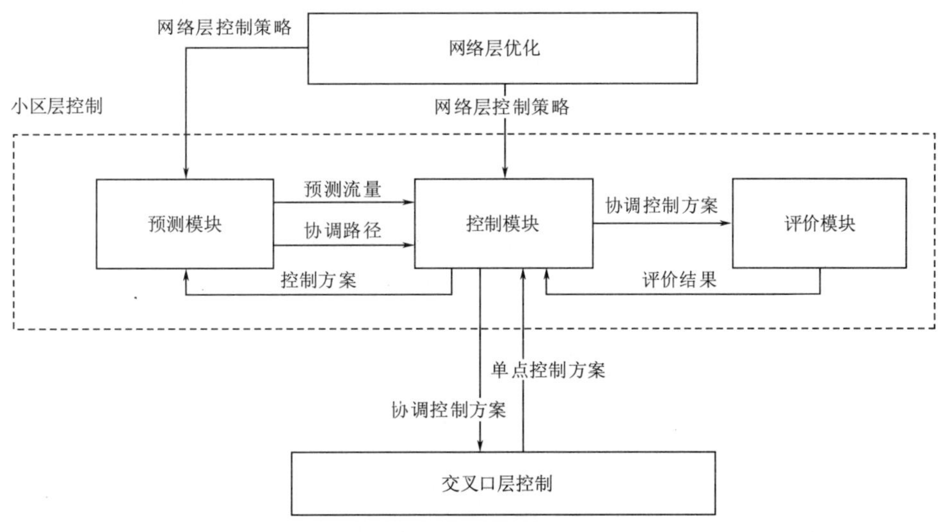

图 2　小区层主要模块及之间关系

3　系统功能

智能交通信号控制系统应具备以下功能：

(1)对于交通条件变化能够相应的变化控制策略，进行实时优化控制。

(2)大范围战略交通控制

(3)可以实现对公共汽车、特勤车辆的优先控制。

(4)可实现匝道和速度实时控制。

(5)与交通信息发布设施协同实现管理者的交通管理策略，如可变行驶方向的车道控制、可变车道功能的车道控制、实时区域交通组织策略等。

(6)交通控制系统具有自学习功能

(7)具有数据融合能力和容错能力。

4　网络交通控制系统关键问题

已有的交通信号控制的研究主要集中在交叉口层和子区层，考虑整个网络的交通控制策略研究较少。本节将根据网络层的主要功能,分析两个关键问题:交通控制小区自动划分问题与网络层优化问题。

4.1 交通控制小区自动划分问题

交通小区划分是针对城市道路网络交通流供需在时间和空间分布上的不均匀和不匹配性,为了减少交通系统控制与管理的复杂性,提高系统效能和可靠性,及系统开发的需要而提出的。在交通控制系统中,划分交通控制小区最主要的目的是为了降低系统控制复杂性,同时也便于在局部区域实施灵活的协调控制方案。一方面,从提高控制系统运行效率考虑,交通控制中心所辖范围不应过大,否则实时处理的数据必然很多,从而影响到对交叉口的实时控制。另一方面从保证交通控制系统运行的安全性和可靠性考虑,若把路网分成若干个具有一定相关性的交通控制区域,或相对独立的交通控制区域,即使某一子控制系统处于瘫痪状态不能运行,也只是使其所辖范围交叉口失去联网协调控制的作用。

已有的交通信号控制系统 SCATS、SCOOT 等都采用的分区控制的概念,但其小区划分多以手动划分为主[2]。交通分析软件 TRANSYT 中最早提出交通信号控制分区的概念,称为交通信号控制子区。其划分方法为根据交叉口信号周期时长,将周期时长相近的交叉口合并到一个控制区域内,另外考虑到采用双周期和重复绿灯的可能性,子区的划分还允许同一个子区内部分相邻交叉口采用双周期。但当控制区域较大,手动进行小区划分不但工作量大,而且很难获得较优的方案,因此根据交通网络特性进行交通控制小区自动划分的方法亟待研究。

交通小区是具有一定交通关联度的节点或连线的集合。交通关联度反映连线或节点之间的物理关联特征和交通关联特征。有两部分组成:物理关联特征和交通关联特征。物理关联特征一般表现为连线或节点之间是否相邻,取值为 0 表示连线或节点不相邻,取值为 1 表示连线或节点相邻;交通关联特征用一般表现为连线或节点之间交通参数的关联程度,取值越大关联度越大。为服务于交通控制,可选择流量、路段长度等参数计算交通关联度进行交通小区划分。

进行城市交通信号控制网络划分的过程中,应该遵循以下原则:

(1) 将关联性较大的交叉口放在同一个小区中进行控制;

(2) 各小区中交叉口数目相近,且均小于区域控制机的控制能力;

(3) 不同小区的交叉口关联性应该尽量小。

用 $G=(V,E)$ 表示交通信号控制网络,其中 $V=\{v_1,v_2,\cdots,v_n\}$,v_i 表示第 i 个信号控制交叉口,V 是网络中所有信号控制交叉口集合;$E=\{e_{12},e_{23},\cdots,e_{ij}\}$,$e_{ij}$表示连接信号控制交叉口 i 与 j 间的路段,其权重 w_{ij}表示交叉口 i 与 j 的关联性,E 为网络中所有路段的集合。因此,信号控制小区划分问题可以转化为对图 $G=(V,E)$ 的分割问题,即将 V 划分为 k 个子区,$\{V_1,V_2,\cdots,V_k\}$,其中,当 $i\neq j$ 时,$V_i\cap V_j=\phi$,且 $\cup V_i=V$。该问题称为图的 k 划分问题。令 P 为网络划分向量,则对于任意 $v_i\in V$,$P[v_i]$ 表示节点 i 所在小区编号,其取值为 $1\sim k$ 之间的整数。

一般情况下,找到这类网络划分问题的精确解是一个 NP 难题,特别是在处理的网络较大的情况下。但是有一些试探性方法在多数情况下可以得到满意解[3]。谱方法(Spectral Method)是一种应用较为广泛的网络划分方法,可以用于城市交通控制的网络划分问题中。

4.2 网络层优化问题

网络层优化的目标是均衡网络交通流,预防局部过饱和现象和死锁现象发生。网络层优化的决策变量为各交通小区间的交通流,优化目标为整个网络的交通效益最优。该层次的优化模型如下:

$$\max \sum_{i\in N} P_i$$
$$\text{s.t.}\quad 0\leqslant v_{ij}\leqslant C_{ij}\quad \forall i,j\in N$$

其中,P_i 为第 i 小区的交通效益,N 为小区的集合,v_{ij}为从小区 i 到小区 j 的交通量,C_{ij}为从小区 i 到小区 j 的通行能力。

该模型可以求解出获得最佳网络效益的小区间交通流,并可以以此来指导下层小区层的交通控制策略的生成。

5 结语

本文从网络效益最优的角度出发,建立交通信号控制系统的层次结构,对该系统应具备的功能进行描述,并就网络交通控制的两个关键问题进行讨论,并提供解决这两个问题的优化模型与求解方法。为建立智能高效的城市交通信号控制系统提供一定的依据。网络层的战略交通控制还没有应用到实际的交通控制中,但将成为未来交通信号控制的一个重要研究方向。

参考文献

[1] 杨佩昆,吴兵.交通管理与控制[M].北京:人民交通出版社,2004

[2] 全永燊,城市交通控制[M].1989,北京:人民交通出版社

[3] Karypis, G. and V. Kumar, Multilevel k-way partitioning scheme for irregular graphs [J]. Journal of Parallel and Distributed Computing, 1998. 48(1): p. 96

Design of intelligent urban traffic signal control system and critical problems study

Ma Yingying, Yang Xiaoguang, Zeng Ying

(Department of Traffic Engineering, Tongji University, Shanghai, 201804)

Abstract: The hierarchical structure of urban traffic signal control system has been built in this paper considering benefits of the whole network. The main works of each layer and relationships among them are analyzed. Then functions of the system are discussed based on the requirement of the urban traffic management. At last, two critical problem of network signal control are discussed and the optimization model and solving methods are proposed.

Key words: Urban traffic Signal control system; System structure; System functions; Network partitioning; network optimization

城市快速路行程时间预测的计算机模拟方法

孙洪运

（上海海事大学经济管理学院，上海 200135）

摘　要：为了预测出城市快速路实际行程时间，首先通过动态网络加载算法把预测的OD需求安排到路段上，得到路段流和路段阻抗值，然后估计出动态的路径行程时间。该方法简单易行，模型参数标定少，适用于不同的交通流，还可以作为模块被嵌套在交通诱导和控制系统中。最后用C语言编程实现一个算例，验证了方法的可行性。

关键词：城市快速路；动态行程时间预测；计算机模拟；动态网络加载算法

1　引言

城市快速路是建于城市内部的一种高速道路，具有单向多车道、中央设分隔带、全部立体交叉、保证连续行驶且通行能力大的特点。一方面，随着经济水平的提高，人们的交通需求也日益增长，特别是小汽车出行的增长；另一方面，大城市由于市区内的基本路网已经难以更改，纷纷建设城市快速路以期望分担交通压力，缓解交通拥堵程度，特别是高峰时期的拥堵情况。

现在城市快速路的信息化已经做的比较完善，可以实时显示主要路段的交通运行状态，和道路施工封闭等信息，但是在智能交通系统中，必须给出准确的实际行程时间等诱导信息来合理分配交通流，影响出行者的判断，达到整个交通系统的顺畅和成本的最小化。因此路段行程时间预测成为了交通流诱导系统和交通控制系统的重要研究内容。

目前，国内通常提到的行程时间预测模型有时间序列模型、非参数回归方法、加权移动平均法，他们存在一些不足和缺陷[1]，而且模型是从统计的角度来预测时间的，并没有考虑交通流参数的时变性。邵春福等[2]依据时序列数据、状态空间模型和自回归模型进行模型参数自拟合，并且预测出将来几个时段的交通状态，然后计算出行驶时间。该方法简单易行，但精度不高。自适应卡尔曼滤波算法也被用来预测城市快速路的行程时间[3]，文章中的预测是建立在交通流均匀的假设基础上的，因而不符合现实。徐天东[4]等将扩展卡尔曼滤波理论引入宏观动态交通流模型，结合快速路上的固定检测设备，实时估计和预测未来几个时段的交通状态，并利用“虚拟车”法预测动态的行程时间。虽然模型对畅通状态和拥挤状态交通流都有很好的再现功能，但交通状态估计和预测模型的结果与实测数据的拟合效果取决于交通流模型参数的选取，以及状态、测量向量标准差的取值，因此需要预先或实时进行细致的参数辨识. 而这些工作是复杂的而且困难的。同时，国外一些学者则融合实时检测数据利用多层神经网络模型来预测城际间公路的行程时间[5]。

本文从交通模拟和分配的角度，采用延误函数形式的宏观模型，即考虑车辆的集计行为，研究这些车辆在路段不同的密度下的路段行程时间，并以此为基础在线性快速路上模拟流传播的动态过程。可以给出每分钟每条路段上的车辆数和对应的阻抗值，从而嵌套这些路段行程时间来得到不同时刻出发车辆的动态行程时间。该模型适用于各种交通状态下，包括自由流，平稳流和拥挤流，而且模型的标定参数少，计算量和内存消耗不大，易于应用于实际网络中。还可以嵌套在交通诱导和控制系统中。

2　模型及算法

出行者最关注的是从当前时刻出发，要花费多长时间到达目的地，也即是实际行程时间。在实际路

作者简介：孙洪运（1985-），男，山东临沂人，硕士研究生，研究方向：智能交通系统，交通规划理论，E-mail：scf_1995@ yahoo. cn。

网中,对驾驶员而言,驾驶车辆从起点出发后,将要经过的交通流下游区间的交通状态是未知的,只有根据提供的实时交通信息(交通广播、动态情报板等)或凭借平时的驾驶经验估算。然而,唯有这种行程时间才是道路交通管理中需要提供给用户的信息,即从当前时刻出发经过将要通过的路段、在将来交通状态下所需要的时间。可知,为了得到实际行程时间必须首先预测将要经过的下游道路的交通状态。本文从宏观上考虑了路段流进流出量,存量等,而这些量的动态变化正是不同的交通状态的真实反映。

2.1 基本假设

为方便讨论和分析,现作一些假设条件如下:

(1)网络限定在一条有多个出入匝道的城市快速路,已知预测时刻的各 OD 需求量;

(2)忽略不同车辆类型之间的相互影响,统一按标准小汽车计算;

同时,规定一些变量记法如下:

f_k^{rs}:在时刻 t,从起点 r 到讫点 s 在路径 k 上用户的流率;

c_k^{rs}:在时刻 t 出发,从起点 r 到讫点 s 在路径 k 上用户经历的出行时间;

$Ua(t)$:总计累计进入路段 a 的车辆数;

$Va(t)$:总计累计离开路段 a 的车辆数;

$Xa(t)$:时刻 t 路段 a 上的车辆数;

$\tau a(t)$:时刻 t 进入流段 a 的流量在路段 a 上的出行时间;

$u_{ka}^{rs}(t)$:用户在时刻 t 从起点 r 到讫点 s 的路径 k 上进入路段 a 的进入率;

$\nu_{ka}^{rs}(t)$:用户在时刻 t 从起点 r 到讫点 s 的路径 k 上离开路段 a 的离开率;

$U_{ka}^{rs}(t)$:用户至时刻 t 从起点 r 到讫点 s 的路径 k 上进入路段 a 的车辆累计数;

$V_{ak}^{rs}(t)$:用户至时刻 t 从起点 r 到讫点 s 的路径 k 上离开路段 a 的车辆累计数;

$X_{ak}^{rs}(t)$:用户在时刻 t 从起点 r 到讫点 s 的路径 k 上路段 a 的车辆数。

2.2 模型建立

连续动态网络承载问题[6]被表示为下列方程系统:

路段动态方程:

$$\frac{\mathrm{d}X_{ak}^{rs}(t)}{\mathrm{d}t}=u_{ak}^{rs}(t)-v_{ak}^{rs}(t)\qquad\forall r,s,\forall k\in K_{rs},\forall a\tag{1}$$

流守恒方程:

(1)对于起点:$u_{ak}^{rs}(t)=f_k^{rs}(t)$ (2)

这里 a 是路径 k 的第一条路段;

(2)路径 k 上两个连续路段 a 和 a' 间的流守恒方程是:

$u_{ak}^{rs}(t)=\nu_{a'k}^{rs}(t)$ 这里 a 是在 a' 之后。 (3)

流传播方程:

$$V_{ak}^{rs}(t)=\int_{w\in W}u_{ak}^{rs}(w)\mathrm{d}w\tag{4}$$

这里 $W=\{w:w+\tau_a(w)\leqslant t\}$。

边界条件:

$$U_{ak}^{rs}(0)=0,V_{ak}^{rs}(0)=0,X_{ak}^{rs}(0)=0\qquad\forall(r,s),\forall k\in K_{rs}\tag{5}$$

2.3 算法设计

为求解该连续模型,首先把时间离散化,这里单位刻度 Δ 定为 1min,即每隔一分钟更新一次路网状态。基于路段的网络条件由动态网络负荷问题和路段业绩模型确定。路径出行时间的计算被描述如下。考虑路径 P 由节点组成 $N_p^{rs}=(r,1,2,\cdots,i,\cdots,s-1,s)$。从 $r\to s$ 当一个用户在时刻 t 从 r 出发,出行时间可以被循环计算如下:

$$c_p^{r,1}=\tau_{r,1}(t)$$

……………

$$c_p^{r,i}(t)=c_p^{r,i-1}(t)+\tau_{i-1,i}(t+c_p^{r,i-1}(t))$$
$$c_p^{r,s}(t)=c_p^{r,s-1}(t)+\tau_{s-1,s}(t+c_p^{r,s-1}(t)) \tag{6}$$

这里 $\tau_{i,j}$ 是路段(i,j)的实际路段出行时间。值得注意的是路径出行时间是用户所经过的出行时间,它不仅依赖于用户离开时刻的网络条件,而且也依赖于用户正在旅行的未来网络条件。同时,路段行程时间数据是以当前时段行程时间为基础的,交通量的动态变化导致路段的行程时间是随时段不同而动态变化的,若仅根据某一时段各路段行程时间计算路径实际时间,所求路径行程时间不一定为真实行程时间。

算法如下:

Step 1 初始化

(1)设定系统时间 T,包括车流进入时间段和要预测的时间段的长度。时间间隔定为 1min;

(2)调用函数 createLink( )读取基本属性数据文件建立路段,及调用函数 createOD( )生成并存储动态 OD 需求量;

(3)在零时刻 $t=0$ 根据公式(5)对相关变量置空,同时计算并存储下自由流条件下的路段阻抗值和路径的行程时间。

Step 2 计算路段实际阻抗

(1)调用动态网络加载函数 DNLprocess( )得到路段动态存量;该模块求解了了离散化后的方程组(1)~(4),得到了当前时刻下的路段各变量的值,并存储到数组中;

(2)调用路段业绩函数 linktraveltime(int a,int k)计算出路段时间行程时间。

Step 3 预测路径动态行程时间

调用实现公式(6)的函数 pathtraveltime(int origin,int desti,int k)得到路径实际行程时间。

Step 4 结束标准

If t > T then 程序终止,输出结果;Else t ++ 返回 Step 2。

3 验证分析

3.1 快速路描述

该快速路共有一个主入口,一个主出口,两个上匝道和两个下匝道组成,4 个节点和 3 个路段的快速路,如图 1 所示。三个路段的长度,自由流速度,通行能力,阻塞密度等存放在文件 linkattributes. txt 中。阻抗函数采用

$$\tau_a(t)=\frac{L_a}{\nu_a^{min}+(\nu_a^{max}-\nu_a^{min})\left[1-\left(\frac{X_a(t)}{L_a\cdot 200}\right)^{\alpha}\right]^{\beta}}$$

参数如下:最小速度 $\nu_a^{min}=20\text{km/h}$,自由流速度 $\nu_a^{max}=80\text{km/h}$,$\alpha=1.4$,$\beta=3$。

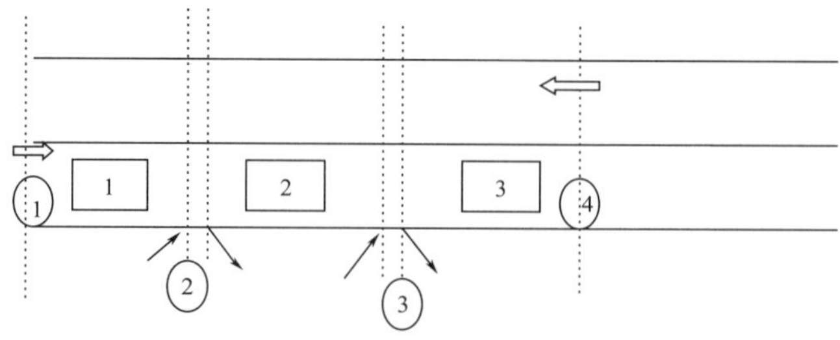

图 1 一段城市快速路

未来 10min 内的 OD 需求存在文件 odmatrix. txt 中。共有两个 4×4 的 OD 矩阵分别为预测的 1~5min 的和 6~10min 的。具体的值如下:

在 1~5min 内 节点 1~2 90vehicles/5min 节点 2~4 100vehicles/5min

在 6~10min 内 节点 1~4 60vehicles/5min

假设每个5min内的需求是均匀变化的。我们可以得到每一分钟的OD需求,从而通过程序加载给未来15min内的路段动态变化情况和动态的路段、路径行程时间。该程序采用C语言实现[7-8]。

3.2 结果分析

我们可以从图2中看到:每条路段上的车辆数都有一个先上升达到峰值后下降的过程,如此不断向前推进。前5min内,路段3上没有车辆,因为在此时间段既没有从匝道3出发的流,也没有从路段2到达的流。从图3中我们可以看出在最先从匝道2出发的流到达路段3也是在3.2min以后,这样1+3.2>=4。路段1上在第13min时已经没有车流了。但是路段2和3上还有车辆,如果延长系统观察时间,路段2,3的存量最终也会变为零。

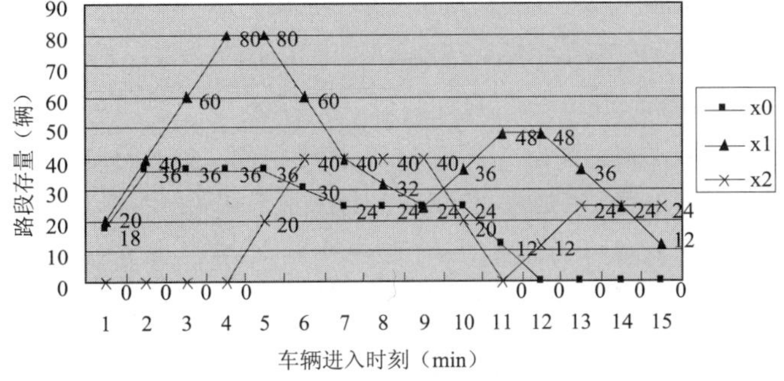

图2 路段动态存量

路段行程时间也是随着路段存量不断波动而变化的,且具有相同的变化趋势。pt01,pt12,pt23分别代表路段1,2,3的阻抗值。可以看出路段行程时间在路段上车辆数最多时刻也达到了自己的峰值。

pt02,pt03,pt13分别是OD对13,14和24的实际行程时间。显然14间的走形时间最长,所以位于图3的最上方。

下面举例说明一下动态的路径时间是如何计算的。比如某一车流从在第二分钟从节点(匝道)2上要到达节点4。在第二分钟时p12=3.21min,即当此车辆到达节点3时的时刻为第2+p12=5.21min。对值5.2四舍五入得到车流从节点3出发的时刻为第5min。在第5min时p23= 1.38min,故此车流的时间行程时间 p13 = 3.21 + 1.38 = 4.59min,即此车辆到达节点4的时刻为2+4.59=6.59min。

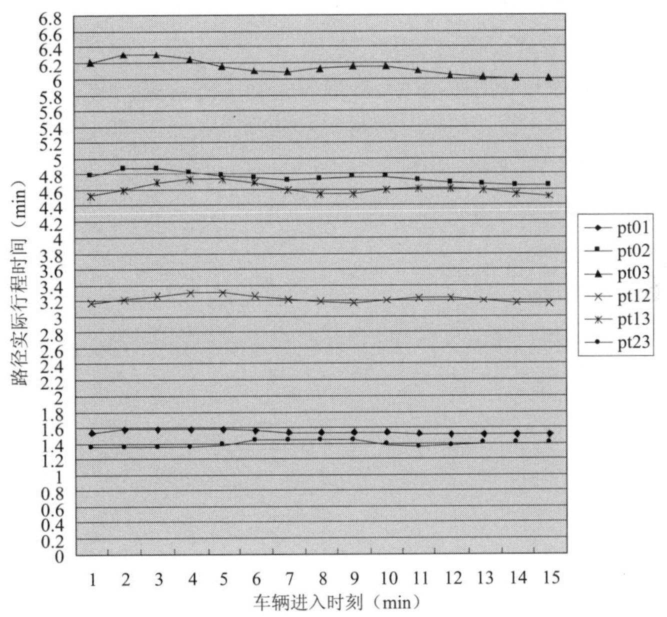

图3 动态路径行程时间

4 结论

该方法适用于各种交通状态,包括自由流,平稳流和拥挤流,而且模型的标定参数少,计算量和内存消耗不大,易于应用于实际网络中。还可以嵌套在交通诱导和控制系统中。

为给车辆诱导系统提供更准确的依据,满足实时性的要求,对路段行程时间的动态计算还需进一步深入研究,比如考虑在多条城市快速路组成的路网上如何加载和分配,不同的车辆类型之间的阻抗的相互作用关系如何影响加载的结果,考虑由于路段通行能力限制或者事故带来的排队长度问题(在物理排队模型下)等等。另外可适当在模型中考虑实时数据的融合以及反馈作用,来完善修正动态路段和路径行程时间。

参考文献

[1] 杨兆升.关于智能运输系统的关键理论——综合路段行程时间预测的研究[J].交通运输工程学报,2001,1(1):65-67

[2] 邵春福,张魁麟,谷远利. 基于实时数据的网状城市快速路行驶时间预测方法研究[J]. 土木工程学报,2003,36(1):16-20

[3] 张茗红. AKF 算法在城市快速路行程时间计算中的应用[J],公路与汽运,2008,3:50-52

[4] 徐天东,孙立军,郝媛. 城市快速路实时交通状态估计和行程时间预测[J]. 同济大学学报(自然科学版),2008,36(10):1355-1361

[5] SATU INNAMAA. Short-term prediction of travel time using neural networks on an interurban highway. Transportation(2005),32:649-669

[6] 周溪召. 动态多用户网络承载模型. 重庆交通学院学报[J],2003,22(1):73-75

[7] 谭浩强. C 语言程序设计[M]. 北京:清华大学出版社,2006

[8] 严蔚敏等. 数据结构(C 语言版)[M]. 北京:清华大学出版社,1997

A computer simulation method used for predicting dynamic travel time of urban expressway

Sun Hongyun

(School of Economic and Management Shanghai Maritime University,Shanghai,200135)

Abstract:In order to predict actual travel time of urban expressway, dynamic network loading (DNL) method is firstly carried out to assign future traffic demands to all links,and link flow is obtained accordingly: Then actual path travel time is computed after link travel time is calculated by using travel time function. This method is easy to implement and needs less work on parameter calibration. It can be suited for different traffic flow situations and may be also embedded as a module in traffic guidance and control system. At last,an instance is analyzed by running a C program and testifies that this method is feasible.

Key words:Urban expressway;Dynamic travel time prediction;Computer simulation;Dynamic network loading method

基于货运车辆的城市道路交叉口交通特性分析及渠化设计研究

杨　扬[1]　柯水平[2]

（1. 上海海事大学交通运输学院，上海，200135；2. 华北市政设计研究院，天津，300074）

摘　要：论文从交通量组成、密度和车速等几方面对城市货运道路的交通特性进行了分析，探讨了城市货运道路与一般道路交通特性的差异性，在此基础上对货运道路交叉口渠化设计进行了研究。研究结论为减少道路交通事故、改善道路通行能力、优化交通运行环境提供了依据，对城市道路规划、道路交通改善有一定指导意义。

关键词：城市道路；交叉口；货运交通；交通特性；渠化设计

1　引言

近年来国家对高速公路、航空港、海港建设的投资大幅增长，同时也促进了物流业的迅速发展壮大，随着机动化、城镇化的进一步加快，城市道路面临着越来越大的交通压力。随着经济水平的发展，对交通运营环境、交通安全、交通运行效率要求越来越高。虽然货运交通是城市道路中的一部分，但其交通特性与城市一般道路存在一定的差异。从货运道路交通特性出发，研究货运道路交通规划与设计，有着深远意义。

通过对货运道路的交通特性进行分析，研究其交通量、车速和密度的特点，以此作为交叉口优化设计的依据。以此规范货运车辆交通行为，合理分配路权，提高交叉口的通行能力，降低货运道路交叉口交通事故，改善交通运行环境[1]。

2　交通量组成分析

客车是货运道路的主要组成部分，其中小汽车占据了绝大部分，这与城市道路的交通结构特点相同，但是货运道路与一般城市道路在交通量组成方面的区别在于，货运道路中货车的比例较高。

在分析货运道路交通量组成特点时，主要分为两种：一种是分析货运道路交叉口的交通量组成；一种是分析货运道路路段的交通量组成，并通过交通量调查方法获得相关数据[2]。本次货运道路交通调查中，客车根据载客量划分为摩托车、小、中、大型，货车根据额定载货吨数划分为小货、中货和大货，调查的车型还包括特种车、拖拉机及其他车型。调查对象选取了宝山主要货运道路路段和焦作市主要货运道路交叉口。表1为宝山主要货运道路日交通量构成（2007年调查）。表2为焦作市主要货运道路交叉口交通量构成（2008年调查）。

宝山主要货运道路机动车构成　　表1

路　　名	客车所占比例%	货车所占比例%
宝安公路（电台路东）	55.47	44.53
宝安公路（沪太路西）	49.64	50.36
沪太路（宝安路北）	57.82	42.18
沪太路（宝安路南）	49.14	50.86
顾太路	49.14	50.86

注：表中比例按照实际观测的自然车统计。

焦作市主要货运道路交叉口交通量构成 表2

出入口名称	客车	货车	摩托车	特种车	拖拉机
一号口(月山、济源方向)	1898	2488	681	20	132
二号口(博爱、沁阳方向)	1371	5359	610	2	232
三号口(温县、郑州方向)	2119	5968	1108	59	98
四号口(武陟方向)	751	2877	748	11	398
五号口(修武、新乡方向)	1468	1726	974	11	225
六号口(云台山、青龙峡方向)	1471	2958	1748	70	269
七号口(晋城方向)	2039	573	426	159	108
合计	11117	21909	6295	332	1462
所占比例	27.04%	53.29%	15.31%	0.81%	3.56%

注:表中比例按照实际观测的自然车统计。

从宝山主要货运道路路段日交通量构成中,可以看出,货运道路中客车和货车所占的比例基本相等,这与客车占60% ~90%的城市一般道路是不同的;根据焦作市主要货运道路交叉口交通量构成数据,货车在货运道路交叉口所占比例大于客车比例。鉴于客车和货车在车辆载重、车辆控制性、加速度等方面的差异,在进行道路交叉口渠化设计时,应该结合货运道路交通量组成的特点,着重考虑货车的影响因素,运用城市道路交叉口渠化理论,对货运道路交叉口进行合理的渠化设计。

3 密度分析

城市道路的交通密度是指在单位长度车道上,某一瞬间所存在的车辆数,一般用辆/(km·车道)。在实际应用中,往往采用较容易测量的车辆的道路占用率来间接表征交通密度,车辆占用率越高,车流密度越大。它包括空间占有率和时间占有率。

论文运用城市道路交通工程理论对货运道路的交通密度进行分析。鉴于货运道路的交通组成特性,以及货车与客车车型的差异,着重分析货运道路的空间占有率。

空间占有率是指在单位长度车道上,汽车投影面积总和占车道面积的百分率。车辆的空间占有率不仅与交通量有关,还与车辆的大小有关。货运道路车型各异,彼此间相差较大,因此,货运道路交通密度与一般的城市道路有很大差别。以较长见的斯太尔(STEYR)1291S354 ×2 牵引的40英尺集装箱半拖挂车、上海桑塔纳轿车330K8BLOL和东风载货汽车EQ1090E为例,介绍集装箱车辆、小汽车以及一般货车主要技术参数的差别,见表3。

车辆主要技术参数比较 表3

参数 车型	整备质量(kg)	轴距(mm)	最大功率(kw)	最大扭矩(N·m)
斯太尔	6500	3500	206	1070
桑塔纳	1030	2548	62.7	138
东风载货汽车	4080	3950	99.3	352.8

集装箱车辆的体积较城市一般车辆大,以太脱拉T8156 ×6.2型作牵引车的40英尺集装箱半挂车为例,可以得到:长15980mm,宽2500mm,高3951mm,其静态占地面积约为30 ~40 m^2。为达到最大通行能力,必须有保证车辆安全通畅的车流密度。随着车速的提高集装箱车辆占用的道路面积会随着增大,另外加上在行驶过程中还要保持一定的横向和纵向的净空,因此在正常行驶的情况下,货运道路车辆的密度要比一般城市道路小,即车头时距大。

车头时距是道路通行能力分析、服务水平评价、交通安全研究等的基础[2],其分布模型有负指数分布、K阶Erlang分布、皮尔逊Ⅲ型分布模型、对数正态分布模型等。通过对货运道路交通密度的分析得知，货运道路的车头时距较大，在其他交通条件相同的情况下，货运道路和城市一般道路相比较，货运道路通行能力小、所需最小安全车头时距大。

4 车速分析

根据交通流理论，货运道路的车速可分为地点车速、行驶车速、区间车速和计算车速。其中地点车速是实际工作中易测得，也是很重要的参数。本文将分析货运道路的地点车速。

车辆通过道路某一地点（道路某断面）时的车速，称为地点车速，亦称瞬时车速，是描述某地点交通状况的重要参数。

$$v_{地点} = \lim_{t \to 0} \frac{l}{t}$$

地点车速调查方法主要有人工测速法、雷达测速法、自动计数器测速和录像法等，本次调查采用的是雷达测速法。雷达测速的原理为：在各进口道附近，用测速雷达瞄准前方被测车辆，即能读出该车辆的瞬间车速。

4.1 样本容量的确定

地点车速的研究通常采用随机抽样的方法来保证样本的无偏性，所抽取样本量的大小取决于研究的精度的要求，通常根据数理统计原理要求，满足相应的置信水平，需要观测的车速样本量由下式估算[3]：

$$n \geqslant \left(\frac{\sigma * K}{E}\right)^2$$

式中：n——最少观测的观测量；

σ——计算观测车速样本数量标准差，货运道路车辆可以取 5 ~ 10km/h；

K——满足期望的置信水平对应常数，见表 4；

E——计算车速允许误差，取决于平均车速的精度要求，一般取 1.5 ~ 2km/h。

满足期望置信水平之对应常数 表 4

期望置信水平（%）	K
86.6	1.50
95.0	1.96
99.0	2.58
99.7	3.00

在实际观测中，计算观测车速样本量标准差 σ 取 8 km/h，车速允许的精度取 1.5 km/h，同时置信水平取 95.0，由上式计算得最小观测的样本量为 110。

4.2 统计分析

为了统计方便，现将货运道路车辆分为大型车、中型车及小汽车三类，具体分类见表 5。

车型分类表 表 5

车　型	车 型 说 明	车　长
小汽车	两轮摩托、轻型面包车、吉普车、客货两用车、小轿车、轻型货车、面包车等	≤5m
中型车	中型货车、中巴客车等	5 ~ 8m
大型车	大型货车、大客车、拖挂车、集卡、大平板车等	≥8m

将大型车地点车速频率分布列于表 6。主要的特征值计算如下：

4.2.1 观测频率

各组的频数 f_i 除以样本总数即得各组频率。大型车地点车速频率分布直方图见图 1。

4.2.2 累计频率

各组累计频数 f_i 除以样本总数计得各组累计频率。大型车地点车速累计频率曲线见图 2。

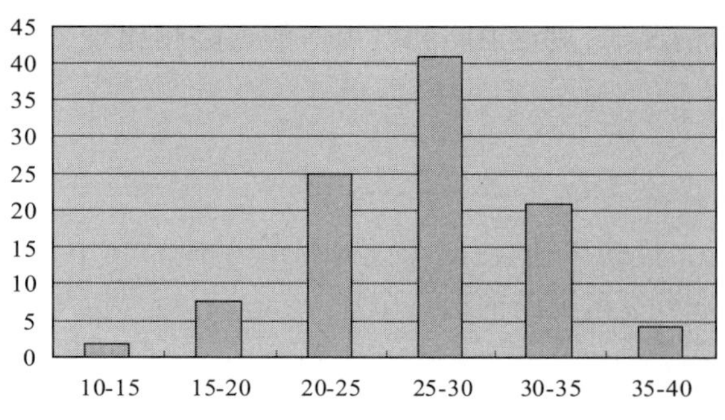

图1 大型车地点车速频率分布直方图(%)

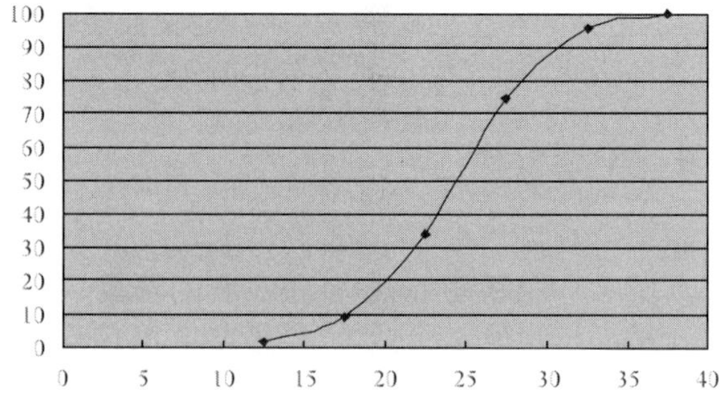

图2 大型车地点车速累计频率曲线(%)

4.2.3 车速平均值

$$\bar{\nu}=\frac{\sum_{i=1}^{n}f_i\nu_{i中}}{\sum_{i=1}^{n}f_i}=26.7$$

式中:$\bar{\nu}$——平均地点车速;

n——观测车辆的总数;

$\nu_{i中}$——各车速分组的组中值;

f_i——各分组车速的频数。

4.2.4 样本标准差

$$S=\sqrt{\frac{\sum_{i=1}^{n}v_{i中}^2f_i}{n}-\bar{v}^2}=5.2$$

大型车地点车速频率分布 表6

速度分组 ν(km/h)	组中值 $\nu_{i中}$	观测频数 f_i	累计频数 f	观测频率(%)	累计频率(%)
10~15	12.5	2	2	1.7	1.7
15~20	17.5	9	11	7.5	9.2
20~25	22.5	30	41	25	34.2
25~30	27.5	49	90	40.8	75
30~35	32.5	25	115	20.8	95.8
35~40	37.5	5	120	4.2	100
$\sum$		120		100	

4.3 拟合优度检验

地点车速正态分布的拟合优度检验步骤:

4.3.1 建立原假设 H_0

H_0:地点车速 ν 服从正态概率分布。

其概率密度函数式如下:

$$\varphi(x)=\frac{1}{\sqrt{2\pi\sigma}}\cdot e^{-\frac{(x-\mu)^2}{2\sigma^2}}$$

4.3.2 选择统计量

如果地点车速分布的原假设 H_0 成立,则地点车速每一分组的实测频数 f_i 与正态分布时的理论频数 F_i 相差不大。若正态分布在 i 区间的概率为 P_i,则理论频数 $F_i=P_i\cdot n$,n 为样本数,K 为样本分组数,由此建立的统计量 χ^2 为:

$$\chi^2 = \sum_{i=1}^{k} \frac{(f_i - F_i)^2}{F_i}$$

4.3.3　确定统计量的临界值$\chi^2\alpha$

概率论中已经证明在 $n\to\infty$,$K\to\infty$ 时,统计量趋向于自由度为 $K-1$ 的分布。由χ^2 分布表,根据自由度 γ 和置信度 α,可查得χ^2_α。

确定地点车速样本的自由度:由于拟合正态分布,当正态分布中有二个参数μ 和 σ 需要估计时,则约束数 $a=2$,自由度 $\gamma=K-a-1=K-3$。

4.3.4　统计检验结果

比较χ^2 的计算值和临界值χ^2_α,若$\chi^2\leqslant\chi^2_\alpha$,则车速 v 服从假设的正态分布,否则不接受原假设,至此检验结束。

使用χ^2 统计量应注意的事项:

①各组的理论频数 nP_i 不得少于5,如果数组理论频数小于5时,可将相邻若干组合并,至合并后的理论频数大于5为止,并将合并后的数组作为计算自由度的依据。

②样本量不得少于5组。

根据图2,可以初步判断大型车的地点车速分布服从正态分布,但需进一步拟合。假设大型车的车速分布服从正态分布,用χ^2 进行拟合优度检验,用样本中的平均车速 $\bar{v}$ 和标准差 S 作为正态分布的参数μ,σ 的估计量。将理论频数小于5的组合并,合并后数组为5,因此自由度 $r=5-3=2$。当显著性水平为0.05时,查表得$\chi^2_{0.05}(2)=5.991$,由表7计算结果$\chi^2<\chi^2_{0.05}$,因此大型车的地点车速呈正态分布。

同样也可以验证,小汽车、中型车、总样本也服从正态分布,其计算结果见表8。

大型车地点车速正态拟合优度检验　　表7

数组上限	各组概率 P_i	理论频数 F_i	观测频数 f_i	统计量χ^2
15	0.0122	1.47	2	0.062
20	0.0866	10.39	9	
25	0.2731	32.77	30	0.234
30	0.3653	43.84	49	0.608
35	0.2076	24.91	25	0.000
40	0.0500	6.00	5	0.400
>40	0.0053	0.63	0	
$\sum$		120	120	1.304

由表8可以看出,货运道路交叉口各车型车速分布存在以下特点:

(1)各类车型的车速平均值不同,标准差也各异,各车型样本及混合车辆总体样本均服从正态分布。

(2)总体样本的标准差较一般样本的标准差大,这主要是由于车型不一,车速分布较分散。

(3)大型车的标准差小于中、小型车的标准差,这主要是由于大型货车一般以车队的形式运行,因此标准差较小。

货运道路交叉口不同车型之间的车速差距,为货运道路交叉口的安全埋下隐患。

各车型分布形式　　表8

车　型	样 本 数	平 均 车 速	标 准 差	分 布 形 式
小汽车	120	38.4	7.1	正态分布
中型车	120	33.7	6.9	正态分布
大型车	120	26.7	5.2	正态分布
总样本	360	32.8	8.1	正态分布

4.4 货运道路车辆安全车头间距

车头间距是在同一车道上行驶的车辆队列中,两连续车辆车头端部间瞬时的距离,是连续车流的前后两车为避免相撞所需保持的最小安全距离。车头间距同样也影响着道路通行能力、服务水平、交通安全等,本文运用基于驾驶员心理——生理模型建立的不同车速条件下的分段函数[4],计算货运道路行驶车辆的最小跟驶安全车头间距 $D_{\min}$:

$$D_{\min}=\begin{cases}S_{n-1}+L_s, & V_{n,t}\leqslant 10\mathrm{km/h}\\(1000/3600)V_{n,t}+1, & 10\mathrm{km/h}\leqslant V_{n,t}\leqslant 40\mathrm{km/h}\\(1000/3600)\times 1.5V_{n,t}+1, & V_{n,t}\geqslant 40\mathrm{km/h}\end{cases}$$

式中,s_{n-1}为前车的车身长度(m);L_s 为安全停车距离(m)。

根据上文分析可知,货运道路交叉口不同车型的平均车速为 32.8km/h,则可以计算得出最小跟驶安全车头间距 $D_{\min}=10.11\mathrm{m}$,因此,在进行交叉口渠化时,为了改善交叉交通环境,提高交通安全,应充分考虑最小最小跟驰安全车头间距的影响。

5 货运道路交叉口渠化设计研究

货运道路交叉口是货运道路事故多发点,合理地渠化设计是降低交叉口事故的重要步骤。渠化设计通过设置路权分配措施,减少交叉口内部的冲突点,并通过导行线和导流岛,规划机动车的行驶路径,减少交叉口的交通事故,提高货运道路交叉口的通行能力。

根据《城市道路交通设计指南》[5],在进行交叉口设计之前,需要调查研究交叉口几何特征、交通量组成、车速特征、交叉口事故数据、交叉口交通控制和交通管理现状等方面。本节将结合货运道路交叉口交通特性分析以及交叉口事故特征分析,运用交叉口渠化设计理论,对货运道路的交叉口渠化设计提出建议。

在进行货运道路交叉口渠化设计时,其设计的主要原则可以总结为以下几点:

(1)正确设置相应的“路权分配”措施

①由于货运道路中的车辆行驶速车速差较大,当货运道路与其他道路相交时,应至少在一条道路上设置信号灯控制。

②非机动车和行人采用一体化设计,并与机动车车道用物理隔离。货车的机动性较差,而且速度较快,这对非机动和行人的安全产生很大威胁。因此,在货运道路交叉口设计时,建议使用物理隔离措施,将机动车道和非机动车道、人行道隔离。另外,可以适当延长黄灯期,确保行人和非机动过街的安全。

(2)设置左右转弯车道

①当采用相同的安全措施时,设置左转专用车道,能有效降低交叉口的事故率。

②根据货车的技术参数,货车在进行转弯时灵活性较差,它需要较大的转弯半径和安全视距。因此,在货运道路交叉口设置左右转弯车道时,应根据交叉口几何特征,至少提供货车转弯时需要的最小半径和最短安全视距。

③在设置右转车道时,应采用导流岛,并根据右转车的流量设置右转信号灯控制,消除右转货车与直行非机动车、行人的冲突点,使非机动车和行人安全通过交叉口。

(3)左右转弯道在直行车道左右分别拓宽

左右转弯车道应该在保障直行车道成直线的前提下向左右两边分别拓宽,这样使得直行货车无需改变行车方向通过交叉口,从而有效提高交叉口的通行能力。

(4)适当增加进口道车道数。为了提高货运道路交叉口的通行能力,在进口道处应适当增加车道数。货运道路增加进口车道数的计算公式和一般城市道路交叉口相同,但是由于增加车道数是通过牺牲车道宽度和中央隔离带来实现,本文建议根据交叉口的几何特征,货运道路进口道的宽度至少应为 3.75m。

当然,货运道路交叉口在进行渠化时应该注意很多问题,因为货运道路的交通特性与一般城市道路存在差别。由于本文作者能力有限,根据自己的认识提出上述几点建议。

6 结论

货运道路与城市一般道路存在相同点,同样也有不同之处。货运道路的交通量组成中,货车的比例明显比城市一般道路的货车比例高,因此,在相同的交通道路条件下,货运道路的交通密度较低,车头时距大。另外,货运道路的车速呈现正态分布,车速分布较分散,容易产生"移动瓶颈(Moving Bottleneck)"[6],使得货运道路存在很大的安全隐患。所以,在进行货运道路交叉口渠化设计,应该充分考虑到货运道路与一般城市道路的交通特性区别,通过合理的设计降低货运道路交通事故。

参考文献

[1] 徐吉谦主编. 交通工程总论[M]. 北京:人民交通出版社,1991

[2] 裴玉龙,高晗. 城市快速路匝道连接段车头时距分布模型[J]. 交通与计算机. 2007

[3] 王建军,严宝杰. 交通调查与分析[J]. 北京:人民交通出版社,2004

[4] 胡红,刘小明,杨孝宽. 基于最小安全间距的应急交通疏散车辆跟驰模型[J]. 北京工业大学学报. 2007

[5] 杨晓光主编. 城市道路交通设计指南[M]. 北京:人民交通出版社,2003

[6] Gazis D. C, Herman. R. The moving and phantom bottleneck[J]. Transportation Science, 1992, 26:223

The traffic Character analysis and drainage design of the urban road intersection based on freight vehicle

Yang Yang[1], ***Ke Shuiping***[2]

(1. School of Transport & Communications, Shanghai Maritime Univ, Shanghai, 200135;

2. North China Research Institute of Municipal Design, Tianjin, 300074)

Abstract: The Paper makes the freight road traffic analysis, which is based on the traffic composition, density and speed, concludes distinctions between the freight road and general urban road, based on which the drainage design of the freight road intersection has been studied. The Conclusion has provided basis for reducing road traffic accidents, improving road capacity and optimizing the traffic environment which has a certain guide for the urban road planning and improving road traffic.

Key words: Urban road; Intersection; Freight transport; Traffic characteristics; Drainage design

城市平面交叉口左转交通组织方法研究

王 富[1,2] 李 杰[2] 石永辉[3]

(1.武汉工业学院土木工程与建筑学院,湖北武汉,430023;2.华中科技大学土木工程与力学学院,湖北武汉,430074;3.武汉市公安局交通管理局科研处,湖北武汉,430000)

摘　要:分析左转车辆对平面交叉口车辆运行的严重影响,研究利用左转待行区和左转车辆远引技术实现交叉口车辆左转的交通组织设计方法,阐述了左转待行区的设置条件和设置方法,左转车辆远引的设置方法和优缺点。实践表明,对左转车辆进行合理组织,可以减少交叉口信号控制的相位数,降低直行车辆的延误,提高交叉口通行能力和干道车流的连续性。

关键词:平面交叉口;交通组织;左转待行区;左转远引

道路平面交叉口左转车流不仅是产生冲突点的主要因素,而且也给对向直行车流的通行造成很大的影响。由于左转车流的影响,交叉口通行效率下降,延误时间增长,车辆排队造成交通阻塞,废气排放加剧,因此,无论是保证交通安全还是提高交叉口的通行能力,组织好左转车流是一个关键问题。在交叉口设计中正确处理和组织好左转交通,减少冲突点,能大大提高交叉口的通行能力和降低交通事故发生率。本文针对左转车流的特点,阐述了左转待行区和左转远引交通组织方法。

1　左转待行区

左转待行区设在左转专用车道前端,伸入交叉口内部,伸入长度应保证在此范围内待行的左转车辆不与对向直行车流发生冲突,当本向直行绿灯亮时,同一进口的左转弯车辆随直行车辆运行至路口内的一条或多条等待区车道中,待左转绿灯亮时快速通过交叉口[1]。

1.1　左转待行区的设置条件

左转待行区是一种比较好的提高交叉口通行能力的改善策略,但是设置左转待行区也是有条件的,对不同的交叉口需要根据其实际情况进行选用。

1.1.1　几何条件

在设置左转待行区时要合理挖掘交叉口的空间资源,左转待行区一般设置在有中央绿化带的主次相交的交叉口或主主相交的交叉口。这样设置有两个方面的考虑。

一方面保证有足够的待转区设置的空间。中央绿化带的存在为设置待转区提供了可能,而且可以根据实际的情况进行调整,既要保证左转待转区长度的要求也要保证宽度的要求。

另一方面,汇入交叉口的左转车流量的需求也比较大。尤其是在主次相交的交叉口,次干道车辆左转汇入主干道的比例相对比较大,此时设置待行区是比较有意义的,既节省了左转车辆的通行时间,又可以减少整个交叉口的延误。

1.1.2　信号条件

1.相位相序设置

在相位相序安排上,先放行本向的直行相位接着放行本向左转相位。如对十字交叉口常用的信号相位设置如表1所示[2]:

在一般的四相位方案下,设置左转车待行区的主要目的是,在直行相位的末期,可以让左转车在待行区等待通过,这样减少了左转车流通过交叉口的时间。这种情况下,只有先放行直行再放左转时,左转车待行区才能发挥该作用。

作者简介:王富(1978-),男,博士研究生,主要从事交通规划与管理,交通流理论研究。

相序相位设置表 表1

相　序	第 一 相 位	第 二 相 位	第 三 相 位	第 四 相 位
机动车相位			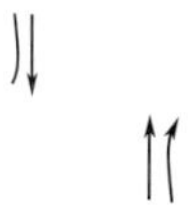	

2. 清空时间的设置

按照冲突点法，假设直行车通过直左冲突点的时间为 t_e(s)，安全间距时间为 t_0(s)，直行停车线到冲突点的距离为 L_s(m)，速度为 V_s(m/s)：未设待行区时第一辆左转车通过冲突点的时间为 t_w(s)，左转停车线到冲突点的距离为 L_w(m)，速度为 V_w(m/s)，启动反应时间为 t_a(s)。

当清空时间 $T=t_e+t_0—t_w>0$ 时，左转车已经有时间在冲突点前排队等待，此时设置左转待行区的意义不大，反而会影响对向直行车的正常通行和清空。即

$$T=t_e+t_0-t_w=t_e+t_0-\left(\frac{2l_w}{V_W}+t_a\right)>0$$

3. 交通条件

(1)左转车的流量

在左转车流量比较大时，对进口道瓶颈断面的影响很大。这是由于进口道的左转车道的长度不够引起的连锁拥堵，即在进口道瓶颈处左转车的停车等待引起了交通断面的瓶颈，使直行车通过交叉口时发生困难，一直影响到后续车辆的进一步拥堵。通过设置左转待行区就可以有效地避免这种情况的发生，使得左转车有足够的停车等待空间。

(2)对向直行车的流量：

对向直行车对左转车的通行是有影响的，当对向直行车的流量很大时，直行绿灯末期通过停车线的直行车辆来不及清空，这样会对本向左转车造成影响，即左转待行的效果没有得到实现，反而会因为占用了交叉口空间资源进一步影响对向直行车的通行和清空。当绿末滞留的直行车辆在大于10辆时，对第一辆左转车造成的时间延误平均约为0.9s/辆。产生这种情况的主要原因在于当对向直行车的饱和度大于0.9甚至过饱和时，交叉口的直行车辆绿末到达交叉口的数量比较多，直行车在绿末来不及清空，对左转车的干扰很大，这时不宜设置左转待行区。

1.2 左转待行区的设置方法

1.2.1 直左进口道前左转机动车等待区的设置

一般情况，多相位信号控制要求有专用的左转车道，而当路口的直行车辆相对较多时，路口的车道利用率非常低，经常会出现左转排队很短，而直行车辆排队很长，路段车辆并线秩序混乱的情况。这种情况下可以将原先的左转专用车道渠划为直左车道，并设置左转机动车等待区，如图1所示。左转等待区必须设置在对向内侧直行车道的外侧，以免妨碍对向直行车辆通过路口。

1.2.2 左转专用进口道前左转机动车等待区的设置

如果路口已设置了左转专用进口道，但左转弯车辆较多，高峰时期部分左转车辆需要二次等待才能通过路口，或是整个周期时长较长，可以考虑在左转专用进口道前设置左转机动车等待区，如图2所示，这样既可以缩短周期时长，又可以在一个周期内增加通过路口的左转车数量。

2 左转车辆远引

远引平面交叉口就是着眼于减小交叉口直行车辆延误、减少交叉口冲突点而采用物理设施分离交叉口车流的交通管理措施[3,4]。针对交叉口直行与转弯车辆采用了独特的渠化方式，本文中远引左转平面交叉口主要包括U型回转交叉口、蝴蝶领结型交叉口。如图3所示。

2.1 U型回转交叉口

中央分隔带U型回转远引左转方案的目的主要就是减少车辆在交叉口的冲突，把路口的左转车流远引到路口下游，通过主干道较宽的中央分隔带上的跨越车道实现U型转弯来组织左转车流。

在交叉口处,主干道车辆首先跟十字交叉口处车辆运行相似,左转车道在最内侧,其次为直行与右转;左转车辆直行通过交叉口后进入减速车道到达回转路口回转;若另一方向的直行车流中存在适合的穿插间距时,进而与直行交通交织,转换3个车道到达右转车道实现右转,然后再一次右转实现左转。

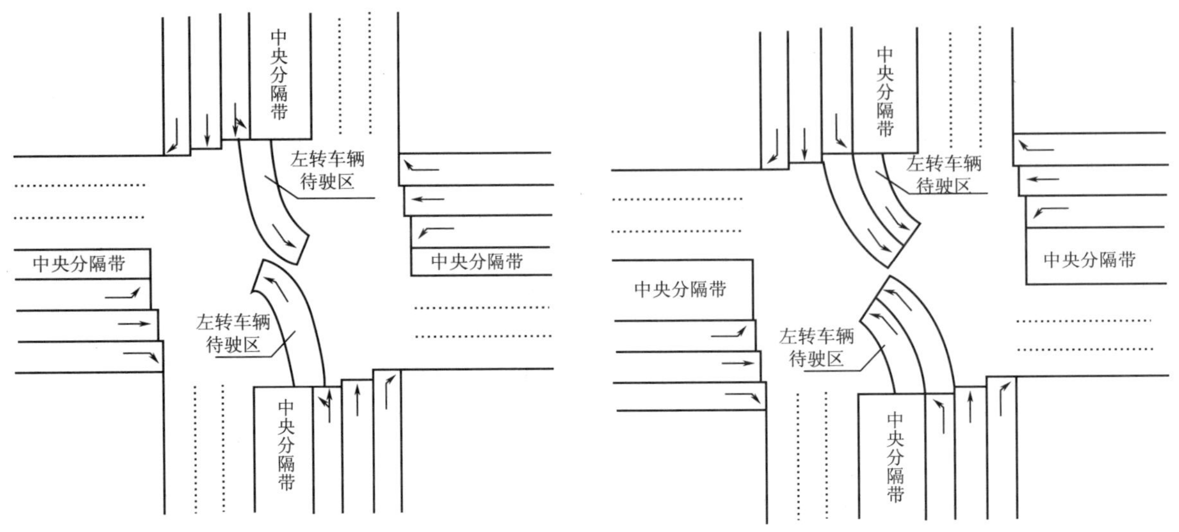

图1　直左进口道前左转待行区设置示意图

图2　左转专用进口道前左转待行区设置示意图

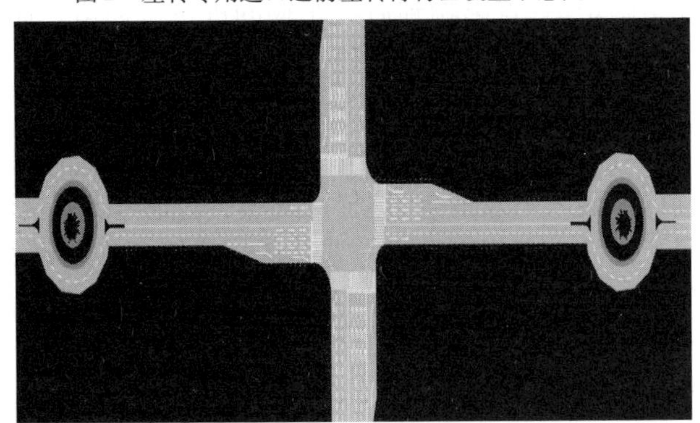

图3　平面交叉口远引左转示意图

次要道路上的左转车辆要完成左转则需要四个步骤:(1)在道路停车线处停车等候,当直行车道上有适合的穿插间距时开始右转;(2)加速并与直行车辆交织到最内侧车道,再减速并在U型回转开口或者交叉口处停车等候;(3)等待适合的可穿插间距,开始U型回转;(4)加速与直行车辆交织或者直接到达最外侧车道。

在实行该方案的条件下,信号控制可简化为两相位控制或根据具体的交通特点实施U型转弯的信号与路口信号的协调控制。如果空间允许的话,亦可做成一个"壶柄形状"的引导而形成一个大的U型回转车道。

该方案的主要优点:减少了直行车的延误和停车次数;减少交叉口处的信号控制相位;增加了路口的通行能力和主干道交通的连续性;同时,也减少了交叉口处的冲突点,提高了车辆、行人在交叉口处的运行安全和车辆的运行效率。但存在不足的地方在于:增加左转车辆的行驶距离和延误;对道路宽度要求较严格,一般为城市主干道;同一般的信号控制交叉口相比造价较高。

2.2　蝴蝶领结型交叉口

蝴蝶领结型方案是中央分隔带U型远引左转方案的变异形式,以在次干道上设置环岛的形式代替U型通道。为了克服在干道上需要较宽的分隔带的缺点,该方案在次干道上设置蝴蝶领结型的左转车迂回环岛。中央主路口禁止左转实现两相位控制,主、次干道的左转车辆组织方式与中央分隔带U型远引左转方案相似,主干道直行车辆跟十字交叉口处车辆运行相似,在车道划分中左车道最里,其次直行与右转;左转车辆先右转至次干道,然后再经过环岛左转。然后与对向车流交织后右转实现整个交叉口左转过程。而次要道路上的左转车辆则直接通过交叉口,到达环岛处左转,然后再与对向车流交织后右转完成整个左转过程。当主干道较窄或不存在中央分隔带以及没有合适的空间加宽道路时选用该方案将显得非常合适。

与传统的信号平面交叉口相比,蝴蝶领结型方案限制了左转交通,降低了主干道直行车的延误,增加了路口的通行能力,也减少了直行车的停车次数,减少和分离了冲突点。使得主干道交通流连续性得到了提高,而且也提高了行人过街安全性,但是同U型回转远引左转交叉口一样存在左转车流可能延误增大、使司机在驾驶过程中产生迷惑的可能、次干道上车辆在交叉口处左转的时候需要先绕过环岛而增加了左转车辆行程距离。

3 结语

本文针对左转车流对交叉口的不利影响,研究了利用左转待行区和左转远引来合理组织交叉口左转交通,给出了左转待行区的设置条件和设置方法,左转车辆远引的设置方法和优缺点。

参考文献

[1] 张雪梅.平面交叉路口交通流组织与管理问题的研究[D].北京:北方交通大学,2003

[2] 王京元,庄焰.信号交叉口左转车道设置研究[J].深圳大学学报理工版,2007,24(1),41-46

[3] 顾九春.非传统平面交叉口方案的设计研究进展[J].道路与交通安全,2006,6(4),41-45

[4] 陈恺,张宁,黄卫.平交路口远引掉头技术应用研究的思考[J].交通运输工程与信息学报,2006,4(4),81-86

Study on left-turn traffic organization of Intersection in city

***Wang Fu*[1,2], *Li Jie*[2], *Shi Yonghui*[3]**

(1. School of Civil Engineering and Architecture, Wuhan Polytechnic University, Wuhan,430023;
2. School of Civil Engineering & Mechanics, Huazhong University of Science & Technology, Wuhan, 430074;3. Department of scientific research,Wuhan traffic management bureau,Wuhan,430000)

Abstract: After analyzing the left-turn vehicle's serious impact on intersection, it was studied that the means of traffic organization by use of left-turn waiting-zone and left-direction for carrying out left-turn vehicles on intersection. Meanwhile, the paper gave the setup conditions and means of left-turn waiting-zone, and setup means and advantage and shortcoming. The analysis results indicate the left-turn traffic organization can reduce phase numbers of the traffic signals and decrease delay to enhance capacity and continuity of the arteries.

Key words: Intersection; Traffic organization; Left-direction; Geometric parameter

其他

QITA

随机提前期随机需求条件下的多级库存模型

张春晓　李雅卓　岳俊杰

（中国民航大学理学院，天津，300300）

摘　要：本文建立了基于随机需求随机提前期条件下的多级供应链库存成本模型。由于模型结构复杂且含有较多随机变量，求解困难，本文设计了混合遗传算法求解多级供应链上各企业的最优订货策略。数值例子表明算法能较快收敛且鲁棒性好，模型理论预测与实际计算结果吻合得很好。

关键词：多级供应链；最优订货策略；混合遗传算法

1　引言

一个供应链库存系统多由三级以上的多种企业构成，要进行供应链的全局性优化与控制，必须采用多级库存优化与控制。目前有关多级供应链库存问题的文献，一般考虑需求或提前期是随机变量[1]，主要原因在于多级库存本身具有复杂的结构，若同时考虑需求和提前期都是随机变量，建立库存模型非常困难，并且所建的模型一定是具有复杂的结构，并且带有多元随机变量及其复合函数，从中求解供应链上所有企业的最优订货策略更是困难，所以本文拟建立多级随机库存模型，并设计有效的混合遗传算法解决其求解问题。

2　假设和符号

本文在文献[2]的研究基础之上考察由一个分销中心，若干个批发商若干个零售商构成的三级供应链系统（图1），以系统总成本最小为目标，研究了当需求和提前期均为随机变量的多级供应链系统的优化问题。

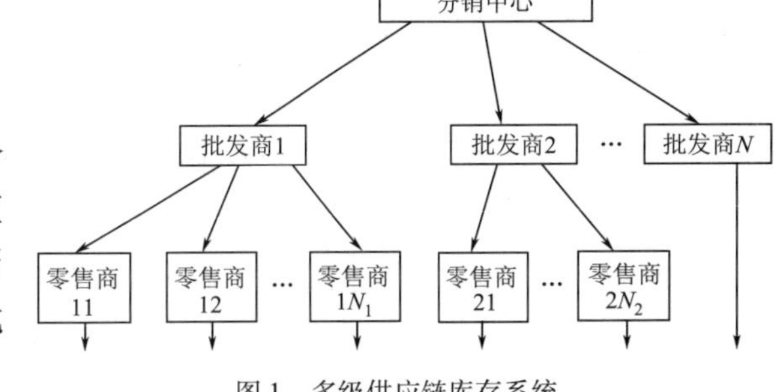

图1　多级供应链库存系统

本文基本假设与文献[2]相同，符号说明见表1。

模型所用的符号　　表1

N, N_i	批发商个数，第 i 个批发商下属的零售商个数	h, h_i, h_{ij}	分销中心、批发商 i、零售商 ij 的单位持货成本
D, D_i, D_{ij}	分销中心、批发商 i、零售商 ij 的需求量	p, p_i, p_{ij}	分销中心、批发商 i、零售商 ij 的单位缺货成本
LT, LT_i, LT_{ij}	分销中心、批发商 i、零售商 ij 的提前期	$C(R,Q)$	分销中心的成本
τ_i, τ_{ij}	批发商 i、零售商 ij 的缺货等待时间	$C_i(R_i, Q_i)$	批发商 i 的成本
R, R_i, R_{ij}	分销中心、批发商 i、零售商 ij 的订货点	$C_{ij}(R_{ij}, Q_{ij})$	零售商 ij 的成本
Q, Q_i, Q_{ij}	分销中心、批发商 i、零售商 ij 的订货量	TC	系统总成本

3　模型的建立及求解

假设零售商 ij 需求量 D_{ij} 是服从参数为 λ_{ij} 的泊松分布，假定各零售商之间采取订货策略是独立的，则批发商的需求 D_i 可看作是下属零售商需求量的和。所以 D_i 的期望和方差为：

基金项目：国家自然科学基金资助项目（70471008；70532004），中国民航大学科研基金资助项目（06kys06）。

$$\mu_i = \sum_{j=1}^{N_i} \mu_{ij}, \sigma_i^2 = \sum_{j=1}^{N_i} \sigma_{ij}^2 \tag{1}$$

同理,分销中心的需求 D 的期望和方差

$$\mu = \sum_{j=1}^{N} \sum_{j=1}^{N_i} \mu_{ij}, \sigma^2 = \sum_{i=1}^{N} \sum_{j=1}^{N} \sigma_{ij}^2 \tag{2}$$

一个企业的提前期一般由订货时间,运输时间和缺货等待时间三部分组成。在电子商务迅速发展的今天,订货时间和订货费用均大大降低,因此本文中假设订货时间为零,并且假设运输时间服从参数为 α 和 β 的伽马分布。缺货等待时间是由上一级库存出现缺货引起的。如零售商向批发商订货时,批发商库存缺货,那么零售商等待,直到批发商新货到库才能得到货物。由此可见,零售商的提前期与批发商的库存水平和提前期有关,同理,批发商的提前期又和分销中心的库存水平和提前期有关。假设分销中心的提前期为常数 LT。各企业缺货等待时间记为 τ。

根据概率知识可知个数较多且期望较大的泊松分布近似于正态分布,所以我们假设批发商在分销中心提前期内需求服从正态分布。

假设批发商 i 在分销中心提前期 LT 内发出 k 次订单的概率为 $p_{i,k}(LT)$,第一次订单是在需求量达到 x 后发出。其中 x 在 $(0,Q)$ 上均匀分布。则批发商 i 在 LT 内发出 k 次订单意味着批发商 i 在分销中心提前期内需求在 $x+(k-1)\cdot Q_i$ 和 $x+k\cdot Q_i$ 之间,则:

$$p_{i,k}(LT) = \frac{1}{Q_i}\int_0^Q \left[\phi\left(\frac{x+k\cdot Q_i-\mu_i\cdot LT}{\sqrt{\sigma_i^2\cdot LT}}\right) - \phi\left(\frac{x+(k-1)\cdot Q_i-\mu_i\cdot LT}{\sqrt{\sigma_i^2\cdot LT}}\right)\right]\mathrm{d}x \tag{3}$$

其中 $\phi(x)$ 是标准正态分布的分布函数。

对所有批发商在 LT 内的需求和,可计算出分销中心在提前期 LT 内的需求期望和方差为:

$$\mu(LT) = \sum_{i=1}^{N} \mu_i\cdot LT = \mu\cdot LT, \quad \sigma^2(LT) = \sum_{i=1}^{N}\left(\sum_{k=0}^{\infty}(k\cdot Q_i-\mu_i\cdot LT)^2\cdot pi,k(LT)\right) \tag{4}$$

设 I 为随机库存水平,根据库存水平的定义即现有库存加在途订单减缺货量,且为独立于提前期内需求的随机变量,库存水平在任意时刻在区间 $[R+1, R+Q]$ 上均匀分布。由于分销中心总需求是 N 个独立批发商随机需求组成,根据中心极限定理当 N 足够大时可认为分销中心在提前期内需求近似服从正态分布。因此,获得分销中心期望缺货量为:

$$E(I)^- = \frac{1}{Q-1}\int_1^Q \int_{R+y}^{\infty}(x-R-y)\,\mathrm{d}\phi\left(\frac{x-\mu(LT)}{\sigma(LT)}\right)\mathrm{d}y \tag{5}$$

则分销中心期望现有库存为:

$$E(I)^+ = E(I) + E(I)^- = R + \frac{Q+1}{2} - \mu(LT) + E(I)^- \tag{6}$$

得到分销中心的平均成本为

$$C(R,Q) = h\cdot E(I) + p\cdot E(I)^- \tag{7}$$

设 τ 为批发商的订单在分销中心的缺货等待时间,为简单起见,假定它对每个批发商是一样的,其期望和方差分别为 $\mathrm{E}[\tau]$,$V[\tau]$。

设分销中心需求某单位货物的时刻为 t_1,而该货物到达分销中心的时刻为 t_2,若 $t_1 \geqslant t_2$,没有延时;反之,有延时。设 $\delta = t_2 - t_1$,则 $\tau = (\delta)^+$,其中 $(\delta)^+ = \max(\delta, 0)$。由 Litter's 公式[3]有:

$$E[\tau] = E(I)^- / \sum_{i=1}^{N} \mu_i \tag{8}$$

由大数定理,假设 δ 服从正态分布,则:

$$P(\delta \leqslant 0) = \phi(-\mu_\delta/\sigma_\delta) = P(\tau=0) \tag{9}$$

$\tau=0$ 即是不出现缺货,不出现缺货的概率 $P(\tau=0)$ 又称服务水平。所以

$$P(\tau=0) = \frac{1}{Q-1}\int_1^Q \phi\left(\frac{R+y-\mu(LT)}{\sigma(LT)}\right)\mathrm{d}y \tag{10}$$

$$E[\tau]=\int_0^{\infty}\left[1-\phi\left(\frac{x-\mu_\delta}{\sigma_\delta}\right)\right]\mathrm{d}x \tag{11}$$

得：

$$\sigma_\delta=E[\tau]/\phi^{(1)}(-\mu_\delta/\sigma_\delta),\mu_\delta=-\sigma_\delta\phi^{-1}(P(\tau=0)) \tag{12}$$

其中 $\phi^{(1)}$ 是正态分布的一阶损失函数。

$$\phi^{(1)}(x)=\int_c^{\infty}(u-x)\varphi(u)du=\varphi(x)-x(1-\phi(x)) \tag{13}$$

$$\begin{aligned}V[\tau]&=E[\tau^2]-(E[\tau])^2=\int_0^{\infty}\frac{x^2}{\sigma_\delta}\varphi\left(\frac{x-\mu_\delta}{\sigma_\delta}\right)\mathrm{d}x-(E[\tau])^2\\&=\sigma_\delta^2(1-P(\tau=0))+E[\tau]\mu_\delta-(E[\tau])^2\end{aligned} \tag{14}$$

类似于分销中心，批发商 i 在随机提前期 LTi 内需求的期望和方差为：

$$E[LTD_i]=\mu_i\cdot E[LT_i],V[LTD_i]=E[LT_i]\cdot\sigma_i^2+\mu_i^2\cdot V[LT_i] \tag{15}$$

与分销中心类似，设批发商在提前期内的需求服从正态分布，则可得到缺货量：

$$E(I_i)^-=\frac{1}{Q_i-1}\int_1^{Q_i}\int_{R_i+y}^{\infty}(x-R_i-y)\mathrm{d}\phi\left(\frac{x-E(LTD_i)}{\sqrt{V(LTD_i)}}\right)\mathrm{d}y \tag{16}$$

批发商 i 的现有期望库存：

$$E(I_i)^+=E(I_i)+E(I_i)^-=R_i+\frac{Q_i+1}{2}-E(LTD_i)+E(I_i)^- \tag{17}$$

则批发商 i 的平均成本模型为：

$$C(R_i,Q_i)=h_i\cdot E(I_i)^++p_i\cdot E(I_i)^- \tag{18}$$

由批发商的库存模型以类似方法向下递推可得到零售商 ij 的库存模型。

零售商 ij 的提前期为：

$$E[LT_{ij}]=\alpha_{ij}/\beta_{ij}+E(I_i)-/\sum_{j=1}^{N_i}\mu_{ij} \tag{19}$$

零售商 ij 的提前期内需求的期望和方差为：

$$\begin{aligned}E[LTD_{ij}]&=\mu_{ij}\cdot E[LT_{ij}]\\V[LTD_{ij}]&=E[LT_{ij}]\cdot\sigma_{ij}^2+(\mu_{ij})^2\cdot V[LT_{ij}]\end{aligned} \tag{20}$$

零售商 ij 的服务水平为：

$$P(\tau_{ij}=0)=\frac{1}{Q_{ij}}\int_1^{Q_{ij}}\phi\left(\frac{R_{ij}+y-E(LTD_{ij})}{\sqrt{V(LTD_{ij})}}\right)\mathrm{d}y \tag{21}$$

零售商 ij 的缺货量：

$$E(I_{ij})^-=\frac{1}{Q_{ij}-1}\int_1^{Q_{ij}}\int_{R_{ij+y}}^{\infty}(x-R_{ij}-y)\mathrm{d}\phi\left(\frac{x-E(LTD_{ij})}{\sqrt{V((LTD_{ij})}}\right)\mathrm{d}y \tag{22}$$

零售商 ij 的现有期望库存为：

$$E(I_{ij})^+=R_{ij}+\frac{Q_{ij}+1}{2}-E(LTD_{ij})+E(I_{ij})^- \tag{23}$$

零售商 ij 的平均成本模型为：

$$C(R_{ij},Q_{ij})=h_{ij}\cdot E(I_{ij})^++p_{ij}\cdot E(I_{ij})^- \tag{24}$$

将各企业的成本求和，可得到整个系统的成本模型为：

$$TC=C(R,Q)+\sum_{i=1}^{N}C(R_i,Q_i)+\sum_{i=1}^{N}\sum_{j=1}^{N_i}C(R_{ij},Q_{ij}) \tag{25}$$

4 模型的求解

s 求解模型即选择适当的订货点 R^* 及订货量 Q^*，使目标函数达到最小。由于目标函数没有准确的表达式,而且形式复杂,使得求解 R^* 和 Q^* 的十分困难。本文使用结合遗传算法和神经网络优化算法的混合人工智能算法[4]进行搜索求解,首先用神经网络优化算法的模拟出目标函数的近似表达式,然后用遗传算法求解,这样大大缩短了运算时间,而且避开了遗传算法局部搜索能力差的不足。步骤为:

步骤0:问题解的遗传表示。

步骤1:确定神经网络隐层结点数。

根据文献[5]给出的经验函数(如下)计算可得。

$$s=\sqrt{0.43mm+0.12n^2+2.54m+0.77n+0.35}+0.51 \tag{26}$$

其中,s 为隐结点数,m 为输入结点数,n 为输出结点数

步骤2:通过随机模拟为不确定函数产生输入输出数据(即模拟样本)。

随机模拟3000组决策变量,并计算相对应的目标函数值,分别存储在两个矩阵中,然后对矩阵进行标准化消除量纲不同对目标函数的影响。

步骤3:根据产生的训练样本训练神经元网络以逼迫目标函数。

利用反向传播算法,使用5000个样本对神经网络进行训练,减小误差,以得到满意的权重系数,逼迫目标函数。

步骤4:初始产生 *pop_size* 个染色体,并用神经元网络检验染色体的可行性。

由上面的约束条件可以大概确定决策变量的可行域,在可行域当中,随即产生一个个体,用神经网络检验是否约束,若不满足,重新产生一个个体,直到形成出始终种群($x_1,x_2,\cdots\cdots,x_{pop\_size}$),本文取 $pop\_size=30$。

步骤5:对染色体进行交叉和变异操作,并用神经元网络检验后代的可行性。

交叉操作:首先确定操作的父代,从 $i=1$ 到 *pop_size* 重复一下过程:从[0,1]中产生随机数 r,如果 $r<P_c$,选择 Vi 作为一个父代。用 $V_1',V_2',V_3',\cdots\cdots$ 表示选择的父代,并随机分成后面的对:$(V_1',V_2'),(V_3',V_4'),(V_5',V_6'),\cdots\cdots$;然后,从开区间(0,1)中产生一个随机数 c;最后,任取一对 (V_1',V_2'),按下列操作对其进行交叉,并产生两个后代 X 和 Y, $X=c\cdot V_1'+(1-c)\cdot V_2'$, $Y=c\cdot V_2'+(1-c)\cdot V_1'$。

变异操作:首先确定操作的父代,从 $i=1$ 到 *pop_size* 重复一下过程:从[0,1]中产生随机数 r,如果 $r<P_m$,选择 V_i 作为变异的父代。然后按下列方式进行变异,用 $V=(x_1,x_2,x_3,\cdots,x_n)$ 表示产生的父代,记 M 为初始化过程中所定义的那个足够大的数,在空间 n 为空间中随机产生一个变异方向 d,如果染色体 $V+M\cdot d$ 经检验不可行的,则置 M 为0和 M 之间的随机数,这样又得到一个新的染色体,再用神经元网络检验其可行性。重复这个过程直到所得的染色体可行为止。如果在预先给定的迭代次数之内没有找到可行解,则置 $M=0$。最后,用染色体 $X=V+M\cdot d$ 取代原来的染色体 V。

步骤6:用神经元网络计算所有染色体的函数值。把已编好的模型函数调入遗传算法当中,求得每一代的函数值。

步骤7:根据目标函数值,计算每个染色体的适应度函数。

本论文当中是用基于序的评价函数。对染色体的目标值的大小进行重排,也就是染色体越好,其序号越小。设参数 a 属于(0,1)给定,定义基于序的评价函数为

$$eval(V_i)=a\cdot(1-a)\hat{}(i-1),i=1,2,\cdots,pop\_size$$

$i=1$ 意味着染色体最好,$i=pop\_size$ 意味着染色体最差。

步骤8:通过旋转赌轮,选择染色体。

对每个染色体 V_i,计算累积概率 $q_i,q_0=0;q(i)=V_j+\cdots\cdots+V_i,i=1,2,\cdots,pop\_size$。从区间$(0,q(pop_size))$中产生一个随机数 r 若 $q(i-1)<r<q(i)$,则选择第 i 个染色体 $V_i(1<=i<=pop\_size)$,重复步骤5至步骤6共 *pop_size* 次,得到 *pop_size* 个复制的染色体。

步骤9:重复步骤5至步骤8直到满足终止条件。

步骤10:最好的染色体作为最优解。

4 算例

假设一个供应链库存系统由 20 个零售商、5 个批发商和 1 个地区分销中心组成,给定模型具体参数值(限于篇幅略),根据设计算法,编写 Matlab[6] 程序,得计算结果见表 2。

算例计算结果 表 2

企业		订货点	订货量	企业		订货点	订货量	企业		订货点	订货量
		R	Q			R	Q			R	Q
分销中心	1	14	7	零售商	10	5	4	零售商	19	5	5
	2	8	3		11	4	4		20	6	5
	3	7	3		12	6	5		21	3	5
批发商	4	2	5		13	4	5		22	4	5
	5	4	3		14	5	4		23	3	5
	6	4	3		15	3	3		24	5	4
	7	4	4		16	7	5		25	7	3
零售商	8	5	3		17	3	4		26	3	4
	9	5	5		18	4	4				
平均总成本:17.4194											

此系统模型中的变量已经达到了 52 个,使用其他方法计算十分复杂,使用本文所设计算法,算例较快收敛,并且通过改变交叉率和变异率时,目标函数 TC 不变(表 3),可见算法的鲁棒性好。

参数鲁棒性分析 表 3

变异率 P_MUTATION	0.2	0.2	0.15	0.15
交叉率 P_CROSSOVER	0.3	0.5	0.3	0.5
总成本 TC	17.4194	17.4194	17.4194	17.4194

5 结论

本文研究了随机需求随机提前期条件下的多级(三级以上)分销库存系统,建立了多级库存系统期望总成本近似模型。使用混合人工智能算法,进行搜索求解最优订货策略,算例结果表明算法性能良好。通过算例表明本文的模型是行之有效的,而且操作十分方便,理论预测与数值例子计算结果吻合得很好。在以后的研究中,我们将继续关注相应条件下找出更准确的函数来近似各企业需求、提前期及提前期内需求的分布函数,建立更实用的模型。

参考文献

[1] Ram Ganeshan. Managing supply chain inventories: A multiple retailer, one warehouse, multiple supplier model. Im. J. Production Economics 59(1999) 341-354

[2] 张春晓,谢金星. 随机提前期随机需求条件下的二级库存模型. 数学的实践与认识,2004.7,第 34 卷第 7 期,1-7

[3] Paul H Zipkin, Foundations of Inventory Management[M]. McGraw-Hill, New York, 2000.

[4] 王小平,曹立明. 遗传算法——理论、应用与软件实现. 西安:西安交通大学出版社

[5] 高大启,有教师的线性基本函数前向三层神经网络结构研究,计算机学报,1998 年 1 月第 1 期,80-86.

[6] 宋兆基,徐流美,等. Matlab 6.5 在科学计算中的应用. 北京:清华大学出版社,2000

Optimization of a multi-level distribution inventory system with random leadtime and stochastic demand

Zhang Chunxiao, *Li Yazhuo*, *Yue Junjie*
(Science College, CAUC, Tianjing, 300300)

Abstract: This paper considers a multi-echelon supply chain with stochastic demand and random leadtime, this system is controlled by continuous review installation stock and (R, Q) policies, Mathematical model minimizing the average cost per unit time of operating the inventory system is developed. Because of this model's difficulty we use hybrid genetic algorithm to solve the optimal order strategy.

Key words: Multi-echelon supply chain; Optimal order strategy; Hybrid genetic algorithm

基于 Monte-Carlo 算法的稀疏交通流仿真

程林结　晏克非

（同济大学交通运输工程学院，上海，201804）

摘　要：目前国内交通仿真研究对交通流的生成模型主要是直接采用操作系统提供的随机数函数或用单一的概率分布来获取，这不符合交通流的多态性特点。针对目前交通仿真技术的不足，作为多态交通流仿真研究的前期工作，根据 Monte-Carlo 方法，在可视化编程软件 VB 环境中开发稀疏交通流模拟程序，生成多组稀疏交通流，然后将这些交通流在仿真软件 VISSIM 中进行仿真模拟，以对交通流生成程序进行评价。

关键词：稀疏交通流；泊松分布；Monte-Carlo；VISSIM

1　稀疏交通流特性分析

在一定时间间隔内到达的车辆数或在一定路段上分布的车辆数是随机数，这些随机数的统计规律可以用离散型分布进行描述。当交通量很小，即车流比较稀疏时，车辆的到达基本上服从泊松分布。

1.1　基本公式

$$P(x)=\frac{(\lambda t)^{x}e^{-\lambda t}}{x!},\quad x=0,1,2,\cdots$$

式中：$P(x)$——在计数间隔内到达 x 辆车的概率；

λ——单位间隔的平均到达率；

t——每个计数间隔时间；

e——自然对数的底，取 2.71828。

1.2　适用条件

车流密度不大，车辆间相互影响微弱，其他外界干扰因素基本不存在，即车流是随机的，此时应用泊松分布能较好地拟合观测数据。

2　基于 Monte-Carlo 算法的稀疏交通流生成程序开发

2.1　Monte-Carlo 方法的基本原理

Monte-Carlo 方法，简称 M-C 方法，是通过对随机变量函数的概率模拟，统计实验或随机抽样，求解工程技术、数学、物理、生产管理等不同问题的近似数值解的方法。用该方法模拟一个实际工程问题时，首先根据实际问题以及各变量的特点，对求解的问题建立一个简单而又便于实现的概率统计模型，使所求的解恰好是所建立模型的概率分布或数学期望。其次要建立对随机变量的抽样方法，其中包括建立产生伪随机数的方法和建立对所遇到的分布产生随机变量的随机抽样方法。最后是进行计算机模拟实验给出获得所求解的统计估计值及其方差。

2.2　稀疏交通流生成程序算法

在实际交通系统中不同路段上的交通生成模型不是固定不变，即使在同一路段上，随着交通流及时间的变化，交通生成模型或模型参数也在不断的发生变化。因此，交通仿真特别是微观仿真中应该针对不同的交通流分时段确定其生成模型及模型参数。下面将应用 Monte-Carlo 思想在可视化编程软件 VB 环境中，用泊松分布算法开发多态交通流中稀疏交通流生成程序。

作者简介：程林结（1985-），男，同济大学硕士研究生，交通运输规划与管理专业，邮箱：chengqianren@163.com。

根据 Monte-Carlo 方法,可用如图 1 所示算法开发生成交通流的 VB 程序。

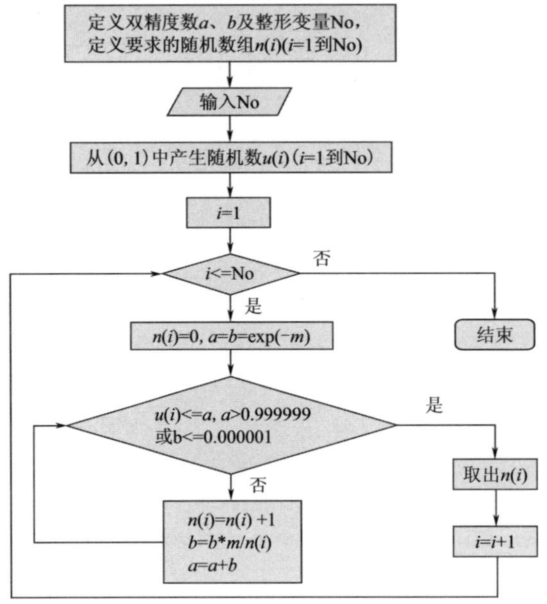

图 1 M-C 方法生成泊松分布随机数的算法

2.3 交通流生成程序

运用 2.2 节介绍的算法在 VB 环境中开发稀疏交通流生成程序,图 2 和图 3 为部分程序界面。

2.4 交通流生成程序评价

将 M-C 算法生成的交通流在 Vissim 仿真软件中仿真运行,选取适当的评价参数,与实际交通流运行参数就行对比分析,从而验证交通流生成程序的可靠性。

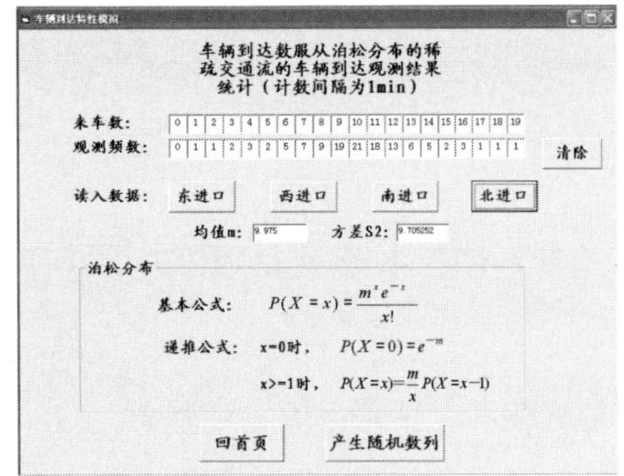

图 2 读入数据后界面

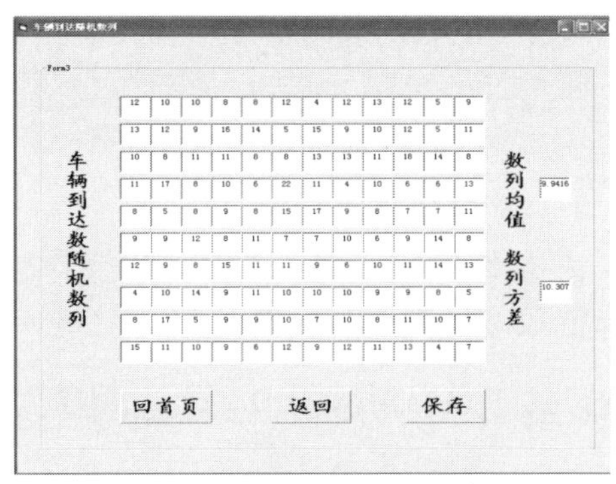

图 3 生成的交通流随机数列

3 案例分析

合肥市翡翠路—丹霞西路交叉口位于合肥市大学城区,交通流量较少。该交叉口是一丁字路口,表 1 ~ 表 3 分别为三进口道处 1min 间隔内车辆到达观测结果,以这些数据为基础,运用上述的交通流生成程序模拟该路口处的交通流产生,并将模拟生成的交通流在 Vissim 仿真软件中仿真运行,从而与实际交通流运行状况进行对比分析。

翡翠路和丹霞西路交叉口北进口道处车辆到达观测结果统计 表 1

来 车 数	0	1	2	3	4	5	6	7	8	9	10	11	12	13	14	15	16	17	18	≥19
观测频数	0	1	1	2	3	2	5	7	9	19	21	18	13	6	5	2	3	1	1	1

翡翠路和丹霞西路交叉口南进口道处车辆到达观测结果统计 表 2

来 车 数	0	1	2	3	4	5	6	7	8	9	10	11	12	13	14	15	16	17	≥18
观测频数	0	0	1	2	4	4	6	10	12	21	20	14	11	6	2	3	2	1	1

翡翠路和丹霞西路交叉口南进口道处车辆到达观测结果统计　　表 3

来　车　数	0	1	2	3	4	5	6	7	8	≥9
观测频数	4	26	40	26	10	6	5	2	1	0

3.1　统计分布的拟合优度检验

由计算机程序模拟道路交通生成之前，必须判断该处交通流的特性，并找出合适的概率分布模型来拟合交通流。此处以北进口为例，根据表 1 所给出的数据，计算可得：样本均值 $m = 9.975$；样本方差 $S^2 = 9.705$。因为$S^2/m = 9.705/9.975 = 0.973$接近 1.00，可考虑用泊松分布拟合观测数据。由$\chi^2$ 检验可计算出统计量$\chi^2 = 10.302$。查χ^2 分布的分位数表，有 $=\chi^2_{0.05} = 16.919 > 10.302$。因此可以接受车辆到达数服从泊松分布的假设。因此，每 1 分钟时间内到达的车辆数可用泊松分布拟合，分布函数为：$P(X = x) = \dfrac{9.975^x e^{-9.975}}{x!}$。南进口和西进口道处拟合优度检验过程同北进口，这里不再赘叙。

3.2　稀疏交通流的生成

由 3.1 可知，翡翠路—丹霞路交叉口三进口道处车辆达到均服从泊松分布，故可用第 2 章中的交通流生成程序模拟该处交通流的产生，表 4 为生成的北进口道交通流序列（表中车辆到达随机数列以 1min 为时间间隔），南、北进口结果形式相同。

M-C 法生成的翡—丹路口北进口道车辆到达数序列　　表 4

12	10	10	8	8	12	4	12	13	12	5	9	13	12	9	16	14	5	15	9
10	12	5	11	10	8	11	11	8	8	13	13	11	18	14	8	11	17	8	10
6	22	11	4	10	6	6	13	8	5	8	9	8	15	17	9	8	7	7	11
9	9	12	8	11	7	7	10	6	9	14	8	12	9	8	15	11	11	9	6
10	11	14	13	4	10	14	9	11	10	10	10	9	9	8	5	8	17	5	9
9	10	7	10	8	11	10	7	15	11	10	9	6	12	9	12	11	13	4	7

3.3　生成交通流的仿真评价

将生成的这三组交通流在 VISSIM 仿真软件中进行仿真。在三出口道处设置检测器，以获取出口道处每分钟到达的车辆数，并与实际到达车辆数进行对比。

从仿真运行后产生的评价数据输出文件可得出，所选检测断面处每分钟到达的车辆数，经统计计算后可得出各断面处每分钟到达车辆数的均值和方差。统计结果如表 5 和表 6 所示。

每分钟交通量均值　　表 5

检测断面位置	南 出 口 道	北 出 口 道	西 出 口 道
实际车辆到达数均值（veh/min）	9.18	9.55	3.23
仿真车辆到达数均值（veh/min）	8.90	9.13	3.02
相对误差（%）	3.05	4.40	6.50

每分钟交通量方差　　表 6

检测断面位置	南 出 口 道	北 出 口 道	西 出 口 道
实际车辆到达数方差	8.79	8.83	2.89
仿真车辆到达数方差	8.97	9.37	2.76
相对误差（%）	2.05	6.12	4.50

用χ^2 检验法对评价数据进行拟合可得：各检测断面处每分钟车辆到达特性在实际道路上与仿真运行过程中都服从泊松分布。从而定性的得出：生成的交通流与实际道路上的交通流运行情况大体相同，交通流生成程序可靠性比较高。此外，从表 5 和表 6 中可以看出，在实际道路上和仿真运行过程中，各检测断面处每分钟车辆到达数的均值和方差差别不大，相对误差均在 7% 以内，这进一步从量的角度证实了交通流生成程序的可靠性。

4 结论

针对目前交通仿真技术存在的不足,作为多态交通流的仿真研究的前期工作,开发了稀疏交通流的仿真程序。但是,要更好地解决目前交通仿真技术中的不足,这些是远远不够的,而要在此基础上,结合其他特性的交通流(如拥挤交通流、正常交通流)仿真,从而实现对多态交通流的模拟仿真。

参考文献

[1] 吴娇蓉. 交通系统仿真及应用[M]. 上海:同济大学出版社,2004

[2] 任福田,刘小明,荣建,等. 交通工程学[M]. 北京:人民交通出版社,2003

[3] 徐钟济. Monte-Carlo 方法[M]. 上海:上海科学技术出版社,1985

[4] 邝先验,邹小洪,王晓燕. 微观交通仿真车辆随机生成模型分析与设计[J]. 江西理工大学学报,2006,27(3):20-23

[5] 杨晓光,孙剑,刘好德. 微观交通仿真系统参数校正研究[J]. 系统仿真学报,2007,19(1):48-50

[6] 丁柏群,张鹏. Monte-Carlo 模拟信号交叉口的服务水平[J]. 森林工程,2006,22(3):0-1

Sparse traffic flow simulation based on monte-carlo method

Cheng Linjie*, *Yan Kefei

(School of Transportation Engineering, Tongji University, Shanghai, 201804)

Abstract: At present time, during the domestic research on traffic simulation, the traffic flow production models are gained mainly by directly using the random number function which the operating system provides or using the sole probability distribution, which does not conform to the multi-state characteristics of the traffic flow. Aimed at this insufficient of present traffic simulation technology, the simulated program of the sparse traffic flow was developed in the visible programming software VB environment according to the Monte-Carlo method in the paper, which as the earlier period work of the simulation research on multi-state traffic flow. then simulate these transportation flow in simulation software VISSIM, in order to appraise the program on traffic production.

Key words: Sparse traffic flow; Poisson distribution; Negative exponential distribution; Monte Carlo; VISSIM

三次样条和延拓理论在交通事故预测中的应用

尹　朋　谭德荣

（山东理工大学交通与车辆工程学院，淄博,255049）

摘　要:本文利用三次样条数函数和相应的样条函数光滑处理方法,结合我国13个年度的全国交通事故历史统计数据,对交通事故的三项主要统计指标进行拟合并建模,从而对道路交通事故进行预测。通过对预测结果的误差分析可知,该方法对交通事故三项主要指标的预测是有效的,为交通事故部门的未来事故预测提供了一种新的思路和方法。

关键词:交通事故;预测;三次样条;延拓

1　引言

交通事故是交通运输系统研究的一个重要课题。对交通事故进行预测,有助于我们找出交通事故发生的规律及现有交通条件下交通事故未来发展的趋势,为制定交通安全对策提供理论依据。目前,人们很重视对交通事故的统计,统计指标通常有事故次数、死亡人数及直接经济损失[1],然后依据这些信息,利用现代数学方法,定量或定性来推断未来一段时间内道路交通事故发生状况,为掌握和控制事故发展提供决策参考。

现阶段对交通事故的预测方法主要分为以下几种:(1)根据历史统计数据来分析和预测事故。交通事故的发生在空间和时间上都有随机性,但是全国范围连续多年的交通事故发生规律却是可以认知的。常用的方法有回归模型法,时序序列法和灰色预测法,以及这些理论与BP神经模型,模糊神经网络,遗传算法等结合[2-4]。(2)用人—机—环境系统工程的方法来分析事故。该方法可以实现系统的最优组合,达到安全、高效、经济的目标,现已形成了一门新学科,但鉴于交通事故预测系统的灰色性,建立系统模型十分困难,而且常因忽略或对某些因素考虑不足而造成很大误差。此外,还有故障树法、故障诊断理论等多种方法。

三次样条函数在连接点即样点上有二阶光滑度,即有二阶连续导数,因此在三次样条函数的基础上结合相应的光滑处理方法,对交通事故的历史统计数据进行拟合并建立预测模型,以期为交通事故的预防提供借鉴。

2　研究对象与方法

2.1　研究对象

在对交通事故历史数据的曲线拟合过程中,所选取的样本中离散点数量越多,拟合曲线的精度就会越高,预测结果就会更加逼近客观事实。

本文使用我国13个年度的全国交通事故历史统计数据,其中前11个年度数据作为训练样本,后2年的数据作为测试样本,见表1。

13个年度全国交通事故统计　　表1

年　份	事故次数(次)	死亡人数(人)	直接经济损失(亿元)
1	202349	40906	1.586
2	295136	50063	20401
3	298147	53439	2.973
4	296071	54814	3.861
5	258030	50441	3.395

续上表

年　份	事故次数(次)	死亡人数(人)	直接经济损失(亿元)
6	250297	49271	3.635
7	264817	53292	4.283
8	228278	58729	6.448
9	242343	63508	9.907
10	253557	66362	13.338
11	271843	71494	15.226
12	287685	73655	17.176
13	304217	73861	18.461

2.2 三次样条数值分析算法

三次样条法函数是函数逼近的一种重要方法。三次样条函数在样点上要求二阶导数存在,比起其他类似的数值分析方法具有更高的光滑性,因此用该方法拟合出的交通事故预测曲线理论上应该更接近客观事实。

算法步骤:

①输入 11 个插值节点,$X_1 < X_2 < \cdots < X_{11}$,对应函数值为 $y_1, y_2, \cdots, y_{11}$,边界条件 y_1', y'_{11}。

②令 $h_j = X_{j+1} - X_j = 1(j=1,2,\cdots,10)$

③令 $\mu_j = \dfrac{h_{j-1}}{h_{j-1}+h_j} = \dfrac{1}{2}, d_j = \left(\dfrac{y_{j+1}-y_j}{h_j} - \dfrac{y_j - y_{j-1}}{h_{j-1}}\right)\dfrac{1}{h_{j-1}+h_j}, (j=2,\cdots,10)$。

④$d_1 = \dfrac{6}{h_1}\left(\dfrac{y_2 - y_1}{h_1} - y_1'\right), d_{11} = \dfrac{6}{h_{10}}\left(y'_{11} - \dfrac{y_{11}-y_{10}}{h_{10}}\right)$

⑤根据样本点处一阶导数存在(左导数等于右导数)可得:$\mu_j M_{j-1} + 2M_j + \lambda_j M_{j+1} = d_j (j=1,2,\cdots,10)$

即:

$$\begin{bmatrix} 2 & \lambda_1 & & & \\ \mu_2 & 2 & \lambda_2 & & \\ & & \ddots & & \\ & & \mu_9 & 2 & \lambda_9 \\ & & & \mu_{10} & 2 \end{bmatrix} \begin{bmatrix} M_1 \\ M_2 \\ \vdots \\ M_9 \\ M_{10} \end{bmatrix} = \begin{bmatrix} d_1 \\ d_2 \\ \vdots \\ d_9 \\ d_{10} \end{bmatrix}$$

用追赶法解方程组求出矩阵 M。

⑥代入三次样条表达式:

$$S_j(X) = M_j \frac{(X_{j+1}-X)^3}{6h_j} + M_{j+1}\frac{(X-X_j)^3}{6h_j} + \left(y_j - \frac{M_j h_j^2}{6}\right)\frac{X_{j+1}-X}{h_j} + \left(y_{j+1} - \frac{M_{j+1}h_j^2}{6}\right)\frac{X-X_j}{h_j}(j=1,2,3,\cdots,10)$$

确定曲线的各个基函数表达式。

⑦ 对函数曲线进行光滑处理[6]。

⑧ 绘制各区间的三次样条拟合曲线,结束。

2.3 误差分析方法

在样条曲线拟合中,拟合曲线的误差分析是必不可少的研究内容。三次样条函数的收敛性与误差估计[5]如下:

设 $f(x) \in C^4[a,b]$,$S(x)$ 为满足一定边界条件的三次样条函数,令 $h = \max\limits_{0 \le i \le n-1} h_i, h_i = x_{i+1} - x_i (i=0, 1,\cdots,n-1)$,则有估计式

$$\max_{a \le x \le b} |f^{(k)}(x) - S^{(k)}(x)| \le C_K \max_{a \le x \le b} |f^{(4)}(x)| h^{4-k}, k=0,1,2 \quad (1)$$

其中,$C_0 = \dfrac{5}{384}, C_1 = \dfrac{1}{24}, C_2 = \dfrac{3}{8}$。

该估计式不但给出了三次样条插值函数 $S(x)$ 的误差估计,且当 $h \to 0$ 时,$S(x)$ 及其一阶导数 $S'(x)$ 和二阶导数 $S''(x)$ 均分别一致收敛于 $f(x)$,$f'(x)$ 及 $f''(x)$。

3 预测结果及相关分析

在 Matlab 6.1 环境下进行编程分段拟合，并在样点处用相应的分段函数光滑方法进行处理[6]，然后按上述步骤建立道路交通事故的 3 个指标的预测模型，即事故次数预测模型、死亡人数预测模型、直接经济损失预测模型。

将训练样本各项参数输入模型后，分别绘制出交通事故次数预测图、交通事故死亡人数预测图、交通事故直接经济损失预测图，如图 1 ~ 图 3 所示。

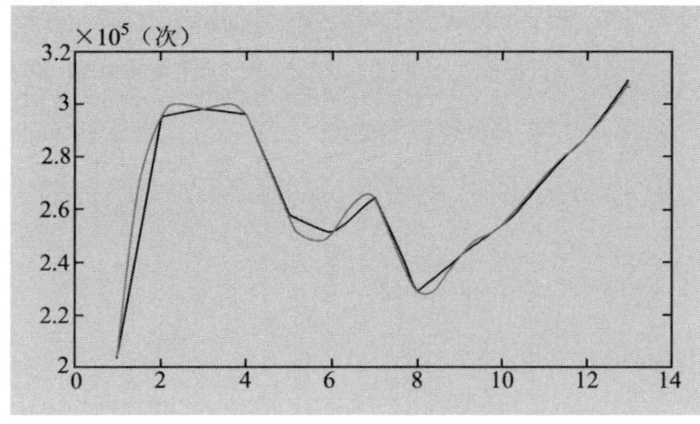

图 1 交通事故次数曲线图

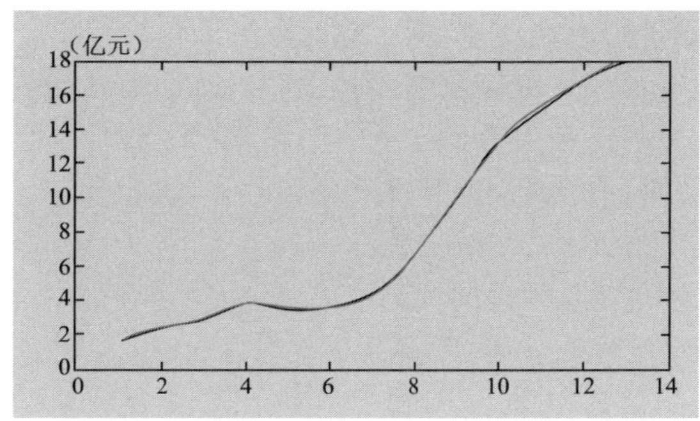

图 2 交通事故直接经济损失曲线图

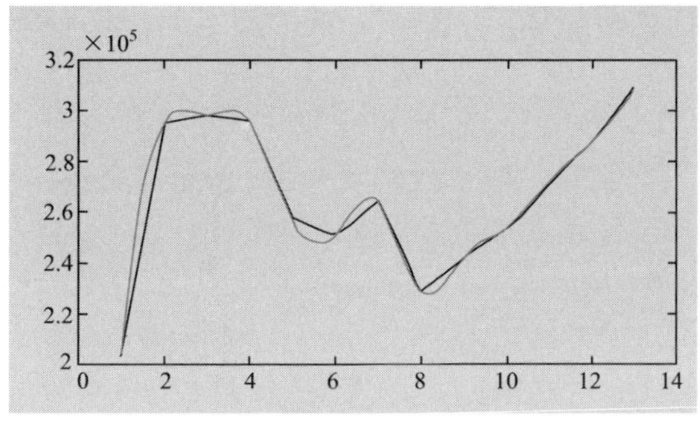

图 3 交通事故死亡人数曲线图

交通事故发生的随机性很强，它不但要受到如天气、车况等环境影响，更要受到人为因素影响，所以要想真正预测出事故将要在什么时间发生是不现实的，只能大概地预测短期内交通事故发展趋势。用三次样条函数对交通事故的发生情况进行预测，输出的预测值与实际值见表 2。

2012 ~ 2013 年度全国交通事故预测结果 表 2

年份	交通事故次数			死 亡 人 数			直接经济损失		
	实际值/次	预测值/次	误差/%	实际值/次	预测值/次	误差/%	实际值/亿元	预测值/亿元	误差/%
2012	287685	277931	3.527	73655	72104	2.106	17.176	17.001	1.019
2013	304217	288667	5.309	73861	72796	1.442	18.461	18.079	2.069

由三次样条函数的误差估计式(1)得：当 $k=0$ 时，$\max\limits_{a\leqslant x\leqslant b}|f(x)-S(x)|\leqslant C_0\max\limits_{a\leqslant x\leqslant b}|f^{(4)}(x)|h^4$，即绝对误差的上界为：$C_0\max\limits_{a\leqslant x\leqslant b}|f^{(4)}(x)|h^4$，$C_0=\dfrac{5}{384}$，$h=1$，代入 Matlab 预测模型与测试样本的绝对误差进行对比。

从表 2 可看出，2012 ~ 2013 年度道路交通事故次数预测值的绝对误差分别为：7954、16150；交通事故死亡人数预测的绝对误差分别为：1551、1065；交通事故直接经济损失预测的绝对误差为：0.175、0.382。显然，以上三组数据均在结对误差允许的范围之内。

2012 ~ 2013 年度道路交通事故次数预测值的相对误差分别为：3.391%、5.309%；交通事故死亡人数预测的相对误差分别为：2.106%、1.442%；交通事故直接经济损失预测的相对误差为：1.019%、2.069%。以上三组数据的相对误差都小于 5%。

对测试样本的误差分析可以看出，利用三次样条函数对交通事故次数、死亡人数及直接经济损失这三项指标的拟合性能比较好，这说明三次样条数值分析法用于交通事故的预测是可行的。预测模型显示:在测试样本随后的几年,道路交通事故的各项指标有不断增长的趋势,交通安全形势较为严峻。

结合我国道路交通事故现状,分析得出道路交通安全事故的发生与人、车辆、道路、环境信息及管理等因素具有密切关系,其中人(尤其是驾驶员)作为交通行为的主体,是道路交通事故诱因中一个关键性因素。要有效预防和减少道路交通事故的发生,必须将人、车、路、环境信息和管理等诸因素作为一个有机整体系统思考,且在未来的道路交通发展中应引入交通稳静化理念,以实现道路交通的安全、畅通与高效。

4 结论

预测分析结果依赖于原始数据的精确程度,通过选取合适的数学模型来处理原始数据是至关重要的。本文在三次样条函数基础上,分析原始数据的发展趋势。该方法克服了传统人—机—环境系统中因素考虑不全或有误造成的误差,结果证明该模型对历史数据的拟合比较可靠。

结合以上论述内容对比分析,要有效改善交通秩序,降低道路交通事故的死亡率和发生率,可从以下几个方面采取有效措施:

(1)交通事故的预测结果,可为制定有效的交通安全对策提供科学依据。

(2)对于道路、环境方及管理方面,引入交通稳静化理念,可采取稳静化设施,进行稳静化设计,采取稳静化管理[6]。

(3)应在硬件和软件两方面采取积极的措施,使人、车、路三者之间形成统一和谐的关系,尤其是强化交通安全管理和交通安全教育与培训,建立科学系统的事故预防体系、交通安全保障体系和救援体系。

道路交通事故的预防是一个系统工程,应从人(驾驶员、交通参与者)、车、路三环节狠下功夫,通过对环境和管理信息施加影响,以抑制和降低事故的发生率,全面提高道路交通安全水平,减少死亡人数和经济损失,最终实现整个道路交通系统的安全、通畅和高效。

参考文献

[1] 徐吉谦. 交通工程总论[M]. 北京:人民交通出版社. 1997

[2] 袁昌明,崔晓君. 事故预测模型的建立与应用[J]. 中国计量学院学报. 2004,15 (4):314-316

[3] Feng H Q,Suzuki K,Gabbar H A. Application of grey prediction model on safety target value [C]. Progress in Safety Science and Technology. Shanghai,2005,5:162. 20

[4] 李庆扬,王能超,易大义,等. 数值分析[M]. 北京:清华大学出版社. 2001

[5] 张兴元. 分段函数的光滑方法及其在曲线拟合中的应用[J]. 西南民族大学学报,2007. 33(3)

[6] 金键. 城市交通稳化探讨[J]. 成都:交通运输工程与信息学报,2003,(12):82-86

Application of cubic spline and curve extension in traffic accidents forecast

Yin Peng,Tan Derong

(School of Transportation and Vehicle Engineering,Shandong University of Technology,Zibo,255049)

Abstract: Road accidents forecast is a crucial problem in traffic safety control. In order to successfully complete the traffic safety control work, we must look for a punctuate and accurate road accident forecast method. With the priority of high-precision of cubic spline curve fitting function combined with relevant spline smoothing method, by investigation of traffic safety condition in china, a prediction system is set up. We put the three main statistical indicators into the model to predict traffic accidents in a short period. From the results of the analysis of the error we can see that, the forecast model based on cubic spline curve fitting function is effective for traffic accidents and it also provide a new way of thinking and method on traffic accidents forecast.

Key words: Traffic-accidents; Forecast; Cubic spline; Curve extension

基于不确定度理论的汽车与自行车碰撞速度估算

谭德荣　尹　朋

（山东理工大学交通与车辆工程学院，淄博，255049）

摘　要：基于多元函数的不确定度理论，针对汽车侧碰自行车事故的速度计算模型建立了相应的不确定度分析方法。首先，计算出事故再现分析所需参数的不确定度分量，运用方差合成理论并考虑自行车抛距和行人抛距两者间的相关性，将各不确定参数的标准不确定度分量进行合成，最终得到车速估算结果的合成标准不确定度和扩展不确定度，以此给出较为合理的车速估算结果。并给出一个典型车速分析案例，验证了该方法的适用性。

关键词：道路交通事故；汽车；自行车；车速估算；不确定度

在进行汽车侧撞自行车事故再现分析时，事故现场采集的某些参数，（例如自行车抛距、骑车人抛距、事故后自行车及骑车人被抛出的角度等）受环境条件、人为因素、测量技术等方面的影响，往往是不精确的，而具有一定的变化范围，即事故参数的不确定性。事故参数的不确定性必然会导致交通事故车速计算结果的不确定。

交通事故车速的鉴定方法主要有理论计算和经验推算等方法[1-3]，对于交通事故的鉴定，有时不必知道具体的碰撞车速，而只需了解其是否超过某一具体值（限速）或车速的一个取值范围。汽车碰撞事故再现技术存在的一个关键问题就是如何评判事故车速推算结果的随机不确定度（也称置信系数）。为此，将不确定度分析技术应用到事故再现的模型算法中，在某些参量未可知的情况下可以实现对车速的估计。

测量值的不确定度通常为人所知，但对测量值的不确定度与计算结果的不确定度之间的联系则了解较少。应用测量不确定度理论和多元概率统计方法也可以了解测量误差对计算结果的影响程度，辅助分析碰撞速度推算结果的准确性和置信度。

1　多元函数不确定度基本理论

对某一测量参数而言，因为其真实值不可能测出具体数值，所以就无法给出误差的大小，而只能得出一个误差的取值范围，并由不确定度来描述参数的不确定性。一般地说，不确定度用以表征合理赋予被测量值的分散性，通常采用合成标准不确定度、扩展不确定度等来进行描述。

假设实际数学模型中的多元函数（被测参量）Y 的值取决于其他 n 个具有不确定度的无关输入量

$$X_i(i=1,2,\cdots,n)$$

$$Y=f(X_1,X_2,X_3,\cdots,X_n) \tag{1}$$

由各 X_i 的最佳值 x_i 可得 Y 的最佳值 y，即

$$y=f(x_1,x_2,x_3,\cdots,x_n) \tag{2}$$

测算结果 y 的不确定度来源为 $x_i(i=1,2,\cdots,n)$，即 Y 的不确定度 u_y，其计算过程如下：

（1）计算各输入量 x_i 的标准不确定度 u_{xi}

查出 x_i 的变化范围为 a_i，包含因子为 k_i，经计算得标准不确定度 u_{xi}，即

作者简介：谭德荣（1963-），男，山东胶南人，山东理工大学硕士生导师，教授，研究方向：车辆电子技术、智能交通系统，通信地址：山东省淄博市张店区张周路 12 号，邮编：255049，E-mail：derongtan@ sdut. edu. cn；尹朋（1983-），女，山东德州人，山东理工大学研究生，研究方向：智能交通系统，通信地址：山东省淄博市张店区张周路 12 号，邮编：255049，E-mail：yinpeng821427@ 126. com。

$$u_{xi} = a_i / k_i \tag{3}$$

相对标准不确定度 u_{xi}'

$$u_{xi}' = u_{xi} / |x_i| \tag{4}$$

(2)计算合成标准不确定度 $u_c(y)$

来自 x_i 的标准不确定度引起的函数 y 的标准不确定度分量记作 $u_c(y)$,与 u_{xi}对应的 y 的相对变化 $\delta_i = \frac{\partial f}{\partial x_i}$,称为不确定传播系数,则各输入量的引起的输出量的不确定度分量

$$u_{yi} = |\delta_i| u_{xi} \tag{5}$$

根据方差合成定理当各输入量相互独立时,在其共同影响下该输出量的合成标准不确定度

$$u_c(y) = \sqrt{\sum_{i=1}^{n} u_{yi}} \tag{6}$$

假设第 i 个和第 j 个分量是一对相关输入量,两输入分量间的相关系数为 r_{ij},计算结果的合成不标准度为:

$$u_c(v_{10}) = \sqrt{\sum_{i=1}^{n} u_{v_{10i}} + 2u_i u_j r_{ij}} \tag{7}$$

(3)计算扩展不确定度 U

JJF 1059—1999 规定,当可以判断出测量 y 接近正态分布时,可以采用两种方法得扩展不确定度[4]。根据被测量 y 分布情况的不同,所要求的置信概率,以及对测量不确定度评定具体要求的不同,分别采用不同的方法来确定包含因子 k。

当测量 y 的有效自由度 v_{eff}不太小,例如不小于 15,则可简单取包含因子 $k=2$,此时扩展不确定度为 $U=2u_c$ 对应的置信概率为 95.45%。

(4)输出值的估计区间

输出量 Y 的值可写作 $Y=y \pm U$,它表示被测量 Y 的最佳估计值为 y,在 $y-U$ 至 $y+U$ 区间内可以包含 Y 的大部分取值。

2 汽车碰撞自行车事故再现的基本算法

轿车向自行车(包括骑车人)的重心侧面冲撞型事故基本情况:自行车和汽车人,被轿车冲向右前方,二轮车立即翻到在路面滑移,骑车人则跳跃出某一距离后,倒向路面滑移。轿车采取紧急制动滑移一段距离后停止。

事故相关参数如下:

m_1、m_p、m_2——自行车、骑车人、轿车的质量(kg);

v_{10}、v_{20}——自行车、轿车碰撞前的速度(m/s);

s_1、s_p、s_2——自行车、骑车人、轿车碰撞后的移动距离(m);

θ_1、θ_p——自行车、骑车人跳出的角度;

φ_1、φ_p、φ_2——翻倒的自行车、翻倒的骑车人及轿车轮胎和路面的附着系数;

h——碰撞时骑车人的重心高度(m)。

自行车碰撞后的速度:

$$v_1 = \sqrt{2g\varphi_1 s_1} \tag{8}$$

骑车人碰撞后的速度:

$$v_p = \sqrt{2g\varphi_p}\left[\sqrt{h + \frac{s_p}{\varphi_p}} - \sqrt{h}\right] \tag{9}$$

轿车碰撞后的速度:

$$v_2 = \sqrt{2g\varphi_2 s_2'} \tag{10}$$

$s_2' = s_2$,扣除反应距离,通常根据制动印痕推算。按动量平衡原理:

$$\begin{cases} m_2 v_{20} = m_1 v_1 \sin\theta_1 + m_p v_p \sin\theta_p + m_2 v_2 \\ (m_1 + m_p) v_{10} = m_1 v_1 \cos\theta_1 + m_p v_p \cos\theta_p \end{cases} \tag{11}$$

分别将现场测得的自行车、骑车人、轿车的滑移距离代入式(8)、(9) 、(10),得出 v_1、v_p、v_2,然后由式(11)计算得:

$$\begin{cases} v_{10} = \dfrac{m_1 \sqrt{2g\varphi_1 s_1}\cos\theta_1 + m_p \cos\theta_p \sqrt{2g\varphi_p}\left[\sqrt{h + \dfrac{s_p}{\varphi_p}} - \sqrt{h}\right]}{m_1 + m_p} \\ v_{20} = \dfrac{m_1 \sqrt{2g\varphi_1 s_1}\sin\theta_1 + m_p \sqrt{2g\varphi_p}\left[\sqrt{h + \dfrac{s_p}{\varphi_p}} - \sqrt{h}\right] sin\theta_p + m_2 \sqrt{2g\varphi_2 s_2}}{m_2} \end{cases} \tag{12}$$

3 碰撞前瞬时速度的不确定度

除去重力加速度($g = 9.8\text{m/s}^2$)外,与汽车碰撞前瞬时速度有关的具有不确定度的参数包括 $m_1, m_2, m_p, s_1, s_2, s_p, \theta_1, \theta_p, \varphi_1, \varphi_p, \varphi_2$,汽车与自行车碰撞前瞬时速度与其不确定因素的关系分别表示为:

$$\begin{cases} v_{20} = f_2(m_1, m_2, m_p, s_1, s_2, s_p, \theta_1, \theta_p, \varphi_1, \varphi_2, \varphi_p) \\ v_{10} = f_1(m_1, m_p, s_1, s_p, \theta_1, \theta_p, \varphi_1, \varphi_p) \end{cases} \tag{13}$$

根据前述不确定度理论,自行车碰撞前瞬时速度 v_{10} 的不确定传播系数 δ,偏微分表示为:

$$\delta_1 = \frac{\partial v_{10}}{\partial m_1} = \sqrt{2g\varphi_1 s_1}\cos\theta_1 \frac{m_p}{(m_1 + m_p)^2}$$

$$\delta_2 = \frac{\partial v_{10}}{\partial m_p} = \frac{\sqrt{2g}m_1}{(m_1 + m_p)^2}\left\{\sqrt{\varphi_p}\cos\theta_p\left[\sqrt{h + \frac{s_p}{\varphi_p}} - \sqrt{h}\right] - \sqrt{\varphi_1 s_1}\cos\theta_1\right\} \delta_3 = \frac{\partial v_{10}}{\partial s_1} = \frac{m_1\cos\theta_1}{m_1 + m_p}\sqrt{\frac{g\varphi_1}{2s_1}}$$

$$\delta_4 = \frac{\partial v_{10}}{\partial s_p} = \frac{m_p \cos\theta_p \sqrt{g}}{(m_1 + m_p)\sqrt{2\varphi_p h + 2s_p}}$$

$$\delta_5 = \frac{\partial v_{10}}{\partial \theta_1} = \frac{-m_1 \sin\theta_1 \sqrt{2g\varphi_1 s_1}}{m_1 + m_p}$$

$$\delta_6 = \frac{\partial v_{10}}{\partial \theta_p} = \frac{m_p \sin\theta_p \sqrt{2g\varphi_p}\left[\sqrt{h + \dfrac{s_p}{\varphi_p}} - \sqrt{h}\right]}{m_1 + m_p}$$

$$\delta_7 = \frac{\partial v_{10}}{\partial \varphi_1} = \frac{m_1 \cos\theta_1}{m_1 + m_p}\sqrt{\frac{gs_1}{2\varphi_1}}$$

$$\delta_8 = \frac{\partial v_{10}}{\partial \varphi_p} = \frac{hm_p \sqrt{2g}}{2(m_1 + m_p)}\left[\frac{1}{\sqrt{\varphi_p h + s_p}} - \frac{1}{\sqrt{\varphi_p h}}\right]$$

因为自行车的抛距 s_1 和骑车人的抛距 s_p 是一对相关输入量[5],两输入分量间的相关系数为 r_{1p},计算结果的合成不标准度为:

$$u_c(v_{10}) = \sqrt{\sum_{i=1}^{8} u_{v_{10i}} + 2u_3 u_4 r_{1p}} \tag{14}$$

4 实际案例评定

某日夜间某时,一辆轿车由南向北行驶过程中与一自行车发生碰撞,造成一死一伤。事故现场采集数据如表 1 所示。要求计算碰撞前汽车行驶的速度。

根据表 1 所列参数,取最佳值(此处取均值),由式(11)得自行车碰撞前瞬时速度,$v_{10} = 3.2\text{m/s}$,事故模型相关输入量及引入的不确定度分量如表1所示。取自行车的抛距 s_1 和骑车人的抛距 s_p 间的相关系数为0.34。

被测量 v_{10} 的各输入分量分布接近于正态分布,当置信概率 $p=95.45\%$ 时,包含因子 k 取2。

各不确定参数分析 表1

输入不确定参数	最佳值及取值范围	包含因子 k	输入量的标准不确定度 u_{x_i}	传播系数 δ	输出量的标准不确定度 u_{y_t}
m_1	1450 ± 50kg	2	25	0.000098	0.00245
m_p	60 ± 5kg	2	2.5	0.00228	0.0057
s_1	11.4 ± 0.02m	2	0.01	0.0829	0.000829
s_p	24.4 ± 0.05m	2	0.025	0.009572	0.0002393
θ_1	72 ± 2^0	2	1	11.006127	11.006127
θ_p	57 ± 2^2	2	1	0.6196	0.6196
ϕ_1	0.65 ± 0.01	2	0.005	2.75085	0.01375245
ϕ_p	0.54 ± 0.02	2	0.01	0.110027	0.00110027

由式(7)计算得自行车碰撞前瞬时速度 v_{10} 的合成不确定度为:$u_c(v_{10})\approx1.827\%$,此时扩展不确定度为 $U=2u_c(v_{10})\approx3.654\%$。

综合以上分析得,当置信概率 $p=95.45\%$ 时,汽车碰撞前瞬时速度结果的取值范围为:

$v_{20}=3.2\pm3.2\times3.654\%\approx3.083\sim3.317\text{m/s}\approx11.099\sim11.94\text{km/h}$

类似地,可以推导出汽车碰撞前速度结果不确定度为 $U=2u_c(v_{20})\approx7.14\%$ 的取值范围:

$v_{20}=15.2\pm15.2\times7.14\%\approx14.115\sim16.285\text{m/s}\approx50.82\sim58.63\text{km/h}$

5 结论

(1)考虑汽车碰撞自行车,自行车、骑车人、轿车的质量、滑移距离、与路面间的摩擦系数及自行车、骑车人被抛出的角度具有的不确定度,得出了相应汽车碰撞前速度的不确定度计算方法。以此可确定碰撞前速度的取值范围。

(2)由自行车抛出角度引进不确定度分量较大,对碰撞前瞬间速度的计算结果具有显著影响,在事故鉴定过程中,对该值的测量及取值尤其要减小误差。

(3)在进行车速推算的不确定度评定时,应对骑车人的抛距与自行车的抛距两者之间存在相关性予以考虑。

(4)采用不确定度的方法描述测量值的误差范围是今后的发展方向。利用不确定度理论,选取不确定度最显著的参数作为不确定参数,以这些参数的不确定度推算车速结果的不确定度和取值范围。实践证明该方法具有一定的可行性,可以用于某些道路交通事故的车速鉴定分析。

参考文献

[1] CLIFF W E, MONTGOMERY D T. Validation of PC-CRASH-A momentum-based accident Reconstruction program[J]. SAE Paper, No. 96 0885. SP-1150, 1996: 101-132.

[2] FONDS A G. Principles of crush energy determination [J]. SAE Paper, No. 1999-01-0106, 1999: 281-294.

[3] 刘智敏. 不确定度的新应用[J]. 计量技术, 2002(6): 50-52.

[4] 孙文爽,陈兰祥. 多元统计分析[M]. 北京:高等教育出版社, 1994

[5] 徐洪国,等. 汽车—自行车碰撞速度确定的探讨[J]. 中国公路学报, 1996(3)

Collision velocity estimation for moter vehicle-bicycle accident based on the uncertainty theory

Tan Derong, Yin Peng

(School of Transportation and Vehicle Engineering, Shandong University of Technology, Zibo, 255049)

Abstract: Based on the uncertainty theory, a corresponding uncertainty analysis method for Moter Vehicle-Bicycle Accident is set up to calculate the standard uncertainty of the uncertain parameters separately. By combining the uncertainties, the combined standard uncertainty and extended uncertainty of vehicle velocity are obtained based on variance synthetic theory finally. So the credibility of the calculation results can be verified by this way. A particular example is provided for examining the applicability of this method.

Key words: Road traffic accident; Moter vehicle; Bicycle; Velocity estimation; Uncertainty

基于DEA方法的城市物流成本分析评价

赵晓峰

(天津工业大学管理学院硕士研究生,天津市,300384,zhaoxiaofeng49501@ sina. com)

摘　要:城市物流系统成本的有效降低是其城市可持续发展的基本因素。而对于物流成本的全面分析是达到成本降低的前提。本文应用了基于输入输出的数据包络分析来对物流成本进行分析并提供了一个方法来评价不同城市的物流成本。最后,以6个不同城市的情况为例来进行分析并且给出相应的改进意见。

关键词:物流成本;可持续发展;全面分析;数据包络分析

1　前沿

目前国际上通常把物流成本占GDP的比重作为衡量物流效率和效益的重要指标。发达国家及地区经过推行现代物流,这项指标已控制在10%左右(美国为10.5%,日本为11.4%,台湾为13.1%,新加坡为13.9%,香港为13.7%)。以中国重要的物流城市天津市为例,2001年,天津市物流成本占GDP的比重为19.3%,首次降到20%以下,2005年进一步下降到18.8%,2007年已经降到16%左右,这与发达国家相比还是有比较大的差距。反观整个中国的情况,2007年,全国物流成本占GDP的比重仍然在18%以上,可见我国的物流质量和效率还存在很大的缺陷,因此,为了提高全国物流行业的整体运作效率、降低物流成本,推进现代物流业健康快速发展,提升物流行业的竞争力,就需要加强各城市降低物流成本的对策研究,以此来带动全国物流成本的降低。

2　物流成本评价的意义

目前,国际上普遍以物流成本占GDP的比重来衡量一个国家的物流发展水平,比重越低说明其物流效率越高。2007年,中国物流总费用为4.54万亿元,物流总费用占GDP的18.4%,而发达国家这一比例仅10%左右。在我国物流成本每降低1~2个百分点将带来1000~2000亿元的社会效益。而中国的物流业始终是经济发展的一个相对薄弱的环节。因此,如果能够运用科学的评价方法来研究各地区或城市的物流成本,找出物流环节中的缺陷,并与其他城市或地区进行横向比较,将为物流决策者提供一个重要的管理决策依据,从而带动降低整个国家的物流成本,并推动物流业的可持续发展,不断提高竞争力。

3　模型建立

由于影响物流成本的因素较多,无法对其在一个模型中进行定量分析。通常用对一个地区物流效率水平评价来近似反映该地区物流成本。地区物流效率的评价可以采用DEA数据包络分析法。

3.1　城市物流效率评价的CCR和BBC模型

数据包络分析是将一个"可以通过一系列决策,投入一定数量的生产要素,并产出一定数量的产品"的经济系统(或人)称为决策单元(Decision Making Units,简称DMU)。

应用DEA方法进行城市物流效率评价的目的在于发现和评价各城市或各区域中哪些具有更高效的物流效率,哪些效率又是相对较低的。并从中发现效率低的原因,以提出改进意见,提高竞争力。

设有n个城市(决策单元),每个城市(DMU_j)物流都有m种类型的投入指标X和s种类型产出指标Y,DMU_j的投入为$X_j=(x_{1j},x_{2j},\cdots,x_{mj})^T$,产出为$Y_j=(y_{1j},y_{2j},\cdots,y_{sj})^T$。输入指标的权向量$V=(v_1,$

$\cdots,v_m)^T$,输出指标的权向量 $U=(u_1,\cdots,u_s)^T$,则第 k 个城市物流相对绩效 h_k 可以通过求解以下分式规划问题得出：

(1)式即为 DEA 方法中的 CCR 模型,其中 X_{ij}代表第 j 个 DMU 的第 i 个投入值,Y_{rj}代表第 j 个 DMU 的第 r 个产出值,ε 为非阿基米德数。为了便于运算和处理,对(1)式进行适当数学对偶变换,令各限制式之对偶数为 $\theta,\lambda_i,s_r^+,s_i^-$ (s_r^+,s_i^- 分别为松弛变量),可得对偶形式即基于投入的评价 DMU 总体效率的具有非阿基米德无穷小的 CCR 模型：

$$\min[\theta-\varepsilon(\hat{e}^Ts^-+e^Ts^+)]$$

$$\text{s.t.}\quad \sum_{j=1}^{n}\lambda_jx_j+s^-=\theta x_0$$

$$\sum_{j=1}^{n}\lambda_jy_j-s^+=y_0$$

$$\lambda_j\geqslant0,s^-\geqslant0,s^+\geqslant0$$

ε 为非阿基米德无穷小,$\hat{e}=(1,\cdots,1)^T\in R_m,e=(1,\cdots,1)^T\in R_S$

该模型可以评价 DMU 的技术和规模的综合效率。

基于投入的评价城市物流 DMU 纯技术效率的具有非阿基米德无穷小的 BCC 模型为：

$$\min\theta-\varepsilon(\hat{e}^Ts^-+e^Ts^+)$$

$$\text{s.t.}\quad \sum_{j=1}^{n}\lambda_jx_j+s^-=\sigma x_0$$

$$\sum_{j=1}^{n}\lambda_jy_j-s^+=y_0$$

$$\sum_{j=1}^{n}\lambda_j=1$$

$$\lambda_j\geqslant0,s^-\geqslant0,s^+\geqslant0$$

BCC 模型用来评价 DMU 的纯技术效率。

3.2 城市物流效率评价指标的选择

DEA 方法结构简单,使用法便,特别能有效处理多种投入,多种产出指标时的评价问题,应用领域日益广泛。然而选择投入产出指标仍然需要人工选择,因此指标的选择关系到评价是否合理和有说服力。在分析有关城市物流绩效评价指标文献的基础上,结合指标的代表性和可得性,本文选择城市物流中最能代表基础设施水平的等级公路里程、民用汽车拥有量、交通运输仓储及交通运输业从业人员作为输入指标,把城市 GDP、公路货物运输量作为输出指标,具体见表 1。

城市物流效率评价输入、输出指标体系 表 1

指标类型	指标名称	变量	单位	指标说明
输入指标	等级公路里程	X_1	公里	选择城市内与城市间的主要交通设施等级公路里程代替物流基础设施投入
	民用汽车拥有量	X_2	万辆	反映城市物流的主要交通工具
	交通运输、仓储及邮政业从业人员	X_3	万人	一定程度上反映物流行业从业人员的数量
输出指标	公路货物运输量	Y_1	万吨	反映公路完成的物流运输量
	城市 GDP	Y_2	亿元	物流的发展带动 GDP 的增长,该指标近似反映城市总体物流发展水平

3.3 评价分析

本文选取天津市,上海市,北京市,南京市,苏州市,连云港市作为决策单元进行评价。应用 DEA 模型评价城市物流活动绩效的相对有效性的物流输入输出指标具体数据见表 2。

2006 年各城市物流输入输出指标数据 表 2

决策单元序号	城　市	输 入 值			输 出 值	
		X_1	X_2	X_3	Y_1	Y_2
DMU1	天津市	11306	111.599	10.362	42863	4359.15
DMU2	上海市	10392	238.13	49.23	33799	10366.37
DMU3	北京市	14926	275.4	41.50	30953	7870.3
DMU4	苏州市	8419	56.76	6.74	8891	4820.26
DMU5	连云港	8668	6.94	5.39	4286	527.38
DMU6	南京市	8087	36.32	6.9	11249	2773.78

根据表 2 的数据,采用 CCR 模型计算物流的总体效率 θ^*、纯技术效率 σ^*, 纯规模效率 s^*。本文用 DEAP 2.1 软件求解问题,结果见表 3。

备注:若 $\theta=1$,且 $s^{-*}=0$,$s^{+*}=0$ 时,则城市物流效率为 DEA 有效,即它在原输入的基础上所获得的输出已经得到最优;

若 $\theta=1$,且 $s^{-*}\neq 0$,$s^{+*}\neq 0$ 时,则城市物流效率为弱 DEA 有效,即对原输入可以减少 s^{-*} 而保持原输出不变,或在输入不变的情况下可以将输出提高 s^{+*};

若 $\theta<1$ 则城市物流效率为 DEA 无效。

城市物流 DEA 效率与规模效益计算结果 表 3

决策单元序号	决 策 单 元	θ^*	σ^*	s^*	规 模 效 益
DMU1	天津	1	1	1	不变
DMU2	上海	1	1	1	不变
DMU3	北京	0.72	0.765	0.94	递减
DMU4	苏州	1	1	1	不变
DMU5	连云港	1	1	1	不变
DMU6	南京	1	1	1	不变

从以上分析可看出,北京市的物流效率无效,可近似反映北京的物流成本在这些城市中的水平是较高的。同时从规模效率的高低可以反映出地区的物流行业的规模效益水平,如北京的规模效率较低,因此就应该加快发展物流行业,提升物流规模效益。

那么我们可以根据以上数据和分析结果来简单分析一下北京市物流效率无效的原因以及成长空间。

北京市物流,从输入指标来看,其等级公路历程,民用汽车拥有量以及从业人数在这些城市中都是很高的,但是为什么相对其他城市却无效呢?其主要原因就在于物流交通道路和运输工具没有得到有效利用,物流从业人员效率偏低,反映出对物流资源的严重浪费。北京市在现有物流资源投入不变的情况下,如果物流各投入要素得到合理的配置,其物流行业尚有很大的发展潜力,降低物流成本的空间比较大。因此北京市目前的主要任务应是统筹规划,加强物流人才的培养,优化配置各种物流资源,使其得到充分的发挥,提高物流效率,从而降低北京市物流成本和提高物流质量水平。

4 结论

在竞争全球化的趋势下,物流成本管理越来越收到政府和各企业的重视,而物流成本评价是物流成本管理的关键组成部分。开展基于 DEA 方法的物流成本评价理论的研究,对于促进物流成本管理在我国的进一步深化发展,帮助地方政府或企业识别其发展战略和当前物流环节所存在的问题,更快的缩小与竞争者的差距具有重要的意义。

尽管 DEA 算法有很多优点,但我们也不能忽视其存在的局限性。例如对于本文,由于物流成本是一个复杂的系统,影响因素很多,这也决定了物流成本评价的复杂性。本文用物流效率来代替物流成本来进行评价,有其合理性,但也存在一定程度上的不科学性,如何权衡值得探讨。

相信随着 DEA 评价方法在物流成本管理中的作用日益加强,所涉及的面越来越广,我国的物流成本管理水平一定会有很大幅度的提高。

参考文献

[1] 马占新.数据包络分析方法的研究进展[J].系统工程与电子技术,2002,124(3):42-46

[2] 杨开忠.中国城市投入产出有效性的数据包络分析[J].地理学与国土资源研究,2002,18(3):45-47

[3] 汤建影,周德群.基于 DEA 模型的矿业城市经济发展效率评价[J].煤炭学报,2003,28(4):342-347

[4] A. Charnes, W. W. Cooper and E. Rhodes. Measuring the efficiency of decision making units, European Journal of Operational Research, 2(1978), 429-444

[5] A. Charnes, W. W. Cooper, B. Golany, L. Seiford and J. Stutz, Foundations of data envelopment analysis for Pareto-Koopmans efficient empirical production functions, Journal of Econometrics, 30(1985)

Evaluation of the logistics cost of cities based on DEA

Zhao Xiaofeng

(School of Management, Tianjin Polytechnic University, Tianjin, 300384)

Abstract: The effective reduction of the logistics cost of urban logistics system is the basic factor for its sustainable development. And the comprehensive evaluation for the logistics cost is the premise of its realization. The data envelopment analysis model is introduced to evaluate the logistics cost based on the input-output matrix and to provide an approach of evaluating the degree of logistics cost among the various cities. And then, the conditions of six different cities are taken for example to conduct evaluation and corresponding suggestions are put forward.

Key words: Logistics cost; Sustainable development; Comprehensive evaluation; Data envelopment analysis

论综合运输法律制度的构建

付新华　郑　翔

(北京交通大学,北京市海淀区上园村3号,100044)

摘　要:综合交通运输系统是由不同运输方式的运输网络设备、载运工具、客货流和组织管理等四个方面构成的复杂动态系统。但是,我国综合交通运输法律制度还存在着许多缺陷。本文以综合运输法律制度的调整对象为分析起点,认为综合运输服务具有公益性和营利性,提出政府应当对综合运输业进行严格管制。在法律制度层面,我国应该建立综合运输促进法,同时规定综合运输经营者的具体行为规则。

关键词:综合运输;法律制度;综合运输促进法;政府管制

1　简介

我国现行交通运输法律制度是多年来在改革实践中不断探索、不断总结、不断完善过程中而形成的,对我国的交通运输和经济发展起到了积极的作用。但近年来我国市场化进程加快,经济和人口规模不断扩大,对交通运输提出了新的需求。同时,交通运输领域出现的新的经济现象和新的经济关系迫切需要法律的调整。然而现行交通运输法律制度略显滞后,已经不能完全适应统筹交通运输发展的需求。因此为了促进实现各种运输方式衔接有序、优势互补并全面提升我国交通运输能力,建立和完善综合运输法律制度体系十分必要。

综合运输是相对单一的运输方式而言的,是各种运输方式在运输社会化的范围内和统一的运输过程中,按其技术经济特点组成分工协作、有机结合、连接贯通、布局合理的交通运输体系。综合运输建立在五种运输方式基础之上,是社会经济和运输生产发展到一定阶段的产物①。综合运输就是将不同的运输方式有机结合在一起,构成连续的、综合性的一体化运输。通过一次计费、一份票据、一次保险,由各运输区段的承运人共同完成人员、货物的全运输。综合运输体系是针对相对单一和封闭的运输体系而言的,它包括水路运输系统、公路汽车运输系统、铁路运输系统、民航运输系统和管道运输系统,并以交通运输工具的种类加以区分,具有很强的生产部门性。有学者认为:“综合运输体系是各种运输方式在社会化的运输范围内和统一的运输过程中,按其技术经济特点组成分工协作、有机结合、连结贯通、布局合理的交通运输综合体。”②

传统的交通运输业只是五种运输方式的简单总和,仅体现了运输业的“全”,而综合运输体系则重点体现各种运输方式之间的“协”——运输全过程的协作,运输发展的协调和运输管理的协同。综合运输着眼于各种运输方式的有机联系,协作配合,连接贯通。从交通运输建设来看,综合运输通过统筹规划并促进各种运输方式的协调发展,合理布局,从而提高交通运输总体效率和效益;从交通运输的组织管理角度看,综合运输是在统一的运输市场中各种运输方式的系统结构联合,运作协同。

综合运输法律制度是对发生在综合运输管理和综合运输服务的经济关系进行调整的法律规范的总称。我国综合运输运输体系的形成和发展还是一个比较新的经济现象,相应的综合运输法律制度基本

作者简介:付新华,(1984-),女,河北承德人,蒙古族,北京交通大学人文学院法律系经济法硕士研究生,研究方向:经济法,fuxin_hua@126.com;郑翔,(1971-),女,湖南长沙人,回族,北京交通大学人文学院法律系副教授,研究方向:经济法,铁路法,xzheng@bjtu.edu.cn。

①王先进:发达国家综合运输体系的概念由来,综合运输,2002年09期,http://www.yunshu.org/Zhys_Get/abroad/20050823160458.htm,2005-08-25。

②王庆云:如何提升我国交通运输应用理论研究水平,交通运输系统工程与信息,2003年02期,第7页。

体系也正处于不断完善的阶段。本文试图通过分析综合运输体系的基本特征,解释政府管制综合运输体系的原因,同时分析我国综合运输法律制度中存在的问题,在此基础上提出完善措施的设想。

2 综合运输体系的特征

综合运输体系是不同运输方式的整合,是对不同运输方式的统筹规划,其目的是提高运输效率,实现社会效益。同时,因为综合运输经营者需要考虑投入产出并追求适当利润,使得综合运输产业也具备经营性。

2.1 综合运输服务的公益性

综合运输属于公用事业,具备公共性、公益性。综合运输的公共性,是指其所提供的产品或服务是直接决定居民生活福利的基本要素,是社会共用的基础设施,是其他社会产品生产的前提和基础。从深层次看,综合运输的公共性也有公益性之义,社会公众对综合运输这种公用企业有着"服务的稳定性、规则性、可信赖性及禁止差别性服务和差别性价格"的强烈要求,而竞争性的市场选择、市场价格不完全适用于综合运输产业,故需要政府对其进行规制。在对综合运输企业进行规制时(价格的确定、对服务质量和竞争行为的监管等),不能仅从综合运输产业本身的营利角度出发,而应从促进整个社会经济全面发展的角度出发③。

2.2 综合运输服务的营利性、企业性

综合运输经营者作为公用企业,"有着自己的经济目标,从而决定了他们在一定程度上与其他企业一样,以追求利益最大化为目标,虽然公用企业也有其公共目标,但对公共目标的追求应当是建立在实现其经济目标的基础上"。④

值得注意的是,综合运输体系中各种运输方式各具特性,各自承担的客货周转量和盈利率更是具有较大差距,这种特性的差异决定了综合运输体系内部的单式运输经营企业的经营性、企业性程度也不可能一样。显而易见,航空运输与铁路运输在客货周转量、利润率方面存在较大差异。而公路运输中,城市公交汽车提供的运输服务和出租车提供的运输服务同样存在着利润率的巨大差别。

各单式运输的特性使得政府对其规制力度存在差异:铁路运输方式承载客货量巨大,又兼具社会功能(其承担社会服务职能且其提供的服务与国计民生息息相关),所以政府对其经营者的监管力度相较相对其他运输方式的经营者而言稍大——在路网建设方面国家往往给予扶持,在车票定价方面给予补贴,对其服务质量、数量做出强制性规定等,这就使得其企业化程度较之其他运输方式稍低。而对于利润率偏高、承载客货流量比例稍小的运输方式,如航空运输服务,政府可适度放手,引入竞争,由市场调节运价及相关服务质量。简言之,各单式运输企业的经营性和企业性存在的较大差异是致使政府对其监管力度差异的重要原因。

综合运输企业的营利性与其公益性存在冲突,综合运输企业内部各单式运输的营利性表现程度又不尽相同,使得创设综合运输法律制度对其进行规制时面临一些根本性的理论问题:是关注企业利润最大化还是关注全社会的利益?政府管制的边界在哪里,即综合运输法律制度的主要内容包括哪些?

3 政府管制综合运输的理论基础和基本内容

3.1 政府管制综合运输的理论基础

从系统工程的角度看,综合运输具有很强的网络性,这种网络性要求各种运输方式之间的联系畅通、行为统一、合作有效,只有这样才能保证大系统的统一运转,从而提高运输系统的综合效益。

综合运输的行业特点决定了运输活动必须由政府统一规制。不管是铁路,还是民航、公路、水运,线

---

③对综合运输事业的规制要重点考虑社会总体福利,由此就可能造成公益(社会总体福利)与私益(综合运输企业的利益)的冲突。根据法理的精神,此时应该公益优先,也就是应该重点保护公共利益的实现。此时私益(综合运输企业的利益)可能承担某种不利益,如政策性亏损,此时,解决之道应当是由全体受益人通过政府分担(如政府补贴)或以其他形式解决。

④王晓晔:竞争法研究,中国法制出版社,1999年版,第22页。

路和航道(线)都是统一的,是运输的基础,运输工具的移动首先要求线路或者航道的畅通,一处堵塞,全线断流,影响大局。因此,为保障线路和航道(线)畅通就必须实行政府统一管制。综合运输具备的自然垄断性使得政府也要对其进行规制,以维护公众利益、促进社会福利。

综合运输业是以网络性结构设施提供服务的产业,经营者铺设的网络设施,或称为"管道设施",被认为具备自然垄断特征。对于新进入市场的综合运输经营者来讲,使用原有经营者的运输设施网络方为理性经济人的选择,否则将无法避免地导致不经济。但是,原有综合运输经营者为了高额利润极有可能利用其特殊地位,通过不开放自有运输网络或者设定特殊技术参数使新进入市场的竞争者无法在支付对价后有效使用其所拥有的运输网络,从而达到排挤和驱逐新进竞争者的目的。而且,综合运输所提供的服务为消费者所必需,消费者较小的需求弹性会导致竞争的不充分性,从而使得经营者滥用自身市场支配地位损害消费者利益的潜在危险增加。因此,为阻止综合运输经营者妨害市场机制正常发挥作用,政府必须对其行为进行规制。

3.2 政府管制综合运输的主要内容

综合运输政府管制的目的在于矫正市场缺陷,提高社会整体福利水平。一般认为对综合运输的管制,政府主要应该立法明确以下内容:

(1)市场准入。设定综合运输市场的基本准入条件,如:申请者应具备一定的规模、应当具有经营运输的相关经验、应当拥有与经营规模相适应的运载工具,以及拥有办理综合运输业务所必要的场地、设施等方面。

(2)退出综合运输市场的条件。包括:不对综合运输总体运营造成不利影响,某个运输企业的自动退出不会影响到某条线路客货运输的正常运行;应提前提出退出申请等方面。

(3)对运价及有关收费的监管。包括基准价格的确定,价格干预措施的运用程序等方面。

(4)对服务质量的监管。包括制定服务标准、对违规行为纠正等方面。

(5)对竞争行为的监管。包括对拒绝互联互通行为的处罚、规范不正当竞争行为、滥用市场支配地位的行为等方面。

(6)对综合运输服务的安全监管。包括:制定统一的安全标准;监督已建立的安全标准;调查和处理运营事故等方面。

政府对综合运输的管制主要是通过相关法律制度实现的,具体的法律规定体现在运输基本法和各类相关运输方式的具体的建设法规和运输法规中。

4 我国综合运输法律制度现状

我国目前的运输法律制度体系中,主要是针对不同运输方式分别进行立法,其特点是:各自为政,自成体系,独立封闭。在国家层面上,不同的运输方式有不同的运输法律,民航有《民用航空法》,铁路有《铁路法》,公路有《公路法》、《道路交通》,水运有《海商法》和《港口法》。不同的法律下面还有相应的运输法规和规章,如《民用航空安全保卫条例》、《铁路运输安全保护条例》、《水路运输管理条例》以及具体的实施细则等,形成了以五部法律为基础的四种运输方式下的相对独立的法规体系。此外,还有一些间接对运输关系进行调整的法律制度,从层次上讲,既有国家的基本法律《宪法》⑤,也有在宪法之下涉及到民事、行政和刑事的基本法律⑥。参见图1我国交通运输法律体系图⑦。

但是整体来看,我国还缺少促进综合运输的基本法,而且现行的交通运输法律规范之间缺乏必要的协调性,这对发挥综合运输的作用是不利的。综合运输法律制度解决的是运输网络协调发展问题,避免各自为政导致运输资源的配置不合理而造成的浪费。

---

⑤《宪法》作为国家的根本大法,其法律规则和原则是交通运输立法的基础和依据,因此,作为交通运输法律体系的渊源来讲,宪法是其中最重要的法律规范。

⑥例如:《中华人民共和国合同法》和《中华人民共和国民法通则》,其涉及到民事基本法律规范,是交通运输合同的基础和立法依据

⑦图例只列出了全国人大和国务院发布法律法规,在其下还有一些层次较低的具体法规和规章。

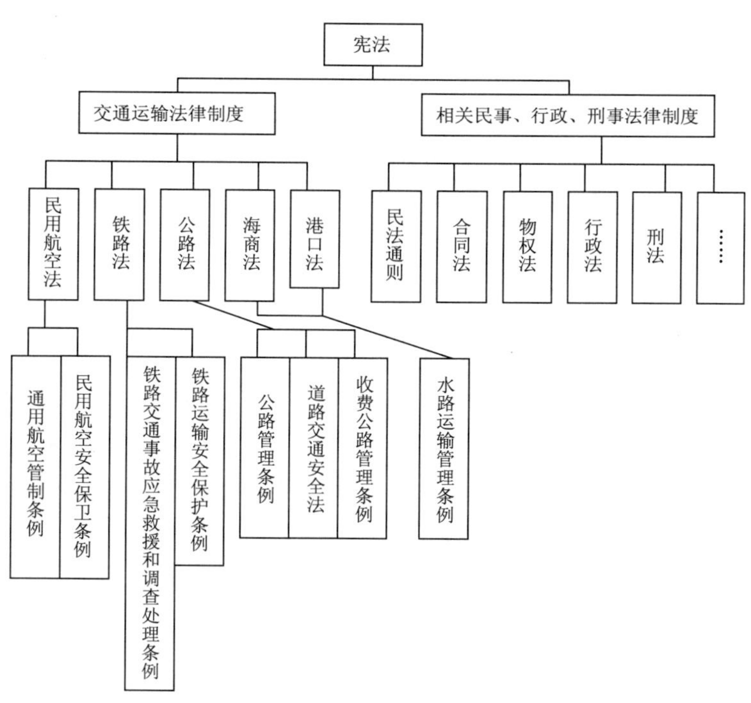

图1　我国交通运输法律体系图

5　综合运输法律制度体系构想

综合运输法律制度所追求的价值目标是:一是促进综合运输体系的形成;二是建立公平竞争的综合运输秩序。为完善综合运输法律体系,建议采取以下的措施。

5.1　制定综合运输促进法

综合运输促进法是综合运输的基本法,属于产业政策法范畴,其主要通过对运输设施的合理规划和建设来促进综合运输的互联互通、无缝衔接。在保护投资者利益的同时防止运输经营者滥用运输市场支配地位,平衡综合运输体系产业规模促进产业结构合理化。具体而言包括以下内容:

(1)建立综合运输统一的管理体制。交通运输行业管理分割是造成综合运输难以协调发展的主要根源之一。虽然根据2008年国务院机构改革方案,在原交通部的基础上,新组建了交通运输部,国家民用航空局、国家邮政局等部门均划归交通运输部管理。但传统体制下纵向横向都隔离的管理模式一时还难以改变,从交通基础设施网络规划、建设资金筹措及分配使用,运输活动等各个环节都缺乏统筹考虑,每种运输方式都希望借助自身优势通过市场来将自己做大,而很少考虑与其他方式优化配置。⑧目前,我国各种运输方式之间的竞争远超过协作的关系。因此建立综合运输统一的管理体制,统筹不同运输方式发展十分必要。

(2)制定和实施综合运输规划。综合运输促进法应该对运输设施的统筹规划和建设作出规定,统一规划,统一建设。这样就可以促使综合运输网络更加系统化,更有利于综合运输的互联互通。同时要明确规划制定的程序,通过规范的程序保证综合运输规划的科学化体系化。

(3)保护和限制投资者利益。在法律中明确投资者利益保护机制,使投资者可以在合理期限内收回投资并获得收益,同时又限制投资者过快收回投资并获取收益,避免发生损害综合运输消费者利益的情况。重点形成综合运输科学合理的运价及有关收费管制机制,促进综合运输价格和有关收费符合市场需求。

(4)禁止滥用特定运输地位的行为。从维护秩序与公平角度来看,综合运输促进法应该鼓励运输经营者的公平竞争,禁止综合运输经营企业滥用运输市场支配地位。

⑧吴文化:坚持科学发展观,完善综合交通运输体系,宏观经济管理,2004年第12期,第24页。

5.2 制定综合运输经营者的具体行为规则

(1)综合运输经营者内部的利益平衡

综合运输经营者内部利益的分配,根据市场经济的基本原则,应该依据契约自由自主确定。法律可允许各主体自主决定出资方式、利润分配、投资收回方式。但是,对于责任的承担,法律应规定综合运输经营者作为单一主体承担责任。具体说来就是当发生货物损害或者人身伤害时,综合运输经营人对利益受损方所承担的赔偿责任构成综合运输经营人与利益受损方之间的对外赔偿关系,各单式运输承运人对外承担连带责任。综合运输经营人在赔偿利益受损方的损失后,转而向对损害发生负有责任的具体运输承运人请求赔偿,此为综合运输经营人与单式运输承运人的内部求偿关系。

(2)综合运输经营者与消费者之间的利益平衡

综合运输涉及多种运输方式,消费关系复杂,为了保护消费者的利益,应该在具体制度中明确以下内容:

①票据格式一体化。运输票据一体化是开展综合运输的必要的条件。各种运输方式在同式运输中可以有自己的统一的票据格式,在涉及综合运输的时候,需要对格式进行规范,以便于托运人托运货物和旅客的旅行。这些票据包括:托运单、货运单、运输合同、旅客客票等。

②运输工具标准化。适合多种运输方式的运输工具,应当有统一的标准,以便于过轨、接驳、装卸的要求。在货物运输方面,集装箱的标准已经有了国标,但货物的装卸、交接等应当有统一的标准。各个转运点的规划、设计、运行应当有统一的标准。

③运输手续规范化。为便于运输活动的进行,要规范运输手续。比如对于客运,应当实行一票全程,不管在哪个区段,实际承运人要提供符合规定的服务标准;对于货物联运,初始地承运人要为货主提供方便快捷的服务,并对全程负责。

④综合运输责任规范化。由于各种方式的运输责任不同,赔偿的标准不同,可能产生不同的赔偿结果,导致“同物不同值,同命不同价”的现象发生,因此需要在综合运输法规上明确一些基本原则,便于客户索赔。特别是一些程序上的要求,比如索赔文件、索赔时效、索赔方式等,要明确具体,具有方便和操作性。

6 结论

综合运输法律制度的建立应考虑综合运输的特性,即公益性和营利性并存且各种运输方式的公益性程度差异较大。合理界定政府管制综合运输经济关系的边界是构建科学系统的综合运输法律制度的前提。构建综合运输法律制度主要考虑两方面关系,一方面通过综合运输促进法的立法来形成综合运输体系,另一方面制定综合运输经营者的具体行为规则,以保证综合运输公平、充分、自由的竞争秩序。

参考文献

[1] 王先进.发达国家综合运输体系的概念由来[J].综合运输,2002(9)

[2] 王庆云.如何提升我国交通运输应用理论研究水平[J].交通运输系统工程与信息,2003(02)

[3] 王晓晔.竞争法研究[M].北京:中国法制出版社,1999 年,p22

[4] 吴文化.坚持科学发展观,完善综合交通运输体系[J].宏观经济管理,2004(12),p24

The idea of legislation about Comprehensive Transportation

Fu Xinhua, Zheng Xiang

(Beijing Jiaotong University, School of Humanities and Social Sciences, Beijing, 100044)

Abstract: Comprehensive transportation system is a complex dynamic system including four aspects: Transport network equipment, carrying tools, passenger and cargo flow and organizational management. It is the infrastructure systems that maintain the functioning of the entire socio-economic system. Its function is to meet transport needs and achieve this goal: safe, fast, economic, convenient, and punctual. However, the Comprehensive Transportation legal system has not yet formed in China, and social development makes our Comprehensive Transport legal research has a great demand. In this paper, First, we analyze the adjustment of the Integrated Transport object; then we expounded the basic theory of the Comprehensive Transport and analyzed the characteristics of the operators; In the third step we analyze the way of regulate the Comprehensive Transport by government; Finally in this paper, we describes the Comprehensive Transport of the legislative status of the legal system and proposed legislation opinion.

Key words: Comprehensive transportation; Legal system; Government regulation; Comprehensive transportation law

再启动方式对管内胶凝原油屈服特性的影响

林名桢　李传宪　杨　飞　郁振华

(中国石油大学(华东)储运与建筑工程学院,青岛,266555)

摘　要:利用流变测量方法模拟研究了停输管道再启动方式对青海胶凝原油屈服特性的影响。结果表明在连续增加剪切应力(启动压力)方式下,随着应力加载速率的增加,原油的屈服值逐渐增大,而屈服时间却逐渐减小,并且二者均与应力加载速率满足一定的函数关系;在阶梯式增加剪切应力(启动压力)方式下,随着阶段应力增加幅度的增大,胶凝原油的屈服值逐渐增大并最终趋为定值,而屈服时间则呈指数规律衰减;在连续增加剪切速率(管道流量)模式下,较小的加载速率会使原油的应力变化曲线出现一定的波动现象,随着加载速率的增加,波动现象逐渐消失,同时胶凝原油的屈服值会逐渐增大。

关键词:再启动方式;胶凝原油;屈服特性;屈服值;屈服时间

我国盛产含蜡原油,对于此类原油而言,最常用的运输方式是管道加热输送。计划检修、事故原因、操作失误或第三方破坏,都会导致热油管道的全线停输。当管外环境温度较低,管道停输时间过长时,管内原油就会因温度降低而产生胶凝。而凝油管道能否顺利再启动与胶凝原油的屈服特性[1-4]密切相关。由于管道实际情况以及生产需要,停输管道有多种不同的再启动方式,这些再启动方式会对管内胶凝原油的屈服特性产生不同的影响。针对这些再启动方式,广大原油流变学研究者分别开发了相应的流变测量技术,并已应用于停输管道再启动的预测[4-8]。但大多数的研究着重考虑了恒压力或恒流量启动方式下胶凝原油的屈服,而关于变压力(流量)启动方式下胶凝原油的屈服特性研究颇少,实际上,在现场操作中,这种变参数的再启动方式更为常见。基于此,我们分别研究了三种变参数再启动方式对青海胶凝原油屈服特性的影响,以便为停输管道的安全再启动提供一定的理论指导。

1　实验部分

1.1　实验油样

本实验油样取自青海油田第一采油厂,其基本组成与物性见表1。

青海一厂原油基本组成及物性参数　　表1

含蜡量(wt %)	胶质(wt %)	沥青质(wt %)	ρ_{20}(g/cm^3)	凝点(℃)
18.19	7.74	0.01	0.8489	32

注:表中所给出的凝点为原油在50℃加热条件下的凝点。

1.2　测量前油样的处理

本文中用于测量的胶凝原油均经过相同的处理,具体方法是将加热到50 ℃的原油以0.5 ℃/min的降温速率静态降温至测量温度30 ℃,恒温静置30 min使原油形成一定的胶凝结构,然后利用不同测量方法测定胶凝原油的屈服特性,并着重考虑原油屈服值及原油达到屈服时所需要时间(这里称之为屈服时间)的变化规律。

1.3　实验仪器及测量方法

本文利用德国HAKKE RS75控制应力流变仪(同轴圆筒系统),分别通过连续增加剪切应力(对应

作者简介:林名桢,女,山东胶州人,在读博士研究生,E-mail:linmz1221@126.com。

于连续增加启动压力的再启动方式)、阶梯式增加剪切应力(启动压力)和连续增加剪切速率(对应于连续增加管道流量的再启动方式)的方法研究了青海胶凝原油的屈服特性。各种方法的具体步骤如下:

(1)连续增加剪切应力 按照一定的剪切应力增加速率即加载速率,从0开始连续增加剪切应力,测量相应的应变随应力的变化曲线,然后改变应力加载速率,确定不同加载速率下原油的屈服特性。

(2)阶梯式增加剪切应力 首先以 τ_0(1 Pa)的剪切应力作用于试样,维持1min;然后将剪切应力升至2倍 τ_0,再维持相同的作用时间。如此按照每阶段增加1倍 τ_0 的阶梯式加载方式对原油施加载荷,直至原油屈服破坏。然后通过改变 τ_0 的大小,分析改变阶段应力增加幅度对原油屈服特性的影响。

(3)连续增加剪切速率 按照一定的剪切速率加载速率,从0开始连续增加剪切速率,直至胶凝原油屈服流动。同时改变剪切速率的增加速率,确定胶凝原油屈服特性的变化规律。

2 实验结果及分析

2.1 连续增加剪切应力(启动应力)方式

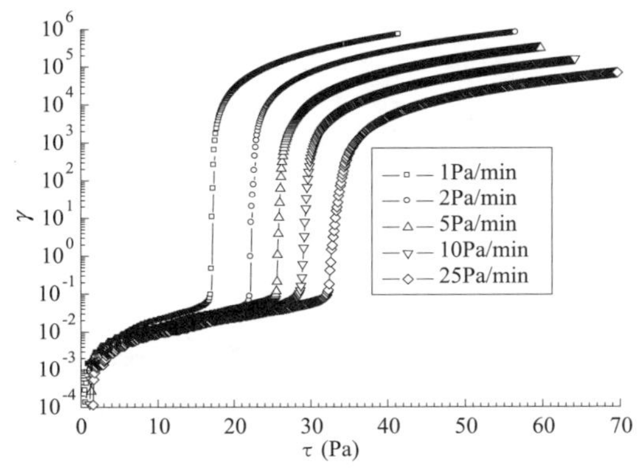

图1 不同应力加载速率下应变随应力的变化曲线

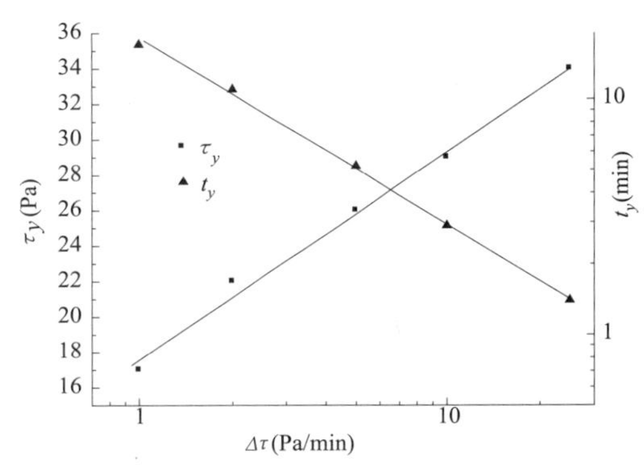

图2 屈服值及屈服时间随应力加载速率的变化关系

图1中表示的是以不同应力加载速率(1、2、5、10和25 Pa/min)连续增加剪切应力时,胶凝原油屈服过程中应变随应力在半对数坐标上的变化关系。可见,在应力施加的初始阶段,五条曲线是基本重合的,这是因为当施加的应力较小且作用时间较短时,胶凝原油表现出弹性体的性质。由于胶凝原油的组成及所经历的历史条件相同,故施加应力前,油样本身的固有性质是一定的,即弹性模量 G 相同,对于弹性体而言,应变随应力的关系满足 $\gamma=\tau/G$,故 τ 相等时,γ 也相同。随着剪切应力的逐渐增大,五条曲线逐渐分离,并且在剪切应力相同的条件下,应变随着加载速率的减小而增加,原油表现出粘弹性。当应变(或应力)达到某一数值时,应变快速上升,胶凝原油产生屈服。此外,虽然胶凝原油在5种应力加载速率下发生屈服时所对应的应力随着加载速率的增加而增大,但对应的应变却基本相同,此应变即屈服应变 γ_y(0.1左右)。而胶凝原油的屈服值以及屈服时间随应力加载速率的变化关系见图2。

由图2知,随着应力加载速率的增加,屈服值逐渐增大,而屈服时间则逐渐减小。其中屈服值与应力加载速率在半对数坐标系内呈直线关系,具体关系见式(1);而屈服时间与加载速率在双对数坐标上呈直线关系,具体方程如式(2)。并且在测量范围内,利用式(1)预测屈服值的最大误差为3.80%,而利用式(2)预测屈服时间的最大误差为5.26%。

$$\tau_y = 17.64 + 11.71\lg\Delta\tau \tag{1}$$

$$\lg t_y = 1.254 - 0.7870\lg\Delta\tau \tag{2}$$

其中,$\Delta\tau$ 为应力加载速率(Pa/min);t_y 为屈服时间(min);τ_y 为屈服值(Pa)。

2.2 阶梯式增加剪切应力(启动压力)方式

图3为不同阶段应力增加幅度(1、2、4、6 Pa)下原油的应力和应变随时间的变化曲线。可见,在胶凝原油屈服前的几个阶段应力作用范围内,其应变随着时间的延续逐渐增加,同时当阶段剪切应力增大时,阶段时间内所能达到的应变也相应增大,当应变数值达到屈服应变时,胶凝原油立即发生

屈服,此后应变急剧上升。另外,随着阶段应力增加幅度的增大,胶凝原油的屈服值逐渐增大并最终趋于定值(阶段应力增加幅度为 4 Pa 时,由于应力直接从 16 Pa 增加到了 20 Pa,所以测得的屈服值为 20 Pa,实际仍为 18 Pa),但屈服时间却逐渐减小,二者的具体关系见图 4,可见屈服时间随阶段应力增加幅度的增加呈指数规律衰减,其具体关系满足式(3),并且测量范围内测量数值与预测值的最大误差为 1.1%。

$$t_y = 1.78 + 20.70e^{(-\tau_0/1.84)} \tag{3}$$

其中,τ_0 为阶段应力增加幅度(Pa)。

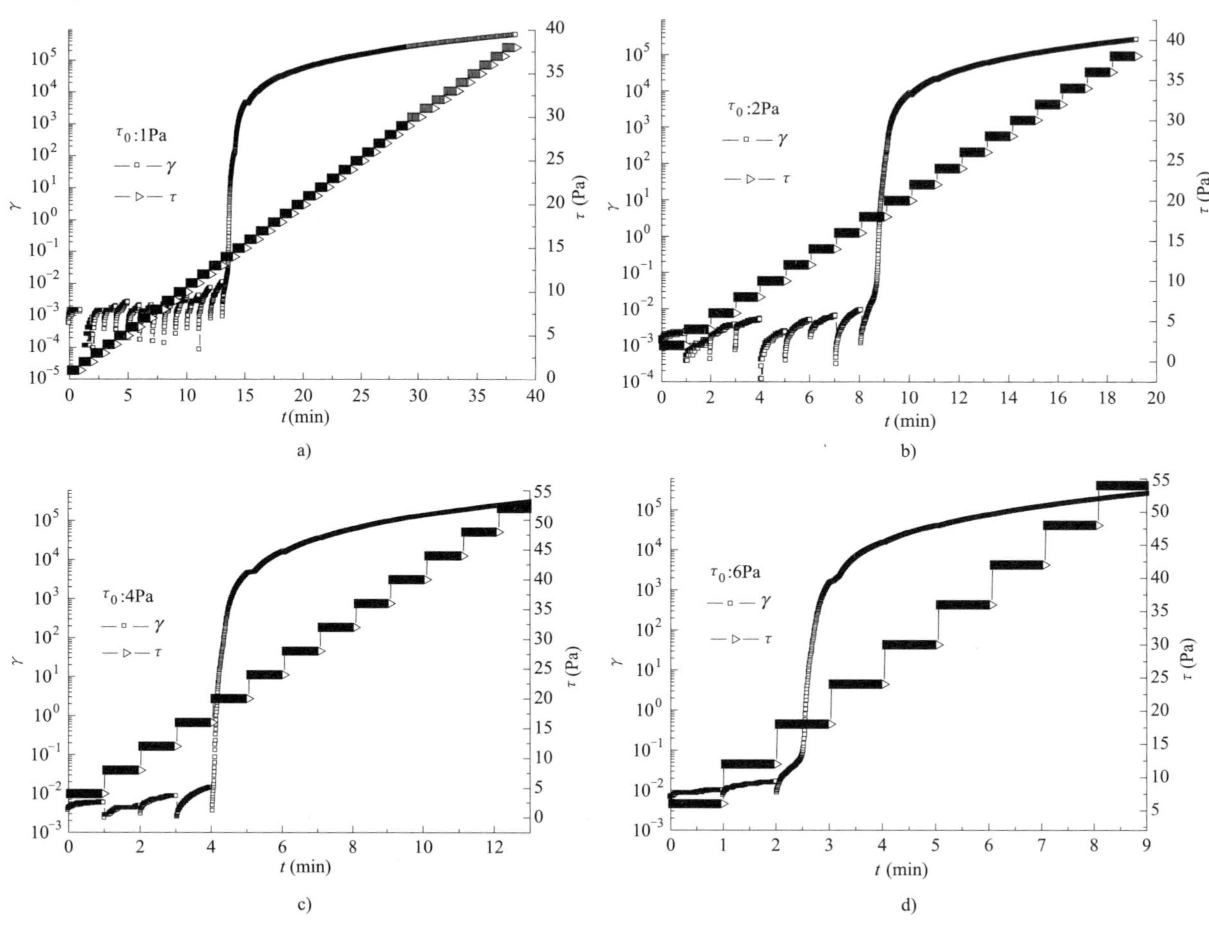

图 3　不同阶段应力增加幅度下应力和应变随时间的变化关系

2.3　连续增加剪切速率(启动流量)方式

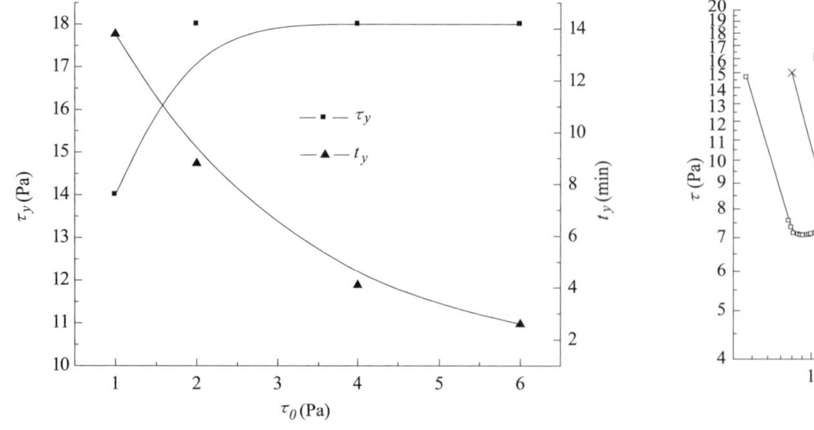

图 4　屈服时间及屈服应力随阶段应力增加幅度的变化关系

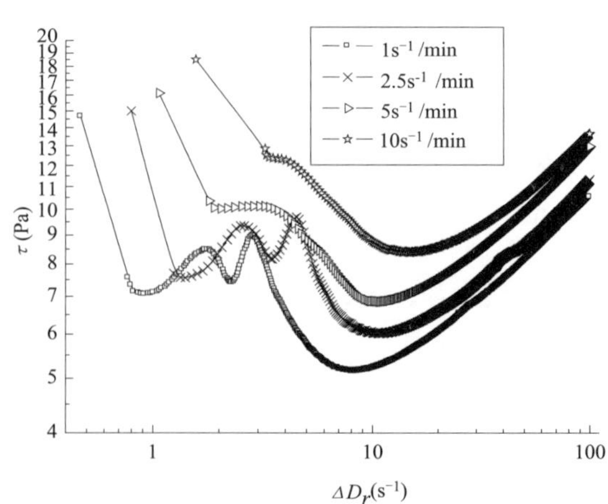

图 5　不同剪切速率增加速率下的应力随剪切速率的变化

图5表示的是不同剪切速率增加速率(1、2.5、5、10s^{-1}/min)条件下,原油应力随剪切速率在双对数坐标上的变化关系。由图知,在剪切速率增加的初始阶段,胶凝原油的应力会在较短时间内达到最高值,此数值即为胶凝原油的屈服值。当加载速率较小(1、2.5s^{-1}/min)时,随着剪切速率的增加,应力迅速减小,并在一段时间后达到一个极低值,此后应力又表现出升高的趋势,并在达到一个极高值后重复以上过程,其形状如波浪。而当加载速率分别为5s^{-1}/min和10s^{-1}/min时,曲线的应力波动并不明显,尤其是10s^{-1}/min条件下,几乎无波动现象,应力直接从最高点快速下降至最低点后立即转为上升趋势并一直保持到测量结束。因此可以得知,在连续增加剪切速率的方式下,当加载速率较小时,在实验初期,应力会随剪切速率的增加出现应力波动现象。随着加载速率的增加,其波动现象逐渐减弱直至消失,同时胶凝原油的屈服值会逐渐增加。

3 结论

(1)连续增加剪切应力(启动应力)方式下,随着应力加载速率的增加,屈服值逐渐增大,屈服时间逐渐减小。其中,屈服值与应力加载速率在半对数坐标系内呈直线关系,屈服时间与应力加载速率则在双对数坐标系内呈直线关系。

(2)阶梯式增加剪切应力(启动压力)方式下,随着阶段应力增加幅度的增大,胶凝原油的屈服值逐渐增大并最终趋为定值,而屈服时间则呈指数规律衰减。

(3)连续增加剪切速率(启动流量)方式下,当剪切速率加载速率较小时,实验初期,应力随剪切速率的增加会出现应力波动现象,随着加载速率的增大,应力波动现象逐渐减小,直至消失,同时胶凝原油的屈服值会逐渐增大。

参考文献

[1] 许康,张劲军.含蜡原油管道停输再启动的安全性问题[J].油气储运,2004,23(11)

[2] L. T. Wardhaugh, D. V. Boger. The measurement and description of the yielding behavior of waxy crude oil [J]. J. Rheol, 1991, 35(6)

[3] H. P. Rφnnigsen. Rheological behavior of gelled Waxy North Sea crude oils [J]. J. Pet. Sci. Eng, 1992, 7

[4] Cheng Chang, David V. Boger. The yielding of waxy crude oils [J]. Ind. Eng. Chem. Res. 1998, 37

[5] G. Cazaux, L. Barre, F. Brucy. Waxy crude cold start: Assessment through gel structural properties [J]. SPE 49213, 1998

[6] 李传宪.胶凝含蜡原油的结构特性及其化学改性机理的研究[D].山东大学博士论文,2003

[7] 张足斌,张国忠.一种测量管流原油静屈服应力的新方法[J],石油大学学报(自然科学学报),2001,25 (5)

[8] 李传宪,李琦瑰.新疆胶凝原油屈服特性研究[J].油气储运,1999,18(12)

Effect of restarting method on the yielding properties of gel crude oil in pipeline

Lin Mingzhen, Li Chuanxian, Yang Fei, Yu Zhenhua

(College of Architecture & Storage Engineering of China University of Petroleum, Qingdao, 266555)

Abstract: The effect of restarting method on the yielding properties of gel crude oil in pipeline was examined in detail. Three direct measurement-shear stress loading in a ramp way, shear stress loading in a stepwise way and shear rate loading in a ramp way were employed using a controlled stress rheometer in this study. The results show that for the shear stress loading in a ramp way, with the increase of loading rate, the yield stress increases, while the yielding time decreases, and both of them vary with loading rate according definite function. For the shear stress loading in a stepwise way, with the increase of changing rate for shear stress, the yield stress increases and finally keeps constant, while the yielding time decreases. For the shear rate loading in a ramp way, if the increase rate was small, the shear stress will appear fluctuation phenomena with the increase of shear rate, as the rate of shear rate increases, the fluctuation phenomena will decrease gradually and until disappear, meanwhile the yield stress also increases.

Key words: Restarting method; Gel crude oil; Yielding property; Yield stress; Yielding time

相似原理用于管流试验的合理性分析

徐广丽　张国忠　孟芳芳

(中国石油大学(华东)储运与建筑工程学院,山东青岛,266555)

摘　要: 采用管流试验分析实际工业管道时,常常采用相似原理,即几何相似、运动相似以及动力相似,来确定模拟工业管道的模型。以管流试验装置的流速选取为例,分析了相似原理在实际应用中存在的问题,并提出按照有效剪切应力相等原理来确定试验模型的流速,并通过计算以及试验验证了此法的准确性。

关键词: 成品油管道;管流试验;相似原理;有效剪切应力

1　相似原理

1.1　相似原理

分析实际工业管道时,常常根据相似原理,设计实验系统,通过对试验系统流动状况的观测分析来推断工业实际管道中的流动状况及各项参数。动力学相似原理主要包括几何相似、运动相似和动力相似[1]。其中运动相似是指原型与模型对应参数如速度、加速度方向一致,大小成比例;动力相似是指原型与模型中对应点处受力方向相同,大小成比例。几何相似仅是相似的必要条件,而运动相似和动力相似是相似的充分条件。

因管流试验为密闭流动,保证动力相似时取雷诺数相等[1],假设工业管道与实验管路中流体性质相同,由雷诺数相等可推出:

$$u_2 = \frac{u_1 D_1}{D_2} \tag{1}$$

其中,下标1、2分别表示工业管道以及试验管路;u、D分别表示管中流体的管流速度与管径。

1.2 流速选取

管流试验一般采用小管径,试验装置如图1所示,采用1寸镀锌钢管,实测管径为27.06mm。而工业管道,如兰成渝成品油管道干线采用ϕ508、ϕ457、ϕ323.9几种不同管径,故认为工业管道与实验管路直径满足倍数关系,如11~20倍。

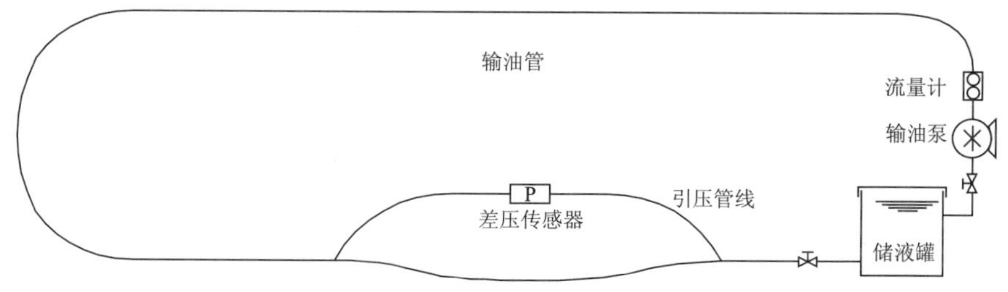

图1　实验装置流程图

成品油管道中流速在0.8~2m/s范围内,按照相似原理得到试验管路中流速满足:

$$u_{2d} = u_1 \cdot \left(\frac{D_1}{D_2}\right) = (0.8 \sim 2) \times 20 = 16 \sim 40\text{m/s} \tag{2}$$

作者简介:徐广丽(1984-),女(汉族),山东广饶人,博士研究生,主要从事成品油油携水研究,E-mail:530xugl@163.com。

$$u_{2x}=u_1\cdot\left(\frac{D_1}{D_2}\right)'=(0.8-2)\cdot 11=8.8-22(\mathrm{m/s}) \tag{3}$$

其中,下标 $2d$、$2x$ 分别表示对应工业管道速度的试验管路的较大速度和较小速度;$(D_1/D_2)'$、D_1/D_2 分别表示试验管路直径与工业管道直径的比值,为 1/11、1/20。

1.3 合理性分析

成品油管道一般采用 X 级钢管,而试验管路采用镀锌钢管,两者的绝对粗糙度不同,且两者管径不同。通用输油钢管的平均绝对粗糙度约为普通镀锌钢管的 1/3[1],而工业管道的直径约为试验管路的 11~20 倍,因此通用输油钢管的相对粗糙度约为普通镀锌钢管的 1/33~1/60。两者相对粗糙度不同致使临界雷诺数[1]不同,即紊流光滑区与混合摩擦区的分界值不同,这样若控制雷诺数相等,难以保证试验管路中流动状态与实际管道中一致。

另外,成品油管道最常见的流态是紊流光滑区,输送低粘油品的较小直径管道可能进入混合摩擦区[2],因此需控制管流试验中的流动状态处于紊流光滑区或混合摩擦区内。在混合摩擦区内,摩阻系数与雷诺数以及相对粗糙度有关,即压降梯度由流动介质、流速、管径以及粗糙度决定;在水力光滑区内,摩阻系数仅与雷诺数有关,由达西公式可得压降梯度为:

$$\frac{\Delta p}{L}=0.1582\rho^{0.75}u^{1.75}D^{-1.25}\mu^{0.25} \tag{4}$$

其中,ρ、μ 分别表示管中流体的密度、动力粘度。

则:

$$u_2=u_1\left(\frac{D_1}{D_2}\right)^{-0.7143} \tag{5}$$

很明显这与式(1)不一致。也就是说,满足运动相似和动力相似并不能保证试验管路处于水力光滑区。

2 有效剪切应力相等原理

2.1 有效剪切应力

张国忠[3]等指出,管流液体的有效剪切应力是宏观表征摩阻特性的参数。管壁处的切应力直接反映管道的摩阻损失,不论管中流动为层流还是紊流光滑区,管壁处的流动均为分层流动,管壁处切应力应与管壁处的剪切速率成正比。作者提出,稳定流动条件下牛顿流体在紊流光滑区的管流有效剪切速率,以下标 e 表示有效,其计算公式为:

$$\left|\frac{du}{\mathrm{d}r}\right|_e=\left(\frac{0.0791}{16}Re^{0.75}\right)\times\frac{8u}{D} \tag{6}$$

2.2 流速选取

假设工业管道中流体性质与实验管路中流体性质一致,即流体的密度以及动力粘度相等。根据式(6)有:

$$\left[\frac{0.0791}{16}\left(\frac{\rho u_1 D_1}{\mu}\right)^{0.75}\right]\cdot\frac{8u_1}{D_1}=\left[\frac{0.0791}{16}\left(\frac{\rho u_2 D_2}{\mu}\right)^{0.75}\right]\cdot\frac{8u_2}{D_2} \tag{7}$$

整理得:

$$u_2=u_1\left(\frac{D_1}{D_2}\right)^{-0.14286} \tag{8}$$

则试验管路中的流速范围应当为:

$$u_{2d}=u_1\left(\frac{D_1}{D_2}\right)'^{-0.14286}=\frac{u_1}{11^{0.14286}}=0.71(0.8\sim 2)=0.57\sim 1.42\mathrm{m/s} \tag{9}$$

$$u_{2x}=u_1\left(\frac{D_1}{D_2}\right)^{-0.14286}=\frac{u_1}{20^{0.14286}}=0.625(0.8\sim 2)=0.5\sim 1.3\mathrm{m/s} \tag{10}$$

则试验管路的流速应该控制在 0.5~1.42m/s 的范围内。

2.3 合理性分析

由圆管中力的平衡关系式[4]知,壁面处剪切应力表达式为:

$$\tau=\frac{\Delta p}{L}\cdot\frac{D}{4} \tag{11}$$

对于牛顿流体,壁面处剪切应力表达式为:

$$\tau=\mu\cdot\frac{\mathrm{d}u}{\mathrm{d}r} \tag{12}$$

将式(6)代入式(12),并整理得:

$$\tau=\mu\cdot\frac{0.0791}{16}\left(\frac{\rho uD}{\mu}\right)^{0.75}\cdot\frac{8u}{D}=0.03955\rho^{0.75}u^{1.75}D^{-0.25}\mu^{0.25} \tag{13}$$

因壁面处剪切应力相等,可得压降梯度为:

$$\frac{\Delta p}{L}=0.1582\rho^{0.75}u^{1.75}D^{-1.25}\mu^{0.25} \tag{14}$$

恰好与紊流光滑区的达西公式得到的压降梯度式(4)一致。

3 试验验证

在图1所示的装置上,试验介质为0号柴油,已知其物性参数随温度的变化关系。试验装置主要由储罐、输油泵、流量计以及压差传感器组成,柴油经泵送入管路,经流量计、试验管段,最后进入储罐。调节泵的出口阀门,待流量稳定后记录压差。试验中柴油流速控制在0.5~1.42m/s内,此时雷诺数在3000~10000之内。

试验采集流量信号与压差信号,由流量可求出雷诺数;由压差利用达西公式反算出摩阻系数;另外,试验流体的温度由温度传感器直接读得,进而求得物性参数。单相管路中描述雷诺数与摩阻系数的图线主要有尼古拉兹图以及莫迪图,前者采用人工粗糙管而后者采用实际粗糙管。因工程实际用的均为自然粗糙管道,因此认为莫迪图是计算摩阻系数的基准图线。描述莫迪图线的关系式采用科尔波鲁克-怀特(Colebrook-White)方程,即C-W公式,见式(15)。王弥康[5]指出莫迪图和公式(15)是公认计算摩阻系数的精确性标准。

$$\frac{1}{\sqrt{\lambda}}=-2\lg\left(\frac{2.51}{Re\sqrt{\lambda}}+\frac{\varepsilon}{3.7}\right) \tag{15}$$

由实测的流量与压差计算出雷诺数以及摩阻系数后,可以反推得出相对粗糙度,即:

$$\varepsilon=3.7\times\left(10^{\frac{1}{2\sqrt{\lambda}}}-\frac{2.51}{\mathrm{Re}\sqrt{\lambda}}\right) \tag{16}$$

按照上式处理实测数据可求得相对粗糙度。结果如表1所示。

由C-W公式求解粗糙度数据表 表1

ε	0.017195	0.012971	0.013973	0.013906	0.014695	0.015365	0.015155
	0.013402	0.016123	0.014717	0.013235	0.015270	0.015330	0.015997
平均值	0.01481						

则两个临界雷诺数为:

$$Re_1=\frac{59.7}{\varepsilon^{8/7}}=\frac{59.7}{0.01481^{8/7}}=7358.4 \tag{17}$$

$$Re_2=\frac{665-765\lg\varepsilon}{\varepsilon}=\frac{665-765\lg0.01481}{0.01481}=139405.1 \tag{18}$$

由两临界雷诺数,并结合文献[1]知,在临界雷诺数管路中柴油流动处于水力光滑区以及混合摩擦区内。因此,选取的流速范围可以保证试验管路中流态处在水力光滑区以及混合摩擦区内。这就证明了按照有效剪切应力相等原理来选取试验管路的流速是合理的,而相似原理在实际管道与试验管路的壁面性质改变时并不适用。

参考文献

[1] 袁恩熙. 工程流体力学[M],北京:石油工业出版社,2004:105-125
[2] 杨筱蘅,张国忠. 输油管道设计与管理[M],山东东营:石油大学出版社,2004:26
[3] 张国忠,张足斌. 管流液体的有效剪切速率[J],油气田地面工程,2000,19(1):1-3
[4] 章梓雄,董曾南. 粘性流体力学[M],北京:清华大学出版社,2004:359-367
[5] 王弥康,林日亿,等. 管内单相流体沿程摩阻系数分析[J],油气储运,1998,17(7)22-26

Rationality analysis of similarity theorem for pipe flow test

Xu Guangli, Zhang Guozhong, Meng Fangfang

(China Petroleum University (East China) Storage & Transportation College, Qingdao, 266555)

Abstract: Similarity theorem is always applied when pipe flow test is used to analyze the actual industrial pipeline. It is used to determine the parameters of flow pipe test device, that is, the principle of geometric similarity, movement similarity and the driving force similarity. Set the determination of the flow velocity in pipe flow test device as an example. An irrationality analysis of the use of similarity theorem is provided, and the principle of equal effective equivalent shear stress is applied to determine the flow velocity of the test device. And the accuracy of this method is also verified by both calculating and testing.

Key words: Products pipeline; Pipe flow test; Similarity theorem; Effective shear stress

交通运输与经济发展的耦合关系研究

李晓刚[1] 贾元华[2] 李国文[1,2]

(1. 中交公路规划设计院有限公司,北京,100088;2. 北京交通大学交通运输学院,北京,100044)

摘 要:本文在综述交通运输与经济发展理论基础上,提出交通运输与经济发展的耦合关系,对交通经济耦合的含义、耦合机理进行了分析,并应用耦合度来表征交通经济耦合状态。借鉴物理中耦合模型,构建了交通经济耦合度模型,将交通经济耦合状态划分为低水平耦合、拮抗、磨合和高水平耦合4个阶段。本文对交通运输与经济发展关系的研究将有助于交通经济理论的推进。

关键词:交通运输;经济发展;耦合;耦合度

1 交通运输与经济发展关系综述

对交通运输与国民经济互动关系的研究,国外学者的研究主要侧重于交通运输对经济发展的促进作用方面。传统的观点认为,交通运输对国民经济的发展产生了强有力的促进作用,两者之间的正面关系主要体现在直接运输投入效应和包括乘数效应在内的间接效应。现代的观点认为,经济发展是一个复杂的过程,而运输能使一个国家的自然资源和人才得到开发,运输对经济发展来说是必要条件,但非充分条件。

国内学者对交通运输与经济发展之间关系的观点主要有运输化理论、交替推拉理论、运输成本阈值理论和适应性理论。荣朝和[1](1991)完善了运输化理论,提出运输化是工业化的重要特征,并分析运输化的阶段性特征,在此基础上,定性地判断了中国目前的运输化发展阶段;韩彪[2](1994)在研究了各国交通发展与经济发展的历史关系后,指出了交通发展的"交替推拉关系"理论,在运输业成长的渐变期,运输技术没有重大突破,交通运输对经济增长的作用是推动,即支持经济增长,而在"剧变期",交通运输对经济增长的作用变为拉动;熊永钧[3](1997)提出运输成本阀值理论,运输技术的创新与突变是新运输方式或运输系统形成的首要的或决定性的力量,每一次运输技术创新导致运输成本降低,而运输成本降低是经济发展的首要前提,对推动现代经济增长至关重要;贾元华[4](2002)深入分析了高速公路经济适应性的内涵,论述了高速公路与社会经济发展之间的关系,并研究了高速公路经济适应性的评价指标体系及定量评价方法;周伟[5](2003)应用木桶理论对公路交通与经济发展的适应性进行了分析和评价研究。

运输化理论、交替推拉理论、运输成本阈值理论定性研究了交通运输与经济发展的关系,其中,运输成本阈值理论指出了技术创新是影响运输以至经济发展的因素之一;适应性理论定性和定量研究了两者之间的关系,对两者的发展状态进行了划分并应用相关方法进行了判断。但上述理论对交通运输与经济发展的关系局限在现象层面上,尚未从本质上去研究。本文将根据交通运输系统的特点,运用系统耦合理论分析交通运输与经济发展的关系,并定量分析两者耦合状态,以此为探讨交通运输与经济发展关系提供思路,完善交通经济理论。

2 交通运输与经济发展的耦合关系分析

交通运输是一个系统,而且是一个复杂的巨系统,它是由固定设备和移动设备通过相应的运输组织工作实现其运输功能的[6]。作为一个系统,受到内部要素间相互作用及外部环境的影响,交通

作者简介:李晓刚(1983-),男,山东诸城人,助理工程师,E-mail:lxg03050217@163.com;贾元华(1962-),男,山西广灵人,教授,博士生导师,E-mail:jiayuanhua @jtys.bjtu.edu.cn;李国文(1979-),男,山东莱芜人,工程师,E-mail:guowenli_2001@163.com。

运输系统处于不断的运动之中,而任何运动都需要能量,能量是描写系统的一个量,是系统的驱动力。因此,可以说交通运输系统是能量的构成与蓄积,交通运输系统的发展过程是一个能量蓄积与叠加的过程[7]。

2.1 交通经济耦合含义

耦合是一个物理学上的概念,是指两个或两个以上的系统或运动方式之间通过各种相互作用而彼此影响以至联合起来的现象;是在各子系统间的良性互动下,相互依赖、相互协调、相互促进的动态关联关系。系统耦合是世界经济一体化的桥梁,其理论意义在于充分发挥系统所固有的开放性带来的外延特性(自由能的积累),导致系统进化和生产潜力的解放[8]。

交通运输经济圈(带)是一个系统,具有一定结构,是一个开放的动态整体[6]。交通运输系统和经济系统是交通运输经济圈的重要构成。从规模上来说,经济系统是一个"大系统"、"母系统",交通运输系统是经济系统的"子系统",二者某种意义上是包含与被包含的关系;从经济意义上来说,交通运输系统与经济系统之间存在着客观的反馈关系,双方共同发展,共同向更高水平演化,即两者之间存在耦合关系。交通运输系统和经济系统共同组成的巨系统——交通经济系统,是交通运输系统和经济系统的耦合系统。交通经济耦合系统表征了交通与经济系统之间、交通与经济各系统内要素与要素之间的交互胁迫、交互依存关系,它刻画了某一时点交通经济系统的演进态势或趋向。

2.2 交通经济耦合机理

交通经济系统耦合的潜力来源于位差潜势和催化潜势。

(1)位差潜势

任何系统,其非平衡态都是绝对的,而平衡态是相对的、偶存的。系统 A 与系统 B 之间因自由能积累的不同,可产生势能位差,即位差潜势。位差潜势的存在,会破坏系统的平衡,并致使系统向着另一个平衡态转变。

交通运输与经济之间的关系可以写为:交通运输⇆经济。实现这种交替推拉关系的本质是因为交通运输系统与经济系统之间存在位差潜势。从能量的角度讲,韩彪提出的"质"与"量"的积累,其实就是一种自由能的增长。当经济自由能增长速率大于交通运输的自由能增长速率时,交通运输与经济的关系是交通运输←经济,即经济的发展对交通运输提出新的要求,会促进交通运输发展。当交通运输自由能增长速率大于经济的自由能增长速率时,交通运输与经济的关系是交通运输→经济,在该阶段,交通运输有足够的能量推动经济的增长,从而使得经济的自由能不断增加。总之,只要经济的自由能增长速率与交通运输自由能的增长速率存在差异时,就会发生相互之间的推拉作用。这种位差潜势,往往表现为市场价格之差,即交通运输系统的产品优势同经济系统的价格优势之间的关系。产品优势是指由交通运输系统提供的运输设备及其运输组织所形成的运输能力和运输服务质量;价格优势是指由于经济的发展提供的消费水平和消费质量。或者说,当人们的消费水平和生活质量提高时,自然需要交通运输给予更快速、更舒适、更安全的服务以满足这种需求。

(2)催化潜势

催化作用最初是被化学反应的理论所证实,后经拉兹洛(1988)用于系统研究。如在系统内部,能流(和它的载体元素)流程中,具有正向反应和逆向反应两种趋势,这使它所积累的自由能的能流阻滞不畅。如加以催化,加强能流反应的定向性,从而加速反应速度,亦即增加了自由能的通量密度,其产品将相应增加。因此,Eigen 等(1983)认为,催化循环是复杂结构存在的基础。

在交通运输发展进程中,投资、消费、技术创新等是加速交通运输与经济发展相互作用的催化剂。当交通运输滞后于经济社会发展时,交通运输不仅不能促进经济社会发展,而且会因交通运输的滞后阻碍经济社会的发展。通过加大交通运输投资、提高交通运输管理技术等促进交通运输发展,即提高了交通运输自由能,加速交通运输与经济发展之间的推拉作用,使得交通运输发展速度能够与经济社会发展速度保持相对平衡。投资、消费、技术创新等催化剂是交通运输与经济社会保持动态平衡的主要原因。

3 交通运输与经济发展的耦合水平测度

3.1 交通经济耦合度

从协同学的角度看,耦合作用及其协调程度决定了系统在达到临界区域时走向何种序与结构,即决定了系统由无序走向有序的趋势[9]。系统由无序走向有序机理的关键在于系统内部序参量之间的协同作用,它左右着系统相变的特征与规律。耦合度正是反映这种协同作用的度量。

由此,可以把交通运输发展与经济发展两个子系统通过各自的耦合元素产生相互影响的程度定义为交通经济耦合度,其大小反映了交通运输与经济发展的协调程度。

3.2 交通经济耦合度模型

设变量 $u_i(i=1,2,\cdots,n)$ 为交通经济系统序参量,其值为 $X_i(i=1,2,\cdots,n)$,α_i,β_i 为系统稳定临界点上的序参量的上、下限值,因而交通经济系统对系统有序的功效可以表示为:

$$u_i=\begin{cases}(X_i-\beta_i)/(\alpha_i-\beta_i) & (u_i\text{ 具有正功效})\\(\alpha_i-X_i)/(\alpha_i-\beta_i) & (u_i\text{ 具有负功效})\end{cases}\quad(i=1,2,\cdots,n)\tag{1}$$

式中,u_i 为变量 X_i 对系统的功效贡献大小。

按式(1)构造的功效系数具有如下特点:u_i 反映了各指标达到目标的满意程度,$u_i=0$ 时为最不满意,$u_i=1$ 时为最满意,所以 $0\leqslant u_i\leqslant 1$。

由于交通运输与经济处于两个不同而又相互作用的子系统,对子系统内各个序参量的有序程度的"总贡献"可通过集成方法来实现,在实际应用中一般采用几何平均法和线性加权和法[10]

$$U_A(u_i)=(\prod_{\lambda=1}^{n}u_i)^{1/n}=\sum_{i=1}^{n}\lambda_i u_i\tag{2}$$

$$\sum_{i=1}^{n}\lambda_i=1,\lambda_i\geqslant 0$$

式中,$U_A(u_i)$ 为子系统对总系统的总序参量;λ_i 为各个序参量的权重;A 为系统稳定区域[11]。

借鉴物理学中的容量耦合概念及容量耦合系数模型,可以得到交通经济的耦合度模型

$$C=\{[U_A(u_1)\cdot U_A(u_2)]/[(U_A(u_1)+U_A(u_2))(U_A(u_1)+U_A(u_2))]\}^{1/2}\tag{3}$$

显然耦合度值 $C\in[0,1]$。当 C 趋向 1 时,耦合度最大,系统之间或系统内部要素之间达到良性共振耦合,系统将趋向新的有序结构;当 $C=0$ 时,耦合度极小,系统之间或系统内部要素之间处于无关状态,系统将向无序发展;当 $0<C\leqslant 0.3$ 时,交通运输与经济的发展处于较低水平的耦合阶段,此时交通运输发展水平较低,经济的发展迫切需要交通运输状态有所改善;当 $0.3<C\leqslant 0.5$ 时,交通运输与经济的发展处于拮抗时期,经济的发展为交通运输提供大量的资金和资源,使得这阶段交通运输进入快速发展时期;当 $0.5<C\leqslant 0.8$ 时,交通运输与经济的发展进入磨合时期,交通运输在资金和资源的支持下得到新的发展,与经济发展开始良性耦合;当 $0.8<C\leqslant 1$ 时,交通运输水平不仅在量方面得到很大发展,其质的方面也明显提高,交通运输与经济发展相得益彰、互相促进,它们共同步入高水平耦合阶段。

4 结语

交通运输与经济之间存在着交互耦合关系,作为两个子系统,它们之间的相互作用存在着低水平耦合、拮抗、磨合和高水平耦合的 4 个阶段,而且相互制约。交通经济耦合度,表征交通运输与经济发展交互作用过程中序参量之间协同作用的强弱程度。通过耦合度的计算,可以指导规划者合理决策,以协调交通经济大系统良性发展。

参考文献

[1] 荣朝和. 论运输化[M]. 北京:中国社会科学出版社,1993

[2] 韩彪. 交通运输发展理论[M]. 辽宁:大连海事大学出版社,1994

[3] 熊永均. 铁路与经济增长[M]. 北京:中国铁道出版社. 1999

[4] 贾元华.高速公路经济适应性研究[D].北京交通大学,2002
[5] 周伟,马书红.基于木桶理论的公路交通与经济发展适应性研究[J].中国公路学报,2003(3):77-82
[6] 张国伍.交通运输系统工程创新与发展[M].北京:北京交通大学出版社,2008
[7] 沈海剑.能量原理在交通运输系统中的应用[J].山东交通学院学报,2005(4):24-27
[8] 任继周.系统耦合在大农业中的战略意义[J].科学(上海),1999 (6):12-14
[9] 董会忠,等.基于耦合理论的经济——环境系统影响因子协调性分析[J].统计与决策,2008(2):8-10
[10] 曾珍香.可持续发展协调性分析[J].系统工程理论与实践,2001(3):18-21
[11] 孟庆松,韩文秀,金锐.科技—经济系统协调模型研究[J].天津师范大学学报(自然科学版),1998(4):8-12

Research of coupling relationship between transportation and economy development

Li Xiaogang[1], *Jia Yuanhua*[2], *Li Guowen*[1,2]
(1. CCCC Highway Consultants CO., Ltd., Beijing, 100088;
2. School of Traffic and Transportation, Beijing Jiaotong University, Beijing, 100044)

Abstract: Based on transportation economy theory stated, this paper brings up coupling relationship between transportation and economy development, analyzing the meaning and the mechanism about coupling relationship, applying coupling degree to be characterization of coupling state of transportation economy. According to coupling model in physics, coupling model of transportation economy is be constructed, and coupling state of transportation economy is divided into low-level coupling, antagonistic, running and high-level of the four stages of coupling. In this paper, research on the relationship between transportation and economic development will contribute to the promotion of transportation economic theory.

Key words: Transportation; Economic development; Coupling; Coupling degree

物流服务供应链能力协调研究

高志军　刘　伟

（上海海事大学交通运输学院，上海，200135）

摘　要：为了研究两阶段物流服务供应链的能力协调情况，通过定量分析的方法分别研究了 LSSC 中物流能力协调和不协调两种情形下分包商、集成商和整个 LSSC 的利润情况，可以较好的识别整个物流服务供应链的协调效果。

关键词：物流服务供应链；能力协调；物流能力预订；分包商；集成商

1　供应链协调研究文献综述

随着服务经济时代的到来，物流服务供应链[1]-[5]（Logistics Service Supply Chain，LSSC）作为一个全新的研究领域被提了出来。其本质上是一条物流能力增值链，其基本结构是“物流服务分包商←物流服务集成商←物流服务需求方[6]”。文献［1］～［6］对物流服务供应链的研究主要是利用定性分析的方法，而通过定量研究的文献却很少。田宇[7]分别建立了二阶段和三阶段的物流服务供应链收益分享合同模型，但模型中只选择了两个参数，与实际情况并不相符。崔爱平、刘伟[8]在 Stackelberg 主从博弈下提出了一种基于期权契约的协调机制来研究集成商和分包商物流能力订购和投资决策问题，较好的实现了物流服务供应链的能力协调。

对供应链协调的研究，目前大多数学者主要是应用供应链契约和博弈论进行分析。徐最、朱道立和朱文贵等[9]分析了需求受到价格影响下的供应链回购契约，在传统的回购契约无法协调供应链的时候，提出了限制性回购契约来实现供应链的协调。肖玉明和汪贤裕[10]应用 Stackelberg 主从博弈模型研究在供应商和销售商的边际成本都随产量递增的条件下，回购契约是如何协调供应链的。曹柬、杨春节、李平和周根贵等[11]人研究了不对称信息下供应链线性分成契约的设计，较好地解决了不对称信息下的供应链协调问题。徐兵[12]通过运用博弈论分析了两个生产商单个零售商的货架竞争与协调。公彦德、李帮义和刘涛等人[13]将第三方物流服务商引入到供应链协调中来，并在物流服务价格由制造商和零售商共同分担的条件下，应用博弈论对供应链系统的定价、产量和利润进行了分析，并应用 NASH 谈判模型设计了供应链系统的利益分配方法。Giannoccaro I，Pontrandolfo P[14]等人通过收益共享契约和博弈论来研究供应链的协调问题，较好地解决了供应链的协调。王金明、郑树青和刘永胜等人[15]研究了在完全补给型合作关系下的供应链协调研究，分协调情形和不协调情形两种情况进行了分析。

通过设置变量对两阶段物流服务供应链中分包商物流能力的投资和集成商物流能力的订购进行优化，分别对物流能力非协调情形下和物流能力协调情形下，分包商、集成商和整个物流服务供应链的三方利润进行分析，以识别物流服务供应链的协调效果。

2　基本模型

2.1　问题描述

考虑一个单周期二级物流服务供应链系统，包括一个供应单一物流能力的物流服务分包商和一个从物流服务分包商订购物流能力并满足最终物流服务需求的物流服务集成商。两者均为有限理性和风

资助项目：上海市重点学科资助项目（S30601）；上海海事大学研究生创新基金资助项目（YC 2009024）。

作者简介：高志军（1983-）男，河南鲁山人，上海海事大学硕士研究生，研究方向为现代物流及供应链模型与优化，E-mail：zhijun159159@163.com；刘伟（1959-）男，江苏苏州人，博士，上海海事大学教授，博士生导师，研究方向为交通运输与物流管理现代化。

险中性,他们之间的信息是不对称的。且物流服务集成商面临的是一个确定型的市场,市场需求为物流能力销售价格的线性递减函数,即:

$$q = D - \lambda p \tag{1}$$

其中 D 是市场需求的最大规模($D \geqslant 0$),p 为集成商单位物流能力的销售价格($D/\lambda \leqslant p \geqslant 0$),$\lambda$ 为价格敏感系数($\lambda \geqslant 1$),q 是集成商在物流能力销售价格 p 的条件下的实际需求量,且 $0 \leqslant q \leqslant D$。进一步假设分包商具有足够的创造物流能力的能力来满足集成商物流能力的需要,创造物流能力的时间很短,创造物流能力的单位生产成本为 c(c 为常数),每次创造物流能力的量为 Q;分包商确定的单位物流能力的价格为 ω($c \leqslant \omega \leqslant p$),每次能力预订的准备成本为 c_s,集成商每次订购物流能力的成本为 c_i,分包商在供应物流能力的过程中没单位物流能力所产生的衍生成本为 h,其衍生成本由分包商和集成商平均共同承担;设分包商、集成商和整个物流服务供应链的利润分别为 π_s、π_I 和 π_{sc}。

2.2 模型建立

根据经济学原理,集成商的利润只与单位物流能力的销售价格、销售单位和物流能力预订的价格有关,集成商的利润模型为:

$$\pi_I = (p - \omega) q \tag{2}$$

分包商的利润与物流能力预订量、价格、创造物流能力的单位成本、能力预订的准备成本和供应物流能力的过程中所产生的衍生成本,于是分包商的利润模型为:

$$\pi_s = \omega q - cq - c_s q/Q - hq/2 \tag{3}$$

假设物流能力预订量 q 是每批物流能力创造量 Q 的整数倍 n,则 $q = nQ$,式(3)可变为:

$$\pi_s = \omega q - cq - c_s n - hq/2n \tag{4}$$

那么整个物流服务供应链的利润模型为:

$$\pi_{sc} = \pi_1 + \pi_s = pq - cq - c_s n - hq/2n \tag{5}$$

将公式(1)代入公式(5),得整个 LSSC 的利润模型为:

$$\pi_{sc} = (D - \lambda p)(p - c - h/2n) - c_s n \tag{6}$$

由公式(6)可知,整个物流服务供应链的利润只和参数 D、λ、p、c、h、n 有关,而与分包商提供单位物流能力的价格 ω 无关。因此,集成商的单位物流能力销售价格 p 决定了整个 LSSC 的利润。而分包商所确定的单位物流能力供应价格 ω 决定了利润在分包商和集成商之间的分配情况。下面将通过对 LSSC 中物流能力非协调的情形下和协调情形下的模型分别进行分析。

3 LSSC 中物流能力非协调情形下的模型分析

3.1 模型分析

LSSC 中物流能力不协调的情形下,假设物流服务分包商为物流服务集成商所提供的单位物流能力的价格为 ω,那么将式(1)代入式(2)得

$$\pi_I = -\lambda p^2 + (D + \lambda\omega)p - \omega D \tag{7}$$

由最优化的条件可知:$\dfrac{\partial \pi_I}{\partial p} = 0$,则 $p^* = D + \omega\lambda/2\lambda$ (8)

将式(8)代入式(1)可得: $q^* = D - \omega\lambda/2$ (9)

将式(8)代入式(9)得到物流服务集成商的利润为:

$$\pi_I = (D - \omega\lambda)^2/4\lambda \tag{10}$$

将式(9)代入式(4)中得到分包商的利润为:

$$\pi_s = -\frac{1}{2}\{-\lambda\omega^2 + [D + \lambda(c + h/2n)]\omega - (c + h/2n)D\} - c_s n \tag{11}$$

将式(8)代入式(6)中得到整个物流服务供应链的利润为:

$$\pi_{sc} = \frac{1}{4}\left\{-\lambda\omega^2 + 2(c + h/2n)\lambda\omega + \frac{D^2}{\lambda} - 2(c + h/2n)D\right\} - c_s n \tag{12}$$

由以上公式可知，分包商和集成商的利润主要是取决于分包商供应单位物流能力的价格 ω。

3.2 模型求解

对式(9)求一阶偏导，即$\frac{\partial \pi_s}{\partial \omega}=0$，可以得到 LSSC 中物流服务分包商供应单位物流能力的价格为：

$$\omega^* = [D+\lambda(c+h/2n)]/2\lambda \tag{13}$$

将式(13)代入式(10)~(12)中，得到 LSSC 中集成商和整个 LSSC 的利润：

$$\pi_I^* = \frac{1}{16\lambda}[D-\lambda(c+h/2n)]^2 \tag{14}$$

$$\pi_s^* = \frac{1}{8\lambda}[D-\lambda(c+h/2n)]^2 - c_s n \tag{15}$$

$$\pi_{sc}^* = \frac{3}{16\lambda}[D-\lambda(c+h/2n)]^2 - c_s n \tag{16}$$

由式(14)、(15)可知，此时物流服务供应链中分包商的利润是集成商利润的大约 2 倍。对式(17)求偏导可知，$\omega=c+h/2n$ 时，LSSC 的利润达到最大值，但此时集成商的利润增加 2 倍，而分包商的利润小于零，此时分包商没有动力争取整个 LSSC 利润的最大化。

4 LSSC 中物流能力协调情形下的模型分析

4.1 模型分析

在分包商和集成商进行协调的情形下，就是使整个物流服务供应链的利润达到最大化，在此基础上来确定集成商单位物流能力的销售价格 p 的值。使 LSSC 的利润模型(6)达到最大值。

4.2 模型求解

由$\frac{\partial \pi_{sc}}{\partial p}=0$ 可知，使整个物流服务供应链达到利润最大的最优单位物流能力销售价格为：

$$p^{**} = [D+\lambda(c+h/2n)]/2\lambda \tag{17}$$

将式(17)代入式(1)可得集成商的最佳物流能力预订量为：

$$q^{**} = [D-\lambda(c+h/2n)]/2 \tag{18}$$

将式(17)、(18)代入式(2)可以得到集成商的利润为：

$$\pi_I^{**} = [[D+\lambda(c+h/2n)]/2\lambda - \omega][[D-\lambda(c+h/2n)]/2] \tag{19}$$

将式(18)代入式(3)得到分包商的利润为：

$$\pi_s^{**} = \{\omega[D-\lambda(c+h/2n)]\}/2 - \{(c+h/2n)[D-\lambda(c+h/2n)]\}/2 - c_s n \tag{20}$$

因此整个物流服务供应链的利润为：

$$\pi_{sc}^{**} = \pi_I^{**} + \pi_s^{**} = \frac{1}{4\lambda}[D-\lambda(c+h/2n)]^2 - c_s n \tag{21}$$

比较两种情形下整个 LSSC 的利润、单位物流能力的销售价格和需求量情况，可以发现：$\pi_{sc}^{**} > \pi_{sc}^*$、$p^{**} < p^*$、$q^{**} > q^*$。说明在 LSSC 中物流能力达到协调的情况下如果整个物流服务供应链达到最优，那么 p 会减小，而需求 q 会增大。

5 结论

通过以上模型的分析可以得到如下结论：通过协调物流服务供应链，可以使分包商和集成商以及整个物流服务供应链的利润增加，使 LSSC 中分包商和集成商达到共赢的局面。物流服务供应链中物流能力不协调的时候，分包商的利润几乎为零，丧失了供应物流能力的动力，在物流服务供应链中物流能力协调的时候，整个物流服务供应链的利润达到最优，分包商和集成上的利润都有增加。

参考文献

[1] 蔡云飞，等. 物流服务供应链及其构建[J]. 企业改革与管理，2006(8):17-18

[2] 申成霖,等. 基于 AHP 方法的物流服务供应商选择决策研究[J]. 西北农林科技大学学报,2005(3):70-73

[3] 刘伟华. 物流服务供应链能力合作的协调研究[D]. 上海. 上海交通大学博士学位论文,2007:52-57

[4] 闫秀霞,等. 物流服务供应链模式特性及其绩效评价研究[J]. 中国机械工程,2008(11):965-973

[5] 崔爱平,刘伟,张旭. LSSC 的基本理论框架[J]. 上海海事大学学报,2008(3):1-6

[6] 崔爱平,刘伟. 物流服务供应链中基于期权契约的能力协调[J]. 中国管理科学. 2009. 17(2):59-65

[7] 田宇. 第三方物流服务分包管理[M]. 广州:中山大学出版社,2006. 4:166-171

[8] 崔爱平,刘伟. 物流服务供应链中基于期权契约的能力协调[J]. 中国管理科学. 2009. 17(2):59-65

[9] 徐最,朱道立,朱文贵. 需求受到价格影响下的供应链回购契约研究[J]. 系统工程学报. 2009. 24(2):173-177

[10] 肖玉明,汪贤裕. 边际成本递增情况下供应链的协调研究[J]. 系统工程学报. 2009. 24(1):94-98

[11] 曹柬,杨春节,等. 不对称信息下供应链线性分成制契约设计研究[J]. 管理科学学报,2009(2):19-30

[12] 徐兵. 两生产商单零售商的货架竞争与协调研究[J]. 预测,2009. 28(2):66-71

[13] 公彦德,李帮义. 基于 TPL 和 NASH 谈判模型的三级 SSC 机制研究[J]. 预测,2009. 28(2):60-65

[14] Giannoccaro I, Pontrandolfo P. supply chain coordination by revenue sharing contracts [J]. International Journal of Production Economics, 2004, 89(2):131-139

[15] 王金明,郑树清,刘永胜. 完全补给型合作关系的供应链协调研究[J],现代财经,2006. 26(2):59-61

Study on capability coordination in logistics service supply chain

Gao Zhijun, Liu Wei

(Shanghai Maritime University, College of Transport & Communication, Shanghai, 200135)

Abstract: In order to study on capability coordination in two stages LSSC. Through quantitative analysis to study the conditions that the logistics capability coordinate or not. And the profit of logistics service integrator, logistics service sub-contractors and LSSC. Therefore, it is easy to identify the effect of LSSC coordination.

Key words: LSSC, capability coordination, Logistics capability reservation, Sub-contractors, Integrator.

含蜡原油管道启动压力及其传递速度研究

兰　浩　张国忠　刘　刚

（中国石油大学储运与建筑工程学院，山东青岛，266555，fairyfrank@126.com）

摘　要：本文对渤西海洋原油、南阳原油和苏丹 GNPOC 原油的管流启动特性进行了试验研究。分析了不同静态温降幅度和停输时间工况下，低温含蜡原油管道启动压力的变化情况。着重研究了低温胶凝原油管道启动过程中，压力信号沿管路的传递过程。压力信号的传递是压力波传播的宏观表现。压力信号的传递速度与原油物性、阻尼作用、压强大小和传递距离等因素有关。压力信号传递速度不同于压力波波速。对于含蜡原油管道启动数学模型的建立，应该用压力信号传递速度来模拟和描述管道启动过程的压力传递规律。

关键词：胶凝原油；管道停输；再启动压力；压力信号传递速度

管道运输是石油产品长距离输送的主要手段。管道运营中，事故停输或计划停输是不可避免的生产过程。停输过程中，原油中的蜡晶析出，相互结合形成具有一定强度的空间网络结构，使得原油表现为具有屈服应力的类固性凝胶体，即胶凝态原油。此时，要重新启动管道必须提供高于正常输送所需要的压力，甚至可能出现凝管事故[1]。因此，研究含蜡原油管道停输再启动过程对指导管线设计，保障管道安全、经济运营是十分有益的。

1　含蜡原油管道启动压力影响因素

如图 1 所示，环道全长 30m，内径 21.36mm。管流启动试验分为原油预热、动态降温（管输）、静态降温（停输）和再启动四个阶段。首先，将原油加热至预处理温度 T_0。然后，以恒定的预剪切流量和降温速率进行动态降温。待油温降至停输温度 T_1 后，停输静置，按预定降温速率静态降温至启动温度 T_2。最后，以恒定的启动流量进行管道再启动试验，测量重新启动管内凝油所需要的压力。影响原油启动压力的因素很多，本文着重分析静态温降幅度和停输时间对管道启动压力的影响。试验油样为渤西海洋原油，预处理温度 50℃，管输流量 50mL/s，启动流量 20mL/s。

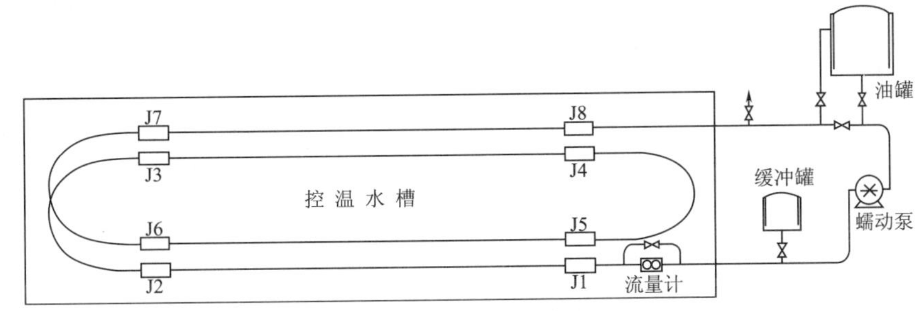

图 1　管流试验装置流程图

1.1　静态温降幅度的影响

静态温降幅度 ΔT 是停输温度 T_1 与启动温度 T_2 的差值，即 $\Delta T = T_1 - T_2$。在启动温度相同的情况下，停输温度越高，静态温降幅度越大。为便于描述，文中将通过研究停输温度对启动压力的影响间接地分析静态温降幅度对管道启动压力的影响。

作者简介：兰浩（1981-），男（汉族），天津人，在读博士研究生，主要从事油气长距离管道输送技术研究，E-mail：fairyfrank@126.com。

如图2所示,在其他条件相同的情况下,管道启动压力 P_{max} 随停输温度 T_1 的增大而增大,当停输温度 T_1 增至某一温度 $T_1{}^*$ 时达到最大值,随后,启动压力 P_{max} 又随停输温度 T_1 的增大而减小。图2中前半段启动压力单调递增,是因为:静态条件下生成蜡晶的结构强度大于动态条件下蜡晶的强度[2]。随着停输温度的升高,缩短了动态条件下的蜡晶析出过程,延长了静态条件下的蜡晶生长和蜡晶颗粒连接过程。因此,启动压力随停输温度的增大而增大。图2中后半段启动压力由递增变为递减,是因为:静态温降幅度的增大,增大了原油因降温收缩而在管道中产生的空隙,而原油因降温收缩而在管道中产生空隙是导致启动压力降低的一个重要原因[3]。此外,当油温低于析蜡点时,蜡晶开始析出,但在析蜡点附近的温度区域内析出的蜡晶很少(为方便描述,称该区域为低析蜡量温区);随着油温继续下降,析出的蜡晶不断增多(称该区域为高析蜡量温区)。停输时间相同的情况下,当停输温度 T_1 处于低析蜡量温度区域时,随着 T_1 的增大,停输过程中原油处于高析蜡量温度区域的时间减少。这就意味着,高析蜡量温度区域内析出的蜡晶的静置时间减少,从而导致管道启动压力降低。综合以上原因,使得启动压力 P_{max} 随着停输温度 T_1 的升高呈现先增大后减小的变化趋势。可以推测,转折温度 $T_1{}^*$ 将介于凝点与析蜡点之间,即 $T_{凝点} < T_1{}^* < T_{析蜡点}$。

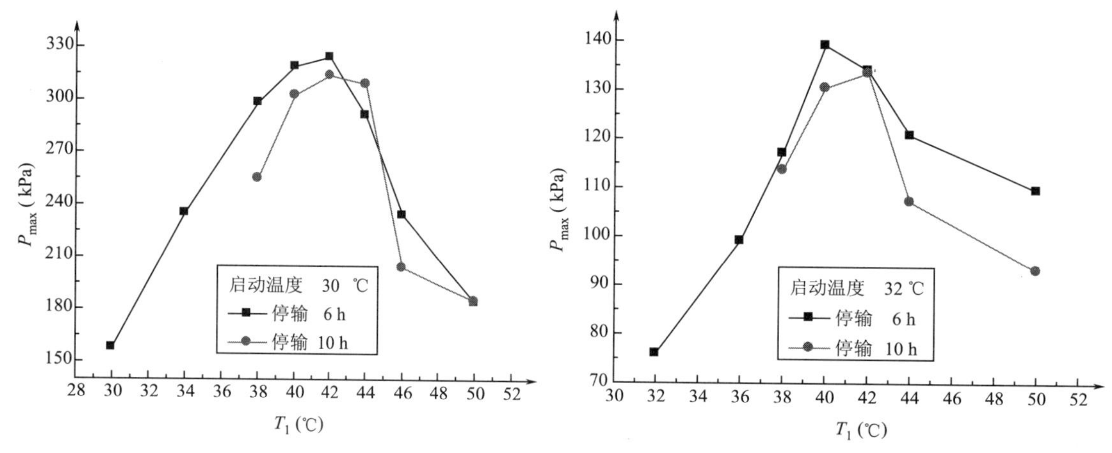

图2 管道启动压力 Pmax 与停输温度 T_1 的关系

1.2 停输时间的影响

如图2和表1所示,在其他条件相同的情况下,停输6h与停输10h所对应的管道启动压力相差不多,甚至停输10h比停输6h所需的启动压力还低。分析原因,一方面,停输6h后管内凝油的结构强度基本达到最大值,继续延长停输时间,凝油结构强度变化很小。但是,停输时间越长,静态温降速率越小。慢速冷却所对应的原油收缩量大于快速冷却所对应的原油收缩量,从而导致管道启动压力减小[4]。另一方面,试验所用渤西海洋原油的含水率为17%,其流变性不同于纯净原油。试验期间,在管道停输降温过程中,时常会观察到不同程度的油水分离现象,这也是导致管道启动压力随停输时间延长而略微下降的原因。

停输温度38℃,启动温度32℃,不同停输时间下管道的启动压力 表1

停输时间	t(h)	2	4	6	10
启动压力	P_{max}(kPa)	93.5	106.3	118.1	112.8

2 管道启动压力的传递规律

管道停输过程中,随着温降以及蜡晶的析出与成长,液态原油逐渐转变为具有屈服强度的胶凝态物质。原油流变性的变化,一方面,使管内原油重新恢复流动所需要的压力急剧增大;另一方面,启动压力沿管路的传递特性也发生了变化。

如图1所示,环道中预留了8个压力传感器接口,沿管流方向依次编号为J1至J8。数据采集选用美国NI公司PCI-6289采集卡,采样频率1kHz。试验中,通过判断各传感器所记录压力—时间曲线的拐点来确定压力信号前锋抵达的位置和传递规律。文中以渤西海洋原油、南阳原油和苏丹 GNPOC 原油为例(凝点分别为 35℃、40℃和 33℃),对含蜡原油内压力信号的传递规律进行了试验研究。

如图 3 所示,以 J1 作为零基准,纵坐标 L 表示各传感器与 J1 的距离,横坐标 t 表示压力信号从 J1 传递到后续各传感器所经历的时间。观察各原油的 $L-t$ 曲线,可以发现:

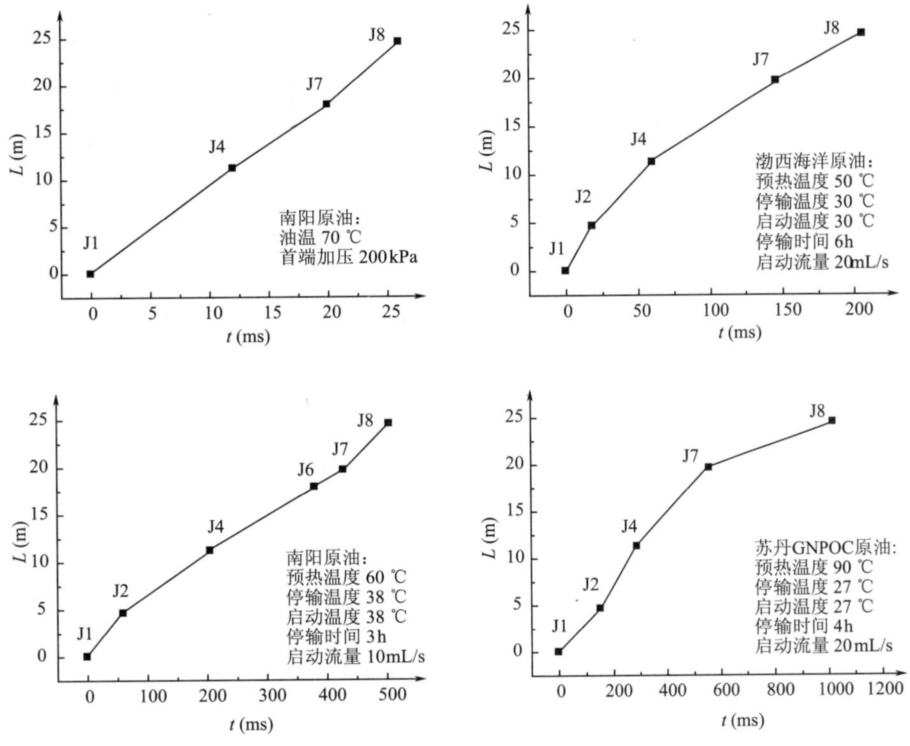

图 3　三种原油内压力信号的传递过程

(1)胶凝原油内,压力信号的传递速度小于压力波波速。图中曲线斜率 $a=dL/dt$ 表示的是压力信号的传递速度。依据试验结果,压力信号在 70℃南阳原油内的传递速度约 930m/s;在 30℃渤西原油内的传递速度约 110m/s;在 38℃南阳原油内的传递速度约 50m/s;在 27℃苏丹原油内的传递速度约30m/s。高温液态原油压缩系数 β 的数量级一般在 10^{-10}Pa^{-1} 左右[5-6],低温胶凝原油压缩系数 β 的数量级一般在 $10^{-10}\sim10^{-9}\text{Pa}^{-1}$。根据压力波波速计算公式 $C=\sqrt{1/\beta\rho}$,原油内压力波波速大约在 500~1500m/s 范围内。由此可见,对于温度较高的液态原油,试验测得的压力信号传递速度 a 与压力波波速 C 基本相当;而对于油温在凝点以下的胶凝原油,试验测得的压力信号传递速度 a 明显小于压力波波速 C。

(2)胶凝原油内,压力信号的传递速度与传递距离有关。对于 70℃南阳原油,试验得到的 $L-t$ 曲线基本上呈线性增长趋势,也就是说,压力信号的传递速度保持不变。而对于其他三组油温在凝点以下的胶凝原油,其 $L-t$ 曲线呈减速上升趋势,换言之,压力信号的传递速度随着传递距离的增加而逐渐减小。

(3)压力信号传递速度与压力波波速是两个不同的概念。压力波波速只与介质物性有关,与压强大小和传播距离无关,波速是恒定的。然而,压力所能传递的最远距离却与压强大小和介质的阻尼作用有关。压力传递过程中,由于介质的耗能和阻尼作用,压强会发生衰减。当两传感器间距大于某强度压力所能传递的最大距离时,便无法跟踪这一压力信号。只有当上游压力信号的强度(能量)足以克服沿线介质的阻尼衰减时,下游传感器才能监测到上游传播过来的压力信号。如图 4 所示,以 38℃南阳原油启动试验为例,当压力信号抵达 J6 时,J4 处压力只有 13.9kPa。也就是说,J4 和 J6 之间传递的压力信号的强度很小。众所周知,低温胶凝原油属于粘弹塑性介质,粘度大,阻尼耗能作用强。从 J4 出发的微弱压力信号(例如 1~5kPa)很可能在抵达 J6 前就已经衰减为 0kPa,这也是通过两曲线拐点坐标(358,0)和(482,0)所计算的压力信号传递速度小于压力波波速的原因。由此可见,压力信号传递是压力波传播的宏观表现,压力信号的传递速度与介质物性、阻尼作用、压强大小和传播距离等因素有关。

(4)与压力波波速相比,压力信号传递速度具有更强的工程应用属性。目前,对于胶凝原油管道停输再启动数学模型的建立,一些学者以原油内声波或压力波波速来描述管道内压力信号的传递过程[7,8],从而算出的管道清管时间较短,与实际工况相差较大。对于低温胶凝原油,粘度大,阻尼耗能作用强,因此,应该用压力信号传递速度来模拟和预测管道启动过程的压力传递过程。

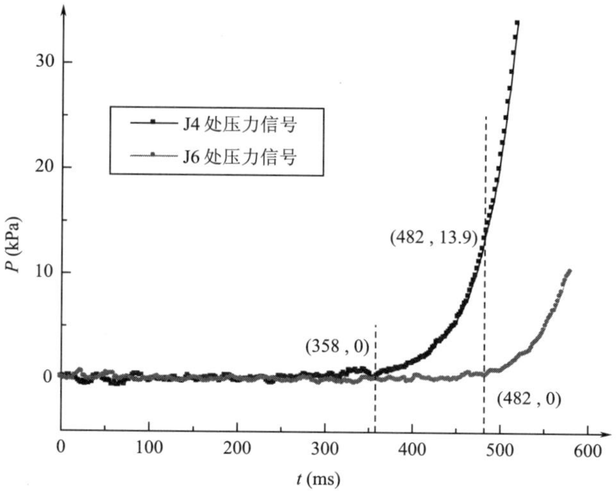

图4 启动温度38℃,采集到的南阳原油的压力—时间曲线

3 结语

本文对渤西海洋原油、南阳原油和苏丹GN-POC原油的管流启动特性进行了试验研究。分析了静态温降幅度和停输时间等因素对管道启动压力的影响,研究了胶凝原油管道启动过程中压力信号沿管路的传递规律,为含蜡原油管道的运营和管理提供了技术支持。

参考文献

[1] 张国忠,刘刚. 大庆胶凝原油启动屈服应力研究[J]. 石油大学学报(自然科学版),2005,29(6):91-93

[2] 李鸿英,张劲军,高鹏. 蜡晶形态、结构与含蜡原油流变性的关系[J]. 油气储运,2004,23(9):19-23

[3] 蒋永兴. 含蜡原油屈服过程及其受空隙影响的实验研究[J]. 力学与实践,1994,16(1):19-21

[4] Henaut,O. Vincke,F. Brucy. Waxy crude oil restart:mechanical properties of gelled oils[J]. SPE 56771

[5] 范砧,赵英海. 中国原油压缩性的研究[J]. 石油学报,1985,6(2):99-107

[6] 董平省. 低温大庆原油压缩性研究[D]. 东营:中国石油大学(华东),2005

[7] M. G. Cawkwell,M. E. Charles. An improved model for start-up of pipelines containing gelled crude oil [J]. Journal of Pipelines,1987(7):41-52

[8] Malcolm R. Davidson,Q. Dzuy Nguyen,Cheng Chang,et al. A model for restart of a pipeline with compressible gelled waxy crude oil[J]. J. Non-Newtonian Fluid Mech,2004(123):269-280

Study on the pipeline restart pressure and pressure propagation of waxy crude oil

Lan Hao,*Zhang Guozhong*,*Liu Gang*

(College of Storage &Transportation and Civil Engineering,China University of Petroleum,Qingdao,266555)

Abstract:The pipeline restart processes of Boxi offshore oil,Nanyang oil and Sudan GNPOC oil were simulated on the laboratory experimental loop. The restart property of Boxi offshore oil was studied under different static temperature drops and shutdown durations. Besides,the pressure propagation properties for the three different oils during pipeline restart process were analyzed. The pressure propagation speed in gelled crude oil was affected by many factors,such as oil properties,damping action,pressure intensity and propagation length. The model for restart of a pipeline with gelled crude oil should be built according to the tested pressure propagation speed.

Key words:Gelled crude oil;Pipeline shutdown;Restart pressure;Pressure propagation speed

以上海为例的制造业与物流产业共生关系研究

李博然

（上海海事大学交通运输学院，上海，200135）

摘　要：某区域内制造业与物流产业（主要指第三方物流）之间的关系类似于生态学中的种群共生进化现象。本文以上海为例，利用共生理论中的Logistic方程和产业经济学中的投入产出法，建立起描述制造业与物流产业间相互作用关系的数学模型，对于合理发展制造业和物流业具有一定指导意义。

关键词：共生关系；Logistic模型；投入产出法

1　前言

制造业代表着一个国家的国际地位与经济实力，是国民经济的支柱产业。据统计，工业化国家有70%～80%的物质财富来自于制造业，约有1/4的人口从事各种形式的制造活动。制造业对大多数国家和地区的经济腾飞起着至关重要的作用。

现代物流作为一种先进的组织方式和管理理念，已经被认为是继降低物资消耗、提高劳动生产率之后的“第三利润源泉”。美国、日本等发达国家的物流总成本占GDP比重均在10%以下，而国内的平均水平在20%左右。物流水平滞后于制造业的升级和结构调整，已经成为制约提升产业竞争力的一个主要因素。

近几年，随着我国市场经济行为的深化、产业结构的逐步升级，制造业和现代物流业的互动关系得到加强，制造企业物流水平逐步提高。一方面，制造业的改造升级释放了大量的物流需求；另一方面，物流业的发展推动了制造业升级。

本文借用共生理论上的Logistic模型来描述和分析制造业集群和物流服务业之间的共生互利关系。

2　共生关系模型分析

2.1　共生理论简介

“共生”（Symbiosis）是生物界的现象。1879年，德国真菌学家德贝里（Anton de Bary）首次提出“共生”的概念，并将“共生”定义为“不同种属的生物按某种物质联系共同生活”。社会经济现象在很多方面也与生物世界相似，1950年以后，共生思想渗透到社会诸多领域。

从一般意义上讲，共生指单元之间在一定的环境中按某种模式形成的关系。它由共生单元U、共生模式M和共生环境E三要素构成（图1）。共生单元是指构成共生体的基本能量生产和交换单位，是形成共生体的基本物质条件。共生模式又称共生关系，是指共生单元相互作用的方式或相互结合的形式。共生环境是指共生关系存在发展的外生条件。[1]

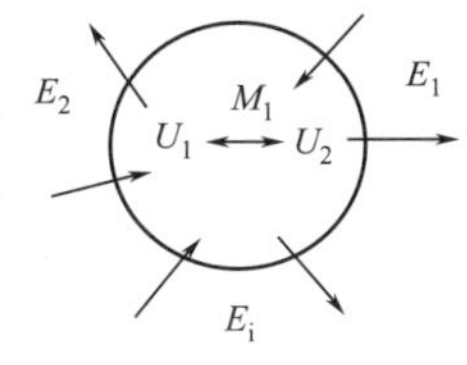

图1　共生关系图

在共生理论中，经常使用Logistic模型来研究两共生单元间的相互作用关系。

2.2　Logistic模型的建立

Logistic模型可刻画两个种群之间或多个种群之间的相互作用关系（如竞争、互利、偏利）。在模型中，若将制造业与物流产业所经历的变化简化为产出水平，便可通过对产出水平变化的刻画来描述共生的演变过程。有关符号和假设说明如下：

作者简介：李博然，男，硕士研究生，交通运输规划与管理专业，E-mail：liboran1985@hotmail.com。

(1)y 表示 t 时刻的产出水平。$y_1(t)$,$y_2(t)$ 分别表示 t 时刻制造业与物流产业的产出水平;K_1 和 K_2 分别表示制造业与物流产业在独立状态下由环境所决定的最大产出水平;

(2)r_1 和 r_2 分别表示制造业与物流产业的平均增长率;

(3)$\frac{y_1}{K_1}$,$\frac{y_2}{K_2}$分别表示制造业和物流产业的产出水平占各自能够实现的最大值的比例,称为自然增长饱和度;

(4)α 表示物流产业对制造业的产出水平增长的贡献,β 表示制造业对物流产业的产出水平增长的贡献,$\alpha>0$,$\beta>0$。

由此,Logistic 增长模型描述制造业在独立状态下产出水平的增长规律为:

$$\frac{\mathrm{d}y_1(t)}{\mathrm{d}t}=r_1y_1\left(1-\frac{y_1}{K_1}\right)$$

物流产业在独立状态下产出水平的增长规律为:

$$\frac{\mathrm{d}y_2(t)}{\mathrm{d}t}=r_2y_2\left(1-\frac{y_2}{K_2}\right)$$

物流产业与制造业的共生模式属于平等型共生模式。[2]

2.3 平等型共生模式

平等型共生是指两者之间达成紧密合作关系,彼此间相互获利,但可以独立存在。

在没有第三方物流存在的情况下,制造企业可以通过企业自身的力量来完成物流活动。第三方物流也可以通过其他的途径来获取另外的订单,可以脱离制造业而独立存在。因此,可假定制造业和第三方物流处于平等的地位。

当物流产业与其被服务对象制造业出现共生界面逐渐形成相互依存的共生关系时,这时候物流产业增长规律不仅仅受到自身发展所需的有限的生产资源所影响,还受到制造业的发展情况的影响,于是物流产业的增长规律变为:

$$\frac{\mathrm{d}y_2(t)}{\mathrm{d}t}=r_2y_2\left(1-\frac{y_2}{K_2}+\beta\frac{y_1}{K_1}\right)$$

同样,制造业增长规律变为:

$$\frac{\mathrm{d}y_2(t)}{\mathrm{d}t}=r_1y_1\left(1-\frac{y_1}{K_1}+\alpha\frac{y_2}{K_2}\right)$$

为了研究这两个产业间相互依存的结局,即 $t\to\infty$ 时 $y_1(t)$ 和 $y_2(t)$ 的趋向,不必要解上述方程,只需对它们的平衡点进行稳定性分析。

根据上面的两个微分方程解代数方程组:

$$\begin{cases}r_1y_1\left(1-\frac{y_1}{K_1}+\alpha\frac{y_2}{K_2}\right)=0\\ r_2y_2\left(1-\frac{y_2}{K_2}+\beta\frac{y_1}{K_1}\right)=0\end{cases}$$

解得平衡点为 $P\left(\frac{K_1(1+\alpha)}{1-\alpha\beta},\frac{K_2(1+\beta)}{1-\alpha\beta}\right)$,在共生平衡稳定状态下,制造业和物流产业的产出水平随着 α、β 的增加而快速增加。制造业和物流产业的产出水平在平衡稳定状态下都大于各自独立经营时的产出水平。[3]

3 上海制造业与物流产业共生关系分析

在 Logistic 模型中,α、β 表示两产业对彼此产出水平增长的贡献。本文运用产业经济学中的投入产出法对 α 和 β 进行估算,并以此对上海制造业与物流产业的共生关系进行分析。

投入产出法是研究经济体系中各个部分之间投入与产出的相互依存关系的数量分析方法。我国从

1987 年开始每 5 年进行一次全国投入产出调查，本文的数据来源于 2002 年上海市投入产出表（最新的 2007 年表尚未公布）。

根据 2002 年上海市投入产出表可计算编制出制造业和物流业的基本流量表，见表 1：

2002 年上海制造业和物流产业投入产出表（单位：万元） 表 1

	制造业	物流业	中间使用	最终使用	总产出
制造业	50537273.49	3678001.89	68427142.28	68006748.60	92415123.86
物流业	2559476.10	2923219.78	8616040.06	9156895.82	14295320.07
中间投入	71358485.37	9479620.95			
增加值	21056638.49	4815699.12			
总投入	92415123.86	14295320.07			

根据基本流量表，可计算出制造业和物流业的完全消耗系数见表 2。

2002 年上海制造业和物流产业完全消耗系数表 表 2

	制造业	物流业
制造业	1.2512	0.7281
物流业	0.0784	1.2824

完全消耗系数是指某一部门每提供一个单位的最终产品，需要直接和间接消耗（即完全消耗）各部门的产品或服务数量，揭示了部门之间的直接和间接的联系，全面更深刻地反映部门之间相互依存的数量关系。[4]

可将完全消耗系数作为产业之间的贡献程度来分析，则上海市物流产业对制造业的产出水平的贡献度 $\alpha = 0.0784$，制造业对物流产业的产出水平的贡献度 $\beta = 0.7281$。

根据中国 2008 年统计年鉴的数据，2007 年上海制造业地区生产总值为 5298.08 亿元，物流产业地区生产总值为 723.13 亿元，将其作为 2002～2007 年上海地区制造业和物流产业的最大产出水平进行估算，代入 Logistic 模型可计算得到在共生条件下的平衡点为（6059.44，1325.32）。可见，在平等共生模式下制造业和物流产业都得到了相应发展。

4 结论

从上海 2002 年完全消耗系数表可以看出，制造业对本产业的完全消耗系数大于 1（为 1.2512）；同时，制造业对物流产业的完全消耗系数仅为 0.0784，显示上海制造业有很明显的产业内循环的特征，内生发展能力较强，对物流产业的依存程度相对较低。物流产业对制造业的完全消耗系数为 0.7281，物流产业对制造业的依赖程度较高。

目前，制造业是主导产业，而物流是必不可少的配套产业，这两类产业在规模上、能力上具有相当的差距，所以 α 较小，而 β 相对较大。随着经济发展，物流产业将获得发展，对制造业的依赖降低。最终两者彼此的贡献将相差不大，达到平等共生状态，会最大程度上发挥出各自效益。

应努力促使制造业和物流产业达到互利共生的均衡状态，但彼此之间的依赖程度不能太大。此时平等型共生模式能获得满意的产出效益，能够促进制造业和物流产业的协同发展。

参考文献

[1] 陈欣欣. 港口可持续发展中的共生关系研究[D]. 大连海事大学，2006

[2] 陈畴镛，金聪. 制造业集群与物流服务业的共生互利分析[J]. 经济论坛，2007，(03)

[3] 陈畴镛，吴国财. 产业集群与第三方物流的共生模型及稳定性分析[J]. 杭州电子科技大学学报，2007，(04)

[4] 刘小瑜. 中国产业结构的投入产出分析[M]. 北京：经济管理出版社，2003.10

Research on The symbiotic relationship between shanghai's manufacturing industry and logistics industry

Li Boran

(Shanghai Maritime University, College of Transport & Communications, Shanghai, 200135)

Abstract: the relationship between manufacturing and logistics industry (mainly referring to third-party logistics) is similar to the phenomenon of symbiosis in the population ecology. Taking Shanghai as an example and with the help of Logistic model and input-output method, this paper establish a mathematical model, which can describe interaction between manufacturing and logistics industry, and has a certain guiding significance for the rational development of manufacturing and logistics industry.

Key words: Symbiotic relationship; Logistic model; Input-output method

一种新的道路交通安全评价权重确定方法

兰　乔　李一兵　许　骏

(汽车安全与节能国家重点实验室,清华大学,北京,100084)

摘　要:本文在分析道路交通事故特点和道路交通安全影响因素的基础上,根据综合评价指标的选取原则,建立了包含定量指标与定性指标的区域交通安全综合评价指标体系。考虑到评价指标的多样性和现有权重确定方法的固有缺陷,本文提出了一种综合主观和客观方法的指标权重确定新方法,即基于层次分析的最小欧氏距离法。应用该方法,在专家评分的基础上,对已建立的道路交通安全评价体系进行了权重的分配。计算结果表明,这种新的权重确定方法计算简便、结果可信,对不同类型评价指标具有较强的普适性,同时也为交通安全综合模型的研究奠定了可靠的理论基础。

关键词:权重确定方法;指标体系;综合评价;道路交通安全

1　引言

道路交通安全评价是对道路交通安全程度的评估,也是对道路交通安全情况的客观描述,同时也为客观分析道路交通安全条件提供重要的依据。建立评价指标体系则是进行道路交通安全评价的基础,而进一步合理地分配各评价指标的权重值对下一步建立道路交通安全综合评价模型具有决定性的意义。国内相关研究已建立了一些评价指标体系如"公路交通安全评价指标体系[1]"、"道路交通安全管理评价体系[2]"等。对评价指标的权重确定方法主要采用"直接打分法[3]"、"重要性排序法[3]"、"二项系数加权和法[3]"等主观方法。现有的评价指标体系及权重确定方法仍有以下不足之处:

(1)现有评价指标体系仅包含定性指标或定量指标,或侧重于某一方面的评价,无法全面综合地反映道路交通安全状况。

(2)权重确定方法多使用主观评价方法,有时会由于决策者经验的缺乏和个人的偏好,使决策带有主观随意性。

本文在提出一套定性与定量指标相结合的道路交通安全综合评价指标体系的基础上,建立用于确定指标权重的层次分析——最小欧氏距离法。实例计算表明:该方法结合了主观方法和客观方法的优点,具有计算简便、普适性强等特点。

2　建立综合评价指标体系

进行道路交通安全评价的最终目标是减少交通事故发生的可能性,提高道路的安全性。道路交通事故的特点主要有以下五点:(1)因果性;(2)偶然性;(3)潜伏性;(4)阶段性;(5)复杂性[4]。从这些特点入手,可分析城市道路交通安全的影响因素,主要有宏观因素和微观因素两类。宏观因素主要包括人口及受教育程度、交通法规、经济发展程度、车辆保有量、道路里程及等级等内容,适用于较大尺度的交通安全水平的评价;微观因素依赖于大量的、详尽的交通事故统计数据,主要包括人、车辆、道路环境以及交通安全保障等内容。

根据影响道路交通安全的因素分析以及道路交通事故的特点,为客观科学地评价道路交通安全状况,需遵循以下选取原则来建立道路交通安全综合评价指标体系:(1)系统性:按照系统工程的基本原则分层次、分目的地划分系统,同时注重指标之间的相互联系。指标的选取要从交通结构、居民素质、交通法规等

项目基金:"十一五"国家科技支撑计划课题"道路交通安全评估预警关键技术研究"(2007BAK35B06)。

作者简介:兰乔(1986-),男,硕士研究生,主要研究方向为交通安全评价和交通事故再现等。

大系统的角度出发考虑,并注意避免孤立片面的关注个别重点,而忽视其他影响因素等问题;(2)科学性:评价指标要符合交通工程的基本原理,必须建立在科学的基础上才能反应客观实际,对实践起指导作用。科学性的代表指标有"交通安全监督与管理水平"和"交通事故分析与防控水平"等;(3)可比性:由于评价涉及到多个不同的系统对象,评价必须在平等的、可比的标准体系下进行。可比性的代表指标有事故率、死亡率、致死率等;(4)综合性:评价指标体系应力求全面反映评价对象的道路交通安全水平。结合"交通安全现状反映"和"交通安全环境及背景条件"作评价就是综合性的体现之一;(5)独立性:选取最有代表性的指标,避免造成概念上的重复和计算结果的重叠。为了得到综合评价结果,需要将各指标得分加权求和,各指标间的独立性十分重要,否则可能造成评价结果的失真;(6)实用性:评价指标应能够有代表性地反映道路交通安全状况的水平,同时应符合我国道路交通安全的特点,符合我国现行的统计实情,避免使用无从收集、无法使用的指标。如"安全投资比率"、"公路等级率"等都是实用性指标。

根据构建道路交通安全评价指标体系的目标和综合评价指标的选取原则,本文从"道路交通安全现状反映"和"道路交通安全环境及背景条件"两大方面出发划分准则层,将定量指标与定性指标相结合,综合考虑人、车、路以及管理等方面的因素,采用层次分析的方法构建评价指标体系。在现状反映中主要选用交通事故发生率及交通事故严重程度等定量指标,在背景条件中除了交通事故发生可能性及趋势外,道路交通安全监督与管理水平、道路交通事故分析与防控水平、道路交通安全政策机制完善水平都是定性指标。这6种指标构成了一级指标层,充分体现了系统性、科学性、综合性以及独立性原则。而在这之下细分的24项指标构成的二级指标层则具有可比性和实用性的条件。至此,一个能够综合反映道路交通安全的评价指标体系构建完成,如表1所示。其中,交通事故发生可能性及趋势中的各项定量指标定义如下:安全投资比率——用于安全教育、安全设施及安全管理方面的投资与道路交通总投资比值;公路等级率——二级及二级以上公路里程与公路总里程比值;交通事故下降比率——本地当年道路交通事故数与过去3年交通事故数平均值相比下降的比率;交通事故死亡人数下降比率——本地当年道路交通事故车死亡人数与过去3年交通事故死亡人数平均值相比下降的比率。在实际应用中,定性指标需要进行量化处理,即将每项定性指标都分解为几个具体的小项,按照各指标满足小项的数目确定等级,再由评价标准划定等级对应的分数以实现量化。由于篇幅所限,本文在此不给出所有定性指标的量化处理结果,只关注对各综合评价指标的权重确定结果。

道路交通安全综合评价指标体系 表1

目标层	准则层	一级指标层	二级指标层
道路交通安全评价	道路交通安全现状反映	交通事故发生率	万车事故率 十万人口事故率 亿元国内生产总值事故率 亿车公里事故率
		交通事故严重程度	交通事故死亡率 交通事故致死率 万车死亡率 十万人口死亡率 亿元国内生产总值死亡率 亿车公里死亡率
	道路交通安全环境及背景条件	交通事故发生可能性及趋势	安全投资比率 公路等级率 交通事故下降比率 交通事故死亡人数下降比率
		道路交通安全监督与管理水平	道路交通安全监督管理保障体系 道路交通安全监督管理水平 道路交通安全条件
		道路交通事故分析与防控水平	道路交通事故分析水平 道路交通事故多发点段整治水平 道路交通事故紧急救援水平 道路交通安全综合协调机构
		道路交通安全政策机制完善水平	道路交通安全管理规划水平 道路交通安全责任制 道路交通安全宣传与教育水平

3 权重模型的建立

3.1 模型的基本假设

(1)由专家打分并根据层次分析法得出各专家对各评价指标确定的权重值。本权重确定模型是主客观评价方法相结合的模型,故需要由专家先对评价指标进行主观评价,本文中的主观评价均来自于四位交通安全评价研究领域的研究专家。

(2)各权重值必为正值,即 $W_i>0$。

(3)任一指标层各指标权重值加和为1,即 $\sum W_i=1$

3.2 建模过程

实际应用的过程中,在交通安全领域有代表意见的权威专家将被邀请给各评价指标打分以确定权重系数。最小欧氏距离方法的应用是尽可能地综合个专家的意见,根据各专家的评价意见找到权重系数的最优解。这个最优解是客观综合各个专家主观评价的结果,本文所提出的权重确定方法的物理意义即是使得权重确定结果能最大限度地反应每个专家的意见。

假定 $R_i=(r_{i1},\cdots,r_{im})$ 和 $R_j=(r_{j1},\cdots,r_{jm})$ 是两位专家对某一有 m 个指标的指标层的评价结果,w_i 和 w_j 为两位专家评价结果的相对权重,则将权重的欧氏距离定义[5,6]为:

$$d_{ij}=\sqrt{\sum_{k=1}^{m}(w_i r_{ik}-w_j r_{jk})^2} \tag{1}$$

若 n 个专家对某一有 m 个指标的指标层的评价结果为:

$$R_i=(r_{i1},r_{i2},\cdots,r_{im}),i=1,2,\cdots,n$$

待确定的每位专家评价结果的相对权重值为 $W=(w_1,\cdots,w_n)^T$。

将 n 个专家的评价结果两两比较,并将其欧氏距离的加和最小化,再加上权重值大于零且所有权重值加和为1的约束条件,有如下方程式:

$$\min J=\sum_{i=1}^{n}\sum_{j=1,j\neq1}^{n}\mathrm{d}_{ij}^2=\sum_{i=1}^{n}\sum_{j=1,j\neq1}^{n}\left[\sum_{k=1}^{m}(w_i r_{ik}-w_j r_{jk})^2\right] \tag{2}$$

$$\text{s.t.}\ \sum_{i=1}^{n}w_i=1,w_i\geqslant0,i=1,\cdots,n$$

用求有约束条件最值的拉格朗日方法解以上方程式,构造拉格朗日方程如下所示:

$$L(W,\lambda)=\sum_{i=1}^{n}\sum_{j=1,j\neq1}^{n}\left[\sum_{k=1}^{m}(w_i r_{ik}-w_j r_{jk})^2\right]-2\lambda\left(\sum_{i=1}^{n}w_i-1\right) \tag{3}$$

对每一 $i=1,\cdots,n$,令 $\frac{\partial L}{\partial w_i}=0$ 得:

$$\frac{\partial L}{\partial w_i}=2\sum_{j=1,j\neq1}^{n}\left[\sum_{k=1}^{m}(w_i r_{ik}-w_j r_{jk})r_{ik}\right]-2\lambda=0,i=1,\cdots,n \tag{4}$$

简化求解得:

$$(n-1)\left(\sum_{k=1}^{m}r_{ik}^2\right)w_i-\sum_{j=1,j\neq1}^{n}\left[\sum_{k=1}^{m}(r_{ik}r_{jk})\right]w_j-\lambda=0,i=1,\cdots,n \tag{5}$$

上式可被写为如下的矩阵形式:

$$GW-\lambda e=0 \tag{6}$$

其中:$$G=(g_{ij})_{n\times n}=\begin{bmatrix}(n-1)\sum_{k=1}^{m}r_{1k}^2 & -\sum_{k=1}^{m}r_{1k}r_{2k} & \cdots & -\sum_{k=1}^{m}r_{1k}r_{nk}\\ -\sum_{k=1}^{m}r_{2k}r_{1k} & (n-1)\sum_{k=1}^{m}r_{2k}^2 & \cdots & -\sum_{k=1}^{m}r_{2k}r_{nk}\\ \vdots & \vdots & \vdots & \vdots\\ -\sum_{k=1}^{m}r_{nk}r_{1k} & -\sum_{k=1}^{m}r_{nk}r_{2k} & \cdots & (n-1)\sum_{k=1}^{m}r_{nk}^2\end{bmatrix}$$

再联合 $e^T W=1$ 求解得:

$$W=\frac{G^{-1}e}{e^T G^{-1}e}\geqslant 0, e=(1,1,\cdots,1) \tag{7}$$

则权重确定结果为:

$$w=\sum_{i=1}^{n} W_i \cdot R_i, i=1,2,\cdots,n \tag{8}$$

其中 W_i 为 W^* 的第 i 行。

上述建模流程总结如图 1 所示

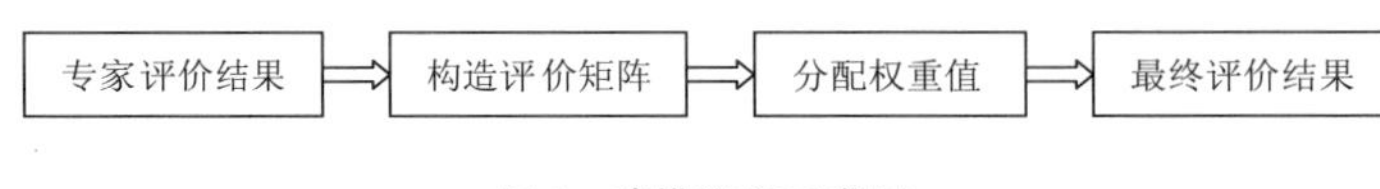

图 1　建模流程示意图

至此,本文已经建立了道路交通安全评价权重确定模型。

4　权重确定方法的应用与对比

4.1　道路交通安全综合评价指标权重的确定

在道路交通安全综合评价指标体系的基础上,用所提出的层次分析——最小欧氏距离法(AHP-LS-DM 法)对评价指标权重系数的确定进行了应用,计算过程如下所述,结果表 2 所示。结果表明 AHP-LSDM 法计算简便、实用性强,且这种新的权重确定方法结合了主观方法和客观方法的优点,对不同类型评价指标具有较强的普适性,为道路交通安全综合评价模型的研究奠定基础。

基于层次分析——最小欧氏距离法的评价结果　　表 2

准则层		一级指标层		二级指标层	
准则	权重	指标	权重	指标	权重
道路交通安全现状反映	0.625	交通事故发生率	0.6	万车事故率	0.3603
				十万人口事故率	0.1759
				亿元国内生产总值事故率	0.1545
				亿车公里事故率	0.3094
		交通事故严重程度	0.4	交通事故死亡率	0.1978
				交通事故致死率	0.2269
				万车死亡率	0.1175
				十万人口死亡率	0.0678
				亿元国内生产总值死亡率	0.1045
				亿车公里死亡率	0.2855
道路交通安全环境及背景条件	0.375	交通事故发生可能性及趋势	0.5205	安全投资比率	0.3029
				公路等级率	0.1542
				交通事故下降比率	0.2911
				交通事故死亡人数下降比率	0.2448
		道路交通安全监督与管理水平	0.1870	道路交通安全监督管理保障体系	0.2741
				道路交通安全监督管理水平	0.2595
				道路交通安全条件	0.4664
		道路交通事故分析与防控水平	0.1467	道路交通事故分析水平	0.1940
				道路交通事故多发点段整治水平	0.4238
				道路交通事故紧急救援水平	0.3821
		道路交通安全政策机制完善水平	0.1459	道路交通安全综合协调机构	0.2447
				道路交通安全管理规划水平	0.1872
				道路交通安全责任制	0.3326
				道路交通安全宣传与教育水平	0.2355

为确定综合评价指标的权重,先由四位专家对道路交通安全环境及背景条件中 4 项指标进行主观打分评价,再通过层次分析法确定专家对指标的权重评定如下:

$w_{11} = (0.625, 0.125, 0.125, 0.125)$

$w_{21} = (0.5817, 0.2314, 0.1205, 0.0664)$

$w_{31} = (0.3891, 0.1724, 0.1215, 0.3170)$

$w_{41} = (0.5068, 0.2168, 0.2168, 0.0596)$

根据层次分析——最小欧氏距离法的步骤构造矩阵:

$$G = \begin{bmatrix} 1.3125 & -0.4158 & -0.3196 & -0.3784 \\ -0.4158 & 1.2326 & -0.3019 & -0.3751 \\ -0.3196 & -0.3019 & 0.8891 & -0.2798 \\ -0.3784 & -0.3751 & -0.2798 & 1.0632 \end{bmatrix}$$

得:$w_1 = (0.5205, 0.1870, 0.1467, 0.1459)$

由 AHP-LSDM 法,根据同样的步骤可综合专家确定对各项指标所确定的权重值,最终得基于层次分析——最小欧氏距离法的评价结果如表 2 所示。

4.2 AHP-LSDM 法的优势及与其他方法的对比

采用 AHP-LSDM 方法可以得到主客观相结合的评价结果,而若只使用 AHP 方法则只能得到主观评价结果。下面以两种方法对道路交通安全环境及背景条件中 4 项指标所确定的权重值为基础,说明 AHP-LSDM 法的优势。

(1)良好的区分度

待评定的四项指标分别为:交通事故发生可能性及趋势、道路交通安全监督与管理水平、道路交通事故分析与防控水平、道路交通安全政策机制完善水平,采用 AHP 法确定专家 1 的主观评价为:

$$w_{11} = (0.625, 0.125, 0.125, 0.125)$$

而采用 AHP-LSDM 法综合四位专家意见后所得的主客观相结合的评价结果为:

$$w_1 = (0.5205, 0.1870, 0.1467, 0.1459)$$

结果显示,在专家 1 的主观评价中认为第一项指标最重要,其他三项指标一样重要。但在综合专家意见的主客观相结合的评价结果中,仍是第一项指标占据最重要的地位,而第二项指标和第三、四项指标被区分开来,第三、四项指标依然表现为基本一样重要。这说明 AHP-LSDM 法能更细致地体现各指标间的区分度,把平时不易体现出差别的指标项标定出来,同时也能维持指标权重值的相对稳定性,在体现区分度的同时不会影响对指标间相互重要程度的基本判断。这是 AHP-LSDM 法的一大优点,也是本文提出应用主客观相结合的权重确定方法的意义,深入细致的反应指标间差异为将来的综合评价奠定了良好的基础。

(2)适应性强

在此,对比同为两阶段法的 DEA-AHP 法来说明。DEA-AHP 法是先对评价体系中的指标分别两两使用 DEA 方法,得到成对比较判断矩阵,再运用 AHP 方法进行评价的一种方法。在确定指标权重值的应用中,DEA-AHP 法属于纯客观的方法,因为其根据指标原有的客观数值间的关系,根据 DEA 方法得到成对比较矩阵,再由 AHP 方法求得矩阵最大特征值对应的特征向量,进行归一化处理即得待确定的指标的权重系数值。由此可看出,DEA-AHP 法虽然结合了两种方法的优点,但其也有明显的不足之处,即没有结合主观和客观评价。

当指标体系中有定性指标时,由于定性指标并无原始的客观数值,故无法使用 DEA - AHP 法对其进行权重确定。而本文中所提出的 AHP-LSDM 法则克服了这个缺点,AHP-LSDM 法先由专家打分并根据 AHP 方法确定指标权重的初始值,这样可以避免对定性指标没有原始的客观数值无法使用一些方法的麻烦,处理问题的适用性强。AHP-LSDM 法在专家评价结果的基础上,采用 LSDM 方法客观综合各专家的主观评价,挖掘了数据之间的内在联系,结合了主观评价和客观评价的优点,结果可信度高。

5 结语

(1)综合考虑人、车、路以及管理等方面的因素,结合定性与定量指标,建立道路交通安全综合评价指标体系。

(2)提出综合主观和客观方法的指标权重确定新方法:层次分析—最小欧氏距离法,该方法可深入分析各安全评价指标之间的联系度和相关性,进而量化各个指标的相对和绝对评价可靠度。

(3)应用层次分析—最小欧氏距离法对已建立的道路交通安全综合评价指标体系了权重分配,为道路交通安全综合评价模型的研究奠定基础。

参考文献

[1] 张殿业. 道路交通安全管理评价体系[M]. 北京:人民交通出版社,2005. 1

[2] 刘士奇,王建平等. 公路交通安全评价指标体系探讨[J]. 北京交通大学学报,1994,18(4):582-586

[3] 姜启源,谢金星,叶俊. 数学模型[M]. 北京:高等教育出版社,2003. 8

[4] 孙伟. 城市道路交通安全评价指标体系研究[D]. 硕士学位论文,南京林业大学,2007 年

[5] Ying-Ming Wang, Celik Parkan. Two new approaches for assessing the weights of fuzzy opinions in group decision analysis[J]. Information Science, 2006, 176:3538-3555

[6] Quan Zhang, Jason C. H. Chen, P. Pete Chong. Decision consolidation: criteria weight determination using multiple preference formats[J]. Decision Support Systems, 2004, 38:247-258

A new weights determination approach to road traffic safety evaluation

Lan Qiao, Li Yibing, Xu Jun

(State Key Laboratory of Automotive Safety & Energy, Tsinghua University, Beijing, 100084)

Abstract: This paper analyzes the characteristics of the traffic accidents and the factors which affect the road traffic safety. Based on the principles of choosing indexes, an index system which combines qualitative indexes and quantitative indexes for road traffic safety evaluation is suggested. Considering the drawbacks of some generally used weights determination approaches, this paper proposes a new approach, namely Analytic Hierarchy Process—the Least Squares Distance Method, for assessing a certain road traffic safety situation with quantitative and qualitative options. This approach involves the analytic hierarchy process and least squares distance. Based on the marks given by the experts, the index weights of the index system for road traffic safety evaluation are determined by this approach. In addition, the calculation result shows the validity and accuracy of the suggested model.

Key words: Weights determination approach; Index system; Comprehensive evaluation; Road traffic safety

浅议我国现代物流业发展的保障措施

王 岩

（上海海事大学交管研一，上海，200135）

摘 要：随着全球经济一体化进程的加快，现代物流业已经成为我国调整经济结构、增强核心竞争力的重要产业。目前，我国正在积极健全完善相关政策规定，强化保税功能，大力发展现代物流业。本文在国家提出振兴物流业的口号下，研究我国现代物流业发展的保障措施，希望对政府和物流业的相关人士有所帮助。

关键词：现代物流；政策；组织机构；资金保障；人才

1 引言

作为我国现代服务业基础性产业，物流业已发展成为国民经济的新增长点。2007 年物流业实现增加值 1.68 万亿元，占服务业增加值的比重由 2006 年的 17.1% 提高到 17.5%，占国内生产总值的比重由 6.7% 提高到了 6.8%。

2007 年 2 月 25 日，国务院通过物流产业振兴规划，国家发改委又对《物流业调整和振兴规划》实施工作进行了具体安排。物流产业振兴规划是我国出台的首个物流业专项规划，也是首次以国务院名义发布有关物流业的专题文件，将对物流行业的快速、健康发展起到积极的促进作用。随着全球经济一体化进程的加快，现代物流业已经成为我国调整经济结构、增强核心竞争力的重要产业。目前，我国正在积极健全完善相关政策规定，强化保税功能，大力发展现代物流业。本文在国家提出振兴物流业的口号下，研究我国现代物流业发展的保障措施，希望对政府和物流业的相关人士有所帮助。

本文首先分析了国外现代物流业发展的政策扶持现状，再分别从创新政策、组织机构、资金扶持、人才四个方面浅议我国政府对现代物流业发展的保障措施。

2 国外现代物流业发展扶持政策现状

美国得克萨斯州圣安尼奥市为了利用即将关闭的空军基地，兴建大型物流中心，以使该市尽快成为全美自由贸易区中的贸易走廊，制订了对投资和进驻该物流中心的企业前 10 年免征财产税、销售税返回，对从事中转货运的企业给予一系列的税务优惠政策。日本政府为改善城市物流系统，规划在城市郊区建立物流园区，制定实施了三项财政政策：一是将规划区内的土地低价卖给投资商；二是政府提供一定的低息长期贷款；三是加大规划区内基础设施的财政投入。荷兰为了建立面向全欧洲的物流配送中心，政府实施了给予企业一定的财政资金支持或提供财政贴息贷款的优惠政策。英、法、德三国政府都高度重视现代物流的技术创新，充分利用公共财政手段支持技术创新，如经费性研发费用即时计入当期成本和各式各样的税收减免方式；政府和商业银行联合建立技术创新公共基金；政府成立政策性中小企业发展银行，在企业初创、转让和采用新技术三个方面支持中小企业；为技术创新项目提供低息贷款。

3 创新政策保障

这里所说的创新政策保障主要研究的是政府在保障基本物流政策得以落实的基础上，如何进一步营造创新环境，出台适应地区发展的区域性物流政策，把政策创新、机制创新作为加快现代物流业发展的重要工具。

作者简介：王岩，上海海事大学交通运输与管理专业研究生，E-mail：wy126_love@126.com。

3.1 加强基础政策保障措施，构筑现代物流业发展的优良环境

政府要加强对发展的规划引导作用，建立相关保障制度，加大对现代物流发展的扶持力度，为物流发展提供宽松的市场环境和优惠的政策支持，进而能够充分释放物流发展的动力与潜力，促进物流业的健康发展。其中基础的政策保障措施主要在以下几方面开展：

(1)用地优惠政策。出台物流基础设施的用地优惠政策，比如土地出让金减免政策等。

(2)财税、投融资优惠政策。加大对物流业的信贷支持，比如财政贴息或者税收减免等。设立物流业发展基金，重点支持物流企业的贷款贴息。

(3)建立健全现代物流法规制度。只有健全的物流法律支持体系，配合市场机制的正常发挥，现代物流业才能得以健康持续地发展。

(4)运用政府采购手段扶持物流企业，政府采购是长期投资的重要组成部分，应全面地扶持物流企业进入政府采购市场，并向本国物流企业倾斜。

(5)基础设施建设扶持政策。多方面创新投融资渠道，积极鼓励区域内外的相关物流企业投资基础设施和物流产业，并给予一定优惠。

(6)人才引进政策。对于物流企业引进的专业人才实行优先审批，并且在住房分配、配偶就业、子女入学等方面给予照顾。

(7)物流技术研发和产业化政策。出台相关鼓励政策，加大对物流关键技术研发的投入，同时支持和引导物流关键技术的产业化。

(8)在财政政策上培育和扶持第三方物流企业，第三方物流是相对第一方发货人和第二方收货人而言的，其发展程度是物流业整体发展水平的重要标志。

(9)用水用电优惠政策。对物流企业的用水用电等方面给予一定的优惠。

3.2 制定必要的导向性物流政策

应从产业的角度采取积极的引导政策，出台一个鼓励物流发展的纲领性文件。可以制定类似于五年规划之类的物流发展规划，明确物流业的近期目标和长期目标，近期目标要尽量详尽、具体地制定出战略措施；长期目标要具有引导性、超前性，循序渐进地发展内物流产业。

3.3 改变基础设施分散规划、投资的格局，注重新型物流基础设施的规划和建设

改变当前大多数物流业按不同运输方式和行政管理部门进行规划和投资的方式，将政府在基础设施规划和投资方面的职能适当集中，以统筹规划和布局各种基础设施，促进基础设施之间的配套和协调发展。同时，有针对性地加大对物流基础设施的资金投入，并制定一些鼓励、引导多元化市场主体投资物流基础设施的政策，以加快物流基础设施系统的形成和完善。

3.4 建立高效、快捷的信息收集机制

要建立一个物流信息收集机制，负责对各类物流数据进行统计、分类汇总、提交各类分析报告，这就要求：一是政府从法律上规范物流统计工作；二是给予物流统计机构一定的经费支持；三是各部门、各级政府有明确的分工和法律责任；四是相关责任明确到市场的参与主体——公司和个人。从而确保物流数据的准确性和及时性，满足编写物流产业发展、物流与其他产业的关系、物流与经济发展的关联度等各类报告的需要，进而为政府提供决策支持服务。

3.5 政府引导，建立以物流为核心的辐射四方的公共信息平台

3.5.1 构筑物流信息平台的意义

构筑物流信息平台的意义重大，具体体现在以下几点：

(1)建立高效物流营运信息化支撑体系，整合传统物流企业，提高物流管理水平和效率。

(2)沟通各物流企业、物流客户、政府管理部门之间的联系，促进其协同管理及协同机制的建立，促进物流信息、物流基础设施的共享。

(3)反映物流发展规律，为政府对物流发展的决策提供支持，增强政府部门对物流企业和物流市场的宏观调控能力。

3.5.2 构筑物流信息平台的内容

物流信息平台的建立主要包括信息基础设施的建设和完善、各类物流信息专业应用系统的建立以及企业物流信息平台的接入。具体建设内容如下：

(1)建设完整的共用的物流数据采集、分析、处理系统。重点制定信息共享协议和标准、统一数据规范。

(2)充分整合相关的现有的物流信息资源，如大陆桥信息系统、政府行业信息系统、电子岸信息系统等，推动各信息系统之间的信息传递和交换。

(3)推进物流数据采集信息系统、综合信息发布系统、宏观决策支持系统等的互联互通、业务融合和整合。

(4)大力发展电子商务，积极推动网上交易。大力发展电子商务，逐渐实现电子商务与传统物流企业的有机结合。积极推动网上交易，建立健全企业信息系统和银行结算系统。

3.6 注重改善公共关系，建立物流业在周边地区的知名度和声誉

在政府的积极支持下，大力宣传，扩大物流企业的知名度。可以由政府和区内物流业相关人士成立物流发展关系委员会，发展战略合作关系，吸引更多的跨国公司等参与物流业建设，寻找有实力的合作伙伴和发展资金等。

其他保障政策，如保障内货物安全政策等。

4 组织保障

良好组织体系是现代物流业发展的强大的力量后盾，也是支持其不断持续发展的有力保障，在当下振兴物流业的总号召下，如何做到既能避免盲目投资带来的畸形发展，又能切实地促进现代物流业的发展，建立一套与之相适应的组织保障体系显然迫在眉睫。

(1)设立统管物流的主管部门

发达国家和地区为加强对现代物流业发展的协调和管理，设置有专职机构负责这项工作。学习借鉴发达国家和地区的做法，改变政府部门“多头”管理的局面，设立一个跨产业部门、专职现代物流管理的具有一定权威性的政府部门，来充分履行政府对现代物流协调和管理的职能。

(2)建立必要的政府部门间的协调机制

可由各级地方政府综合管理部门牵头，相关政府部门、行业社团和专家学者参加，共同研究、制定和协调现代物流业发展中的相关政策措施，加强部门、行业之间的协调，形成促进现代物流业发展的强大合力。

(3)支持行业协会的发展，发挥行业协会的作用

在政府职能调整过程中，必然会产生一些矛盾：一是政府实施公共管理和服务功能的输出(即转移)障碍与社会日益增长的多样性需求的矛盾；二是政府因简政放权之后形成的信息传导机制障碍与市场信息不完全性而导致市场经济内部不稳定性之间的矛盾；三是企业走上国际竞争舞台后摆脱了政府束缚与失去行业自律之间的矛盾。要解决好这些矛盾，必须积极培育物流行业组织和社会中介的诞生、规范和壮大。培育具有行业性、自律性和非营利性的行业协会，可以发挥协调市场主体利益、提高市场配置效率的功能。从物流的角度看，目前行业协会的发展是不够健全的，因为所积聚的各类物流企业涉及的行业也是繁多的，如何引导和发挥这些行业协会的作用，值得深入研究并予以推进。

(4)建立专门监督管理机构，切实做好物流中的货物安全管理问题

发展现代物流业，在打造物流体系的同时，如何结合物流运行的实际，落实好安全管理制度，这是政府要做的一项重要工作。随着我国法制建设的加快，有关运输及危险品运输管理方面的法律法规和规定已经比较齐全，主要有：《安全生产法》(2002 年)、《消防法》(1998 年)、《道路交通安全法》(2004 年)、《海上安全交通法》(1983 年)等。设立监督检验机构，确保与物流相关的货物的安全问题，是政府必须超前考虑的问题。

5 资金保障

物流的投融资是一种利益取向非常明确的市场行为,其外部环境直接决定着投融资活动的成本。政府在物流投融资方面的一种重要的行为策略就是营造良好的外部环境通过降低运营成本提高物流投融资活动的发生频率和综合效益。随着经济社会的发展政府在环境塑造方面的职能日趋重要,环境塑造将成为政府参与投融资活动的重点。

5.1 政府应着力于投融资经济环境塑造

政府着力于投融资经济塑造的行为主要包括:

(1)在硬环境建设方面.重点是加强基础设施建设,加快发展经济开发区,一方面加大基础设施建设投入,国家财政资金分配应有重点地向与现代物流业投融资项目有关的基础设施建设方面倾斜,提高资金运作效率,增加基础设施的数量和质量;另一方面注意调整基础设施建设投入结构,在基础设施的内容结构上,优先考虑本地区最需要的物流基础设施,如大型仓库等。

(2)在软环境建设方面,重点是加强优惠政策供给。

政策制度是物流业发展的重要环境,良好的政策制度环境可以提高大型物流企业投融资的发生频率和运营效率,这已被各个优秀物流的实践所证明,可以说借助政策供给间接地参与也是政府扶持投融资的根本路径。其中税收优惠凭借良好的政策效果成为政府优惠政策的主要内容。一般而言,现代物流企业涉及的税种主要包括:营业税(以及附加的城建税、教育费附加等);企业所得税;地方税方面,包括房产税(城市房产税)、城镇使用土地税、耕地占用税等;涉及车船等运输工具的税种,包括车辆购置税、车船使用税、船舶吨税等。政府必须对辖区物流企业降低税负水平、实行差别化税率、延长税收优惠期限、灵活调整纳税方式等角度,加大对物流产业投融资的税收优惠力度。可以从以下几点考虑:

(1)财税、投融资优惠政策

加大对大型物流企业的信贷支持,对符合条件的大型物流企业的贷款,政府可给予财政贴息或者税收减免等;国内物流企业进必需设备减免关税和进环节税;设立现代物流业发展资金,重点支持大型物流企业的贷款贴息;对物流园区给予税收政策上的优惠等。

(2)加强鼓励物流业金融创新的政策

对于物流业务有关的金融创新,给予相关的财税支持。金融创新包括金融工具、金融制度创新、金融监管的创新和金融组织等各方面的创新。金融工具方面,建立适应物流业务发展的结算系统,推进票据清算自动化系统、管理信息系统、外汇业务系统等重点应用系统的开发,实现金融结算电子化、现代化;金融组织创新,即鼓励金融机构与非金融机构共同服务物流业,提供高水平、低成本的金融服务,更好地服务现代物流。

(3)交通优惠政策

在不影响道路畅通的前提下,交通、公安等部门可对物流企业经常出入城区的货运车辆发放特许证,允许其在市内道路临时停靠等。

由于税收政策的弹性不足所以也必须重视对非税收优惠政策的运用,重点要健全财政补贴和信用担保制度降低物流设施投融资的间接成本同时,灵活运用政府采购手段,从需求创造角度为发展现代物流投融资活动提供支持。

5.2 积极拓宽物流投融资渠道

支持大型物流企业通过各种渠道筹集资金,可实行财政贷款担保,制定鼓励、引导投资物流业的政策,以增加其资金来源。对于规范运作的大型企业在条件成熟时,积极推荐其上市融资。

另外,长期以来,由于政府和企业在物流业建设投融资活动中缺少明确的界限,使得社会上的投资主体在物流业的投融资活动中并不占据主导地位,一定程度地影响着现代物流业的发展。一方面,随着市场经济的发展,虽然企业的经营自主权不断扩大,但投融资的自主权仍然不够充分,尚不能自主运用各种信用工具在资金市场上筹集建设资金,也不能自主调整资产存量进行产权重组,更难以根据市场发展的情况自主进行扩大再生产的投资活动。另一方面,政府进入物流经营性设施投融资领域,使得政府的投融资分散化、小型化,既影响了政府在物流基础设施投融资方面作用的发挥,又影响了企业在物流经营性设施投融资活动中的主导地位,使企业投融资的范围与发展空间受到限制。因此,发展物流、提高物流业的综合竞争力,必须将与物流相关的经营性设施项目按照市场经营的方式进行操作,拓宽融资渠道,允许民间投资参与建设和经营,探索尝试以拍卖、租赁、托管、特许经营、证券化等多种方式,吸纳各类社会资金投资物流业的建设和运营,加快物流业的发展。

5.3 完善保险服务

加快完善针对现代物流业的保险服务,消除物流公司因技术创新、购进设备及日常的营运风险所产生的后顾之忧。鼓励保险公司针对具有巨大潜力的物流市场,在现有保险业务的基础上,为物流企业设计各种新保险产品,尽可能涵盖物流各个环节,减少物流企业的损失。对已投保物流企业因风险所造成的损失,在参保范围内,保险公司应尽可能减少申保程序,确保物流企业获得及时赔付。

5.4 加强物流企业的成本核算

目前国内物流企业的物流总成本计算普遍缺少库存资金的占压成本和自建车队、自建仓库成本,也缺少由于物流速度慢所造成的商品贬值甚至损失的计算,这样的物流总成本概念不完整,发展现代物流业的潜力没有直接变现出来。另外,整合物流资源,按照现代物流管理模式调整、重组物流企业,使之取得较大的市场份额,实现降低交易成本,提高经济效益。物流企业核算质量也有待提高,这也要求政府的财政部门应该协同有关行业协会加强业务培训和综合考核。

6 人才保障

人力资源是决定现代物流业发展的关键因素。国内物流发展尚不成熟,尤其是高级专业物流人才和高级管理人才相对稀缺,这成为制约国内物流发展的重要因素。政府必须重视对物流人才的培养,努力打造一支熟悉现代物流理论、精通现代物流管理,同时又有较强物流实践能力的“实用型”和“复合型”的专业化人才队伍。

6.1 引进物流人才培养坚持的原则

(1)坚持自主培养与重点引进相结合

一方面,政府要通过多种渠道、形式,立足自主培养开发人才;另一方面要结合实际,有重点地引进高层次人才和急需人才,使培养和引进有机地结合起来,稳步实现人才总量的增长和人才质量的提升。

(2)政策激励与环境优化相结合

政府要努力改善人才的工作和生活条件,创造引进人才和留住人才的良好环境,实现人才资源的合理配置,不断优化人才队伍结构。

(3)引人与引智相结合

政府要加快引进高层次物流相关人才,优化人才结构,提高人才队伍素质,构建人才高地,促进与高校及相关科研单位之间的合作和交流。

6.2 建立系统的人才支撑保障机制

建立比较系统的人才支撑保障机制,具体措施如下:

(1)加大高级物流人才的引进力度

加快物流高层次人才队伍建设,积极引进物流领域带头人和管理者。在住房、待遇以及工作和生活环境上推出优惠措施,突出重点,拓宽引进渠道,面向海内外积极吸纳急需的高级物流人才.

(2)开展在职物流人才的培训工作

不断创新和丰富在职物流人才的培训模式和方式.把继续教育和职业培训作为物流专业人才培养的必要延续和补充,大力倡导终身教育,提倡教育形式多样化和多层次化,以适应不同物流行业和不同物流岗位的需要。同时不断更新决策机制和用人机制,尽最大可能保障物流人才学以致用、学用一致,使专业人才能够在实践中不断提高其物流工作的能力。

(3)规划后备物流人才的培养工作

立足战略高度,长期规划后备物流人才的培养工作,密切加强与物流教育院校之间的联系与合作,通过与各类高等院校或科研机构的联合培养、人才交流培训或创办培训基地等为连云物流发展培养大量的后备人才。聘请国内外专家来连讲学,开展学术和技术交流活动。

(4)采取多种途径培养、引进综合物流服务的经营管理专业人才,尤其是掌握电子物流信息技术和手段的专业人才。

现代物流是商品流、先进的信息流和低成本占用的资金流而达到三流统一,以创造更科学、更合理、更节约的生产与消费的衔接。物流的发展离不开物流人才,尤其需要对流通体系、市场分布、企业管理和网络信息技术具有综合能力的高层人才,因此一定要加大对物流专业技术人才培养的投入。

参考文献

[1] 张庆华. 我国现代物流业发展存在的问题和解决对策. 现代管理科学,2008 年 01 期
[2] 林晓端. 政府在现在物流业发展中的作用. 网络与信息,2008 年 01 期
[3] 开妍霞. 加快南京现代物流业发展的政策扶持体系研究. 现代商业,2008 年 23 期
[4] 黄国雄. 构筑现代物流业发展的政策框架. 北京工商大学学报,2001 年 04 期
[5] 赵刚,封学军. 江苏沿海港口开发与物流业发展研究. 水运工程,2006 年 06 期
[6] 发展改革委召开会议落实物流业调整和振兴规划 http://www. gov. cn/gzdt/2009 - 03/29/content_1271654. htm

Research on the safeguards of the development of modern logistics

Wang Yan
(College of Transport and Communications, Shanghai Maritime University, Shanghai, 200135)

Abstract: With the development of the global economy, the modern logistics has become a key industry as the country is changing economic structure and strengthening the core competitiveness. At present, our country is making the relevant policies and regulations perfect, enhancing the bond functions, and developing modern logistics industry. In this paper, under the slogan of reviving the country's logistics industry, I make a research on the safeguards of the development of modern logistics in the hope of helping the Government or the logistics people.

Key words: Modern logistics; Policies, organization; Funds safeguards; Talents

基于定性分析比较和 AHP 物流中心选址研究

周永刚

（上海海事大学交通运输学院，上海，200135）

摘　要：随着国家物流产业振兴规划的实施，新的一轮物流基础设施建设必将兴起。然而物流中心选址又是物流设施建设的重中之重。在分析目前国内关于物流中心选址的方法基础上，提出采用定性分析比较和定量层次分析法相结合的两阶段方法对物流中心进行选址。最后，以鄂尔多斯乌审召物流中心为案例，具体验证定性分析比较和 AHP 两阶段的选址方法的可行性。

关键词：物流中心选址；定性分析比较； AHP；乌审召物流中心

1　国内物流选址概述

物流中心在物流系统中居于枢纽地位，它又是供应链中的重要一环，所以物流中心选址是物流规划战略层最重要的研究问题。关于物流中心的选址有很多方法，大致可分为定性和定量两大类，目前使用较多的选址方法有层次分析法、模糊聚类法、重心法、交叉中值法、加权评分法、P-中值法、网络覆盖模型、系统模拟法、遗传算法、模糊品质机能法、最短路径法、双层模拟退火算法等。

定性方法是指凭借个人或集体的经验来做出决策，它的执行步骤一般是先根据经验确定评价指标，对各待选中心利用评价指标进行优劣性检验，根据检验结果作出决策。定性方法的优点是注重历史经验、简单易行，其缺点是容易犯经验主义和主观主义的错误，并且当可选地点较多时不易做出理想的决策。

定量方法根据各种约束条件和所要达到的目标，把选址问题转化为函数，再利用合适的算法进行求解，求出最符合条件的解（即具体的地点）作为将建物流中心的位置。

定量方法中的数学模型诚然可以得到最优解，但其无法考虑各方面的因素，尤其是一些无法量化的因素；计算机辅助方法比较依赖决策者自身的偏好，有时难免有失客观；模糊评价法可以将定性因素量化，但定量化后因素的比较性减弱。此外，物流中心是城市经济发展的重要基础设施，它的建设要符合城市发展定位，所以物流中心选址更要从定性方面做些深入研究。

以鄂尔多斯乌审召物流中心选址案例为切入点，综合运用物流选址定性因素比较和 AHP 定量分析相结合的方法，在全面考虑选址原则和影响因素基础上，筛选出几个可选的地址方案，结合运用层次分析法进行量化比较，最终得出最优选址方案。

2　物流中心选址定性因素分析

2.1　物流中心选址原则

根据现代物流学原理，物流中心的选址应考虑以下原则：

（1）适应性原则；（2）协调性原则；（3）经济性原则；（4）战略性原则。

2.2　物流中心选址的影响因素

物流中心的选址主要应考虑以下因素：

（1）自然环境因素

①气象条件；②地质条件；③水文条件。

作者简介：周永刚（1984-），男，内蒙古呼和浩特人，硕士研究生在读，上海海事大学交通运输学院，方向：交通运输系统设计，通信地址：浦东大道 1550 号 1298 信箱，E-mail：284057718@qq.com。

(2)经营环境因素

①经营环境;②商品特性;③物流费用;④服务水平;⑤客户、供应商、人力资源条件。

(3)基础设施状况

①交通条件;②公共设施状况。

(4)其他因素

①国土资源利用;②环境保护要求;③周边状况。

3 层次分析法(AHP)

3.1 层次分析法基本原理

层次分析法的基本原理是排序的原理,即最终将各方法(或措施)排出优劣次序,作为决策的依据。构造递阶层次结构,然后请专家、学者、权威人士对各因素两两比较重要性,再利用数学方法,对各因素层层排序,最后对排序结果进行分析,辅助进行决策。

3.2 构造判断矩阵并请专家填写

填写判断矩阵的方法是:向填写人(专家)反复询问:针对判断矩阵的准则,其中两个元素两两比较哪个重要,重要多少,对重要性程度按 1 ~9 赋值。设填写后的判断矩阵为 $A=(a_{ij})_{n\times n}$,判断矩阵具有如下性质:

(1) $a_{ij}>0$

(2) $a_{ji}=1/a_{ji}$

(3) $a_{ii}=1$

3.3 层次单排序与检验

对于专家填写后的判断矩阵,利用一定数学方法进行层次排序。

和法的原理是,对于一致性判断矩阵,每一列归一化后就是相应的权重。对于非一致性判断矩阵,每一列归一化后近似其相应的权重,在对这 n 个列向量求取算术平均值作为最后的权重。具体的公式是:

$$W_i=\frac{1}{n}\sum_{j=1}^{n}\frac{a_{ij}}{\sum_{k=1}^{n}a_{kl}}$$

需要注意的是,在层层排序中,要对判断矩阵进行一致性检验。

一致性检验的步骤如下:

第一步,计算一致性指标 $C.I.$ (consistency index)

$$C.I.=\frac{\lambda_{\max}-n}{n-1}$$

第二步,查表确定相应的平均随机一致性指标 R. I. (random index)

据判断矩阵不同阶数查表,得到平均随机一致性指标 R. I. 。

第三步,计算一致性比例 $C.R.$ (consistency ratio)并进行判断

$$C.R.=\frac{C.I.}{R.I.}$$

当 $C.R.<0.1$ 时,认为判断矩阵的一致性是可以接受的,$C.R.>0.1$ 时,认为判断矩阵不符合一致性要求,需要对该判断矩阵进行重新修正。

4 鄂尔多斯乌审召物流中心选址案例

4.1 鄂尔多斯乌审召物流中心区位分析

乌审召地处乌审旗北部、鄂尔多斯市西南部,全镇总面积 2000km^2(图 1)。乌审召生态化工项目区近期每年运输量为 442 万吨/年,预计 2020 年物流运输量为 1500 万吨。随着产业的壮大崛起,乌审召

物流中心存在着巨大的物流市场。同时，充分利用乌审召的区位、交通和资源等优势，打造我镇连接嘎鲁图综合物流园区，承接鄂尔多斯物流园区，立足西部天然气经济圈，辐射蒙、陕、甘、宁的现代商流、物流中心。

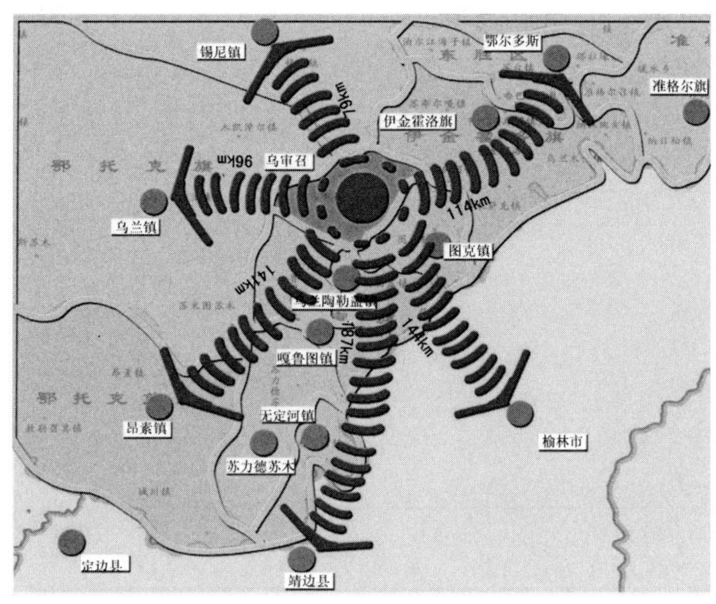

图1　鄂尔多斯乌审召物流中心区位分析图

4.2　物流中心选址分析比较(表1)

选址因素分析　　表1

选址因素＼地点	浩勒报吉1号地	查汗庙2号地
自然因素	地质条件较好，地形平坦，北部扩展面积有限	地质条件较好，地形平坦，面积扩展充足
经营因素	距镇区和工业区较远，周围产业很少，运费、劳动力较差	紧邻工业区，周围化工产业密集，货源充足，运距近，费用较低，劳动力较充足
基础设施	铁路：现有东乌铁路、火车站、铁路货运中转站，(拟建)浩—嘎铁路 公路：二条旗县道路，一条乡镇道路，处于公路交汇点位置 管道：大牛—浩勒报吉天然气管道此地位于浩勒报吉中心村南侧，通讯、供电、水、气能力充足，废物处理能力好	附近交通设施有：铁路：浩勒报吉—查汗庙支线，(拟建)一条浩至嘎鲁图的铁路、铁路中转站、货站； 公路：215I 级浩—掌公路、客运站；(拟建)II 级浩—小壕兔，140III 级呼—查干庙； 管道：已建长庆—浩勒报吉；(拟建)苏力德－化工项目区； 此地距离镇政府近，通讯，城市道路衔接容易，有充足供电、水、热、燃气的能力及污水和废物的处理能力
其他因素	北部扩展受限，地价较低，周边安全状况好，环境保护较好	地域扩展充足、地价低、周边安全状况良好，环境保护较好

4.3　层次分析法

(1)构造层次结构图(图2)

图中符号为：

0 总目标——方案排序

G_1 交通区位条件　　G_2 经济区位条件

C_1 距乌审召化工项目区距离　　C_4 附近基础设施条件

C_2 距嘎鲁图综合物流园区的距离　　C_5 土地开发成本及劳动成本

C_3 物流中心附近公路和铁路条件　　C_6 自然条件和环境保护

A_1 哈勒报吉方案　　A_2 查汗庙方案

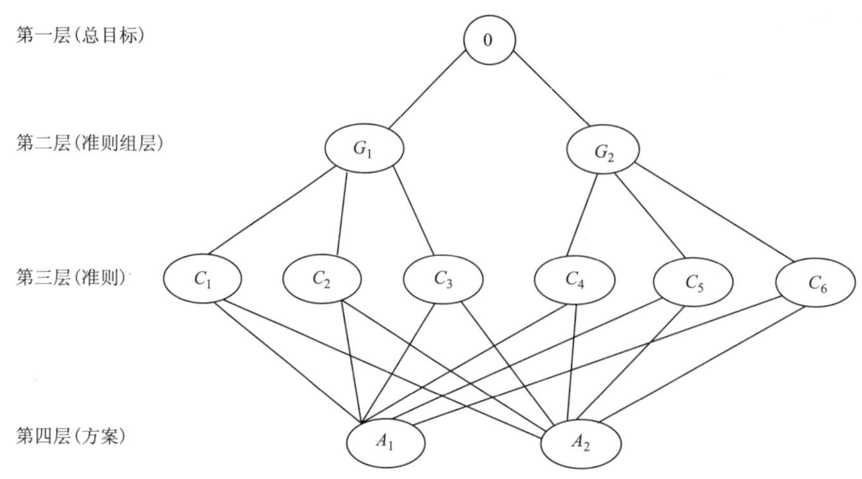

图2　构造层次结构图

(2)构造判断矩阵并计算

第四层 A_i 对第三层 C_i 的权重如下：

C_1	A_1	A_2	W_i
A_1	1	1/9	0.100
A_2	1/9	1	0.900

C_2	A_1	A_2	W_i
A_1	1	1/5	0.167
A_2	5	1	0.833

C_3	A_1	A_2	W_i
A_1	1	5	0.833
A_2	1/5	1	0.167

C_4	A_1	A_2	W_i
A_1	1	1/4	0.200
A_2	4	1	0.800

C_5	A_1	A_2	W_i
A_1	1	3	0.750
A_2	1/3	1	0.250

C_6	A_1	A_2	W_i
A_1	1	2	0.667
A_2	1/2	1	0.333

第三层 C_i 对第二层 G_i 的权重如下：

G_1	C_1	C_2	C_3	W_i	$\lambda_{max}=3.033$
C_1	1	3	2	0.492	$C.I.=0.016$
C_2	1/3	1	1/5	0.117	$R.I.=0.580$
C_3	1/2	5	1	0.391	$C.R.=0.028$

G_2	C_4	C_5	C_6	W_i	$\lambda_{max}=3.034$
C_4	1	5	4	0.579	$C.I.=0.017$
C_5	1/5	1	1/7	0.085	$R.I.=0.580$
C_6	1/4	7	1	0.336	$C.R.=0.029$

第四层 A_i 对第二层 G_i 的权重如下：

G_1/A_i	C_1	C_2	C_3	$W_i(G_1/A_i)$
	0.492	0.117	0.391	
A_1	0.100	0.167	0.833	0.570
A_2	0.900	0.833	0.167	0.430

G_2A_i	C_4	C_5	C_6	$W_i(G_2A_i)$
	0.579	0.085	0.336	
A_1	0.200	0.750	0.667	0.404
A_2	0.800	0.250	0.333	0.596

排序方案确定为：

O	G_1	G_2	W_i
	0.4	0.6	
A_1	0.570	0.404	0.470
A_2	0.430	0.596	0.530

$$\{A_1, A_2\} = \{0.470, 0.530\}$$

通过表中计算数据看出，认为查汗庙（2 方案）和浩勒报吉（1 方案）为较好的物流中心位置，即在查汗庙建设物流中心，物流最便捷，成本低，作业效率高，且易满足环保要求。

5 结论

随着国家物流产业振兴规划的实施，新的一轮物流基础设施建设必将兴起。然而物流中心选址又是物流设施建设的重中之重。定量数学模型诚然可以得到最优解，但其无法考虑各方面的因素，尤其是一些无法量化的因素；计算机辅助方法比较依赖决策者自身的偏好，有时难免有失客观；模糊评价法可以将定性因素量化，但定量因素的比较性被削弱。本文采用定性分析比较和定量层次分析法相结合的两阶段方法对物流中心选址问题进行了研究。定性分析比较可以从宏观层面初步确定物流中心的合理位置，层次分析方法从微观层面定量分析计算确定物流中心选址的最佳位置。最后，本文以鄂尔多斯乌审召物流中心为案例，具体验证定性分析比较和 AHP 两阶段的选址方法的可操作性强、计算结果综合指标好。

参考文献

[1] 方志贤. 物流中心选址方法综述[J]. 物流科技，2008(9)：1-2

[2] 杨勇. 国内物流中心选址方法研究综述[J]. 物流技术，2008(27)36

[3] 潘文安. 物流园区规划与设计[H]. 北京：中国物资出版社，2005

[4] 尹卫红. 空间经济数学方法[H] 北京联大应用文理学院城市科学系

[5] 刘利军. 龙口港煤炭物流中心选址研究[J]. 煤炭市场

[6] 孙焰，李云峰. 物流中心选址的两阶段法研究[J]. 物流科技，2008(29)41-43

On the location of logistics center based on qualitative analysis comparison and AHP

Zhou Yonggang

(College of Transport and Communications, Shanghai Maritime University, Shanghai, 200135)

Abstract: At analysis the domestic concerning logistics center choose the method foundation of address currently up, put forward adoption qualitative analysis comparison and fixed amount layer analysis the method combine together of two stage methods carry on choosing an address to the logistics center. At last, with Ordos logistics center for case, concrete verification qualitative analysis comparison and the AHP be two possibility of address method of the choose of stages.

Key words: The logistics center choose an address; Qualitative analysis comparison; AHP; Wushenzhao logistics center

中航油津京输油管道水击计算软件开发

钟莹莹　崔艳雨

（中国民航大学交通工程学院，天津，300300）

摘　要：中航油津京输油管道主要为津京机场供应航空煤油，其输量占两机场总需求的80%以上。通过编制水击计算程序，对管道中水击的分析、计算，可以模拟管道的运行状况，分析管道中的异常状态的产生原因，并寻找有效的处理方法。这对管道的运行有一定的借鉴意义。

关键词：水击分析；津京输油管道；模拟计算

1　津京输油管道简介

中航油津京输油管道是中国航空油料集团公司的一条长距离成品油管道，全长185km，设计输油能力为325×10^4t/年。起于天津塘沽南疆港首站，止于北京首都国际机场。采用规格为ϕ323.9×7mm的直缝钢管完成了天津塘沽南疆港至天津滨海国际机场长为52km的塘津管道的敷设，除天津站出站后的15km地下管段和大型穿越处的管段采用了ϕ323.9×7mm的直缝钢管外，其余均为ϕ323.9×6.4mm的直缝钢管。

津京输油管道全线有三个站。北京站是末站，没有大泵，只有倒罐用的小泵。塘沽首站配备了IDP公司105m扬程泵两台（一用一备）及220m扬程泵三台（两用一备），配6KV西门子电机。天津站是中间站，配备SULZER公司220m扬程泵两台（一用一备），及400m扬程泵两台（无备用），配10KV西屋电机。

2　水击的发生和危害

在有压管道中，由于某一管路的工作状态的突然改变，引起管内流体流速的急剧变化，同时液体压强大幅度波动，这种现象称为水击现象。

长距离管道的操作管理中，计划内的启泵、停泵，正常情况的流量调节，泵或点击保护装置动作造成的突然停机，动力源故障造成的突然停机，阀门的误操作或操作失灵等都会使输量变化，在管内产生瞬变流动过程，即水击。

水击的破坏作用有两个方面：一是水击增压波造成管道超压引起的强度破坏。二是水击减压波使管道内压力降低至真空压力，管道失稳产生变形。

水击的危害之一是减压波有可能使管道内的液体出现液柱分离。

3　数学模型

启泵和停泵时的水击对管线的压力、流量的影响很大。启泵时，站前压力下降，站后压力上升。停泵时，站前压力上升，站后压力下降。

3.1　水力瞬变数学模型

近似的水击基本方程组如下。

运动方程：

$$g\frac{\partial H}{\partial x}+V\frac{\partial V}{\partial x}+\frac{\partial V}{\partial t}+\frac{F}{2D}V|V|=0$$

连续方程：

$$V\frac{\partial H}{\partial x}+V\frac{\partial H}{\partial t}+\frac{a^2}{g}\frac{\partial V}{\partial x}=0$$

不稳定流的特征方程:

$$C^{+}: \frac{a}{gA} \frac{dQ}{dt} + \frac{dH}{dt} + \frac{faQ|Q|}{2gDA^{2}} = 0$$

$$\frac{dx}{dt} = a$$

$$C^{-}: \frac{a}{gA} - \frac{dQ}{dt} - \frac{dH}{dt} + \frac{faQ|Q|}{2gDA^{2}} = 0$$

$$\frac{dx}{dt} = -a$$

用有限差分法简化特征线方程如下:

$$C^{+}: \frac{a}{gA_{d}}(Q_{P} - Q_{A}) + (H_{P} - H_{A}) + \frac{f\Delta x}{2gDA_{d}^{2}} Q_{A}|Q_{A}| = 0$$

$$C^{-}: \frac{a}{gA_{d}}(Q_{P} - Q_{B}) - (H_{P} - H_{B}) + \frac{f\Delta x}{2gDA_{d}^{2}} Q_{B}|Q_{B}| = 0$$

式中:C^{+}——正特征线

C^{-}——负特征线

P——计算节点

A——计算前节点

B——计算后节点

将上述方程整理如下:

$B = a/(g \cdot A_{d})$

$R = f \cdot \Delta x/(2gDA_{d}^{2})$

$C^{+}: H_{P} = C_{A} - BQ_{P}$

$C^{-}: H_{P} = C_{B} + BQ_{P}$

$C_{A} = H_{A} + BQ_{A} - BQ_{A}|Q_{A}|$

$C_{B} = H_{B} + BQ_{B} - RQ_{B}|Q_{B}|$

$H_{P} = (C_{A} + C_{B})/2$

3.2 边界条件(泵)

如图 1 所示泵的节点,其特征线方程为:

$C^{+}: H_{P} = C_{A} - BQ_{P}$

$C^{-}: H_{P_0} = C_{B} + BQ_{P_0}$

$H_{P_0} - H_{P} = A_{0} - B_{0}Q_{P}^{2}$

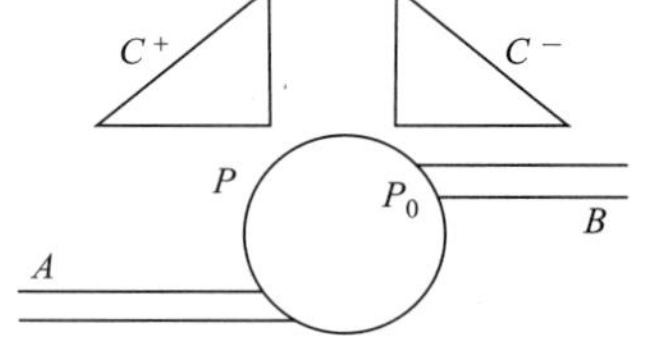

图 1 定转速离心泵的边界

4 软件开发

水击计算过程十分繁琐,通常需要借助计算机软件完成。但目前,中航油津京输油管道并没有合适的水击分析计算软件。此次开发利用 Visual C ++6.0 完成,采用了模块化结构,并在软件设计过程中充分考虑了津京航煤管道的特点,使得开发过程及软件结构得到了很大程度的简化,同时保证了计算的精度和速度。

5 计算实例

假设管道处于稳定运行状态,首站三台泵同时开启,此时全线流量为 278m^3/h,首站扬程为 634 m。启动天津站扬程为 220m 的泵,编程计算全线的水击过程。

管道中的压力及流量变化如图 2 ~ 图 4 所示。

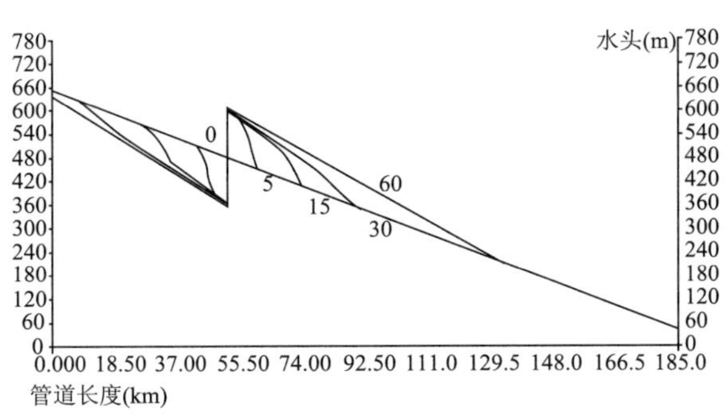

图 2　启泵后 0,5,10,30,60 秒时的水力坡降线

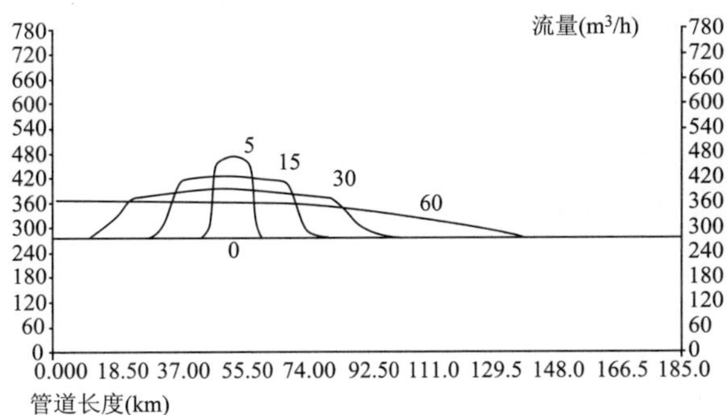

图 3　启泵后 0,5,10,30,60 秒时的流量曲线

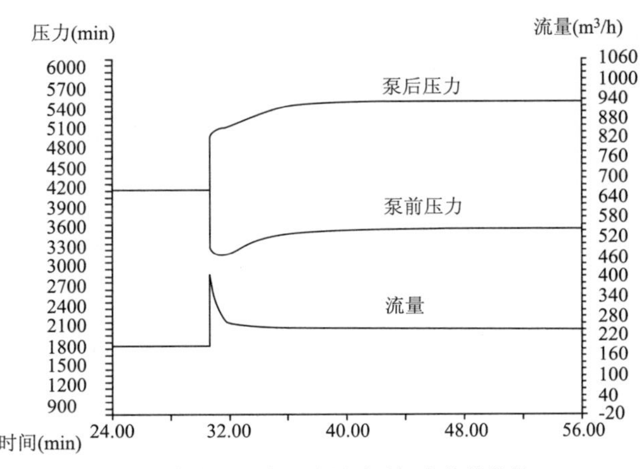

图 4　启动后压力和流量随时间变化的曲线

6　结论

(1)水击对长输管道的影响很大,通过对长输管道中水击的分析、计算,可以有效预测管道运行中的危险状态,保护管道的安全运行。

(2)津京输油管道相对其他大型长输管道,管道长度较短、站场少、地势平坦,方便实际数据和计算数据的对比,有利于计算数据的修正。

(3)通过计算数据和实际数据的对比,可以分析实际运行中出现的不明压力、流量变化的原因,帮助管道管理人员更好的监控管理管道,减少如泄漏等情况带来的损失。

(4)通过将水击计算软件的结果与管线实测数据比较发现,吻合情况较好。因此,完全可以将离线计算结果用于管线水击的预测及分析上,提高管道的运行与管理水平。

参考文献

[1] 张国忠. 管道瞬变流动分析. 山东东营:中国石油大学出版社,1994

[2] 杨筱蘅. 输油管道设计与管理. 山东东营:中国石油大学出版社,2006

[3] 方旭鹏,熊伟. 长输管道瞬变流控制研究. 油气储运,2009;28(2)

[4] 戴琳,邹阳春. 水击分析在机场供油系统中的应用. 油气储运,2006;25(6)

[5] 吴先策,王志学等. 津京输油管道投产运行及技术分析. 油气储运,2004;23 (9)

The Water-hammer analysis of Tianjin-Beijing oil pipeline of CAOHC

Zhong Yingying, Cui Yanyu

(The Transportation Engineering College, Civil Aviation University of China, Tianjin, 300300)

Abstract: The Beijing-Tianjin oil pipeline is a main transportation way to support the oil for the Beijing airport and Tianjin airport, it offer 80% oil which the two airport need. Through programming Water-hammer, analysis and calculation the water-hammer of pipeline, it can simulate of pipeline off-line, analyze the reason why the unusual pressure, flow in the pipeline produce, look for the effective treatment method. It certain reference meanings to operation of the pipeline in this.

Key words: Water-hammer analysis; Tianjin-Beijing oil pipeline of CAOHC; Simulation calculating

智能车路通信模拟系统设计

吴 青 刘 捷

（武汉理工大学物流工程学院，武汉，430063）

摘 要：通过构建智能车路系统，结合车路协调实现自治汽车列队行驶可有效解决车辆拥堵问题。本文基于1:10的模拟道路平台设计了智能车路通信系统，利用zigbee无线技术实现了车车通信，同时也通过计算机网络技术实现了车路通信，并进行了基本实验。

关键词：智能小车；zigbee；无线网络

1 引言

目前，交通拥堵已成为世界性问题。单纯通过道路建设已不可能解决交通拥堵问题，有必要用高新技术来改造现有道路运输系统及其管理体系，从而大幅度提高路网通行能力和道路安全。近年来，随着汽车横向与纵向自动控制技术以及智能交通飞跃发展，融合车—车通信、车—路通信、智能控制等技术，构建智能车路系统，结合车路协调控制实现自治汽车列队行驶，成为当前智能交通领域研究的热点之一。

自治汽车列队控制将若干单车组成一列车队沿着相同的路径行驶，而保持较小车间距，是智能交通系统实现扩充现有道路容量重要环节。通过列队控制，提高道路车辆密度，从而达到增加道路容量的目的。同时，减少了控制对象，从而简化了交通控制复杂程度，增加交通的可控性，有效的减缓交通拥堵，增强交通的畅通性，增强交通安全。此外，通过对汽车队列行驶车辆的空气动力学分析与仿真，发现汽车列队行驶可以降低车辆受到的阻力，可降低车油耗，从而达到节约能源的目的。汽车列队行驶是智能车路系统研究的一个重要内容，它主要涉及车辆纵向、横向控制技术、车—路信息交互技术、车队队列控制等。

自治汽车列队本质上是一个可与运行环境进行信息交互的多移动机器人系统，对其控制需解决自治汽车列队系统非线性控制方法以及体系结构建立、列队行驶支持信息的采集与交互等关键技术问题。此外自治汽车列队是一个极为复杂的系统，其相关理论与技术处于不断发展与完善中，利用各种先进实验交通技术构建研究平台是非常必要的。

本文设计智能车路系统中自治汽车列队通信模拟系统，并进行了简单实现。

2 通信模拟系统整体设计

本通信系统是以一个长约10m，宽约5m，公路车道宽35cm的模拟沙盘和智能小车为基础，模拟智能车路通信系统。实验平台具体情况见图1。

根据模拟智能车路系统的实际需要，结合实验平台的实际情况，通信系统要满足以下功能需求：

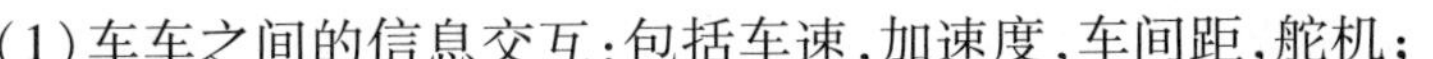

图1 实验平台

(1)车车之间的信息交互：包括车速，加速度，车间距，舵机；

(2)车路之间的信息交互：通过下位机将车辆信息和路况信息传递给主控制机；

国家自然科学基金(60874081)资助项目。

作者简介：吴青，武汉理工大学物流工程学院教授；刘捷，武汉理工大学物流工程学院，武汉理工大学水路公路交通安全控制与装备教育部工程研究中心硕士研究生，通信地址：武汉理工大学余家头校区125信箱，430063，E-mail：tiantianhxq@foxmail.com。

(3)保证整体通信系统的数据传递实时性和准确性:智能小车处在行驶当中会进行自身的速度,舵机等值的传递,同时主控机也会将控制命令和相关信息传递给智能车辆。

通过通信系统功能的分析,考虑了多种方案之后。本系统采用 zigbee 技术作为模拟通信系统解决方案,实现车车通信,同时通过无线局域网实现车路通信。

Zigbee 技术是一种基于 IEEE 802.15.4. 新兴的短距离无线通信技术,模块小,适合装在自治模型小车上,而且采用碰撞避免机制,节点模块之间具有自动动态组网的功能,采用直序扩频技术(DSSS)从根本上解决了困扰无线系统的多径反射,可有效防止外界干扰。信息传输可靠,延时短,功耗低。传输速度 250kb/s,可以满足本智能车路模拟通信系统的需要。

在整个通信系统中,有三辆智能小车,每个小车上都有一个 zigbee 模块,负责车车之间的信息传递;中心控制台也装有 zigbee,可以收到小车上传来的信息;在实验平台中设置三个下位机,下位机上装有无线网卡。下位机通过测速传感器,位置传感器等采集经过车辆的相关信息,包括车队速度,位置信息通过无线局域网传给上位机;上位机也会将收到的车辆信息发送给下位机。智能小车以 TI 公司的 DSP,TMS320F2812 作为主控芯片,以摄像头,超声波传感器,红外传感器作为导航传感器。整体结构见图 2。

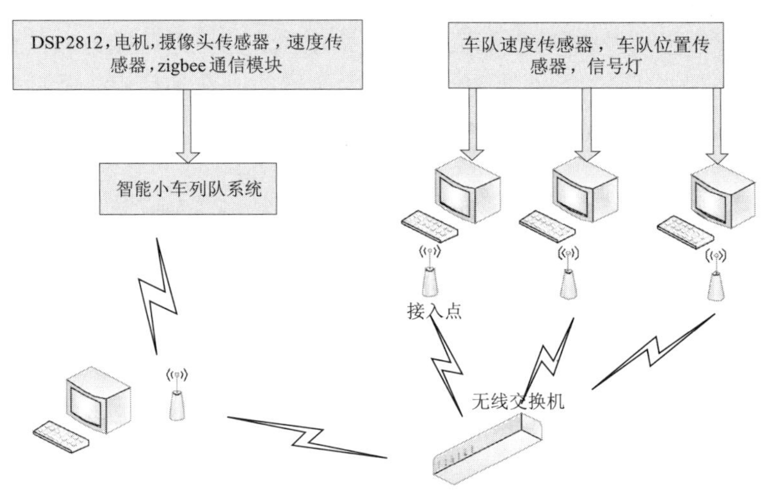

图 2　整体结构图

3　硬件设计

3.1　Zigbee 芯片 MC13213

本文采用 freescale 半导体公司推出的第二代 ZigBee 平台的 8 位微处理器 MC13213 开发 zigbee 模块。MC13213 能在简单的点对点连接到完整的 ZigBee 网状网络中用作无线连接,而且极小占位面积封装中的无线电收发器和微控制器的组合使它具有极低的成本。MC13213 集成了低功耗的 2.4 GHz RF 收发器和 8 位微控制器,其中的微控制器是基于 HCS08 系列的微控制器单元(MCU),具有 60 kB 的闪存和 4 kB 的 RAM。具有 8 路键盘中断,8 路 A/D 转换,2 路独立的 SCI 异步串行通信,1 路 SPI 同步外设通信,一路 IIC 通信,4 路可编程定时器 TPM 接口;同时能够配置外围时钟,具有外部复位、中断功能,支持 BDM 调试方式。MC13213 中的 RF 收发器工作在 2.4 GHZ ISM 频段,可以在工作范围的 16 个信道中选择任何一个,支持 250kbps O-QPSK 数据在 5.0MHZ 信道中传输,支持全扩频调制和解调。收发器包括低噪声放大器,1mW 输出功率,带 VCO 的功率放大器(PA),集成的发送/接收开关等。

3.2　zigbee 硬件设计

在 zigbee 的电路设计主要注意以下几个方面:

(1)电源模块:

按照 MC13213 的 datasheet,其工作电压范围在 2～3.4V,就需要一个 LDO 或者 DC-DC,它的作用就是将电池电压降到 MC13213 可以工作的范围内，本系统选用 ASM1117，ASM1117 提供电流限制和热保护。电路包含 1 个齐纳调节的带隙参考电压以确保输出电压的精度在 ±1% 以内。并且加上保护电路，见图 3。

（2）晶振的选择

MC13213 本身就包括 MCU 和收发器，所以它的外围电路很少，主要要注意的是晶振的问题，主要采用外部晶振来提供系统时钟，本文选择 16M 4 脚无源贴片晶振。见图 4。

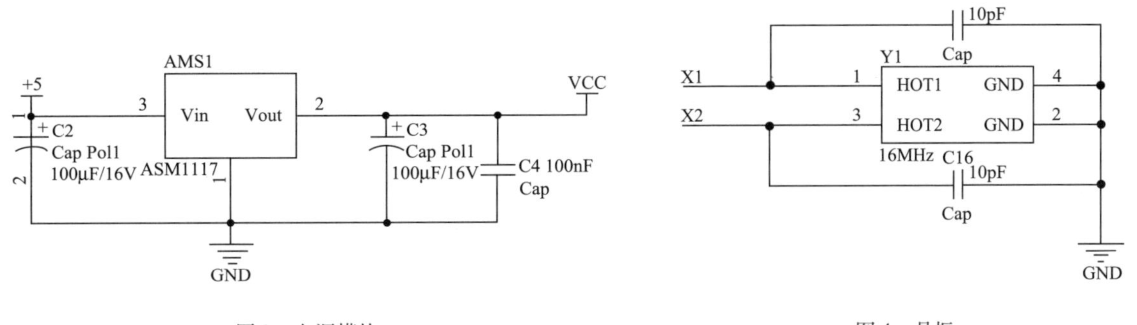

图 3　电源模块

图 4　晶振

（3）天线模块：

天线的设计关系到通信距离的问题，辐射模增益，阻抗匹配，带宽，尺寸和成本等因素都会影响对天线的选择和设计。

Zigbee 工作在 2.4GHZ 频段上，该频段上的通信设备要求天线的辐射范围较小、体积轻巧，主要用于室内工作。所以要求天线小型化。本文采用 Chip 陶瓷贴片芯片。天线模块电路见图 5。

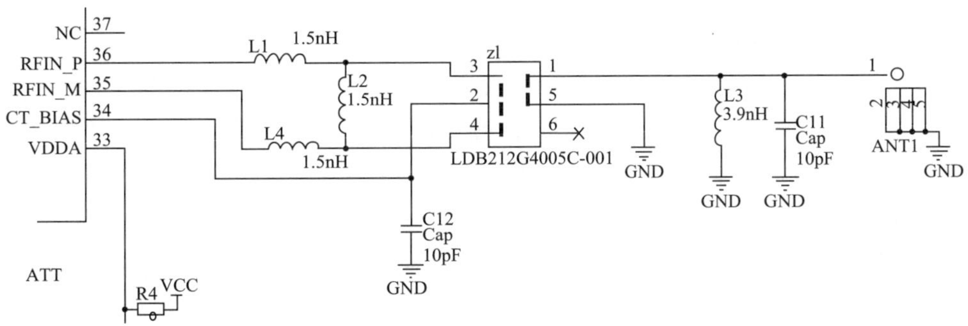

图 5　天线模块

4　软件设计

4.1　中心控制台与下位机之间的通信

本文已经可以实现上位机与下位机的通信。上位机和所有下位机具有独立的 IP 地址，发送数据采用 UDP 协议。UDP 协议是面向无连接的，不可靠的传输协议。采用 UDP 进行通信时，不需要建立连接，可以直接向一个 IP 地址发送数据，但对方是否能接收到，就不能保证。如果对方恰好不在线，或者 IP 输入有误，发送数据就不会成功，但 UDP 并没有反馈报错信息。虽然 TCP 协议可以保证可靠的连接，但是由于 TCP 需要率先保证可靠连接这一安全保障机制，影响了数据发送的实时性。UDP 协议实时性较高，能满足本实验系统对数据传输实时性的要求，加上 UDP 的维护容易，抗干扰性强，所以在本文中就采用 UDP 协议 。

本系统使用 VC ++ 编写网络通信程序，利用 windows socket API 来开发程序。Socket 是网络通信的基本构件一个 Socket 对应于通信的一端网络通信的 Socket 接口模型将通信主机或进程当作端点每个网络对话包括两个端点本地主机或进程和远地主机或进程 Socket 接口将网络对话的每个端点称为一个 Socket 在网络应用中多数网络应用程序是使用客户/服务器模型设计的客户向服务器提出请求服务器收到请求后提供相应的服务。

中心控制台通信界面如下:中心控制机收到车上 zigbee 模块发送的车速,车间距,刹车数据,加速度等数据,在发送的 IP 地址上输入要发送的 IP 地址,在按手动发送就可以发送,按自动发送就可以自动发送。中心控制机同时也可以将数据保存起来,见图 6。

下位机可以接收中心控制台传过来的数据,同时也可以保存数据,见图 7。

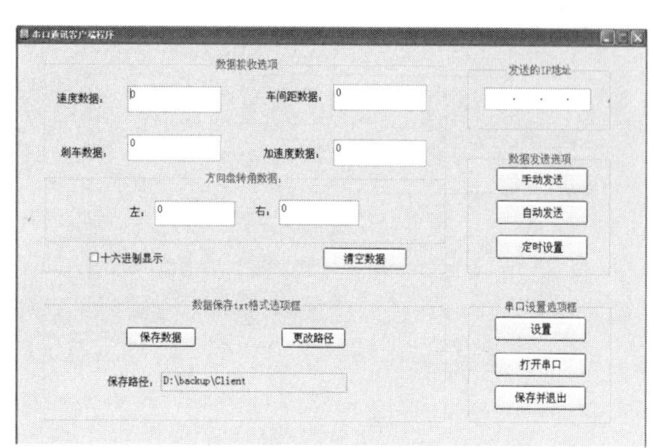

图 6　中心控制界面

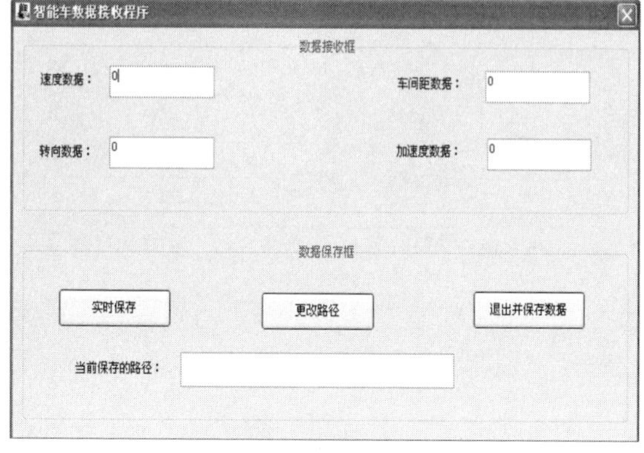

图 7　下位机界面

4.2　zigbee 通信协议与组网实现

IEEE 正式发布了 IEEE 802.15.4 无线通信协议标准,定义了一种低速率无线连接设备的物理层(PHY)和媒体访问控制层(MAC)的协议标准,而且该协议标准被 Zigbee 联盟所采用,作为 Zigbee 这种新的短距离无线通信技术的物理层和媒体访问控制层的标准协议。Zigbee 联盟在此基础上定义了应用层的标准。

Freescale 公司提供了三种协议栈软件 SMAC,IEEE802.15.4 - Compliant MAC,Zigbee - Compliant Network Stack 来完成在 MC13213 上快速的组建无线网络连接应用。本文主要采用 SMAC 协议进行 zigbee 开发,SMAC 是基于 ANSI C 标准的简化型协议栈软件,利用它可以在 Freescale 公司符合 IEEE802.15.4 标准的射频收发芯片平台上组建专有的点对点网络或者星形网络。它可与带有 SPI 接口的 Freescale HCS08 系列低功耗微控制器协同使用,仅需要占用2K 的 Flash 和10 Bytes 的 RAM,而且具有很强的可移植性。用户可以通过 Freescale 的 BeeKit 无线连接工具包,BeeKit 是一种可提供图形化界面(GUI)的应用软件工具,BeeKit 的代码库(code base)包括 SMAC、IEEE802.15.4PHY/MAC 和 BeeStack 完整协议栈,首先选定相应的代码库,打开应用示例和创建自己的无线连接解决方案,通过 BeeKit 把方案导出成 XML 格式工程文件并保存,随后可将这些文件导入到飞思卡尔的 CodeWarrior 集成开发环境(IDE)中进行开发与调试。SMAC 协议栈软件主要包括微控制器和射频收发器的驱动,以及物理层(PHY)和媒体访问控制层(MAC)的实现,此外还提供了安全模块(Security Module)和空中编程模块(OTAPModule),允许用户可以通过设定和使用内部密钥来实现加密/解密功能以及使用无线方式升级设备固件,本文中并没有用到。

本文利用 SMAC 协议栈设计了一个星型网络,用以实现 zigbee 组网。首先通过 Beekits 工具将基于 SMAC 协议的 wireless - uart 程序导入,在此基础上改写程序,实现了 zigbee 的网络连接。

由于系统中的小车的信息通过 zigbee 无线网络发送给不同的小车或中心控制台,这样就需要按目标发送。为了实现 zigbee 按目标地址发送,定义了以下几种帧结构:

(1)呼叫帧

中心节点 MCU 的 SCI 收到数据即按目标地址呼叫从节点,等待从节点答应,帧结构见表 1。

呼　叫　帧　　表 1

帧类型	目标地址	结束符

具体格式为帧类型一字节,目标地址一字节,结束符一字节。

(2)答应帧

从节点如果成功接到主机呼叫,答应中心节点,发给中心节点 ACK,握手成功,帧结构见表 2。

答　应　帧　　表 2

帧类型	本机地址	结束符

具体格式为帧类型一字节,本机地址一字节,结束符一字节。

(3)数据帧

中心节点将数据发送给从节点,或从节点将数据发给中心节点,帧结构见表 3。

数　据　帧　　表 3

帧类型	数据	数据	结束符

具体格式为帧类型一字节,数据包两字节,结束符一字节。数据主要包括速度值,舵机值等。

其中用‘C’代表呼叫帧类型,‘A’代表答应帧类型,‘D’代表数据帧类型。结束符用‘\0’表示。

中心节点和从节点程序流程见图 8 和图 9。

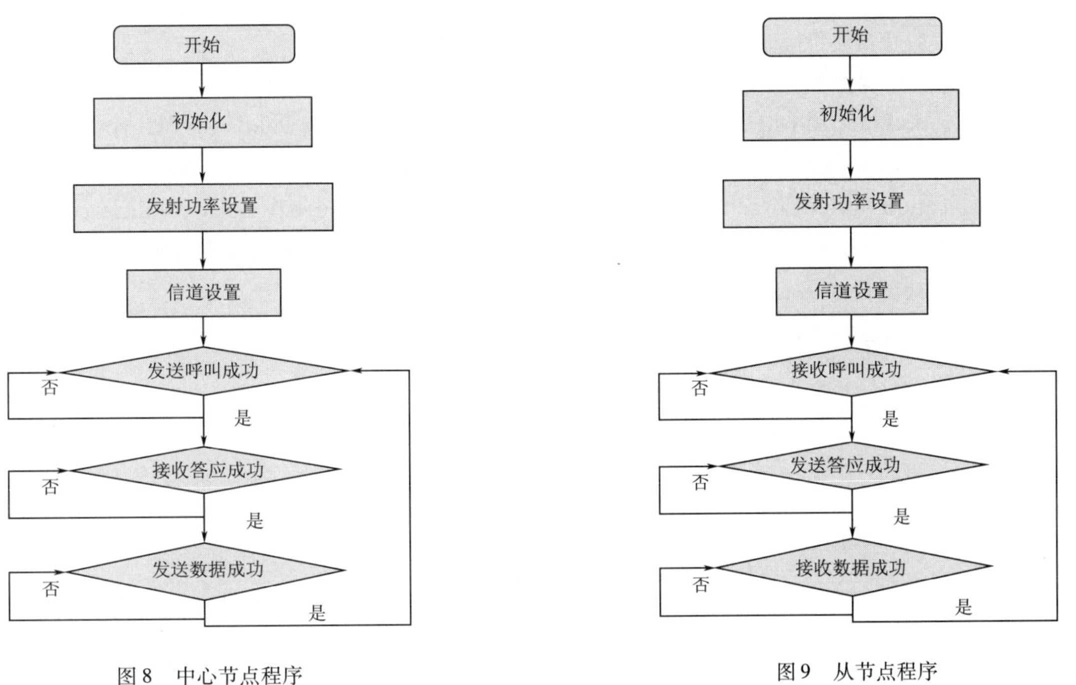

图 8　中心节点程序　　图 9　从节点程序

5　现阶段研究成果

智能小车可以在直道和较小弯道以 1.5m/s 的速度行驶,zigbee 通过串口与 DSP2812 连接,车载 zigbee 将自身的车速等信息发送给中心控制台的 zigbee,中心控制台已经可以正确收到车载 zigbee 发出的信息。智能小车设置为 100ms 发送一次数据包,但中心控制台收到数据会有一定延时,数据会一串接着一串的发送,即几个数据包一起发过来。而且 zigbee 比较容易收到干扰,在中心控制台的接收效果没有在控制台的外面接收效果好。在今后的研究中还会进一步着重注意无线网络的实时性和准确性。

参考文献

[1] 吴青,何志伟,初秀民.车路系统中汽车列队行驶控制关键技术与研究进展[J]交通与计算机,2008,(04):154-157

[2] 隆声.无线通信技术综述.现代通信[J].2004(10):8-10

[3] 关军.基于无线通信的智能车辆交互系统研究[D].上海交通大学,2007

[4] Elamel, Hembise. Q, Olive. S, Mellouli. K. Intelligent transportation system design and monitoring: Industrial Technology, 2006 ICIT 2006. IEEE International Conference On 15-17 Dec. 2006 page(s): 3020-3025

[5] Freescale Semiconductor. Simple media access controller (SMAC) user's guide [Z]. Rev. 1. 4. Freescale,2006

[6] MC1321x datasheet [EB/OL]. [2007-11-16]. http://www. freescale. com

[7] 孙鑫 余安萍. VC++深入详解. 北京:电子工业出版社,2006

[8] IEEE Standard for information Technology-802. 15. 4. The Institute of Electrical and Electronics Engineers, Inc,20

[9] 孙光明,吴青,徐堃. 城市公共交通车辆管理系统关键技术研究,武汉理工大学学报(交通科学与工程版),2004(04)

Communication system of laboratory road in intelligent Vehicle-infrastructure system

Wu Qing, Liu Jie

(College of Logistics Engineering, Wuhan University of Technology, Wuhan, 430063)

Abstract: By building Intelligent Vehicle-infrastructure system, it is a valid way which combined road-vehicle cooperation technology to solve traffic congestion. This thesis designs a Intelligent Vechicle-infrastracture communication system based on a 1:10 labtory road, and achieve Vehicle-Vehicle communication by zigbee, as well as through the computer network technology to realize road-vehicle communication. Lasting, there have some basic experiments.

Key words: Intelligent car; Zigbee; Wireless network

生鲜农产品物流网络节点布局优化

杨华龙　刘斐斐　唐法浙

(大连海事大学交通运输管理学院,辽宁大连,116026)

摘　要:为了解决生鲜农产品物流网络布局优化问题,以从产地、预冷站、配送中心到各个需求点的总物流费用最小为目标函数,并结合生鲜农产品时间敏感特征,通过采集腐烂指数经验数据,测算出因腐烂变质造成的物流损失成本,建立了生鲜农产品物流网络布局非线性规划模型,设计了相应的遗传算法。算例验证了模型和算法的有效性。

关键词:生鲜农产品物流;网络节点;布局;非线性规划;遗传算法

1　引言

生鲜农产品由于其易腐烂易变质等特殊性质,传统的物流网络布局不仅难以满足消费者的需求,同时也造成巨大的资源浪费。据统计,全国每年果品腐烂损失近1200吨,蔬菜1.3亿吨,经济损失上千亿元,其中物流成本占食品成本的70%。因此对现有生鲜农产品物流网络布局进行优化,有着极其重要的现实意义[1]。

目前国内外对于生鲜农产品物流的研究主要集中在配送优化问题上。蒋侃针对生鲜供应链的发展现状,简要分析了生鲜供应链系统内部存在的主要问题[2];姜大立,杨西龙研究了易腐物品配送中心连续选址模型[3]。Vedat verter(2002)研究了多品种生产分配网络中的选址问题[4];Sirisak,K(2005)运用运筹学原理进行物流中心布局,提出了“布局—分配组合模型”[5]。但是这些方法和模型虽然考虑了生产能力、备选DC的容量限制和备选DC的流量约束以及生鲜产品对时间敏感这一特点,但尚未考虑到预冷站和配送中心对生鲜产品处理时间,这样就容易造成生鲜农产品腐烂成本变高,进而达不到物流网络系统优化的目标。为此,本文以生鲜农产品物流网络布局优化为目标,通过采集腐烂指数经验数据,测算出因腐烂变质造成的物流损失成本,建立生鲜农产品物流总成本最小化非线性规划模型,并利用遗传算法对该整数规划模型进行求解。

2　模型建立

要实现生鲜农产品物流网络布局优化目标,需解决如下问题:预冷站的位置与数量,配送中心位置与数量,以及从配送中心到需求点的运量。不失一般性,本文提出如下基本假设:

假定使用已有生鲜农产品配送中心设施来处理产品,因此生鲜农产品配送中心的选址问题演变成为已有的备选生鲜配送中心的选择问题;产地的日供给批量不大,假设其不会直接运送到生鲜配送中心,每一生产主体(包括散户和生产基地)都有不同的供货率,即每天平均供货量,站在预冷站角度称之为日均采购量;大部分生鲜农产品产地距离就近的预冷站(小型冷库)的距离较短,它们之间的短途运输成本和时间不予考虑;假设预冷站的集中采购周期均为3天;每个需求点的需求量固定且已知。

为方便叙述,引入如下符号:C_k^r—配送中心k的日租赁成本;C_j^d—预冷站j的单位处理成本;q_i^s—产地i的供应量;d_{ij}—产地到预冷站的距离;a_{jk}—预冷站j到配送中心k的单位运费;b_w—需求点w的需求

基金项目:国家社会科学基金项目(05BJY076)。

作者简介:杨华龙(1964-),男,辽宁大连人,博士,教授,博士生导师,主要研究方向为物流系统规划与管理,E-mail:yang_hualong02@126.com

量;f_{kw}—配送中心 k 到需求点 w 的单位运费;F_{kw}—配送中心到需求点的距离; g_k—第 k 个配送中心存储成本;T—在途时间;e—转换系数(当 $T<T_0$ 时,其为0);T_0—最佳品质保持时间;ρ_w—腐烂指数;I、J、K、W 分别为产地、预冷站、配送中心及需求点的数量;$L_{(i,j)\max}$—产地到预冷站的最大距离限制;Q_k^c—配送中心 k 的最大容量;Q_j^d—预冷站一个采购周期的最大处理量;T_j^d—预冷站单位产品处理时间;T_k^c—配送中心单位产品处理时间。Z_k—0-1 变量,表示 k 个配送中心是否被选中;Y_j—0-1 变量,表示 j 个预冷站是否被选中;X_{ij}—表示第 i 个产地第 j 个预冷站供货量;B_{kw}—表示第 k 个配送中心第 w 个需求点的供货量;A_{jk}—第 j 个预冷站向第 k 个配送中心供货量。

以一个采购周期物流总成本最小为目标函数,建立如下非线性规划模型[6]

$$\min f=\sum_{k=1}^{K}3\times C_k^r Z_k+3\sum_{j=1}^{J}C_j^d\sum_{i=1}^{I}q_j^s Y_j X_{ij}+\sum_{j=1}^{J}\sum_{k=1}^{K}\sum_{w=1}^{W}Z_k[d_{jk}a_{jk}A_{jk}+g_k A_{jk}+F_{kw}f_{kw}B_{kw}]+e\sum_{w=1}^{W}\rho_w b_w \tag{1}$$

$$\text{s.t.}\quad d_{ij}X_{ij}\leqslant L_{(i,j)\max} \tag{2}$$

$$\sum_{j=1}^{J}A_{jk}\leqslant Z_k Q_k^c \tag{3}$$

$$\sum_{i=1}q_i^s X_{ij}=\sum_{k}A_{jk} \tag{4}$$

$$\sum_{i=1}^{I}X_{ij}q_i^*\leqslant Y_j Q_j^d \tag{5}$$

$$\sum_{j=1}^{J}A_{jk}=\sum_{w=1}^{W}B_{kw} \tag{6}$$

在式(1)中,$\sum_{k=1}^{K}3\times C_k^r Z_k$ 表示配送中心一个采购周期的租赁成本;$3\sum_{j=1}^{J}C_j^d\sum_{i=1}^{I}q_i^s Y_j X_{ij}$表示预冷站处理成本;$\sum_{j=1}^{J}\sum_{k=1}^{K}\sum_{w=1}^{W}Z_k[d_{jk}a_{jk}A_{jk}+g_k A_{jk}+F_{kw}f_{kw}B_{kw}]$表示总运输费用及仓储费用;$e\sum_{w=1}^{W}\rho_w b_w$ 表示生鲜产品在途损失成本。其中 ρ_w 是腐烂指数,随时间变化生鲜产品的腐烂程度,即腐烂变质产品所占的百分比,它是一个与时间有关的函数,这里的时间包括在途运输时间和各个预冷站及配送中心对于产品的处理时间两大部分。对于后者,本文在计算中将不同处理时间转化为运输时间,从而构成总时间。

式(2)表示从产地到预冷站不超过最大距离限制;式(3)表示配送中心 k 所得到的各点的供货量不超过它的容量限制;式(4)预冷站 j 流入量与流出量相等;式(5)表示预冷站 j 从各产地的采购量不超过它的处理能力限制;式(6)表示配送中心 k 的货物进出总量平衡。

3 算法设计

在本文提出的物流网络节点布局优化模型中,决策变量是由 0-1 变量以及运量 A_{jk} 构成,在实际中,若运量 A_{jk} 计量单位较大,出现分车等情况时,在具体计算中将计量单位化小,例如将以车为计量单位变为以箱为计量单位,从而将其化为整数,模型变为整数非线性规划问题。针对于这种非线性规划问题,一般可以用舍入松弛法、分枝定界法等经典数学方法求解,但是当网络节点较多时,问题就变成 NP 难题,利用这些方法求解时不可避免地存在"维数灾"问题,因此本文用遗传算法进行求解。

由于本模型涉及生鲜预冷站及配送中心的选址决策以及运量决策,采用二进制编码和浮点数编码相结合的方法对模型中的决策变量进行编码。其中 Y_j 和 Z_k 属于 0-1 变量,因此在编码中使用二进制编码;而对于 X_{ij}、A_{jk}、B_{kw},变量的数量很多,因此宜采用浮点数编码方法。

物流网络节点布局问题是有约束优化问题,此数学模型中的约束条件较多,不可行解在群体中比例很大,所以需要将其转化为无约束问题。约束条件的处理采用罚函数法,即对在解空间中无对应可行解的个体,计算其适应度时,处以一个罚函数,从而降低该个体的适应度,是该个体被遗传到下一代群体中的机会减少。

根据模型的约束条件,分别令:

$$t_j = L_{(i,j)max} - d_{ij}X_{ij}, r_k = Z_k Q_k - \sum_{j=1}^{J} A_{jk}, q_j = Y_j Q_j^d - X_{ij} q_i^s, p_j = \left| \sum_i q_i^s X_{ij} - \sum_k A_{jk} \right|$$

$$w_k = \left| \sum_{j=1}^{J} A_{jk} - \sum_{w=1}^{W} B_{kw} \right|$$

根据 Michalewicz 和 Attia 提出的罚函数

$$P(X) = \frac{1}{2t} \sum_{q \in A} d_i^2(X)$$

引入模拟退火算法[7]设计惩罚因子,$\tau = \frac{\tau_0}{1+t}$,可得到惩罚函数如下:

$$P = \begin{cases} \frac{t+1}{2\tau_0} \sum_{q=1}^{A} d_q^2, \text{不满足约束条件} \\ 0, \text{满足约束条件} \end{cases}$$

其中,t 为遗传代数;τ_0 为初始系数。

可以看出,在遗传算法迭代初期,对不可行解惩罚较小,以限制算法过早收敛,而在迭代后期中,该方法将给不可行解以严厉惩罚,以避免搜索的随机性。

因此,适应度函数可定义为:

$$F'(X) = \begin{cases} F(X)(\text{当 } X \text{ 满足约束条件时}) \\ F(X) - P(X)(\text{当 } X \text{ 不满足约束条件时}) \end{cases}$$

式中,$F(X)$为原适应度;$F'(X)$表示考虑罚函数之后的新适应度;$P(X)$为罚函数。

采用最优性选择的方法,以确保最优秀的染色体在不被选中的情况下能够在下一代出现,初始种群个数取 25 个,采用随机选择方法,交叉方法选择两点交叉,变异概率取 0.05,接连续 100 代未改进终止运算。本文设计的遗传算法具体计算过程如图 1 所示。

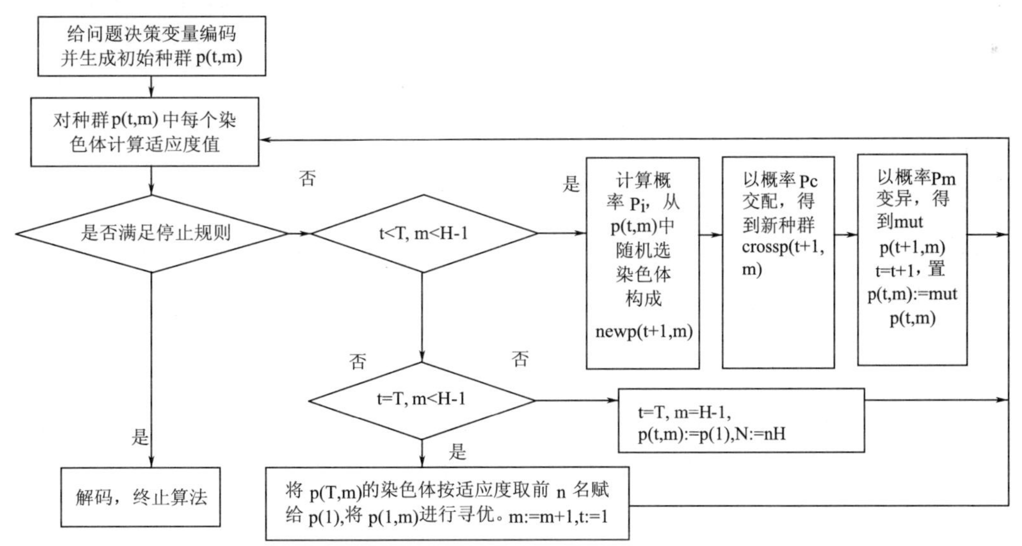

图 1　遗传算法流程图

4　算例分析

假设有 6 个草莓生产基地,4 个备选预冷站,3 个备选配送中心,9 个需求点,预冷站和配送中心选用的最大个数限制分别是 4 个和 2 个。预冷站一个采购周期最大处理量为 160。计量单位为千克,精确到个位,即为整数,以天为计时单位。本例中草莓从采摘至需求点储藏温度为 4℃,辐照剂量为 1.0kGy,得到草莓腐烂程度与天数的函数关系如下:

$$y = 0.0443\left(\frac{T_w - 3}{3}\right)^2 - 0.0237\left(\frac{T_w - 3}{3}\right) + 0.024 \qquad R^2 = 0.9972$$

本算例中各节点分布以及相应数据如图2所示。

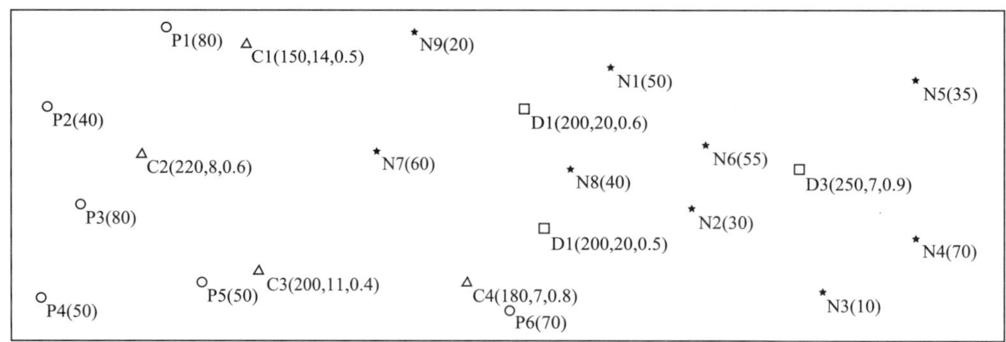

图2　节点分布图

○:产地(q_i^s);△:预冷站(Q_j^d, C_j^d, T_j^d);□:配送中心(Q_k^c, C_k^r, T_k^c);★:需求点(b_w)

本文用Matlab7.0遗传算法辅助工具箱进行辅助求解[8]。基于算法设计中设定的参数,在工具箱中多次运行和求解,达到最优解的平均运行代数为85代,最终得出了本例的近似最优解,也就是一个采购周期内使得总成本最小的网络节点的最优布局,选中预冷站2和3,配送中心1和3。其中,预冷站2负责产地1、2、3三个产地的采购,经配送中心1向1、7、8、9四个需求点配货;预冷站3负责其余产地的采购,经配送中心3向剩余需求点配货。

5　结论

本文将研究范围界定在生鲜农产品从产地到预冷站预冷,再经过配送中心到需求点这一物流过程,涉及运输与配送两个阶段和预冷站、配送中心和需求点三个层次,提出了生鲜农产品物流网络节点优化问题,给出了问题的数学模型,利用遗传算法对模型进行求解,并通过一个算例进行了计算验证,可以看出提出的数学模型可以准确地描述此类问题,具有良好的适应性。但是本模型中对于库存费用仅计算了随储存量变化的线性部分,因此可能对总成本产生影响,有待今后进一步研究。

参考文献

[1] 赵敏. 农产品物流[M]. 北京:中国物资出版社,2007,1

[2] 蒋侃. 生鲜农产品供应链的分析及其优化[J]. 沿海企业与科技,2006(1):58-59

[3] 姜大立,杨西龙. 易腐物品配送中心连续选址模型及其遗传算法[J]. 系统工程理论与实践,2003,23(2):62-67

[4] Vedat verter. The plant location and flexible technology acquisition problem. European Journal of Operational Research Part E 1999,(35):207-222

[5] Sirisak. K. Shelter location-allocation model for flood evacuation planning. Journal of the Eastern Asia Society for Transportation Studies. Vol. 6. pp. 4237-4252. 2005

[6] 邱祝强. 基于冷藏连的生鲜农产品物流网络优化及其安全风险评价研究[D]. 长沙:中南大学,2007

[7] 胡萍,盖宇仙. 遗传模拟退火算法在配送中心选址中的应用[J]. 物流科技,2007(2)

[8] 刘万林,张新燕. MATLAB环境下遗传算法优化工具箱的应用[J]. 新疆大学学报(自然科学版),2005(3)

Layout optimization of logistics network for fresh agricultural products

Yang Hualong, Liu Feifei, Tang Fazhe

(Transportation Management College, Dalian Maritime University, Dalian, 116026)

Abstract: in order to solving layout optimization of logistics network, the minimum cost related to the process, in which goods are delivered from producing area, through pre-cooling station and DC to the ultimate customers, was taken as the object function, and considering the fresh agricultural products are sensitive to time, through collecting experience data of decay exponential and the logistic damage cost was calculated because of decay, a non-linear programming mathematic model of the problem was put forward. A kind of genetic algorithm was designed. An example was tested based on genetic algorithm and the optimal results was obtained.

Key words: Fresh agricultural product logistics; Network node; Layout; Non-linear programming; Genetic algorithm

基于共生理论对大陆桥区域中西部经济的研究

李 理

(上海海事大学交通运输学院,上海,200135,ivyhot@163.com)

摘 要:本文首先阐述新亚欧大陆桥中西部段产业现状,然后将运输业独立出来与新亚欧大陆桥中西部段产业进行共生适用性分析。从共生单元,环境,模式和界面四个共生理论基本点入手,讨论大陆桥运输与大陆桥区域中西部经济的关系,提出“以桥兴城”发展模式。

关键词:新亚欧大陆桥;共生理论;区域产业;运输

1 新亚欧大陆桥中西部段产业现状

东部沿海率先改革开放加速沿海城市轴的崛起,沿长江流域的开发带来沿长江城市轴快速发展,加快中部经济发展战略促成京九城市轴的形成。综观我国区域经济发展轨迹可知,大陆桥开发战略也将进一步提升该区域整体实力和发展水平,使其发展为西部开发主动脉。然而依托新亚欧大陆桥来发展中西部经济的宏伟愿望并未实现。新亚欧大陆桥在我国境内长达4131公里,以陇海、兰新等铁路干线为基础骨架,横贯我国十省区,腹地辽阔、资源丰富。通过分析该区域产业结构,我们可以发现新亚欧大陆桥区域产业现状有以下特点:(1)大陆桥城市轴工业化系数高于全国全部城市,也高于京九城市轴、沿海城市轴,仅低于沿长江城市轴。(2)中西部有一批具有特色优势的产业,重点领域有:①特色农业及农产品精深加工。②能矿资源的开发及高耗能产业。③装备制造业。④高新技术。⑤旅游业。(3)大陆桥中西部段产业多是东部产业升级过程中淘汰或者迁移的产业,附加价值相对低廉。出于经济,政策等因素考虑,东部的夕阳产业一步一步迁出,并为西部较落后的经济吸纳。这种“捡垃圾”行为是落后的,不能为其经济发展提供积极动力。

另外,东部地区在改革开放中形成的先发优势(主要是政策和市场竞争优势)吸引了全国的要素向东部聚集,大陆桥中西部段原有的要素投入优势也在逐步丧失,其发展速度、贸易条件和产业分工处于越来越不利的地位。

综上所述,新亚欧大陆桥区域的第一产业比重偏高,第二产业发展滞后,第三产业层次偏低;并且,产业有严重的趋同现象,劳动密集型产业远多于资本密集型产业,经济仍呈粗放型增长态势。这种结构也表明,新亚欧大陆桥区域产业配置是落后的,与先进水平有很大的差距。若不从根本上改变不合理结构,其经济发展将长期处于低迷不振的状态。

2 新亚欧大陆桥中西部段产业共生研究

共生理论研究表明:共生单元是基础,共生环境是外部条件,共生模式是关键。根据生态学中的共生理论,具有内在联系的共生单元形成共生关系,产生“剩余”,不产生共生“剩余”的系统是不可能增值和发展的。互惠共生、共生进化是共生系统的本质,其本质是一种自组织现象,产业之间的共生也能产生“剩余”,产生 $1+1>2$ 的效果,从而提高产业生态系统的竞争力。

潜在或者候选共生单元之间要构成共生关系,候选共生单元必须具有某种时间或者空间联系,在给定的时空条件下啊,它们之间应该存在某种确定的共生界面。这种共生界面为共生单元提供接触的机会,提供表达共生愿望和信息的窗口;另一方面一旦共生关系形成,这种共生界面就会演化成共生单元间物质、信息和能量的转移通道,即共生通道,这种通道的存在是共生机制建立的基础。

2.1 共生理论在大陆桥运输与大陆桥区域产业之间的适用性分析

我们把运输业独立出来,一方面是由于运输业作为服务行业,应该将其与第一、二产业分开进行研究;另一方面,它作为“承上启下”的工具,应该凸显它在内和对外的作用。

共生体的形成和发展具有一定的原理，主要原理有质参量兼容原理，共生能量生成原理，共生界面选择原理。经济学上的共生就是指经济主体之间存续性的物质联系。共生是指共生单元间在一定共生环境中按某种共生模式形成的关系。新亚欧大陆桥中西部段产业在时空上具有联系，这种联系生成共生界面；且各产业内部特征表达为质参量；各质参量之间互相表达。因此，问题细化至大陆桥运输与大陆桥区域产业共生关系，即共生模式。在大陆桥运输及其沿线经济背景下，两者关系呈现相辅相成的态势。从共生的角度分析，两者之间作用既满足共生单元之间物质、信息和能量交换的需要，又能够节余资源，降低各自成本，满足共生系统产生新生能量这一要求。

2.2　大陆桥运输与大陆桥区域产业的共生单元分析

2.2.1　大陆桥中西部段区域产业单元

首先，我们对共生系统内部进行分析。基于前文对大陆桥中西部段区域产业现状的阐述，结合国家对其产业结构的规划和合理的调整，我们可以构建如图1所示的共生系统。

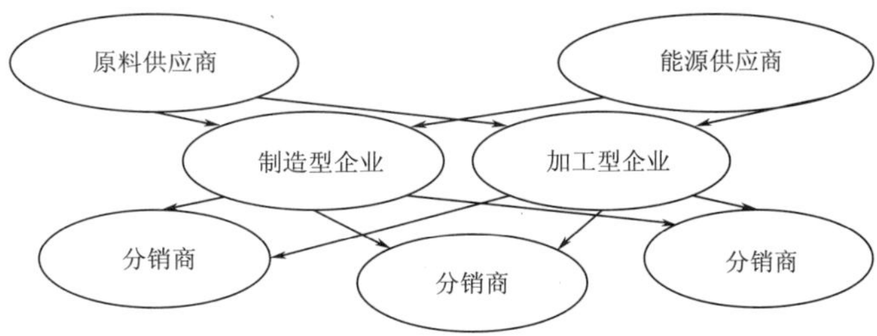

图1　共生系统内部关系

可以看出，制造、加工业处于整个共生系统的核心位置，制造、加工业起到承上启下的作用，既连接上游供应商，将原料转化成产品，又为进一步生产，精加工或销售提供了物质基础。

要实现产业链连贯运作，必不可少是承担物质交换作用的运输业。当今信息和能量交换已经升至虚拟层面，而物质交换仍需通过传统方式。在共生系统内部，运输业起到首要作用是物质交换，从而加深产业间联系，消除地理隔阂，使供应商，制造商和销售商步伐更统一。若国家对大陆桥运输给予优惠，则进一步降低各方成本，使区域合作可行性增加；宏观手段成效达到一定程度后，设定理想共生系统状态是：与原材料相关的各产业，依托大陆桥运输，成为制造业，加工业原料供应“部门”，销售商成为制造、加工业的“库房”和产品集散点。制造业和加工业成为整个系统的核心，其他各产业群力群策，运输则成为衔接每道工序的工具。

2.2.2　大陆桥运输单元的扩展

根据运输连内接外的作用，可将上一节的图1扩展到图2的形式。共生系统一方面是比较封闭的，另一方面，它与外界的联系也是存在的，特别是在经济全球化的背景下。从大陆桥区域这一块共生系统出发扩展到全球产业链，可做如下分析。随着共生系统进化，它的组织化程度逐渐提高，交流面越多，稳定性也越强，共进化作用也越来越明显。相对于外界环境，它的共生环境是相对独立的。就像一个生物体会进行新陈代谢一样，其共生能量再分配之后有剩余，或者产生代谢废物。此时就需要一种或者多种途径与外界交流。

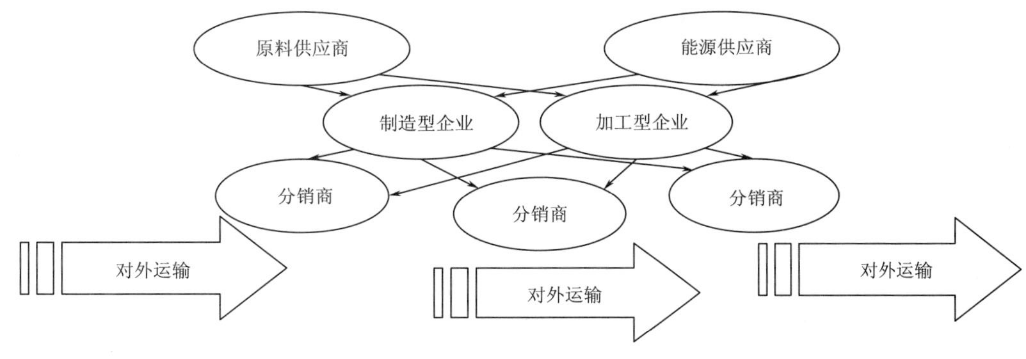

图2　共生系统与外部的关系

新欧亚大陆桥作为贯通亚欧的国际通道,正是完成这一使命的最佳选择。它可以源源不断为此共生系统提供其发展所需的生产资料;它还可以将大陆桥区域的经济产物带出去。这样持续进行,循环周期短,发展速度快,为大陆桥区域带来无限商机。若能给予大陆桥运输优惠,规划大陆桥城市轴的节点,完善基础设施,鼓励投资,吸引人才,将更有目标性的拉动此块经济发展。

2.3 大陆桥运输与大陆桥区域产业的共生环境分析

与全国产业结构的独立性和完整性相比,地区产业结构具有明显的互补性和专业性特点。就大陆桥中西段区域而言,其资源丰富,特色明显,但分布分散,关联度不高;产业集群效应,规模经济不明显,缺乏整合。部分地区存在产业结构不合理,产业配套能力不足等问题。根据国际通道促导区域经济发展理论,大陆桥经历"路桥"—"商桥"—"城市轴"的演进过程,城市轴产业结构、产品结构将发生根本性变化,促使城市轴带内城市间的横向联系与分工协作。以各城市特色产业为合作契机,大陆桥运输连接各产业节点,实现产业能源,原料,半成品,成品的输送和交换。

扩展到共生系统与外界交往,运输业促进大陆桥城市轴直接面对国际国内两种市场,充分利用国际国内两种资源,参与国际经济大循环,接受国际产业转移,推动产业结构高度化,加速该轴带的经济国际化进程。

2.4 大陆桥运输与大陆桥区域产业的共生模式分析

除了新亚欧大陆桥运输本身所存在的问题,例如运费高,设施落后,服务效率低等,中西部段经济滞后也阻碍大陆桥区域共生系统和谐发展。"推拉效应"分析法认为,国民经济增长与交通运输业发展通常相互影响,即交通运输业的发展可以推动国民经济的增长,此为"推动效应";反之,国民经济的增长也会带动交通运输业的发展,此为"拉动效应"。具体到本文研究的问题,两者间的发展是一种辩证关系:如果整个大陆桥区域的经济繁荣起来,势必对运输的需求增强,大陆桥运输会对其发展起推动作用;若大陆桥运输在国家宏观政策调控下,能克服现存不足,必然会吸引货源,实现"路桥"—"商桥"—"城市轴"的演进过程,从而拉动其区域经济发展。

本文提出国家宏观调控为主,构建中西部产业共生系统。刺激作为该共生系统重要共生单元的大陆桥运输,使其贯穿整条产业链,实现以点带线,以线带面的发展。大陆桥区域共生系统,应以利益分配研究为主要切入点。国家宏观调控一方面应给予政策优惠,另一方面要调节各产业间利益分配,将"剩余能量"合理分配给各共生单元,激发各共生单元积极性,进一步促进系统剩余能量生成。接下来,应该对大陆桥区域共生系统的共生模式进行研究。

共生单元、共生环境和共生模式构成共生系统,但共生系统的状态变化主要体现在共生模式变化,因此共生系统的进化也就体现在两个方面:(1)由点共生向一体化共生方向进化,即点共生→间歇共生→连续共生→一体共生,方向表现为组织化程度逐渐提高;(2)由寄生向对称互惠共生进化,即寄生→片利共生→非对称互惠共生→对称互惠共生,方向表现为共生能量分配对称性提高。寄生性表现在区域合作依赖共生体中的某主导力量,这种主导力量可以说是关联性很强的资源开发或产业发展。然而,长此以往,这种共生模式会渐渐由于产业之间共生产生的"剩余"能量不足而被淘汰。

若将大陆桥运输纳入考虑范围,我们应该人为改变该种共生模式。本文提出"以桥兴城":政策上,国家给予大陆桥运输以优惠,例如美国 OCP 运输。从服务上,各地应努力完善信息服务系统,物流服务系统,提高口岸通关效率等等。通过低廉的价格和优质的服务,吸引货源和商机,实现"以桥兴城",让运输行业从寄生、派生需求的层次上升到片利共生,主动拉动经济的层面上。

由大陆桥运输政策优惠所带来的损失和由其拉动经济所创造的利润,需要经过合理的可行性分析和投资回报预算来决定两者之间的关系。若从片利共生的角度出发,共生产生的"剩余能量"应该是偏向共生系统中的区域经济,而作为共生单元的大陆桥运输,在共生的前期,甚至中期,主要还是依靠国家政策扶持。当然,但整个共生系统稳定之后,运输对区域经济的作业也不再是拉动,而是为区域经济发展的自身需求而服务。到达这一阶段后,大陆桥运输与大陆桥区域经济的关系不再是片利共生关系,国家可将宏观指挥放手到市场调节。

2.5 大陆桥运输与大陆桥区域产业的共生界面

前面已阐述了共生单元,共生环境,共生模式,三者相互作用的媒介称为共生界面,它是共生单元之间物质、信息和能量传导的媒介、通道或载体,是共生关系形成和发展的基础。共生理论认为,共生界面是共生单元之间物质、信息和能量传导的媒介、通道和载体,对共生关系的形成与共生系统达到均衡有着重要的影响。畅通的共生界面为共生单元之间的物质、能量及信息的流通和交换提供顺畅的通道,使共生过程中的共生新能量源源不断地产生,促进共生系统的发展。反之,若共生界面呆滞,则物质流、能量流和信息流不畅,会导致共生新能量不足,而共生新能量的不足又会弱化共生单元之间的激励,于是产生恶性循环,最终导致共生关系的衰亡。因此,加强大陆桥区域基础建设及服务水平,引导正确的开发是必不可少的。为了适应全球化步伐,还应注重信息化进程。

3 总结

本文提出的"以桥兴城"是一种的动态的过程,让运输行业从寄生、派生需求的层次上升到片利共生,主动拉动经济发展的层面上;当经济发展到一定程度,运输业又回归其服务行业的本质,推动经济的发展。如果大陆桥中西部段产业经济是一个嗷嗷待哺的婴孩,那么,大陆桥运输则扮演哺育其健康成长,供给营养的角色;如果大陆桥中西部段产业经济是一个正在成长的朝气青年,那么,大陆桥运输则能为它带来无限的机会;如果大陆桥中西部段产业经济处于身强体壮,精力充沛的壮年,那么,大陆桥运输则会将创造效益,作出贡献带,开拓前景;同时,也会反馈给为其发展不惜代价,含辛茹苦的国家。这样相辅相成,生生不息,达到共生系统的和谐状态。

参考文献

[1] 冷志明,张合平.基于共生理论的区域经济合作机理[J].经济纵横,2007,(4)

[2] 刘荣增.共生理论及其在我国区域协调发展中的运用[J].中国技术经济,2006(3):19-21

[3] 冷志明,张合平.基于共生理论的区域经济合作机理研究[J].未来与发展,2007,(6)

[4] 刘荣增.共生理论及其在我国区域协调发展中的运用[J].工业技术经济,2006(3)

Research of economy in the central and western continent bridge area based on symbiosis theory

Li Li

(Shanghai Maritime University, Shanghai, 200135)

Abstract: This paper first introduces industries along central and western part of the new Euro-Asia Continent Bridge, and then analyses whether the symbiosis theory could apply to all these industries while making transportation independent. We discuss the relationship between Euro-Asia Continent Bridge transportation and economy in the central and western part of bridge area in terms of symbiosis unit, environment, mode and interface, thus putting forward a develop mode-promote economy in this area through land bridge transportation.

Key words: The new Euro-Asia Continent Bridge; Symbiosis theory; Regional industry; Transportation

产业转移对产品出口境内段物流运输的影响分析

包 晗

(上海海事大学交通运输学院,上海,200135,juliet. bao@ live. com)

摘 要:产业转移是国家"实施中部崛起、西部大开发"战略的一项主要内容。随着产业转移的实施,遇到了产品出口从内迁工厂到出海口这段运输的成本太高这个突出的问题。这个问题不解决对进一步实施产业转移将产生不利影响。为此,国家、地方、生产企业都在想办法。已有的研究以政策、投资环境方面的为多。本文则是从物流专业的角度,考虑到这个问题的现实紧迫性,采取物流业务实证的方式,分三个部分探讨问题的解决办法:(1)运输成本太高的原因分析;(2)从第三方物流实际业务的角度,怎样可以降低物流运输费用给出几点解决办法。注重可操作性。(3)给出几点建议。

关键词:第三方物流;运输;产业转移

1 引言

一边是我国沿海一带出口产品加工厂为了应对金融危机,加快了实施产业转移的步伐;另一边则是承接产业转移的我国中西部地区积极对外招商,甚至跑到沿海一带主动上门去招商。两边看上去是你有情,我有意。似乎天意作美,一拍即合。然而实际情形并没有看上去那么美。这是为什么?来自专业机构的调查报告有助于我们看出问题。

香港贸发局2008年7月的调查报告[1]显示:(1)从2007年9月至今,有"搬家"想法的在粤港资企业比例从21%上升到了37%,且比例还在上升。(2)不只是在粤的港资加工贸易企业,还有更多的沿海加工贸易企业也打起了"搬家"的主意。只是究竟是选择内迁到中国的中西部地区,还是外移到东南亚国家?这些企业目前还举棋不定。但目前内地最大问题是物流成本高。

暨南大学东南亚研究所的研究报告[2]指出:"一些劳动密集型的加工贸易企业正逐步从珠三角撤离。除了向广东东西两翼欠发达地区转移外,一些加工贸易企业外移到了越南等东南亚国家。这些国家除了人工费的相对优势,较低的物流成本是另一个重要优势。与海运的低成本相比,无论是公路运输还是内河航运都将大幅提高运输成本。东南亚国家的海港城市与我国中西部地区相比,显然更具优势。"

从这两份调查报告可以看出,产业转移对这些出口产品生产工厂而言,就是把工厂搬迁到哪里的一种"二选一"行为。是搬到国外(外移),还是把工厂搬到原来工厂所在国家或地区的内陆地区(内迁),这是WTO框架下,由企业自己决定异地办厂的一种企业行为。但是企业这种二选一行为产生的影响就不只是关系到企业本身是否能够盈利,还关系到新工厂所在国的国家经济利益,和所在区域的地方经济、就业与消费。"出口贸易是拉动一个国家GDP的三驾马车之一"使得这些工厂成为许多国家和地区趋之若鹜的紧俏资源。我国也不例外。国家希望非外贸配额因素需要搬家的我国沿海出口产品生产工厂最好能迁往内地,继续在境内生产。为此提出了"中西部承接沿海地区产业转移,实施中部崛起、西部大开发"的国家战略目标。各国也纷纷提供最大的优惠和便利以吸引这些企业搬迁。而企业是追逐低成本高利润的,哪里好,它就去那里。这就是我国产业转移面临的严峻形势。

由此可见研究解决"产业转移对产品出口境内段物流运输的影响"是进一步推动我国中西部地区顺利实现产业转移的关键之一。确切地说这个问题是指"从内迁工厂到出海口的(头程)运输成本对产品出口的不利影响"。解决这个问题显然要靠四个方面:(1)国家产业政策;(2)财税优惠扶持;(3)完善投资环境;(4)物流业与制造业的共同努力。从长远看物流业和制造业的努力,不断提升市场竞争能力才是国家希望的,也是企业生存发展的根本。唯此,才能化"不利影响"为有利。本文尝试从物流专业的角度,分析问题的原因,探讨从物流业务方面,找到一些可以减少产品出口境内段物流成本开支的办法,给出几点建议。

2 企业产业转移的目的与问题的原因分析

产业转移对产品出口境内段物流运输不利影响的实质是企业内迁后没有达到企业当初搬迁预想的目标。即:企业选择内迁是以牺牲运输成本的方式来换取产品综合成本优势。借用数学方式表达:设搬迁之前原工厂(老厂)运输成本为 Ct_0,老厂产品的综合成本为 TC_0;设内迁工厂(新厂)的运输成本为 Ct_n,新厂允许增加的运费成本幅度值为△,新厂的产品综合成本为 TC_n;设搬迁到国外的工厂(外移工厂)的产品综合成本为 TC_f。则“内迁工厂目标”的表达式为:当 $Ct_0 + \triangle \geqslant Ct_n > Ct_0$,$\Rightarrow TC_n < TC_0$并同时满足:$TC_n < TC_f$。现在的问题是,虽然 $TC_n < Tc_0$ 成立,但是 $TC_n \nless TC_f$,这就意味着投产的新厂产品综合成本没有优势可言。可是,这种情形出现又不符合常理。因为,通常工厂搬迁之前都会对内迁与外移这两种情况分别作评估论证。设厂程序是很审慎的。由以上分析中△的定义有,内迁是以增加一定运费为前提的。不是运费不能增加,而是增加有幅度限制。必须符合:$0 < Ct_n - Ct_0 \leqslant \triangle$ 这个条件。而这个条件,正是每个有计划搬迁的工厂在搬迁前必然会做的一项关键评估。那么先期内迁的工厂也必然是做了这项评估后认为可行才决定搬厂的。既然是这样,那为什么这些先期内迁工厂投产后会出现产品出口境内段物流运输成本高的问题呢?经过上述推理可以发现,这里的“高”与内迁预计的△幅度值区别开来。这个“高”应该是减去 $Ct_0 + \triangle$这部分(合理部分)后,出现的“异常高”部分。而这个“异常高”部分就是我们需要分析原因加以解决的。不然,内迁企业就可能因“异常高”部分,时间长了导致长期亏损,进而被市场竞争淘汰。伊莱克斯长沙工厂就是一个活生生的例子。今年三月份,跨国公司伊莱克斯对外宣布撤销伊莱克斯长沙工厂。理由是:“长沙的地理位置不利于我们的产品出口,难以形成规模效应。”“困扰长沙工厂的五大因素是:运输、政府政策、人力资源、配套供应和原材料采购,上述每一个因素都影响成本。以运输为例,长沙基地一年来回运输过程中的冰箱、洗衣机损坏金额就高达600 万元。”然而6 年前的2003 年6 月12 日,也正是这家跨国公司宣布:把设在南京的冰箱和洗衣机生产线迁到长沙。伊莱克斯把工厂从南京迁到长沙,这是一个典型的从沿海到中西部地区的实例。

造成“异常高”有三个原因,但首当其冲的是内迁工厂的物流方式的原因。因为另外两个原因,一个金融危机的持续,另一个第三方物流公司的配合不够,但是问题的根源在内迁工厂的物流方式上。据专业机构对分布在全国的出口产品生产工厂(含跨国公司)使用物流情况的调查[3]:70%的工厂采用的是“委托运输+自备仓储”自营物流模式。实践证明:自营物流对在工厂距离出海口不远的情况下,是可以保证出口产品境内段运输的时间要求,也可以有效控制运费。是一种有效的方式。内迁工厂沿用老厂的自营物流模式则很大可能是因为当初评估物流的预算依据。再说,老厂使用自营物流是顺利的。因为静态分析,内迁工厂比老厂最大的变化只是新厂距离出海口比老厂远,由短途运输变为长途运输了,似乎只要注意控制运费增加幅度就可以解决了。但是,就是运输路程变远这一项变化在实际当中使情况变复杂了。金融危机的持续又加剧了这种复杂。加工贸易出现新形式:订单批次多,每个订单量又不大。接单的随机性增大。这种情况下,内迁工厂的自营物流就出现了物流理论里已有定论的“无法适应灵活多变的出口订单和居高不下的物流成本”[4]的双重压力情况。要解决这个问题就需要从破解新厂的物流方式入手。

3 产业转移企业降低物流运输成本的途径与办法

自营物流方式主要有两项业务:(1)委托运输:产品运输外包给社会上专业运输公司来完成;(2)自办仓储:在工厂仓库里划出专门的成品仓储区域作为成品仓库。新厂物流目标是:在保证出口产品交货期的前提下,同时保证全年增加的物流成本不超过预算(双保)。

根据“双保”目标的要求,分析自营物流存在的运输成本高等问题的特征,专业从事物流的人士很容易就想到用第三方物流的方式来解决。理论上看,自营物流的这些缺陷正是第三方物流能够发挥作用的地方。鉴于现在我们要研究解决的问题的现实紧迫性,以下给出的解决办法更多是基于国内第三方物流实际操作的业务内容给出。借此,笔者要先谢谢实地拜访和请教过的物流实务工作者!

3.1 第三方物流降低运费的有效途径

3.1.1 我们知道运费与总货运量和全年使用运输工具的时间这两个参数成反比关系。专业旅游公司之所以能够从航空公司拿到2~3折的机票,用的就是这个杠杆关系式。旅游公司以游客数量(客源)与全年不分淡旺季游客(乘客)保底这两个优势,从航空公司拿到全年的特优折扣机票。而旅游公司拿到机票以后,再根据团体与散客等旅游公司的营销策略对客户给予不同的机票折扣,这肯定比这些客户直接到航空公司去买便宜。这就是旅游公司、游客、航空公司三家共赢的局面。实际上这是市场营销对客户按业务量的四级分类法(表1)。第三方物流能够帮助工厂降低运输成本的方法与旅游公司拿机票的方法是一个原理。

业务促销客户业务量四级分类表 表1

客户类别	重点大客户	大客户	团体客户	一般客户
执行级别	特优折扣	优惠折扣	一般折扣	零售价
折扣率(%)	30~40	60~70	80~90	100

由表2的"运量"栏有"工厂是以工厂全年的产品的计划运量"去跟运输公司议价,而第三方物流公司是以"集货"的货源形成的全年货运量跟运输公司议价。参照表1的客户分类,运价上,工厂从运输公司拿到的是"团体客户""一般折扣价80%~90%",而第三方物流则享受的是"重点大客户""特优折扣价30%~40%"。

自营物流与第三方物流在公路运输业务方面的功能比较 表2

业务内容与评价	自营物流	专业物流
运输方式	委托专业运输公司	委托专业运输公司
运量	自有产品全年订单安排运输	以集货(社会揽货)量安排运输
运费议价依据	以自有产品全年计划量与运输公司议价	以集货(社会揽货)量全年保底与运输公司议价
运费议价能力评定	中级	最高级
运费合同成交价评定	一般折扣价	最优折扣价
整车货运状态	一般	常态
零担货运状态	常态	仅限于应急业务
途中状况跟踪能力	差	良
途中应急保障体系	差	良

注:铁路、内河运输特别是运费方面的议价方式与公路类似

现在我们换一种方式,工厂把全年货运量委托给第三方物流,支持第三方物流去拿特优折扣价。然后,再由第三方物流让利给工厂,使工厂享受表1的"大客户""优惠折扣价60%~70%"。这样一来,工厂就可以享受到比原来直接找运输公司的运价还优惠(更低)。这就是第三方物流帮助工厂有效降低运输成本的途径之一。

3.1.2 遇到临时的客户订单,特别是量少的,直接交给第三方物流就可以了。因为第三方物流发货是"集货"装运方式。就不存在以前与运输公司打交道,走"零担货运"的费用问题。零担运价比整车运价高40%~50%。仅这一项,一年下来,如果次数多的话,又可以为工厂节省一笔不小的开支。改变以往那种临时发货,做的次数多,运费亏得越多的被动局面。

3.1.3 由表3知道第三方物流在仓储方面有"包装(流通加工)"业务,利用这项业务可以进一步降低运输成本。开展这项业务可以分两步实施:

(1)初期在第三方物流的指导下,工厂通过改进产品包装的方式,可以有效利用单位货运荷载量或空间,从而提高单位运量。

(2)待双方合作默契了,流通加工还可以委托第三方物流执行。这样做,虽然物流费用会增加一

些，但是可以去掉工厂原来的包装工序设备与人工这两部分开支。核算下来，这样做工厂可以减少开支。

自营物流与专业物流在仓储业务方面的功能比较　　表3

业务内容与评价	自营物流	专业物流
仓储方式	厂内仓库	根据委托人需要安排就近仓库
仓储分布方式	自备单点式	自备节点网络式与委托第三方仓储
出海口前端支援仓储能力	无	有
仓储量	自有产品按订单量周转仓储	以集货委托人需要量安排仓储
仓储费用议价依据	内部核算	以集货(社会揽货)量全年保底与第三方议价
包装/流通加工	无	有

3.2　增强了境内段物流保证交货期的能力

图1是第三方物流的全部业务流程图。由图可见，第三方物流在保障境内段物流赶出口航班能力方面明显比工厂自营物流强。有组织保障、专业化运作和专业物流的应急响应系统。不过也无须讳言，限于国内物流现状，投资能力等条件，实际操作比原理图上画的会有一定差距。但是，对于工厂来讲，至少在应对长途运输的突发事件处置时又多了一个保障系统。

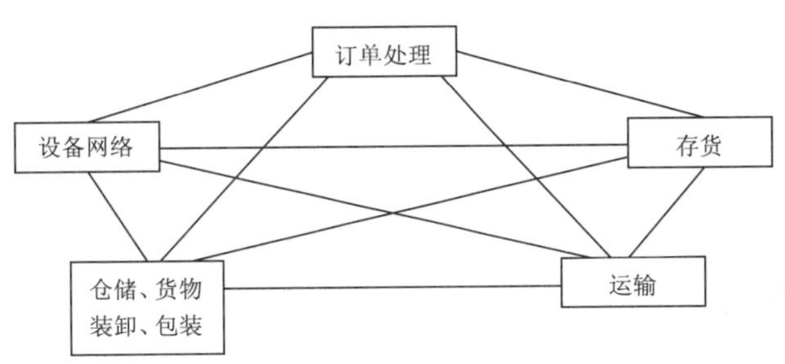

图1　第三方物流业务(五环节)流程图

3.3　第三方物流方式使工厂全年物流费用支出可控

由于第三方物流属契约物流，专业化运作，正常情况下，全年费用按双方物流合同执行。因为业务涵盖全过程。不同于先前与运输公司只是运输契约，其他费用的发生未计在内。所以，与第三方物流的合作可以使工厂实现全年物流费用支出可控的目标。

3.4　委托第三方物流的费用会不会比自营物流高?

3.4.1　国家商务部数据有："发达国家物流成本占GDP比重为10%左右，而我国物流成本占比为20%左右"[5]。这个数字既表明我们的差距，同时也预示着我国物流成本下降的空间之大。这是降低成本的大前提。

3.4.2　仅就查到的资料看，国内只有定性描述："采用第三方物流后，大部分企业物流运作成本减低。"没有给出相关数据。但是来自美国的数据是："采用自营物流的物流平均成本占商品总成本的30%～50%，采用第三方物流的实际平均成本下降到商品总成本14.8%水平。"[6]据此，尽管没有查到我国的数据，但趋势应该是一样的。

3.4.3　依据以上两点笔者认为：首先是国内物流成本与国外相比相对值幅度相差50%，这说明我们的降价空间还很大。具体到第三方物流与自营物流的费用比较，既然国外经验的相对百分比比值又是差到50%。我们委托第三方物流费用没有理由比自营高。

4　几点建议

仅就上面提到的解决办法可以看出，业务上是可以操作的。与开展业务相比，更大的困难还在于怎么去组织实施。以下提几点这方面的建议：

(1)鉴于解决这个问题对内迁工厂、地方、国家的紧迫性，要想在短时间内见成效，最好是由政府引导，相关行业协会组织协调，物流企业与制造企业为主，市场化运作以强化这项工作。唯此可以迅速打开一个新局面。

(2)虽然上面介绍的解决办法都是现实在用的，但是，真正要变为业务流程，可能还是会遇到这样那样的困难，特别是在开始的时候，没有什么业务量，更谈不上业务规模。起步都有一个过程。所以最好搞一个试点。征集一个物流园区与两三家物流公司从事这类业务。就像当年为了吸引外资,通过建立一个个开发区来营造一个既适合外资企业经营,又形成一个园区与园区之间展开招商引资竞争这样的小环境一样。这样既可以较快地解决先期内迁工厂的问题,稳定这些工厂;又是为地方政府较快地排除了产业转移遇到的物流成本这个障碍,化不利为有利,使不断改善的物流条件成为地方承接产业转移条件的一个亮点。

(3)试点的物流公司有必要根据国家"对注册在上海洋山保税港区内的仓储、物流等服务企业从事货物运输、仓储、装卸搬运业务取得的收入,免征营业税"政策。同样,研究广州黄埔港、深圳洋山港等相关港口对从事进出口物流业务公司的优惠与支持。从而有利于应对金融危机,有利于业务拓展。

参考文献

[1] 香港贸发局.在粤港资企业经营情况调查报告[N].重庆日报
[2] 吴军文.物流成本加贸转移绕不过去的坎[J/OL].物流天下网站.2009(5)
[3] 史邦臣,赵杨,李蕊.中国物流市场现状调查报告[J].商贸经济.2003(2)
[4] 卢国志,董兴林,杨磊.新编电子商务与物流[M].北京:北京大学出版社,2005.7:11
[5] 国家商务部,中国、日本、韩国流通及物流联合报告书[R].北京:中国商务出版社,2006.3:180
[6] 畅享,物流成本占GDP的比例分析[J/OL].畅享网站.2004(9)

Analysis of industry transfer influence on domestic logistics and transport of exports

BAO Han

(School of Communications & Transportation under Shanghai Maritime University, Shanghai, 200135)

Abstract: Industry transfer is an important component of national strategy "carrying out the rise of central China and the western development drive". With the implementation of industry transfer, a significant problem has been come out, that is the transportation cost of exports of factories which have been transferred from coastal areas to hinterland is too high. If this problem is not resolved, it will cause negative effect on further implementation of industry transfer. Therefore, central government, local governments and production enterprises all try to find a way to solve it. Existing research is most about policies and environment of investment, however, considering the realistic urgency of the problem, this article is taken empirical measures of logistics business from the perspective of logistics professionals to address it. The main body is divided into three parts to discuss: Firstly, analysis of reasons for high transportation cost. Secondly, solutions of reduce the cost of transport and logistics from the perspective of actual business of third-party logistics. This part is focused on feasibility. Finally, give some suggestions.

Key words: Third-party logistics; Transportation; Industry transfer

Trace Analysis on Driving State of Un-motorizing Vehicle in Traffic Accident

Zhang Hanxin[1,2] *Xu Hongguo*[1]

(1. School of Transportation, Jilin University, Changchun 130025;
2. Criminal Science Department, China Criminal Police University, Shenyang, 110035)

Abstract: In this paper, the quicky development of bicycle is taken as example to solve the issues and amends in the traffic accident. From three aspects of the vehicle, the un-motorizing vehicle and the human which micro material interchanged and the superficial attachment extracted, it provides the basis and the methods to recognize the suspicion vehicles. According to the massive correlation data and the accident scene records and many illustrative cases, the trace examination and appraisal methods were classified and compiled. Mainly from the traces of bicycle, this solution has been analyzed and expounded. Then the truth can be recurred. It gives the method and the mentality to determine the driving state of un-motorizing vehicle in the traffic accident and increases the accuracy and the fairness, which makes the traffic accident responsibility be recognized.

Key words: Traffic accident; Driving state; Un-motorizing vehicle; Trace

1 INTRUDUCTION

Along with the people legal awareness's enhancement, the community is also getting higher and higher to Law-enforcing departments'request and the attention degree, especially the traffic accident is more prominent. So it requests that the traffic police department utilize the science method earnestly to the accident and make the correct judgment when they deal with the accident. China road traffic is mainly the mixed traffic. The vehicle and non-motor vehicle's traffic accident is changeful and multiple and the mainly performance is the vehicle collision and roller compaction driving non-motor vehicle person's accident[1]. In the traffic accident of vehicle to the non-motor vehicle's traffic accident, the focal point often concentrates the non-motor vehicle's driving state, which contributes to traffic accident responsibility and the accident compensation.

2 SUSPICION VEHICLES RECONGNATION

After the vehicle collided to the un-motor vehicle, the vehicle or the un-motor vehicle driver frequently clings to his own declaration, the driver escaped, the witness's testimony is contradicted. Therefore, recognizing the accident risk firstly needs to use the science method to recognize the suspicion vehicles from the fact. Because the vehicle is bumps into the human by the high velocity, so the instantaneous energy of person and vehicle's interaction is very big. The human who carried the non-motor vehicle and the cause troubling vehicles can carry on the micro material interchange, therefore the cause troubling vehicles'collision spot can find the person's skin detritus, hair, clothing textile fiber, bicycle's paint and the metal detritus. At the same time, the non-motor vehicle also possibly examines the cause troubles vehicle's paint and metal detritus. If the vehicle

Zhang Hanxin, Criminal Science Department, China Criminal Police University, 83 Tawan Str. Huanggu Dist. Shenyang, 110035, E-mail: katie886@126.com; Xu Hongguo, School of Transportation Jilin University, 5988 Renmin Street, Changchun, 130022, E-mail: xuhg@jlu.edu.cn.

and non-motor vehicle's corresponding high position can be discovered the collision scratches, so long as in a side's collision spot examines another side the micro matter witness, then may determine that both once had contacted, recognized that cause troubling vehicles[2][3]. In addition, if it hit the non-motor vehicle and drive on the person body which can be fund the vehicle tire printings, may also use its individual characteristic (for example pattern, size, damage, foreign matter and so on) to recognize that cause troubling vehicles.

3 JUDGEMENT OF NON-MOTOR VEHICLES' DRIVING STATE

In the crash processes of vehicle hitting the non-motor vehicle, both sides may occur in view of the accident mainly dispute the question of the un-motor vehicle to be ride or pushed. So which determines non-motor vehicle's driving state is recognizes this kind of traffic accident responsibility and the accident compensation key. Because it involves in the bicycle which in China even worldwide scale the non-motor vehicle cause troubles to account for the quite great proportion[4], therefore this issue is taken the bicycle as an example, its judgment method mainly is from analytical study in vehicles trace aspect . The traffic accident is occurs in vehicle, bicycle and the bicyclist between fierce momentum transfers and the energy transfers, it will form some characteristic trace by on the rigid object vehicle and the un-motor vehicle primarily. Such as the collision, scratches, hollow and so on the traces appear on the vehicle, the collision, scratch delimits, roller compaction and so on presents on the bicycle [5].

3.1 CAUSE TROUBLING BICYCLE'S TRACE ANALYSIS

(1) Bicycle saddle position analysis

If in traffic accident scene investigation bicycle saddle position obviously rotated, and the saddle has not seen the new hit trace, the scratch, then considering the damage situation inside two upper legs of human body, may infer the bicycle to be possibly in rides state (shown in Figure 1). Because in normal condition bicycle saddle and automobile body parallel. Only when the human rides on the bicycle and hut by the vehicle at the high speed, the bicycle saddle powered by the inside upper leg can form this kind of deflection. Moreover because human body's hardness is smaller than bicycle saddle degree of hardness, it not present the new hit trace in the saddle, occasionally have the clothing scrape. But what needs to pay attention, when the bicycle is knocked down and slides, the saddle will be formed some tall and slender strip scratches trace, this must distinguish with the area slightly big hit trace and not consider.

(2) Left side of bicycle pedal trace

If left side of bicycle is hut by vehicle, the pedal itself to seriously damage either has a part of flaw or has the obvious distortion (shown in Figure 2). It may infer the bicycle to be possibly in rides state when the accident occurs. Because most people push the bicycle in the left side (needs to investigate bicyclist really in bicycle's left side or not) . In this case the human body insolates between the bicycle and the vehicle, generally is not easy to present this kind of trace. On the contrary, only under the ride state, the human body and the automobile one in the identical plane, this place possibly will present basically this kind of trace.

Fig 1 Bicycle saddle turn nearside

Fig 2 Bicycle left footplate deflection

(3) The two far traces appearing on the bicycle formed at one time

In the traffic accident investigation, the bicycle body is discovered the two far traces (for example front and rear wheels), which height is same, the pattern of formation is same, considering the vehicle collided also can be possibly discovered the correspond trace. Then it may infer these two traces formed instantaneously at one time (shown in Figure 3,4). Mostly it may confirm the bicycle and automobile's travel direction according to the scene investigation situation when the accident occurs, but most people is in vehicle's left side when the bicycle is pushed. Therefore, when left side of the bicycle and the automobile body bump into, if among them has the human body to be separated by (i. e. push), these two traces are not easily formed at same time on the bicycle. Only under the ride state, the human body and automobile body is in the identical plane, these two traces are possibly formed. Therefore it may assess non-motor vehicle possibly to ride on in this kind of situation.

Fig 3 Mark in the Front-wheel of Bicycle

Fig 4 Mark in the rear-wheel of Bicycle

3.2 BICYCLE'S TRACE AND VEHICLE'S TRACE BOTH ANALYSES

As mentioned above, bicycle trace and vehicle one is suitable the situation, which will collide the side face, below will study the situation, which the vehicle will collide directly to the bicycle.

(1) Determining the collision spot

In this kind of situation the determination can be realize through the vehicles damage spot examination. If bicycle's damage spot is most serious by the vehicle front part, moreover in bicycle's front part and the vehicle one discovered that both have the crash trace highly in the corresponding scope, then it may mean the bicycle and the vehicle possibly collided directly (shown in Figure 5,6).

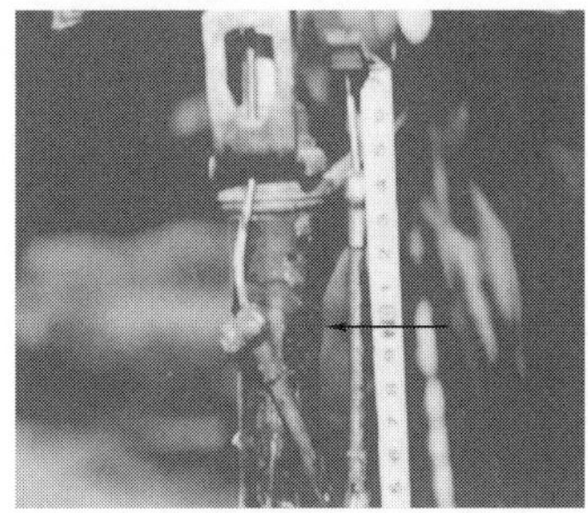

Fig 5 Collision place of bicycle

Fig 6 Collision place of vehicle

(2) Bicycle's driving condition

If the vehicle and the bicycle's front is damaged seriously (for example front wheel distorts or flaw) or the bicycle saddle to one side is deflected (shown in Figure 7), then it may infer the bicycle possibly is in the ride state as colliding. When the bicycle collided the vehicle, because the bicycle's mass comparing with the automobile one is very in small, it will be dislodged very far distance. But itself will sometimes not have the very serious dam-

Fig 7 Bicycle saddle turns side and loses

age. Only in ride state the human and the bicycle is equal to a whole, then their mass increases many, it will form the very serious damage on the bicycle. Moreover the bicycle saddle's deflection also can be found when the riding person extremely turn to hide avoiding the vehicle instantaneously before colliding.

4 CONCLUSION

The analysis and judgments should unify many kinds of trace characteristics from the multiple perspectives in the accident collided by the vehicle and the non-motorizing vehicle. At the same time, it must pay attention to the union the special details of accident scene to carry on the synthetic judgment. After the traffic accident had happened, the vehicle and non-motor vehicle's movement heading and the mode of motion is random. In traffic accident scene investigation, not only it need determine the primitive collision place, but also it must remove with other objects' scratches, the collision trace which has nothing to do with. Because the traffic accident scene is multiplicity, complexity and randomness, all traces cannot necessarily appear after the vehicle and the non-motor vehicle collided. The analysis must take the scene trace as the object of observation and the judgment carries on nimbly, then it obtains the science conclusion.

This paper involves in the trace of the non-motor vehicle in driving state, which summarizes by some cases, is not the absolute corresponding relationships. This paper proposes the judgment of the bicycle in driving state based on the trace and the method also has regarding other non-motor vehicle accident transport condition's judgment profits from the function. The preliminary work indicated that the bicycle has many similarities with other un-motor vehicle's trace, but the fine distinction also needs to further study.

REFERENCES

[1] Liu J. J. Evidence identification technology of traffic accident [M]. Beijing: Chinese People's Public Security University Press. 2001. 12

[2] Xu H. G. Identification technology of vehicle traffic accident: new profession in 21 century [J]. Journal of Highway and Transportation Research and Development. 2000. 2; 62-65

[3] Xu H. G. Vehicle accidents engineering [M]. China Communication Press. 2004. 7

[4] Traffic Management Administration of the Ministry of Public Security. Information statistics for road traffic accidents of the People's Republic of China[G]. 2003. 4

[5] Xu L. G. Identification technology research [M]. Beijing: Chinese People's Public Security University Press. 1998

[6] LATSS Research. Present State, Prospect and Problems of Bicycle Transportation in Japan, 2002

[7] LATSS Research. How to Substitute Short Car Trips by Cycling and Walking, 1999

[8] ITE. Transportation Planning Handbook, 1992

[9] Van Winkle S. N. Design Speed and Operating Speed. Public Works, 1992

典型相关分析在交通事故预测中的应用

李文华　陆　建

(东南大学交通学院,江苏南京,210096)

摘　要:介绍了CCA(典型相关分析)的基本原理及模型,并将其应用于交通事故预测。该预测方法在考虑事故时间变化规律的同时,用两组线性组合来分析事故相关因素与事故指标的关系,使组合的相关系数平方最大,从而建立了两组变量的相关关系。最后,通过实例对该预测方法进行了验证,结果表明CCA预测具有较高的预测精度。

关键词:CCA;交通事故预测;SAS程序;精度

1　引言

交通安全日益为人们所关注,而道路交通事故预测是道路交通安全研究的一项重要内容,它的目的在于掌握交通事故的未来发展趋势,对交通安全措施的可行性和实施效果进行评价,有效地控制各影响因素,达到减少交通事故的目的[1]。已有学者采用灰色理论[2]、遗传算法和神经网络[3]、BP神经网络[4]、GM(1,1)[1]等方法对交通事故预测进行了系列研究,本文基于典型相关分析预测相关理论,提出采用典型相关分析进行交通事故预测的方法。根据某市历史数据,建立交通事故指标及相关影响因素间关系,并结合交通事故的时间变化趋势,对交通事故三个指标值进行了预测。最后,本文给出了实例分析,结果显示采用典型相关分析进行交通事故预测,其预测值与实际值具有较高的吻合度。

2　CCA理论及预测原理

2.1　CCA基本原理

典型相关分析(CCA)是分析两组随机变量间关系的统计分析方法。寻求两组随机变量的线性组合,使之相关系数平方最大,用这两组线性组合来分析两个随机变量的关系,称为典型相关方法,用该分析方法来做预测就是CCA预测。

因为每组随机变量自身存在相关性,用一组变量直接预报另一组变量,简单使用回归方法,存在"多重相关"问题,效果不好。而用这些线性组合来做预报,则可避免"多重相关"等问题,效果很好,所以CCA方法广泛应用于医药、经济、农业、工程等各个领域[5]。

2.2　CCA模型

两组随机变量为X和Y,a、b为常数向量。设$a=a_1$,$b=b_1$,在条件$D(a'X)=a'\sum_{xx}a=1$,$D(b'Y)=b'\sum_{yy}b=1$下,使$Cov(a',X,b'Y)$最大,则称:

$$v_1=a'_1X,w_1=b'_1Y \tag{1}$$

为第一对典型相关变量,$Cov(v_1,w_1)$为第一典型相关系数。

其中,$\sum_{xx}$和$\sum_{yy}$分别为X和Y的方差,$\sum_{xx}$和$\sum_{yy}$分别为X和Y的协方差。

若常数向量$a=a_2$,$b=b_2$在条件$D(a'X)=a'\sum_{xx}a=1$,$D(b'Y)=b'\sum_{yy}b=1$,$Cov(v_1,a'X)=0$,$Cov(w_1,b'Y)=0$下,使$Cov(a'X,b'Y)$最大,则称$v_2=a'_2X$,$w_2=b'_2Y$为第二对典型相关变量,

作者简介:李文华(1984-),女,山东德州人,东南大学交通学院硕士研究生,主要研究方向为交通运输规划与管理,E-mail:liwenhua-fqy@seu.edu.cn。

$Cov(v_2, w_2)$称为第二典型相关系数。同理可得第三对典型相关变量,第三典型相关系数,等等。

则,第 i 对典型相关变量为:

$$v_i = a'_i X, w_i = b'_i Y \tag{2}$$

其中,$a_i = \sum_{yy}^{-1/2} c_i, b_i = \sum_{yy}^{-1/2} d_i, \lambda_i^2, c_i$ 分别是 $\sum_{xx}^{-1/2} \sum_{xy} \sum_{yy}^{-1} \sum_{yx} \sum_{xx}^{-1/2}$ 的第 i 大特征值及相应的彼此正交单位特征向量;λ_i^2, d_i 分别是 $\sum_{yy}^{-1/2} \sum_{yx} \sum_{xx}^{-1} \sum_{xy} \sum_{yy}^{-1/2}$ 的第 i 大特征值及相应的彼此正交单位特征向量。λ_i^2 为第 i 典型相关系数的平方。

在实际应用中,我们都将上面的随机向量标准化,求出标准化典型相关变量:

$$v_i^* = a_i^* X^*, w_i^* = b_i^* Y^* \tag{3}$$

和标准化典型相关系数 λ_i^*,容易由原始相关变量和原始相关系数求得。

$$a_i^* = D_x a_i, b_i^* = D_y b_i \tag{4}$$

$$\lambda_i^{*2} = \lambda_i^2 \tag{5}$$

其中,D_x 是对角阵,其对角线上元素是 $\sum_{xx}$ 对角线上元素的算数平方根,即 X 分量的标准差;D_y 是对角阵,其对角线上元素是 $\sum_{yy}$ 对角线上元素的算数平方根,即 Y 分量的标准差。

3 CCA 预测模型

3.1 预测步骤

利用 CCA 进行预测的步骤为见图 1。

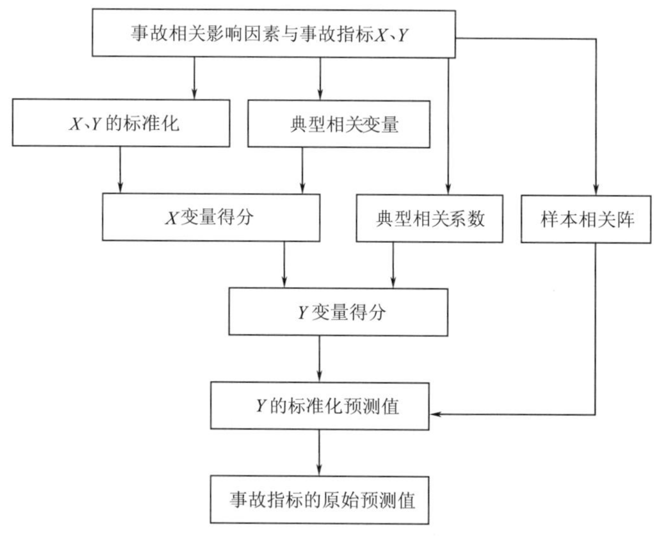

图 1 CCA 预测步骤图

3.2 预测模型

为了实行预报,需要得到典型相关变量在各次观测的值,一般在实际中,我们只考虑标准化典型变量的观测值,称为典型变量得分。

交通事故相关影响因素 X 与事故指标 Y,标准化后为 X^*, Y^*。$\hat{v}_i^* = \hat{a}^{*\prime}_i X^*, \hat{w}_i^* = \hat{b}^{*\prime}_i Y^*$ 是第 i 对标准化典型相关变量,将标准化 X, Y 的第 j 次观测向量 X_j^*, Y_j^* 代人所得值$\hat{a}^{*\prime}_i X_j^*$ $\hat{b}^{*\prime}_i Y_j^*$,称为第 i 对典型相关变量第 j 次观测得分。

$V = (v_1, v_2, \cdots, v_p)$表示事故相关影响因素的典型变量得分;$W = (w_1, w_2, \cdots, w_q)$表示事故指标的典型变量得分。若事故相关影响因素 X^0 的典型变量得分是 $V_i^0 = \hat{a}^{*\prime}_i X^0, i = 1, 2, \cdots$,则事故指标的典型变量得分预测值是 $W_i = \hat{\lambda}_i V_i^0, i = 1, 2, \cdots$,进而求出事故指标的因子得分 W^0。

设 D 是 Y 标准化典型变量系数矩阵的逆,则 $Z = WD$,从而求得了事故指标标准化的预报值。

4 应用实例

本文以某市(以下简称S市)交通部门道路交通事故统计指标数据为例,进行道路交通事故CCA预测,其中以1994~2004年的统计数据来建立道路交通事故预测模型,求出事故相关因素与各事故指标的关系,2005年的统计数据用于模型的预测精度检验。由于道路交通事故是人、车、路和环境综合作用的结果[3]。因此,选取了下面8个事故相关影响因素。

S市的交通事故相关因素与事故指标值,见表1[3]。

S市交通事故相关因素及指标值 表1

年　份	1994	1995	1996	1997	1998	1999	2000	2001	2002	2003	2004	2005
人口(万人)	119	124	128	132	136	138	142	146	148	154	161	167
驾驶人数(万人)	11	12	12	13	14	14	15	16	17	18	20	22
大型车保有量(辆)	8934	9534	9920	10195	10496	11038	11537	11992	12145	12846	13184	13963
小型车保有量(辆)	3504	3717	4023	4526	4632	4972	5123	5430	5855	6320	6884	7641
自行车保有量(辆)	378954	382016	397723	400684	413256	418005	420287	426351	429823	434058	443109	448976
主干路总里程(km)	647	699	890	912	987	1025	1205	1285	1502	1847	1925	2045
次干路总里程(km)	859	886	1024	1050	1203	1348	1467	1537	1645	1736	1794	1816
雨雪天数(天)	51	46	54	44	46	48	50	51	45	48	53	45
事故次数(次)	1643	1625	1823	1645	1688	1787	1805	1848	1898	1934	1950	2003
死亡人数(人)	572	387	327	419	476	399	445	637	362	384	467	475
受伤人数(人)	1196	1105	1268	1047	1142	1204	1244	1290	1263	1357	1295	1314

在典型相关分析中,由于计算较为复杂,所以常用SAS编程[6]来实现。由SAS运行结果经计算得出2005年的事故指标预测值,并与实际指标值进行比较,结果见表2。

2005年S市交通事故指标实际值与预测值比较 表2

年　份	事故次数	死亡人数	受伤人数
2005(实际)	2003	475	1314
2005(预测)	2107	451.8	1268.7

由比较结果,可以看出,三个事故指标的预测精度均大于95.1%,相对于其他预测方法,CCA预测不仅方法简单,而且预测精度大大提高,是交通事故预测的较强实用性方法。

5 结语

本文应用典型相关分析方法进行了交通事故的预测,根据某地历史交通事故影响因素与三个事故指标的数值,建立两者的相关关系,预测了未来某一年的事故指标值,得出三个指标的预测值与实际值吻合度均较高。该方法不仅避免了事故相关影响因素间的线性相关关系,而且对多个事故指标同时进行预测,同时还考虑了事故指标随时间变化的规律,预测精度较高。

参考文献

[1] 李相勇.道路交通事故预测方法研究[D].西南交通大学硕士学位论文.2004,3

[2] 苏梁,邵东,唐伯明,徐松.灰色理论在交通事故预测的应用[J].重庆交通大学学报.2008,27(3):446-448

[3] 乔维德.遗传算法和神经网络在交通事故预测中的应用[J].电气传动自动化,2008,30(1):41-44

[4] 宇仁德,刘芳,石鹏.基于BP神经网络的道路交通事故预测[J].数学的实践与认识,2008,38(6):119-126

[5] 陈平等. 应用数理统计[M]. 北京:机械工业出版社,2008,8
[6] 朱道元,吴诚鸥,秦伟良. 多元统计分析与软件SAS[M]. 南京:东南大学出版社,1999,8

Application of the canonical correlation analysis in traffic accident forecast

Li Wenhua, Lu Jian

(School of Transportation; Southeast University, Nanjing, 210096)

Abstract: The paper introduced the basic principle and model of the canonical correlation analysis, then it was applied to the traffic accident forecast. The forecasting method considered the rule between accidents and time. It also used two groups of linear combination to obtain the relationship between the accidents indexes and its related factors. At last, it gives an example to test the forecasting method. The result indicates that the degree of coincidence is rather high.

Key words: The canonical correlation analysis; Traffic accident forecast; SAS programming; Degree of coincidence

基于 Hilbert 谱时频特征的转子故障智能诊断

谭真臻　陈　果　孙丽萍

（南京航空航天大学民航学院，江苏南京，210016）

摘　要： 提出一种基于 Hilbert 谱时频特征的航空发动机转子故障智能诊断方法。首先，通过希尔伯特—黄变换（HHT）得到反映故障信号特征的 Hilbert 谱；然后，利用主成分分析（PCA）对故障信号的 Hilbert 谱进行特征提取；最后，使用野点检测进行分类，并用遗传算法优化野点检测参数，实现故障的智能诊断。使用 ZT-3 型转子故障试验台实验数据对此方法进行了验证，并与传统频谱特征分类结果进行比较，结果表明了此方法的正确性。

关键词： 希尔伯特—黄变换；Hilbert 谱；主成分分析；野点检测；遗传算法

1　引言

当旋转机械出现故障时，其振动信号中除了故障信号外，还混有能量较大的背景信号和噪声，表现出很强的非线性非平稳特征，利用传统的时域或频域方法很难有效地进行故障诊断。Hilbert-Huang 变换是一种新的自适应信号处理方法，它适合于处理非线性和非平稳过程。通过对信号进行 Hilbert-Huang 变换，可以得到信号的 Hilbert 谱，它能精确地反映信号幅值随频率和时间的变化规律，从而反应发动机运行状态。

目前对 Hilbert 谱诊断分析一直局限于人工识别方法，没有实现智能诊断。本文通过 Hilbert-Huang 变换的时频分析方法，正确地提取反应航空发动机的故障特征的 Hilbert 谱，同时与 PCA 特征提取和野点检测分类方法相结合，并运用遗传算法自适应优化野点检测参数，实现了对航空发动机转子故障的智能诊断，从而具有重要的现实意义。

2　Hilbert-Huang 变换及 Hilbert 谱

1998 年美籍华人 Norden E. Huang 等人提出了希尔伯特—黄变换（Hilbert-Huang Transformation，简称 HHT），它是一种分析非线性非稳定信号的新方法，其核心是经验模态分解（Empirical Mode Decomposition，简称 EMD），把复杂的信号分解成若干个本征模态函数（Intrinsic Mode Function，简称 IMF），再对 IMF 进行 Hilbert 变换，得到每一个 IMF 随时间变化的瞬时频率和振幅，最后合并求得振幅—频率—时间的三维谱分布，即 Hilbert 谱[2-4]。

与其他信号处理方法相比，HHT 的创新点是引入了基于信号局部特征的 IMF，以获得具有物理意义的瞬时频率，是一种更具适应性的时频局部化分析方法。其中，一个 IMF 必须满足以下两个条件：(1) 在整个数据段内，极值点的个数和过零点的个数必须相等或相差最多不能超过一个；(2) 在任意时刻，由局部极大值点形成的上包络线和由局部极小值点形成的下包络线的平均值为零。这个定义保证了 IMF 反映信号内部固有的波动性，在一个周期上仅包含一个波动模态，而不存在多个波动模态相混叠的现象。EMD 方法将信号 $x(t)$ 分解为 n 个 IMF 分量 $c_i(t)$ 和残余量 $r_n(t)$ 之和，即

$$x(t) = \sum_{i=1}^{n} c_i(t) + r_n(t) \tag{1}$$

基金项目：国家自然科学基金资助项目（50705042），航空科学基金资助项目（2007ZB52022）。

作者简介：谭真臻（1986-），女，硕士研究生，主要研究方向为图像处理与模式识别，E-mail：tanzhenzhen@163.com；陈果（1972-），男，博士，教授、博士生导师，主要研究方向为航空发动机转子动力学、状态监测与故障诊断、图像处理及模式识别等，E-mail：cgzyx@263.net；孙丽萍（1981-），女，硕士研究生，主要研究方向为图像处理与模式识别，E-mail：slpada@163.com。

式中,r_n 称为残余函数,代表信号的平均趋势。对 IMF 分量 $c_i(t)$ 进行 Hilbert 变换得到

$$\hat{c}_i(t) = \frac{1}{\pi}\int_{-\infty}^{\infty} \frac{c_i(\tau)}{t-\tau} d\tau \tag{2}$$

构造解析信号:

$$Z_i(t) = c_i(t) + j\hat{c}_i(t) = a_i(t)e^{j\phi_i(t)} \tag{3}$$

可以计算出瞬时频率 $f_i(t) = 1/2\pi\omega_i(t) = 1/2\pi \cdot d\phi_i(t)/dt$ 和瞬时幅值 $a_i(t) = \sqrt{c_i^2(t) + \hat{c}_i^2(t)}$,得到信号的 Hilbert 谱(其中 RP 代表取实部):

$$H(\omega, t) = RP\sum_{i=1}^{n} a_i(t)e^{j\int \omega_i(t)dt} \tag{4}$$

3 实验分析

3.1 转子故障信号的 Hilbert 谱

文献[1]介绍,航空发动机转子的常见故障包括:不平衡、不对中、碰摩、油膜涡动等。转子不平衡的振动特征主要为:振动的激振频率为单一的旋转频率,而无其他倍频成分,相位在工作频率下稳定。转子不对中的径向激励除旋转频率外,主要以旋转频率的 2 倍频或 4 倍频为主,尚伴有高次偶数倍频。碰摩振动是非线性的振动,局部摩擦引起的振动频率中包含有 2 倍、3 倍等一些高次谐波及次谐波振动。油膜涡动是自激产生的,其振动具有非线性的振动特征,特征频率约等于转子工作频率的一半。

本文选择 ZT-3 多功能转子故障模拟实验台的实测故障数据,进行基于 HHT 的转子故障特征分析。我们随机选择 5413r/min 下的不平衡信号、2916r/min 下的不对中信号、3283r/min 下的碰摩信号、3681r/min 油膜涡动信号,对其进行 HHT 变换,采样点数均为 5000 点,采样频率均为 2.0kHz。得到各信号的 Hilbert 谱如图 1 ~ 图 4 所示。

从图 1 ~ 图 4 中可以看出,在 Hilbert 谱上,不平衡故障的谱线为一倍频处的一条直线;不对中故障的谱线不只是一条直线,在 2 倍频处存在波动,在 4 倍频处有小波动;碰摩故障的谱线在 1 倍频处几乎为一条直线,在 2、3 和 4 倍频处存在波动;油膜涡动故障的谱线在 1/2 倍频处为一条直线,在 1 倍频处近似一条直线,而在其他倍频处也存在很小的波动。对照转子各故障的振动特征可以得出,Hilbert 谱可以很好的表现出故障信号的特征。

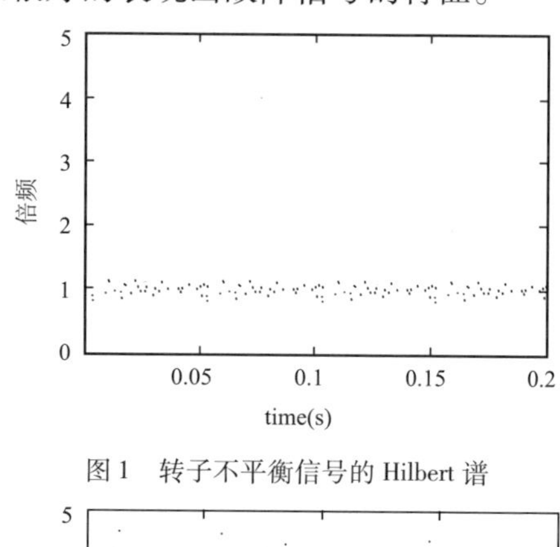

图 1 转子不平衡信号的 Hilbert 谱

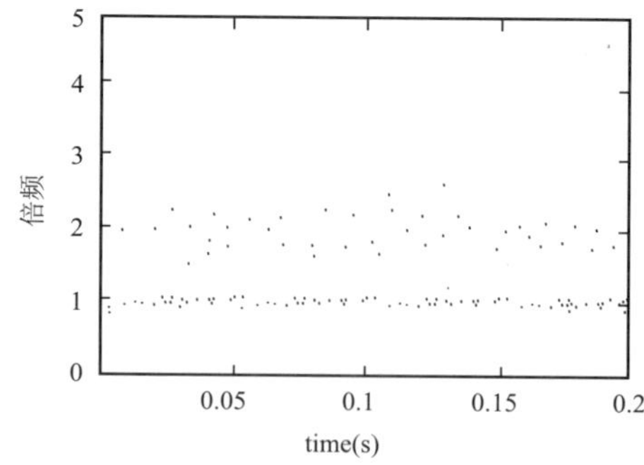

图 2 转子不对中信号的 Hilbert 谱

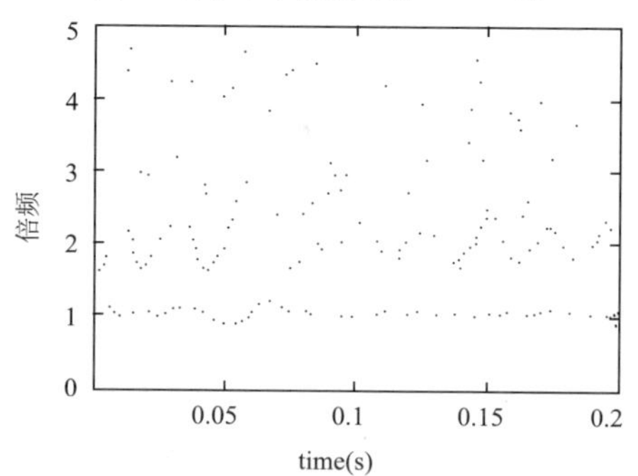

图 3 转子碰摩信号的 Hilbert 谱

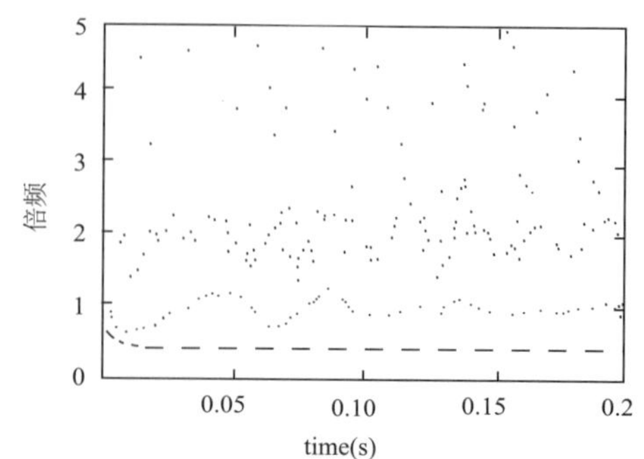

图 4 转子油膜涡动信号的 Hilbert 谱

3.2 Hilbert 谱图像特征提取及智能诊断

为验证本文提出的基于 Hilbert 谱时频特征的转子故障智能诊断方法的有效性，采集 ZT-3 型转子故障试验台四种故障数据各 30 组，然后按照下列步骤进行诊断：(1) 对所有故障信号进行 Hilbert-Huang 变换得到 Hilbert 谱；(2) 用 PCA 方法对所得 Hilbert 谱进行特征提取；(3) 分别把每种故障作为正类，其余三种故障作为负类进行野点检测[6]，并利用遗传算法来优化野点检测参数，实现智能诊断。

对故障信号进行 Hilbert-Huang 变换得到 Hilbert 谱后，对 Hilbert 谱进行 PCA 特征提取，在能量保持率 95% 下，特征维数取得 12 维。选取不对中故障的 20 个特征数据作为此故障的训练样本，其余 10 个作为正类验证样本，取其余三种故障各 10 个特征数据，组成 30 个样本的负类测试集，形成以不对中故障为正类时的样本集。以同样的方法得到其余三种故障作为正类的样本集。然后利用野点检测进行分类，为优化正类区域的边界，野点检测引入核函数，本文选择高斯径向基核函数[7]，实验表明好于其他核函数。

野点检测的核函数参数 σ 和惩罚系数 C 在很大程度上影响到分类器的性能[8]，因此本文使用遗传算法优化两个参数。首先，采用实数编码，并随机产生初始化种群；其次，运用训练样本集训练野点检测分类器，分别运用正类验证集和负类测试集计算识别率，根据交叉验证法原理，识别率在一定程度上反映了野点检测模型的推广能力和分类能力，选择正类识别率和负类识别率的和 RR 作为遗传算法的目标函数值，这样可以保证在同一组参数下，正类负类的识别率同时达到较好效果，因此基因的适应度 Fitness = RR；然后判断遗传算法的停止条件是否满足，如果满足则停止计算，输出最优解，否则，则执行选择、交叉和变异等操作，产生下一代新种群，进行新一代的遗传。在最优参数下识别率见表 1。

Hilbert 谱特征识别率 表 1

作为正类的故障类型	不平衡	不对中	碰摩	油膜涡动
正类识别率	1	1	1	1
负类识别率	1	0.97	1	1
惩罚系数 C	6.87	65.35	2	5
核函数参数 σ	11.25	10.82	5	1

为了进一步验证基于 Hilbert 谱时频特征诊断方法的有效性，与传统频谱分析法相对比。传统的频谱分析法的原理是：对转子信号进行傅立叶变换，通过提取信号在频域上的特征量，确定各特征频率成分以及幅值大小。由于转子故障的特征频率通常为旋转频率的 k 倍频，为了满足诊断要求，k 倍频可取为：0.2×，0.25×，0.33×，0.43×，0.5×，0.67×，0.75×，1×，2×，3×，4×，5×，6×，7×，8×，9×，10×这 17 个特征量。同样，对于同样的样本的频谱特征，利用 PCA 压缩，在能量保持率 95% 下，特征维数取得 4 维，然后利用野点检测和遗传算法优化参数，得到的结果如表 2 所示。

频谱特征识别率 表 2

作为正类的故障类型	不平衡	不对中	碰摩	油膜涡动
正类识别率	1	0.7	0.7	0.8
负类识别率	0.73	0.83	0.77	0.87
惩罚系数 C	10	4.88	11.61	8
核函数参数 σ	6.22	10.62	4	3

由以上数据可以看出，基于 Hilbert 谱特征的识别率明显高于频谱特征识别率，说明了 Hilbert 谱具有更好的故障信号特征表征能力，从而验证了本文方法的优越性。

4 总结

本文研究了一种基于 Hilbert 谱时频特征的转子故障智能诊断方法。通过反映故障信号特征的 Hilbert 谱对转子故障信号进行分析，并结合 PCA 特征提取、野点检测分类和遗传算法参数优化实现了转子故障的智能诊断。最后利用实验台数据对此方法进行了验证，结果表明了此方法的正确有效性。

参考文献

[1] 陈果.航空器检测与诊断技术导论[M].北京:中国民航出版社,2007.12

[2] Huang N E,Shen Z. The Empirical Mode Decomposition and the Hilbert Spectrum for Nonlinear and Non-stationary Time Series Analysis [M]. Proceedings of the Royal Society of London,1998(454):903-995

[3] Huang N E. Computer Implicated Empirical Mode Decomposition Method,apparatus,and article of manufacture[P]. USA Provisional Application,1999

[4] 胡劲松.面向旋转机械故障诊断的经验模态分解时频分析方法及实验研究[D].浙江大学,2003

[5] 刘涛,杨风暴.主成分分析在图像压缩中的应用[J].哈尔滨师范大学自然科学学报,2008,24(4):69-72

[6] Larry M M. Malik M. One-class SVMs for document classification [J]. Journal of Machine Learning Research,2001,2:139-154

[7] 肖建华.基于核方法的数据描述及其在企业关系评价中的应用[J].数学的实践与认识,2005,35(11):83-91

[8] 陈果.基于遗传算法的支持向量机分类器模型参数优化[J].机械科学与技术,2007,26(3):347-350

Rotor fault Intelligent diagnosis based on time-frequency characteristic of Hilbert spectrum

Tan Zhenzhen,Chen Guo,Sun Liping

(College of Civil Aviation College,Nanjing University of Aeronautics and Astronautics,Nanjing,210016)

Abstract:A method of rotor fault intelligent diagnosis based on time-frequency characteristic of Hilbert spectrum is proposed. First,Hilbert spectrums with fault characteristic are obtained through Hilbert-Huang transformation. Then,characteristics of Hilbert spectrum are extracted using PCA. Finally,classification is carried using novelty detection,while optimizing parameters by genetic algorithms and realizing the intelligent diagnosis. Besides,with data of ZT-3 multiple-function experimental instrument,the method is confirmed and the accuracy is indicated comparing with the method of traditional frequency spectrum.

Key words:Hilbert-Huang transformation;Hilbert spectrum;PCA;Novelty detection;Genetic algorithms

基于 PIC16LF874A 单片机的车载电源管理系统

刘伯扬　周洁敏　黄鑫娟

（南京航空航天大学民航学院，江苏南京，210016）

摘　要：随着车载设备信息化的发展，车载电子设备种类增加，消耗功率越来越大，车载供电电源朝着复杂、多样的方向发展。为了保证车辆运行时能够连续、安全、可靠地向车载用电设备供电，需要设计稳定、可靠的插在电源管理系统来协调各种供电电源的工作。因此，车载电源管理系统的设计成为了整个车载电源供电设计中的一个非常重要的环节。本文设计了一种基于 PIC16LF874A 单片机的车载电源管理系统，能对输入和输出电压进行自动检测，能对电源的各种运行状态进行指示，并且对异常情况进行报警和处理。

关键词：车载电源；PIC16LF874A 单片机；电源管理

1　引言

随着现代交通信息化建设的发展，在各领域的交通系统中特种车辆的使用频率大大增加，交通辅助车载电气设备越来越多，用电量也越来越大，有些车辆附加设备的消耗功率已高达 10kW[1]。一方面，车辆本身的供电系统已不能满足附加的车载电气设备的用电需要，特别是当启动汽车发动机时，本身的供电系统会出现瞬间的电压陡降而影响辅助电气设备的使用；另一方面，为保证车辆在特定交通环境使用时，能够为车载电气设备提供连续、安全、可靠地供电，避免因断电等引起信息丢失和工作损失，要求特种车辆供电方式多样化。

本文所设计的车载电源管理系统，采用 PIC16LF874A 单片机进行智能化管理，不仅具有对输入和输出电压进行自动检测，对电源的各种运行状态进行指示和对异常情况进行报警与处理等功能，而且具有较强的故障自检能力，能较好地实现为车载交通辅助电子设备提供不间断供电的工作要求。

2　车载电源管理系统组成

交通系统中，特种车辆供电电源由四种独立电源提供，分别是市电、油机、硅整流发电机和专用蓄电池。总体结构如图 1 所示，其工作原理是：市电和油机接入后，经单片机检测，如正常则通过控制由固态继电器组成的 2×2 矩阵对用电设备进行供电并给专用蓄电池充电，无交流供电时，由汽车硅整流发电机给专用蓄电池充电，无交流且无硅整流发电机时，由专用蓄电池给负载供电。由于供电电源中市电和油机为 220V 交流电源，而用电设备对输入电压的要求为稳定的直流 24V，因此需设置 AC/DC 模块对交流电进行交、直流变换后才可向用电设备供电。此外车载电源还设计了 AC/DC 充电模块，负责向专用蓄电池充电，专用蓄电池充满后通过双向限流器向汽车蓄电池充电。车辆在行驶过程中，汽车硅整流发电机优先对汽车蓄电池充电，汽车蓄电池充满后通过双向限流器对专用蓄电池进行充电。

四种电源的输入优先级次序依次是市电、油机、汽车硅发、专用蓄电池。在交流电源和直流电源同时存在的情况下交流输入优先，市电和油机同时存在的情况下，市电优先。

作者简介：刘伯扬（1985-），男，南京航空航天大学民航学院硕士研究生；周洁敏，女，南京航空航天大学民航学院教授，电力电子技术；黄鑫娟，女，南京航空航天大学民航硕士研究生。

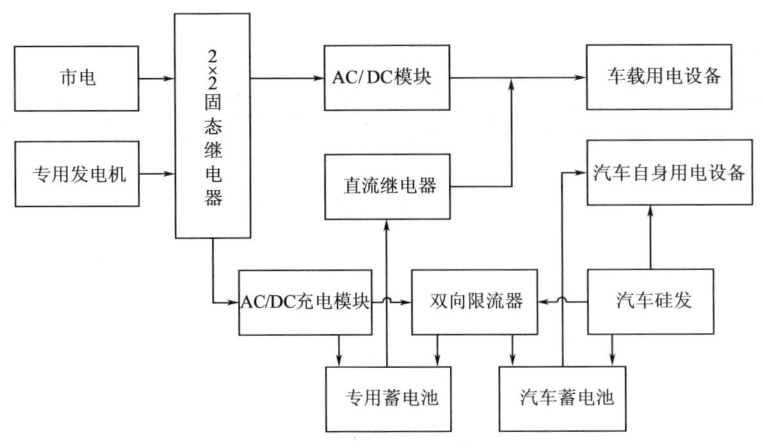

图1　车载电源总体结构

3　系统的硬件电路设计

3.1　PIC16LF874A 单片机简介

PIC16LF874A 单片机是美国 Microchip 公司的产品,它体积小,功耗低,指令少,抗干扰性好,可靠性高,具有较强的模拟接口,代码保密性好。在一些小型应用中,比传统的 C51 单片机更加灵活。

3.2　交流电压采样电路

为保证系统工作在安全交流输入电压范围,需要对市电和油机电压进行采样,采样电路如图 2 所示。

该电路检测的是市电和油机电压,属于强电部分,为了保证系统的安全性,采用变压器隔离采样的方式。交流电信号经变压器 T_1 进行电压变换,再经过整流滤波、电阻分压之后给单片机进行 AD 转换。当交流输入电压超过规定范围(154 ±8 ~253 ±8V)时,车载电源管理系统自动发出声光报警信号。当交流电压超过 264 ~272V、或低于 135 ~143V 时,系统自动切断交流电输入,对设备和线路进行过压保护。

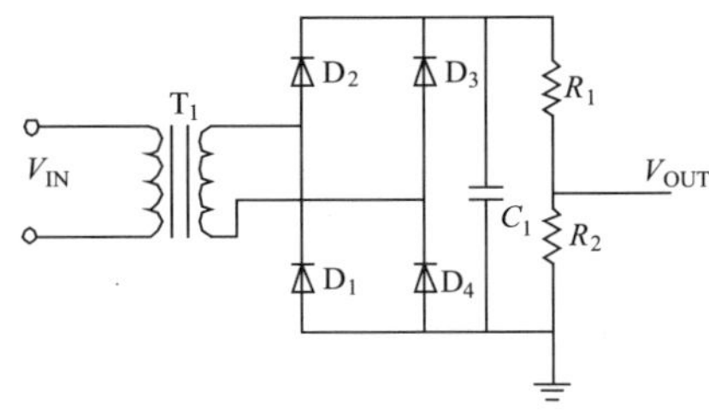

图2　交流电压采样电路

3.3　直流电压采样电路

在直流电压采集过程中,为了防止各种干扰信号随着被测量信号进入单片机而造成测量的准确度降低,通常需要使用隔离采样。出于对系统精度、线性度和稳定性的要求,在本文所介绍的系统中,采用结构简单,性价比较高的模拟光电隔离法进行光隔,选用高线性度模拟光耦器件 HCNR200 对直流电压信号进行隔离与检测,其内部结构图如图 3 所示。

系统工作电路如图 4 所示 $I_1 = K_1 I_F, I_2 = K_2 I_F$。其中,$K_1, K_2$ 分别为电路中两个光耦的电流传输比。由电路可知:$V_{in} = I_1 R_1 = K_1 I_F R_1, V_{out} = I_2 R_2 = K_2 I_F R_2$。则电路的电压增益为:

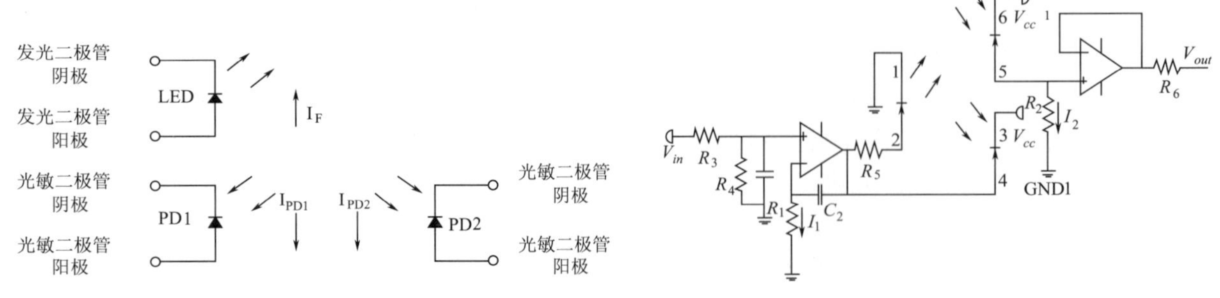

图3　HCNR200 内部结构原理　　　　图4　直流电压采样电路

$$G = \frac{V_{out}}{V_{in}} = \frac{K_2 I_F R_2}{K_1 I_F R_1} = \frac{K_2 R_2}{K_1 R_1}$$

由于 $K_1 = K_2$，所以电压增益为：

$$G = \frac{V_{out}}{V_{in}} = \frac{K_2 R_2}{K_1 R_1} = \frac{R_2}{R_1}$$

4　系统的软件设计

车载电源主程序主要完成的是系统初始化、地桩检测、供电电源种类判断等工作。其程序流程图如图 5 所示，由于系统可接入交流 220V 电源，漏电保护是人员安全防护的重点，因此需采取的主要措施是将系统可靠地接地。

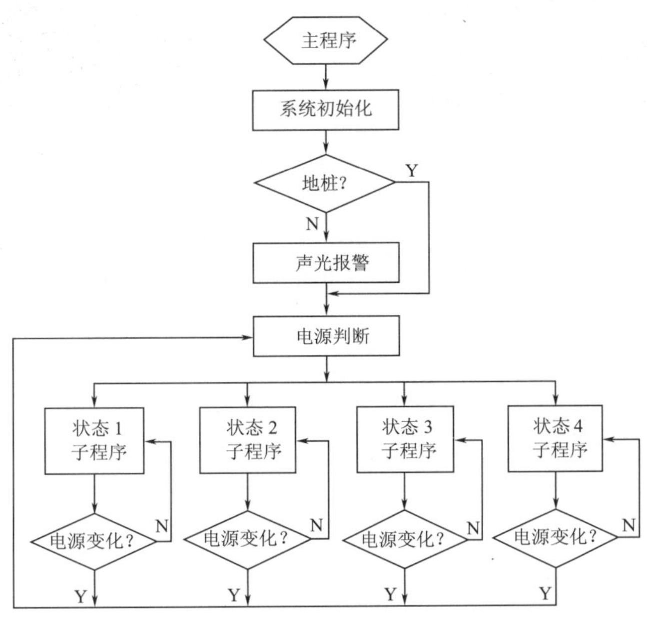

图 5　主程序流程图

5　系统调试与实验结果分析

为验证车载电源管理系统是否能够实现在供电系统在不同供电电源输入的情况下稳定工作，实现对车载设备的不间断供电，本文针对样机做了辅助电源测试实验、地线断线测试实验、电池电压保护测试实验以及漏电保护测试实验。

5.1　辅助电源测试实验

辅助电源的稳定、可靠是车载电源管理系统设计中的关键环节，按照相关技术要求对辅助电源进行电源调整率和负载调整率实验，观察辅助电源的工作情况。

为保证车载电源管理系统在蓄电池断电前还能持续工作，则 DC/DC 变换器的最小工作电压需小于断电电压 21 ± 0.5V，图 6 为 DC/DC 变换器输入电压为 18V 时的功率管 VDS 工作波形，图 7 为功率管驱

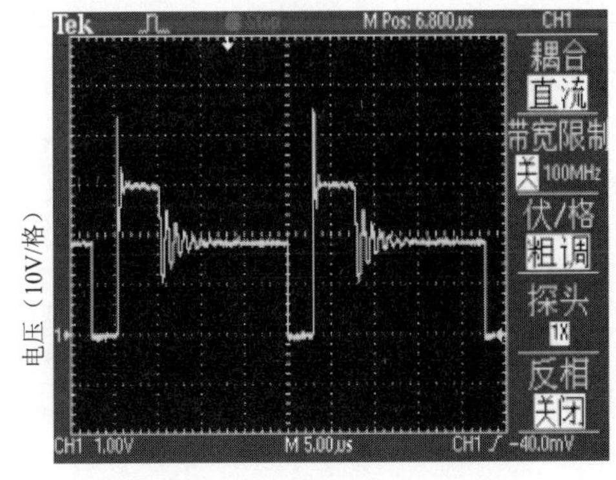

图 6　输入电压 18V 时 VDS 波形

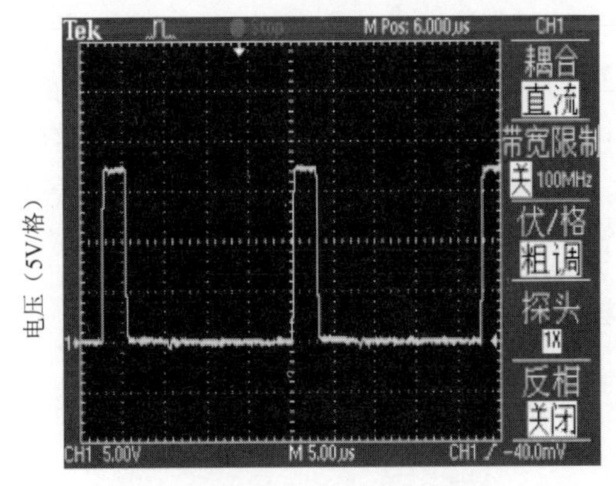

图 7　输入电压 18V 时 VGS 波形

动波形。由图6和图7可以看出功率管实现了良好的开通与关断,从而实现对负载芯片的供电。图8为DC/DC变换器输入最高电压时的功率管VDS工作波形,图9为功率管驱动波形。由图8和图9可以看出功率管的开通时间随着输入电压的增加而减小,从而保证输出电压的稳定。

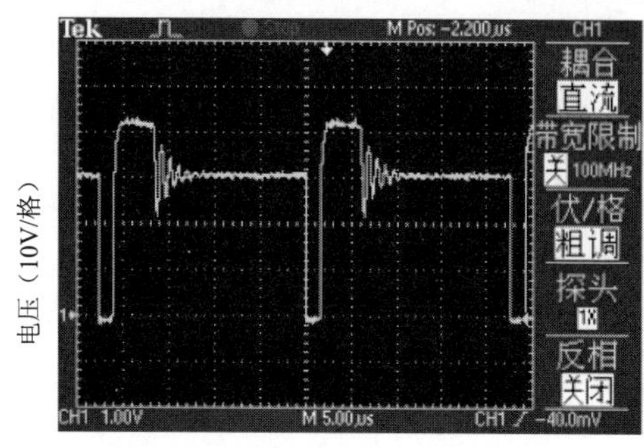

图8 输入电压29.8V时VDS波形

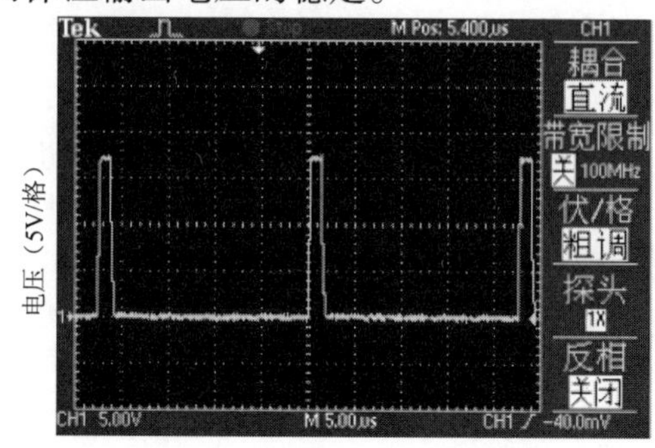

图9 输入电压29.8V时VGS波形

5.2 地线断线测试实验

地线断线测试电路如图10所示,打开电源开关,将电位器调至大于54.3kΩ时,电源断电且发出声光报警。按应急键后系统继续供电,按消音键停止报警声,将地桩与车皮短接,地线故障排除后,电源恢复正常工作。

5.3 电池电压保护测试实验

按图11所示将电源与电池断开,接至30V可调稳压电源,逐渐下降电压至21.8V时,发出报警声。继续下调至20.5V时,切断输出。

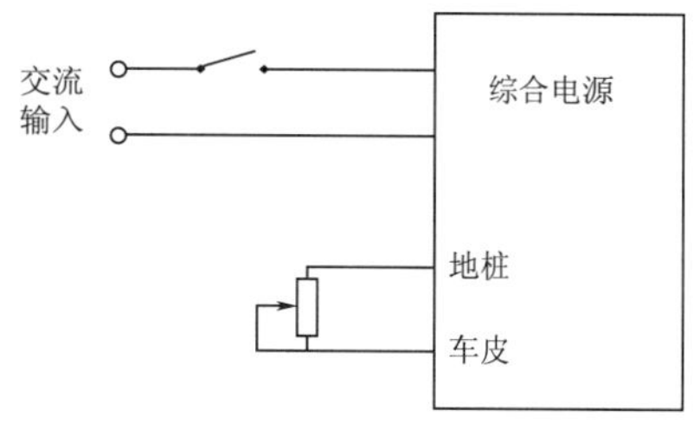

图10 地线断线测试电路

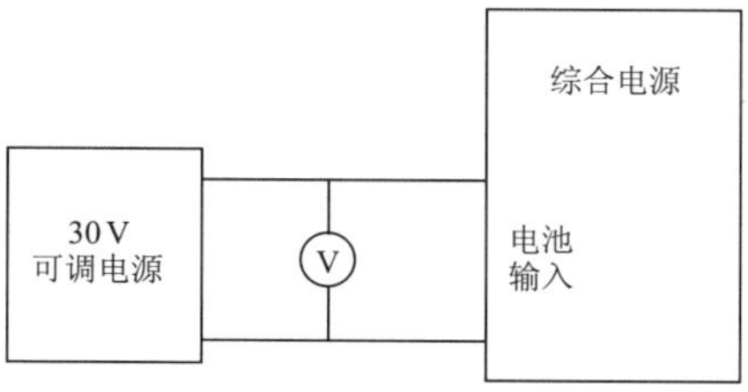

30V
可调电源
V
综合电源
电池
输入

图11 电池电压保护测试电路

5.4 漏电保护测试实验

漏电保护测试电路如图12所示,打开电源开关,将调压器的电压调至大于34V时,电源断电且发出声光报警。按应急键则电源继续供电,按消音键停止报警声,漏电故障排除后,声光报警停止,电源恢复正常工作。

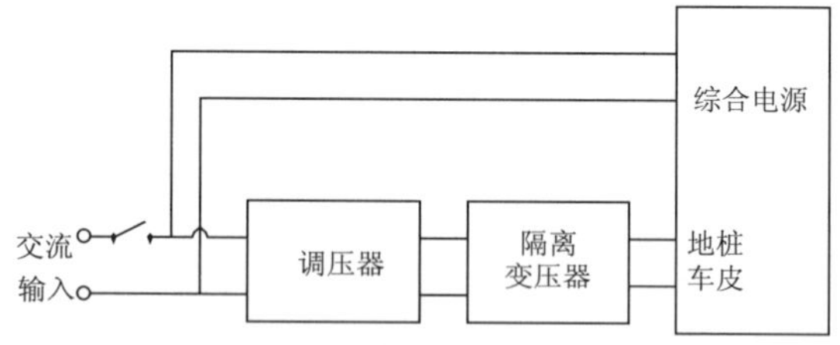

图12 漏电保护测试电路

6 总结

本文介绍了以MICROCHIP中档单片机PIC16LF874A为核心的车载电源管理系统的硬件和软件设计,在硬件上设计了电压、电流、温度检测电路,固态继电器2×2矩阵,用户面板等,由于篇幅有限不能一一介绍;在软件上根据系统的工作状态将软件分为无交流无硅发、无交流有硅发、有交流无硅发和有交流有硅发四个工作子程序来对单片机进行编程。该系统解决了市电供电、油机供电、专用蓄电池应急供电以及汽车硅整流发电供电系统的协调工作,确保了车载设备的安全可靠运行。

参考文献

[1] Wolfgang Runge, Harald Deiss, Josef Schwarz. 汽车电子技术的发展趋势. 传动技术,2003 ,17(2):13-15

[2] 马文胜,汽车蓄电池的正确使用和管理. 河北交通科技,2006,3:23-26

[3] 高树新,李文君,谢伯元. 军用特种车车载电源管理系统. 专用汽车,2005 ,5:32-33
[4] 罗同生. 车载电源控制系统研究[硕士学位论文]. 兰州:兰州理工大学,2005

Management system of vehicle power based on PIC16LF874A MCU

Liu Boyang, Zhou Jiemin, Huang Xinjuan
(School of Civil Aviation, Nanjing University of Aeronautics and Astronautics, Nanjing, 210016)

Abstract: With the development of the vehicle equipments' information, the variety of the vehicle electric equipments increased and more and more power consumption required, so that vehicle power supply becomes more and more complicated and various. To insure the uninterrupted, safe and reliable power supplies to the vehicle equipments, stable and reliable vehicle power management system is needed to assign these kinds of power supplies. So the design of the vehicle power management system is the very important part of the whole power supply system. Based on PIC16LF874A MCU, the management system of vehicle power, which can detect input and output voltage automatically, indicate the states of the operation, alarm and handle problems in abnormal situation, is proposed in this paper.

Key words: Vehicle power supply; PIC16LF874A MCU; Power management

基于第二代小波的希尔伯特变换参数辨识

刘 芳 郑 敏

（南京航空航天大学民航学院，南京，210016）

摘　要：第二代小波变换是一种基于提升原理的时域变换方法，本文介绍了第二代小波变换的原理，并将第二代小波与希尔伯特变换结合应用于一个三自由度系统进行参数辨识，结果表明该方法可以有效地分解信号和辨识信号的特征参数，在航空器故障诊断中具有良好的应用前景。

关键词：第二代小波变换；希尔伯特变换；故障诊断；提升算法

随着航空发动机控制系统自动化水平的提高，系统日趋大型化、复杂化[1]。一旦系统发生故障会造成巨大损失，因此，提高故障诊断技术水平具有十分重要的意义。对故障辨识、定位及预测的准确率及可靠性是故障诊断研究的关键。航空发动机是航空器中的关键设备，对其进行检测和故障诊断有重要意义。由于控制航空发动机系统的I/O信号模型在幅值、相位、频率及相关性上与故障源之间存在一定的联系，当故障发生时，从现场提取的振动信号中包含设备的特征信息，可应用信号处理和特征提取得出的参数与正常运行时的参数比较进而进行故障检测与分离。振动信号分析和处理技术是航空发动机运行状态监测和故障诊断的主要手段之一，如何通过这些振动信号来准确的辨识出系统的参数一直是一个重要的课题。

近几年来，小波变换[2]被广泛用于信号处理、提取特征信息，取得了很大的进展。小波变换具有良好的时频局部化特征，能实现信号在不同频带的分离，在小波分析的基础上，对分解的信号进行再处理，可以提高诊断的有效性。由 Wim Sweldens 在 1994 年提出的第二代小波变换是一种基于时域运算的信号分析方法[1]，它不依赖 Fourier 变换，小波基函数不再是由某个函数的平移和伸缩实现，继承了传统小波变换的时频局部化特长，并且具有算法简单、运算速度快、占用内存少等优点。

本文基于第二代小波和希尔伯特变换，采用逐层推进的第二代小波算法，对信号进行分解，然后通过希尔伯特变换来辨识系统的参数。

1　第二代小波变换的基本原理

对于原始信号 c_j 经小波变换分解成低频近似信号 c_{j+1} 和高频细节信号 d_{j+1}，由提升方法构成的第二代小波变换[3]过程可以分为分裂、预测、更新 3 个步骤。

1.1　分裂

将信号 c_j 分裂成为 2 个互不相交的子集 c_{j+1} 和 d_{j+1}，c_{j+1} 和 d_{j+1} 的相关性愈强，分裂的效果愈好，通常是将一个序列分为偶数序列和奇数序列，即

$$c_{j+1}=c[2n],\quad d_{j+1}=c[2n+1]$$

对于提升算法来说，这种分裂方法看似平常，却非常绝妙，因为他充分利用了信号的局域相关性，因而为随后的预测和更新过程提供了数据基础。

1.2　预测

利用数据间的相关性，采用一个与数据集无关的预测算子 P，可用 c_{j+1} 去预测 d_{j+1}，产生的差值集小波系数 $d[n]$，此差值反映了两者的逼近程度，如果预测是合理的，则差值数据集所包含的信息比原始子

作者简介：刘芳（1985-），女，南京航空航天大学民航学院硕士生，研究方向：航空器发动机故障诊断，E－mial：yuetog@126.com。

集 d_{j+1} 要少得多。预测过程的表达式为

$$d_{j+1} = c_j[2n+1] - P(c_{j+1}) = d_{j+1} - P(c_{j+1})$$

最简单的预测算子是用偶数序列中 2 个相邻数的均值，作为它们之间奇数序列的预测值，即

$$P(c_{j+1}) = (c_{j,2k} + c_{j,2k+2})/2$$

由此可得 $d_{j+1,k} = c_{j,2k+1} - (c_{j,2k} + c_{j,2k+2})/2$

1.3 更新

经过以上 2 个步骤产生的系数子集 c_{j+1} 的某些整体性质并不和原始数据中的性质一致，因此需要采用更新过程，通过一个更新算子 U 产生一个更好的子数据集 $c[n]$，使之保持原数据集 c_j 的一些特性，即

$$c_{j+1} = c[2n] + U(d_{j+1}) = c_{j+1} + U(d_{j+1})$$

更新的计算过程为 $c_{j+1,k} = c_{j,2k} + (d_{j+1,k} + d_{j+1,k-1})$

上述 3 个步骤组成一个提升步，在上述基础上继续对 c_{j+1} 进行提升迭代，就可以产生代表信号低频部分和高频部分的尺度系数和小波系数，经过 n 次分解后，原始数据的小波表示为 $\{c_{j+n}, d_{j+n}, d_{j+n-1}, \cdots, d_{j+1}\}$，其中 c_{j+n} 代表了信号的低频部分，而 $\{d_{j+n}, d_{j+n-1}, \cdots, d_{j+1}\}$ 是信号的高频部分。

2 第二代小波和希尔伯特变换相结合的参数辨识[4]

本文利用第二代小波变换将响应信号分解到不同的频率带，信号可以表示成多个频率成分的叠加和，第二代小波的优点是既能分解低频成分又能分解高频成分，这样我们也可以用第二代小波分解法将信号分解为得到系统信号的各阶多个频率成分，然后就可以利用希尔伯特变换来进行参数辨识。我们需要分析的频率带是有限的，而分解出来的频率成分将多于所要求的频率带。本文将采用相关系数法来进行模态成分的选取。将第二代小波分解的各频率分量与原始信号之间的相关程度作为判断标准来去除虚假分量。

对于任一连续的时间信号 $X(t)$，其希尔伯特变换[5] $Y(t)$ 为

$$Y(t) = \frac{1}{\pi}\int_{-\infty}^{+\infty} \frac{X(\tau)}{t-\tau} d\tau \tag{1}$$

则 $X(t)$ 与 $Y(t)$ 形成复共轭对，构成的解析信号为

$$Z(t) = X(t) + jY(t) = a(t)e^{j\theta(t)} \tag{2}$$

式中，$a(t)$ 为瞬时幅值；$\theta(t)$ 为相位。

$$\omega_j(t) = d\theta_{pj}(t)/dt = \omega_{dj} \quad \xi_j(t) = -\dot{A}_{pj}(t)/A_{pj}/\omega_j(t) \tag{3}$$

3 仿真

图 1 为三自由度线性渐变系统，系统的质量阵、阻尼阵、刚度阵分别为：

$$M = \begin{bmatrix} 1,0,0 \\ 0,1,0 \\ 0,0,1 \end{bmatrix} \quad K = \begin{bmatrix} k_1+k_2 & -k_2 & 0 \\ -k_2 & k_1+k_2 & -k_3 \\ 0 & -k_3 & k_3+k_4 \end{bmatrix} \quad C = 0.5 \cdot \begin{bmatrix} 2 & -1 & 0 \\ -1 & 2 & -1 \\ 0 & -1 & 4 \end{bmatrix}$$

其中：$k_1 = k_2 = k_3 = 3600 \times (1+0.5t)^2$，$k_4 = 3k_3$。

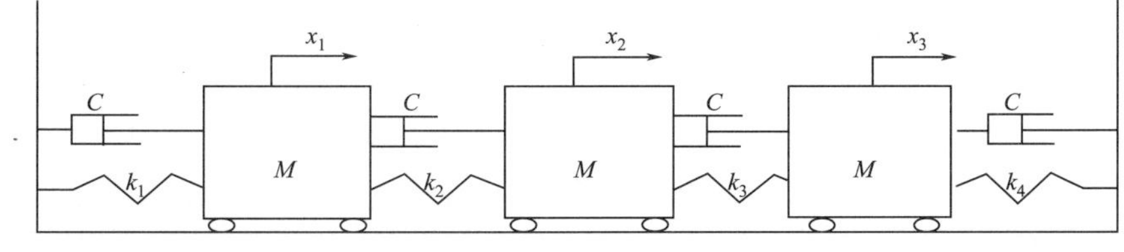

图 1 三自由度系统

对质量块 1 进行脉冲激励，采样频率为 200Hz，质量块 3 的加速度响应如图 2 所示，对采样信号运

用第二小波进行7层分解将原信号分成8个频带的函数,如图3所示。

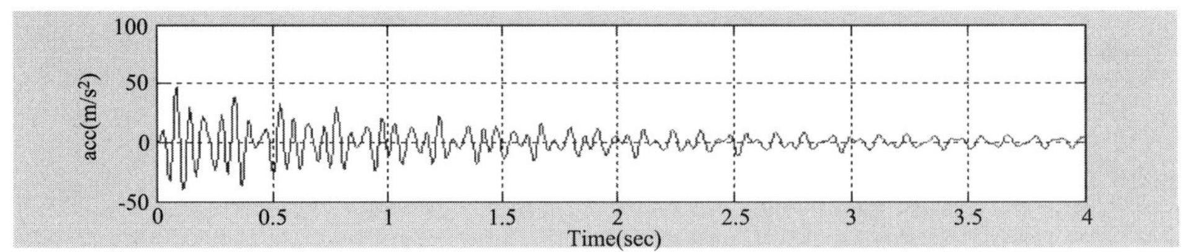

图2 质量块3的加速度响应信号

其中8个小波系数只有3个是我们所需要的,经过相关系数法挑选我们可以看到1,6,7为我们所要找的3个频率带的小波系数图。

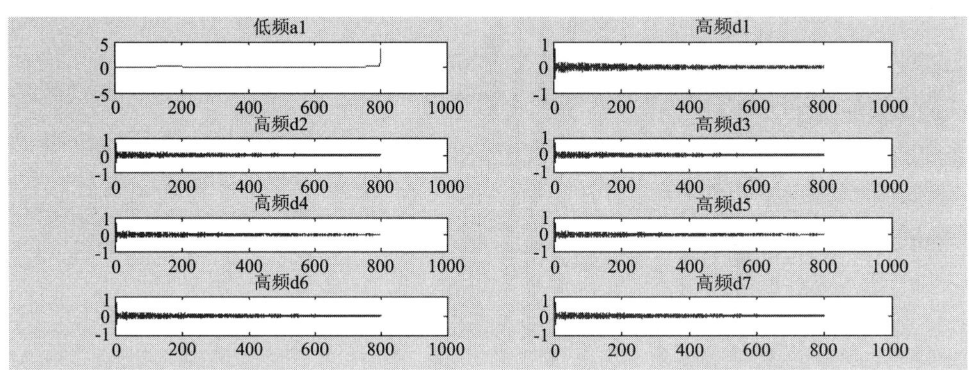

图3 第二代小波分解的信号

从表1看出,第二代小波和希尔伯特变换相结合的参数辨识,能很好地辨识各阶频率,而阻尼的误差较大,由实验证明该方法是可行的。

频率和阻尼比的理论值和识别值比较 表1

阶数	理论值		试验结果	
	f(Hz)	阻尼比	f(Hz)	阻尼比
1	20.2147	0.0088	21.3425	0.0081
2	15.6588	0.0068	14.2369	0.0053
3	8.6994	0.0038	7.6156	0.0025

4 结论

本文提出用第二代小波对信号进行分解然后再利用希尔伯特变换进行辨识,从算例上看效果较好,尤其是频率的辨识精度较高。在航空器故障诊断方面,将故障信号辨识的参数和原始信号参数对照就可以找到故障点,因此对航空器故障诊断方面有一定作用。

参考文献

[1] 王志.航空发动机整机振动故障诊断技术研究[D].沈阳:沈阳航空工业学院,2007

[2] 瞿红春,王珍发.小波变换在航空发动机故障诊断中的应用[B]中国民航学院学报 2001年8月,1-5

[3] 陈香朋,曹思远.第二代小波变换及其在地震信号去噪中的应用[A]石油物探 2004年11月,1-2

[4] 刘毅华,王媛媛,宋执环.基于平稳小波包分解和希尔伯特变换的故障特征自适应提取电工技术学报,2009年2月,1-2

[5] 王秉仁 希尔伯特变换在机械故障诊断中的应用[A]水利电力机械,1-3

The identification of modal parameters using Hilbert transform based on second generation wavelet transform

Liu Fang, Zheng Min

(College of Civil Aviation, Nanjing University of Aeronautics and Astronautics, Nanjing, 210016)

Abstract: Second generation wavelet transform is a kind of time-domain transform method based on lifting scheme, In this paper, the its principle of Second generation wavelet is introduced described, and the combination of the Second generation wavelet and Hilbert transformation, is combined to identify applied identification of modal parameters of 3-DOF system. The results show that this scheme can decompose the signal and identification of modal parameters effectively. It will be promising have good application prospect in fault diagnosis of aero engine.

Key words: Second generation wavelet transform; Hilbert transformation; Fault diagnosis; Lifting scheme

基于多模型信息融合技术的磨粒智能识别方法

赵　晶　李艳军　马麟龙

(南京航空航天大学民航学院,江苏南京,210016)

摘　要:由于单个模型或者两个模型的磨粒智能识别方法具有局限性和不稳定性,本文提出了一种基于多模型信息融合技术的磨粒智能识别方法。首先运用RBF神经网络,BP神经网络和灰色关联度模型对磨粒进行识别,然后利用D-S证据理论进行融合得到最终的识别结果。实例分析表明,这种方法提高了磨粒识别的准确度,并具有一定的容错性,是一种新的有效的磨粒智能识别方法。

关键词:信息融合;神经网络;灰色关联度;D-S证据理论;磨粒识别

对于磨粒智能识别方法的研究是近十多年来国内外研究的热点和难点。传统的磨粒识别,通常由人工完成,其主要缺点是工作量大、精度低、自动化程度差以及对分析人员的经验和水平要求较高等[1]。近年来,随着模式识别和人工智能技术的发展,运用的智能识别方法有神经网络、灰色关联度等,这些单一的智能识别方法虽然能够实现对磨粒的识别,但在磨粒识别中由于受到训练样本数量、算法结构和识别目标的复杂性等因素的限制,其识别准确率与稳定性存在一定的局限性,其区分度很小,容易出现误判的情况。本文采用RBF神经网络,BP神经网络和灰色关联度三种模型,并通过D-S证据理论对其识别结果进行信息融合,综合利用各个模型的优点,使磨粒识别的区分度和准确度有了很大的提高,为基于磨粒识别技术的发动机磨损状态监测与故障诊断奠定了坚实的基础。

1　磨粒特征参数

在进行磨损故障诊断过程中,磨损颗粒是最主要的诊断信息源。为了对磨粒的各种形态特征进行定量分析,在计算机视觉和图像处理的基础上,运用形态学分析方法,综合建立了磨粒的形态学特征参数描述体系,用于提取磨粒的各种分类特征[2]。根据对磨损模式分析的需要,将磨损颗粒分为正常滑动磨粒、球状磨粒、切削磨粒、层状磨粒、疲劳剥落磨粒和严重滑动磨损磨粒6类。为利用显著的特征对磨粒进行识别,减少识别参数的重复和干扰,提高磨粒识别正确率,本文选取等效直径、短/长轴比、傅氏圆形度、傅氏细长度、傅氏凹度、孔隙率、散射度、角二阶矩、梯度熵作为进行磨粒识别的特征参数。

2　多模型信息融合技术

2.1　RBF神经网络模型

径向基函数(Radius Basis Function,RBF)网络模型的拓扑结构包括输入层、隐层和输出层三层的前馈型网络模型,其中输入层和输出层分别对应于输入矢量空间和分类模式。

模型隐层由径向基函数节点构成,通常采用的基函数为高斯核函数:

$$\varphi_j(x)=\exp\left\{-\frac{\|x-c_j\|^2}{2\sigma_j^2}\right\},(j=1,2,\cdots,h) \tag{1}$$

式中,φ_j 为隐层第 j 个单元的输出,x 为输入矢量,c_j 为隐层第 j 个高斯单元的中心,E 为 $n\times1$ 的单位矢量,δ_j 为半径,$\|g\|$ 表示范数,通常取 $\|x-c_jE\|=(x-c_jE)^T(x-c_jE)$。

RBF网络对应于第 k 个输出节点的输出为隐层各节点输出的线性加权和:

作者简介:赵晶,女,硕士研究生,E-mail:26763245@qq.com;李艳军,男,博士,教授,E-mail:lyj@nuaa.edu.cn。

$$y_k = \sum_{j=1}^{k} w_{kj}\varphi_j(x), (k=1,2,\cdots,h) \tag{2}$$

式中，h 为隐层节点数；w_{kj} 为第 j 个隐层节点到第 k 个输出层节点间的权值。

2.2 BP 神经网络模型

多层前馈网络模型经常采用误差反向传播(Error Back Propagation，简称 BP)算法，因此通常把它称为 BP 模型。BP 网络是一种单向传播的多层前馈网络，输入信号从输入层节点依次传到各隐层节点，然后传到输出层节点，每一层节点的输出只影响下一层节点的输出。

设有一个含有 l 层和 n 个节点的 BP 网络，为简单起见，认为网络只有一个输出 y。给定 N 个样本 $(x_k, y_k)(k=1,2,\cdots,N)$，任一节点 i 的输出为 O_i，对某一个输入 x_k，网络的输出为 y_k，节点 i 的输出为 Q_{ik}。则 BP 算法的步骤可概括如下：(1)选定权系数初值。(2)重复下述过程直到收敛：①对 $k=(1\sim N)$ 正向过程计算：计算每层各单元的输出 O_{jk}^{1-1}，l 层的输入 net_{jk}^{l} 和实际输出 y_k；②反向过程计算：计算每层各单元的误差分量 δ_{jk}；③修正权值 W_{ij}。

输入层节点数对应于输入向量的维数，根据 Kolmgorov 定理[7] $D \geq 2M+1$(M 为输入神经元数目)确定隐含层神经元数目，运用动量及自适应学习率的梯度递减方法对网络进行训练。

2.3 灰色关联度模型

在磨粒智能识别中，灰色关联度就反映了待识别磨损磨粒的特征与典型磨粒类型之间的关联程度[5]。在已取得 6 种典型磨粒的 9 个参量的参照值的基础上，计算出它的相应参数系列分别与上述 6 种主要典型磨粒的参数系列间的关联度，那么其中关联度值最大的，就可认为待判磨粒属于该种类型。

具体作法是：建立参考向量矩阵 X_0 和比较向量 X_i。

$$X_0 = \begin{bmatrix} x_{01}(1) & x_{01}(2) & \cdots & x_{01}(9) \\ x_{02}(1) & x_{02}(2) & \cdots & x_{02}(9) \\ \cdots & \cdots & \cdots & \cdots \\ x_{06}(1) & x_{06}(2) & \cdots & x_{06}(9) \end{bmatrix} = \{x_{ok}(j)\}, (k=1,2,\cdots,6; j=1,2,\cdots,9) \tag{3}$$

$$X_i = \{x_i(1), x_i(2), \cdots, x_i(9)\} = x_i(j), (i=1,2,\cdots,N)$$

待判磨粒的比较向量与典型磨粒矩阵中的每一个向量在每一个参数点(j)上的关联系数：

$$\xi_{ik}(j) = \frac{\Delta_{\min}(j) + \rho \cdot \Delta_{\max}(j)}{\Delta_{ik}(j) + \rho \cdot \Delta_{\max}(j)} \tag{4}$$

式中，$\Delta_{ik}(j) = |X_{ok}(j) - X_i(j)|$；$\rho$ 为分辨系数，$0<\rho<1$，取 $\rho=0.5$；

$\Delta_{\min}(j) = \min_i \min_k \Delta_{ik}(j)$，为两级最小差；$\Delta_{\max}(j) = \max_i \max_k \Delta_{ik}(j)$，为两级最大差。

待测磨粒与典型磨粒间的关联度： $r_{ik} = \sum_{j=1}^{9} \xi_{ik}(j) \cdot W_{kj}$ (5)

式中，W_{kj} 为 6 种典型磨粒的每一种磨粒中 9 个参数的各自权重值。

2.4 D-S 证据理论信息融合技术

D-S(Dempster-Shafer)证据理论是信息融合技术中极其有效的一种不确定性推理方法，其核心是 D-S 证据组合规则。D-S 证据理论是目前决策层融合中最常用的一种方法，它主要依据可信度函数运算，但比概率论满足更弱的公理系统，在区分不确定以及精确反映证据收集过程等方面显示了很大的灵活性。

设 U 表示证据信息 X 的所有可能取值得一个论域集合，且所有在 U 内的元素间是互不相容的，则称 U 为证据信息 X 的识别框架，亦称其为证据信息空间。假设 U 为一识别框架，则函数 $m: 2^u \to [0,1]$ 在满足下列条件：$m(\phi)=0$，$\sum_{A \subset U} m(A)=1$，则称 $m(A)$ 为事件 A 的基元概率赋值。

对于 n 个相互独立的证据信息，$m_1, m_2, \cdots, m_n$ 分别表示各自的基本概率赋值，则组合这 n 个证据所得的新证据的基本概率分配为：

$$m(A) = m_1 \oplus m_2 \oplus \cdots \oplus m_n = \frac{1}{1-k} \sum_{A_i \cap B_j \cap C_l \cdots = A} m_1(A_i) \cdot m_2(B_j) \cdot m_3(C_l) \cdots \tag{6}$$

$$k = \sum_{A_i \cap B_j \cap C_l \cdots = \phi} m_1(A_i) \cdot m_2(B_j) \cdot m_3(C_l) \cdots \tag{7}$$

上述 2 个公式是证据理论的核心,通过它们就可以将多个独立的证据组合起来。称 k 为冲突权值,当 $k \neq 1$ 时,表示这多组证据一致或部分一致,这时可以给出证据的组合结果;当 $k = 1$ 时,则表示这多组证据完全冲突;或者当 $k \to 1$ 的时候,即证据冲突程度很高,常得出有悖于常理的结果。

首先分别运用 RBF 神经网络,BP 神经网络和灰色关联度模型对磨粒进行识别,并对三组识别结果数据进行归一化处理,使其满足证据理论组合的基本条件。经过数据预处理后得到三组识别数据 m_1,m_2,m_3,然后利用 D-S 证据理论对三组数据进行融合得到最终的磨粒识别结果,这个结果融合了前述三种智能识别方法各自的优点,比任何一种单个或者两个智能识别方法都具有更高的准确性和区分度。基于不同智能识别模型的信息融合结构如图 1 所示。

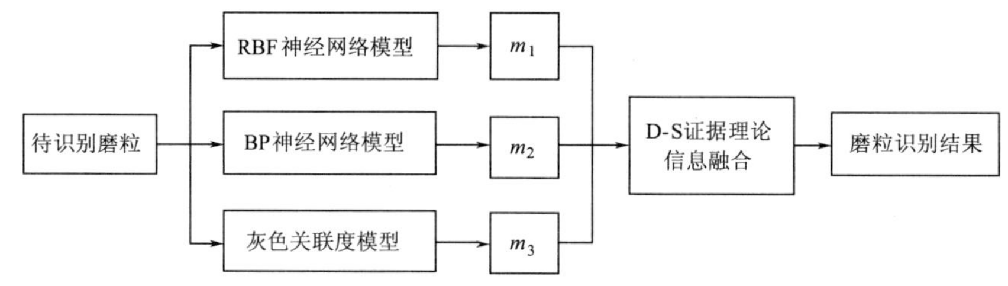

图 1　基于不同智能识别模型的信息融合结构图

3　应用实例分析

选取两个磨粒样本作为未知磨粒,运用 RBF 神经网络,BP 神经网络和灰色关联度模型对磨粒进行识别,先将识别结果数据进行归一化处理,再用 D-S 证据理论进行融合,得到的结果如表 1 和表 2 所示。

未知磨粒 1 的信息融合识别结果概率值　　表 1

未知磨粒 1	层状	球状	切削	严重滑动	正常滑动	疲劳剥落
RBF 神经网络	0.2204	0.3416	0.0663	0.0900	0.2813	0.0003
BP 神经网络	0.4704	0.0015	0.0065	0.4501	0.0005	0.0710
灰色关联度	0.3577	0.1361	0.0004	0.2418	0.0499	0.2142
D-S 信息融合	0.7897	0.0015	0.0000	0.2086	0.0002	0.0001

由表 1 可以看出,BP 神经网络和灰色关联度模型所得出的识别结果都为层状磨粒,RBF 神经网络模型所得出的结果为球状磨粒,经过 D-S 证据理论融合后的识别结果为球状磨粒,实际上未知磨粒 1 为球状磨粒。这说明 RBF 神经网络模型出现了误判,而经过 D-S 证据理论进行有效的融合后,最后的结果与实际相符。

未知磨粒 2 的信息融合识别结果概率值　　表 2

未知磨粒 2	层状	球状	切削	严重滑动	正常滑动	疲劳剥落
RBF 神经网络	0.1858	0.0003	0.0996	0.2590	0.3074	0.1479
BP 神经网络	0.0005	0.1211	0.2503	0.0222	0.5374	0.0684
灰色关联度	0.1622	0.0096	0.0004	0.3331	0.1386	0.3562
D-S 信息融合	0.0004	0.0000	0.0002	0.1983	0.3881	0.4130

从表 2 可以看出,两个神经网络模型所得出的识别结果为正常滑动磨粒,灰色关联度模型所得出的结果为疲劳剥落磨粒,经过 D-S 证据理论融合后的识别结果为疲劳剥落磨粒,实际上未知磨粒 2 为疲劳剥落磨粒。这说明两个神经网络模型都出现了误判,在这种情况下,经过 D-S 证据理论对有冲突证据进行融合,最后的结果与实际相符。

因此,多模型信息融合技术具有一定的容错性,其区分度和准确度比单个或者两个模型有明显的提高,在单个或者两个模型出现误判的情况下,通过信息融合仍然能够得到正确的识别结果,增强了对磨粒识别的准确度。

4 结语

单个或者两个模型在磨粒智能识别中的准确率与稳定性存在一定的局限性，本文提出了基于两类神经网络和灰色关联度的多模型信息融合技术的磨粒智能识别方法。实例分析表明，如果单个或者两个模型出现误判的情况，而其他模型所得出的是准确结果，经过 D-S 证据理论进行有效的融合后，最后的结果仍然是准确的结果，该方法增强了对磨粒智能识别的区分度和准确度，并具有较好的通用性、适应性和容错性，是一种新的有效的磨粒智能识别方法。

参考文献

[1] 杨其明. 磨粒分析[M]. 北京：中国铁道出版社，2002：1-8

[2] 胡春海，苑茂存. 神经网络在磨损颗粒自动识别中的应用[J]. 机械工程与自动化，2005，3：56-57

[3] 王伟华，殷勇辉，王成焘. 基于径向基函数神经网络的磨粒识别系统[J]. 摩擦学学报，2003，23(4)：340-343

[4] 左洪福，吴振锋，杨忠. 双 BP 神经网络在磨损颗粒自动识别中的应用[J]. 航空学报，2000，21(4)：372-375

[5] 李艳军，左洪福，陈果. 基于灰色聚类的磨粒自动识别[J]. 航空学报，003，24(4)：373-376

[6] 李艳军，左洪福，吴振锋，陈果. 基于 D-S 证据理论的磨粒识别[J]. 航空动力学报，2003，18(1)：114-118

[7] Kolmogorov. On the representation of continuous functions of many variables by superposition of continuous functions of one variable and condition [J]. Dok1, Akad. Nauk, USSR, 1957, 114: 953-956

[8] Kang Jianli, Lu Yaping, Zhou Yinsheng. Wear particle recognition with imp roved BP algorithm [J]. Lubrication Engineering, 2005 (3): 149-150

The intelligence recognition method of wear particle based on multi-model information fusion technique

Zhao Jing, Li Yanjun, Ma Linlong

(College of Civil Aviation, Nanjing University of Aeronautics and Astronautics, Nanjing, 210016)

Abstract: Because of the disadvantages and the instabilities of the single or double methods for wear particle recognition, the intelligence recognition method of wear particle based on multi-model information fusion technique was proposed. Three single methods, RBF neural network, BP neural network and grey relation degree, were selected to recognize wear particles, then the D-S evidence theory was used to fuse the three evidences to get the final result. According to the application in the wear particle recognition, this method improved the accuracy and had more tolerant. It was a new effective intelligence recognition method of wear particle.

Key words: Information fusion; Neural network; Grey relation degree; D-S evidence theory; Wear particle recognition

基于模糊聚类的 ITS 逻辑框架开发

谢　菲

(南京航空航天大学民航(飞行)学院,江苏南京,210016)

摘　要: 智能运输系统(ITS)规模大、结构复杂、要素繁多,系统设计难度大。为降低系统设计复杂程度,提出了一种基于模糊聚类的 ITS 逻辑结构分解方法,通过建立模糊关联强度矩阵描述过程间的关联程度,在此基础上采用模糊聚类将 ITS 逻辑结构分解为若干相对独立的功能单元,使系统分解过程更为精细和严谨,为系统物理实现及相关研究提供了基础。

关键词: 模糊聚类;智能运输系统;逻辑框架;结构分析

1　引言

逻辑框架是组织复杂实体的辅助工具,其重点是系统的功能性处理和信息流情况。开发逻辑框架有助于明确系统的功能和信息流动,并能帮助得出对改进系统和新系统的功能要求。ITS 逻辑框架的开发过程,实质上是从用户主体、服务主体和用户服务三个方面对 ITS 系统的功能单元进行定义的过程,也是大系统分解的过程。通过将 ITS 系统分解为若干相互关联的功能单元,可以降低整个系统的复杂程度和阶数。

目前,我国国家和区域 ITS 体系框架中的逻辑框架的开发是根据用户服务需求确定 ITS 体系框架中的逻辑框架的过程就是由最顶层逻辑框架出发,向下逐层落实更细节的逻辑框架的过程。从目前我国逻辑框架的开发过程和现状来看,逻辑框架中子系统的分解和定义基本上是根据开发人员的经验对用户服务进行功能划分,缺乏更为严谨的理论依据,尚未对系统元素及其内在关系进行深入分析。

ITS 系统的“规模大、结构复杂、系统要素繁多”的特点决定了需要通过逻辑结构模型的设计与分析帮助认识 ITS 系统内部结构,保证系统结构的合理性和有效性。因此,基于分解与协调的设计思想,运用图论、模糊数学等方法,进行 ITS 逻辑框架中的功能结构划分是进行逻辑框架开发的关键和核心。

2　ITS 逻辑框架开发方法

2.1　ITS 逻辑框架概述

逻辑框架描述系统完成 ITS 用户服务所必须具有的逻辑功能和功能间的数据交互关系。在逻辑框架的构建过程中不考虑具体的体制和技术因素,它只确定满足用户服务需求所必需的系统功能和功能间传递的数据流,而不管该功能由哪一个具体的部门来实现以及如何实现。逻辑框架也被称为“基本模型”,与功能的具体实现相分离使得逻辑框架便于改进。在 ITS 体系框架开发中,逻辑框架起到承前启后的作用,通过它实现了由用户服务到物理框架的合理转化。

分解和协调是研究复杂系统的重要手段和方法。ITS 系统规模大、结构复杂、系统要素繁多,需要通过逻辑框架的构建与分析帮助认识系统内部结构,保证系统结构的合理性和有效性。ITS 逻辑框架构建过程,实质上是系统功能单元的定义过程,也是大系统分解过程。目前 ITS 逻辑框架子系统的分解和定义,基本上还依靠经验,缺乏更为严谨的形式化方法,尚未对系统元素及其内在关系进行深入分析。本文基于分解与协调的设计思想,运用模糊数学的方法,讨论了 ITS 逻辑框架构建的方法。

2.2　构建逻辑框架的任务

逻辑框架构建的主要任务是描述 ITS 系统需求和构成之间的对应关系,为系统设计提供分析和评价的依据。ITS 逻辑框架强调的是对信息需求和处理的合理组织,注重的是数据和处理功能之间的关系。逻辑框架应反映如下几方面的内容:为实现目标需要的信息源;最合理的信息处理过程;将处理过程和相应数据合理分类并组合成大小合适、功能明确、具有一定独立性的逻辑模块;将复杂系统设计转化为若干种基本模块的设计。因此,模块的组织是逻辑框架分析的主要内容。逻辑模型主要为物理模型提供如下基础:

(1)系统需存储的信息量(包括输入、输出功能)

(2)系统应完成的处理量(包括处理功能)

(3)系统应具备的软件功能(包括模型和方法)

3 基于模糊聚类的逻辑框架的开发

系统框架是从实现系统目标的角度,对系统组成部分相互作用关系的概括性描述。系统框架定义了完整的系统运行关系、各组成部分的功能以及组成部分间的信息传递与交换。由于系统各要素之间的关系复杂,难以对系统内部组织结构有更清晰、合理的认识和了解,因此有必要采取分解协调的方法将系统分解为一系列独立的功能单元,再分别配置到不同的物理子系统中加以实现。

建立系统框架模型是研究和分析ITS系统内部结构的重要手段,其关键问题是确定系统要素和进行关联性分析,之后可运用数学方法进行系统划分。由于实际系统构成要素之间相互作用的不确定性和模糊性是客观存在的,因此本文提出了基于模糊聚类的ITS逻辑结构划分方法。该方法的主要思路是:将反映ITS逻辑结构的DFD图映射为一个带权有向图,并通过数据与过程之间的产生与使用关系建立了模糊关联强度矩阵,描述逻辑结构中各过程之间的关联程度。在此基础上运用模糊聚类方法,将强关联的过程聚合为一类,实现系统划分。

3.1 模糊聚类算法

聚类是按照一定的要求和规律对事物进行区分和分类的过程。传统的聚类分析是一种硬划分,具有非此即彼的性质,而模糊聚类建立起了样本对于类别的不确定性描述。

在聚类分析的方法中,基于目标函数的聚类方法目前成为研究的热点。其中,以模糊 c 均值(FCM,Fuzzy c-Means)类型算法的理论最为完善。本文采用FCM,利用MATLAB编程对交通流状态进行处理分析[1-4]。FCM算法的目标函数描述如下:

$$J_m(U,P)=\sum_{k=1}^{n}\sum_{i=1}^{c}(u_{ik})^m(d_{ik})^2 \tag{1}$$

其中,U 为划分矩阵,P 为聚类中心向量;$u_{ik}\in[0,1]$,为第 k 个数据点属于第 i 个聚类中心的隶属度;$(d_{ik})^2$ 为样本 x_k 与第 i 个聚类中心的欧几里得距离;m 为加权指数。

其算法步骤如下:

初始化:给定聚类类别 c,设定迭代停止阈值 ε,初始化聚类中心 $P(0)$,设置迭代计数器 $b=0$;

步骤一:利用公式(1)计算或更新划分矩阵 $U(b)$;

$$u_{ik}^{(b)}=\left\{\sum_{j=1}^{c}\left[\left(\frac{d_{ik}^{(b)}}{d_{jk}^{(b)}}\right)^{\frac{2}{m-1}}\right]\right\}^{-1} \tag{2}$$

步骤二:利用公式(2)更新聚类中心 $P(b+1)$;

$$p_i^{(b+1)}=\frac{\sum_{k=1}^{n}(u_{ik}^{(b+1)})^m\cdot x_k}{\sum_{k=1}^{n}(u_{ik}^{(b+1)})^m},(i=1,2,\cdots,c) \tag{3}$$

步骤三:如果 $\|P^{(b)}-P^{(b+1)}\|<\varepsilon$,则算法停止并输出划分矩阵 U 和聚类中心 P,否则令 $b=b+1$,转向步骤一。

3.2 逻辑框架划分矩阵确定原则

模糊聚类中的划分矩阵 U 反映了系统要素间的相互关系,是系统划分的基础。从不同角度定义系统元素间的关联关系或选择不同准则度量关系的强弱,将会得到不同的系统划分矩阵。我们希望将数据联系紧密的过程划分在一个功能单元内,使功能单元内部结构紧凑,而各功能单元之间相互关联和影响程度降低,这样易于物理实现,可以提高系统响应速度,节约实现成本。本文中确定的过程对数据类依赖程度评价准则为[5,6]:

(1)过程利用数据量的多少;

(2)数据对过程重要程度的大小;

(3)过程利用数据的频率高低。

系统的整体功能在很大程度上取决于系统框架即系统内部各要素的相互联系和作用方式。从系统过程关联作用角度看,采用模糊关系划分矩阵表示逻辑框架结构,通过对系统过程间相关程度的全面描述,反映了系统的整体,提供了一种形式化系统分析方法,为系统整体优化提供了可能。

4 实例

这里以“先进的公共交通管理系统”的逻辑框架的构建为例,采用模糊聚类进行逻辑框架的构建。选择“先进的公共交通管理系统”为例的原因是其过程为23个,数据流为40个,这样通过编程计算的数据量比较适中。

4.1 先进的公共交通管理系统域的功能划分及构建

作为ITS研究的重要内容,先进的公共交通系统是在公交网路分配、公交调度等关键基础理论研究的前提下,利用系统工程的理论和方法,将现代通信、信息、电子、控制、计算机等科技应用于公共交通系统,并通过建立公共交通智能化调度系统、公共交通信息服务系统、公交电子收费系统等、实现公共交通调度、运营、管理的信息化、现代化和智能化。该系统主要以处刑者和公交车辆为服务对象。对于出行者而言,先进的公交管理系统通过采集与处理动态(如客流量、交通流量、车辆位置、紧急事件地点等)和静态交通信息(如交通法规、道路管理措施、大型公共交通出行生成地的位置等),通过多种媒体为出行者提供动态和静态公共交通信息(如发车时刻、换乘线路、出行最佳路径等),从而达到规划出行、最优路线选择、避免交通拥挤、节约出行时间的目的。对于公交车而言,先进的公共交通管理系统主要实现对其动态监控、实时调度、科学管理等功能,从而达到提高公交服务水平的目的。

先进的公共交通管理系统的主要过程见《国家ITS体系框架》。

4.2 先进的公共交通管理系统逻辑功能划分及构建

按照模糊聚类算法,首先得到每个过程关于数据流的关系划分矩阵U,如附录所示。以此关系划分矩阵为基础,利用FCM算法对此矩阵进行分析,分别将先进的公交管理系统中的过程划分为2类、3类、4类、5类、6类和7类,分别讨论各类划分的合理性,从而确定出先进的公交管理系统的逻辑功能划分[7]。

(1)划分为2类

经过11次迭代,在精度为0.00001前提下,迭代收敛,此时目标函数取值为69.47。则将先进的公交管理系统逻辑功能划分为两类,如表1所示。

划分为两类的先进的公交管理系统逻辑功能　　表1

类　别	过　程
1	P1、P2、P3、P4、P5、P6、P7、P8、P9、P10、P11、P12、P13、P21、P22、P23
2	P14、P15、P16、P17、P18、P19、P20

在划分两类的结果中,将过程P14~P20从所有的过程中剥离开,即将公交运营管理方面的过程给单独区分出来。这说明公交运营管理中的过程和其余的逻辑过程有较大差异。

(2)划分为3类

经过21次迭代,在精度为0.00001前提下迭代收敛,此时目标函数取值为37.08。则将先进的公交管理系统逻辑功能划分为三类,如表2所示。

划分为三类的先进的公交管理系统逻辑功能　表 2

类　别	过　程
1	P4、P5、P6、P7
2	P14、P15、P16、P17、P18、P19、P20
3	P1、P2、P3、P8、P9、P10、P11、P12、P13、P21、P22、P23

在划分三类的结果中，将过程 P4 ~ P7 又从原来划分两类中的第一类过程中提取出，即将公交规划方面的过程给单独区分出来。

(3)划分为 4 类

经过 26 次迭代，在精度为 0.00001 前提下迭代收敛，此时目标函数取值为 20.25。则将先进的公交管理系统逻辑功能划分为四类，如表 3 所示。

划分为四类的先进的公交管理系统逻辑功能　表 3

类　别	过　程
1	P4、P5、P6、P7
2	P14、P15、P16、P17、P18、P19、P20
3	P1、P2、P3、P8、P9、P10、P21、P22、P23
4	P11、P12、P13

在划分四类的结果中，将过程 P11 ~ P13 又从原来划分三类中的第三类过程中提取出，即将监视公交运营车辆方面的过程给单独区分出来。

(4)划分为 5 类

经过 19 次迭代，在精度为 0.00001 前提下迭代收敛，此时目标函数取值为 8.02。则将先进的公交管理系统逻辑功能划分为五类，如表 4 所示。

划分为五类的先进的公交管理系统逻辑功能　表 4

类　别	过　程
1	P4、P5、P6、P7
2	P14、P15、P16、P17、P18、P19、P20
3	P1、P2、P3、P21、P22、P23
4	P11、P12、P13
5	P8、P9、P10

在划分五类的结果中，将过程 P8 ~ P10 又从原来划分四类中的第三类过程中提取出，即将管理公交车辆与设施车辆方面的过程给单独区分出来。

(5)划分为 6 类

经过 13 次迭代，在精度为 0.00001 前提下迭代收敛，此时目标函数取值为 0。则将先进的公交管理系统逻辑功能划分为六类，如表 5 所示。

划分为六类的先进的公交管理系统逻辑功能　表 5

类　别	过　程
1	P4、P5、P6、P7
2	P14、P15、P16、P17、P18、P19、P20
3	P1、P2、P3
4	P11、P12、P13
5	P8、P9、P10
6	P21、P22、P23

在划分六类的结果中,将过程 P1 ~ P3 又从原来划分五类中的第三类过程中提取出,即将采集公共交通相关信息方面的过程给单独区分出来。

(6)划分为 7 类

经过 11 次迭代,在精度为 0.00001 前提下迭代收敛,此时目标函数取值为 0。则将先进的公交管理系统逻辑功能划分为七类,如表 6 所示。

划分为七类的先进的公交管理系统逻辑功能　　表 6

类　别	过　程
1	P4、P5、P6、P7
2	P14、P15、P16、P17、P18、P19、P20
3	P1、P2、P3
4	P11、P12、P13
5	P8、P9、P10
6	P21、P22、P23
7	

在划分七类的结果中,发现第七类的模糊划分为空。

所以,对于先进的公交管理系统的逻辑框架而言,划分为六类是比较合理的,具体划分的结果如表 7 所示。

先进的公交管理系统逻辑框架划分　　表 7

功能编号	功　能	过　程
1	采集公共交通相关信息	P1、P2、P3
2	提供公交规划服务	P4、P5、P6、P7
3	管理公交车辆与设施	P8、P9、P10
4	监视公交运营车辆	P11、P12、P13
5	公交运营管理	P14、P15、P16、P17、P18、P19、P20
6	提供出租车运营管理	P21、P22、P23

本例中仅对先进的公交管理系统的逻辑过程进行了划分,得出了先进的公交管理系统的功能单位,从而建立了该系统的逻辑框架。该逻辑划分的模糊聚类算法可进一步扩展到 ITS 逻辑框架中的其他系统框架构建,并可进一步基于功能的基础上进行划分,从而可完成 ITS 逻辑功能域框架的构建。

5　结语

针对 ITS 规模大、结构复杂以及系统设计困难的问题,提出并详细介绍了基于模糊聚类的 ITS 逻辑结构分解方法,有效降低了系统设计复杂度,为 ITS 物理结构优化设计奠定了基础。

参考文献

[1] 陈水利,李敬功,王向公. 模糊集理论及其应用[M],北京:科学出版社,2005
[2] 李鸿吉. 模糊数学基础及实用算法[M],北京:科学出版社,2005
[3] 彭祖赠. 模糊数学及其应用[M],武汉:武汉理工大学出版社,2002
[4] S. L. Chen. Application of Fuzzy Comprehensive Judgment in IWR. J. Fuzzy Math. ,2001,9(3):739-744
[5] S. L. chen. ,J. R. Wu. SR-convergence Theory in Fuzzy Lattices. Information Science,2000,125:233-247
[6] 王国俊. 模糊推理与模糊逻辑[M],系统工程学报,1998,13(2):1-16
[7] 姜雨. 区域 ITS 规划研究[D],东南大学,2007,10

Research on structure analysis method based on fuzzy clustering of ITS

Xie Fei

(College of Civil Aviation, Nanjing University of Aeronautics and Astronautics, Nanjing, 210016)

Abstract: The characteristic of ITS was a large scale and complicated structure with various factors and difficult system design. In order to reduce the complexity of system design, it was put forward a disassembly method about logical structure based on the fuzzy clustering. Based on setting up a fuzzy conjunction intensity matrix which was to describe the conjunctional degree between processes, with fuzzy clustering, it could be disassembled the ITS logical structure into several relatively individual functional parts, which was able to make the system disassembly process more fine and more precise, in order to provide foundation for implementation of system physics and relative research.

Key words: Fuzzy clustering; Intelligent Transportation Systems (ITS); Logical structure; Structure analysis

SURE 程序在容错系统可靠性分析中的应用

孙春林[1]　佟俊橙[1]　龚　鹤[2]

(1. 中国民航大学航空工程学院,天津,300300;2. 天津普林电路有限公司,天津,300308)

摘　要:在容错系统的可靠性分析中,利用半马尔可夫过程理论对容错系统进行可靠性建模能够较为真实地描述系统的实际工作情况。但是,由于容错系统为了达到高可靠性而采用了大量的冗余配置及重构技术,使得该可靠性模型往往变得相当复杂。因此,单靠手动计算求解,很难实现。半马尔可夫不可靠度评估程序 SURE,是最有效的可靠性分析工具之一,被广泛应用于容错系统模型的可靠性分析中。

关键词:SURE;容错技术;可靠性分析;半马尔可夫模型

1　引言

在传统的容错系统可靠性分析中,通常都是用马尔可夫模型方法来反应系统的实际工作情况。但随着科学技术的不断发展,民用机载容错系统变得越来越复杂且高度集成化。因此用马尔可夫模型来分析它们已经变得非常棘手。而半马尔可夫模型可以用来计算任何容错系统的可靠度[4]。

尽管半马尔可夫模型能够分析任何容错系统的可靠度,但是如果纯用手动捕捉大型系统中复杂的故障和大部分容错结构中都会存在的重构行为,那将是一件非常困难的事情。而半马尔可夫不可靠度评估程序(SURE)是专门用来分析半马尔可夫模型关于失效状态概率上下边界的软件[1,5]。能够对大型复杂的半马尔可夫模型进行准确的分析求解。SURE 程序提供了解决卷积积分的最佳方法,这些卷积积分通常用来计算半马尔可夫模型系统的可靠度。

2　SURE 可靠性分析方法

2.1　路径阶梯分类

在 SURE 程序中,将状态间的转移率分为快速和缓慢两类。缓慢转移率与故障到达率相对应,通常被认为服从指数分布。快速转移率描述的是系统响应故障(从故障中恢复),可能服从任何形式的分布。在模型中,缓慢转移率通常用希腊字母来表示,而普通转移率通常用大写字母来表示,代表一类特殊分布。在 SURE 中,把某一个状态和离开该状态的所有转移过程称为"路径阶梯"。在路径上目前正在被分析的转移过程被称为"在路径上的转移过程"。剩下的转移过程被称为"离开路径的转移过程"。这种分类是根据在路径上和离开路径的转移过程是缓慢的还是快速的来制定的。如果不存在离开路径的转移过程,路径阶梯可以这样分类,把它当做包含了一个缓慢离开路径转移过程对待。因此共有三种路径阶梯分类[1]:(1)处在变化缓慢的路径上,离开变化缓慢的路径;(2) 处在变化快速的路径上,以任意形式离开路径; (3) 处在变化缓慢的路径上,离开变化快速的路径。

2.1.1　第一类路径阶梯:处在变化缓慢的路径上,离开变化缓慢的路径

如果离开状态的所有转移过程都是变化缓慢的,那么把此路径阶梯归为第一类。处在路径上的指数转移率是 λ_i(图 1)。而离开缓慢转移过程的数量可能是任意的。它们的指数转移率的和是 γ_i。如果存在离开路径的转移过程不是缓慢的,那么这个路径阶梯就属于第三类。在三元处理器和一个备件的

作者简介:佟俊橙(1982-),男,辽宁大连人,硕士研究生,主要研究方向为航空发动机可靠性与故障诊断;孙春林(1946-),男,上海人,教授,硕士生导师,硕士,主要研究方向为航空发动机可靠性与故障诊断、数字化维修;龚鹤(1982-),男,天津人,电子工程师,主要研究方向为智能控制。

模型中,路径阶梯 1→2,4→5 和 7→8 都属于这一类。

2.1.2　第二类路径阶梯:处在变化快速的路径上,以任意形式离开路径

如果处在路径上的转移过程是快速的,那么这种路径阶梯属于第二类(图 2)。可能存在任意数量的离开变化缓慢或快速的路径的转移过程。如之前,离开变化缓慢的路径,指数转移过程可以用转移率为 ε_i 的单个转移过程来表示,ε_i 等于所有离开变化缓慢的路径的转移率的和。在三元处理器和一个备件的模型中,路径阶梯 2→4 和 5→7 属于这一类。处在变化快速的路径上的转移过程的分布是 $F_{i,1}$。对于第 k 个离开状态 i 的快速转移过程的时间分布用 $F_{i,k}$ 表示(也就是在时间 t 内,离开状态 i 并进入到状态 k 的转移过程的概率是 $F_{i,k}$)。对于每一个快速转移过程,需要提前给定三个参数值:转移概率 $\rho(F_{i,k}^*)$,条件均值 $\mu(F_{i,k}^*)$ 和方差 $\sigma^2(F_{i,k}^*)$。这些参数被定义如下[3]:

$$\mu(F_{i,k}^*) = \rho^{-1}(F_{i,k}^*)\int_0^{\infty} t\prod_{j\neq k}[1 - F_{i,j}(t)]\mathrm{d}F_{i,k}(t)$$

$$\sigma^2(F_{i,k}^*) = \left[\rho^{-1}(F_{i,k}^*)\int_0^{\infty} t^2\prod_{j\neq k}[1 - F_{i,j}(t)]\mathrm{d}F_{i,k}(t)\right] - \mu^2(F_{i,k})$$

$$\rho(F_{i,k}^*) = \int_0^{\infty}\prod_{j\neq k}[1 - F_{i,j}(t)]\mathrm{d}F_{i,k}(t)$$

2.1.3　第三类路径阶梯:处在变化缓慢的路径上,离开变化快速的路径

这一类要求在路径上的转移过程必须是变化缓慢的。离开变化缓慢的路径的转移过程和离开变化快速的路径的转移过程都可以存在。但是至少有一个离开变化快速的路径的转移过程(图 3)。在三元处理器和一个备件的模型中,路径阶梯 2→3 和 5→6 属于这一类。处在变化缓慢的路径上的转移率是 α_j。离开变化缓慢的路径的转移率的和是 β_j。和第二类一样,对于每一个离开变化快速路径的转移过程并且转移分布为 $G_{j,k}$ 的转移概率 $\rho(G_{j,k}^*)$,条件均值 $\mu(G_{j,k}^*)$ 和方差 $\sigma^2(G_{j,k}^*)$ 必须给出。

对于第二类和第三类情况,都要求 SURE 用户提供条件均值,条件标准方差和转移概率。尽管以上参数的描述足够用来说明第三类路径阶梯,但边界定理根据处在状态上的持续时间给出了更准确的区分。处在状态上的持续时间是在转移到其他状态之前,系统处在这个状态的停留时间。这些处在状态上的持续时间会有些许不同,为了防止混淆,边界定理将它们统称为"恢复持续时间"。用 H_j 表示在状态 j 处恢复持续时间的分布。

$$H_j(t) = 1 - \prod_{k=1}^{n_j}[1 - G_{j,k}(t)]$$

使用这个定理还需要以下参数:

$$\mu(H_j) = \sum_{k=1}^{n_j}\rho(G_{j,k}^*)\mu(G_{j,k}^*)$$

$$\sigma^2(H_j) = \left\{\sum_{k=1}^{n_j}\rho(G_{j,k}^*)[\sigma^2(G_{j,k}^*) + \mu^2(G_{j,k}^*)]\right\} - \mu^2(H_j)$$

其中,参数 $\rho(G_{j,k}^*)$,$\mu(G_{j,k}^*)$ 和 $\sigma^2(G_{j,k}^*)$ 的定义完全和第二类路径阶梯参数一样。

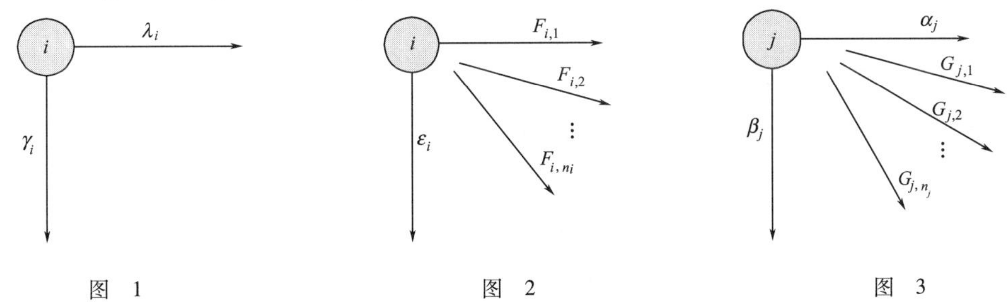

图　1　　　　图　2　　　　图　3

2.2　SURE 边界定理

怀特边界定理[3]规定在任务时间 T 内,沿着一条路径,其具有 k 个第一类路径阶梯,m 个第二类路径阶梯和 n 个第三类路径阶梯,最后进入到指定失效状态的概率 $D(T)$ 是有界的,如下:

$$LB < D(T) < UB$$

这里

$$UB = Q(T)\prod_{i=1}^{m}\rho(F_i^*)\prod_{j=1}^{n}\alpha_j\mu(F_i^*)$$

$$LB = Q(T-\Delta)\prod_{t=1}^{m}\rho(F_i^*)\left[1-\varepsilon_i\mu(F_i^*)-\frac{\mu^2(F_i^*)+\sigma^2(F_i^*)}{r_i^2}\right]$$

$$\times\prod_{j=1}^{n}\alpha_j\left\{\mu(H_j)-\frac{(\alpha_i+\beta_j)[\mu^2(H_j)+\sigma^2(H_j)]}{2}-\frac{\mu^2(H_j)+\sigma^2(H_j)}{s_j}\right\}$$

对于所有的 $r_i, s_j > 0$ 和 $\Delta = r_1 + r_2 + \cdots + r_m + s_1 + s_2 + \cdots + s_n$ 和 $Q(T)$ = 在时间 T 内遍历一条只包含第一类路径阶梯的路径的概率。

对于任意 $r_i > 0$ 和 $s_j > 0$,假设 $\Delta < T$ 条件下,这个定理是正确的。通过选择不同的参数可以求出不同的边界大小。SURE 程序使用下列 r_i 和 s_j 值来计算:

$$r_i = \{2T[\mu^2(F_i^*)+\sigma^2(F_i^*)]\}$$

$$s_j = \left\{T\left[\frac{\mu^2(H_j)+\sigma^2(H_j)}{\mu(H_j)}\right]\right\}^{1/2}$$

对于 $Q(T)$,怀特给出了两个简单的代数近似解。一个是高估近似值,一个是低估近似值,并且分别给出如下公式:

$$Q(T) < Q_u(T) = \frac{\lambda_1\lambda_2\lambda_3\cdots\lambda_k T^k}{k!}$$

$$Q(T) > Q_l(T) = Q_u(T)\left[1-\frac{T}{k+1}\sum_{i=1}^{k}(\lambda_i+\gamma_i)\right]$$

只要 $\sum_{i=1}^{k}(\lambda_i+\gamma_i)$ 较小,$Q_u(T)$ 和 $Q_l(T)$ 就都接近 $Q(T)$。更确切地说,与组件的平均寿命相比,只要任务时间较短即可。关于 $Q(T)$,SURE 程序使用了下面经过些微改进的上边界:

$$Q(T) < Q_u^*(T) = \frac{1}{|S|!}\prod_{i\in s}(\lambda_i T)$$

这里 $S = \{i \mid \lambda_i T < 1\}$。

3 应用举例

下面就以在实际系统中最常见的三元处理器和一个备件的系统为例,具体说明应用 SURE 程序分析系统可靠性的方法。

三元处理器和一个备件的系统的半马尔可夫模型如图 4 所示。只要系统中大多数处理器没有发生故障,则此系统仍然可以正常运行。也就是说当系统中有两个处理器发生故障时,系统就会失效。为了屏蔽故障,三元处理器的输出需要进行表决(在这个模型中我们假设当相互作用时备件不会失效)。水平转移过程代表故障到达,这些都是参数为 λ 的指数分布。λ 的系数表示 λ 系统配置中的处理器可能发生故障的个数。竖直转移过程代表从故障中恢复。第一个恢复是由于备件代替了故障处理器而完成的。第二个恢复是通过双处理器降级为单个处理器而完成的。此处降级的目的是为了隔离故障单元,让系统暂时以单个功能完好处理器进行工作,提高系统可靠度(试验表明,此时的系统可靠度要比系统带故障运行时的可靠度高得多)。恢复转移过程肯定不是指数分布。因此必须用分布函数 $F(t)$ 来描述。$F(t)$ = 在故障到达后 t 小时内恢复发生的概率。

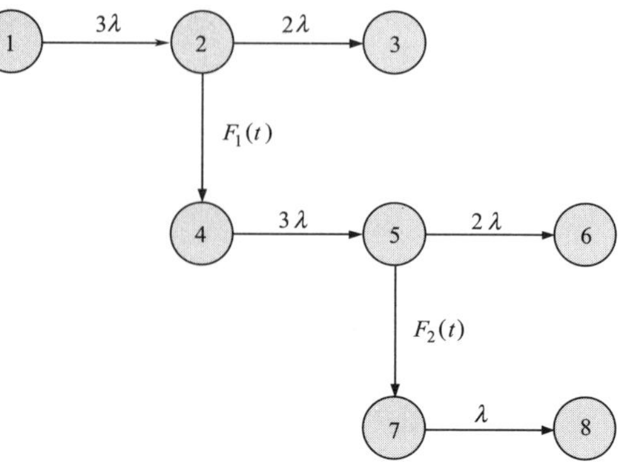

图 4 三元处理器和一个备件的半马尔可夫模型

系统的不可靠度是模型中所有进入系统失效状态概率的总和,对于从系统起始状态进入到失效状态的每一条路径,都需要用 SURE 边界定理进行分析。图 4 的模型中有三个失效状态(3),(6),(8)和三条进入到失效状态的路径:

路径 1:1→2→3

路径 2:1→2→4→5→6

路径 3:1→2→4→5→7→8

对于大型模型,路径的条数会非常多。但是 SURE 程序能够自动查找出所有的相关路径。

从 SURE 运行结果中就可以得到,对应每一个不同的 λ 值,程序给出了系统失效状态概率的相应上下边界值。而系统模型的不可靠度就被准确的包含在这个范围之内。

4 小结

利用半马尔可夫模型对容错系统可靠性进行分析,随着容错技术的发展也在不断地发展和进一步完善。它的适用范围也在逐渐扩大,愈来愈符合实际系统的需要,但同时仍有许多问题需要解决。对复杂系统模型的全部状态和转移过程进行描述,这项任务非常繁重且容易出错。而 SURE 程序让用户使用高级语言来描述半马尔可夫模型。而且用较少的语言就可以描述非常庞大、复杂的模型。因此熟练使用 SURE 程序,对于提高容错系统的可靠性分析,大有帮助。

参考文献

[1] Kelly J. Dotson. Validation of the SURE program phase 1 [J]. NASA-TM-89123,1987

[2] Ricky W. Butler,Allan L. SURE relibility analysis program and mathematics. White [J]. NASA Technical Paper 2764,1988

[3] Ricky W. Butler,Sally C. Johnson. Techniques for modeling the reliability of fault-tolerant systems with the Markov state-space approach [J]. NASA Reference Publication 1348,1995

[4] 王社伟,陶军,张洪钺. 基于半马尔可夫过程的容错导航系统可靠性分析. 航天控制 [J],2006, Vol124,No. 2

[5] Sally C. Johnson. ASSIST user manual [J]. NASA Technical Memorandum 4592,1995

SURE with an application to the reliability analysis of fault tolerant system

***Sun Chunlin*[1], *Tong Juncheng*[1], *Gong He*[2]**

(1. College of Aeronautical Engineering,CAUC,Tianjin,300300;

2. Tianjin Printronics Circuit Corp. ,Tianjin,300308)

Abstract:In the reliability analysis of fault-tolerant system,semi-Markov process theory can be applied to describe the original working condition of the system. But any analytic model of such a system has a large number of states,which makes the solution computationally intractable. Due to the difficulty in solving even simple models by hand,automated tools such as SURE,etc,are being used in the reliability analysis and development of fault tolerant computer architectures. The Semi-Markov Unreliability Range Evaluator program,SURE being used in the reliability analysis and development of fault-tolerant computer architectures,is one of the most effective reliability analysis tools to be introduced.

Key words:SURE;Fault tolerant;Reliability analysis;Semi-Markov model

基于3G的车载监控无线通讯模块设计

范红定[1,3] 吴超仲[2,3]

(1. 武汉理工大学航运学院,湖北武汉,430063;
2. 水路公路交通安全控制与装备教育部工程研究中心,湖北武汉,430063;
3. 武汉理工大学智能交通系统研究中心,湖北武汉,430063)

摘 要:本文在介绍3G的原理和应用范围的基础上,分析了基于3G技术车辆监控系统中车载无线通讯模块的可行性;建立了切实可行的系统的物理逻辑结构,提出了上位机信息收发软件开发流程。本文研究成果对进一步促进车载无线通讯技术的研究和应用具有一定的实用价值。

关键词:3G;车载;无线通讯

1 引言

随着汽车保有量逐年增加,道路交通安全状况日益严峻,确保客车、长途货车、考试车等车辆安全行驶具有重要意义。于是,利用无线通讯技术远程监控工作车辆的运行状况成为确保行车安全的有效手段之一。车载通讯模块负责将工作中车辆的实时状态传输到监控中心,对监控中心监控工作中的车辆是否安全运行起着关键作用,所以研发方便快捷的通讯方式能极大提高整个系统的工作效率,于是本文提出基于3G技术的车载无线通讯模块,在行车环境中,3G高速传输速率,完全满足音频、视频流等数据对传输速率的要求,弥补了2G之不足。目前,3G技术已成功应用于手机通讯、电话会议、电子商务、互联网等领域,而将3G应用于车载无线通讯领域也将成为未来趋势。

2 第三代移动通信技术(3G)

3G的英文全称是3rd Generation指第三代移动通信技术。较之第一代模拟制式手机(1G)和第二代GSM/TDMA数字手机而言,第三代手机在传输声音和数据的速度上有很大提升,它能够更好的实现全球范围无缝覆盖和漫游,并处理图像、音乐、视频流等多种多媒体形式[1]。TD-SCDMA标准是由中国内地独自制定的3G标准,它的中文含义为时分同步码分多址接入。

TD-SCDMA为TDD模式,在应用范围内有其自身的特点:一是终端的移动速度受到现有DSP运算速度的限制只能做到240km/h,但这个速度足以满足高速公路对运行车辆行驶速度的要求;二是基站覆盖半径在15km以内时频谱利用率和系统容量可达到最佳,在用户容量不是很大的区域,基站最大覆盖可达到30~40km[2],所以30~40km的基站覆盖率满足监控中心对车辆在空间位置上的要求。

另外,为了提供各种服务,TD-SCDMA无线网络必须能够支持不同的数据传输速度,也就是说在室内、室外和行车的环境中能够分别支持至少2Mbps、384kbps以及144kbps的传输速度。而对于行车环境中的144kbps数据传输速率能够满足数据传输实时性的要求。

3 车载无线通讯模块硬件设计方案

3.1 系统硬件结构设计

车载无线通讯模块在工作过程中需要将采集的信号传输出去。利用传感器采集来的车辆各种状态信号包括:档位信号、车门信号、安全带信号、转向灯信号、方向灯信号、刹车信号、油门信号、转向盘信号、发动机转速信号等[3]。另外,摄像头摄录的驾驶员状态信号,从GPS采集到的车速信号,加速度信号等。通过单片机处理自于传感器的数据信号,DSP模块处理来自于摄像头的视频信号,这两类处理好的数据通过CAN总线传输到DSP总成模块中进行进一步的处理。最后利用USB传输模块将数据传输给PDA，与GPS数据在PDA中一起利用算法判断出工作中车辆的实时状态，这种实时状态还将通过3G技术实时上传到监控中心，最终由PDA和监控中心一起得出车辆的安全驾驶性能及驾驶员工作状态是否良好的结论。系统的硬件结构如图1所示。

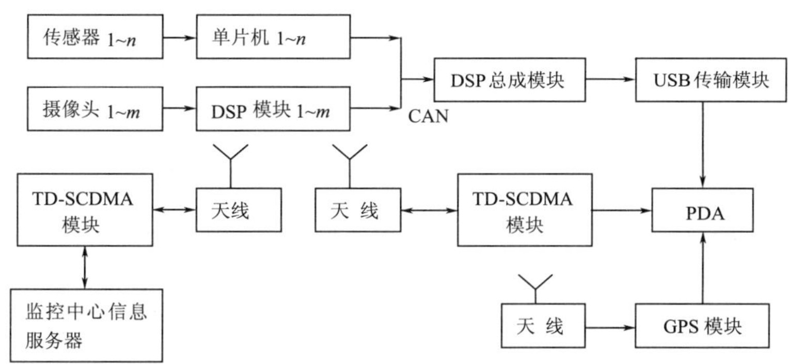

图1　系统硬件平台的基本结构

3.2　系统硬件连接

本文所设计的系统主要由两大部分组成：监控中心和下位机PDA。这两部分通过天线进行通信。其中，监控中心部分主要由天线、TD-SCDMA通信模块及监控中心信息服务器组成。天线接收到的信号通过TD-SCDMA通信模块传输到监控中心，在监控中心即可看到驾驶员的一切信息；另外，工作人员也可以通过监控中心信息服务器向下位机PDA发出相应的信息，该信息再通过TD-SCDMA通信模块传送到天线，TD-SCDMA通信模块将信息传输到下位机PDA。在监控过程中，加装在车上的若干传感器和若干摄像头用来监视驾驶员的操作情况，它们分别通过单片机、DSP子模块将信息及时汇总到CAN总线，然后通过DSP集成模块处理，再经过USB传输模块传输到车载诊断电脑PDA上。另外，车载GPS通信采用的是GPGGA数据格式，利用程序将数据包分解得到系统所需的GPS信息[5]。天线接收到定位信号（包括经度、维度、时间等）通过GPS模块处理后，也会将信息传输到车载诊断电脑PDA上，综合所有有效数据由固化在PDA内的算法最终判断车辆安全驾驶性能及驾驶员工作状态是否良好。

3.3　系统模块分解

本系统主要包括三部分。（1）信息采集部分：采用51单片机作为传感器数据采集控制器，应用12位高精度的A/D转换芯片实现多路数据采集[6]；采用DSP芯片作为视频数据采集控制器；GPS获取车辆的速度、加速度信息。（2）信息传输部分：利用CAN总线将有效数据传输至DSP总成模块；利用USB数据传输模块将DSP总成模块中的第一次汇总数据上传至下位机PAD；在PDA中与GPS信息进行第二次汇总，通过无线通讯模块TD-SCDMA上传至监控中心的考试服务器。（3）信息处理部分：51单片机、DSP采集信息后均先进行预处理，PDA接收到所有待采信息后利用违规算法进行综合处理，得出结论。

4　车载无线通讯模块软件开发

4.1　下位机软件开发

MAXIM公司的MAX232/MAX232A接收/发送器是MAXIM公司为满足EIA/ TEA2232E标准而设计。MAX232/ MAX232A可以用作单片机和单片机之间、单片机和PC机串口之间的串行接口电路[3]。只要将待进行串行传输的设备的发送端和接收端对应连接，设定出通讯协议，编程即可。单片机发送和接收程序在一般的参考书中均可查到。单片机与DSP通讯原理示意[7]如图2所示。

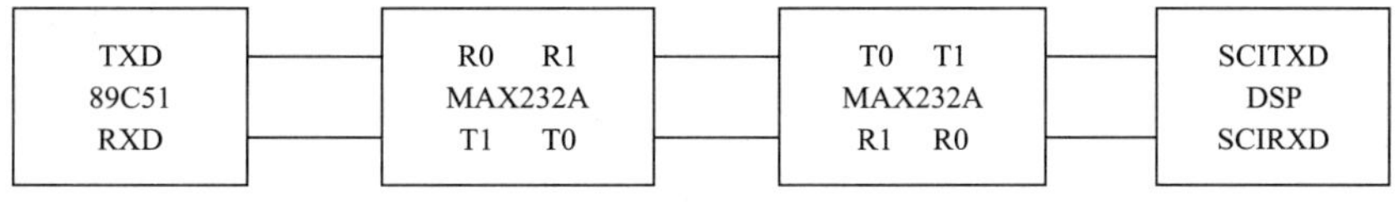

图2　单片机与DSP通讯原理示意图

4.2 上位机软件开发

监控中心服务器通过 TD - SCDMA 模块接收到来自于 PDA 的信息以后,利用视频转换器将信号转换成视频信号,然后再通过解码器将视频信号解码成模拟信号并输出到 LCD 显示器上。这样就可以实时了解驾驶员操作情况,起到自动监督和管理的目的。软件工作原理可描述为:监控开始时按下启动按钮系统初始化,然后检测是否有"监控结束"信号,"有"则退出监控,"无"则读取信号、信号转换、视频解码、视频显示。然后系统再次判断监控是否结束,如此往复。其软件流程如图 3 所示。

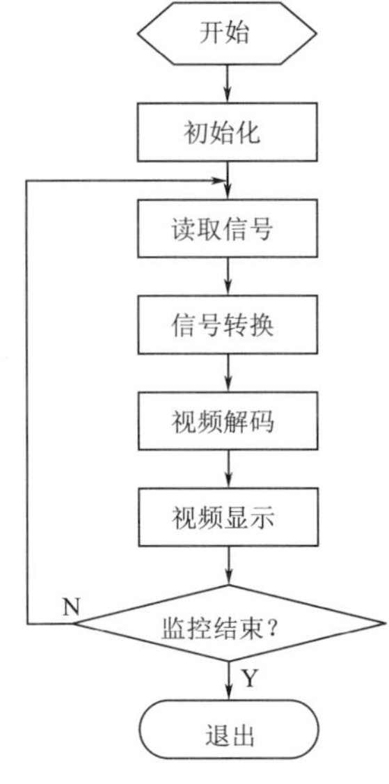

图 3 上位机软件流程图

5 结语

本文围绕将 3G 技术应用于车载监控无线通讯模块进行设计。借助完善的硬件系统、无线网络平台,将机动车道路工作状态与远程监控结合起来,从而实现了车载 PDA 与监控中心之间的通讯。通过技术的整合,大大提高了远程监控系统的工作效率,促进行车安全。

参考文献

[1] 吕鹏. 浅谈 3G 网络[J]. 计算机与网络,2008,12:553

[2] 唐优化. 机动车驾驶员考核系统设计与研究[D]. 2006,5

[3] 黄良希. 用于机动车路考系统车载通讯系统研究[J]. 微计算机信息(嵌入式与 SOC),2008,6:286-288

[4] 刘艳玲. 采用 MAX232 实现 MCS-51 单片机与 PC 机的通信[J]. 天津理工学院学报,1999,6:57-61

[5] 陶静锋,吕植勇,张黎光. 多功能道路信息采集车控制系统设计[J]. 武汉理工大学学报(信息与管理工程版),2007,4:11-14

[6] 朱芳. 基于单片机的数据采集系统设计[J]. 重庆科技学院学报(自然科学版),2009,4:95-97

[7] 吴雄英,秦开宇,谢兴红. DSP 与单片机之间串行通信得设计与实现[J]. 计算机工程与科学,2009,1:132-136

The design of vehicle monitoring wireless communication module based on 3G technology

Fan Hongding[1,3], ***Wu Chaozhong***[2,3]

(1. School of Navigation, Wuhan University of Technology, Wuhan, 430063;
2. Engineering Research Center of Transportation Safety (Ministry of Education),
Wuhan University of Technology, Wuhan, 430063;
3. Intelligent Transportation Systems Research Center, Wuhan University of Technology, Wuhan, 430063)

Abstract: In this paper, based on the principle and applications of 3G technology, the feasibility of vehicle wireless communication module in the vehicle monitoring system that based on 3G technology was analyzed by the numbers. Besides, the practicable and systemic physical logical structure was established. Then, the software development process of PC messaging was brought forward. So, the results of research in this paper will play a certain amount of practical value in further promoting the study and application about the vehicle wireless communication technology.

Key words: 3G technology; Vehicle; Wireless communication

Analysis of Latent Classes by Survey Response Durations in a Driving Behaviour Simulator with In-Vehicle Traffic Information

Guo Jingqiu, Qiu Min

(The University of Western Australia M 261, 35 Stirling Highway, Crawley WA 6009, Australia)

Abstract: Intelligent Transportation Systems represent the application of advanced technologies to transport in order to improve system efficiency and safety. A computer-based stated-preference (SP) simulator was developed to investigate how drivers would respond to innovative in-vehicle information when they are driving with an ecodriving support device. The sample collected online through the SP simulator has a size of 283 responses and the sample is unbiased as far as age and gender are concerned. The survey response duration (SRD) is also recorded as secondary information but is important for understanding the number of latent classes that is a way to deal with the population heterogeneity within the family of logit choice analysis. It is found that the SRD follows unexpectedly a log-logistic distribution and two or three latent classes are suggested in the estimation of a set of latent class models for the study.

Key words: In-Vehicle Information Systems; survey response duration; latent class model; log-logistic distribution; analysis of variance

1 Introduction

Intelligent Transportation Systems (ITS) represent the application of advanced technologies, particularly telecommunications, to transport in order to improve system efficiency and safety. The widespread distribution of In-Vehicle Information Systems (IVIS) is changing the transport system, especially the driving environment and driver activities. Despite the potential benefits, these developments bring numerous questions about acceptability to drivers and about impacts on drivers'behaviour and attitudes. A computer-based stated-preference (SP) simulator tool was developed to investigate how drivers would respond to innovative in-vehicle information when they are driving with an eco-driving support device, a version of IVIS. The SP information collected through the simulator will be used to estimate a set of discrete choice models, which are expected to disclose the features of the IVIS that are likely to influence drivers to achieve efficient and safe driving behaviour, and to enhance the understanding of the heterogeneity of drivers with respect to their susceptibilities of the IVIS.

This paper reports two peripheral issues before these discrete choice models are developed. The first is a common issue for any survey, which is whether the sample is unbiased. The second part is a preliminary attempt to find out indirectly potential factors leading to the population heterogeneity among drivers and then to shed light on the identification of the corresponding latent classes of drivers based on these factors.

Section 2 of the paper briefly describes the discrete choice models that are going to be developed, with an emphasis on the model structure and on ways in which the population heterogeneity is addressed within the

---

Guo Jingqiu, PhD candidate and recipient of University Postgraduate Award from The University of Western Australia, jingqiu@ biz. uwa. edu. au; Qiu Min, Associate professor in The University of Western Australia, mqiu@ biz. uwa. edu. au.

family of logit choice model. Section 3 reports a case study with details of addressing the issue of sample being drawn unbiasedly. Section 4 covers the process of investigating the population heterogeneity among drivers and suggests the number of latent segments for the development of the discrete choice models. Relevant conclusions are presented in Section 5.

2 Discrete Choice Models and the SP Simulator

The popularity of the multinominal logit model (MNL) has been due to, among others, its simple calculation, having a globally optimal estimation and being less data hungry. However, the MNL needs an assumption that the error terms of individual utility functions follow an identically independent distribution (IID) that is violated in many situations[1,2]. Moreover, it also assumes a homogeneous population that leads to model parameters not varying across individuals[3]. Within the logit family an early effort to alleviate the IID assumption was the nested logit model (NL)[4], and recent advances include the mixed logit model (ML) and the latent class model (LCM)[1-3,5,6]. These two models relax the assumption of population homogeneity and treat population heterogeneity explicitly. The former handles population heterogeneity by imposing certain distributions on model parameters, while the latter manages this through introducing latent classes (of individuals) with different parameter values across them.

As part of a whole research plan, the structures of the MNL, ML and LCM will be tried to find an appropriate specification for modelling driver's behaviour with respect to IVIS. This paper focuses on the determination of latent class for the LCM to be estimated.

The SP simulator is based on a multi-dimensional choice decision process, with the choices of departure time, car travel route and driving style. The utilities in the corresponding LCM's can be formulated for the following choice alternatives:

No change(nc) $$U_{nc,n|s} = X_{nc,n}\beta_s + \varepsilon_{nc,n|s} \quad (1)$$

Change departure time(ct) $$U_{ct,n|s} = a_{ct|s} + X_{ct,n}\beta_s + \varepsilon_{cr,n|s} \quad (2)$$

Change route(cr) $$U_{cr,n|s} = a_{cr|s} + X_{cr,n}\beta_s + \varepsilon_{cr,n|s} \quad (3)$$

Change driving pattern(cd) $$U_{cd,n|s} = a_{cd|s} + X_{cd,n}\beta_s + \varepsilon_{cd,n|s} \quad (4)$$

Change route & driving pattern(crd) $$U_{crd,n|s} = a_{crd|s} + X_{crd,n}\beta_s + \varepsilon_{crd,n|s} \quad (5)$$

In the above equations, $U_{in|s}$ is the utility that individual n in latent class s($s \in S$, S is the set of all latent classes) derives from the choice of alternative i($i \in \{nc, ct, cr, cd, cdr\}$); X_{in} is an observed vectors relating to alternative i available for individual n; β_s is a vector of coefficients for latent class s; and $\varepsilon_{in|s}$ is the random term relating to alternative i available for individual n in latent class s.

A key to the above specification is the determination of the set of latent classes. In general, the number of classes and the class membership of individuals are unknown to the analyst, unless the corresponding indicators or manifest variables of the latent variables become available. In the process of estimating the LCM, a sort of "trial-and-error" approach is used, with options of two to five classes being tried. In the context of this study, a unique opportunity becomes available to have a good understanding of the number of classes and the corresponding characteristics of individual classes, resulting from the use of the SP simulator that will be discussed in Section 4.

3 Case Study

A trip from Scarborough Beach Road to Business School of the University of Western Australia in Perth is examined. Although there are many alternative routes between these two locations, the shortest driving time route is chosen as the normal route. The generation of a subsequent choice scenario by the simulator is determined by the specific answer to the preceding question, or the set of scenarios displaced sequentially on a computer screen is automatically tailor-made for each respondent. This simulator presents a package of three sequential travelling choices via an easy-user interface through the Internet. Each stage has several scenarios, in which the respondent is required to make decisions on whether to change the departure time, route and driving style in response to IVIS.

The survey was conducted in two suburbs (Nedlands and Vincent) in Perth in May 2009. There are 283 respondents who completed the survey online (www. itsuwa. org). Before the data set is used it is important to assess whether or not the sample is biased. In general the respondents of the online survey are self-selected and highly motivated to participate in the online survey, which may lead to being over-represented.

Two demographic variables of age and gender are used to assess whether the sample is unbiased, because the two variables determine the future population make-up, society and economy in a region[7]. The Estimated Resident Population (ERP) is the official measure of the population of areas in Australia, based on population census information collected by Australian Bureau of Statistics (ABS). A comparison of the ABS data and the sample data against the variables of age and gender for suburbs of Nedlands and Vincent is shown in Table 1.

Comparison of the ABS data and the sample data Table 1

Data source	Survey type	Issued date	Sample size	Age		Gender(Female = 1, Male = 0)	
				Mean	*F* statistic	Mean	*F* statistic
ABS	Census	08/2008	36932	35.32	0.955	0.49	0.071
SP Simulator	Online survey	05/2009	283	35.11		0.47	

Based on the mean and the sample size, an exercise of Analysis of Variance (ANOVA) is carried out with respect to these two variables, and the corresponding F-statistics are calculated: $F_{gender} = 0.955$ and $F_{age} = 0.071$, which are both less than the critical value ($F_{critical} = 3.842$) at a significance level of 5% (with the degree of freedom (*df*) for numerator of 1 and the *df* for denominator of 37213), leading to not rejecting the null hypothesis that there is no difference in age or gender between the ABS data and the SP survey sample.

Consequently, it can be concluded that the SP sample is unbiased as far as age or gender are concerned.

4 Survey Response Durations and Latent Classes

In addition to information that is displayed through the online survey, the SP simulator recorded survey response duration (SRD), which is defined as the elapsed time between respondent's pressing the start button and completing the last question in the survey. The SRD can be used as an attitudinal indicator or a manifest variable to the construct that determines the latent class, because it is a measurement of the amount of willingness, commitment, and psychological and physiological capability[8] of individuals to participate in the survey. In the LCM context, the population heterogeneity is tackled through the latent class membership of individuals. The membership is unobserved directly but can somehow relate to the corresponding attitudinal indicators, and is influenced by social-demographic characteristics of individuals[3],[6]. The availability of both information on the SRD and demographic variables of age and gender makes it possible to explore the number of latent classes and the indirect profiles of individual class memberships before the corresponding LCM is developed.

As shown in Figure 1, the SRD data fits a log-logistic distribution. The fit of goodness measure by χ^2 statistic is 17.1185 with the corresponding p-value of 0.4464, which leads to not rejecting the null hypothesis that the distribution is a log-logistic distribution at a significance level of 5%. The corresponding probability density function is

$$f(x,\alpha,\beta) = \frac{(\beta/\alpha)(x/\alpha)^{\beta-1}}{[1+(x/\alpha)^{\beta}]^2};\alpha = 8.542,\beta = 3.186 \tag{6}$$

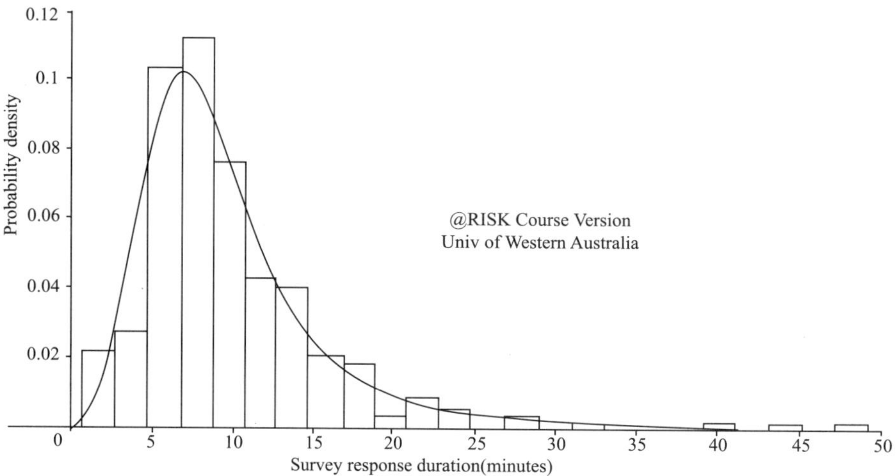

Fig 1 Comparison of the histogram of the SRD and the fit distribution curve

In order to have a good understanding of what can be revealed by the SRD, an ANOVA is carried out on the variable with respect to demographic variables of age and gender. The whole sample is separated into five groups: 1) SRD less than 6 min, 2) SRD between 6 and 8 min, 3) SRD between 8 and 10 min, 4) SRD between 10 and 15 min, and 5) SRD more than 15 min. F-statistic for the independent variable of gender is 0.739 with the responding p-value being 0.566, which leads to a conclusion that there is no significant difference across these five SRD groups. However, F-statistic for the independent variable of age is 10.809 with the responding p-value being 0.000, which leads to a conclusion that not all average ages across these five SRD groups are the same, and the corresponding post-hoc multiple comparisons based on Scheffe's criterion are made to locate where the significant differences lie, as shown in Table 2.

The result shows that the average age of Group 2 is significantly different from the rest of groups. Respondents in the other four groups can be regarded as homogeneous with respect to age, because there is no statistical difference between them at a significance level of 5%. Considering the numbers of respondents in Group 1 and 3, 57% participants are very inpatient (SRD less than 6 min), whereas 43% respondents (SRD between 8 and 10 min) are quite responsible and consistent. Furthermore, the two youngest Group 4 and 5 show more interests in the survey. It can mean that they were highly motivated to respond to a computer-based survey, innovative transport technologies, and any new elements in their lives.

It is also noticed that the pattern of clusters of observations from the SP survey in the space of age and survey response duration is different from research results in psychology, which depict that reaction times to individual questions in surveys monotonically increase with ages of participants[8]. In the SP survey, the SRD is the sum of reaction times to individual questions but decreases with age, except for Group 2, of which the SRD is between 6 and 8 min and the average age is 41.66 years old. This does indicate that in addition to the psychological and physiological capability of respondents, other factors including attitudinal factors affects the SRD and all of these factors relate to age.

In summary, it is suggested that two latent classes be used in estimating the LCM (Equation 1 to 5) if the demographic variable age is considered as the sole issue affecting the formation of latent classes. Meanwhile, it is worth trying three latent classes in the hope that the average age for each group being 30, 34 and 41 years old.

Scheffe's post-hoc multiple comparisons of average ages between five SRD groups Table 2

Group I	Group J	Mean difference (I-J)	Standard error	p-value	Group I	Group J	Mean difference (I-J)	Standard error	p-value
1	2	-7.630*	1.925	0.004	4	1	-3.416	1.967	0.556
Size = 63	3	0.032	2.131	1.000	Size = 65	2	-11.047*	1.910	0.000
Mean = 34.03	4	3.416	1.967	0.556	Mean = 30.62	3	-3.385	2.117	0.635
Variance = 10.968	5	3.732	2.249	0.601	Variance = 8.710	5	0.315	2.235	1.000
2	1	7.630*	1.925	0.004	5	1	-3.732	2.249	0.601
Size = 71	3	7.662*	2.079	0.010	Size = 40	2	-11.362*	2.199	0.000
Mean = 41.66	4	11.047*	1.910	0.000	Mean = 30.30	3	-3.700	2.382	0.660
Variance = 11.274	5	11.362*	2.199	0.000	Variance = 14.430	4	-0.315	2.235	1.000
3	1	-0.032	2.131	1.000					
Size = 48	2	-7.662*	2.079	0.010					
Mean = 34.00	4	3.385	2.117	0.635					
Variance = 10.880	5	3.700	2.382	0.660					

Note: * Group means are significantly different from each other at a significance level of 5%.

5 Conclusions

This paper has shown that the SP simulator can be used to draw a sample online with a reasonable size to investigate driver's responses to in-vehicle information and the sample can be drawn unbiasedly with respect to age and gender. The SP simulator can objectively record the survey response duration in which individual respondents conduct the survey online. This piece of information is secondary but important for the understanding of the number of latent classes to be used in estimating a set of latent class models, because it is an attitudinal indicator for the determination of the latent class. Two or three latent classes are suggested in the model estimation. The survey response duration follows a log-logistic distribution, which indicates that some respondents spent a much longer time period than the rest of respondents to complete the survey.

References

[1] Greene, W. H. and D. A. Hensher: A Latent Class Model for Discrete Choice Analysis: Contrasts with Mixed Logit[J]. Transportation Research Part B: Methodological, Vol 37, Issue 8, 2003

[2] Jones, S. and D. A. Hensher: Evaluating the Behavioural Performance of Alternative Logit Models: An Application to Corporate Takeovers Research[J]. Journal of Business Finance & Accounting, Vol 34, Issue 7 & 8, 2007

[3] McFadden, D.: The Choice Theory Approach to Market Research[J]. Marketing Science, Vol 5, Issue 4, 1986

[4] Ben-Akiva, M. E. and S. R. Lerman: Discrete Choice Analysis[M]. Massachusetts, The MIT Press, 1985

[5] McFadden, D. and K. Train: Mixed MNL Models of Discrete Response[J]. Journal of Applied Econometrics, Vol 15, 2000

[6] Swait, J.: A Structural Equation Model of Latent Segmentation and Product Choice for Cross-Sectional Revealed Preference Choice Data[J]. Journal of Retail and Consumer Services, Vol 1, Issue 2, 1994

[7] ABS (Australia Bureau of Statistics): Western Australian Statistical Indicators[R]. ABS Cat. no. 1367.5. 2002

[8] Der, G., and I. J. Deary: Age and Sex Differences in Reaction Time in Adulthood: Results from the United Kingdom Health and Lifestyle Survey[J]. Psychology and Aging, Vol 21, 2006

基于伪卫星技术的北斗导航定位系统局域增强方案

张 帆 刘瑞华

(中国民航大学,天津,300300)

摘 要:目前我国北斗导航定位系统处于第一代到第二代的过渡阶段,卫星数目有限,针对这种现状,本文提出了一种使用伪卫星来增强北斗系统的方案,并研究了此系统的定位原理,对实际应用中面临的时间同步和远近效应两项关键问题进行了分析。

关键词:伪卫星;伪距差分;时间同步;远近效应

1 引言

北斗卫星导航系统是我国自行设计研制的卫星导航系统。第一代北斗导航系统是双星定位系统,与美国的全球定位系统(Global Positioning System,GPS)和俄罗斯的全球卫星无线电导航系统(Global Navigation Satellite System,GLONASS)相比,第一代北斗导航系统采取的是地球同步卫星系统进行定位。这种系统由于有限的卫星数目(两颗工作,一颗备份),只能确定用户的二维坐标。而有源工作方式使得定位的实时性较差,无法满足高动态用户实时定位的要求,同时也不利于用户的隐蔽而且系统用户数量有限[1]。我国正在建设的第二代北斗卫星导航系统空间段由5颗静止轨道卫星和30颗非静止轨道卫星组成,提供两种服务方式,即开放服务和授权服务。开放服务是在服务区免费提供定位、测速和授时服务,定位精度为10m,授时精度为50ns,测速精度0.2m/s。授权服务是向授权用户提供更安全的定位、测速、授时和通信服务以及系统完好性信息[5]。

伪卫星也被称为陆基发射机或陆基卫星,其功能和原理与导航卫星类似,包括接收机,发射机和天线,它能发出与导航卫星相同格式的电文。普通的卫星接收机只需在软件上稍作修改即可接收它的信号,并得到用于导航计算的伪距或载波相位量测。伪卫星具有以下特点:(1)设置灵活机动。伪卫星可以根据需要方便地设置在适当的位置上,不需要发射,另外还可以放置在车上或空中飞行器上。(2)抗干扰性能好。伪卫星与用户的距离从几十公里到几百公里,为真正导航卫星与用户距离的1/50~1/1000,因此信号强度比GPS, GLONASS和北斗双星强得多,抗干扰能力自然明显提高。(3)成本低。伪卫星本身单价和维护费用要比导航星便宜得多,而且现有的用户接收机只需对相应的软件稍作升级即可接收伪卫星的信号,降低了应用成本[2]。

目前我国北斗卫星导航系统正处于第一代系统到第二代系统的过渡时期,星座在轨卫星数目较少,本文针对这种情况,借鉴国内外现有导航系统的技术经验,提出了一种低成本的使用伪卫星增强北斗系统的方案,给出了伪卫星增强北斗系统的定位原理,并对其中关键技术进行讨论。

2 系统配置及定位原理

从本质上看,伪卫星仅仅是差分技术应用的特殊方案。如图1所示,伪卫星的接收组件类似于差分参考接收机,接收可见北斗导航卫星的信号,将解算的结果与自己精确位置相比较得出补偿误差,并控制发射组件将其传送给用户,以修正用户自己的定位结果。由于伪卫星向用户发射和空中其他北斗导航星同频谱的导航信号,所以用户设备可以同时接收北斗卫星和伪卫星信号。

基金项目:国家高技术发展计划(863计划)(2006AA12Z313)。

作者简介:张帆(1984-),男,陕西华县人,在读硕士研究生。研究方向为卫星导航系统的增强。

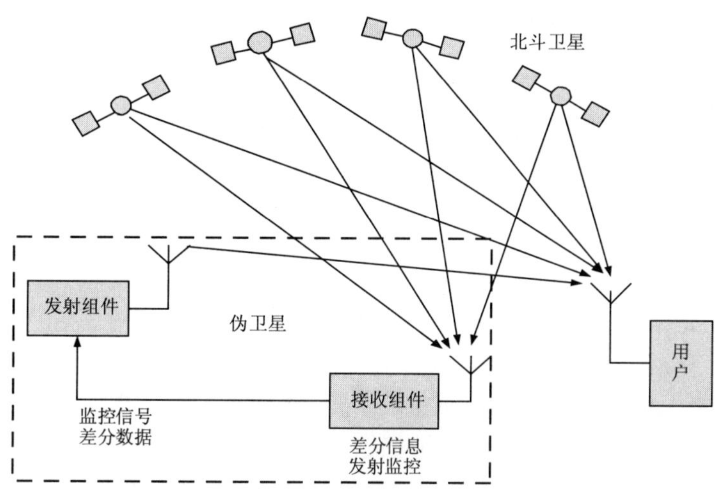

图1　伪卫星系统配置图

在伪卫星上，伪卫星测得的第 j 颗北斗卫星的伪距为

$$\rho_{pl}^{j}=\rho_{plt}^{j}+C(dt_{j}-dT_{pl})+d\rho_{pl}^{j}+d_{plion}^{j}+d_{pltrop}^{j} \tag{1}$$

式中：ρ_{pl}^{j}——伪卫星在时元 t 测得的伪卫星至第 j 颗北斗卫星的伪距；

ρ_{plt}^{j}——伪卫星在时元 t 至第 j 颗北斗卫星的真实距离；

dt_{j}——第 j 颗北斗卫星时钟相对于北斗时系的偏差；

dT_{pl}——伪卫星时钟相对于北斗时系的偏差；

$d\rho_{pl}^{j}$——北斗卫星星历误差在伪卫星站引起的距离偏差；

d_{plion}^{j}——电离层时延在伪卫星站引起的距离偏差；

d_{pltrop}^{j}——对流层时延在伪卫星站引起的距离偏差；

C——电磁波传播速度。

根据伪卫星的三维坐标已知值和北斗卫星星历，可以精确地计算出真实距离 ρ_{plt}^{j}，则依式(1)可得伪距校正值为：

$$\Delta\rho_{pl}^{j}=\rho_{plt}^{j}-\rho_{pl}^{j}=-C(dt_{j}-dT_{pl})-d\rho_{pl}^{j}-d_{plion}^{j}-d_{pltrop}^{j} \tag{2}$$

对于动态用户而言，动态接收机 k 也对第 j 颗北斗卫星作伪距测量，其观测值为：

$$\rho_{k}^{j}=\rho_{kt}^{j}+C(dt_{j}-dT_{k})+d\rho_{k}^{j}+d_{kion}^{j}+d_{ktrop}^{j} \tag{3}$$

式中各个符号的意义与式(1)相似，仅式(3)中的 k 表示动态用户。式中 dT_{k} 为动态用户接收机相对于北斗时系的偏差。

动态接收机在测量伪距的同时，接收来自伪卫星的伪距校正值，而改正它自己测量的伪距，伪距改正值 ρ_{kcorr}^{j}

$$\rho_{kcorr}^{j}=\rho_{k}^{j}+\Delta\rho_{pl}^{j}=\rho_{kt}^{j}+C(dT_{pl}-dT_{k})+(d\rho_{k}^{j}-d\rho_{pl}^{j})+(d_{kion}^{j}-d_{plion}^{j})+(d_{ktrop}^{j}-d_{pltrop}^{j}) \tag{4}$$

式中，消除了北斗卫星时钟相对于北斗时系的偏差的精度损失 dt_{j}。

当用户接收机与伪卫星之间的距离小于100km时，则可认为：

$$d\rho_{k}^{j}=d\rho_{pl}^{j}\qquad d_{kion}^{j}=d_{plion}^{j}\qquad d_{ktrop}^{j}=d_{pltrop}^{j}$$

即在伪卫星差分北斗测量的用户位置，可以显著地减小甚至消除电离层/对流层和星历误差的精度损失。则有：

$$\begin{aligned}\rho_{kcorr}^{j}&=\rho_{k}^{j}+\Delta\rho_{pl}^{j}=\rho_{kt}^{j}+C(dT_{pl}-dT_{k})\\&=\sqrt{(X^{j}-X_{k})^{2}+(Y^{j}-Y_{k})^{2}+(Z^{j}-Z_{k})^{2}}+d\end{aligned} \tag{5}$$

式中：$d=C(dT_{pl}-dT_{k})$ 为伪卫星与用户接收机间的时钟钟差，是待求的未知数。

X^{j},Y^{j},Z^{j} 为第 j 颗北斗卫星在时元 t 的在轨位置，可根据导航电文的北斗星历算得，即为已知数。

X_{k},Y_{k},Z_{k} 为动态用户的在时元 t 的位置，这是待求解的未知数。

由式(5),观测四颗卫星即可求出用户位置。由于伪卫星信号在北斗时间中可以被精确确定,用户接收机能从伪卫星获得一个附加的伪距测量,这样不仅增大了卫星覆盖面积,而且更有效地改善了几何图形结构。

3 关键技术分析

3.1 时间同步

伪卫星由于体积、成本等等的限制,不可能采用与空间导航卫星相同的原子钟,因此其时钟精度不高。但伪卫星的时间精度必须可以和卫星信号的时间精度相比拟,才能使接收机在未修正的导航算法中直接使用伪卫星信号。

在式(2)中,dt_j(北斗卫星钟相对于北斗时系的偏差)可根据卫星导航电文给出的星钟 A 系数求得,故可将其视为已知值,以此来校正北斗卫星时钟偏差。ρ_{pl}^{j},$d\rho_{pl}^{j}$,d_{plion}^{j},d_{pltrop}^{j} 也可根据卫星导航电文中的星历数据得出,即为已知值,而 ρ_{plt}^{j} 又可精确算出。因此可以通过式(2)算出 dT_{pl}(伪卫星时钟相对于北斗时系的偏差),以此来校正伪卫星时钟,使其和北斗卫星保持同步。

对于动态用户而言,由式(5)可求出 d(伪卫星与用户接收机间的时钟钟差),而 $d=C(dT_{pl}-dT_k)$,前面通过式(2)算出 dT_{pl},即可以解算出 dT_k(接收机相对于北斗时系的偏差)。

通过以上运算及卫星导航电文得出 dT_{pl},dT_k,dt_j,以此来修正伪卫星时钟误差、接收机钟差以及卫星钟差,达到时间同步的目的。

3.2 远近效应

在卫星导航中,卫星距离所有用户的距离基本相同,因此用户接收机接收到各个卫星的信号相对恒定而且很弱,而伪卫星却不满足这一条件。当用户距离伪卫星近时,接收机所接收的卫星信号较伪卫星的信号弱的多,伪卫星信号会堵塞卫星信号,给用户接收机造成干扰,使接收机无法接收卫星信号;而当用户远离伪卫星时,用户接收机所接收的伪卫星信号又较卫星信号弱的多,接收机无法对伪卫星信号进行跟踪并接收和处理。这就是所谓的远近效应问题(图2)。

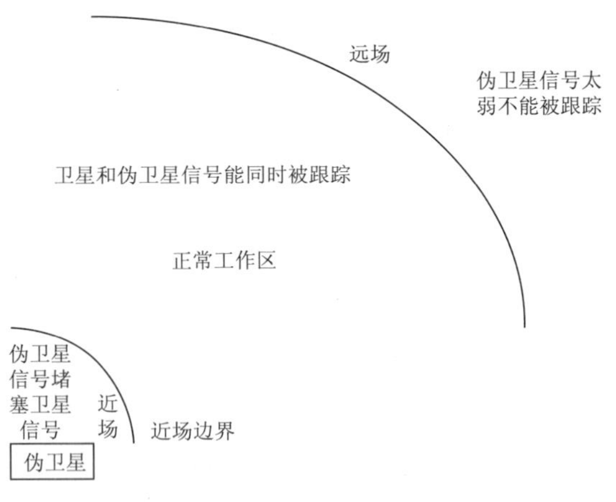

图2 伪卫星的远近效应

假如用户在距伪卫星50km处,伪卫星信号与北斗卫星信号一样强,那么,当用户靠近伪卫星只有50m时,则此伪卫星信号将比北斗卫星信号强60dB。因此伪卫星的信号结构设计要解决这种远近效应问题。即在最大范围内能提供足够强的伪卫星信号,又能在距伪卫星很近时不干扰北斗卫星信号。这样要求设计接收机动态范围至少在60dB以上。要达到60dB动态范围,有CDMA,FDMA和TDMA三种方案可供选择。

(1)CDMA——码分多址技术

利用不同伪码进行码间互相关,不能完全分离60dB,如果用伪码来分离这60dB,就须使此码率比卫星伪码率高若干倍,来降低伪卫星信号对可接收值的噪声电平。虽可通过提高码元的码率来解决,但信号的兼容性就出现了问题,并显著增加接收机的成本。因此,利用新码来解决远近效应不现实。

(2)FDMA——频分多址技术

使伪卫星信号偏离卫星标称值一定数值,有可能分离60dB。采用这一方案就可忽略伪卫星对接收机的影响。由于伪卫星和卫星信号是通过不同通道进入接收机的,因而必须仔细控制两通道间的相对时延,以避免组合误差。但需要改善接收机中的滤波器和内部校准技术,从而增加了接收机的成本。若不考虑成本,此法可行。

(3)TDMA——时分多址技术

在TDMA工作方式下,使用一种低占空率的短脉冲来传送伪卫星信号,这样,北斗卫星信号只在很短的时间内受到干扰,而此方案的伪卫星和用户设备造价都很低,不会给建站和用户造成太大的费用负担。其存在的主要缺点是,伪卫星信号会对不按伪卫星环境设计的接收机产生脉冲干扰,即在有伪卫星的区域引入人为干扰。这就要求设计出适合于伪卫星环境的接收机,适应伪卫星的使用。

伪卫星发送 11 个 90.91μs 的脉冲,这样干扰北斗信号不超过 10% 的时间,此时使接收机的北斗平均信号功率损耗不大于 1dB。所有伪卫星都在相同时间内发射脉冲,脉冲对脉冲,数据 bit 对数据 bit 的位置都是每 200ms 重复一次,并且与北斗时间同步。脉冲位置随机化的目的是将每 1ms 所有 11 个位置均匀分布。应用了非 Gold 编码,不同的伪卫星采用不同码加以识别[3]。

综合上述情况,方案三是伪卫星工作的最佳方案。

4 结语

使用伪卫星增强北斗系统既不依靠 GPS 星座,也不依靠 GLONASS 星座,确保了自立自主和安全性。只要在伪卫星站发射的信号能覆盖其区域内,就可以保证一定的导航和定位精度。本文给出了伪卫星增强北斗系统的定位原理,推导出一种时间同步方法,并对远近效应问题进行了分析。为我国北斗导航系统处于过渡阶段的现状,提供了一种成本相对较低的增强方案。

参考文献

[1] 郝燕玲,陈实如,徐定杰. 陆基增强/双星定位组合系统[J]. 哈尔滨工程大学学报,2002 (1):47-51

[2] 王玮,刘宗玉,谢荣荣. 伪卫星辅助的北斗定位系统的 GDOP 研究[J]. 空间科学学报,2005. (1):57-62

[3] 籍利平. 基于北斗导航卫星的伪卫星技术在区域定位中的应用[J]. 测绘科学,2002 (4):53-56

[4] 刘基余,GPS 卫星导航定位原理与方法[M]. 北京:科学出版社,2003

[5] 北斗卫星导航系统简介[N/OL]. http://tech. enorth. com. cn/system/2007/07/18/001776108. shtml; http://www. ntsc. ac. cn/news/content/200781384924. asp

A local area augmentation project for Beidou navigation-positioning system based on pseudolites technology

Zhang Fan, Liu Ruihua

(Civil Aviation University of China, Tianjin, 300300)

Abstract: The Beidou Navigation-positioning System is in the 1st generation to the 2nd generation transition period presently, the number of satellites is insufficient. For this condition, this paper put forward a kind of project which uses pseudolites to augment Beidou System, studied the positioning theory of this system and analyses the key technique problems of pseudolites (time synchronously and near-far effect) existed in practice.

Key words: Pseudolites; Pseudo-range difference; Time synchronization; Near-far effect